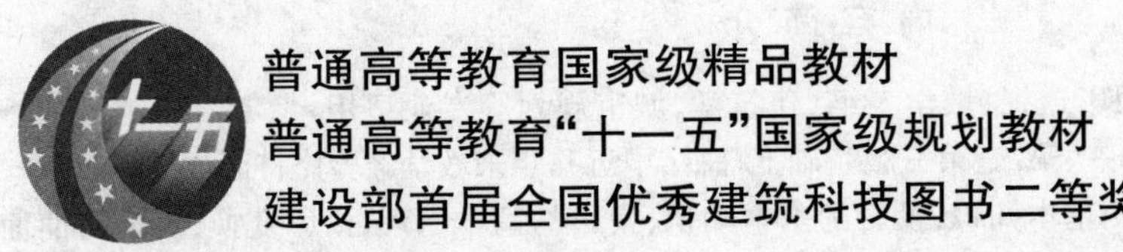

建筑透视阴影

（含建筑制图）

（第四版）

主　编　　乐荷卿　陈美华
副主编　　夏伟仪

湖南大学出版社

内容简介

本书是根据新的《画法几何与阴影透视》教学大纲(建筑学、城市规划等专业适用,参考学时范围:90～110)和现行有关国家制图标准,在第一、第二、第三版基础上,总结了近几年来教学经验修订而成的。

本书的内容包括:绪论、建筑制图基本知识、投影的基本知识、投影的基本原理、投影变换、曲线与曲面、建筑形体的表面交线、建筑形体的表达方法、轴测投影、建筑结构施工图、标高投影、建筑阴影的基本作法、平面建筑形体的阴影、曲面建筑形体的阴影、透视投影的基本作法、灭点法作建筑透视图、建筑透视图的选择、量点法作建筑透视图、曲面体的透视、透视图的实用画法、三点透视、建筑透视阴影、倒影和虚像、计算机绘图、建筑画配景共25章。与本书配套的《建筑透视阴影习题集》(第四版)也同时出版。

本书可作为建筑学、城市规划、建筑环境、地下建筑等专业的教材,也可供建筑工程(工民建)专业及函授大学、电视大学、自考大学、成人高校有关专业用作教材,并可供有关工程技术人员自学参考书。

图书在版编目(CIP)数据

建筑透视阴影(第四版)/乐荷卿,陈美华主编.
—长沙:湖南大学出版社,2008.2(2013.7重印)
ISBN 978-7-81113-298-4
Ⅰ.建… Ⅱ.①乐…②陈… Ⅲ.建筑制图—透视投影
Ⅳ.TU204

中国版本图书馆CIP数据核字(2008)第016525号

建筑透视阴影(第四版)
Jianzhu Toushi Yinying(Di'si Ban)

主　　编: 乐荷卿　陈美华
责任编辑: 卢　宇
封面设计: 吴颖辉
出版发行: 湖南大学出版社
社　　址: 湖南·长沙·岳麓山　　**邮　　编:** 410082
电　　话: 0731-88822559(发行部),88821315(编辑室),88821006(出版部)
传　　真: 0731-88649312(发行部),88822264(总编室)
电子邮箱: pressluy@hnu.cn
网　　址: http://press.hnu.cn
印　　装: 湖南天闻新华印务邵阳有限公司

开本: 787×1092　16开　　**印张:** 29　　**字数:** 743千
版次: 2008年2月第4版　　**印次:** 2013年7月第5次印刷　　**印数:** 19 001～24 000册
书号: ISBN 978-7-81113-298-4/TU·35
定价: 46.00元

第四版　前　言

《建筑透视阴影》教材是作者长期丰富教学实践经验的结晶，作者为此付出了毕生的心血，其产生的历史过程是：《建筑透视阴影》讲稿（恢复高考后第一届建筑学专业当时称建筑学专门化班阴影透视课程的讲稿）—《建筑透视阴影》油印讲义（1981 年底完成，共使用 5 届）—送湖南大学出版社审批出版—第一版（1987 年 10 月出版，共使用 9 届）—第二版（1996 年 12 月出版，增加了画法几何及制图，共使用 6 届）—第三版（2002 年 8 月出版，增加了建筑结构施工图）至今，前后近 30 余年，被全国多所高等学校作为教材使用，深受读者和用户的好评。第一版于 1990 年 1 月获得中华人民共和国建设部首届优秀建筑科技图书二等奖。2006 年 10 月中华人民共和国教育部组织专家组，根据本书第一、第二、第三版的使用效果和社会效益，以及第四版的修订大纲和内容进行评审，本教材第四版入选为普通高等教育"十一五"国家级规划教材。

本教材第四版是在第三版基础上修订的。修订的主要依据是：普通高等教育"十一五"国家级规划教材的要求和指导思想；建筑学专业的教学计划；教育部委托高等学校本科各基础课程教学指导委员会制订的有关本课程的教学基本要求（作为本科生应达到的最低要求）；最新的中华人民共和国制图标准及有关建筑设计、结构设计的最新设计标准。

修订本版教材时，注意了以下几点：

（1）考虑各校使用本教材的连续性，与第三版教材配套制作的教学模型、教学挂图、多媒体课件的可用性，对第三版教材的体系、内容不作大的更改，并保留第三版的特点和优点。

（2）原则上继续遵循第三版教材在编写时的注意事项。

（3）全体编写组同仁特别是主编再一次仔细审读了第三版全书的文字和插图，进一步精选内容、修正错误、补充遗漏。

（4）针对全书中的工程实例，再次深入工程现场，校核和修改例图，例如多处修改了第 10 章插图，使之更符合工程实际。

（5）更换了部分插图和例题，使之反映最新的科学技术成果和国家最新建设成就，为此更换了 20 余个透视效果图，修改了欠佳的插图近 20 个，适当增加了实例和效果图。

（6）全书插图用计算机重绘，力求全书插图缩比统一，线型粗细统一，汉字、数字、字母的字号大小统一，尽量保证插图精美。

（7）根据绘图软件最新版本 Auto CAD 2008 修订计算机绘图一章。

（8）修订后的第四版教材，力求文字叙述更加正确、准确、精练、流畅；版面布置更加匀称、合理、紧凑；图形更加美观。使全书不仅具有可读性而且具有可观赏性，起到引人入胜的效果。

本教材可作为高等学校建筑学、城市规划、建筑环境、地下建筑等专业本科生的教材，也可作为土木类各专业特别是建筑工程专业本科生选修课教材，还可供函授大学、电视大学、业余大学的同类专业师生选用，也可作为从事建筑设计的技术人员的参考书。各校在选用本教材时，可根据具体情况和学时多寡，对内容酌情取舍。

参加第四版修订工作的人员有：湖南大学乐荷卿（主编，第 1、第 7、第 16、第 18、第 19、第 20、第 22、第 23 章）、陈美华（主编，第 9、第 15、第 17、第 21、第 24 章）、彭明霞（第 12、第 13、第 14 章）、曹麻如（第 25 章）、聂旭英（第 2、第 4、第 5 章）、袁果（第 3、第 8 章）、王英姿（第 10 章），长沙理工大学李杰（第 6、第 11 章），湖南城市学院夏伟仪（副主编，第 8、第 21 章）、武汉科技大学朱丽华（第 3、第 7 章）、刘雯林（第 4 章）。

与本教材配套使用的、由彭明霞主编的《建筑透视阴影习题集》（第四版）同时修订出版。

本教材在编写和修订过程中参考了国内外专家的著作（详见书末参考文献）、参考了贝效良教授的画法几何油印讲议，在此向国内外专家表示深深的谢意。

本书的不足之处，敬请同仁和读者批评、指正。来信请寄湖南大学土木工程学院或湖南大学出版社。

编　者

2007 年 6 月

第三版 前 言

《建筑透视阴影》第一版于1987年7月由湖南大学出版社出版。供建筑学、建筑环境专业(必修)和建筑工程专业(选修)的本科生、专科生作为教材使用。到1996年春已用了9届,受到好评,取得了良好的社会效益,于1990年元月获得建设部首届全国优秀建筑科技图书二等奖。

《建筑透视阴影》第二版于1996年12月出版至2001年秋又经过5届使用。考虑到专业教学改革的需要,新的建筑学专业教学计划对本课程时数的压缩,同时又要求原来由设计初步课程教学的建筑制图内容改为由本课程教学时数内来完成,以及科学技术的迅猛发展,有必要再精选教学内容,将新的技术引进教材,因此对本教材进行再修订(第三版)已十分必要。

建筑学专业新的教学计划、原国家教委(现教育部)委托高等学校本科各基础课程教学指导委员会制订的有关本课程的教学基本要求(作为本科生应达到的最低要求)、最新版《建筑制图标准》(GB/T 50104—2001)、《房屋建筑制图统一标准》(GB/T 50001—2001)、《总图制图标准》(GB/T 50103—2001)等6种制图国家标准指导性文件仍是修订本教材的依据。

修订本版教材时注意了以下几点:

(1) 考虑到各校使用本教材的连续性,与第二版教材配套制作的教学挂图和模型的可用性,对第二版教材的体系、内容不作大的更改,并保留本书第二版的特点。

(2) 原则上继续遵循第二版教材在编写时的注意事项。

(3) 对有错漏的以及不符合最新制图国家标准的插图进行了修正,并更换了不美观的插图,增补了少量图例。

(4) 为了适应专业的新教学计划,再一次精选了教材内容,删去的内容有:绘图仪器及其使用;点、直线、平面的综合性作图题的解题方法;换向法;一般位置平面上圆的作法和曲面的切平面;一般回转面的截交线;阴影中的若干图例等。增加的内容有建筑施工图和结构施工图。

(5) 精选后的第三版教材,内容精练,重点突出,其中画法几何中的相交关系、建筑施工图和透视投影的原理、作法是本教材的重点,分配教学时数时应考虑这一重点。

(6) 为加强计算机技术的应用和操作技能训练,重新编写了计算机绘图一章,以目前世界上用户最多、普及面最广的绘图软件AutoCAD 2000的应用为主线编写该章。

本书不仅可作为高等学校建筑学、城市规划、建筑环境、地下建筑专业本科生的教材,也可作为建筑工程专业本科生的选修课教材,还可作为函授大学、电视大学、业余大学的同类专业师生选用,并可作为从事建筑设计的技术人员的参考书。

全部授完本书的内容需90～120学时。采用本教材时,可根据各校的具体情况和学时多寡,对内容酌情取舍。

参加第三版编写和修订工作的人员有:湖南大学乐荷卿(主编,第1、第7、第16、第18、第19、第20、第22、第23章)、彭明霞(第12、第13、第14章)、曹麻如(第25章)、陈美华(主编,第9、第15、第17、第21、第24章)、聂旭英(第2、第4章)、袁果(第3、第8章)、王英姿(第10章),长沙交通学院李杰(第5、第6、第11章),湖南城市建设学院夏伟仪、武汉冶金科技大学朱丽华对本版的修改提出了宝贵意见。

与本教材配套使用的、由彭明霞主编的《建筑透视阴影习题集》(第三版)同时修订出版。

本版编写和修订过程中参考了国内外专家的著作,在此向国内外专家表示深深的谢意。

由于我们的水平有限,本书的不足之处,敬请同仁和读者批评、指正。来信请寄湖南大学土木工程学院或湖南大学出版社。

编 者

2002年元月

第二版 前 言

《建筑透视阴影》第一版于1987年7月由湖南大学出版社出版。供建筑学、建筑环境专业(必修)和建筑工程专业(选修)的本科生、专科生作为教材使用。到1996年春已用了9届,受到好评,取得了良好的社会效益,于1990年元月获得建设部首届全国优秀建筑科技图书二等奖。1996年4月我校全面修订各门课程的教学大纲,加之第一版中难免有些缺点和错误亟待修改,因此我们决定对本教材进行修订。《建筑透视阴影》(第二版)教材就是根据新的《画法几何与阴影透视》教学大纲所提出的课程目的、任务、基本要求和内容在第一版基础上进行修订的。

考虑到教与学的方便,一门课程只用一套教材,故第二版在体系上将制图基本知识、画法几何与阴影透视合并编写。同时考虑到与第一版教材的连续性,所以仍定名为《建筑透视阴影》(第二版)。

与本教材配套使用的、由彭明霞主编的《建筑透视阴影习题集》(第二版)同时修订出版。

与第一版比较,第二版增加了第2章～第10章的画法几何和制图的必要内容,而阴影与透视仍保留了第一版的内容,但更新了一部分图例,修改了某些文字和图例上的错误,内容丰富实用,符合《建筑制图标准》(GBJ 104—87)和《房屋建筑制图统一标准》(GBJ 1—86)。

在修订过程中,仍注意了以下几点:

(1) 加强系统性。力求由浅入深、由易到难、由简到繁,符合初学者的认识规律。编排章节时,注意因各校计划学时多寡不同,便于取舍,便于因材施教。便于教学,便于自学。

(2) 力求言简意明,注意图文并重。图例结合建筑实际,取材新颖并富有时代感。

(3) 理论与实践统一。本课程实践性很强,修订本书时以学后能动手画建筑透视阴影图为教学目的,使建筑学、建筑环境、城市规划专业的学生学了本书之后,能熟练绘制建筑透视阴影图,以充分表达设计思想和意图。因此,各章对作法步骤的讲述尽可能详尽透彻,并以图助文。同时编出配套的习题集,突出了画透视图技能的培养与训练。

本书不仅可作为高等学校建筑学、建筑环境、城市规划、地下建筑专业本科生的教材,也可作为建筑工程专业本科生的选修课教材,还可作为函授大学、电视大学、业余大学的同类专业师生选用,并可作为从事建筑设计的技术人员的参考书。

全部授完本书需114～140学时。采用本教材时,可根据各校的具体情况和学时多寡,对内容酌情取舍。

参加本版编写和修订工作的有:湖南大学乐荷卿(主编,第1、第5、第6、第10、第15、第17、第18、第19、第21、第22章)、彭明霞(第11、第12、第13章)、曹麻如(第23章)、吴丽君(副主编,第9、第14、第16、第24章);湖南高等城建专科学校夏伟仪(副主编,第2、第8、第20章)、武汉冶金科技大学朱丽华(第3、第7章)、刘雯林(第4章)。

在本版编写和修订过程中得到同济大学何铭新教授(主审)的热情指导和仔细审阅,在此表示衷心的感谢。

本版在修订过程中参考了国内外专家的著作(详见参考文献),引用了机械工业部第八设计院张建才、刘箐的研究成果,在此向国内外专家表示深深的谢意。

由于我们水平有限,本书的不足之处,敬请同仁和读者批评、指正。

编 者

1996年9月

第一版 前 言

编者自1980年以来一直为湖南大学建筑学专业和工民建专业分别开出《建筑透视阴影》的必修课和选修课。本书就是在该课程使用多年的讲义的基础上经修改、充实后编写而成的。

本书除详述基本作图方法外,还增加了目前国内外绘制建筑透视图的新方法。着重介绍建筑立面图中的阴影;建筑透视图的原理和基本作法;透视图的实用画法;建筑透视阴影;虚像与倒影;建筑画配景;计算机绘透视图等。

在编写过程中,注意了以下几点:

(1) 加强系统性。力求由浅入深,由易到难,由简到繁,符合初学者的认识规律。便于教学,也便于自学。

(2) 力求言简意明,注意图文并重。图例结合建筑实际,取材新颖并富有时代感。

(3) 理论与实践统一。本课程实践性很强,编写本书时注意了以学后能动手画建筑透视图和阴影图为教学目的,使建筑学专业学生学了本书之后,能熟练绘制建筑透视阴影图以充分表达自己的设计思想和意图。因此,各章对作法步骤的讲解尽可能详尽透彻,并以图助文。突出了画透视图技能的培养与训练。与本教材配套使用的、由彭明霞主编的《建筑透视阴影习题集》同时编写出版。

本书不仅可作为高等学校建筑学、城市规划、地下建筑专业本科生的教材,也可作为工民建专业本科生的选修课教材,还可作为函授大学、电视大学、业余大学同类专业师生和从事建筑设计的技术人员的参考书。

全部授完本书需80学时左右。采用本教材时,可根据各校的具体情况和学时多寡,对内容酌情取舍;对另设配景和计算机绘图课的,学时可适当压缩。

本书由乐荷卿主编。参加编写的有:彭明霞(第1至第4章和第15章)、乐荷卿(第5至第13章)、曹麻如(第14章)。

在编写本书过程中,除主要参考文献外,还参阅了哈尔滨建筑工程学院、南京工学院、重庆建筑工程学院等院校的有关讲义和资料;全书的插图除作者绘制的外,分别由王秀贞、彭学军、杨平、裘剎萍、杨一美等同志绘制,借此机会一并致谢。

由于我们水平有限,本书定有讲述不周和难以理解的地方,敬请同仁和读者来信批评、指正。

编 者

1987年7月

目　次

1 绪论

1.1 学习建筑透视阴影课程的目的和任务

1.1.1 本课程的内容、作用、性质、目的

建筑透视阴影课程是一门建筑学、城市规划、建筑环境、室内装修、地下建筑等专业必修的既有系统理论又有较多实践的技术基础课。它直接为上述专业的后续课程、毕业设计以及毕业后的建筑工程项目设计服务。因此它在专业的教学计划中是一门重要的技术基础课程。

本课程的内容包括制图的基本知识、画法几何、建筑形体的表达方法和读法、建筑结构施工图的读法和画法、建筑透视阴影等方面。

制图基本知识是指在学习本课程时要用到的房屋建筑制图标准中有关制图基本规定的知识。画法几何一方面是建筑透视阴影的理论基础；同时由于画法几何是研究用投影方法在平面上表达空间形体的图示法和研究在平面图形上解决空间几何问题的图解法，因此，画法几何的另一方面的作用是培养学生的空间想像能力，并为培养空间构思能力打下基础，这种能力对于建筑师从事创造性的设计工作尤为重要。所以在学习建筑透视阴影之前要用约30%的学时扎扎实实地学好画法几何。在学好画法几何理论基础之后，学一点建筑形体的表达方法、画图方法和读图方法，建筑施工图和结构施工图的基本画法、读法，为学习建筑透视阴影打下技能基础，这部分约占全部学时的30%。建筑透视阴影则是本课程的主要内容，约占全部学时的40%。熟练绘制建筑透视阴影图是职业建筑师的基本技能之一，没有这方面的技能基础，纵有好的构思，也常常无法让社会各方面了解和接受。

本课程的**目的是培养学生掌握建筑形体的正投影图、透视阴影图和轴测图的理论、读图和绘制图样的初步能力，通过学习本课程，为培养空间想像力、空间构思能力打下基础。**

1.1.2 本课程的任务

(1)研究用平行投影法和中心投影法在平面上(如图纸上)表示空间形体，称为图示法：包括正投影法、轴测投影法、标高投影法和透视投影法。而以掌握正投影法和透视投影法为主要任务。

(2)研究用表达在平面上的图形来解决空间几何问题，称为图解法。

(3)培养学生掌握建筑形体的表达方法，具有绘制、阅读建筑施工图的基本能力，掌握结构施工图的基本知识。

(4)培养和发展空间想像能力，为培养空间构思能力、分析问题能力、创造能力和审美能力打下基础。

(5)培养学生具有绘制建筑物透视阴影图的能力，为后续的建筑设计制图打下扎实的基础，以学完本课程后能根据自己的正投影设计图画出建筑透视图或建筑透视阴影图为本课程的主要教学目的。

(6)培养学生认真负责的工作态度和严谨、细致、一丝不苟的工作作风。将良好的全面的素质培养和思想品德培养贯穿于教学的全过程。

1.1.3 学完本课程后应达到的要求

(1)掌握各种投影法的基本理论和作图方法。

(2)能够在正投影图上解决一般的定位问题和度量问题。

(3)能正确绘制和阅读建筑形体投影图，能阅读和绘制中等复杂程度房屋的建筑施工图，掌握阅读结构施工图的基本知识，并配合设计基础课程学会正确使用绘图工具、仪器。

(4)熟练掌握建筑透视阴影的作图原理和作图技能。

(5)对计算机绘图有初步认识。

(6)与其他课程一起培养学生良好的素质。

1.2 建筑透视阴影课程的学习方法

本教材是以制图基本知识—画法几何—建筑形体的表达方法—建筑施工图和结构施工图的读法和画法—建筑透视阴影—计算机绘图的系统来组织的。画法几何则是按“体—点、线、面—体”的体系编写的，在此基础上建筑透视阴影部分则抓住建筑形体这条主线，介绍建筑透视阴影的原理和作法。全书的整个过程由浅入深、由易到难地逐步加深，一环扣一环组织严密、系统性强。

画法几何部分，应弄清几何元素的空间关系，弄清如何将空间几何元素(点、直线、平面、形体)表达在平面上，从而解决投影问题。运用投影关系和投影规律，在投影图中解决空间元素的定位问题和度量问题。建筑形体表达方法部分，应掌握建筑形体的画法和读法，建筑施工图则着重介绍其读图和画图的基本知识和基本技能；对结构施工图只作简单介绍，并为后面的建筑透视阴影服务。建筑透视阴影的基本理论是画法几何中的相交原理，学习这一重要内容的关键是多做题，多练习，以达到熟能生巧的目的。

学习时应**注意以下几点：**

(1)端正态度、振奋精神、刻苦学习、继续前进。

本课程一般安排在一年级，总学时在90～110之间，应该注意大学里教学进度快，一次讲课内容多，稍有松劲，就容易掉队。因此一开始就应明确学习目的，端正学习态度，刻苦认真，奋发向上，锲而不舍，才能继续前进。

(2)课前预习、带着问题听课。

大学的课程都有统一的教学计划，并制订了教学日历，应根据教学日历安排的进度做好课前预习，粗略阅读一下将要讲授的内容，带着预习中的疑难问题听课，才能获得最佳的效果。

(3)专心听课，及时复习。

听课要专心，多思考，思想集中，注意弄清基本概念。本课程特点之一是图多，教材中图文并茂，不少地方以图助文。教师在讲课时，一般是边讲、边画、边写，且以画图为主。对每一个新概念，一般是先进行空间分析，再进行投影作图和提纲挈领的文字简述。听课时应养成记笔记的习惯(记要点、重点和难点)，同时要集中思想听好课。课后要及时复习和完成作业，以加深理解。复习时应图文并读，先吃透教材，然后才能灵活运用。特别要注意和理解三维空间和二维平面图形之间的一一对应关系，弄清从空间到平面和从平面到空间的过程。

(4)**循序渐进，多做练习，准确作图。**

本课程的另一个特点是系统性和实践性很强，内容一环扣一环。务必做到每一次听课及复习之后，及时完成相应的作业，从易到难循序渐进。建筑透视阴影有许多实用作法，特别是在以后的设计课中会用到实用的简便作法，凭经验作出透视图。但这些实用作法都是前人根据理论多次实践总结出来的。这并不等于刚起步的学习者就可以不要理论，不要正确求作，而近似地、马虎地、潦草地绘出透视图。如果这样，就难以达到培养建筑师所要求的"强化基础、设计、技能、技术等职业能力的教学训练"。根据建筑设计作品中的正投影图熟练绘出建筑透视阴影图是建筑师的基础和技能。因此，在学习本课程时，要自觉地多练、多画，经过多练多画才能培养出好的技能。

(5)**严格要求，耐心细致，严谨求实。**

施工图是施工的重要依据，图纸上一字一线的差错都会给建设事业造成巨大的损失。所以从画第一张作业开始，就要养成耐心细致、认真负责、严谨、工整的工作态度和学习作风；并应遵循正确的理论、规律、方法，正确使用绘图仪器和工具。只有这样，才能提高绘图精度、速度和质量。

(6)**适当地看些参考书，扩大视野，培养自学能力。**

除认真学习教材和习题集外，还可有选择地参看下面几种类型的参考书：

①相关的基础课参考书。

初等几何(如立体几何)，几何作图。

②画法几何参考书。

国内出版的较为成熟的《画法几何学》，可选读其中的1～2本，阅读其中的特色的内容。

③画法几何解题方法参考书。

④制图参考书。

各种画法几何及土建制图教材，或建筑制图和各种透视阴影教材。

⑤专业类参考书。

房屋建筑构造学或房屋建筑学等。

⑥规范类参考书。

在学习过程中做到积极努力实施以上几点，就一定能取得优异的成绩。

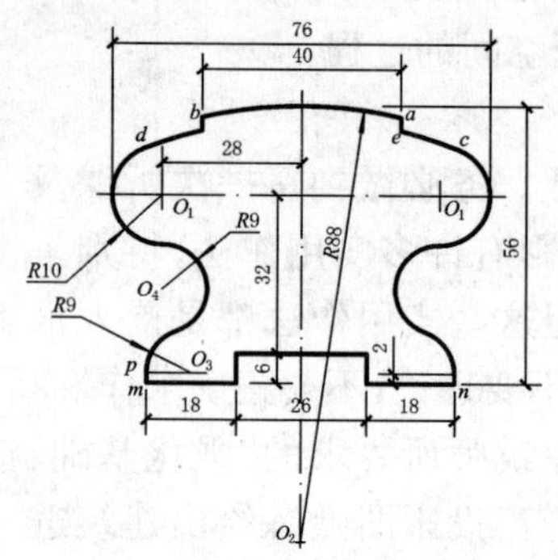

2 建筑制图的基本知识

2.1 建筑制图国家标准的基本知识

建筑工程图用于表达设计的主要内容，是施工的依据、工程界的“语言”。对建筑工程图的内容、画法、格式等必须有统一的规定。为此，国家计划委员会从 1987 年起颁布了有关房屋建筑制图的国家标准（简称国标）共六种。2001 年，建设部会同有关部门对这六项标准进行修订，经有关部门会审，批准，于 2002 年 3 月 1 日起实施。

六种标准有：《房屋建筑制图统一标准》（GB/T 50001—2001）、《总图制图标准》（GB/T 50103—2001）、《建筑制图标准》（GB/T 50104—2001）、《建筑结构制图标准》（GB/T 50105—2001）、《给水排水制图标准》（GB/T 50106—2001）、《采暖通风与空气调节制图标准》（GB/T 50114—2001）。标准对施工图中常用的图纸幅面、比例、字体、图线（线型）、尺寸标注等内容作了具体规定，下面将逐一介绍这些规定的要点。

2.1.1 图纸幅面

为了合理使用图纸和便于资料管理，设计用图纸的大小，都必须符合表 2-1 的规定。表中尺寸的单位为毫米。图纸幅面尺寸相当于$\sqrt{2}$系列，即 $L=\sqrt{2}B$，如图 2-1a。1 号图幅是 0 号图幅的对开，2 号图幅是 1 号图幅的对开，依此类推（图 2-1b）。必要时图纸幅面的长边可按表 2-2 加长。

表 2-1 图幅尺寸表

mm

图幅代号 / 尺寸代号	A0	A1	A2	A3	A4
$B\times L$	841×1189	594×841	420×594	297×420	210×297
c	10			5	
a	25				

表 2-2 图纸长边加长后的尺寸

mm

图幅代号	长边尺寸	长边加长后尺寸									
A0	1189	1486	1635	1783	1932	2080	2230	2378			
A1	841	1051	1261	1471	1682	1892	2102				
A2	594	743	891	1041	1189	1338	1486	1635	1783	1932	2080
A3	420	630	841	1051	1261	1471	1682	1892			

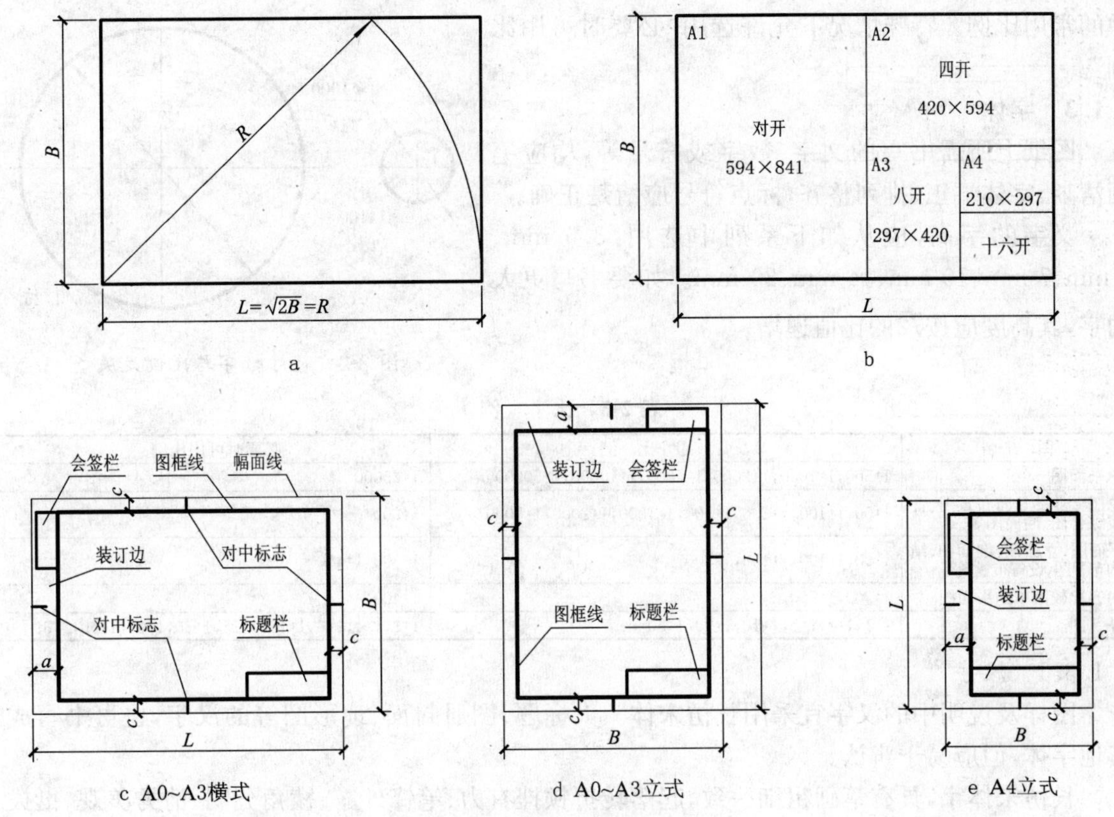

图 2-1　图纸幅面代号及格式

图纸以短边作垂直边称为横式，以短边作水平边称为立式，一般 A0～A3 图纸宜横式使用(图 2-1c)，必要时，也可立式使用(图 2-1d)。但 A4 幅面用立式(图 2-1e)。图纸右下角一栏，称为图纸标题栏(简称图标)，用来填写设计单位、工程名称、图名、图号以及设计人、制图人、审批人的签名和日期等，格式见表 2-3。

需要会签的图纸，在图纸的左侧上方或图框线上方有会签栏，会签栏的格式和内容见表 2-4。在校学生作业图纸不用会签栏，标题栏各校自有规定，也可参考与本教材配套使用的《建筑透视阴影习题集》第 3 页所附的标题栏。

表 2-3　图纸标题栏

<table>
<tr><td colspan="3">设 计 单 位 名 称 区</td><td rowspan="3">30(40)</td></tr>
<tr><td rowspan="2">签 字 区</td><td>工 程 名 称 区</td><td rowspan="2">图 号 区</td></tr>
<tr><td>图 名 区</td></tr>
<tr><td colspan="3">200</td><td></td></tr>
</table>

表 2-4　会 签 栏

(专 业)	(实 名)	(签 名)	(日 期)	5	20
				5	
				5	
				5	
25	25	25	25		
100					

2.1.2　比例

比例是图形与实物对应的线性尺寸之比。比例应用阿拉伯数字来表示。例如：1∶1、1∶2、1∶5、1∶100等。比例的大小是指比值的大小，如 1∶25 大于 1∶100。图上所注尺寸数字与比例无关，如图 2-2 所示。

绘图所用比例，应根据图样用途与所绘物体的复杂程度，从表 2-5 中选用。应优先选用表中的常用比例。特殊情况下允许选用“必要时可用比例”。

2.1.3 字体

图纸上所需书写的文字、数字或符号等，均应笔画清晰、字体端正、排列整齐，标点符号应清楚正确。

文字的字高，应从如下系列中选用：3.5 mm、5 mm、7 mm、10 mm、14 mm、20 mm。如要书写更大的字，其高度应按$\sqrt{2}$的比值递增。

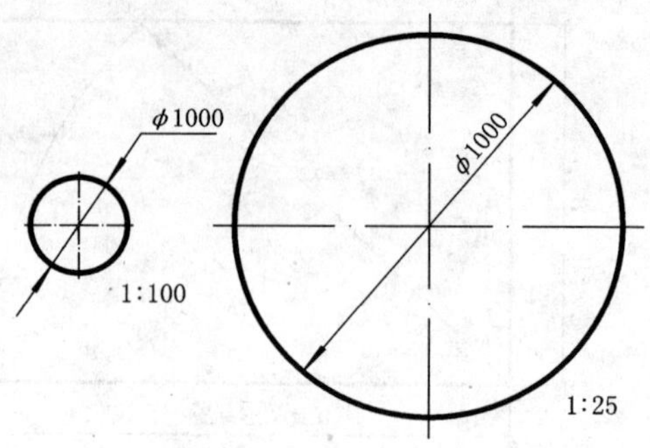

图 2-2 尺寸数字与比例无关

表 2-5 比 例

图 名	常 用 比 例	必要时可用比例
总平面图	1:500,1:1000,1:2000,1:5000,1:10000,1:50000	1:25000
总图专业的竖向布置图、管线综合图、断面图等	1:50,1:100,1:200,1:500,1:1000,1:2000,1:5000	1:300
平面图、立面图、剖面图、结构布置图、设备布置图等	1:50,1:100,1:150,1:200	1:300,1:400
内容比较简单的平面图	1:200,1:500	1:400
详 图	1:1,1:2,1:5,1:10,1:20,1:50	1:3,1:4,1:6,1:15,1:25,1:30,1:40,1:60,1:80

2.1.3.1 汉字

图样及说明中的汉字宜采用长仿宋体。大标题、图册封面、地形图等的汉字，也可书写成其他字体，但应易于辨认。

长仿宋体字，具有笔画粗细一致，起落转折顿挫有力、笔锋外露、棱角分明、清秀美观、挺拔刚劲又清晰好认的特点，所以它是工程图样上比较适宜的字体（见图 2-3）。

汉字的简化字书写，必须符合国务院公布的《汉字简化方案》和有关规定。

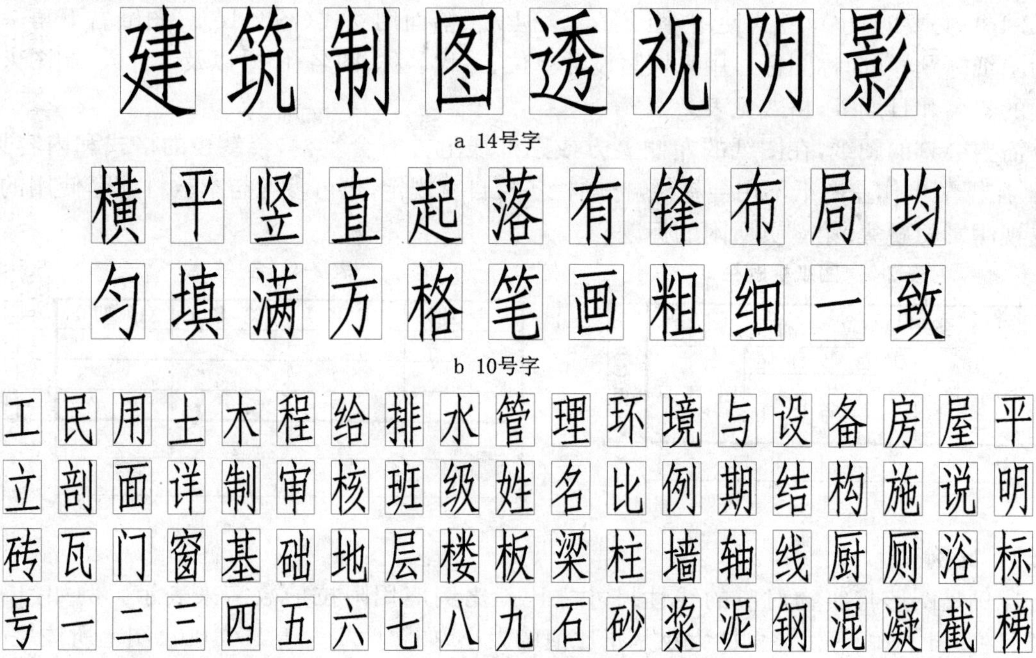

建筑制图透视阴影

a 14号字

横平竖直起落有锋布局均

匀填满方格笔画粗细一致

b 10号字

工民用土木程给排水管理环境与设备房屋平

立剖面详制审核班级姓名比例期结构施说明

砖瓦门窗基础地层楼板梁柱墙轴线厨厕浴标

号一二三四五六七八九石砂浆泥钢混凝截梯

c 7号字

图 2-3 长仿宋体字例

长仿宋字体的高度分为 6 级，长仿宋体的字宽为字高的 2/3，见表 2-6。长仿宋体字的笔画粗细为字高的 1/20。

表 2-6　长仿宋体字的高、宽尺寸　　mm

字　高	20	14	10	7	5	3.5
字　宽	14	10	7	5	3.5	2.5

长仿宋体字的书写要领是“横平竖直、起落有锋、布局均匀、填满方格”。如图 2-3 的字例所示。

为了练好长仿宋体字，初学者应按字的长宽比例画好方格(图 2-4a)，并对照“样字”书写。写字前，应对样字进行结构分析，找出其结构特点、笔画搭配规律，做到心中有字后再下笔。并要做到，练一个字，背一个字的结构。结构准确是写好字的关键。

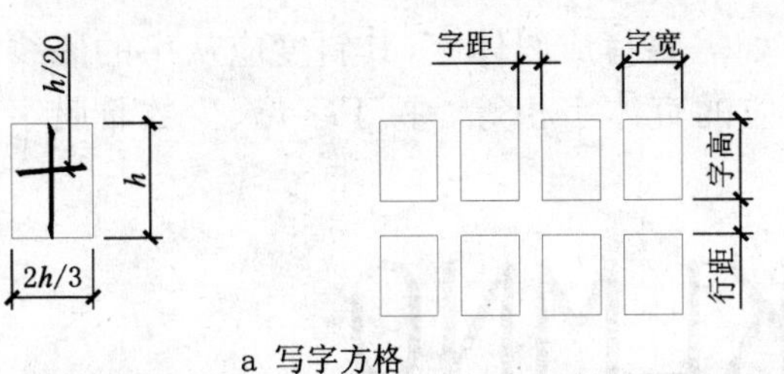

a 写字方格

长 个 上 水 十 木 寸

b 独横独竖的字

津 川 主 业 三 排 建

c 多横多竖的字

日 月 圈 口 南 图 门

正确

日 月 圈 口 南 图 门

错误

d 外围笔画与字格平行的字

隔 梁 以 意 筑 量 例

e 字体各部分的搭配

图 2-4　字体结构分析

名称	笔　法	名称	笔　法
横		横钩	
竖		挑	
撇		点	
捺		包钩	
竖钩		竖弯钩	

图 2-5　长仿宋体汉字几种笔画的写法

当结构为独横独竖的单体字时，竖、横画在字中起骨干作用。这样的竖画要上下顶格且竖直，这样的横画要左右顶格，起到左右平衡的作用，如图 2-4b 所示。

当字体为多横、多竖结构时，横画、竖画之间应平行等距。对多横画字一般写成上短下长，或上下长、中间短。对竖画并列的字，常写成左低右高，如图 2-4c 所示。

当字体的外形笔画为横、竖画时，要缩格书写成图 2-4d 所示的正确书写形式。不能写成图 2-4d 所示的错误形式。

当字的组成部分较多时，要注意各部分所占比例，但又不能完全限制在这个比例范围内，要处理好笔画的穿插，这样结构才会均匀而又紧凑，如图 2-4e 所示。

结构准确了，还要写出笔锋。这就要下功夫掌握基本笔画的笔法，如图 2-5 所示。掌握好了笔法，就能写出长仿宋体字的风格。多看、多摹、多写，持之以恒，一定能练好字。从实用出发，可先练专业用字，再练其他字。一般常选用 HB 铅笔练写长仿宋体字。写字之前，用 H 铅笔，并以轻、淡、细线画好格子。

2.1.3.2 拉丁字母和数字

拉丁字母和数字有直体和斜体两种书写方法。如需要写成斜体字，其斜度应从字的底线逆时针向上倾斜 75°。斜体字的高度与宽度应与相应的直体字相等。拉丁字母、少数希腊字母及数字的直体和斜体字例如图 2-6 所示。

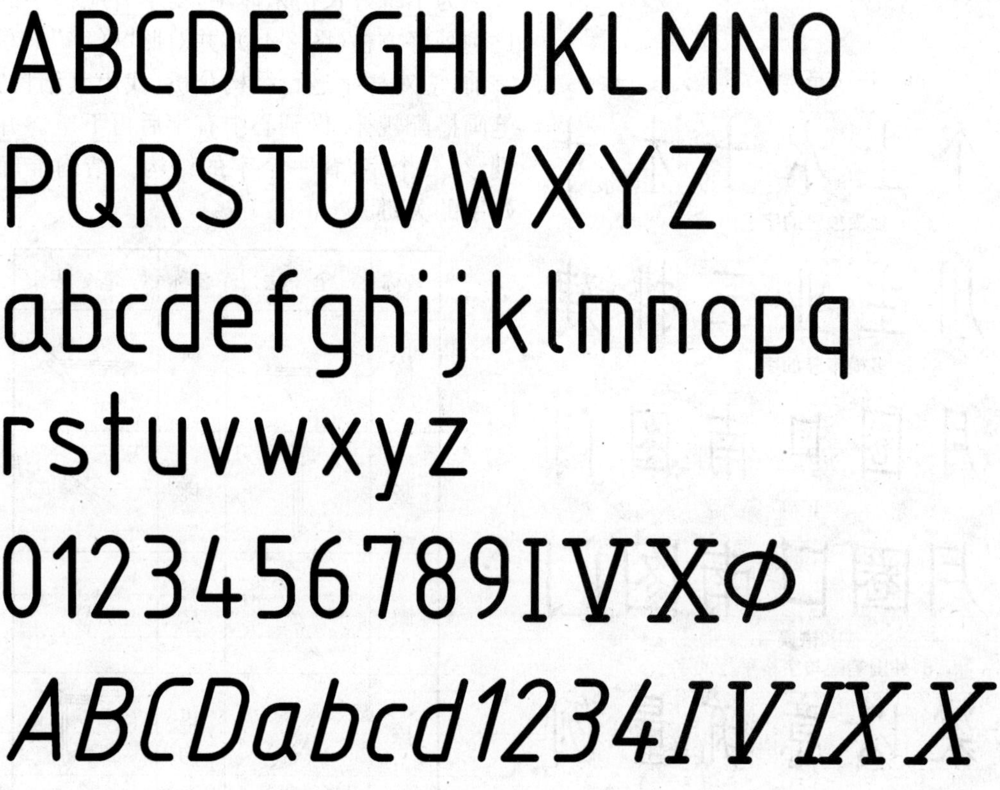

ABCDEFGHIJKLMNO
PQRSTUVWXYZ
abcdefghijklmnopq
rstuvwxyz
0123456789IVXΦ
ABCDabcd1234IVIXX

图 2-6 拉丁字母、数字和少数希腊字母示例

拉丁字母、阿拉伯数字与罗马数字的字高 h 不宜小于 2.5 mm。小写的拉丁字母的高度应为大写字母高的 $7h/10$，字母间隔为 $2h/10$，上下行基准线最小间距为 $15h/10$。

2.1.4 图线

工程图中的内容，必须采用不同的线型、不同的线宽来表示，线宽比即粗线 ∶ 中粗线 ∶ 细实线＝4 ∶ 2 ∶ 1。建筑工程图中，常用的几种图线的名称、线型、线宽和一般用途见表 2-7。图线在工程中的实际应用如图 2-7 所示。

粗实线
中实线
折断线
细虚线
细单点长画线
细实线
中实线

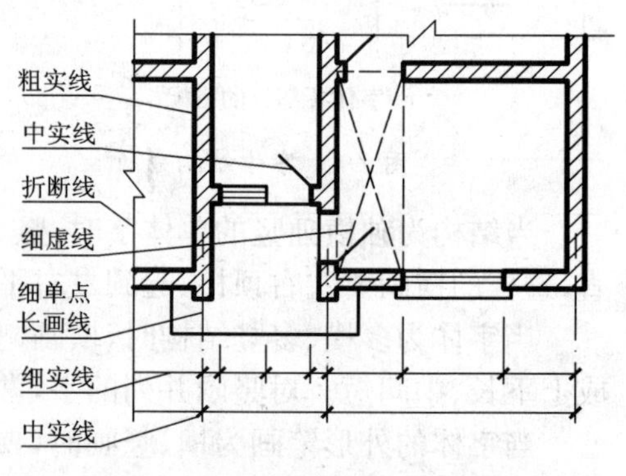

图 2-7 图线应用

图线以可见轮廓线的粗度 b 为标准，按《房屋建筑制图统一标准》规定，图线 b 采用 2.0、1.4、1.0、0.7、0.5、0.35(单位:mm)6 种线宽。画图时，根据图样的复杂程度和比例大小，选用不同的线宽组。见表 2-8 所列。

每个图样，应根据复杂程度与比例大小，先选定基本线宽 b，再选用相应的线宽组。同类线应粗细一致。

表 2-7 图线的线型和宽度

名称	线型	线宽	一般用途
粗实线	———	b	可见轮廓线 剖面图中被剖着部分的轮廓线、结构图中的钢筋线、建筑物或构筑物的外轮廓线、剖切符号、地面线、详图标志的圆圈、图纸的图框线、新设计的各种给水管线、总平面图及运输图中的公路或铁路路线等
粗虚线	— — — —	b	新设计的各种排水管线、总平面图及运输图中的地下建筑物或构筑物等
粗单点长画线	—·—·—	b	结构图中梁或框架的位置线、建筑图中的吊车轨道线、其他特殊构件的位置指示线
中虚线	— — — —	0.5b	需要画出的看不到的轮廓线 建筑平面图运输装置(例如桥式吊车)的外轮廓线、原有的各种排水管线、拟扩建的建筑工程轮廓线等
中实线	———	0.5b	可见轮廓线 剖面图中未被剖着但仍能看到而需要画出的轮廓线、标注尺寸的尺寸起止 45°短画、原有的各种给水管线或循环水管线等
细实线	———	0.25b	尺寸界线、尺寸线、材料的图例线、索引标志的圆圈及引出线、标高符号线、较小图形中的中心线等
细单点长画线	—·—·—	0.25b	中心线、对称线、定位轴线 管道纵断面图或管系轴测图中的设计地面线等
细双点长画线	—··—··—	0.25b	假想投影轮廓线、成型以前的原始轮廓线
折断线	—\/—\/—	0.25b	不需要画全的断开界线
波浪线	～～～	0.25b	不需要画全的断开界线 构造层次的断开界线
加粗线	━━━	1.4b	需要画上更粗的图线如建筑物或构筑物的地坪线

表 2-8 线条宽度表

线宽比	线宽组/mm					
b	2.0	1.4	1.0	0.7	0.5	0.35
0.5b	1.0	0.7	0.5	0.35	0.25	0.18
0.25b	0.5	0.35	0.25	0.18		

图框线、标题栏分格线的宽度按表 2-9 选用。

表 2-9 图框线、标题栏线宽度 mm

幅面代号	图框线	标题栏外框线	标题栏分格线、会签栏线
A0、A1	1.4	0.7	0.35
A2、A3、A4	1.0	0.7	0.35

图线相交的画法应注意以下几点:

(1)两粗实线或两虚线相交时，应交足，但不得超出。

(2)虚线与虚线相交，或虚线与其他图线相交时，应相交在线段，不能相交在间隔处。

(3)虚线是实线的延长线时，实线要画到分界处，留下一段间隔，再接着画虚线。

(4)两单点长画线相交时，应相交在线段，不能相交在间隔处。

具体画法见表 2-10 所列。

表 2-10　图线相交的画法

序号	内容	正确	不正确
1	虚线与虚线或与其他图线相交		
2	两粗实线或两虚线相交		
3	两单点长画线相交		
4	虚线是实线的延长线		

图线不得与文字、数字或符号重叠、混淆，不可避免时，应首先保证文字等的清晰。

2.1.5　尺寸标注

建筑工程图不仅应画出建筑物形状，更重要的是必须准确、完整、详尽而清晰地标注各部分实际尺寸，这样的图纸才能作为施工的依据。尺寸由尺寸线、尺寸界线、尺寸起止符号和尺寸数字组成。尺寸线和尺寸界线采用细实线绘制。

线性尺寸的尺寸界线必须与被注长度垂直，其一端应离开图样轮廓线不小于 2 mm，另一端超出尺寸线 2～3 mm。图样轮廓线可用作尺寸界线。

尺寸线应与被注长度平行。图样本身的任何图线均不得用作尺寸线。任何图线不得穿过尺寸数字。

图样上的尺寸，应以尺寸数字为准，不得从图上直接量取。图样上的尺寸单位，除标高及总平面图以 m(米)为单位外，其他必须以 mm(毫米)为单位(以后各章节凡以 mm 为单位的数字不再在数字后重写“mm”字样)。

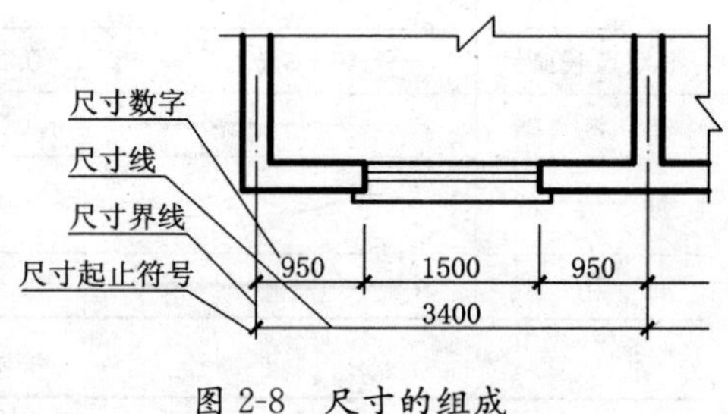

图 2-8　尺寸的组成

尺寸起止符号一般为 45°倾斜的中实线短画，其倾斜方向应与尺寸界线成顺时针 45°角，其长度一般为 2～3。如图 2-8 所示。

(1)圆、圆弧、球的尺寸标注：圆和大于半圆的弧，一般标注直径，尺寸线通过圆心，用箭头作尺寸的起止符号，指向圆弧，并在直径数字前加注直径代号“ϕ”。较小圆的尺寸可以标注在圆外(图 2-9a、c)。

半圆和小于半圆的弧，一般标注半径尺寸，尺寸线的一端从圆心开始，另一端用箭头指向圆弧，在半径数字前加注半径代号“R”。较小圆弧的半径数字，可引出标注，较大圆弧的尺寸线画成折线状(图 2-9d、e)。

(2)角度、弧长、弦长的尺寸标注：角度的尺寸线用圆弧表示，尺寸界线为角的两边线，起止符号为箭头。当角度小，无法画下箭头时，可用小圆点代替。角度数字应水平书写。

弧长的尺寸线为与该弧同心的圆弧，尺寸界线应与该圆弧的弦垂直，起止符号为箭头，并且在弧长数字的上方加注“⌒”符号。弦长的尺寸线应与弦长平行，尺寸界线与弦长垂直，起止符号为中实线的 45°短画(图 2-9f、g、h)。

球的尺寸标注与圆的尺寸标注基本相同，只须在半径或直径代号（R 或 ϕ）前加写“S”（图 2-9b）。

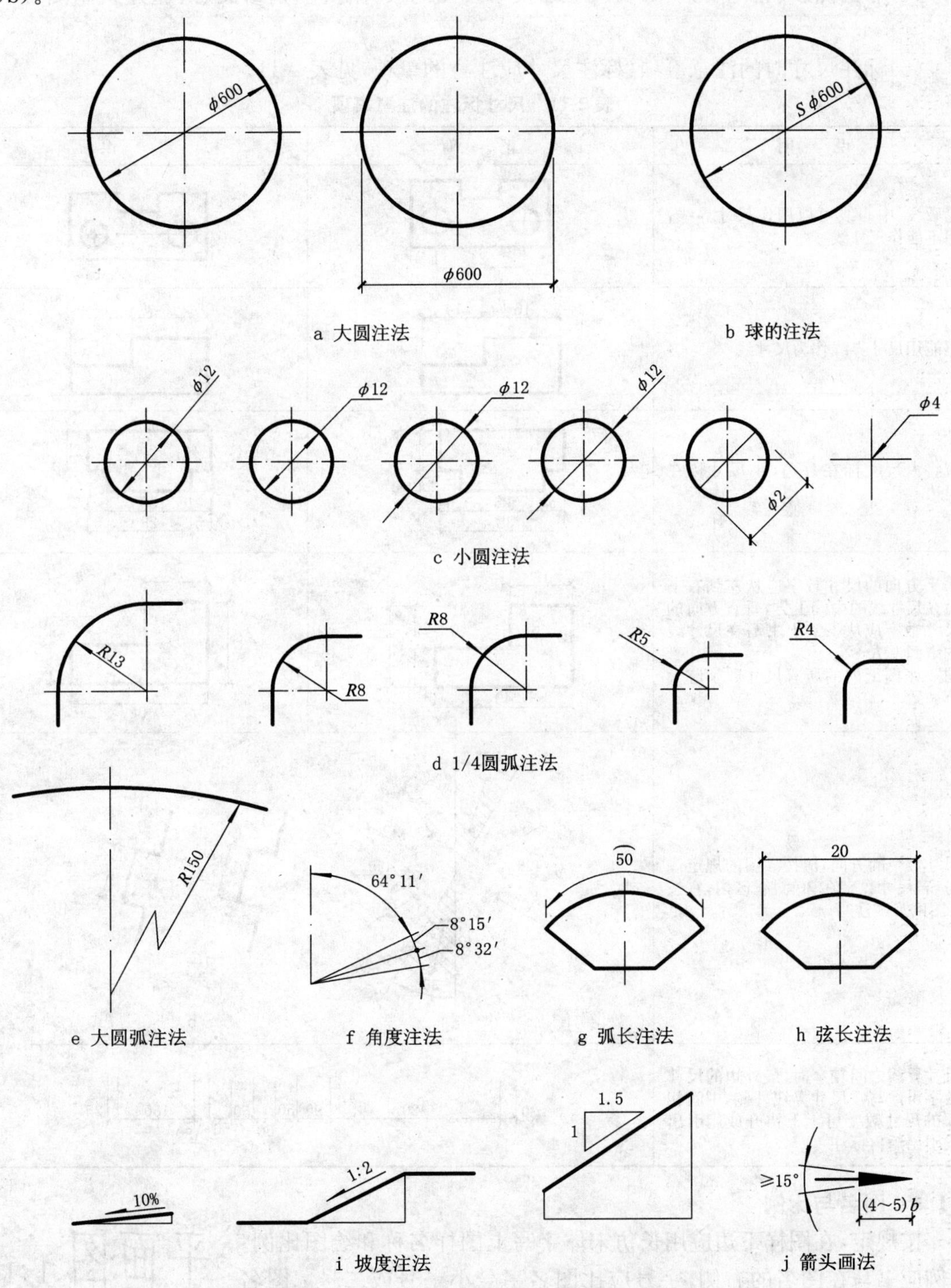

图 2-9 圆、球、圆弧、角度、弧长、弦长、坡度的注法

（3）坡度的标注：直角三角形斜边的坡度是用坡度角的正切值来表示的。也可换算成百分比，但在坡度数字下边应加注符号“⇀”，并使箭头指向下坡方向。坡度也可用直角三角形形式

标注(图 2-9i)。尺寸箭头画法如图 2-9j 所示。

(4)非圆曲线、相同要素、等长尺寸以及单线图的尺寸标注,请参阅《房屋建筑制图统一标准》。

(5)标注尺寸时的注意事项:标注尺寸应注意的事项,见表 2-11。

表 2-11　尺寸标注的注意事项

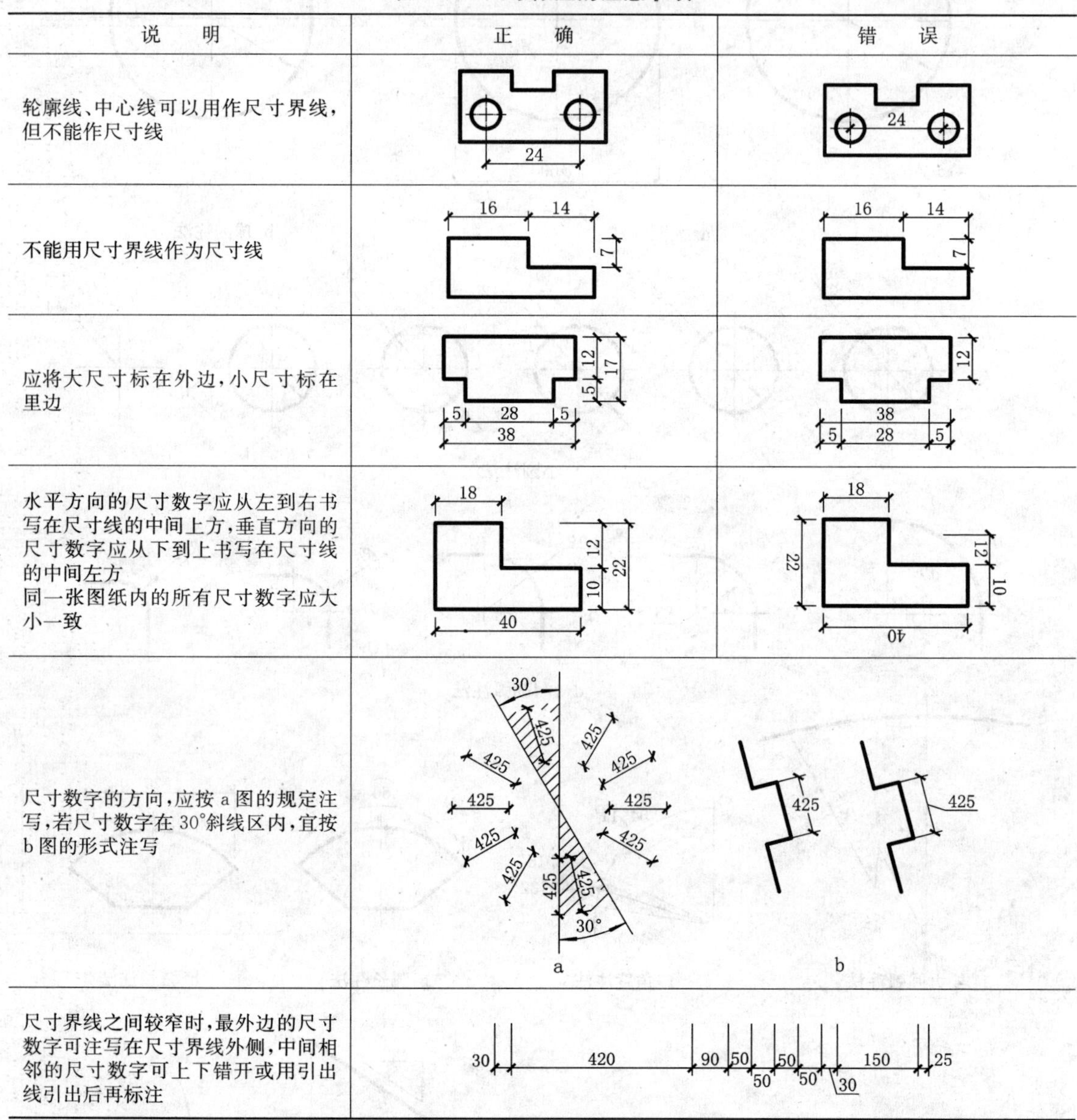

说　明	正　确	错　误
轮廓线、中心线可以用作尺寸界线,但不能作尺寸线		
不能用尺寸界线作为尺寸线		
应将大尺寸标在外边,小尺寸标在里边		
水平方向的尺寸数字应从左到右书写在尺寸线的中间上方,垂直方向的尺寸数字应从下到上书写在尺寸线的中间左方 同一张图纸内的所有尺寸数字应大小一致		
尺寸数字的方向,应按 a 图的规定注写,若尺寸数字在 30°斜线区内,宜按 b 图的形式注写	a	b
尺寸界线之间较窄时,最外边的尺寸数字可注写在尺寸界线外侧,中间相邻的尺寸数字可上下错开或用引出线引出后再标注		

2.1.6　图名与比例

按规定,在图样下边应用长仿宋体字写上图样名称和绘图比例。比例应书写在图名的右侧,字号应比图名字号小一号或二号。图名下应画一条粗基准线,其粗度应不粗于所画图形中的粗实线,同一张图纸上的这种粗基准线的粗度应一致。如图 2-10 所示。

平面图 1:100

图 2-10　图名与比例

当同张图纸中只用了一种比例时,也可将比例书写在图纸的标题栏内。

2.1.7 建筑材料图例

在建筑工程中，除了应用文字说明建筑材料的名称以外，还需在断面中画出它们在国家标准中所规定的图例。表 2-12 选列了一些常用的建筑材料图例。其他的建筑材料图例见《建筑制图标准》。材料图例中的斜线、短斜线等为 45°细实线。

表 2-12 材 料 图 例

图 例	名称与说明	图 例	名称与说明
	自 然 土 壤		1. 上图为横断面，上左图为垫木、木砖或木龙骨 2. 下图为纵断面
	素 土 夯 实		
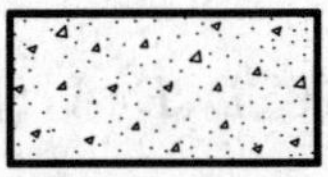	上：混凝土 下：钢筋混凝土 1. 本图例仅适用于能承重的混凝土及钢筋混凝土 2. 包括各种标号、骨料、添加剂的混凝土 3. 在剖面图上画出钢筋时，不画图例线 4. 断面较窄，不易画出图例线时，可涂黑	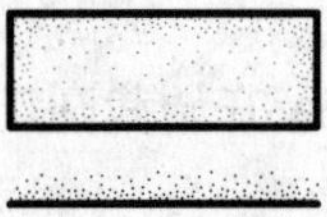	上：砂、灰土 下：粉刷材料
		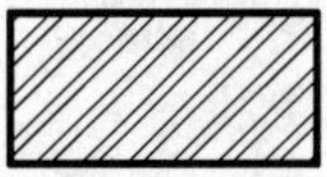	金 属 1. 包括各种金属 2. 图形小时，可涂黑
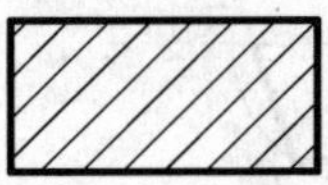	普通砖 1. 包括砌体、砌块 2. 断面较窄，不易画出图例线时，可涂红	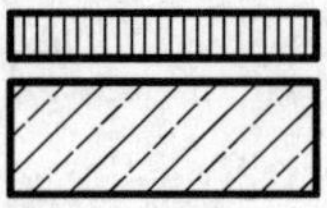	上：饰面砖 下：石材 饰面砖包括铺地砖、马赛克、陶瓷锦砖、人造大理石等

2.2 几何作图

只有熟练地掌握各种几何图形的作图原理和方法，才能更快、更好地画出建筑工程图中的某些平面图形。下面介绍几种基本的几何作图。

2.2.1 过已知点作直线平行于已知直线

(1)已知直线 AB 及点 P(图 2-11a)。

(2)作图：使三角板的一边与直线 AB 重合，用丁字尺或三角板靠紧该三角板的另一边，移动三角板至点 P，过 P 画直线，即为所作之直线(图 2-11b)。

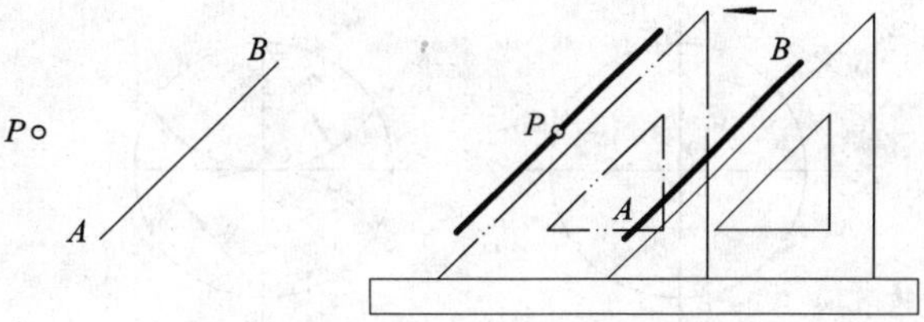

a 已知 b 作图

图 2-11 过已知点作直线平行于已知直线

2.2.2 过已知点作直线垂直已知直线

(1)已知直线 AB 及点 P(图 2-12a)。

(2)作图：使三角板的一直角边与直线 AB 重合，用丁字尺或三角板靠近该三角板的斜边，移动三角板使其另一直角边通过点 P 并画直线，即为所求之直线(图 2-12b)。

2.2.3 分线段成任意等分

(1)已知直线 AB(图 2-13a)。

(2)作图：过点 A 任作一直线 AC，从点 A 开始在 AC 上截取任意长度的 5 等分，得 1_1、2_1、3_1、4_1、5_1，连直线 5_1B，并过点 1_1、2_1、3_1、4_1 作直线平行于 5_1B，交 AB 于点 1、2、3、4，即为所求(图 2-13b)。

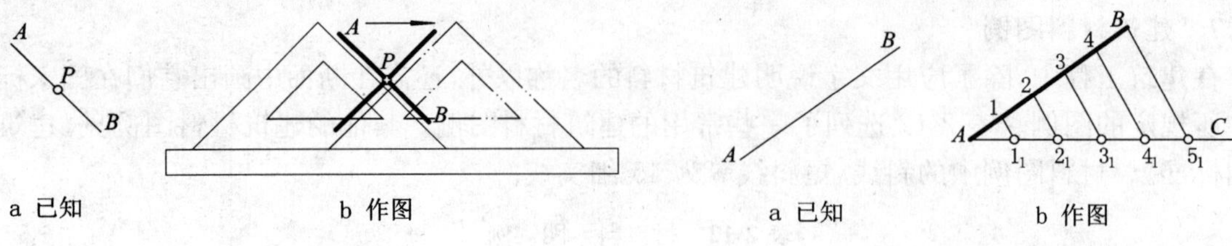

图 2-12 过已知点作直线垂直于已知直线　　　　图 2-13 分线段成 5 等分

2.2.4 作已知圆的内接正五边形

(1)已知圆 O(图 2-14a)。

(2)作图:①求出半径 OF 的中点 G,以点 G 为圆心,GA 为半径画圆弧,交直径于 H(图 2-14b)。

②以 AH 为半径,从点 A 开始截圆周为 5 等分,顺序连各等分点 A、B、C、D、E、A,即为所求(图 2-14c)。

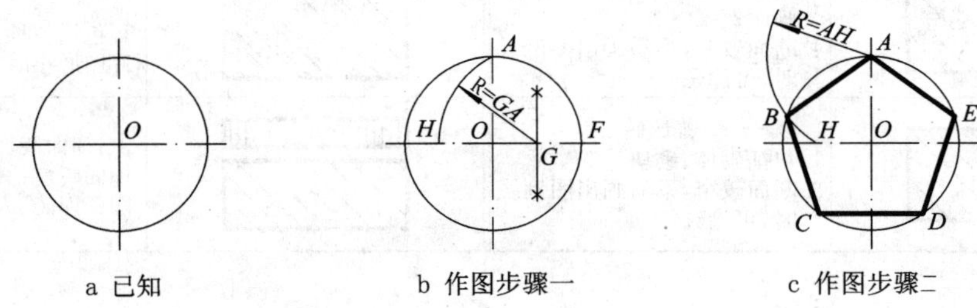

图 2-14 作圆的内接正五边形

2.2.5 作已知圆的内接正六边形

(1)已知圆 O(图 2-15a)。

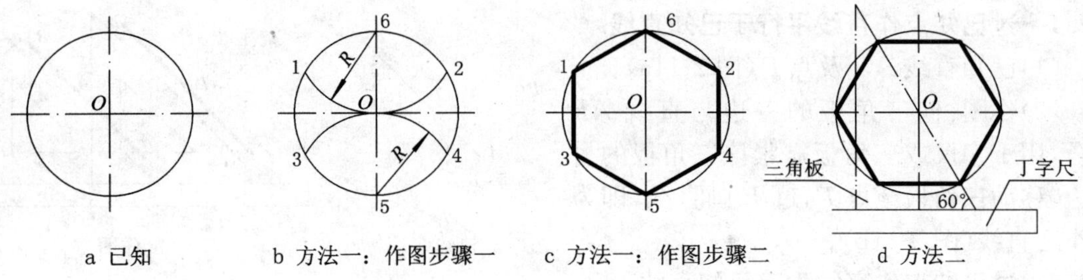

图 2-15 作圆的内接正六边形

(2)作图:方法一:以已知圆半径 R,分圆周为 6 等分,顺序连点 6、1、3、5、4、2、6,即为所求(图 2-15b、c)。

方法二:用丁字尺与 60°三角板配合,分圆周成 6 等分,然后按顺序连各分点,即为所求(图 2-15d)。

2.2.6 作圆的内接近似正 *n* 边形

(1)已知圆 O(图 2-16a),以正七边形为例。

(2)作图:①延长直径 AB,并以 D 为圆心,DC 为半径画圆弧,交 AB 的延长线于点 M。

②将直径 DC 分为 7 等分,得分点 1、2、3、4、5、6、7、8。

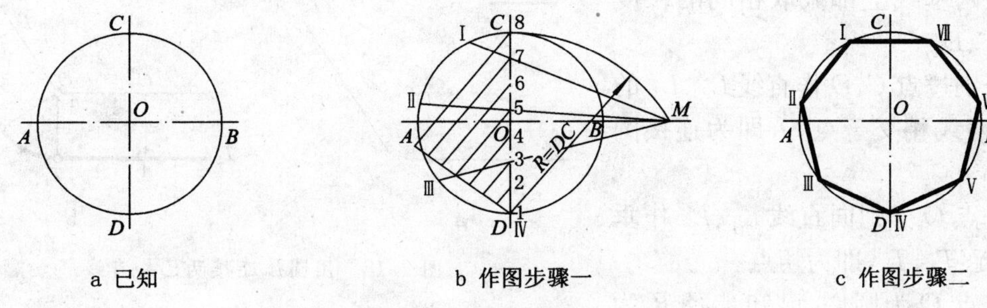

a 已知　　b 作图步骤一　　c 作图步骤二

图 2-16　作圆的内接正七边形

③将点 M 与直径 DC 上的奇数分点(或偶数分点)相连,并延长交圆周于点Ⅰ、Ⅱ、Ⅲ、Ⅳ。

④在另半个圆周上,求出Ⅰ、Ⅱ、Ⅲ关于 CD 的对称点Ⅶ、Ⅵ、Ⅴ。

⑤按顺序连Ⅰ、Ⅱ、Ⅲ、Ⅳ、Ⅴ、Ⅵ、Ⅶ诸点,得正七边形,即为所求(图 2-16c)。

2.2.7　已知长短轴作椭圆

这里介绍四心圆弧法作近似椭圆。

(1)已知长短轴 AB 和 CD(图 2-17a)。

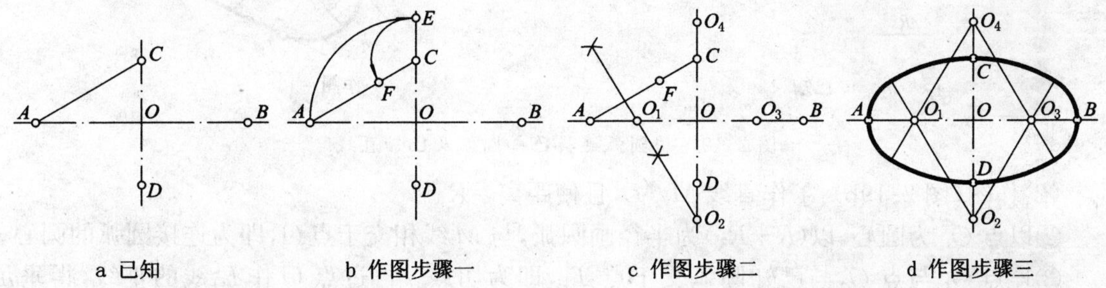

a 已知　　b 作图步骤一　　c 作图步骤二　　d 作图步骤三

图 2-17　根据长短轴 AB、CD,用四心圆弧法作近似椭圆

(2)作图:①以点 O 为圆心,OA 为半径作圆弧,交 OC 延长线于点 E。以点 C 为圆心,CE 为半径作圆弧,交 CA 于点 F(图 2-17b)。

②作 AF 的垂直平分线,交长轴于点 O_1、交短轴(或其延长线)于点 O_2,在 AB 上截取 $OO_3=OO_1$,又在 CD 延长线上截取 $OO_4=OO_2$(图 2-17c)。

③分别以点 O_1、O_2、O_3、O_4 为圆心,O_1A、O_2C、O_3B、O_4D 为半径作圆弧,使各圆弧在 O_2O_1、O_2O_3、O_4O_1、O_4O_3 的延长线上相切。此四段圆弧应光滑连成椭圆(图 2-17d)。

2.2.8　圆弧连接

圆弧连接就是用已知半径的圆弧连接两直线,或者连接两圆弧,或者连接一直线一圆弧。其作图原理是相切。作图的关键是要准确地求出连接圆弧圆心;准确地求出连接点(即切点)。连接圆弧的圆心、半径和连接点(即切点)是圆弧连接的三要素。一般已知连接圆弧半径,另两要素可以求得。

圆弧连接的几种基本作图方法:

2.2.8.1　圆弧连接两直线

(1)已知两直线 L_1 和 L_2 以及连接圆弧半径 R,用 R 圆弧连接直线 L_1 与 L_2(图 2-18a)。

(2)作图(图 2-18b):①在直线 L_1、L_2 上各任取一点 A、B,过点 A、B 分别作两直线 L_1、L_2 的垂线。

②在两垂线上都截取相同的长度 R，得点 C、D。

③分别过点 C、D 作直线 L_1、L_2 的平行线，两线相交于点 O，即为连接圆弧的圆心。

④过点 O 分别向直线 L_1、L_2 作垂线，得垂足 T_1、T_2，即为切点。

⑤以点 O 为圆心，已知半径 R 为半径，在 T_1、T_2 之间画圆弧，即为所求。

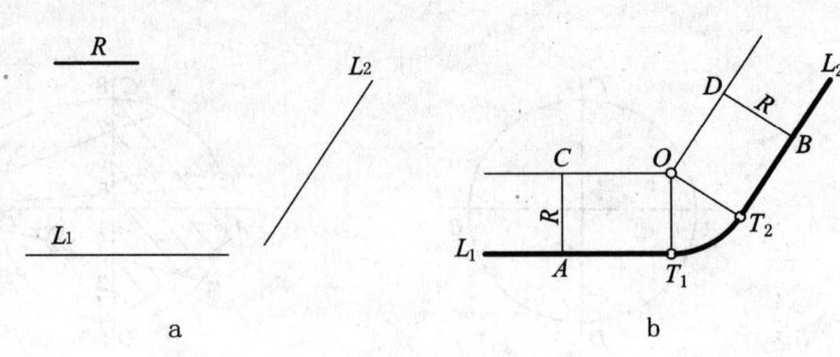

图 2-18　用圆弧连接两已知直线

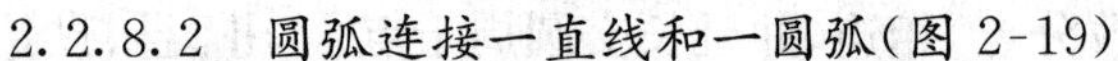

2.2.8.2　圆弧连接一直线和一圆弧（图 2-19）

(1)已知直线 L 和半径为 R_1 的圆弧以及连接圆弧半径 R，用半径为 R 的圆弧连接已知直线和已知圆弧（图 2-19a）。

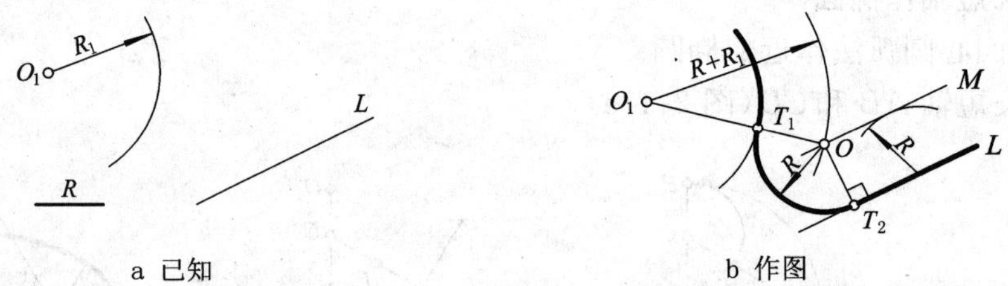

图 2-19　用圆弧连接已知圆弧及已知直线

(2)作图（图 2-19b）：①作直线 $M /\!/ L$，且使距离 $=R$。

②以点 O_1 为圆心，以 $(R+R_1)$ 为半径画圆弧，与 M 线相交于点 O，即为连接圆弧的圆心。

③连点 O_1 与点 O，与已知圆弧交于点 T_1，即为切点。再过点 O 作 L 线的垂线，得垂足 T_2，即为切点。

④以点 O 为圆心，R 为半径，在点 T_1、T_2 之间画圆弧，即为所求。

2.2.8.3　圆弧连接两已知圆弧（外切）

(1)已知连接圆弧半径 R 和半径为 R_1、R_2 的两已知圆弧，用半径为 R 的圆弧（外切）连接两已知圆弧（图 2-20a）。

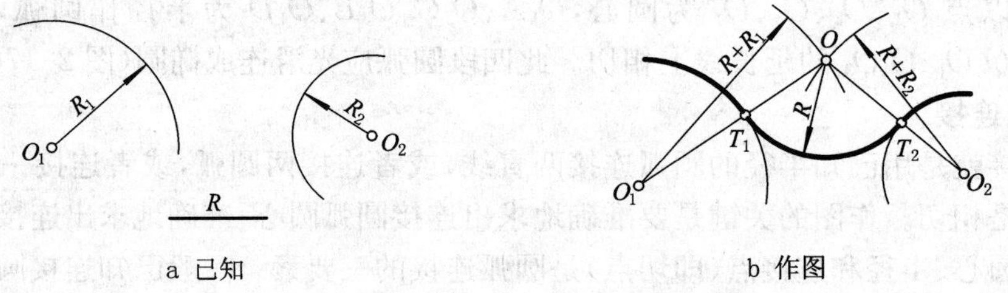

图 2-20　用圆弧连接两已知圆弧（外切）

(2)作图（图 2-20b）：①以点 O_1 为圆心，以 (R_1+R) 为半径画圆弧。

②以点 O_2 为圆心，以 (R_2+R) 为半径画圆弧，与前圆弧交于点 O，即为连接圆弧的圆心。

③连点 O 与 O_1，与已知圆弧 O_1 交于点 T_1。连点 O 与 O_2 与已知圆弧 O_2 交于点 T_2，点 T_1 和 T_2 即为切点。

④以点 O 为圆心，R 为半径，在点 T_1、T_2 之间画圆弧，即为所求。

2.2.8.4 圆弧连接两已知圆弧（内切）

(1)已知连接圆弧半径 R 和半径为 R_1、R_2 的两已知圆弧，用半径为 R 的圆弧（内切）连接两已知圆弧（图 2-21a）。

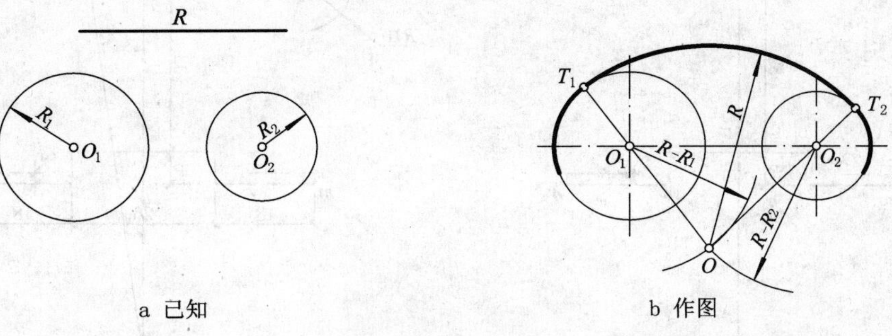

图 2-21 用圆弧连接两已知圆弧（内切）

(2)作图（图 2-21b）：①以点 O_1 为圆心，以 $(R-R_1)$ 为半径画圆弧。

②以点 O_2 为圆心，以 $(R-R_2)$ 为半径画圆弧，与前圆弧交于点 O，即为连接圆弧的圆心。

③连点 O 和 O_1，与圆 O_1 交于点 T_1。连点 O 与 O_2，与圆 O_2 交于点 T_2，点 T_1 和 T_2 即为切点。

④以点 O 为圆心，R 为半径，在点 T_1、T_2 之间画圆弧，即为所求。

2.2.8.5 平面图形画法举例

［例 2-1］ 已知楼梯栏杆扶手的断面图（图 2-22），分析其圆弧连接的性质和作图步骤。

［解］ 1. 分析：图 2-22 所示的断面轮廓线是由圆弧和直线组成，要准确、正确地绘好此断面图，首先要分析清楚这一轮廓线是由哪些线段组成。

(1)已知线段：已知某一线段的定形尺寸（即大小尺寸）和定位尺寸（距 X 向、Y 向尺寸起点的距离）即为已知线段。如图中的圆弧 O_1 的定形尺寸是 $R10$，定位尺寸是 $X=28$（对称中心线为 X 向尺寸起点），$Y=38(32+6)$（图形最下边线 mn 为 Y 向尺寸起点）。圆弧 O_2 的定形尺寸是 $R88$、定位尺寸是 $X=0$、$Y=32(88-56)$（在下边线的 mn 的下方）。所以圆弧 O_1、O_2 为已知线段，此外图中下边线和下部缺口处的直线段也为已知线段。

(2)中间线段：已知定形尺寸，但缺少 X 向或 Y 向定位尺寸，或已知两个定位尺寸，缺定形尺寸，要按圆弧相切的作图方法才能作出的线段称为中间线段，如图中的圆弧 ce、圆弧 O_3 和直线 ae。

（注意：圆弧 ab、ce 为同心圆弧，圆心为 O_2）

(3)连接线段：只知定形尺寸，缺少定位尺寸，要按与圆弧相切的作图方法才能作出的线段称为连接线段，如图中的圆弧 O_4。

（以上分析如图 2-22 所示）

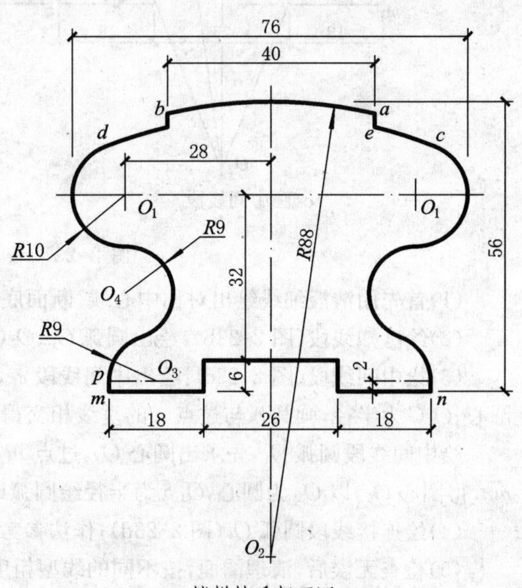

图 2-22 栏杆扶手

2. 作图(图 2-23)：

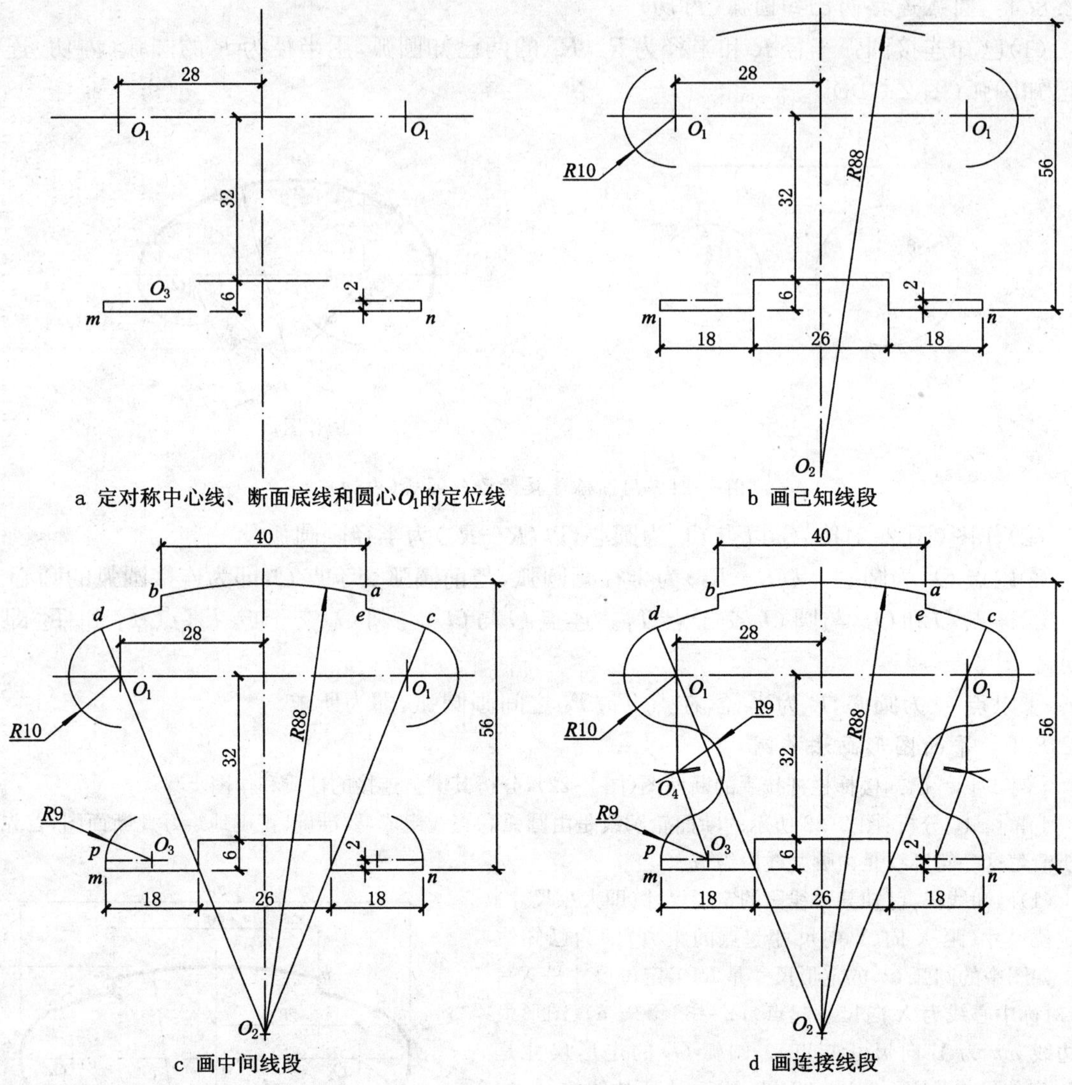

图 2-23 楼梯扶手断面的作图步骤

(1)首先用清淡细线绘出对称中心线、断面底线和已知圆弧圆心的定位线(图 2-23a)。

(2)绘已知线段(图 2-23b)：绘出圆弧 O_1、O_2(即$\overset{\frown}{ab}$)及下方基线 mn 和缺口中的水平、垂直线。

(3)绘中间线段(图 2-23c)：绘出中间线段 ce，即连接 O_2O_1 并延长与已知线段圆弧 O_1 交于点 C，以 O_2 为圆心、O_2C 为半径，画圆弧与过点 a 的垂线相交得点 e，同理作 ce 的对称线得圆弧 bd。

绘中间线段圆弧 O_3，先求出圆心 O_3：过点 m 作 mn 的垂线，取 $mp=2$，过点 p 作线段 $O_3p=9$ 并使 $O_3p/\!/mn$，得圆心 O_3，以 O_3 为圆心，O_3p 为半径绘圆弧即得。

(4)绘连接线段圆弧 O_4(图 2-23d)；作法参考前述图 2-20b。

(5)检查无误后，清理图面，按不同的线型粗度要求加粗、加深图线，标注完整的尺寸，书写图名和比例(见图 2-22)。

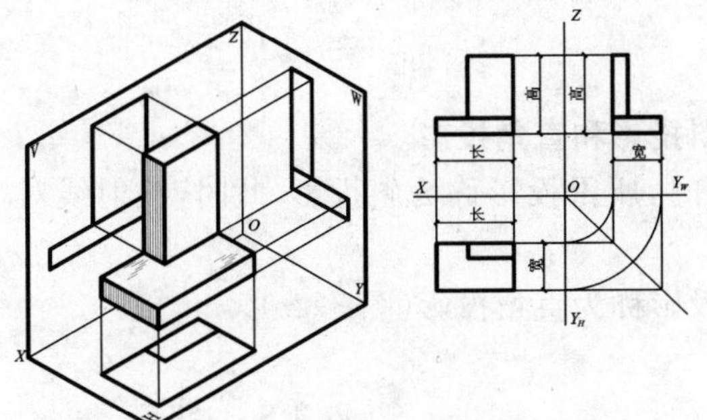

3 投影的基本知识

3.1 投影及平行投影的特性

3.1.1 概念

人们在日常生活中都见到过影子。当一物体被一光源照射时，必定会在一承影面上落下影子。图 3-1a 所示为一房屋模型，在平行光线照射下，落在一水平面 H 上的影子。这个影子能反映模型的某个方向的轮廓，但不能确切地反映该模型的形状和大小。

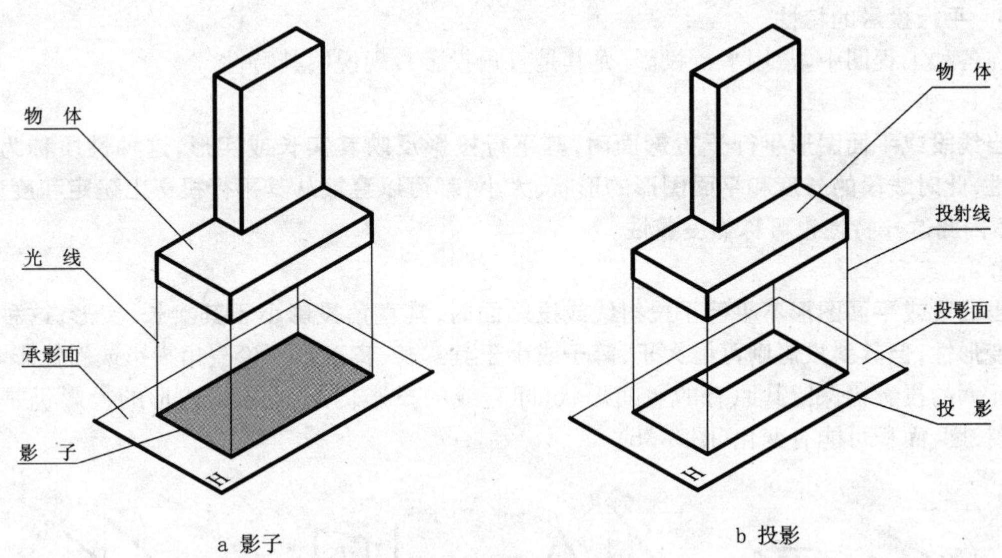

a 影子　　b 投影

图 3-1 影子与投影

如图 3-1b 所示，假想光线能透过形体，过形体各顶点的光线与 H 面相交，得交点，依次连接各交点，即得形体在 H 面上的落影图形，这时形体上的顶点和棱线都在平面 H 上有落影，这样得到的图形称为投影。产生投影的平面称为投影面，光线称为投射线。投射线、空间形体、投影面是投影的三要素。形体的一个投影不能确定形体的空间形状。

3.1.2 投影的分类

按照投射线的种类不同，投影可分为中心投影和平行投影两大类。

3.1.2.1 中心投影

当投射线发自一点，且该点距离投影面有限远时，所得投影称为中心投影，中心投影的投

射线必交于一点,投射线的交点称为投射中心(图 3-2a),**又称光源。**

3.1.2.2　平行投影

当投射线相互平行时,所得投影称为平行投影。

根据投射线与投影面的关系,**平行投影又分为斜投影和直角投影。**

(1)斜投影:当投射线相互平行且倾斜于投影面时,所得投影称为斜投影,此时,投射线对投影面的倾角 $\alpha<90°$(图 3-2b)。

(2)直角投影:当投射线垂直于投影面时,所得投影称为直角投影(图 3-2c)。

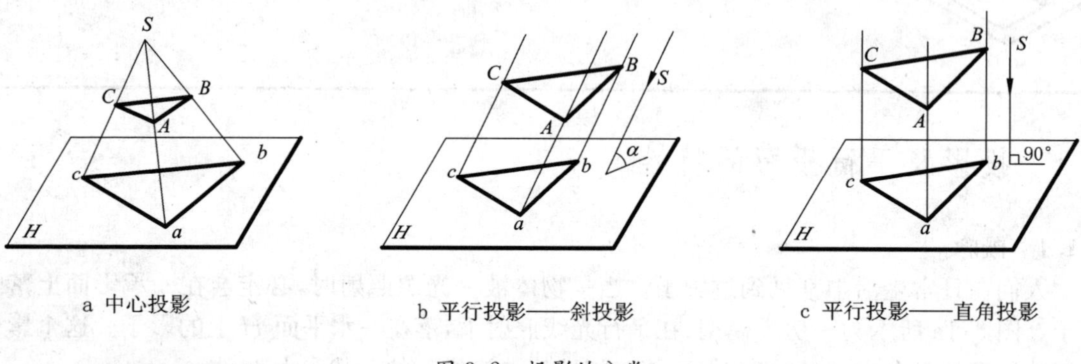

a 中心投影　　b 平行投影——斜投影　　c 平行投影——直角投影

图 3-2　投影的分类

3.1.3　平行投影的特性

在各种工程图中,常用平行投影(尤其是直角投影),现说明其特性。

3.1.3.1　实长(形)性

当线段或平面图形平行于投影面时,其平行投影反映其实长或实形,这种性质称为实长(形)性,此时线段的长度和平面图形的形状、大小,都可以直接从其平行投影上确定和度量(图 3-3a),**因此这一特性也可称为度量性。**

3.1.3.2　变形性

当线段或平面图形不平行于投射线或投影面时,其直角投影小于其实长、实形,这种性质称为变形性,但其斜投影则可能大于、等于或小于其实长、实形。不论直角投影或斜投影,此时几何元素的投影仍保留其原有的空间形状,即直线的投影仍是直线,n 边形的投影仍是 n 边形,仅长度、面积可能有变化(图 3-3b)。

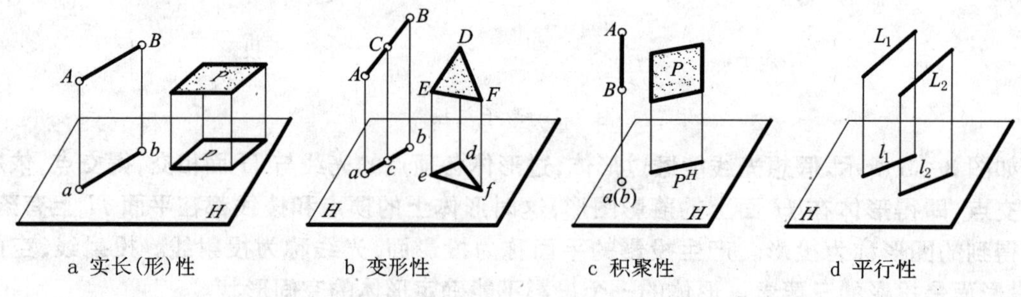

a 实长(形)性　　b 变形性　　c 积聚性　　d 平行性

图 3-3　平行投影特性

3.1.3.3　积聚性

当线段或平面图形平行于投射线时,其平行投影积聚成一点或一直线段,这种性质称为积聚性,有积聚性的投影称为积聚投影(图 3-3c)。

3.1.3.4　平行性

当两线段空间平行时，它们在同一投影面上的平行投影相互平行（图 3-3d），**这种性质称为平行性。**

3.1.3.5　定比性

一直线上两线段长度之比等于其同面投影（几何元素在同一投影面上的投影称同面投影）的长度之比，这种性质称为定比性，如图 3-3b 所示，$AC:CB=ac:cb$；两平行线段长度之比等于其同面投影长度之比，如图 3-3d 所示，若 $L_1 /\!/ L_2$，则 $L_1:L_2=l_1:l_2$。

由于直角投影的投射方向垂直于投影面，这种投影既具备平行投影的各种性质，又有表达形体形状清楚、作图简便等特点，故在工程中得到广泛的应用。

3.2　正投影及正投影规律

3.2.1　正投影图的形成及规律

3.2.1.1　单面投影

如图 3-4a 所示为一台阶模型，在**台阶正下方设置一水平投影面（简称水平面或 H 面），向 H 面作台阶的直角投影，得投影图**（图 3-4b），**该图称为台阶的水平投影或 H 投影。**由平行投影的平行性和积聚性可知，台阶的前、后、左侧面及两个踢面均垂直于 H 面，故其 H 投影均积聚成直线段，而台阶的两个踏面均平行于 H 面，它们的 H 投影反映实形。

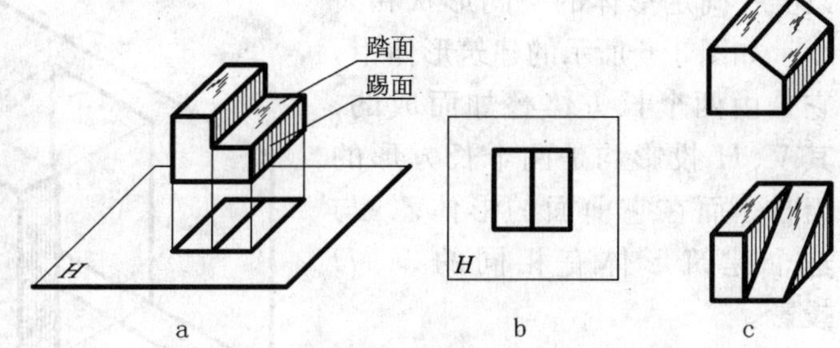

图 3-4　形体的单面投影不能确定其形状

显然，台阶的 H 投影仅反映台阶的长度和宽度，不能反映台阶每个踏步的高度。

由图 3-4b，我们还可想像出不同于台阶的其他形体，如图 3-4c 所示，它们的 H 投影都与台阶的 H 投影相同。

由此可见，仅凭形体的单面直角投影是不足以确定形体的空间形状及大小的。

3.2.1.2　两面投影及其规律

为了较清楚地表达台阶的形状，可在 H 投影面的基础上，在台阶的正后方再设置一正立投影面 V（简称正立面），使 $V\perp H$，V、H 面的交线称为投影轴 OX。分别向 V、H 作台阶的直角投影，即可得台阶的两面投影，其中：H 投影反映每级踏步的长、宽和踏面的实形，台阶在 V 面上的投影（简称 V 投影）反映每级踏步的长、高和前表面的实形。两个投影综合起来，即可较准确地反映出台阶的形状、大小（图 3-5a）。

由于投影图是在图纸（一个平面）上绘制的，为此，需要将图 3-5a 中的两投影面展开。展开时规定 V 面不动，将台阶模型移开，将 H 面（连同 H 投影）绕 OX 轴向下旋转 90°，使之与 V 面同在一平面上，即得台阶的两面投影图（图 3-5b）。由于投影面边框线与作图无关，故可以省略。去掉投影面边框线后的两面投影图如图 3-5c 所示。去掉投影轴后的两面投影图如图 3-5d 所示。

形体的两面投影规律如下：

（1）**形体的 V 投影反映其长度和高度，H 投影反映其长度和宽度；**

(2)**形体的 V、H 投影左、右对齐，同时反映形体的长度，这种关系称为"长对正"。**

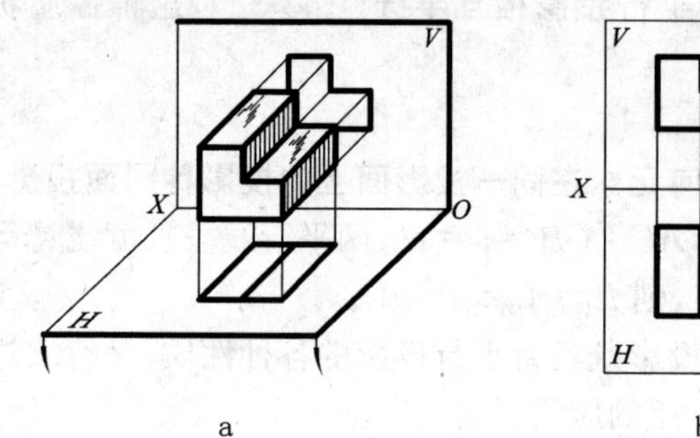

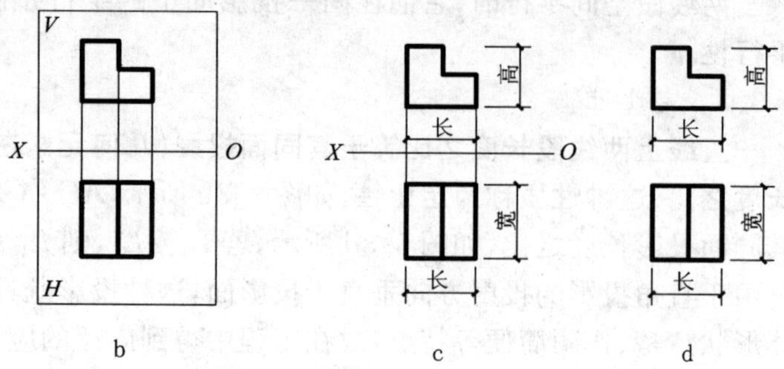

图 3-5 台阶的两面投影

3.2.1.3 三面投影及其规律

有时仅凭两面投影，也不足以唯一确定形体的空间形状和大小。如图 3-6 所示的建筑形体甲，它是由两个长方体叠加而成的，其 V、H 投影均是两个长方形的组合。而在它前面的形体乙，与这个建筑形体有相同的 V、H 投影。

为了确切表达该建筑形体的形状特征，可在 V、H 面的基础上增设一侧立投影面 W（简称侧面），使之同时垂直于 V、H 面。作出形体在 W 面上的投影（称为侧面投影或 W 投影），即可显示其形状特征。而图 3-6 中的两个形体的 W 投影就有明显的区别。

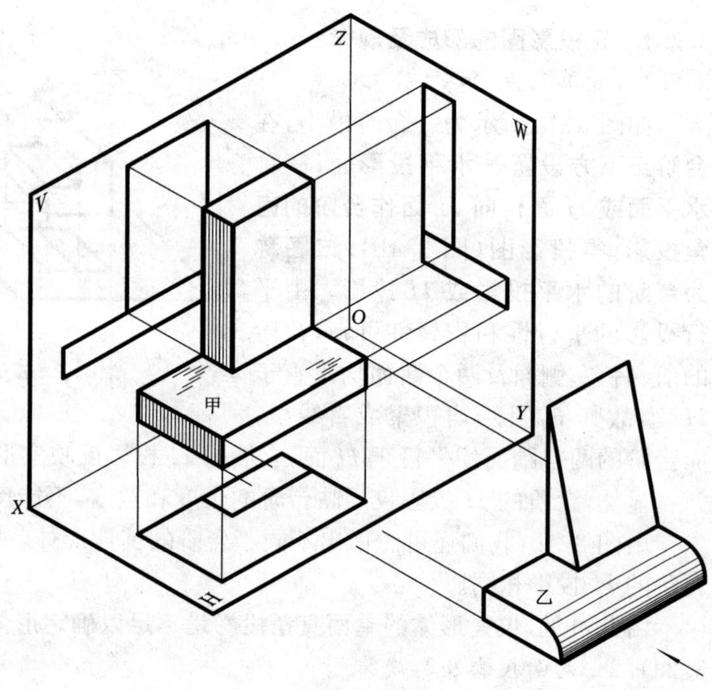

图 3-6 三面投影的必要性

如图 3-6 所示，新设的 W 面与 V、H 面的交线分别为投影轴 OZ、OY，加上原有的 OX 轴，三轴交于原点 O。

如前所述，三投影面同样需要展开。展开时规定 V 面不动，H 面（连同 H 投影）绕 OX 轴向下旋转 90°、W 面（连同 W 投影）绕 OZ 轴向右旋转 90°，使 H 面和 W 面都与 V 面同在一平面上（图 3-7a），去掉投影面边框，即得形体的三面投影图（图 3-7b）。

应注意：OY 轴在投影面展开时被分为两条，随 H 面的标记为 OY_H，随 W 面的标记为 OY_W。

多面直角投影也称为正投影，即形体在两个或两个以上投影面上的直角投影称为正投影。本书以后凡提及投影，若无特别说明，均指正投影。

三面投影规律如下：

(1)**三面投影是形体的基本投影，一般形体可用三个基本投影来确定其形状、大小，其中：**

V 投影反映形体的长度、高度及形体上不垂直于 V 面的表面的原几何形状[①]**；H 投影反映形体的长度、宽度及形体上不垂直于 H 面的表面的原几何形状；W 投影反映形体的宽度、高度及形体上不垂直于 W 面的表面的原几何形状。**

(2)**形体的三面投影展开后，V、H 投影左右对齐，并同时反映形体的长度，这种关系称为“长对正”；V、W 投影上下平齐，并同时反映形体的高度，这种关系称为“高平齐”；H、W 投影同时反映形体的宽度，称为“宽相等”。简言之：形体的三面投影之间的投影对应关系为“长对正，高平齐，宽相等”。**

在作图时，“长对正”就是用靠在丁字尺工作边上的三角板的直角边作投影连线将 V 投影和 H 投影对正；“高平齐”就是直接用丁字尺的工作边作水平线将 V 投影和 W 投影拉平；“宽相等”就是利用以原点 O 为圆心的圆弧或由原点引出的 45°斜线将宽度在 H 投影和 W 投影间互相转移，或直接用直尺或分规量取宽度，如图 3-7b 所示（注意：两投影的投影连线必垂直于相应的投影轴。例如 V、H 投影的投影连线垂直于 OX 轴；V、W 投影的投影连线垂直于 OZ 轴；W、H 投影的投影连线，前者垂直于 OY_W 轴，后者垂直于 OY_H 轴，且保持同宽）。去投影轴后的三面投影如图 3-7c 所示，这时 V、H 投影之间的距离和 V、W 投影之间的距离以适宜长度为准。

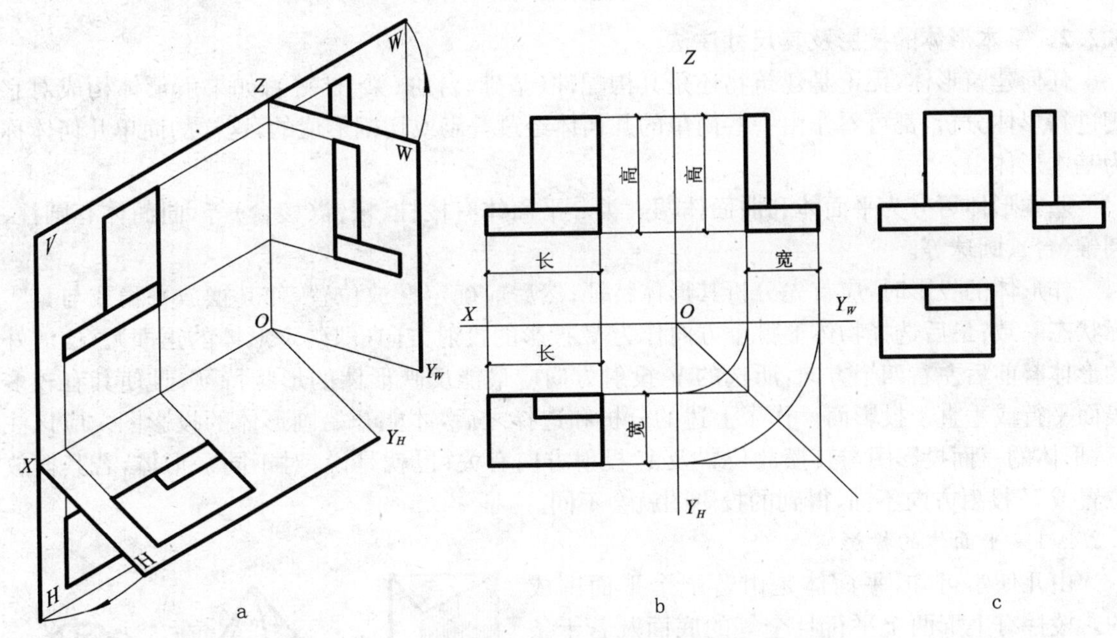

图 3-7 投影面的展开及三面投影图

(3)**在形体的投影图上能反映形体的方向**。如图 3-8 所示，形体有左右、前后、上下六个方向，规定以 OX 轴正向表示“左”、OY 轴正向表示“前”、OZ 轴正向表示“上”。展开后的投影图中，**V 投影反映形体的上下、左右关系，W 投影反映形体的上下、前后关系，H 投影反映形体的左右、前后关系**。如图 3-8 所示的形体，就是由长方体的左前上方切去一个三棱柱形成的。

善于在投影图上识别形体的方向，对于画图和读图都是十分重要的，初学者尤其应注意 H、W 投影图中前后方向的识别。

① “原几何形状”指平面几何图形，如三角形、平行四边形投影后仍为三角形、平行四边形，但面积大小有变化。

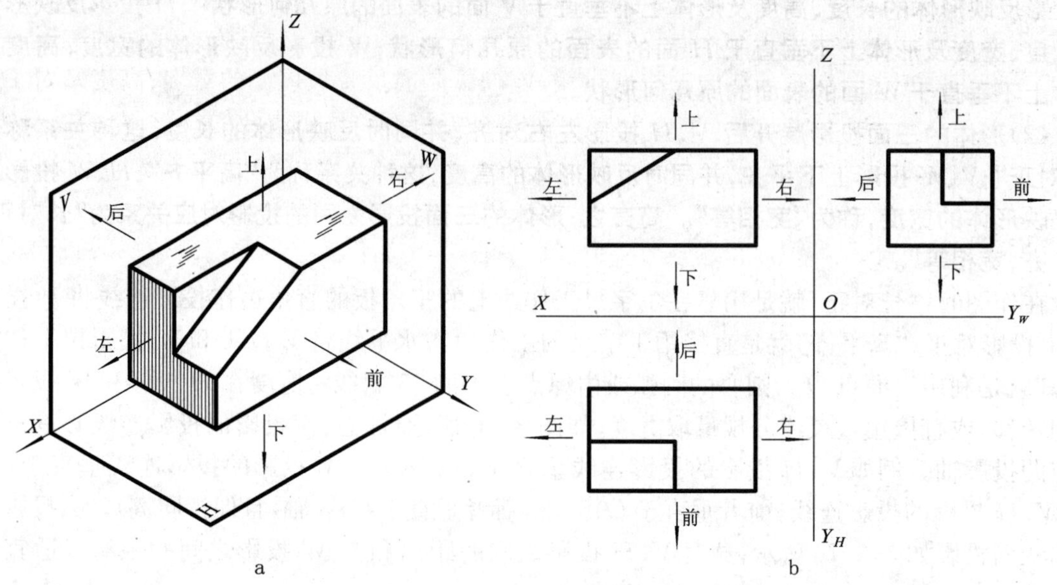

图 3-8 投影图上形体的方向

3.2.2 基本形体的投影及其尺寸注法

任何建筑形体，无论是建筑物还是其构配件（基础、台阶、梁、柱等），如果就形体构成对它们进行形体分析，都可看作由一些简单的几何体经过叠砌或切割形成的，这样的简单几何体称为基本形体。

基本形体可分为平面体和曲面体两大类。平面体有棱柱、棱锥（棱台）等，曲面体有圆柱、圆锥（台）、圆球等。

作形体的投影时，应首先分析其形体特征；然后应确定摆放位置，使其摆放平稳或与其实际状态一致；最后选择物体上哪个方向作为 V 投影的投射方向（即确定形体的正面）。摆放好的形体有前后左右四个方向，所选的 V 投射方向应最能反映形体的形状特征，且使其有较多表面平行或垂直于投影面。作了上述的分析和选择之后，才能开始画形体的投影图。应该注意：形体的三面投影图与其摆放位置及 V 投射方向有关；也就是说，对于同一形体，若其摆放位置或 V 投射方向不同，得到的投影图就会不同。

3.2.2.1 平面体的投影

由几何学可知，平面体是由若干个平面围成的。棱柱有上下两个平行且全等的底面及若干条相互平行的侧棱（棱柱由侧棱的条数命名），根据侧棱与底面是否垂直，棱柱又有直棱柱和斜棱柱之分，若底面为正多边形，棱线又垂直于底面，则称为正棱柱体（简称正棱柱）。图 3-9a 所示为直三棱柱。与棱柱不同，棱锥的侧棱交于一点即锥顶（棱锥由侧棱的条数命名），当底面为正多边形，锥顶与底面形心连线（锥轴）垂直于底面时，则称为正棱锥，如图 3-9b 所示为正四棱锥。棱锥体被垂直于锥轴的平面截断，即得棱锥台（图 3-9c），棱台的上下底面是相似的平面多边形。

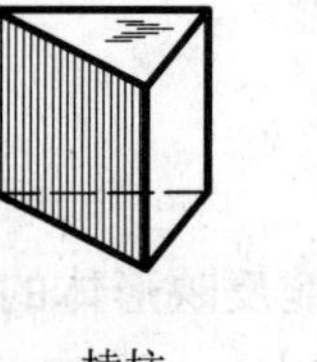

a 棱柱

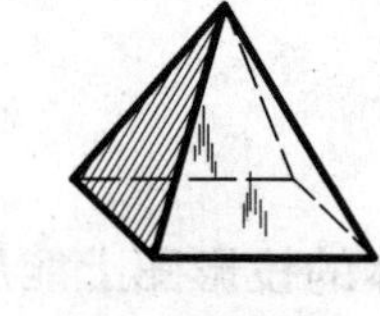

b 棱锥

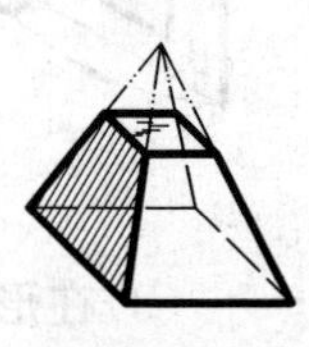

c 棱台

图 3-9 平面体

(1)棱柱的投影：如图 3-10 所示的两坡屋面，相当于底面为等腰三角形的直三棱柱横放，此时三棱柱的左右底面$/\!/W$面，且$\perp V$面、$\perp H$面，三条侧棱$\perp W$面，且$/\!/V$面、$/\!/H$面。展开后的投影图如图3-10b所示。其中：W投影是等腰三角形，即三棱柱左右底面的实形，三角形的三条边分别是三棱柱各侧面的积聚投影，该投影同时反映坡屋面的宽度、高度及对H面的倾角α；V投影为一矩形，是三棱柱前后侧面的非实形投影互相重合的投影，左、右、下边是三棱柱左右底面及水平侧棱面的积聚投影，上边是最高棱线（屋脊）的实长投影；H投影的轮廓是一大矩形（它是水平侧棱面的实形），大矩形线框之内的两个相等的小矩形（是前后侧面的非实形投影），左右边是棱柱左右底面的积聚投影，三条等长的水平线是三条棱线的实长投影。

由上分析，可得棱柱的投影特点：**在与棱柱底面平行的投影面上的投影反映底面实形（多边形），其余投影是一个或几个矩形。**

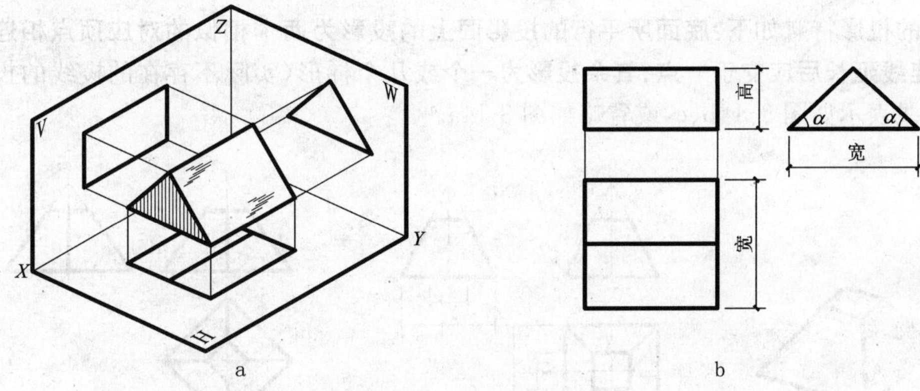

图3-10　三棱柱的投影

图3-11所示为长方体及正六棱柱的投影图（箭头所示为V面的投射方向，单点长画线表示对称线（中心线），以后均同）。

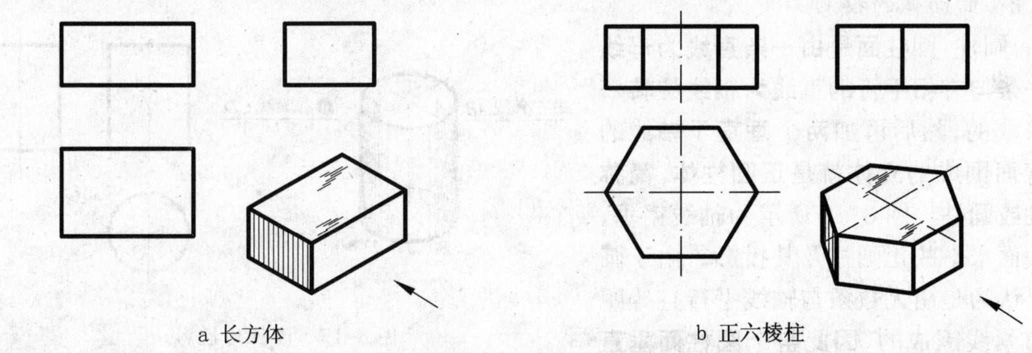

图3-11　常见棱柱的投影

(2)棱锥（台）的投影：图3-12所示为底面水平的正三棱锥的投影图。其中，V投影为两个相同的直角三角形和一个大的等腰三角形（V投影轮廓），分别是三棱锥各侧面的非实形投影，水平边是底面的积聚投影；H投影为三个小三角形组成的一个大的等边三角形，大三角形是底面的实形投影，小三角形是各侧面的非实形投影；W投影为一个三角形（两腰不等长），是左右侧面重合的投影，左、下边分别是后侧面

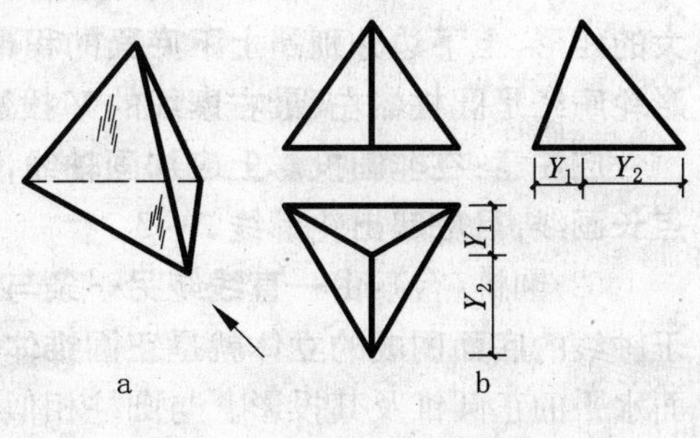

图3-12　正三棱锥的投影

及底面的积聚投影，右边是三棱锥最前棱线的实长投影。

由上分析，得棱锥的投影特点：**在底面所平行的投影面上投影轮廓为底面的实形（多边形）；其内部有交于顶点的若干个等腰三角形即各侧面的非实形投影；其余投影为一个或几个三角形。**

图 3-13 所示为正六棱锥的投影图。

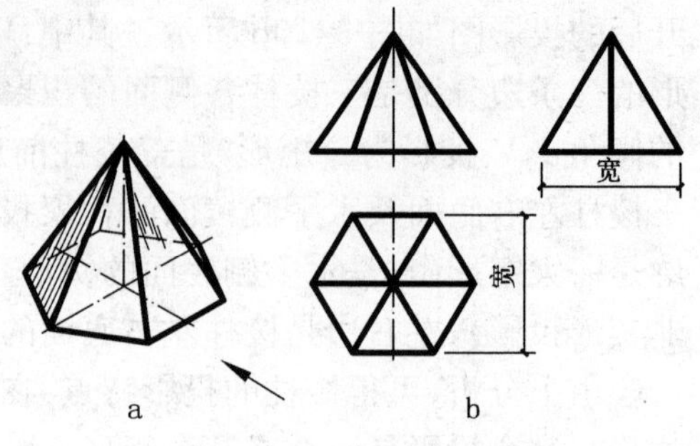

图 3-13　正六棱锥的投影

图 3-14 所示为底面水平的正四棱台的投影图。图中 V 投影的投射方向不同，投影所产生的变化如图 3-14b、c 所示。棱台各表面的投影请读者自行分析。

棱台的投影特点如下：**底面所平行的投影面上的投影为两个相似的对应顶点相连的多边形，顶点连线延长后应交于一点；其余投影为一个或几个梯形**（实际不存在的棱线的投影用细双点长画线表示如图 3-14b、c，或省略如图 3-14a。

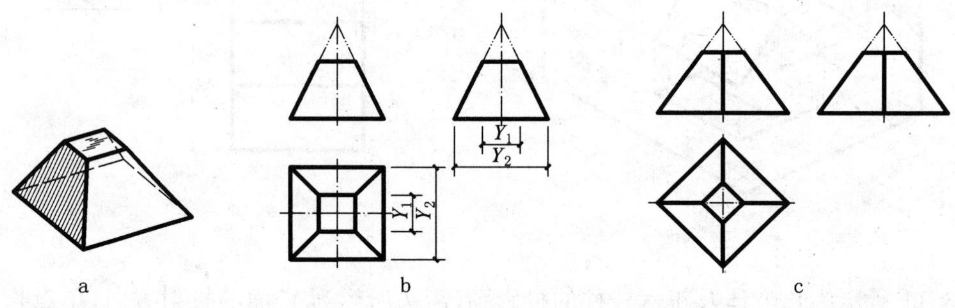

图 3-14　正四棱台

3.2.2.2　曲面体的投影

（1）圆柱：**圆柱面是由一条直线为母线绕另一条与它相平行的直线为轴线旋转一周所形成的，然后再加两个垂直于轴线的上下底面围成的立体就是正圆柱体，简称正圆柱或圆柱**。图 3-15 所示为轴线铅垂、上下底面水平的正圆柱及其投影。由于圆柱面可认为是由无数条与轴线平行且等距离的直素线围成的，**因此整个圆柱面垂直于 H 面，其 H 投影积聚成一圆，而圆平面则表示上下底面的实形投影。圆柱的 V、W 投影是等大的矩形，上下边分别是上下底面的积聚投影，其余两边则是圆柱面上转向素线的投影：V 投影轮廓线是圆柱最左、最右素线的 V 投影，W 投影轮廓线是圆柱最前、最后素线的 W 投影。**

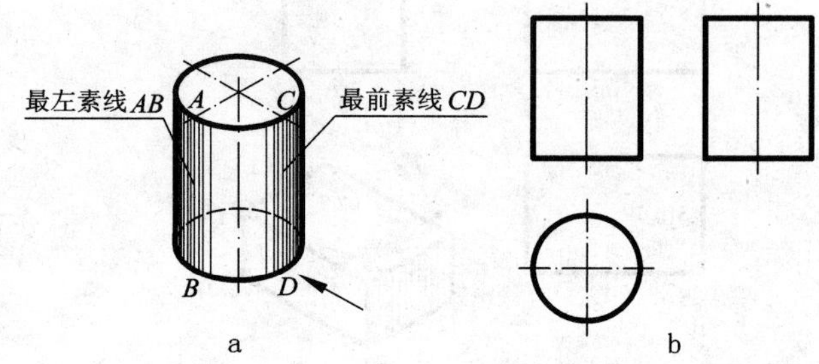

图 3-15　圆柱的投影

应注意：在非圆投影上应加画轴线，圆投影上应加画十字对称线（中心线），这些都是细单点长画线，且应超出轮廓线 2～3。

（2）圆锥（台）：**由一直线绕另一条与它相交的直线为轴线旋转一周，就形成圆锥面，加垂直于轴线的底面围成的立体就是正圆锥体，简称正圆锥或圆锥**。图 3-16a、b 所示为轴线铅垂、底面水平的正圆锥及其投影。与圆柱相似，圆锥的投影图上通常不画一般素线的投影，只画轮廓素线的相应投影及底圆的投影。

当轴线垂直于 *H* 面时，圆锥的 *H* 投影是一个圆，该圆既是圆锥面的 *H* 投影，也是底圆平面的实形投影；圆锥的 *V*、*W* 投影是等大的等腰三角形，底边分别是底圆的积聚投影(*V*、*W* 的积聚投影)：*V* 投影轮廓线是锥面最左、最右素线的 *V* 投影，*W* 投影轮廓线是锥面最前、最后素线的 *W* 投影。图 3-16c 所示为被一个与轴线垂直的平面截断后的圆锥，即圆台的投影，其 *V*、*W* 投影是等大的等腰梯形，*H* 投影是两个同心圆。

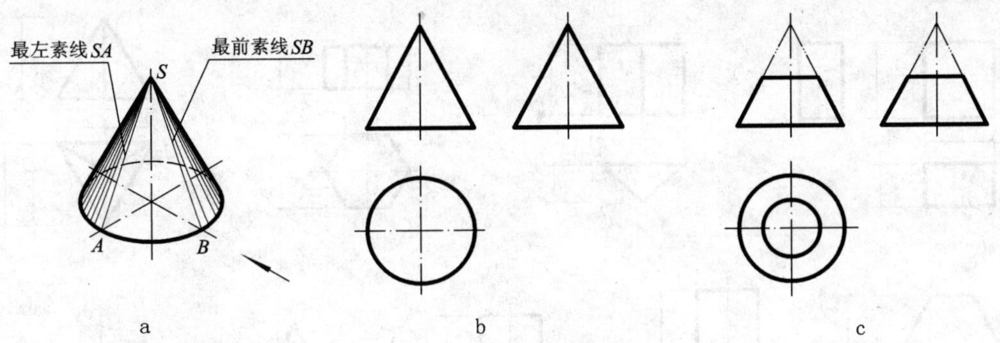

图 3-16　圆锥与圆台的投影

同圆柱的投影相似，圆锥(台)的各投影应加画轴线和中心线(当轴线垂直于 *V*、*W* 时，圆锥(台)的投影特性，请读者自行总结)。

(3)球：**圆平面绕圆自身的任一直径旋转一周形成球面，球面围成的立体就是球体，简称球**。众所周知，无论从哪个方向进行投影，球的投影都是一个直径等于球的直径的圆。因此，**球的三面投影是三个直径相等的圆，它们是过球心的分别平行于各投影面的大圆(轮廓素线)的对应投影**。其中，*H* 投影圆是球面上过球心的水平大圆(赤道圆)的 *H* 投影，*V*、*W* 投影圆分别是球面上过球心且分别平行于 *V*、*W* 面的大圆(子午线)的 *V*、*W* 投影。每一个大圆在另两个投影面上的投影是竖直或水平的直线段，长度等于球的直径，与投影圆的中心线重合，但仍以细单点长画线表示，不绘成粗实线(图 3-17)。

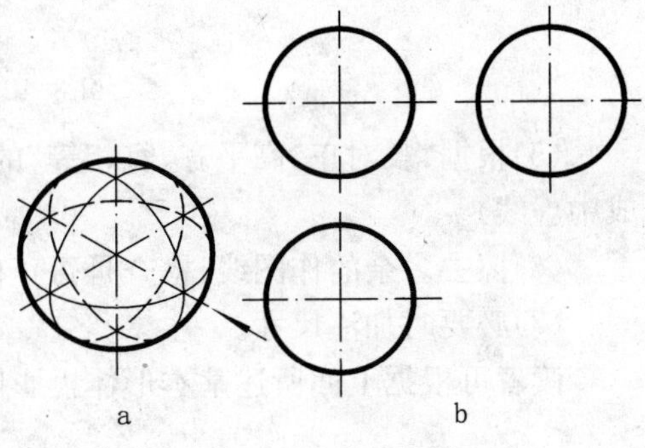

图 3-17　球的投影

3.2.2.3　基本形体的尺寸注法

任何形体，它的三面投影只能反映其形状，需要加注尺寸，才能确定其大小。形体的尺寸反映其实际大小，与画图比例及画图的准确度无关。

基本形体形状简单，平面体一般注出长、宽、高尺寸，曲面体注出直径和高度尺寸即可。尺寸应尽可能注在有特征形状的投影上，长、宽、高三向尺寸集中注在两个投影中，且一个尺寸只需注一次，不必重复。

各种基本形体的尺寸注法如图 3-18 所示，由图可知，形体的长度尺寸一般注在 *V* 投影下方，或 *H* 投影的上方，高度尺寸一般注在 *V* 投影右方，宽度尺寸则一般注在 *H* 投影的右方。其中正棱柱或正棱锥等也可只注其外接圆直径和高度。圆柱、圆锥、球加注尺寸后可用单面投影表示，如图 3-18g～i 所示，球的尺寸注法见图 2-9b 所示。

3.2.2.4 基本形体投影图的画图步骤

(1)分析形体的形状特征。

(2)确定形体的摆放位置及 V 投影的投射方向。

(3)估计各投影所占幅面大小,根据作图比例,在图纸上适当安排各投影的位置,画基准线(底边线、对称线、曲面体的轴线、中心线等)。

(4)画 V 投影或最具特征的投影(如图 3-18b、c,应先画 H 投影、曲面体则应先画投影圆等)。

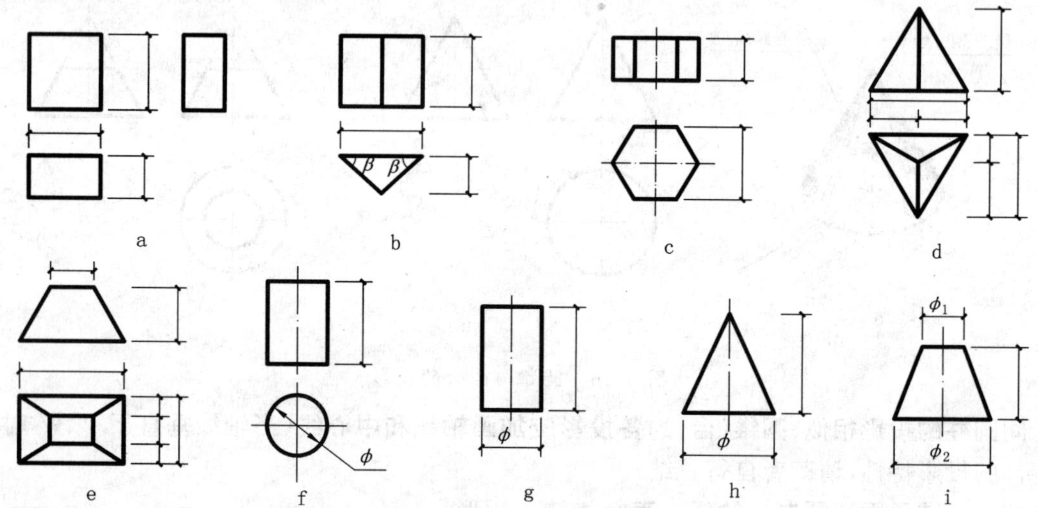

图 3-18 基本形体的尺寸注法

(5)根据"长对正,高平齐,宽相等"的投影关系,作出其他投影(不可见的棱线或轮廓线画成中虚线)。

(6)擦去多余的作图线,检查是否正确,加粗、加深图线。

(7)必要时加注尺寸。

读者可根据上面所述基本形体投影图的画图步骤,重画图 3-6 甲、乙形体的三面投影图。

3.3 常用工程图的种类

在表达建筑形体时,由于用途不同,往往采用不同的表达方法,中心投影和平行投影(包括正投影和斜投影)在建筑工程中的应用都很广泛。

3.3.1 透视投影

图 3-19a 是按中心投影法绘制的建筑物的透视投影,简称透视图。透视原理与照相原理相似,所得图形与人眼看到的视觉形象或照片一样,十分逼真。透视图加绘配景及色彩所成的效果图,常用作建筑设计的方案比较或展示。透视投影作图较繁,而且建筑物各部分的实际形状和大小不能直接在图中度量。

透视图是一种单面中心投影。

3.3.2 轴测投影

用平行投影的方法,选择适当的投影面和投射方向,可在一个投影面上得到能同时反映形体长、宽、高三个向度的投影图,称为轴测投影,依轴测投射方向与投影面是否垂直,它又分为正轴测投影和斜轴测投影两种。

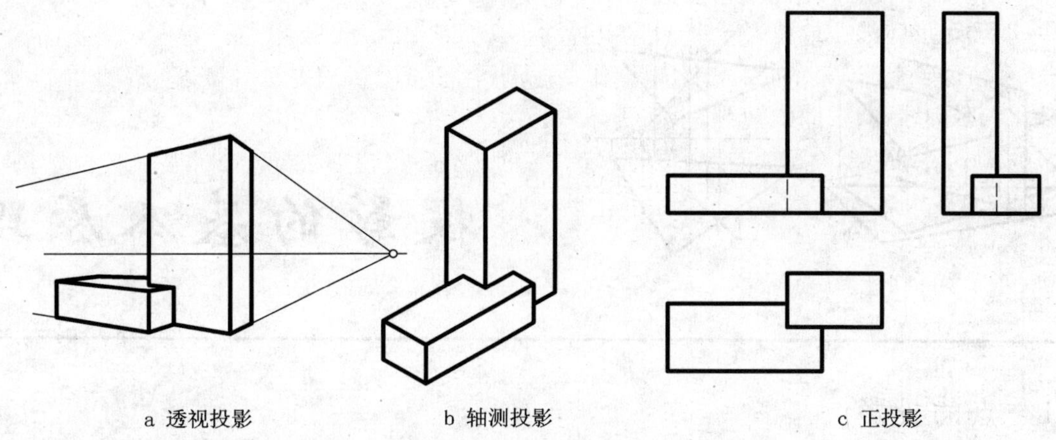

a 透视投影　　b 轴测投影　　c 正投影

图 3-19　常用工程图的种类

轴测投影具有一定的立体感，且相对于透视图来说，绘制较容易，并能在图中沿轴测轴方向直接度量，故在工程中也有一定应用，常用作工程中的辅助图样。但建筑物的实际形状和大小仍不能在图中准确地表达出来。

图 3-19b 所示为正等轴测投影(正等测)，它是一种单面直角投影。

3.3.3　正投影

图 3-19c 是用直角投影法绘制的多面直角投影图，称为正投影图，简称正投影。这种图的最大优点就是表达准确、作图简便、度量性好，因而在各种工程上都得到广泛使用。但正投影图缺乏立体感，读者需要接受一定训练后才能看懂。

3.3.4　标高投影

在表达不规则曲面(如地形)时，可假想用一系列等间距的水平面来截割曲面，所得交线为高度相等的曲线，这一曲线称为等高线。将不同高程的等高线用直角投影法投影到同一水平投影面上，并标出各等高线的高程数字，即得标高投影图或等高线图(图 3-20)。

标高投影图是一种注有高程数字的单面直角投影图。

图 3-21 是图 3-19 建筑物的标高投影图。各字母右下方的数字为其各角点的高程，以米为单位，但在图中不标注该单位。根据图中所示比例尺用直尺量取形体的长度和宽度值。

标高投影常用于地形图和道路工程图中的线位图。

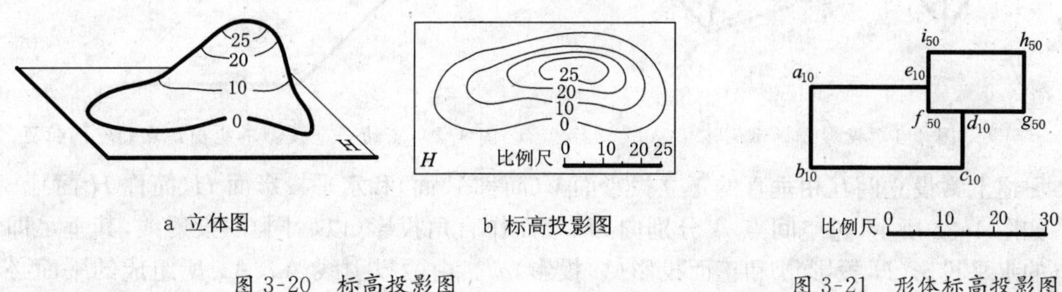

a 立体图　　b 标高投影图

图 3-20　标高投影图

图 3-21　形体标高投影图

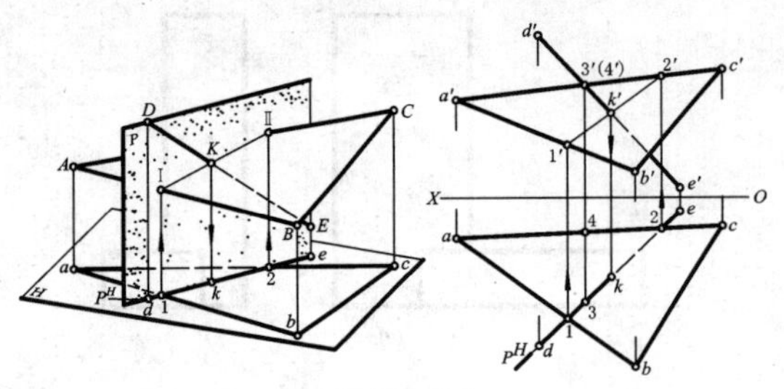

4 投影的基本原理

4.1 点的投影

任何形体的构成都离不开点、线、面三要素，而点又是构成形体的最基本元素，所以，要正确地表达或分析形体，首先必须掌握点、直线、平面的投影规律，而点的投影规律又是它们的基础。

例如图 4-1 所示的三棱锥的三面投影图，可以看成是由各侧面和底面的投影组成。各侧面的投影由棱线及顶点 A、B、C、D 投影决定。所以下面先介绍点的投影及点的投影规律。

4.1.1 点的两面投影

4.1.1.1 点的两面投影的产生

如图 4-2 所示，**空间点 *A* 向投影面 *H* 作直角投影，产生唯一投影 *a*。** 反之，**由一个投影 *a* 却不能唯一确定点 *A* 的空间位置，** 因为在过投影 a 的这条投射线上，有无数点。所以至少需要两个投影，方能确定点的空间位置。

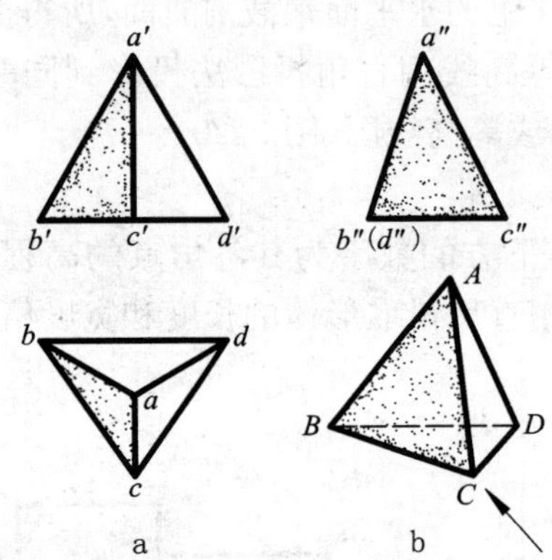

图 4-1 投影分析示例

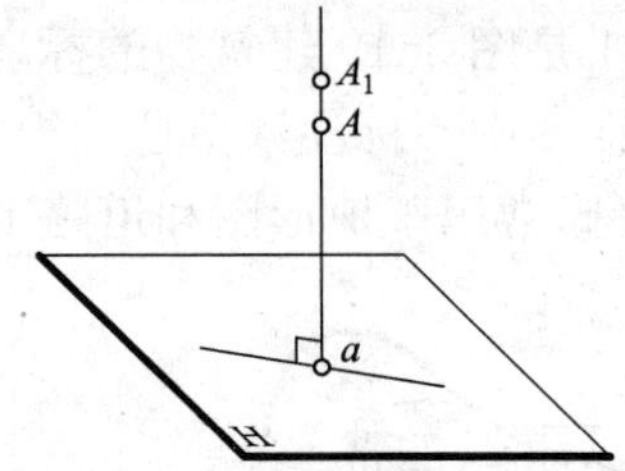

图 4-2 点的一个投影不能确定点的空间位置

习惯上常设立两互相垂直的正立投影面 V（简称 V 面）和水平投影面 H（简称 H 面）。

如图 4-3a 所示，过空间点 A 分别向 H、V 面作直角投影（以后同）的投射线，其垂足即为 A 点的水平投影（H 投影）a 和正面投影（V 投影）a'。由两投射线 Aa、Aa' 所组成的平面必与 H、V 面都垂直相交。由几何学知：三平面互相垂直相交，三条交线必互相垂直，且交于一点，用 a_X 标记，即有：$OX \perp a'a_X$，$OX \perp aa_X$，$\angle a'a_Xa = 90°$，四边形 Aaa_Xa' 为矩形。根据实际作图需要，须将投影面按照第 3 章所述的投影面展开原则展开成同一平面，如图 4-3b、c 所示，得 A

点的两面投影图。因 Aaa_Xa' 是矩形，而且在展开过程中，aa_X 是绕 a_X 往下旋转至与 V 面重合，所以，展开后 $aa_X \perp OX$ 的关系仍保持不变。如图 4-3c 所示，$aa_X \perp OX$，又 $a'a_X \perp OX$，故 a、a_X、a' 三点共线，并垂直于 OX 轴，即 $a'a \perp OX$，也就是 A 点的 V 投影 a' 与 A 点的 H 投影 a 的连线垂直于 OX 轴。

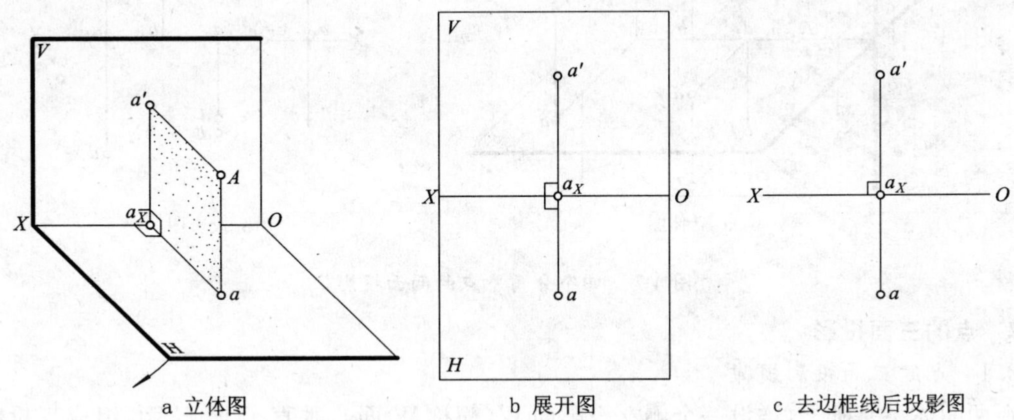

图 4-3　点的两面投影

4.1.1.2　点的两面投影规律

在点的两面投影产生过程中，由于 Aaa_Xa' 是矩形，矩形的对边平行且相等，从而得到 $Aa = a'a_X$，$Aa' = aa_X$，而 Aa 和 Aa' 分别代表点 A 到 H 面和 V 面的距离，由此可得点的两面投影规律：

(1)在投影图中，**点的 V 投影 a' 和 H 投影 a 的连线垂直于投影轴 OX，即 $a'a \perp OX$。**

(2)**点 A 的 V 投影 a' 到 OX 轴的距离，等于点 A 到 H 面的距离，点 A 的 H 投影 a 到 OX 轴的距离，等于点 A 到 V 面的距离**，即 $a'a_X = A \rightarrow H$，$aa_X = A \rightarrow V$(图 4-3a、b、c)。

4.1.1.3　点在两投影面体系中的投影

在几何学中，平面可以无限延伸扩展。如图 4-4 所示，现将 H 面往后延伸，V 面往下延伸，将空间分成第一分角(H 面以上、V 面以前)、第二分角(H 面以上、V 面以后)、第三分角(H 面以下、V 面以后)、第四分角(H 面以下、V 面以前)等四个分角。我国的制图标准规定将物体放在第一分角画投影图，作出物体在第一分角的投影的方法称**第一角画法。**

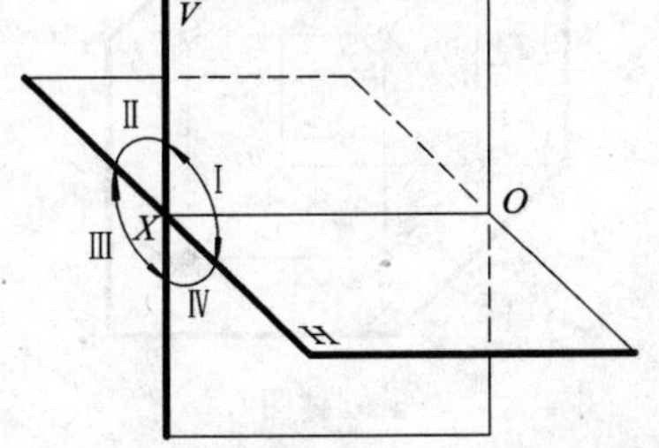

图 4-4　两面体系及四个分角

图 4-5a 所示为处于四个分角中空间点及其对应投影的立体图。图 4-5b 所示为投影图，A 点处于第一分角内：V 投影 a' 在 OX 轴之上，H 投影 a 在 OX 轴之下；B 点处于第二分角内：b' 与 b 均在 OX 轴之上；C 点处于第三分角内：c' 在 OX 轴之下，c 在 OX 轴之上；D 点处于第四分角内：d' 与 d 均在 OX 轴之下；E 点在 OX 轴上，e'、e 与 E 点本身重合在 OX 轴上。

虽然点处在不同分角中的投影图形式不一样，但点在第一分角中的投影规律同样也适用于其他分角中的点的投影。如 $b'b \perp OX$，$b'b_X = B \rightarrow H$，$bb_X = B \rightarrow V$ 等。

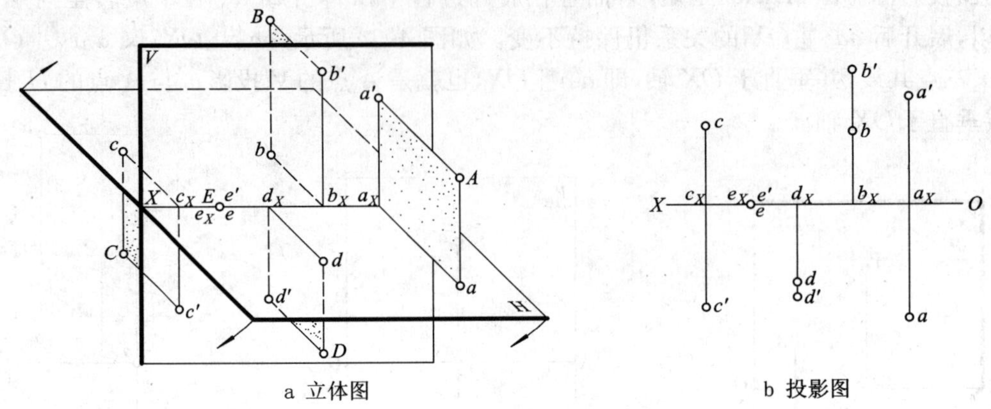

a 立体图　　　　b 投影图

图 4-5　四个分角中点的两面投影

4.1.2 点的三面投影

4.1.2.1　点的三面投影规律

在两面体系基础上，增设一个侧立投影面 W（简称 W 面），垂直于 V、H 面，组成三投影面体系。三个投影面两两相交，产生三条投影轴 OX 轴（$V\times H$）、OY 轴（$W\times H$）和 OZ 轴（$V\times W$）。三轴交于 O 点。作出 A 点的三面投影 a'、a、a''，如图 4-6a 所示。图中 $Aa'a_Xaa_Ya''a_ZO$ 构成一长方体，称为关于点 A 的"投影方箱"。再按第 3 章中图 3-7a 所示的方法将空间互相垂直的三个投影面及其上各投影展开至与 V 面重合为同一个平面，如图 4-6b 所示。由于长方体对边平行且相等，所以 $a'a\perp OX$，$a''a'\perp OZ$，$aa_{Y_H}\perp OY_H$，$a''a_{Y_W}\perp OY_W$，且有 $aa_X=a''a_Z$，这一关系可用圆弧（图 4-6b）或用 45°分角线（图 4-6c）来反映。

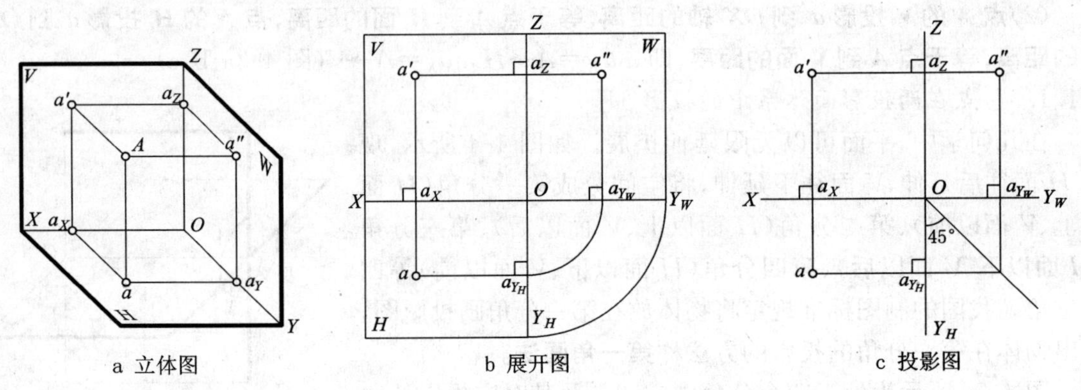

a 立体图　　　　b 展开图　　　　c 投影图

图 4-6　点的三面投影

综上所述，点的三面投影规律可简述为：

(1)在投影图中，点的两投影连线垂直于相应的投影轴，即 $a'a\perp OX$，$a'a''\perp OZ$（通常将 OX 轴水平放置）。

(2)点的投影到投影轴的距离等于空间点到相应投影面的距离，即 $a'a_X=a''a_{Y_W}=A\rightarrow H$，$aa_X=a''a_Z=A\rightarrow V$，$a'a_Z=aa_{Y_H}=A\rightarrow W$。

图 4-7 所示为已知点 A 的 V、H 投影 a'、a，求点 A 的 W 投影 a'' 的四个作图步骤：

①过 a' 作水平线得交点 a_Z（图 4-7a）。

②过 a 作水平线得交点 a_{Y_H}（图 4-7b）。

③以点 O 为圆心，$R=Oa_{Y_H}$ 为半径逆时针画圆弧得交点 a_{Y_W}（图 4-7c）。

④过点 a_{Y_W} 作竖直线④，①线与④线交点即为所求的点 A 的 W 投影 a''（图 4-7d）。

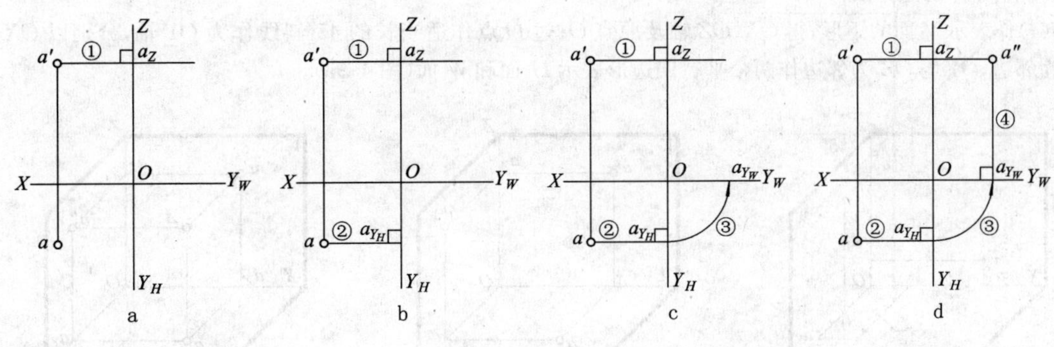

图 4-7　已知 a'、a，求 a''

4.1.2.2　点的投影与直角坐标

若引进坐标的概念，则三投影面体系就相当于坐标系，投影面相当于坐标面，投影轴相当于坐标轴，OX 轴相当于 X 轴，OY 轴相当于 Y 轴，OZ 轴相当于 Z 轴，O 点相当于坐标原点。由解析几何知识知：空间点的位置可由其三维坐标决定，如 $A(x,y,z)$。

如图 4-6a 所示，投射线 Aa''、Aa' 和 Aa 既代表点 A 到 W、V、H 三个投影面的距离，也代表点 A 的 X、Y、Z 三维坐标值，所以点的空间位置也可由点到投影面的距离来描述。显然，点的投影与其坐标有如下关系：

H 投影含 X、Y 两个坐标，即 $a(x,y)$。

V 投影含 X、Z 两个坐标，即 $a'(x,z)$。

W 投影含 Y、Z 两个坐标，即 $a''(y,z)$。

且"投影方箱"的长＝X＝$A\rightarrow W$，宽＝Y＝$A\rightarrow V$，高＝Z＝$A\rightarrow H$。

[例 4-1]　已知 $A(15,10,15)$（长度单位取 mm，以后均同），求作它的投影图及立体图。

[解]　1. 分析：由已知条件知：A 点的三个坐标为 $X_A=15$，$Y_A=10$，$Z_A=15$，而点的三个投影与点的坐标有如下关系：$a'(x,z)$、$a(x,y)$、$a''(y,z)$，所以 A 点的三个投影可表示成：$a'(15,15)$、$a(15,10)$ 、$a''(10,15)$，即可在投影图中定出 a'、a、a''的位置。

2. 作投影图（图 4-8）：

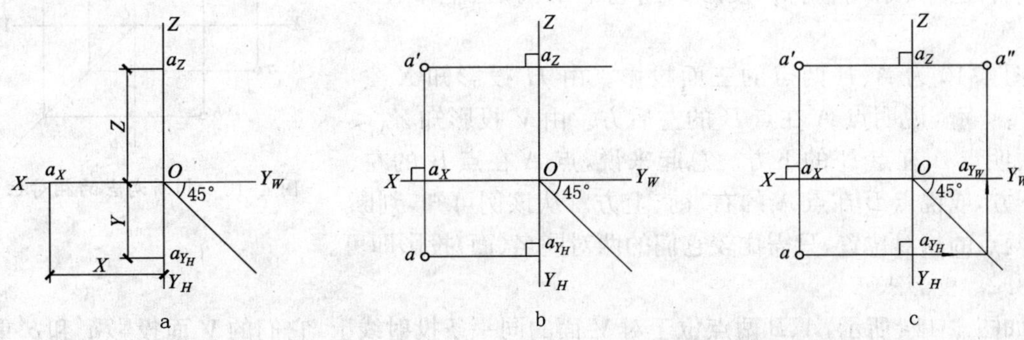

图 4-8　已知点的三维坐标，求其投影图

(1)画出投影轴（OX 轴应放置成水平位置）及 45°分角线（图 4-8a）。

(2)在 OX、OY_H、OZ 轴上，根据坐标 $X_A=15$、$Y_A=10$、$Z_A=15$ 分别定出点 a_X、a_{Y_H}、a_Z（图 4-8a）。

(3)过点 a_X 作 OX 轴的垂线，与过点 a_Z、a_{Y_H} 的水平线相交于点 a' 和 a（图 4-8b）。

(4)已知 a'、a，按图 4-7 的四个步骤作图求出 a''（图 4-8c）。

(5)用三面投影规律检查作图是正确的，即 $a'a \perp OX$，$a'a'' \perp OZ$，$aa_X = a''a_Z$。

3. 作点 A 的立体图：

(1)作表示 V 面的矩形，得 OX、OZ 轴及原点 O；过 O 点作适当长的 45°斜线作为 OY 轴，分别以 OX 与 OY 为邻边，OY 与 OZ 为邻边作两个平行四边形表示 H 面和 W 面（图 4-9a）。

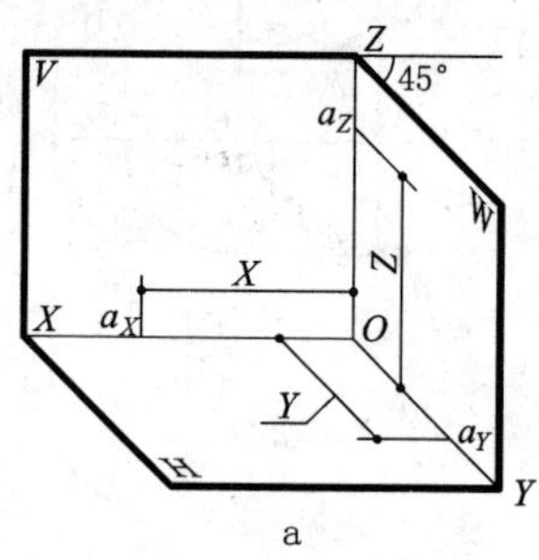

a

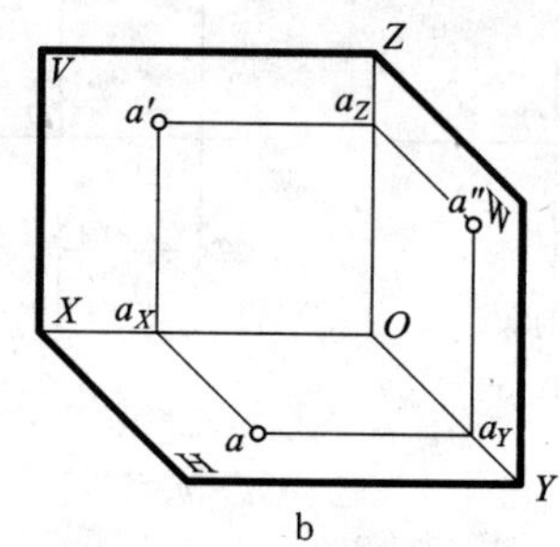

b

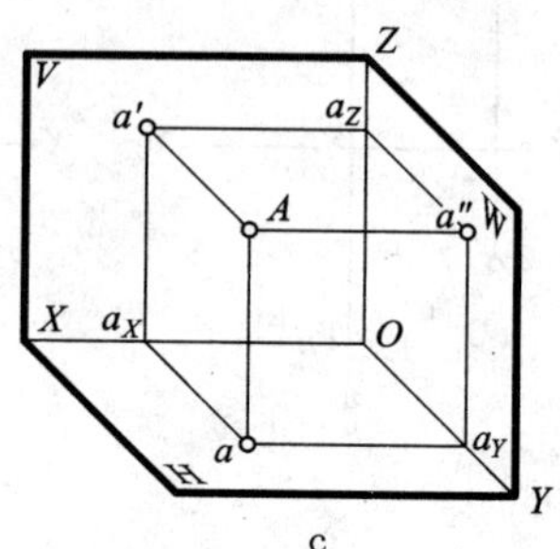

c

图 4-9　已知点的三维坐标，求作立体图

(2)根据 X_A、Y_A、Z_A 分别在 OX、OY、OZ 轴上定出 a_X、a_Y、a_Z 三点（图 4-9a）。

(3)过点 a_X 作 OY、OZ 轴的平行线，过点 a_Y 作 OX、OZ 轴的平行线，过点 a_Z 作 OX、OY 轴的平行线，分别在 V、H、W 面上得到三个交点 a'、a、a''（图 4-9b）。

(4)分别过 a'、a 作 OY、OZ 轴的平行线，两线相交于一点即空间点 A，再过 a'' 作 OX 轴的平行线，应与 A 点相交，以复核作图的准确性（图 4-9c）。

4.1.3　两点的相对位置及重影点

4.1.3.1　两点相对位置的判断

空间两点的相对位置可根据它们在投影图中各组同名（面）投影（指空间两点在同一投影面上的投影）的相对位置或它们的坐标差来判断。

空间方位在投影图中规定为：沿 OX 方向为左右，且 X 坐标大，离 W 面远为左；沿 OY_H 或 OY_W 方向为前后，且 Y 坐标大，离 V 面远为前；沿 OZ 方向为上下，且 Z 坐标大，离 H 面远为上。参考图 3-8。

因此，空间两点的相对位置在投影图中，可利用其 V 投影判断它们的上下、左右位置关系，利用 H 投影判断它们的前后、左右位置关系，利用 W 投影判断它们的前后、上下位置关系。

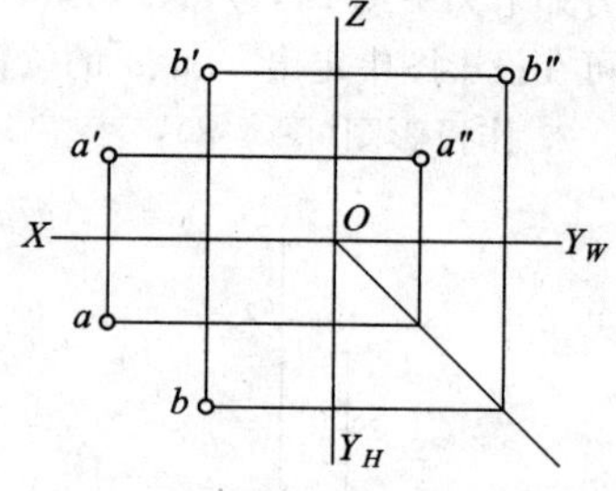

图 4-10　判断两点的相对位置

图 4-10 为 A、B 两点的三面投影。由 H 投影知 $X_A > X_B$，$Y_A < Y_B$，说明点 A 在点 B 的左后方。由 V 投影知 $Z_A < Z_B$，说明点 A 在点 B 的下方。总起来说，点 A 在点 B 的左、后、下方，或说点 B 在点 A 的右、前、上方。从该例可知，判断空间两点的相对位置，只需比较它们的两对同名（面）投影即可。

4.1.3.2　重影点

如图 4-11a 所示，A、B 两点位于对 V 面的同一条投射线上，它们的 V 面投影 a' 和 b' 重合于一点，且 $X_A = X_B$，$Z_A = Z_B$。因点 A 在点 B 的正前方，所以，由前往后看，点 A 可见，点 B 不可见，即有 a' 可见，b' 不可见，为表明可见性，在投影图中标记为：$a'(b')$，而 A、B 两点则称为对 V 面的重影点。图 4-11b、c 分别是对 H 面的重影点 C、D 和对 W 面的重影点 E、F 的投影。

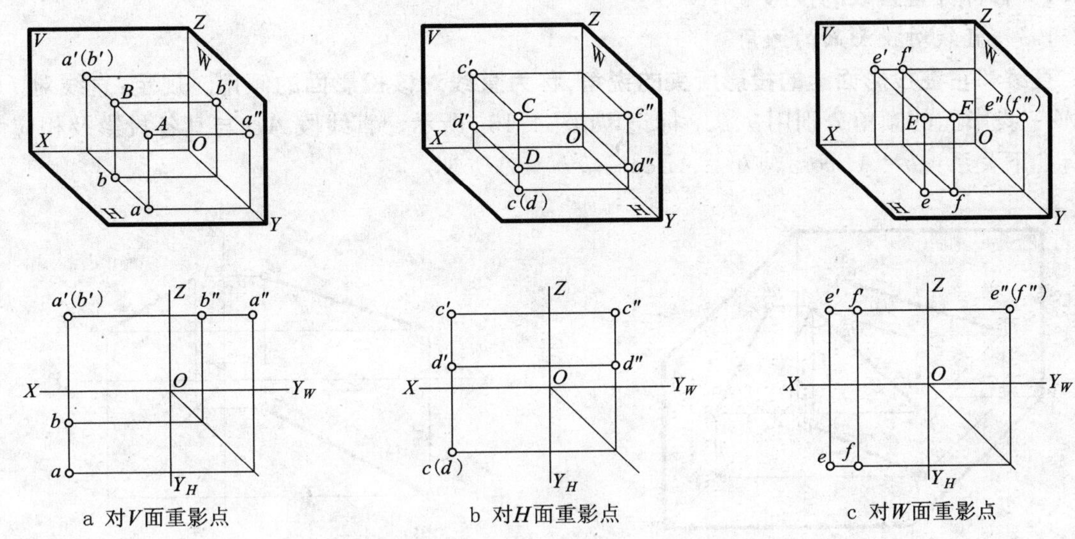

图 4-11　重影点的投影

空间不同两点的同面投影重合于一点的性质，称为重影性，而该两点称为对该投影面的重影点。重影点需判别可见性。显然，离投影面远、坐标值大的点为可见；反之则相反。或说前遮后、左遮右、上遮下。在投影图中的标记是：在重影点投影重合的投影面上，不可见点的投影符号加上括号"(　)"，如 $a'(b')$、$c(d)$、$e''(f'')$。

4.2　直线的投影

由平行投影特性知：直线的投影一般仍为直线。按照"两点决定一直线"的几何条件，可在作出直线上两点的投影后，将其同名投影连接起来，即可得直线的投影。同样，由直线上两点的投影，也可确定直线的空间位置。另外，直线的空间位置还可由线上一点及指向来确定。描述直线的指向时，应按字母顺序所指的方向来描述。如图 4-12 所示，直线由 $A \to B$ 所指的方向，应描述成：直线 AB 由右前上方指向左后下方，或 AB 向左后下方倾斜。

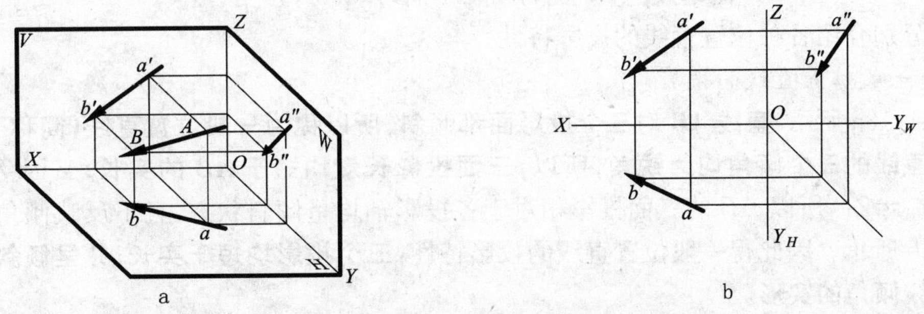

图 4-12　直线的投影

需注意的是：**在投影图中，可见的直线、曲线的投影均用粗实线表示，**以区别于用细实线所表示的其他作图线、辅助线及投影轴。

4.2.1 各种位置直线的投影

4.2.1.1 直线对投影面的倾角

直线和它在投影面上的投影所夹的锐角，称为直线对该投影面的倾角。规定：直线对 H、V、W 三投影面的倾角分别用 α、β、γ 标记，如图 4-13a 所示。直线段 AB 与其各投影及相应倾角有如下关系：$ab=AB\cos\alpha$，$a'b'=AB\cos\beta$，$a''b''=AB\cos\gamma$。

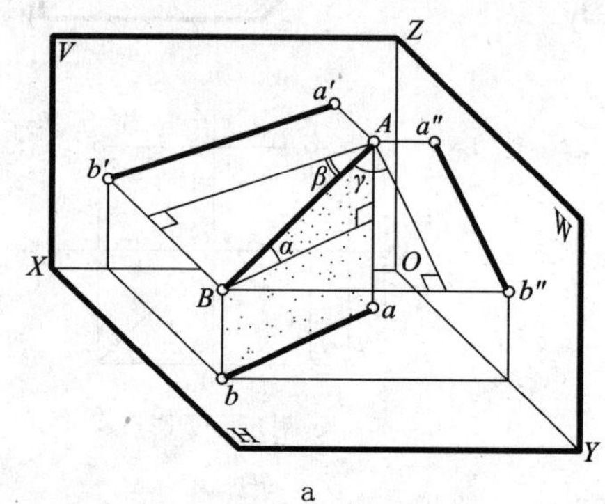

a

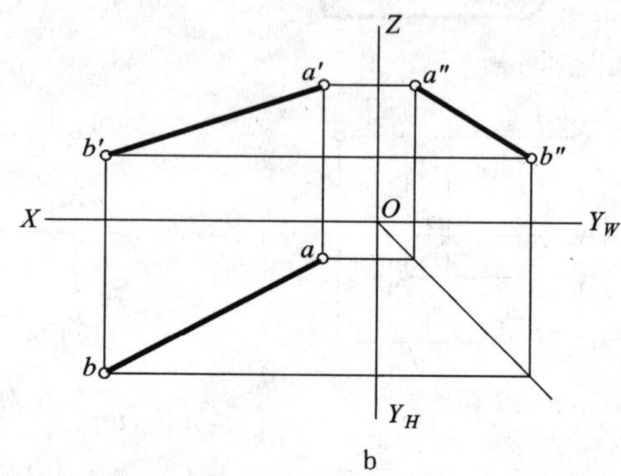

b

图 4-13 一般位置直线的投影及倾角

当直线的某倾角为 0°(即直线平行于某一投影面)时，该面投影反映其实长；当直线的某倾角为 90°(即直线垂直于某一投影面)时，该面投影积聚成一点；当直线的某倾角在 0°、90°之间(即直线倾斜于某一投影面)时，该面投影仍是直线，但长度短于实长。

按直线与各投影面的相对位置关系不同，直线可分为三大类：一般位置直线，投影面平行线，投影面垂直线(后两类合称为特殊位置直线)。直线的分类及其倾角的对应关系如下：

直线
- 一般位置直线：对 V、H、W 面都倾斜，$0°<\alpha、\beta、\gamma<90°$
- 投影面平行线：(只平行于一个投影面)
  - 正平线：$/\!/V$ 面，对 H、W 面倾斜，$\beta=0°$，$0°<\alpha、\gamma<90°$
  - 水平线：$/\!/H$ 面，对 V、W 面倾斜，$\alpha=0°$，$0°<\beta、\gamma<90°$
  - 侧平线：$/\!/W$ 面，对 H、V 面倾斜，$\gamma=0°$，$0°<\alpha、\beta<90°$
- 投影面垂直线：
  - 正垂线：$\perp V$ 面，$/\!/H$、W 面，$\beta=90°$，$\alpha=\gamma=0°$
  - 铅垂线：$\perp H$ 面，$/\!/V$、W 面，$\alpha=90°$，$\beta=\gamma=0°$
  - 侧垂线：$\perp W$ 面，$/\!/V$、H 面，$\gamma=90°$，$\alpha=\beta=0°$

下面分别介绍各种位置直线的投影特性。

4.2.1.2 一般位置直线的投影

如图 4-13a 所示，**直线 *AB* 对三个投影面都倾斜，所以称为一般位置直线(简称一般线)。一般位置直线的三个倾角均为锐角，所以，三面投影长度均短于 *AB* 的实长；**又因 $X_A\neq X_B$、$Y_A\neq Y_B$、$Z_A\neq Z_B$，所以 AB 的三面投影相对于各投影轴均呈倾斜状态，且不反映倾角的实形，如图 4-13b 所示。因此得一般位置直线的投影特性：**三个投影均短于实长，并呈倾斜状态，且不反映直线倾角的实形。**

事实上，只要直线的任两投影呈倾斜状态，即可断定该直线是一般位置直线。

4.2.1.3 特殊位置直线的投影

(1)投影面平行线。**投影面平行线特指平行于某一投影面，而对另外两个投影面倾斜的直线。**在图 4-14a 中，三棱台的棱边 $AB/\!/H$ 面，对 V、W 面倾斜，所以是水平线，$ab\underline{/\!/}AB$，呈倾斜状态，故 ab 与 OX、OY 轴的夹角反映了 AB 的 β、γ 倾角的实形，且 $a'b'/\!/OX$ 轴，$a''b''/\!/OY_W$

轴,如图 4-14b 和表 4-1 所示。因此,水平线的投影特性是:**水平投影呈倾斜状态,反映实长及 β、γ 倾角的实形,而其余投影分别平行于 OX 轴和 OY_W 轴。**

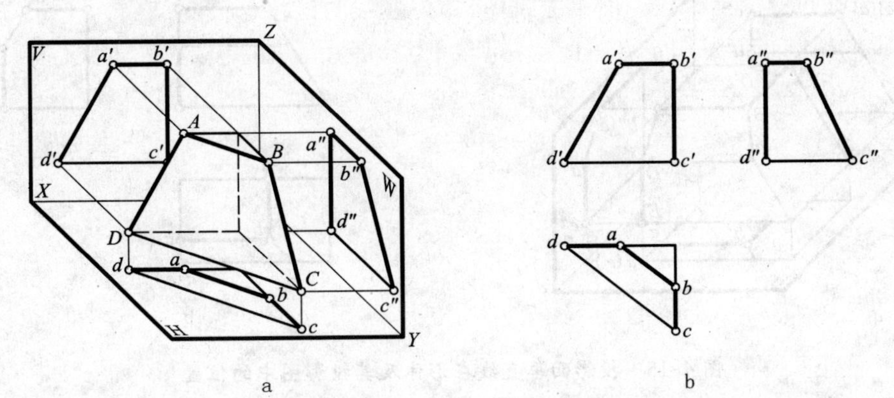

图 4-14 投影面平行线的投影

该三棱台的棱边 BC 和 AD 分别是侧平线和正平线,它们的投影特性列于表 4-1 中。

表 4-1 投影面平行线的投影特性

名称	水平线(//H 面,对 V、W 面倾斜)	正平线(//V,对 H、W 面倾斜)	侧平面(//W 面,对 V、H 面倾斜)
立体图	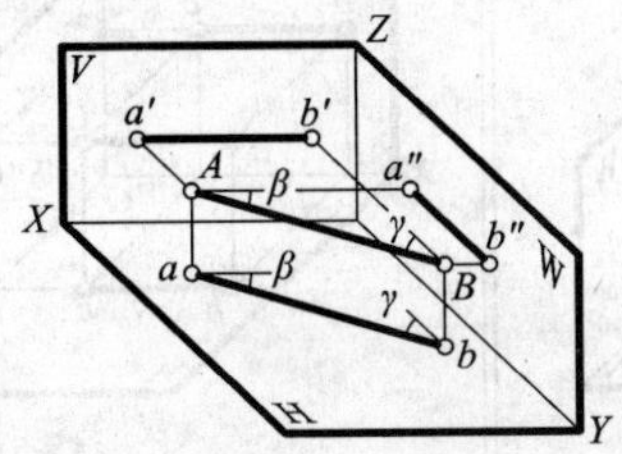	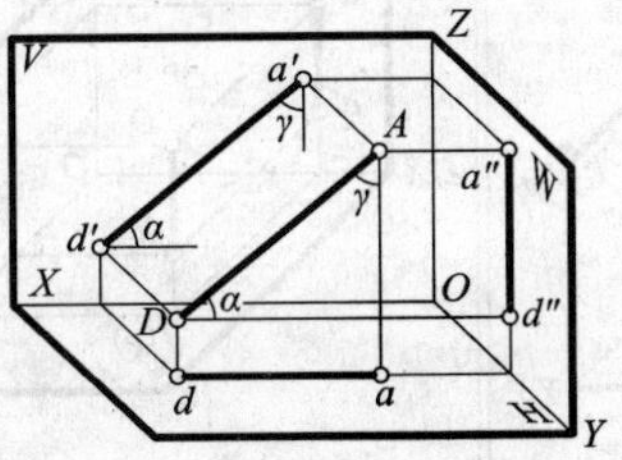	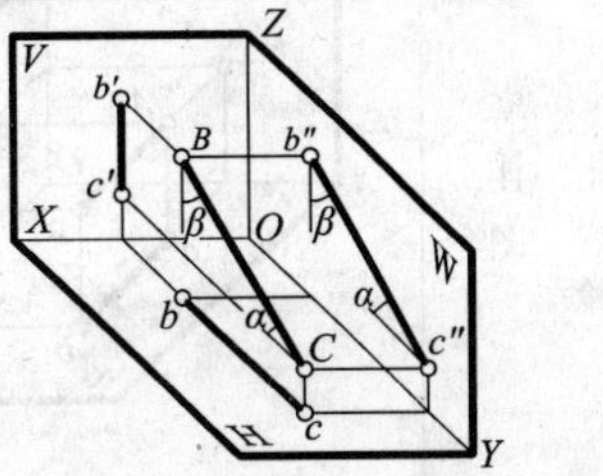
投影图	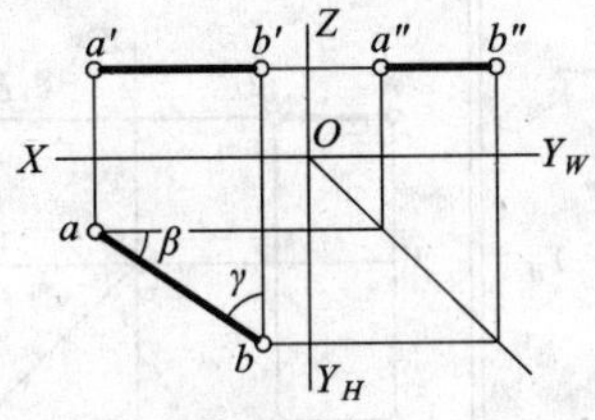	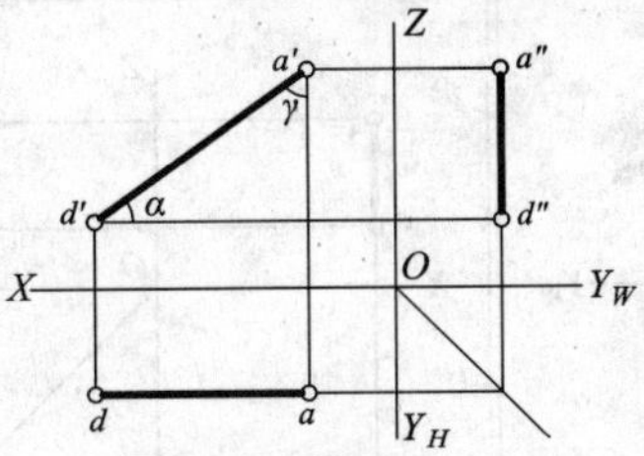	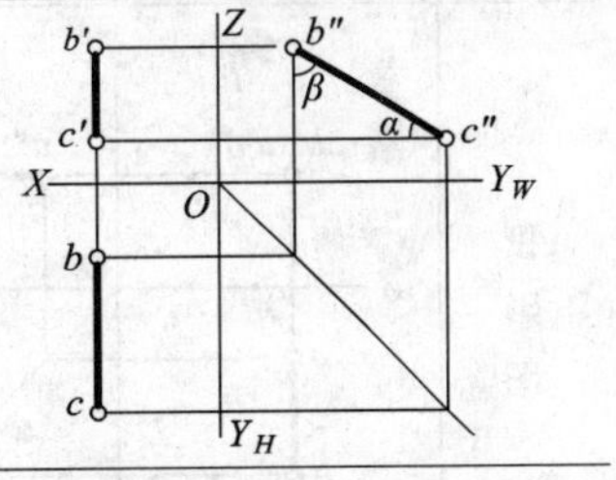
投影特性	1. ab 成倾斜状态且反映实长及 β、γ 倾角的实形 2. $a'b'$ // OX,$a''b''$ // OY_W,呈水平状态	1. $a'd'$ 成倾斜状态且反映实长及 α、γ 倾角的实形 2. ad // OX,$a''d''$ // OZ	1. $b''c''$ 成倾斜状态且反映实长及 α、β 倾角的实形 2. bc // OY_H,$b'c'$ // OZ,呈铅直状态

综上所述,投影面平行线的投影特性是:

①直线在所平行的投影面上的投影呈倾斜状态且反映实长,并反映其对另两个投影面倾角的实形。

②直线的另两个投影分别平行于相应的投影轴。

(2)投影面垂直线。**当直线垂直于某一投影面时,就必平行于另两个投影面,这时,直线被称为投影面的垂直线(或投射线)。** 在图 4-15a 中,形体的棱边 $AB \perp V$ 面,所以是正垂线,显然 AB 在 V 面上的投影具有积聚性,积聚成一点 $b'(a')$,又 AB // H 面,AB // W 面,所以 $ab \perp\!\!\!\!= AB$、$a''b'' \perp\!\!\!\!= AB$,且 $ab \perp OX$ 轴,$a''b'' \perp OZ$ 轴,如图 4-15b 和表 4-2 所示。因此,正垂线的投影特性是:**直线的**

V 面投影积聚成一点，其余投影分别垂直于相应的投影轴，且反映线段的实长。

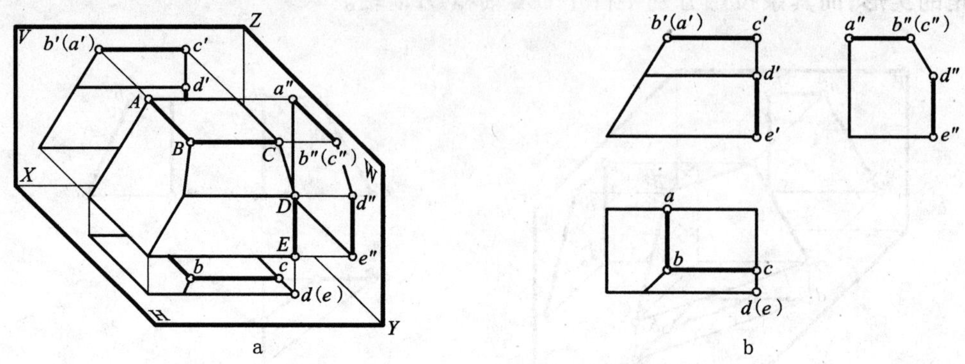

图 4-15 投影面垂直线在形体及其投影图中的位置

形体的棱边 BC 和 DE 分别为侧垂线和铅垂线，它们的投影特性列于表 4-2 中。

表 4-2 投影面垂直线的投影特性

名称	正垂线（⊥V 面）	铅垂线（⊥H 面）	侧垂线（⊥W 面）
立体图			
投影图			
投影特性	1. $a'b'$积聚为一点 $b'(a')$ 2. $ab \perp OX$，$a''b'' \perp OZ$，均反映实长	1. de 积聚为一点 $d(e)$ 2. $d'e' \perp OX$，$d''e'' \perp OY_W$，均反映实长	1. $b''c''$积聚为一点 $b''(c'')$ 2. $b'c' \perp OZ$，$bc \perp OY_H$，均反映实长

综上所述，投影面垂直线的投影特性是：

(1)直线在所垂直的投影面上的投影积聚成一点。

(2)直线的另两个投影反映其实长，且分别垂直于相应的投影轴。

4.2.2 直线上点的投影特性

4.2.2.1 直线上点的投影特性

由平行投影特性知：**直线上点的投影，必落在直线的同名投影上，且符合点的投影规律，称为从属性；直线上点分线段之比，在投影后仍不变，称为定比性。**如图 4-16 所示，点 C 的三个

投影 c、c'、c''均分别落在直线段 AB 的三个投影 ab、$a'b'$、$a''b''$上，且 $cc' \perp OX$，$c'c'' \perp OZ$，$cc_X = c''c_Z$，并不难证明：$AC : CB = a'c' : c'b' = ac : cb = a''c'' : c''b''$。因此，**同时满足从属性和定比性是点在直线上的充分和必要条件**。

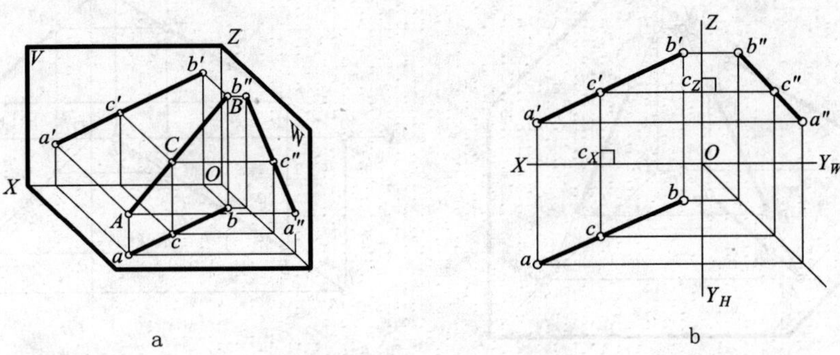

图 4-16　直线上点的投影特性

［例 4-2］　已知直线段 AB 的投影 $a'b'$、ab 及 AB 上点 C 的 V 投影 c'，求点 C 的水平投影 c（图 4-17a）。

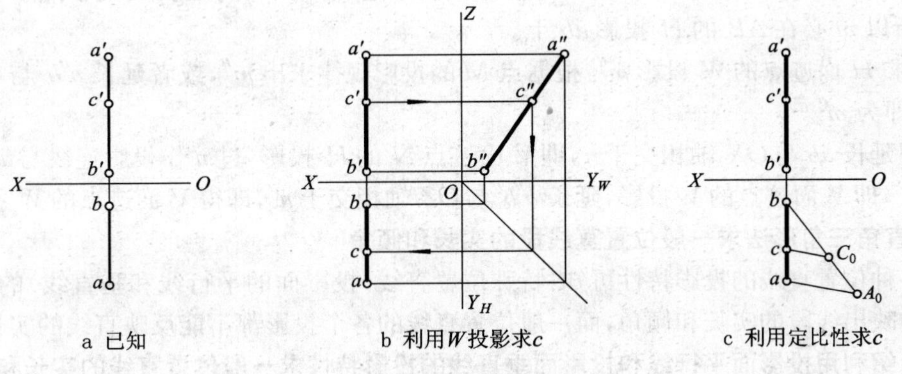

a 已知　　b 利用 W 投影求 c　　c 利用定比性求 c

图 4-17　补全直线上点的投影

［解］　1. 分析：C 既在 AB 上，则其水平投影 c 也必在 AB 的水平投影 ab 上，且 $c'c \perp OX$ 轴，但因 AB 为侧平线，$a'b'$、ab 均垂直于 OX 轴，不能直接用此垂直关系由 c' 求出 c，但可利用 W 投影或定比性来求 c。

2. 作图：

(1)利用 W 投影求点 C 的 H 投影 c（图 4-17b）：

①在图中适当处设置 Z 轴；求出 $a''b''$。

②作 $c'c'' \perp OZ$ 轴，且 c''必在 $a''b''$上。

③由 c''通过 45°线求出 c，c 在 ab 上，如图中箭头所示。

(2)利用定比性求点 C 的 H 投影 c（图 4-17c）：

①过点 b 任作一辅助线，在其上量取线段 $bA_0 = b'a'$，$bC_0 = b'c'$。

②连 A_0 与 a，过 C_0 作 $C_0c // A_0a$，c 必在 ab 上。

4.2.2.2　直线的迹点

直线与投影面的交点称为迹点。迹点是直线与投影面的共有点，具有直线上的点和投影面上点的投影特性。如图 4-18a 所示，直线 AB 与 H 面的交点 M 称为 H 面迹点（水平迹点），与 V 面的交点 N 称为 V 面迹点（正面迹点）。求 H 面迹点 M 的投影的作图步骤如下（图 4-18b）：

(1)求 H 面迹点 M 的 V 投影 m'：延长 $a'b'$ 与 OX 交于 m'。因为点 M 是直线 AB 上的点，m'必在 $a'b'$上，且点 M 又是 H 面上的点，则 m'必在 OX 轴上，所以 m'只能在 $a'b'$与 OX 轴的

交点上。

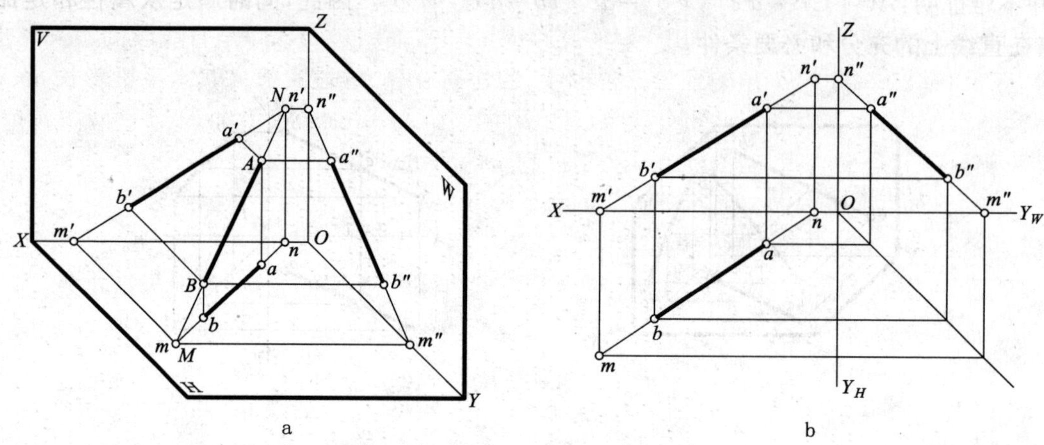

图 4-18 直线的迹点及其作图方法

(2)求 H 面迹点 M 的 H 投影 m：过 m' 作投影连线，与 ab 的延长线交于点 m。因 M 在 AB 上，所以 m 必在 AB 的 H 投影 ab 上。

(3)求 H 面迹点的 W 投影 m''：根据点 M 的投影规律求出 m''，或者延长 $a''b''$ 与 OY_W 轴相交，交点即为 m''。

同理延长 ab 与 OX 轴相交于 n，即 V 面迹点 N 的 H 投影，过 n 作投影连线与 $a'b'$ 的延长线交于 n'，即 V 面迹点的 V 投影，延长 $a''b''$ 与 OZ 轴相交于 n''，即得 V 面迹点的 W 投影。

4.2.3 直角三角形法求一般位置直线段的实长和倾角

从各种位置直线的投影特性可知：特殊位置直线（投影面的平行线和垂直线）的某些投影能直接反映出线段的实长和倾角，而一般位置直线的各个投影都不能反映直线的实长和倾角。下面将**介绍利用投影面平行线和投影面垂直线的投影特性求一般位置直线的实长和倾角的方法——直角三角形法**。

如图 4-19a 所示，在平面 $ABba$ 内，过 A 点作 $AB_0 // ab$，则 $AB_0 \perp Bb$，$\triangle AB_0B$ 为一直角三

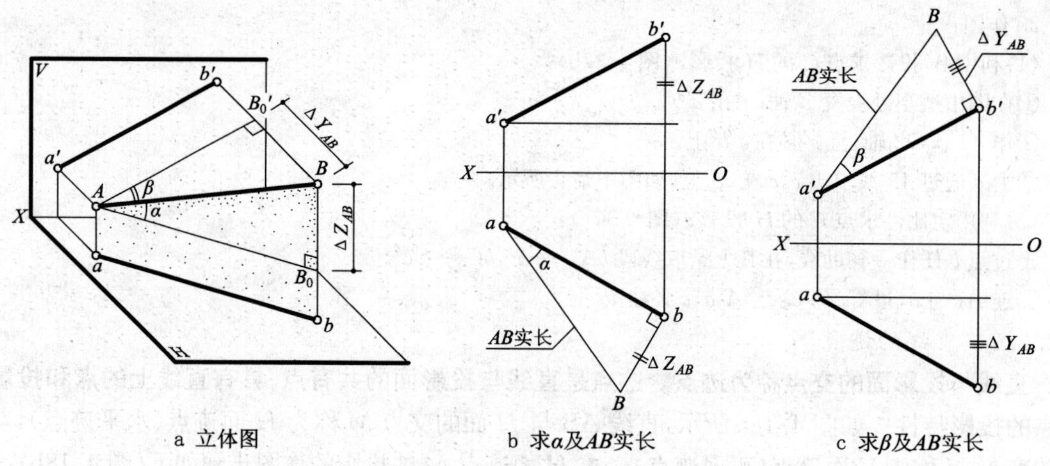

a 立体图　　b 求α及AB实长　　c 求β及AB实长

图 4-19 直角三角形法求直线段的实长及倾角

角形。显然$\angle BAB_0 = \alpha$角。在该直角三角形中，α角的邻边AB_0是水平线，故$AB_0 \mathrel{\underline{\parallel}} ab$；$\alpha$角的对边$BB_0$是一段铅垂线(其实长在$V$、$W$投影中反映)，故$BB_0 = |Bb - Aa| = |Z_B - Z_A| = \Delta Z_{AB}$，即$A$、$B$两点的$Z$坐标差(由$V$、$W$投影中可知)，而斜边$AB$即是直线段的实长。也就是说：**在反映线段$AB$的$\alpha$角的直角三角形中，包含有$\alpha$角、线段实长$AB$、水平投影长$ab$和$Z$坐标差$\Delta Z_{AB}$这四个要素**。若已知线段$AB$的两面投影，即可知$ab$长度和$\Delta Z_{AB}$这两条直角边，就可作出反映$\alpha$角的直角三角形，$AB$的实长和$\alpha$角即可求出。

已知线段的两面投影求其α角和实长的步骤如下：

(1)过ab任一端点作其垂线，简述为**作垂线**。

(2)在V投影上量取ΔZ_{AB}，以此长度在H投影上作为另一直角边，简述为**量高差**。

(3)**连斜边**即得实长，实长与水平投影ab的夹角即为线段AB的α角实形(图4-19b)。

同理，可以在V面上作出求线段的β角的直角三角形(图4-19c)：

(1)**作垂线**：过b'作$a'b'$的垂线。

(2)**量高差**：在H投影或W投影上量取A、B的Y坐标差ΔY_{AB}，使$b'B_0' = \Delta Y_{AB}$。

(3)**连斜边**：连$a'B_0'$，则$a'B_0'$即为所求AB的实长，$\angle b'a'B_0'$即为β倾角的实形。

综上所述，直角三角形法求一般位置直线段的实长和倾角可归纳为：

(1)对于一般位置直线段，有反映α、β、γ的三个直角三角形，斜边均为线段实长，而另三个要素即倾角、投影长、坐标差，必然按其对应关系存在：

①在反映α角的直角三角形中，两直角边应是H投影长度和ΔZ。

②在反映β角的直角三角形中，两直角边应是V投影长度和ΔY。

③同理，反映γ角的直角三角形中，两直角边应是W投影长度和ΔX。

(2)关于直角三角形所含的四个要素，可以由已知其中的两个求另两个。

因此，凡与直线段的实长和倾角有关的问题，都可考虑用直角三角形法来求解。

4.2.4 两直线的相对位置

如图4-20所示，空间两直线的相对位置有三种：平行、相交、交错。前两者为共面直线，后者为异面直线。

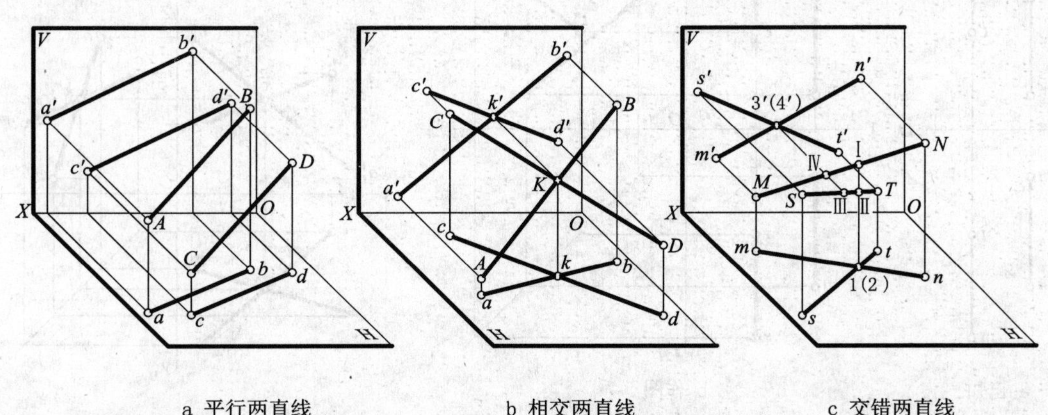

a 平行两直线　　b 相交两直线　　c 交错两直线

图4-20 两直线的三种相对位置

4.2.4.1 共面直线

(1)平行两直线。由平行投影特性可知：**若两直线互相平行，则有：**

①各组同名(面)投影互相平行，称为平行性。

②各组同名(面)投影所对应的字母顺序或方向一致,称为方向一致性。

③各组同名(面)投影长度之比等于两直线的实长之比,称为等比性。

同时满足平行性、方向一致性和等比性是空间两直线互相平行的充分和必要条件。

在一般情况下,可根据直线的两组同名投影是否平行来判定空间直线是否平行。图 4-21 所示的三组直线,均可由它们的同名投影互相平行而判定两直线互相平行。

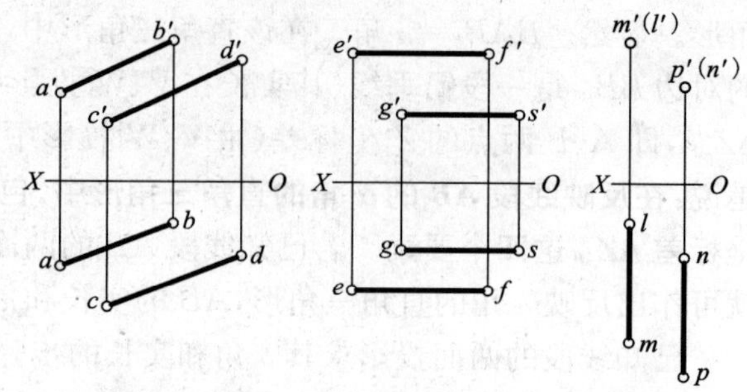

图 4-21　根据两面投影判断两直线平行

在特殊情况下就不能仅凭直线的两组同名投影是否平行来判定空间两直线是否平行,还须看它们是否同时满足方向一致性和等比性,或看它们在第三个投影面上投影是否也平行。图 4-22a 所示,是两侧平线 MN、ST 的两面投影,虽然 $m'n' // s't'$,$mn // st$,但两组同名投影的方向不一致,即 $m'n'$ 与 $s't'$ 同向,而 mn 与 st 却反向,即不符合方向一致性,所以两直线 MN 与 ST 不平行。此结论可通过作出 MN、ST 的 W 投影来得到验证,因 $m''n''$ 与 $s''t''$ 不平行,故空间的 MN 与 ST 不平行(图 4-22b),即为异面直线。

(2)相交两直线。两直线相交,必有一交点。由从属性可知,交点的投影必同时落在两直线的同名投影上,所以,**两直线相交,它们的同名投影也一定相交,且交点的投影符合点的投影规律和定比性。**

在一般情况下,可根据直线的两组同名投影是否相交,且交点连线是否垂直于投影轴来判定两直线是否相交。例如图 4-23,为一般位置直线 AB 与 CD 的投影图,由 $a'b'$、$c'd'$ 交于 k',ab、cd 交于 k,且 $k'k \perp OX$ 轴,$k'k'' \perp OZ$,而且 $kk_X = k''k_Z$,即可判定 AB 与 CD 相交于 K。

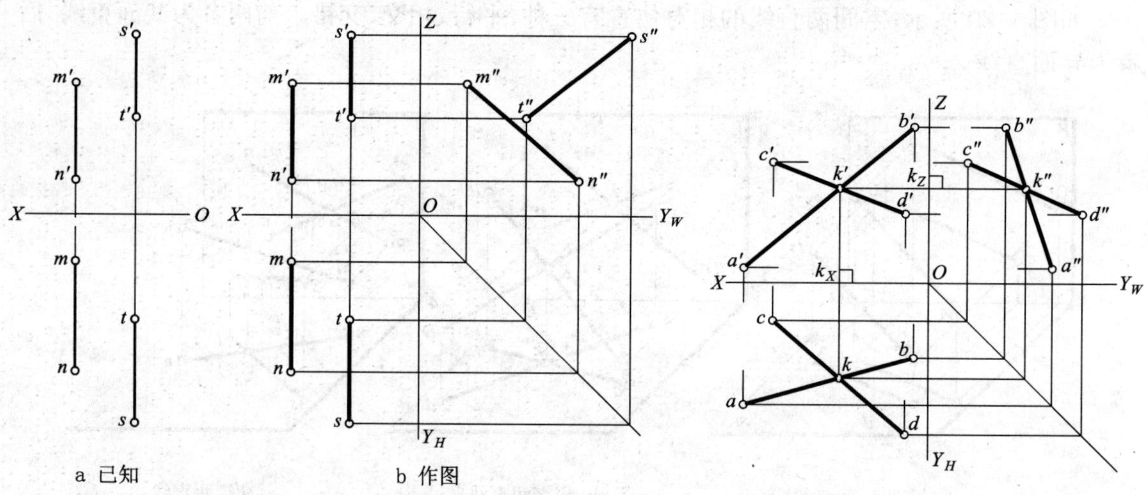

图 4-22　判断两侧平线是否平行

图 4-23　两一般位置直线相交

4.2.4.2　异面直线——交错两直线

交错两直线既不平行,也不相交,两直线上点不共面,又称异面直线。**它们的同名投影可能相交,但没有公共的交点;它们的同名投影可能平行,但不可能都平行。**如图 4-24 所示,两组直线均为异面直线。在图 4-24a 中，$ab // cd$，$a'b'$ 与 $c'd'$ 相交于一点，这个点实际上是分属两直线的两个点的重合 V 投影（对 V 面的重影点），若令Ⅰ在 CD 上，Ⅱ在 AB 上，则 $1'$、$2'$ 重合，在 H 投影中 1 在 2 前方，故 V 面投影 $1'$ 可见，$2'$ 不可见，$2'$ 加括号，标记为 $1'(2')$。在图 4-24b 中，两直线的同名投影均相交，但两组投影的交点连线不垂直于 OX 轴，即表明两直线无交点，不相交。Ⅰ、Ⅱ是分别属于两直线的一对 V 面重影点，Ⅲ、Ⅳ是分别属于两直线的一对 H 面重影点，其可见性的判别如图所示。

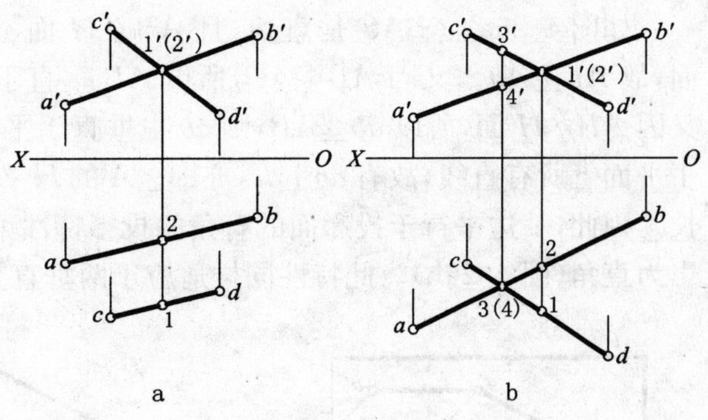

图 4-24　交错两直线

由此可见，**讨论异面两直线的投影问题，主要是讨论它们对各投影面的重影点的投影及判别其可见性的问题。**

［例 4-3］　已知平面四边形 $ABCD$ 的 V 投影和 cd，并知 $AB // V$ 面，试补全四边形的 H 投影（图 4-25a）。

［解］　1. 分析：从已知条件可知，$ABCD$ 四点共面，且 $AB // V$ 面，则 ab 必平行于 OX 轴。又从图 4-25b 可知，$a'b'$ 与 $c'd'$ 延长后相交，其交点的 H 投影必在 cd 的延长线上，这样，用两直线相交和正平线 AB 的投影特性即可作出 ab，从而完成平面 $ABCD$ 的 H 投影（图 4-25b）。

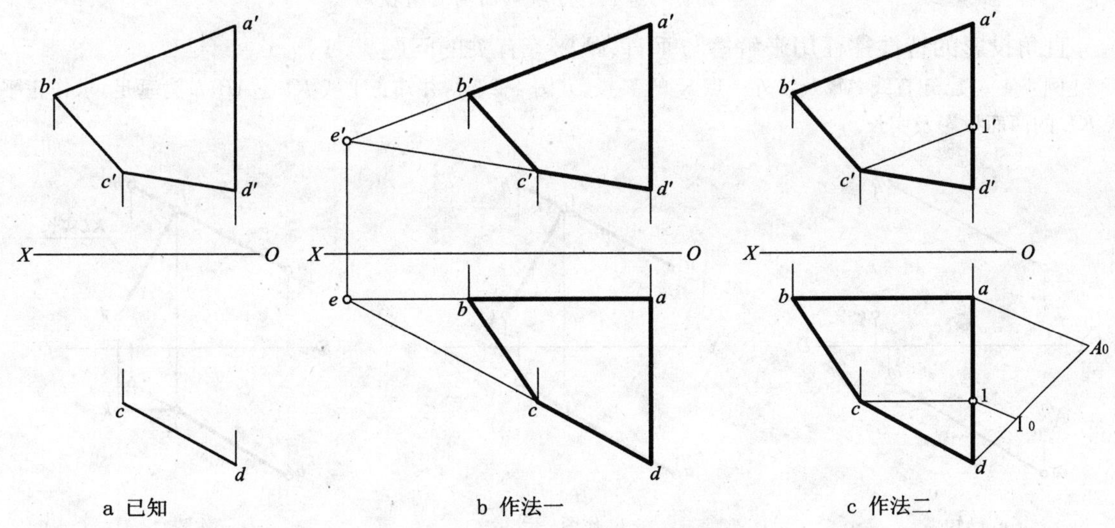

图 4-25　补全平面图形的 H 投影

又从图 4-25a 可知，$a'd' \perp OX$ 轴，AD 可能是侧平线，这时，H 投影 ad 也垂直于 OX 轴；也可能 AD 是铅垂线，这时 AD 的 H 投影 ad 积聚为点，平面 $ABCD$ 应为铅垂面，但不符合 AB 为正平线的已知条件，因此，CD 只能是侧平线。为此过 c' 作 $c'1' // a'b'$ 与 $a'd'$ 交于 $1'$，过 c 作 $c1 // OX$，$1'1 \perp OX$，用定比法求出 a，即可作出 $ab // OX$，完成平面 $ABCD$ 的 H 投影（图 4-25c）。

2. 作图：步骤如图 4-25b、c 所示。

4.2.5　一边平行于投影面的直角投影

夹角的投影一般不反映实形，只有当其所在的平面平行于投影面时，它在该投影面上的投影才反映实形。而直角的投影除具备这一性质外，还有一个特性：**当直角有一条边平行于投影面时，它在该投影面上的投影仍为直角。**

如图 4-26a，$\angle BAC$ 是直角，且 $AB /\!/ H$ 面。由于过 A 点的投射线 $Aa \perp H$ 面，$AB /\!/ H$ 面，故 $AB \perp Aa$。又因 $AB \perp AC$，所以 AB 垂直于由一对相交直线 AC、Aa 所决定的平面 P。又因 $AB /\!/ H$ 面，所以 $ab \underline{/\!/} AB$，则 ab 也垂直于平面 P。直线若垂直于一平面，则该直线垂直于平面上所有直线，故有 $ab \perp ac$，亦即 $\angle A$ 的 H 投影 $\angle a$ 仍为直角，且 ab 反映直角边 AB 的实长。因此，一边平行于投影面的直角的投影特性可归纳为：**在反映某条边实长的投影面上的投影为直角**（图 4-26b）。此特性同样适应于两垂直交错的直线的投影（图 4-26c）。

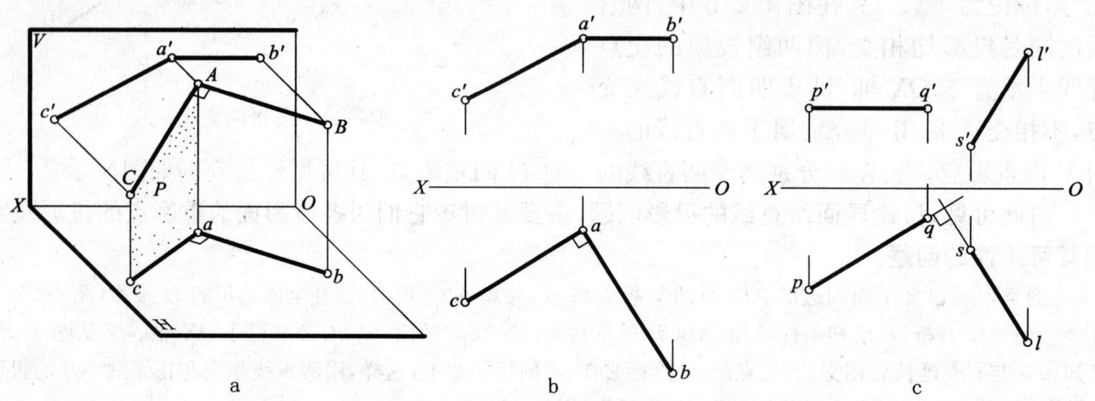

图 4-26　一边平行于投影面的直角投影

直角投影的特性往往用来解答与垂直、距离等有关的问题。

［例 4-4］　已知直线 AB 及线外一点 K 的 V 投影（图 4-27a），并知正平线 $KL \perp AB$，L 为垂足，求作正平线 KL 的两面投影及实长。

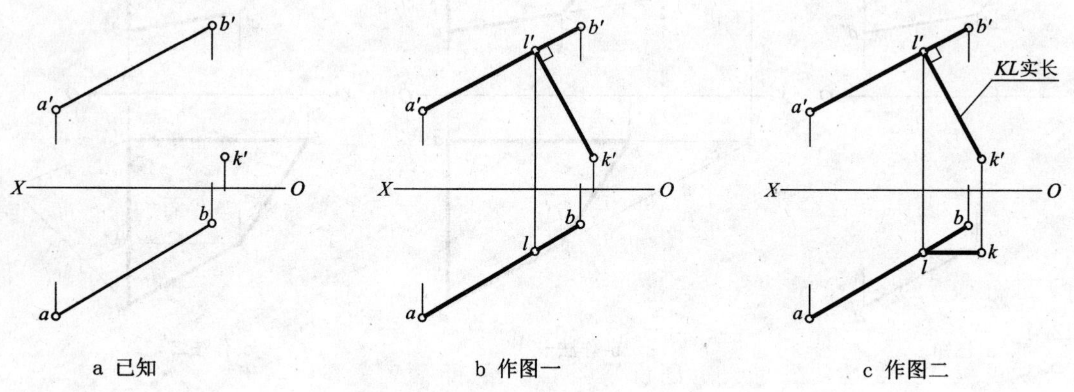

a 已知　　b 作图一　　c 作图二

图 4-27　过线外一点作正平线与已知直线垂直相交

［解］　1. 分析：此题可利用直角投影的特性和正平线的投影特性来解答。

2. 作图：

(1)过 k' 作 $k'l' \perp a'b'$，$k'l'$ 即为正平线 KL 的 V 投影，且反映其实长（图 4-27b）。

(2)过 l' 作投影连线，交 ab 于 l，则 l'、l 即为垂足 L 的两面投影（图 4-27b）。

(3)过 l 作 OX 轴的平行线，则 k 必在其上，由 k' 求出 k，则 kl 即为正平线 KL 的水平投影（图 4-27c）。

本例也可换成：已知正平线 KL 及线外点 A，求点 A 到 KL 的距离。作法：先过 a' 作线垂直于 $k'l'$，求出垂足 l'，进而求得距离的投影 $a'l'$、al。再用直角三角形法求得 AL 的实长，此实长即为所求的距离。

4.3 平面的投影

4.3.1 平面表示法

平面在投影图中有两种表示法：几何元素表示法和迹线表示法。下面介绍几何元素表示法。

由初等几何知：平面的空间位置可用下述任何一组几何元素的投影来表达平面的投影。

(1)不共线的三点(图 4-28a)。

(2)一直线和线外一点(图 4-28b)。

(3)两相交直线(图 4-28c)。

(4)两平行直线(图 4-28d)。

(5)任意一平面图形，如三角形、多边形、圆等(图 4-28e)。

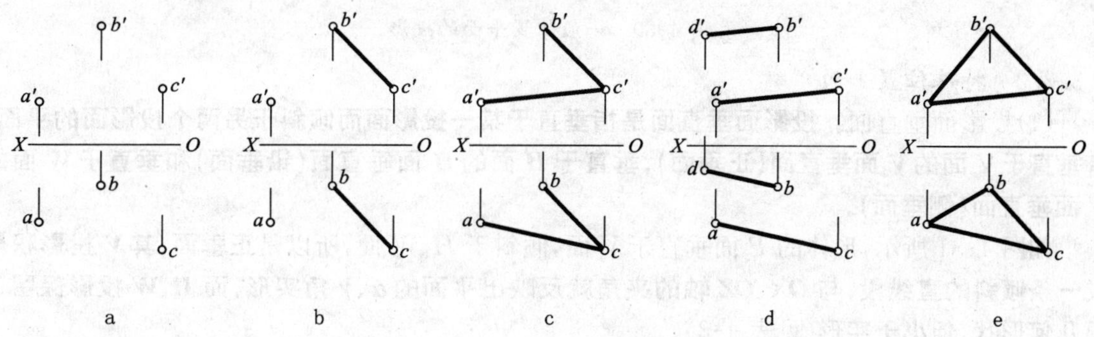

图 4-28 平面的几何元素表示法

前四种所表达的平面是无形无界的，而第五种所表达的平面是有形、有界的。五种表达方法均可互相转化。以后凡提及平面都指无限扩展的平面，而平面图形则是指由边线围成的部分。

4.3.2 各种位置平面的投影特性

按平面与投影面的相对位置不同，平面可分为一般位置平面、投影面垂直面和投影面平行面，后两种统称为特殊位置平面。

下面分别介绍各种位置平面的投影特性。

4.3.2.1 一般位置平面

一般位置平面是指对三个投影面都倾斜的平面，平面对投影面的倾斜程度用倾角来描述。平面的倾角就是平面与投影面所成二面角的平面角，如图 4-29 所示，α 角即是平面 P 对 H 面的倾角。亦规定：平面对 H、V、W 面的倾角分别用 α、β、γ 标记。其 α、β、γ 角都在 0°到 90°之间。一般位置平面简称一般面。

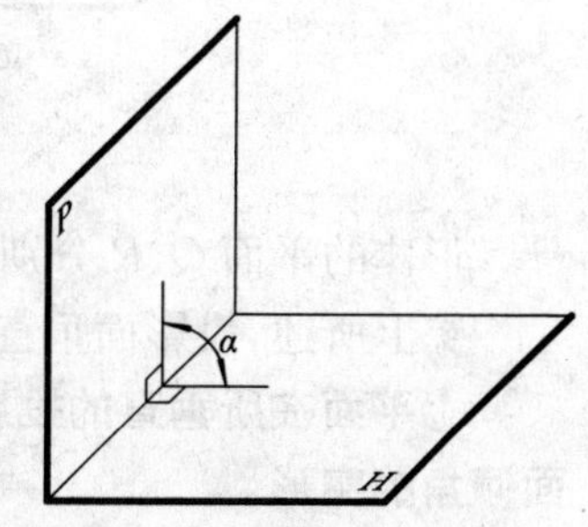

图 4-29 平面的倾角概念

三棱锥的侧棱面△ABC(图 4-30a)对三个投影面都倾斜，所以为一般位置平面。由正投影特性可知：△ABC 的三面投影都具有变形性，即三面投影仍为三角形，但其投影均小于实形，而且平面对各投影面的倾角在投影图中不能反映出来(图 4-30b、c)。

从上面讨论可归纳出一般位置平面的投影特性为：**平面的各个投影保留原几何形状，但小于实形，都不反映倾角的实形。**

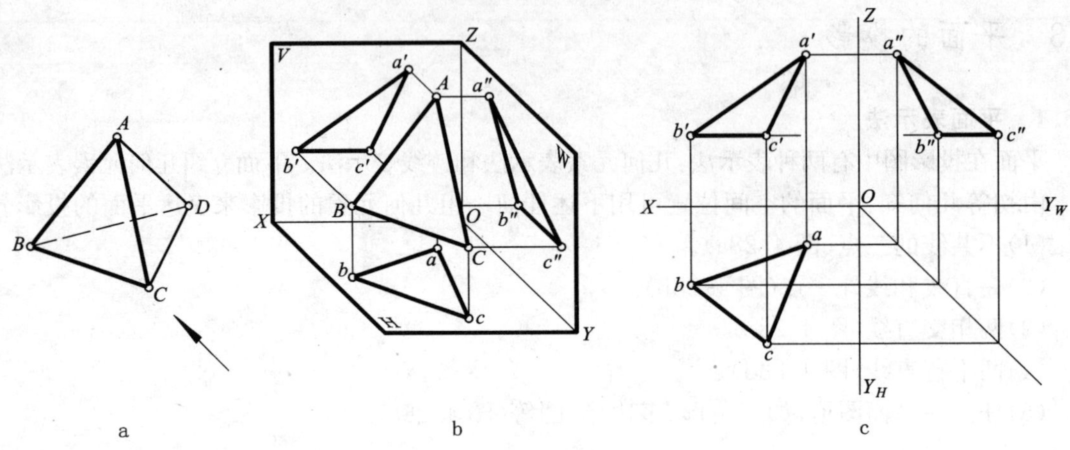

a b c

图 4-30 一般位置平面的投影

4.3.2.2 特殊位置平面

(1)投影面垂直面。**投影面垂直面是指垂直于某一投影面而倾斜于另两个投影面的平面。有垂直于 *V* 面的 *V* 面垂直面(正垂面),垂直于 *H* 面的 *H* 面垂直面(铅垂面)和垂直于 *W* 面的 *W* 面垂直面(侧垂面)。**

如图 4-31 所示,形体的 *P* 面垂直于 *V* 面,倾斜于 *H*、*W* 面,所以是**正垂面,其 *V* 投影积聚成一条倾斜的直线段,与 *OX*、*OZ* 轴的夹角就反映出平面的 α、γ 角实形,而 *H*、*W* 投影保留了原几何形状,但小于实形**(见表 4-3)。

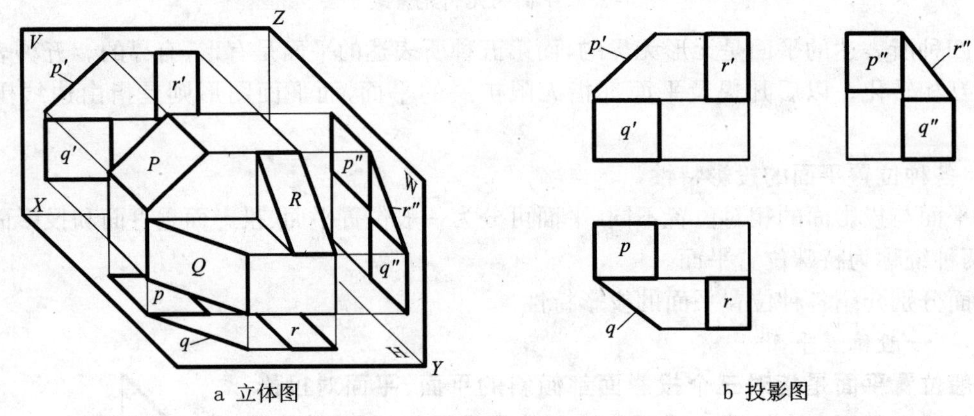

a 立体图 b 投影图

图 4-31 投影面垂直面

形体的平面 *Q*、*R* 分别是铅垂面和侧垂面,它们的投影特性列于表 4-3 中。

综上所述,投影面垂直面的投影特性为:

①平面在所垂直的投影面上的投影,积聚成一条倾斜的直线段,并反映平面对另两个投影面倾角的实形。

②平面的另两投影保留原几何形状,但小于实形。

(2)投影面平行面。**当平面平行于某一投影面时,它必垂直于另两个投影面。投影面平行面有平行于 *V* 面的 *V* 面平行面(正平面),平行于 *H* 面的 *H* 面平行面(水平面)和平行于 *W* 面的 *W* 面平行面(侧平面)。**

表 4-3　投影面垂直面的投影特性

名称	正垂面（⊥V 面，对 H、W 面倾斜）	铅垂面（⊥H 面，对 V、W 面倾斜）	侧垂面（⊥W 面，对 H、V 面倾斜）
立体图			
投影图			
投影特性	1. 正面投影积聚成倾斜直线，它与 OX、OZ 的夹角即为 α、γ 实形 2. 水平投影和侧面投影保留原几何形状，但小于实形	1. 水平投影积聚成倾斜直线，它与 OX、OY_H 的夹角即为 β、γ 实形 2. 正面投影和侧面投影保留原几何形状，但小于实形	1. 侧面投影积聚成倾斜直线，它与 OY_W、OZ 的夹角即为 α、β 实形 2. 水平投影和正面投影保留原几何形状，但小于实形

如图 4-32 所示，形体的 R 面平行于 V 面，同时垂直于 H、W 面，是**正平面，其 V 投影反映实形，而 H、W 投影均积聚成一直线段，且分别平行于 OX 轴和 OZ 轴**（见表 4-4）。

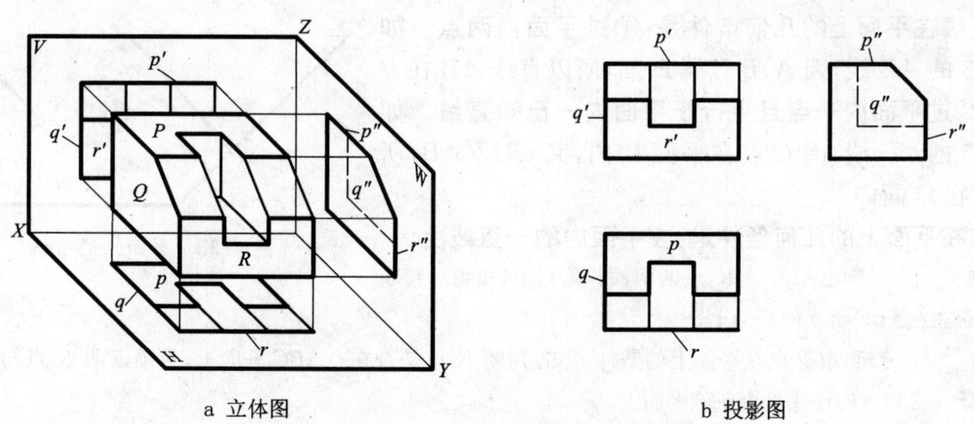

图 4-32　投影面平行面

形体的平面 Q、P 分别是侧平面和水平面，它们的投影特性列于表 4-4 中。

综上所述，投影面平行面的投影特性为：

①平面在所平行的投影面上的投影反映实形。

②平面的另两投影积聚为直线，且平行于相应的投影轴。

表 4-4　投影面平行面的投影特性

名称	正平面(//V 面,⊥H、W 面)	水平面(//H 面,⊥V、W 面)	侧平面(//W 面,⊥H、V 面)
立体图	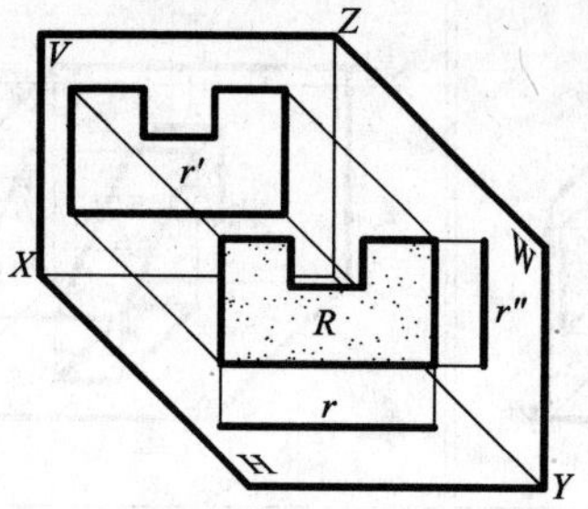	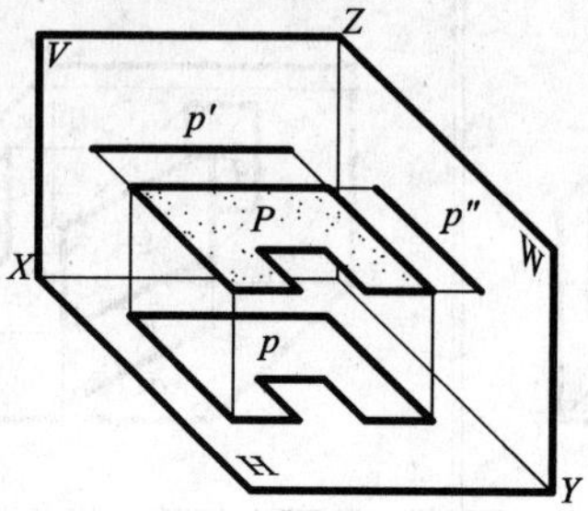	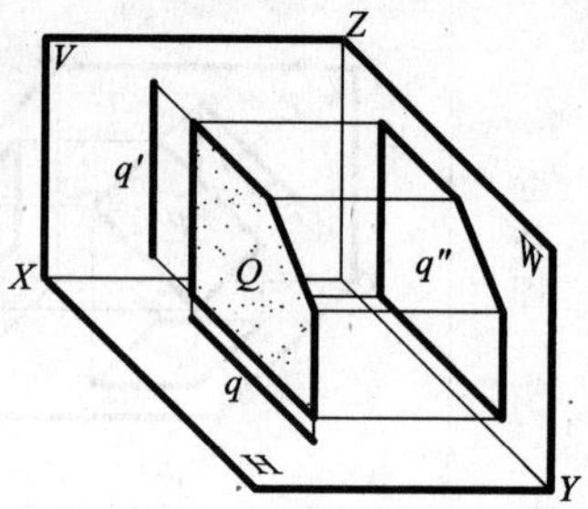
投影图	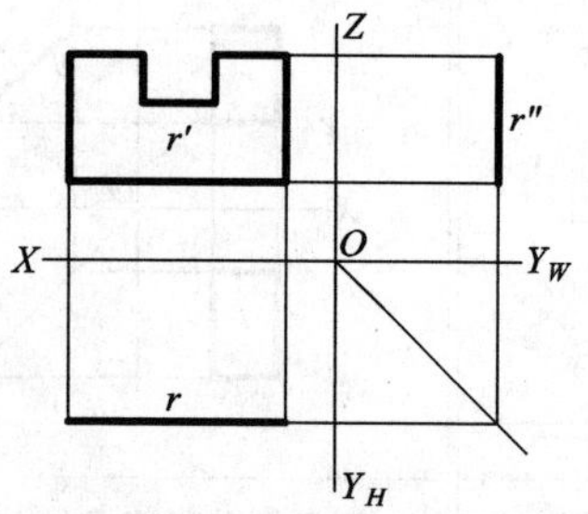	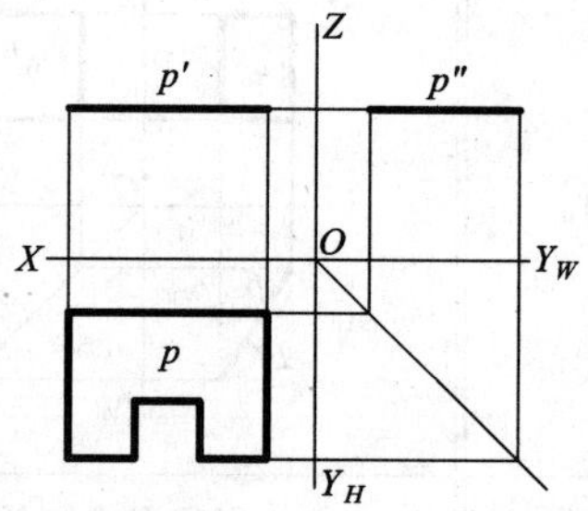	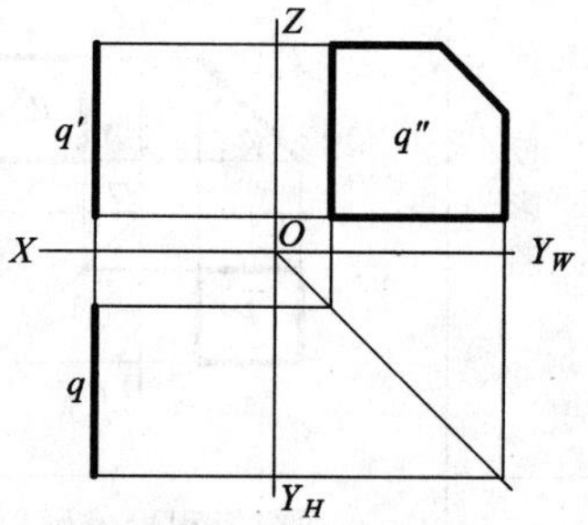
投影特性	1. 正面投影反映实形 2. 水平投影积聚成直线,且平行于 OX 轴 3. 侧面投影积聚成直线,且平行于 OZ 轴	1. 水平投影反映实形 2. 正面投影积聚成直线,且平行于 OX 轴 3. 侧面投影积聚成直线,且平行于 OY_W 轴	1. 侧面投影反映实形 2. 水平投影积聚成直线,且平行于 OY_H 轴 3. 正面投影积聚成直线,且平行于 OZ 轴

4.3.3　平面上的直线和点

4.3.3.1　平面上的直线和点

直线在平面上的几何条件是:①过平面内两点。如图 4-33 的 AB 线,因 A、B 点属 P 面,所以直线 AB 在 P 面上;**②过平面内一点且平行于平面内一已知直线。**如图 4-33 的 CD 线,因 C 点在平面 P 内,又 CD//AB,所以 CD 在 P 面内。

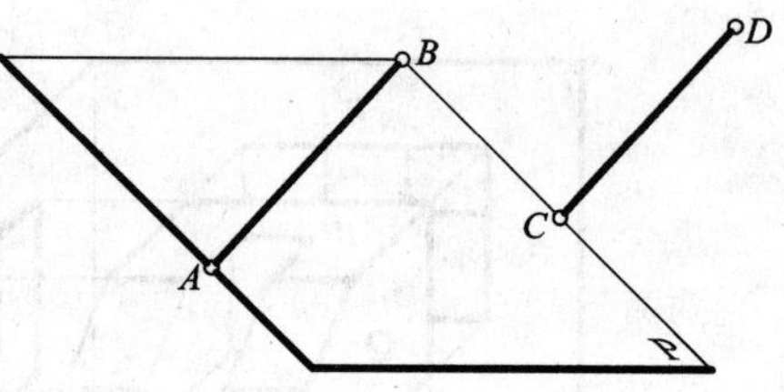

图 4-33　平面上的直线

点在平面上的几何条件是:在平面内的一直线上。

[例 4-5]　已知△ABC 及 K 点的两面投影(图 4-34a),判断 K 点是否在△ABC 所在的平面上。

[解]　1. 分析:根据点在平面上的条件可知:判断 K 点是否在△ABC 平面上,只须证明 K 点与△ABC 平面上任一已知点的连线是否在该平面上。

2. 作图:

(1)连 $b'k'$ 和 bk,分别与 $a'c'$ 交于 1′,与 ac 交于 1(图 4-34b)。

(2)连 1′1,显然 1′1⊥OX 轴。由相交两直线的投影特性知,1′、1 即是 AC 与 BK 交点 Ⅰ 的 V、H 投影,点 Ⅰ 在 AC 上,亦在△ABC 平面上。故直线 BK 在该平面上,当然 K 点也在平面△ABC 上(图 4-34c)。

4.3.3.2　平面上的投影面平行线

如图 4-35 所示,△ABC 是一般位置平面,它与任一位置的水平面 H_1 相交,都会产生一条交线,该交线在水平面上,即为水平线。因此一般位置平面上有无数条水平线,同样也有无

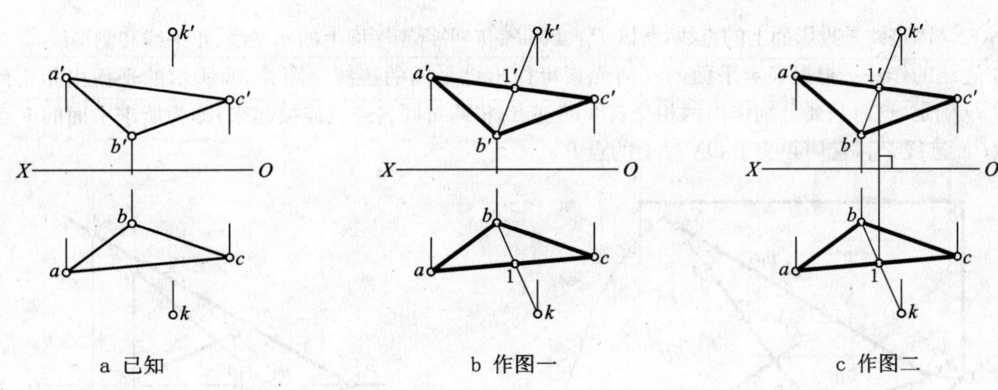

图 4-34 判断点在平面上

数条正平线和侧平线。

根据投影面平行线的投影特性，可在已知平面上作水平线、正平线和侧平线。其具体作法如图 4-36a、b 所示。

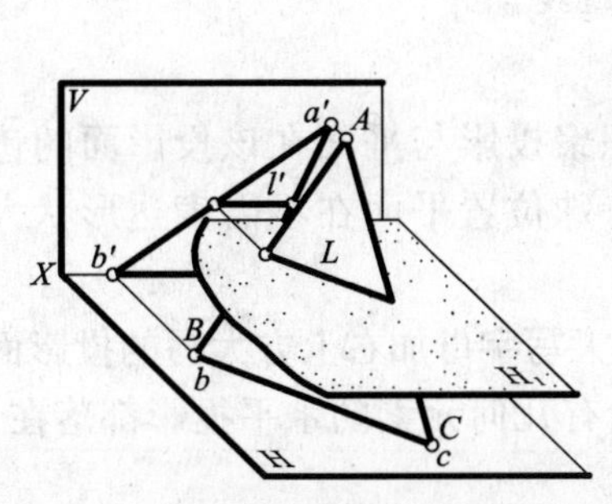

图 4-35 任一平面上有无数条水平线

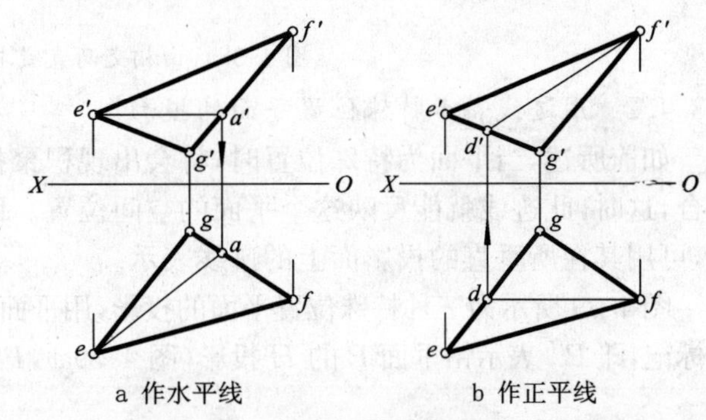

图 4-36 在平面上作投影面平行线

4.3.4 迹线平面

*4.3.4.1 用迹线表示一般位置平面

(1)**迹线的性质。平面与投影面的交线称为平面的迹线**(图 4-37a)，平面 P 分别与 V、H、W 面相交于正面迹线 P_V、水平迹线 P_H、侧面迹线 P_W，且两两相交于 OX、OY、OZ 轴上的 P_X、P_Y、P_Z 点。因 P_V、P_H 是平面上的两条相交直线，所以平面也可以用迹线来表示。故又称迹线平面。

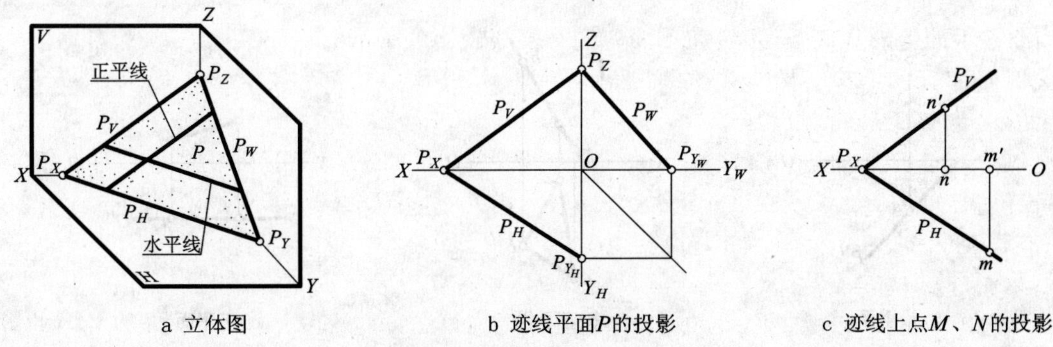

图 4-37 平面的迹线表示法

迹线是投影面上的直线，它在该投影面上的投影与本身重合，而另两投影分别重合在相应的投影轴上。规定：迹线与自身重合的投影用原符号(如 P_V、P_H、P_W…)表示，与投影轴重合的投影不画，也不加标记。图 4-37b 所示为用三条迹线 P_V、P_H、P_W 表示平面 P 的投影图。一般只需用 P_V、P_H 两条迹线来表示 P 面即可，如图 4-

37c 所示。又因迹线是投影面上的直线，所以 P_H、P_V、P_W 应平行于平面上的水平线、正平线和侧平线。

(2)迹线的作法。根据确定平面的几何元素可作出该平面的迹线。图 4-38 所示的平面由相交两直线 AB 和 CD 确定，这时只要分别作出两相交直线的迹点，将两对同名迹点连接起来，即为所求平面的 V 面迹线 P_V 和 H 面迹线 P_H，它们必交于 OX 轴上的点 P_X。

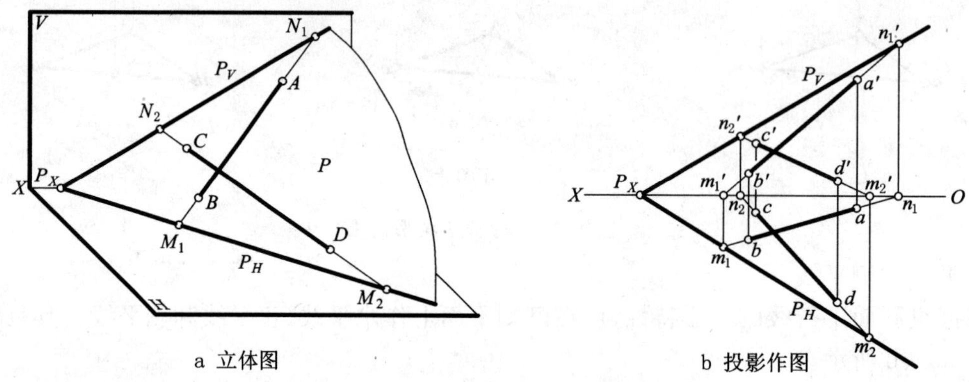

图 4-38 由相交两直线求平面的迹线

4.3.4.2 用迹线表示特殊位置平面的投影

如前所述，当平面为特殊位置时，将会出现积聚投影，积聚投影与平面在该投影面的迹线重合，这时，此迹线就能反映这个平面的空间位置。因此，特殊位置平面在不需表达形状大小时，可用其在所垂直的投影面上的迹线表示。

图 4-39 所示为三种特殊位置平面的投影，用平面名称的大写字母加右上方大写的投影面名称标记，即 P^H 表示铅垂面 P 的 H 投影(图 4-39a)，P 面上所有几何元素的水平投影都落在 P^H

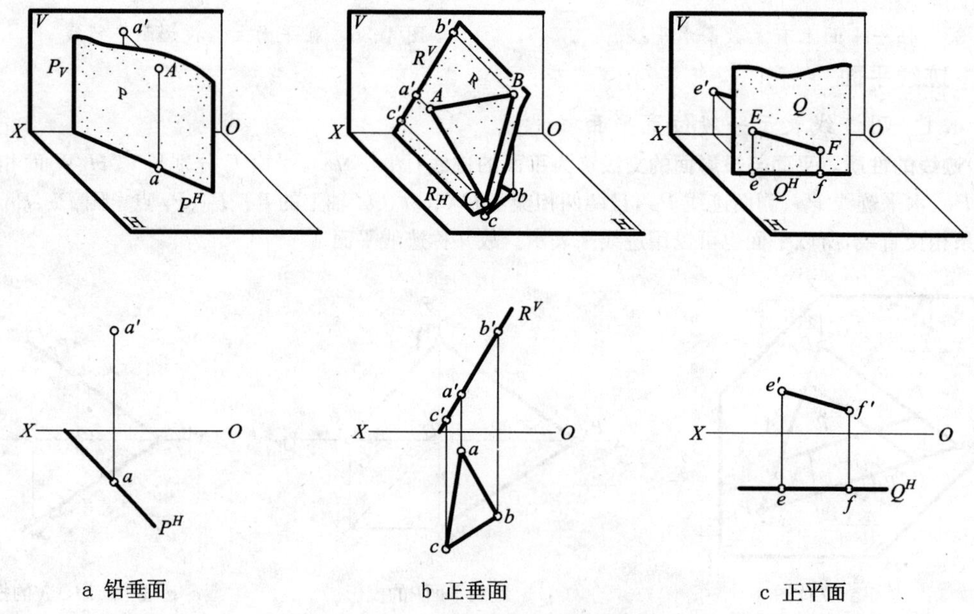

图 4-39 用迹线表达特殊位置平面

上；同理，R^V 为正垂面 R 的 V 投影(图 4-39b)，R 面上的所有几何元素的正面投影都落在 R^V 上；Q^H 为正平面 Q 的 H 投影，Q 面上的所有几何元素的水平投影也都落在 Q^H 上(图 4-39c)。

4.4 直线与平面、平面与平面的相对位置

直线与平面、平面与平面的相对位置有三种：平行、相交、垂直（实际上只有两种，垂直是相交的特例）。

4.4.1 平行关系

4.4.1.1 直线与平面平行

空间的几何条件：当平面外一直线平行于平面内一直线时，则直线与平面平行。

如图 4-40 所示，$L_2 /\!/ L_1$，L_1 在平面 P 内，所以 $L_2 /\!/ P$ 面。

若要判断直线与平面是否平行，只需根据能否在平面内作出该直线的平行线即可。

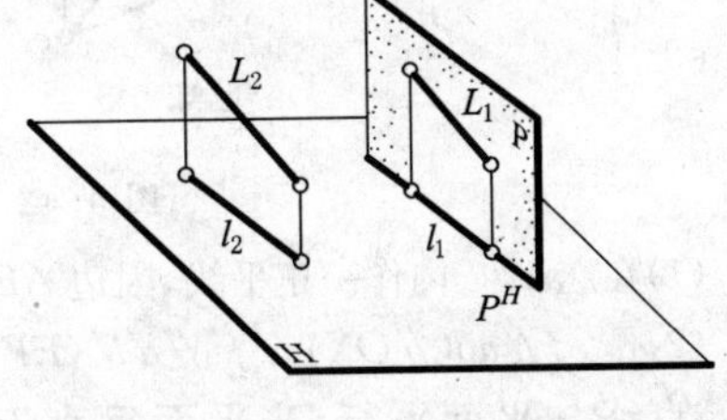

图 4-40 直线与平面平行的几何条件

［例 4-6］ 判断直线 EF、EG 与△ABC 是否平行（图 4-41a）。

［解］ 1. 分析：判断一般线 EF 是否平行于平面△ABC，需在△ABC 内作一直线，使其某一投影与 EF 的同名投影平行，然后判断它们的另一投影是否也平行，若平行，则 $EF /\!/$ △ABC，反之则不平行。判断侧平线 EG 是否平行于△ABC，则还需利用等比性。

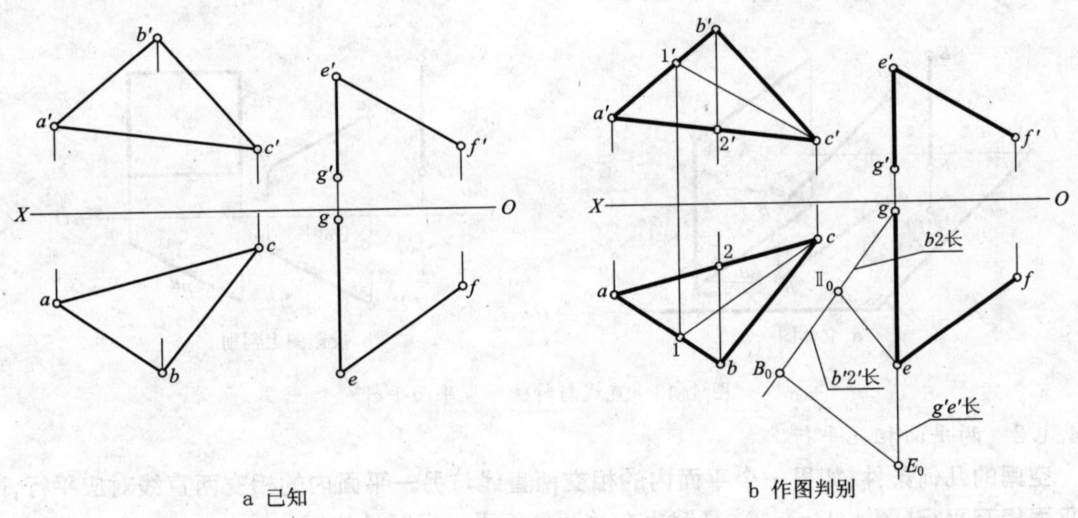

图 4-41 判断直线与平面是否平行

2. 作图（图 4-41b）：

(1)过 c' 作 $c'1' /\!/ e'f'$，由 $c'1'$ 求出 $c1$，即得△ABC 内一直线 CⅠ的投影。

(2)比较 $c1$ 与 ef，有 $c1 /\!/ ef$，故 $EF /\!/ C$Ⅰ，EF 平行于△ABC。

(3)同理作△ABC 内一侧平线 BⅡ($b2$、$b'2'$)，并通过几何作图证得：$\frac{eg}{e'g'} \neq \frac{b2}{b'2'}$，即 EG 与 BⅡ不具备等比性，所以 EG 不平行于 BⅡ，EG 不平行于平面△ABC。

［例 4-7］ 已知△ABC 及平面外一点 E 的两面投影（图 4-42a），试过 E 点作一正平线 EF 平行于平面△ABC。

［解］ 1. 分析：要使直线 EF 满足既平行于 V 面，又平行于△ABC 这两个条件，只需使 EF 平行于△ABC 上的任一正平线即可。

2. 作图：

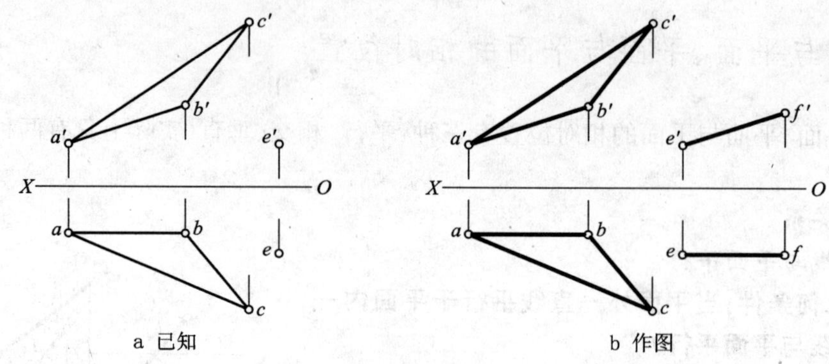

图 4-42　过定点作正平线与已知平面平行

(1)在△ABC 内作一正平线，因边 AB 即为正平线，故不需另作。

(2)作 $ef/\!/ab(/\!/OX)$，$e'f'/\!/a'b'$(EF 的长度任定)即可，则 EF 即为所求(图 4-42b)。

直线与平面平行，当平面垂直于某投影面时，平面在这个投影面的投影积聚成直线，且与直线的同名投影平行(此时，直线与平面的平行关系可在这个投影图上直接反映出来)；当直线与平面都垂直于某投影面时，它们在该投影面上的投影都有积聚性(一为点，一为直线)。如图 4-43 所示，直线 AB 平行于 P 面，且 P 面为铅垂面，其积聚投影为 P^H，则有 $ab/\!/P^H$；直线 EF 是铅垂线，且不在铅垂面 P 上，显然 $EF/\!/P$。

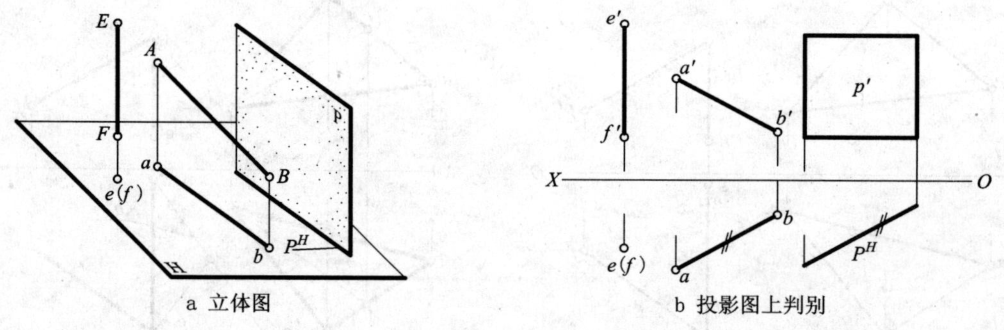

图 4-43　直线与特殊位置平面平行

4.4.1.2　两平面相互平行

空间的几何条件：如果一个平面内的相交两直线与另一平面内的相交两直线对应平行，则两平面相互平行(图 4-44a)。这是解决有关两平面平行问题的依据。

两平面中的 $a_1'b_1'/\!/a'b'$，$a_1b_1/\!/ab$，$a_1'c_1'/\!/a'c'$，$a_1c_1/\!/ac$，即 $A_1B_1/\!/AB$，$A_1C_1/\!/AC$。这说明平面($A_1B_1\times A_1C_1$)与平面($AB\times AC$)平行(图 4-44b)。同理，若两一般位置平面的两组同名迹线对应平行，则两平面平行(图 4-44c)。

当两平行平面均垂直于某投影面时，它们的同名积聚投影互相平行。反之，若两平面均垂直于某投影面且其同名积聚投影平行，则两平面在空间互相平行。图 4-45a、b 所示为两平行的铅垂面 P 和 Q。

当两平面同时平行某投影面时，它们必定互相平行，即所有的正平面(或水平面或侧平面)都互相平行。图 4-45c 的两水平面 R、S 必互相平行。

4.4.2　相交关系

直线与平面、平面与平面若不平行，就必定相交。如图 4-46a 中，直线 AB 穿过 P 面，必与

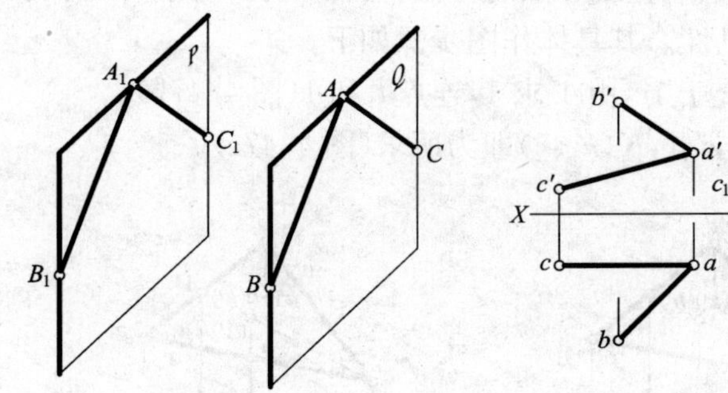

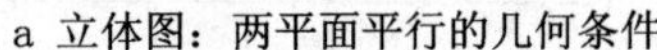

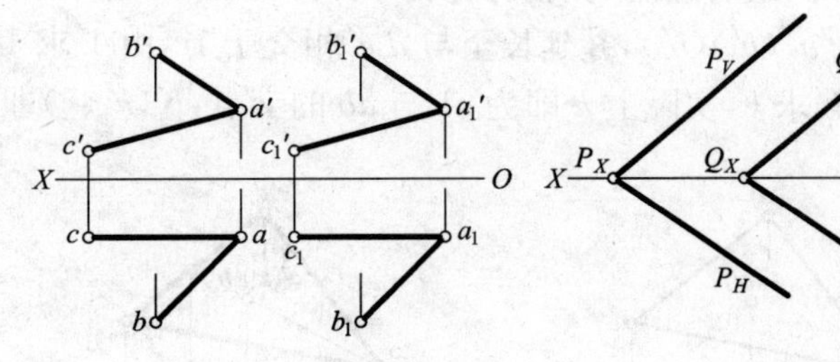

a 立体图：两平面平行的几何条件　　b 两平面平行的投影图　　c 两迹线平面平行的投影图

图 4-44　一般位置两平面平行

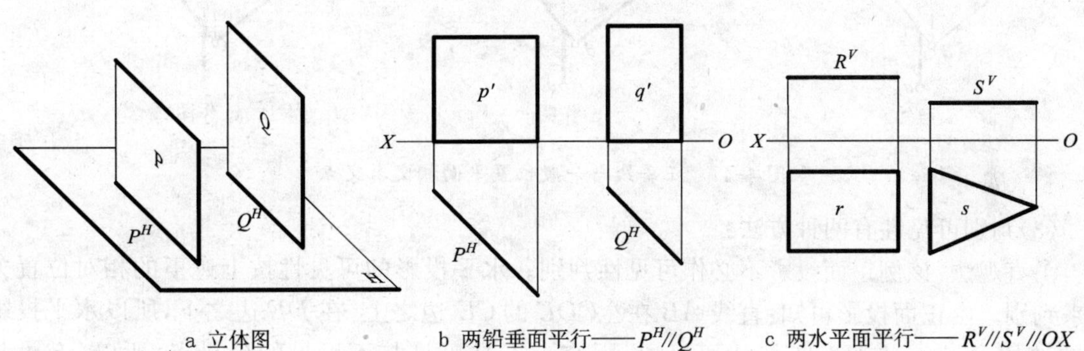

a 立体图　　b 两铅垂面平行——$P^H//Q^H$　　c 两水平面平行——$R^V//S^V//OX$

图 4-45　两特殊位置平面平行

P 面有一交点 K；而在图 4-46b 中，△ABC 穿过 R 面，必与 R 面有一交线 KL，因此，讨论相交问题，实际上就是讨论交点、交线的投影作图问题，并判断各要素的投影可见性。交点、交线分别为两相交的直线与平面、两平面的共有点、共有直线，因此，**求交点可归结为求直线和平面的共有点，求交线可归结为求两平面的共有线或两个共有点**（两点决定一直线）。

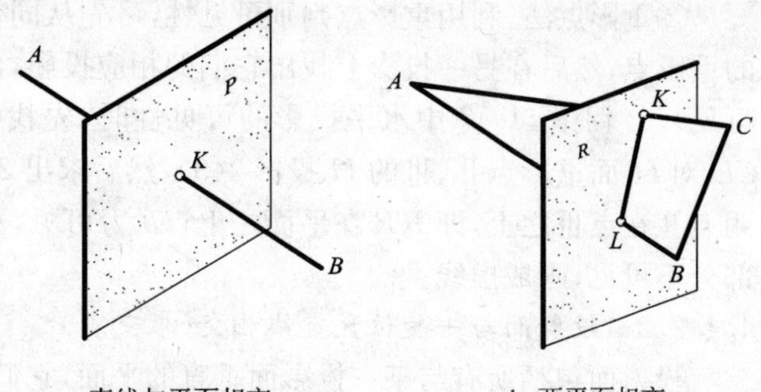

a 直线与平面相交　　b 两平面相交

图 4-46　线面、面面相交（立体图）

投影可见性在图中是这样表示的：不可见部分的线段（轮廓线）画成虚线或不画出，可见部分的线段（或轮廓线）全部画成粗实线。显然交点、交线为可见与不可见部分的分界，交点、交线必可见。

直线、平面间的相交关系可分为下述五种情况。

4.4.2.1　投射线与一般位置平面相交（求交点）

图 4-47 为求正垂线 AB 与一般面△CDE 的交点 K 的作图。由于交点是平面和直线的共有点（共有性），故它的投影必在直线和平面的同名投影上。因为 $AB\perp V$ 面，它的 V 投影积聚为一点 $a'(b')$，即交点 K 的 V 投影 k' 必在这一点 $a'(b')$ 处，而 K 又属于平面△CDE，所以 K

必在平面内过 K 点的任一直线上，根据平面上取直线和点的方法，可由 k' 求 k，则 k、k' 即为交点 K 的投影。最后还需判别线段投影的可见性。其具体作图步骤如下。

(1)连 $c'a'(k')(b')$，并延长至与 $d'e'$ 相交于 $1'$，由 $1'$ 求 1，连点 c 和 1(图 4-47b)。

(2)由 k' 求 k，实际上 k 即为 $c1$ 与 ab 的交点，$K(k'$、$k)$ 即为所求(图 4-47c)。

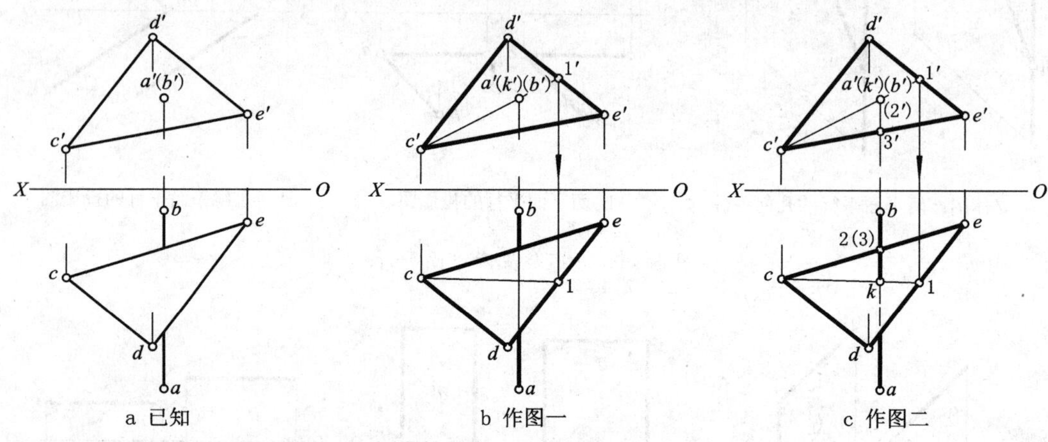

图 4-47 正垂线与一般位置平面相交求交点

(3)判别可见性有两种方法：

①直观法：该例正面投影不必作可见性判别。水平投影的可见性按上遮下的相对位置关系来判别。由正面投影可知：直线 AB 在△CDE 的 CE 边之上，在 DE 边之下，所以水平投影 kb 应遮住 ce 上一点，即 kb 段为可见段，因交点 k 是可见与不可见的分界点，所以 ak 段与△cde 重叠部分为不可见段，而不重叠部分则都是可见的(图 4-47c)。

②重影点法：利用重影点判别可见性，可先从同名投影的图形重叠部分中找一对交错直线的重影点；然后在另一投影上找出它们的相应投影，再比较两者的坐标大小(大者可见，小者不可见)。判别图 4-47 中水平投影的可见性时，先找 ab 与 ce 的交点，此即两交错直线 AB 与 CE 对 H 面重影点Ⅱ、Ⅲ的 H 投影 2(3)，然后求出 $2'$、$3'$，比较两点的 Z 坐标知 $Z_{\text{Ⅱ}} > Z_{\text{Ⅲ}}$，这说明点Ⅱ在点Ⅲ之上，即 KB 在平面之上，kb 为可见，相反 AK 则在平面之下，ak 与△cde 重叠部分不可见，画成虚线。

4.4.2.2 投射面与一般位置直线相交(求交点)

投射面包括所有与某一投影面垂直的平面，它们与一般位置直线相交时，可直接利用平面的积聚投影及交点的共有性来求交点。如图 4-48a 所示，设一般线 AB 与铅垂面 P 相交，其交点为 K，点 K 是直线与平面的共有点，点 K 在 AB 上，点 K 的 H 投影 k 必在 ab 上。点 K 在 P 面上，点 K 的 H 投影 k 在 P^H 上。因此，k 必在 ab 与 P^H 的交点处，点 k 就是空间直线 AB 与铅垂面 P 相交的交点 K 的 H 投影。图 4-48b 所示为投影图，ab 与 P^H 的交点 k，即为交点 K 的 H 投影。过点 k 作投影连线与 $a'b'$ 相交于点 k'，点 k' 就是所求交点 K 的 V 投影。

判别可见性：H 投影无需判别；而在 V 投影中，$a'b'$ 有一部分在 p' 范围内，应区分 $a'b'$ 这部分的可见性(k' 为分界，两边可见性不同)。用直观法从 H 投影观察直线与平面的前后位置关系是：直线 AB 由平面的右前方穿过平面伸向平面的左后方，所以 AK 在平面之前，即 $a'k'$ 的重叠部分为可见，相反，$b'k'$ 与 p' 的重叠部分为不可见(图 4-48b)。

[例 4-8] 求正垂面 P 与四棱锥 $S-ABCD$ 的截交线(图 4-49a)。

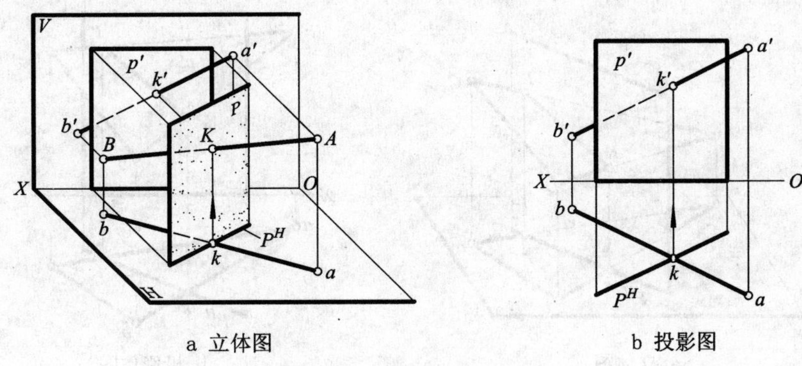

a 立体图　　b 投影图

图 4-48　铅垂面与一般线相交

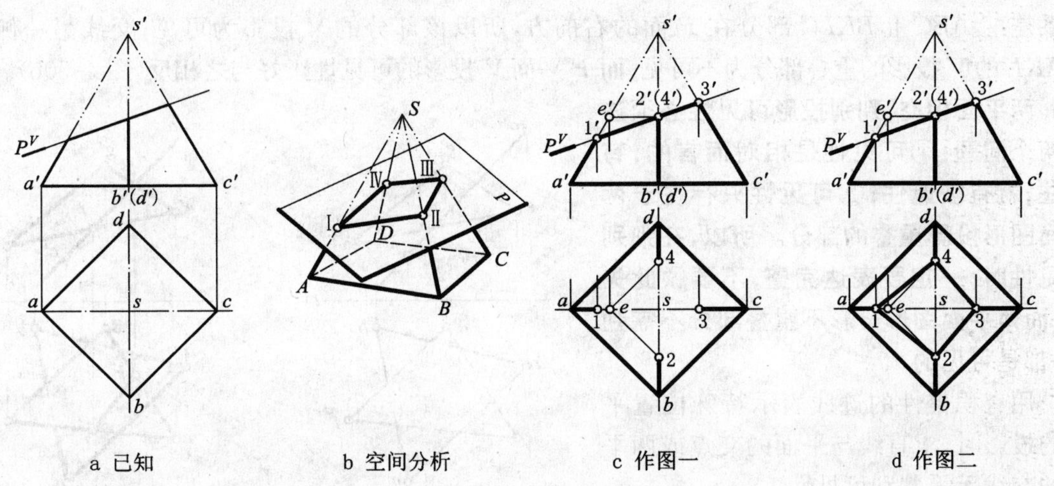

a 已知　　b 空间分析　　c 作图一　　d 作图二

图 4-49　求正垂面与四棱锥的截交线

［解］　1. 分析：如图 4-49a 所示，平面 P 截四棱锥 $S-ABCD$ 的截交线的四个顶点就是四棱锥的四条棱线与 P 面相交的交点，将所求之交点依次连接起来，即为所求之截交线（图 4-49b）。本题实质上就是求投影面垂直面与一般线的交点的问题。

2. 作图：

(1)因 P^V 有积聚性，各交点的 V 投影都在 P^V 上，P^V 与各侧棱的交点 $1'$、$2'$、$3'$、$(4')$ 即为各交点的 V 投影。

(2)过各交点 V 投影分别引投影连线与各侧棱的 H 投影相交（交点Ⅱ的 H 投影，可通过△SAB 面上作平行于 AB 的辅助线求出，如图 4-49c 所示，同理求出点Ⅳ），得交点 H 投影 1,2,3,4。

(3)依次连接 1 与 2、2 与 3、3 与 4、4 与 1，即得所求截交线四边形ⅠⅡⅢⅣ的 H 投影。

(4)完成各棱线实际部分的投影（图 4-49d）。

4.4.2.3　一般位置平面与投射面相交（求交线）

如图 4-50a 所示，△ABC 为一般位置平面，P 为铅垂面，它们的交线为 KL，它是两平面两个共有点的连线。在投影图上，如图 4-50b 所示，交线的水平投影 kl 与 P^H 重合，两端点即为 P^H 与 ab、ac 的交点 k 和 l。过 k、l 向上引投影连线求得 k'、l'，连接 k' 与 l'，即为所求交线的 V 面投影。此问题实质上是两次求一般线与投影面垂直面相交的交点，求出交点后连接起来，即为交线。

判别可见性：H 投影无需判别，V 投影可用直观法判别。从 H 投影观察两平面的前后位置

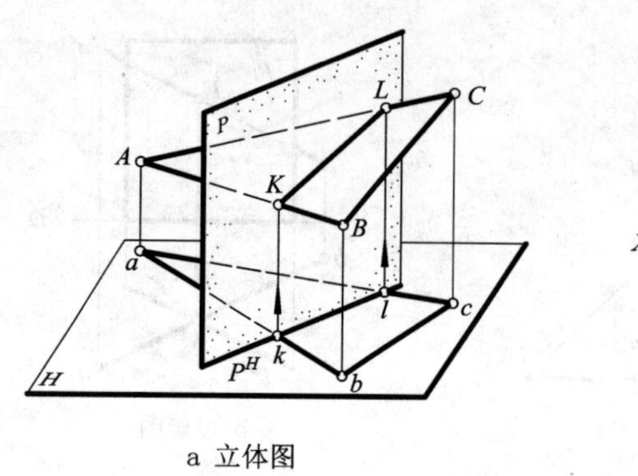

a 立体图

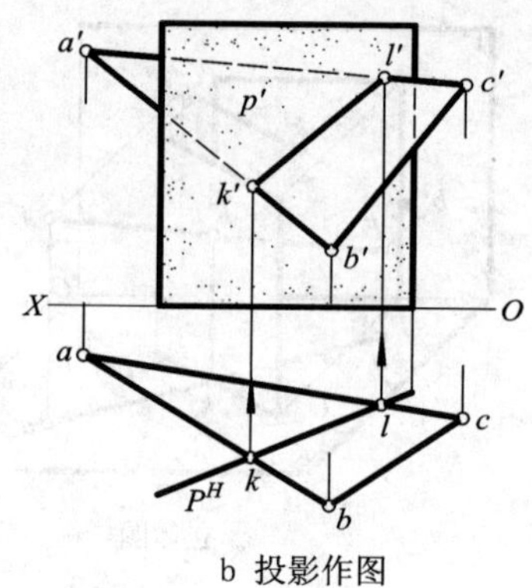

b 投影作图

图 4-50 铅垂面与一般面相交

关系是：△*ABC* 上 *BKLC* 部分在 *P* 面的右前方，所以该部分的 *V* 投影为可见；交线另一侧的△*AKL* 的 *V* 投影的重叠部分为不可见；而 *P* 平面 *V* 投影的可见性正好与之相反(图 4-50b)。

两平面相交，判别投影可见性必须注意两个问题：①可见性是相对而言的，有遮住，就有被遮住；②可见性只存在于两平面图形投影重叠的部分。所以，在判别可见性时，一定要表达完整，不要顾此失彼，而两平面图形投影不重叠部分不需判别，都是可见的。

用有积聚性的迹线表示特殊位置平面的投影时，求直线与平面的交点或两平面的交线无需判别可见性。

同理两正垂面的交线为一条正垂线，两侧垂面的交线为一条侧垂线。

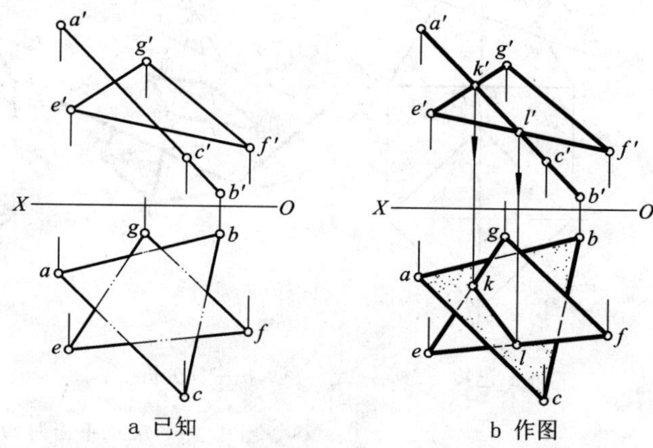

图 4-51 正垂面与一般位置平面相交，求交线

图 4-51 所示，为求正垂面△*ABC* 与一般面△*EFG* 的交线 *KL* 的投影和判别可见性的作图方法。

4.4.2.4 一般位置直线与一般位置平面相交(求交点)

(1)空间分析。如图 4-52a 所示，直线 *DE* 与△*ABC* 均为一般位置。**直线 *DE* 与△*ABC* 相交，必有一个交点 *K*，现设交点 *K* 已求出，则过交点 *K* 在△*ABC* 上可作无数条直线，其中每一条直线(如ⅠⅡ线)与 *ED* 相交可组成一个平面，这样可作无数个平面。其中必有一个平面是铅垂面或正垂面或侧垂面。所作平面称为过 *DE* 直线的辅助平面 *P*，ⅠⅡ线即为 *P* 面与△*ABC* 的交线，ⅠⅡ线与 *DE* 的交点也就是一般线 *DE* 与△*ABC* 的交点。由此得出空间作图步骤如下**(图 4-52a)。

(2)空间作图步骤：

①过已知直线作一辅助平面，最方便的是作投影面垂直面(包含 *DE* 作 *P*，$P \perp H$)。

②作出辅助平面与已知平面的交线(*P* 与△*ABC* 的交线ⅠⅡ)。

③作已知直线与所作出的交线的交点，即为所求(作 *DE* 与ⅠⅡ的交点 *K*)。

(3)投影图上作法(图 4-52b)：

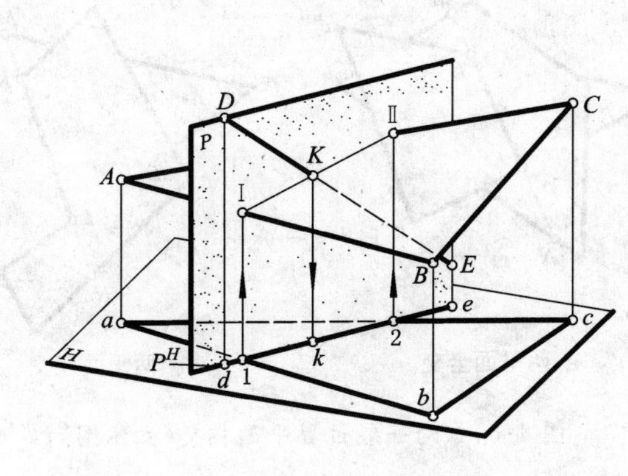

a 空间分析

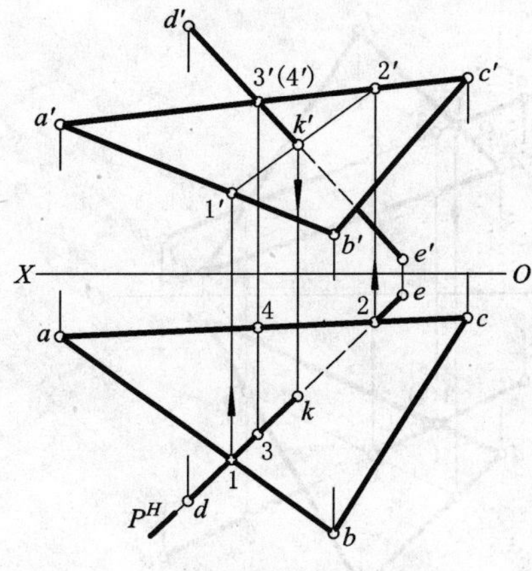

b 投影作图

图 4-52 过 DE 作铅垂辅助面求线面交点 K

①过 DE 作铅垂面 P。在投影图上将 de 标记为 P^H。因 P^H 有积聚性，所以 de 即 P^H。

②求 P 与△ABC 的交线ⅠⅡ。P^H 与 ab 交于 1，与 ac 交于 2，12 即为交线的 H 投影。由 12 求出ⅠⅡ的 V 投影 $1'2'$。

③求直线 DE 与交线ⅠⅡ的交点 K，$1'2'$ 与 $d'e'$ 相交于 k'，由 k' 在 de 上求出 k，k'、k 即为所求交点 K 的两面投影。

④判别可见性：直线 DE 穿过△ABC 之后，必有一段被平面遮挡而看不见。判别时，可利用重影点的特性，先判别 V 投影的可见性，由 $a'c'$ 与 $d'e'$ 的重影点 $3'(4')$ 向下引投影连线，3 在 de 上，在前，4 在 ac 上，在后，前遮后，故 $d'k'$ 段的重叠部分可见，画成粗实线，相反 $k'e'$ 段的重叠部分不可见，画成虚线。同理，判别 H 面上的可见性为：dk 的重叠部分为可见，ke 的重叠部分为不可见。

也可过 DE 作正垂面求交点。如图 4-53 所示，过 AB 作正垂面 Q 为辅助平面，这时 $a'b'$ 即 Q^V，其余作法如图所示。

4.4.2.5 两一般位置平面相交(求交线)

两平面图形相交，交线的两个端点必在它们的两条轮廓线上。如图 4-54 所示，图 4-54a 中两平面交线的两端点 K、L 均落在同一平面△ABC 的两条边上，而图 4-54b 中两平面交线的两端点 K、L 分别落在平面 Q 的一条边和△DEF 的一条边 DE 上，故图 4-54a 所示两平面相交称为全交，而图 4-54b 所示两平面相交称为互交。

求两个一般位置平面的交线，实质上是求某一平面内的两条直线与另一平面的两个交点，连接这两个交点即是两平面的交线。当两相交平面都用平面图形表示，且同名投影有互相重叠的部分时，交线的投影在重叠的范围内，还需判别可见性。

求两一般位置平面交线的方法有：线面交点法和辅助平面法(即三面共点原理)，现分别介绍于后。

(1)线面交点法。图 4-55 所示为求△ABC 与梯形 $DEFG$ 的交线的作图方法。按图 4-52 所示的线面交点法求出任一平面中一边对另一平面的交点 K，再求第二条边对另一平面的交点 L，连接点 K 与 L，即为所求。具体作法如下：

①求 AC 与梯形 $DEFG$ 的交点 K(图 4-55a)：

a. 过 AC 作铅垂面 P，ac 即 P^H。

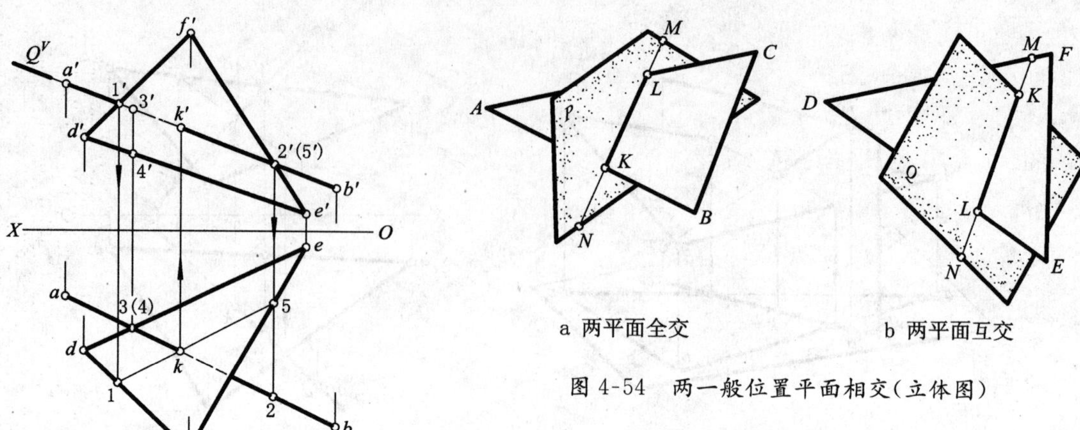

a 两平面全交　　b 两平面互交

图 4-54　两一般位置平面相交(立体图)

图 4-53　过 AB 作正垂面 Q 求交点 K

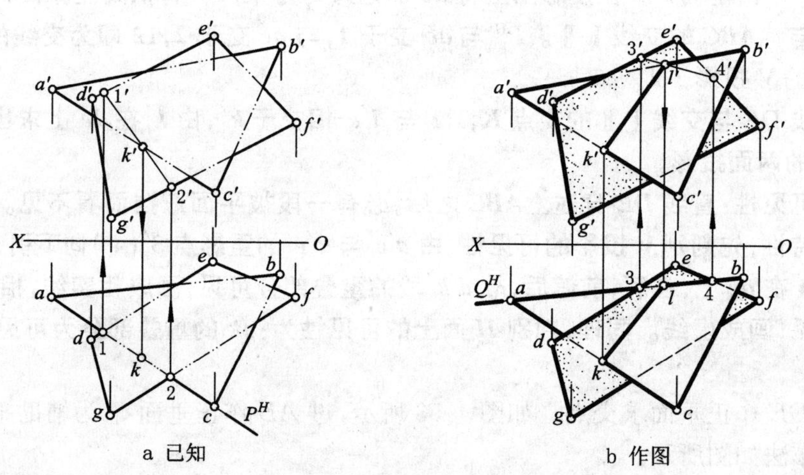

a 已知　　b 作图

图 4-55　用线面交点法求两平面全交时的交线

b. 求 P 与梯形 $DEFG$ 交线ⅠⅡ: P^H 与 de 交于 1,与 gf 交于 2,求出 $1'2'$,即得交线ⅠⅡ(12,$1'2'$)的两投影。

c. 求 AC 与所作交线ⅠⅡ的交点 K:即 $a'c'$ 与 $1'2'$交得 k',由 k'在 ac 上求得 k,即得交点 $K(k'k)$。

②求 AB 边对梯形 $DEFG$ 平面的交点 L:作法同①(图 4-55b)。

③连接 k'与 l'、k 与 l,即得交线的 V、H 投影 $k'l'$、kl,即得 $KL(k'l'$、$kl)$。

④判别可见性:两投影均需判别。每一投影中有 6 对重影点,分别任选一对判别可见性即可完成投影可见性的判别。判别方法同图 4-52。

两平面相交时,每一平面上的每一边对另一平面都会有交点,当某一边与交线平行时,它的交点则在无穷远处。如图 4-56 中,交点 M、N、P、Q(均在交线 KL 的延长线上)。由此可见交线是两平面中每一边对另一面交点的轨迹。因此从理论上说,作图时可选择任一边对另一面求交点,求得两个交点 M、Q,连接点 M 与 Q,可求得交线的方向,然后取其在两面投影重叠部分内的一段,即可得交线 KL。若交点落在图形外太远处(如点 Q、M),则作图不便。具体作图时,只要某一边有一个投影不与另一平面图形的同名投影重叠,它的交点就会落在图形外边，这时可放弃不取，如图 4-56 中所示，ef 在△abc 图形之外，EF 与△ABC 的交点较远不可取(即图中的交点 $Q(q、q')$)，同理，AB 也可不取，两平面互交求交线的投影图的作法与图 4-55 相同。

(2)辅助平面法。当两相交平面的同名投影不重叠时，就不宜用方法(1)来求交线，而用三面共点原理，即辅助平面法求交线。如图 4-57a 所示，要求作平面 P_1(△ABC)与 P_2(四边形 $EFGH$)的交线，可先作一特殊位置的辅助平面 R(水平面)，分别求出 R 与 P_1、P_2 的交线，两交线相交于一点 K。因交点 K 为 R 面、P_1 面、P_2 面的三面共点，必为 P_1 与 P_2 交线上的一个点。同理，可再作一水平面 Q，求出另一交点 L，L 也是交线上的一个点，连点 K 与 L 即得 P_1、P_2 的交线。

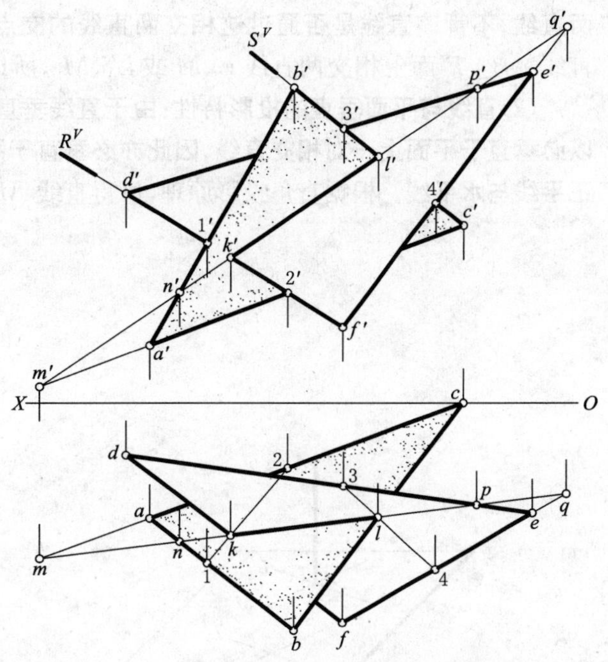

图 4-56　两面互交时求交线 KL

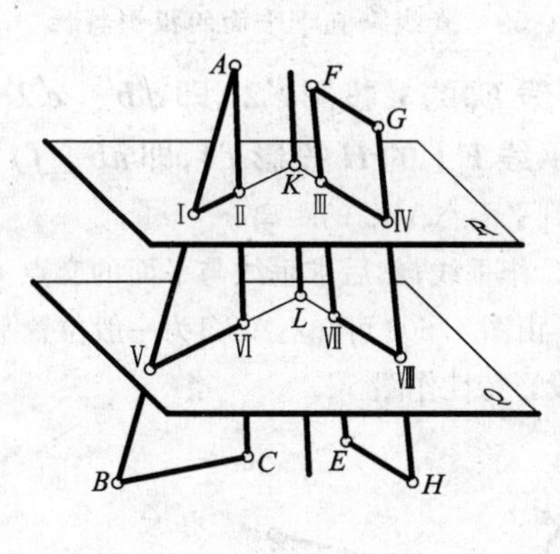

a 空间分析

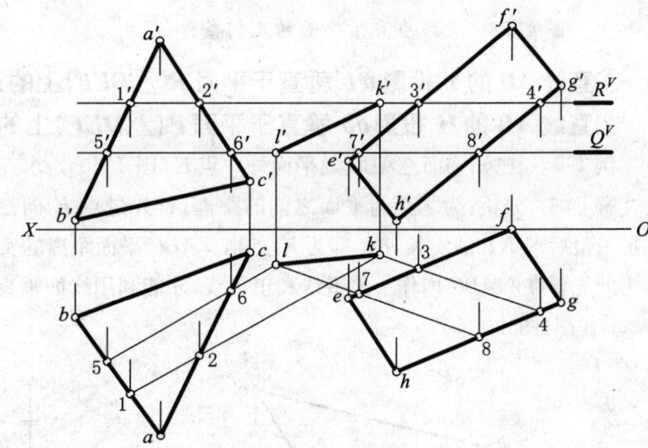

b 投影作图

图 4-57　辅助平面法求两一般位置平面的交线

投影图上的作法(图 4-57b)：

①作一水平辅助平面 R，即 R^V，与△ABC 和四边形相交得交线 Ⅰ Ⅱ 和 Ⅲ Ⅳ，Ⅰ Ⅱ 和 Ⅲ Ⅳ 相交于点 K。在投影图上得 $1'2'$、12 与 $3'4'$、34。$1'2'$、$3'4'$ 和 12、34 分别相交于点 k'、k，则 K(k'、k)即为所求两平面的交线上的一点。

②再作一水平辅助平面 Q，即 Q^V，同理可得到另一个交点 $L(l'、l)$。

③连接点 k' 与 l'、k 与 l，$k'l'$、kl 即为所求交线的两面投影。

4.4.3　垂直关系

4.4.3.1　直线与平面相互垂直

(1)直线与平面相互垂直的几何条件：从几何学可知，如果一条直线垂直于平面内的相交

两直线，不管该直线是否通过这相交两直线的交点，直线和平面必相互垂直。如图 4-58 所示，直线 $AB \perp P$ 面上相交两直线 L、M 或 L_1、M_1，所以 $AB \perp P$ 面。

(2)**直线与平面垂直的投影特性：由于直线垂直于平面时，直线必垂直于平面上所有直线，所以必垂直于平面上一对相交直线，因此亦必垂直于平面上一对特殊位置的相交直线，即平面上的正平线与水平线。**根据直角投影原理，可得直线 AB 与平面 P 垂直关系的投影特性(图 4-59)：

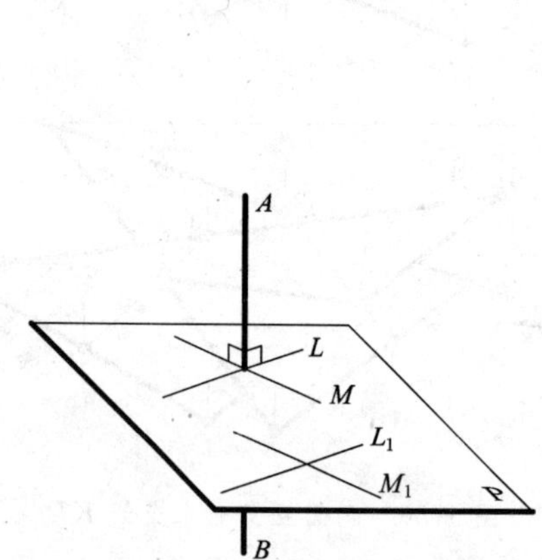

图 4-58　直线垂直于平面的几何条件

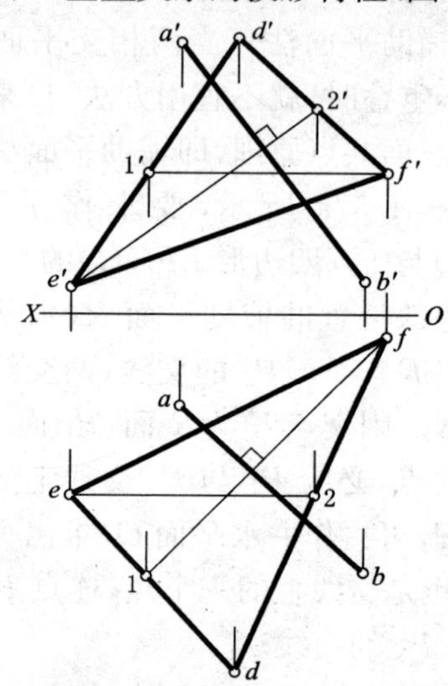

图 4-59　直线垂直于平面的投影特性

①直线 AB 的 V 投影 $a'b'$ 垂直于平面 $P(\triangle DEF)$ 上的正平线 EⅡ的 V 投影 $e'2'$，即 $a'b' \perp e'2'$。

②直线 AB 的 H 投影 ab 垂直于平面 $P(\triangle DEF)$ 上的水平线 FⅠ的 H 投影 $f1$，即 $ab \perp f1$。

［例 4-9］　已知平面△ABC 及平面外一点 K(图 4-60a)，求点 K 到平面△ABC 的距离。

［解］　1. 分析：为求点与平面之间的距离，首先过点 K 向△ABC 作垂线；然后求垂线与平面的交点 L(垂足)；最后求 KL 的实长，KL 即为 K 点到△ABC 平面距离的实长。由图 4-60a 可知△ABC 为一般位置平面，为此先要在△ABC 内作一水平线和正平线，才能利用线面垂直的投影特性作图。

2. 作图(图 4-60b)：

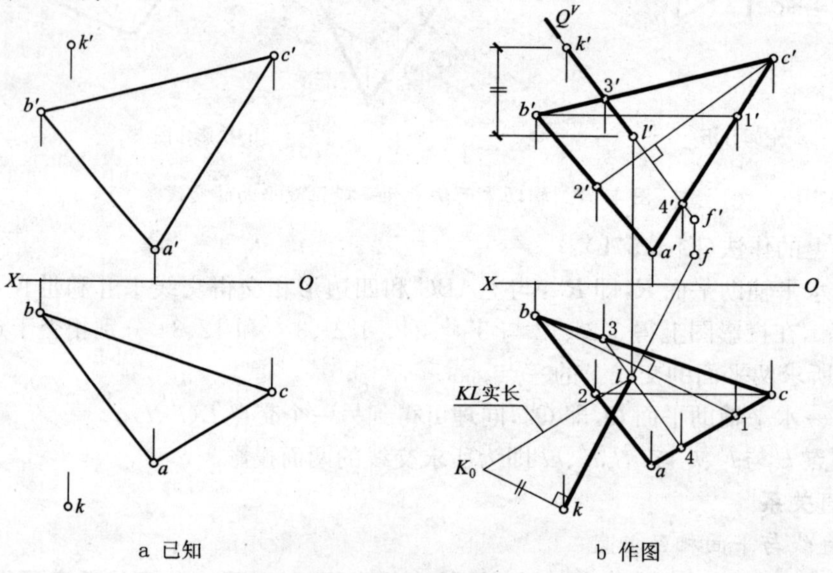

图 4-60　求点到平面的距离

(1)过点 K 向△ABC 作垂线。为此，要在平面内作水平线和正平线。

①在△ABC 内作水平线 BⅠ($b'1'$//OX,求出 $b1$)。

②在△ABC 内作正平线 CⅡ($c2$//OX,求出 $c'2'$)。

③过 k' 作 $k'f' \perp c'2'$,过 k 作 $kf \perp b1$。

(2)求 KF 与△ABC 的交点 L,即垂足。

①过 KF 作正垂面 Q,$k'f'$ 即 Q^V。

②求 Q 面与△ABC 之交线ⅢⅣ($3'4'$、34)。

③求 KF 与ⅢⅣ交点 L,即 34 与 kf 交点 l,求出 l',$L(l、l')$即为所求的垂足。

(3)求 KL 的实长:图中 KL 实长 K_0l 是按直角三角形法求出的。

当直线垂直于某一投影面的垂直面时，该直线必然是一条这个投影面的平行线。如图 4-61a 所示，P 是铅垂面，AB 垂直于 P 面，AB 必平行于 H 面。该投影面垂直面 P 的 H 面积聚投影 P^H 与该直线 AB 的同名投影 ab 必相互垂直。因为 AB//H 面，ab//AB,又因为 $AB \perp P$ 面，所以 $ab \perp P^H$(直角投影原理)。投影图如图 4-61b 所示，$ab \perp P^H$。当正平线 EF 的 V 投影 $e'f' \perp Q^V$ 时，则 $EF \perp Q$ 面(图 4-61c)。

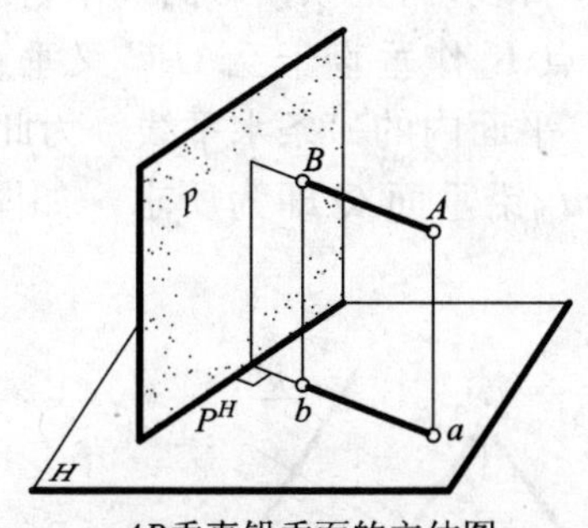

a AB垂直铅垂面的立体图

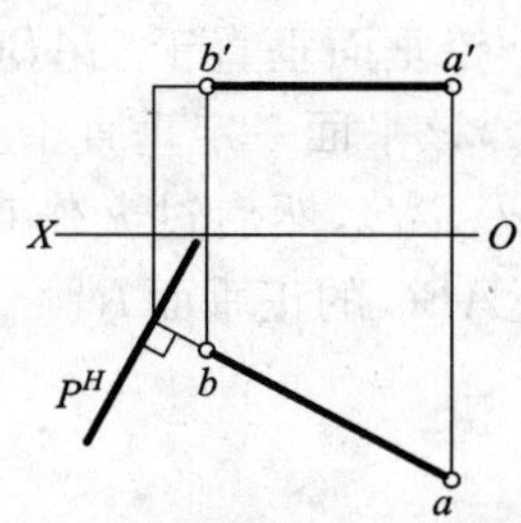

b AB垂直铅垂面P的投影图

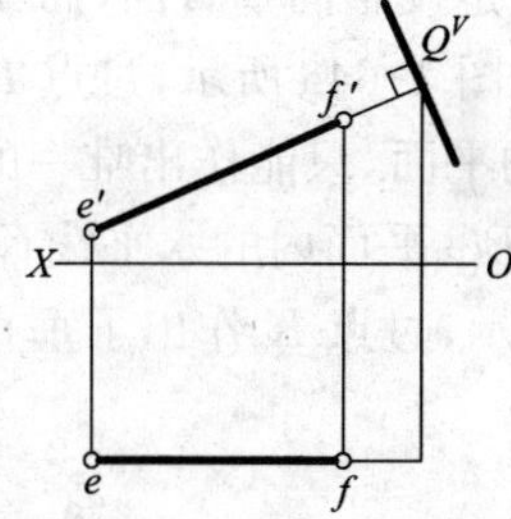

c EF垂直正垂面Q的投影图

图 4-61 直线垂直投射面

4.4.3.2 两平面相互垂直

(1)**两平面相互垂直的几何条件:由几何学可知，如果一个平面包含另一个平面的垂线，那么，这两个平面就相互垂直**。如图 4-62 所示，直线 $AB \perp Q$ 面，而且 P 面过 AB,则 $P \perp Q$ 面。

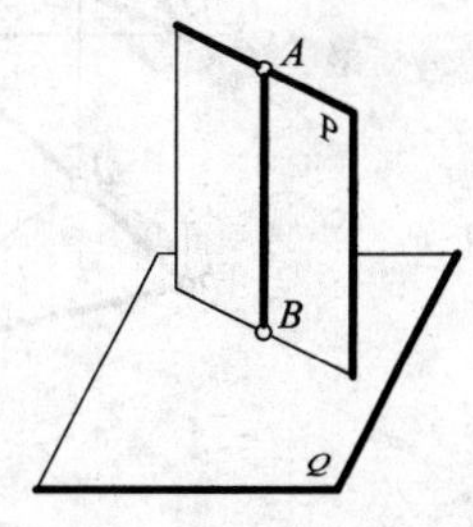

图 4-62 两平面相互垂直的几何条件

(2)两平面相互垂直的投影作图。

[例 4-10] 已知△ABC 与△EFG 的投影(图 4-63a),试判断△ABC 与△EFG 是否垂直。

[解] 1. 分析:△ABC 与△EFG 垂直，只需满足上述几何条件即可。故过△ABC 上点 A 作一直线 AD 垂直于△EFG,然后检查 AD 是否在△ABC 上，若 AD 在△ABC 上，则两平面相互垂直，否则就不垂直。

2. 作图(图 4-63b):

(1)在△EFG 上作一正平线 GⅠ和一水平线 FⅡ,即作 $g1$//OX,求出 $g'1'$,又作 $f'2'$//OX,求出 $f2$。

(2)过 a' 作 $a'd' \perp g'1'$,又过 a 作 $ad \perp f2$。

(3)检查点 D 是否在△ABC 上。因 d' 在 $b'c'$ 上，d 在 bc 上，$d'd$ 的连线与投影连线平行，即 AD 在△ABC 上，所以△$ABC \perp$△EFG。

一般位置平面与投影面垂直面相互垂直，首先应符合前述两平面相互垂直的几何条件，即只要在一般位置平面上有一条直线与投影面垂直面相互垂直，则两平面在空间相互垂直。但

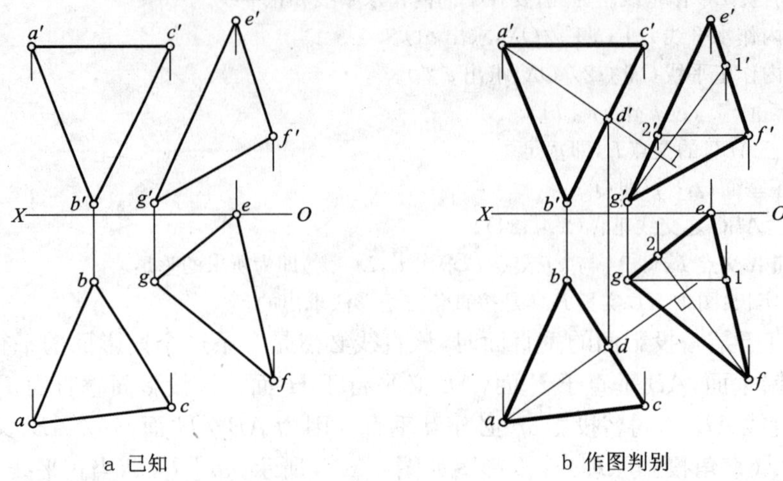

a 已知　　　　　　　　　　b 作图判别

图 4-63　判断两平面是否垂直

因后者是投影面垂直面，而与它所垂直的直线就不是一般位置直线，而是该投影面的平行线。

如图 4-64a 所示，过点 K 作一铅垂面垂直于△ABC。过点 K 作垂直于△ABC 又垂直于 H 面的平面，只能作出唯一的一个，该平面一定垂直于△ABC 平面内的一条水平线。为此，先作△ABC 平面内的水平线 CD（$c'd'$、cd），然后过 k 作 $Q^H \perp cd$，铅垂面 Q 即为所求。如图 4-64b 所示，过点 K 作出了垂直于△ABC 的正垂面 R。

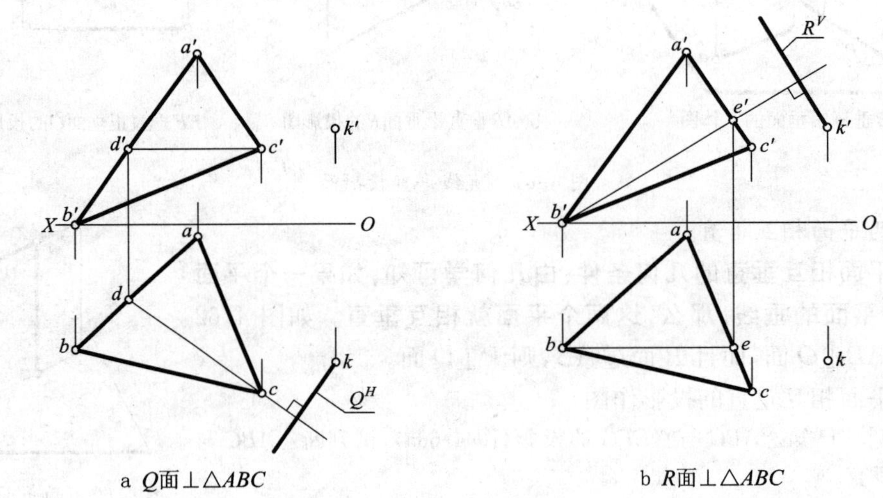

a Q面⊥△ABC　　　　　　　　b R面⊥△ABC

图 4-64　过点作投射面垂直于一般面

4.4.3.3　直线与直线垂直

前面已讨论过，当正交两直线之一平行于某一投影面时，在该投影面上的投影就反映直角。但互相垂直的两一般位置直线，其各投影却不再垂直。下面讨论如何检查及作出在空间都是一般位置的正交两直线的投影作图问题。

由几何学可知，如图 4-65a 所示，若直线 $AB \perp R$ 面，则在 R 面上过垂足 K 所作的任何直线均垂直于 AB，即 $AB \perp R$ 面，$AB \perp CE$，$AB \perp DF$ 等；反过来说，**若两直线正交，则一定可以作出一个（也只能作出一个）平面 R 包含上述正交两直线之一而且垂直于另一直线**。如图

4-65b所示，设 $AB \perp CD$，则包含 CD，可以作出而且只能作出一个平面 $R \perp AB$。

［例 4-11］ 已知直线 AB 及线外一点 K（图 4-66a），求点 K 到直线 AB 的距离。

［解］ 1. 分析：如图 4-66b 所示，从线外一点 K 向直线 AB 作垂线，可先过此点向已知直线 AB 作垂直面 R，然后求出已知直线与所作垂直面的交点 L，连接点 K、L，KL 即为过 K 点所作的 AB 的垂线（L 为垂足），求出 KL 的实长即为所求。

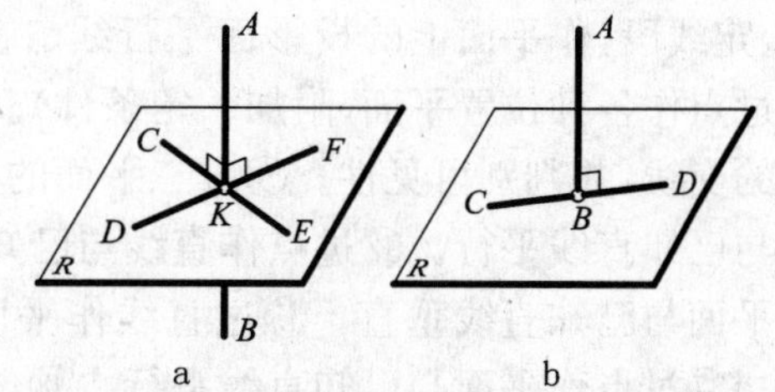

图 4-65 两一般线垂直的几何条件（立体图）

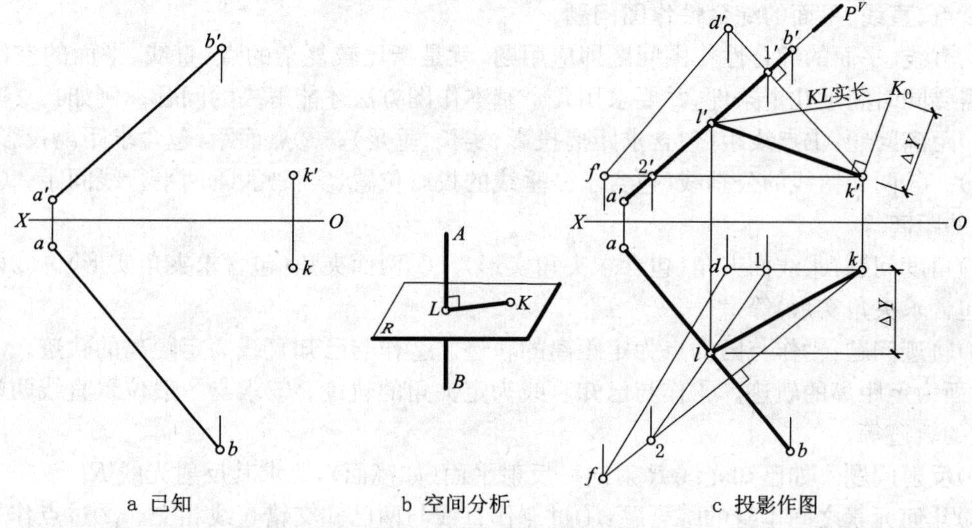

图 4-66 求点线距

2. 作图（图 4-66c）：

(1) 过点 K 作平面 R 垂直于 AB：平面 R 用含正平线 KD 及水平线 KF 表示的平面△KDF 表示：

①过 k' 作 $k'd' \perp a'b'$，$kd /\!/ OX$ 轴。

②过 k 作 $kf \perp ab$，$k'f' /\!/ OX$ 轴。

③连 f' 与 d'、f 与 d，△KDF（△$k'd'f'$，△kdf）即为 AB 的垂直面 R。

(2) 求平面 R 与 AB 的交点 L：

①包含 AB 作正垂辅助平面 P，$a'b'$ 即 P^V。

②求平面 P 与 R（即△KDF）的交线ⅠⅡ（$1'2'$，12）。

③12 与 ab 相交于 l，求出 l'，$L(l', l)$ 即为直线 AB 与平面 R 之交点。

(3) 连点 K 与 L，并求其实长。连接 k' 与 l'、k 与 l，$k'l'$、kl 即为所求垂线 KL 的两面投影。用直角三角形法求出 KL 的实长（图 4-66c）。

*4.5 点、直线、平面的基本作图问题和综合性作图问题

根据前面所述的点、直线、平面的相互位置关系及基本作图方法，可归纳为下面两个问题。

4.5.1 点、直线、平面的基本作图问题

点、直线、平面的基本作图问题有如下几方面：①求一般线的实长与倾角。②求平面图形的实形和对投影面的倾角。③一边平行于投影面的直角投影定理及其应用。④在平面上定

点、定线段，作平面上的投影面平行线、迹线等。⑤在平面上作最大斜度线及求平面的倾角。⑥过点作各种位置平面(附加一定条件)。⑦求直线与平面的交点，并判别可见性。⑧求两平面的交线，并判别可见性。⑨求三平面的共点。⑩过点作直线与已知平面平行。⑪过点作直线与已知直线平行。⑫过点作直线与已知平面垂直。⑬过点作平面与已知平面平行。⑭过点作平面与已知直线垂直。⑮过直线作平面与已知直线平行。⑯过直线作平面与已知平面垂直。⑰过点作平面与已知直线平行。⑱过点作平面与两已知直线平行。⑲过点作平面与已知平面垂直。⑳过点作直线与两已知平面平行。这 20 个基本作图题，读者可自行出题将上述 20 个基本作图再重作一遍。

4.5.2 点、直线、平面的综合性作图问题

点、直线、平面的综合性作图问题即应用题，就是指比较复杂的点、直线、平面的空间几何问题，需要同时满足几个条件，并要求用几个基本作图方法才能解决的问题。例如：

(1)距离问题：①点线距(包含求距离投影、实长、垂足)。②点面距(包含求距离投影、实长和垂足)。③两交错线的公垂线(包含求公垂线的投影位置、实长)。④两平行线间距。⑤两平行平面的距离等。

(2)角度问题：①线面夹角(包含求夹角实形)。②两面夹角(包含求夹角实形)。③两直线夹角(包含求夹角实形)等。

(3)轨迹问题：①作与已知点为定距离的轨迹。②作与已知直线为定距离的轨迹。③作与已知平面为定距离的轨迹。④作与已知直线为定夹角的轨迹。⑤求与一般位置直线两端点等距离点的轨迹等。

(4)反射问题。如已知光线 R 射向一反射平面(如镜面)，要求其反射光线 R_1 等。

(5)几何元素之间本身的综合题：①过点作直线与两已知交错直线相交。②过点作平面平行于已知直线，且垂直于已知平面。③过点作直线与已知直线相交，且平行于已知平面。④作一直线与两已知交错线相交，同时又平行于第三条直线。

4.5.3 求解点、线、面综合性应用题的一般步骤

(1)分析题意，明确要求，根据题目和已给的投影图，明确已知条件是什么，有何投影特性，要求解决的几何问题是什么等，应利用哪些原理、方法、几何特征与投影特性的关系以及怎样去利用这些关系。一般遇到三个以上几何元素的相互关系问题，应先两两解决，解决一个问题，即可丢掉一个元素，这样化整为零，各个击破，使复杂问题简单化。

(2)从空间入手，根据题意和已知条件，先徒手作出示意草图，拟出空间作图步骤。

(3)作投影图：投影图作图步骤与空间作图步骤完全一致，每一步就是一个基本作图题，逐步作出投影图，直至完成解答。

[例 4-12] 已知直线 AB 和平面△CDE 的投影，求直线 AB 和平面△CDE 的夹角实形(图 4-67a)。

[解] 1. 分析：

(1)由图 4-67a 已知条件可知，平面△CDE 的 H 投影积聚为一直线 R^H，所以△CDE 垂直于 H 面。直线 AB 为一般位置直线。

(2)直线与平面的夹角 θ，就是直线 AB 和它在该平面上的投影所夹的角 θ(图 4-67b)。

(3)求直线 AB 在△CDE 平面上的投影：①求直线 AB 和平面△CDE 的交点 L。②过点 A(或点 B)向平面△CDE 所作垂线的垂足 M。连接点 L、M，连线 LM 即为 AB 在该平面上的投影。

(4)求直角△ALM 的实形，∠ALM 即为直线 AB 和平面△CDE 的夹角 θ 的实形。

2. 作图(图 4-67c)：

(1)求直线 AB 与平面△CDE 的交点 L。

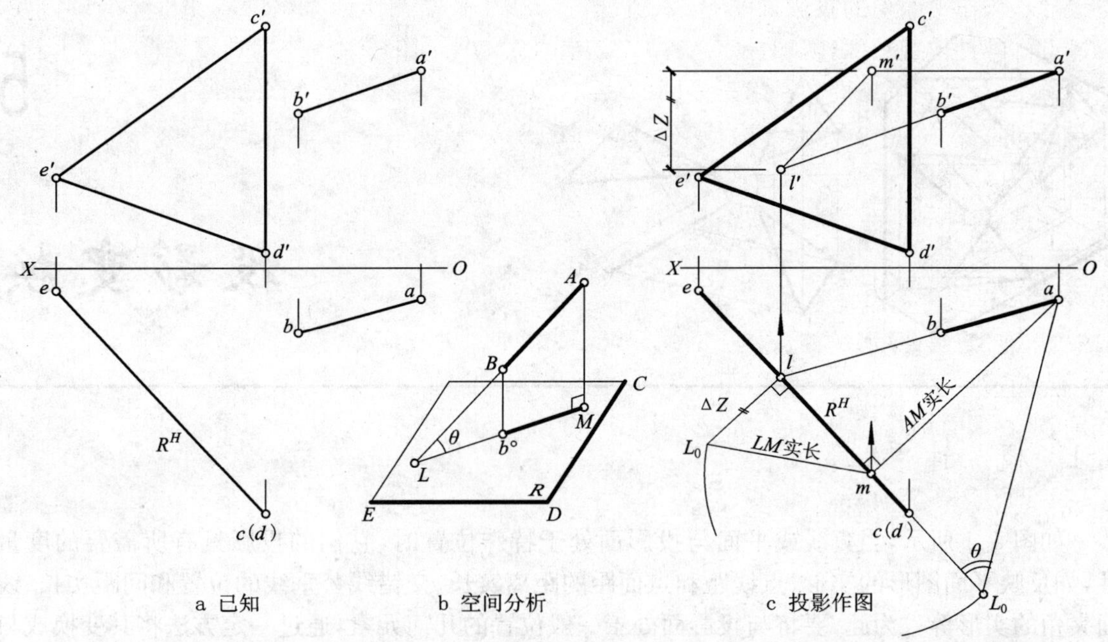

图 4-67　求直线 AB 与平面 CDE 的夹角实形

可利用平面△CDE 的积聚投影直接得交点 L 的 H 投影 l，即 $R^H\times ab$ 延长线的交点得点 l，再由点 l 求得点 l'，点 $L(l,l')$ 即为 AB 与△CDE 的交点。

(2)过点 A 向△CDE 作垂线并求垂足 M。

根据直线(AM)垂直于铅垂面(△CDE)的投影特性，可知 $am\perp R^H$，则 AM 必为水平线，因此 AM 的 V 投影必为水平($a'm'\,/\!/\,OX$)，由 m 即可求得 m'。于是求得了包含直线 AB 并垂直于铅垂面△CDE 的平面，此平面为直角△ALM(△alm、△$a'l'm'$)。即在 H 投影中，过 a 作 $am\perp R^H$，得 m，由 m 求出 m'。

(3)求直角△ALM 的实形，并求得夹角 θ 的实形。

根据初等几何原理：已知两直角边，即可求得直角三角形的实形。因为 AM 为水平线，则 am 即为 AM 实长，现用直角三角形法求出 LM 的实长(H 投影所作直角△L_0ml 中的斜边 L_0m 即为 LM 的实长)。有了两直角边实长，于是，在 H 投影上即可作直角△amL_0，即求得了 θ 角的实形。

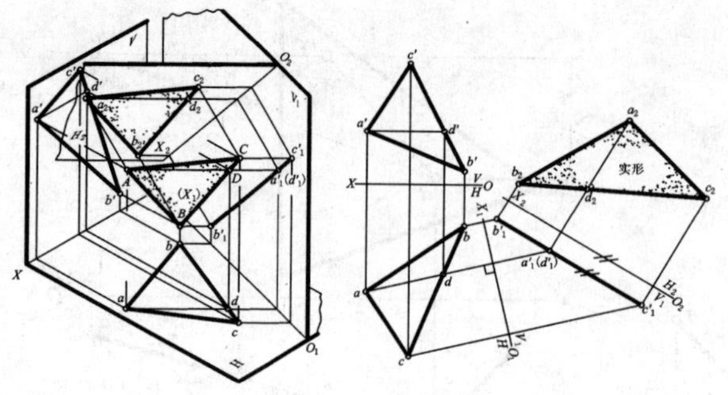

5 投影变换

5.1 概　述

如图 5-1 所示，当直线或平面与投影面处于特殊位置时，它们的投影具有所需要的度量性，如反映平面图形的实形、点线距和点面距的距离实长、交错线公垂线的位置和间距实长、线面夹角的实形等。为此，要将与投影面处于一般位置的几何元素，通过一定方法将其变换成与投影面处于特殊的位置，以利于解题。这时空间几何元素本身及其相互间的度量问题或定位问题的解决就会简化，这种变换称为投影交换。所以，投影变换一般是将在原投影面体系中处于一般位置的空间几何元素改变为与投影面处于有利于解题的位置，以达到简化解题的目的。

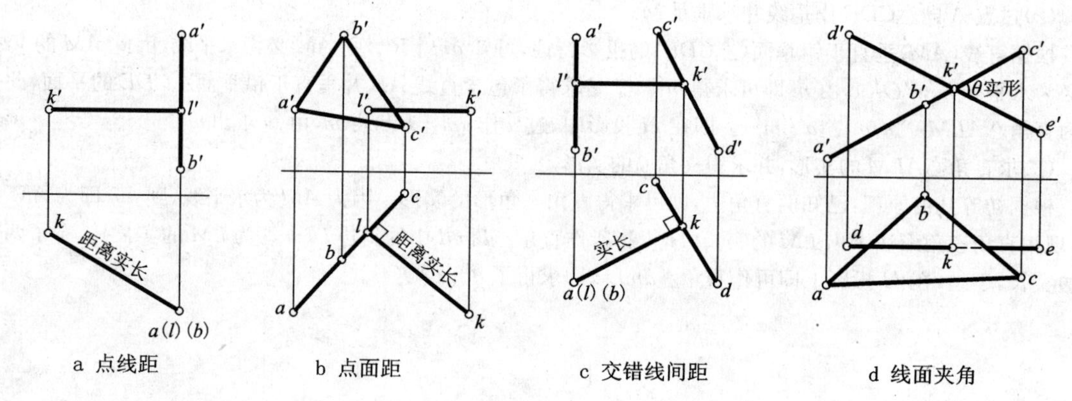

图 5-1　几何元素与投影面处于特殊位置

本章主要介绍两种投影变换方法：变换投影面法，简称换面法；旋转法。

5.2 换面法

5.2.1　基本原理和方法

换面法是在原投影面体系中建立新的投影面，形成新投影面体系。一般是使原投影面体系中处于一般位置的空间几何元素，在新投影面体系中处于特殊位置，并根据原有的已知投影，作出空间几何元素在新投影面体系中的新投影，以解决度量或定位问题。

如图 5-2a 所示，给出一个处于铅垂面位置的$\triangle ABC$，它的两个投影 abc 和 $a'b'c'$ 都未反映出$\triangle ABC$的实形。如果我们设立一个新投影面V_1，使之垂直于H面并平行于$\triangle ABC$，V_1和H面组成一个新的投影面体系。在新的投影面体系中，$\triangle ABC$处于平行于V_1面位置，于是就可得到反映$\triangle ABC$实形的新投影$\triangle a'_1b'_1c'_1$，如图 5-2b 所示。这样就实现了投影的变换而获得实形。

在这个过程中需要弄清楚下列问题。

5.2.1.1 如何建立新投影面

所设立的新投影面必须满足如下两个条件才能达到变换投影的目的：

(1)新投影面必须垂直于原有投影面之一，这样才能组成新投影面体系，利用正投影规律作图。

(2)新投影面必须置于适当位置，即垂直或平行于给出的空间直线或平面，以改变它们对投影面的相对位置。

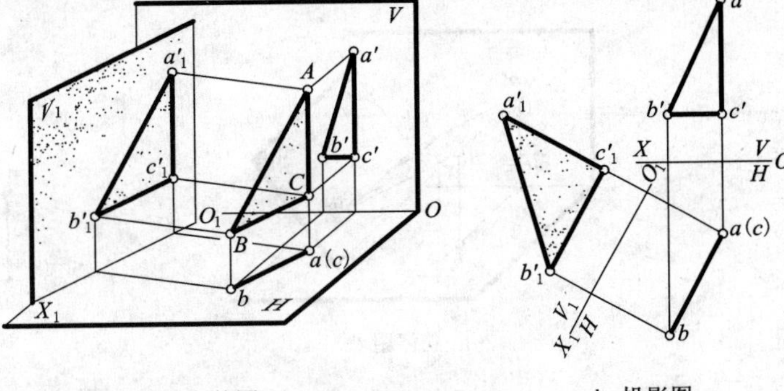

图 5-2 建立新投影面V_1

图 5-2 中建立的新投影面垂直于H面，称为新的正立投影面，以V_1标记。如果所设新投影面垂直于V面，则称为新的水平投影面，以H_1标记。新投影面和原有投影面之一组成新投影面体系，它们的交线称为新投影轴，以O_1X_1等标记。点的新投影在新的正立投影面V_1上以a'_1、b'_1、c'_1等表示；在新的水平投影面H_1上以a_1、b_1、c_1等表示。

5.2.1.2 如何求得新投影

现以图 5-2 中$\triangle ABC$的顶点A为例，说明新投影的画法。

在图 5-3 中，已知点$A(a、a')$，并给定了新的正立投影面V_1的位置($V_1 \perp H$，用V_1代替V面，H面为留下的原投影面)，要求作出V_1面上的新投影a'_1。

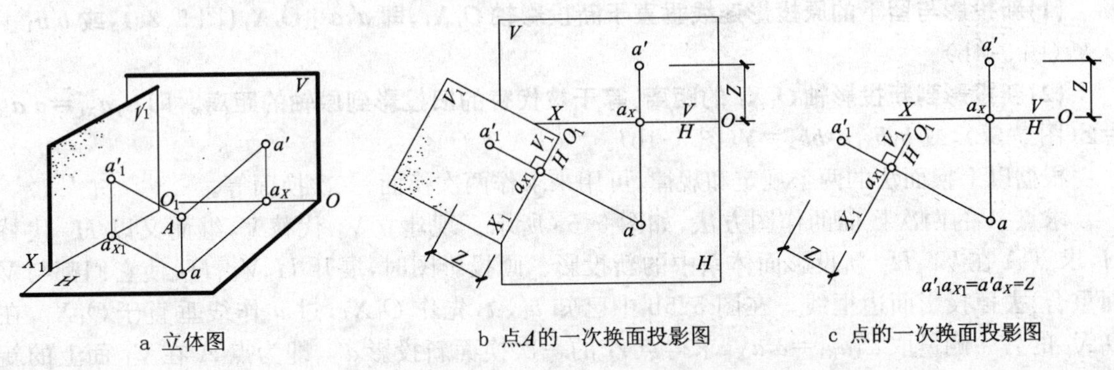

图 5-3 点A的一次换面

自空间点A向V_1面作垂线，得垂足a'_1(图 5-3a)，a'_1即为点A在V_1面上的新投影。新投影a'_1到新投影轴O_1X_1的距离反映了空间点A到H面的距离即为点A的Z坐标，即$a'_1a_{X1}=Aa=a'a_X=Z$。根据这种关系，可由原有的两投影画出新投影。

投影面展开时，将V_1面绕O_1X_1轴旋转到与H面重合，H面又绕OX轴旋转到与V面重合，即 V_1、H 面均与 V 面重合(图 5-3b)。画投影图时不必绘出投影面边框线。具体作法(图 5-3c)：自 a 作 $aa_{X1} \perp O_1X_1$，在此垂线 aa_{X1} 的延长线上量取 $a'_1a_{X1}=a'a_X=Z$，即可定出 a'_1。

以上是用换面法作图的基本方法。建立新投影面 H_1 上的新投影的作法原理相同。如图 5-4a、b 所示。用 H_1 代 H，留下 V 面，并且要求 $H_1 \perp V$，H_1 面与 V 面组成一新投影面体系(图 5-4a)，点 B 在 H_1 面上新投影为 b_1。b_1 到新投影轴 O_1X_1 的距离 b_1b_{X1} 反映点 B 到 V 面的距离即为 B 点的 Y 坐标，因此 $b_1b_{X1}=bb_X$。画投影图时，将 H_1 面旋转到与 V 面重合，此时 $b'b_1 \perp O_1X_1$。投影图上作法如图 5-4b 所示。

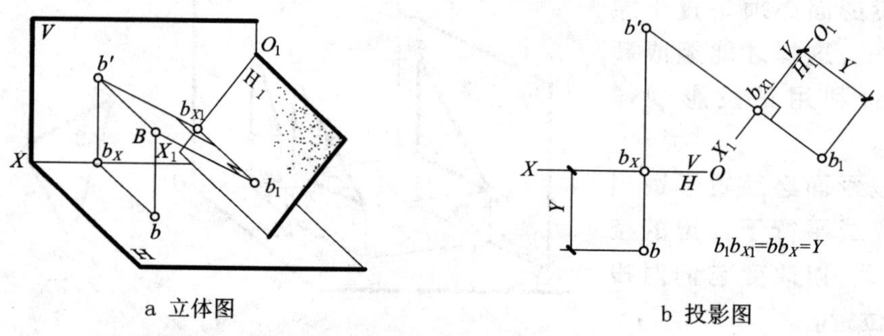

a 立体图　　b 投影图

图 5-4　点 B 的一次换面

5.2.1.3　基本规定

由上所述，可知换面法的基本规定如下：

(1)每一次只能更换一个投影面，可按下列次序之一更换：

$$\frac{V}{H}\rightarrow\frac{V_1}{H}\rightarrow\frac{V_1}{H_2}\rightarrow\frac{V_3}{H_2}\cdots \text{或} \frac{V}{H}\rightarrow\frac{V}{H_1}\rightarrow\frac{V_2}{H_1}\rightarrow\frac{V_2}{H_3}\cdots$$

(2)新的投影面必须垂直于留下的原投影面，即仍用正投影方法求新投影。如用 V_1 代替 V 面，留下原投影面是 H 面，这时 V_1 必须垂直于 H 面，即 $V_1 \perp H$。同样，如用 H_1 代替 H，则留下 V 面，这时 H_1 面必须垂直于 V 面，即 $H_1 \perp V$。

5.2.1.4　换面法的投影规律

(1)新投影与留下的原投影连线垂直于新投影轴 O_1X_1，即 $a'_1a \perp O_1X_1$(图 5-3c)，**或 $b'b_1 \perp O_1X_1$**(图 5-4b)。

(2)新投影到新投影轴 O_1X_1 的距离，等于被代替的旧投影到原轴的距离。即 $a'_1a_{X1}=a'a_X=Z$(图 5-3c)，**或 $b_1b_{X1}=bb_X=Y$**(图 5-4b)。

根据以上换面法的两个规定和规律，可用来求作两次换面、三次换面等。

求点 A 的两次换面的作图方法，如图 5-5a 所示。现建立 V_1 代替 V，继而又以 H_2 代替 H，求点 A 在 V_1、H_2 新投影面体系中的新投影。画投影图时，展开 H、V_1、H_2 使它们都与 V 面重合，去掉投影面边框线。在图 5-5b 中已知 a'、a，先作 O_1X_1，过 a 作线垂直于 O_1X_1，在 O_1X_1 的另一侧量取 $a'_1a_{X1}=a'a_X$，求得点 A 的一次换面新投影 a'_1，即为点 A 在 V_1 面上的新投影。在第二次换面时，可把 V 投影丢开不管，而把 H 和 V_1 投影面看作原有的旧投影面体系。这样，两次换面的作图方法，实质上是进行两次一次换面的作图。所以，第二次再作新轴 O_2X_2，过 a'_1 作线垂直于新轴 O_2X_2，在新轴 O_2X_2 的另一侧量取 $a_2a_{X2}=aa_{X1}$，于是求得了点 A 的两次换面后的新投影 a_2。如图 5-5c 所示，当换面的次序为 $\frac{V}{H}\rightarrow\frac{V}{H_1}\rightarrow\frac{V_2}{H_1}$ 时，点 A 两次换面的新投影为 a'_2。

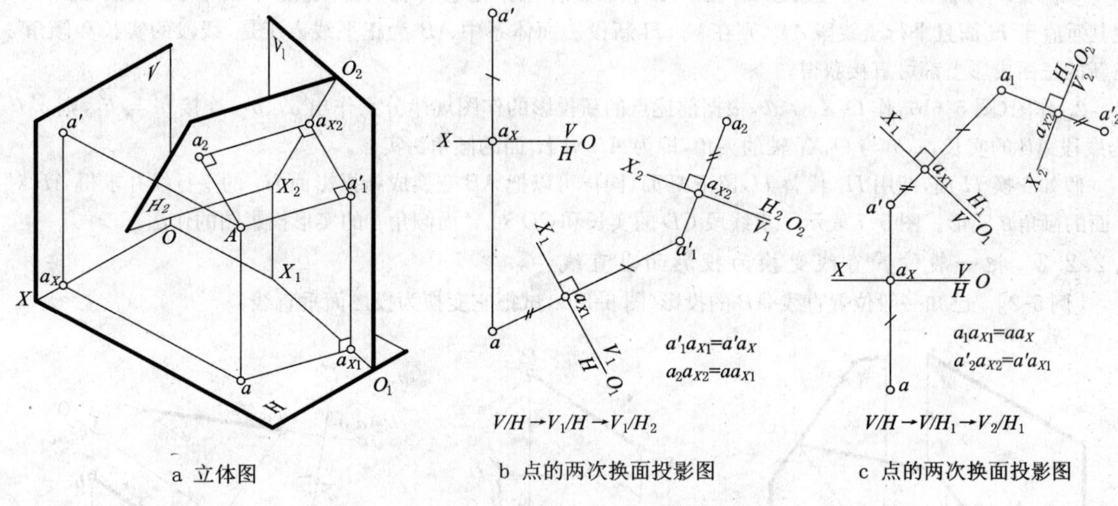

图 5-5　点 A 的两次换面

求点 A 的两次换面新投影时，新轴 O_1X_1、O_2X_2 都是任意选取的。但在求空间元素的度量问题和定位问题时，必须根据解题需要来选定新轴的方向。

由此可见，无论建立几个新投影面，根据点的原有两投影，总可以作出点的新投影来。作图方法如下：**自点所保留的投影向新投影轴作垂线，在垂线上量取点的新投影到新投影轴的距离，使其等于被代替的原投影到原有投影轴的距离**，即可得出点的新投影。

按照上述作图规律，根据需要，可以连续进行一系列的变换，并作出新的投影来。

5.2.2　换面法的基本作图问题

用换面法解决度量问题或定位问题时，经常遇到如下四种基本作图问题。

5.2.2.1　把一般位置直线变换为投影面平行线

把一般位置直线变换为投影面平行线，应建立新的投影面使其平行于已知直线。这时，已知直线对新投影面来说就处于平行位置。

［例 5-1］　已知线段 AB 的两投影 ab、$a'b'$（图 5-6b），求出该线段的实长及水平倾角 α（线段 AB 与 H 面夹角）。

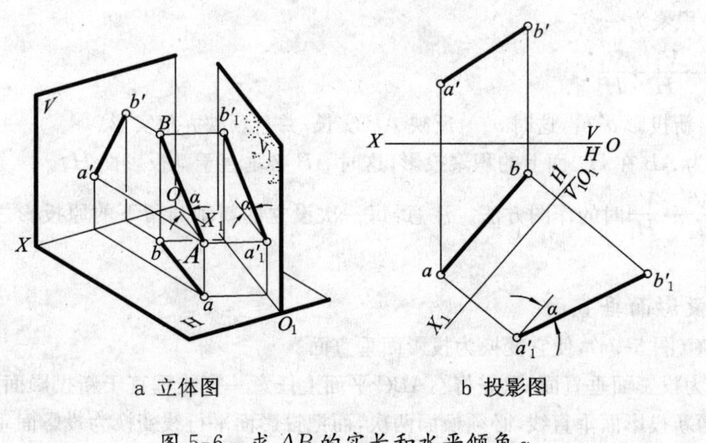

图 5-6　求 AB 的实长和水平倾角 α
——一次换面

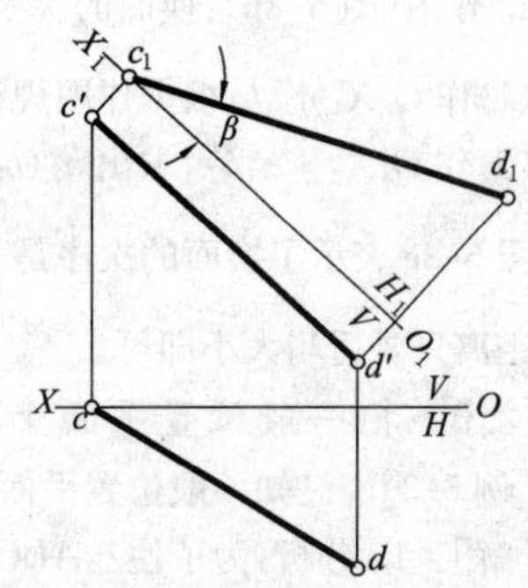

图 5-7　求 CD 的实长和 V 面倾角 β
——一次换面

［解］ 1. 分析(图 5-6a)：线段 AB 在 V、H 投影面体系中处于一般位置，现设立一新的正立投影面 V_1，使其垂直于 H 面且平行于线段 AB，则在 V_1、H 新投影面体系中 AB 为正平线。于是，线段的实长和倾角 α 在新的正面投影上都可直接获得。

2. 作图(图 5-6b)：作 $O_1X_1 /\!/ ab$，根据前述点的新投影的作图规律分别作出 a'_1、b'_1，连接 a'_1 与 b'_1，则 $a'_1b'_1$ 为线段 AB 的实长，$a'_1b'_1$ 与 O_1X_1 轴的夹角，即为 AB 对 H 面的倾角 α 实形。

假如变换 H 面，即用 H_1 代替 H，留下 V 面，同样可以把 AB 变换成新投影面 H_1 的平行线并求得 AB 对 V 面的倾角 β 实形。图 5-7 表示了求线段 CD 的实长和 CD 对 V 面倾角 β 的实形投影图的作法。

5.2.2.2 把一般位置直线变换为投影面垂直线

［例 5-2］ 已知一般位置直线 AB 的投影(图 5-8b)，试把它变换为投影面垂直线。

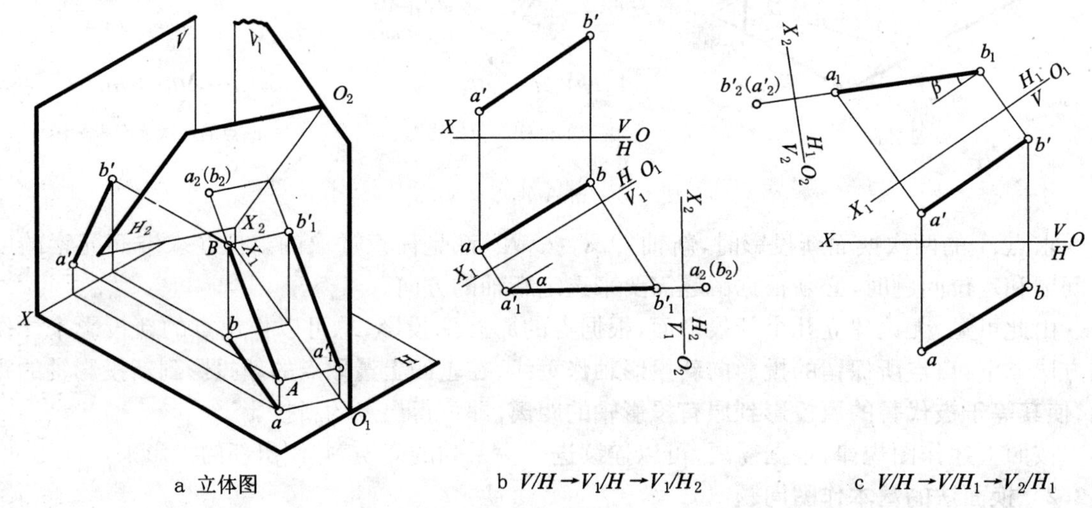

a 立体图　　b $V/H \to V_1/H \to V_1/H_2$　　c $V/H \to V/H_1 \to V_2/H_1$

图 5-8 一般位置直线变换为投影面垂直线——两次换面

［解］ 1. 分析(图 5-8a)：直线 AB 在 V/H 体系中处于一般位置，如果设立一个与 AB 垂直的新投影面，则该新投影面在原体系中也处于一般位置，不符合换面法的规定，不能与 V 或 H 面组成正投影体系，因此，必须进行两次换面。首先，将一般位置直线变成投影面平行线(图 5-6)。然后，再将此平行线变换为垂直于投影面的直线。现在，设立 $V_1 /\!/ AB$，在 V_1/H 体系中，AB 处于正平线的位置，求出 AB 在 V_1 面上的新投影 $a'_1b'_1$。然后再设立一个垂直于 AB 和 V_1 面的新投影面 H_2，在 V_1/H_2 投影面体系中，AB 处于投射线位置即垂直于新投影面 H_2 的位置，新投影 $a_2(b_2)$ 积聚为一点。

2. 作图(图 5-8b)：换面的次序是$\dfrac{V}{H}\to\dfrac{V_1}{H}\to\dfrac{V_1}{H_2}$。

(1)作 $O_1X_1 /\!/ ab$，根据作图规律求出新投影 $a'_1b'_1$，这时 $a'_1b'_1$ 反映 AB 实长，并且反映 α 角实形。

(2)作 $O_2X_2 \perp a'_1b'_1$，求出 $a_2(b_2)$，即为 AB 在 H_2 面上的积聚投影，这时 AB 必垂直于新投影面 H_2。

图 5-8c 表示了换面的次序是$\dfrac{V}{H}\to\dfrac{V}{H_1}\to\dfrac{V_2}{H_1}$时的作图方法。注意：每一次设立的新轴与留下的原投影之间的距离只要适当大小即可。

5.2.2.3 把一般位置平面变换为投影面垂直面

［例 5-3］ 已知一般位置平面△ABC(图 5-9a)，使它变换为投影面垂直面。

［解］ 1. 分析：为了使△ABC 变换为投影面垂直面，只需将△ABC 平面上任意一直线垂直于新投影面。由图 5-8 已知，要把一般位置直线变换为新投影面垂直线，必须换面两次，而把投影面平行线变换为投影面垂直线只需变换一次投影面。因此在平面上任意取一条原投影面平行线为辅助线，再取与它垂直的平面为新投影面，则△ABC 也就和新投影面垂直。如图 5-9a 所示，在△ABC 上作水平线 AD，取 V_1 面垂直于 AD 而且又垂直于 H 面，这样△$ABC \perp V_1$ 面，在 V_1 面上的新投影积聚为一直线。

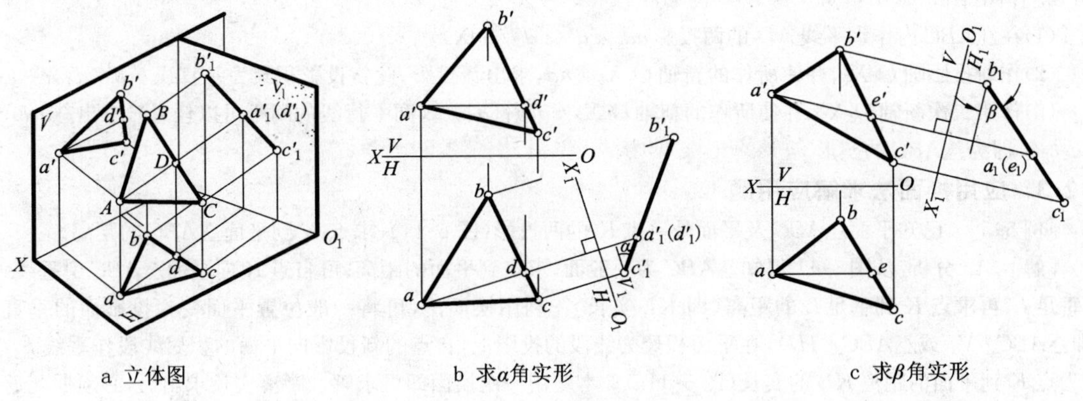

图 5-9　一般位置平面变换为投影面垂直面——一次换面

2. 作图(图 5-9b)：

(1)在△ABC上作水平线AD，即在△$a'b'c'$上作$a'd'$ // OX，求出ad。

(2)作新投影轴$O_1X_1 \perp ad$，根据换面法投影规律求出新投影$b'_1a'_1(d'_1)c'_1$，必积聚在同一直线上，并且$b'_1a'_1(d'_1)c'_1$与O_1X_1轴的夹角α，即为平面△ABC对H面的倾角α的实形。

如图 5-9c 所示，在△ABC上作正平线AE，取H_1面垂直于AE、又垂直于V面的作法，新投影$b_1a_1(e_1)c_1$与O_1X_1轴的夹角β，即为△ABC对V面的倾角β的实形。

5.2.2.4　把一般位置平面变换为投影面平行面

[例 5-4]　已知一般位置平面△ABC的投影(图 5-10b)，求△ABC实形。

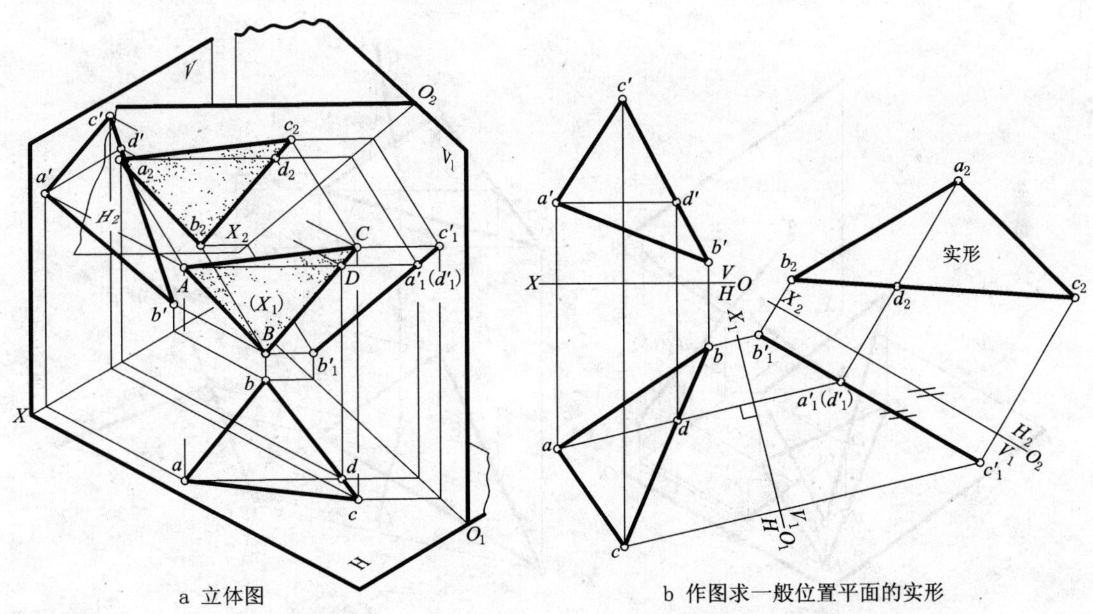

图 5-10　一般位置平面变换为投影面平行面——两次换面

[解]　1. 分析：求一般位置平面的实形，就是要把此一般位置平面变换为投影面平行面。这时，仅变换一次投影面是不行的。因为取新投影面平行于一般位置平面，则这个新面也一定是一般位置平面。它和原体系中哪一个投影面都不能构成正投影两面体系。所以要解决这一问题，必须变换两次投影面，第一次把一般位置平面变换为投影面垂直面(图 5-9)，第二次再把投影面垂直面变换为新投影面的平行面。换面的次序为$\frac{V}{H} \to \frac{V_1}{H} \to \frac{V_1}{H_2}$或$\frac{V}{H} \to \frac{V}{H_1} \to \frac{V_2}{H_1}$，本例换面的次序采用前者(图 5-10a)。

2. 作图(图 5-10b)：

(1)在△ABC内作水平线AD的两投影ad、$a'd'$($c'd'$∥OX)。

(2)作新投影轴O_1X_1，并使所作的新轴$O_1X_1 \perp ad$，求出新投影，此新投影积聚为一直线$b'_1a'_1(d'_1)c'_1$。

(3)作第二次新轴O_2X_2，并使所作的新轴$O_2X_2 // b'_1a'_1(d'_1)c'_1$(两平行线的间距可以任意)，求出△$a_2b_2c_2$，△$a_2b_2c_2$即为△$ABC$的实形。

5.2.3 应用换面法求解应用题

［例 5-5］ 已知平面△ABC及平面外一点K的两投影(图 5-11)，求点K到平面△ABC的距离。

［解］ 1. 分析：从图 5-11 得知△ABC为一般面，求点到平面的距离，可自点K向平面△ABC引垂线，求出垂足L，再求点K到垂足L的距离(即KL实长)。利用换面法，可将一般位置平面变为投影面的垂直面(即△$ABC \perp V_1$或△$ABC \perp H_1$)，在平面积聚为线段的投影上，自点的新投影向平面的积聚线段作垂线$k'_1l'_1$，即为点K到平面的距离KL的实长(图 5-11a)。本题用一次换面即可求解。距离实长求出后，必须据此返回到原投影中，求点面距的投影位置。

2. 作图(图 5-11b)：

(1)在V、H投影中作△ABC平面内的水平线CD的投影$c'd'$及cd。

(2)作$O_1X_1 \perp cd$，这时△ABC垂直于V_1，在V_1面上求出△ABC的新投影$a'_1d'_1(c'_1)b'_1$(积聚为一直线)，并求出k'_1。

(3)过k'_1向$a'_1d'_1(c'_1)b'_1$线段作垂线，得垂足l'_1，$k'_1l'_1$即为点面距KL的实长，且KL平行于新投影面V_1。

(4)过垂足的V_1投影l'_1引O_1X_1轴的垂线，根据投影面平行线的特性，在H投影中过k作O_1X_1的平行线，与所引的O_1X_1垂线相交于点l。

(5)过点l作OX轴的垂线，在V_1投影中量取l'_1到新轴O_1X_1的距离Z，等于l'到OX轴的距离Z，连k'与l'于是求得了点K到△ABC距离的V、H投影$k'l'$、kl。

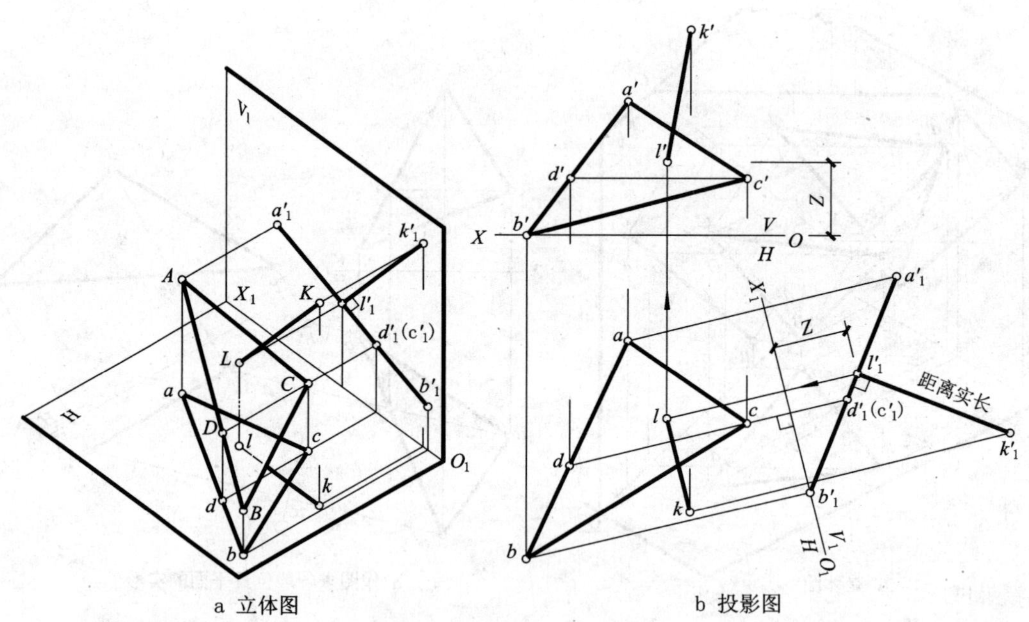

图 5-11 求点面距

［例 5-6］ 已知两交错直线AB、CD的投影(图 5-12b)，求公垂线及垂足或间距(最短距离)。

［解］ 1. 分析：两交错直线的距离，只有它们的公垂线为最短(又称间距)，要作出此公垂线并求出其实长，可利用两次换面，使其中一直线如AB线成为新投影面H_2的垂直线，此时，公垂线KL必平行于H_2面，KL的新投影k_2l_2反映实长，如图 5-12a 所示。由于KL是H_2面的平行线，则KL与CD的垂直关系将在H_2投影中得到反映，即$k_2l_2 \perp c_2d_2$。由于k_2l_2为实长，则在V_1投影中$k'_1l'_1$必平行于O_2X_2轴，于是求得

$k_1'l_1'$，再返求 kl 和 $k'l'$。本题新轴的方向选择以直线 AB 为依据，CD 跟着一起变换。

2. 作图（图 5-12b）：

(1)在适当位置作 $O_1X_1 /\!/ ab$（用 V_1 代 V，使 $V_1 \perp H$），并求出 $a_1'b_1'$（$a_1'b_1'$ 反映实长）和 $c_1'd_1'$（CD 在 V_1/H 体系中仍为一般位置直线）。

(2)作 $O_2X_2 \perp a_1'b_1'$（用 H_2 代 H，使 $H_2 \perp V_1$），并求出 $a_2(b_2)$（积聚为一点）和 c_2d_2（CD 在 V_1/H_2 体系中仍为一般位置直线）。

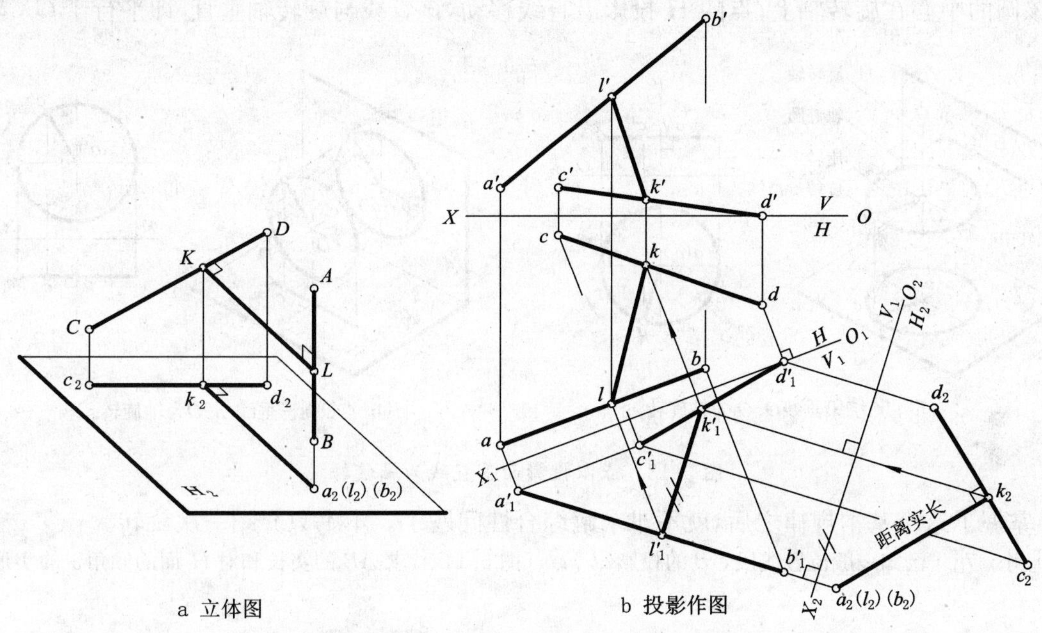

图 5-12 求两交错直线的最短距离

(3)根据一边平行于投影面的直角投影原理，过点 $a_2(b_2)$ 作线垂直于 c_2d_2 得 k_2l_2。

(4)过 k_2 点作 O_2X_2 轴的垂直线，与 $c_1'd_1'$ 交于点 k_1'，在 V_1 面投影中过 k_1' 点作线平行于 O_2X_2 轴，与 $a_1'b_1'$ 交于点 l_1'。

(5)根据 k_1' 和 l_1' 返求 H 投影 kl，再根据 KL 的 H 投影 kl 求出 $k'l'$。$k'l'$、kl 为交错线公垂线 KL 的 V、H 投影，而 k_2l_2（即 $a_2(l_2)(b_2)k_2$）为其实长。

5.3 旋转法

旋转法是原投影面体系不动，空间几何元素绕某一轴线以同轴、同方向、同角度地旋转，使之达到有利于解题的位置。旋转法又分为绕投影面垂直线为轴旋转和绕投影面平行线为轴旋转两种。

5.3.1 绕投影面垂直线为轴旋转

绕投影面垂直线为轴旋转的基本知识：

(1)每一次只能绕垂直于一个投影面的一条直线为轴旋转。当连续旋转时，旋转顺序与换面法类似，如第一次轴线垂直于 H 面，则第二次轴线应垂直于 V 面；反之，如第一次旋转时轴线垂直于 V 面，则第二次旋转时，其旋转轴线应垂直于 H 面。

(2)旋转过程中空间各几何元素之间的相对位置不能改变。因此，必须使各几何元素绕同轴、同方向、同角度地旋转。

(3)旋转规律：点绕直线为轴旋转时，其旋转轨迹为圆，有旋转中心和旋转半径。因此当点

绕垂直于某一投影面的直线为轴旋转时，旋转的轨迹圆和旋转半径在该投影面上的投影反映实形(圆)和实长，另一个投影为投影轴的平行线，如图 5-13a、b **所示。**图 5-13a 中的 O-O_1 轴垂直于 H 面，旋转半径 $O_1C=R$。当点绕垂直于 H 面的轴旋转时，点的 H 投影沿圆周移动，圆的中心在轴线上；点的 V 投影沿直线移动，该直线与旋转轴垂直，即与 OX 轴平行。图 5-13b 所示轴线垂直于 V 面，当点绕垂直于 V 面的轴线 O_1-O 旋转时，点的 V 投影沿着圆周移动，该圆的中心在旋转轴上；点的 H 投影沿直线移动，该直线与旋转轴垂直，即平行于 OX 轴。

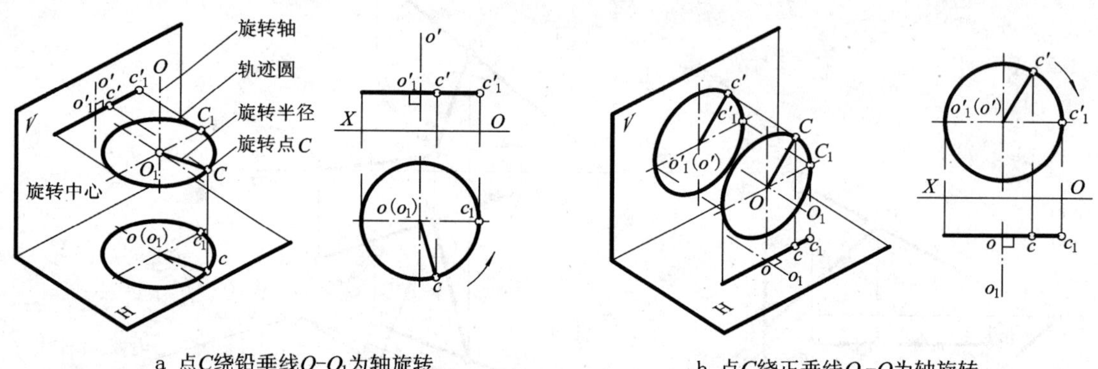

a 点C绕铅垂线O-O_1为轴旋转

b 点C绕正垂线O_1-O为轴旋转

图 5-13 点以投影面垂直线为轴旋转

掌握了这个基本规律之后，就不难求解综合性问题了。本书只介绍一次旋转。

［例 5-7］ 已知一般位置线段 AB 的投影 ab、$a'b'$（图 5-14a），求 AB 的实长和对 H 面的倾角 α 的实形。

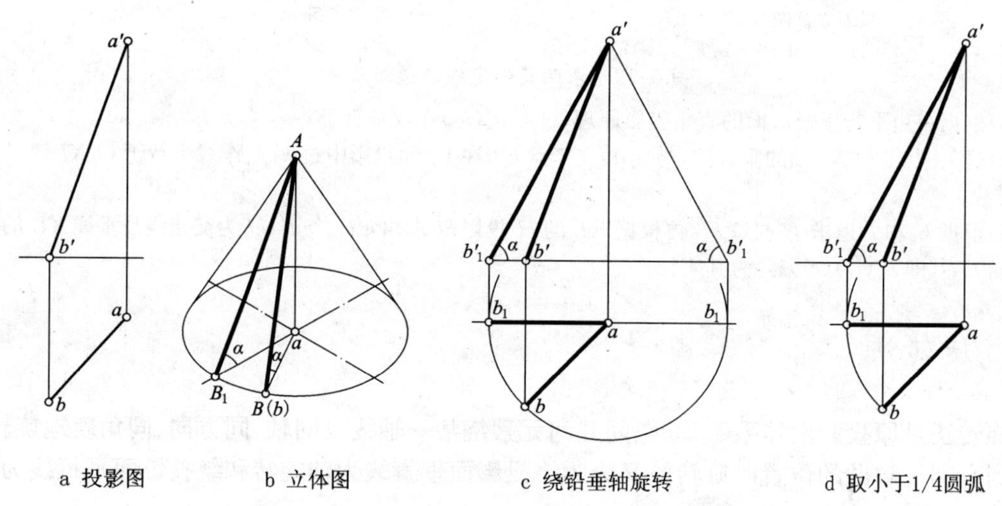
a 投影图　b 立体图　c 绕铅垂轴旋转　d 取小于1/4圆弧

图 5-14 一般位置直线 AB 的一次旋转—旋转轴垂直于 H 面

［解］ 1. 分析：为了使作图简化，通常选择通过点 A 且垂直于 H 面的旋转轴。这时，AB 线可以看作是在以O-O(图中未标注)为轴、A 为顶点的正圆锥面上的一条素线，点 B 的旋转轨迹圆是该圆锥的底圆，旋转半径 $R=ab$，锥顶 A 点在轴上不动。当素线 AB 旋转到平行于 V 面时，圆锥的 V 投影轮廓素线即反映 AB 实长，并反映倾角 α 的实形(图 5-14c、d)。通常轴线在图中可不表示，只要设想有这条轴的存在，并且记住这条轴的 H 投影积聚为一点且与点 A 的 H 投影 a 重合即可，而且也不必绘出整个圆锥(图 5-14d)。

2. 作图：

(1)设轴线⊥H 面，并过点 A，即以 a(实质为 O_1)为中心，$R=ab$ 为半径作圆弧，使 ab 旋转一角度后与 OX 平行，得点 b_1，即 $ab_1 /\!/ OX$(图 5-14c)。

(2)过 b' 作直线与 OX 轴平行，并过 H 投影 b_1 作投影连线交过 b' 的 OX 轴平行线于 b'_1，这时 $a'b'_1$ 的长度即为 AB 实长，且 $a'b'_1$ 与水平线的夹角反映倾角 α 的实形(图 5-14c)，通常在 H 投影中，这段圆弧只取一段小于或大于 1/4 的圆弧即可，如图 5-14d。

若要求 β 角，则选轴线 $\perp V$ 面，即可求得(图 5-15)。

［例 5-8］　已知铅垂面 $\triangle ABC$ 的投影(图 5-16a)，求 $\triangle ABC$ 的实形。

［解］　1. 分析：由于 $\triangle ABC$ 是铅垂面，使 $\triangle ABC$ 平行于 V 面只要旋转一次，它的新的 V 投影即反映实形。选轴 $\perp H$，并通过点 C(新旧投影尽可能不重合)。

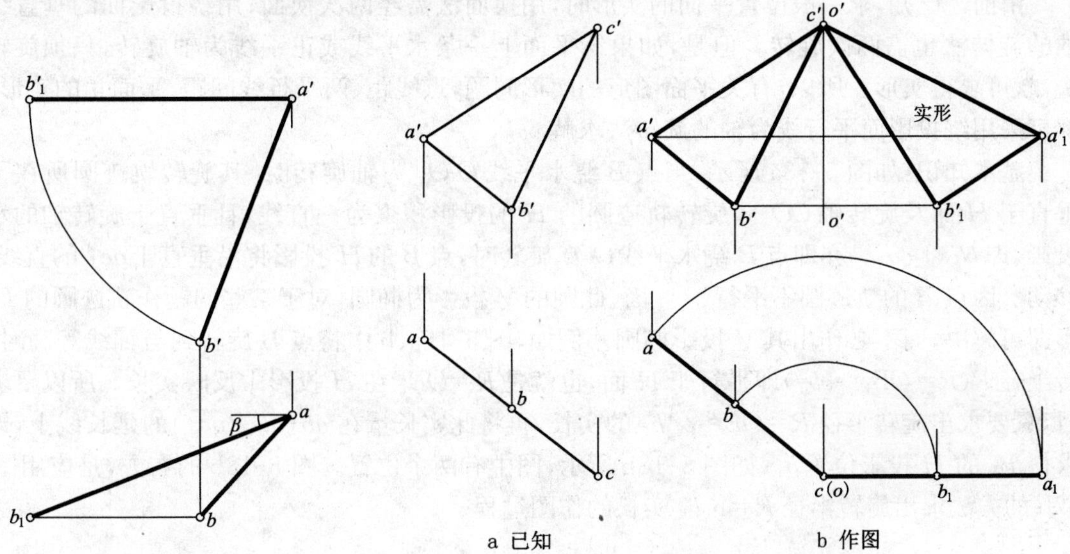

a 已知　　b 作图

图 5-15　一般位置直线 AB 的一次旋转—旋转轴垂直于 V 面

图 5-16　求铅垂面的实形

2. 作图(图 5-16b)：

(1)设轴线 $\perp H$ 面并通过 C 点，即在 H 投影中，以 c 为中心，$R=ca$、cb 长为半径作圆弧，使 $cb_1a_1 /\!/ OX$ 轴。

(2)过 a'、b' 分别作 OX 轴的平行线，并与过 a_1、b_1 的投影连线交于点 a'_1、b'_1。

(3)连接 c' 与 a'_1、c' 与 b'_1、a'_1 与 b'_1，得 $\triangle a'_1b'_1c'$，即为 $\triangle ABC$ 的实形。

上述讨论可归纳为：当一线段或平面绕垂直于某一投影面的轴线旋转时，它们对该投影面的倾角不变。因此，它们在该投影面上投影的形状和大小不变。反过来说，在旋转法中只要某一投影面上投影的形状和大小不变，不管放于何处，其轴线必垂直于该投影面，这样，旋转法可转化为一般形式：为使图形排列清晰和作图简便，可将图 5-14d 画成图 5-17a 的形式。虽然它

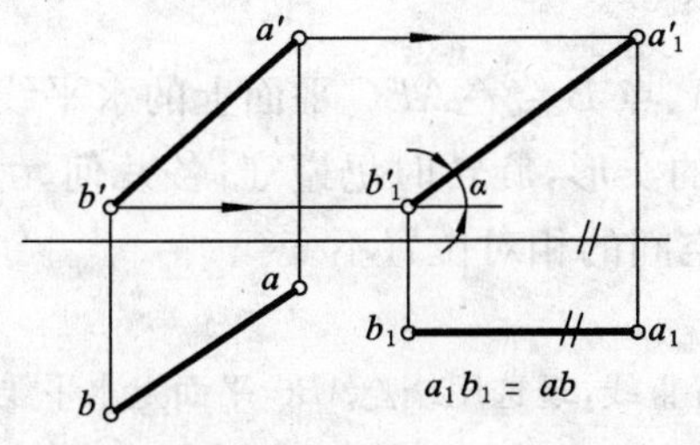

a 将AB旋转成正平线

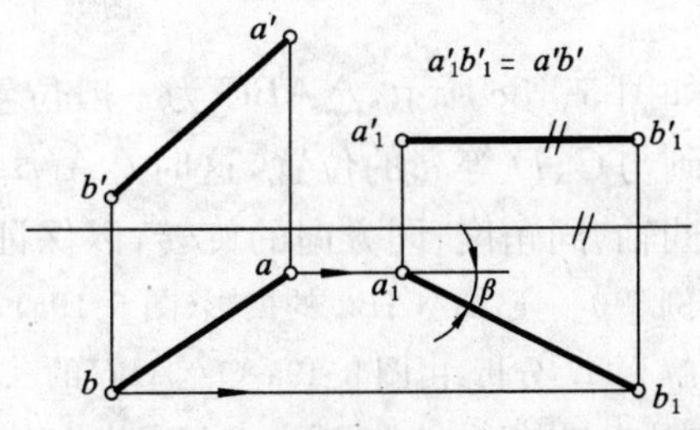

b 将AB旋转成水平线

图 5-17　一般位置直线绕不指明轴线位置的旋转

们是绕铅垂轴旋转的，但不必定出轴的位置。只要保证旋转时，使 AB 成正平线，即使 H 投影 $a_1b_1 // OX$ 轴，而且又使 $a_1b_1=ab$，求 V 投影 $a'_1b'_1$ 时，过 a'、b' 作 OX 轴的平行线，此线与过 a_1、b_1 的投影连线相交，得交点 a'_1、b'_1，连接 $a'_1b'_1$ 必反映 AB 实长和倾角 α 的实形。这时因为铅垂轴无论在何处，H 投影形状和大小不变。

图 5-17(b)所示为一般位置直线 AB 绕不指明正垂轴位置旋转成水平线的作图方法。

5.3.2 绕投影面平行线为轴旋转

由前述已知，求一般位置平面的实形时，用换面法需经两次换面；用绕投影面的垂直线为轴的旋转法也需两次旋转。但是，如果绕平面上一条水平线或正平线为轴旋转，只须旋转一次，就可求得实形。所以，有关平面图形的实形问题，点线距、两平行线间距、平面角的实形等，都可采用绕投影面平行线为轴的旋转法求解。

基本知识：如图 5-18a 所示，当点 B 绕水平线 $O\text{-}O_1$ 为轴旋转时，其旋转轨迹圆所在平面垂直于 H 面及旋转轴 OO_1。旋转轨迹圆的 H 的投影积聚为一直线，且垂直于旋转轴的水平投影，即 $bb_1 \perp oo_1$。亦即点 B 绕水平线 OO_1 旋转时，点 B 的 H 投影将沿垂直于 oo_1 的直线 bb_1 移动。因点 B 的轨迹圆不平行于 V 面，此圆的 V 投影为椭圆，对于某些问题作轨迹圆的 H 投影即可解决，而不必作出其 V 投影椭圆。例如，图 5-18a、b 中将点 B 旋转到与轴线等高时，旋转半径 $R(R=OB_1=ob_1)$ 即平行于 H 面，也就是 $R=OB_1$ 在 H 投影中反映实长。所以要求 b_1 时，只要求出旋转半径 $R=OB=o_1b_1$ 的实长，再将此实长量在 $ob(ob \perp oo_1)$ 的延长线上，即可求得 B_1 的 H 投影位置 b_1，如图 5-18b 所示，图中有两个位置。图 5-18b 的右方，是应用图 5-17b 的方法求出旋转半径 $R=o_1b_1$ 实长的作图过程。

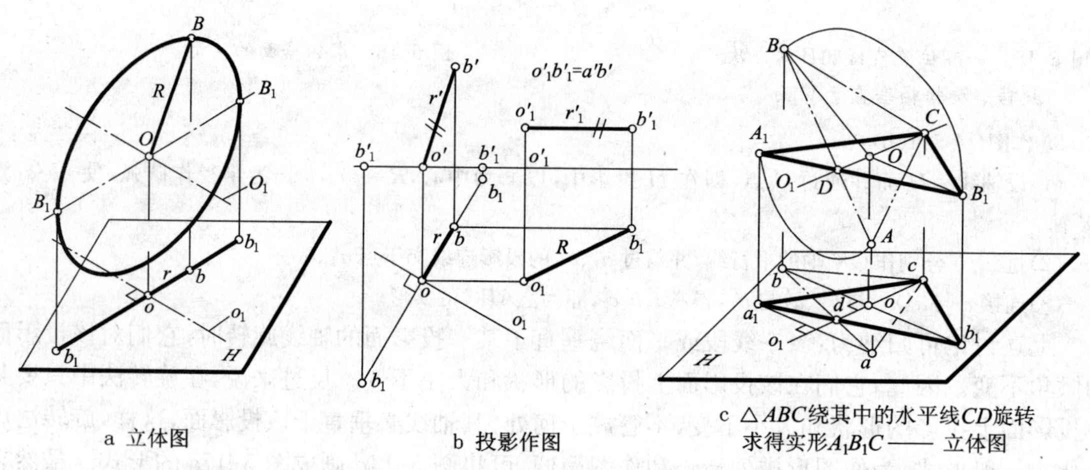

图 5-18　点绕水平线为轴旋转

如图 5-18c 所示，$\triangle ABC$ 为一般位置平面，现将点 A、点 B 绕$\triangle ABC$ 平面上的水平线 CD 旋转到与 C、D 等高的位置，这时$\triangle A_1B_1C$ 即为$\triangle ABC$ 的实形，旋转时仍遵守：各几何元素必须以同轴、同角度、同方向的旋转，以保证各几何元素在空间的相对位置不变。

［例 5-9］ 已知$\triangle ABC$ 的投影(图 5-19a)，求$\triangle ABC$ 的实形。

［解］ 1. 分析：由图 5-19a 知$\triangle ABC$ 的三条边均为一般位置直线，现选用绕$\triangle ABC$ 平面上水平线为轴的旋转法求其实形。为此，需在$\triangle ABC$ 内作水平线 CD，将点 B、A 绕 CD 旋转到与 CD 同高，新投影$\triangle a_1b_1c$ 即为$\triangle ABC$ 的实形。

2. 作图(图 5-19b)：

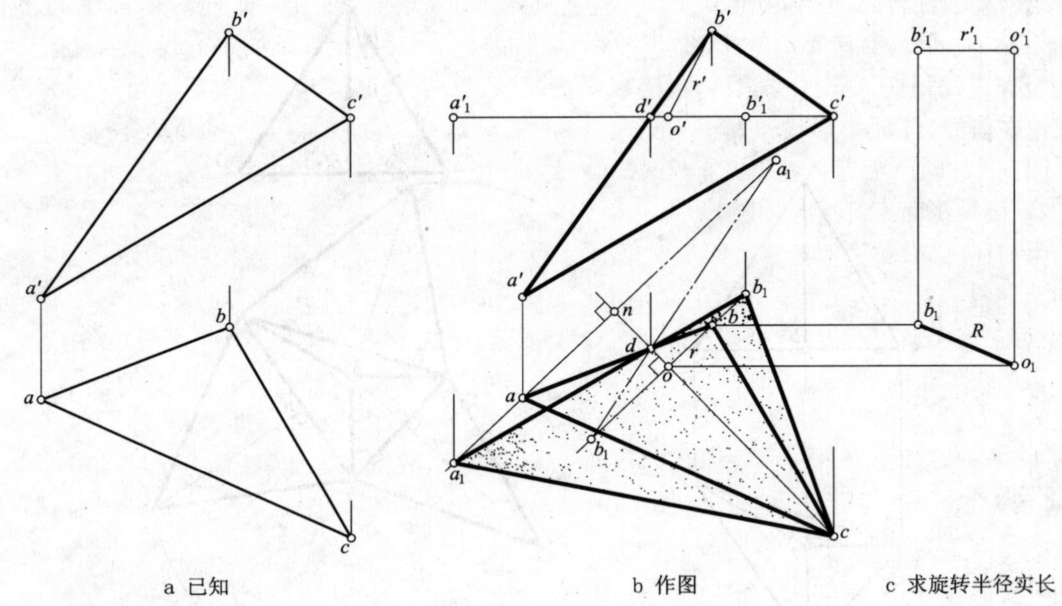

图 5-19　绕水平线为轴旋转求△ABC 的实形

(1)在△ABC 内作水平线 CD，得 $c'd'$、cd。

(2)在 H 投影中过点 b 作线 $bo\perp cd$，交 cd 于点 o，ob、$o'b'$即为点 B 的旋转半径 R 的两投影。

(3)用旋转法求旋转半径的实长 R(图 5-19c)，作法同图 5-18b。

(4)在 bo 的延长线上量取 $ob_1=R$，点 b_1、b'_1即为点 B 绕 CD 旋转到与 CD 等高时的位置，取其中一个位置。

(5)在 H 面上过点 a 作线垂直于 cd，并交 cd 于点 n，由于旋转之前 B、D、A 三点在一直线上，旋转后点 D 不动，B_1、D、A_1 也应在一直线上，故当垂线 an 作出之后，连接 b_1 和 d，延长 b_1d 与 an 的延长线交于点 a_1。不必求出旋转半径 AN 的实长，即可求得点 a_1。

(6)连△a_1b_1c，即为△ABC 的实形。由于△a_1b_1c 是实形，是水平面，其 V 投影 $a'_1b'_1c'$必为 OX 轴的平行线，也即在 CD 的 V 投影 $c'd'$的延长线上。

［例 5-10］　已知三棱锥 S-ABC 的两投影(图 5-20a)，求各侧面的实形。

［解］　1. 分析：由图 5-20a 所示的三棱锥 S-ABC 的底面为水平面，故 H 投影△abc 为三棱锥底面实形，不必另求。三个侧面为一般位置，需求它们的实形，由于 AB、BC、CA 为水平线，可作旋转轴，故可将顶点 S 绕底边 AB、BC、CA 为轴，旋转到△ABC 所在的水平面，即可得到各侧面实形。

2. 作图(图 5-20b)：

(1)作侧面 SAB 实形，可在 H 面投影中，过 s 作 $so\perp ab$，交 ab 于点 o，点 o 为旋转中心，so 为点 S 绕水平线 AB 为轴旋转时的旋转半径 R＝SO 的 H 投影，V 投影为 $s'o'$。由于 SA//V，所以 $s'a'$为 SA 的实长，故不必再求旋转半径(R＝SO)的实长，即可得到点 s_1。即以 a 为中心，$s'a'$长度为半径作圆弧，与 so 的延长线相交于点 s_1，△s_1ab 即为侧面 SAB 的实形。

(2)求侧面 SBC 实形，可在 H 投影中过点 s 作直线垂直于 bc，并与 bc 交于点 n，再以 b 为中心，bs_1 长度为半径作圆弧与 sn 的延长线交于点 s_1，连△s_1bc，即为侧面 SBC 的实形。

(3)同理，可求得△SAC 的实形△s_1ac。

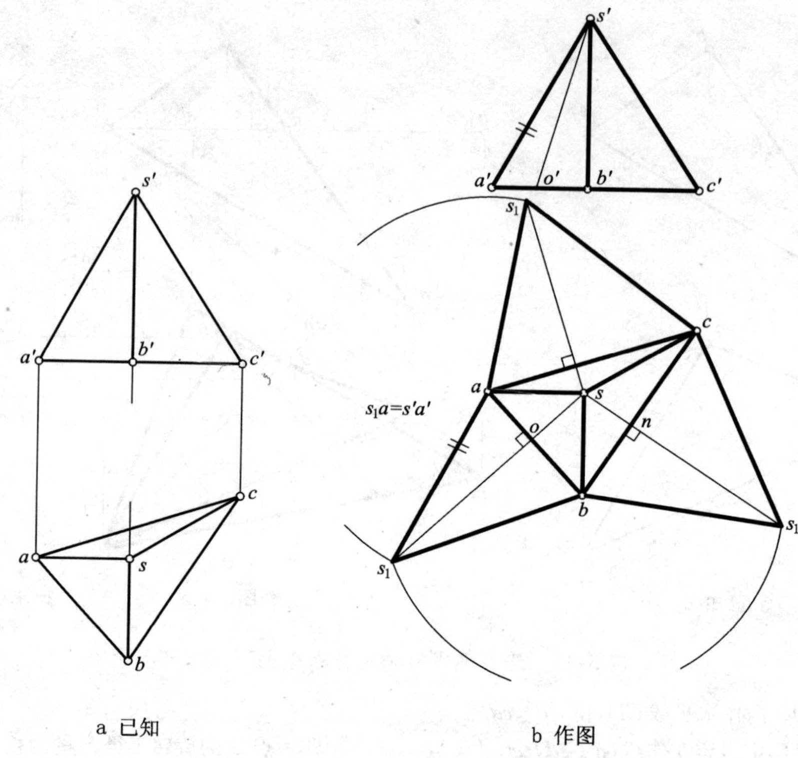

a 已知　　　　b 作图

图 5-20　求三棱锥侧面的实形

6 曲线与曲面

6.1 曲 线

曲线与曲面广泛地应用于建筑工程中，如上图所示的螺旋楼梯，其组成元素中就有平面曲线、空间曲线和曲面。

6.1.1 曲线及其投影特性

曲线是一个点按一定规律运动的轨迹，也可看成是满足一定条件的点的集合。画出曲线上一系列点的投影，并将各点的同名投影依次光滑地连接起来，即得该曲线的投影。曲线的投影一般仍是曲线。

如图 6-1 所示，与曲线 L 相交的直线 DE 为曲线的割线，当点 D 沿曲线移动到无限接近于点 E 时，割线 DE 处于极限位置，称为曲线在点 E 处的切线 T。曲线 L 的割线 DE 变为切线 T，与曲线相切于点 E，它们的投影也从割线 de 变为曲线投影的切线 t，与曲线 L 的投影 l 相切于点 e。这就说明了曲线的切线的投影仍为曲线投影的切线。

6.1.2 空间曲线

曲线上连续 4 点不在同一平面内的曲线，称为空间曲线。图示空间曲线时，必须将曲线上各个点标注出来，以便清楚地表示曲线上的重影点、交点及各部分的相对位置，如图 6-2a 所示如果

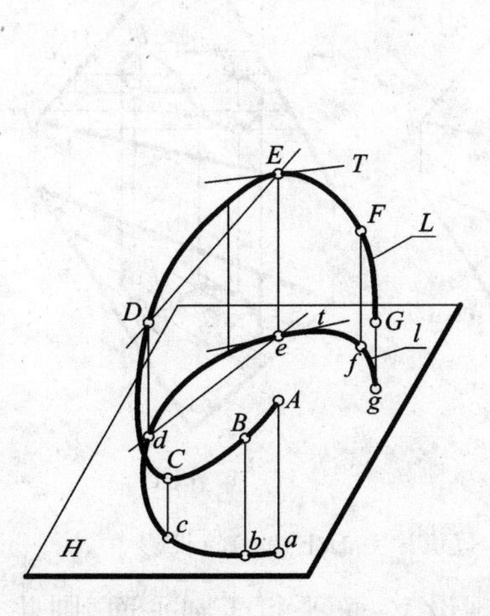

图 6-1 曲线及其切线、割线

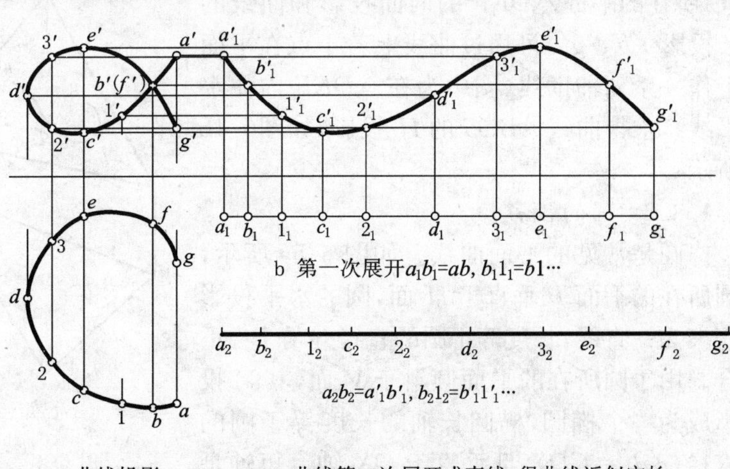

a 曲线投影　　c 曲线第二次展开成直线，得曲线近似实长

图 6-2 空间曲线的投影及展开长度

要知道空间曲线的长度，可用旋转法近似展开，如将曲线的 H 投影分为若干段，如图 6-2a 中的 $ab1c2d3efg$，并求出各点的 V 的投影 a'、b'、$1'$、c'、$2'$、d'、$3'$、e'、f'、g'。将 H 投影各段以弦长代替弧长依次移到一条 OX 轴的平行线上，得 $a_1b_11_1c_12_1d_13_1e_1f_1g_1$。然后过各分点作竖直线，此线与分别过曲线的各点 V 投影 a'、b'…f'、g' 所作的 OX 轴平行线对应相交，即得交点 a_1'、b_1'、$1_1'$、c_1'…f_1'、g_1'，依次光滑连接成曲线，如图 6-2b 所示。此曲线成为平面曲线且反映实形，然后再将求得的 V 投影曲线上的各段用弦长代替弧长，依次拼成直线，即得空间曲线的近似长度（图 6-2c）。常见的空间曲线为螺旋线。

6.1.3 平面曲线

曲线上所有的点都在同一平面上的曲线，称为平面曲线。

6.1.3.1 平面曲线 ABC 在 P 平面内的投影

它的投影有三种情况：平面曲线所在平面 P 平行于投影面时，在该投影面上的投影 abc 反映曲线的实形（图 6-3a）；当 P 面垂直于投影面时，曲线在该投影面上的投影积聚为一直线（图 6-3b）；当 P 面倾斜于投影面时，曲线在该投影面上的投影 abc 仍为曲线，但有变形，形状与原曲线类似（图 6-3c）。

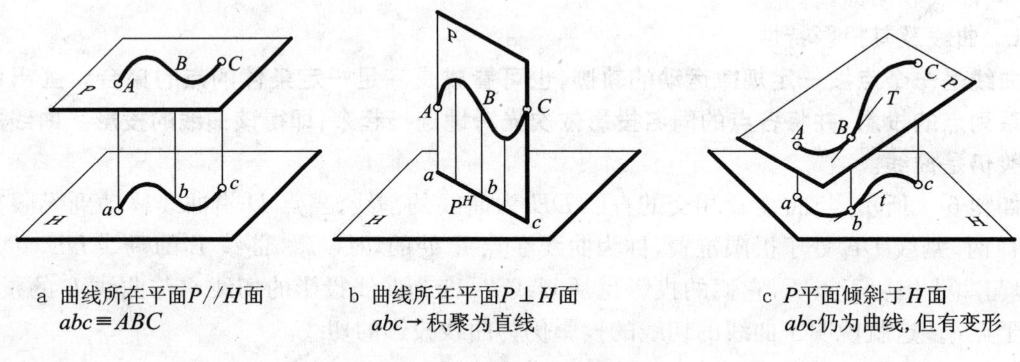

图 6-3　平面曲线的投影

如图 6-4a 所示，如果已知平面曲线 $ABCG$ 所在的平面△DEF 的两面投影和曲线的 V 投影 $a'b'c'g'$，可通过曲线上若干点在平面上作一系列辅助线（图中为在△DEF 内作水平线），求得曲线 $ABCG$ 的 H 投影，如图6-4b 所示。

6.1.3.2 圆的投影

圆是常见的平面曲线。如图 6-5a 所示，圆所在的平面 P 垂直于 H 面，圆的水平投影积聚为一直线，长度等于圆的直径并与 P^H 重合。由于圆所在的平面倾斜于 V 面，其 V 投影成为一个椭圆，椭圆长轴的长度等于圆的直径（$c'd'=CD$），且垂直于 OX 轴。短轴是一条水平线（$a'b'$ // OX），其长度视圆平面对 V 面的倾角而定。现设 V_1 面平行于圆平面，则此圆在 V_1 面上的投影就反映圆的实形（图 6-5b）。

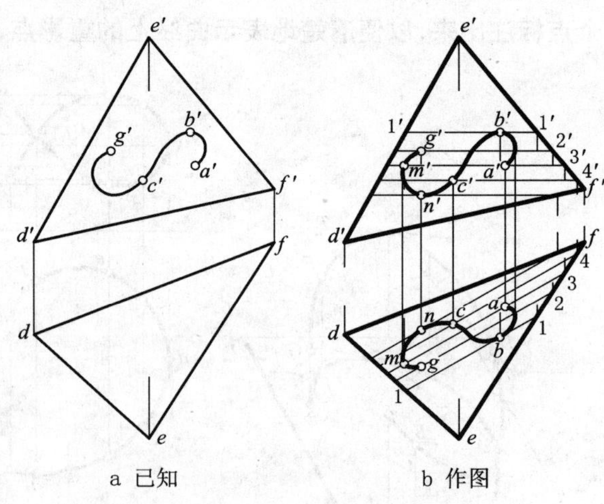

图 6-4　求△DEF 平面上曲线的投影

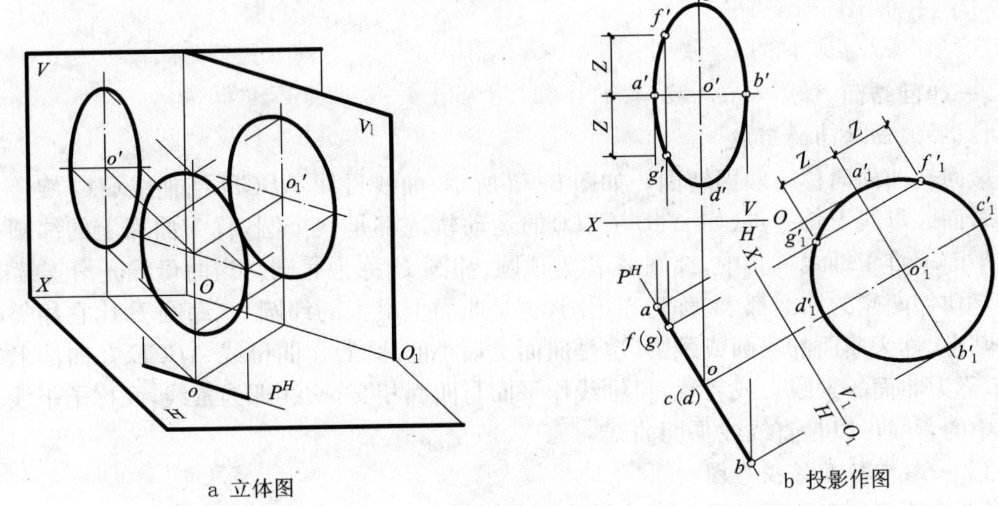

a 立体图　　　　b 投影作图

图 6-5　作铅垂面 P 上圆的投影

6.2　曲面的基本知识

曲面是由直线或曲线按一定规律运动而形成的，也可把曲面看成是满足一定条件的直线或曲线的集合。运动的线称为母线，母线在不同位置称为素线。由直母线运动而形成的曲面称为直纹曲面，简称直纹面。只能由曲母线运动而形成的曲面称为非直纹曲面，简称非直纹面。

曲面的分类方法通常有两种：其一是以母线运动方式分类，如母线绕轴线旋转而形成的曲面称为回转曲面，简称回转面，如图 6-6a 所示。母线根据其他的规定条件非回转运动形成的曲面，称为非回转面，图 6-6b 中画出了非回转面中的三种。其二是以母线的形状分类，如上所述直纹面和非直纹面，本书以第一种分类法进行分析。

下面仅就三个方面介绍曲面：**一是曲面的形成方式，二是曲面的投影图画法，三是在曲面上定点。**

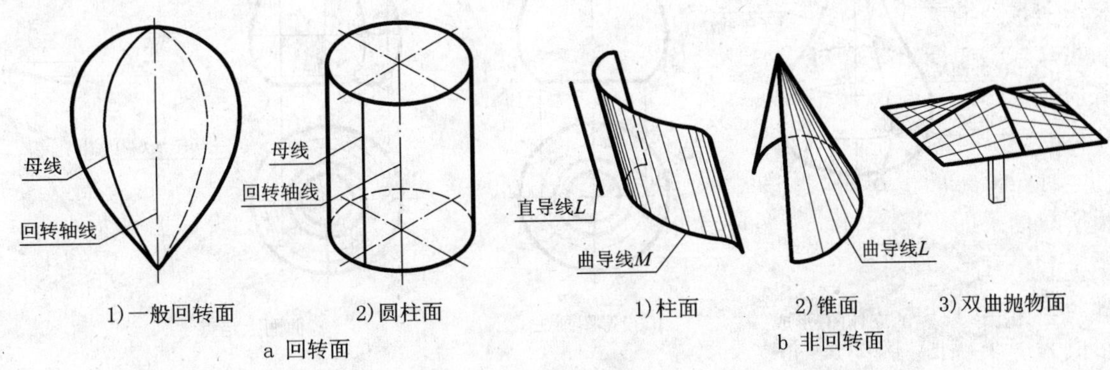

1）一般回转面　　2）圆柱面

a 回转面

1）柱面　　2）锥面　　3）双曲抛物面

b 非回转面

图 6-6　曲面分类

6.3 回转曲面

6.3.1 一般回转面

6.3.1.1 一般回转面的形成

一般回转曲面简称一般回转面。如图 6-7a 所示，曲线母线 $ABCD$ 绕轴线 O-O 旋转一周形成回转面。母线上每一点（如 A、B、C、D）的运动轨迹都是一个圆，称为曲面上的纬圆。纬圆所在平面垂直于轴线。其中，纬圆 A 称为顶圆、纬圆 D 称为底圆。当曲母线光滑连续时，C 纬圆比它相邻两侧的纬圆都大，称为赤道圆（也是曲面上最大的纬圆）。纬圆 B 比它相邻两侧的纬圆都小，称为曲面的喉圆或颈圆（也是曲面上最小的纬圆）。曲母线 $ABCD$ 在曲面上的不同位置，称为曲面的素线。或者说，过轴线作平面与曲面相交，交线即为素线，又称子午线。回转曲面中的素线可以是直线或平面曲线。

6.3.1.2 一般回转面的投影图

(1)由于曲面的各纬圆都垂直于旋转轴，所以，当轴线垂直于 H 投影面时，其 H 投影为一组同心圆。在 H 投影上只要绘出顶圆、底圆、赤道圆、颈圆（如图 6-7b 中的 H 投影）和互相垂直的中心线（细单点长画线，以下同），即完成了该曲面的 H 投影，赤道圆的 H 投影就是曲面的 H 投影轮廓线。

(2)曲面的另一投影（图 6-7b 中的 V 投影），纬圆积聚为一直线，并垂直于轴线的该面投影。只要绘出轴线（垂直于 OX 的细单点长画线，以下同），顶圆、底圆（垂直于轴线的直线）和两侧最外轮廓素线（图中为左、右轮廓素线，它们反映母线 $ABCD$ 的实形），颈圆和赤道圆一般不必绘出。

6.3.1.3 一般回转面上定点

已知曲面上一点 M 的 V 投影 m'，求其 H 投影（图 6-7c）。可用纬圆法求作：

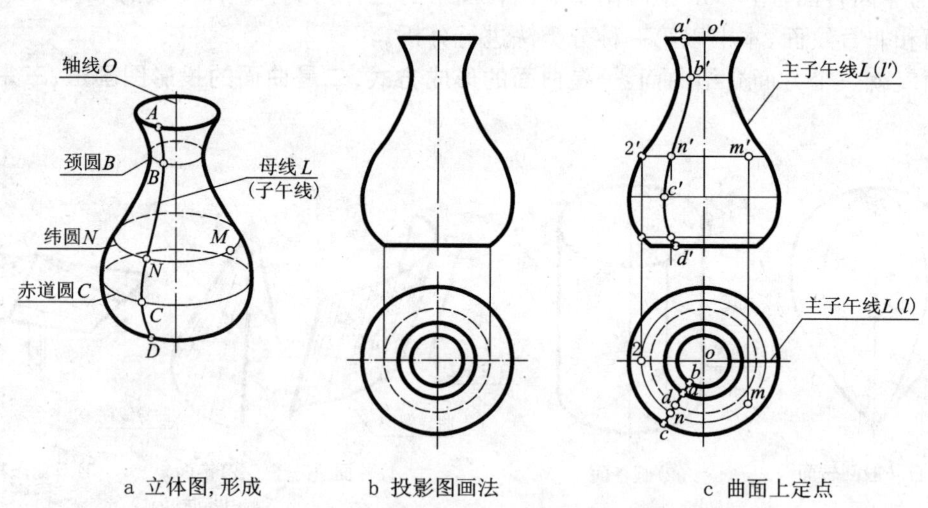

图 6-7 一般回转面及其表面上定点

(1)过 m' 作水平线与轮廓线交于 $2'$（此水平线是过 M 点纬圆的 V 投影，半径等于 $o_1'2'$，该 o_1' 图中未标注），在 H 投影的水平中心线上求得点 2。

(2)以 $o2$ 为半径作纬圆的 H 投影。

(3)过 m' 作投影连线，与纬圆的 H 投影交于前、后两点，由于 m' 无括弧，在 V 投影中表示可见，说明点 M 在形体的右前方，故取前面一点 m，即为所求。

如图 6-7c 所示，若已知曲面上一点 N 的 H 投影 n，要求作其 V 投影 n' 时，可先在 H 投影上过 n 作圆(纬圆的实形投影)，此圆与水平中心线交于 2，在 V 面的轮廓线上求得 $2'$，过 $2'$ 作水平线，再在此水平线上求得 n'。同样过 2 作投影连线与 V 面轮廓线也交于两点，故有两条水平线可作，可根据 H 投影的可见性，决定在上一条水平线上取 n' 或在下一条水平线上取 n'，也就是说，曲面上、下有两个同样大小的纬圆，它们的 H 投影重合为一。由于 n 未加括弧，说明在 H 投影中为可见，故取上一条水平线上的 n。

6.3.2 圆柱面

6.3.2.1 圆柱面的形成

直母线绕与其平行的轴线旋转一周形成圆柱面。因此，**圆柱面上每一根素线都与轴线平行，间距相等，相邻两素线是共面直线**。当圆柱面被两个垂直于旋转轴的平面截断后形成的形体，是一个正圆柱体，简称圆柱，如图 6-8a 所示。

6.3.2.2 圆柱的投影

当圆柱的轴线垂直于某一投影面时，在该投影面上的投影为圆(加圆的中心线)，另两投影为矩形，并加上轴线的该两面投影。如图 6-8b 所示，轴线垂直于 H 面，柱面上素线的 H 投影积聚为点，故它的 H 投影积聚为一圆周，上下底圆的 H 投影与此积聚投影圆重合。必须注意：在圆上应绘出互相垂直的中心线。圆柱的 V 投影是矩形加垂直的中心线(轴线的 V 投影)，矩形上、下两条水平线是顶圆、底圆在 V 面上的积聚投影，矩形左、右两条轮廓线是圆柱面的左、右轮廓素线 AA_1、BB_1 的 V 投影。圆柱的 W 投影也同样是矩形加中心线，其上、下两条边线是顶圆、底圆在 W 面上的积聚投影，左、右两轮廓线是圆柱后、前轮廓素线 DD_1、CC_1 的 W 投影。

6.3.2.3 圆柱面上定点

如图 6-8c 所示，给出圆柱面上一点 M 的 V 投影 m'，求其余两投影 m 和 m''。在圆柱面上取点可用素线法，即过点 M 作素线ⅠⅡ，求出素线ⅠⅡ的 V、H、W 三投影。由于图 6-8c 中 m' 未加括号，故点 M 位于圆柱面的左前方，故 m 就在圆柱 H 投影圆周的左前圆周上，求得 (m)，再根据点的投影规律求得 m''(可见)。

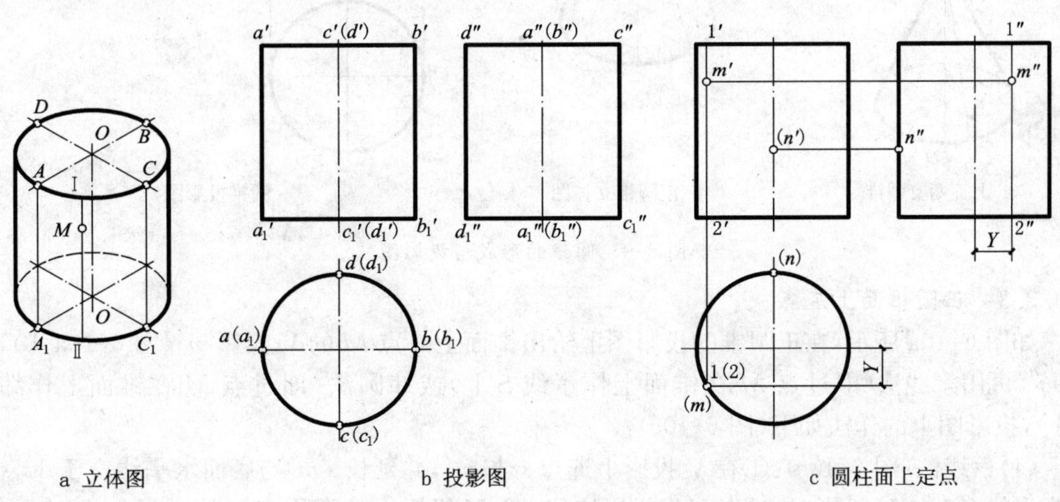

图 6-8 圆柱的投影及其表面上定点

如果已知圆柱面上点 N 一个投影落在轮廓素线上(如 W 投影中的 n''),可根据轮廓素线的其他投影,直接求出该点的相应投影(n)、(n')。

圆柱面在建筑工程上应用十分广泛,如图 19-1、图 19-2 所示的圆柱形的体育建筑、圆柱形的高层建筑等,已被许多建筑师所采用。为节约幅面,不再附建筑实例。

圆柱面的第二种形成方式,可由圆沿着过圆心并垂直于圆平面的直线移动而形成。

6.3.3 圆锥面

6.3.3.1 圆锥面的形成

圆锥面是由直母线 MN 绕与它相交于点 S 的轴线 O-O 旋转一周而形成,如图 6-9a 所示。通常有上下两支,形成倒圆锥面和正圆锥面两部分,点 S 就是锥顶。圆锥面被一个垂直于轴线的平面截断后形成的形体是一个正圆锥体,简称正圆锥。圆锥面上相邻两素线是相交于锥顶 S 的共面直线,如图 6-9b 所示。

6.3.3.2 正圆锥的投影

当正圆锥的轴线垂直于某一投影面时,在该投影面上的投影为圆(加圆的中心线),另两投影为等腰三角形加上中心线。如图 6-9c 所示,因轴线垂直于 H 面,故 H 投影为圆,此圆是水平底圆的 H 投影,正圆锥 V 投影是等腰三角形,等腰三角形的两腰是左、右轮廓素线 SA、SC 的 V 投影(SA、SC 的 H 投影 sa、sc 在水平中心线上,但不画 sa、sc 粗实线而用细单点长画线表示)。等腰三角形底边是底圆在 V 面上的积聚投影。等腰三角形的中心线是轴线的 V 投影(H 投影积聚为一点,与底圆的圆心和锥顶 S 的 H 的投影重合),同时,正圆锥的 W 投影也是一个与 V 投影同样大小的等腰三角形,只是等腰三角形的两腰是正圆锥前、后两素线 SB、SD 的 W 投影 $s''b''$、$s''d''$,底边是底圆在 W 面上的积聚投影。

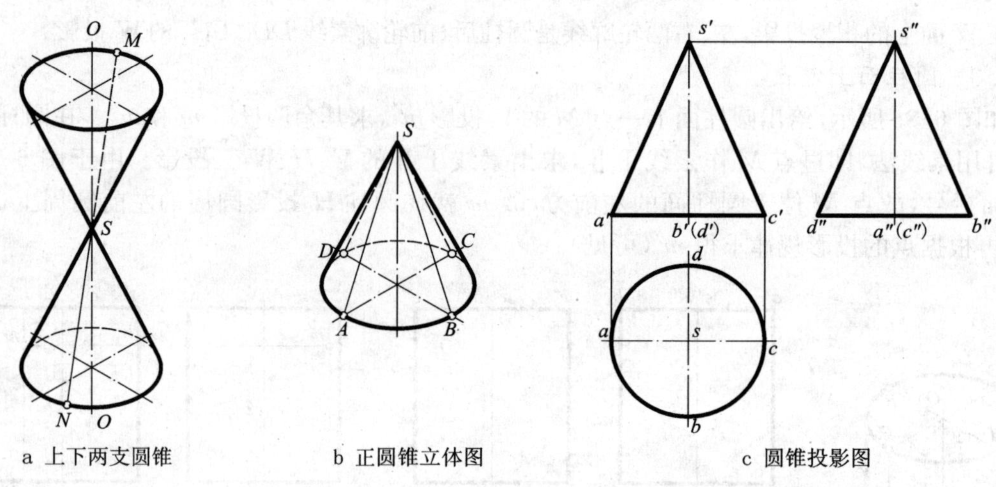

a 上下两支圆锥　　b 正圆锥立体图　　c 圆锥投影图

图 6-9 圆锥的形成与投影图

6.3.3.3 正圆锥面上定点

如图 6-10a 所示,在正圆锥的投影图上给出锥面上一点 M 的 V 投影 m'(图 6-10a、b),求 m、m'',可用素线法(即过点 M 在锥面上作素线 SⅠ)或纬圆法(即过点 M 在锥面上作纬圆 OⅡ),投影图上的作法如下(图 6-10c):

(1)素线法(图 6-10c):①在 V 投影上连点 s' 与 m',并延长 $s'm'$ 与底面水平线交于 $1'$,$s'1'$ 即为素线 SⅠ的 V 投影;②过点 $1'$ 作投影连线,与 H 投影中的圆周交于前后两点,因点 m' 可见,故取前面的一点 1,$s1$ 即为素线 SⅠ的 H 投影;③再过点 m' 引投影连线,与 $s1$ 交于一点

m,即为点 M 的 H 投影;④根据点的投影规律再求出点 m''(m 和 m''均为可见)。

(2)纬圆法:如图 6-10c 所示,过点 m'作水平线与轮廓线交于点 $2'$,$o'2'$即为辅助线纬圆的半径实长,在 H 投影中圆的水平中心线上求得点 2。以 $s(o)$为中心,$s(o)2$ 为半径作圆周,即得纬圆的 H 投影,此纬圆与过点 m'的投影连线相交得点 m,也就是用素线法作出的同一点 m。

图 6-10d 为已知锥面上一点 N 的 H 投影 n,求 n'。现用纬圆法求点 n',作法如图 6-10d 所示。

圆锥面在工程上应用广泛,如电视塔、水塔、瞭望台、高层建筑中的旋转餐厅,大多采用圆锥台的造型。

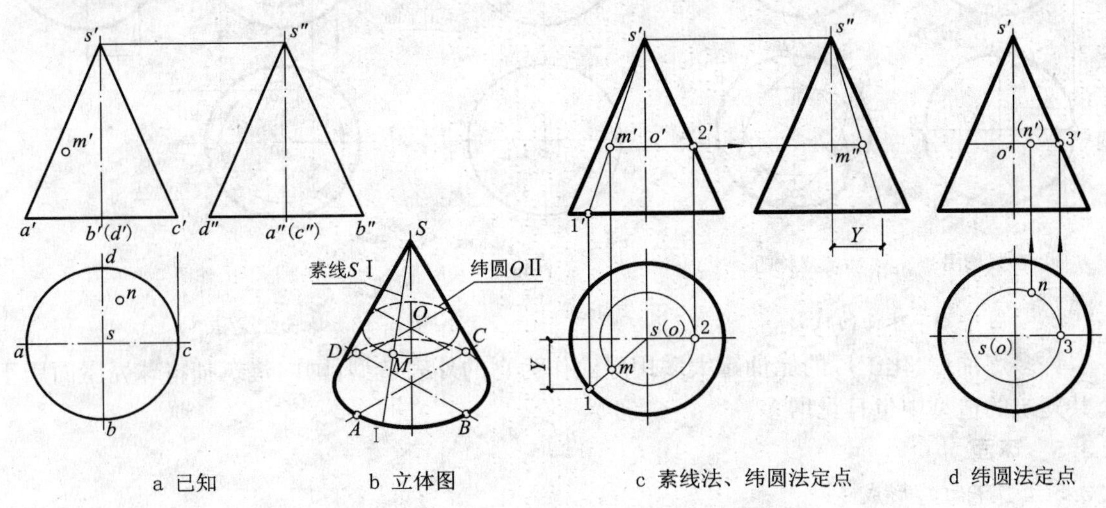

a 已知　　b 立体图　　c 素线法、纬圆法定点　　d 纬圆法定点

图 6-10　圆锥面上定点——素线法和纬圆法

6.3.4　球面

6.3.4.1　球面的形成

球面是圆母线绕其上的任一直径为轴旋转一周所形成的(图 6-11a)。

6.3.4.2　球面的投影

不论从哪个方向进行投影,球面的投影轮廓素线都是一个大小相同的圆,如图 6-11a、b 所示。**球的 V、H、W 投影都是圆,加圆的中心线,这三个投影圆是过球心、在球面上三个互相垂直且平行于相应投影面的最大圆的对应投影。这三个圆中任一个圆,它的一个投影为圆;另两投影积聚为直线,图中用细单点长画线表示**。例如,过球心的水平圆 $ACBD$(赤道圆)的 H 投影是圆$\widehat{acbd}$,它的 V 投影是过 V 面圆的圆心 o'的水平线,与水平中心线重合,以水平中心线表示 $a'c'(d')b'$,它的 W 投影也是水平中心线 $d''a''(b'')c''$。同理,过球心的平行于 V 面、W 面的圆的 V、W 投影为圆,它的 H、W 和 V、H 面投影位置可以得到确定。平行于 V 面的圆 $EAFB$ 称为主子午圆。球的投影如图 6-11b 所示。

V、H、W 面上三个轮廓圆分别把球面分为前后、上下和左右半球。在向 V、H、W 面投影时,分别是前半球、上半球和左半球可见,后半球、下半球和右半球不可见。

6.3.4.3　球面上定点

如图 6-12a 所示,已知球面上一点 M 的 V 投影(m'),求点 M 的 H、W 投影 m、m''。

先用纬圆法作图,过(m')作水平线与 V 面圆交于点 $1'$,根据点 $1'$求出纬圆 OⅠ的 H 投影圆 $o1$,过(m')作投影连线与圆 $o1$ 交于两点,因(m')不可见,取后半圆上一点 m,根据点(m')、m 求得点 m''。也可用平行于 V 面的圆作辅助线求点 m,即以点 o_1'为圆心、$o_1'm'$为半径作圆,与水平中心

线交于点 $2'$，圆 $o_1'2'$ 即为球面上过点 M 的平行于 V 面圆 O_1Ⅱ(正平面)的 V 投影(实形)。根据点 $2'$ 求得该圆的 H 投影 $o_1 2$(积聚为直线，$o_1 2 /\!/ OX$ 轴)，同样求得点 m 的位置，与纬圆法求得的点 m 应重合为一。同样点 2 也有两个位置，在 H 面前半圆的点 2 图中未绘出(图 6-12b)。

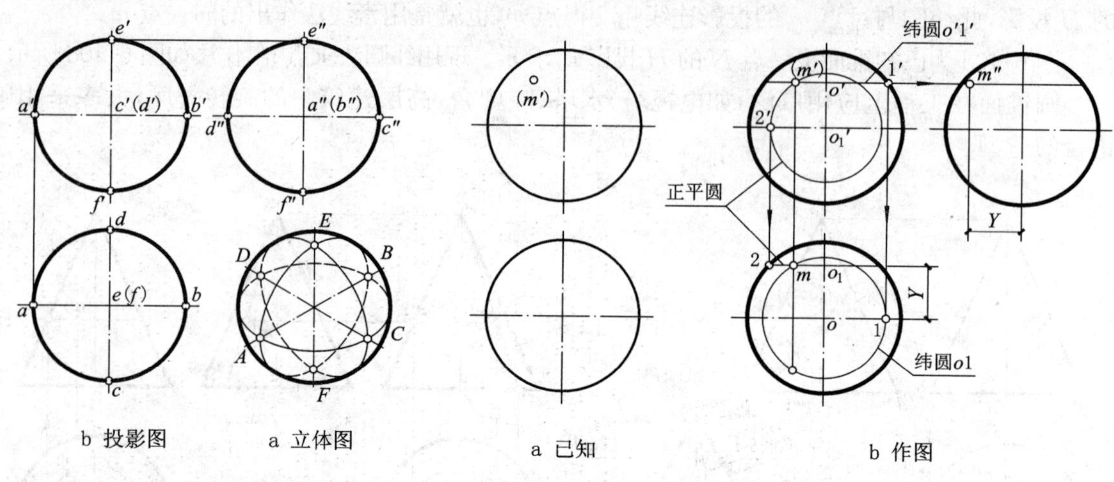

b 投影图　　a 立体图

图 6-11　球面的投影

a 已知　　b 作图

图 6-12　球面上定点

许多炼油厂、化工厂的储油罐大多用球面作为它的外表造型，国内建筑师将球壳屋面用于公共建筑的造型中也日见增多。

6.3.5　环面

6.3.5.1　环面的形成

以圆为母线，绕与圆共面但与圆不相交的直线为轴旋转一周而形成的曲面，称为环面(图 6-13a)。

6.3.5.2　环面的投影

环面在轴线所垂直的投影面上的投影为三个同心圆，即赤道圆、颈圆和母线圆心轨迹圆(以细单点长画线圆表示)的实形投影。另两个投影是两个素线圆的实形投影加该两圆的切线，此切线是 C、D 轨迹圆的积聚投影。如图 6-13b 所示，环面的轴线垂直于 H 面，H 投影为三个同心圆。V、W 投影为两个素线的实形圆加上下两条切线(上下水平轮廓线)，切线垂直于轴线的 V、W 投影。V 投影两个圆分别是环面最左素线圆和最右素线圆的 V 投影。W 投影的两个圆是环面的最前、最后两个素线圆的 W 投影，都是半个圆可见和半个圆不可见(绘成虚线)，两条水平切线是素线圆上最高点 C、最低点 D 的轨迹圆，C、D 轨迹圆的 H 投影与圆心轨迹圆重影，仍以细单点长画线圆表示。

6.3.5.3　环面上定点

环面上定点只能采用纬圆法，如图 6-14 所示，已知环面上一点 M 的 V 投影 m'，求它的 H 投影 m 和 W 投影 m''。

先作纬圆的 V 投影，即过点 m' 作水平线与素线圆交于点 $1'$、$2'$，此水平线是环面上过点 M 的纬圆的 V 投影，对应 H 投影有两个同心圆 $o1$、$o2$(o 点图中未标注)，再过点 m' 作投影连线，与两同心圆有 4 个交点，因点 m' 可见，则取最前一点 m，若点(m')为不可见时，则取同心圆上后面三个交点的任一个。根据点 m'、m 求出点(m'')，因点 M 在环面上的右半部，故(m'')不可见。

仍如图 6-14 所示，已知环面上点 N 的 H 投影(n)，求 V、W 投影。这时可先作过点 N 的纬

圆的 H 投影，即在 H 投影中以 o(o 点图中省略未标注)为中心，on 为半径作纬圆的 H 投影，再求此纬圆的 V、W 投影。同样，V 投影上有两条对应的水平线，由于点 N 的 H 投影(n)不可见，故取下面一条水平线，在此水平线上定得点(n')(后半部不可见)和 n''(左半部可见)。

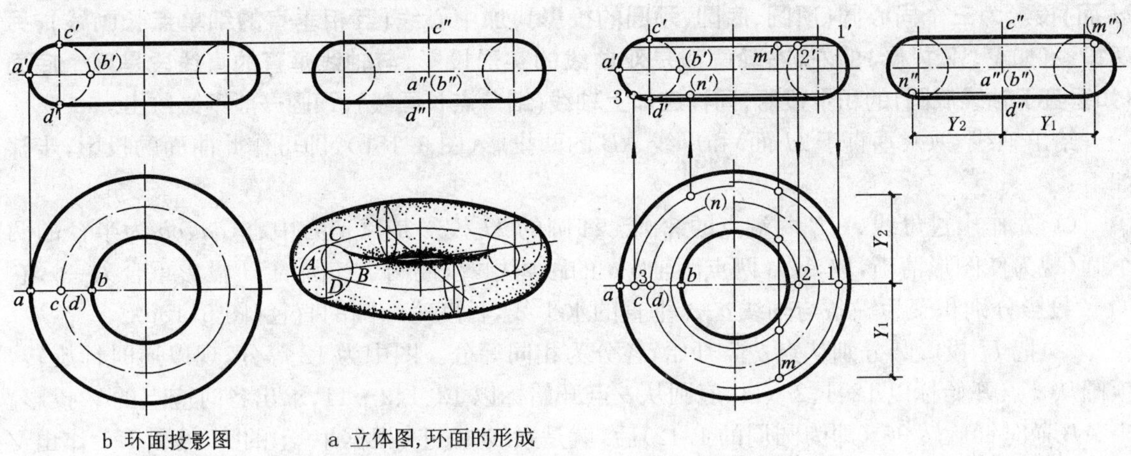

图 6-13　环面的形成、投影　　　　图 6-14　环面上定点

上述的圆柱面、圆锥面、球面、环面为常见的回转面。

6.3.6　单叶双曲回转面

6.3.6.1　单叶双曲回转面的形成

单叶双曲回转面由直母线绕与它交错的直线 *O-O* 为轴旋转一周形成(图 6-15a)。旋转时，母线 AB 上各点的旋转轨迹都是一个圆，即纬圆，圆心在 O-O 轴线上，距轴线最近的那个点 C 的轨迹圆最小，称为颈圆。曲面上子午线是双曲线。

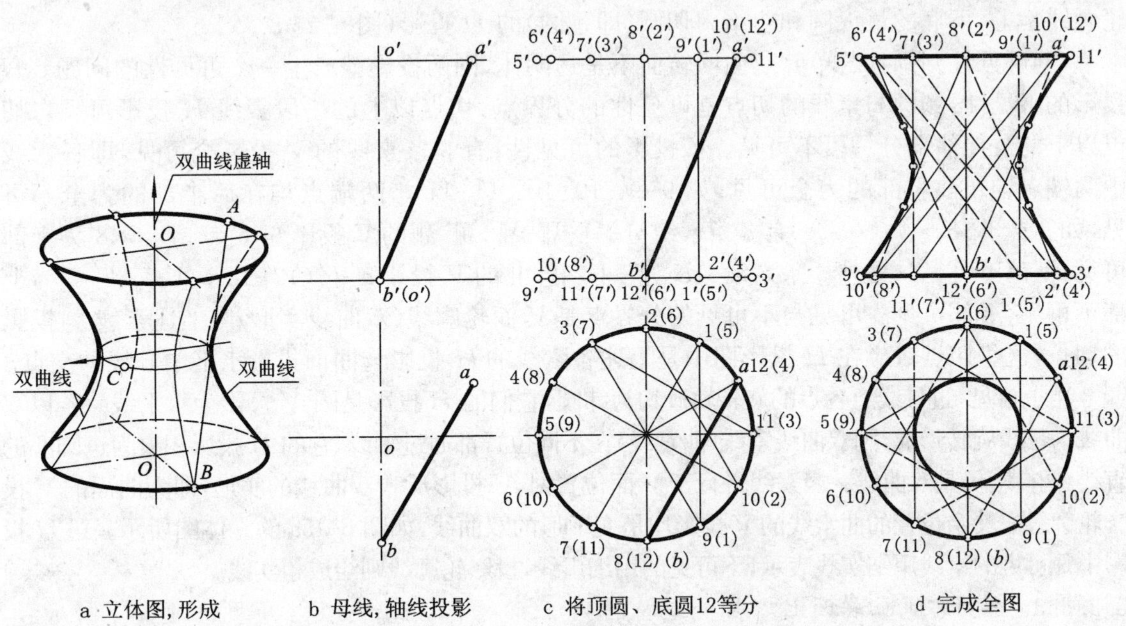

图 6-15　单叶双曲回转面的形成与投影

单叶双曲回转面的另一种形成方式是以双曲线为母线，双曲线以它的虚轴(共轭轴)为轴旋转一周形成。所以，单叶双曲回转面又称回转双曲面，图 6-15a 中 O-O 轴是双曲线的虚轴，

而双曲线母线即为曲面的轮廓线。

6.3.6.2 单叶双曲回转面的投影

单叶双曲回转面的投影特性如下：当轴线垂直于某一投影面（如垂直于 H 面）时，该面（如 H 面）投影为三个同心圆（顶圆、底圆、颈圆的投影），加中心线（互相垂直的细单点长画线）；另两投影（如 V、W 投影）的左、右轮廓线是双曲线的实形投影，与轴线垂直的直线段是两个底面（如垂直于轴线底圆）的积聚投影，同样应加上轴线（细单点长画线），颈圆一般不必绘出。

给出轴线 O-O（垂直于 H 面）和母线 AB 的两投影（图 6-15b），即可作此曲面的投影，步骤如下：

（1）先作出过母线 A、B 两端点的纬圆。纬圆的 H 投影是以 o 为中心，oa、ob 为半径的两个圆（现为使图形清晰，取 A、B 两点距轴 o-o 的距离相等，使两个纬圆的 H 投影重合为一），它的 V 投影分别积聚为一条与轴线 o'-o' 垂直的水平线，长度为纬圆的直径（图 6-15c）。

（2）把 H 投影圆分别从点 a、b 开始，各分为相同等分。图中为 12 等分，现以逆时针旋转，顶圆从 a 点开始标以 12、1、2…11，底圆从 b 点开始标以 12、1、2…11，求出各对应点的 V 投影。当 AB 逆时针旋转 30°（即为圆周的 1/12）后，就是素线Ⅰ-Ⅰ，根据Ⅰ-Ⅰ的 H 投影 1-1 作出 V 投影 1′-1′（图 6-15c）。

（3）顺次作出每旋转 30°后各素线的 H 投影和 V 投影。其作法是 H 投影连接各同名的点，如 2-2、3-3…11-11，V 投影同样连接各同名点 1′-1′、2′-2′、3′-3′…11′-11′。

（4）作出单叶双曲回转面的投影轮廓线。作法是：各素线 V 投影作出后，最左和最右形成几段折线，折线的中点即为轮廓线的切点。这时，可以从水平线端点开始引光滑曲线与这些切点相切，此轮廓线是双曲线。作颈圆的 H 投影时，可作出各素线，与圆心最近处形成相等的折线多边形，过多边形各边中点作内切圆，即得颈圆的 H 投影。颈圆 V 投影应是左右轮廓线即实形双曲线顶点的连线，一般不必绘出。由此可见，V 面轮廓包络线是双曲线实形，H 投影的轮廓线是上、下底的最大圆和包络内切圆（即颈圆）的 H 投影（图 6-15d）。

（5）可见性判别。若单叶双曲回转面不是透明体，则两投影就产生一个可见性的问题。H 投影的可见性：颈圆与素线的切点是可见性的分界点，切点以上的一段素线 H 投影可见。切点以下的被挡住部分一段不可见。V 投影的可见性：有 3 条素线的 V 投影全可见，即各素线中两端点均在前半部的为全可见，如 9′-9′、10′-10′、11′-11′。两端点均在后半部的为全不可见，如 3′—3′、4′—4′、5′-5′。有 3 条素线Ⅵ-Ⅵ、Ⅶ-Ⅶ、Ⅷ-Ⅷ的 V 投影 6′-6′、7′-7′、8′-8′为上部可见，下部不可见。另外 3 条素线 AB、Ⅰ-Ⅰ、Ⅱ-Ⅱ的 V 投影 a'-b'（12′-12′）、1′-1′、2′-2′为上部不可见，下部可见。可见与不可见的分界点是 V 面轮廓线（双曲线实形）与上述素线 V 投影的切点，这些切点对应在 H 投影图中是上述各素线的 H 投影与曲面投影水平中心线的交点。

由上可见，过母线上各点的旋转轨迹均为纬圆，它们的 H 投影是圆，V 投影为水平线。若以双曲线为母线旋转形成，则双曲线素线（曲素线）在不同位置都通过轴线，它的 H 投影积聚为过圆心的直线，V 投影仍是双曲线。当素线平行于 V 面位置时，V 投影反映双曲线的实形，即为曲面的 V 投影轮廓线。其余位置的曲素线的 V 投影均是变了形的双曲线，如图 6-15a 的立体图所示。V、H 投影中凡可见的素线用细实线表示，不可见的用细虚线，投影轮廓线则绘成粗实线。

6.3.6.3 单叶双曲回转面上定点

在单叶双曲回转面上定点，可采用纬圆法或素线（直素线）法（图 6-16）。

图 6-16a 给出了上下底圆直径不等的单叶双曲回转面及曲面上一点 M 的 V 投影 m' 和点 N 的 H 投影 n，求另一投影。求 M 的 H 投影时，先作出过点 M 的纬圆 OⅠ的 V 投影，即过点 m' 作水平线

$o'1'$，并求纬圆OⅠ的 H 投影（实形圆 $o1$）。再在此圆上求得点 m（图 6-16b）。求点 N 的 V 投影 n' 时，在 H 投影中过点 n 任作一直素线 AB 的 H 投影 ab 与颈圆 H 投影相切。求出 $a'b'$，即可求得点 N 的 V 投影 n'（图 6-16c）。这里应注意素线法宜取直素线（求点 n' 也可用纬圆法）。

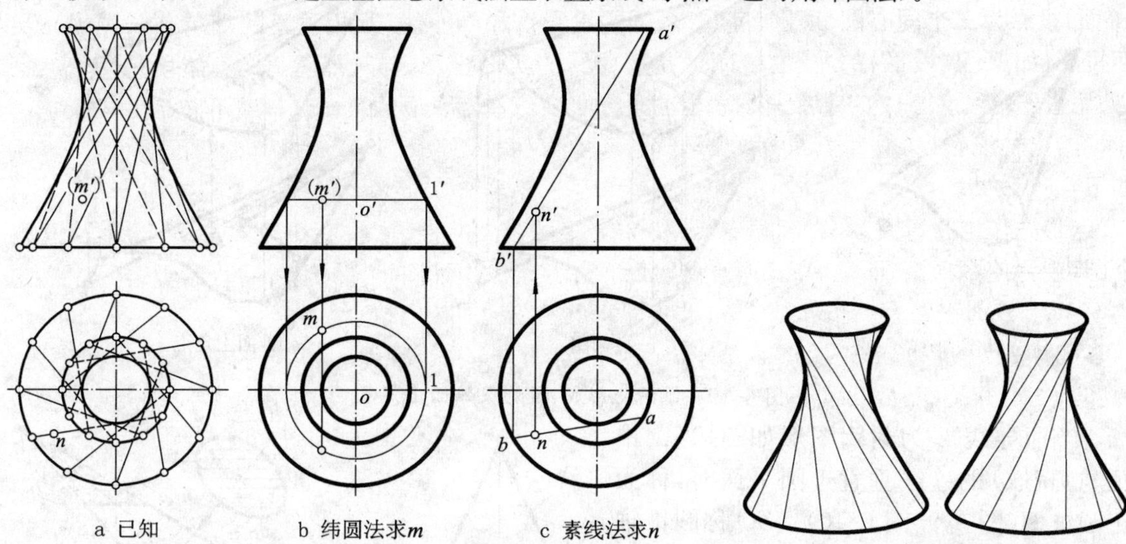

a 已知　　b 纬圆法求m　　c 素线法求n

图 6-16　单叶双曲回转面上定点

图 6-17　单叶双曲回转面的两组素线

在同一个单叶双曲回转面内有两组不同指向的对底圆平面斜度相同的素线，如图 6-17 所示。同组相邻两素线为异面直线，也即同组素线互不相交，但本组的每一条素线与另一组所有素线都相交。

单叶双曲回转面应用在一些设备中，如水塔、冷却塔，以及某些建筑物中的屋面。

上面所介绍的单叶双曲回转面与双叶双曲回转面不同。双叶双曲回转面是以双曲线为母线绕它的实轴旋转而成的（图 6-18）。

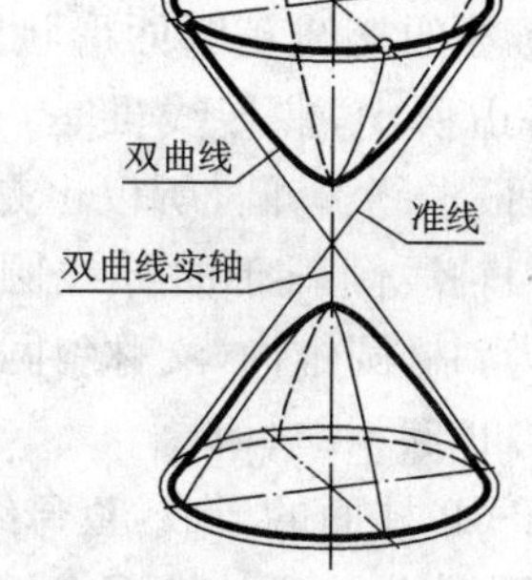

图 6-18　双叶双曲回转面

6.4　非回转直纹曲面

在工程中应用较广的非回转面是由直母线运动而形成的直纹曲面，直纹曲面又可分为可展开的直纹曲面和不可展开的直纹曲面两大类。

6.4.1　可展直纹曲面

曲面上相邻两素线是共面直线（相交两直线或平行两直线），这种曲面可展开，即相邻两素线可以依次摊平在一个平面上，常见的可展直纹曲面有锥面和柱面。

6.4.1.1　锥　面

（1）锥面的形成：**直母线 SA 在运动时沿着曲导线 L（控制母线运动方向的直线或曲线称为导线）移动，并始终通过一定点 S，所形成的曲面称为锥面**。曲导线可以是平面曲线，也可以是空间曲线；可以是不闭合的（图 6-19a），也可以是闭合的（图 6-20）。锥面上相邻两素线是相交两直线。

（2）锥面的投影图：**一般锥面的投影图，应画出锥顶 S、曲导线 L 的投影，并画出一定数量**的素线的两投影（图 6-19b）。**一般应画出如下几种素线的两投影，即锥面的起始、终止素线（如 SA、SG），V、H 投影中的轮廓素线**，如 V 投影中的 SC、SG，H 投影中的轮廓素线 SF、SD。

(3)锥面上定点：**可用素线法**，如已知锥面上一点 M 的 V 投影 m'，求 H 投影 m，可过点 M 作素线 S Ⅰ 求作，作法如图 6-19c 所示。

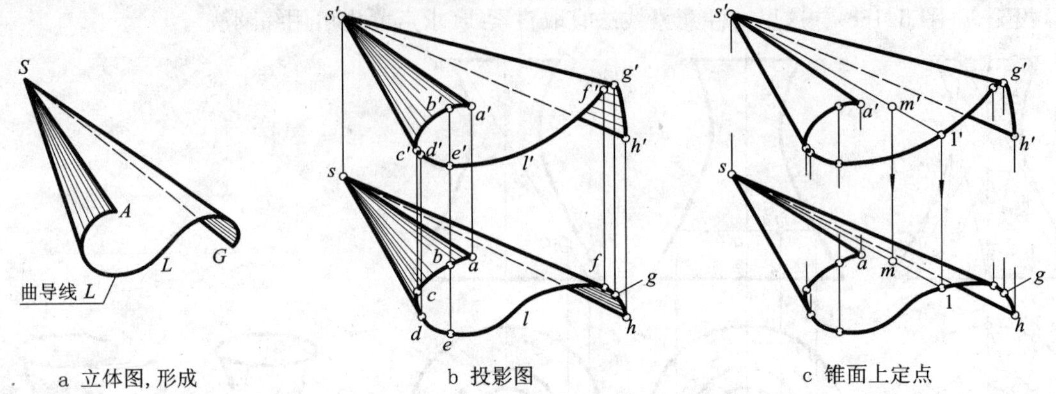

a 立体图，形成　　b 投影图　　c 锥面上定点

图 6-19　锥面的形成、投影及锥面上定点

当曲导线 L 为封闭图形如圆，当圆锥顶与圆心 O 的连线垂直于圆平面时，称为正圆锥面(图 6-9、图 6-10)。SO 称圆锥轴线。当曲导线为椭圆、SO 垂直于椭圆平面时，称为正椭圆锥面(图 6-20a)。通常各锥面(曲导线封闭时)是以垂直于轴线的平面与锥面的交线正断面形状来命名的。如图 6-20b 所示，曲导线虽是一个圆，但它的正断面是一个椭圆，所以也是一个椭圆锥面，又因轴线倾斜于曲导线圆平面，所以也可称为斜椭圆锥面(又称斜圆锥面)。

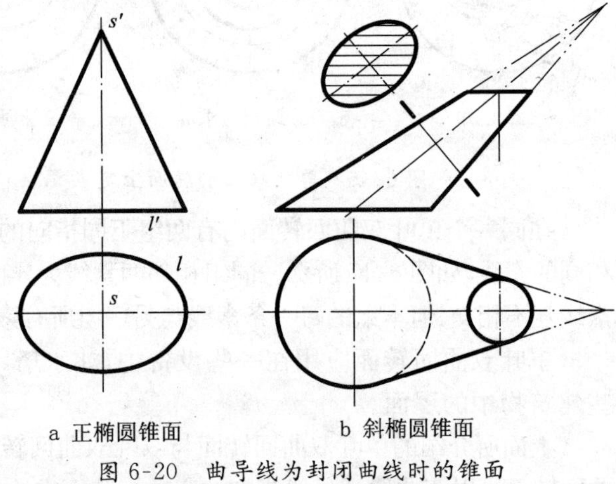

a 正椭圆锥面　　b 斜椭圆锥面

图 6-20　曲导线为封闭曲线时的锥面

6.4.1.2　柱　面

(1)柱面的形成：**直母线 AA_1 在运动时沿着曲导线 L、并始终平行于直导线 K 时所形成的曲面，称为柱面。柱面上相邻两素线是共面直线即平行两直线**(图 6-21a)。

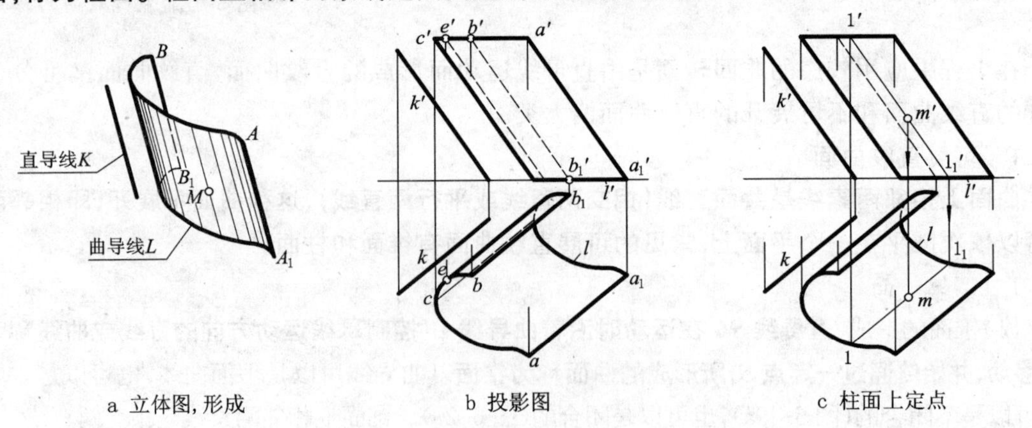

a 立体图，形成　　b 投影图　　c 柱面上定点

图 6-21　柱面的形成、投影及柱面上定点

(2)柱面的投影：**画柱面的投影图时，必须画出曲导线 L、直导线 K 和过起始、终止素线、轮廓素线的投影**(图 6-21b)。

如果已知直导线和曲导线的投影，这个柱面的投影即可画出。

(3)柱面上定点：**柱面上定点可用素线法，**如柱面上已知一点 M 的 V 投影 m'(或 H 投影 m)，求其 H 投影 m(或 V 投影 m')，作法如图 6-21c 所示。

当曲导线 L 为封闭曲线，如圆、椭圆，而且轴线又垂直于导线平面时，可得到圆柱面、椭圆柱面。通常柱面也是以它的正断面形状来命名的，正断面是圆的称正圆柱面(图 6-8)。正断面是椭圆的，称为椭圆柱面(图 6-22a)。曲导线虽是圆，但它的正断面是椭圆，所以也是一个椭圆柱面，但由于轴线倾斜于底面圆，所以也称为斜椭圆柱面(又称斜圆柱面)(图 6-22b)。

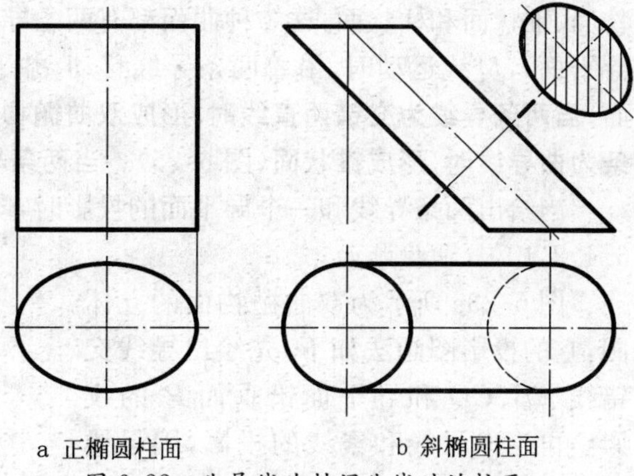

a 正椭圆柱面　　b 斜椭圆柱面

图 6-22　曲导线为封闭曲线时的柱面

6.4.2　不可展直纹曲面

不可展直纹曲面又称扭面(图 6-23、24、25)，曲面上相邻两素线是异面直线，即交错线。

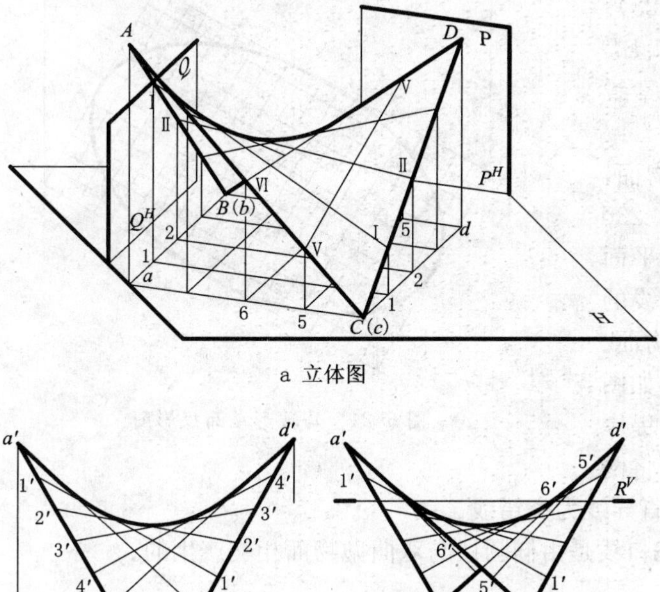

a 立体图 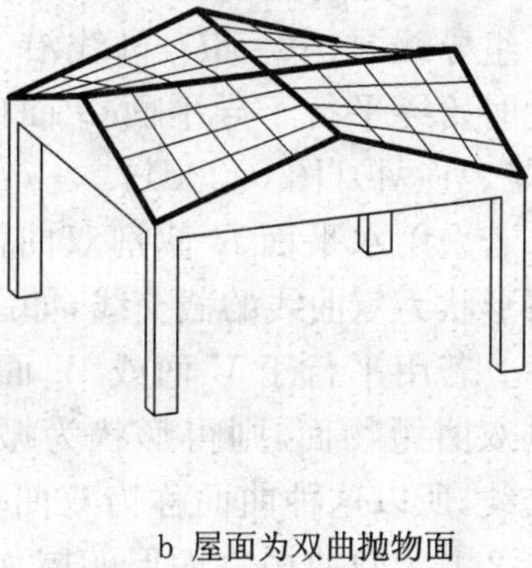　　b 屋面为双曲抛物面

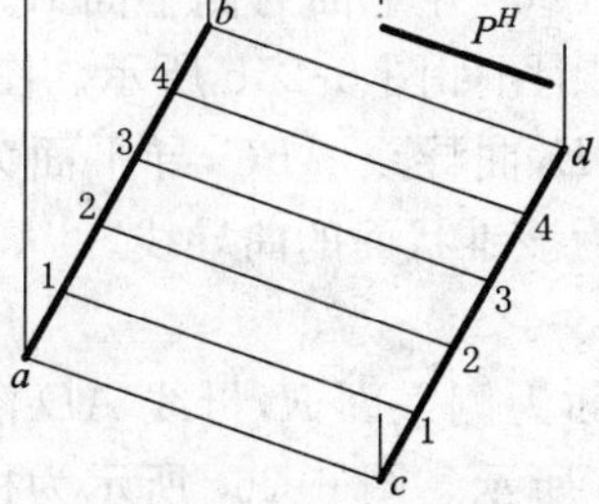

c 素线平行于 P 面 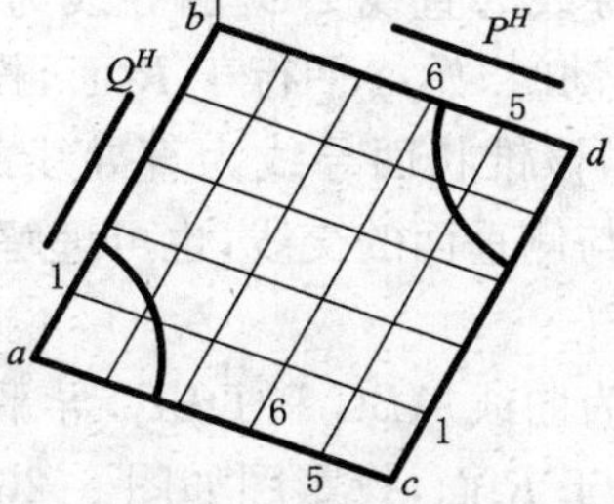　　d 素线Ⅰ-Ⅰ平行于 P 面 素线Ⅴ-Ⅴ平行于 Q 面　　e 岸坡过渡面为双曲抛物面

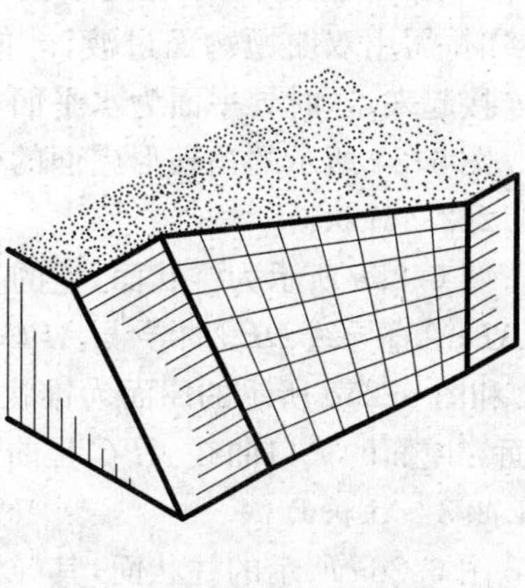

图 6-23　双曲抛物面

此种曲面的相邻两素线不能摊平在一个平面上，只能近似展开。建筑工程上常用的有双曲抛物面、锥状面和柱状面，这 3 种曲面都有两条导线，一个导平面(控制母线运动方向的平面称为导平面)，母线运动时，沿着两条导线移动，并平行于一个导平面。通常采用铅垂面作为导平面，**当两条导线为交错两直线时，形成双曲抛物面**(图 6-23)。**当两条导线一条为直导线、另一条为曲导线时，形成锥状面**(图 6-25)。**当两条导线均为曲线时，则形成柱状面**(图 6-26)。

当给出两条导线和一个导平面的投影时，即可画出该曲面的投影。

6.4.2.1 双曲抛物面

图 6-23a 所示为双曲抛物面的立体图，它的投影图画法如下：先绘出导线交错线 AB、CD 和导平面铅垂面 P 的投影。再绘出母线和素线的投影，因母线运动时沿导线 AB、CD 移动(如Ⅰ-Ⅰ、Ⅱ-Ⅱ、Ⅲ-Ⅲ素线)，并始终平行于 P 平面，所以只要画出素线的 H 投影 1-1、2-2…$/\!/ P^H$，再求出素线的 V 投影 $1'$-$1'$、$2'$-$2'$即得双曲抛物面的投影图(图 6-23)。另一组导线是 AC、BD，母线沿 AC、BD 移动时始终平行于导平面 Q 面(如素线Ⅴ-Ⅴ、Ⅵ-Ⅵ)(图 6-23d)。

若采用水平面 R 截割双曲抛物面，则得形状为双曲线的截交线，如图 6-23d 所示。若用平行于 V 面或 W 面的平面截割双曲抛物面，则得形状为抛物线的截交线，所以这种曲面称为双曲抛物面。图 6-23b 为双曲抛物面形的屋面。如图 6-23e 所示，当倾斜的岸坡与铅垂的堤岸连接时，需用双曲抛物面过渡，才能将两面连接起来，这时导平面为水平面，直导线为交错线。

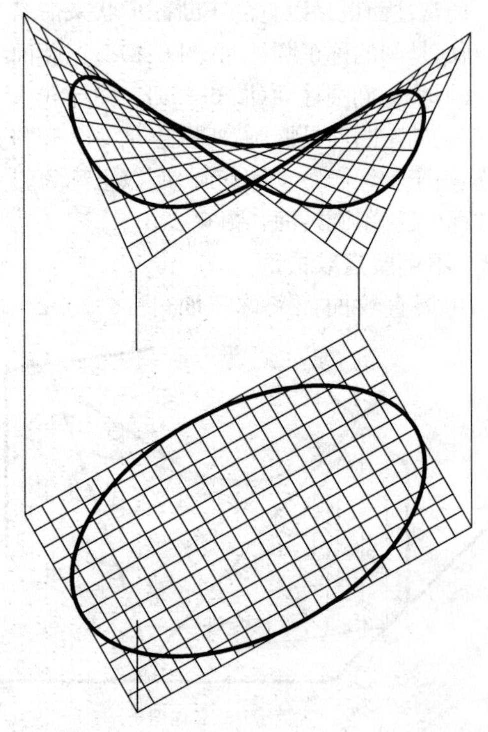

图 6-24 马鞍形屋面投影图

图 6-24 所示的马鞍形屋面的檐口线是由椭圆柱与双曲抛物面相交产生的。

6.4.2.2 锥状面

图 6-25a 所示为锥状面，它的直导线为直线 DE，曲导线为 ABC，导平面为侧平面 R。母线 AD 沿直导线 DE、曲导线 ABC 移动时，始终平行于 R 面，投影图如图 6-25b 所示。图 6-25c 和图 6-25d 所示的屋面为锥状面，该锥状面导线为直导线 DE，曲导线 ABC，导平面为侧平面。屋面的檐口曲线 AFC 是曲面与侧垂面的交线，也可理解为该锥状面的曲导线。

6.4.2.3 柱状面

图 6-26a 所示的柱状面，其导线为曲线 ABC 和 DEF，导平面为侧平面 R，母线 AD 沿曲导线 ABC 和 DEF 移动时，始终平行于 R 面，投影图如图 6-26b 所示。图 6-26c 所示为柱状面应用于管子接头的实例，柱状面在屋面上应用也日见增多。

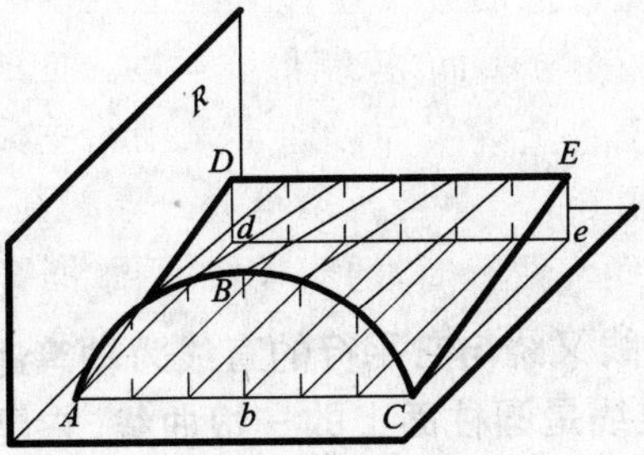

a 立体图

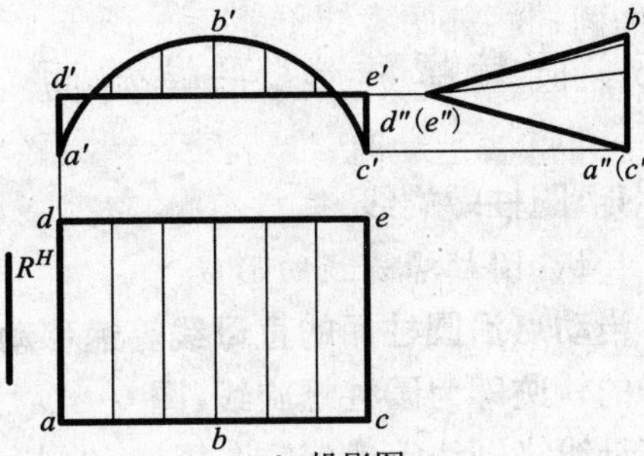

b 投影图

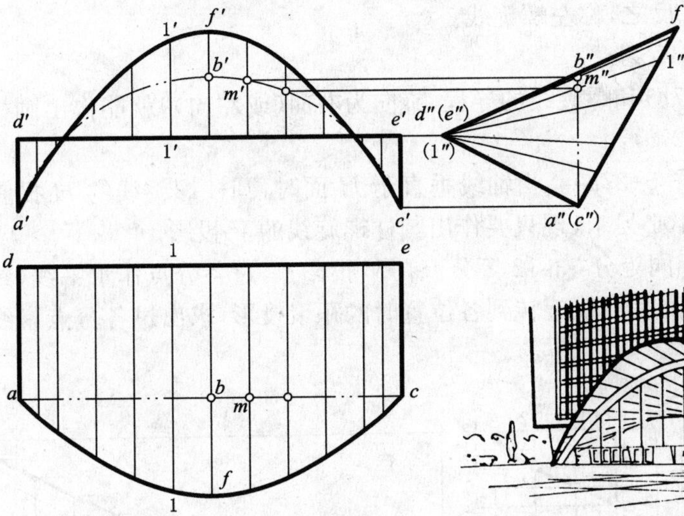

c

d

图 6-25　锥状面

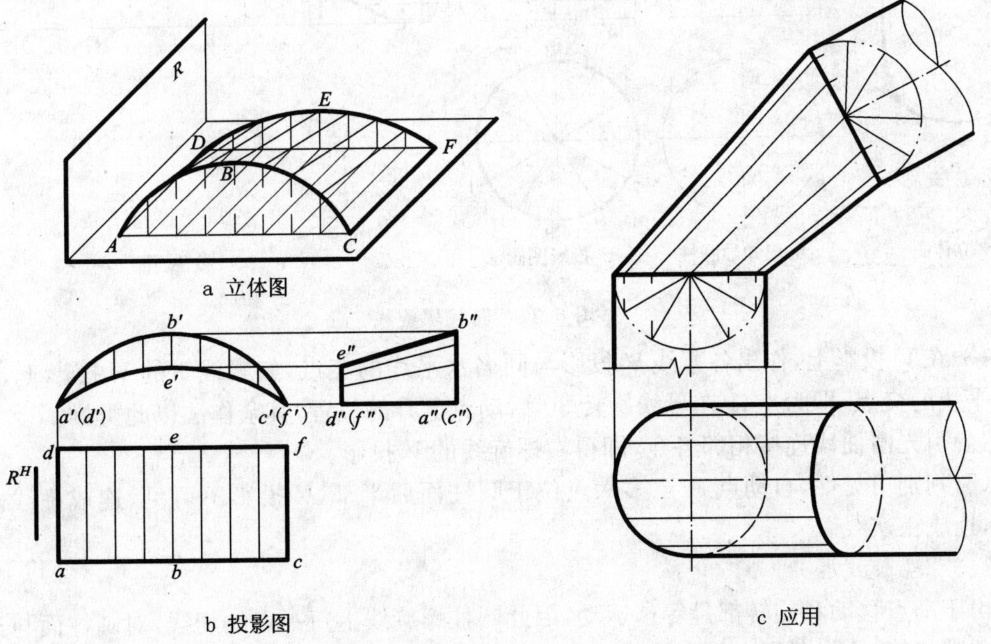

a 立体图

b 投影图

c 应用

图 6-26　柱状面

6.5 圆柱螺旋线、平螺旋面

6.5.1 圆柱螺旋线

6.5.1.1 圆柱螺旋线的形成

当动点沿圆柱面的直母线等速移动时，该直母线又绕与它平行的直线为轴等速旋转，动点运动的轨迹即为圆柱螺旋线(图 6-27a)。**圆柱螺旋线是圆柱面上的一根曲线，它是空间曲线。**当直母线绕轴线等速旋转一周后，动点由 A 移动到 A_1 的轴向距离称为导程 P，$P=AA_1$。母线按右手规则旋转称右螺旋线，反之，称左螺旋线。

6.5.1.2 圆柱螺旋线的投影图画法

若已知圆柱面直径(图 6-27b)和螺旋线的导程，旋向为右向(或左向)，就能作出圆柱螺旋线的投影，作图步骤如下(图 6-27c)：

(1)先作出圆柱的两投影(图 6-27b)。当轴线垂直于 H 面时，圆柱螺旋线的 H 投影就积聚在圆柱面的 H 投影圆周上，不必另求，现只要作出圆柱螺旋线的 V 投影。

(2)将圆周和导程 P 分为相同等分，如 12 等分。在 V 投影上，过各分点作水平线(纬圆 V 投影)，在 H 投影圆周上的各分点是母线旋转到各位置时的积聚投影，求出过各分点素线的 V 投影，标上相应数字。

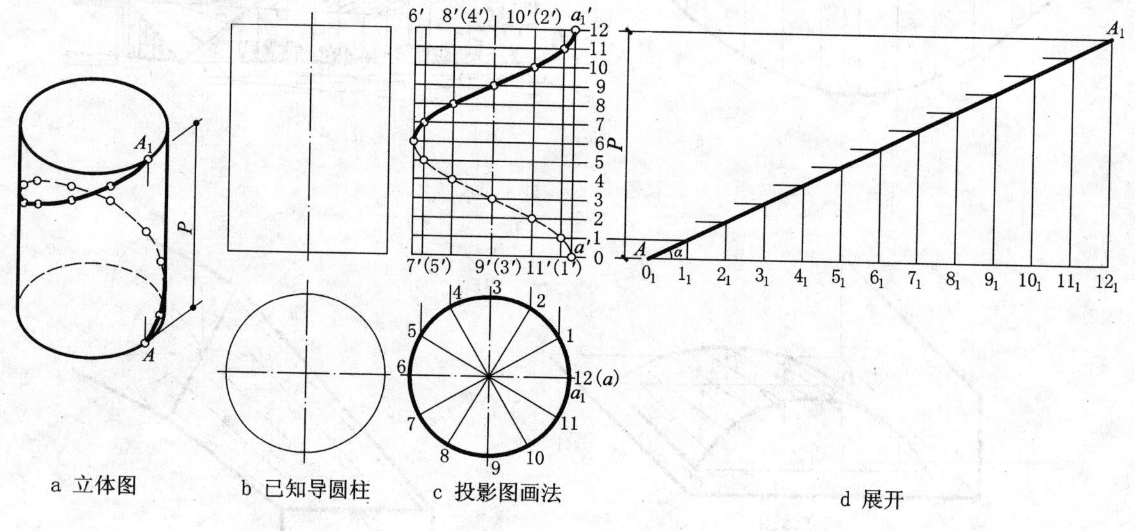

图 6-27 圆柱螺旋线

(3)在 V 投影上，作出各素线 V 投影与同名水平线的交点，如素线 1 的 V 投影 $1'$，与过 1 的水平线的交点，即为点 A 在母线旋转 30°后动点上升的位置，其余作法以此类推。

(4)引光滑曲线连接相邻各点，即得右螺旋线的 V 投影。

(5)判别可见性，自动点 A 至第六点位于圆柱面后半部，V 投影不可见，连成虚线。其余可见，连成粗实线。

6.5.1.3 螺旋线展开

由于动点移动和旋转都是等速运动，因此圆柱螺旋线上每一点的切线，对圆柱面与正断面的倾角都相等，这一角度 α 称为螺旋线的升角，螺旋线展开后成为一直线(图 6-27d)，它是以圆柱面底面圆(或正断面)周长($2\pi R$)为底边,导程 P 为高的直角三角形的斜边。作图时,可以将圆周近似展开为直线,即将每段圆弧 a-1、1-2…11-12 的弦长依次拼成一水平直线 $o_1 1_1 2_1 \cdots 11_1 12_1$,过各分点引竖直线,再过螺旋线 V 投影分点引水平线,与相应竖直线相交得螺旋线展开后各位置,连接各点应是以 α 为倾角的一条倾斜的直线。

由于圆柱螺旋线展开后为一直线,因此,它是圆柱面上不在同一素线上的两点之间的最短距离线。圆柱螺旋线在实际中应用于螺纹连接件、螺纹传动件、螺旋楼梯等。

6.5.2 平螺旋面

6.5.2.1 平螺旋面的形成

平螺旋面是一种锥状面,属于不可展曲面,它的两条导线是螺柱螺旋线(曲线)和轴线(直线),导平面是垂直于轴线的平面。当直母线在运动时一端沿着直导线(轴线),另一端沿着曲导线——螺旋线,并始终平行于导平面,盘旋上升形成的曲面就成为平螺旋面。当轴线垂直于 H 面时,母线即为水平线,导平面也就是水平面(图 6-28a)。

6.5.2.2 平螺旋面投影图画法

(1)绘出圆柱螺旋线和轴线的两投影(图 6-28b)。

(2)将 H 投影中的圆周和 V 投影中的导程 P 作 12 等分,H 投影圆周上各分点与圆心(轴线的积聚投影)连线,即为平螺旋面上水平素线的 H 投影,水平素线 V 投影必为水平。所以过螺旋线上各分点的 V 投影作水平线与轴线相交,即得平螺旋面上水平素线的 V 投影(图 6-28b)。

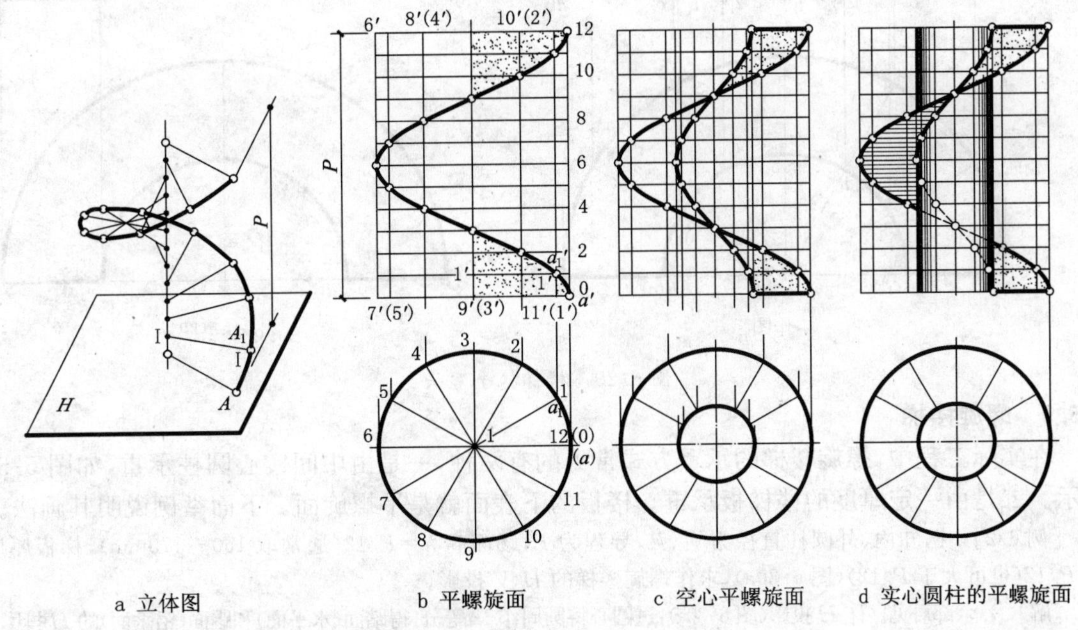

图 6-28 平螺旋面

假设用一个同轴的空心小圆柱面与平螺旋面相交,这时平螺旋面与小圆柱侧表面的截交线,也是一个同导程的螺旋线,形成一个空心的平螺旋面(图 6-28c)。若小圆柱实际存在,则应区分可见性(图 6-28d)。

平螺旋面在工程上应用很多,如螺旋楼梯、方牙螺纹等。

[例 6-1] 已知楼梯扶手弯头的 H 投影和弯头断面 $ABCD$ 的 V 投影(图 6-29a),求扶手弯头的 V 投影。

［解］ 1.分析：以矩形 $ABCD$（或正方形）为断面形状的螺旋楼梯扶手和双跑楼梯扶手弯头的形状，实际上是由 1/2 导程的平螺旋面和内外圆柱面所组成的：AB 的运动轨迹和 CD 的运动轨迹都是空心平螺旋面。而 AD、BC 所形成的曲面则是内、外圆柱面，只要作出过点 A、B、C、D 的 4 条螺旋线，或者说，分别作出以 AB、CD 为母线的两个空心平螺旋面的 V 投影，即得弯头的 V 投影；H 投影具有积聚性，与给出的 H 投影重合，不必另求。

2.作图（图 6-29a）：

(1)将 H 投影同心半圆分成 6 等分，并作出内外素线相应的 V 投影 $1'$、$2'$、$3'$、$4'$、$5'$、$6'$ 和 $1'_1$、$2'_1$、$3'_1$、$4'_1$、$5'_1$、$6'_1$。

(2)将 c' 与 c'_1 之间的铅垂高度（$=1/2P$）6 等分，并过分点各作水平线，得 1、2、3、4、5、6 线。再将 $b'b'_1$ 之间的铅垂高度（$=1/2P$）6 等分，过分点各作水平线，得 1°、2°、3°、4°、5°、6°线。

(3)铅垂素线的 V 投影与相应水平分格线的交点，即为螺旋线上的点，作出以 AB 和 CD 为母线的平螺旋面即为所求，并判别可见性。图 6-29b 为加阴影线后的最后结果图。

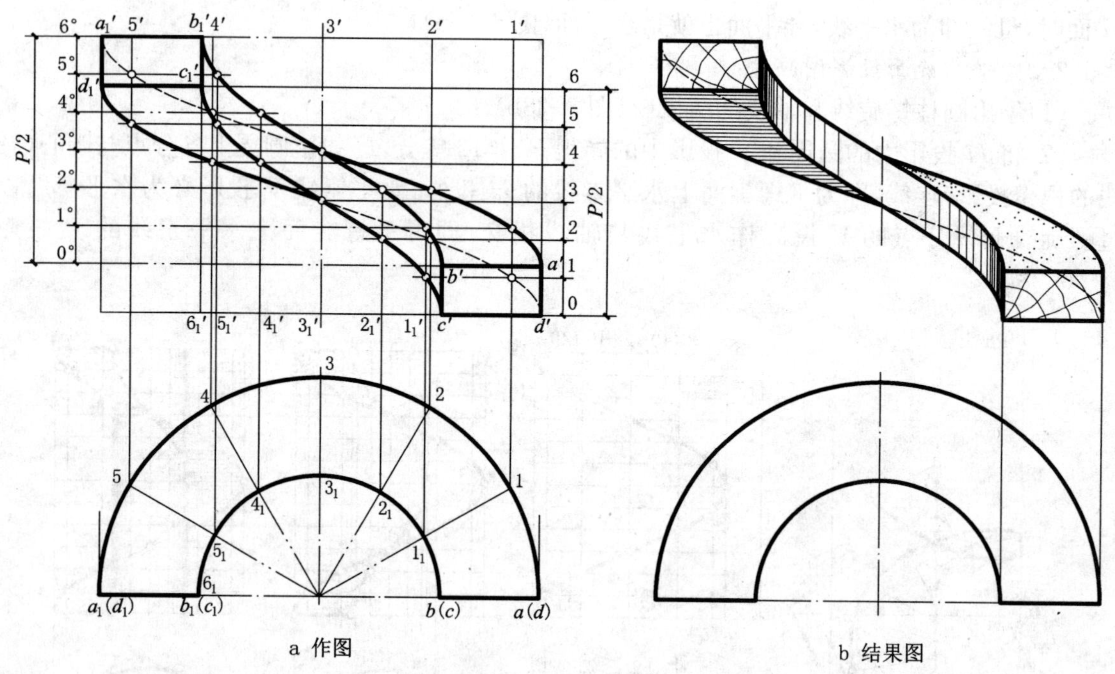

a 作图

b 结果图

图 6-29 楼梯扶手弯头

6.5.3 螺旋楼梯

在实际工程中，螺旋楼梯的承重方式常见的有两种，一是由中间实心圆柱承重，如图 6-30 所示。二是由一定厚度的楼梯板承重。楼板的下表面就是平螺旋面。下面举例说明其画法。

［例 6-2］ 已知内、外圆柱直径为 ϕ_1、ϕ_2，导程为 P，踢面高 $h=P/12$（通常取 150～170mm），梯板厚度 $\delta=P/12$（也可大于 $P/12$）（图 6-30a），求作螺旋楼梯的 H、V 投影。

［解］ 1.全部可见。作 H 投影（图 6-30a）：过圆心将圆周作 12 等分，得踏面（水平面）和踢面（铅垂面）的 H 投影。

2.作 V 投影（图 6-30a）：

(1)将导程 P 作 12 等分，得水平分格线，并注上数字 0～12。

(2)作各踢面（矩形）的 V 投影：第一踢面由矩形 $ABDC$ 组成，是 V 面平行面，V 投影反映实形，在 0 线与 1 线之间得到 $a'b'd'c'$；第二踢面由矩形 $EFHG$ 组成，从 H 投影 $e(f)$、$g(h)$ 各点引投影连线与水平分格线 1 线、2 线相交，得矩形线框 $e'f'h'g'$；第三踢面由矩形 $LMNP$ 组成，从 H 投影 $l(m)$、$p(n)$ 引投影连线与水平分格线 2 线、3 线相交，得矩形线框 $l'm'n'p'$；第四踢面为侧平面 $QRST$ 矩形，其 V 投影积聚为一条竖直线 $t'(q')s'(r')$，其余各踢面 V 投影的作法也都相类似。

(3)作各踏面(扇形)的 V 投影(均积聚为水平线):各踢面作出之后各踏面的积聚投影——水平线,就得出来了,如踏面扇形 $AFHC$,其 V 投影就是水平线 $a'f'c'h'$,踏面扇形 $EMNG$ 的 V 投影就是水平线 $e'm'g'n'$。与踏面 $LRSP$ 对称的左右、前后,四个踏面的 V 投影,在作出相近踢面 4′、10′之后,由于 4′、10′积聚为铅垂线,故踏面 V 投影所积聚的水平线需加长一段,如踏面扇形 $LRSP$,其 V 投影应将水平线 $l'p'$ 延长到与 $s'(r')$ 点相交止,这样,$l'p's'(r')$ 即为踏面 $LRSP$ 的 V 投影,其余与它对称的三个踏面的作法类同。

(4)作梯板的 V 投影:具有一定厚度的梯板的内外表面实际上是圆柱面,下表面是平螺旋面。画梯板的 V 投影,实际上只要绘出梯板与内、外圆柱表面交线——螺旋线即可。外螺旋线画法:从每一踢面外侧边线(铅垂线)往下取一个厚度 $\delta=P/12$,即为螺旋线各分点(如图中从 13′踢面外侧线,$a_1'b_1'$ 往下取一个厚度 δ 得点 u';从 12′踢面外侧边线 $e_1'f_1'$ 往下取一个厚度 δ 得点 v'),连接起来就得外表面上螺旋线,其余各点作法相类似。内圆柱上螺旋线画法:从每一踢面的内侧边线(也是踢面与内圆柱表面交线)往下取一 $\delta=P/12$ 厚,得螺旋线上各点(如从图中第 13′踢面内侧边线 $c_1'd_1'$ 往下取一个 $\delta=P/12$ 厚,得点 w',点 u' 与 w' 同在一水平线

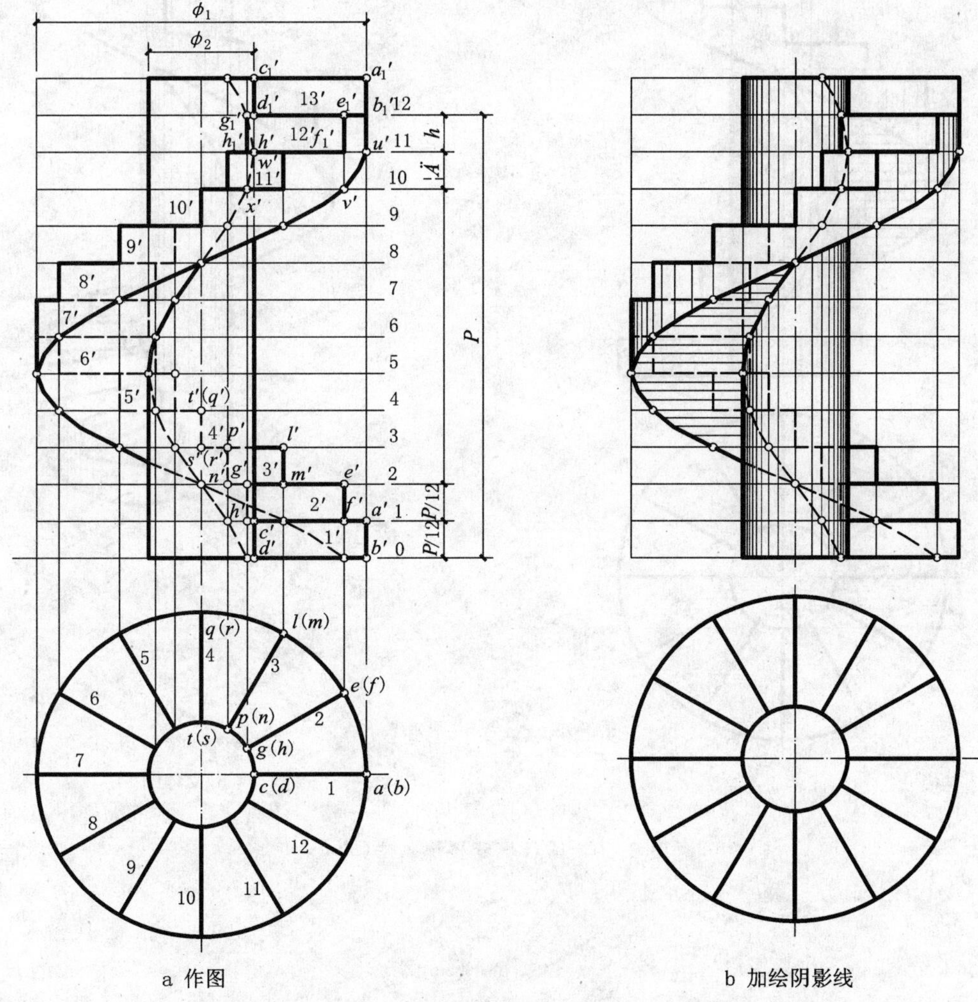

图 6-30 圆柱螺旋楼梯画法(一)

上。第 12′踢面内侧边线 $g_1'h_1'$ 往下取一个 $\delta=P/12$ 厚,得点 x'。同样点 v' 和 x' 同在一水平线上…),连接起来就得内表面上螺旋线。

(5)可见性判别:本图的小圆柱是支承踏步(由踏面和踢面组成)和梯板重量的构件,所以是实际存在的;大圆柱除踏步、梯板之外部分都不存在。因此判别可见的原则是:凡是位于小圆柱 V 投影左、右轮廓线之后的踢面、踏面、螺旋线的 V 投影均为不可见,绘成中虚线,反之为可见,绘成粗实线。凡是在大圆柱 V 投影左、

右轮廓线之后的踏面、踢面的 V 投影为不可见，绘成中虚线，反之绘成粗实线。大圆柱上外螺旋线在大圆柱左、右轮廓线之前及左下方到小圆柱左轮廓线相交处的那一段，虽在大圆柱 V 投影左、右轮廓廓线之后，但因未被小圆柱轮廓线挡住，所以也应是可见的，应绘成粗实线。其余则不可见，应绘成中虚线。

(6)螺旋线作出之后，为了加强直观性，可在余下的大圆柱可见侧表面和小圆柱可见侧表面上加绘阴影线，阴影线用细实线画出，近轮廓素线处间距密些，近轴线处间距疏些，以加强直观性(图 6-30b)。整个作图过程如图 6-30a、b、c 所示。图 6-30d 所示为该螺旋楼梯的立体图。它是根据图 6-30b 螺旋楼梯的正投影图顺时针旋转 90°后绘出的立体图(这个立体图是透视效果图，详细作法见本书第 19 章图 19-20)。

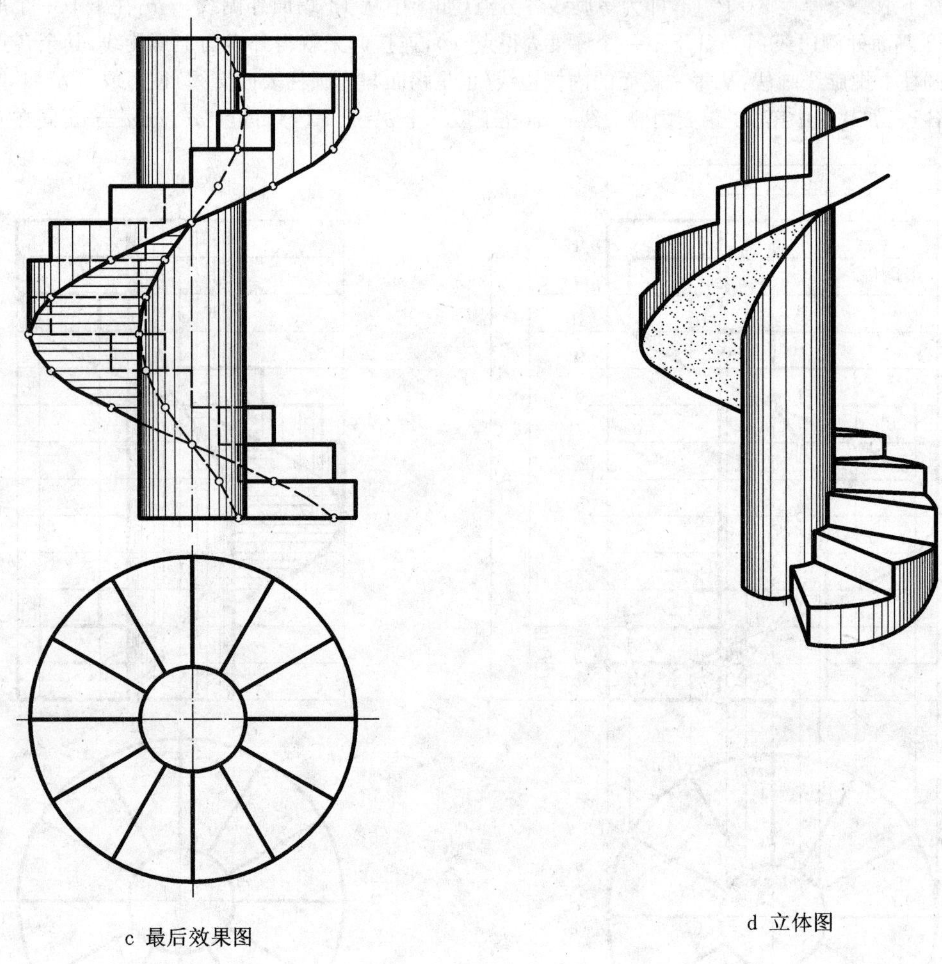

c 最后效果图　　d 立体图

图 6-30　圆柱螺旋楼梯画法(二)

7 建筑形体的表面交线

7.1 概　述

在建筑形体的表面上，经常出现一些交线。这些交线有些是由平面与形体相交而产生的，有些则是由两形体相交而形成的。如图 7-1 所示的沈阳夏宫，其四周锥壳屋面的檐口曲线 1 是平面与锥面的交线；球顶屋面与锥形屋面相交处的空间曲线 2 则是球面与锥面的交线。

图 7-1　沈阳夏宫透视图

有些建筑形体是由一个基本形体经过若干次切割形成的，因此在基本形体的表面产生交线。假想用来截割基本形体的平面称为截平面，截平面与形体表面的交线称为**截交线**，截交线所围成的平面图形称为**断面**(图 7-2)。

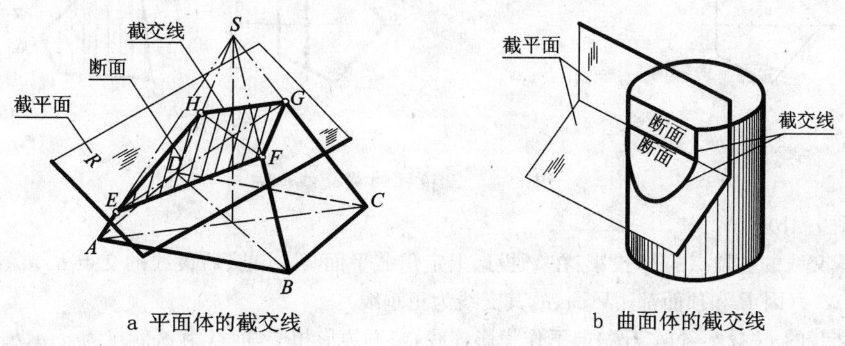

a 平面体的截交线　　b 曲面体的截交线

图 7-2　截交线

有些建筑形体是两个相交的基本形体组成的。相交形体的表面交线称为相贯线。两形体相交可以是两平面体相交(图 7-3a),平面体与曲面体相交(图 7-3b),以及两曲面体相交(图 7-3c),两形体相交也称为相贯。

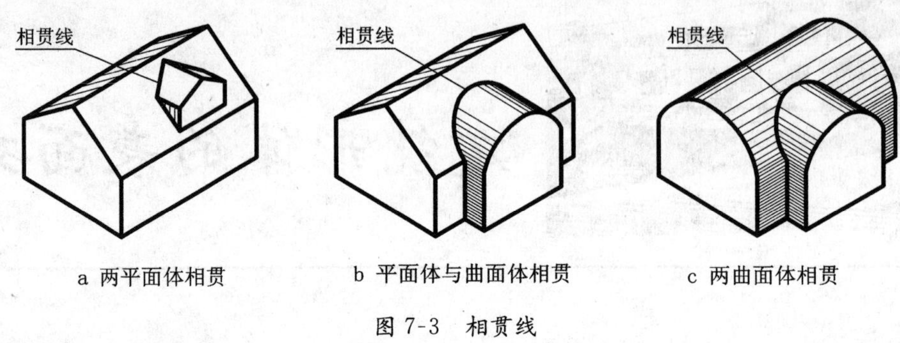

图 7-3　相贯线

7.2　平面体的截交线

平面截割平面体所得的截交线,是一条封闭的平面折线,为截平面和形体表面所共有。如图 7-2a 所示,平面 R 截割四棱锥 S-$ABCD$,截交线为四边形 $EFGH$。截交线多边形的顶点就是侧棱与截平面的交点。**求平面体上截交线的方法,可归结为求出侧棱及底边与截平面的交点,然后依次连接起来,即得截交线。或者求出各侧面及底面与截平面的交线而围成的截交线。截交线的形状与截平面的位置、数量和与形体各表面的相交情况有关。**

7.2.1　棱柱上的截交线

[例 7-1]　已知五棱柱的投影(图 7-4a),求五棱柱被正垂面 P 截断后的截交线及断面实形。

[解]　1. 分析:如图 7-4a 所示,五棱柱的上、下底面都∥H 面,各棱线及侧面都⊥H 面,故各棱线及侧面的 H 投影有积聚性。截平面与左、前、后三条棱线相交,并与顶面相交。这个平面体前后对称。

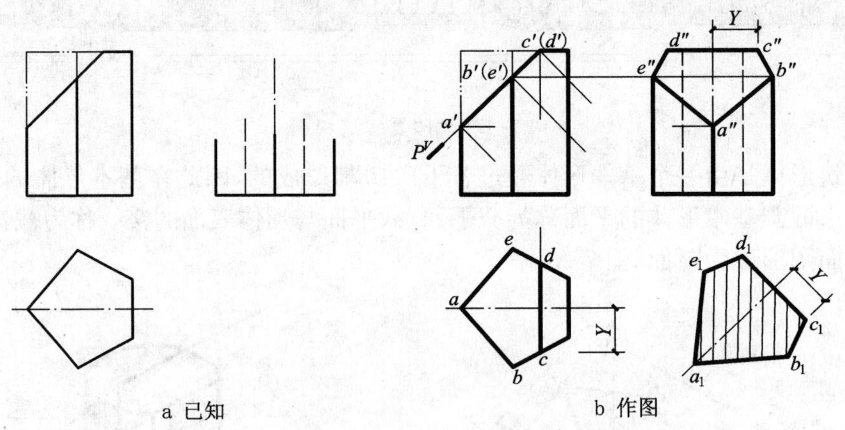

图 7-4　五棱柱的截交线

2. 作图(图 7-4b):

(1)确定截交线的各顶点的 V 投影:在 V 投影上定出截平面与左、前、后棱线的交点 a'、b'、e' 及截平面与顶面的交线 $c'(d')$(因 P 和顶面都⊥V 面,故其交线为正垂线)。

(2)求截交线的 H 投影:过 $c'(d')$ 向下作投影连线,与五边形相交,前点为 c,后点为 d;a、b、e 分别在五边形各顶点上。此时 cd 分五边形成两部分:左部是断面的非实形投影,右部是被 P 平面截割后所剩顶面的实形投影。

(3)求截交线的 W 投影：分别过 a'、b'、(e')向右作投影连线——(水平线)，a''在中间棱线上，b''、e''分别在最前、最后棱线上；量取 Y 值并按"高平齐"可确定 c''、d''。依次连接 a''、b''、c''、d''、e''、a''成五边形。

(4)判断可见性并完成平面体棱线的各投影：因 P 平面左低右高，且棱柱位于 P 面以上的部分已被截去，故截交线的 H、W 投影可见。按可见性描深截去左上部后实际仍存在的棱线及顶面、底面、截交线的 W 的投影。

(5)用换面法求断面实形：在适当位置作细单点长画线 // P^V（相当于 O_1X_1 轴），过 a' 等点作 P^V 的垂线，并量取 Y 等宽度，作出点 A 等五个点的新投影 a_1、b_1、c_1、d_1、e_1，依次连接各点，得断面的实形。

［例 7-2］ 已知带槽口的正四棱柱的 V 投影和未画全的 H 投影(图 7-5a)，补全它的 H 投影，并求 W 投影。

［解］ 1. 分析：如图 7-5a 所示，槽口由两个侧平截平面和一个水平截平面组成，且左右对称，每个侧平截平面与棱柱的顶面及两个侧面相交，水平截平面与四个侧面相交。四棱柱各侧面⊥H 面。整个形体前后对称、左右对称。

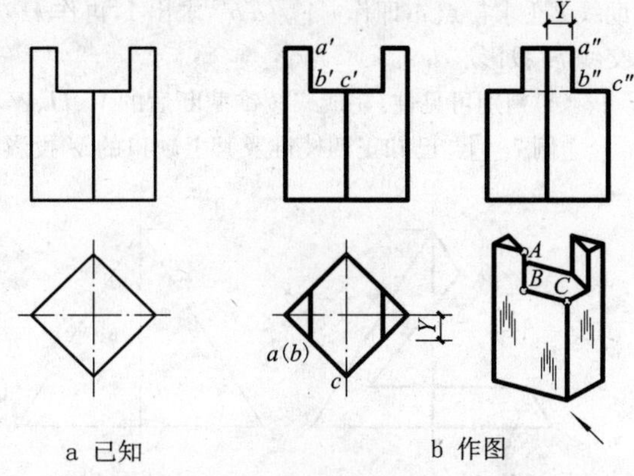

图 7-5 开槽的四棱柱

2. 作图(图 7-5b)：

(1)补全形体的 H 投影：根据"长对正"作槽口的左、右侧平面的 H 投影(分别积聚为直线段)，此时，棱柱的 H 投影形成三个区域：左、右两个小三角形是截割后剩余顶面的实形，中间的六边形是槽底的实形(它是水平截平面截割四棱柱中间部分所形成的)。

(2)在 V 投影中标出左前侧面上的截交线 ABC 的投影 $a'b'c'$，并求出 A、B、C 各点的 H 投影。

(3)求作 W 投影：补绘四棱柱的 W 投影，并量取 Y 值，作出左前侧面上的截交线 ABC 的 W 投影 a''、b''、c''，按左右、前后对称作出左后、右前、右后侧面上的截交线的 W 投影，并作出槽底的 W 投影(根据可见性画出一条实虚相间的直线段)。

(4)完成各棱线及顶面的 W 投影。

由此可见：求直棱柱截交线时，利用侧棱面积聚投影作图较为方便。

7.2.2 棱锥(台)的截交线

［例 7-3］ 已知带斜截面的正三棱锥的 V 投影和未画全的 H 投影(图 7-6a)，求三棱锥的截交线，补全被截割后的三棱锥的 H 投影，并作出它的 W 投影。

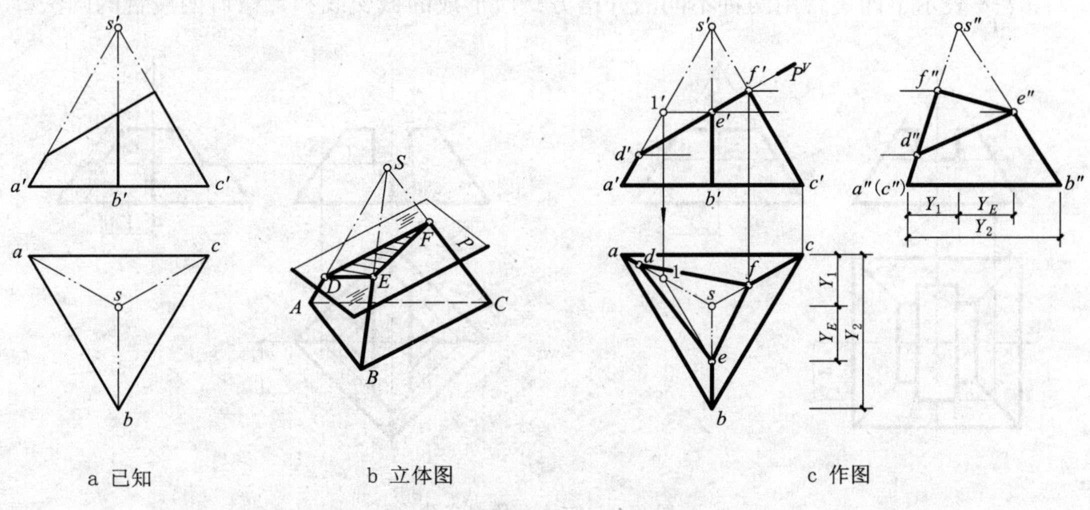

图 7-6 平面截割三棱锥的截交线

［解］ 1.分析：图 7-6a、b 所示正三棱锥底面∥H 面，后侧面△SAC⊥W 面，其余侧面都是一般位置，截平面 P 与三条棱线及三个侧面都相交。截交线形状为三角形，即△DEF。

2.作图(图 7-6c)：

(1)量取 Y_1、Y_2 坐标，作出三棱锥的 W 投影。

(2)求截交线的 W 投影：在 V 投影上定出各棱线与 P^V 的交点 d'、e'、f'，分别是截交线三角形顶点 D、E、F 的 V 投影。根据 V、W"高平齐"求出各点的 W 投影 d''、e''、f''，依次连成截交线的 W 投影△$d''e''f''$。

(3)求截交线的 H 投影：按 V、H"长对正"求得点 d、f，点 e 可根据 e'' 量取 Y_E 求得；也可过点 E 作水平辅助线 EⅠ求得点 e，即作 $e'1'$∥$a'b'$，求出 1，再作 $e1$∥ab 得 e(后者多用于无 W 投影时)，依次连接 d、e、f 得截交线 H 投影△def。

(4)判别可见性：完成三棱锥截断后的 V、H、W 投影(用粗实线表示)。

［例 7-4］ 已知正四棱锥及其上缺口的 V 投影，求 H 和 W 投影(图 7-7a)。

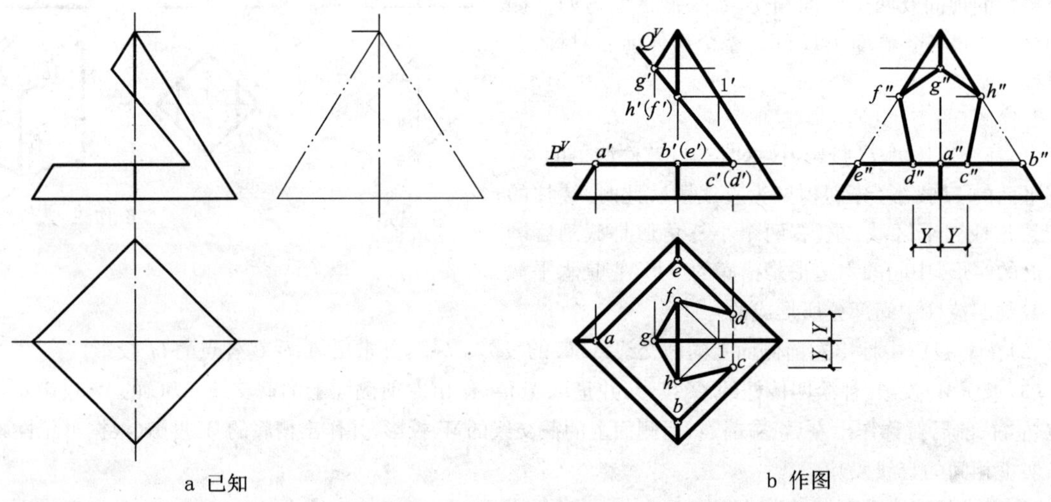

图 7-7 四棱锥的缺口

［解］ 从给出的 V 投影可知，四棱锥的缺口是由正垂面 Q 和水平面 P 截割四棱锥而形成的。作图时先求出 P 面与四棱锥的截交线 $ABCDEA$，再求得 Q 面与四棱锥的截交线 $CDFGHC$，其中 CD 即为 P、Q 两平面的交线。所得投影图如图 7-7(b)所示。

图 7-8 表示了四棱台用两种不同的开槽方式所形成的截交线和带槽口四棱台的画法。

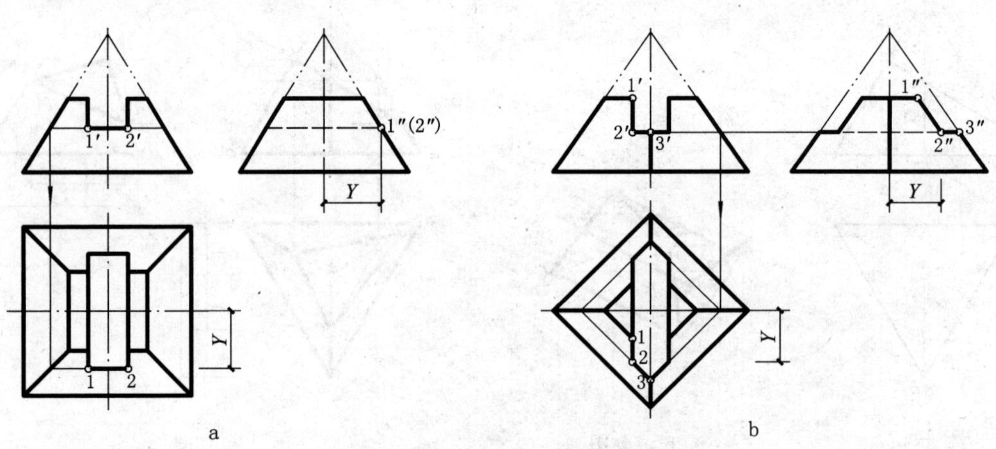

图 7-8 四棱台的截交线

图 7-8a 所示四棱台的顶、底面$//H$面，左、右侧面$\perp V$面，前、后侧面$\perp W$面，各截平面与前、后侧面和顶面相交。作图的关键是确定槽底与前侧面的交线ⅠⅡ的H投影。有W投影时，可用分规量取Y值来确定 12；若无W投影，可在V投影上延长$1'2'$至与斜棱相交，并平行于底边作出此辅助线的H投影来确定 12，如图中的作图线（细线）所示。这个带槽口的四棱台前后、左右对称。

图 7-8b 所示的四棱台的V投影投射方向不同于图 7-8a，四个侧面均为一般位置平面但左右棱线$//V$面，前后棱线$//W$面。作图的关键是确定左前侧面的缺口轮廓线ⅠⅡⅢ的H、W投影，作出了ⅠⅡⅢ的H、W投影后，即可按对称性作出缺口的其余投影。具体作图如图所示。应注意：因侧平截平面$//$棱锥的前、后棱线，故截交线ⅠⅡ$//$前棱，即$1''2''//$前棱的W投影。此时，这个带槽口的四棱台仍前后、左右对称。

7.3 曲面体的截交线

曲面体截交线上每一点，都是截平面与曲面体表面的一个公有点，如图 7-9 所示。求出足够的公有点，然后依次连接起来，即得截交线。求公有点的基本方法有：素线法、纬圆法和辅助平面法。

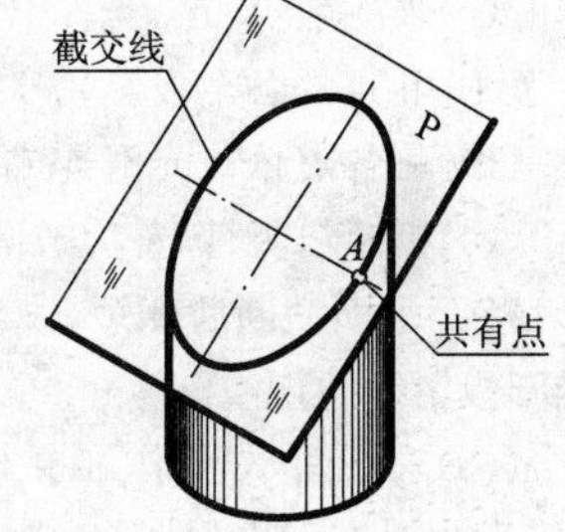

图 7-9 曲面体的截交线

7.3.1 圆柱的截交线

根据截平面与圆柱轴线相对位置的不同，圆柱的截交线有以下三种情况：

(1)当截平面平行于圆柱轴线时，圆柱面上的截交线是平行于圆柱轴线的两条直线，断面是一个矩形(图 7-10a)。

(2)当截平面垂直于圆柱轴线时，圆柱面上的截交线是圆周，断面是一圆(图 7-10b)。

(3)当截平面与圆柱轴线斜交时，圆柱面上的截交线是椭圆，其长轴的长度随截平面与圆柱轴线的夹角α的变化而变化，其短轴等于圆柱的直径。但当$\alpha>45^\circ$时，这条短轴成为空间椭圆的非积聚投影椭圆的长轴(长度仍等于圆柱的直径)。根据截平面与投影面相对位置的不同，截交线椭圆的投影可能是椭圆、圆或直线段(图 7-10c)。

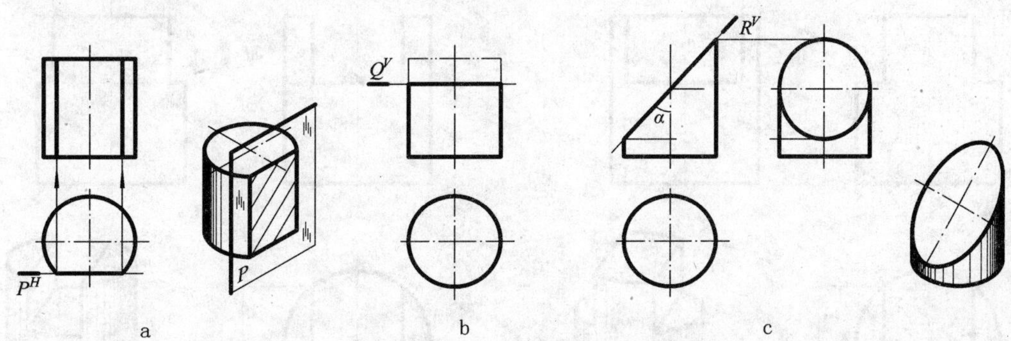

图 7-10 圆柱的三种截交线

[例 7-5] 已知带斜截面的圆柱的V、H投影(图 7-11a)，求圆柱的截交线和截断后的圆柱的W投影，并求断面的实形。

[解] 1. 分析：如图 7-11a 所示，由于截平面$P\perp V$面，P与圆柱轴线斜交，截交线为椭圆。截交线椭圆的V投影是倾斜的直线段(与P^V重合)，又因圆柱的轴线$\perp H$面，整个圆柱面的H投影积聚成圆周，故截交线椭圆

的 H 投影是圆，重合于这个圆周。要求的只是截交线椭圆的 W 投影（一般仍是椭圆）。投影椭圆可通过求长短轴的端点，再求作适量的一般点，并用依次连线的方法作出；也可在作出长短轴端点后，用四心圆弧法近似作出。

2.作图（图 7-11b）：

（1）求特殊点（长短轴端点）：在 V 投影中定出 P^V 与最左、最右轮廓素线交点 A、B 的 V 投影 a'、b'，A、B 即是截交线椭圆上最左（也是最低）、最右（也是最高）点；定出 P^V 与最前、最后素线交点 C、D 的 V 投影 $c'(d')$，C、D 即是截交线椭圆上最前、最后的点。此时 A、B、C、D 分别是截交线椭圆的长短轴的端点。继而作出圆柱的 W 投影及各点的 H、W 投影。

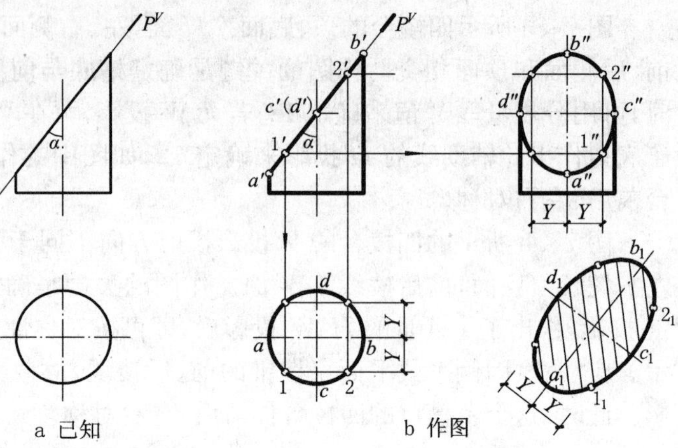

图 7-11 圆柱上截交线椭圆的求法

（2）求一般点：在 P^V 上任取 $1'$，求出 1、$1''$，利用椭圆的对称性可作出与 $1''$ 对称的各点 $2''$、$3''$、$4''$（图中只标注了Ⅰ、Ⅱ点的各个投影）。

（3）将各点依次光滑连成椭圆。

（4）判断可见性，并完成圆柱的 W 投影轮廓线：圆柱的 W 投影轮廓线即圆柱的最前、最后素线的 W 投影，经 P 平面截断后变短，故 W 投影轮廓线从底面画到 c''、d'' 止。可以看出：圆柱的 W 投影轮廓线是截交线椭圆投影线的切线。

（5）求断面实形：作细单点长画线 $/\!/ P^V$（相当于 O_1X_1 轴），作出各点的新投影，依次光滑连成椭圆即可。

应注意：随着 α 角变大（小），截交线椭圆长轴的 W 投影 $a''b''$ 将会变短（长），而短轴的 W 投影 $c''d''$ 长度始终不变。当 $\alpha=45°$ 时，$a''b''$ 与 $c''d''$ 等长，即截交线椭圆的 W 投影是圆（空间椭圆的非积聚投影），此时，求截交线椭圆的投影无须描点，只要找准圆心，用圆规作圆即可。当 $\alpha>45°$ 时，$a''b''<c''d''$，$c''d''$ 成为 W 投影椭圆的长轴，而 $a''b''$ 则变为短轴（$c''d''$＝圆柱的直径）。

图 7-12 表示了常见的两种圆柱槽口的投影求法。因截平面都平行或垂直于柱轴，故截交线是直线和圆弧的组合。

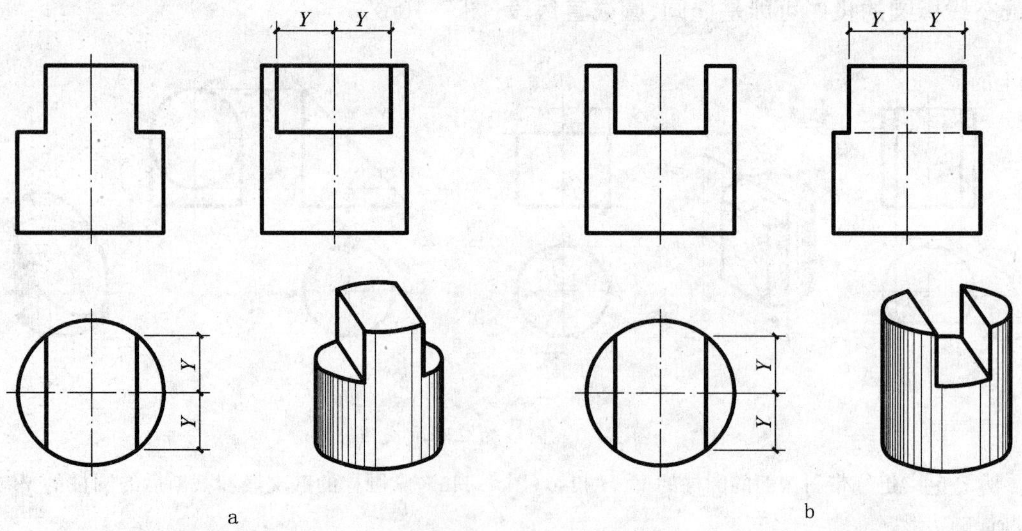

图 7-12 常见的圆柱槽口的投影

7.3.2 圆锥的截交线

根据截平面与圆锥轴线相对位置的不同，圆锥面可产生五种截交线(表 7-1)，其中：当截平面垂直于圆锥轴线或过锥顶时，产生的截交线是圆或直素线，其投影简单易画，而其他三种截交线则必须通过求适量的圆锥面与截平面的共有点，用依次连线的方法求得。圆锥面上取点的方法有素线法和纬圆法两种。详见表 7-1。

表 7-1 圆锥面的截交线

截平面位置	垂直于圆锥轴线	与所有素线都相交 ($\theta<\alpha<90°$)	平行于一条素线 ($\alpha=\theta$)	平行于两条素线 ($0°\leqslant\alpha<\theta$)	通过锥顶
截交线形状	圆	椭圆	抛物线	双曲线	两条素线
立体图	P	P	P	P	P
投影图	P^V	P^V θ α	P^V θ α	P^H (α = 0时)	P^V

[例 7-6] 已知带斜截面的正圆锥的 V 投影和未画全的 H 投影(图 7-13a)，求圆锥的截交线和截断后圆锥的 W 投影。

[解] 1. 分析：如图 7-13a 所示，截平面 $P\perp V$ 面，P 与圆锥轴线斜交，且与所有的素线都相交，故截交线是椭圆，其 V 投影重合在 P^V 上，需要求作椭圆的 H、W 投影。

2. 作图：

(1)求长短轴端点(图 7-13b)：在 V 投影中定出 P^V 与圆锥 V 投影轮廓线的交点 a'、b'，A、B 即为截交线椭圆上的最左(低)、最右(高)点，也是长轴的端点，平分 $a'b'$，定出 $c'(d')$，CD 即是椭圆的短轴。求出各点的 H 投影(c、d 须用纬圆法或素线法求作)，作圆锥的 W 投影，并求 A、B、C、D 各点的 W 投影。

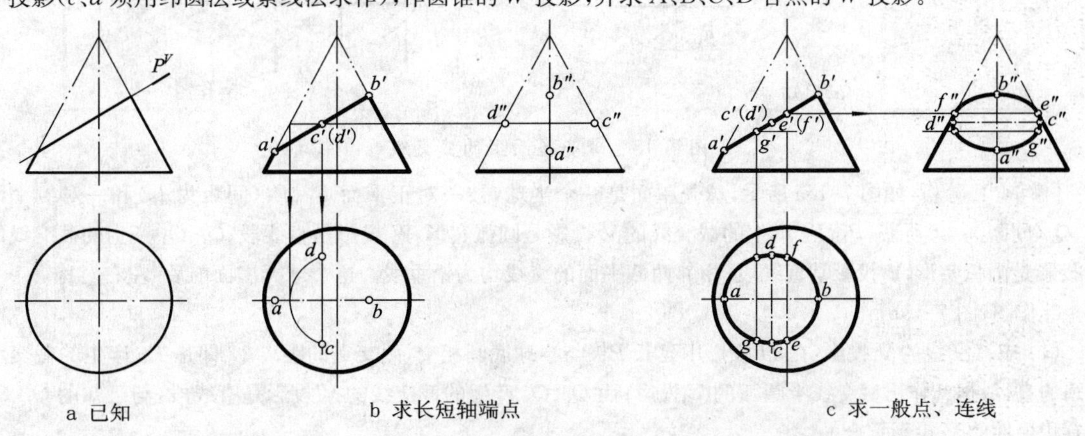

a 已知　　b 求长短轴端点　　c 求一般点、连线

图 7-13 圆锥面上截交线的求法

(2)求圆锥最前、最后素线上的点 E、F(图 7-13c)：在 V 投影中定出 P^V 与圆锥最前、最后素线 V 投影的交点 $e'(f')$，求出 E、F 的其余投影，并利用椭圆的对称性求出 E、F 对称点的各投影，如点 $G(g'、g、g'')$等。

(3)依次光滑连接各点成椭圆的 H、W 投影(图 7-13c)。

(4)判别可见性，完成圆锥 W 投影轮廓线(图 7-13c)：截交线的 H、W 投影都可见，画成粗实线，并完成截断后的圆锥的 W 投影轮廓线。

应注意：求出点 E、F 对于完成圆锥 W 投影非常必要，否则无法确定圆锥的 W 投影轮廓线的确切中断点(也就是圆锥最前、最后素线的 W 投影与截交线椭圆的 W 投影的切点)。

7.3.3 球的截交线

图 7-14 图示了各种投影面平行面截割球体时的截交线的空间形状总是圆，截交线的投影总是直线段或圆，因此，都简单易画。应注意图中确定截交线圆的实形投影圆的半径的方法。

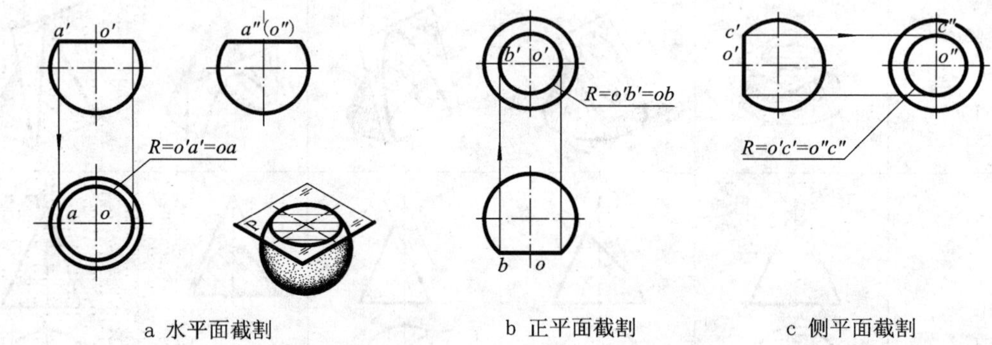

图 7-14 各种投影面平行面截割球

［例 7-7］ 已知球壳屋面的 H 投影和未画全的 V 投影(图 7-15a)，补全屋面的 V 投影，并求其 W 投影。

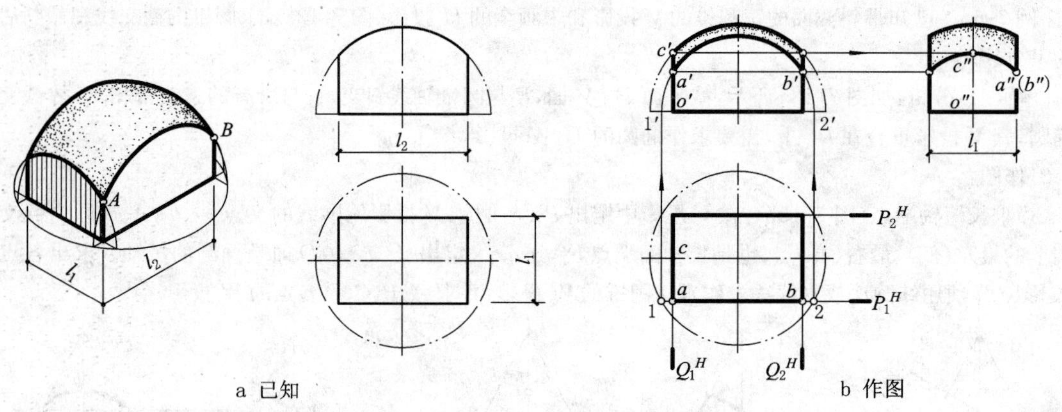

图 7-15 球壳屋面上的截交线

［解］ 1. 分析：如图 7-15a 所示，球壳屋面是一个半球，被一对正平面 P_1、P_2(间距为 l_1)和一对侧平面 Q_1、Q_2(间距为 l_2)所截，P_1、P_2 产生的截交线的 V 投影是圆弧实形，W 投影是直线段；Q_1、Q_2 产生的截交线的 W 投影是圆弧实形，V 投影是直线段；相邻两截平面的交线均为铅垂线。这个球壳屋面前后、左右对称。

2. 作图(图 7-15b)：

(1) 求截交线的 V 投影：在 H 投影中延长 P_1^H 与半球底圆相交，两交点的距离 12 即是 P_1 产生的截交线半圆的直径，据此作出截交线半圆弧的 V 投影；而 Q_1、Q_2 产生的截交线的 V 投影是直线段，与已知的 Q_1、Q_2 的有积聚性的 V 投影重合。

(2) 求球壳屋面的 W 投影：先求截交线的 W 投影，作出 P_1、P_2 的 W 投影，它们是间距为 l_1 的两条铅垂线，由 P_1、P_2 产生的截交线的 W 投影与其重合；以 $o'c'$ 或 $o''c''$ 为半径、o'' 为圆心画圆弧，即截平面 Q_1 产生的截交线圆弧的 W 投影，由 Q_2 产生的截交线圆弧的 W 投影与它相重合。再求 W 投影的轮廓线大圆弧，即以球的半径为半径，o'' 为圆心作半圆取 l_1 宽度范围的圆弧即得。

(3) 描深截交线及截割后的半球轮廓线的投影，完成全图。

综上所述：当截平面平行于某投影面时，球的截交线的各投影是实形圆（弧）或直线段。作图时须注意：**①截交线圆的实形投影与球在该投影面上的投影轮廓大圆同心；②决定截交线圆的直（半）径大小的因素是截平面到球心的距离。**

［例 7-8］ 已知球被一正垂截平面截断后的 V 投影（图 7-16a），求作球被截断后的 H、W 投影。

［解］ 1. 分析：如图 7-16a 所示，截平面 P 是正垂面，截交线圆的 V 投影是直线段，与 P^V 重合，其余两投影均为椭圆。现需求作球被截断后的 H、W 投影的轮廓线和截交线圆的 H、W 投影椭圆。

2. 作图（图 7-16b）：

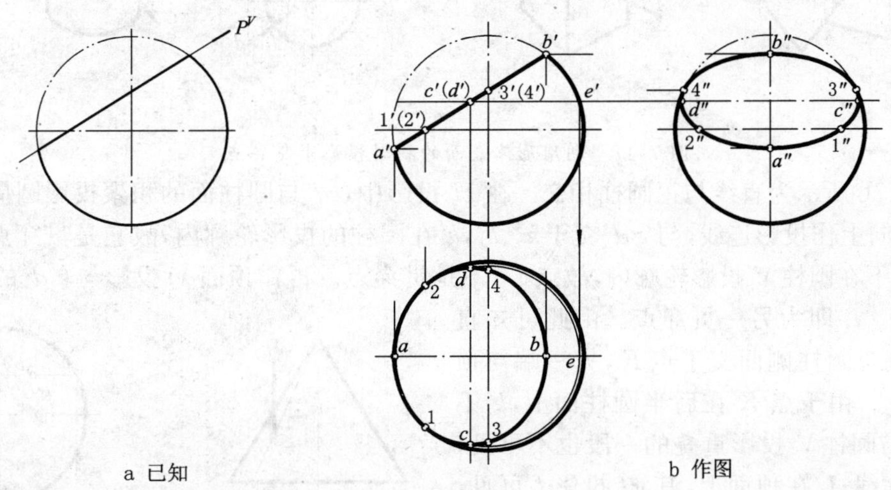

图 7-16 球的斜截面的投影

(1)作出整个球的 H、W 投影，用细双点长画线表示。

(2)作截交线圆的一对垂直直径 AB、CD 的各个投影：令 $AB /\!/ V$ 面，则 a'、b' 在球的 V 投影轮廓线圆上，$CD \perp V$ 面，$c'(d')$ 是 $a'b'$ 的中点。求出各点的其余投影（C、D 需用纬圆法求作其他投影），AB、CD 的 H、W 投影即是各投影椭圆的长短轴。

(3)求其他特殊点：在 V 投影上定出 P^V 与水平中心线的交点 $1'(2')$，Ⅰ、Ⅱ即是截平面与赤道圆的交点，再定出 P^V 与竖直中心线的交点 $3'(4')$，Ⅲ、Ⅳ即是截平面与 W 投影轮廓线大圆的交点。求出各点的 H、W 投影。

(4)依次光滑连接相邻各点，作出各投影椭圆。

(5)判别可见性，完成各投影中球的轮廓线。

注意 W 投影轮廓线大圆（粗实线）画到 $3''$、$4''$ 止，其上一段被截去，图中用细双点长画线表示。H 投影轮廓线大圆（粗实线）画到 1、2 止，其左一段被截去，用细双点长画线表示（图中与粗实线很接近，基本上已重叠）。

7.4 直线与建筑形体表面相交

直线与形体表面的交点称为贯穿点。如图 7-17 中立体图所示，贯穿点一般成对出现，一个穿入，一个穿出。

7.4.1 利用积聚性求贯穿点

若直线或形体表面的某投影有积聚性，可利用积聚投影直接求出贯穿点。

如图 7-17a 所示为直线与正三棱柱相交。从 H 投影可看出，AB 与三棱柱的两个左、右侧面相交，利用棱柱侧面 H 投影的积聚性可求得交点 K、L 的 H 投影 k、l，利用贯穿点的共有性及直线上点的投影特性由 k、l 求出 k'、l'。因点 K、L 所在侧面的 V 投影都可见，故 k'、l' 都可见，$a'k'$、$l'b'$ 与三棱柱 V 投影的重合部分也都可见（因为实际上点 K 与 L 之间的直线段不存在，所以在投影图中不应画出）。

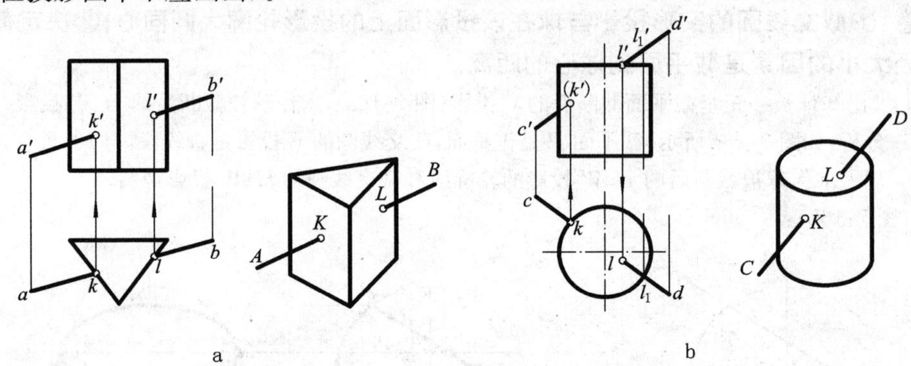

图 7-17　利用形体表面的积聚投影求贯穿点

图 7-17b 所示为直线与正圆柱相交。在 H 投影中，cd 与圆柱面的积聚投影圆周交于 k、l_1，过 k、l_1 向上作投影连线，与 $c'd'$ 交于 k'、l_1'，k' 在圆柱的投影轮廓内，故它是贯穿点 K 的 V 投影，而 l_1' 不在圆柱 V 投影轮廓内，故点 L_1 不是贯穿点。再作顶面 V 投影与 $c'd'$ 的交点 l'，由 l' 求得 l。L 即为另一贯穿点。由此可知直线 CD 一端与圆柱侧面交于点 K，另一端与顶面交于点 L。由于点 K 在后半圆柱面上，k' 不可见，$c'k'$ 与圆柱 V 投影重叠的一段也不可见，因而画成虚线；L 在顶面上，其 H 投影 l 可见，所以 ld 段及圆可见，应画成粗实线。

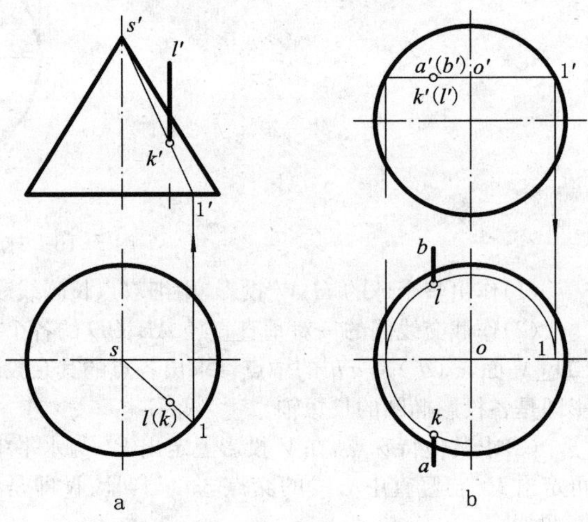

图 7-18　利用直线投影的积聚性求贯穿点

图 7-18a 所示为铅垂线 L 与圆锥表面相交。直线 L 的 H 投影积聚成一点，故贯穿点 K 的 H 投影必在此点上。确定 k 后，可过点 K 在锥面上作辅助素线 SⅠ（或纬圆）求得 k'。因点 K 在前半圆锥面上，故点 K 以上直线段的 V 投影都可见。因直线 L 未穿出圆锥故只有一个贯穿点。

图 7-18b 所示为正垂线 AB 与半球表面相交。直线的 V 投影积聚成一点，则可确定贯穿点 K、L 的 V 投影 $k'(l')$ 必在此点上。确定了 $k'(l')$ 后，可在球面上作辅助纬圆 O Ⅰ（$o'1'$、$o1$）求得 k、l，并判断和表示出可见性。

7.4.2　用辅助平面法求贯穿点

用辅助平面法求贯穿点的一般步骤如下（图 7-19）：

（1）包含直线作辅助平面。

（2）求辅助平面与形体的截交线。

（3）求已知直线与截交线的交点，即为贯穿点。

（4）判断可见性。

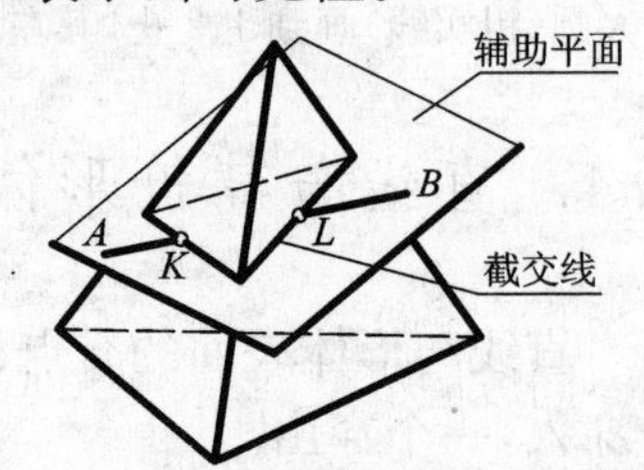

图 7-19　辅助平面法求贯穿点

辅助平面的选择原则：应使辅助平面与形体的**截交线的**

投影简单易画如**直线或圆。**

图 7-20 所示为用辅助平面法求直线与三棱锥的贯穿点的作图方法。由图可知:三棱锥各侧面及棱线的诸投影都无积聚性。作图时可先包含 AB 作辅助平面 P,$P\perp V$ 面,$a'b'$ 即 P^V;再求 P 与三棱锥的截交线的 H 投影△123,△123 与 ab 的交点即为贯穿点 K、L 的 H 投影 k、l,按“长对正”由 k、l,作出 k'、l';最后,判别并表明可见性(两投影上都要判断和表明)。

图 7-21 所示为用辅助平面法求直线 AB 与半球的贯穿点 K、L 的作图方法。由图可知:直线 $AB/\!/H$ 面。包含 AB 作水平辅助面 Q($a'b'$ 即为 Q^V),Q 与球的截交线圆的 H 投影是实形圆。求出 ab 与截交线圆的 H 投影的交点 k、l,由 k、l 作出 k'、l',判断并表明两面投影中的可见性。

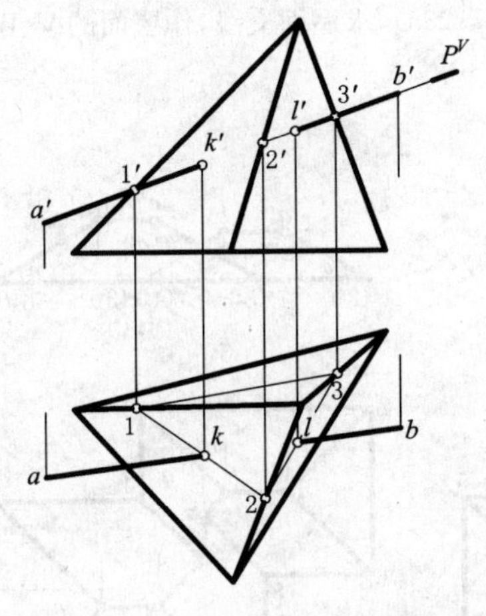

图 7-20　求直线与三棱锥的贯穿点

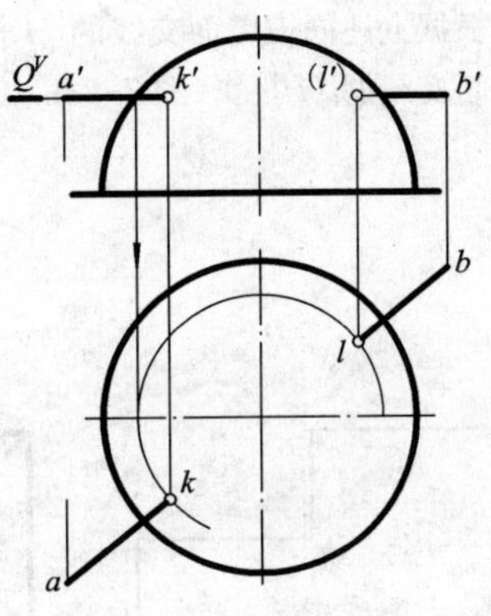

图 7-21　求直线与半球的贯穿点

7.5　同坡屋面的交线

坡屋面指坡度>10%的屋面。若同一屋面上各坡面与水平面的倾角 α 相等,则称为同坡屋面。同坡屋面各部分名称如图 7-22a 所示。

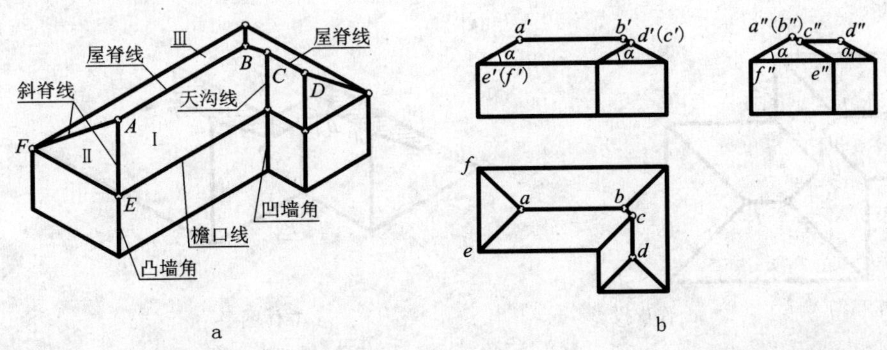

图 7-22　同坡屋面

同坡屋面交线是两平面体相贯的工程实例,作图方法有自身的特点,因此,单独作为一节介绍。

檐口线等高的同坡屋面交线的特性如下:

(1)檐口线平行且等高的相邻两坡面，必交于一条水平屋脊线，屋脊线的 H 投影平行于两檐口线的 H 投影且与其等距。

(2)檐口线相交的相邻两坡面，必交于斜脊(凸墙角上)或天沟(凹墙角上)。斜脊或天沟的 H 投影平分檐口线的夹角。若墙角均为直角，则斜脊或天沟的 H 投影与檐口线的 H 投影成45°角。

(3)相邻三个坡屋面必有一共有点，即一水平屋脊与两斜脊或两天沟、一斜脊一天沟的交点(简述为两斜一直交于一点)，如图 7-22a 中的 A、B、C、D 各点。例如坡面Ⅰ和坡面Ⅱ相交于 AE，坡面Ⅱ和Ⅲ相交于 AF，AE 和 AF 又相交于点 A，则点 A 为三个坡面Ⅰ、Ⅱ、Ⅲ所共有，点 A 必在坡面Ⅰ、Ⅲ的交线——屋脊线 AB 上。投影图中的作法如图 7-22b 所示。

[例 7-9] 已知同坡屋面倾角 $\alpha=30°$ 及檐口线的 H 投影(图 7-23a)，求屋面交线，作屋面的 V、W 投影。

[解] 根据上述同坡屋面交线的 H 投影的特点，作图步骤如下：

1. 作屋面交线的 H 投影(图 7-23b)。

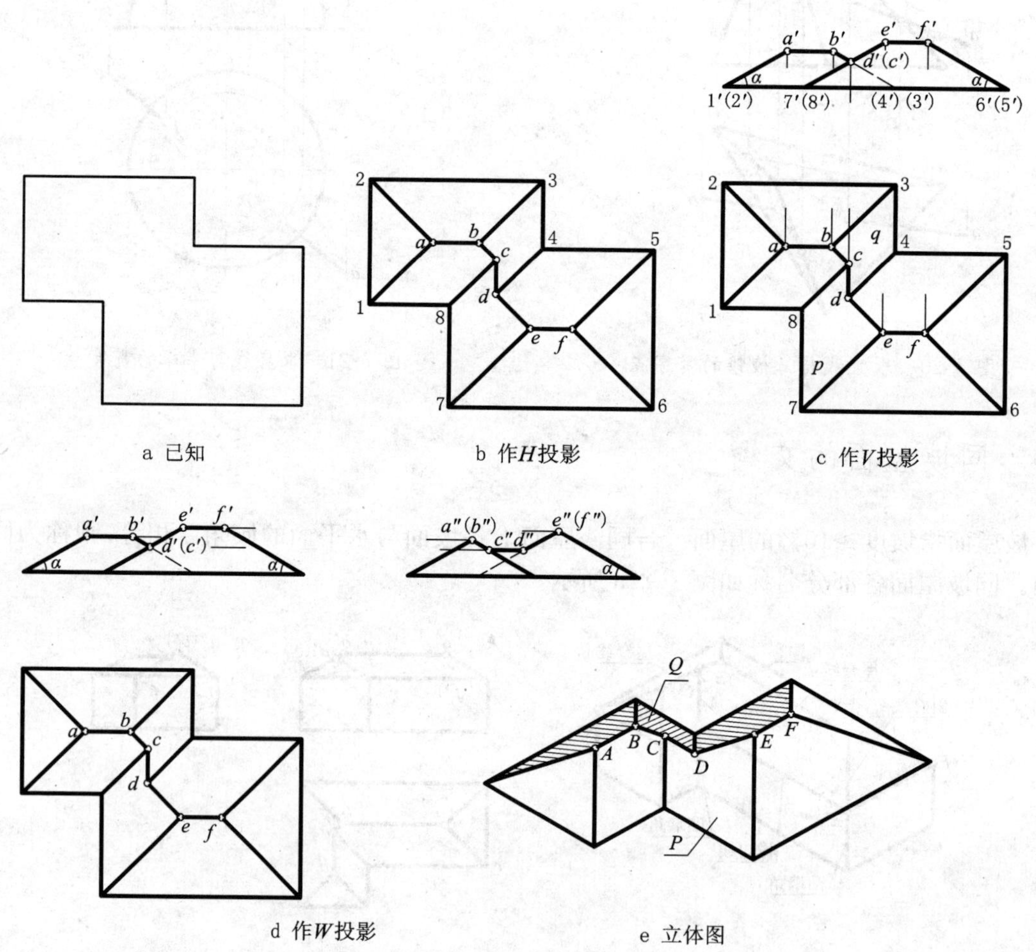

图 7-23 同坡屋面交线

(1)作各墙角的 45°分角线，凸角上的为斜脊线投影，凹角上的为天沟线投影。

(2)过 1、2 角的 45°线交于点 a，过 5、6 角的 45°线交于点 f。遵照"两斜一直交于一点"的特性，过点 a 作水平线与过点 3 的 45°线交于点 b(此水平线先与过点 3 的 45°线相交，后与过点 8 的 45°线相交，应取先相交的那个点)。在点 b 有一水平直线和一斜线相交，第三条线必为斜线，故过点 b 作 45°线⊥$b3$，与过点 8 的 45°

线交于点 c。在点 c 有两条斜线相交，第三条线必为屋脊线，故过 c 作 $cd /\!/ 34$、78 两线，且居中，cd 与过点 4 的 45°线交于点 d。同理，过点 d 作 45°斜线，与过 7 的 45°线交于点 e，连点 e 与 f，即完成了屋面交线的 H 投影。

2. 作屋面的 V 投影(图 7-23c)：作檐口线，按“长对正”求得 $1'(2')$、$7'(8')$、$(4')(3')$、$6'(5')$点，先作具有积聚性的屋面(即垂直于 V 面)：过这些点作垂直于 V 的坡屋面的投影，即按倾角为 α 作倾斜直线段，又据“长对正”求得点 a'、f'。再画屋脊线的 V 投影 $a'b'$、$e'f'$，非积聚投影的屋面即可作出。CD 的 V 投影聚为一点 $d'(c')$。应注意：CD 是 P、Q 屋面的交线(屋脊线)，其 V 投影 $d'(c')$ 是 P、Q 屋面的有积聚性的 V 投影的交点(参阅图 7-25e)。

3. 作屋面的 W 投影(图 7-25d)：也与 V 投影一样，先作垂直于 W 面的屋面，再作屋脊线的 W 投影。W 投影中同样只有水平线和倾角为 α 的斜线这两种图线。

4. 作屋面的立体图：按正等测的绘图方法画出屋面的正等轴测投影(简称正等测)(图 7-23e)，画法详见第 9 章。

7.6 两平面体的表面交线

两平面体的表面交线是两立体表面的分界线，是两立体共有线，是一系列共有点的集合(相贯线的一般性质)。但由于平面体自身的特征，两平面体的相贯线一般是空间折线。如图 7-24a 所示，烟囱与坡屋面相贯，相贯线是封闭的空间折线 $ABCDEFA$。其中：折线的每一段是分属两立体的两侧面的交线，折线的每个顶点都是一形体上棱线与另一形体侧面的交点(贯穿点)。因此，**求两平面体的相贯线的实质就是求两平面的交线或求直线与平面的交点**。

就两相贯体的相对位置而言，两平面体相贯可分为全贯和互贯两种情形。所谓全贯，**是一形体的所有棱线都与另一形体相交，也就是一形体的一端穿入或完全贯穿另一形体的情形**，如图 7-24a、b 所示，此时，**相贯线是一组(图 7-24a)或两组(图 7-24b)封闭折线。所谓互贯，是两形体各有部分棱线与对方相交，形成互相贯穿的情形**，如图 7-24c 所示，三棱锥 $S\text{-}ABC$ 与三棱柱相贯，棱线 SB 未与棱柱相交，而棱柱的前棱线 MN 则贯穿棱锥的两个侧面 SAB、SBC，即是两相贯体互贯的情形，此时，**相贯线是一组而且只有一组封闭的空间折线**。

求两平面体相贯线的一般步骤：

(1)形体分析：弄清两相贯体的表面性质及相对位置，有哪些棱线参与贯穿，有几个贯穿点，全贯还是互贯，有几组(条)相贯线，大致估计相贯线的形态。

(2)求贯穿点。

(3)连接各贯穿点成封闭折线。

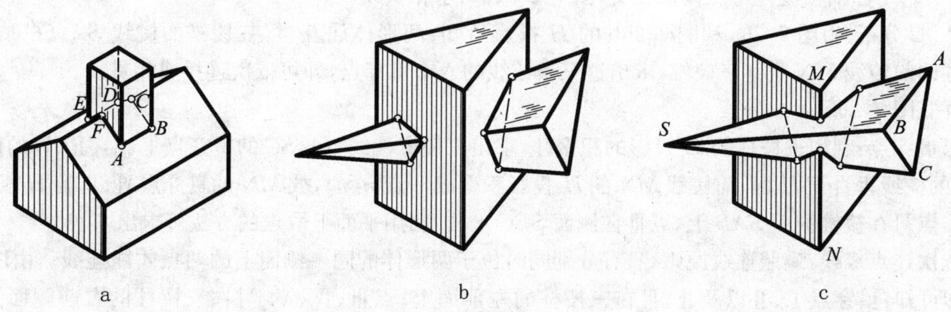

图 7-24 两平面体的相贯线

(4)判别可见性，完成两形体各棱线的投影。

连线的原则是：只有既在一形体同一侧面上又在另一形体同一侧面上的两点才能连成直

线(每段线都是分属两形体的两个侧面的交线)。如图 7-24a 所示,A、B 两点既在烟囱前侧面上,又在房屋前坡面上,故可连线;A、E 两点虽然都在烟囱左侧面上,但不在同一坡屋面上,故不能连线。

判断可见性的原则是:只有同时位于两形体可见表面上的交线,投影才可见。只要一个表面不可见,交线的投影就不可见。

[例 7-10] 已知屋面及屋面上气窗的 V、W 投影(图 7-25a),求气窗与坡屋面的交线以及它们的 H 投影。

[解] 1. 分析:气窗可视为棱线垂直于 V 面的五棱柱,相贯线的 V 投影与气窗的 V 投影(五边形)重合;前屋面是侧垂面,W 投影积聚成斜线,相贯线都在前屋面上,相贯线的 W 投影也在此斜线上,所以只要求作出屋面、气窗以及它们的相贯线的 H 投影。实例如图 7-25b 所示。

2. 作图(图 7-25c):

(1)补绘屋面的 H 投影。

(2)在 V 投影上作相贯线各顶点的标记,并确定其 W 投影。

(3)补绘气窗的 H 投影:遵循投影规律,量取 Y_1、Y_2、Y_3 值,作出 A、B、C、D、E 各点的 H 投影。

(4)依次连接各点的 H 投影成封闭折线。

(5)判别 H 投影可见性,并过 c 作气窗的水平屋脊的 H 投影。

若无 W 投影时,可直接包含 BC(或 CD)在屋面上作辅助线来求 bc,即延长 $b'c'$,分别与檐口线和屋脊线交于 $1'$、$2'$,由 $1'$、$2'$ 求得 12,bc 必在其上,对称作出 cd。求 ae 的作图方法相同(图 7-25c)。

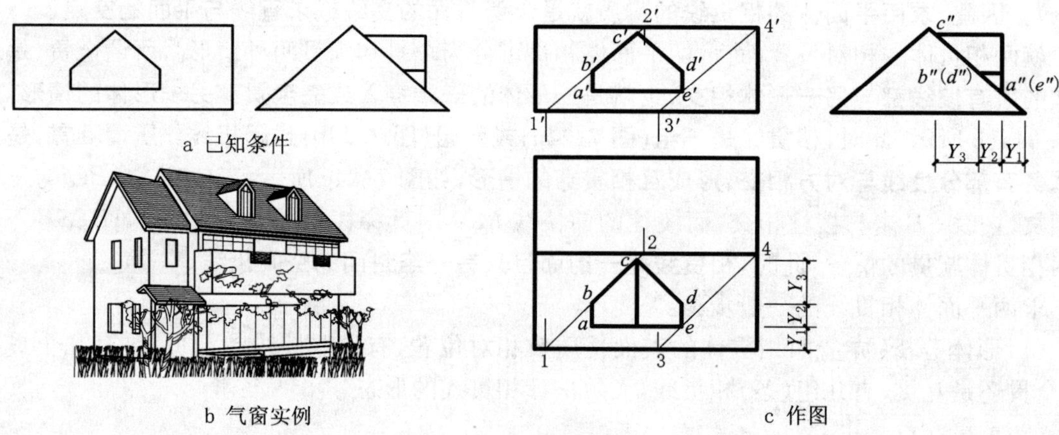

图 7-25 气窗与坡屋面的交线

[例 7-11] 已知三棱柱与三棱锥相交(图 7-26a、b),求相贯线。

[解] 1. 分析:由图 7-26a 和图 7-26b 的 H 投影可知:两形体属互贯,三棱锥的棱线 SA、SC 贯穿三棱柱,三棱柱的前棱线 MN 贯穿三棱锥,求出这三条棱线的六个贯穿点,即可依次连接成相贯线。

2. 作图(图 7-26b):

(1)求贯穿点:利用三棱柱的 H 投影的积聚性,求出三棱锥棱线 SA、SC 的贯穿点Ⅰ、Ⅴ、Ⅱ、Ⅳ的两投影;因三棱柱的棱线垂直于 H 面,前棱线 MN 的 H 投影积聚成一点 $m(n)$,故 MN 的贯穿点Ⅵ、Ⅲ的 H 投影 6(3)与之重合(点Ⅵ在棱锥侧面 SAB 上,点Ⅲ在侧面 SBC 上)。利用平面上取点的方法可求出 $6'$、$3'$。

(2)依次连点成线:遵照连线原则,只有分别同时位于两形体的同一侧面上的两点才能连线。由图 7-26b 中 H 投影可知:贯穿点Ⅰ、Ⅱ以及Ⅱ、Ⅲ在三棱柱的左前面上;点Ⅲ、Ⅳ、Ⅴ、Ⅵ在三棱柱的右前侧面上;而点Ⅰ、Ⅴ、Ⅵ在三棱锥侧面 SAB 上;Ⅰ、Ⅱ、Ⅳ、Ⅴ在侧面 SAC 上;点Ⅱ、Ⅲ、Ⅳ在侧面 SBC 上。故在 V 投影中依 $1'$-$2'$-$3'$-$4'$-$5'$-$6'$-$1'$ 的次序连线。

(3)判别可见性,完成两立体各棱线的投影。在 V 投影中,棱柱的左、右两侧面都可见,棱锥的 SAB、SBC 侧面可见,SAC 侧面不可见,故仅有侧面 SAC 上的交线ⅠⅡ、ⅣⅤ的 V 投影 $1'2'$、$4'5'$ 不可见画成虚线(图 7-

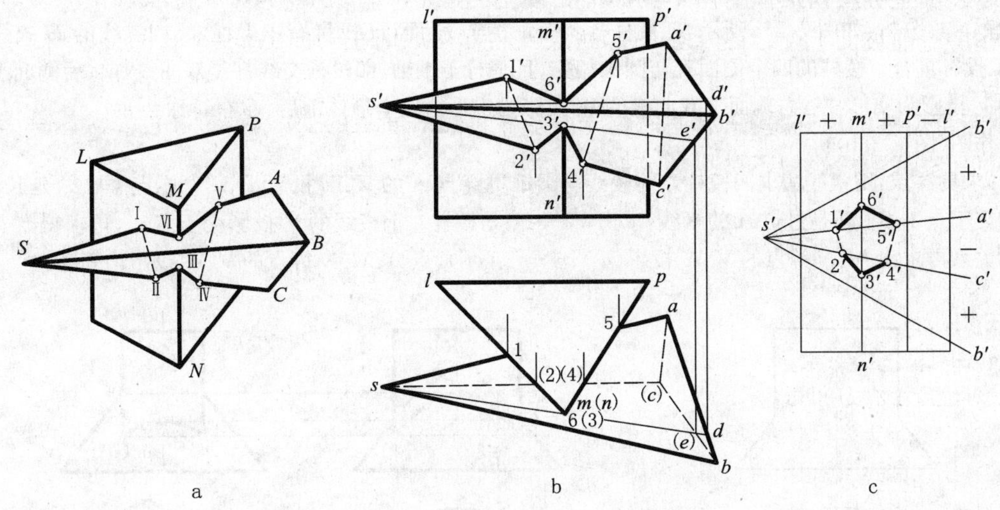

图 7-26　三棱柱与三棱锥互贯

26b),其余都可见。按可见性画出两形体的所有轮廓线。

若按上述方法连线有困难时,可按图 7-26c 所示列表法连线:将 V 投影中的棱柱投影(竖向)和棱锥投影(横向)近似展开,形成网格。展开时将不参与贯穿的棱线位于最外侧。用"+""−"号表示可见与不可见表面。然后将贯穿点的投影标注到相应棱线和侧面的范围内。在同一格子的邻边上两点可以连线,竖、横格子上均为"+"号的两点连成实线,反之,只要有一向为"−"号的格子上的两点相连时则应连成虚线。最后将表格上所有的虚、实线画到相应棱线、棱面的 V 投影上。

7.7　平面体与曲面体的表面交线

平面体与曲面体表面相交所形成的相贯线,实质上是平面体各侧面与曲面体的截交线的组合。图 7-27a 所示为梁柱节点的立体图,在梁与圆柱表面分界处的相贯线,是由梁的各侧面与圆柱的截交线组成的,每段截交线都是平面曲线(或直线),相邻两段截交线的交点是梁的一条棱线与圆柱体表面的贯穿点。图 7-27b 为该梁柱节点的投影图。

由上分析:**求平面体与曲面体的相贯线,实质上是求曲面体的截交线和贯穿点的问题**。

求平面体与曲面体相贯线的一般步骤:

(1)形体分析。

(2)求相贯线上转折点和每段截交线上特殊点。

(3)求适量一般点,并连线。

(4)判别可见性,完成两形体棱线或轮廓线的投影。

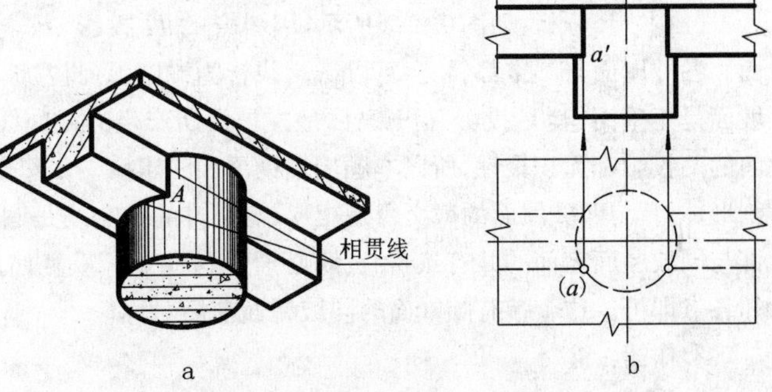

图 7-27　平面体与曲面体相贯

当参与相贯的两形体之一的投影有积聚性时,相贯线的投影与该形体有积聚性的同名投影相重合,只要求作相贯线的其余投影;当两形体的投影都无积聚性时,须用辅助平面法求相贯线。

［例 7-12］ 已知四棱柱和圆锥的投影（图 7-28a），求相贯线。

［解］ 1. 分析：如图 7-28a 所示，四棱柱各侧面垂直于 H 面，H 投影有积聚性，故相贯线的 H 投影与棱柱的 H 投影重合。棱柱的四个侧面都与圆锥相交，且平行于锥轴，四段截交线都是双曲线，前、后侧面上的双曲线的 V 投影为实形，左、右侧面上双曲线的 W 投影为实形。这个形体前后、左右对称。

2. 作图（图 7-28b）：

（1）求贯穿点：用素线法求四棱柱左前棱线与圆锥贯穿点 A 的 V、W 投影 a'、a''。连点 s 与 a，延长 sa，与锥底圆交于点 1，SⅠ即是过点 A 的素线，求出 $s'1'$，$s'1'$ 与棱柱左前棱线的 V 投影交于点 a'，再求得点 a''。利用对称关系再求出 M、N 等点的 V、W 投影 (n')、m'、n''、(m'')，点 A、M、N 等点的 V、W 投影均等高。

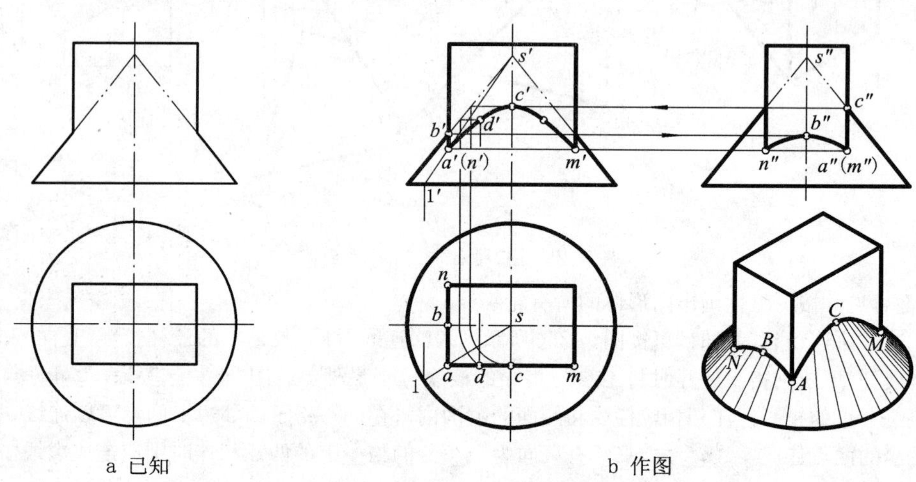

图 7-28 直四棱柱与圆锥相贯

（2）求截交线上特殊点：双曲线上最低点，即各棱线与圆锥贯穿点 A、M、N 等点，它们的投影已求出。再用纬圆法求圆锥最左、最前素线与棱柱的贯穿点 B、C 的诸投影，B、C 也是左、前双曲线的最高点（也可按“高平齐”由点 c'' 求得点 c'，由点 b' 求得点 b''）。

（3）求一般点：作双曲线 ACM 上的一般点 D，在 AC 的 H 投影 ac 间任取 d，用纬圆法求得 d'。作出点 D 的对称点，同理，也可作出双曲线 ABN 上的一般点（图中略）。

（4）连线：分别在 V、W 投影中，将求得的点依次连接成 $a'd'c'$、$a''b''$ 及其对称曲线。

（5）判别可见性，并完成圆锥的各个投影轮廓线及棱柱各侧面的投影。

［例 7-13］ 已知圆锥与四坡屋面的投影（图 7-29a），求相贯线（四坡屋面右半部分未画出）。

［解］ 1. 分析：如图 7-29a 所示，因斜脊的 H 投影 mn 与檐口线 H 投影成 45°，故知屋面为四坡同坡屋面。各坡屋面与圆锥都斜交，每段截交线皆为椭圆弧（将左坡面与锥轴的夹角 θ 和锥半角比较后可确定）。左坡面是正垂面，其 V 投影有积聚性，故左坡面所产生的截交线椭圆弧的 V 投影与其重合，而其余坡面及圆锥面的两投影都无积聚性，所以本题用辅助平面法求解。如图 7-29b 所示，假想用一水平面 P 作为辅助平面截割形体，P 与四坡屋面的截交线是矩形，与圆锥的截交线是圆周，两截交线的交点Ⅰ、Ⅱ、Ⅲ、Ⅳ、Ⅴ、Ⅵ即为圆锥与同坡屋面表面的共有点，相贯线必通过这些点。重复使用此法，求出适量的共有点后，依次光滑连接相邻各点即可。这个带有圆锥面的同坡屋面前后对称。

2. 作图：

（1）求特殊点（图 7-29c）。作出锥底圆与檐口线的切点 A、B、D 及屋脊与圆锥的贯穿点 C 的诸投影。两斜脊与圆锥的贯穿点也需求出，现以斜脊 NM 的贯穿点 E 为例说明其求法：①过斜脊 MN 作铅垂辅助面 Q，mn 即 Q^H；②求 Q 面与圆锥截交线素线 SF（$s'f'$、sf）；③求 SF 与 MN 的交点 E，$s'f'$ 与 $m'n'$ 交于点 e'，由点 e' 求得点 e。

（2）求一般点（图 7-29c）：在 V 面上适当高度（应在檐口线与屋脊之间）作水平辅助面 P 的积聚投影 P^V，在 H 投影上分别作出 P 与坡屋面的截交线矩形及 P 与圆锥的截交线圆周，得 1、2、3、4、5、6 六个交点，由点 1

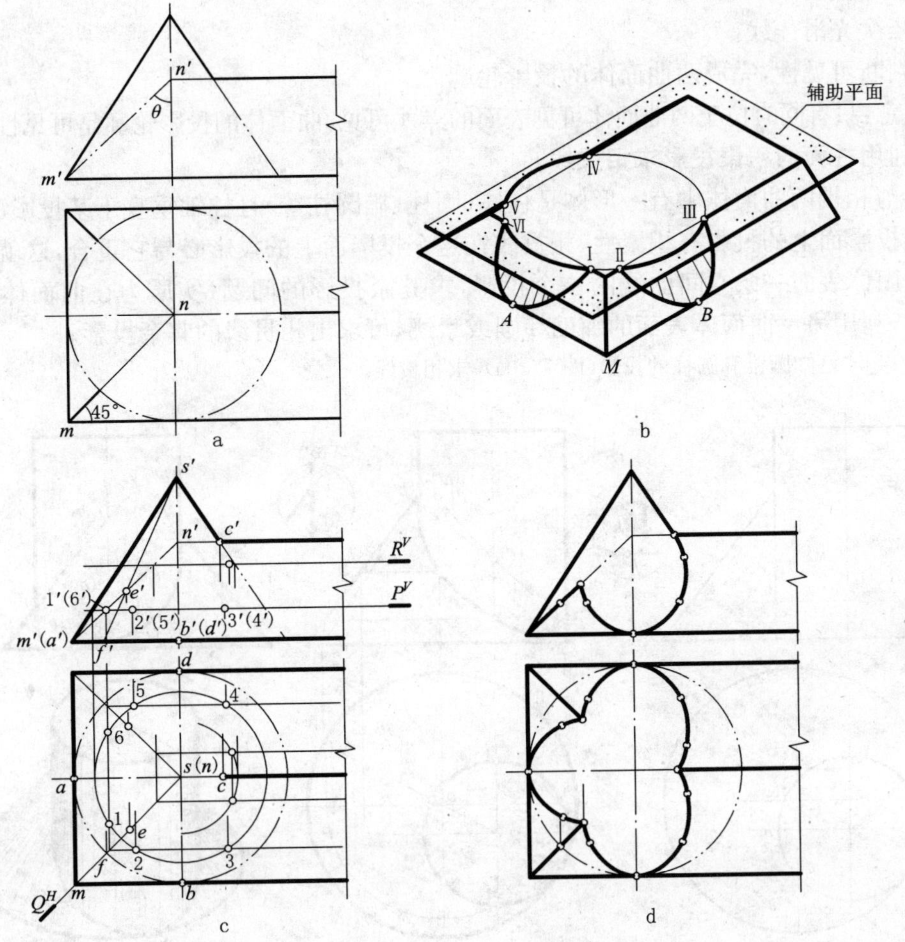

图 7-29　圆锥与同坡屋面相贯

～6 引投影连线，与 P^V 交得点 1′(6′)、2′(5′)、3′(4′)，Ⅰ、Ⅱ、Ⅲ、Ⅳ、Ⅴ、Ⅵ即为相贯线上的点。重复上述步骤，可得圆锥与同坡屋面的一系列的共有点，即为相贯线上的点(如用水平辅助面 R 求得相贯线上两个点)。

(3)连相贯线(图 7-29c、d)：在 H 投影中相贯线各转折点之间，依次连接相邻各点，得三段相交的椭圆弧。在 V 投影中左屋面上相贯线椭圆弧的 V 投影即是 $a'e'$(与屋面的 V 投影重合)，前、后屋面上相贯线椭圆弧前后对称，其 V 投影重合，只要依次连 e'-$2'$-b'-$3'$…c' 即可。连成的相贯线投影如图 7-29d 所示。

(4)判别可见性，完成坡屋面及圆锥的两面投影(图 7-29d)。

7.8　两曲面体的表面交线

两曲面体表面相交所得相贯线，一般是空间曲线(特殊情况下可能是平面曲线或直线)，相贯线上的每个点都是两形体表面的共有点，因此，求相贯线时，通常要先求出一系列共有点，然后依次光滑连接相邻各点，即得两曲面体的相贯线。

求两曲面体的相贯线的一般步骤：

(1)形体分析。

(2)求特殊点：包括相贯线最高、最低、最左、最右、最前、最后点，各曲面体投影轮廓线上的点，可见性分界点等。

(3)求适量的一般点。

(4)依次光滑连线。

(5)判断可见性,完成两曲面体的投影轮廓。

应注意:只有同时位于两曲面体可见表面的点才可见,曲面体的投影轮廓是可见性的分界。

7.8.1 利用柱面的积聚投影求相贯线

当参与相贯两曲面体中有一形体是柱体(圆柱、椭圆柱等)且柱轴垂直于某投影面时,则柱面在这个投影面上的投影有积聚性,相贯线在这个投影面上的投影必与它重合,这就相当于已知另一曲面体表面一条空间曲线的一个投影,求其余投影的问题(实质为在曲面体表面上取点),因此,利用另一曲面体表面的辅助纬圆或素线,可求出相贯线的其余投影。

[例 7-14] 已知圆锥和圆柱的投影(图 7-30a),求相贯线。

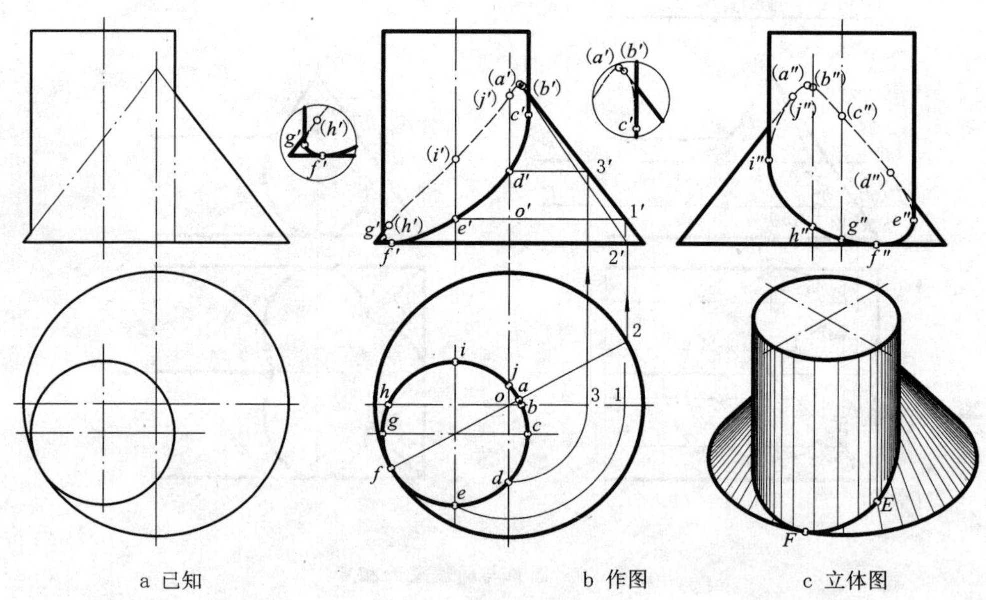

a 已知　　b 作图　　c 立体图

图 7-30 圆柱与圆锥的相贯线

[解] 1.分析:如图 7-30a 所示,圆柱轴线垂直于 H 面,且所有素线均与圆锥面相交,相贯线绕圆柱整周,其 H 投影重合在圆柱的圆投影上,要求的只是相贯线的 V、W 投影。在相贯线的 H 投影上任取一点如 e,根据相贯线的共有性,点 E 必在圆锥面上,过点 E 作锥面上的纬圆或素线,即可求出点 E 的其余投影。

这个相贯体的对称面不平行于任何投影面,相贯线的 V、W 投影将是有实有虚的封闭曲线。

2.作图(图 7-30b):

(1)求特殊点:①求最左(右)、最前(后)点:在相贯线的 H 投影(即圆柱的圆投影)上定出点 c、g、e、i,点 C、G、E、I 即圆柱各极限位置(最右、最左、最前、最后)素线与圆锥的交点。用纬圆法求出各点的其余投影。例如过点 e 作纬圆 O Ⅰ的 H 投影 $o1$,求出 $o'1'$,水平线 $o'1'$ 与圆柱最前素线 V 投影交于点 e',据点 e、e' 求得点 e''。②求圆锥各极限位置(最左、最右、最前、最后)素线与圆柱面的交点:在 H 投影上定出小圆周与大圆周中心线的交点 h、b、d、j,H、B、D、J 即是圆锥各极限位置素线与圆柱的贯穿点。由点 h、b 可直接在圆锥的左右素线的投影上求出 H、B 点的其余投影,点 D、J 的各投影可用纬圆法求出。③求最高、最低点:锥面上距锥顶越近的点越高,反之越低。在 H 投影中作两圆心的连线,并延长与小圆周交于点 a、f,点 A、F 分别是相贯线上最高、最低点。用素线法求出这两点的 V、W 投影(即过点 A 作素线 S Ⅱ)。

(2)求一般点:视具体情况可找适量一般点。本例因特殊点较多,图形较小,故省略未找一般点。

(3)依次连线,并判断可见性:依照 H 投影中各点的次序 A-B-C-D-E-F-G-H-I-J-A 光滑连成相贯线的 V、

W 投影。应注意:因圆柱位于圆锥的左、前方,故圆柱的 V、W 投影轮廓线上的点为相贯线的同名投影可见性的分界点。点 c'、g' 是相贯线 V 投影的可见性分界点,在点 c'、g' 之前可见,连成实线,在点 c'、g' 之后不可见,连成虚线。点 e''、i'' 是相贯线 W 投影的可见性分界点,在它们之左可见,之右不可见,用实、虚线区分。

(4)完成两曲面体的投影轮廓线:由于圆柱偏于左前方,故圆柱的各投影轮廓均可见,V 投影轮廓画至点 c'、g',W 投影轮廓画到 e''、i'';圆锥的各投影轮廓在圆柱的同名投影范围内的投影重叠部分都不可见,V 投影轮廓画至点 h'、b',W 投影轮廓画至点 d''、j''(圆锥轮廓线在其贯穿点之外被圆柱遮挡部分应绘成虚线)。点 H、B、D、J 以上的圆锥轮廓不存在,应不画(图 7-30c)。

读者可自行讨论:圆柱偏心的角度、距离或圆柱的尺寸有所变化时,相贯线有怎样的变化趋势?

图 7-31 所示为两圆柱正贯(两柱轴线垂直相交)时相贯线的作法。如图 7-31a 所示,两圆柱正贯,直立小圆柱的 H 投影积聚为圆,水平大圆柱的 W 投影积聚为圆,故相贯线的 H 投影与小圆周重合,W 投影与大圆周(部分)重合,要求的只是相贯线的 V 投影。作图方法如图 7-31a所示。

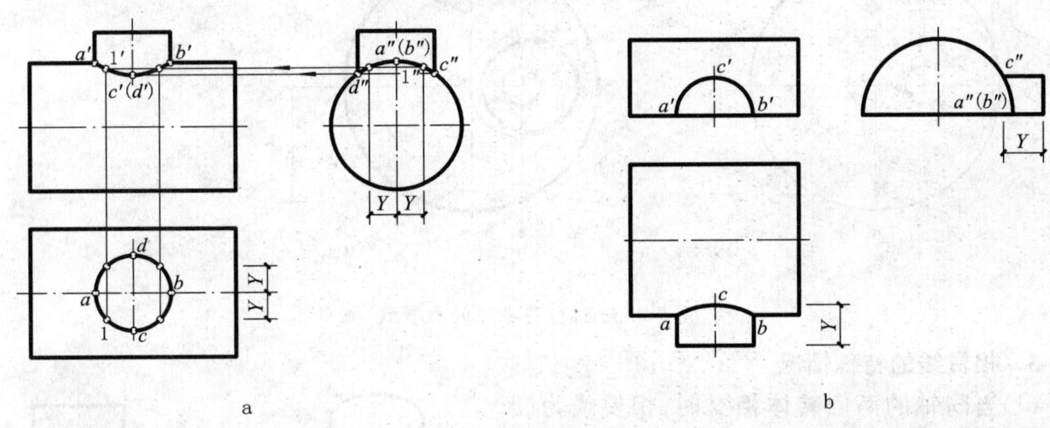

图 7-31　两正贯圆柱的相贯线

正贯两圆柱的直径相差较大时,相贯线的投影只须求出三个特殊点,近似连成圆弧即可,圆弧的半径等于大圆柱的半径(图 7-31b)。

7.8.2　辅助平面法求相贯线

辅助平面法是求两形体相贯线的基本方法,原理如图 7-29b 所示。根据三面共点的原理,作适当的辅助平面与两形体相交,分别得两条截交线,截交线的交点是两立体表面与辅助平面的三面共有点,当然是两形体相贯线上的点。重复以上步骤可求一系列共有点,依次连线,即得相贯线。

辅助平面的选用原则是:应使辅助平面与两形体的截交线的投影都属简单易画的图线,即直线或圆。

图 7-32 表示了用辅助平面法求圆台与半球相贯线的作图方法。由图 7-32 可知,圆台轴线垂直于 H 面,故可选水平面作为辅助平面,如 P,P 与圆台、球的截交线圆的 H 投影都是圆周,两截交线圆周的交点即是共有点的 H 投影,利用投影规律可求出共有点的其他投影。选不同高度的水平辅助平面,求出一系列共有点后,依次连线即可。

应注意特殊点的求法。这个相贯体具有前后对称面,圆台最左、最右素线与球面的交点 A、B 在此对称面上,a'、b' 即是锥、球 V 面轮廓的交点,不难作出 A、B 的其余投影。圆台的最前、最后素线与球面的交点 C、D 需利用辅助平面 Q 求出。过圆台的轴线作侧平面 Q,Q 与圆台的截交线就是圆台的最前、最后素线（W 投影是圆台轮廓线），Q 与半球的截交线是平行于 W 面的半圆，以 o_1'' 为圆心，半径 $R=Y$ 作出截交线半圆的 W 投影，与圆台的 W 投影轮廓线的交点 C、D 的 W 投影 c''、d''，利用投影规律可求出点 C、D 的 V、H 投影 $c'(d')$ 及 c、d（图 7-32b）。

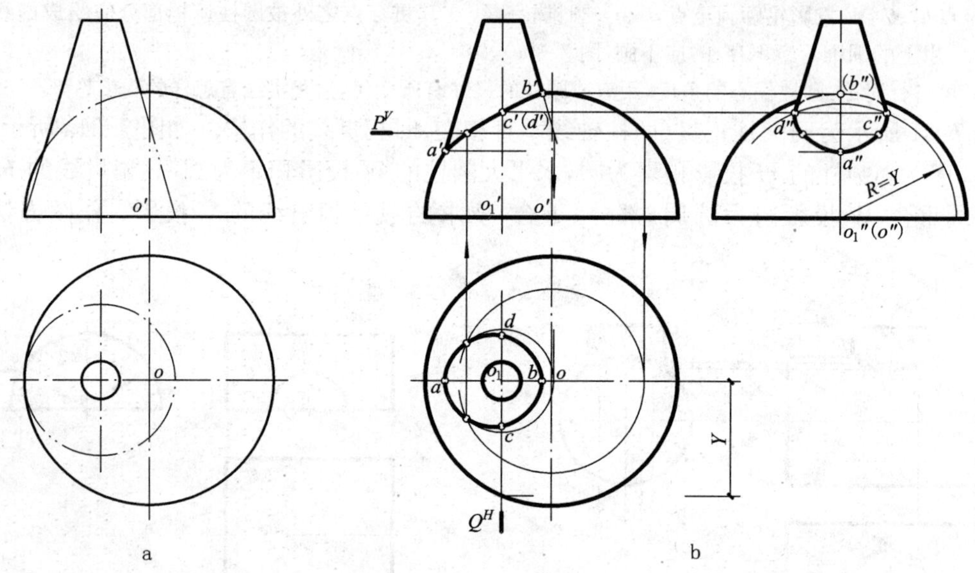

图 7-32　圆台与半球的相贯线

7.8.3　相贯线的特殊情况

(1)当同轴的两回转体相交时，相贯线为圆，如图 7-33 所示。

(2)当两柱面的轴线平行或两锥面共锥顶时，相贯线为直线(即素线)。

(3)当两个轴线相交的二次曲面相交，且有公共内切球时，其相贯线为平面曲线。如两等径圆柱正贯时，相贯线为一个或两个等大的椭圆(图 7-34a、b、c，实际上图 7-34a、c 中的相贯线为两个等大的半椭圆)。两等径圆柱轴线斜交时，相贯线为两个大小不等的椭圆(图 7-34d)；当圆柱与圆锥轴线正交，且有公共的内切球时，相贯线也是一对大小相等的椭圆(图 7-34e)。

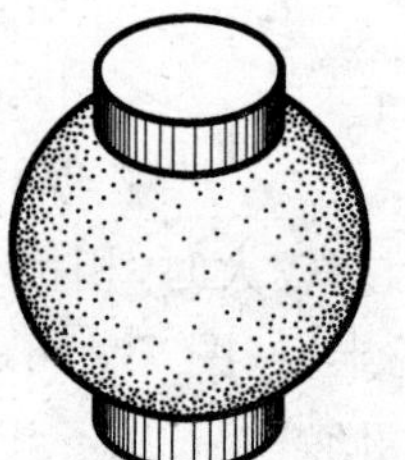
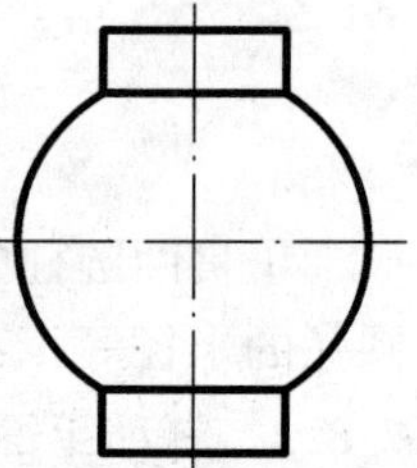

图 7-33　圆柱与球的相贯线

图 7-34 所示轴线相交的两个具有公共内切球的二次曲面的相贯线的空间形状为椭圆，相贯线在轴线平行的投影面上的投影积聚为直线段，此直线段是两曲面在该投影面上投影轮廓线交点的连线，如图 7-34a、b、c 的 H 投影和图 7-34d、e 的 V 投影所示。

以上几种情况，工程上常用于管道的连接，由于图示容易，制作简单，故有广泛的应用。

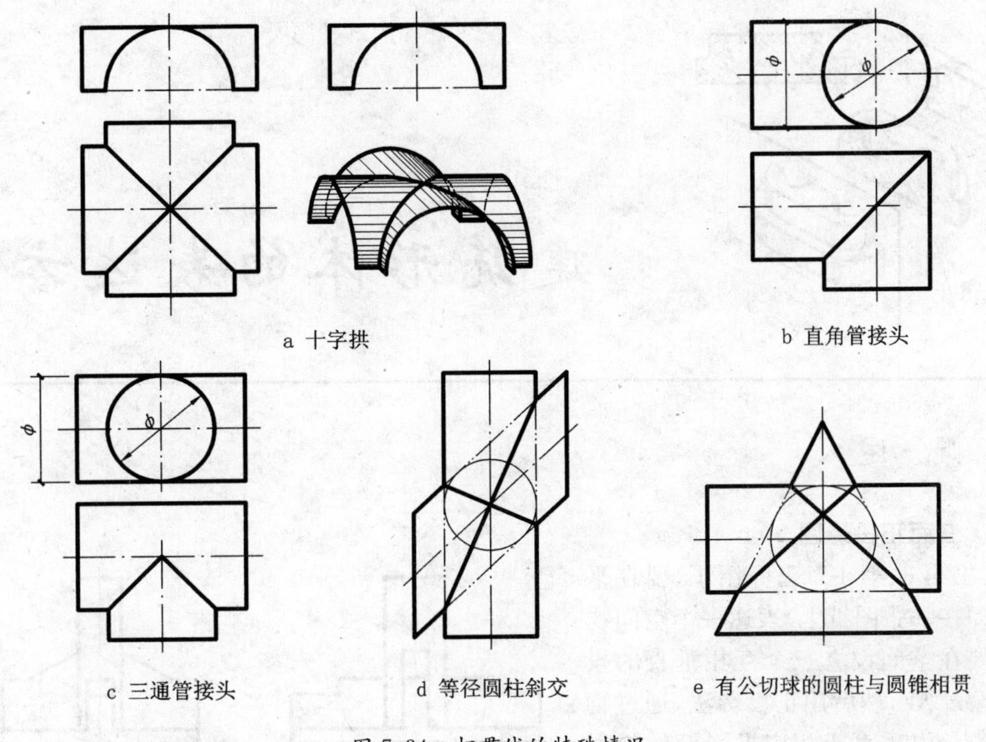

图 7-34 相贯线的特殊情况

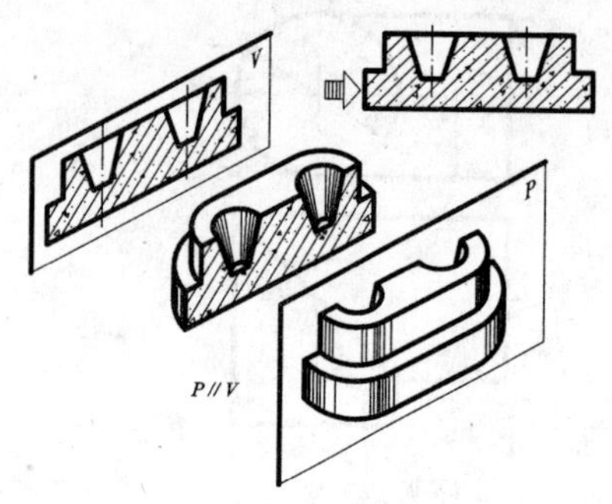

8 建筑形体的表达方法

8.1 概　述

8.1.1 三面正投影图

本书第3、第4章已介绍了，要在平面上（即在一张图纸上）表达一个空间物体，则要在空间设立三个互相垂直的投影面V、H、W，然后用正投影法，通过物体上各点，引垂直于相应投影面的投射线，与该投影面相交，依次连接各交点，得物体在该投影面上的投影。从而获得V、H、W三面投影图。图8-1所示为基础模型的三面投影图。W投影图下方为该模型的正等轴测投影（简称正等测）。**正投影图相当于人位于某投影面无穷远处，正对投影面看物体时，一组通过物体轮廓线上各点的、互相平行且垂直于投影面的视线，与投影面相交连接各交点，即得在该投影面上的投影图。**

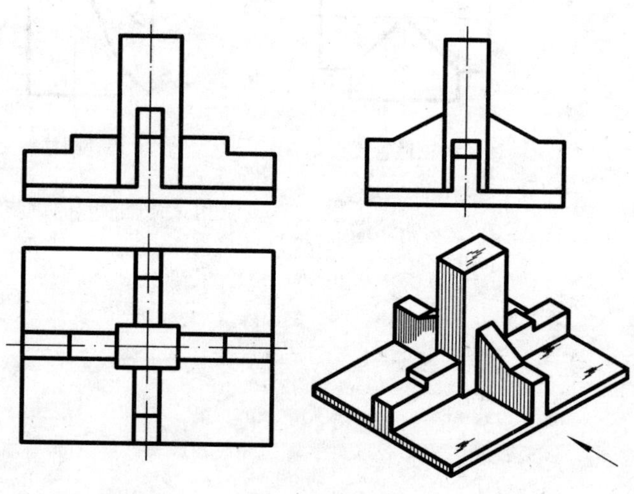

图8-1　基础模型正投影图和立体图

8.1.2 基本投影图

在建筑制图中，把由上向下观看物体时得到的投影图，即H投影，称为平面图；把由前向后观看物体时得到的投影图，即V投影，称为正立面图；把由左向右观看物体时得到的投影图，即W投影，称为左侧立面图。对于复杂的物体，还必须由下向上看，由后向前看，由右向左看，得到对应的投影图。因此，还要增设分别与H、V、W面平行的投影面H_1、V_1、W_1。在H_1面上所得投影图称为底面图，在W_1面上所得投影图称为右侧立面图，在V_1面上的投影图称为背立面图。以上所得的六个投影图，就称为基本投影图，六个投影面就称为基本投影面（图8-2a、b）。正投影法是通过人→物→投影面而进行投影的，在《房屋建筑制图统一标准》中称为第一角画法。建筑图的图样可以按第一角画法绘制，但宜按图8-3的顺序进行配置，并且每个投影图一般均应标注图名（见图2-10）。图名宜标注在投影图的下方或一侧（图8-3）。

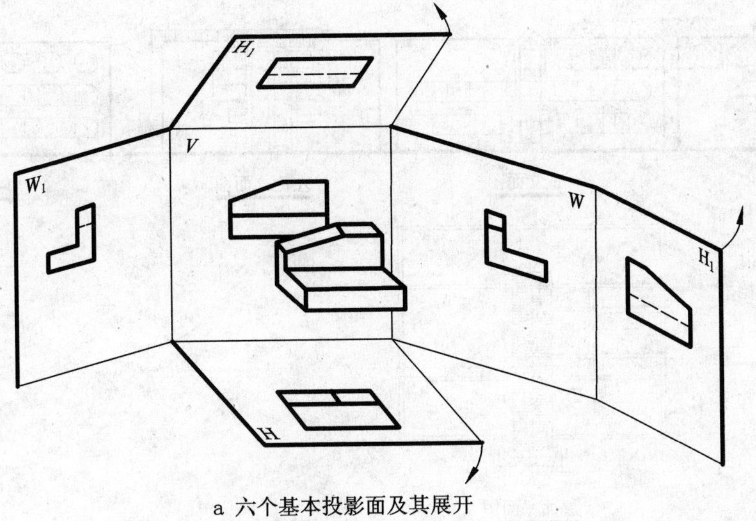

a 六个基本投影面及其展开

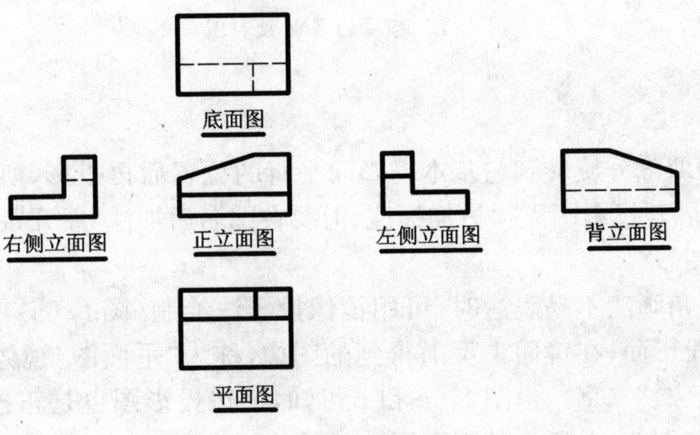

b 投影图的配置

图 8-2　六个基本投影图

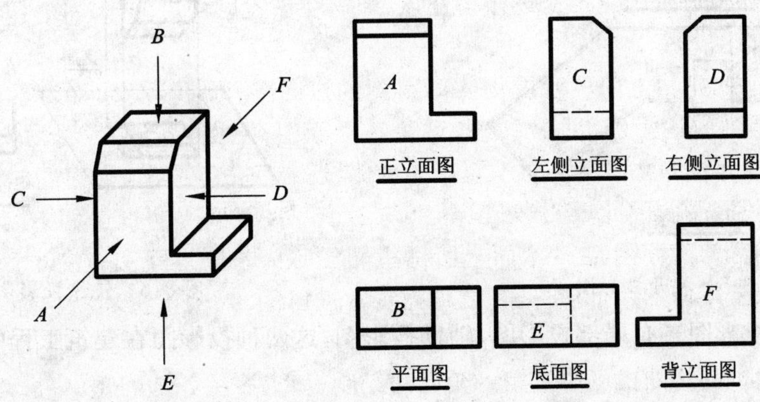

图 8-3　第一角画法

图 8-4 为一幢房屋外形的多面投影图。

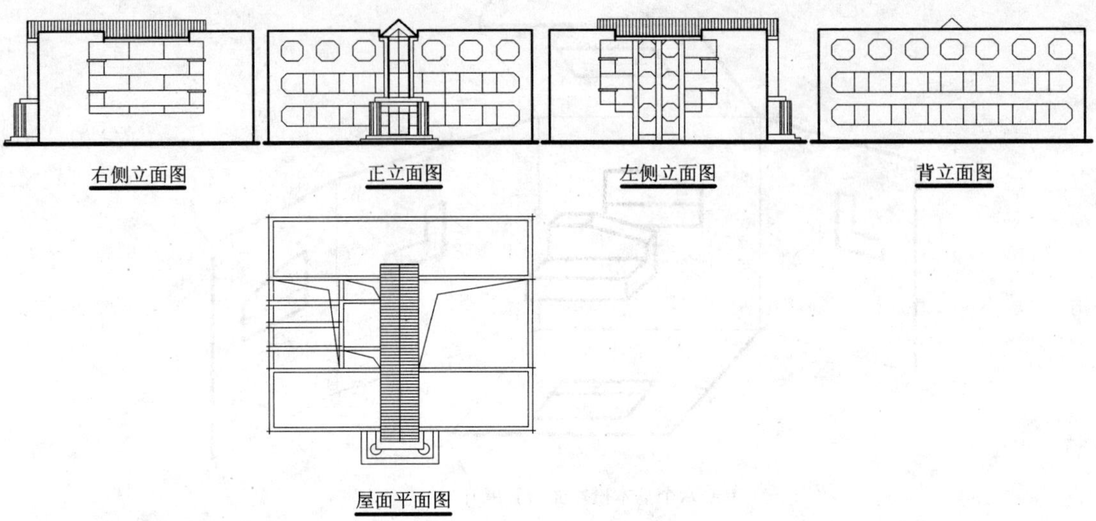

图 8-4　房屋的多面投影图

8.1.3　特殊投影图

8.1.3.1　展开投影图

假想将物体的倾斜部分旋转到与基本投影面平行的位置后再投影，所得到的投影图称展开投影图（图 8-5）。展开投影图无须另加标注，但要在图名后加注“展开”字样。

8.1.3.2　镜像投影图

当投影图用第一角画法不易表达时，可用镜像投影法绘制（图 8-6a），把镜面放在物体的下面，用以代替水平投影面，在镜面中反射得到的图像，称为“平面图（镜像）”（图 8-6c），应注意在图名后要加“（镜像）”二字。由图 8-6a 和 c 可知，镜像投影图也是正投影，但与正常的正投影法绘制的图样（如图 8-6b 所示的平面图）有所不同。

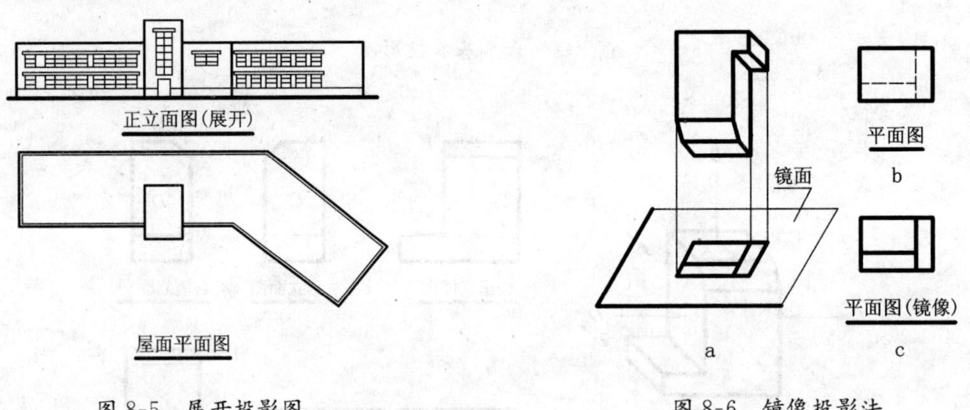

图 8-5　展开投影图　　　　图 8-6　镜像投影法

此外，特殊投影图还有局部投影图、辅助投影图，这两种投影图在建筑工程中不常用，所以本书不再赘述。

8.2 建筑形体投影图的画法

8.2.1 建筑形体的形体分析

任何建筑物，看起来都很复杂，但只要认真观察，就不难分析出，它们都是由一些基本形体，按一定方式组成的。其组成方式有叠加式、切割式和相贯式。由图 8-7 所示的无锡“世界奇观”某建筑，经分析后就可知道，它是由圆锥、圆柱、球、四棱锥、四棱台、四棱柱等基本形体按上述三种方式组成的。又如图 8-8 所示楼盖的立体图，它是由楼板、次梁、主梁、柱子等构件构成的，这些构件的形状都是四棱柱。**这种将建筑物分解成若干个基本形体，并分析它们的相对位置、表面关系以及组成方式的方法，称为形体分析法**。这是在学习绘制和阅读建筑形体的投影图时，必须掌握的基本方法之一。

图 8-7　无锡“世界奇观”某建筑

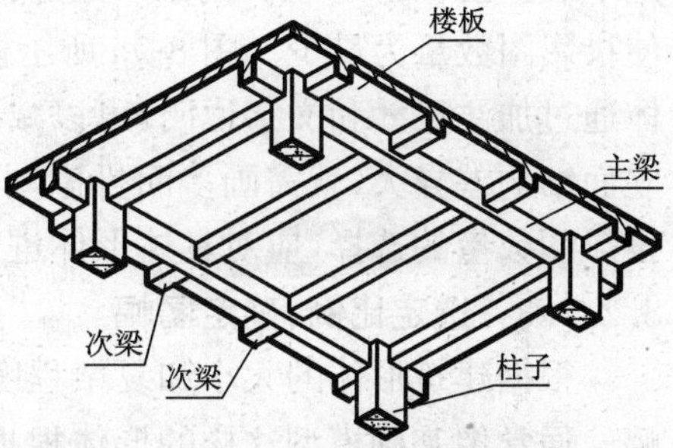

图 8-8　楼盖立体图

8.2.2 建筑形体投影图的画法

根据建筑形体或它的模型绘制投影图的一般步骤如下。

8.2.2.1 形体分析

为了作出图 8-9a 所示的模拟板式基础模型的投影图，必须先对它进行形体分析，由图 8-9b可知，它由六个四棱柱叠加而成。底板是四棱柱，正中的柱子是四棱柱，左、右主梁由一个长的四棱柱切去一个在其左方短的四棱柱，在长的四棱柱右方，加上一个与其同宽的四棱柱，然后再在所加同宽四棱柱的左上方切 1/4 圆柱而成，前、后次梁是由四棱柱在其上部再切去带斜截面的四棱柱而成的。它们都位于四棱柱底板的对称平面上。依次作出这些基本形体的投影，就能得到这个基础模型的投影图。

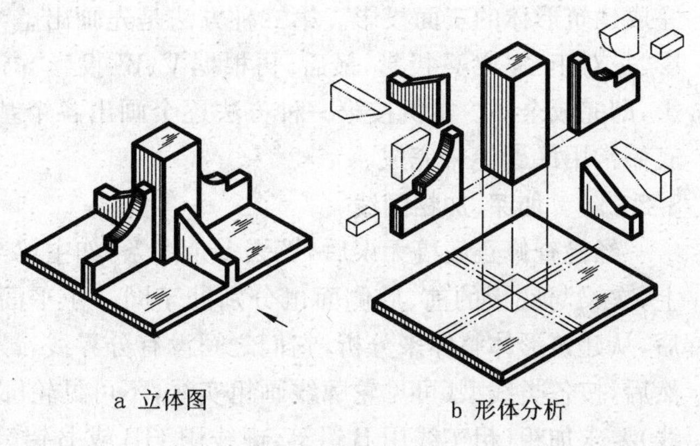

a 立体图　　b 形体分析

图 8-9　形体分析

8.2.2.2 投影图的选择

为了完整清楚地表达形体的形状，要考虑应该用几个投影图，而且应该选择从哪个方向投射作出正立面图，这就叫投影图的选择。选择的原则是：用最少的投影图又能最完整、清楚地表达形体。具体地说就是下面几个方面的选择：

(1)**形体摆放位置的选择**：形体的摆放位置应尽量符合自然位置、工作位置和平稳位置，且使形体的各个侧面尽量平行于投影面。这个模拟板式基础模型宜将底板放置水平位置，这样既平稳又符合它的工作位置(图 8-9a)。

(2)**正立面图的投射方向的选择**：正立面图的投射方向的选择，就是要确定形体从哪个方向投射作为正立面图，使之最能反映形体的形状特征，并使尽可能多的侧面投影为实形，还要使建筑形体的较大的一个面平行于 V 面，以便于合理布图。图 8-9a 所示的基础模型宜以箭头所示方向作为正立面图的投射方向，这样，在正立面图上反映 1/4 圆的实形，反映了这个基础模型的形状特征，符合较大的面平行于 V 面，长度尺寸大于宽度尺寸。

(3)**投影图数量的选择**：投影图数量的选择，就是说要考虑选用哪几个投影图，才能完整清楚地表达出形体的形状。在保证完整、清楚地表达出形体各部分形状和相对位置的情况下，应使投影图数量为最少。图 8-9a 所示模拟板式基础需用三个投影图，才能确定其形状。有的形体通过加注尺寸和文字说明，可以减少投影图，如球体就可以只用一个投影图。如果房屋各个立面结构差异大，就需画多面投影图，如图 8-4 所示。这样投影图的数量就大于三个。因此，投影图数量的选择，应对具体形体进行具体分析后确定。

8.2.2.3 选定比例，确定图幅

根据建筑形体的大小和复杂程度，选择合适的比例。再根据所需绘投影图的数量，确定图幅。通常像基础模型这样的形体根据其复杂程度，比例可选用 1∶10 或 1∶20。作为教学模型，本例比例选用 1∶1，采用 A3 图幅。

8.2.2.4 布图

根据所选比例和基础模型的大小，算出各投影图所占图纸的面积，并将其在图纸上均匀布置好，并且要留出注写尺寸的位置。

8.2.2.5 画投影图的底稿

习惯上有两种画法，第一种是根据形体分析法，逐个画出各个基本形体的三面投影，从而完成建筑形体的三面投影。第二种方法是先画出整个建筑形体的 H 投影，然后根据 H、V 投影“长对正”完成 V 投影，最后，再根据 V、W 投影“高平齐”和 H、W 投影“宽相等”，完成 W 投影，即完成全图。本例按第一种方法逐个画出各个基本形体的三面投影(图 8-10a、b、c、d)。打底稿常用H 铅笔来完成。

8.2.2.6 加深、加粗图线

经检查修正底稿无误后，擦去多余线条，如主梁与底板的左、右侧面分别处于同一侧平面上，次梁与底板的前、后侧面也分别处于同一正平面上，形体分析是假定的，绘完各基本形体后，从建筑形体整体来分析，它们之间没有分界线，最后，应将作图过程中所画的分界线擦去。然后，按各类线型(可见轮廓线画粗实线，不可见轮廓线画中虚线，对称中心线画成细单点长画线)要求加粗(粗实线用 B 铅笔，虚线用 HB 或 B 铅笔加粗)、加深(细线用 H 或 HB 铅笔)。

8.2.2.7 标注尺寸

具体步骤与要求见 8.3 节。

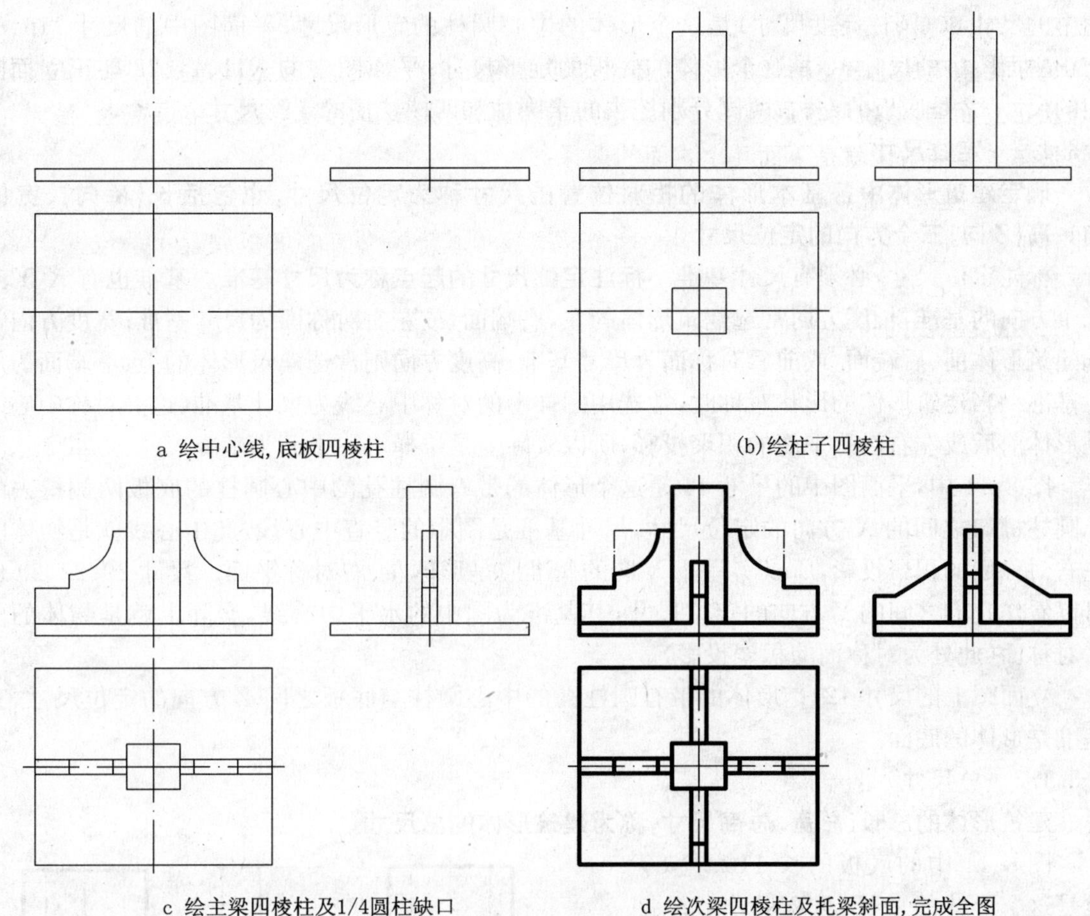

图 8-10 模拟板式基础绘投影图底稿步骤

8.2.2.8 **填写标题栏**

对所完成的投影图应做到:投影正确,线型粗细分明,布图均匀,图面清洁,字体端正、大小一致,尺寸标注齐全,符合《房屋建筑制图统一标准》规定的各项要求。最后填写标题栏中各项内容。

8.3 建筑形体投影图的尺寸标注

建筑形体的投影图,虽然已经完整、清楚地表达了形体的形状和各组成部分的相互关系,但从投影图上还不能看出其大小,只有注上尺寸,才能明确建筑形体的实际大小和各组成部分的相对位置,也只有注上尺寸的图样,才能作为施工的依据。

8.3.1 尺寸的分类

标注尺寸也要用形体分析法。按形体分析法标注尺寸,可将建筑形体的尺寸分成三类:

8.3.1.1 **定形尺寸**

组成建筑形体的各基本形体的大小尺寸,就是定形尺寸,定形尺寸确定建筑形体中各基本形体的形状,包括长(X)、宽(Y)、高(Z)三个方向的尺寸(基本形体的尺寸注法见图 3-18)。

如图 8-11 所示,平面图中的尺寸 ϕ28(圆柱孔的长度=宽度尺寸)与正立面图中的尺寸 72(圆柱孔的高度尺寸)是圆柱孔的定形尺寸;平面图中的尺寸 ϕ46(圆柱的长、宽尺寸)与正立面图中的尺寸 60(圆柱高度尺寸)是这个形体的中心圆柱的定形尺寸;平面图中的尺寸 116、80 与正立面图中的尺寸 12 是这个形体的底板的定形尺寸;平面图中的 R11、14、22 与正立面图中的尺寸 12 是底板的左、右两侧分别挖去的半圆柱和四棱柱槽的定形尺寸。

8.3.1.2 **定位尺寸**

确定建筑形体中各基本形体的相对位置的尺寸称为定位尺寸,也包括长(X 向)、宽(Y 向)、高(Z 向)三个方向的定位尺寸。

标注定位尺寸,必须有尺寸基准。**标注定位尺寸的起点称为尺寸基准。**基准也有 X、Y、Z 三个方向的基准,长度方向常选建筑形体的左、右端面,或左右对称面为尺寸基准;宽度方向常选建筑形体前、后端面,或前后对称面为尺寸基准;高度方向则常选建筑形体的上、下端面为尺寸基准。当建筑形体的形状对称时,常选用图样上的对称中心线为尺寸基准(这一对称中心线是形体前后或左右对称平面的积聚投影,所以实际上是选择对称平面为基准)。

图 8-11 中,平面图中的尺寸 44 是这个形体的带有圆柱孔的中心圆柱的底板两侧挖去的半圆柱槽口之间的 X 方向的定位尺寸,尺寸基准是图中的竖直中心线,此中心线就是物体的左右对称面的积聚投影,所以实际上 X 向的基准应是形体左、右对称平面。尺寸 29、22、29 也可以看作它们之间的 Y 方向的定位尺寸,其基准为图中的水平中心线,实际上就是物体的前后对称面(此处为对称面的积聚投影)。

立面图上的尺寸 12,是形体的带有圆柱孔的中心圆柱与底板之间 Z 方向的定位尺寸,其基准是形体的底面。

8.3.1.3 **总尺寸**

建筑形体的总长、总宽、总高尺寸,称为建筑形体的总尺寸。

图 8-11 中的底板的长 116、宽 80 也是这个形体的总长、总宽尺寸,72 是这个形体的总高尺寸。

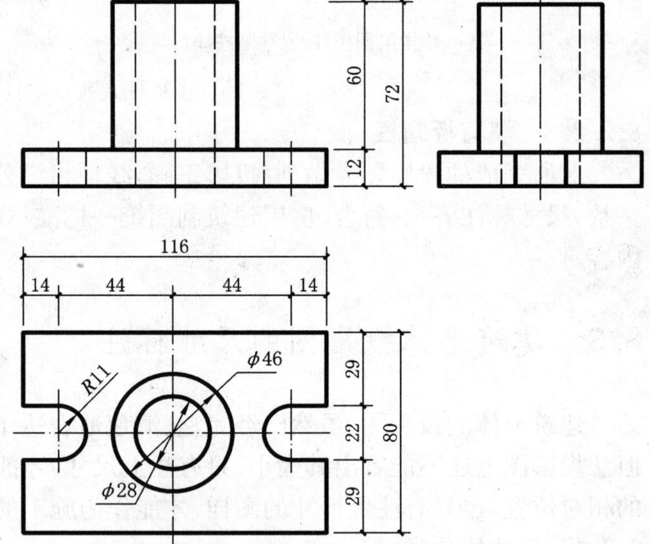

图 8-11 尺寸标注

8.3.2 尺寸配置的原则

工程图样的尺寸不仅要标注齐全,而且还要标注整齐、清晰,阅读方便,必须遵循尺寸配置的原则。

(1)**尺寸标注要集中。为了阅读方便,同一个基本形体的定形尺寸和定位尺寸应尽量集中注在两个投影图上,不要分散。**如在图 8-11 中,圆柱和圆柱孔的定形尺寸 ϕ28,ϕ46 都集中标注在平面图上,其高度尺寸标注在正立面图上。为了集中,应将与两个投影图都有关的尺寸,标注在两个投影图之间的某一个投影图上。如图 8-11 中的尺寸 116、14、44、44、14 这一组 X 方向的尺寸,与立面图有关,所以标在正立面图与平面图之间的平面图上,而不标注在平面图的下方。同理,尺寸 12、60、72 这一组 Z 向尺寸,标注在正立面图的右方,而不注在正立面图的左方。尺寸 29、22、29、80 这一组 Y 向尺寸,标注在平面图的右方,这些都是为了使尺寸标注适当集中。但为了图形不致因标注尺寸过多而拥挤,又应注意,对于一个基本形体的定形尺寸,定位尺寸宜集中标注在两个投影图中，而对各个基本形体又应分散标注。例如，若某建筑形体由五个基本形体组成，可把第1、第2个基本形体的有关尺寸，标注在V、H投影图中。而把第3、第4个基本形体的有关尺寸标注在V、W投影图中，把第5个基本形体的有关尺寸标注在H、W投影图中。尺寸标注集中，便于阅读，也可避免遗漏尺寸。

(2)**尺寸标注要明显。为了易于看图，尺寸标注应明显，尽量将基本形体的定形尺寸，标注在反映形状特征的投影图上。**如图8-11中的尺寸$\phi28$、$\phi46$以及$R11$，都标注在反映圆、半圆弧形状特征的平面图中。

(3)**尺寸标注要整齐。尺寸标注整齐，会使图面更清晰。**为此，同方向尺寸的尺寸线应平行且间距相等，间距一般为5～10。为了整齐，应将小尺寸注在里面，大尺寸注在外面。如图8-11中，大尺寸116注在外面，离图形远；小尺寸14、44、44、14注在里面，离图形近。为了整齐，尺寸数字应按规定书写，且字体必须大小一致。

(4)**尺寸标注要清晰。尺寸应尽量标注在图形之外，但对某些细部尺寸，也可以布置在图形内。**如图8-11中的尺寸$\phi28$、$\phi46$和$R11$就标注在平面图形之内。

(5)**尽量不注不必要的重复尺寸。**在建筑制图中应尽量不注不必要的重复尺寸，但需要时，应该允许标注重复尺寸，而且有时注成封闭的尺寸链，使细部尺寸(小尺寸)之和，等于总尺寸，以减少差错。

(6)**尽可能不将尺寸标注在虚线上。**

8.3.3 标注尺寸的步骤

为了使尺寸标注齐全，不遗漏，不重复，标注尺寸应按照一定的顺序进行。**一般先标注定形尺寸，再标注定位尺寸，最后标注总尺寸。这三类尺寸有时互相兼用。**如在图8-11中，底板的长、宽尺寸，也是总长、总宽尺寸。不能兼用时，必须再标注一次。如在图8-11中，总高尺寸，在标注了尺寸12、60以后，再加注尺寸72作为整个形体的总高尺寸。图8-12是图8-9、

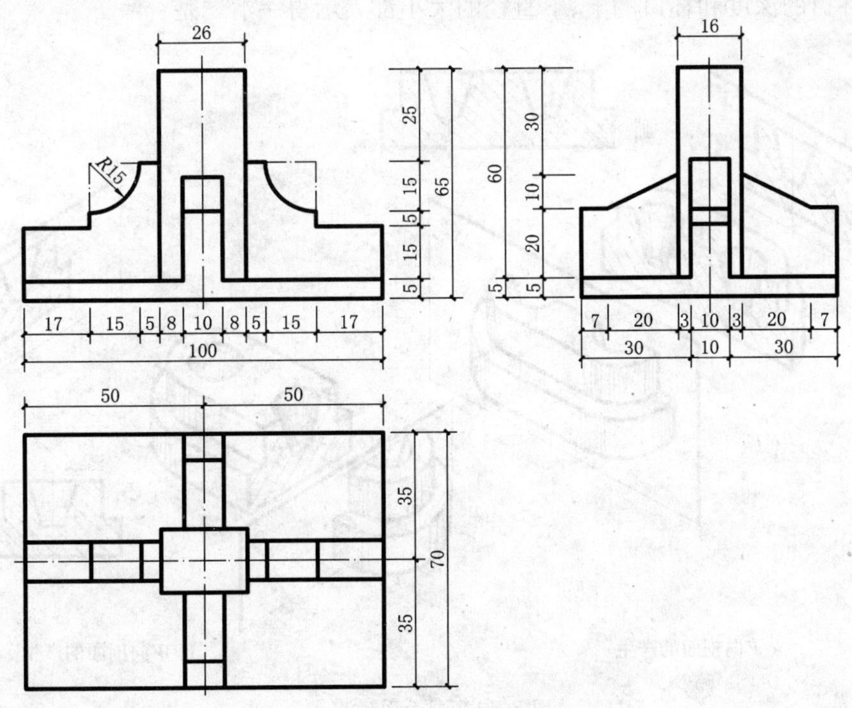

图8-12 模拟板式基础尺寸标注

图 8-10 模拟板式基础模型的尺寸标注。其中柱子的长、宽尺寸注在 V、W 投影图的上方，这是由于标注在此处比较明显。柱子的长、宽、高三向的定形尺寸（26×15×60）标注在 V、W 投影图中，而底板的长、宽、高三向的定形尺寸（100×70×5）则标注在 H、V 投影图中。平面图中的 50、50 和 35、35，这是基础的长（X）、宽（Y）方向的定位尺寸，供施工测量放线时用，必须标注。其余尺寸，请读者自行分析。

8.4 建筑形体的剖面图

画建筑形体的投影图时，用粗实线表示形体的外轮廓线，用虚线表示看不见的内部结构，如图 8-13 所示。当建筑形体的内、外结构都很复杂时，投影图上就会出现虚、实线纵横交错，使图形很不清晰，而且不利于标注尺寸，也不便于读图。为了能在图样上清晰地表示建筑形体的内部结构，可以采用剖面图和断面图。

8.4.1 剖面图的形成和画法

8.4.1.1 剖面图的形成

图 8-13 是钢筋混凝土双柱杯形基础的投影图。这个基础有安装柱子的杯口，V、W 投影图都用虚线表示杯口，使图形不够清晰。如图 8-14a 所示，**假想用一个通过基础前后对称平面（即通过孔、洞中心）的剖切平面 P 将基础剖开，然后移走剖切平面及其前面的半个基础，将留下的半个基础，投射到与剖切平面 P 平行的投影面 V 上，所得的投影图，称为正立剖面图或 V 面剖面图。**比较图 8-13 与图 8-14 的 V 投影，显然可见，在剖面图中将虚线改成了粗实线，就把杯口的深度和杯口的上、下直径的大小都表示得一清二楚。

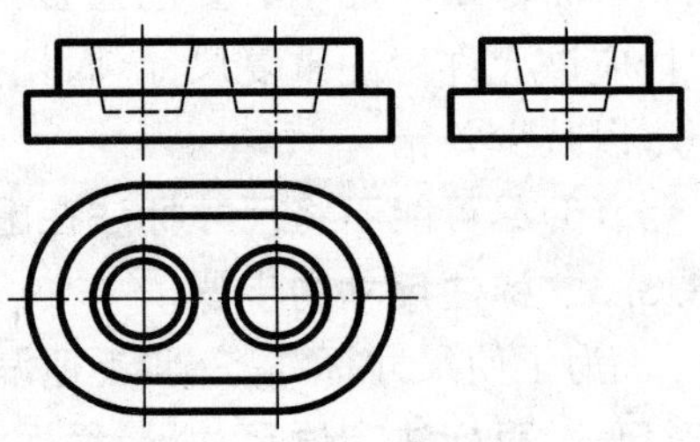

图 8-13 双柱杯形基础

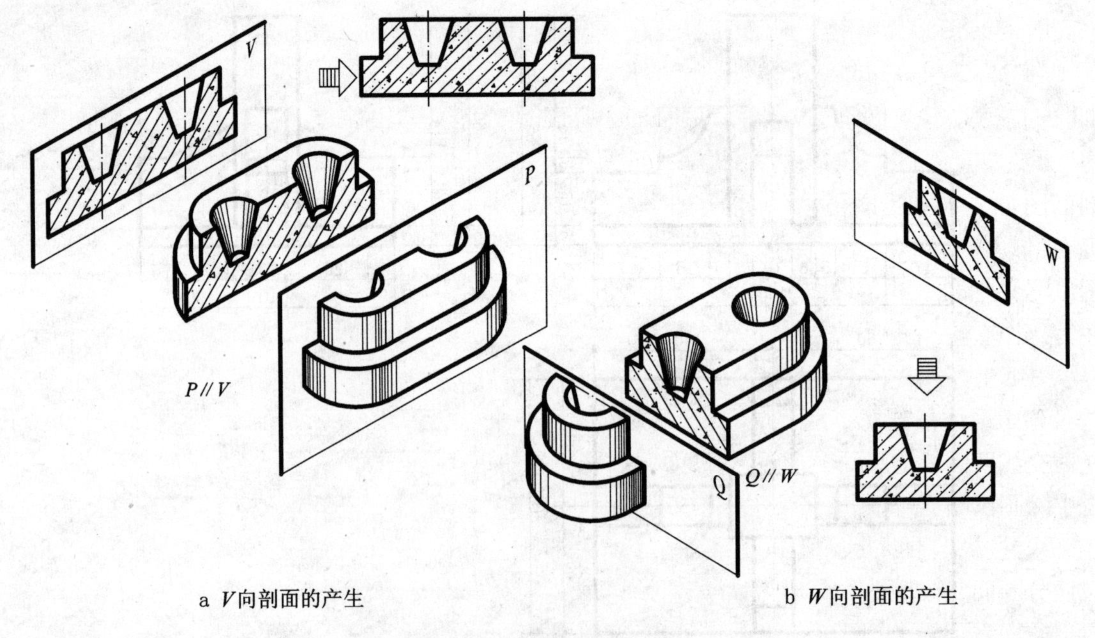

a V向剖面的产生　　b W向剖面的产生

图 8-14 剖面图的形成

仍如图 8-14 所示，同样，可用一个与 W 面平行的 Q 面，通过左边杯口中心(也可通过右边杯口中心)将基础剖开，移去剖切平面 Q 和 Q 面左边的基础，将 Q 面右边的基础向 W 面投射，得到基础的侧立剖面图或 W 面剖面图。

必须注意，由于剖切是假想的，所以只在画剖面图时，才假想将形体切去一部分，而在画另一个投影图时，则应按完整的形体画出。如图 8-15 所示，在画 V 面剖面图时，虽已将形体前半部分割去了，但在画 W 面剖面图时，应按完整的基础剖开，并且 H 投影也按完整的基础画出。

8.4.1.2　**剖面图的画法**

剖面图所用剖切平面，常选用投影面平行面，所得的断面的投影就能反映实形。剖切平面为投影面平行面，在它所垂直的投影面上的投影会积聚成一条直线段，因此画剖面图时，用断开的两段粗实线来表示，其长度为 6～10。由于它表示了剖切平面的积聚性投影，故称为剖切位置线，简称剖切线，如图 8-16 所示。为了表明剖切后剩下的建筑形体的投射方向，必须在剖切位置线两端同侧各画一段与之垂直的粗实线短画，用以表示投射(或观看)方向，其长度为 4～6，见图 8-16。剖切位置线和剖切后投射方向线组成剖切符号。

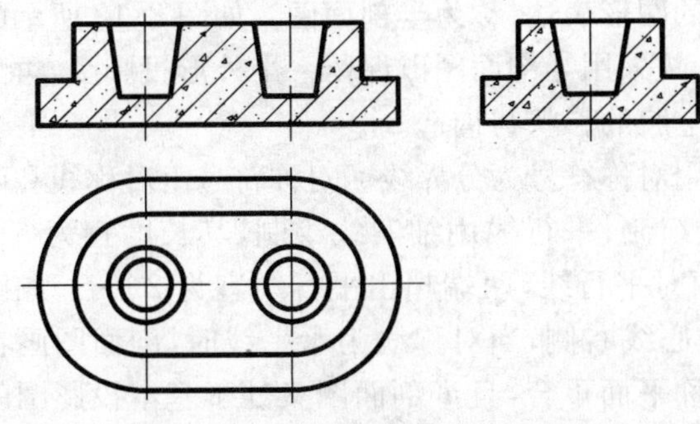

图 8-15　用剖面图表示投影图

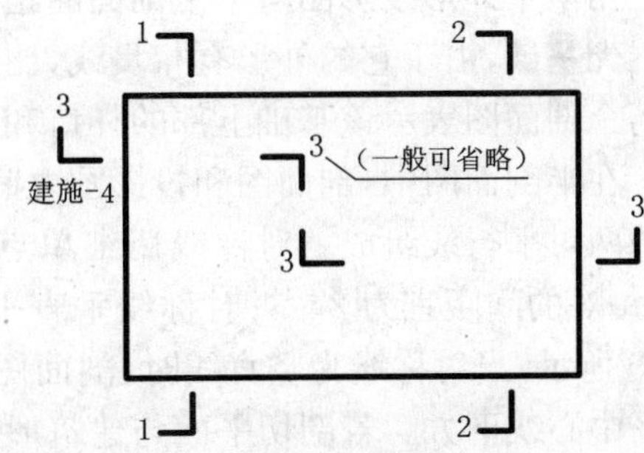

图 8-16　剖切位置线画法

有的建筑形体结构复杂，需同时剖切几次，为区分起见，对每一次剖切都要进行编号。规定用阿拉伯数字、罗马数字或拉丁字母编号，书写在表示投射方向的短画一侧。还要在所画的剖面图下方，写上剖面图的图名如“1-1 剖面图”、“2-2 剖面图”等字样，如图 8-17 所示。剖面图如与被剖切图样不在同一张图纸内，可在剖切位置线的另一侧注明其所在图纸的图纸号，如图 8-16 中的 3-3 剖切位置线下侧注写“建施-4”，表示 3-3 剖面图画在“建施”第 4 号图纸上。

建筑形体被剖切以后，都有一个截口，也就是截交线所围成的平面图形，称为断面。在剖面图中除画出断面外，还应画出沿投射方向看到的轮廓线，按规定要在断面上画出建筑材料图例，以区分断面(剖到的面)和非断面(未剖到，但按投射方向看到的面)。在图 8-14、图 8-15 中画出了钢筋混凝土的材料图例。如果不需指明材料，

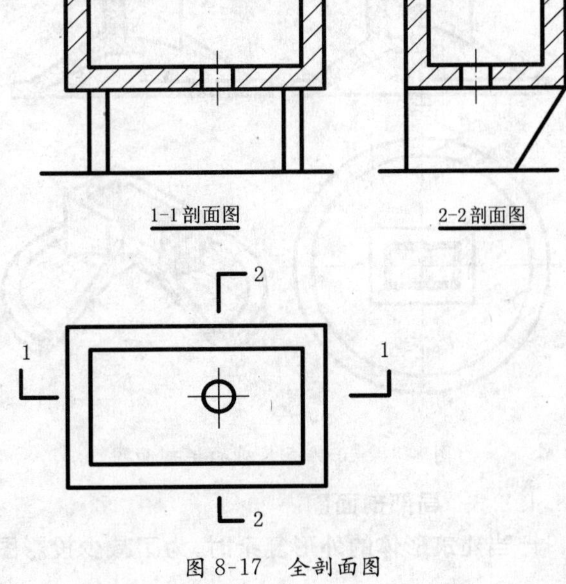

图 8-17　全剖面图

就如图 8-17 所示，在断面上画 45°方向的等间距平行线（细实线），称为剖面线。同一个建筑形体的多个断面的材料图例必须一致，45°斜线的倾斜方向、间隔都应一致。注意：图 8-17 的 H 投影尚有不可见轮廓线即虚线，但在形体表达清楚的情况下，此虚线可省略。

8.4.2 剖面图的种类

8.4.2.1 全剖面图

用一个剖切平面把形体全部剖开后得到的剖面图，称为全剖面图。图 8-17 为洗涤池的全剖面图。全剖面图一般用于不对称的建筑形体（图 8-17），或者用于内部结构复杂但外形比较简单对称的建筑形体（图 8-15）。

全剖面图一般应标注剖切线与投射方向线，但当剖切平面与形体的对称平面重合，且全剖面图又处于基本投影图的位置时，可不予标注，也不必标注图名。如图 8-15 的 V 面剖面图，而图 8-15 中的 W 面剖面图虽剖切平面不是形体的对称平面，但由于图中表示得比较明显，习惯上也常不加标注。

8.4.2.2 半剖面图

当建筑形体对称且外形比较复杂时，可假想用一个剖切平面将形体剖开，然后在一个投影图上用半个外形投影图与半个剖面图组合而成的图形表达，称为半剖面图。如图 8-18 所示的正锥壳基础，由于它的外形有相贯线，比较复杂，故采用半剖面图以保留一半外形投影图，再配上半个剖面图表示该基础上部的杯口和下部的空腔的形状与构造。

在半剖面图中，剖面图和投影图之间，规定用对称符号为分界线。对称符号由对称线和两端的两对平行线组成。对称线用细单点长画线绘制；平行线用细实线绘制，其长度宜为 6～10，每对的间距宜为 2～3；对称线垂直平分于两对平行线，两端超出平行线宜为 2～3。如图 8-19 所示，当对称线为竖直线时，剖面图画在中心线右侧，当对称线为水平线时，剖面图画在水平中心线下方。若剖切平面与建筑形体的对称平面重合，且半剖面图又处于基本投影图的位置时，可不予标注，如图 8-19 中的 V 面、W 面的半剖面图都不作任何标注。但当剖切平面不与建筑形体的对称平面重合时，在一般情况下，应按规定标注，如图 8-19 中的 1-1 剖面图。

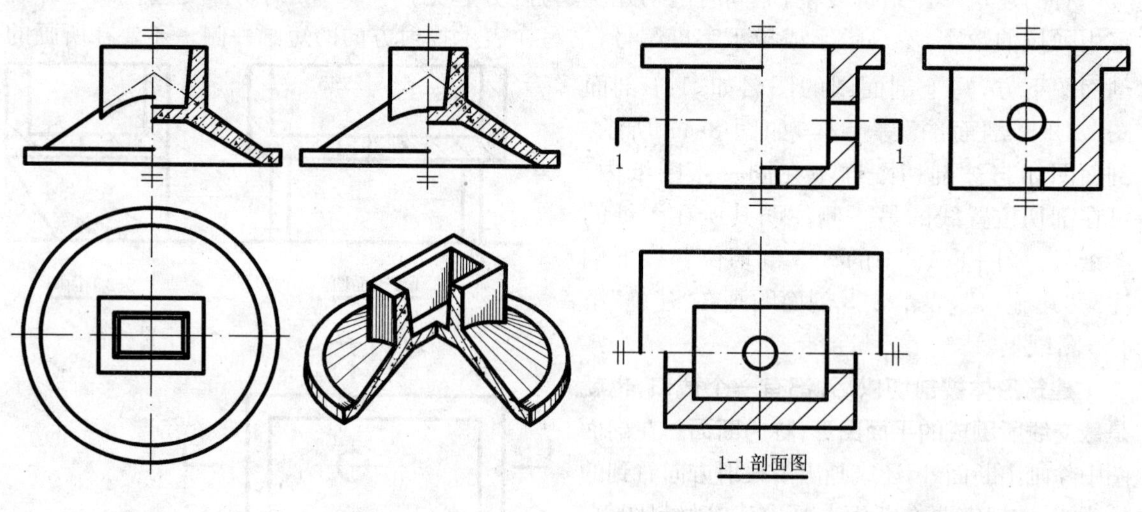

图 8-18　正锥壳基础的半剖面图　　　　图 8-19　半剖面图

8.4.2.3 局部剖面图

当建筑形体的外形复杂时，为了减少投影图数量，可只将建筑形体的某一局部剖切开，所

画的剖面图，称为局部剖面图。局部剖面图也是用一个剖切平面剖开形体所得到的剖面图，它将剖面图与外形投影图组合在同一个投影图上。如图 8-20 所示，为了表示基础内部钢筋的布置，只需将杯形基础的平面图一角画成剖面图。

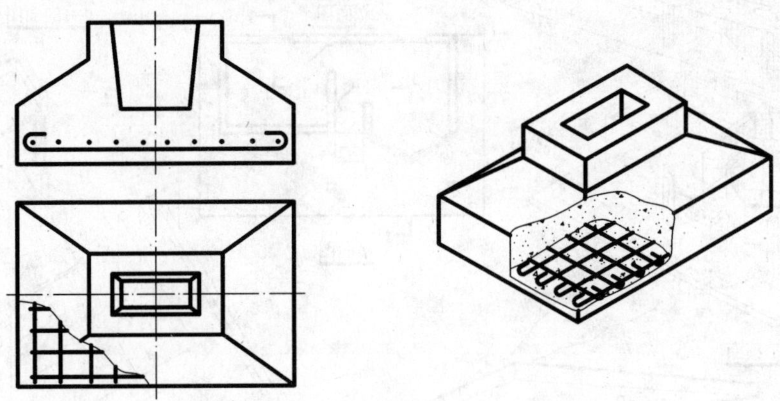

图 8-20　杯形基础的局部剖面图

局部剖面图不要画剖切线，只需用波浪线将局部剖面图与外形投影图分开。局部剖面图中的波浪线不得与外形轮廓线重合，也不能超出轮廓线。图 8-20 中在正立面图位置所画的图样，是以这个杯形基础的前后对称面剖开后的全剖面图，按《建筑结构制图标准》规定，因断面上已画出钢筋的布置，故不必再画钢筋混凝土的材料图例，平行于正立面的钢筋用粗实线画出实形，垂直于正立面的钢筋用小黑圆点画出它们的断面。

在房屋工程图中，常用分层局部剖面图来表达墙面、楼面、地面和屋面等的构造。如图 8-21所示。

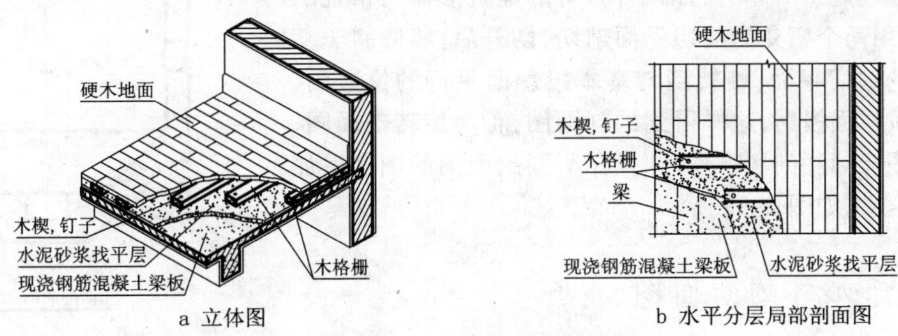

a 立体图　　b 水平分层局部剖面图

图 8-21　分层局部剖面图

8.4.2.4　阶梯剖面图

用两个及两个以上互相平行的剖切平面去剖切一个建筑形体，所得到的剖面图，称为阶梯剖面图。如图 8-22 中所示的房屋的 1-1 剖面图，即为阶梯剖面图。而图 8-22 中的房屋的平面图是沿门窗洞口水平剖切后的水平剖面图，按规定不予标注，它们的剖切情况见图 8-22a 所示。

当建筑形体的孔、洞不处在一个投影面平行面上时，用一个剖切平面，无法一次剖到时，可采用阶梯剖。

阶梯剖的画法同前所述，在剖切线的转角外侧应加注与该符号相同的编号，如图 8-22 所示。

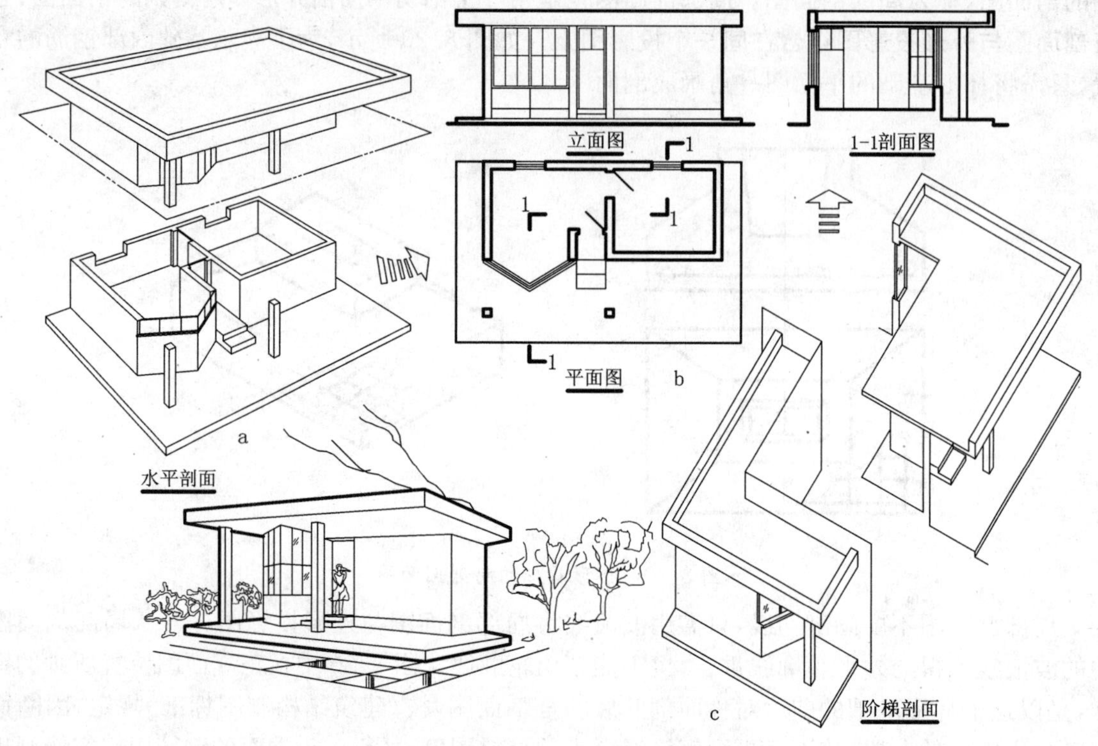

图 8-22　房屋的剖面图

由于剖面是假想的，所以在所得阶梯剖面图中，不应画出两剖切平面的交线。

8.4.2.5　旋转剖面图

为了表达建筑形体的内部结构，有的建筑形体为带孔的回转体，需用两个相交的剖切平面剖切，切开后，将倾斜于基本投影面的剖切平面，旋转到与基本投影面平行的位置后，再向基本投影面投射，这样得到的剖面图，称为旋转剖面图。旋转剖面图应标注剖切符号，并且在所画剖面图的图名后加注“展开”两字，如图 8-23 所示。

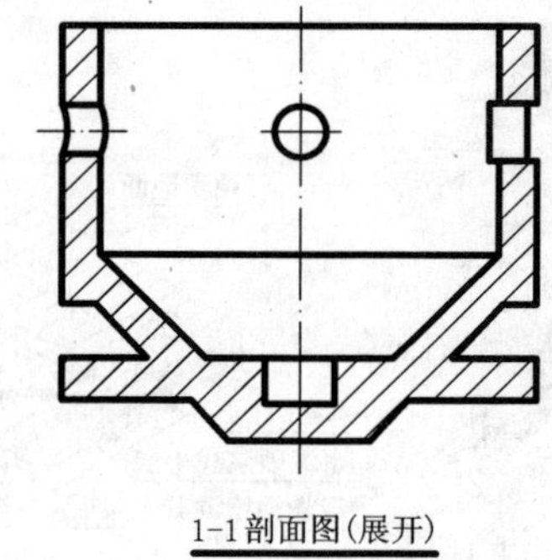

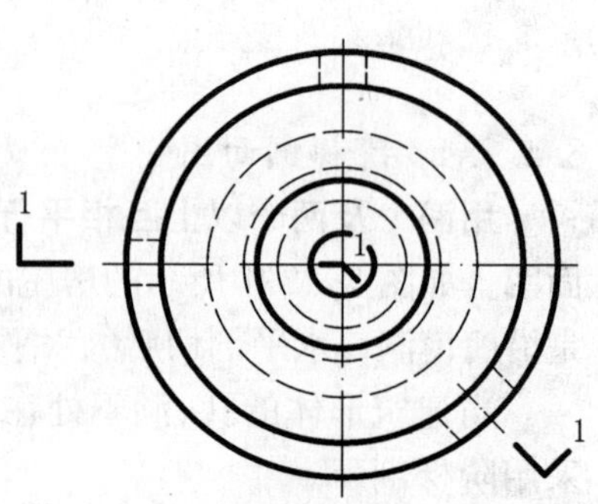

图 8-23　过滤池的旋转剖面图

8.5　建筑形体的断面图

8.5.1　断面图的形成

断面图是假想用一个剖切平面将形体剖开后，只将截断面向基本投影面作投射所得的正投影图，如图 8-24 所示。断面图的轮廓线（截交线）用粗实线绘制。一般用于表达杆件的断面形状。

断面图与剖面图的区别是：断面图只画出建筑形体的截断面的投影，是平面的投影。而剖面图是建筑形体被剖切后余下部分的投影，是体的投影。因此，剖面图包含了断面图，而断面图不可能包含剖面图。在图 8-24c 中画出了屋面上檩条的断面图，只绘出截交线围成的平面图形，在截平面之后的檩条的剩余部分都不画。在图 8-24d 中画出了檩条的剖面图，除绘出断面外，在截平面之后的檩条剩余部分看到的投影也都画出来。

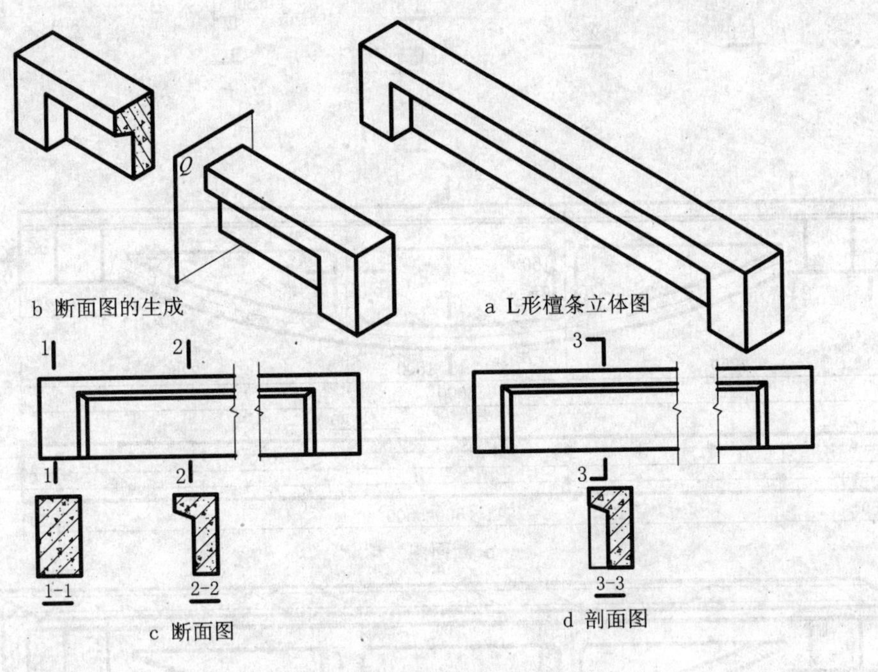

图 8-24　断面图与剖面图的区别

8.5.2　断面图的标注

断面图也用 6～10 粗实线短线表示剖切位置，但不画表示投射方向的粗实线短画，而用数字既表示编号，又表示投射方向。如图 8-25 所示，数字 1 写在剖切线右方，表示向右投射，也就是向 W 面投射，所得断面图用“1-1”表示。数字 2 写在剖切线左方，表示向左投射，也就是向 W_1 面投射，所得断面图用“2-2”表示。投射方向不同，所得的断面图也有所不同。由此可见，剖面图与断面图在标注上的区别。

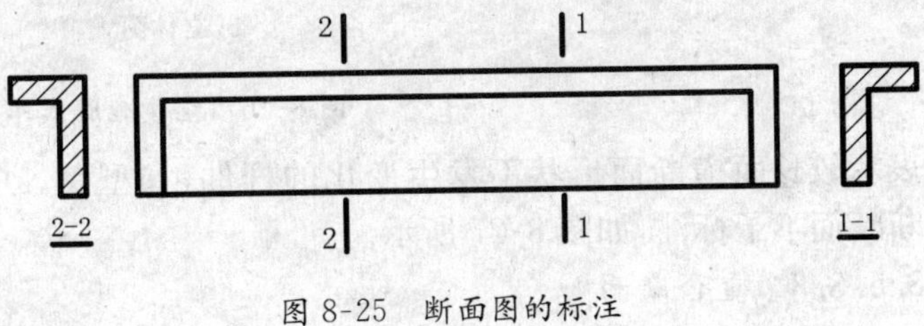

图 8-25　断面图的标注

8.5.3　断面图的分类

8.5.3.1　移出断面

将断面图置于形体的投影图之外，这种断面图称为移出断面。如图 8-26 所示，图中有六个断面图，分别表示空腹鱼腹式钢筋混凝土吊车梁各部分的断面形状和尺寸。这种处理方式，适用于断面变化较多的构件，主要是钢筋混凝土构件。在图中的吊车梁的立面图下方，加画了一个平面图，在这个图上不画看不见的鱼腹梁的腹杆，只表示顶面翼缘的宽度，螺孔的直径、位置和数量。这种表示方法在钢结构，钢筋混凝土屋架及吊车梁中应用较多。

8.5.3.2　中断断面

将杆件的断面图置于杆件投影图的中断处，这种断面图称为中断断面。中断断面常用来

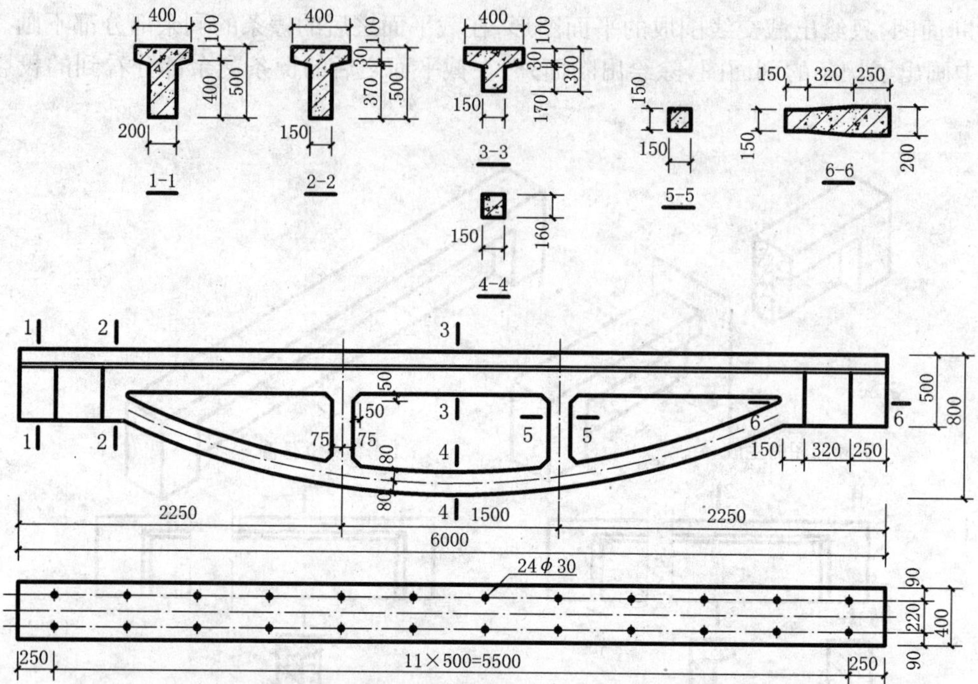

a 断面图

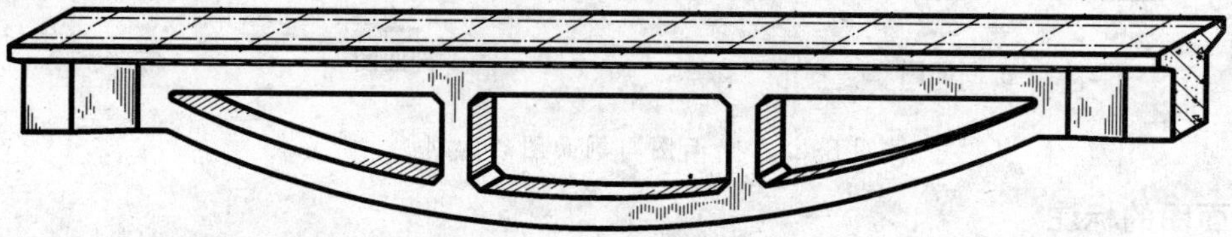

b 立体图

图 8-26 空腹鱼腹式车吊梁

表示较长而横断面形状不发生变化的杆件,如型钢。中断断面不予标注,如图 8-27 所示。

图 8-27 中断断面

8.5.3.3 重合断面

将断面图置于建筑形体的投影图轮廓之内时,称为重合断面,如图 8-28 所示。重合断面的轮廓线应用粗实线画出,在重合断面的图形中建筑形体的投影轮廓线用中实线。这种断面常用来表示屋面形状与坡度(图 8-28a、b)、整体墙面的花饰(图 8-28c)等。当重合断面不画成封闭图形时,应沿断面的轮廓线画出一部分剖面线(图 8-28a、c)。

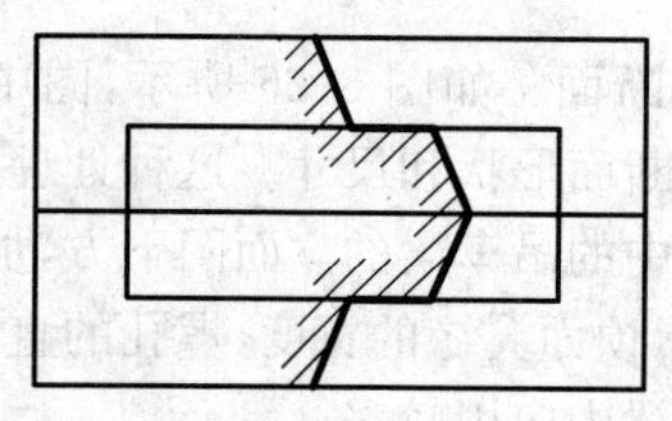

a 重合剖面表示屋面坡度的平面图

b 立体图

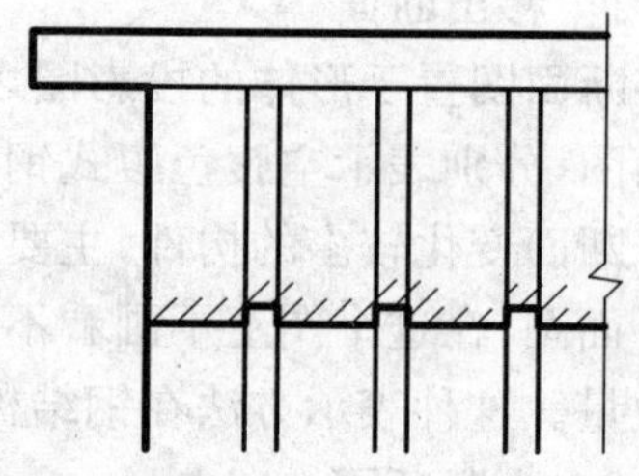

c 表示房屋凹凸装饰的局部立面图

图 8-28 重合剖面

8.6 建筑形体投影图的读法

根据建筑形体的投影图,想像出建筑形体的空间形状,这一过程就是读图。

8.6.1 读图所应具备的知识

(1)熟练掌握三面投影的投影规律,即“长对正、高平齐、宽相等”的规律。掌握建筑形体上、下、左、右、前、后各个方向在投影图中的对应关系。如 V 投影能反映上、下、左、右的关系;H 投影能反映前、后、左、右的关系;W 投影能反映前、后、上、下的关系。

(2)熟练掌握点、线、面的投影规律,从而能够正确地判断出投影图上的一直线段或一线框所表示的实际意义。

(3)熟练掌握基本形体的投影特征及其读图方法。

(4)熟练掌握建筑形体的各种表达方法,即基本投影图、特殊投影图、剖面图、断面图等的表达方法。

(5)熟练掌握尺寸的标注方法,能用尺寸配合图形,分析建筑形体的空间形状及大小。

由此可知,读图是前述所学知识的综合运用。

8.6.2 读图的准则与方法

读图的过程是一个认真分析、思考的过程,常常先要抓住最能反映形状特征的一个投影,再综合其他投影,作一个大概的分析,然后,再作细致的分析:先作整体分析,后作局部分析。决不可孤立地只看一两个投影,必须综合所有的投影进行分析。因为有一些不同的形体可能会有一个投影、甚至两个投影都完全相同,但是它们总会有不相同的投影,因此,必须对每一个投影都进行分析,找出其不同点,这就是读图的关键。

读图的常用方法有:

(1)形体分析法。形体分析法是以基本形体的投影特征为基础,把建筑形体的投影图分解成若干部分,每一部分作为一个基本形体的投影,分析各基本形体在建筑形体中的相对位置;然后,一个部分一个部分地想像出它们的形状;最后,综合起来,想像出这个建筑形体的整体形状。

(2)线面分析法。线面分析法是以线、面的投影特性为基础,分析建筑形体投影图中线段和线框的投影特征,从而确定它们的空间形状和位置。最后,综合起来想像出这个建筑形体的整体形状。

以上两种方法不是孤立的,而是互相联系,又互相补充的,可以单独应用,也可两种方法结合使用。常以形体分析法为主,大概地分析出建筑形体的总体形状,结合线与面的投影分析、解决局部或细部疑难之处,最后,综合起来想像出建筑形体的整体形状。有时也可借助尺寸来读图,或者画出其轴测图来检查读图的正确性。

8.6.3 读图举例

[例 8-1] 已知建筑形体的 V、W 投影(图 8-29a),求作 H 投影,并补全烟囱与屋面相贯线的 V 投影。

[解] 1. 分析:根据图 8-29a 所给条件用形体分析法分析后,可知,这是一幢 冂 字形房屋的外形轮廓线的 V、W 投影。根据“高平齐”规律可知,后方是一个两坡屋面,其屋脊线垂直于 W 面(后方的这部分两坡房屋也可看作是一个棱线垂直于 W 面的五棱柱),后坡屋面上有一个四棱柱烟囱。左、右两侧的小房屋也是两坡屋面,檐口线比大屋低,屋脊线垂直于 V 面(左右两侧的小房屋是棱线垂直于 V 面的五棱柱)。用两块三角板推各屋面积聚性投影的平行线可知,大小屋面为同坡屋面。又借助标注 Y 向尺寸,左方小屋伸出的宽度为 Y_2、右方小屋伸出的宽度为 Y_2+Y_3,也就是从 W 投影右方有两个矩形线框可知右方小屋的伸出宽度比左方小屋宽 Y_3。

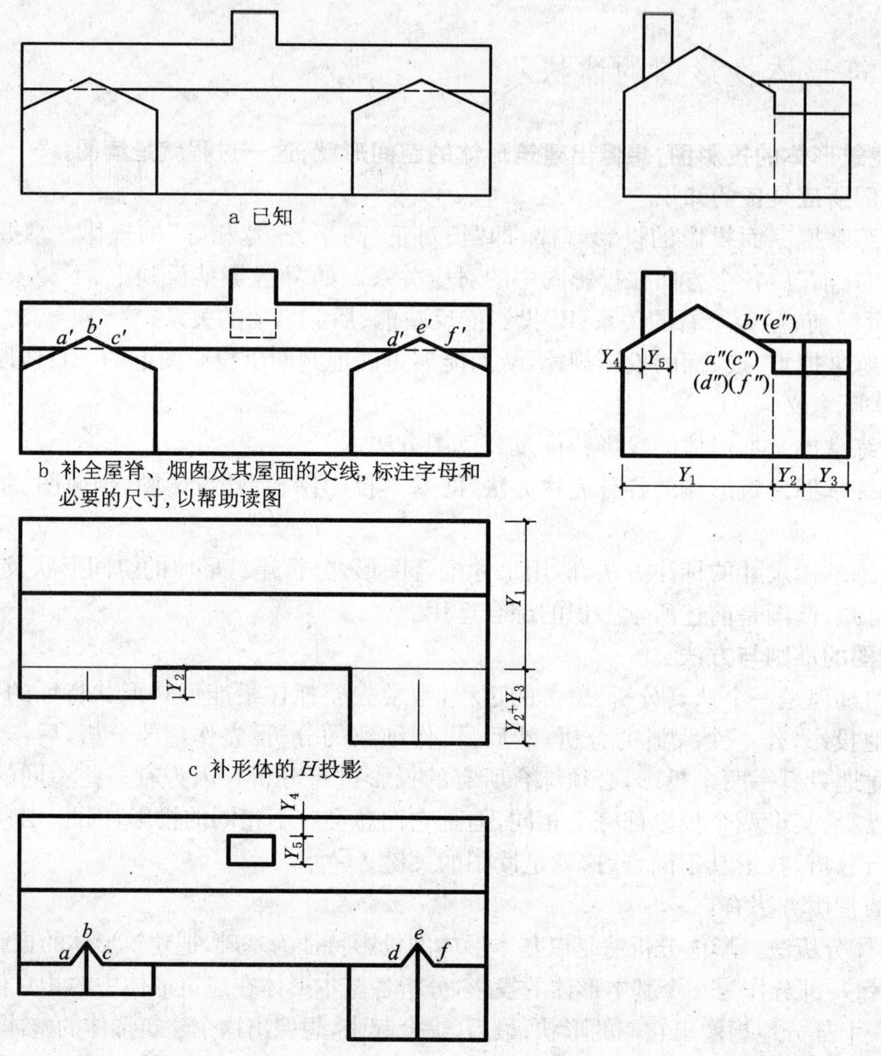

图 8-29　补绘建筑形体的 H 投影

再根据投影规律和线面分析法可知，左、右小屋的屋面与大屋的前屋面有交线，大屋的前檐口线分别与两个小屋面交于点 A、C、D、F；两个小屋的屋脊线分别与大屋面交于点 B、E，AB 与 BC，DE 与 EF 即为所求屋面交线。此外，烟囱与大屋后屋面也有交线（即相贯线）。根据以上分析可初步得出这个建筑形体的总体形象为常见的檐口线不等高的"冂"字形的同坡屋面的两坡顶房屋。

2. 作图：

(1)用投影规律"高平齐"和 W 投影中反映的前后关系，补全 V 投影中大屋的屋脊、烟囱及其与屋面的交线，并判断和表示出可见性。在 V、W 投影中标注檐口线与屋面的交点 A、C、D、F 和小屋屋脊线与大屋面交点 B、E 的投影，标注 Y 向的宽度尺寸，以帮助读图（图 8-29b）。

(2)用形体分析法和投影规律"长对正"和"宽相等"补绘大屋和左、右小屋的 H 投影的主要轮廓线（图 8-29c）。

(3)用线面分析法和投影规律"长对正"补出细部：即屋面交线的 H 投影（由于是同坡屋面，此交线的 H 投影 ab、bc、de、ef 应为 45°斜线）。又根据投影规律"长对正"、"宽相等"补绘烟囱的有积聚性的 H 投影，完成全图（图 8-29d）。

［例 8-2］　已知某剧院外形的 V、H 投影（图 8-30a），补绘 W 投影。

［解］　1. 用形体分析法分析（图 8-30b）：从右至左，从下至上进行分析，可以看出该剧院前后对称，由六

个部分组成：

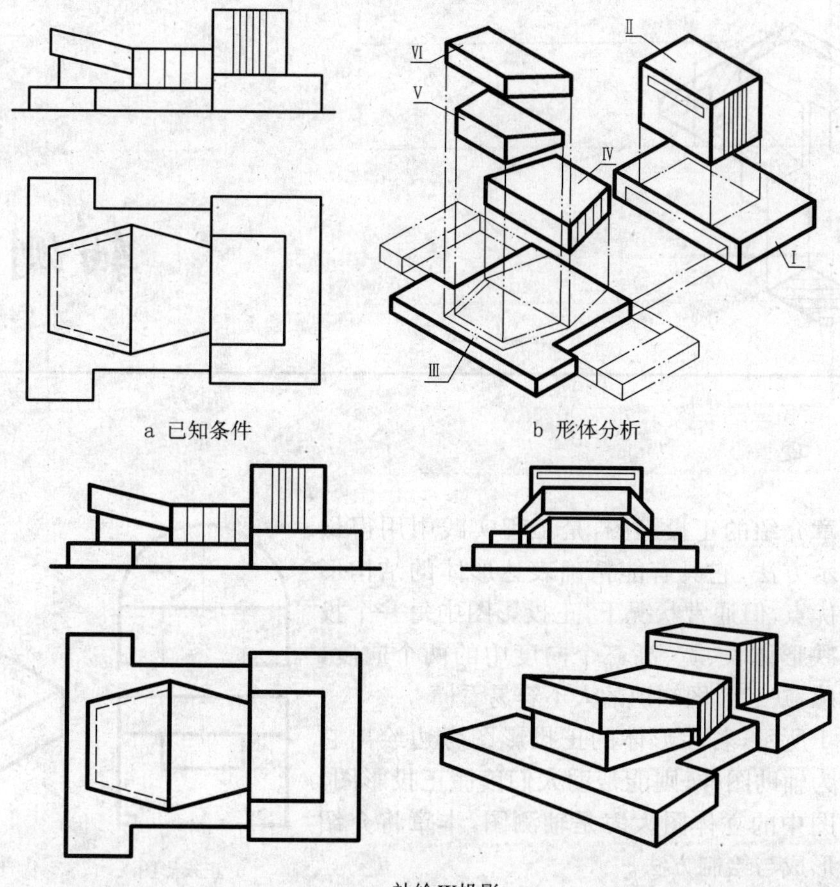

a 已知条件　　　　b 形体分析

c 补绘W投影

图 8-30　已知××剧院的V、H投影，补绘W投影

(1)四棱柱体Ⅰ：V投影右下方的矩形线框与H投影中相对应的矩形线框，即为四棱柱体Ⅰ的两面投影。

(2)四棱柱体Ⅱ：V投影右上方的矩形线框与H投影中相对应的矩形线框，即为四棱柱体Ⅱ的两面投影，它与四棱柱体Ⅰ共有左侧面。

(3)凸字形底面的八棱柱体Ⅲ：根据V投影为两个相邻的矩形线框，对应一个凸字形的H投影，即可确定Ⅲ是一个凸字形底面的八棱柱体，它是在四棱柱体的基础上，前后各截割掉一个小四棱柱所形成的，它的右侧面与四棱柱体Ⅰ共面。

(4)底面为等腰梯形的四棱柱体Ⅳ：根据V投影为一矩形线框，相应的H投影为一等腰梯形，即可确定Ⅳ是一个底面为等腰梯形的四棱柱体，它与八棱柱体Ⅲ共右侧面。

(5)底面为等腰梯形的四棱柱体(上部具有斜截面)Ⅴ：根据V投影具有左高右低的倾斜顶边的直角梯形线框，相应H投影为一个有三条虚线轮廓的等腰梯形，即可确定Ⅴ是一个以等腰梯形为底面、顶面为左高右低的斜截面的四棱柱体，它的右侧面与四棱柱体Ⅳ左侧共面。

(6)以等腰梯形为法断面的四棱柱体(顶面和底面是互相平行的斜截面)Ⅵ：根据V投影为一个平行四边形线框，相应的H投影为一等腰梯形，即可确定Ⅵ是一个四棱柱，法断面是等腰梯形，上下底面互相平行，都是左高右低的斜截面，它的右侧面与四棱柱体Ⅳ的左侧面共面。

2. 综合以上分析，就可以想像出该剧院的整体形状，如图 8-30c 中立体图所示。

3. 补绘第三投影：根据“高平齐、宽相等”的投影规律，逐个补画出各个基本形体的W投影，便补出了这个影剧院的W投影(图 8-30c)。

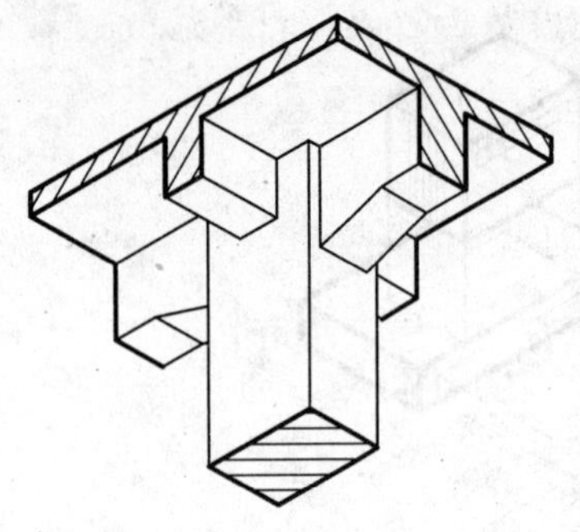

9 轴测投影

9.1 概　述

前面几章介绍的正投影图，是工程实践中用得最多的一种图示方法，它具有能精确表达形体的结构形状与大小的优点，但通常状况下，正投影图中每一个投影都只能反映形体长、宽、高三个向度中的两个向度，不具有立体感，缺乏读图知识的人不容易看懂。

如图 9-1 所示，若在形体的正投影图旁边绘出它的轴测图作为辅助图样，则能帮助人们读懂正投影图。前面几章插图中的立体图大多是轴测图，本章将介绍轴测投影的形成与绘制方法。

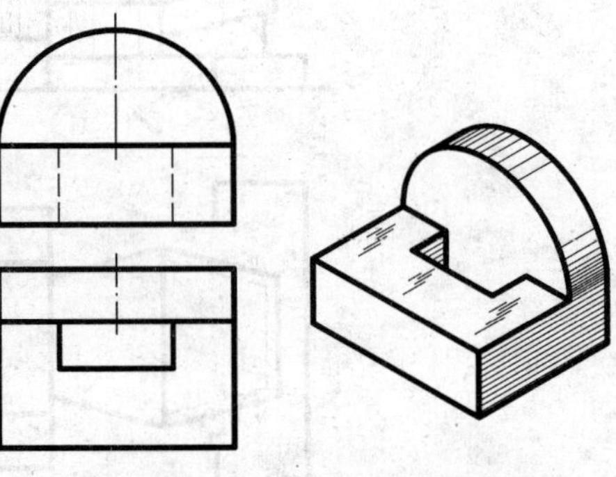

a 正投影图　　b 轴测图

图 9-1　正投影图与轴测投影图

9.1.1　轴测投影的形成及有关术语

根据平行投影的原理，将形体连同确定它们空间位置的直角坐标轴（OX、OY、OZ）一起，沿着不平行于坐标轴和坐标面的方向 S_1（或 S_2），投射到新的投影面 P（或 R）上，所得到的具有立体感的新投影称为轴测投影（图 9-2a）。

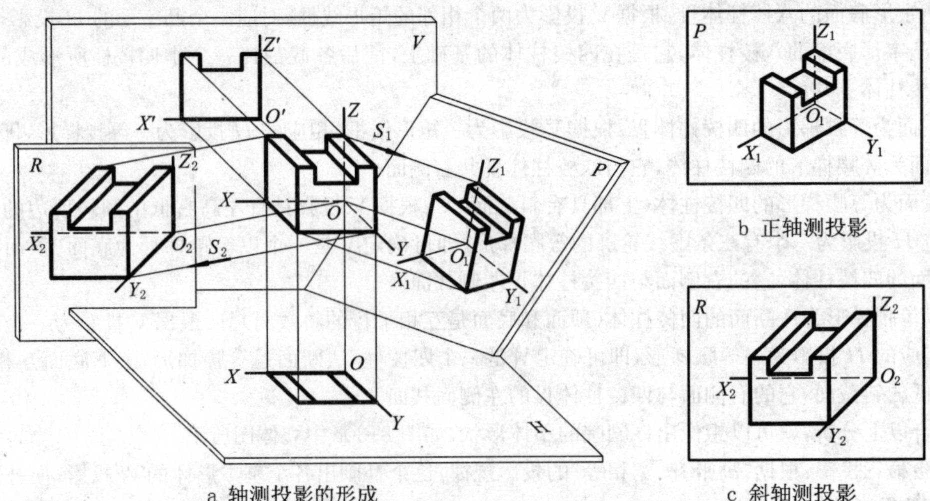

a 轴测投影的形成　　b 正轴测投影　　c 斜轴测投影

图 9-2　轴测投影的形成

新的投影面 **P**(或 **R**)称为轴测投影面。当轴测投射方向 S_1 垂直于轴测投影面 **P** 时,所得到的轴测投影称为正轴测投影。当轴测投射方向 S_2 不垂直于轴测投影面 **R** 时,所得到的轴测投影称为斜轴测投影。在画轴测投影时,通常把轴测轴 O_1Z_1 或 O_2Z_2 放置成竖直位置(图 9-2b、c)。正轴测投影从理论上讲是单面直角投影。

在轴测投影中,投射方向 S_1(或 S_2)称为轴测投射方向,它与形体的相对位置对轴测投影的表达效果有较大影响。三条直角坐标轴 OX、OY、OZ 的轴测投影 O_1X_1、O_1Y_1、O_1Z_1 称为轴测轴。两相邻轴测轴之间的夹角 $\angle X_1O_1Z_1$、$\angle X_1O_1Y_1$、$\angle Y_1O_1Z_1$ 称为轴间角。轴测轴上某段长度与它在空间直角坐标轴上的实长之比称为该轴的轴向伸缩系数,则 X、Y、Z 轴的轴向伸缩系数(又称轴向变形系数)分别为 $p=\frac{O_1X_1}{OX}$,$q=\frac{O_1Y_1}{OY}$,$r=\frac{O_1Z_1}{OZ}$。空间某点 A 在三个直角坐标面上分别有一个直角投影 a、a'、a'',它们的轴测投影称为点 A 的次投影,则分别有水平面次投影 a_1、正面次投影 a'_1 和侧面次投影 a''_1。一个点的轴测投影位置可由它的任两个次投影唯一确定(图 9-6)。只要确定了轴向伸缩系数和轴间角这两个基本要素,便可按一定方法作出形体的轴测投影。

9.1.2 轴测投影的基本性质

轴测投影是根据平行投影原理作出的单面投影,它具有平行投影的一切特性。

(1)**直线的轴测投影一般仍为直线,特殊时为点。**

(2)**空间互相平行的直线,其轴测投影仍互相平行。因此,形体上平行于三个坐标轴的线段,其轴测投影也平行于相应的轴测轴。**

(3)**空间互相平行的两线段长度之比,等于它们轴测投影的长度之比。因此,形体上平行于坐标轴的线段的轴测投影长度与该线段实长之比,等于相应轴测轴的轴向伸缩系数。**

(4)**曲线的轴测投影一般是曲线。曲线切线的轴测投影仍是该曲线的轴测投影的切线。**

充分利用上述性质,将有助于快速准确地绘制轴测投影。实际上,画轴测投影时只能沿着轴测轴或平行于轴测轴的方向、用轴向伸缩系数来确定形体上与坐标轴平行的线段的轴测投影,即沿轴测轴去测量长度,因此称为轴测投影。而形体上不平行于坐标轴的线段的轴测投影长度可能变长或缩短,不能直接量取,只能先定出该线段两端点的轴测投影位置后再连线得到该线段的轴测投影。

9.1.3 轴测投影的分类

前面已经提到,根据轴测投射方向与轴测投影面是否垂直而将轴测投影分为正轴测投影和斜轴测投影两类。而在这两类轴测投影中,又根据轴向伸缩系数是否相等而各分为以下三种:

(1)正等轴测投影(简称正等测)或斜等轴测投影(简称斜等测),其轴向伸缩系数 $p=q=r$。

(2)正二等轴测投影(简称正二测)或斜二等轴测投影(简称斜二测),它们的轴向伸缩系数为 $p=r\neq q$ 或 $p=q\neq r$ 或 $q=r\neq p$。这类轴测投影的轴向伸缩系数将会有种种不同的数值,为了便于作图和使图形的立体感更强,通常采用的是 $p=r$、$q=\frac{p}{2}$。

(3)当三个轴向伸缩系数不等时,即 $p\neq q\neq r$,通常叫做正三测轴测投影,因作图麻烦不常用,本书不介绍。

9.1.4 轴测图的特点及应用

应用轴测投影原理绘制的图称为轴测图,轴测图是一种立体图,它能直观地表达形体,但又常常不能准确反映形体的真实形状和全面地表达形体。如图 9-1 所示,形体上的矩形平面的轴测投影变成平行四边形;直角的轴测投影不再是直角;形体上的半圆的轴测投影变成了半椭圆;矩形孔通到什么地方?是否到底?在轴测投影中也未表达清楚。因此,轴测图的度量性与全面性比正投影图差,且作图比正投影图麻烦。但由于轴测图的直观性好,作为表达空间形体的一种图示方法,其应用范围也颇为广泛。例如:轴测图能用来表达不太复杂的建筑形体或局部构造,可以直接作为施工图;还可作为辅助图样来帮助表达仅有正投影图难以看懂或易误解的地方;用轴测图表达纵横交错的管道或电路的安装图,比用正投影图表达会更清楚;此外,钢结构中的节点详图、木结构中的接榫详图、产品说明书中的插图、商品的广告画等,也常采用轴测图表达。

9.2 几种常用的轴测投影

9.2.1 正轴测投影的两个性质

(1)三条轴测轴是迹线三角形的三条高线。

如图 9-3a 所示,为讨论问题方便,将轴测投影面 P 设置成水平位置,空间直角坐标轴与轴测投影面交于 X_1、Y_1 和 Z_1,则 $\triangle X_1Y_1Z_1$ 称为迹线三角形。坐标原点 O 直角投射到 P 面上为 O_1,由于 OX 轴垂直于 YOZ 平面,则 OX 垂直于 Y_1Z_1,根据直角投影定理可知:OX 的正投影 O_1X_1 必垂直于 Y_1Z_1,即 $O_1X_1 \perp Y_1Z_1$,同理,$O_1Y_1 \perp X_1Z_1$、$O_1Z_1 \perp X_1Y_1$。如图 9-3b 所示,正轴测投影的三条轴测轴分别垂直于迹线三角形 $X_1Y_1Z_1$ 的三条对应边,O_1 为 $\triangle X_1Y_1Z_1$ 的垂心。

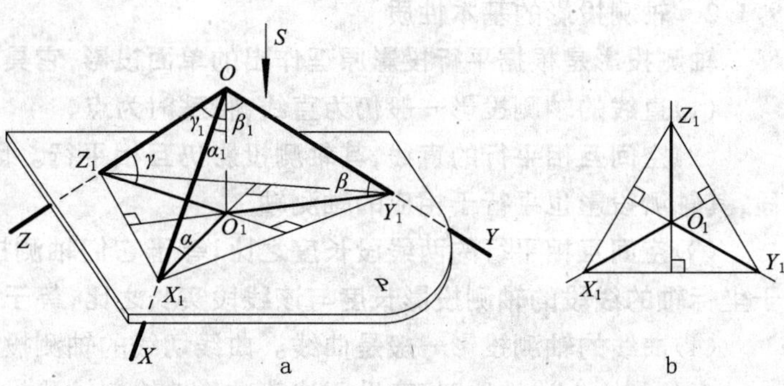

图 9-3 正轴测投影的性质

(2)三个轴向伸缩系数的平方和等于 2,即 $p^2+q^2+r^2=2$(证明略)。

9.2.2 正等轴测投影及正等测

正等轴测投影简称正等测。将 $p=q=r$ 代入 $p^2+q^2+r^2=2$ 中,解得 $p=q=r\approx0.82$。因为 $p=\cos\alpha$、$q=\cos\beta$、$r=\cos\gamma$,所以 $\alpha=\beta=\gamma$。可知图 9-3a 中的直角三角形 OO_1X_1、OO_1Y_1 和 OO_1Z_1 全等,则不难证明迹线三角形 $X_1Y_1Z_1$ 是等边三角形,O_1 是它的中心与垂心,故三个轴间角均为 120°。正等测的轴测轴画法如图 9-4a 所示。

为使作图简便,在实际应用中常将轴向伸缩系数由 0.82 简化为 1。简化后的轴向伸缩系数称为简化系数。用简化系数作正等测时,是将形体的实际尺寸即将正投影图中各坐标轴方向的原长度画到相应的轴测轴上。用简化系数 1 作出的正等测(图 9-4d)比用轴向伸缩系数 0.82作出的正等测(图 9-4c)放大了 1.22 倍(1/0.82=1.22)。

9.2.3 正二等轴测投影及正二测

正二等轴测投影简称正二测,一般取正二测的 $p=r=2q$,代入 $p^2+q^2+r^2=2$ 中,解得 $p=r\approx0.94$、$q\approx0.47$。

正二测中,因三条轴测轴中有两条轴的轴向伸缩系数相等,因此这两条相应的坐标轴与轴

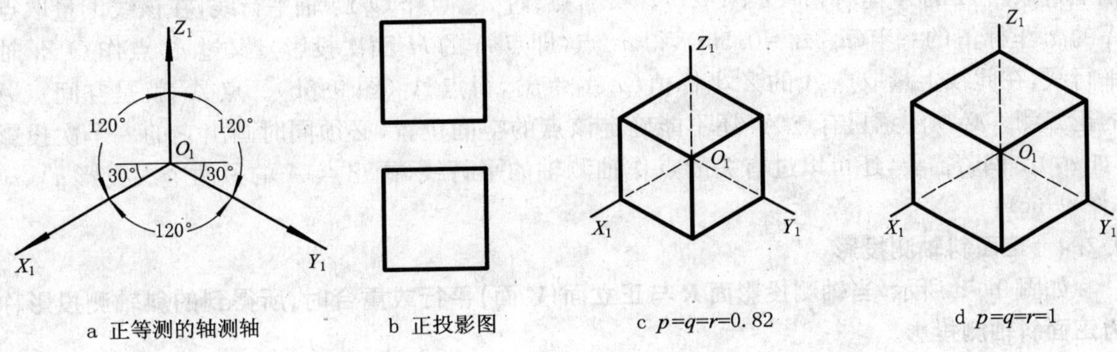

图 9-4　正等测的轴测轴及其画法

测投影面的夹角也相等，即 $\alpha=\gamma$；三个轴间角中也有两个相等，即 $\angle X_1O_1Y_1=\angle Y_1O_1Z_1$。通过计算可得：$\angle X_1O_1Y_1=\angle Y_1O_1Z_1=131°25'$、$\angle X_1O_1Z_1=97°10'$，也即 O_1X_1 轴与水平线夹角为 $7°10'$，可用比值 $1/8(\approx\tan7°10')$ 确定 O_1X_1 轴；O_1Y_1 轴与水平线夹角为 $41°25'$，可用比值 $7/8(\approx\tan41°25')$ 确定 O_1Y_1 轴。正二测的轴测轴画法如图 9-5a 所示。

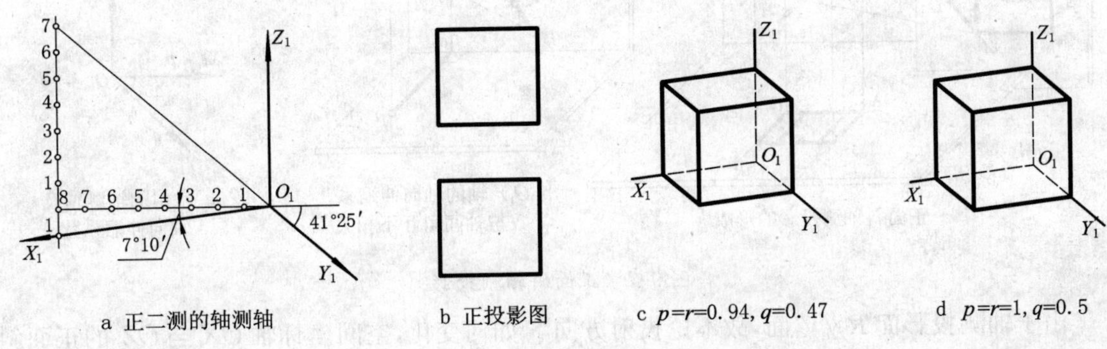

图 9-5　正二测的轴测轴及其画法

在正二测中，习惯上将 $p=r=0.94$、$q=0.47$ 简化为 $p=r=1$、$q=0.5$。用简化系数作出的正二测（图 9-5d）比用轴向伸缩系数作出的正二测（图 9-5c）放大了 1.06 倍（$1/0.94=1.06=0.5/0.47$）。

当知道某一类轴测图的轴间角和轴向伸缩系数（或简化系数）后，便可根据形体的正投影图作出其轴测图。图 9-6 所示为用简化系数作点的正二测：先画正二测的轴测轴；再在 O_1X_1

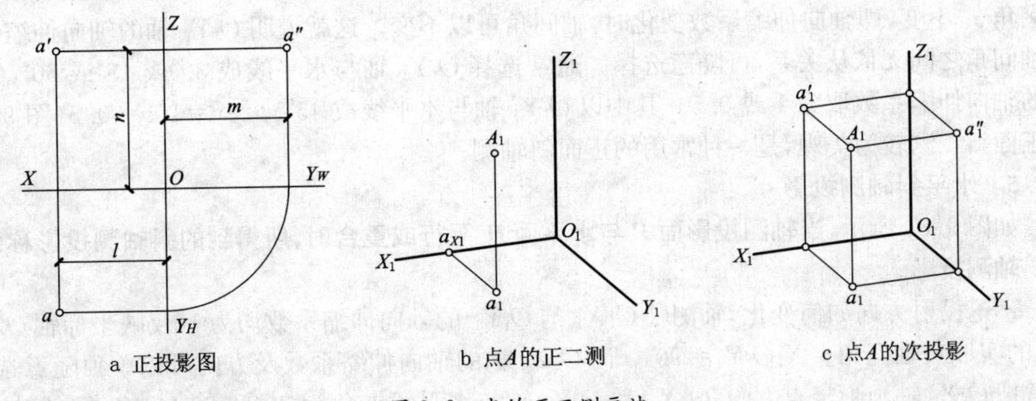

图 9-6　点的正二测画法

轴上量取点 A 的 X 坐标值($O_1a_{X1}=l$),得 a_{X1}点;过 a_{X1}点作 O_1Y_1 轴平行线,在该线上量取点 A 的 Y 坐标值的一半($a_{X1}a_1=0.5m$),得 a_1 点(即点 A 的 H 面次投影);又过 a_1 点作 O_1Z_1 轴平行线,在此线上量取点 A 的 Z 坐标值($a_1A_1=n$),得点 A_1(图 9-6b)。点 A_1 就是空间点 A 的正二测。必须注意只有点 A_1 还不能确定该点的空间位置,必须同时画出它的一个次投影(如 a_1)。倘若需要,还可以过有关的点作轴测轴的平行线,画出点 A 的另两个次投影 a'_1、a''_1(图 9-6c)。

9.2.4 正面斜轴测投影

如图 9-7a 所示,**当轴测投影面 *R* 与正立面(*V* 面)平行或重合时,所得到的斜轴测投影称为正面斜轴测投影**。

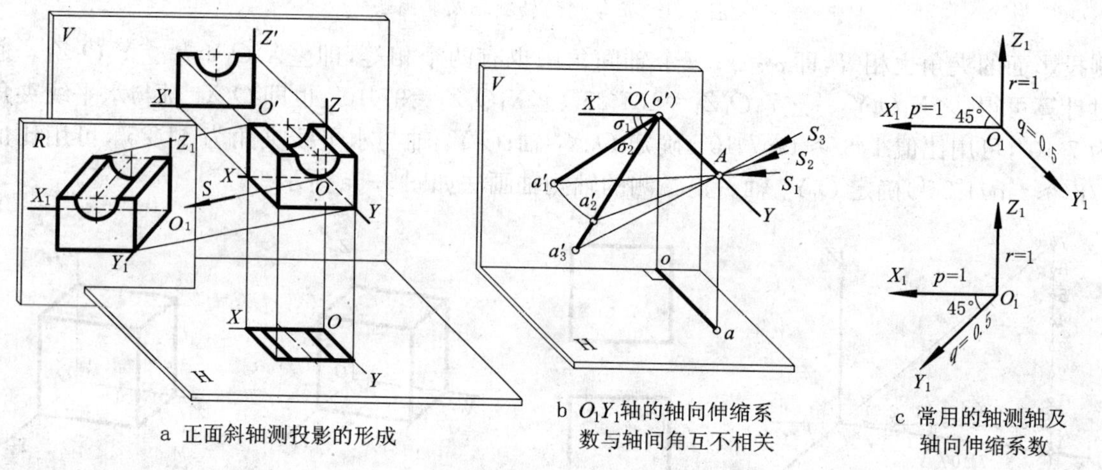

a 正面斜轴测投影的形成

b O_1Y_1轴的轴向伸缩系数与轴间角互不相关

c 常用的轴测轴及轴向伸缩系数

图 9-7 正面斜轴测投影

由于轴测投影面 $R/\!/V$ 面,故不论投射方向 S 如何变化,空间坐标轴 OX 与 OZ 的正面斜轴测投影的长度与夹角都反映实形,即轴测轴 O_1X_1 与 O_1Z_1 的轴向伸缩系数均为 1,轴间角 $\angle X_1O_1Z_1=90°$。由此可见,形体上的任何正平面上的图案的正面斜轴测都应反映实形;而 O_1Y_1 轴的轴向伸缩系数与方向(O_1Y_1 轴与 O_1X_1 轴的夹角),会随轴测投射方向的变化而各自独立变化。如图 9-7b 所示:在坐标轴 OY 轴上取线段 OA 作其正面斜轴测投影,当投射方向 S_1 变为 S_2 时,可使线段 OA 在 V 面(或轴测投影面)上的投影长度不变,即 $o'a'_1=o'a'_2$,而其投影对水平线(OX 轴)的夹角从 σ_1 变为 σ_2,即轴向伸缩系数不变时,轴间角可变。当投射方向由 S_2 变为 S_3 时,可使线段 OA 在 V 面上的投影长度由 $o'a'_2$变为 $o'a'_3$,而其投影对水平线的夹角 σ_2 不变,即轴向伸缩系数变化时,轴间角可以不变。这就说明 O_1Y_2 轴的轴向伸缩系数与轴间角之间无依从关系,可随意选择。通常选择 O_1Y_1 轴与水平线成 30°或 45°或 60°,O_1Y_1 轴的轴向伸缩系数取为 1 或 0.5。其中以 O_1Y_1 轴与水平线成 45°、$p=r=1$、$q=0.5$(图 9-9c)的正面斜二测较为美观,是一种常用的正面斜轴测。

9.2.5 水平斜轴测投影

如图 9-8a 所示,**当轴测投影面 *P* 与水平面 *H* 平行或重合时,所得到的斜轴测投影称为水平斜轴测投影**。

不论投射方向如何变化,轴测轴 O_1X_1 与 O_1Y_1 的轴向伸缩系数均为 1(反映坐标轴 OX 与 OY 的实形)、轴间角 $\angle X_1O_1Y_1=90°$。而 O_1Z_1 轴的轴向伸缩系数及方向可以单独随意选择。通常把 O_1Z_1 轴画为竖直方向、O_1X_1 和 O_1Y_1 轴与水平线夹角为 30°和 60°,O_1Z_1 轴的轴向伸

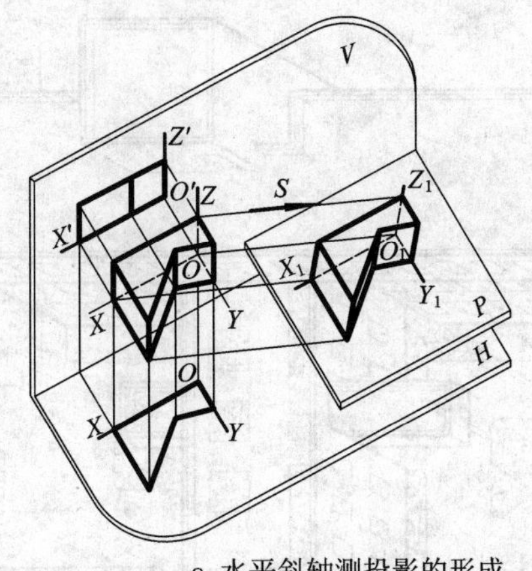

a 水平斜轴测投影的形成

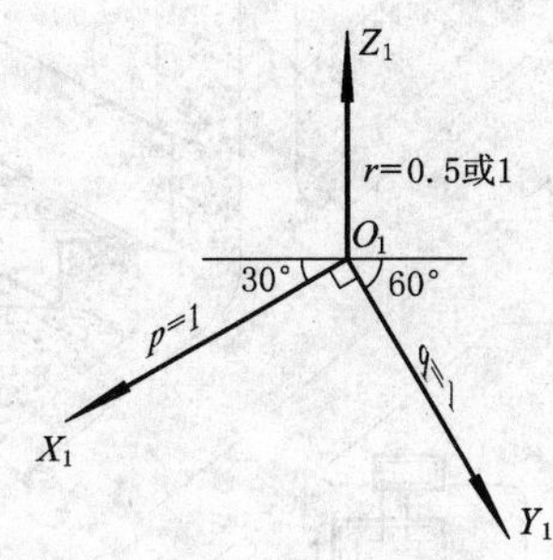

b 常用的轴测轴及轴向伸缩系数

图 9-8 水平面斜轴测投影

缩系数取 1 或 0.5(图 9-8b)。

当形体上的某些表面平行于轴测投影面时,其斜轴测投影能反映该面的实形。因此,对于在某个表面上形状复杂或曲线较多的形体,选取与该面平行的平面作为轴测投影面,作形体的斜轴测投影较为方便。如建筑工程上常用水平斜轴测投影表达一幢建筑物的水平剖面(图 9-9,其轴测轴布置同图 9-8b)或表达一个区域的总平面布置(图 9-10,图中轴测轴 O_1Z_1 为倾斜位置并与轴测轴 O_1X_1 成 30°角),水平面斜轴测投影还可以抽象地表达建筑物(图 25-7)。

图 9-9 带断面的房屋水平面斜轴测图

9.3 平面体轴测图的画法

9.3.1 画轴测图的一般步骤

根据形体的正投影图画其轴测图时,基本作图步骤为:

(1)读懂已知条件即形体的正投影图,进行形体分析并确定形体上的直角坐标轴的位置。坐标原点一般设在形体的角点或对称中心上。

(2)选择合适的轴测图种类与合适的投射方向,确定轴测轴及轴向伸缩系数(或简化系数)。

(3)根据形体特征选择合适的作图方法。常用的作图方法有:坐标法、装箱法、叠砌法、切割法、端面法、网格法等。

(4)画底稿。作图时应先确定形体在轴测轴上的点和线位置,并充分利用平行投影特性作图。

(5)检查底稿无误后,加深图线。为保持图形的清晰性,轴测图中的不可见轮廓线(虚线)一般不画,但为了使有些基本形体的立体感更好,也可根据需要画上虚线或阴影线。

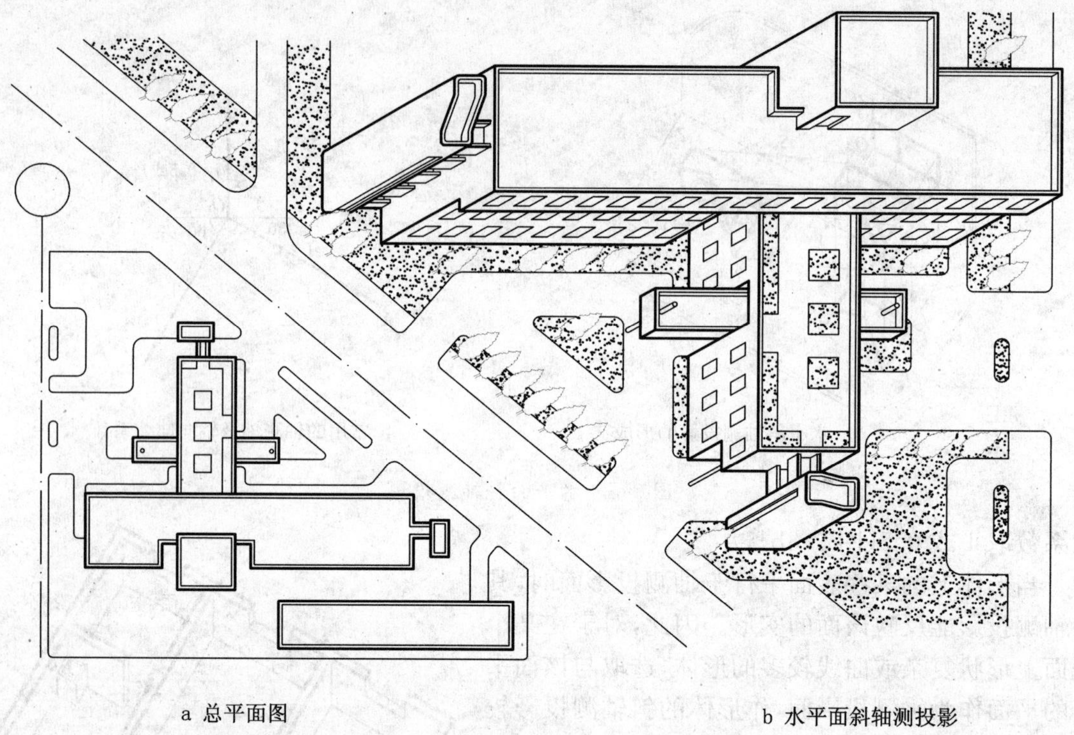

a 总平面图　　　　b 水平面斜轴测投影

图 9-10　某医院的总平面图及其水平面斜轴测投影

9.3.2　平面体轴测图画法举例

［例 9-1］　已知三棱锥及截平面 P 的正投影图(图 9-11a)，求作三棱锥被切割后切割体的正等测。

［解］　1. 分析：如图 9-11a 所示，选锥底所在平面为 XOY 平面，建立坐标轴。用坐标法作出各顶点的正等测，再依次连线即可。为便于叙述，点 A 的 X、Y、Z 坐标值分别用 X_A、Y_A、Z_A 表示，其他点类同。

2. 作图：

(1)画正等测的轴测轴，并取简化系数画三棱锥底面(图 9-13b)：在 O_1X_1 轴上量取 $O_1A_1=X_A$，得点 A_1。在 O_1Y_1 轴上量取 $O_1B_1=Y_B$，得点 B_1。在 O_1X_1 轴上量取 $O_1c_{X1}=X_c$ 得点 c_{X1}，过点 c_{X1} 作 O_1Y_1 轴平行线，在此线上量取 $c_{X1}C_1=Y_c$，得点 C_1。连点 A_1、B_1、C_1，得锥底△$A_1B_1C_1$。

(2)画锥顶(图 9-11c)：在 O_1X_1 轴上量取 $O_1s_{X1}=X_S$，得点 s_{X1}，过 s_{X1} 作 O_1Y_1 轴平行线，在此线上量取 $s_{X1}s_1=Y_S$，得点 s_1，过点 s_1 作 O_1Z_1 轴平行线，在此线上量取 $s_1S_1=Z_S$，得锥顶 S_1。

(3)画完整三棱锥(图 9-13d)：将点 S_1 分别与点 A_1、B_1、C_1 相连，得完整三棱锥的正等测。为使轴测图的立体效果更好，可将点 A_1、B_1 用虚线连接。

(4)画截交线 $D_1E_1F_1$(图 9-13e)：在 O_1X_1 轴上量取 $O_1d_{X1}=X_D$，得点 d_{X1}，过 d_{X1} 作 O_1Y_1 轴平行线，在此线上量取 $d_{X1}d_1=Y_D$，得点 d_1，过 d_1 作 O_1Z_1 轴平行线、交 S_1C_1 于点 D_1，同理作出点 E_1、F_1。连点 D_1、E_1、F_1 得截交线 $D_1E_1F_1$。

(5)完成切割体的轴测图(图 9-11f)：擦去被切掉的侧棱 S_1D_1、S_1E_1、S_1F_1，得三棱台的正等测。经检查无误后，加粗应画出的图线并加绘阴影线。

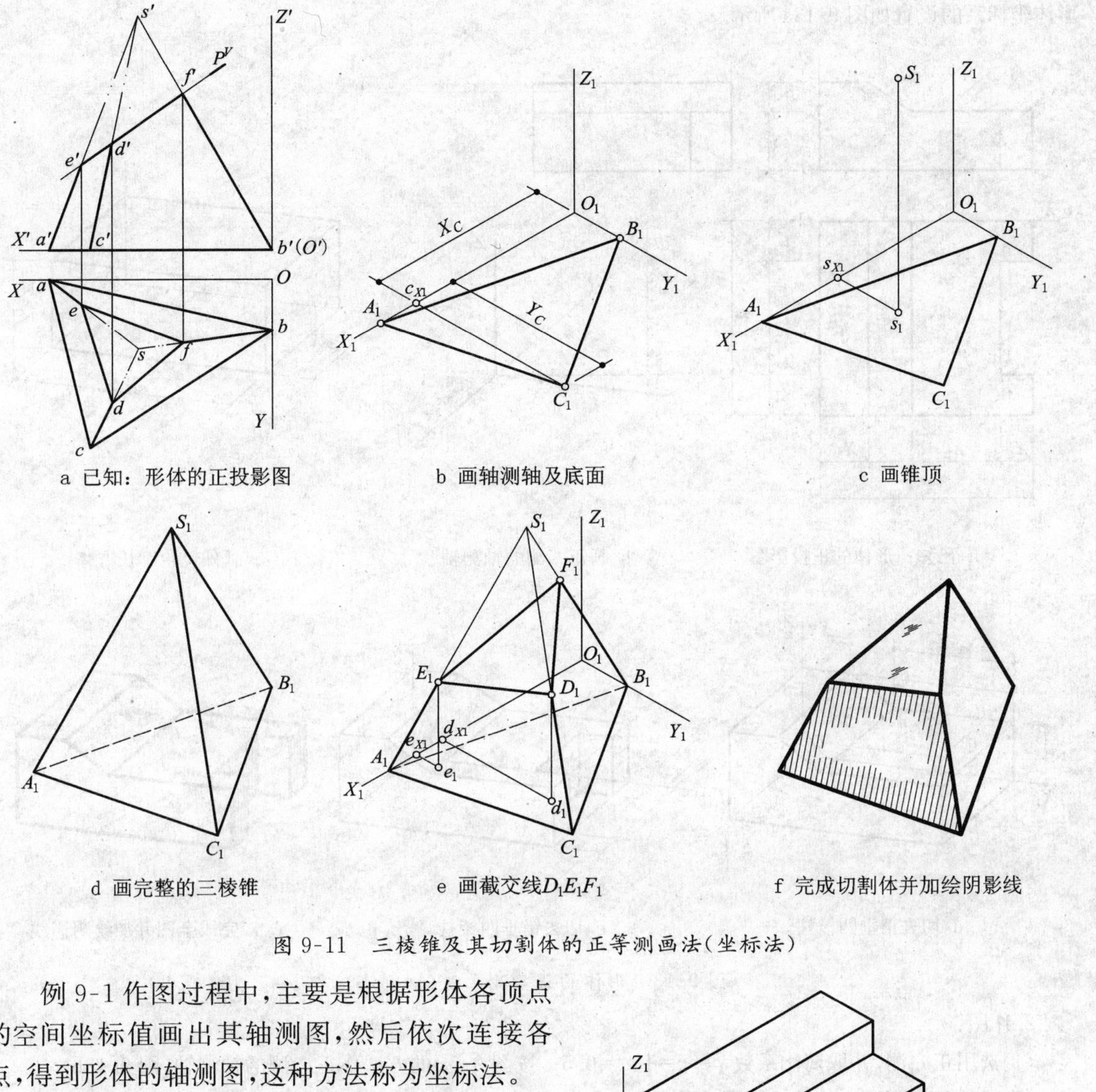

a 已知：形体的正投影图　　b 画轴测轴及底面　　c 画锥顶

d 画完整的三棱锥　　e 画截交线$D_1E_1F_1$　　f 完成切割体并加绘阴影线

图 9-11　三棱锥及其切割体的正等测画法(坐标法)

例 9-1 作图过程中，主要是根据形体各顶点的空间坐标值画出其轴测图，然后依次连接各点，得到形体的轴测图，这种方法称为坐标法。

坐标法虽然是作轴测图的最基本方法，但对于有一系列平行线的形体，则不必用量取坐标值的方式一一定出所有顶点，而应充分利用“平行线的轴测投影仍平行”的原理，省去一些定坐标值的作图步骤。如图 9-12 所示的台阶，其上有一系列平行线，作轴测图时可用坐标法结合画平行线的方式，先画出左端面。然后过左端面各顶点(1～9)作 O_1X_1 轴平行线，画出可见棱线，在过点 1 的棱线上截取台阶宽度 l，得点 1_1，由点 1_1 开始顺次作左端面相应线段的平行线，便可完成全图。这种作图方法称为端面法。

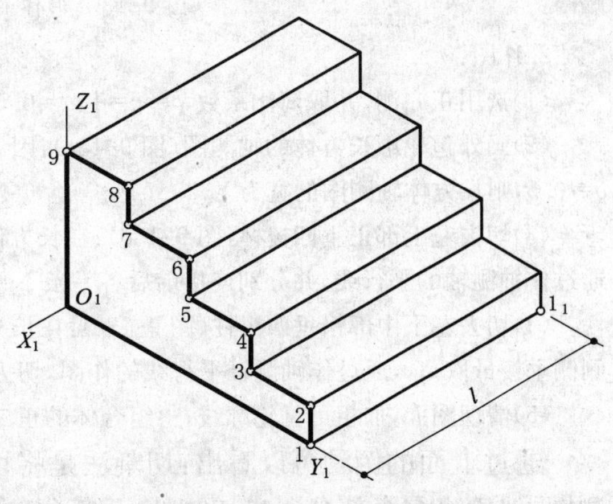

图 9-12　用端面法画台阶的轴测图

［例 9-2］　已知形体的正投影图(图 9-13a)，求作它的正二测。

［解］　1. 分析：由正投影图可知该形体是切割式组合体，即可由长方体经两次切割而形成：第一次在长方体左上部切去一个正垂四棱柱，第二次在左下中部切去一个铅垂四棱柱。因此，可采用切割法作轴测图。

形体坐标系的设置如图 9-13a 所示。

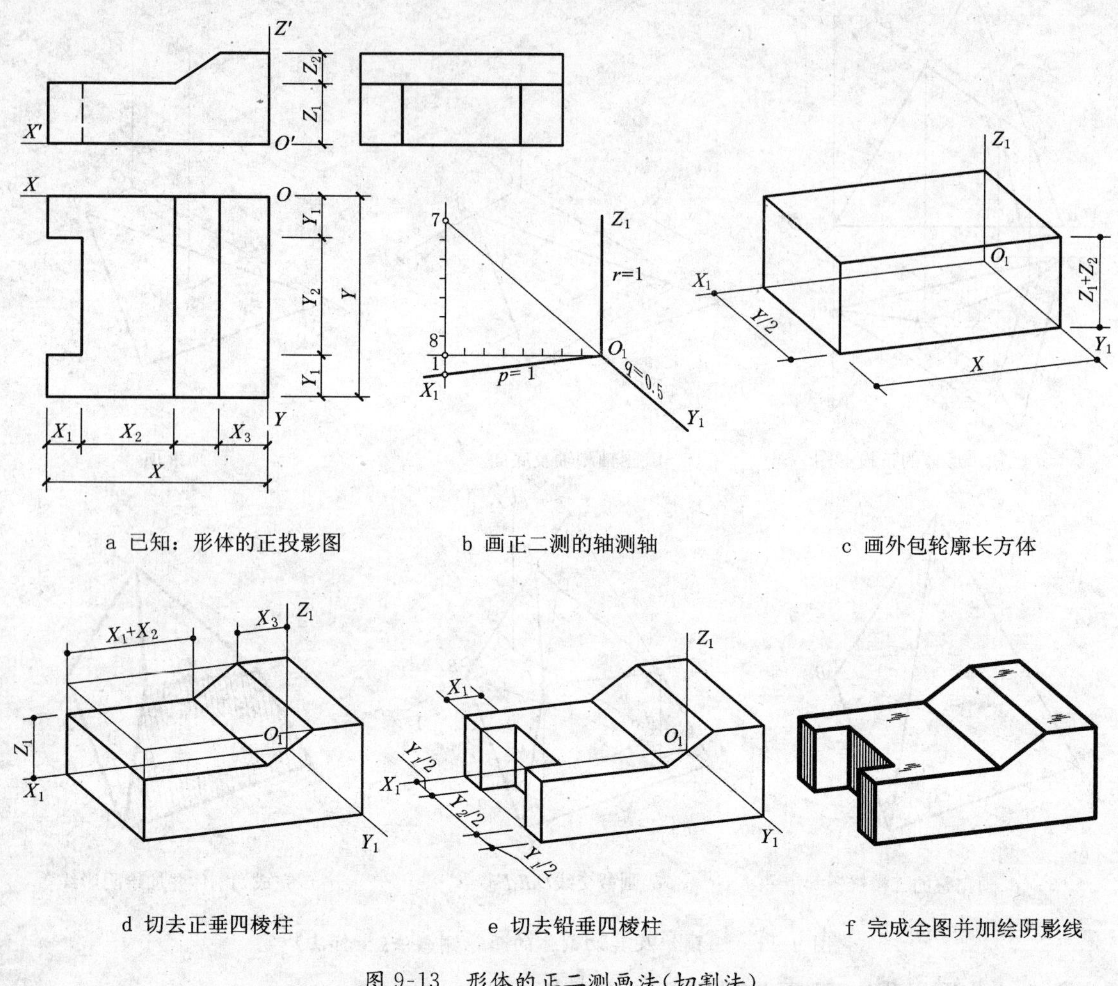

图 9-13 形体的正二测画法(切割法)

2. 作图：

(1)选用正二测，并取简化系数 $p=r=1$、$q=0.5$。按图 9-5a 的方法作正二测的轴测轴(图 9-13b)。

(2)画外包轮廓长方体的轴测图(图 9-13c)：因 $p=r=1$，故长方体轴测图的长为 X、高为 Z_1+Z_2 不变，因 $q=0.5$，则长方体轴测图的宽为 $Y/2$。

(3)切去左上部正垂四棱柱(图 9-13d)：在长方体上沿左后侧棱量取 Z_1，沿 O_1X_1 轴量取 X_1+X_2 及 X_3，通过作轴测轴的平行线，并分别连接前后各一条不平行于轴测轴的倾斜线，便切去了左上部的四棱柱。

(4)切去左下中部铅垂四棱柱(图 9-13e)：在长方体的左下端沿左下正垂侧棱量取 $Y_1/2$ 及 $Y_2/2$，沿后上侧侧垂棱量取 X_1，通过作轴测轴平行线的作图，切去左下端中部的四棱柱。

(5)清理图面，加粗可见轮廓线，得组合体的正二测(图 9-13f)。

通过上面的例题可以看出：切割法是将切割式组合体先作为完整的基本形体，并画出其轴测图，然后将多余部分逐步切割掉，最后得到该组合体的轴测图。

[例 9-3] 已知梁板柱节点的正投影图(图 9-14a)，求作正等测。

[解] 1. 分析：梁板柱节点由若干四棱柱叠加组合形成，可采用叠砌法作轴测图。为表达清楚组成梁板柱节点的各基本形体的相互构造关系，应画仰视轴测图，即轴测投射方向是从左、前、下至右、后、上。

2. 作图：

(1)根据形体的对称性特点选用正等测，并取简化系数。画正等轴测轴，作出四棱柱楼板的正等测并在

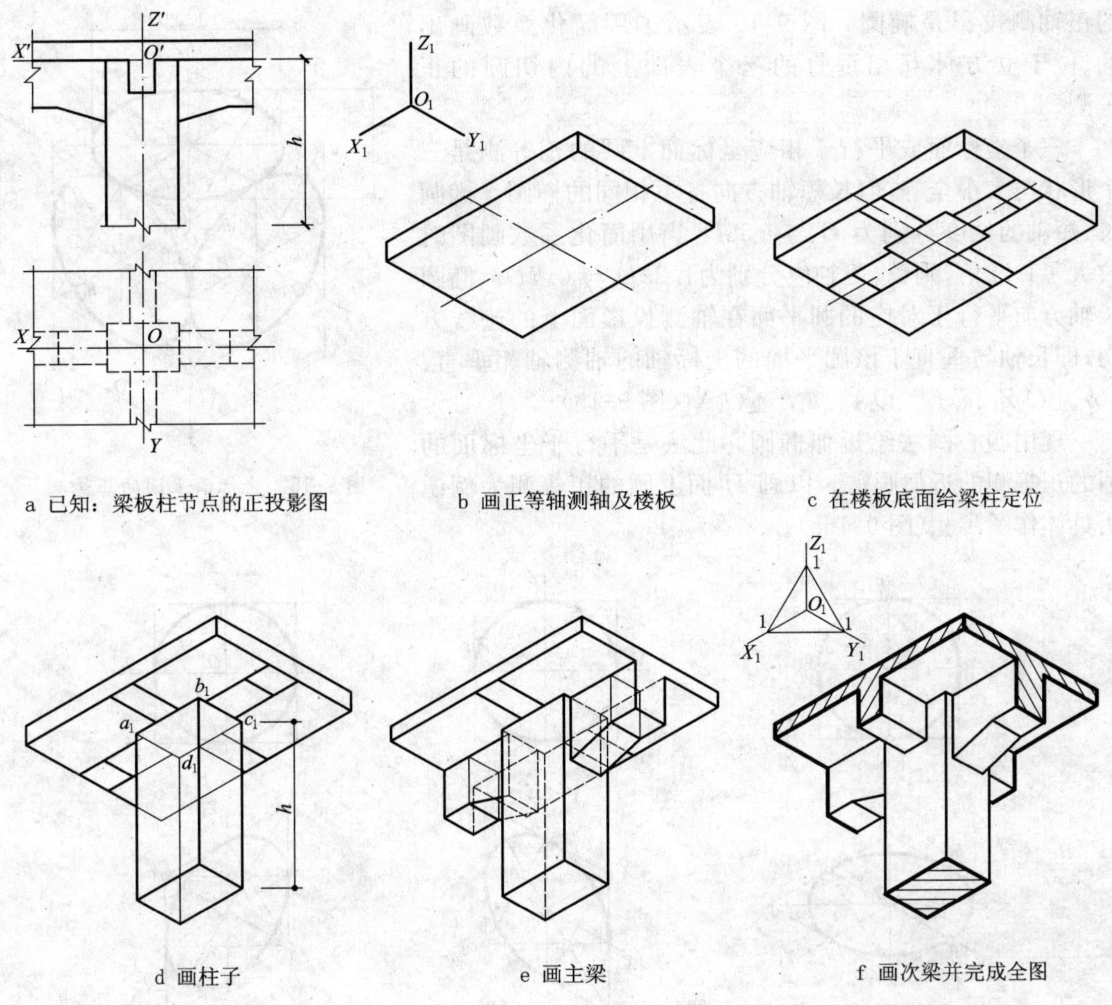

a 已知：梁板柱节点的正投影图　　b 画正等轴测轴及楼板　　c 在楼板底面给梁柱定位

d 画柱子　　e 画主梁　　f 画次梁并完成全图

图 9-14　梁板柱节点的正等测画法(叠砌法)

楼板底面上绘出对称中心线(细单点长画线)(图 9-15b)。

(2)给梁和柱定位(图 9-14c):在楼板底面上,绘出柱子、主梁和次梁的水平次投影。

(3)画柱子(图 9-14d):过柱子次投影的四个顶点 a_1、b_1、c_1、d_1 向下画柱子的高度 h,绘出柱子的轴测图。

(4)画主梁(图 9-14e):过主梁的次投影向下画相应的高度,绘出主梁的轴测图,并画出主梁与柱子左右侧面的交线(左边交线被柱子遮挡,被遮挡部暂时用细虚线表示)。

(5)画次梁并完成全图(图 9-14f):过次梁的次投影向下画高度,画出次梁的轴测图,并画出次梁与柱子前后表面的交线(后边交线被柱子遮挡)。检查无误后,用规定的线型加深轴测图(在最后结果图中保留可见的轮廓线,擦去不可见虚线轮廓线和交线。):节点的断面边界画粗实线,断面上的剖面线画细实线、且应平行于迹线三角形的对应边,其余轮廓线画中实线。

通过上面的例题可以看出:叠砌法是将叠加式组合体分解成多个基本形体,再依次按其相对位置作出轴测图,最后得到组合体的轴测图。

9.4　曲面体轴测图的画法

9.4.1　坐标面或其平行面上圆的轴测图

在正轴测投影中,三个空间直角坐标面都倾斜于轴测投影面,所以坐标面或其平行面上圆的正轴测投影是椭圆。图 9-15 表示了用简化系数画出的、位于立方体互相垂直的三个表面上的内切圆的正等测。

三个坐标面或平行于相应坐标面上圆的正等测是三个形状与大小全等，但长短轴方向各不相同的椭圆。椭圆长、短轴的长度分别为 D 与 $0.58D$，当用简化系数画图时放大了1.22倍，则长、短轴应分别为 $1.22D$ 与 $0.7D$。椭圆长轴方向平行于对应的圆平面在轴测投影面上的迹线方向，即长轴与垂直于该圆平面的坐标轴的轴测轴相垂直：$a_1b_1 \perp O_1Z_1$、$e_1f_1 \perp O_1Y_1$、$k_1l_1 \perp O_1X_1$（图 9-15）。

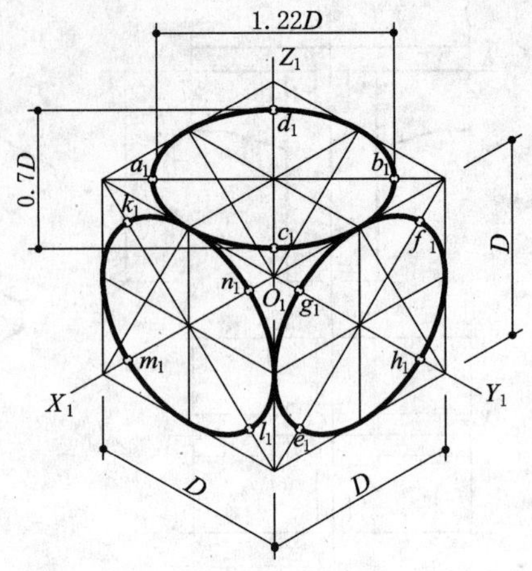

图 9-15　坐标面上圆的正等测

现用四心圆法绘近似椭圆。此法是平行于坐标面的圆的正等测的近似画法。以画 H 面上圆的正等测为例说明具体作图步骤（图 9-16a）：

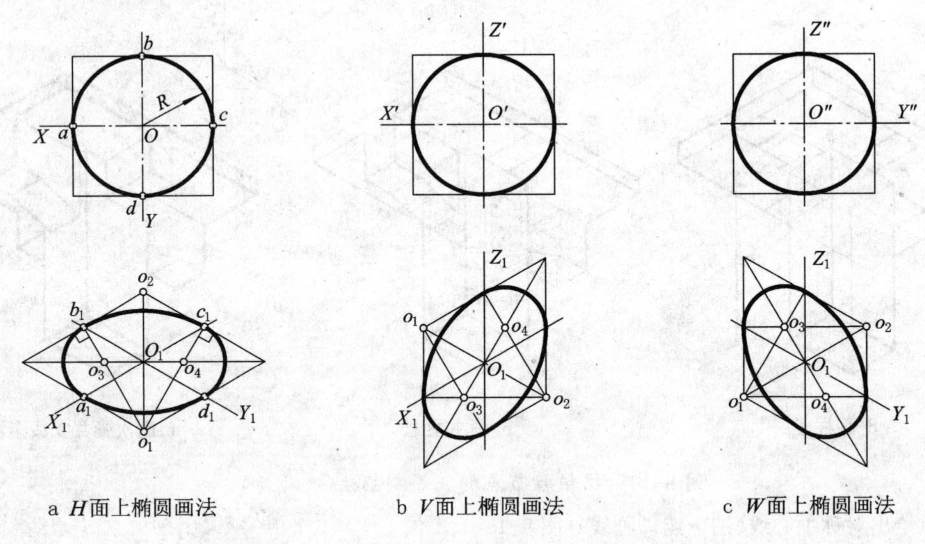

图 9-16　四心圆法绘近似椭圆

①在圆的正投影图中，作对边与坐标轴 OX、OY 平行的圆外切正方形，得四个切点 a、b、c、d。

②画正等测的轴测轴，并作出四个切点 a_1、b_1、c_1、d_1 及正方形的正等测——菱形。因采用简化系数，所以$a_1c_1 = b_1d_1 = ac = bd$；必须注意，$H$ 面上的菱形对边，应平行于 O_1X_1 和 O_1Y_1 轴测轴。

③菱形的短对角线端点 o_1、o_2 为两个圆心；连 o_1b_1、o_1c_1（必垂直于相应的菱形边），交菱形长对角线于 o_3、o_4，即为另两个圆心。

④分别以点 o_1、o_2、o_3、o_4 为圆心，o_1b_1、o_2a_1、o_3a_1、o_4c_1 为半径，画四段圆弧$\overset{\frown}{b_1c_1}$、$\overset{\frown}{d_1a_1}$、$\overset{\frown}{a_1b_1}$、$\overset{\frown}{c_1d_1}$，四段圆弧应光滑地相切于 a_1、b_1、c_1、d_1 四点，于是构成近似椭圆。

平行于 V 面及 W 面的圆的正等测画法如图 9-16b、c 所示。要注意的是：正平圆的外切正方形的对边应平行于 OX、OZ 坐标轴；侧平圆的外切正方形的对边应平行于 OY、OZ 坐标轴；而这些边的正等测则应平行于相应的轴测轴。

9.4.2　曲面体的轴测图画法举例

圆柱、圆锥的正等测画法如图 9-17、图 9-18 所示。

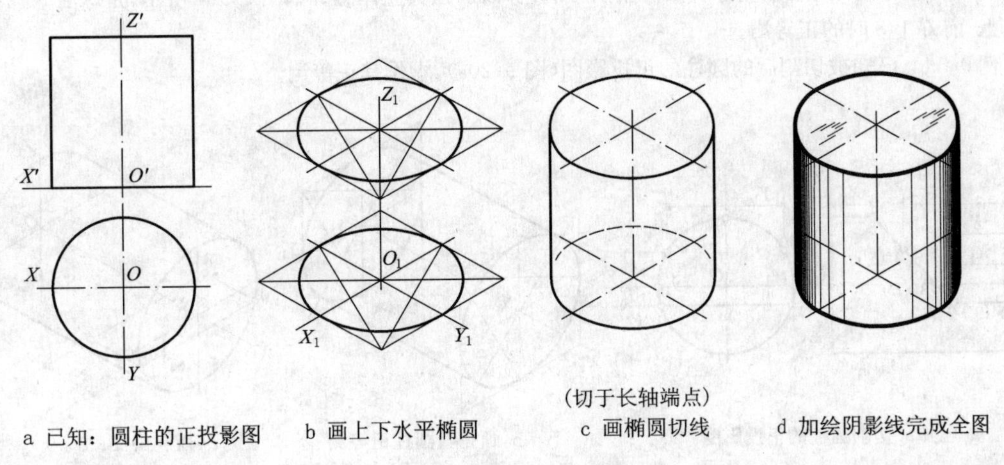

a 已知：圆柱的正投影图　b 画上下水平椭圆　c 画椭圆切线　d 加绘阴影线完成全图

图 9-17　圆柱的正等测画法

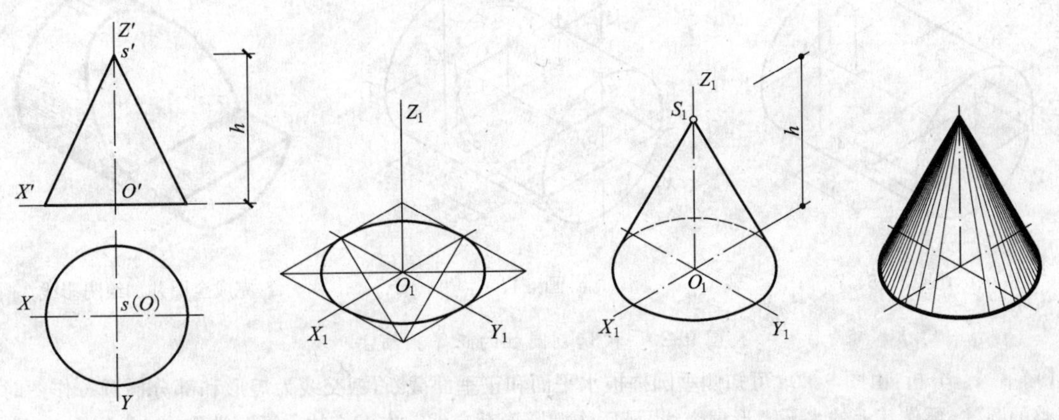

a 已知：圆锥的正投影图　b 画锥底平面椭圆　c 定锥顶S_1并过S_1画椭圆切线　d 加绘阴影线完成全图

图 9-18　圆锥的正等测画法

［例 9-4］　作球的正等测(图 9-19)。

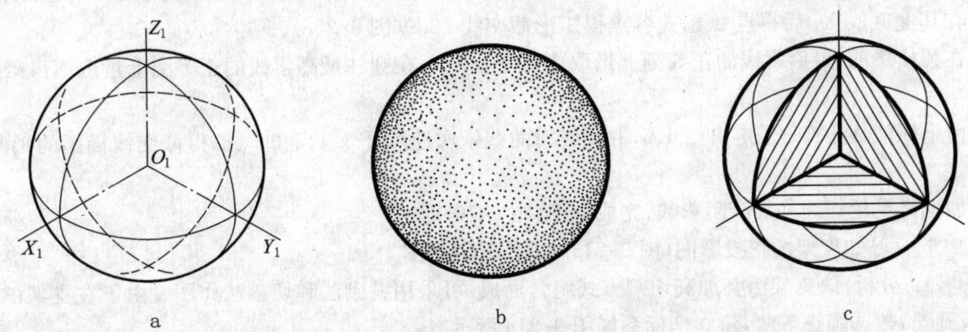

a　b　c

图 9-19　球的正等测画法

［解］　球从任一方向作正投影都是圆，且圆的直径等于球的直径。采用简化系数作正等测时，直径被放大了 1.22 倍。如图 9-19a 所示，球在三个坐标面上的圆(赤道圆、正平子午线圆、侧平子午线圆)的轴测投影是椭圆(画法见图 9-16)，这三个椭圆的包络线圆就是球的正等测的轮廓线圆。

如图 9-19b 所示，可在该轮廓线圆内用阴影润色，以加强其立体感。如图 9-19c 所示，是球沿坐标面被切去左、上、前方 1/8 时的正等测。

[例 9-5]　已知被切割后的圆柱的正投影图(图 9-20a)，求作其正等测。

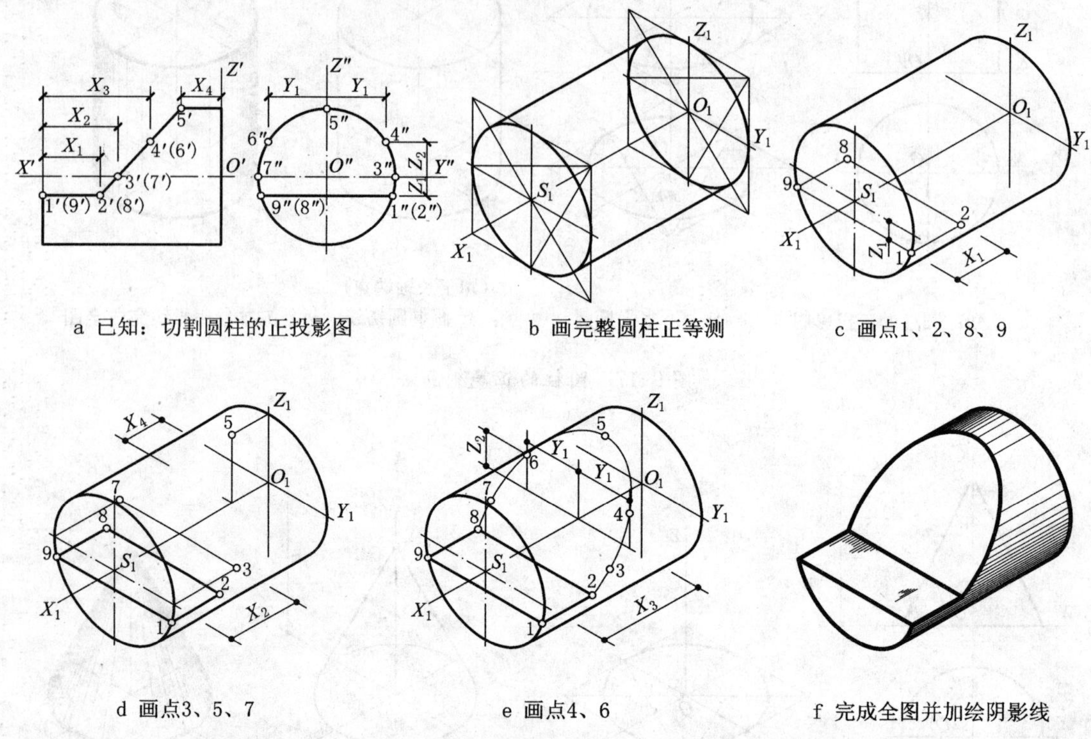

图 9-20　被切割圆柱的正等测画法

[解]　1. 分析：由图 9-20a 可知侧垂圆柱被水平面和正垂面截断，截交线为矩形和部分椭圆。作图时先作完整的圆柱，再作其上的水平矩形截交线，最后作椭圆形截交线。在截交线上适当选取点 1～9(图 9-20a)，其轴测图用坐标法作出。以圆柱轴线为 OX 轴建立坐标系，并选用正等测绘其轴测图。

2. 作图：

(1)定正等测的轴测轴，取简化系数作两端面的近似椭圆及公切线，画出完整的圆柱的正等测(图 9-20b)。

(2)由点 S_1 下降高度 Z_1 后，作与 O_1Y_1 轴平行的直线，交左端面椭圆于点 1、9。过点 1、9 作 O_1X_1 轴的平行线，并在其上截取 X_1 后得点 2、8，连各点得矩形截交线 1289(图 9-20c)。

(3)在圆柱最前、最后素线的正等测上量取 X_2，得点 3、7，在圆柱最高素线的正等测上量取 X_4，得点 5(图 9-20d)。

(4)由坐标值 X_3、Y_1、Z_2 定出点 4、6，并用光滑曲线依次连点 2、3、4、5、6、7、8，得截交线椭圆的轴测图(图 9-20e)。

(5)加粗可见轮廓线并加绘阴影线，完成全图(图 9-20f)。

[例 9-6]　已知支架的正投影图(图 9-21a)，求作其轴测图。

[解]　1. 分析：该支架由叠加和切割方式组合而成，可采用叠砌法和切割法作图。由于在支架的多个面上有圆及圆弧，故选画正等测，建立坐标系如图 9-21a 所示。

2. 作图：

(1)画正等测的轴测轴，并依次叠加作出底板、竖板和肋板的基本平面形体(图 9-21b)。

(2)在底板上切割圆角(图 9-21c)：先作出切点 A_1、B_1、C_1、D_1，再过切点作相应边的垂线，垂线两两相交得两个圆心 o_1、o_2，由此作出顶面圆弧 $\overset{\frown}{A_1B_1}$、$\overset{\frown}{C_1D_1}$。再将圆心 o_1、o_2 下降一个底板厚度，得点 s_1、s_2，以此为圆心作出底面的两段圆弧，并作右边两圆弧的公切线。

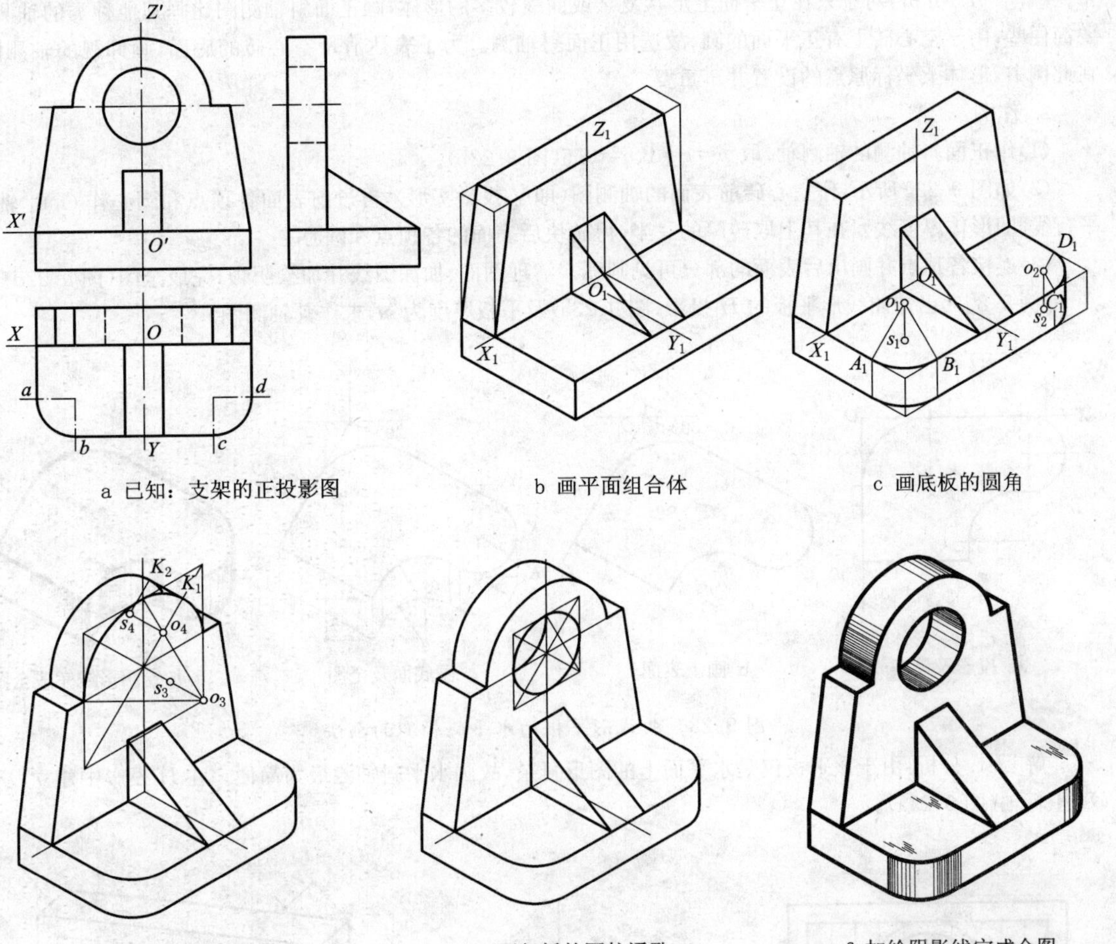

a 已知：支架的正投影图　　b 画平面组合体　　c 画底板的圆角

d 画竖板的半圆柱　　e 画竖板的圆柱通孔　　f 加绘阴影线完成全图

图 9-21　支架的正等测画法

(3)在竖板上方叠加半圆柱(图 9-21d)：按图 9-16b 的四心圆法先作竖板前表面的半椭圆；再将圆心 o_3、o_4 沿 O_1Y_1 轴向后移一个竖板厚度，得点 s_3、s_4，以 s_3、s_4 为圆心分别作两段圆弧，并作前、后表面两椭圆的公切线 K_1K_2。

(4)作竖板的圆柱通孔(图 9-21e)：按图 9-16b 方法先画竖板前表面上圆孔的椭圆，再画后表面上圆孔的椭圆的可见部分。

(5)清理图面并加粗可见轮廓线，完成全图(图 9-21f)。

[例 9-7]　已知矿渣空心砖的正投影图(图 9-22a)，求作其轴测图。

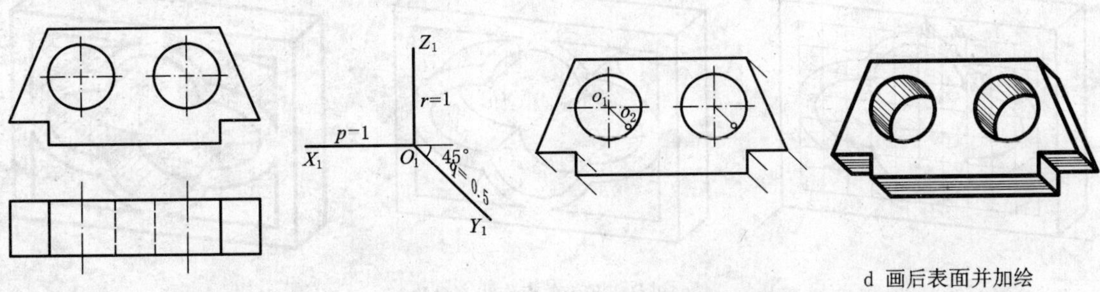

a 已知：空心砖的正投影图　　b 画轴测轴　　c 画前表面及厚度线　　d 画后表面并加绘阴影线完成全图

图 9-22　空心砖的正面斜轴测投影的画法

［解］ 1. 分析：对于只在正平面上形状复杂或曲线较多的形体，画正面斜轴测图比画其他种类的轴测图要简便些，由于空心砖上有正平面的圆，故选用正面斜轴测。为了表达清楚空心砖的底面，画仰视的轴测图。在此例中，形体上坐标原点的设置并不重要。

2. 作图：

(1)作正面斜轴测的轴测轴，取 $p=r=1$、$q=0.5$(图 9-22b)。

(2)如图 9-22c 所示，作空心砖前表面的轴测图(即 V 投影实形)，再过前表面各顶点和圆心作 O_1Y_1 轴的平行线(即形体厚度线)，在其上取砖厚的一半，得砖块后表面的各顶点和圆心。

(3)连接各顶点并画出后表面的部分可见圆弧。清理图面、加深图线并加绘阴影，完成全图(图 9-22d)。

［例 9-8］ 已知曲线形平板的 H 投影(图 9-23a)及平板厚度为 m，求作其轴测图。

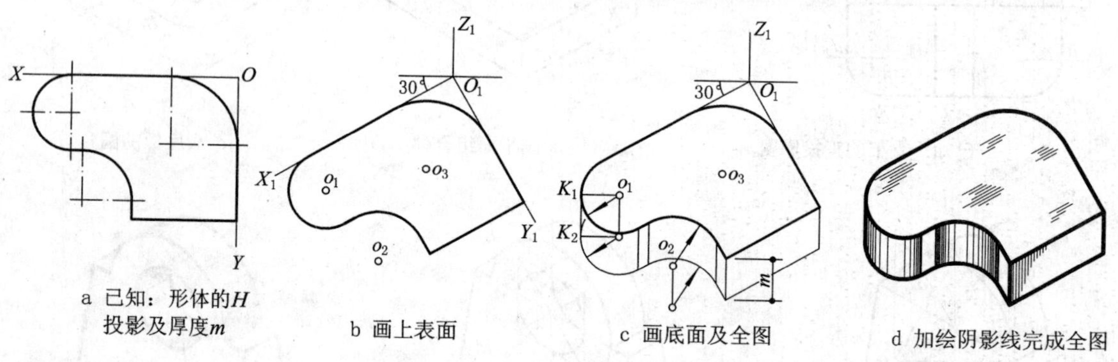

图 9-23 曲线形平板的水平斜轴测的画法

［解］ 1. 分析：由于该平板仅是水平面上的图形复杂，故画水平斜轴测最为简便。在 H 投影中建立 OX、OY 坐标轴(图 9-23a)。

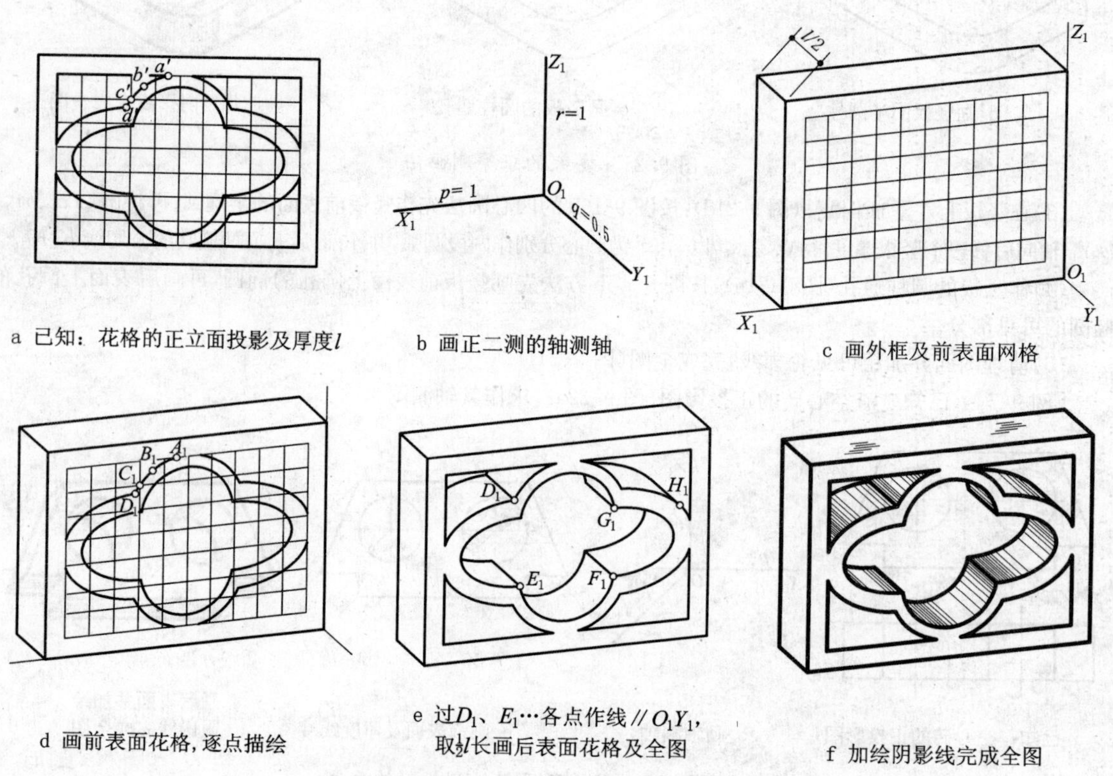

图 9-24 花格的正二测画法

2. 作图：

(1)画轴测轴，取 $p=q=r=1$，画出形体顶面的水平斜轴测图。实际上就是将 H 投影逆时针旋转 30°后画出(图 9-23b)。

(2)画形体底面(即把顶面下降厚度 m 后画出)。作图时可将圆心、切点和直线端点均下降 m，然后画圆、切线和线段，完成全图。该平板的水平斜轴测的最左轮廓线是两圆弧的公切线 K_1K_2(图 9-23c)。

(3)清理图面、加深图线并加绘阴影线(图 9-23d)。

[例 9-9] 已知建筑上花格图案的立面图(如图 9-24a 中的粗线所示)及厚度 l，求作轴测图。

[解] 由正投影可知，花格图案是非圆曲线，无论是画正面斜轴测还是画正等测、正二测，均可采用网格法。现选用正二测。在立面图上绘出网格(格数自定)，定正二测轴测轴，取 $p=r=1$、$q=0.5$。画花格外框(长方体)及其前表面上网格的正二测。其余详细步骤如图 9-24b、c、d、e、f 所示。

9.4.3 带剖切的轴测图画法

图 9-25a 所示的形体，无论用哪种轴测图都无法把内部构造完全表达清楚，此时可假想用剖切平面将形体剖开后作其轴测图，就能清楚表达出它的内部构造(图 9-25b)。这种轴测图称为带剖切的轴测图。

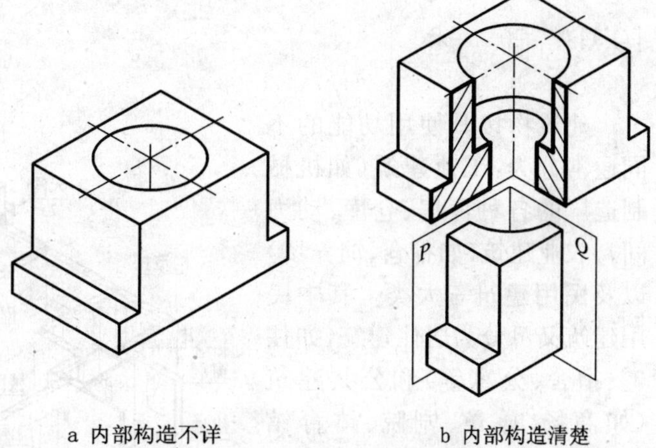

a 内部构造不详　　b 内部构造清楚

图 9-25 带剖切的轴测图

在剖切时，通常避免用一个平面去剖切整个形体，而采用两个或三个互相垂直的剖切平面进行剖切，且剖切平面应平行于相应的坐标面。若是前后左右对称的形体，则应沿对称平面剖开。如图 9-25b 中剖切平面 P 应平行于 V 面(坐标面 XOZ)，剖切平面 Q 则平行于 W 面(坐标面 YOZ)。

在带剖切的轴测图中，平行于坐标面的剖切平面上的剖面符号线是原坐标面上 45°斜线的轴测投影，其方向应按图 9-26 所示的方法绘制：即在与该坐标面相关的两轴测轴上，用该轴向伸缩系数作为长度定点，并连线，该线就是轴测图中与该坐标面平行的剖切平面上剖切线的轴测投影。

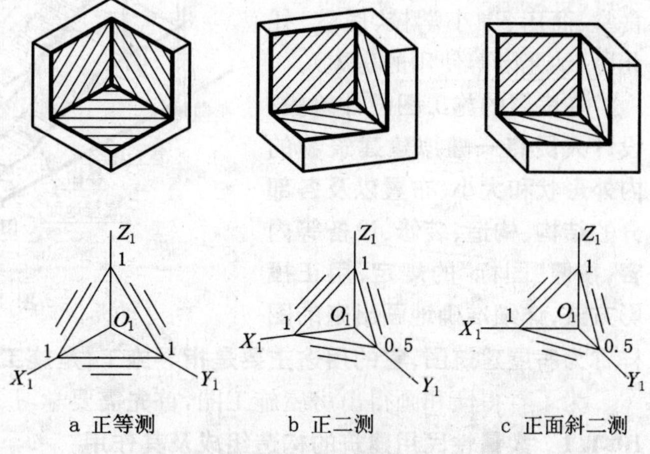

a 正等测　　b 正二测　　c 正面斜二测

图 9-26 轴测图中剖面符号线方向的确定

画带剖切的轴测图时，根据具体情况可选择“先整体，后剖切”或“先剖切，后整体”的方法绘制。所谓先整体后剖切，就是先画完整形体的轴测图，然后进行剖切，得出剖切后余下部分的轴测图。而先剖切后整体，则是先画出轴测图断面的形状，然后再画该形体剖切后所余的其他部分。后一种方法比前者作图线少，但初学者不易掌握，应在熟悉前一种方法后，再用后一种方法。

10 建筑结构施工图

10.1 概　述

建筑物按其使用功能的不同通常分为:工业建筑(如机械制造厂的各种厂房、仓库、动力间)、农业建筑(如谷仓、饲养场)以及民用建筑三大类。其中民用建筑又可分为居住建筑(如住宅、宿舍、公寓等)和公共建筑(如商场、旅馆、剧院、体育馆等)。人们在日常生活即衣食住行、上学、治病等活动中使用的房屋习惯上称为大量性民用建筑(包括住宅、职工或学生宿舍、食堂、商店、中小学校、医院、托儿所、幼儿园等使用的房屋)。

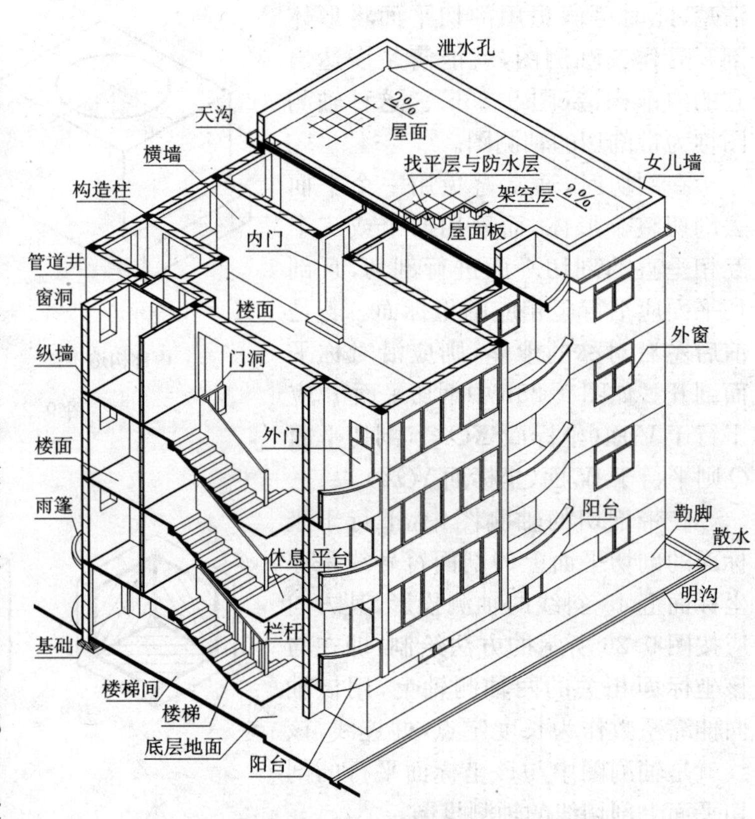

图 10-1　房屋的构造及组成

在房屋的施工图设计阶段,设计人员将一幢拟建建筑物的内外形状和大小、布置以及各部分的结构、构造、装修、设备等内容,按照"国标"的规定,用正投影方法,详细准确地画出来的图样称为房屋建筑图,它的用途主要是指导施工,是施工依据,所以又称为房屋施工图。

为了看得懂和画得出房屋施工图,首先需要学习、了解房屋各部分的构造组成及其作用。

10.1.1　大量性民用建筑的构造组成及其作用

大量性民用建筑的基本构造组成内容是相似的。现以图 10-1 所示的一幢住宅为例。楼房从下向上数为第一层(也叫底层、首层)、第二层、第三层……、顶层(本例的第四层即为顶层)。**由图可知一幢房屋由基础、墙或柱、楼面与地面、楼梯、门窗、屋面等 6 大部分组成,它们各处在不同的部位,发挥着各自的作用。**

(1) **基础**:基础是建筑物与土层直接接触的部分,它承受建筑物的全部荷载,并把它们传给地基(地基是基础下面的土层,承受由基础传来的建筑物的重量),但地基不是房屋的组成部分。

(2) **墙**:墙是房屋的承重和围护构件。凡位于房屋四周的墙称为外墙,其中位于房屋两端的外墙称为山墙。外墙有防风、雨、雪的侵袭和保温、隔热的作用,故又称外围护墙。凡位于房屋内部的墙称为内墙,主要起分隔房间的作用,故又称内分隔墙。另外沿建筑物短轴方向布置的墙称横墙,沿建筑物长轴方向布置的墙称纵墙。直接承受上部传来荷载的墙称为承重墙,不承受外来荷载的墙称为非承重墙。

(3) **楼面与地面**:楼面与地面是分隔建筑空间的水平承重构件。楼面是指二层以上各层的水平分隔并承受家具、设备和人的重量,并把这些荷载传给墙和柱。地面是指第一层使用的水平部分,它承受第一层房间的荷载。

(4) **楼梯**:楼梯是楼房的垂直交通设施,供人们上下楼层和紧急疏散之用。台阶是室内外高差的构造处理方式,供室内外交通之用。

(5) **门窗**:门主要作交通联系和分隔房间之用,窗主要作采光、通风之用。门和窗作为房屋围护构件,还能阻止风、霜、雪、雨等侵蚀和隔声。门窗是建筑外观的一部分,它们的大小、比例、色彩还对建筑立面处理和室内装饰产生影响。

(6) **屋面**:屋面是房屋顶部的围护和承重构件,由承重层、防水层和其他构造层(如根据气候特点所设置的保温隔热层、为了避免防水层受自然气候的直接影响和使用时的磨损所设置的保护层、为了防止室内水蒸汽渗入保温层而加设的隔汽层等)组成。

此外,天沟、雨篷、雨水管、勒脚、散水、明沟等起着排水和保护墙身的作用。阳台供远眺、晾晒之用,同时也起到立面造型的效果。

10.1.2 大量性民用房屋施工图的产生及其分类

大量性民用房屋设计一般分为初步设计和施工图设计两个阶段。

初步设计阶段:即根据该项目的设计任务书,明确要求,收集资料,踏勘现场,调查研究。设计人员根据建设方提供的各项条件(诸如地质勘测资料、经费等)及需求(房间型式及数量等),对于建筑中的主要问题,如总体布置、平面组合方式、空间体形、建筑材料和承重结构的选型等进行初步考虑,作出较为合理的方案。多用平面、立面和剖面等草图把设计意图表达出来,以便与建设方做进一步研究、修改之用。重要大型房屋常作多个方案以便比较选用。方案确定后,再与结构设计人员一道研究合理的结构选型及布置,有关工种配合等技术问题,然后由建筑设计人员按一定比例将建筑总平面布置图,建筑平、立、剖面图绘制好,常用 1∶100、1∶200 的比例,再送有关部门审批。通常还加绘给予人们视觉印象和造型感觉的透视图,通常称这种图为初步设计图(图 10-2),重要建筑有时还要做出小比例的模型来表示建筑物竣工后的外貌。

施工图设计阶段:初步设计经批准后,在此初步设计图的基础上,综合建筑、结构、设备等各工种的相互配合、协调、校核和调整,并把满足工程施工的各项具体要求反映在图纸中。为施工安装、编制施工图预算、安排材料、设备和非标准构配件的制作提供完整的、正确的图纸依据。一般建筑设计人员将建筑平面、立面、剖面设计完后,同时可展开结构、给排水、电气照明、采暖通风等工种设计,以便更好地互相配合。

一套完整的房屋施工图,一般可分为:

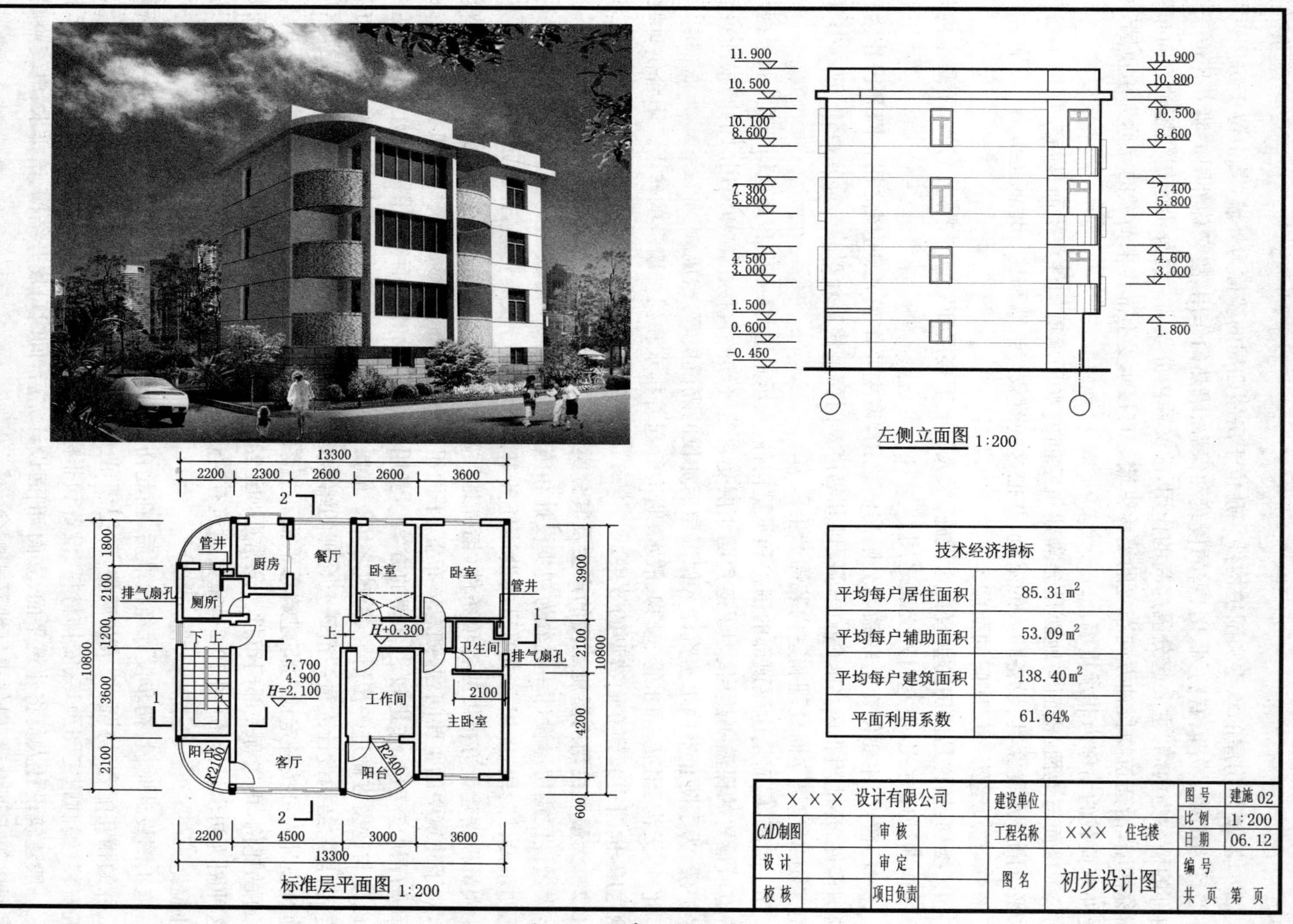

技术经济指标	
平均每户居住面积	85.31 m²
平均每户辅助面积	53.09 m²
平均每户建筑面积	138.40 m²
平面利用系数	61.64%

××× 设计有限公司		建设单位		图号	建施 02
CAD制图	审核	工程名称	××× 住宅楼	比例	1:200
				日期	06.12
设计	审定	图名	初步设计图	编号	
校核	项目负责			共 页	第 页

图10-2 初步设计图

（1）首页图：

①图纸目录：说明该工程由哪几个工种的图纸所组成，各工种图纸名称、图纸内容和图号顺序。其目的为便于查找图纸，如图纸目录表（详见与本书配套的《建筑透视阴影习题集》"建筑结构施工图"）。

②设计说明：主要说明工程的概貌和总的要求。内容包括工程设计依据（如使用性质和要求、建筑面积、造价以及有关的地质、水文、气象资料）；设计标准（建筑标准、结构荷载等级、抗震要求、采暖通风要求、照明标准）；施工要求（如施工技术及材料的要求等）。本项目±0.000与总图绝对标高的相对关系，室内室外用料说明，如砖强度等级等。小型工程的总说明可放在建筑施工图内。此外还有施工技术要求总说明（参看上述习题集中的"建筑结构施工图"）。

③门窗表（如图10-3右下方所示）。

④屋面、楼面地面、顶棚、墙面、墙裙、勒脚、散水、台阶、室内装修等构造做法，用局部图示或表格说明（参看上述习题集中"建筑结构施工图"）。

（2）建筑施工图（简称建施）：主要表示建筑物的内部布置情况、外部形状以及装修、构造、施工要求等。基本图纸包括总平面图、平面图、立面图、剖面图和构造详图（包括墙身剖面图、楼梯、门、窗、厕所、浴室及各种装修、构造等详细做法（用装修表说明，详见上述习题集中的"建筑结构施工图"）。本章着重介绍这些图样的读法和画法。

（3）结构施工图（简称结施）：主要表示承重结构的布置情况，构件类型、大小以及构造做法等。基本图纸包括结构设计说明书、基础施工图（包括基础平面图和基础详图）、结构平面图和各构件的结构详图（包括柱、梁、板、楼梯、雨篷等）。

（4）设备施工图（简称设施）：包括给排水施工图、采暖通风施工图和电气照明施工图。

给排水施工图（简称水施）：主要表示管道的布置和走向，构件做法和加工安装要求。图纸包括管道平面布置图、管道系统轴测图、详图等。

采暖通风施工图：主要表示管道的布置和构造安装要求。图纸包括平面图、系统图、安装详图等。

电气照明施工图（简称电施）：主要表示电气线路走向及安装要求。图纸包括平面图、系统图、接线原理图以及详图等。

通讯设备施工图包括闭路电视、电话配线、宽带网线路图及电话、电线设备材料表。

10.1.3　房屋施工图的图示特点

（1）施工图中各图样，主要根据正投影原理绘制，所绘图样都应符合正投影的投影规律。通常，在H面上作平面图，在V面上作正立面图，在W面上作剖面或侧立面图。平、立、剖面图一般按投影关系画在同一张图纸上，以便阅读（图10-3、图10-4）。如房屋体形较大、层数较多、图幅不够，平、立、剖面图也可分别画在几张图纸上，但应依次连续编号。每个图样均应标注图名（见图2-10）。

（2）图样比例：房屋体形较大，施工图常用缩小比例绘制，如用1∶100、1∶200绘制平面、立面、剖面图以表达房屋内外的总体形状。用1∶50、1∶30、1∶20…1∶1绘制某些房间布置、构配件详图和局部构造详图。详见表10-1。

（3）线型粗细变化：为了使所绘的图样重点突出、活泼美观，建筑施工图上采用了多种线型。如立面图上的室外地坪线用特粗1.4b线，外围轮廓线用粗实线b，可见柱子、门窗洞、窗台、台阶、勒脚等的投影线用中实线，门窗格子、墙面粉刷分格线用细实线。平面和剖面图中，剖到的墙身用粗实线，门窗洞及看到的墙柱、窗台等投影轮廓线用中实线，其他为细实线。

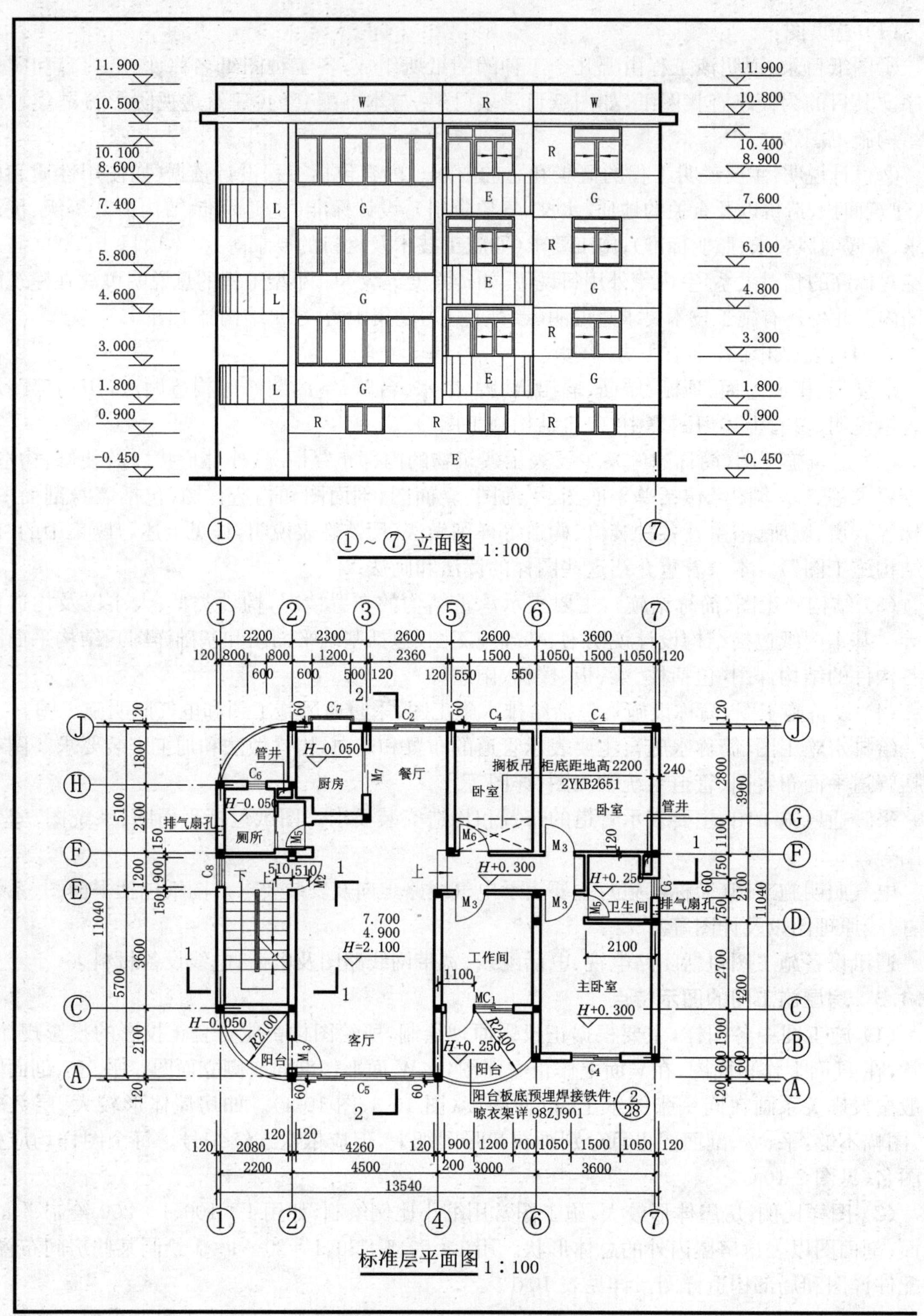

图 10-3 住宅平面、立面、屋面平面图(左)

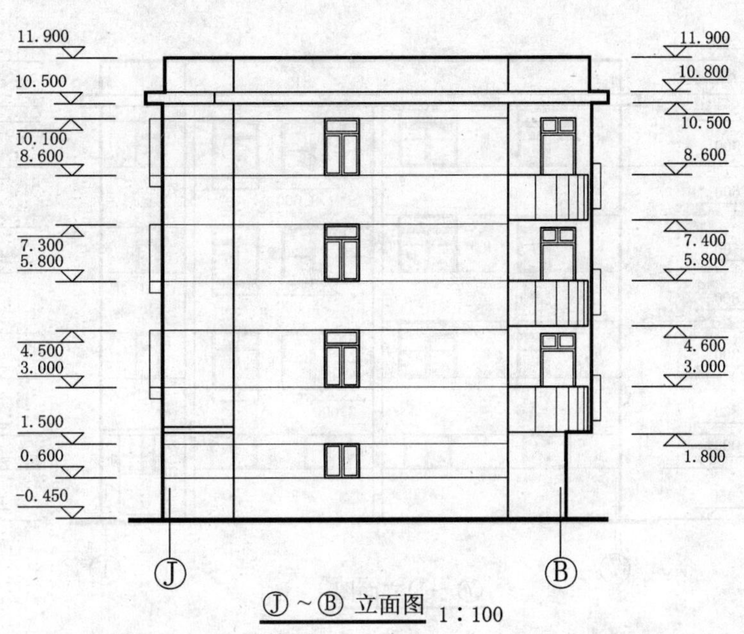

Ⓙ~Ⓑ 立面图 1：100

门窗表

门窗编号	尺寸(宽×高)	数量	备　注
M_1-0819	800×1900	7	刷米黄色油漆
M_2-0921	900×2100	3	刷米黄色油漆
M_3-0924	900×2400	12	刷米黄色油漆
M_4-1019	1000×1900	1	防盗大门
M_5-0720	700×2000	6	刷米黄色油漆
M_6-0922	900×2200	3	刷米黄色油漆
M_7-1421	1400×2100	3	白色玻璃铝合金推拉门
MC_1-2124	2100×2400	3	参照长沙铝铜材厂装饰分厂产品，立面详见本图，5 mm厚白色玻璃铝合金推拉窗，白色铝框
C_1-1209	1200×900	7	
C_2-2315	2360×1500	3	
C_3-0909	900×900	1	
C_4-1515	1500×1500	9	
C_5-4215	4260×1500	3	
C_6-0612	600×1200	6	
C_7-1215	1200×1500	3	无烟灶专用窗
C_8-0915	900×1500	3	同 C_1

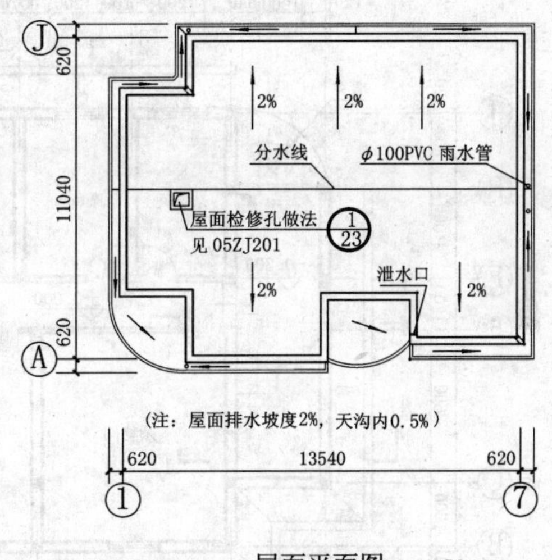

屋面平面图 1：150

× × × × 设计有限公司				建设单位		图 号	建施 02
						比 例	
CAD制图		审 核		工程名称	× × × 住宅楼	日 期	2006.12
设 计		审 定		图 名	①~⑦立面图　Ⓙ~Ⓑ立面图 标准层、屋面平面图		
校 核		项目负责					

图 10-3　住宅平面、立面、屋面平面图(右)

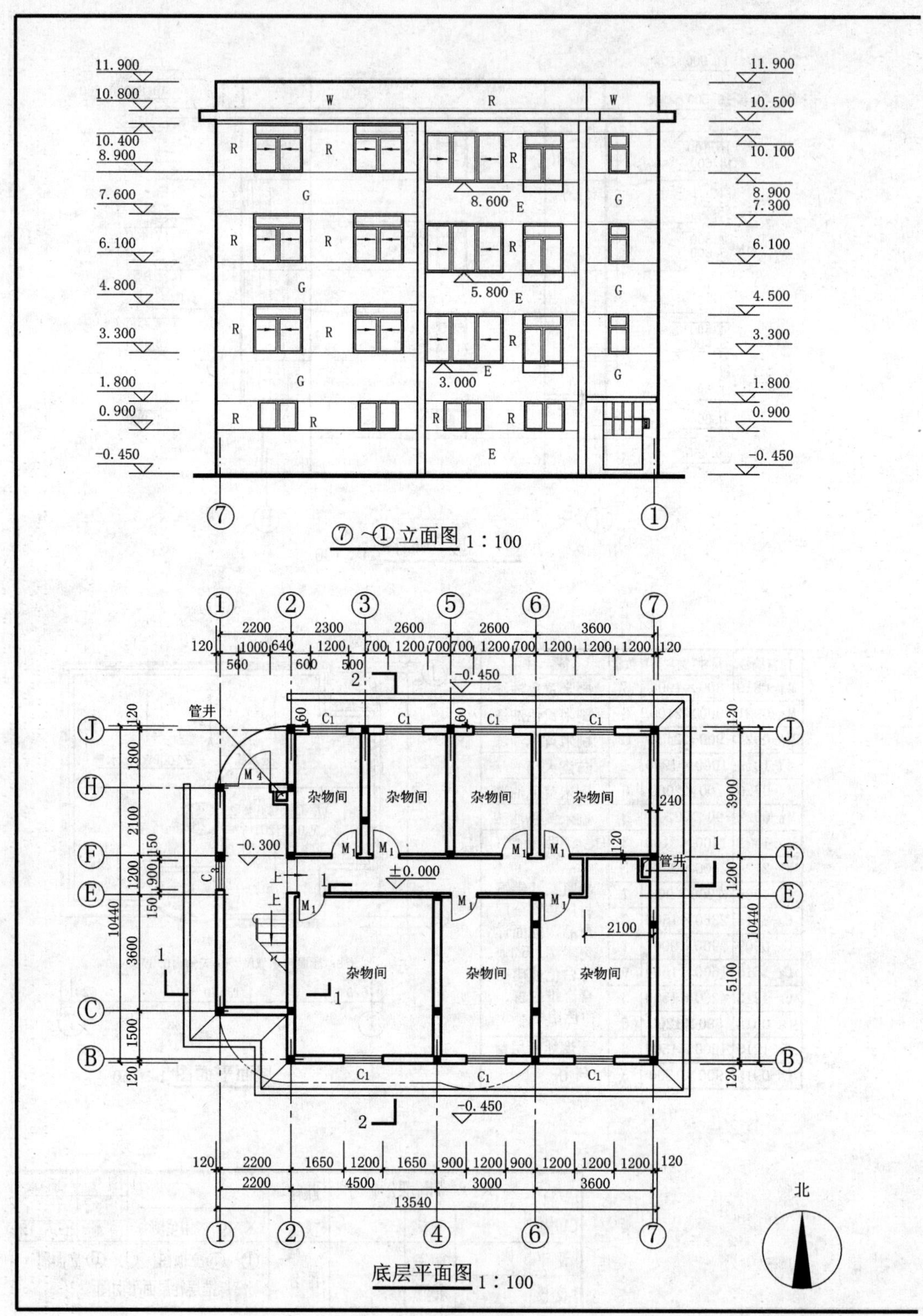

图 10-4　住宅平面、立面、剖面图(左)

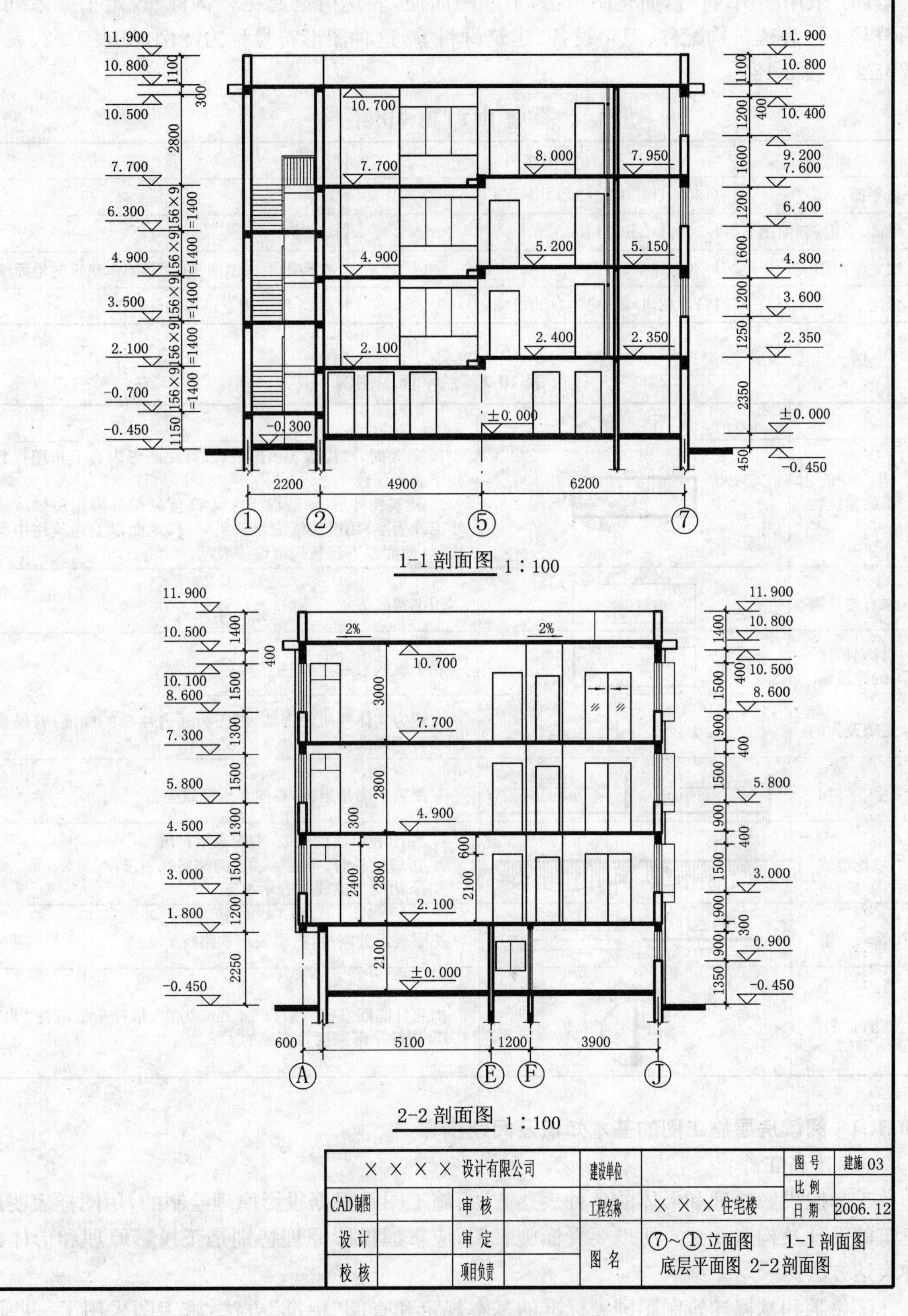

图 10-4 住宅平面、立面、剖面图(右)

(4) 采用图例、符号，简化图示：为了绘图简便，表达清楚起见，“国标”规定了一系列的图形符号来代表建筑构配件、卫生设备、建筑材料等，这种图形符号称为图例，见表 10-2、表 10-3 及第 2 章表 2-12。

表 10-1 图样比例

图 名	常用比例	备 注
总平面	1:500,1:1000,1:2000	
平面、立面、剖面图	1:100,1:200,1:150	
次要平面图	1:300,1:400	次要平面指屋面平面图，工业建筑的地面图
详图	1:1,1:2,1:5,1:10,1:20,1:25,1:50	1:25 仅适用于结构构件详图

表 10-2 总平面图图例

名 称	图 例	备 注
新建建筑物	8	1. 需要时，可用▲表示出入口，可在图形内右上角用点数或数字表示层数 2. 建筑物外形(一般以±0.00 高度处的外墙定位轴线或外墙面线为准)用粗实线表示。需要时，地面以上建筑用中实线表示，地面以下建筑用细虚线表示
原有建筑物		用细实线表示
计划扩建的建筑物		用中虚线表示
围墙及大门		左图为实体性质的围墙，右图为通透性质的围墙，若仅表示围墙时不画大门
坐 标	X105.00 Y425.00 A105.00 B425.00	左图表示测量坐标，右图表示建筑坐标
填挖边坡及护坡		1. 左图表示填挖边坡，右图表示护坡 2. 边坡较长时，可在一端或两端局部表示 3. 下边线为虚线时表示填方
桥 梁		左图表示公路桥，右图表示铁路桥
指北针	N	指北针圆圈直径一般以 24 mm 为宜，指针头部应注“北”或“N”，指针尾部宽度为直径的 1/8

10.1.4 阅读房屋施工图的基本知识及阅读步骤

(1) 准备工作：

①掌握投影原理和形体的各种表达方法：施工图是根据投影原理绘制的，用图样表明房屋建筑的设计及构造作法。所以要看懂施工图，应掌握投影原理特别是正投影原理和形体的各种表达方法。

②熟悉和掌握建筑制图国家标准的基本规定和查阅“标准”方法：施工图采用了一些图例符号以及必要的文字说明，共同把设计内容表现在图样上。因此要看懂施工图，还必须熟悉施工中常用的图例、符号、线型、尺寸和比例的意义。

表 10-3　构造及配件图例

名　称	图　例	名　称	图　例	名　称		图　例
空 门 洞		单层固定窗		坡道	长坡道	下
双扇门(包括平开或单面弹簧)		单层外开平开窗			门口坡道	下 下
推 拉 门		推 拉 窗		孔　洞		
新 建 的 墙 和 窗		双层内外开平开窗		墙 预 留 洞 和 槽		宽×高或ϕ 底(顶或中心)标高×× 宽×高×深或ϕ 底(顶或中心)标高××

③基本掌握和了解房屋构造组成:在学习过程中要善于观察和了解房屋的组成和构造等一些基本情况。当然对更详细的构造知识及其他有关的专业知识应阅读后续相关的专业书籍。

(2) 阅读房屋施工图步骤:**一套房屋施工图,简单的有几张,复杂的有几十张、甚至几百张,究竟应从哪一张看起呢?一般读图的步骤是:对于全套图纸来说先看说明书、首页图,后看建施、结施和设施。对于每一张图样来说,先图标、文字,后图样;对于“建施”、“结施”、“设施”来说,先“建施”,后“结施”、“设施”;对于“建施”来说,先平、立、剖面图,后详图,对于结构图来说,先基础施工图、结构平面图,后构件详图,当然这些步骤不是孤立的,而是要经常互相联系进行,反复多次阅读才能看懂。**

在较复杂或较完整的一套房屋施工图中,建施图往往有一张首页图并编为“建施 01”。读图时,首先应读首页图,以便于对该幢房屋有一概略了解,如果没有首页图,可以先将全套图纸翻一翻,了解这套图纸有多少类别,每类有几张,每张有些什么内容。然后按“建施”、“结施”、“设施”的顺序进行读图。

图 10-3 所示是住宅的标准层平面图,①～⑦立面图(又称正立面图)、Ⓙ～Ⓑ立面图(又称侧立面图)、屋面平面图和门窗表(门窗表一般应放于首页图,为了使读者读图方便而放于此)。图 10-4 所示是该住宅的底层平面图、⑦～①立面图(又称背立面图)、2-2 剖面图(横剖面图)和 1-1 剖面图(纵剖面图)。下面以该住宅为例,介绍建筑施工图的读图和画图的方法和步骤。

10.2 建筑总平面图

10.2.1 建筑总平面图的作用

建筑总平面图表明拟建房屋所在基地一定范围内的总体布置，地形、地貌、标高以及与原有房屋和环境的关系和邻界情况等。

建筑总平面图也是拟建房屋定位、施工放线、土方施工以及绘制水、暖、电等管线总平面图和施工总平面图的依据。

10.2.2 建筑总平面图的内容

（1）图名、比例，由于总平面图所包括的区域面积大，所以绘制时常采用1：500、1：1000、1：2000、1：5000等小比例。故房屋只用外围轮廓线的水平投影表示。图10-5所示为1：500。

（2）应用图例来说明拟建区、扩建区或改建区的总体布置，表明各建筑物及构筑物的位置，道路、广场、室外场地和绿化，河流、池塘等的布置情况以及各建筑的层数等。在总平面图上一般应画上所采用的主要图例及其名称。对于“国标”中未规定而需要自定的图例，必须在总平面图中绘制清楚，并注明其名称。

（3）确定拟建或扩建工程的具体位置，一般根据原有房屋或道路来定位，并以米为单位标出定位尺寸。当修建成片的住宅、较大的公共建筑物、工厂或地形较复杂时，用坐标确定房屋及道路转折点的位置。对地形起伏较大的地区，还应画出地形等高线。

（4）注明拟建房屋底层室内地面和室外已平整的地面的绝对标高和层数（图10-5用黑小圆点数表示层数）。如图10-5中表示拟建建筑物为四层。

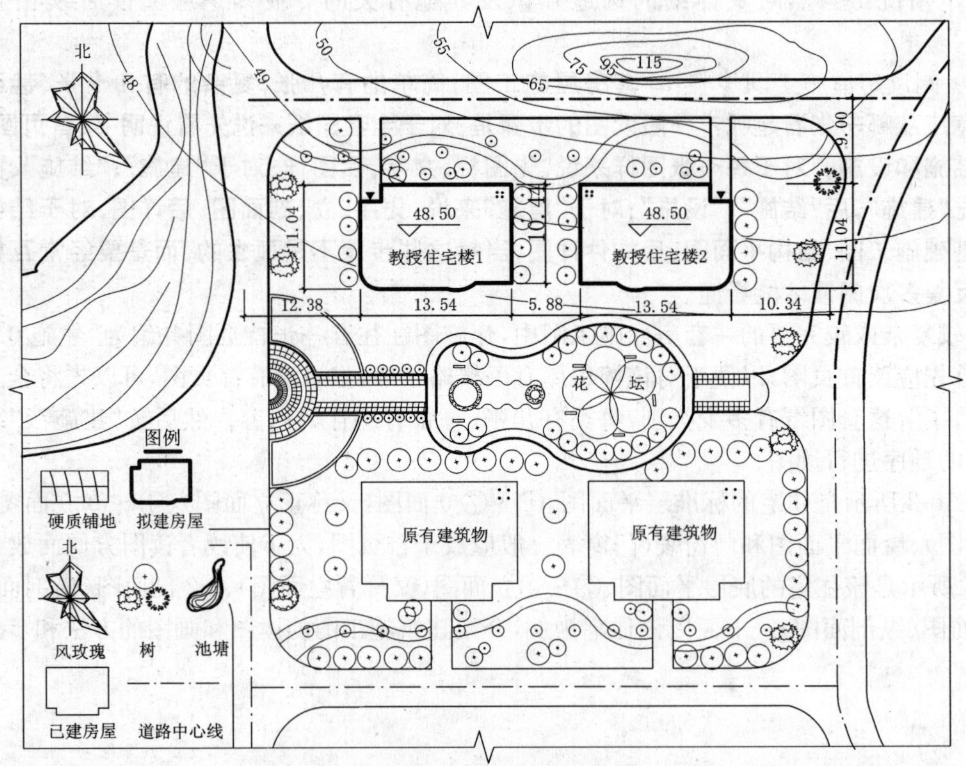

图10-5 建筑总平面图

用指北针表示房屋的朝向;用风玫瑰图表示常年风向频率和风速。

(5)总平面图的线型:图中拟建房屋外轮廓线用粗实线,原有房屋外轮廓线用细实线表示。河、塘边线及拟建道路用中实线,其他构筑物、绿化等用细实线。

10.2.3 建筑总平面图读图步骤(图10-5)

(1) 先看图样的比例、图例及有关的文字说明。总平面图上标注的坐标、标高和距离等尺寸,一律以米为单位,并应取至小数点后两位,不足时以"0"补齐。对图中使用较多的图例符号,须熟悉它们的意义。"国标"中所规定的常用图例,如表10-2所示。图10-5总平面图中的图例意义详见图的左下方说明。

(2) 了解工程的性质,用地范围,地形地貌和周围环境情况。从图10-5可知每幢住宅为4层,图中可确切知道拟建建筑物的位置:拟建的两幢建筑物位于北面,其东北面是山坡,小区的主要交通干道位于东面。由拟建房屋往南是花园与运动场,运动场西面是池塘,花园形状为桃花状,象征老师"桃李满天下",图中网格状为硬质铺地,沿铺地种植了树,同时还有绿地、坐凳,方便散步与休憩,小区南面是原有建筑物,分布在四季常青的绿树丛中,整个小区绿意盎然,环境优美宜人,有利于人们锻炼与休憩。

(3) 了解地形高低。从总平面图中所注写的室内(首层)地面和等高线的标高,可知该区的地势高低、雨水方向,并可估算填挖土方的数量。总平面图中标高的数值,均为绝对标高。所谓绝对标高,是指以我国青岛市外的黄海海平面作为零点而测定的高度尺寸。本例房屋首层地面±0.000即相当于绝对标高48.50,是根据拟建房屋所在位置的前后等高线的标高(图中是48和49),并估算到填挖土方基本平衡而决定的。如果图上没有等高线,可根据原有房屋或道路的标高来确定。▲表示出入大门口。

(4) 风向频率玫瑰图,即风玫瑰图,它是总平面图所在城市的全年(用细实线表示)及夏季(用细虚线表示)风向频率玫瑰图,是根据该地区多年平均统计的各个方向吹风次数的百分值,并按一定比例绘制,一般用12个(或16个)罗盘方位表示。图中以长短不同的细实线表示该地区常年的风向频率。用折线连接12个端点,互相垂直中心线的竖直线上方为北向,图中所示该地区全年最大的风向频率为东南风,夏季为东南风,夏季风向按7、8、9三个月统计。玫瑰图所表示的风的吹向,是指从外面吹向地区中心。

(5) 为了保证在复杂地形中施工放线准确,总平面图中常用坐标表示建筑物、道路、管线的位置。在地形图上绘制方格网即测量坐标网,与地形图采用同一比例,以100 m×100 m或50 m×50 m为一方格,竖轴为X,横轴为Y。放线是根据现场已有点的坐标,用仪器导测出拟建房屋的坐标。

10.3 建筑平面图的读法

10.3.1 建筑平面图的表达方法

用一个假想的水平剖切平面沿门窗洞中间位置剖切房屋后,所得的水平剖面图,即为建筑平面图,简称平面图,它反映出房屋的平面形状、大小和房间的布置、墙(或柱)的位置、厚度、材料,门窗的位置、大小、开启方向等情况。一般房屋有几层,就应有几个平面图。沿房屋底层门窗洞口剖切所得到的平面图称为底层(或首层)平面图,沿二层门窗洞口剖切所得到的平面图称为二层平面图,用同样的方法可得到三层、四层…平面图,若中间各层完全相同,可画一个标准层平面图。最高一层的平面图称为顶层平面图。**一般房屋有底层平面图、标准层平面图、顶**

层平面图三个平面图即可,在各平面图下方应注明相应的图名及采用的比例。如平面图左右对称时,亦可将两层平面合绘在一个图上,左边绘出一层的一半,右边绘出另一层的一半,中间用对称符号分开,并在图的下方,左右两边分别注明图名。

10.3.2 阅读平面图时应掌握的内容

以图 10-6 所示的住宅平面图为例,说明平面图的内容与读图方法。此图为标准层平面图即二、三层平面图。目前,随着人们生活水平的提高,对住宅的要求也日益提高,楼房底层由于易受潮,故多降低底层的层高,做成贮藏室,从二层起供人们居住。

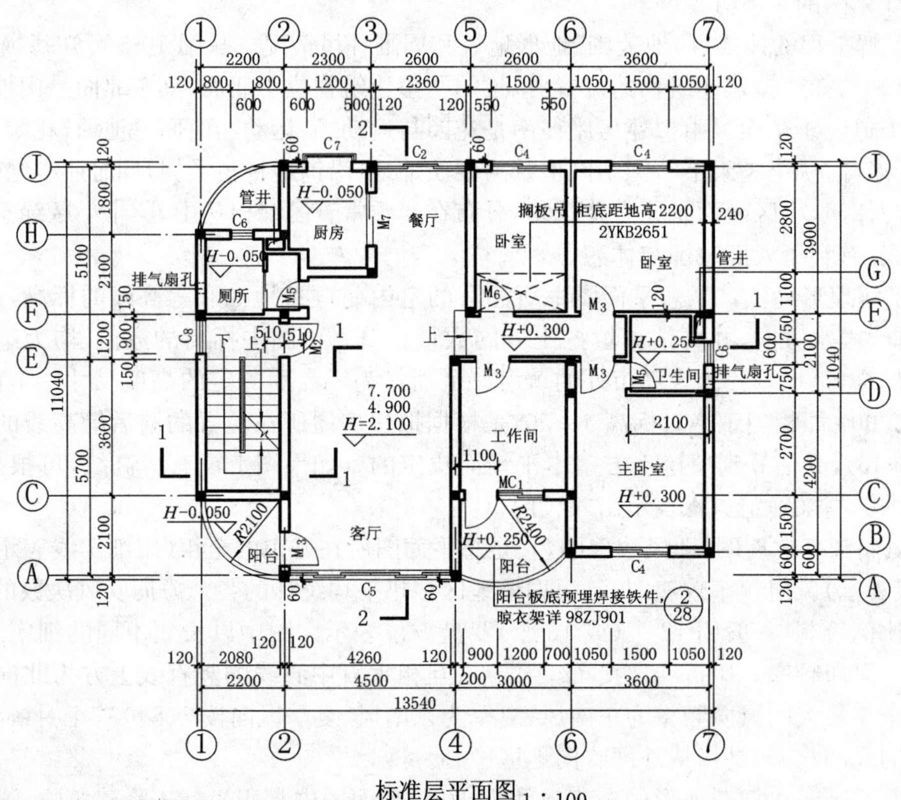

图 10-6 标准层平面图

(1) 读图名,识形状,看朝向:先从图名了解该平面是属哪一层平面,图的比例是多少。本图是标准层平面图即楼层平面图,比例是 1∶100。平面形状基本上为长方形,西南角带有 1/4 圆角阳台。西北角带有 1/4 圆弧处是底层入口雨蓬的水平投影。平面的下方为房屋的南向。一般取上北下南,称为坐北朝南,当朝向不是坐北朝南时,应画出指北针。

(2) 读名称,懂布局和组合:从墙(或柱)的位置、房间的名称,了解各房间的用途、数量及其相互间的组合情况。

结合阅读图 10-4 的底层平面图可知,本例住宅由北向楼梯间入口,每层一户,每户有四室二厅和一间厨房、两间卫生间,主卧室带卫生间。

(3) 根据轴线,定位置,识开间、进深:根据定位轴线的编号及其间距,了解各承重构件的位置和房间的大小。定位轴线是指墙、柱和屋架等构件的轴线,可取墙柱中心线或根据需要偏离中心线为轴线,以便于施工时定位放线和查阅图纸。

根据“国标”规定，定位轴线采用细单点长画线表示，此线一般应伸入墙内 10～15。轴线编号的圆圈用细实线，直径 8～10，在圆圈内写上编号，水平的编号采用阿拉伯数字，从左到右依次编号，一般称为横向轴线。垂直方向的编号用大写拉丁字母自下而上顺次编写，通常称之为纵向轴线，拉丁字母中 I、O、Z 三个字母不得用为轴线编号，以免与数字 1、0、2 混淆，如字母数量不够使用，可增加双字母或单字母加数字注脚，如 A_A、B_A 或 A_1、B_1 等，在对称的房屋中轴线编号一般注在平面图的左方和下方，当前后、左右不对称时，则平面图的上下、左右均需标注轴线。有时为了使开间、进深尺寸清楚可将一种进深的纵向轴线尺寸注在左方，另一种进深尺寸注在右方，使看图时不必再加或减，而直接知道此房间的开间和进深尺寸，如图 10-6 所示。

对于次要的墙或承重构件，它的轴线可采用附加的轴线，用分数表示编号，分母表示前一轴线的编号，分子表示附加轴线的编号，用阿拉伯数字顺序编号（图 10-7a）。在画详图时，如一个详图适用于几个轴线时，应同时将各有关轴线的编号注明（图 10-7c、d、e）。通用详图的轴线只绘圆圈不编号（图 10-7b）。

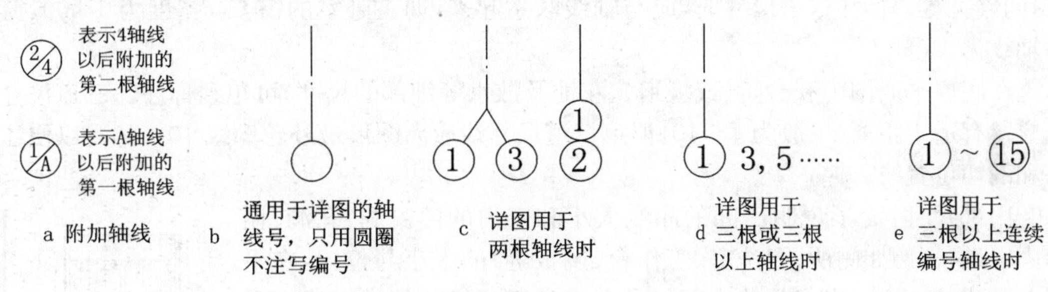

图 10-7　定位轴线的各种注法

（4）掌握特有表示，读楼梯：楼梯间底层平面图，假设在沿休息平台下表面做水平剖面，习惯上自平台内边沿从墙开始作 45°折断线并画出该段楼梯踏面的水平投影，这样画出了该段楼梯的全部踏面数。当人们站在底层地面使用楼梯时只有上没有下，所以还应画上带箭头的细实线，在没有箭头的一端注上一个“上”字（图 10-8a）。

当站在中间层的楼面上使用楼梯时，有一段自该层往上走，另一段则自该层往下走，所以在平面图上注有“上”、“下”字，45°折断线与底层平面图位置和画法相同（图 10-8b）。

当站在顶层的楼面使用楼梯时，只有自该层往下走，所以在楼梯间顶层平面图上，只注有“下”字。两段楼梯全部看到，无折断线，但应画上安全栏杆（图 10-8c）。

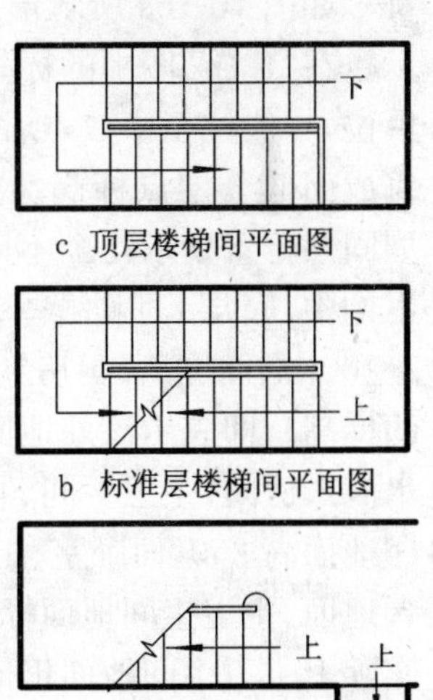

图 10-8　楼梯间平面图表示法

（5）读尺寸，定面积，看高度，算指标：了解平面图所注的各种尺寸，并通过这些尺寸了解房屋的建筑面积、房间的净面积、居住面积、平面利用系数 K 等。

①居住面积＝居室及厅的净面积，本住宅每户居住面积为 85.31 m^2。

②总建筑面积＝每层建筑面积之和。

③平均每户建筑面积＝总建筑面积/总户数，本住宅每户平均建筑面积为 138 m^2（按标准层平面图计算）。

④平面利用系数 K=居住面积/建筑面积×100%，本住宅平面利用系数 K=61.64%。

在平面图上所标注的尺寸以mm(毫米)为单位，但标高以m(米)为单位。平面图上注有外部和内部尺寸。从标注的各道尺寸，可了解各房间的开间尺寸(与建筑物长度方向上相邻横向两轴线之间的距离，称为开间或称两横向轴线间距)、进深尺寸(建筑物宽度方向上相邻纵向两轴线之间的距离，或同一房间内两纵向轴线间距称为进深)、外墙与门窗及室内设备的大小和位置。

①外部尺寸：为便于读图和施工，一般在图形的下方及左侧注写三道尺寸：

第一道尺寸为总尺寸，表示外轮廓的总尺寸，即指从一端外墙边到另一端外墙边的总长和总宽尺寸。本例总长为13 540，总宽为11 040。

第二道尺寸为轴线尺寸，表示轴线间的距离，称为轴线尺寸，用以说明房间的开间及进深的尺寸。本例中卧室开间有2600、3600两种，工作间开间3000，进深有3600、3900、5100、4200、5700等五种尺寸。

第三道尺寸为细部尺寸，表示各细部的位置及大小，如门窗洞宽和位置、墙柱的大小和位置，窗间墙宽等。标注这道尺寸时，应与轴线联系起来，如主卧室的窗 C_4，宽度为1 500，窗边距离轴线为1 050。

若在底层平面图中有台阶(或坡道)、花池及散水等细部的尺寸，可单独标注。三道尺寸线之间应留有适当距离(一般为7～10，但第三道尺寸线应离图形最外轮廓线10～15)，以便注写数字和剖切位置线。

②内部尺寸：为了说明房间的净空大小和室内的门窗洞、孔洞、墙厚和固定设备(例如厕所、盥洗室、工作台、搁板等)的大小与位置，在平面图上应清楚地注写出有关的内部尺寸和楼地面标高。楼地面标高是表明各房间的楼地面对标高零点(注写为±0.000)的相对高度。标高符号如图10-10a所示形式以细实线绘制。具体的画法如图10-10b所示。在“建施”图中的标高数字表示其完成面的数值。标高数值以米为单位，一般注至小数点后三位数。如标高数字前有“－”号的，表示该处完成面低于零点标高。如数字前没有符号的，则表示高于零点标高。如同一位置表示几个不同标高时，数字注写形式可按图10-10c4所示。本例中，底层(即贮藏室)地面定为标高零点，二层客厅地面标高为2.100 m，而厕所、厨房和西阳台地面标高为 H －0.050(H 为客厅地面的标高)，即表示该处地面比客厅地面低50，以免厕所、厨房、阳台中的水流入房间；主卫生间、④～⑥轴阳台为 H ＋0.250，表示此处地面比客厅地面高250，而卧室、工作间地面比客厅地面高300，所以④～⑥轴阳台地面、主卫生间地面标高为 H ＋0.25，主卧室地面标高为 H ＋0.30。实际上主卫生间地面仍比主卧室地面低50。

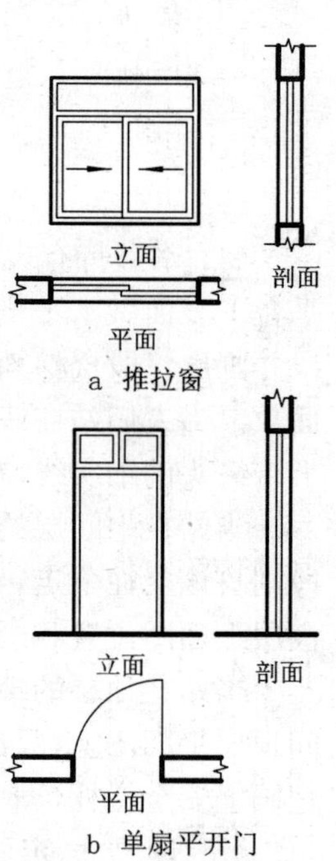

图10-9 门窗图例

(6) 看图例，识细部、认门窗代号：了解房屋其他细部的平面形状、大小和位置，如楼梯、阳台、栏杆和厨厕的布置，以及搁板、壁柜、碗柜等空间利用情况。从图中的门窗图例及其编号，可了解到门窗的类型(本住宅采用木门、铝合金窗)、数量及其位置。门的代号是M，窗的代号是C，在代号后面写上编号，如 M_1、M_2 和 C_1、C_2 等。同一编号表示同一类型的门窗，从所写的编号可知门窗共有多少种(可参见图10-3门窗表)，门窗图例如图10-9所示。

(7) 根据索引符号，可知总图与详图关系：了解有关详图的索引符号。在图样中的某一局部或构件，如需另见详图时，常常用索引符号注明画出详图的位置、详图的编号以及详图所在的图纸编号。索引符号标注方法如下：

用一引出线指出要画详图的地方，在线的另一端画一细实线圆，其直径一般为10。引出线应对准圆心，圆内过圆心画一水平线，上半圆中用阿拉伯数字注明该详图的编号，下半圆中用阿拉伯数字注明详图所在图纸的图纸编号（图10-11a）。如详图与被索引的图样同在一张图纸内，则在下半圆中间画一水平细实线（图10-11b）。索引出的详图，如采用标准图，应在索引符号水平直径的延长线上加注标准图册的编号（图10-11c）。当索引符号用于索引剖面详图时，应在被剖切的部位绘制剖切位置线。引出线所在一侧应为投射方向，如图10-12a表示向左剖视（即向左投射），图10-12b、c表示向上、下剖视（即向上、向下投射）。

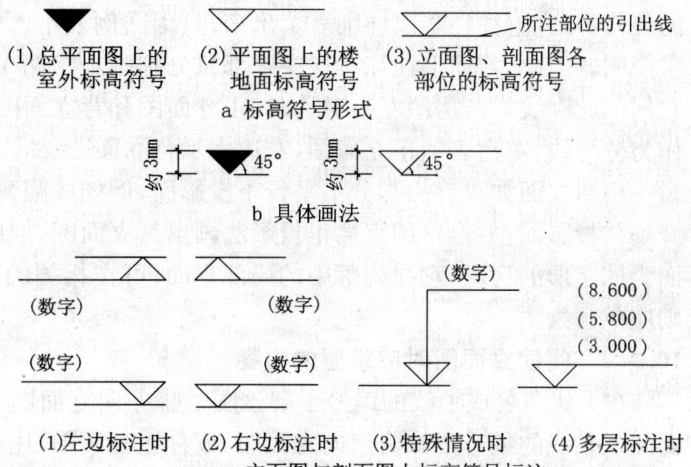

图10-10 标高符号

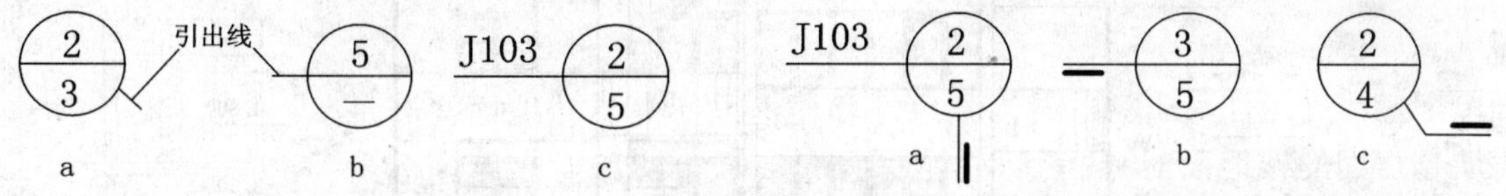

图10-11 索引符号

图10-12 用于索引剖面详图的索引符号

以上我们以住宅标准层为例说明了平面图的读法。对于底层平面图除表示该层的内部情况外，还应画出室外的台阶、花池、散水、明沟等形状和位置，此外，在底层平面图上还应画出剖面图的剖切位置线、剖视方向线和编号，以便与剖面图对照查阅。对于屋面平面图一般内容有：女儿墙、檐沟、屋面坡度、分水线与泄水口、变形缝、楼梯间、水箱间、天窗、上人孔，消防梯及其他构筑物的水平投影、以及索引符号等，如图10-3屋面平面图所示。

10.4 建筑立面图的读法

10.4.1 立面图的表达方法与作用

在与房屋立面平行的投影面上所作的正投影图，称为建筑立面图，简称立面图。一般民用房屋以坐北朝南布置，以达到良好的朝向和日照。这时南立面主要反映外貌特征，作为主要立面，故又称正立面，相应的则有东、西立面，又称侧立面，北立面又称背立面。"国标"规定按轴线编号来命名如①～⑦立面（正立面）、⑦～①立面（背立面）。在设计阶段，立面图用来作研究艺术处理，因为一幢房屋是否美观，很大程度上决定于主要立面上的艺术处理，艺术处理主要指体型比例，装饰材料的选用，色彩运用等处理。在施工图中立面图主要反映房屋的长度、高度、层数等外貌和外墙装修构造。

按投影原理，立面图上应将立面上所有看得见的细部都表示出来。但由于立面图的比例与平面图的比例一般相同，常用1∶100的小比例，像门窗扇、檐口构造、阳台栏杆和墙面复杂的装修等细部，往往难以详细表示出来，只用图例表示。它们的构造和做法，都另有详图和文字说明。因此，习惯上往往对这些细部只分别画出一两个作为代表，其他都可简化，只需画出它们的轮廓线。若房屋左右对称时，正立面图和背立面图也可合并绘出，以一竖直的对称符号作为分界线，左边表示正立面图，右边表示背立面图。

房屋立面如果有一部分不平行于投影面，例如成圆弧形、折线形、曲线形等，可将该部分展开到与投影面平行，再用直接正投影法画出其立面图，但应在图名后注写“展开”两字。对于平面为回字形的房屋，它在院落中的局部立面，可在相关的剖面图上附带表示。如不能表示时，则应单独绘出。

10.4.2 阅读立面图时应掌握的内容

(1) 从图名或轴线的编号了解该图是哪一向立面图。如图 10-13 所示，由图名(①～⑦立面图)、轴线的编号可知为南向立面图，或称正立面图，比例与平面图一样为 1∶100，以便对照阅读。

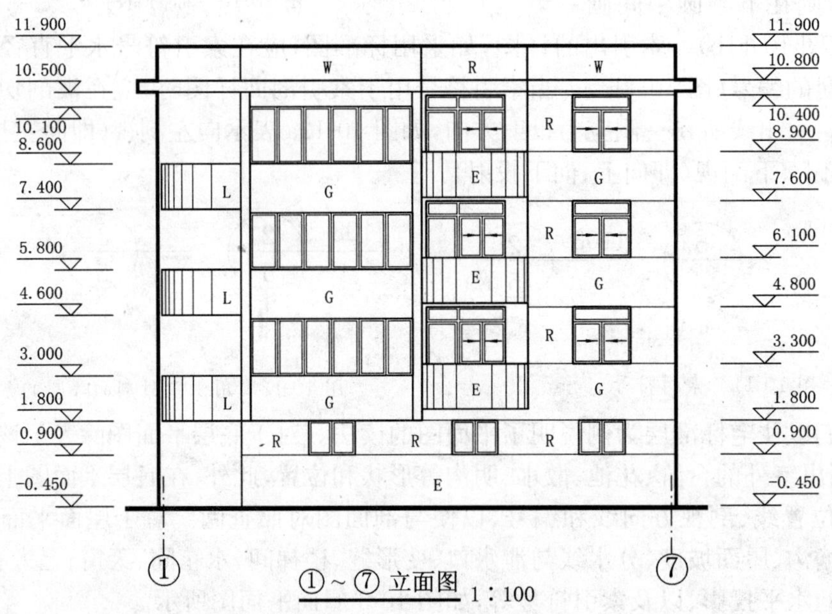

图 10-13 立面图的内容与图示特点

(2) 从立面图上可知道房屋层数、长度和高度，该向立面图上门窗数量和位置、大小。从南立面图上可知该幢房屋的外貌形式，是否满足美观、大方等艺术要求。此外立面图上还画出了勒脚、门窗、雨篷、阳台、室外台阶、墙、柱、檐口、屋面(女儿墙)、雨水管、墙面外粉刷分格线或其他装饰构件等，因此通过读立面图，可了解该房屋这些细部的形式和位置。如图 10-13 所示，该房屋包括贮藏间在内共 4 层，总长同平面图即 13 540，总高 12.350 m(即 11.9 m+0.45 m)，各层窗台标高为 0.900 m、3.300 m、6.100 m、8.900 m，其中客厅、餐厅等窗台标高为 3.000 m，5.800 m，8.600 m。

(3) 立面图上通常只标注标高尺寸。所注尺寸为外墙各主要部位的标高，如室外地坪、出入口地坪(本住宅出入口在北向)、窗台、门窗顶、阳台、雨篷、檐口、屋顶等处完成面的标高。通过读立面图上这些标高尺寸，可知此房屋最低(室外地坪)处比室内±0.000 低 450，最高(女儿墙顶面)处为 11.90 m，所以房屋的外墙总高度为 12.350 m。一般标高注在图形外，并做到符号排列整齐、大小一致。若房屋立面左右对称时，一般注在左侧。不对称时，左右两侧均应标注（本住宅即是）。必要时为了更清楚起见，可标注在图内。标高符号的注法及形式如图10-10所示。

（4）立面图上标出了各部分构造、装饰节点详图的索引符号。用图例、文字或列表说明了外墙面的装修材料及做法。如图10-13所示，从文字说明了解到此房屋外墙面装修采用中黄色干粘石（R）、白色涂料或瓷砖（W）、灰绿色面砖或涂料（G）、灰色面砖（E）、暖色面砖或涂料（L）（西阳台栏板），以获得良好的立面效果。当外墙面进行粉刷装饰时，应以窗洞的高度线分格，使之有伸缩的余地。

图10-3、图10-4、图10-13因版面所限，图形较小，立面图上均未绘出可见的雨水管。

10.5 建筑剖面图的读法

10.5.1 建筑剖面图的由来及其作用

假想用一个或多个垂直于外墙轴线的铅垂剖切面，将房屋剖开，所得的投影图，称为建筑剖面图，简称剖面图。剖面图用以表示房屋内部的结构或构造方式、屋面形状、分层情况和各部位的联系、材料及其高度等。剖面图与平面图、立面图互相配合，是不可缺少的重要图样之一，采用的比例一般也与平面、立面图一致。

剖面图的数量是根据房屋的复杂情况和施工实际需要而决定的。剖切面的位置一般为横向（即垂直于屋脊线或平行于*W*面方向），必要时也可纵向（即平行于屋脊线或平行于*V*面方向），其位置应选择在能反映出房屋内部构造比较复杂与典型的部位，并应通过门窗洞的位置。若为多层房屋，应选择在楼梯间或层高不同、层数不同的部位。剖面图的图名应与平面图上所标注剖切位置线的编号一致，如1-1剖面图、2-2剖面图等。习惯上在剖面图上不画出基础，而在基础墙部位用折断线断开。剖面上的材料图例与图中线型应与平面图一致，也可把剖到的断面轮廓线用粗实线而不画任何图例。

10.5.2 阅读建筑剖面图时应掌握的内容

（1）据图名，定位置，区分剖到与看到部位：如图10-14所示，由图名可知为本例住宅的1-1剖面图，根据1-1剖面图中的轴线编号与平面图上的1-1剖切位置线、轴线编号相对应，可知1-1剖面是一个剖切平面通过楼梯间、客厅、走道、卫生间剖切后向北投射所得的纵剖面图。比例与平面、立面图一致。即1∶100。从剖面图上可看到②～⑤轴的餐厅，客厅地面比⑤～⑦轴房间地面低300，由客厅上二级（每级150）台阶到卧室、工作间，看到门M_6、M_3、M_1、窗C_1，剖到C_5、墙轴线①、②、⑦、地面、各层楼面、屋面等，图上涂黑矩形是钢筋混凝土梁（包括圈梁、门窗过梁）。

（2）读地面、楼面、屋面的形状、构造：建筑剖面图中需表示出室内底层地面、地坑、地沟、各层楼面、顶棚、屋面（包括檐口、女儿墙、隔热层或保温层、天窗、烟囱、水池等）、门、窗、楼梯、阳台、雨篷、预留洞、墙裙、踢脚板、防潮层、室外地面、散水、排水沟及其他装修等剖切到或能见到的内容。因此，从剖面图中可了解房屋从地面到屋面的结构形式和构造内容（图10-14未剖到阳台）。

当采用1∶100比例时，剖面图中剖切到的墙、构配件的断面可用粗实线表示，一般不画材料图例。当用较大比例时，应画上材料图例。“国标”中常用的剖面图中建筑材料图例如表2-12所示。应了解被剖切到的屋面形式，房屋屋面分平屋面（通常坡度在10%以下者称平屋面）和坡屋面两种。在剖面图上反映了被剖到处屋面的形式，本住宅为平屋面，考虑排水需要，平

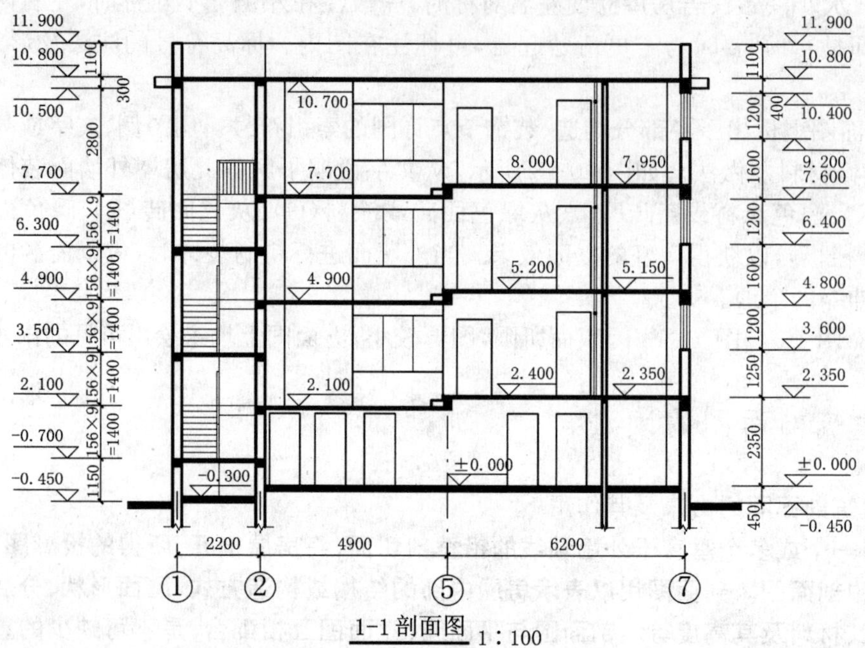

图 10-14　剖面图

屋面也应有坡度。本住宅屋面的坡度为 2%，这是小坡度的屋面表示法，箭头表示流水方向，2%表示屋面坡度的高宽比，这一坡度表示在图 10-4 的横剖面 2-2 剖面图上。

(3) 据标高、线性尺寸，知高度和大小：从剖面图中可了解房屋的内部、外部尺寸和标高尺寸。如图 10-14 所示住宅的剖面图注有如下尺寸：

①在剖面图两侧外部尺寸有室外地坪、外墙窗台、窗顶、梁底、檐口以及楼梯的踢面高、级数、梯段总高等的标高尺寸和它们以毫米为单位的线性尺寸。剖面图下方应注上开间或进深尺寸，本例因是纵剖面图，所以在剖面图下方注有开间尺寸即横向轴线之间的尺寸，如图中的 2200、4900、6200。进深尺寸注在横剖面 2-2 剖面上。

②内部尺寸注出了底层地面、各楼层楼面、厨房、楼梯平台的标高尺寸，还注出了以毫米为单位的层高尺寸(注在横剖面 2-2 剖面上，见图 10-4)(从某层的楼面到其上一层的楼面之间的尺寸称为层高。某层的楼面到该层的天花板之间的尺寸为净高，但顶层楼面到顶层天花板之间的尺寸为顶层的层高)。本住宅底层层高 2100，其余各层层高为 2800，顶层层高客厅为 3100，主卧室为 2700，内墙面的门窗洞高、搁板等位置和大小尺寸。如剖到阳台，还要注上阳台的地面标高。

为了便于施工时查阅图纸，在剖面上还注有剖切面经过的外墙轴线编号。如图 10-14 中所画的①～⑦轴线。

(4) 据索引符号、图例读节点构造：剖面图中表示出楼地面各层构造。一般可用引出线说明。引出线指向所说明的部位，并按其构造的层次顺序，逐层加以文字说明。若另画有详图，或已有“构造说明和装修表”时，在剖面图中可用索引符号引出说明，也可不作任何标注，这时若要知道构造可查阅首页图中构造表。

本例因在首页图中有构造说明，而且又绘有主墙剖面详图(见图 10-24)，所以可省略索引符号。

此外，散水、排水口、出入口的坡道在剖面图上也应表示其坡度，如1%、3%。

10.6 建筑施工图的绘制

10.6.1 绘制施工图的目的和要求

只有掌握了建筑施工图的内容、图示原理与方法和学会绘制施工图，才能把设计意图和内容正确地表达出来。同时，通过施工图的绘制，可以进一步熟悉房屋的构造，提高读图能力，熟悉绘图技能。

在绘图过程中，要始终保持高度负责的工作态度和认真、耐心、细致的工作作风。所绘制的施工图，要求投影正确、技术合理、表达清楚、尺寸整齐、线型粗细分明、字体工整以及图样布置紧凑、图面整洁等，这样才能满足施工的需要。

10.6.2 绘制施工图的步骤和方法

(1) **确定绘制图样的内容与数量**：根据房屋的外形、层数、每层的平面布置和内部构造的复杂程度，以及施工的具体要求，来决定绘制哪些内容，哪几种图样，并对各种图样及数量作全面规划、安排，防止重复和遗漏，便于施工，便于前后对照读图。在保证施工质量的前提下，图样的数量尽量少。

(2) **选择合适的比例**：在保证图样能清晰表达其内容的情况下，根据各图样的具体要求和作用，选用不同的比例。各图样常用的比例如表 10-1 所示。

(3) **合理组合与布置**：图样组合就是在确定绘制哪些图样和数量之后，还应考虑哪几个图安排在一张图纸上。在图幅大小许可的情况下，尽量保持各图之间的投影关系。或将同类型的、内容关系密切的图样，集中在一张或顺序连续编排的图纸上，以便对照查阅。

一般应把同比例的平面、立面和剖面图绘在同一张图纸上，平面图与正立面图应长对正，平面图与侧立面图或剖面图应宽相等，正立面图与侧立面或剖面图应高平齐。当房屋的体量较大时可把各层平面，各向立面和各个剖面按顺序连续绘在几张图纸上。

对图纸组合考虑完毕后，还要对每张图幅进行图面布置，包括对图样、图名、尺寸、文字说明及表格等内容进行合理布置。使得每张图纸上主次分明，排列均匀紧凑，表达清晰，布置整齐。总之要根据房屋的不同复杂程度来进行合理的安排和布置。

(4) **打底稿绘制图样**：绘制施工图的顺序，一般是按平面→立面→剖面→详图的顺序来进行的。但也可以在画完平面后，再画剖面图（或侧立面图），然后根据投影关系再画出正立面（背立面）图，这时正立面图上的屋脊线可由剖面图（或侧立面图）投影而得。

为了使图样画得准确与整洁，先用较硬的铅笔（H）绘出轻、淡、细的底稿线，在全部打好各图样的底稿线并经检查无误后再按“国标”要求用较软的铅笔（B 或 HB）加粗、加深线型或上墨线。在打底稿线时注意同一方向或相等的尺寸一次量出，以提高绘图效率。铅笔加深、加粗或上墨线时，要注意线型粗细分明、浓淡一致，一张图上同一比例的同类型线型要同粗。数字大小要一致，中文字要按字号打格子书写。一般先画好图后，再注写尺寸和文字说明。

10.6.3 建筑施工图画法举例

现以本例住宅为例说明：

(1) 建筑平面图画法（以标准层平面图为例，见图 10-15）：

①定轴线：先定横向和纵向的最外两道轴线，如图 10-15a 中①、⑦、Ⓐ、Ⓙ轴线，再根据开

间和进深尺寸定出各轴线(图 10-15a)。

②画墙身厚度,定门窗洞位置(图 10-15b),定门窗洞位置时,应从轴线往两边定窗间墙宽,这样门窗洞宽自然就定出了。

③画楼梯、柱、阳台等细部(图 10-15c)。

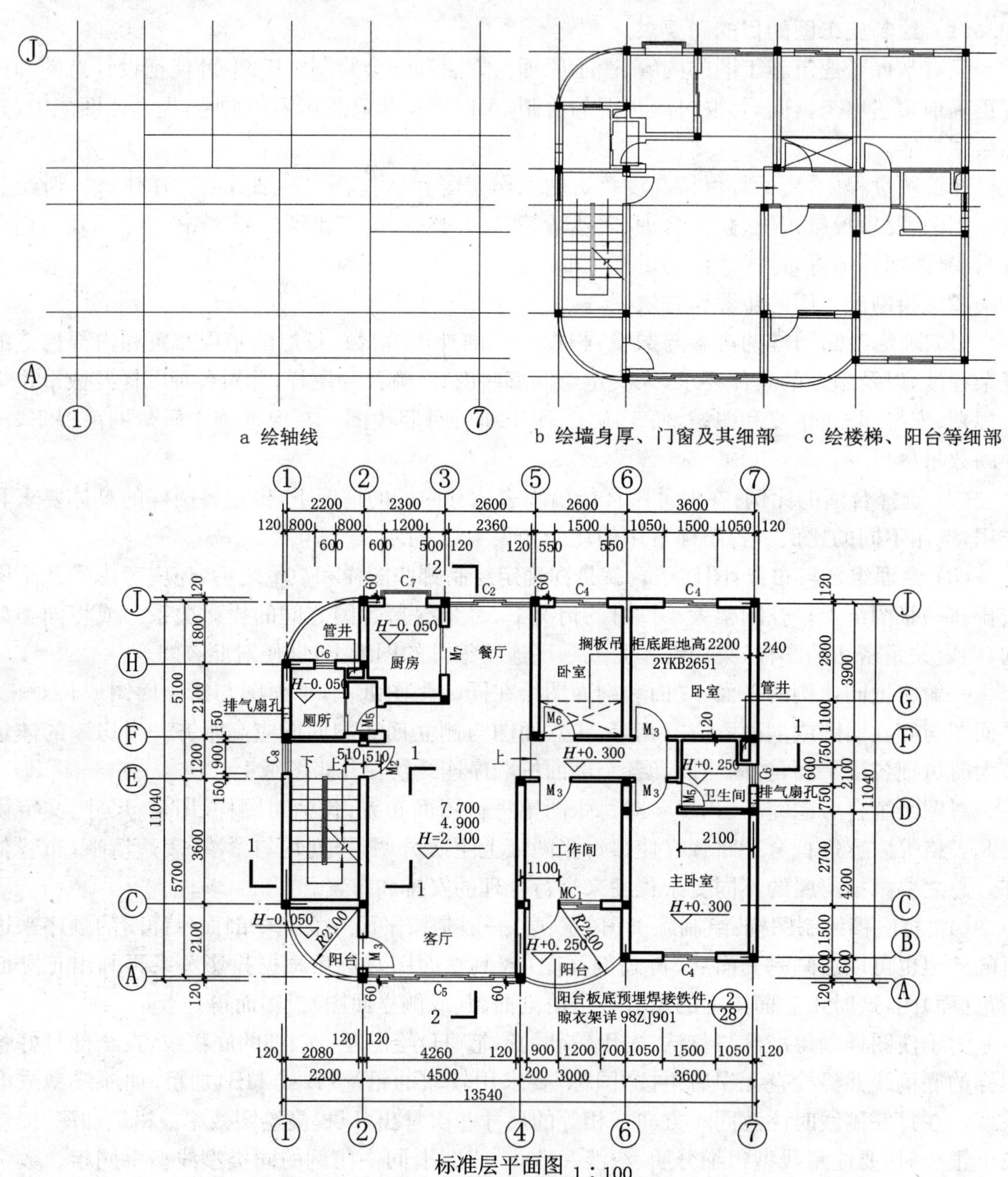

图 10-15 平面图画图步骤

④经检查无误后，擦去多余的作图线，按施工图要求加深、加粗图线，或上墨线。并标注轴线、尺寸、门窗编号、剖切位置线、图名、比例及其他文字说明(图 10-15d)。最后完成的平面图见图 10-3 所示的标准层平面图。

平面图中线型要求是：剖到的墙身用粗实线，看到的墙轮廓线、构配件轮廓线、窗洞、窗台及门窗洞为中实线，窗扇及其他细部为细实线。

(2) 建筑立面图画法(图 10-16)：

①定室外地坪线、外墙轮廓线、屋面檐口线和中柱轮廓线(图 10-16a)。屋脊线由侧立面或剖面图投影到正立面图上或根据高度尺寸得到。

在合适的位置画上室外地坪线。定外墙轮廓线时，如果平面图和正立面图画在同一张图纸上，则外墙轮廓线应由平面图的外墙外边线，根据“长对正”的原理向上投影而得。根据高度尺寸画出屋面檐口线。如无女儿墙时，则应根据侧立面或剖面图上屋面坡度的脊点投影到正立面定出屋脊线。本例有女儿墙，根据标高即可定出女儿墙压顶线。

②定门窗位置，画细部。如檐口、门窗洞、窗台、雨篷、阳台等(图 10-16b)。

正立面图上门窗宽度应由平面图下方外墙的门窗投影得到。根据窗台高、门窗顶高度画出窗台线、门窗顶线、女儿墙顶、柱子投影轮廓线、墙面分格线等。

③经检查无误后，擦去多余的线条，按立面图的线型要求加粗、加深线型或上墨线。画出少量门窗扇、装饰、墙面分格线。立面图线型，习惯上屋脊和外轮廓线用粗实线(粗度 b)，室外地坪线用特粗线(粗度约 $1.4b$)。轮廓线内可见的墙身、柱、门窗洞、窗台、阳台、雨篷、台阶、花池等轮廓线用中实线，门窗格子线、栏杆、雨水管、墙面分格线为细实线。

最后标注标高，应注意各标高符号的 45°等腰直角三角形的顶点在同一条竖直线上，注写图名、比例、轴线和文字说明，完成全图(图 10-16c)。

(3) 建筑剖面图画法：在画剖面图之前，根据平面图中的剖切位置线和编号，分析所要画的剖面图哪些是剖到的，哪些是看到的，做到心中有数，有的放矢。

①先定最外两道轴线、室内外地坪线、楼面线和顶棚线。根据室内外高差定出室内外地坪线，若剖面与正立面布置在同一张图纸内的同高位置，则室外地坪线可由正立面图投影而来(图 10-17a)。

②定中间轴线、墙厚、楼板厚，画出天棚、屋面坡度和屋面厚度(图 10-17b)。

③定门窗、楼梯位置，画门窗、楼梯、阳台、檐口、台阶、栏杆扶手、梁板等细部(图 10-17c)。

④检查无误后，擦去多余的线条，按要求加深、加粗线型或上墨线。画尺寸线、标高符号并注写尺寸数字和文字，完成全图(图 10-17d)。全部完成后的剖面图见前述图 10-4 中的 1-1 剖面图。

剖面图上线型：即剖到的室外、室内地坪、墙身、楼面、屋面用粗实线，看到的门窗洞、构配件用中实线，窗扇及其他细部用细实线。因本住宅为现浇钢筋混凝土楼面、屋面、圈梁，底层地面为素混凝土，所以图中对这些构件均用涂墨处理。

10.7 建筑详图

10.7.1 详图的由来、作用与特点

对房屋的细部或构配件用较大的比例(1∶30、1∶20、1∶10、1∶5、1∶2、1∶1)将其形状、大小、材料和做法，按正投影图的画法，详细地画出来的图样，称为建筑详图，简称详图，因此详

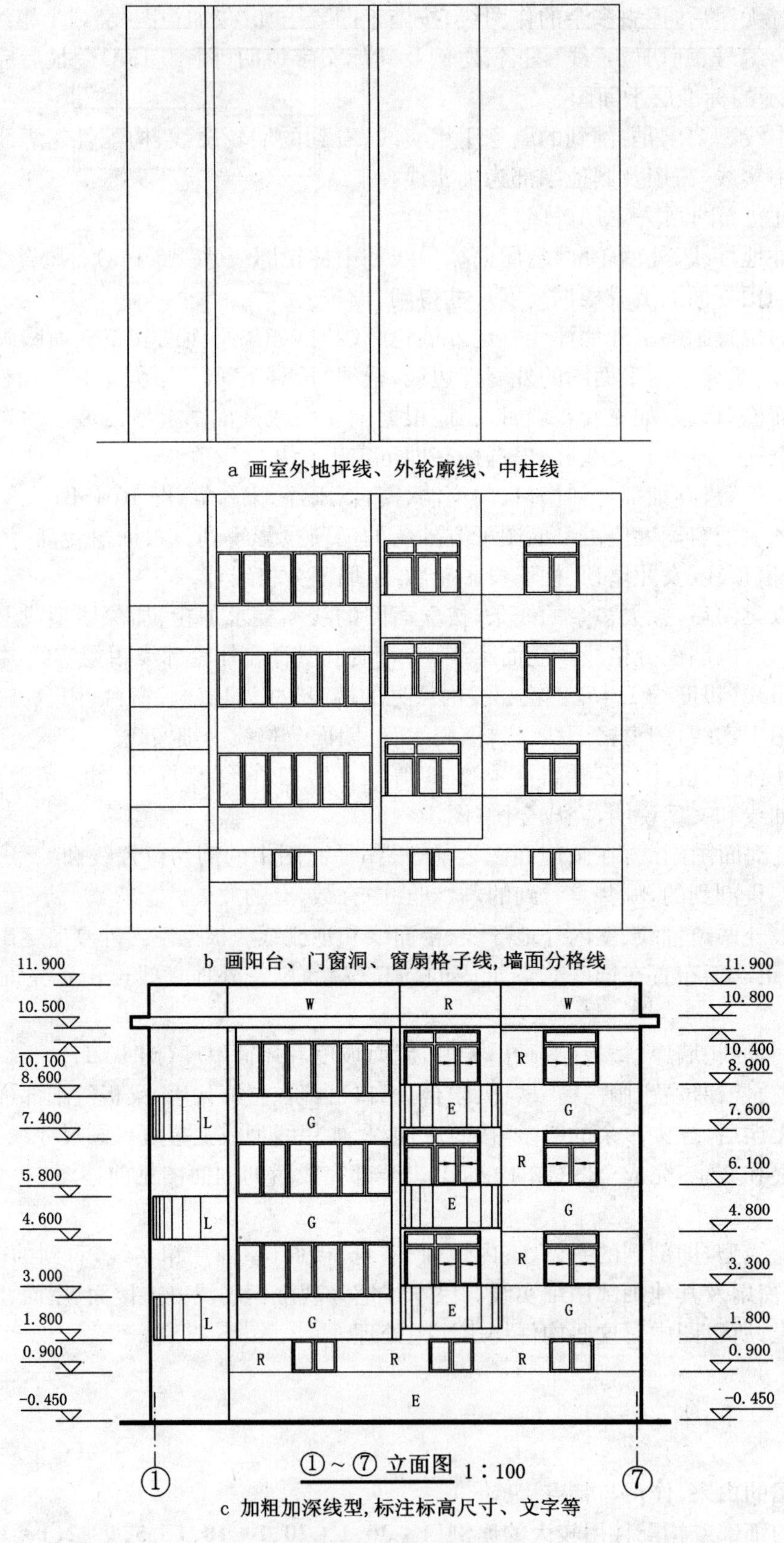

a 画室外地坪线、外轮廓线、中柱线

b 画阳台、门窗洞、窗扇格子线，墙面分格线

c 加粗加深线型，标注标高尺寸、文字等

图 10-16 立面图的画法

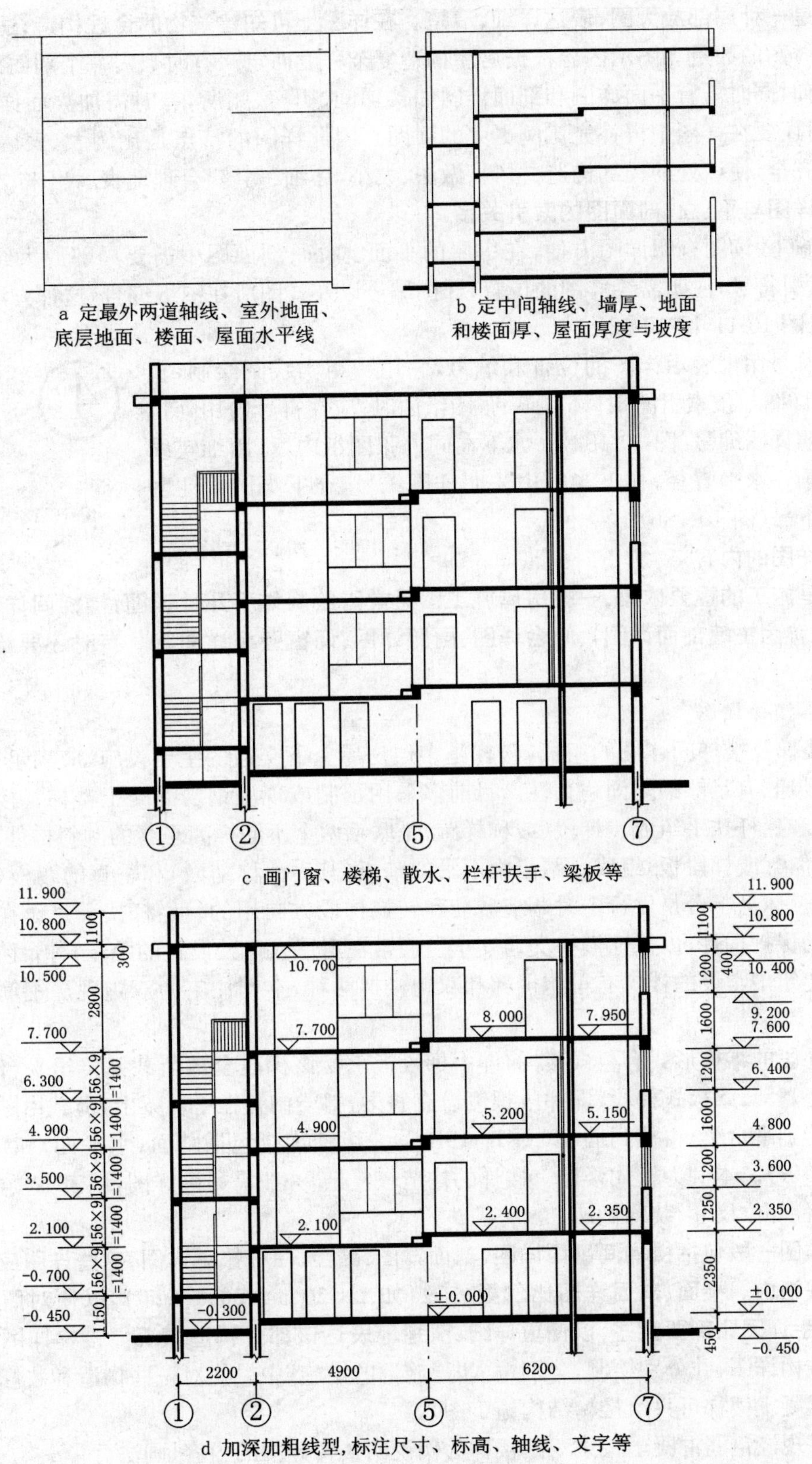

图 10-17　建筑剖面图画法

图实质上是一种局部放大图，表达详细、清楚。在详图上可知建筑物的合理构造，适宜材料，齐全尺寸。详图的数量和图示内容根据房屋构造复杂程度而定。有时只需一个剖面详图就能表达清楚，有时同时需有平面详图和剖面详图如楼梯间、厨房、厕所，有时需加立面详图如门窗、阳台，有时还要在详图中再补充比例更大的详图。因此详图的特点是比例大，表达详尽清楚，尺寸标注齐全，使该处的局部构造、材料、做法、大小，详细、完整、合理地表示出来。

10.7.2 详图与平、立、剖面图的索引关系

为了施工、读图查阅详图方便，在房屋的平面、立面、剖面图中需要局部放大绘成详图之处，常用索引符号，注明需绘详图的位置，详图编号以及详图所在图纸编号，这种方法称为详图索引符号(图 10-11，图 10-12)。

详图符号用来表示详图的位置和编号，它用一粗实线圆绘制，直径为 14。详图与被索引的图样同在一张图纸内时，应在符号内用阿拉伯数字注明详图编号(图 10-18a)。如不在同一张图纸内，可用细实线在符号内画一水平直径，在上半圆中注明详图编号，在下半圆中注明被索引图纸号(图 10-18b)。

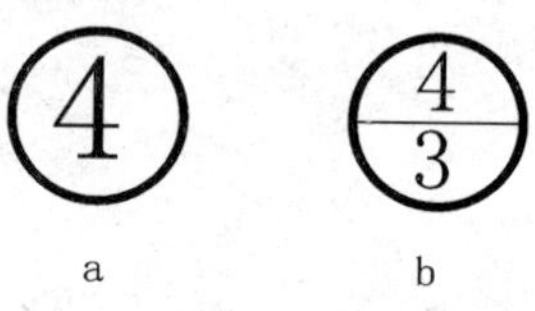

图 10-18 详图符号

10.7.3 详图的内容

详图是施工的重要依据，一幢房屋施工图通常需绘制如下几种详图：楼梯间详图、外墙剖面详图(又称为主墙剖面详图)、阳台详图、厨厕详图、门窗壁柜详图等。有时还要绘制单元平面详图。

10.7.3.1 楼梯详图

(1) 楼梯及楼梯间详图的组成：楼梯是多层房屋上下交通的主要设施，应满足行走方便、人流疏散畅通、有足够的坚固耐久性。目前多采用预制或现浇钢筋混凝土楼梯。楼梯主要由梯段、平台和栏杆扶手组成。梯段(或称梯跑)是联系两个不同标高平台的倾斜构件，一般由多级踏步和梯梁(或梯段板)组成。踏步由水平的踏板(其表面称踏面)和垂直的踢板(其表面称踢面)组成。休息平台是供行走时调节疲劳和转换梯段方向用的。栏杆扶手是设在楼梯及平台边缘上的保护构件，以保证楼梯交通安全。通常在房屋入口处设置的踏步，称台阶。应用在一般民用建筑中常设的楼梯有单跑楼梯和双跑楼梯两种，本例住宅为双跑现浇钢筋混凝土板式楼梯。

楼梯梯段的结构形式有板式楼梯，即由梯段板承受该梯段全部荷载并传给平台梁再传到墙上(图 10-19a)；梁板式梯段，即梯段板侧设有斜梁，斜梁搁置在平台梁上，荷载由踏步板经斜梁(梯梁)传到平台梁，再传到墙上(图 10-19b)。一级踏步应包括踏面(水平面)和踢面(铅垂面)(图 10-19c)。本例为板式楼梯。楼梯的构造较复杂，一般需另画详图，以表示楼梯的组成、结构形式、各部位尺寸、装饰做法。

楼梯详图一般包括楼梯间平面详图、剖面详图、踏步、栏杆扶手详图，这些详图应尽可能画在同一张图纸内。平面、剖面详图比例要一致(如 1∶20、1∶30、1∶50)，以便对照阅读。踏步、栏杆扶手详图比例要大些，以便更详细、清楚地表达该部分构造情况。楼梯详图一般分建筑详图与结构详图，并分别绘制，分别编入“建施”和“结施”中。但对一些构造和装修较简单的现浇钢筋混凝土楼梯可只绘楼梯结构施工图。

下面以现浇钢筋混凝土板式双跑楼梯为例说明楼梯详图的内容、画法。

(2) 楼梯间平面详图：**将房屋平面图中楼梯间部分局部放大，称为楼梯间平面详图。**3 层以上的楼梯，当中间各层的楼梯位置、梯段数、踏步数大小都相同时，通常只画出底层、中间层

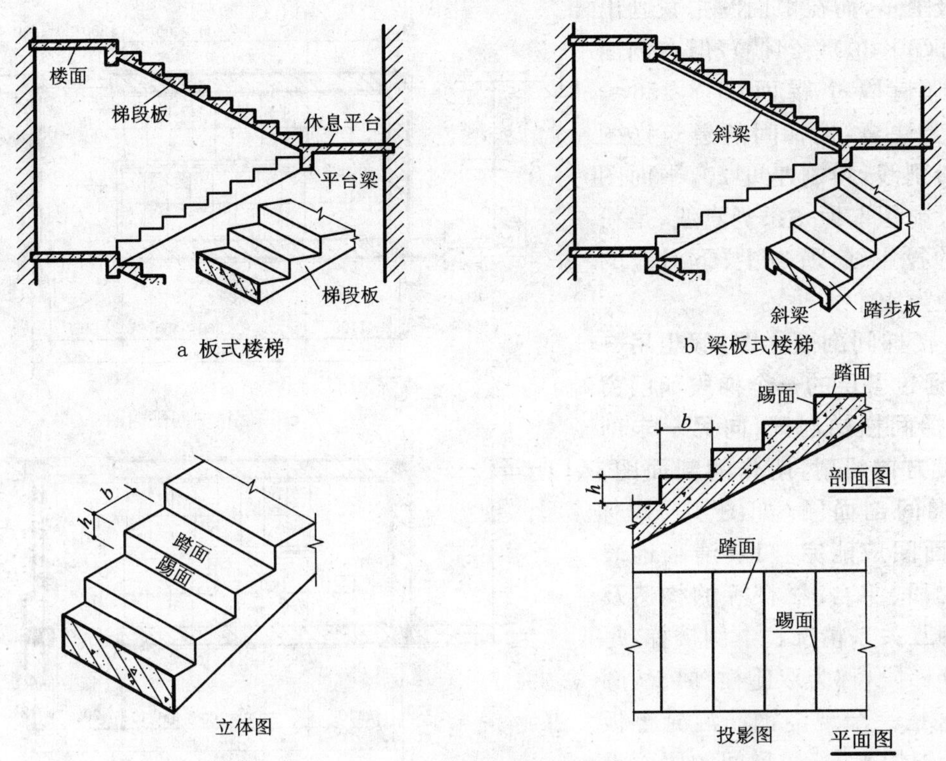

图 10-19 板式楼梯、梁板式楼梯及踏步组成

和顶层三个平面图即可。如图 10-20 所示，本例比例为 1∶50。

楼梯间平面图是沿两跑楼梯之间的休息平台的下表面作水平剖切，往下投射而得的。均在底层、中间层平面图中以 45°细斜折断线表示，应画出该段楼梯的全部踏步数，并画上一长细线，在细线一端画上箭头，表示上或下的方向。在细线的另一端注上“上”或“下”字，“上”、“下”两字的标注意义是：人站在该层的地面(楼面)上，从该层往上或往下走到休息平台。

楼梯间平面图中，除注出楼梯间的开间和进深尺寸与踏面数、踏面宽的尺寸外，还需注出各细部的详细尺寸，通常把梯段长度尺寸与踏面数、踏面宽的尺寸合并写在一起。如顶层平面图中的 8×300＝2400，表示该梯段有 8 个踏面，每一踏面宽为 300，楼梯长度为 2400。通常，3 个平面图画在同一张图纸内，并互相对齐，这样既便于阅读，又可省略标注一些重复的尺寸。各层平面图中还应标出该楼梯间的轴线。而且，在底层平面图还应注明楼梯剖面图的剖切位置线(图 10-20a)。

读图时，要掌握各层平面图的特点。底层平面图只有一个被剖切的梯段及扶手栏杆，并注有“上”字的长箭头。顶层平面图由于剖切平面在安全栏杆之上，未剖到楼梯段，在图中画有两段完整的梯段和楼梯休息平台，没有 45°细斜折断线(图 10-20c)。在梯口处有一个注有“下”字的长箭头。中间层平面图既画出被剖切的往上走的梯段(画有“上”字的长箭头)，还画出由该层往下走的完整的梯段(画有“下”字的长箭头)、楼梯休息平台以及平台往下的梯段。这部分梯段与被剖切的梯段的投影重合，以 45°折断线为分界(图 10-20b)。由于梯段的踏步最后一级走到平台或楼面，所以最后一级的踏面就是平台或楼面的表面，最后一级的踢面就是平台或楼面的侧面，因此平面图上梯段踏面的投影数总是比梯段的级数少一。如顶层平面的第二段共有 9 级踏步，而在平面图中只画出 8 个踏面（8×300＝2400），但在剖面图中则画有 9 个踢面（9×156≈1400）。要注意：楼梯间的建筑详图要画上粉刷线，粉刷厚度 20，平面图中踢面投影积聚为一条竖直线，是粉刷以后的投影线，所以上、下对应的踢面相距为 40。

(3) 楼梯间剖面详图：**假想用一铅垂面，通过各层的一个梯段和门窗洞，将楼梯间楼梯剖开，向另一未剖到的梯段方向投射，所作的剖面图，即为楼梯间剖面图**（如图 10-21 所示）。**剖面图应能完整地、清晰地表示出各梯段、平台、栏杆等的构造及它们的相互关系情况**。本例楼梯，每层有两个梯段，称为双跑楼梯。从图中可知这是一个现浇钢筋混凝土板式楼梯。习惯上，若楼梯间的屋面没有特殊之处，一般可不画出。在多层房屋中，若中间各层的楼梯构造相同时，则剖面图可只画出底层、中间层和顶层剖面，中间用折断线分开（本例因只有三层，故全部绘出，无折断线）。

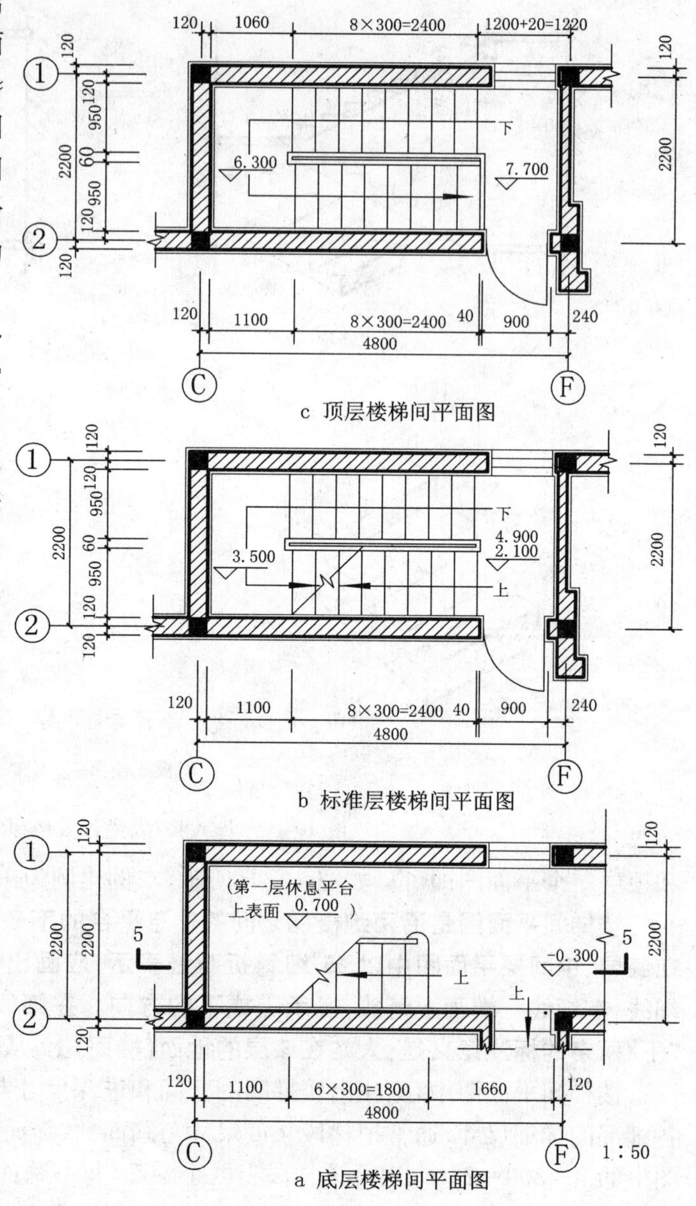

图 10-20　楼梯间平面图

剖面图中应注明地面、休息平台面、楼面等的标高和梯段、栏杆扶手的高度尺寸。梯段高度尺寸注法与楼梯平面图中梯段长度注法相同，在高度尺寸中标注的是梯级数（即 6 级、9 级），而不是踏面数（即 5、8）（两者相差为 1）。

本例中，最底层是贮藏室，层高 2.10 m，做成双跑楼梯，第一跑 6 级（170＋5×166＝1000），第二跑 9 级（9×156≈1400），二层开始是供人们居住的房间，从二层开始做成等跑双跑楼梯，第一段为 9 级，即 9×156≈1400，第二段也为 9 级，以上各段均做成相同级数（9 级）。此外，图中还需注出平台梁、梯口梁的高宽尺寸，本例中为梁高 300、宽 200。

在剖面详图上，踏步、扶手和栏杆等一般都另有详图，用更大的比例画出它们的型式、大小、材料以及构造情况（如图 10-21 右方）。

(4) 楼梯间详图画法：楼梯间平面详图，画图步骤如下（图 10-22）（取图 10-20 中的标准层为例）：

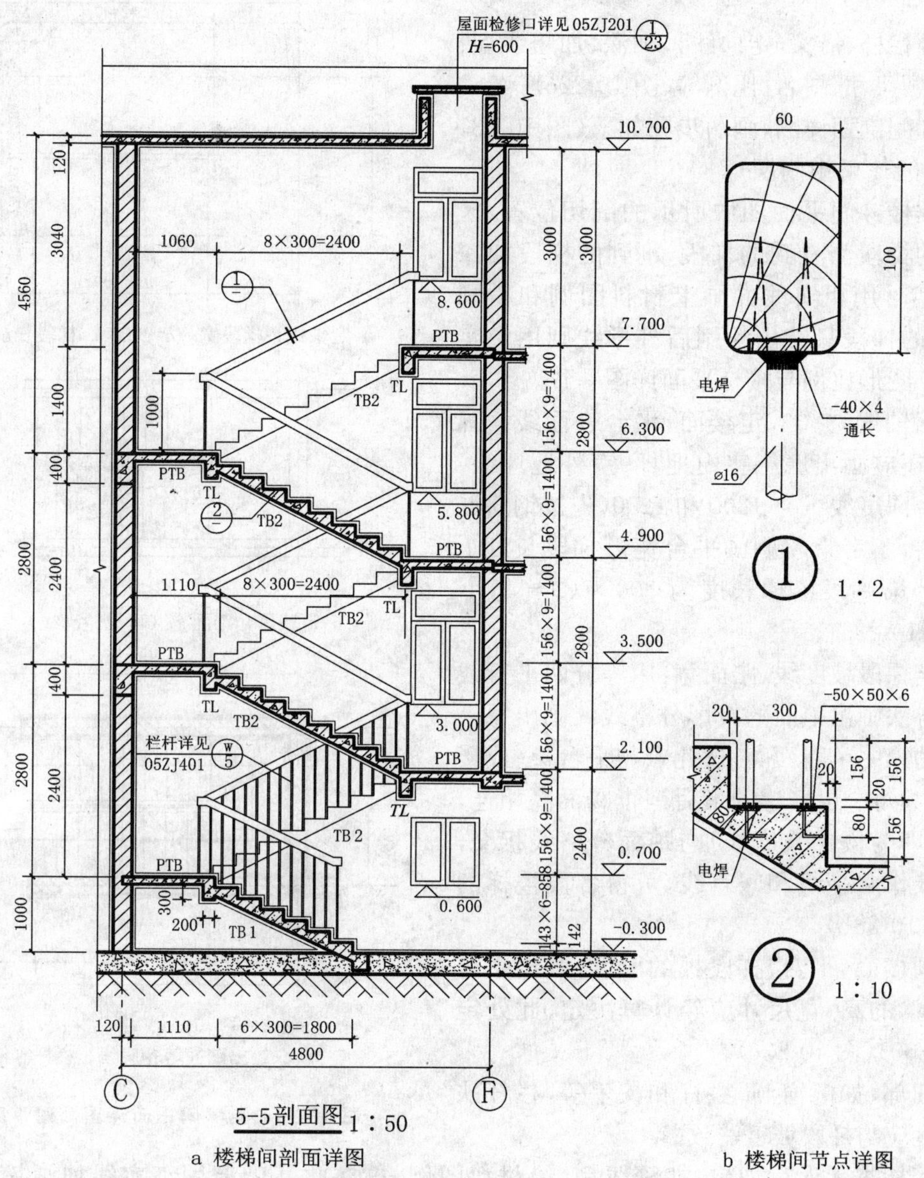

5-5剖面图 1:50

a 楼梯间剖面详图

b 楼梯间节点详图

图 10-21　楼梯剖面详图与节点详图

①定轴线：根据开间尺寸 2200[1]，画出横向轴线①、②。根据进深尺寸 4800，画出纵向轴线Ⓒ、Ⓕ。

确定梯段宽度 $a = 950$，平台深度 $S_1 = 1180$、1220 和 $S_2 = 1220$、1180，踏面宽度 $b = 300$[1]，楼梯井宽度 $K = 60$，级数 $n = 9$，梯段水平投影长度 $L = b \times (n-1) = 300 \times (9-1) = 2400$（图 10-22a）。

②根据 L、b、n 值可用等分平行线间距的方法画出踏面的投影并绘出墙厚和门窗洞（图

① 根据《住宅设计规范》(GB 50096-1999)和《住宅建筑规范》(GB 50368-2005)规定，楼梯间的开间尺寸不小于 2 400，6 层以下梯段净宽不小于 1 100，平台最小净宽（深）为 1 200（本例为 1 100）。因本住宅选自 1999 年前已竣工的工程实例，开间尺寸和平台最小净宽尺度不宜再作修改。

10-22b)。

③画栏杆、箭头(走向线),加深、加粗线型、标注标高、尺寸、图名、比例等(图 10-22c)。

楼梯间剖面详图,画图步骤如下(图 10-23,仍取图 10-21 的中间层)。

根据楼梯间平面图中所示的剖切位置,区分剖到的梯段与看到的梯段,剖到的梯段加深加粗线型时用粗实线并画上材料图例和粉刷线,看到的梯段只绘出粉刷后外形线则用中实线表示。图形比例与楼梯平面详图一致。

①画轴线Ⓒ、Ⓕ,定楼面、平台表面线。画底层时,还应画出底层室内地坪、室外地坪线。定出平台深度线 $S=1200$ 和 1200(先按钢筋混凝土材料,不考虑粉刷画平台宽)、梯段长度 $L=2400$,第一段楼梯长度为 $300\times(9-1)=2400$(图 10-23a)。

②定梯段坡度线、踏面宽:用等分两平行线间距的方法画出踏面的投影分格线。画出每一段楼梯的第一个踢面高,过此点与平台边(或楼面边)即为每一段楼梯的最后一个踢面高相连,此斜线(即为楼梯坡度线)与踏面分格线相交,过各交点作水平线和竖直线,可得各段楼梯的踏步(图 10-23b)。

③画楼面、平台、梯段板的厚度,画出平台梁(平台梁的高、宽尺寸应经计算决定,此处定为 300、200)(图 10-23c)。

画细部,如门窗洞、栏杆和扶手等,栏杆扶手的坡度应与梯段坡度一致。

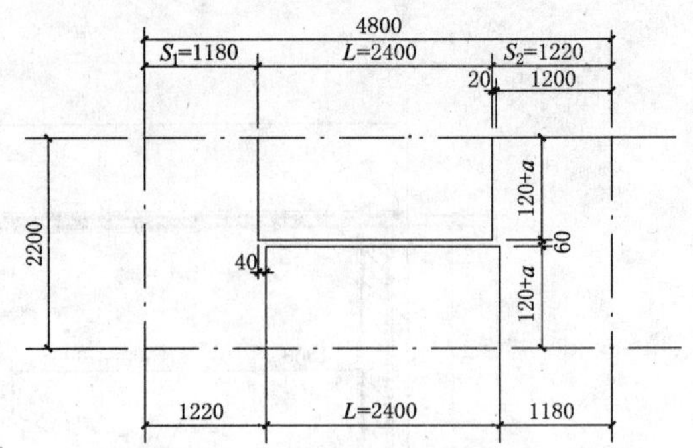

a 定轴线、梯段宽a(a=950)、梯段长L、平台宽S

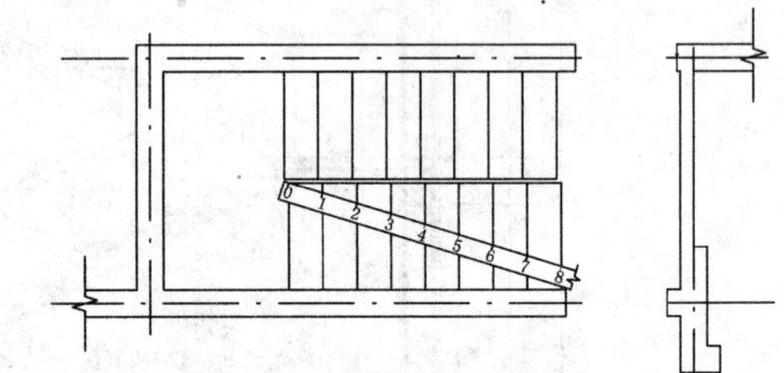

b 定墙厚、踏面宽(可见轮廓线)、门洞宽

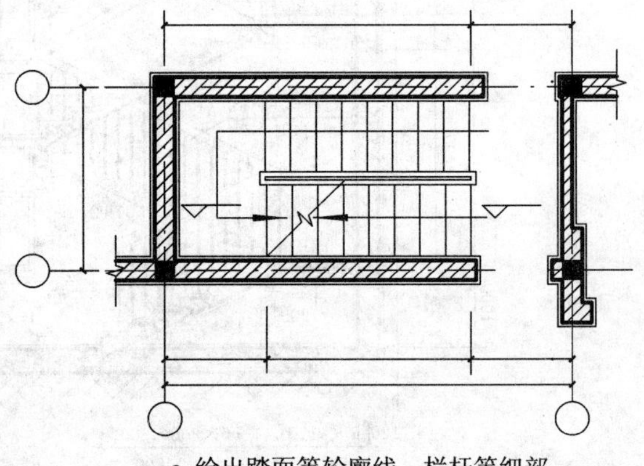
c 绘出踏面等轮廓线、栏杆等细部

图 10-22 楼梯间平面详图画图步骤

④经检查无误后加粗、加深线型,绘材料图例,再在此基础上用细实线加画粉刷线,看到的梯段是加了粉刷线后的投影轮廓线;标注尺寸和标高,注写轴线、图名、比例等(图 10-23d)。

10.7.3.2 外墙剖面详图

外墙剖面详图实际上是建筑剖面图的局部放大图,它表达了外墙与地面、楼面、屋面的构造连接情况以及檐口、门窗顶、窗台、勒脚(或墙裙)、散水明沟的尺寸、材料、做法等构造情况,它是砌墙、室内外装修、立门窗、编制施工预算以及材料估算的重要依据。

详图用较大比例(如 1∶20)画出,多层房屋中,若各层的构造情况一样时,则可只画底层、中间层、顶层来表示。画图时,往往在窗洞中间处用细折断线断开,成为几个节点详图的组合(图 10-24)。有时,也可不画整个墙身的详图,而是把各个节点的详图分别单独绘制。这时各节点详图按 1、2、3…顺序依次排在同一张图纸上,以便读图。

外墙剖面详图标注尺寸和标高,与建筑剖面图基本相同,线型也与建筑剖面图相同,剖到

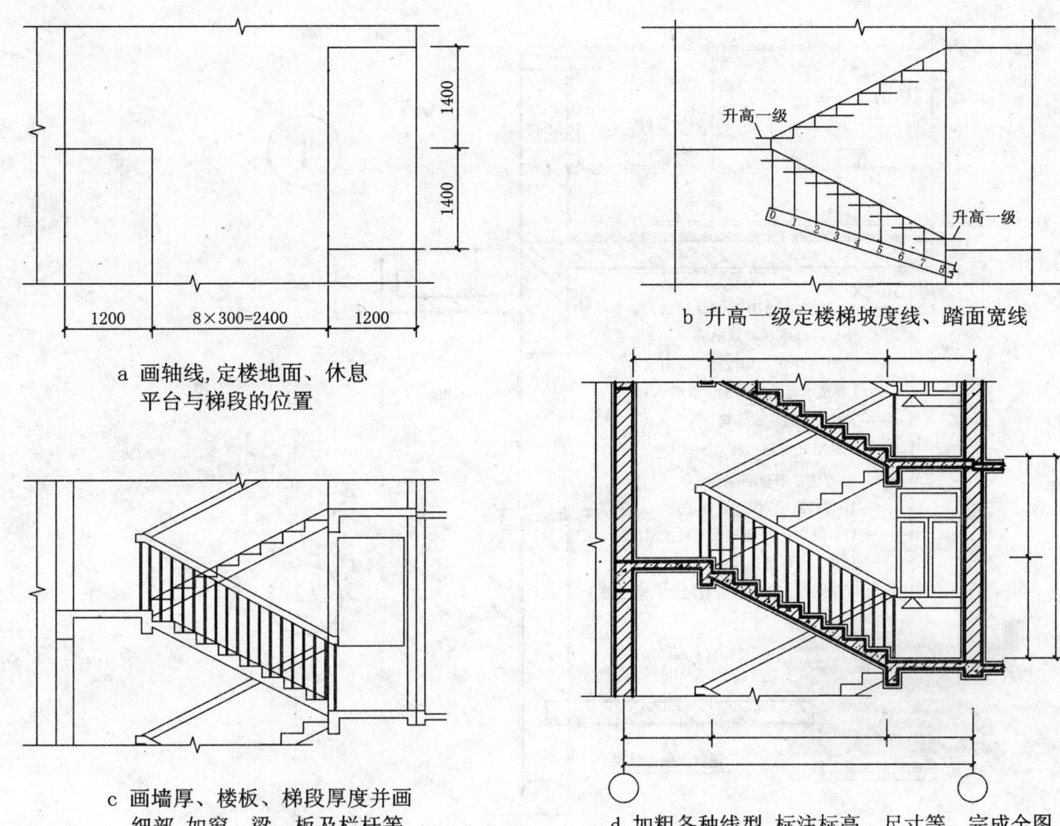

a 画轴线,定楼地面、休息平台与梯段的位置

b 升高一级定楼梯坡度线、踏面宽线

c 画墙厚、楼板、梯段厚度并画细部,如窗、梁、板及栏杆等

d 加粗各种线型,标注标高、尺寸等,完成全图

图 10-23 楼梯剖面详图画法

的线用粗实线,粉刷线则用细实线,断面轮廓线内应画上材料图例。

现以住宅墙身剖面为例,说明墙身剖面图的主要内容。

(1) 表明砖墙的轴线编号,砖墙的厚度及其与轴线的关系。如图 10-24 表明墙身剖面是Ⓙ轴线上的外墙,砖墙厚度 240,外墙皮距轴线为 120。

(2) 表明墙身防潮、散水、明沟等做法。墙身防潮层设在±0.000 以下 60 处,采用 20 厚 1∶2水泥防水砂浆(掺 5%的防水剂)。室外勒脚高 350,粉水泥防水砂浆,与外面墙面做平,明沟采用铸铁水篦子明沟。散水宽 800,分 4 层,每层材料及厚度,如图 10-24 所示。明沟做法亦如图 10-24 所示。

(3) 表明各层梁、板等构件的位置及其与墙身的关系。如图各层窗顶上都设有高 180 的钢筋混凝土过梁。

(4) 表明了该房屋女儿墙、屋面的构造。本图屋面采用柔性防水。在承重结构上做 20 厚 1∶2.5 水泥砂浆找平层,再做保温层,其上浇筑 30 厚 C15 细石混凝土,然后刷基层处理剂一遍,刷 2 厚聚氨酯防水涂料,铺 2 层 1.5 厚聚氯乙烯橡胶共混防水卷材,最后做架空隔热层。砖砌女儿墙上的钢筋混凝土压顶是外侧厚 80,内侧厚 60,粉刷时压顶内侧的底面做出滴水斜口,以免雨水渗入下面的墙身。

外墙剖面详图中还应说明内、外墙各部位墙面粉刷的用料、做法和颜色(本图省略详见 10.4.2.(4))。

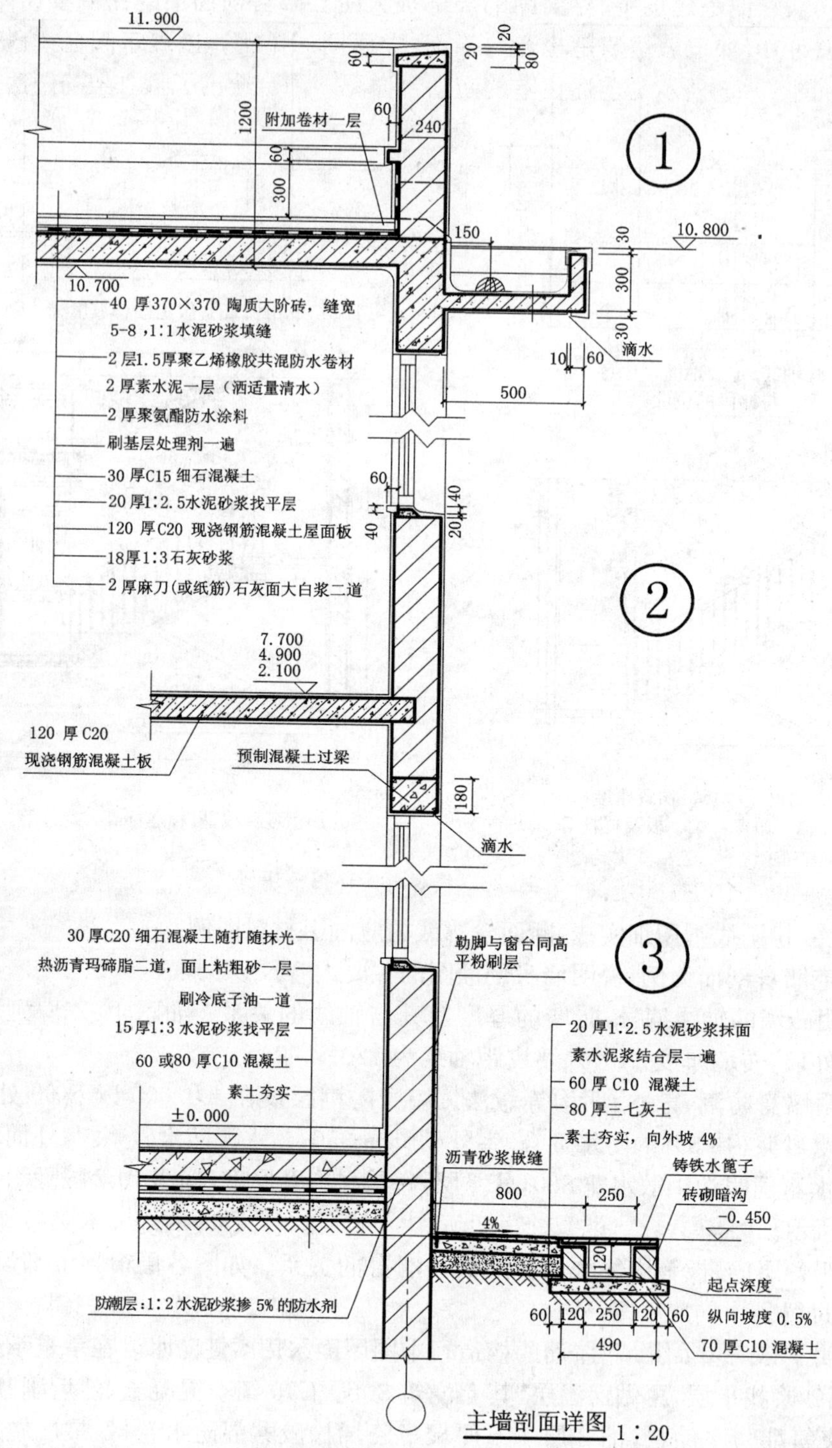

图 10-24 主墙剖面详图

10.7.3.3 阳台详图

阳台详图包括阳台立面详图、平面详图、剖面详图以及栏杆与扶手连接详图。阳台立面详图与平面详图布图时应保持“长对正”的关系，并采用相同的比例，通常采用 1∶20 或 1∶30

(本例为 1∶60)，它们是建筑平、立面图的局部放大图。阳台剖面图的比例要比阳台平、立面图大一些，如 1∶10(如已表达清楚也可与平面、立面同一比例)，以表示阳台梁、板、栏杆扶手构造总情况。图 10-25 所示为前述住宅的南阳台详图。阳台绘出了晒衣架的做法等。

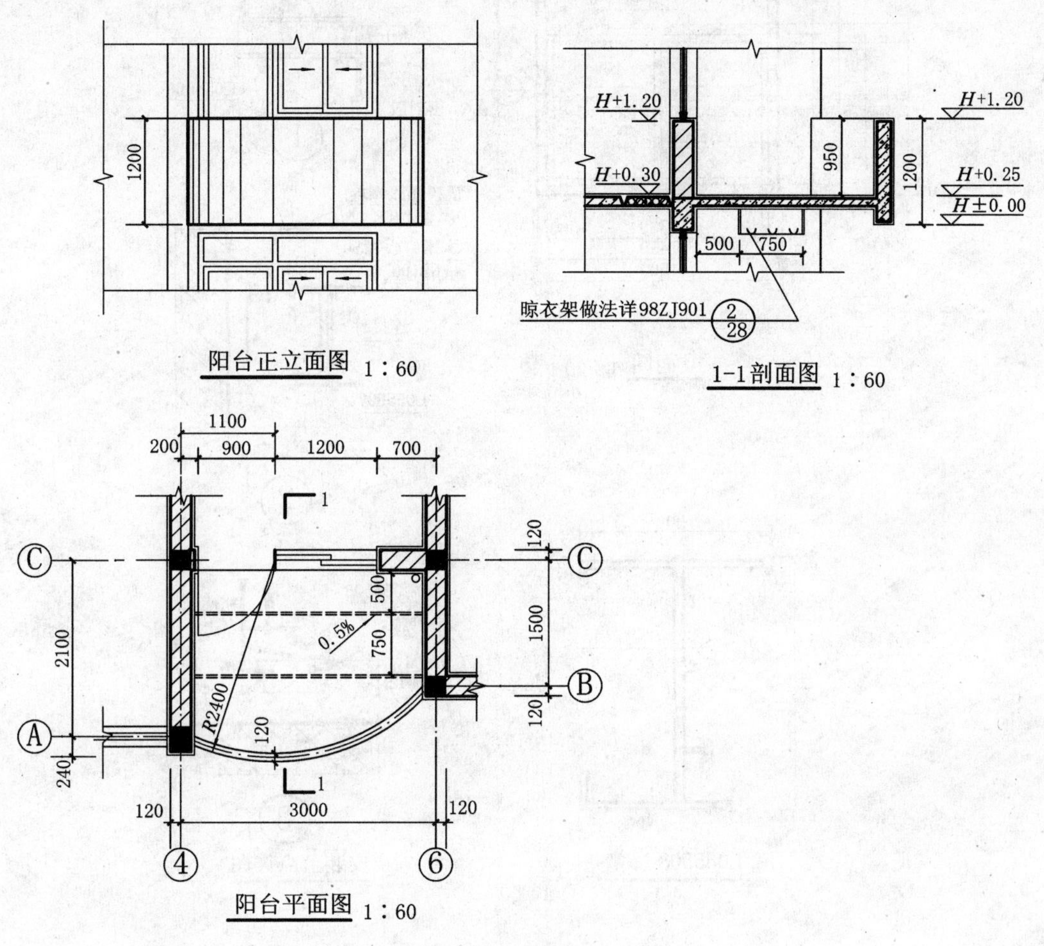

图 10-25　阳台详图

10.7.3.4　门窗详图

大量性民用建筑常用的门窗，各省都有预先绘制好的各种不同规格的标准图，以供设计者选用。因此，在施工图中，只要说明该详图所在标准图集中的编号，就可不必另画详图。如果没有标准图时，就一定要画出详图。

按所用材料的不同有木门窗、钢门窗、铝合金推拉门窗和钢筋混凝土门窗等。

门窗详图一般用立面图、节点详图、断面图以及五金表和文字说明等来表示。按规定，在节点详图与断面图中，门窗料的断面一般应加上材料图例。现以铝合金窗为例，说明门窗详图的内容及其图示特点：

(1) 立面图：所用比例较小，只表示窗的外形、开启方式及方向、主要尺寸和节点索引符号等内容。现以本章住宅南向、北向卧室的窗 C_4-1515 立面图为例。立面图上所标注的尺寸有三道：第一道为窗洞口尺寸；第二道为窗框外包尺寸；第三道为窗扇、窗框尺寸。窗洞口尺寸应与建筑平、剖面图的洞口尺寸一致。窗框和窗扇尺寸均为成品的净尺寸。立面图上的线型除外轮廓线用中实线外，其余均为细实线(图 10-26a)。

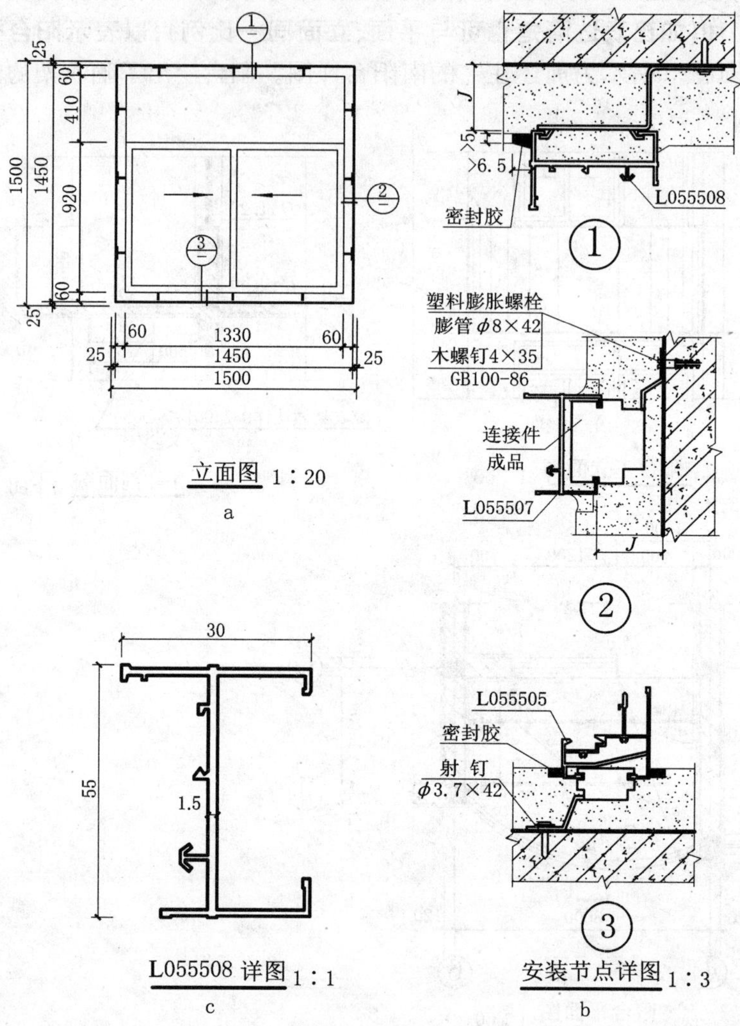

图 10-26 铝合金窗节点详图

(2) 节点详图：一般画出剖面图和安装图，并分别注明详图符号，并与窗的立面图对应。节点详图比例较大，能表示各窗料的断面形状、定位尺寸、安装位置和窗框、窗扇的连接关系等内容(图 10-26b)。

(3) 断面图：用大比例(1∶5、1∶2、1∶1)将各个不同的窗料断面形式单独画出，注明断面上各截口的尺寸，以便于下料加工，例如本例的窗断面 L060503 详图(1∶1)。当节点剖面详图比例较大时，断面可省略，本例 10-26c 图也可省略，这时可将断面上的尺寸注在节点剖面详图上(1∶3)(图 10-26b)。

10.8 结构施工图简介

10.8.1 结构施工图的内容和图示特点

(1) 结构施工图的内容：

包括结构设计说明书(选用结构材料类型、规格、强度等级、地基情况及施工注意事项等)、

结构平面图(一般包括基础平面图、屋面和楼面结构平面图)、各承重构件(梁、板、墙、柱、楼梯及基础)详图等。结构施工图简称“结施”,房屋按照主要承重构件所用的材料来分有:钢筋混凝土结构、钢结构、木结构、砖石结构以及钢筋混凝土与砖石混合使用的结构(又称混合结构)。结构设计虽然是根据建筑设计各方面的要求进行的,但两者必须密切配合、合理协调解决有关争议,为共同完成同一工程设计任务而努力工作。

图 10-27 所示为钢筋混凝土梁、板、柱体系结构示意图,图中表示了梁、板、柱及基础在房屋中的位置。

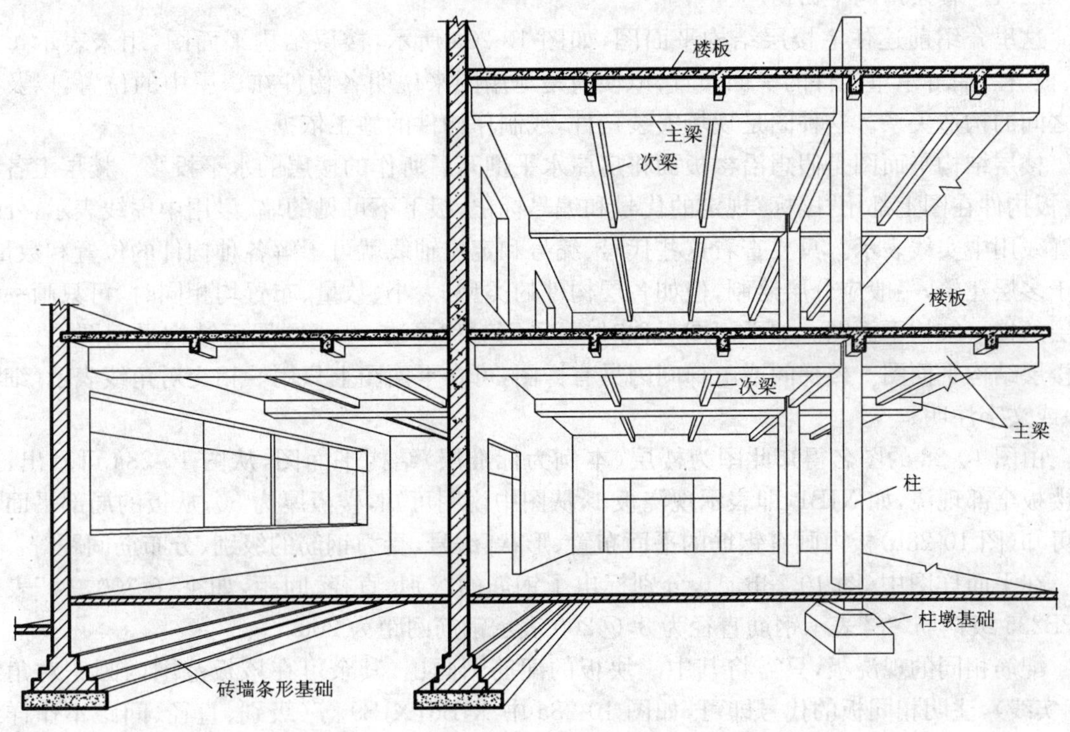

图 10-27　钢筋混凝土结构示意图

(2) 结构施工图的图示特点:

①用沿房屋防潮层剖开的水平剖面图来表示基础平面图;用沿房屋每层楼板面剖开的水平剖面图来表达相应各层楼层结构平面图;用沿屋面承重层剖开的水平剖面图来表示屋面结构平面图。

②用单个构件的正投影图来表达构件详图。即将逐个构件绘出其平面图、立面图及其相应断面图,和材料明细表等,一些复杂构件还要绘出模板图、预埋件图等。

③有时用双比例法绘制构件详图,即在绘制构件详图时,构件轴线按一种比例绘制,而构件上的杆件、零件则按另一种比例(比轴向比例大一些)绘制,以便清晰地表达节点细节。

④结构施工图中,构件的立面图和断面图上,轮廓线多用中或细实线画出,图内不画材料图例,以便表达钢筋的配置状况。多用粗实线和黑圆点表示钢筋。

⑤结构施工图中采用多种图例来表达:如板的布置、楼梯间的表示等。

(3) 结构施工图的读图方法:传统的结构施工图读图方法是:先看文字说明;再读基础平面图、基础结构详图;然后读楼层结构平面图、屋面结构平面图;最后读构件详图。对于构件详图,读图时先看图名,再看立面图和断面图,后看钢筋详图和钢筋表。当然与建筑施工图一样这些步骤不是孤立的，而是要经常互相联系进行阅读。读构件详图时，应熟练运用投影关系、图例符号、尺寸标注及比例，读懂空间形状，联系该构件名称和结构平面图中的标注，了解该构件在房屋中的部位和作用，联系尺寸和详图索引符号了解该构件大小和构造、材料等有关内容。

10.8.2 结构平面图

结构平面图是表示建筑物各构件(梁、板、柱等)平面布置(即平面位置)的图样。可分为基础平面图、楼层结构平面图、屋面结构平面图。

10.8.2.1 楼层结构平面图

这里介绍前述住宅楼层结构平面图，如图 10-28a 所示，楼层结构平面图，用来表示每层梁、板、柱、墙等承重构件的平面布置，以便清楚地用图来说明各构件在房屋中的位置，以及它们之间的构造关系。这种图是现场安装构件，或制作构件的施工依据。

楼层结构平面图是假想沿楼板面将房屋水平剖开后所作的楼层的水平投影。楼层上各种梁、板构件在图上都用"国标"规定的代号和编号标记，板下不可见的墙、梁用中虚线表示，外墙轮廓线用中实线表示。只要查看这些代号、编号和定位轴线就可了解各种构件的位置和数量。对于多层建筑，一般应分层绘制，但如各层构件的类型、大小、数量、布置均相同时，可只画一标准层的楼层结构平面图。如平面图对称时，可采用对称画法，一半画屋面结构平面图，另一半画楼层结构平面图。楼梯间或电梯间因另有详图，可在平面图上只用一相交对角线表示(细实线)或文字注明。

由图 10-28 的图名得知此图为楼层(本例为标准层)结构平面图，从图 10-28a 可看出，此层楼板全部现浇，如 XJB1，即表示现浇板 1，从图中说明可知，楼板厚为 80，从板的局部平面详图可知(图 10-28b)板内画有钢筋的平面布置、形状、编号、受力钢筋的级别、分布筋间距等。

在平面详图中(图 10-28b、c)，分别标出了钢筋的级别、直径、间距，如 Φ8@200，"Φ"表示 HPB235 级钢筋，"8"表示钢筋直径为 8，@200 表示钢筋间距为 200。

配筋相同的现浇板，只需将其中一块板的配筋图画出，其余可在该板范围内画一对角线(细实线)，注明相同板的代号即可，如图 10-28a 中 XJB6，XJB9 等(级别、直径、间距不作详细介绍)。图中 L 为圈梁代号、GZ 为钢筋混凝土构造柱代号(图中涂黑正方形表示构造柱的断面形状，其尺寸为 240×240，与墙同宽)，内配 4Φ12(断面详图略，可参考图 10-33c)。

这幢房屋属于混合结构(钢筋混凝土、砖石混合结构)，砖墙承重。

楼面结构平面图一般采用 1∶100 的比例绘制，较简单的楼层结构图可用 1∶200 的比例。楼面结构平面图的绘制步骤基本上与建筑平面图相同。用中实线表示剖到或可见的构件轮廓线，用中虚线表示不可见构件的轮廓线，用粗单点长画线表示梁的中心位置，门窗洞一般可不画出。

当楼面铺设预应力钢筋混凝土空心板时，用细实线分块画出板的铺设方向，如板的数量太多时，可只画出部分，并画上一对角线，沿对角线上(或下)方写出预应力空心板的数量、代号等。如有相同的结构单元时，可简化在其上写出相同的单元编号，门窗过梁可统一说明，其余内容都可省略。

结构平面图中应标注与建筑平面图相一致的轴线尺寸及总尺寸(图 10-28a)。

10.8.2.2 基础施工图

基础是建筑物与土层直接接触的部分，是承受建筑物的全部荷载的构件，并把荷载传给地基，是建筑物的一个组成部分。地基是基础下面的土层，承受由基础传来的整个建筑物的重

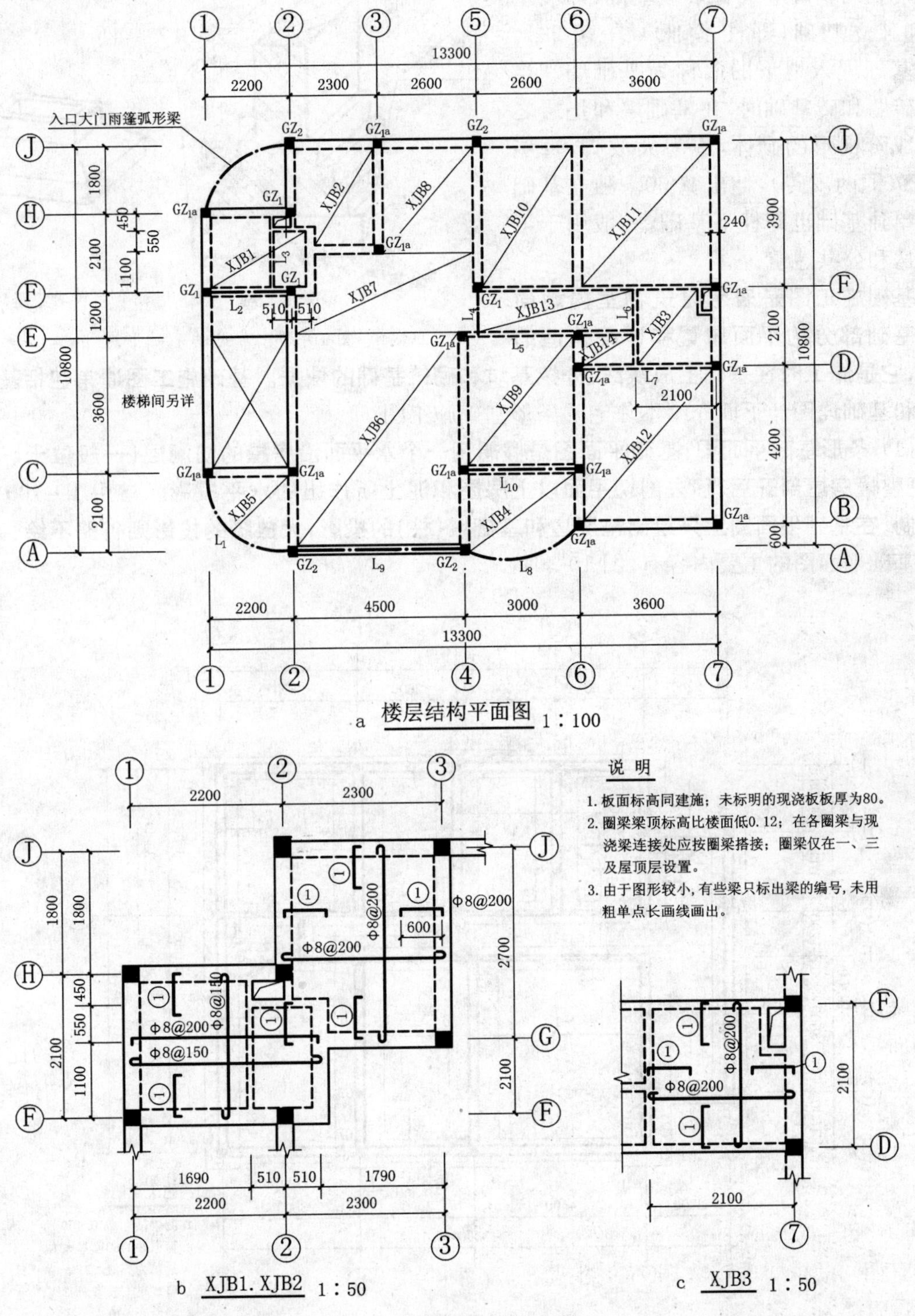

a 楼层结构平面图 1：100

b XJB1. XJB2 1：50

c XJB3 1：50

图 10-28 楼层结构平面图

量。基坑是为基础施工而在地面开挖的土坑，坑底就是基础的底面。基坑边线就是施工时测量放线的灰线（用石灰在地面上按 1：1 的比例画的线称灰线）。从室内地面±0.000 到基础底面的高度称为基础的埋置深度。

常见的基础形式有条形基础（即墙基础）和独立基础（即柱基础）（图 10-29）。条形基础埋入地下的墙称为基础墙。当采用砖墙和砖基础时，在基础墙和垫层之间做成阶梯形的砌体，称为大放脚，每层高 120（即两皮砖），伸出宽 60。独立基础又称单独基础也即柱下基础，一般用于工业厂房和公共建筑。

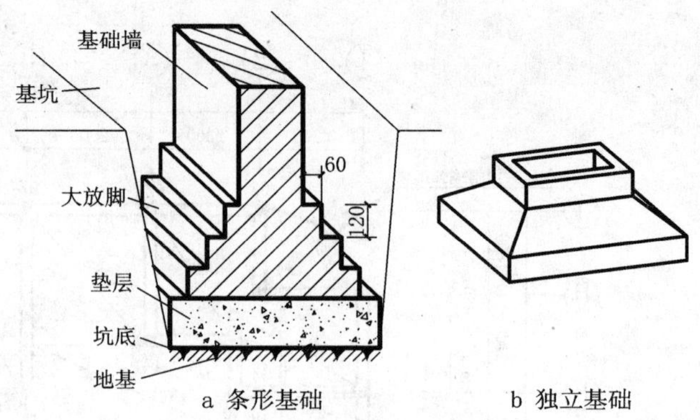

图 10-29 常见的基础形式

基础施工图是表示建筑物室内地面以下基础部分的平面布置和详细构造的图样，它是施工时在基础上放灰线、开挖基坑和砌筑基础的依据。基础施工图通常包括基础平面图和基础详图。下面介绍本住宅的条形基础施工图。

（1）**条形基础平面图：基础平面图是假想用一个水平面沿房屋的防潮层（一般位于－0.06 处）把整幢房屋剖开后，移去剖切平面以上房屋和泥土所作出的水平投影。常用 1∶100 的比例绘制，在基础平面图上只绘出垫层边和基础墙（柱）的投影，大放脚的投影则省略不绘。**

基础平面图的主要内容有（图 10-30）：

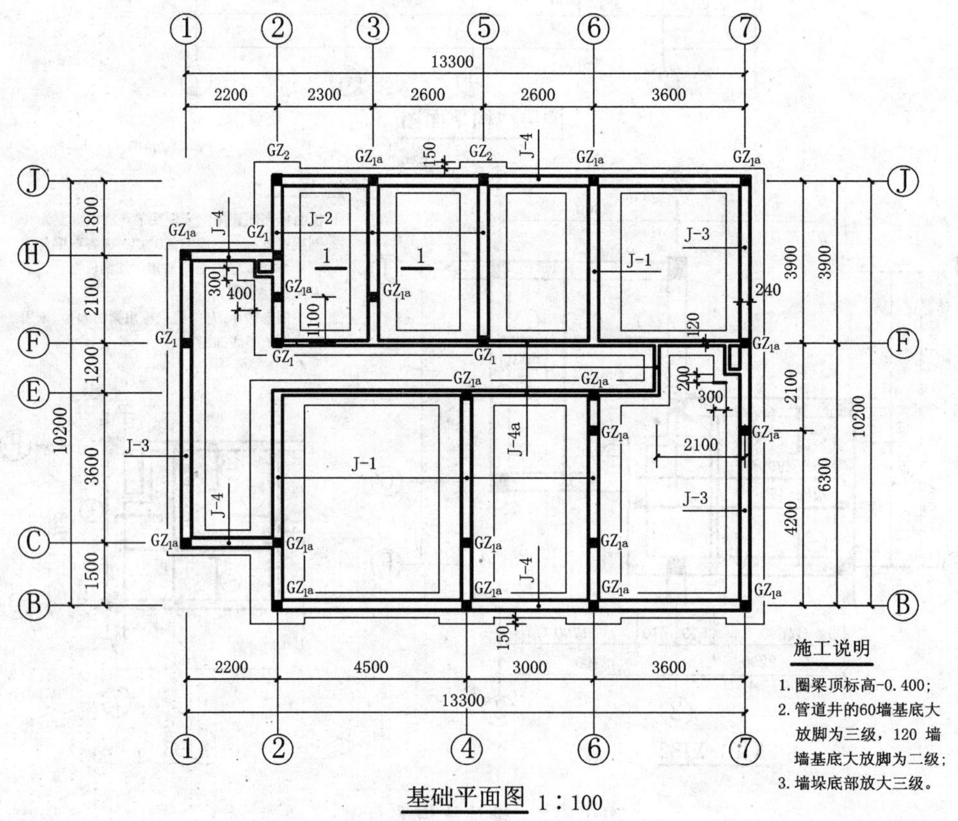

图 10-30 条形基础平面图

①图名、比例、纵横定位轴线及其编号。

②基础平面布置，即基础墙、柱以及基础底面的形状、大小及其与轴线的关系。

③基础梁的位置和代号。

④断面图的剖切位置线及其编号(或注写基础代号)。

⑤轴线尺寸、基础大小尺寸和定位尺寸。

⑥施工说明。

⑦当基础底面标高有变化时,应在基础平面图对应部位附近画一段基础垫层的垂直剖面图,用来表示基底标高的变化,并标出基底的标高。如图 10-30 所示,此图为前述住宅基础平面图,该住宅基础是条形基础。图中细实线表示基坑的水平投影,粗实线表示基础墙的投影,大放脚则省略不画。基础平面图中应注上轴线尺寸、轴线总和尺寸以及墙厚、基坑宽度等尺寸。同时应注上轴线编号以备施工时测量放线之用。各轴线处基坑宽、基坑边线到轴线处的宽度可根据编号(如 J-1、J-2)在表 10-4 中查得。

图中涂黑小方块表示钢筋混凝土构造柱断面,构造柱 GZ2 的断面大小为 240×300,其他构造柱的断面大小为 240×240。

(2) 条形基础详图:基础平面图只表明基础的平面布置图,而基础各部分的具体构造没有表达出来,这就需要画出各部分的基础详图。

基础的某一处沿铅垂剖切所得到的断面图称为基础详图。常用 1∶20 的比例绘出(图 10-31)。基础详图表示了基础的断面形状、材料和构造、大小。

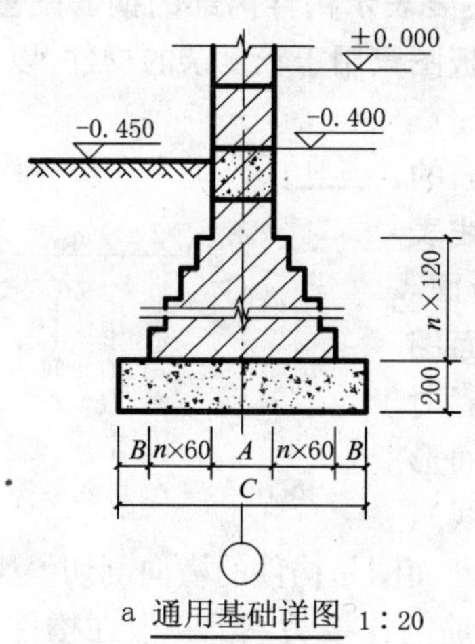

a 通用基础详图 1∶20

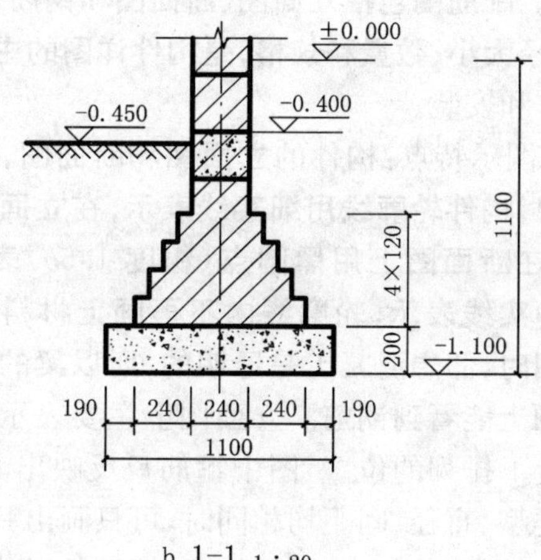

b 1-1 1∶20

图 10-31 条形基础详图

基础的断面形状与埋置深度要根据上部的荷载以及地基承载力而定。同一幢房屋,由于各处有不同的荷载和不同的地基承载力,下面就有不同的基础。对每一种不同的基础,都要画出它的断面图,并在基础平面图上用 1-1、2-2、等剖切位置线表明该断面的位置,并将不同的基础编上号如 J-1、J-2。本住宅为了简便,只画出一个通用详图(如图 10-31a 所示),断面图细部尺寸列表说明(如表 10-4),而不必画出每个详图。

基础详图的主要内容有:

①图名(基础代号),比例。

②基础断面图中轴线及其编号(若为通用详图,则轴线圈圈内不予编号,如图 10-31a 所示)。

表 10-4 基础细部尺寸

编号	A	B	C	n	备 注
J-1	240	170	1300	6	上部三级级高 60
J-2	240	190	1100	4	
J-3	240	150	900	3	
J-4	240	120	600	1	
J-4a	120	120	600	2	

③基础断面形状、大小、材料以及配筋。

④基础梁(或圈梁)的高、宽度及配置。

⑤基础断面的详细尺寸和室内外地面、基础垫层底面的标高。

⑥防潮层的位置和做法。

⑦施工说明等。

图10-31是图10-30条形基础J-2的1-1断面图。从图10-31中可知:1-1断面垫层为200厚,从表10-4查得垫层宽$C=1100$,材料用素混凝土(C15混凝土),垫层上面是大放脚,每层高120,缩进60,共4级,然后在墙上做一圈断面为240×240(内配4Φ12)的钢筋混凝土圈梁,以加强房屋的整体性。最后再在圈梁上做$A=240$的基础墙(墙为配筋砌体)。基础埋深为1100。填上实际数字后1-1断面详图如图10-31b所示。

基础详图的轮廓线和地坪线均用粗实线表示。

基础平面图与基础详图的画图步骤,与建筑平面图、剖面图和详图画图步骤相同,因此不再赘述。

10.8.3 构件详图

现以钢筋混凝土构件详图为例来说明构件详图内容和图示特点。

(1) 内容:**钢筋混凝土构件详图,一般包括模板图、配筋图、预埋件详图及钢筋表(或材料用量表)。配筋图包括立面图、断面图和钢筋详图。它们主要表示构件内部的钢筋配置、钢筋形状、直径大小、数量和规格,是构件详图的主要图样**。模板图只用于较复杂的构件,以便于模板的制作和安装。

(2) 图示特点:**构件的立面图和断面图,主要表示钢筋的配置状况,构件轮廓线用细实线表示,在立面图上用粗实线表示钢筋,在断面图上用黑圆点**(粗度1.5b)**表示钢筋的断面。箍筋用中实线表示,轮廓线内不再画上材料图例。画立面图和断面图时,假想混凝土是透明的,所以梁的外表作正投影时在立面图上能看到钢筋。**立面图上主要表示出钢筋的立面形状及其上下排列的位置,图中箍筋只反映出其侧面(一条线),当它的类型、直径、间距均相同时,可只画出其中一部分。断面图是构件的横向剖切投影图,它能表示钢筋的上下和前后的排列、箍筋的形状及与其他钢筋的连接关系。一般在构件断面形状或钢筋数量位置有变化之处,都需画一断面图(但不宜在斜筋段内截取断面),通常位于支座、跨中应作一剖切,并在立面图上画出剖切位置线。立面图和断面图都应注出一致的钢筋编号、直径、数量、间距等(图10-32),此外还应留出规定的保护层厚度。

说明:

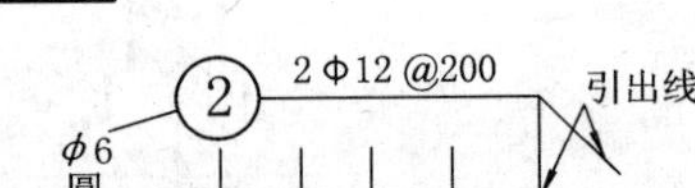

图10-32 钢筋编号方法

当梁的跨度大并左右对称时,可在立面图的对称位置上,画上对称符号(图10-33b);构件立面图上也可只画比一半略大,尺寸则应标注全长,此时不画对称符号,而画细单点长画线表示对称中心位置(图10-34)。图10-33所示为板、梁、柱等钢筋混凝土构件的立面图和断面图的图示特点。

图10-34所示为三跨连续梁的钢筋混凝土配筋图。这根钢筋混凝土主梁的配筋图,其立面图比例为1∶30,梁高750,梁宽250,再看立面图对照断面图可知:架立钢筋是2根直径为12的HPB235级钢筋(光圆钢筋),为更好地与混凝土粘结,钢筋两端作半圆形弯钩编号为⑥。受力筋中的直筋伸入支座为两根直径为25的HRB335级钢筋(16锰钢人字纹筋),编号为①。受力筋中的弯筋是直径为25的HRB335级钢筋,一根编号为②,一根编号为③,弯起钢筋②、③距支座外边50、650处起弯。弯起钢筋与梁的纵向轴线夹角当梁高小于800时为45°,当梁

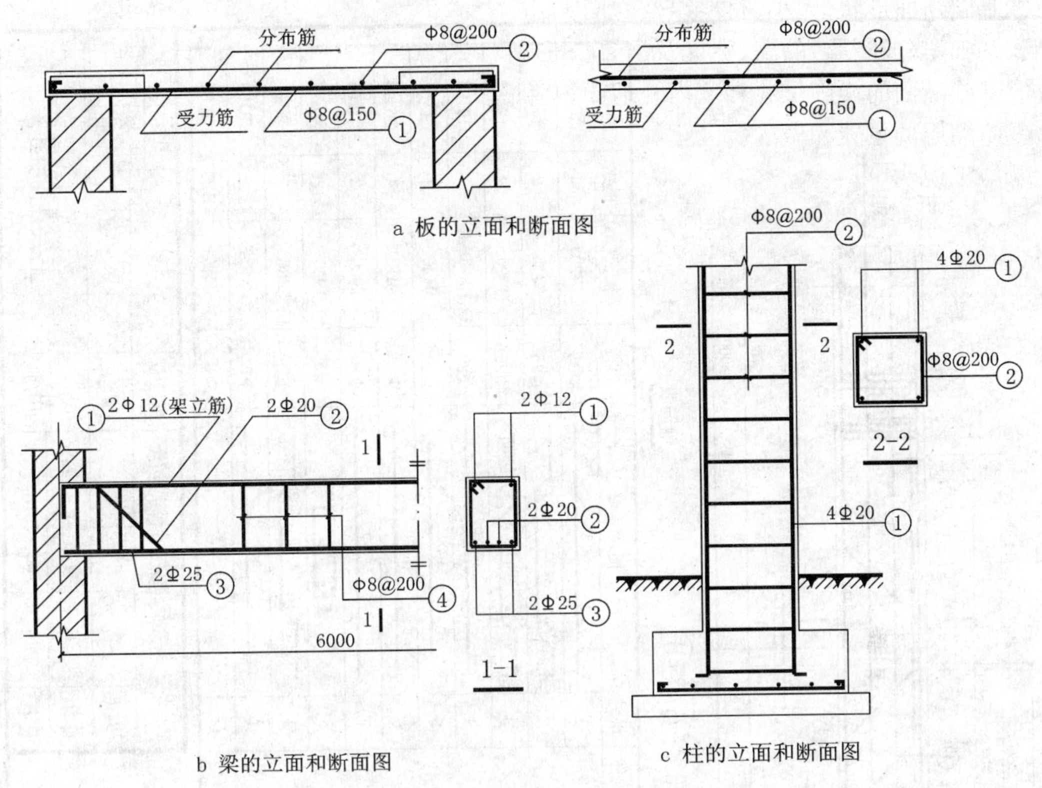

图 10-33 钢筋混凝土构件的图示特点

高大于 800 时可用 60°，较低并有集中荷载时可用 30°(常用于板)。图中弯起钢筋与梁的纵向轴线夹角为 45°。编号为④的钢筋是直径为 20 的 HRB335 级钢筋，两端不作弯钩，④号钢筋主要是因为Ⓑ支座处梁上部受拉而加的受力钢筋，从距Ⓑ柱左 2340 处加上。编号为⑤的钢筋是直径为 20 的 HRB335 级钢筋，作用与④相同，从距Ⓑ柱左 1560 处加上。④、⑤号钢筋还起了架立筋的作用。⑦号钢筋为受力钢筋即 3 根直径为 20 的 HRB335 级钢筋。⑧号钢筋是箍筋，在立面图上箍筋没有全部绘出，在 2-2 剖切线附近只绘出 5 根，直径为 8 的 HPB235 级钢筋，间距为 200。图中虚线所示为次梁的矩形断面形状，次梁左右剪力大，故各加了 3 根间距为 50 的箍筋。⑨号钢筋为受力钢筋，作用与②、③号钢筋相同，采用直径为 28 的 HRB335 级钢筋，从距Ⓑ柱左 900 处加上。⑩号钢筋为纵向构造腰筋，沿高度方向两侧各配置两排直径为 12 的 HPB235 级钢筋。⑪号钢筋为拉筋，用来固定腰筋，每两根箍筋加一根拉筋相间放置，拉筋直径为 8 的 HPB235 级钢盘，为了图面清晰立面图中未绘出，仅表达在 4 个断面图中。主梁是一根三跨连续梁，两端支承在Ⓐ墙和Ⓓ墙上，中间支承在钢筋混凝土柱子Ⓑ轴和Ⓒ轴上(柱子为正方形断面 300×300)，由于连续梁左右对称，详图中立面图只画了比一半略多，另一半省略，并用对称中心线表示梁的对称位置。中间跨梁的长度标注全长 6000。

立面图中，假设混凝土是透明的，这样立面图能看到内部钢筋，但对其后面次梁和板又假设是看不见的，所以在立面图上用虚线表示板厚(80)和次梁高、宽(高 450、宽 200)。若将次梁和板在主梁立面图上也绘成实线，则与钢筋混淆不清，难以表达清楚。

钢筋的代号是这样区别的：HPB235 级光圆钢筋代号为Φ，HRB335 级有纹(螺纹或人字纹等)钢筋的代号为Φ。

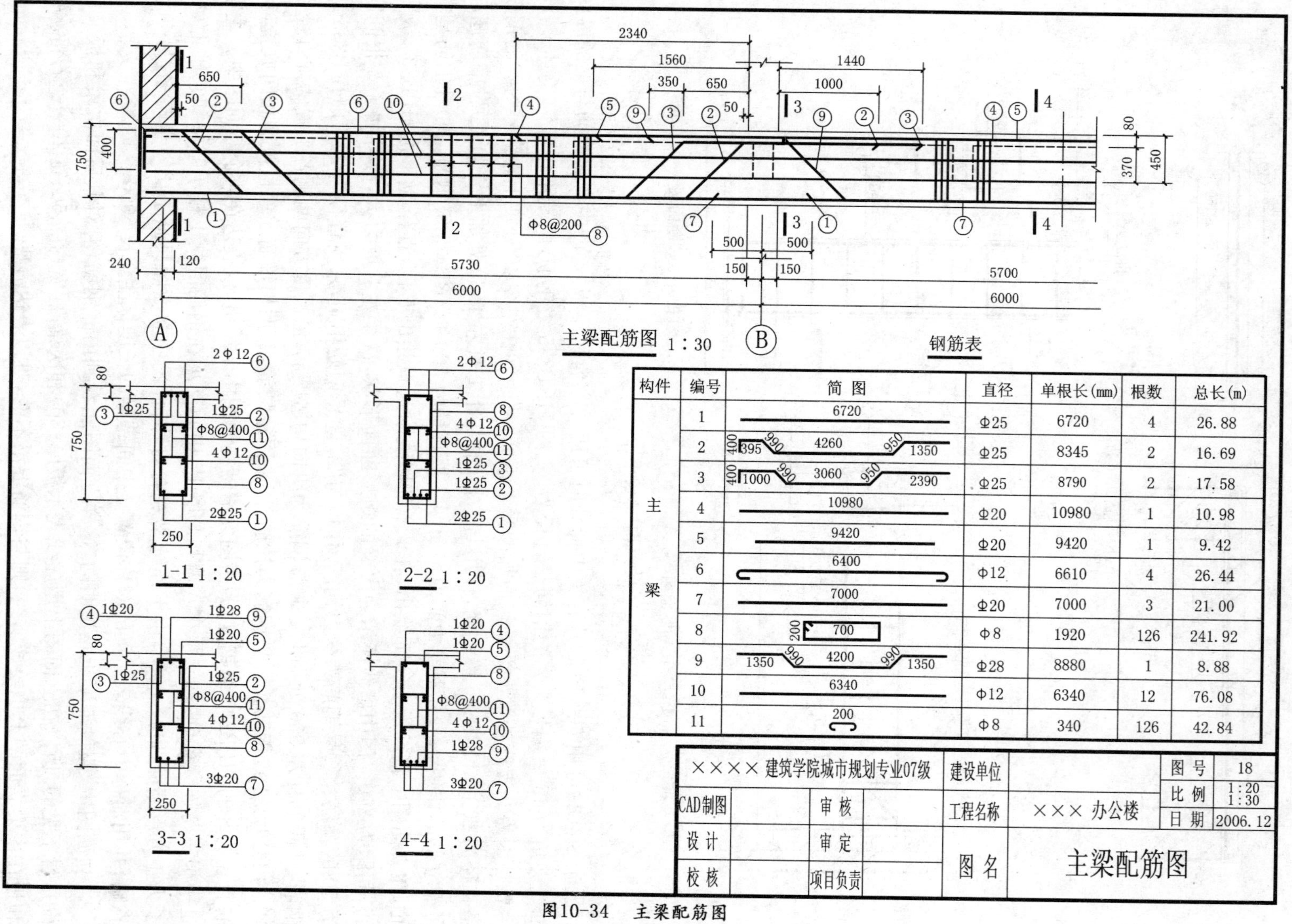

钢筋表

构件	编号	简图	直径	单根长(mm)	根数	总长(m)
主梁	1	6720	Φ25	6720	4	26.88
	2	400 395 990 4260 950 1350	Φ25	8345	2	16.69
	3	400 1000 990 3060 950 2390	Φ25	8790	2	17.58
	4	10980	Φ20	10980	1	10.98
	5	9420	Φ20	9420	1	9.42
	6	6400	Φ12	6610	4	26.44
	7	7000	Φ20	7000	3	21.00
	8	200 700	Φ8	1920	126	241.92
	9	1350 990 4200 990 1350	Φ28	8880	1	8.88
	10	6340	Φ12	6340	12	76.08
	11	200	Φ8	340	126	42.84

图10-34 主梁配筋图

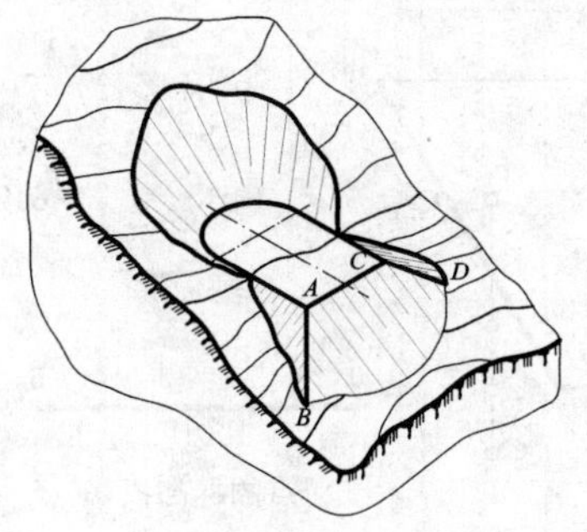

11 标高投影

11.1 概 述

房屋建筑和其他的建筑工程常常建造在地面上或地表下面(如地下商场、地铁及城市管道等),它们应建在何处?建成什么样子?这除与使用要求有关外,还与地形地貌有关。因此,常常需要绘制各种总平面图。建筑总平面图除绘有建筑物外形轮廓图、绿化、道路、构筑物、河流、池塘等外,一般还绘有地形图。由于地面形状复杂,高度与长度、宽度之比相差很大,难以用前面介绍的正投影图来表达,因此,人们进一步研究了一种绘制地形图的方法,这就是标高投影法。**标高投影法是一种单面的直角投影,用在水平投影面上的直角投影图并加注形体上某些特殊点的高程,也就是用高程数字和水平投影表达形体的形状**(图 11-1)。标高投影是四种图示法之一,广泛用于工业、道路、桥梁、建筑工程和地图等各方面的制图中。

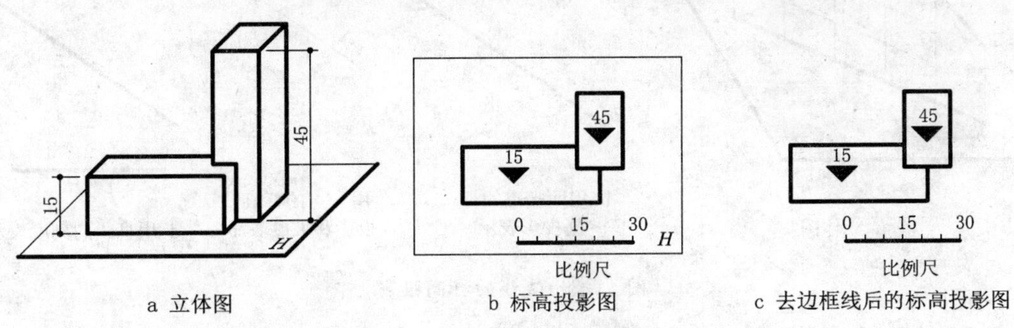

a 立体图　b 标高投影图　c 去边框线后的标高投影图

图 11-1　标高投影的概念

11.2 点、直线、平面的标高投影

11.2.1 点的标高投影

设立水平投影面 H 为基准面,H 面的高程为零,H 面以上为正,以下为负。如图 11-2a 所示,设点 A 在 H 面以上 6 个单位,点 B 在 H 面上、点 C 在 H 面以下 4 个单位。画点的标高投影图时,在点的水平投影上标以小写字母,在字母右下角用小 2 号数字分别标出与 H 面的高差 6、0、−4,A、B、C 三点的标高投影图如图 11-2b 所示。

在标高投影图上必须附有比例尺及其长度单位,如图 11-2b 中刻有数字的直线称为"比例尺”，否则就无法确定点在空间的位置。

形体的标高投影图中一般不标注其长度和宽度尺寸，需要时可用直尺和图中所绘的比例尺量取形体的长、宽尺寸。

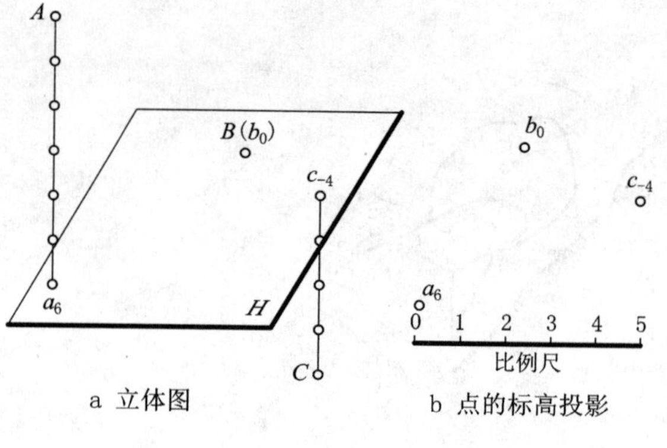

a 立体图　　b 点的标高投影

图 11-2　点的标高投影

11.2.2　直线的标高投影

11.2.2.1　直线的标高投影表示法

(1)用直线上两端点的标高投影来表示直线的标高投影。图 11-3a 所示为 AB 的立体图，点 A 高程为 7 个单位，点 B 高程为 2 个单位，连接 a_7 与 b_2，即为直线 AB 的标高投影(图 11-3b)。

(2)用直线的一个端点 A 的标高投影并注以直线的坡度和指向箭头来表示直线的标高投影；箭头表示该直线指向下坡，即由高指向低，坡度用 $i=1,2\cdots$ 表示(图 11-3c)。

(3)用直线上整数高程的点来表示直线的标高投影(即直线的刻度，图 11-3d)。

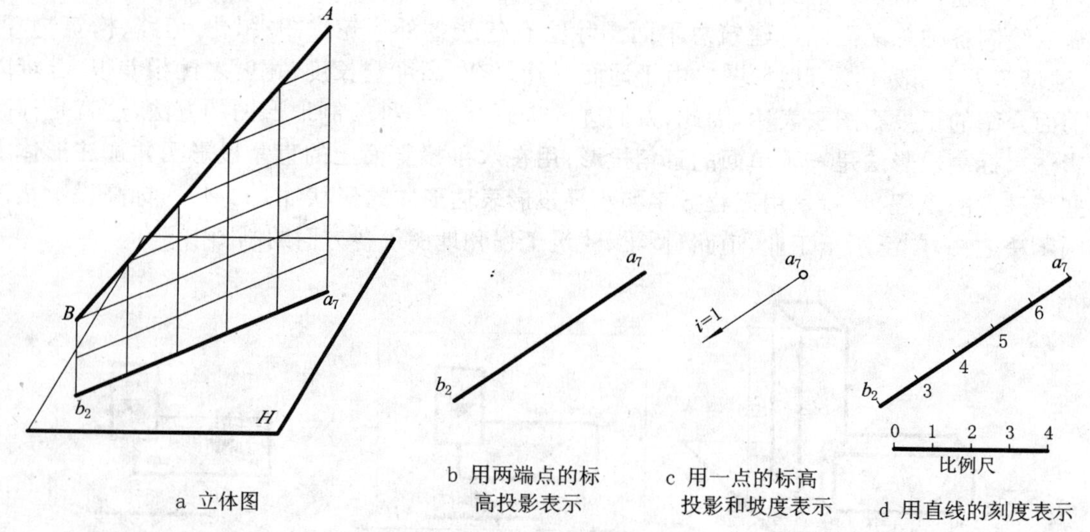

a 立体图　　b 用两端点的标高投影表示　　c 用一点的标高投影和坡度表示　　d 用直线的刻度表示

图 11-3　直线的标高投影

11.2.2.2　直线的实长与刻度

(1)一般位置直线的实长：在标高投影中求一般位置直线实长，仍然可用直角三角形法或一次换面法。

①直角三角形法求线段实长(图 11-4a)：以线段的水平投影 a_8b_4 为一直角三角形的直角边，另一直角边是两端点距水平面的高度差，作图时，高差与水平投影应采用同一比例尺，其斜边 AB 即为实长。

②换面法求实长(图 11-4b)：在适宜位置作水平投影 $a_{8.5}b_{4.5}$ 的平行线作为新轴 V_1/H(即 O_1X_1)，并将新轴作为两端点小数值整数标高起始线，如图 11-4b 中 $a_{8.5}b_{4.5}$，则 O_1X_1 轴作为高程为整数 4 的起始线。然后再绘出相隔一个单位的 O_1X_1 轴的平行线，在此平行线上标出 5、6、7、8，准确标出 8.5、4.5 点的位置，连接点 a_1' 与 b_1'，$a_1'b_1'$ 即为 AB 的实长(图 11-4b)。

(2)直线的刻度：**直线的刻度就是在直线的标高投影上，标出整数标高的点**。求作直线的

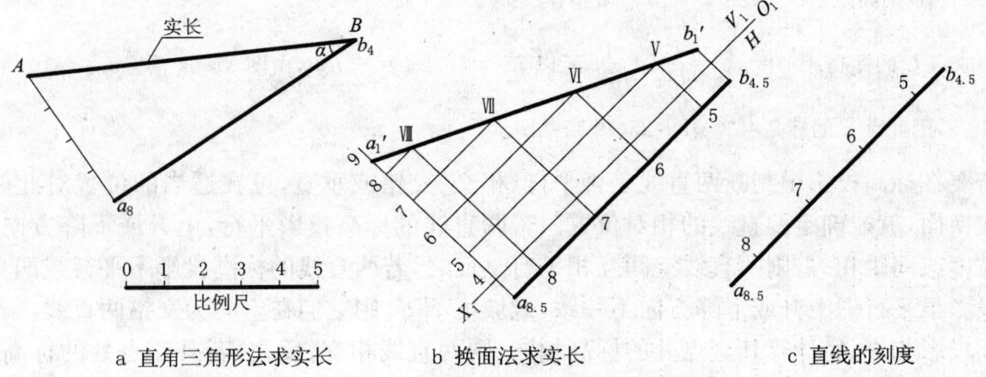

a 直角三角形法求实长　　b 换面法求实长　　c 直线的刻度

图 11-4　求直线 AB 的实长与刻度

刻度时，可用图 11-4b 所示的换面法。求 AB 实长时，先求出实长 $a'_1b'_1$，再过整数点如 5、6、7、8 作 O_1X_1 轴的平行线，这一组平行线与 $a'_1b'_1$ 的交点，即为 AB 的整数标高点Ⅴ、Ⅵ、Ⅶ、Ⅷ等点，再过这些点作 O_1X_1 轴的垂直线，此垂直线与水平投影 $a_{8.5}b_{4.5}$ 相交得 5、6、7、8 各整数点，即得直线的刻度(图 11-4c)，这些整数点之间的长度是相等的($\overline{56}=\overline{67}=\overline{78}$)。

(3)直线的坡度与间距：**直线的坡度 i，就是当直线上两点的水平距离为一单位时的高差。直线的间距 l，则是两点的高差为一单位时的水平距离。**

如图 11-5 所示，如果线段 AB 两端点的高差为 I，水平距离(即 AB 的水平投影长度)为 L，AB 对 H 面的倾角为 α，则坡度 i、间距 l 和倾角 α 三者的关系为：

坡度 $i=\frac{i}{1}=\frac{I}{L}=\tan\alpha$，间距 $l=\frac{l}{1}=\frac{L}{I}=\frac{1}{\tan\alpha}=\cot\alpha$。

由此可知，**坡度和间距互为倒数，坡度大则间距小，坡度小则间距大。**

［例 11-1］　已知线段 AB 的标高投影 $a_{30}b_{15}$(图 11-6a)，求 AB 的坡度 i、间距 l 和线段 AB 上点 C 的标高。

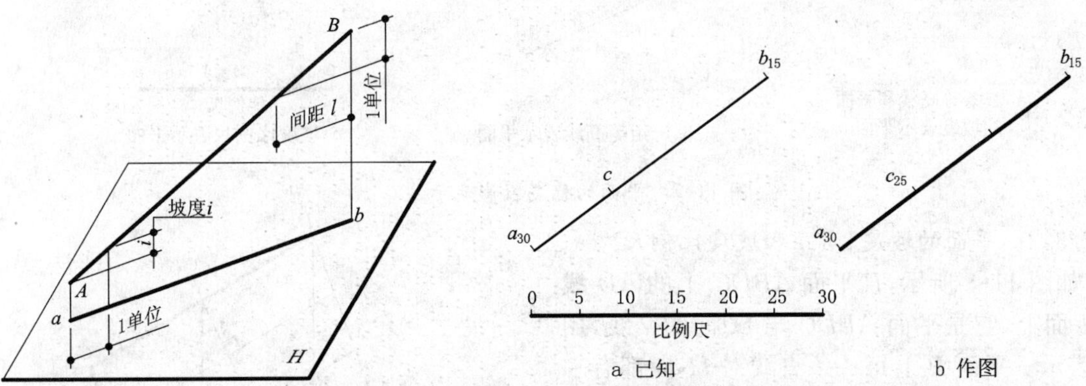

a 已知　　b 作图

图 11-5　直线的坡度和间距　　图 11-6　求线段 AB 的坡度 i、间距 l 和点 C 的标高

［解］　1. 图解法：可用图 11-4b 所示的换面法求解(读者自行补充)。

2. 数解法：

(1)求线段 AB 的坡度 i：　$i=\frac{I_{AB}}{L_{AB}}$，I_{AB}＝线段两端点高度差＝30－15＝15，L_{AB}＝线段的水平投影长度＝ab，在图 11-6b 上用比例尺度量 $a_{30}b_{15}$＝30 单位，所以 $i=\frac{15}{30}=\frac{1}{2}$。

(2)求 AB 的间距 l：　　$l=\frac{1}{i}=\frac{1}{1/2}=2$ 单位。

(3)求点 C 的标高：因 $i=\frac{I_{AB}}{L_{AB}}=\frac{I_{AC}}{L_{AC}}=\frac{1}{2}$，所以 $I_{AC}=i\times L_{AC}=\frac{1}{2}L_{AC}$，由图 11-6a 量得 $L_{AC}=10$，则 $I_{AC}=\frac{1}{2}\times 10=5$，因此点 C 的标高 $=30-5=25$(图 11-6b)。

若要在标高投影中判断两直线是否平行、相交、交错或垂直，可在适当的位置对此两直线作一次换面，就能确定两直线的相对位置。若两直线的标高投影平行，上升或下降方向一致，而且坡度或间距相等，则两直线空间互相平行。反之，若两直线的标高投影不平行或两直线的标高投影虽平行但上升或下降方向不一致，或坡度不等，则它们在空间为交错两直线。若两直线标高投影相交、经计算其交点处的标高相同，则两直线相交；反之，若其交点处的标高不等，则交点是重影点的水平投影，两直线在空间是交错的。

11.2.3 平面的标高投影

11.2.3.1 平面的表示法

平面的标高投影可用下列方法之一来表示：不在同一直线上的三点的标高投影、一直线和直线外一点的标高投影、相交两直线或平行两直线的标高投影、平面图形(如三角形)的标高投影。但在标高投影中经常采用一条水平线的标高投影和该平面的坡度来表示，箭头方向表示下坡方向(图 11-7a)；或用平面上一组等高线表示该平面(图 11-7b)；也可用平面的坡度比例尺 P_i 表示平面(图 11-7c)。上述三图都应附有比例尺。

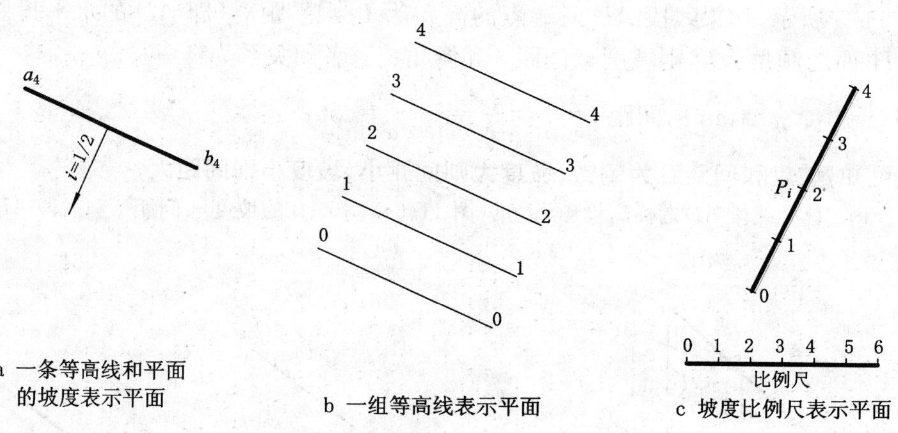

图 11-7　平面的标高投影表示法

11.2.3.2 平面的坡度、间距和坡度比例尺

如图 11-8 所示，P 平面 $ABDC$ 上的 AB 线在 H 面上，它是平面 $ABDC$ 与 H 面的交线，用 P_H 表示。平面 P 上每一条直线对 H 面都有一个倾角，其中当 P 面上一直线 EF 垂直于 P 面上的水平线 P_H 时(此水平线 P_H 又称平面 P 的 H 面迹线)，EF 对 H 面的倾角为最大，于是称 EF 为平面 P 对 H 面的最大斜度线，最大斜度线对 H 面的倾角 α 代表平面 P 对 H 面的倾角。如用高差为一单位的水平面截割 P 面，可得一

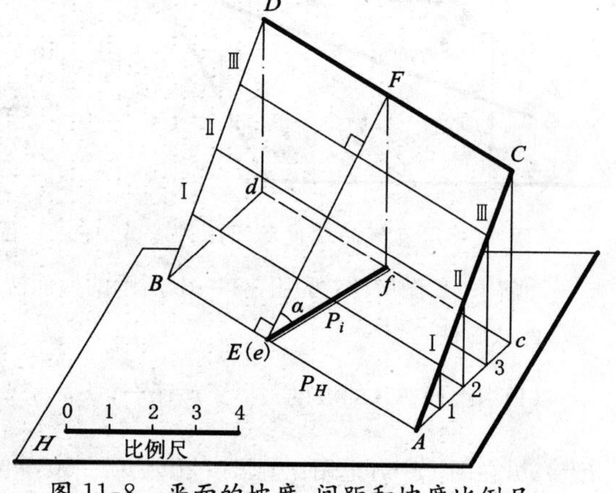

图 11-8　平面的坡度、间距和坡度比例尺

组水平线Ⅰ-Ⅰ、Ⅱ-Ⅱ…它们的水平投影为1-1、2-2…由于在每一条水平线上的各点高程相同，故称等高线，平面 P 上的等高线都平行于平面 P 的 H 面迹线 P_H，等高线1-1，2-2的间距相等，称为**平面的间距**，也就是说，**当高差为一单位时，相邻两条等高线的距离，称为平面的间距。**

平面 P 对 H 面的最大斜度线的间距与平面 P 的间距相等，在标高投影中，**把画有刻度的 P 面对 H 面的最大斜度线 EF 的 H 投影 ef 标注为 P_i，称为平面的坡度比例尺。**它可以表示平面的标高投影，如图11-8和图11-9a所示。根据平面的坡度比例尺可作出平面的等高线(图11-9b)。

如上所述平面上对 H 面的最大斜度线及其与 H 面的倾角，代表平面 P 对 H 面的倾角。因此当给出平面 P 的坡度比例尺 P_i 和比例尺时，就可以根据坡度比例尺上的刻度，用换面法求平面的最大斜度线的实长和平面对 H 面的倾角 α(图11-9c)。

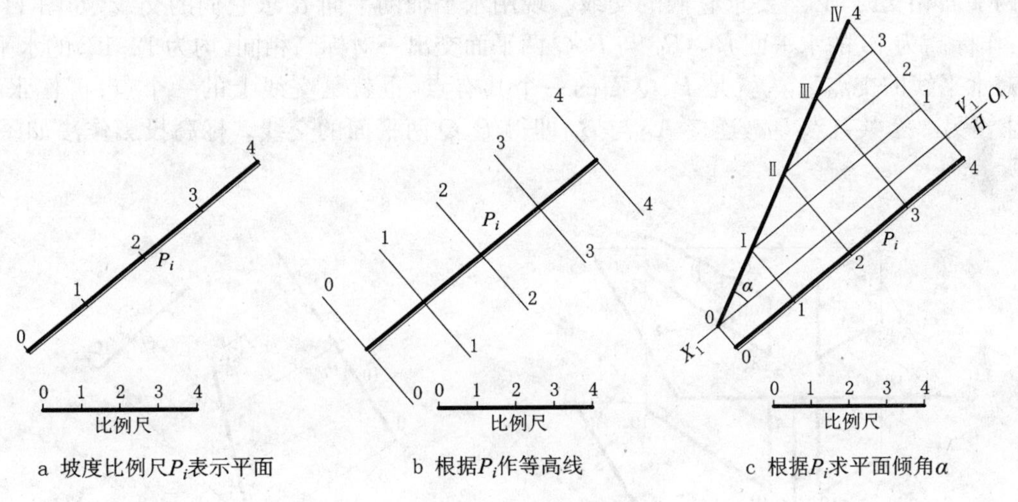

图11-9 平面的坡度比例尺

[例11-2] 已知△ABC 平面的标高投影△$a_1b_6c_3$ 和比例尺(图11-10a)，求△ABC 平面的坡度比例尺和平面对 H 面倾角 α。

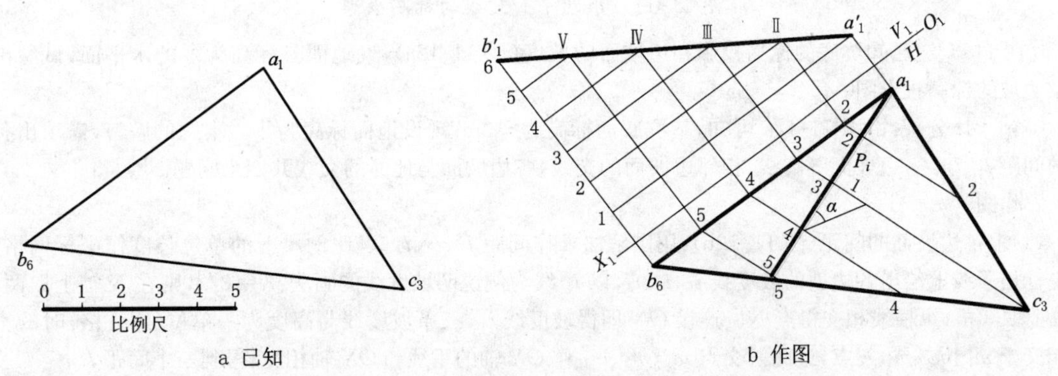

图11-10 求△ABC 平面的坡度比例尺和倾角 α

[解] 1.分析：平面的坡度比例尺，就是平面上带有刻度的对 H 面的最大斜度线的标高投影。因为最大斜度线必垂直于平面上的水平线或平面的 H 面迹线，为此先要求△ABC 平面上的若干水平线，即每隔一个单位高程的等高线，然后作等高线的垂直线，即得坡度比例尺。

2. 作图(图 11-10b)：

(1)用换面法求 AB 的标高投影 a_1b_6 上各整数标高点 2、3、4、5，将 a_1b_6 上的点 3 与 c_3 连接起来，即得平面上等高线的方向，通过 2、4、5 各点作线平行于等高线 3-3，于是求得一组等高线，相邻两等高线之间的距离，就是平面的间距。

(2)作等高线的垂线，例如过 a_1 作线垂直于 2-2、3-3…，就得到所求平面对 H 面的最大斜度线，在最大斜度线上注上 2、3、4、5 刻度，即得平面的坡度比例尺。

(3)求平面对 H 面的倾角 α：以坡度比例尺上的间距为一直角边，以比例尺上一单位长为另一直角边，那么斜边与坡度比例尺间的夹角，就是平面的倾角 α。

11.2.3.3 两平面的交线

空间两平面可能是平行或相交，若两平面 Q、P 在空间互相平行，则在标高投影中它们的坡度比例尺互相平行，即 $Q_i /\!/ P_i$，间距相等，而且标高数字增大或减小的方向也一致。下面着重介绍两平面相交的问题。

两平面相交时，必然要求它们的交线。现用水平辅助平面 R 求它们的交线，如图 11-11a 所示：作标高为 12 的水平面 R_{12}，R_{12} 与 P、Q 两平面交出一对标高相同(均为 12-12)的水平线，这一对水平线的交点 A_{12}，就是 P、Q 面的一个共有点，也就是交线上的一个点；再作水平面 R_{10}，求出另一个共有点 B_{10}，连接 A_{12} 与 B_{10} 即得 P、Q 两平面的交线。标高投影作法如图 11-11b 所示。

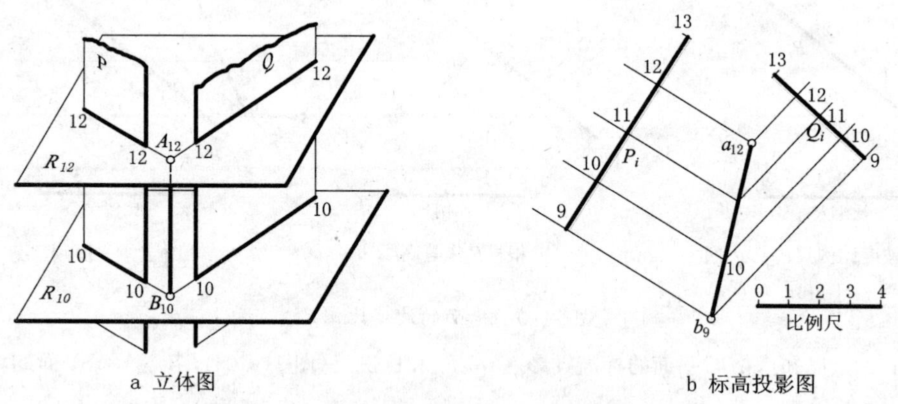

图 11-11 求两平面交线的标高投影

［例 11-3］ 已知坑底的标高投影和边坡面的坡度(图 11-12a)，设地面是标高为零的水平面，试绘出此坑及边坡的标高投影图。

［解］ 1. 分析：由图 11-12a 可知，基坑底面标高为－3m，现设地面标高为零。本题的解答，需求出各边坡的间距 l_1、l_2、l_3，边坡面等高线，相邻边坡面的交线，各边坡面与地面的交线共四个问题。

2. 作图：

(1)求各边坡面的间距(图 11-12b)：用图解法求作间距 l_1、l_2、l_3，以比例尺上的单位长度作坐标网格，在此坐标格子线上绘出各边坡的坡度线 i_1、i_2、i_3，以 i_1 线为例说明坡度线的画法：$i_1=3/2$，则在 X 轴上取两格，Y 轴上取 3 格，纵横线相交得点 N。连接 ON 即得坡度线 i_1，三条坡度线与高度为一单位(即一格)时的水平线相交于 m_1、m_2、m_3 三点，过此三交点 m_1、m_2、m_3 作 OX 轴的垂线与 OX 轴相交，得到三个间距 l_1、l_2、l_3。

(2)作各边坡等高线、各坡面交线、坡面与地面交线(图 11-12c)：以 l_1、l_2、l_3 为间距，作各侧边坡面的等高线－2-－2、－1-－1、0-0。相邻两边坡面同数等高线的交点的连线，即为各边坡面交线。标高为零的等高线，就是各边坡与地面的交线。

本题的数解法留给读者自行求作。

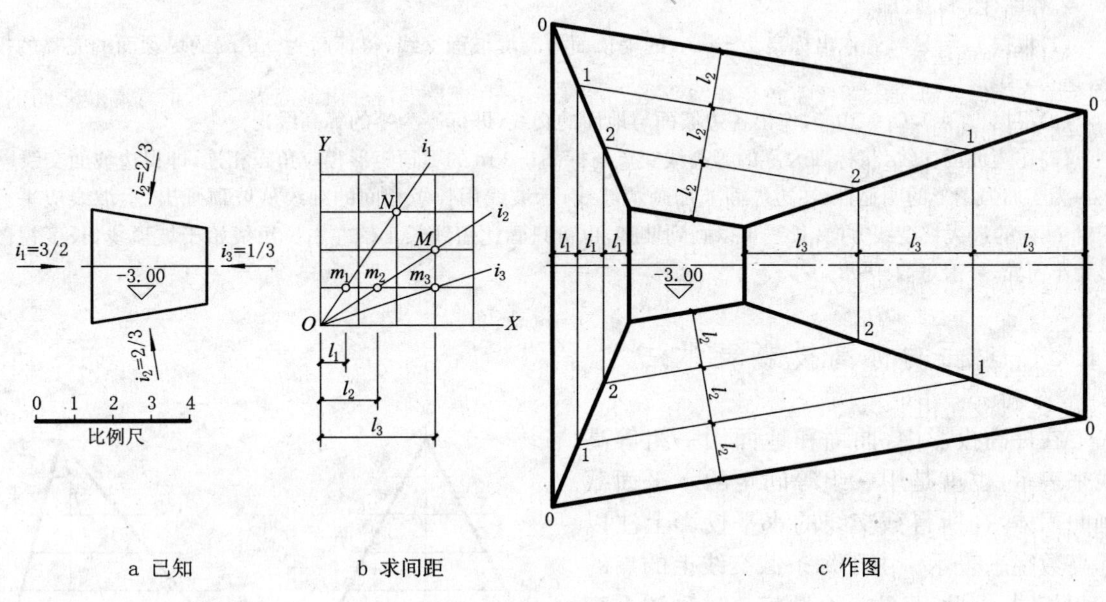

图 11-12 基坑的标高投影

［例 11-4］ 已知两堤顶面的标高和各边坡的坡度(图 11-13a)，求两堤之间、边坡之间、边坡与地面(标高为零处)的交线。

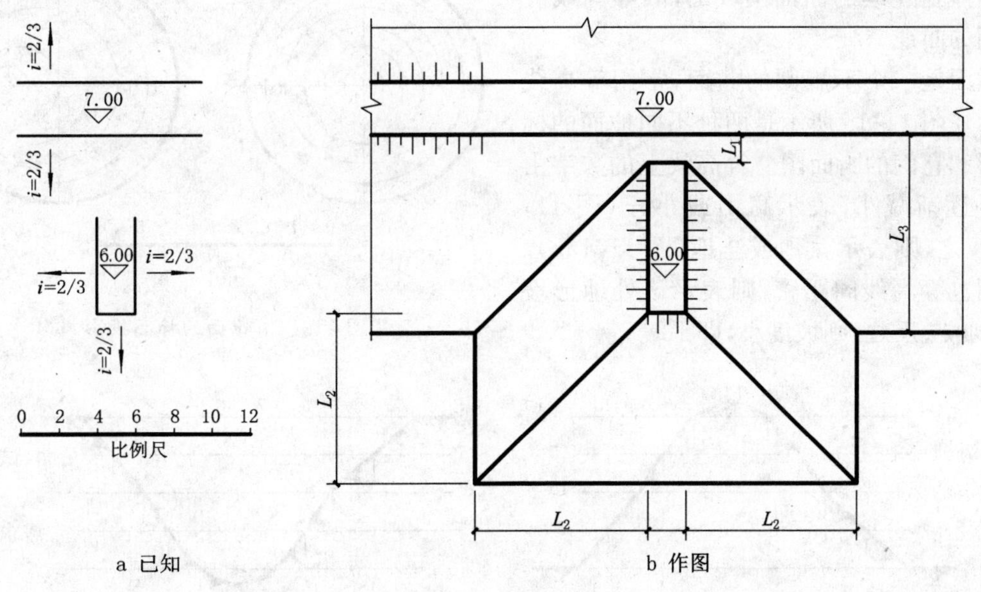

图 11-13 两堤的交线

［解］ 1. 分析：根据题设要求，要求出＋6 m 的堤顶面与＋7 m 高堤的边坡面交线、各边坡面与标高为零的水平面(即地面)的交线，以及求出各边坡面的交线。图解法的作法与例 11-3 相同，现用数解法求各堤顶边线到边坡面与地面交线之间的水平投影长度 L_1、L_2、L_3，这些水平投影长度求得后，即可作出各边坡上标高为零的等高线，从而求得各边坡与地面的交线和相邻边坡的交线。

由于坡度 $i=\frac{I}{L}=\tan\alpha$，故 $L=I\cdot\frac{1}{i}$；$L_1=I\cdot\frac{1}{i}=1\times\frac{1}{2/3}=1\times\frac{3}{2}=1.5$ 单位；$L_2=I\cdot\frac{1}{i}=6\times\frac{3}{2}=9$ 单位；$L_3=I\cdot\frac{1}{i}=7\times\frac{3}{2}=10.5$ 单位。

2. 作图(图 11-13b)：

(1)根据 $L_1=1.5$，先作出标高为＋6 m 的堤顶面与高堤坡面交线，得标高为＋6 m 的堤顶面的完整的投影，是一个矩形。

(2)根据 $L_2=9$，$L_3=10.5$，作出各边坡面与地面的交线(即标高为零的等高线)。

(3)作边坡面交线，将标高为零的等高线交点与标高＋6 m 的堤顶矩形相应角点相连，即得边坡面交线。

为了加强图形的明显性，在边坡面上加画示坡线，示坡线用长短相间的细线从坡顶画出，示坡线应平行于对 H 面的最大坡度线方向，长线可以画到坡脚，也可只画比短线长 1 倍左右。短线始于坡顶线，长度视图形大小而异，一般可取 4～8。

11.3 地面的标高投影表示法

在标高投影中，曲面和地面用一组等高线来表示，也就是用一组等间距的水平面截割曲面体，在所得截交线的水平投影上注以标高数字来表示。由于每条截交线上的点的高程相同，因此，只注一个数字。这种注上高程的水平截交线，就是曲面体或地面上的等高线。图 11-14 所示为锥面上的等高线，由于曲面体是连续的曲面围成的，故等高线应是封闭的曲线。

地面是一个不规则的曲面，常用等高线来表示。图 11-15 所示是两种不同地面的标高投影和它们的断面图。等高线上的数字由里到外逐渐减小，表示高山或小丘(图 11-15a)；反之，则表示盆地或洼地(图 11-15b)。若在图上等高线间距密，则表示该处地形坡度大，即陡；反之，则坡度小，即平缓。

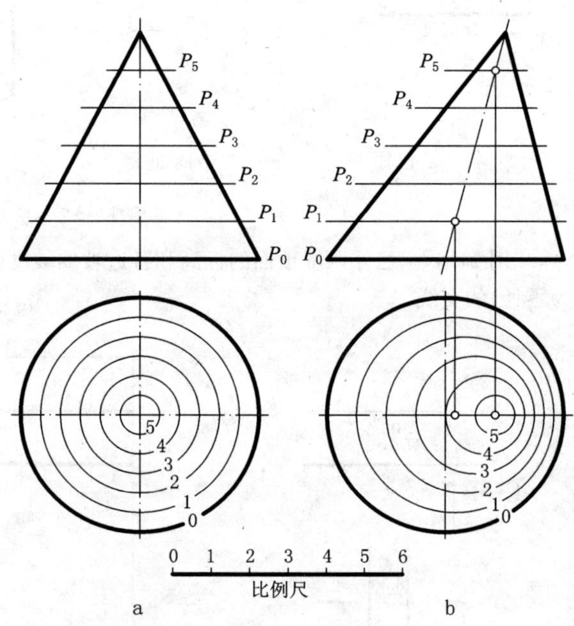

图 11-14 锥面的标高投影

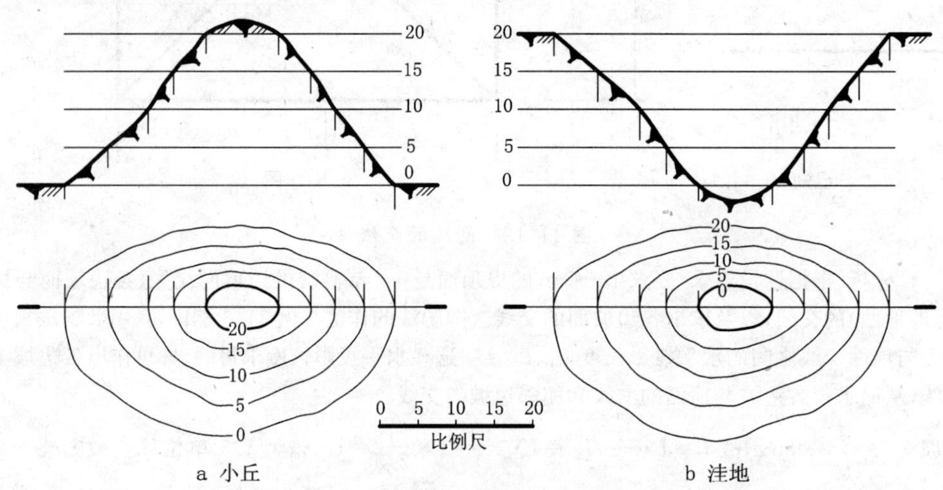

图 11-15 小丘和洼地的标高投影

用等高线表示地面形状的图，称为地形图。学习地形图时要掌握基本地形的等高线特征，如山峰、山脊、山谷、鞍地等属于基本地形，如图 11-16 所示。

山峰是山地的最高部分，等高线成环形，环形越小，标高越大。两山峰之间的低洼处，称为鞍地(图 11-16a)。高于两侧并连续延伸的山地，称为山脊，其等高线凸出部分指向下坡方向。低于两侧并连续延伸的山地，称为山谷，其等高线凸出部分指向上坡方向(图 11-16b)。

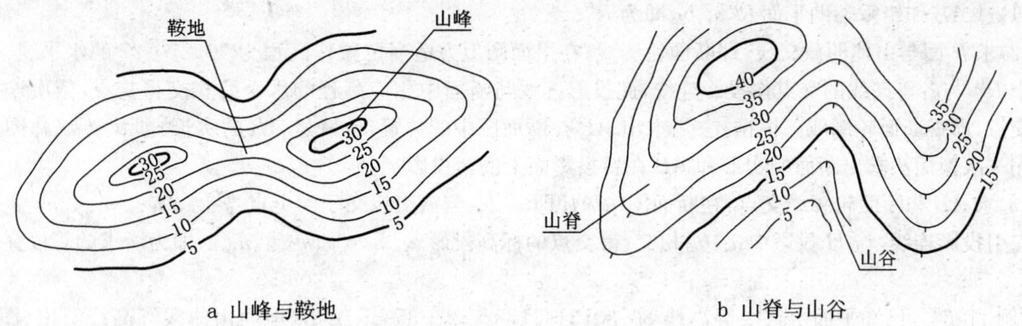

图 11-16 基本地形的等高线特征

在地形图上，为了便于读图，可以每隔 4 条等高线画一条中实线的等高线，其余 4 条等高线用细线表示。标高值就注在这条中实线的等高线上，例如注以 5、10、15、20 等数值，其余都不标注。数字的字头应指向上坡方向。

11.4 相交问题的工程实例

［例 11-5］ 已知一引水上山给水管段两端的标高投影为 a_{23}、b_{26}，求管段穿过山坡的位置(图 11-17)。

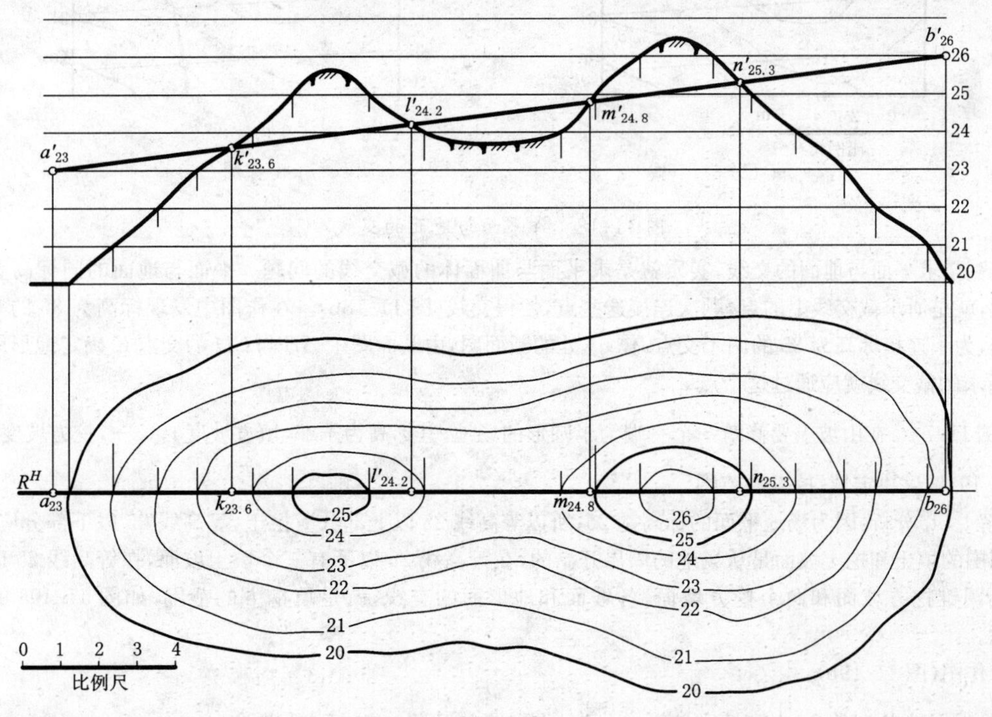

图 11-17 求管段穿过山坡的位置(求直线与山坡面的交点)

［解］ 1.分析：图中给出的直线的标高投影 $a_{23}b_{26}$ 是管段中心线的投影，这一部分实质上是直线与立体相交求贯穿点的问题。为此可按辅助平面法求贯穿点的三个步骤求作管段穿山的位置，即：

(1)过直线 AB 作铅垂辅助平面 R。

(2)求辅助平面 R 与地面的截交线，即断面轮廓线。

(3)求直线与断面轮廓线的交点 K、L、M、N，这些点就是管段穿山的位置。

2.作图(图 11-17)：

(1)过 AB 作铅垂辅助平面 R，$a_{23}b_{26}$ 即为 R^H。

(2)求 R 面与山地的截交线，即断面轮廓线；在平面图上方适当位置作高程为 20，21…27 的水平线，由平面图中 R^H 与各等高线的交点作投影连线，此投影连线与断面中相应高程的水平线相交得交点，依次连接相邻各交点，即得断面轮廓线。根据 $a_{23}b_{26}$ 求出 AB 在断面图中的位置(也就是 AB 的实长)即 $a'_{23}b'_{26}$(作图的实质是用一次换面法求出断面的实形和 AB 在新投影面上的新投影 $a'_{23}b'_{26}$)。

(3)求 AB 与断面轮廓线交点：在断面图中 AB 即 $a'_{23}b'_{26}$ 与截交线交于四个点：$k'_{23.6}$、$l'_{24.2}$、$m'_{24.8}$、$n'_{25.3}$，再过这些点引投影连线，与 H 投影中 $a_{23}b_{26}$ 相交，得交点的标高投影 $k_{23.6}$、$l_{24.2}$、$m_{24.8}$、$n_{25.3}$，即为所求的管段穿山点位置。

［例 11-6］ 已知平面由直线等高线 30-30，31-31，32-32…35-35 给出，地面由曲线等高线给出(图 11-18a)，求作平面与地面的交线。

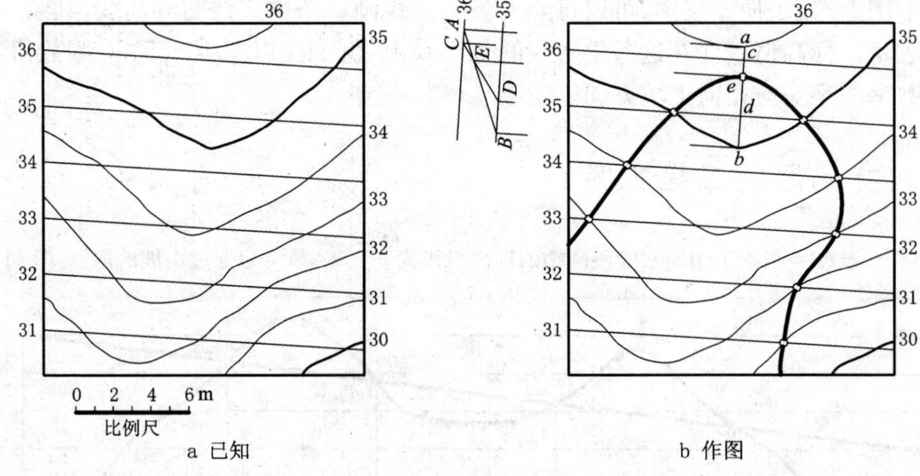

图 11-18 作平面与地面的交线

［解］ 求平面与地面的交线，实质就是求平面与曲面体的截交线的问题。平面与地面的同标高等高线的交点，就是所求截交线上的点，顺次连接这些点，便得交线(图 11-18b)。在作图中发现标高为 36 的等高线不相交，为了连接标高为 35 的两个交点，作 ab 处的断面图，由断面图中 AB 与 CD 的交点 E 确定地形图中的点 e，所求的截交线就应通过这个点 e。

［例 11-7］ 在山坡上要修筑一个一端为半圆形的场地，其标高为+25，填方坡度 $i=\frac{1}{1.5}$，挖方坡度 $i=\frac{1}{1}$(图 11-19)。试决定填、挖方的范围。

［解］ 1.分析：因为场地平面的标高是 25，所以等高线 25 以上部分应挖土，等高线 25 以下部分应填土。场地周围的填土和挖土坡面是从场地的周界开始的，在等高线 25 以下有三个填土坡面，在等高线 25 以上有一个倒圆锥挖方坡面和两个挖方坡面，各坡面和地形面的交线，就是填挖方的范围，如图 11-19a 的立体图所示。

2.作图(图 11-19b)：

(1)根据挖方坡度 $i=\frac{1}{1}$ 和填方坡度 $i=\frac{1}{1.5}$，作出挖方间距 $l=1$，填方间距 $l=1.5$。

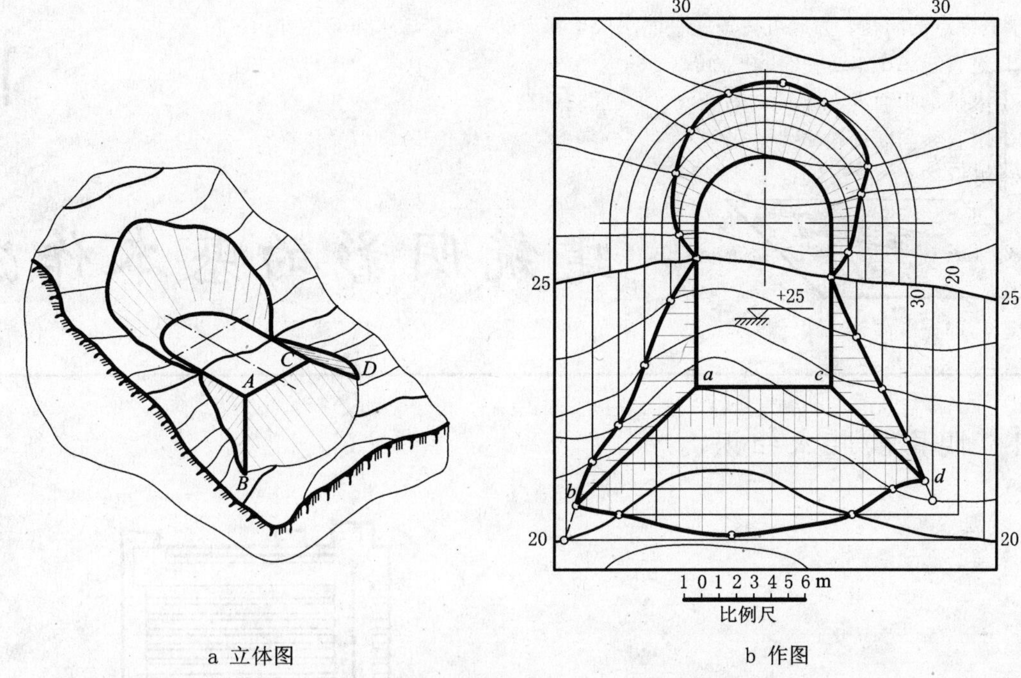

a 立体图　　　　b 作图

图 11-19　确定修筑场地的填挖方范围

(2)根据间距 l 作同心圆弧,得挖方倒圆锥面边坡的等高线 26,27…30,同时,也作出倒圆锥面两侧的挖方坡面上的等高线 26,27…30;又根据间距 1.5 在三个填方坡面上各作一组平行的等高线 24-24,23-23…20-20,并注上标高数值。

(3)连接坡面与地形面同标高等高线的交点,即为挖、填方范围。

(4)作相邻坡面的交线 AB、CD,得出作图结果,如图 11-19b 所示。

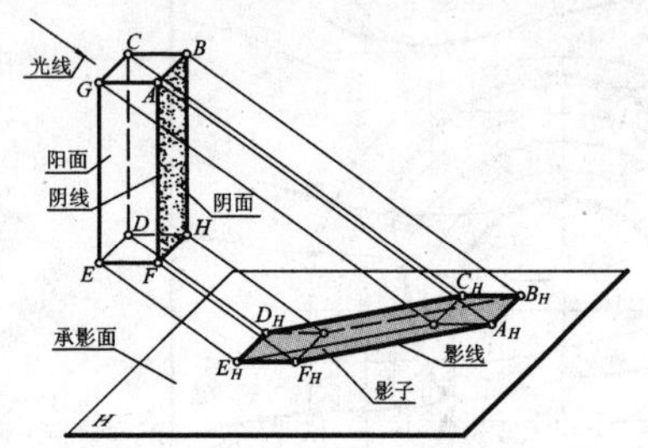

12 建筑阴影的基本作法

12.1 阴影的基本知识

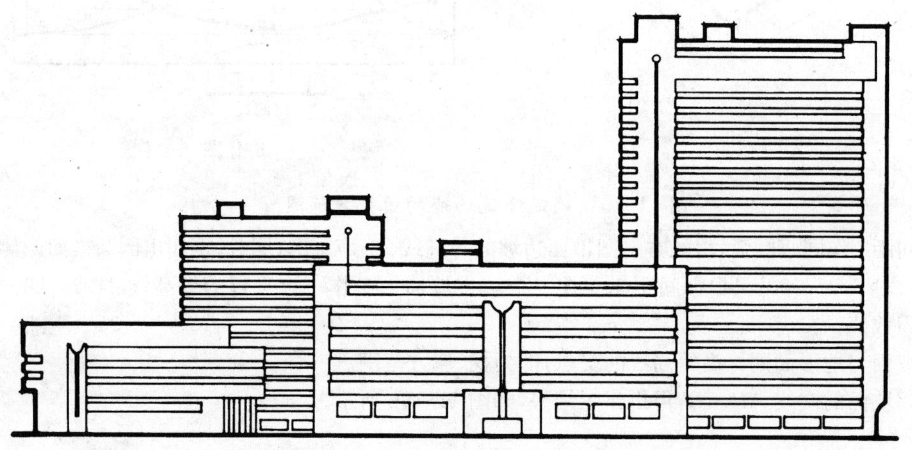

a 未加绘阴影的立面图

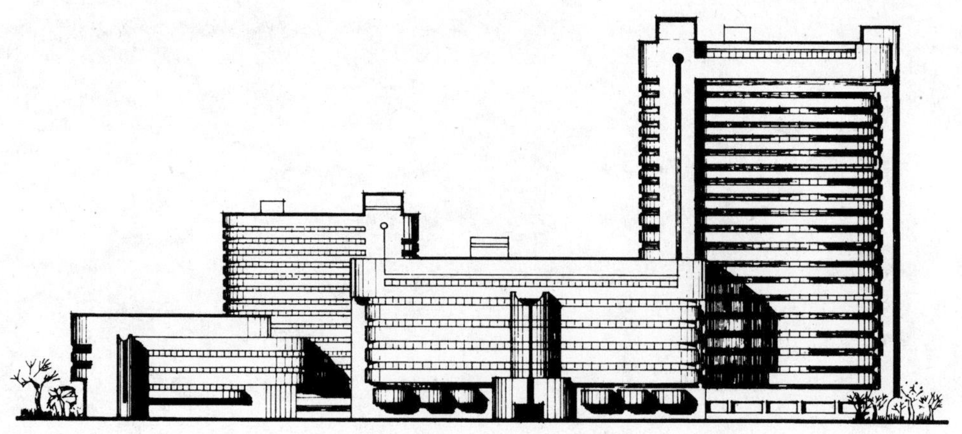

b 加绘阴影的立面图

图 12-1 南立面图的阴影效果

12.1.1　阴影的概念

在房屋建筑立面图上，准确地画出阴影，可以使房屋凹凸、深浅、明暗的差异一目了然，从而使图面生动逼真，富于立体感，加强并丰富了立面图的表现力。在立面图上画出阴影对研究建筑物造型是否优美，立面是否美观，比例是否恰当都有很大的帮助。图 12-1a 和 b 分别画出了同一建筑物的两个立面图，显然，加绘了阴影的图的表达效果好。因此，在方案设计阶段，立面图上通常加绘阴影。

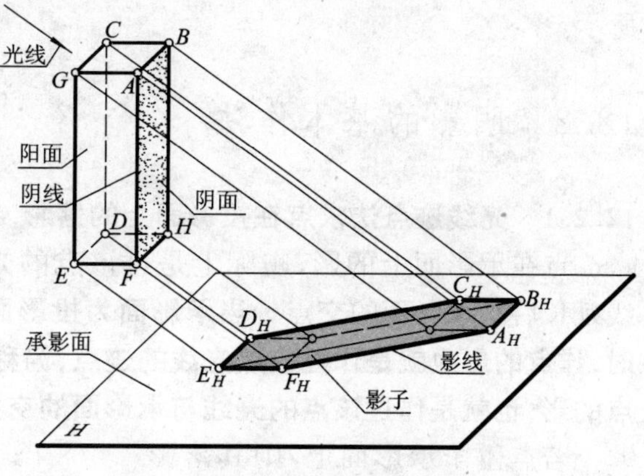

图 12-2　阴影的概念

图 12-2 中的**形体在光线 L 照射下，被直接照亮的表面称为阳面**，如 $ABCG$、$AGEF$、$CDEG$。**背光面称为阴面**，如 $BCDH$、$DEFH$、$ABHF$。**阳面与阴面的交线 $ABCDEFA$ 称为阴线，阴线上的点称为阴点，阴线的落影称为影线（即在承影面上形体影子的轮廓线），影线上的点称为影点，阴与影合称为阴影。**

由上可见，呈现阴影的三个要素是：光线、物体和承影面，三者缺一不可。

12.1.2　习用光线

呈现阴影的光线有辐射光线（即发光点向四周发射的光线，如灯光）和平行光线（太阳光近似地视为平行光线）两种。在画建筑立面图的阴影时，通常采用一种固定指向的平行光线。如图 12-3a 所示，以各侧面平行于相应投影面的正立方体的对角线 AO 作为光线的方向（其指向

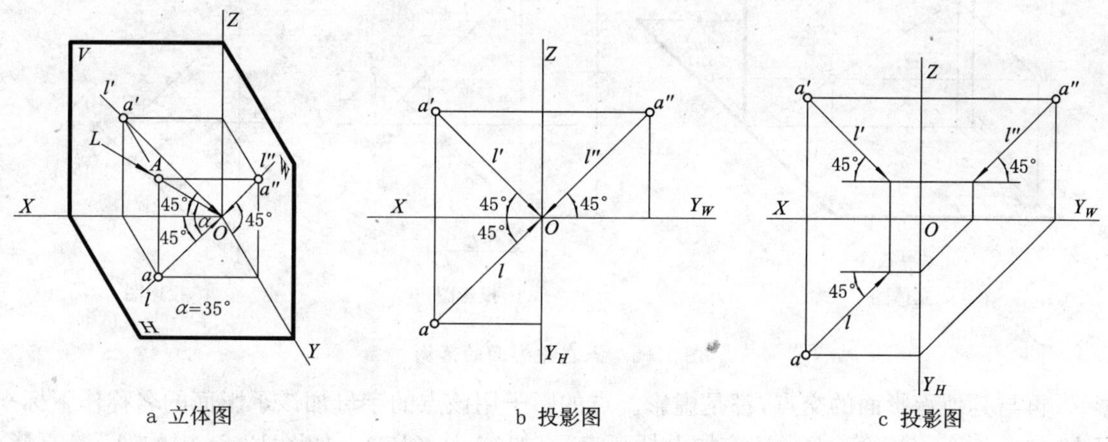

图 12-3　习用光线的方向

是从左、前、上方到右、后、下方），**光线对 V、H、W 面的倾角都等于** $35°15'53''\approx35°$，**光线的 V、H、W 投影 l'、l、l'' 与相应投影轴的夹角为** 45°，投影图如图 12-3b 所示。**这种光线称为习用光线。**图 12-3c 所示的光线 L 虽未通过原点 O，但其三投影 l'、l、l'' 仍与相应的投影轴成 45°，所以仍与上述立方体对角线平行。以后凡与图 12-3a 所示的立方体对角线平行的光线，都称为习用光线。选用了习用光线，使得在画建筑图的阴影时，可用 45°三角板作图；同时，在立面图上画出来的影，还可以直接反映阴线距承影面的距离和建筑物某些部位的深度（例如檐口线在墙面上的落影能反映出檐口线距墙面的深度）。

在作图过程中，当需要求出光线对投影面的真实倾角 α 时，则可按图 12-4a 所示的旋转法

来求出习用光线的倾角 α；也可只利用光线的一个投影，求出习用光线的倾角 α。如图 12-4b 所示。

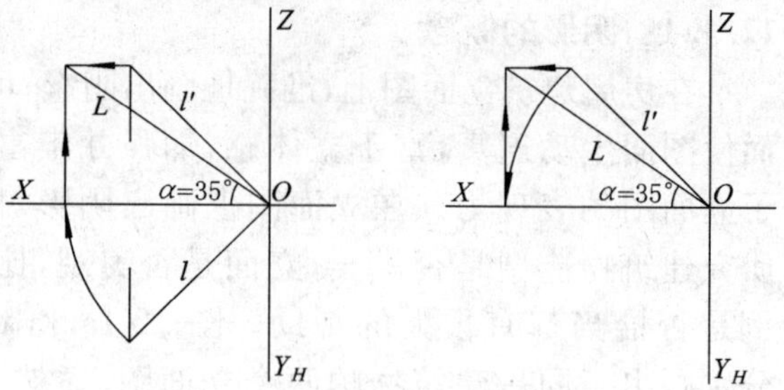

图 12-4 用旋转法确定习用光线的倾角实形

12.2 阴影的基本作法

12.2.1 光线迹点法求点在投影面上的落影

点在承影面上的影，实际上是过该点的光线延长后与承影面的交点。**当承影面为投影面时，作点的影也就是作过该点光线的迹点，简称为光线迹点法。当承影面为其他的平面时，作点的影，也就是作过该点的光线与承影面的交点，称为线面交点法**，如图 12-5a、b 所示。

若点位于承影面上，则其落影与该点自身重合。图 12-5a、b 中的点 B，其影 B_H、B_P 都分别与 B 自身重合。这里的下标 H、P 分别表示 B 点在 H 面、P 面上的影。

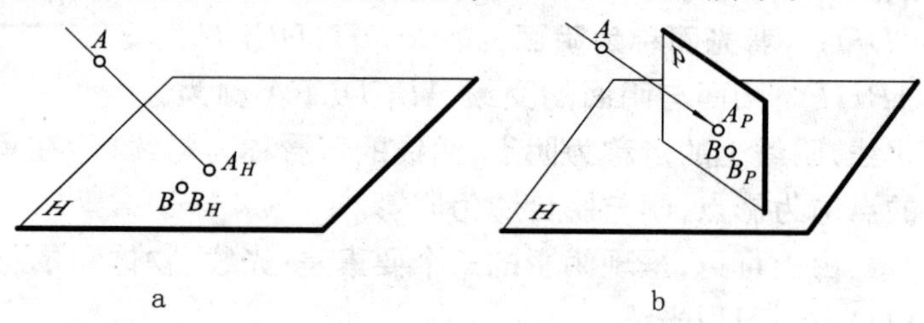

图 12-5 点的落影

若有两个或两个以上的承影面，则过该点的光线与某承影面先交得的点，才是真正的落影（简称真影）。再与其他承影面的交点，都是虚影。点的影子用该点的字母加该承影面的名称作下标来标志，如 A_H、A_V、A_P 等；虚影还应加上括弧表示，如(A_H)、(B_P)。如图 12-6a 中的 A_V 是真影，(A_H)是虚影。影子 A_V 的 V 投影用 a'_V 表示，H 投影用 a_V 表示。因 V 面上真影的 H 投影 a_V 必在轴上，故在投影图中只标注真影或虚影所在面的那个投影，而另一个在轴上的投影就不必标注了，如图 12-6c 中所示的 B 点那样。

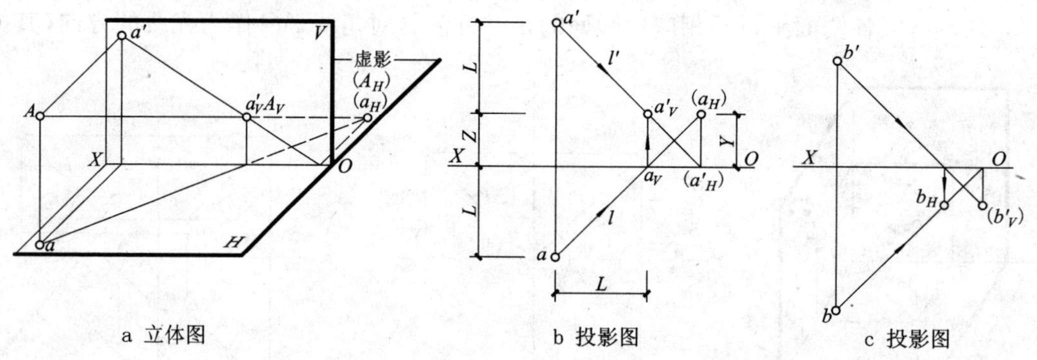

图 12-6 点在投影面的落影

如图 12-6c 所示，由于采用了习用光线，因此，若点 B 的 V 投影距投影轴的距离小于 H 投影距投影轴的距离，则点 B 在 H 面上的落影为真影。

求作空间点 A 在投影面上落影的作图步骤如图 12-6b 所示：

(1)分别过 a'、a 作 45°方向的直线（指向是从左、上、前指向右、下、后），即为光线的 V、H 投影 l'、l。

(2)按求直线迹点的方法求得光线 L 的 V、H 面迹点 a'_V、(a_H)。即过点 a' 作 l' 线、过点 a

作 l 线，l 与 OX 轴交于点 a_V，过该点作投影连线，与 l' 交得点 a'_V，即为点 A 在 V 面上的落影。或过 l' 与 OX 轴的交点 (a'_H) 作投影连线，与 l 的延长线交得点 (a_H)，即为点 A 在 H 面的落影，(a_H) 为虚影。

(3)与投影面先相交的那个迹点为真影 a'_V，后相交的为虚影 (a_H)。由于是习用光线，可以推导出：$a'_V a_V=(a_H)(a'_H)$，而 $a'_V a_V=Z$，$(a_H)(a'_H)=Y$，所以采用习用光线作阴影时 $Z=Y$。

求作空间点 A 在投影面上落影的另一种方法如图 12-6b 所示，a'_V 在 a' 的右下方，它们之间在长度和高度方向的距离都等于点 A 到 V 面的距离 L。因此，求点 A 在 V 面上的落影时，可根据点 A 到 V 面的距离 L，在 V 面上直接作出。即在 a' 右侧作相距为 L 的铅垂线与在 a' 下方所作相距为 L 的水平线相交，交点即为所求影点的 V 投影 a'_V。这种求影点的方法称为度量法。其优点是可以通过单面投影直接求作影点。

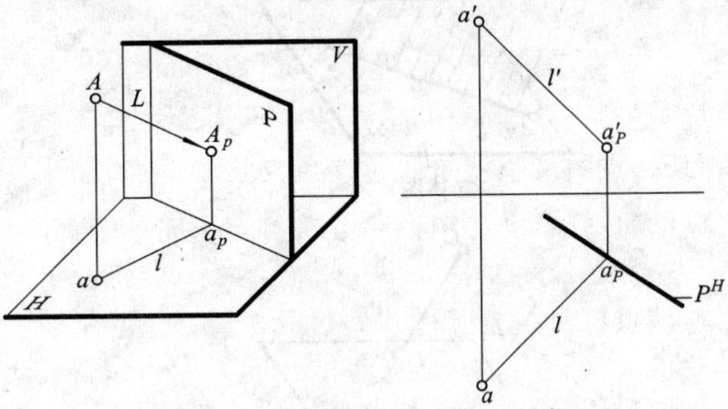

a 立体图　　b 投影图

图 12-7　点在投射面上的落影

12.2.2　线面交点法求点在投射面和一般位置平面上的落影

点在投射面上的落影如图 12-7 所示，即过 a' 作 l'，过 a 作 l，l 与 P^H 的交点 a_P，即为点 A 在 P 面上的落影的 H 投影，再过点 a_P 向上引投影连线，与 l' 的交点 a'_P，即为点 A 在 P 面上的落影的 V 投影。点 $A_P(a_P, a'_P)$ 即为点 A 的落影。点在一般位置平面上的落影如图 12-8a 所示，按一般位置直线与一般位置平面相交求交点的三个步骤进行作图，即：

(1)包含空间光线 L 作辅助平面 R 垂直于 H 面。

(2)求 R 面与 $\triangle BCD$ 的交线 Ⅰ Ⅱ。

(3)求交线 Ⅰ Ⅱ 与光线 L 的交点 A_P，A_P 即为所求。投影图中的作图过程如图 12-8b 所示。

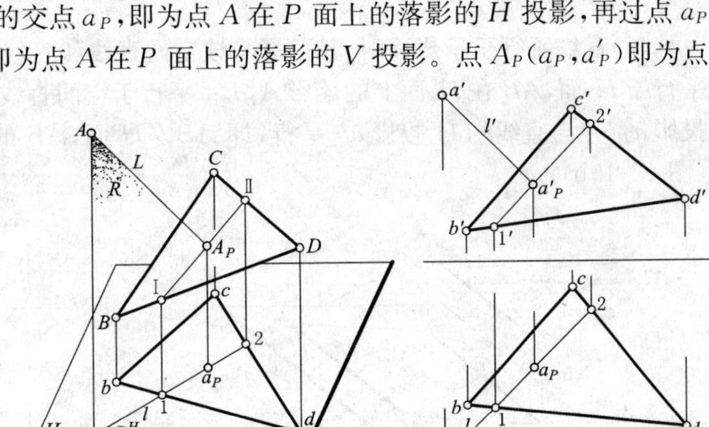

a 立体图　　b 投影图

图 12-8　点在一般面上的落影

应注意：点在投影面上的落影只标注一个投影名称，因为另一个在轴上的投影不必标注，但点在其他承影面上的落影，两个投影都不在轴上，故都应标注。例如图 12-8(b)所标注的点在一般位置平面 $\triangle BCD$ 上落影的 H、V 投影 a_P、a'_P。

12.3　阴影的基本特性

采用平行光线照射所得的阴影，具有平行投影的一切特性。

(1)**直线在承影平面上的落影一般仍然是直线。**因为通过直线(如 AB)上各点的光线所组成的光平面与承影平面的交线为一直线，所以在一般情况下，直线在承影面上的落影仍为直线(图12-9a)。当直线(如CD)平行于光线时，过直线上各点的光线重合于该直线，所以该直线在承影面上的落影积聚为一点(图12-9b)。直线在投影面上落影(如A_HB_H、$C_H(D_H)$)的投影只标注在该投影面上的投影(如a_Hb_H、$c_H(d_H)$)，它们的另一投影在投影轴上不必标注(图12-9c)。

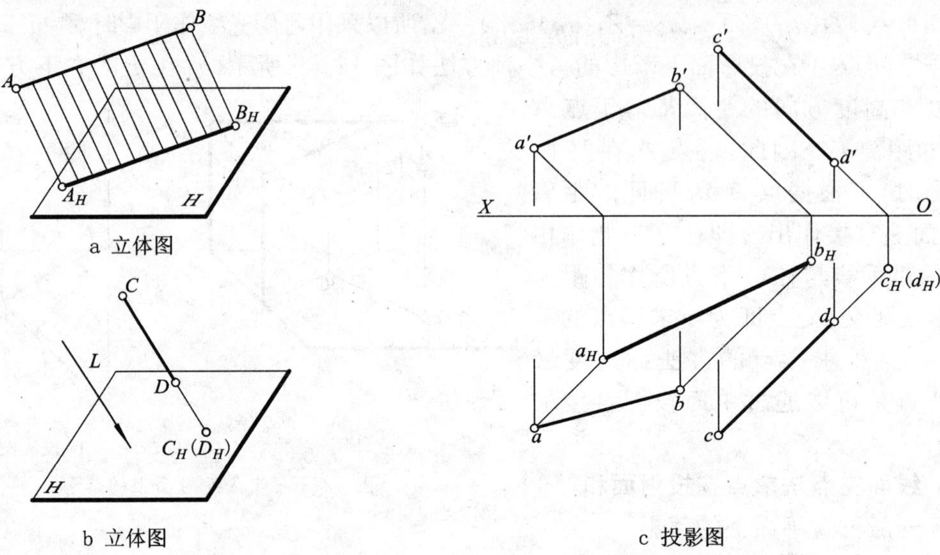

a 立体图

b 立体图

c 投影图

图 12-9　直线的落影

(2)**直线平行于承影面时，其落影与该空间直线和直线的同名投影平行且相等。**直线AB平行于H面，AB在H面上的落影A_HB_H平行于空间直线AB(图12-10a)，落影A_HB_H的H投影a_Hb_H与直线的H投影ab平行，即$AB /\!/ H$面，AB的H面落影$A_HB_H \underline{/\!/} AB$，$a_Hb_H \underline{/\!/} ab$(图12-10b)。

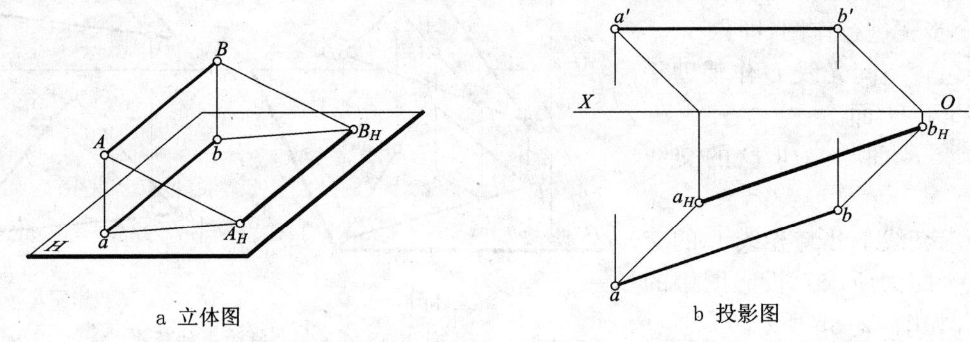

a 立体图

b 投影图

图 12-10　平行于承影面的直线的落影

(3)**两直线互相平行，它们在同一承影面上的落影仍相互平行。**如空间两直线$AB /\!/ CD$(图12-11a)，则它们在同一承影面上的落影必平行，如落影于H面上，则$a_Hb_H /\!/ c_Hd_H$(图12-11b)。

(4)**两直线相交，它们在同一承影面上的落影必相交，落影的交点，即为空间相交两直线交点的落影。**如空间两直线相交$AB \times CD$，它们的同面落影必相交，即AB与CD交于点K，如在H面的落影$A_HB_H \times C_HD_H$其交点是K_H，落影交点K_H必是空间交点K在H面上的落影，即过点K_H作空间光线L必过交点K(12-12a)。在投影图上先求出直线的落影$a_Hb_H \times c_Hd_H$，相交于点k_H，过k_H作45°线必交于点k。根据投影关系求出k'。同理若过k_H引投影连线，此线与 OX 轴交于一点，过该点作 45°线，也必交于点 k'。

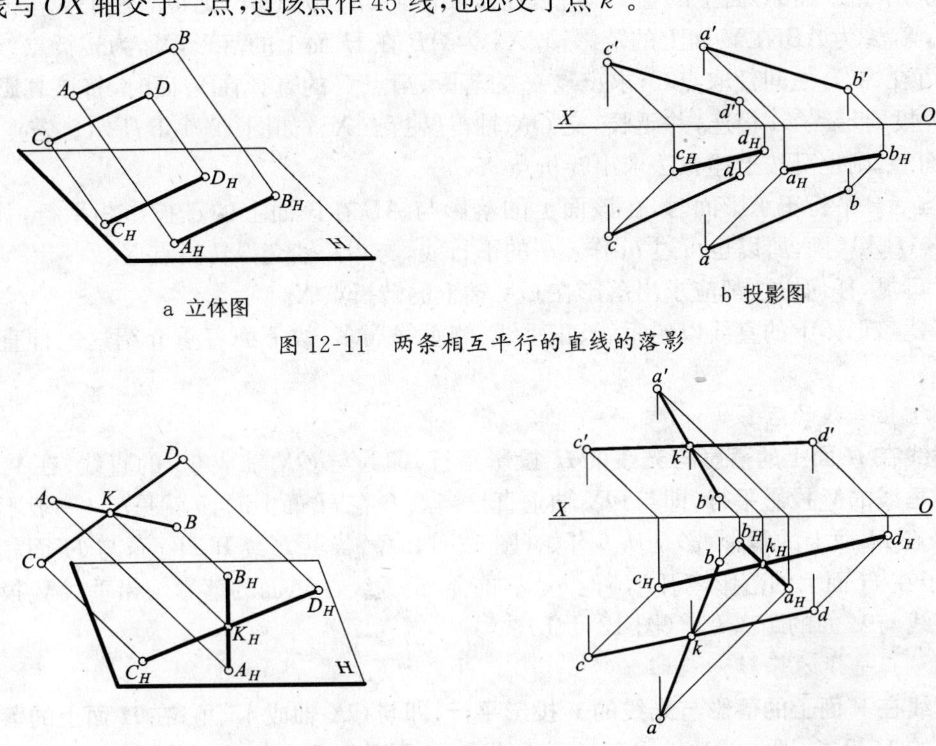

图 12-11　两条相互平行的直线的落影

图 12-12　相交两直线的落影

12.4　直线的落影

12.4.1　直线在投影面上的落影

12.4.1.1　一般位置直线的落影

在投影面上作直线的落影时，可分别作出直线两端点的落影，连接两端点的同面落影（同一承影面上的落影），即为该直线的落影（图 12-13a）。有时，直线 AB 分别落影于两个承影面，如图 12-13b 所示，点 A 在 H 面上的落影为 a_H，点 B 在 V 面上的落影为 b'_V，这两点的落影不在同一承影面上，故不能直接相连。这时可采用几种方法求作影子的转折点，即：

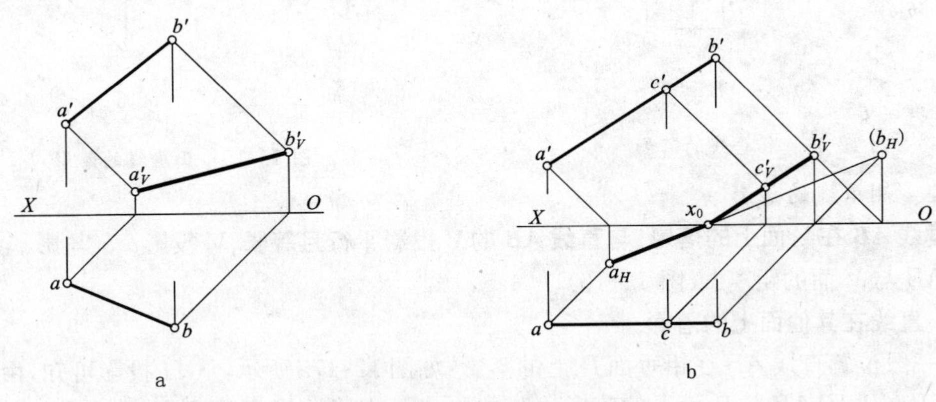

图 12-13　一般线的落影

(1)求出点 B 在 H 面上的虚影(b_H)，连接 a_H 与(b_H)，$a_H(b_H)$交 OX 轴于 X_0，再连接点 X_0 与 b'_V，$X_0b'_V$为 AB 在 V 面上的落影，a_HX_0 为 AB 在 H 面上的落影，X_0 为转折点。

(2)可在 A、B 之间任取点 C，求出点 C 的落影，当点 C 的真影在 V 面时，将该真影上两点 C、B 的 V 投影 c'_V与 b'_V相连，并延长，交 OX 轴得转折点 X_0，如图 12-13b 所示。若点 C 的真影在 H 面上，则也可按上述方法求出转折点 X_0。

(3)当 AB 平行于承影面时，在该面上的落影与 AB 在该面上的正投影相平行，如图 12-13b 中的 $AB /\!/ V$ 面，所以也可过 b'_V作 $a'b'$的平行线，与 OX 轴交得转折点 X_0。

由此可见，任何方法都应求出落影在 OX 轴上的转折点 X_0。

由于建筑形体上的直线以铅垂线、正垂线、侧垂线居多，故下面着重介绍这三种直线的落影特性。

12.4.1.2 铅垂线的落影

铅垂线在 H 面上的落影与光线的 H 投影平行，即为与 OX 轴成 45°的直线；**在 V 面上的落影与铅垂线的 V 投影平行**，即与 OX 轴垂直。当点 B 在 H 面上时，b 就是 b_H(一般不标注)，即为点 B 在 H 面上的落影，影是从 b 开始(图 12-14a)。若点 B 离开 H 面，与 H 面相距为 Z 时，则影子在 H 面上的落影离开 b，b 与 b_H 不重合，铅垂线在 V 面的落影与铅垂线 V 投影的距离等于直线与 V 面的距离 L。(图 12-14b)。

12.4.1.3 正垂线的落影

正垂线在 V 面上的落影与光线的 V 投影平行，即与 OX 轴成 45°角；**在 H 面上的落影平行于正垂线的 H 投影**，即与 OX 轴垂直。正垂线在 H 面上的落影与正垂线的 H 投影的距离等于直线与 H 面的距离。当点 B 在 V 面上时，b'就是 b'_V(一般不标注)，即点 B 在 V 面上的落影，影是从 b'开始(图 12-15a)，若点 B 离开 V 面，与 V 面相距为 L 时，则在 V 面上的落影离开 b'，即 b'与b'_V不重合(图 12-15b)。

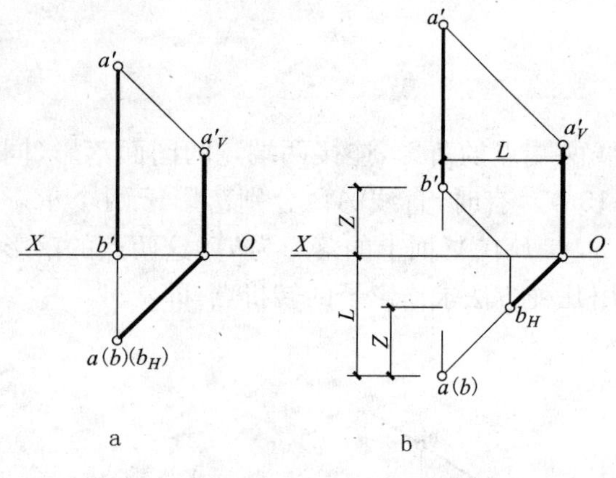

图 12-14 铅垂线的落影

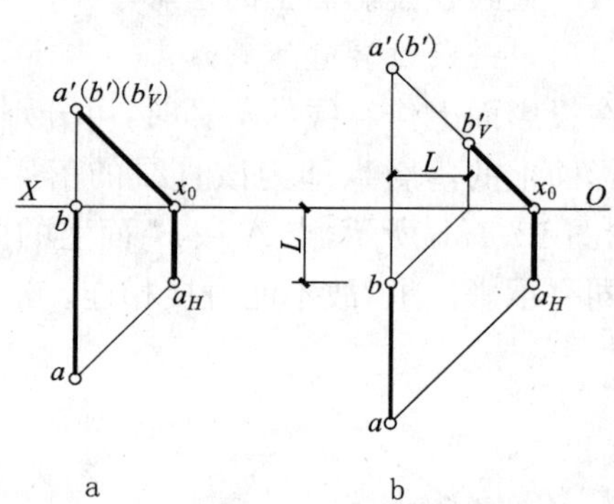

图 12-15 正垂线的落影

12.4.1.4 侧垂线的落影

侧垂线 AB 在 V 面上的落影，与直线 AB 的 V 投影平行且等长，V 投影 $a'b'$与影 $a'_Vb'_V$的间距等于 AB 与 V 面的距离 L(图 12-16)。

12.4.2 直线在其他面上的落影

(1)一般位置直线 AB 在铅垂面 P 上的落影：如图 12-17a 所示，从 H 投影可知，由于 $ab /\!/ P^H$，故 $AB /\!/ P$ 面，AB 在 P 面上的落影的 V 投影必与直线的 V 投影平行，求出点 b'_P后，可过点b'_P作$b'_P d'_P /\!/ a'b'$，点d_P、d'_P为AB上点D落影在P面左侧边线上的影点，点A落影在V面上，作出点a'_V并求出点D在V面上的虚影点(d'_V)，连点a'_V与点(d'_V)即得AB在V面上的落影，所以AB的落影是：BD落影在P面上，AD落影在V面上。

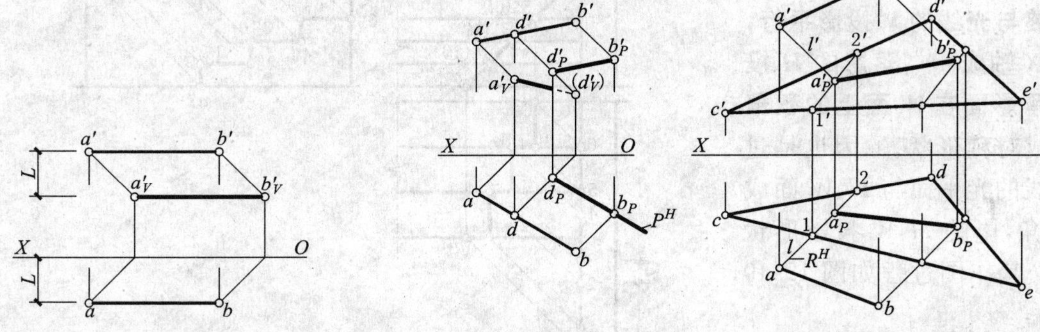

a 一般线在铅垂面P上的落影　b 一般线在一般面△CDE上的落影

图 12-16　侧垂线的落影　　图 12-17　直线在其他承影面上的落影

(2)一般位置直线在一般位置平面上的落影：求一般位置直线在一般位置平面上的落影时，只要求出通过该直线上各点所组成的光平面与一般位置平面的交线即可。这种方法称为光截面法(又称光平面法)(图 12-17b)。按线面交点法的三个步骤(参考 4.4.2.4 及图 4-52)求出直线上两个端点在一般位置平面上的落影，再连接端点落影的同面投影，即得一般位置直线在一般位置平面上的落影。

12.4.3　直线在立体表面上的落影

(1)**铅垂线在凹凸不平的侧垂承影面上的落影，与承影面在W面上的积聚投影成对称图形。**这是因为过铅垂线的光平面与V、W面都成45°倾角，光平面与承影面的交线即为铅垂线的影，影的V、W投影形状相同，而影的W投影积聚在承影面的W投影上，故影子的V投影与承影面的W投影成对称图形。铅垂线在凹凸不平的侧垂承影面上的落影的V投影，可用求阴影的基本方法，根据W投影直接作出，具体的作图步骤如下(图 12-18)：①过点a'、a''作45°斜线(即光线的V、W投影)与房屋顶面交于点a'_0、a''_0。②过点$1''_0$作反射光线(即45°线)，与$a''b''$交于点$1''$，求出点$1'$，过点$1'$作45°线，与侧垂面的棱线交于点$1'_0$。③过点$2''_0$作45°斜线，与侧垂面的积聚投影交于点$2''_{01}$，与$a''b''$交于点$2''$，由点$2''$求出点$2'$，再过点$2'$作45°线，交侧垂面的棱线的V投影于点$2'_0$后，再落影于点$2'_{01}$，$1'_0 2'_0 /\!/ a'b'$。④过点$2'_{01}$作直线$2'_{01}3'_0 /\!/ a'b'$，得点$3'_0$，同理可求

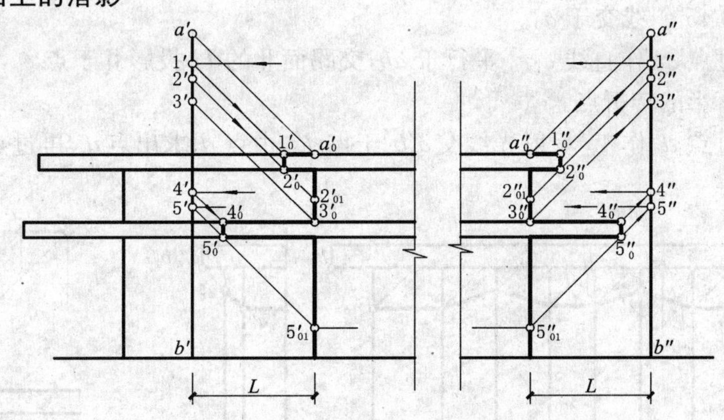

图 12-18　铅垂线AB在侧垂面上的落影

出点 $4_0'$、$5_0'$ 等，即可完成铅垂线在侧垂面上落影的 V 面投影。由图 12-18 可知：各段影的 V 投影与 $a'b'$ 的距离，等于 AB 与承影面的距离。

(2) **正垂线 AC 在起伏不平的侧垂面上的落影，其 V 投影始终与光线的 V 投影平行，即与 X 轴成 45°，落影的 H 投影与承影面在 W 面上的积聚投影成对称形状**，原因也是过正垂线的光平面与 H、W 面成 45°倾角，影的 H、W 投影形状相同。其作图过程如图 12-19 所示。

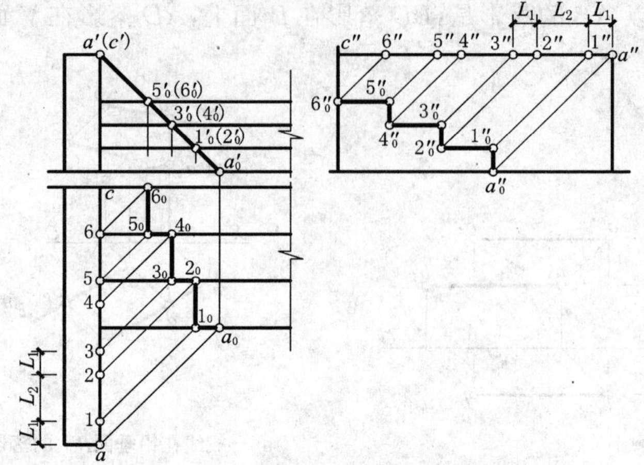

图 12-19　正垂线 AC 在侧垂面上的落影

(3) **侧垂线 AB 在凹凸不平的铅垂承影面上的落影的 V 投影与承影面在 H 面上的积聚投影成对称图形。**这是因为过侧垂线 AB 的光平面与 V、H 面分别成 45°倾角，故落影的 V、H 投影形状相同，其作图过程如图 12-20 所示。

(4) **一直线在两互相平行的台阶踏面上的落影必互相平行**，其作图步骤如下（图 12-21）（AB∥Ⅰ面∥Ⅲ面）：

①过点 a' 作 45°线，与踏面Ⅰ的 V 投影Ⅰ′相交得点 a_0'，再过点 a_0' 向下引投影连线，与过点 a 所作的 45°斜线交于 a_0。

②过点 a_0 作直线 a_0c_0 平行于 ab，交踢面Ⅱ的 H 投影Ⅱ于点 c_0，点 $C(c_0, c_0')$ 为 AB 在Ⅰ、Ⅱ面上落影的转折点。

③过点 d_0' 作 45°反射光线交 $a'b'$ 于点 d'，由点 d' 求出点 d，再过点 d 作 45°线，与踢面Ⅱ的

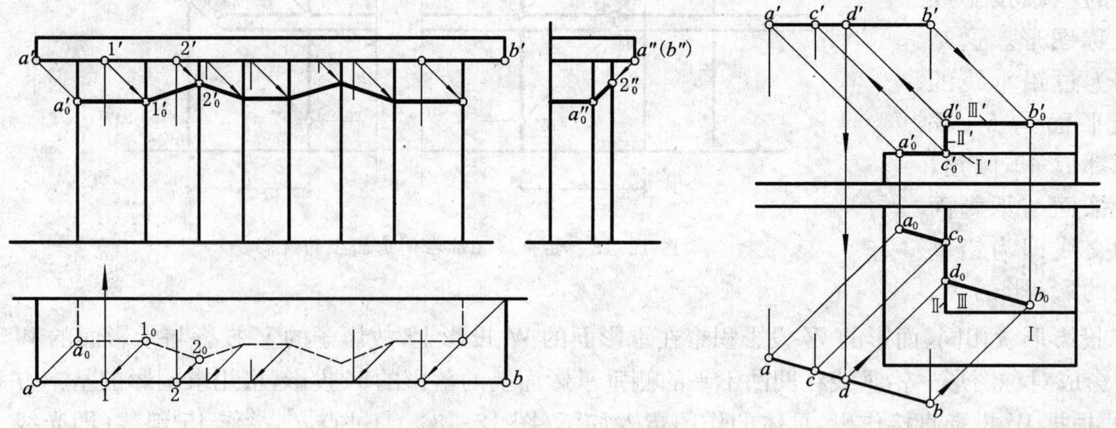

图 12-20　侧垂线 AB 在凹凸不平的铅垂面上的落影　　图 12-21　直线在互相平行的平面上的落影

H 投影交于点 d_0，点 $D(d_0, d_0')$ 为 AB 线落影于Ⅱ、Ⅲ面上的转折点；因点 d_0' 必积聚在Ⅱ′（踢面Ⅱ的 V 投影）与Ⅲ′（踏面Ⅲ的 V 投影）交线的 V 投影上——积聚为一点，故 d_0' 为已知。

④过点 d_0 作线平行于 ab，与过点 b 所作的 45°线交于点 b_0，就完成了全部作图。

12.5 平面的落影

12.5.1 平面在投影面上的落影

(1)平面上各顶点的落影在同一个投影面上。平面图形在投影面上的落影是由组成平面图形的各边线的影所围成的。平面图形为多边形时,只要求出多边形各顶点的同面落影,并依次以直线连接,即为所求的影(图 12-22)。

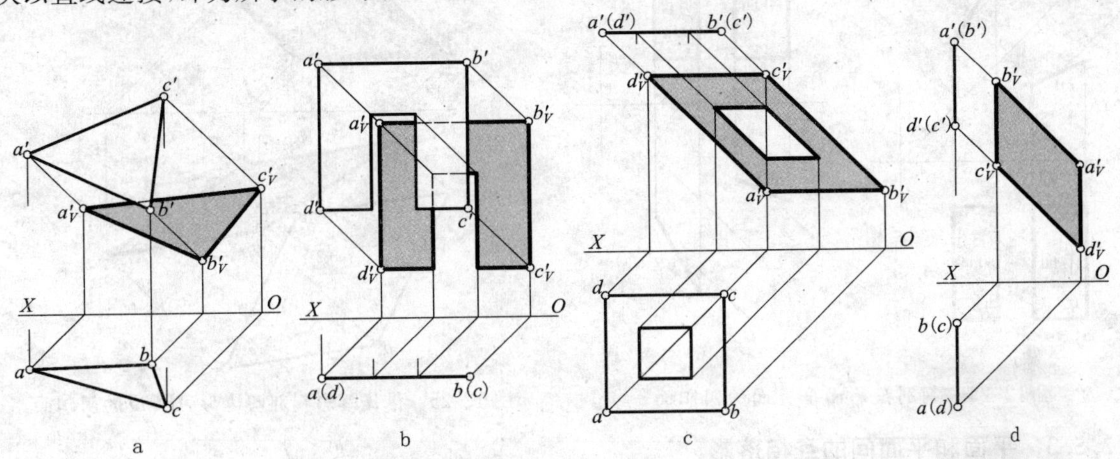

图 12-22　平面在 V 面上的落影

(2)若平面图形各顶点的落影不在同一承影面上时,则必须求出边线落影的转折点,按同一承影面上落影的点才能相连的原则,依次连接各影点,即得平面的落影(图 12-23)。

12.5.2 平面图形的阴面和阳面的判别

假定平面是不透明的,在光线照射下,就会产生阴面、阳面。受光的面称阳面,背光的面称阴面,平面投影的可见面就有可能是阳面的投影或是阴面的投影,故有必要讨论平面的投影是阳面、还是阴面的问题,因此,在正投影图中加绘阴影时,需要判别平面图形的各个投影是阳面投影,还是阴面投影,其判别的方法如下。

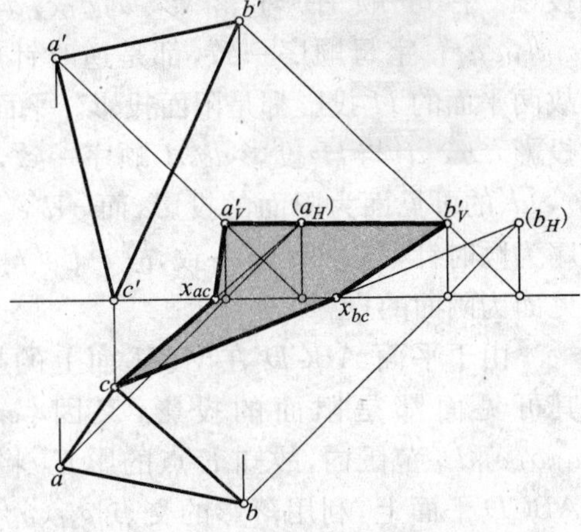

图 12-23　一般位置平面在 V、H 面上的落影

12.5.2.1　投射面的阴阳面投影的判别

当平面垂直于投影面时,可在有积聚性的那个投影中,直接利用光线的同面投影来加以检验。如图 12-24a 所示,P、Q 为正垂面,Q^V 与 OX 轴夹角小于 45°,光线照在 Q 面的上表面,Q 面的 H 投影的可见面是阳面的投影,而 P^V 与 OX 轴夹角大于 45°,光线照在 P 面的下表面,P 面的 H 投影的可见面是阴面的投影。

同样,对于铅垂面可利用它的 H 投影的积聚性直接判别,如图 12-24b 所示。

12.5.2.2　一般位置平面的阴阳面投影的判别

当平面处于一般位置时,若平面的两投影各顶点的旋转方向相同,这时两投影同是阳面或同是阴面的投影。反之,则一为阴面,一为阳面的投影。判别的方法是:可先求出平面的落影,若平面的某一投影各顶点与其同面落影各顶点字母旋转方向相同，则说明这个投影是阳面投影；若旋转方向相反，则这个投影是阴面投影。然后再用前述方法判别另一投影是阳面或是阴面的投影。

当四边形 $ABCD$ 的 H 投影□$abcd$ 的顺序（逆时针）与 H 面上落影□$a_Hb_Hc_Hd_H$ 的顺序相同，故 H 投影□$abcd$ 的可见面是阳面的投影，而 V 投影□$a'b'c'd'$ 的顺序（顺时针）与 H 投影相反，故 V 投影的可见面是四边形 $ABCD$ 的阴面的投影（图 12-25）。

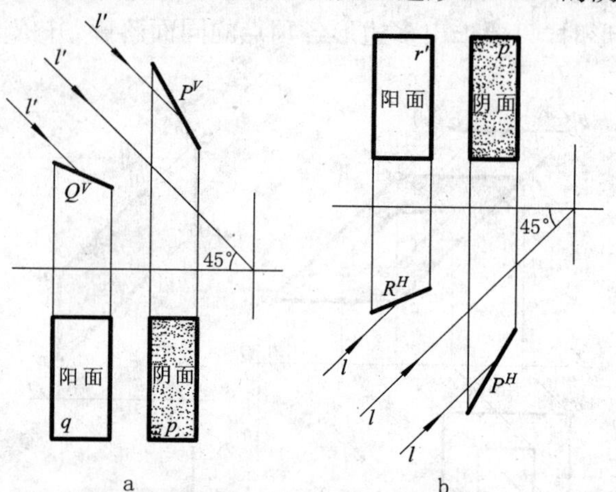

图 12-24 判别投影面垂直面的阴阳面

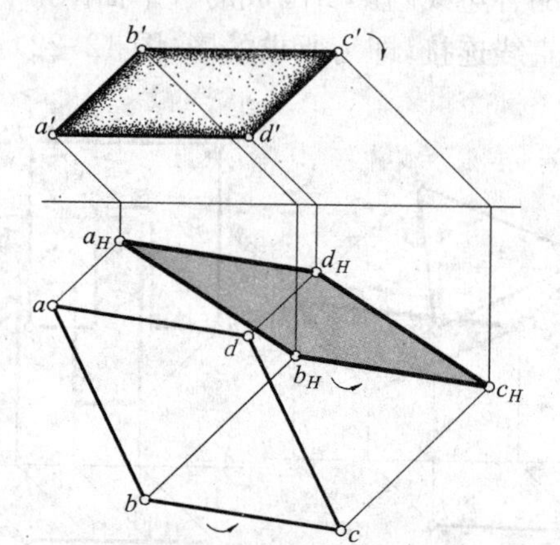

图 12-25 根据落影判别四边形 $ABCD$ 的阴阳面

12.5.3 平面和平面间的互相落影

图 12-26 为已知两相交平面 $ABCD$、$CDEF$。先作出两平面在投影面上的落影，由作图可知此两平面都落影在 H 面上，由于 H 投影字母顺序与落影 $a_Hb_Hc_Hd_H$ 及 $c_Hd_He_Hf_H$ 字母顺序一致，都是逆时针旋转，故两平面的 H 投影都是阳面投影。平面的 V 投影 $a'b'c'd'$ 与 H 投影 $abcd$ 顺序一致，故 $a'b'c'd'$ 的可见面为阳面的投影，而 $c'd'e'f'$ 顺序为顺时针，与 $cdef$ 不一致，故 $c'd'e'f'$ 的可见面为阴面的投影。

由于平面 $ABCD$ 在 V、H 面上的投影，其可见面都是阳面的投影，又因（e_H）在 $a_Hb_Hc_Hd_H$ 范围内，故知 E 点的影 E_0 将落在 $ABCD$ 平面上，利用落影的交点 g_H（$e_Hf_H \times b_Hc_H$，即重影点）作反射光线的 H 投影，与 bc、ef 相交，得 g_0、g，求出 g'_0 和 g'。这说明 EF 线上有一点 G，G 落影在 BC 边上为 G_0，又随着 BC 在 H 面上落影为 G_H。过 G_0 点作线 $G_0E_0 /\!/ EF$（$g'_0e'_0 /\!/ e'f'$，$g_0e_0 /\!/ ef$）与过 E 点的光线相交得点 E_0，E_0 即为 E 点在 $ABCD$ 面上的落影，由此可知，平面 $CDEF$ 有一部分

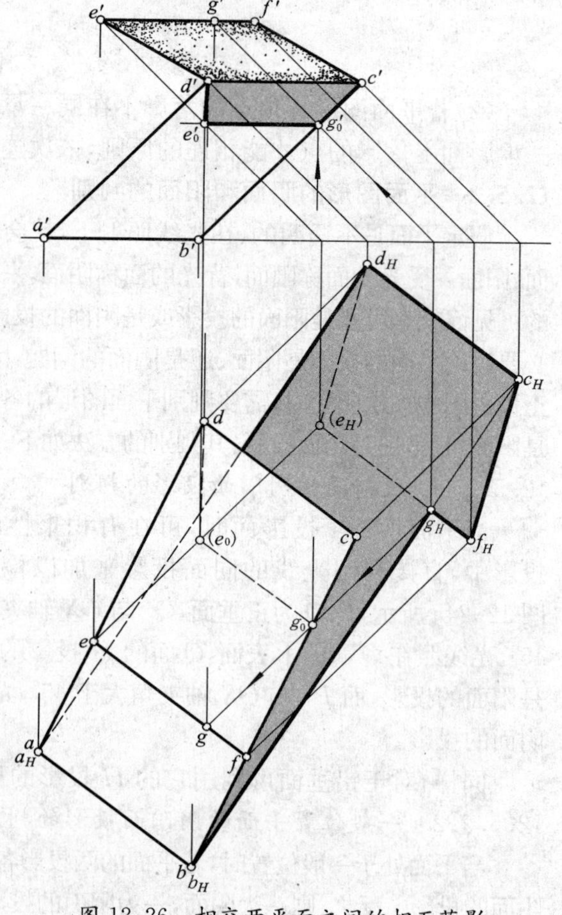

图 12-26 相交两平面之间的相互落影

影落在 $ABCD$ 面上，即图中 CDE_0G_0（V 投影为 $c'd'e'_0g'_0$，H 投影是 $cd(e_0)g_0$），另一部分则落在 H 面上（$c_Hg_Hf_H$）。

12.6 圆的落影

（1）**当圆平面平行于某一投影面时，在该投影面上的落影仍为圆。作落影时，以圆心 O 的落影为圆心，以原半径为半径作圆，即得圆的落影。**图 12-27a 所示为圆在 V 面的落影，图 12-27b 为圆在 H 面的落影。

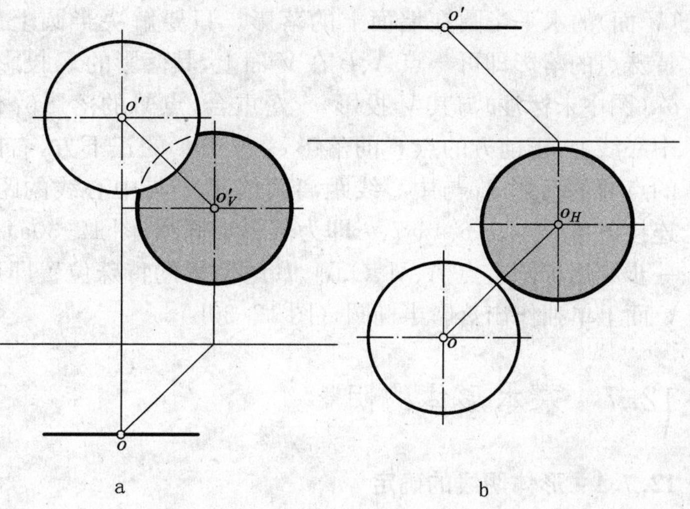

图 12-27 圆在投影面上的落影

（2）**在一般情况下，圆在一个承影平面上的落影是椭圆，圆心的落影是椭圆的中心，圆的任何一对互相垂直的直径，其落影成为椭圆的一对共轭直径。**

一水平圆在 V 面上的落影是椭圆。作图步骤如下（图 12-28）：

①在 H 面投影中，作圆的外切正方形的 H 投影 1234，两对边分别为正垂线和侧垂线，求出外切正方形和圆心的落影 $1'_V2'_V3'_V4'_V$ 及点 o'_V。直径 $AB \perp CD$，在 V 面上的落影 $a'_Vb'_V$ 及 $c'_Vd'_V$ 为椭圆的一对共轭直径，连接对角线 $2'_V4'_V$ 和 $1'_V3'_V$（由于 $\overline{13}$ 为 45° 线，故 $1'_V3'_V \perp OX$），对角线的交点即为圆心点 O 的落影点 o'_V（落影椭圆的中心）。

②求外切正方形对角线与圆的交点Ⅴ、Ⅵ、Ⅶ、Ⅷ四点的落影，可求出弦ⅦⅧ的落影 $7'_V8'_V$，过 $7'_V$、$8'_V$ 作水平线，又与对角线交于 $6'_V$、$5'_V$。

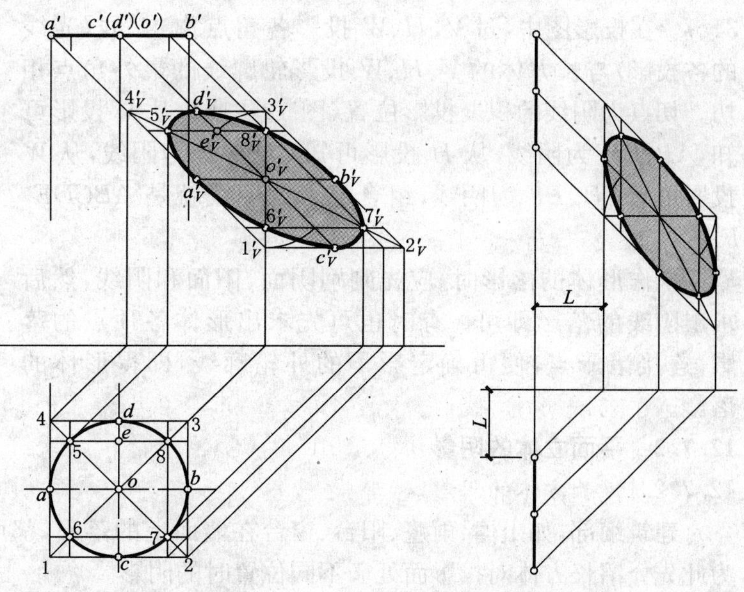

图 12-28 水平圆在 V 面上的落影

图 12-29 侧平圆在 V 面上的落影

对角线上四点Ⅴ、Ⅵ、Ⅶ、Ⅷ的落影也可这样求得：以 o'_V 为圆心，$o'_V3'_V$ 为半径作圆弧，与 $c'_Vd'_V$ 交于点 e'_V，过点 e'_V 作水平线，与对角线相交得点 $5'_V$、$8'_V$。同理，求得点 $6'_V$、$7'_V$。证明如下：因为在 H 投影中△$o8e$ 和△$o3d$ 都是 45°直角三角形，$od=o8$。而落影的平行四边形中△$o'_V8'_Ve'_V$ 和△$o'_V3'_Vd'_V$ 也是 45°直角三角形，所以 $o'_Ve'_V=o'_V3'_V$。

③用曲线板光滑地连接各影点 $a'_V\ 5'_V\ d'_V\ 8'_V\ b'_V\ 7'_V\ c'_V\ 6'_V\ a'_V$ 即得落影椭圆。

侧平圆在 V 面上落影也是一个椭圆，具体作法如图 12-29 所示。

(3)在作建筑细部的阴影时，经常需要作出紧靠在墙面(V 面)的水平半圆在墙面上的落影。只要解决半圆上五个特殊点的落影即可。点 A、B 在 V 面上，其落影的 V 投影 a'_V、b'_V(图中未标注)与其 V 投影 a'、b' 重合，点Ⅵ的落影 $6'_V$ 位于中心线上，正前方的点 C 的落影 c'_V 位于 b' 的正下方，右前方的点Ⅶ的落影 $7'_V$ 与中心线距离两倍于 $7'$ 与中心线的距离。连接各落影点，$a'6'_V c'_V 7'_V b'$ 即为落影半椭圆(图 12-30a)。进一步利用半圆上点 A、Ⅵ、C、Ⅶ、B 的落影的特殊位置即可在 V 面上单独作出落影半椭圆，(图 12-30b)。

a 与H面平行的半圆在V面的落影

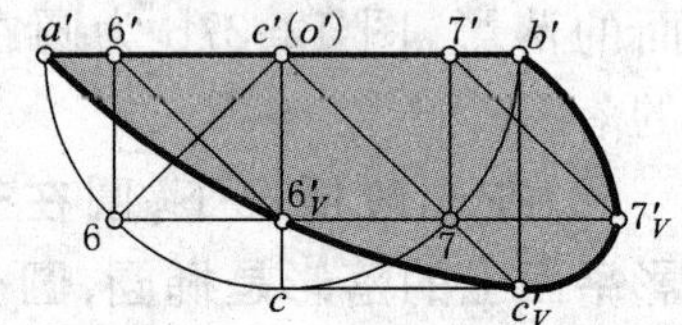

b 半圆落影的单面作图

图 12-30 水平圆落影的简便作法

12.7 基本形体的阴影

12.7.1 形体阴线的确定

在习用光线照射下，长方体的上、前、左三面为阳面，下、后、右三面为阴面，故其阴线是折线 $ABCDEFA$(图 12-31a)。在投影图中，过 V、H、W 投影各角点作 45°线(光线的各投影)与长方体的 V、H、W 投影轮廓线的最外角点相切。切点为阴线的积聚投影位置(图 12-31b)，从 V 投影可知，AB、ED 为阴线，从 H 投影可知 CD、AF 为阴线，从 W 投影可知 CB、EF 为阴线，组合起来的阴线就是 $ABCDEFA$。

求作形体的落影时，应先判别阴面、阳面和阴线，然后求出阴线的落影即可。有时也可先求出形体各顶点的落影，连接诸影点，便可确定影子的外轮廓线，即得形体的落影。

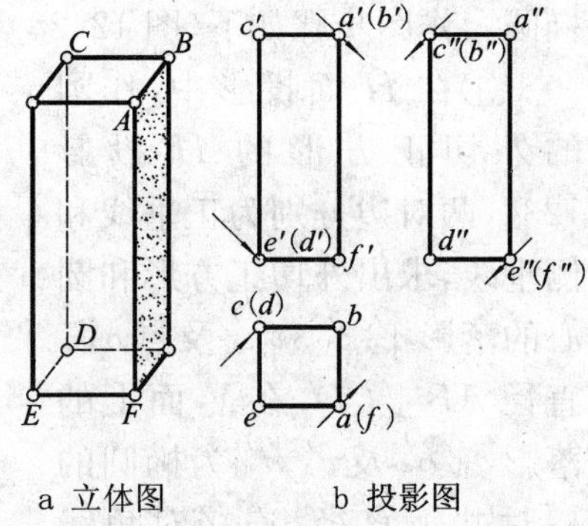

a 立体图　　b 投影图

图 12-31 长方体阴线的确定

12.7.2 平面立体的阴影

12.7.2.1 长方体的阴影

建筑细部，如出檐、雨篷、阳台、窗台在墙面上的落影，都可看作长方体在 V 面上的落影。为此先介绍长方体对投影面处于不同位置时的阴影。

(1)长方体全部落影在 H 面上(图 12-32)。

(2)长方体全部落影在 V 面上(图 12-33)。

(3)长方体落影在 V 面上与 H 面上各一部分(图 12-34)。

图 12-35 所示的长方体靠在 V 面上，阴线 BCD 在 V 面的落影与 BCD 的 V 投影 $b'c'd'$ 重合，不必另求，只要求出 A、F、E 三点的落影，这三点都落影在 V 面上，即点 a'_V、f'_V、e'_V，连接点(b')(即 b'_V)、a'_V、f'_V、e'_V、(d')(即 d'_V)，即得靠在 V 面上的长方体在 V 面上的落影。

图 12-36 所示的长方体靠在 V 面上又放在 H 面上，这时阴线 BC、CD 的落影在 V 面上，

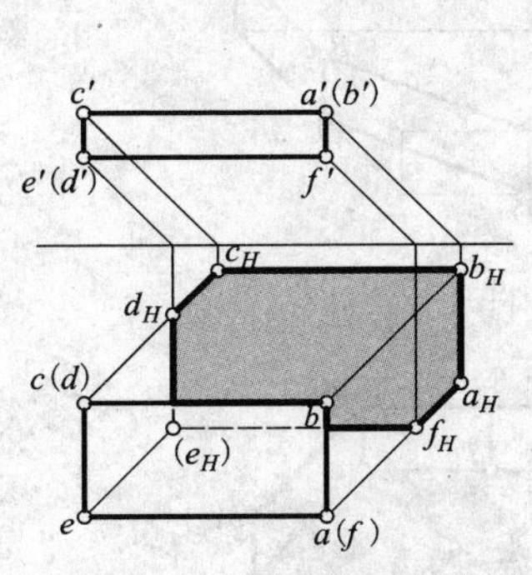

图 12-32 长方体在 H 面上的落影

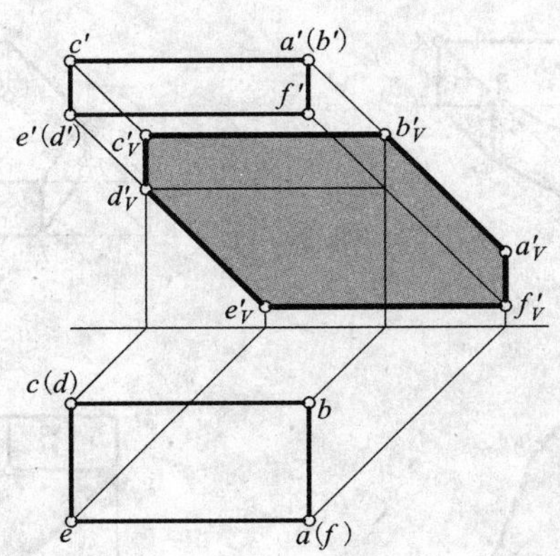

图 12-33 长方体在 V 面上的落影

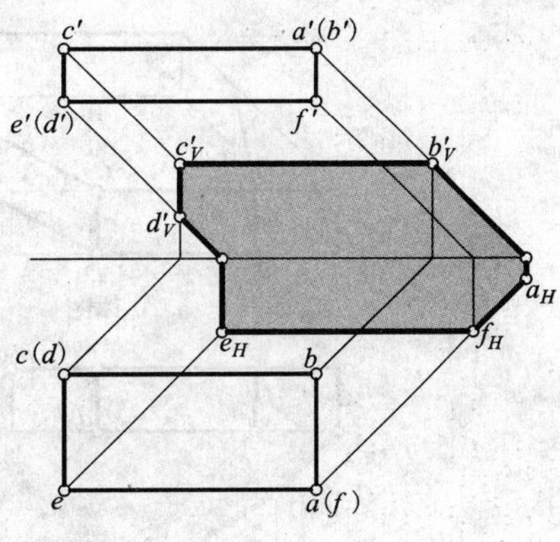

图 12-34 长方体同时在 V、H 面上的落影

与$(b')c'$、$c'(d')$重合，阴线 DE、EF 落影在 H 面上与$(d)e$、$e(f)$重合，只要求出阴点 A 的落影 a'_V，阴线 AB、AF 在 V 面与 H 面的落影可根据正垂线和铅垂线落影的投影特性确定。AB 在 V 面上的落影为 45°线，AF 在 H 面上落影也为 45°线，AF 在 V 面上的落影 $a'_V x'_0 /\!/ a'f'$。即 $a'_V x'_0 \perp OX$ 轴。

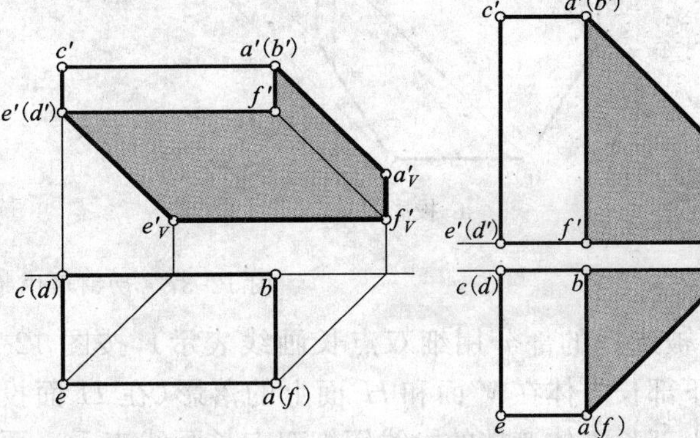

图 12-35 靠在 V 面的长方体在 V 面上的落影

图 12-36 靠在 V 面又放在 H 面上的长方体在 V、H 面上的落影

12.7.2.2 切割形体的阴影

图 12-37a_1 所示的切割形体，参照长方体的阴线和铅垂面阴阳面的判别方法，可知其底面、右侧面和右前侧面(BCD)为阴面，由于它紧靠在 V 面上，故其阴线是一条空间折线 $ABCDEFG$。图 12-37a_2 为在投影图中的作图过程与结果。图 12-37b_1 所示的切割形体，只有底面、右侧面为阴面，其余除紧靠 V 面的端面外都是阳面，其阴线为一条空间折线 $ABCDEFG$。图 12-37b_2 为在投影图中的作图过程与结果。

12.7.2.3 组合形体的阴影

(1)左、右组合的长方体的阴影：组合形体的阴影，存在一个相互落影的问题，如图 12-38 所示，两长方体左右组合，左高右低，左前右后，则左前方高的长方体在右后方低的长方体的顶面和前面有落影。作图时，按照图 12-36 先分别求出两个长方体在投影面上的落影(左边长方体的部分落影用细双点长画线表示)，再求左边长方体上的阴线 ED 与 DF 在右边长方体阳面上的落影。由图可知：D 点的落影 D_0 在右边长方体的顶面；正垂线 DE 的落影的 V 投影不论在 V 面、墙面、正平面上，都是 45°线，即为$(e')d'_0$，落影的 H 投影平行于 de；铅垂线 DF 的落影的 H 投影不论在地面、水平面上，都是 45°线，DF 在 V 面或 V 面平行面上的落影的 V 投影则平行于 $d'f'$(即 $1'_0 2'_0 /\!/ d'f'$)。

(2)上、下组合的长方体(即通常所说的方帽在方柱上)的落影：如图 12-39 所示，上部长方体的落影，一部分在下部长方体的前侧面上，另一部分在 V 面上。以图 12-39a 为例，作图时，先分别求出上、下两个长方体在投影面上的落影，即按图 12-35 作出上部长方体在 V 面上的

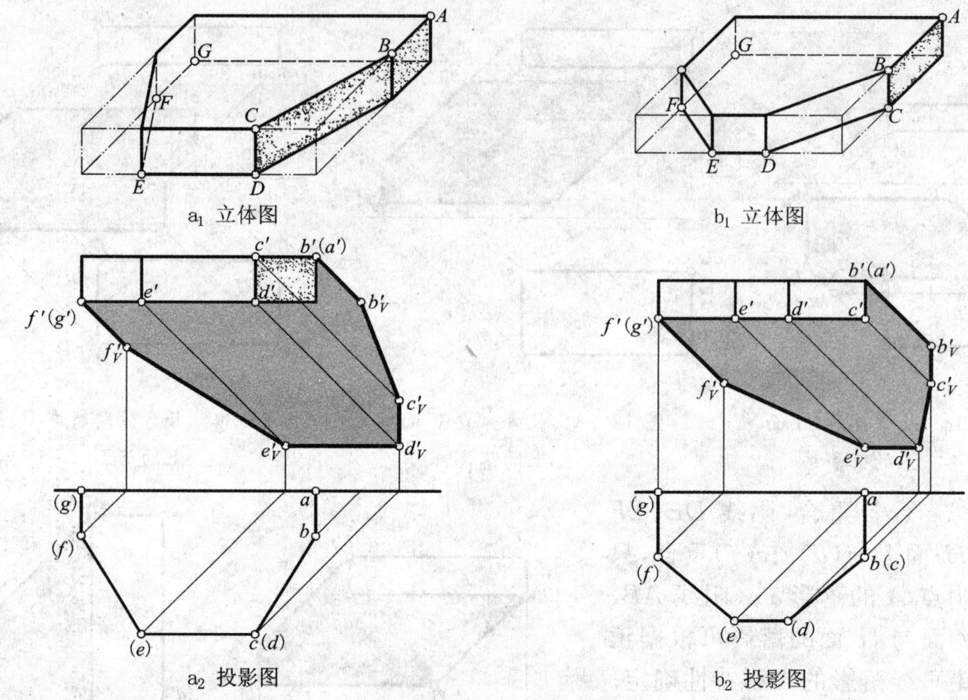

图 12-37 切割形体的阴影

落影(被遮挡的部分用细双点长画线表示),按图 12-36 作出下部长方体在 V 面和 H 面上的落影(在 H 面投影中被上部长方体遮挡的影线用细双点长画线表示);再求侧垂线 AB 在下部长方体上的落影,即过点 a'、a 作 45°线,与下部长方体交于点 a_0、a'_0(这条过点 A 的光线正好交在下部长方体的左前棱线上),过点 a'_0作直线与 $a'b'$平行,交右前棱线于点 $1'_0$,点 $\mathrm{I}_0(1'_0,1_0)$即为侧垂线 AB 落在下部长方体与落在 V 面上的影的转折点。

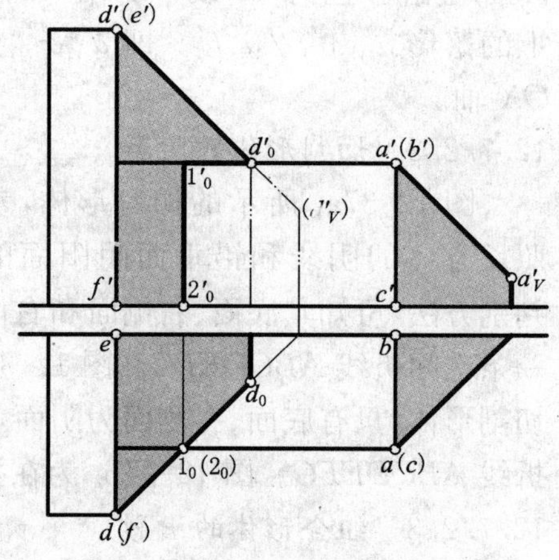

图 12-38 左、右组合的长方体的阴影

这里要注意三种不同的组合:第一种组合为左边伸出的宽度 l_2 与上部长方体伸出下部前面宽度 l_1 相等,即 $l_1=l_2$(图 12-39a),点 A 落影在下部长方体的左前棱线上(a'_0,a_0)。第二种组合,为 $l_2>l_1$(图 12-39b),点 A 的影子 A_0(a_0,a'_0)落在下部长方体的左侧面上。这时,从下部长方体左前棱线的有积聚性的 H 投影点 1_0 作 45°反射光线,与 ab 相交得点 1,由 H 投影点 1 在 $a'b'$上求得点 $1'$,过点 $1'$作 45°线,与左前棱线的 V 投影交于点 $1'_0$,点($1'_0$,1_0)就是 AB 上点Ⅰ在下部长方体左前棱线上的落影。过$1'_0$作水平线与下部长方体前右侧棱交于点 $2'_0$,$1'_0 2'_0$即为 AB 落在下部长方体前侧面上的影。由图可知,AB 线段上 AⅠ落影在下部长方体的左侧面,ⅠⅡ段落影在下部长方体的前侧面,ⅡB 落影在 V 面上。第三种组合为 $l_2<l_1$(图 12-39c),点 A 的落影 A_0(a_0、a'_0)在下部长方体的前侧面,正垂线 AD 的落影的 V 投影,是 45°直线。在以上的三种组合中,侧垂线在下部长方体前侧面上落影的深度,都等于 l_1,即等于方帽伸出方柱的深度。

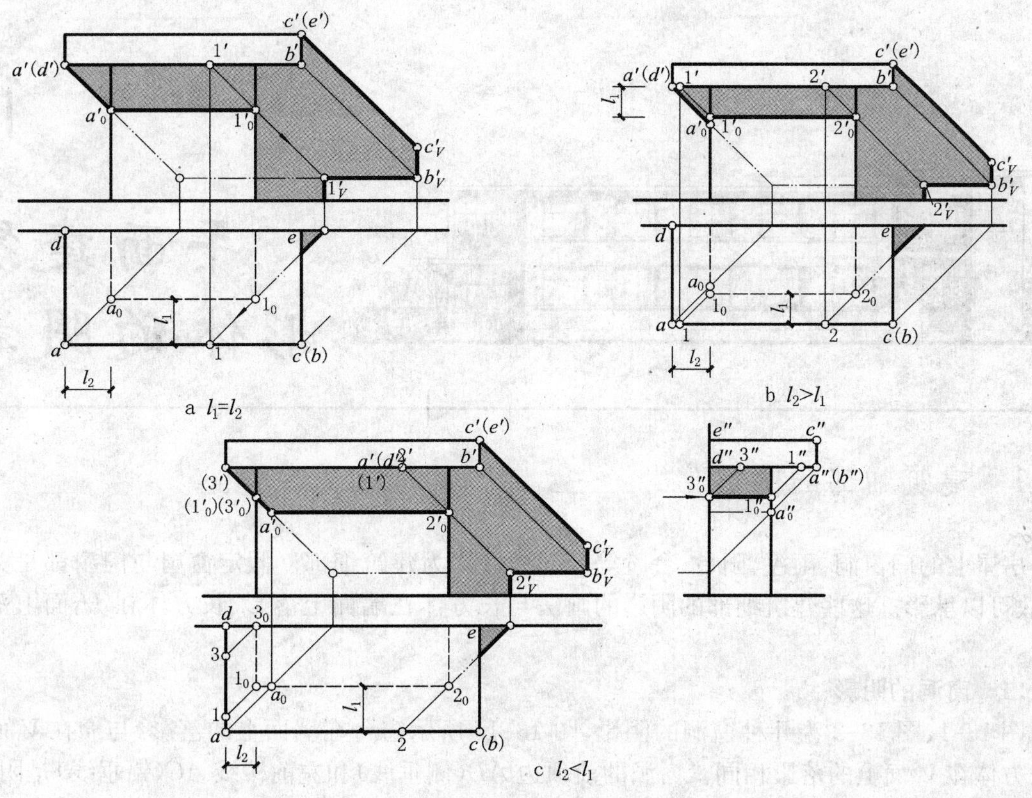

图 12-39 上下组合的长方体的落影

(3)折板房屋的阴影:图 12-40 所示建筑形体的折板形屋面的出檐的阴线是 KA、AB、BC、CD、DE、EF、FG、GH、HP。这些阴线中,KA、HP 为 V 面垂直线,它们在 V 面落影为 45°线,即与光线的 V 投影平行。ⅠB、BC、CD、DE、EF、FG 平行于 V 面和下部长方体的前侧面(即前墙面),它们在 V 面上和前墙面上的落影与相应的 V 投影平行。即 $1_0'b_0'/\!/1'b'$,$b_0'c_0'/\!/b'c'$,$d_0'e_0'/\!/d'e'$ 等。正垂阴线 AK 一部分落影于 V 面(图 12-40 中的 $1_0'b_0'$),一部分落影于左墙面(图中的 $a_0'1_0'$ 和 $a_0''1_0''$所示)。

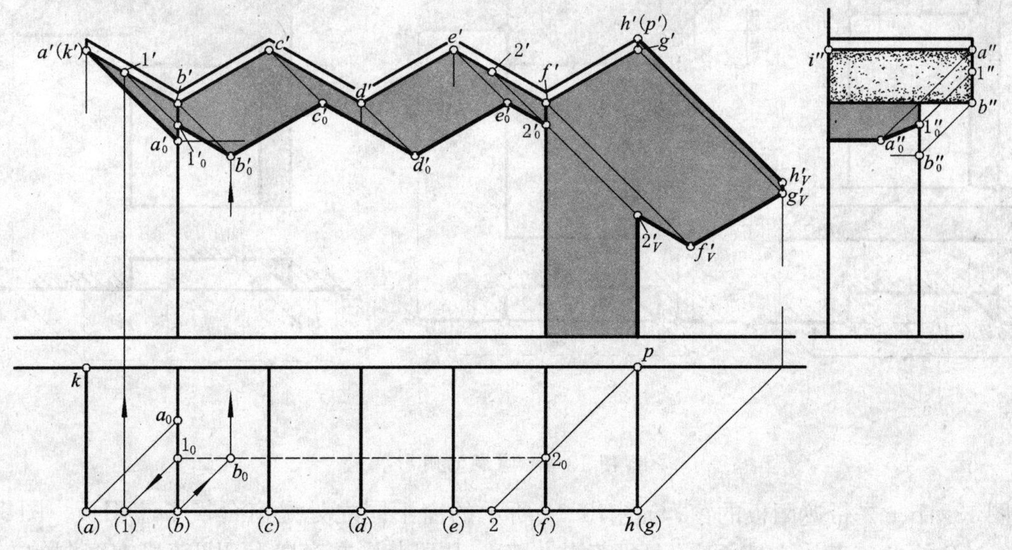

图 12-40 带折线形屋面出檐在长方体上的落影

13 平面建筑形体的阴影

13.1 建筑细部的阴影

房屋上的门窗洞、雨篷、阳台、台阶等局部构件称为建筑细部。假定窗扇与门扇都是关闭的，故可以承影。这些建筑细部的阴影的画法与长方体在墙面上落影、长方体在 H 面上落影相似。

13.1.1 窗洞的阴影

图 13-1、图 13-2 为几种窗洞的阴影，图 13-1a 所示窗台在墙面上的落影，与靠在 V 面上的长方体在 V 面上的落影相同。窗洞的前顶边 AB(侧垂线)和左前棱线 AC(铅垂线)是阴线。侧垂线(AB)上的 AⅠ段落影在窗扇面上，过 A 点作光线，作出 A 点在窗扇面上的落影的 V 投影 a_0'后，作直线 $a_0'1_0' /\!/ a'b'$，即为 AⅠ段在窗扇上落影的 V 投影，在平面图中与窗扇面的积聚投影相重合；AB 上的ⅠB 段则落影于窗洞的右侧面上，落影的 V、H 投影分别与窗洞右侧面有积聚性的同面投影重合。铅垂线 AC 上的 AⅡ段落影在窗扇面上，ⅡC 一段落影在窗台面上，在立面图上与窗台顶面的积聚投影重合(图 13-1a)。

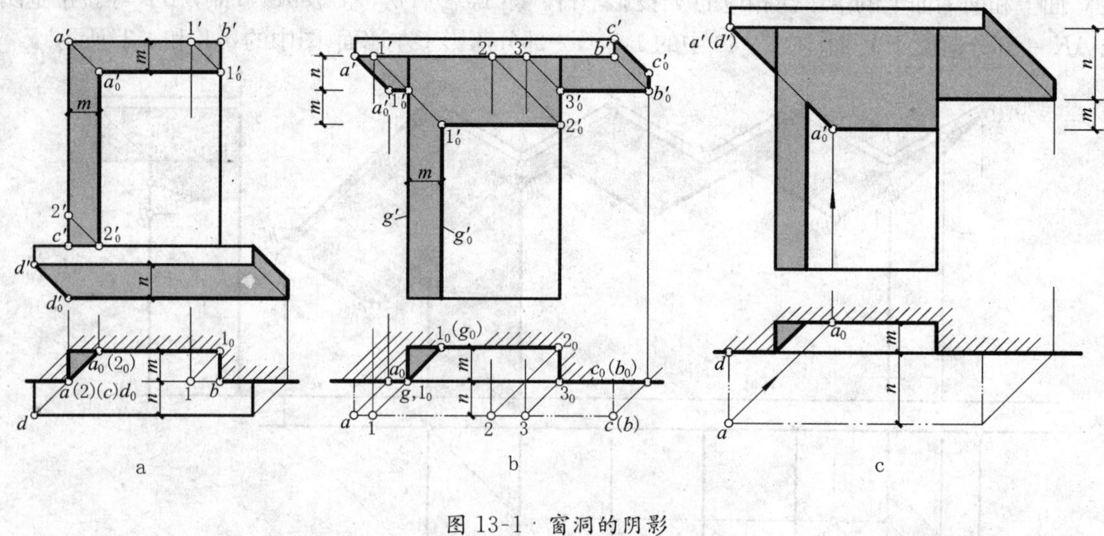

图 13-1 窗洞的阴影

图 13-1b、c 是带遮阳板的窗，与图 13-1a 所示的窗不同之处是窗台换了遮阳板。图 13-1b 中阴线 AB 的点 A 落影在墙面上，AⅠ段落影在墙面，ⅠⅡ段落影在窗扇上，ⅡⅢ落影在窗洞的右侧面上，与窗洞的右侧面的积聚投影重合，ⅢB 落影在墙面上，遮阳板上其他阴线的落影与靠在 V 面

上的长方体的落影作法相同。其中点I_0作法是：在平面图上，过窗洞左前棱（阴线）G的积聚投影点g（1_0积聚在其上）作反射光线，与遮阳板阴线的H投影ab相交于点1，再由点1在$a'b'$上求得点$1'$，过点$1'$作45°线，与g'相交于点$1'_0$，又随棱线G落在窗扇上的影子g'_0上，仍标注为点$1'_0$，得到的$1'_0$即为点Ⅰ在窗扇上的落影。点$2'_0$、$3'_0$也同样利用反射光线法求得。

图13-1c所示的遮阳板宽度大，点A落影在窗扇上，AD落影的V投影为45°斜线$a'_0(d')$，其余同图13-1b。

图13-2为六边形窗套阴影的求作方法。只要求出点A、点C在墙面、窗扇面上的落影点a'_0、c'_0，再过点a'_0、c'_0作阴线的平行线即可求得。由于窗套内侧面是倾斜面，右上侧面、右下侧面、底面、窗扇面共四个面是阳面，可以承影，其上的落影在立面图中都可见。阴线DE中的DⅠ一段落影于窗扇的立面图为$d'_01'_0$，ⅠE落影于窗套内侧的右上侧面，E点在该面上落影与自身重合，现过d'_0作水平线与窗扇和右上侧面的交线交于$1'_0$，连接$e'\ 1'_0$，即得ⅠE在窗套右内侧面上落影的V投影$e'\ 1'_0$。同理CⅡ落于窗扇上的影的V投影为$c'_02'_0$，ⅡB落于窗套内侧底面上的影的V投影为$b'2'_0$，由点$2'_0$求出点2_0，连接点b与2_0，即得阴线ⅡB在窗套内侧底面落影的H投影$b2_0$。

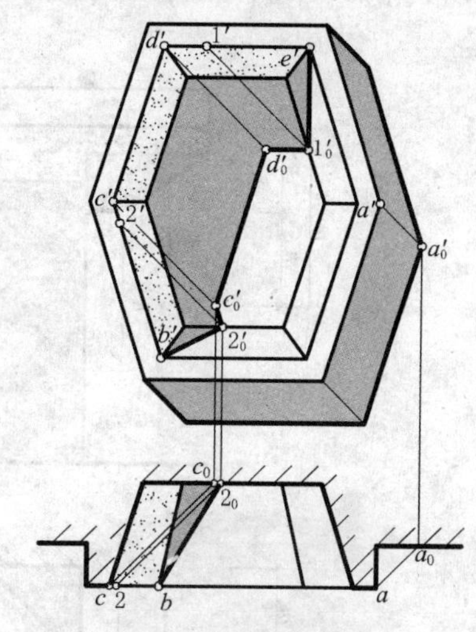

图13-2 六边形窗套的阴影

13.1.2 门洞、雨篷的阴影

门洞的左、右侧面都是铅垂面，都是阳面，在V面上无积聚投影，其上的落影为可见。雨篷的阴线AB为侧垂线。除根据长方体在V面上落影的求作方法求雨篷阴影之外，还可根据侧垂线AB的落影原理求作，即AB落影的V投影与承影面的H投影（积聚投影）成对称形状。其作图步骤如下（图13-3）：

（1）求出雨篷在墙面上的落影$(c')a'_0b'_0e'_0(d')$（其中一段$n'_03'_0$是用细双点长画线表示的）。

（2）由于影线的转折点的平面图均积聚在承影线（各承影面的交线）的积聚投影上，即点n_0、1_0、2_0、3_0均为已知，现过点n_0、1_0、2_0、3_0作反射光线，与雨篷阴线AB的H投影ab相交得点n、1、2、3，由点n、1、2、3在AB的立面图$a'b'$上求得点n'、$1'$、$2'$、$3'$，再过点n'、$1'$、$2'$、$3'$作45°线，与相应承影线的立面图相交得点n'_0、$1'_0$、$2'_0$、$3'_0$。

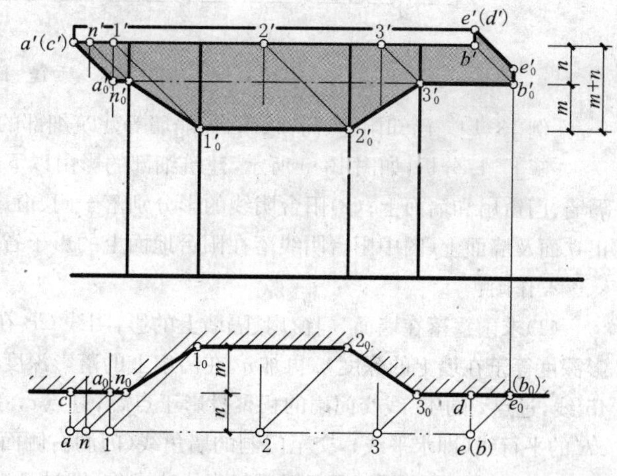

图13-3 雨篷、门洞的阴影

（3）连接相邻影点，即得雨篷在门洞的侧墙面和门扇上落影的V投影$n'_01'_0-1'_02'_0-2'_03'_0$。

图13-4所示的门洞雨篷的上、下底面都是侧垂面，与V面倾斜，阴线为$DCBAE$，阴线AB上的AⅠ，ⅢB两段落影于墙面，ⅠⅡ的落影在门扇上，ⅡⅢ的落影在门洞的右侧面上，在立面图上与右侧面的积聚投影重合。利用在平面图上已知的落影的转折点1_0、2_0、3_0作反射光线的H投影，在ab上求得点1、2、3，再由点1、2、3在立面图上的$a'b'$上求得点$1'$、$2'$、$3'$，过这些

点作 45°线，与相应墙角线及其影线交得点 $1'_0$、$2'_0$、$3'_0$，于是，就作出了雨篷和墙角阴线在门洞内的落影。在平面图上过点 a、$c(b)$分别作 45°线，与墙面的积聚投影相交，过交点作投影连线，与立面图上过 a'、c'、b'点所在 45°线相交，得点 a'_0、c'_0、b'_0，点 E、D 在墙面上，在墙面上的落影即为点 E、D 自身，落影的 V 投影就是点 e'、d'，分别连接相邻各点，得影线 $e'a'_0 1'_0$和 $3'_0 b'_0 c'_0 d'$，即得雨篷在墙面上的落影。必须注意：因阴线 CD、AE 不是正垂线，而是侧平线，所以其落影 $d'c'_0$、$e'a'_0$不再与光线 V 投影平行了（即不再是 45°线了）。

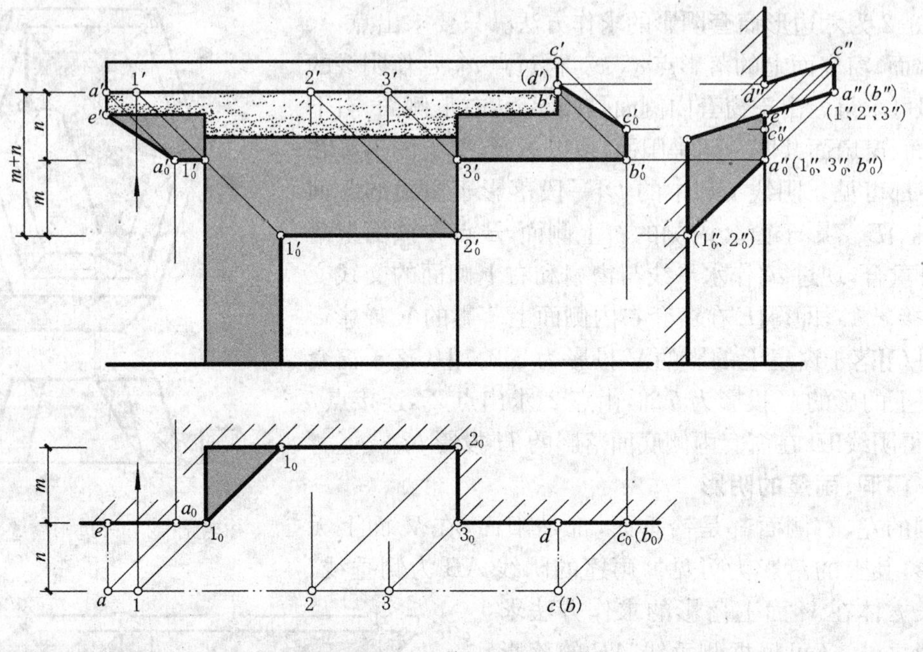

图 13-4　雨篷、门洞的阴影

［例 13-1］　已知雨篷、门窗、阳台、隔墙等建筑细部的立面图和平面图，求各部分的阴影。

［解］　1.分析：如图 13-5 所示，建筑细部的影由以下几个部分组成：(1)雨篷阴线 $KABCD$ 的影分别落于隔墙、门窗扇和墙面上；(2)阳台阴线的影分别落于门、窗扇及墙面上；(3)隔墙的阴线 N 的影落于窗扇、阳台正立面及墙面上(图中阳台阴线落在阳台地面上的影子省略)。

2.作图：

(1)求雨篷落在墙面、门窗扇、隔墙上的影：阴线 CB 在墙面上的落影的作法与图 13-1c 相同，在窗扇的落影深度等于在墙上的深度 m 再加 n，在门扇上的落影深度等于在墙上的深度 m 再加 l，或直接过点 c、c'分别作 45°线，过点 c 的 45°线交门扇的积聚投影于点 c_0，过点 c_0 引投影连线，与过点 c'的 45°线交于点 c'_0，再过点 c'_0作 $c'b'$的平行线(即水平线)，交至门洞的墙角线(门洞右侧面的积聚投影)，另一门扇上的落影与此线等高。若要求 CB 在窗扇上的落影，还可用反射光线法求作，即过已知点 2_0 引反射光线，交 cb 于点 2，由点 2 求出点 $2'$，过点 $2'$作 45°线，与过点 2_0 所引的投影连线交于点 $2'_0$，再过点 $2'_0$作 $c'b'$ 的平行线(水平线)，交至窗洞的墙角线，另一窗扇上的落影与此线等高。用反射光线求出点 3、4，$3'$、$4'$，过点 $3'$、$4'$作 45°线，与隔墙左、右两侧的前棱线交于点 $3'_0$、$4'_0$，连点 $3'_0$与 $4'_0$，$3_0 4_0$ 即为阴线 CB 在隔墙上的落影。

(2)阳台在墙面、门窗扇上的落影，按求靠在 V 面上的长方体落影的方法求出。其中阳台扶手阴线落影的作法是过平面图上的点 $e(f)$作 45°线，与墙面的积聚投影相交，过交点作投影连线，分别与过点e'、f'所作 45°线相交，得点 e'_0、f'_0，过点 f'_0作水平线，与过点 g'_0的铅垂线相交得点 $6'_0$，过点 $6'_0$作反射光线，与阳台右前棱线(阴线)交于点 $6'_0$，过点 $6'_0$再作水平线，得立面图上扶手在阳台上的落影。阳台在门扇和窗扇上落影深度的求法与雨篷相同。

(3)隔墙在墙面、窗扇、阳台前侧面上的落影宽度，即为隔墙凸出墙面、窗扇、阳台的前侧面的深度(图中未

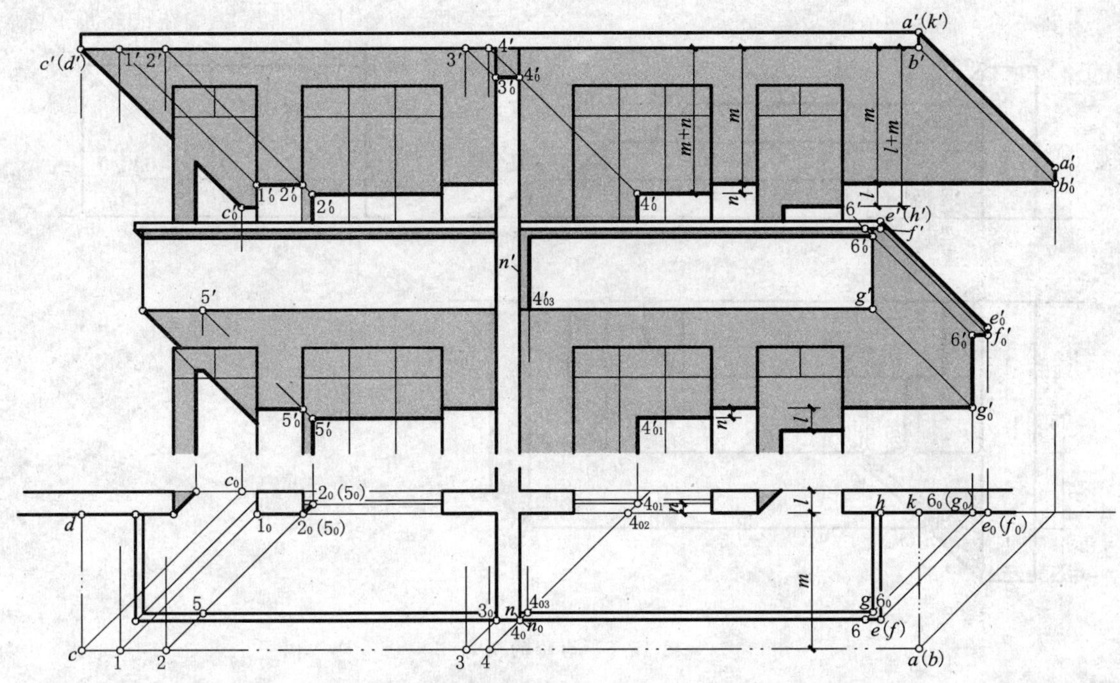

图 13-5　雨篷、隔墙、门窗框和阳台的立面阴影

标注)，或用反射光线法求作。即在平面图上过点 4_0 作 45°线，与窗、墙、阳台面的积聚投影交于点 4_{01}、4_{02}、4_{03}，过这些点分别作投影连线，得隔墙阴线在窗扇(过 $4'_{01}$ 的铅垂线)、墙面(图中未画)和阳台前侧面(过 $4'_{03}$ 的铅垂线)上的落影宽度。到此就完成了全部作图。

13.1.3　台阶的阴影

图 13-6 所示的台阶由左牵边和梯级组成，左牵边的阴线是 BA、AA_1，梯级的踏面和踢面为阳面，其阴线分别为 DC、CC_1，FE、EE_1，HG、GG_1。求阴影的作图步骤如下(图 13-6)：

(1)求左牵边的落影：阴线 AB 为正垂线，在墙面上和台阶踢面上的落影为 45°线，AB 在台阶梯级上落影的 H 投影发生转折，转折形状与台阶的 W 投影相同。也可利用台阶的踏面，踢面的 W 投影具有积聚性的特性求作，即过踏步棱线在 W 面上的积聚投影作 45°反射光线，与 $a''b''$交于点 $1''$、$2''$、$3''$、$4''$。根据“宽相等”在 H 投影 ab 上求得点 1、2、3、4。再过点 1、2、3、4 作 45°线，与相应的棱线的 H 投影交于点 1_0、2_0、3_0、4_0，从而作出 AB 在各踏面上落影的 H 投影。过点 a' 作 45°线与第一踏面 V 投影交于点 a'_0，过此点作投影连线与过点 a 的 45°线交于点 a_0。阴线 AA_1 为铅垂线，AA_1 落影的 H 投影为 45°斜线，落影的 V 投影由 $a'_0n'_0m'_0a'_1$ 组成，其中 $a'_0n'_0$ 和 $m'_0a'_1$ 与踏面和地面的积聚投影重合，不必重绘，只要过平面图中的点 n_0(m_0)作投影连线，交立面图中的第一踢面于 $n'_0m'_0$，$n'_0m'_0$ 即为 AA_1 在第一踢面上的落影的 V 投影。

这里必须注意，利用 V、H 两投影求点 A 的落影时，点 A 究竟落影于哪个踏面或踢面呢？过点 a' 所作的 45°线与第Ⅲ踏面有积聚性的 V 投影(水平线)交于点 $4'_0$，过点 $4'_0$ 作投影连线，与过点 a 的 45°线在第Ⅲ踏面 H 投影范围内不相交，这说明点 A_0 不落于第Ⅲ踏面上。同理，过点 $2'_0$ 作投影连线，与过点 a 的 45°线在第Ⅱ踏面的 H 投影范围内也不相交，故点 A 也不落影在第Ⅱ踏面上。而过点 a' 的 45°线与第Ⅰ踏面的有积聚性的 V 投影相交于点 a'_0，过此点作投影连线，与过点 a 的 45°线在第Ⅰ踏面的 H 投影范围内交于点 a_0，因此，即可知道 A 点的落影必定在第Ⅰ踏面上的 A_0 点。

(2)求梯级阴线的落影：它们与靠在 V 面和 H 面上的长方体落影作法相同，不再赘述。

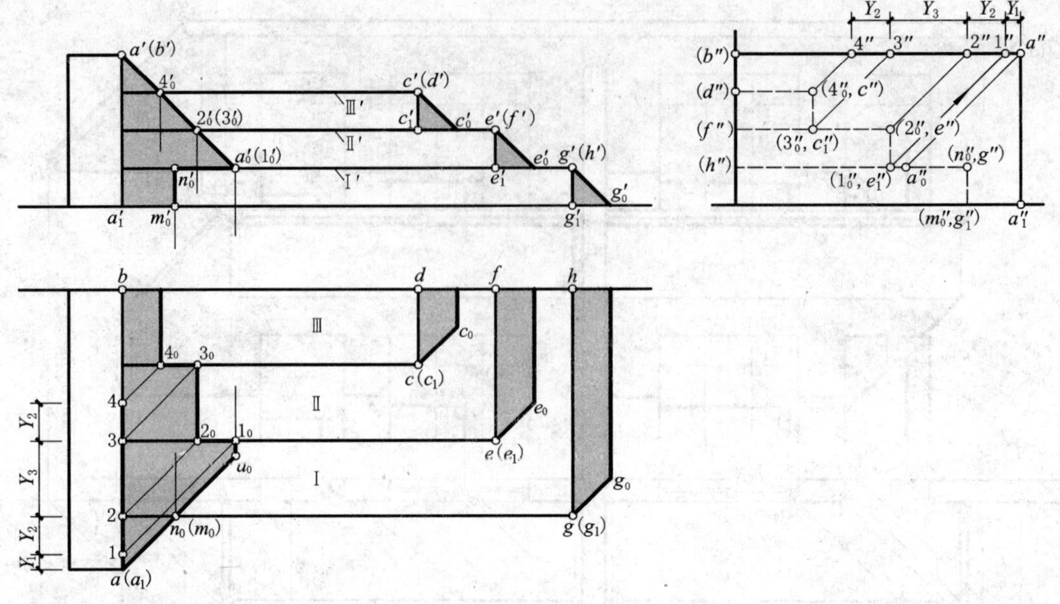

图 13-6 台阶的阴影

图 13-7 所示的台阶的阴线由右牵边阴线 $D_1A_1B_1C_1$ 和左牵边阴线 $DABC$ 组成，台阶的踢面，踏面为阳面。第一级踏面和踢面的阴线是 GEF，求台阶的阴影，实质上只要求出 $D_1A_1B_1C_1$ 在墙面和地面上的落影和 $DABC$ 在墙面、踏面、踢面上的落影。作图步骤如下（图 13-7）：

（1）作右牵边的阴线在墙面和地面上的落影：阴线 B_1C_1 为正垂线，落在墙面（即 V 面）上的影为 45°斜线，即 $c_1'b_{10}'$。A_1D_1 为铅垂线，在地面上的落影的 H 投影为 45°斜线，即$(d_1)a_{10}$。A_1B_1 为倾斜于地面和墙面的直线，点 B_1 落影于墙面为点 b_{10}'，点 A_1 落影于地面为点 a_{10}，因此，必须求出落影的转折点 X_0，为此求出 A_1 点在墙面上的虚影(a_{10}')，连点 b_{10}' 和(a_{10}')，$b_{10}'(a_{10}')$与 V 投影中的 OX 轴交于点 x_0'，则 $b_{10}'x_0'$ 即为 A_1B_1 在墙面上的落影。过点 x_0' 作投影连线，与 H 投影中的 OX 轴交于点 x_0，连点 a_{10} 和 x_0，$a_{10}x_0$ 即为 A_1B_1 在地面上的落影。

（2）左牵边阴线在墙面、踢面和踏面上的落影：左牵边阴线 AD 为铅垂线，在踏面Ⅰ、Ⅱ上的落影的 H 投影为 45°斜线，影的 H 投影都在 AD 与光线组成的铅垂光平面的有积聚性的 H 投影上，即$(d)a_0$。因为阴线 AB 平行于 A_1B_1，所以 AB 在踏面、踢面上的落影分别与 A_1B_1 在地面和墙面上的落影相平行（平行线在相互平行的承影面上的落影相互平行），可采用推平行线方法求作。因踏面平行于地面，故 AB 在踏面Ⅱ、Ⅲ、Ⅳ上的落影应平行于右牵边 A_1B_1 在地面的落影 $a_{10}x_0$。又因为踢面平行于墙面，所以 AB 在踢面 3、4 上的落影应平行于右牵边 A_1B_1 线在墙面上的落影 $x_0'b_{10}'$。具体的作法是：①在平面图上过点 a_0 作直线平行于 $a_{10}x_0$，与踏面Ⅱ和踢面 3 的交线（即踢面 3 的积聚投影）交于点 1_0。②过点 1_0 作投影连线，交踏面Ⅱ的有积聚性的 V 投影于点 $1_0'$。③过点 $1_0'$ 作直线平行于 $x_0'b_{10}'$，交踏面Ⅲ的有积聚性的 V 投影于点 $2_0'$。④过点 $2_0'$ 作投影连线，交平面图中踢面 3 的积聚投影于点 2_0，以此类推求出点 3_0、$3_0'$、4_0、$4_0'$。⑤在平面图中过点 4_0 作直线平行于 $a_{10}x_0$，与过点 b 所作的 45°斜线交于点 b_0，并与在立面图中过点 b_0' 所引的投影连线也交于同一点 b_0。再过点 b_0 作直线平行于 bc，即完成了左牵边落影的两投影。

（3）第一级踏步的阴线 GEF 的落影：EG 为正垂线，在右牵边的前侧面上的落影的 V 投影

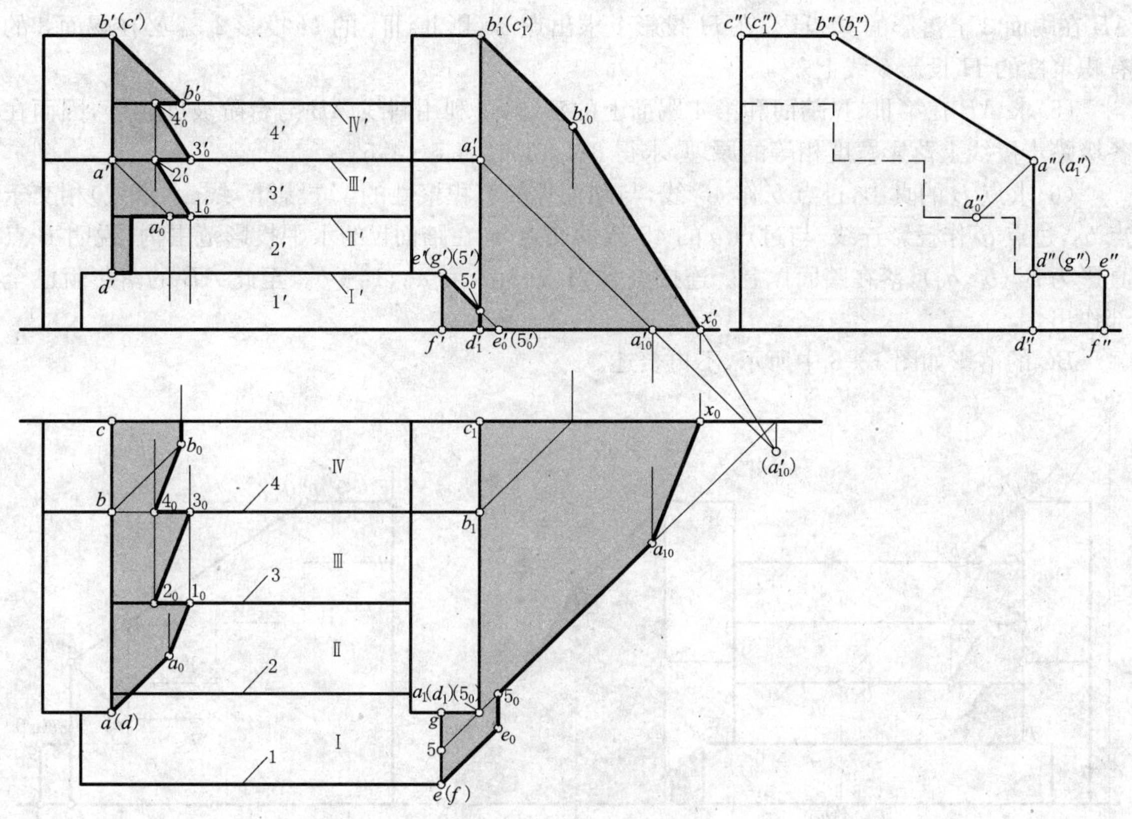

图 13-7　台阶的阴影

为 45°斜线，即 $g'5'_0$，是 EG 上的ⅤG 的落影的 V 投影，点Ⅴ又随 A_1D_1 落影于地面，也为$Ⅴ_0$，EG 上的 EⅤ一段落影于地面，因 EG 平行于地面，所以 EⅤ段在地面上的落影 $E_0Ⅴ_0$ 平行于 EG，即 e_05_0 平行于 eg。EF 为铅垂线，其地面落影为 45°斜线即$(f)e_0$。到此就完成了全部作图。

图 13-8 为求左牵边阴线 AB 在踢面和踏面上落影的另一种作法即虚影法。

(1)先求点 A 的落影，过点 a 作 45°线，与踢面 2 的 H 投影 2 相交于点 a_0，过交点 a_0 作投影连线，与过点 a'的 45°线在第Ⅱ级踢面的 V 投影 2′范围内交于点 a'_0，说明 A 点落影在踢面 2 上。

(2)再扩大踢面 2，与 AB 交于点 K，利用 W 投影延长 2″与 $a''b''$相交于点 k''_0，求出点 k'_0和点 k_0，连接点 k'_0与 a'_0，$k'_0a'_0$在踢面 2′的 V 投影范围内的一段为 $a'_01'_0$，即为 AB 在踢面 2 上落影的 V 投影，据点 $1'_0$求出点 1。

(3)求出 B 点在扩大踏面Ⅱ上的虚影(B_0)，即过 b'作 45°线与踏面Ⅱ的有积聚性的 V 投影Ⅱ′交于点(b'_0)，过点(b'_0)作投影连线，与过点 b 的 45°线交于点(b_0)，(b'_0)、(b_0)即为 B 点在扩大踏面Ⅱ上的虚影的投影，连接点 1_0 与(b_0)，$1_0(b_0)$在踏面Ⅱ的 H 投影Ⅱ范围内的一段 1_02_0，即为 AB 在踏面Ⅱ上落影的 H 投影，在 V 投影上求出点 $2'_0$，影$Ⅰ_0Ⅱ_0$ 的 V 投影 $1'_02'_0$积聚在踏面Ⅱ的有积聚性的 V 投影Ⅱ′线上(为水平线)。

(4)为了求 AB 在踢面 3 上的落影，可先求出 B 点在踢面 3 上的虚影，即过点 b 作 45°反射光线，与踢面 3 的有积聚性的 H 投影 3 的延长线交于点(b_0)，过点(b_0)作投影连线，与过点 b'的反射光线交于点(b'_0)，连点 $2'_0$与(b'_0)，$2'_0(b'_0)$在踢面 3 的 V 投影 3′范围内的一段 $2'_03'_0$，即为

AB 在踢面 3 上落影的 V 投影，在 H 投影上求出点 3_0，影 $\mathrm{II}_0\mathrm{III}_0$ 的 H 投影 2_03_0 必在踢面 3 的有积聚性的 H 投影 3 线上。

(5)求 AB 在第Ⅲ、Ⅳ踏面和第 4 踢面上的落影，可利用斜线 AB 与台阶坡度相等，因而在各级踏步棱线上落影宽度相等的原理，求得 3_04_0、$3_0'4_0'$、4_05_0、$4_0'5_0'$。

(6)求点 B 的真影，过点 b' 作 45°线，与踏面Ⅳ的有积聚性的 V 投影Ⅳ′线(水平线)相交于点 b_0'，过点 b_0' 作投影连线，与过点 b 的 45°线的交点 b_0 在踏面Ⅳ的水平投影范围内，说明 B 点真影为 $B_0(b_0、b_0')$，落在踏面Ⅳ上。连接点 $a_0，1_0，\cdots，b_0$ 和 $a_0'，1_0'\cdots b_0'$，至此 AB 的落影就已全部作出。

BC 的落影如图 13-8 中所示，不再赘述。

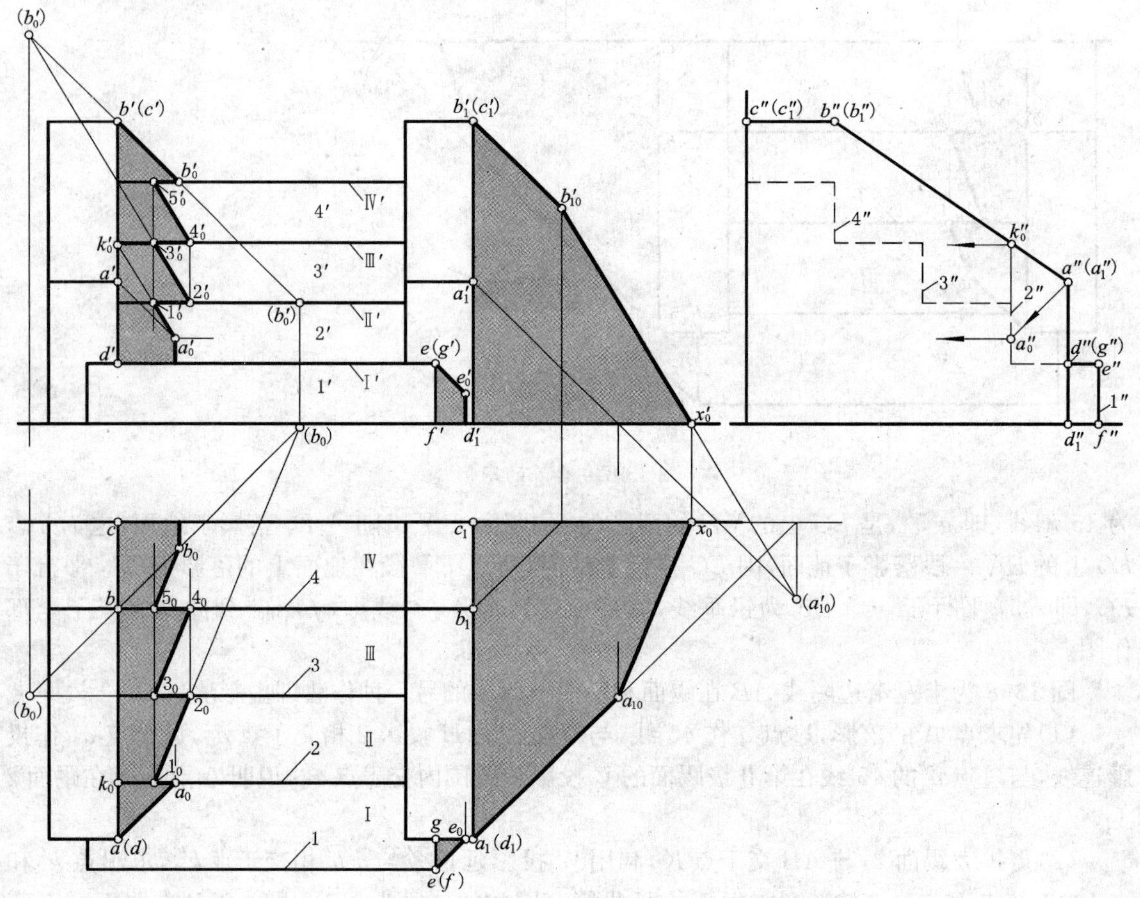

图 13-8　台阶的阴影

由于 AB 与梯级的坡度相等，和各踏面及各踢面互相对应平行，故 AB 在各级踏面和踢面上的落影具有如下特性：H 投影中 $1_02_0 /\!/ 3_04_0 /\!/ 5_0b_0$，$V$ 投影中 $a_0'1_0' /\!/ 2_0'3_0' /\!/ 4_0'5_0'$；而且点 1_0、3_0、5_0 和点 $1_0'$、$3_0'$、$5_0'$在同一条铅垂线上，点 2_0、4_0 和点 $2_0'$、$4_0'$也在同一条铅垂线上。

13.1.4　烟囱的阴影

图 13-9 是求烟囱在坡屋顶上的阴影的作法。

在图 13-9a 中，烟囱的阴线是 AB—BC—CD—DE 四段折线。铅垂阴线 AB 和 DE 的落影，在 H 投影中都是 45°线，在 V 投影中则反映屋面的坡度 α，都积聚在屋面的 V 投影上。阴线 BC 平行于屋脊线 MN，也就是平行于屋面，它在屋面上的落影 B_0C_0 平行于 BC，即 $b_0c_0 /\!/$

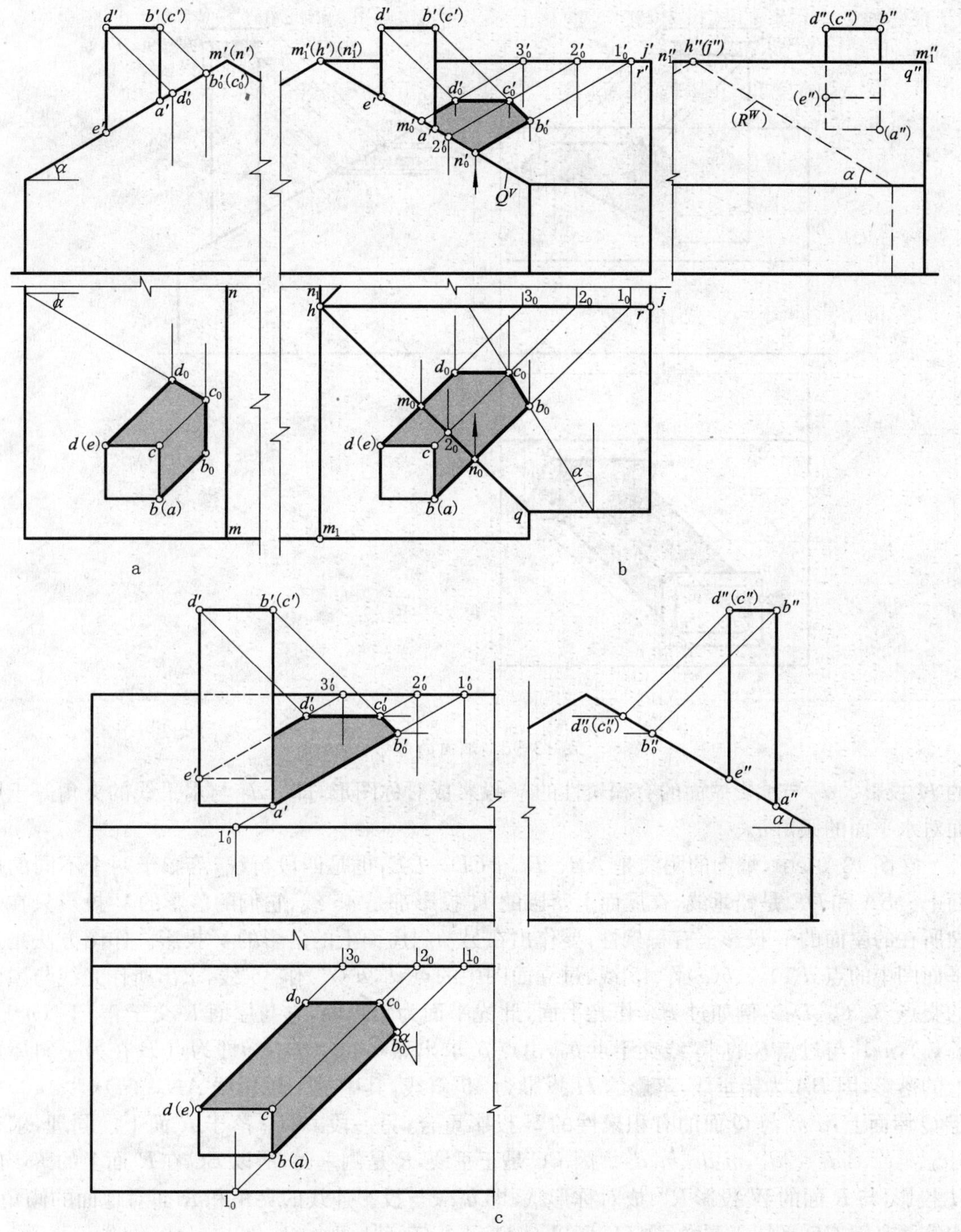

图 13-9abc　烟囱的落影

bc，$b'_0c'_0$积聚为一点。作法是（图 13-9a）：

（1）过点 d'、$b'(c')$作 45°线与屋面的有积聚性的 V 投影交于点 d'_0、$b'_0(c'_0)$，再过点 d'_0、$b'_0(c'_0)$向下作投影连线，与过点 $d(e)$、c、$b(a)$所作 45°线相交，交点即为点 d_0、c_0、b_0。

（2）连接相邻影点，即得烟囱在屋面上落影的 H 投影。

（3）落影的 V 投影积聚在屋面的积聚投影上。因 CD 是侧垂线，所以 CD 在屋面上的落影

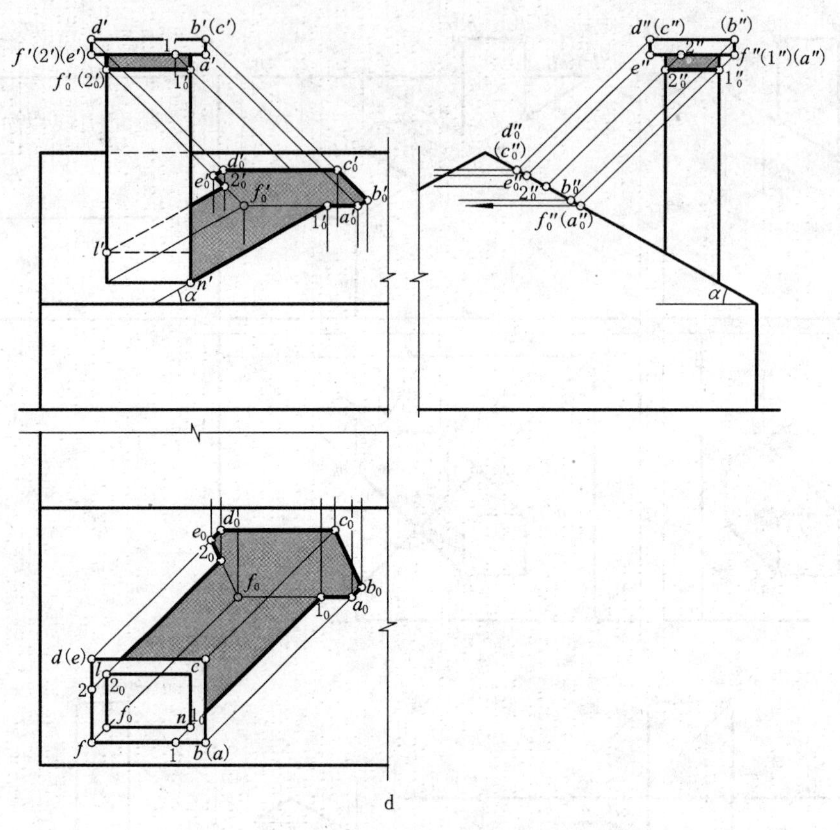

图 13-9d 烟囱的落影

的 H 投影 c_0d_0 与承影屋面的有积聚性的 V 投影成对称图形，即 c_0d_0 与水平线的夹角等于屋面对水平面的倾角 α。

在图 13-9b 中，烟囱的阴线是 AB—BC—CD—DE，也是四段折线，落影于两个不同的屋面上。BA 和 DE 是铅垂线，在屋面上落影的 H 投影都是 45°线，它们的落影的 V 投影只在烟囱所在的屋面的 V 投影上有积聚性，要作出在另一斜屋面上的落影的 V 投影。作图方法是过平面图中的点 $d(e)$、c、$b(a)$ 作 45°线，过立面图中的点 d'、$b'(c')$ 作 45°线，求出所作光线与屋面的交点 B_0、C_0、D_0。例如过 BA 作光平面，此光平面为铅垂面，它与屋面 R 交于 N_0 Ⅰ$_0$（n_01_0、$n'_01'_0$），$n'_01'_0$ 与过点 b' 的 45°线交于点 b'_0，由点 b'_0 求出点 b_0，B_0（b'_0、b_0）即为点 B 在另一斜屋面上的落影，因 BA 为铅垂线，落影的 H 投影为 45°斜线，其中的一段影线 AN_0（$(a)n_0$、$a'n'_0$）落于 Q 屋面上，$a'n'_0$ 与 Q 面的有积聚性的 V 投影重合；另一段 N_0B_0 落于 R 面上。同理，求得 b_0c_0、$b'_0c'_0$，c_0d_0、$c'_0d'_0$，m_0d_0、$m'_0d'_0$。因 BC 是正垂线，R 是侧垂面，所以 BC 在 R 面上的落影的 H 投影，与 R 面的 W 投影 R^W 成对称形状，即 b_0c_0 与投影连线的夹角和 R 面对地面的倾角 α 相等。又因 CD 平行于屋脊线 HJ，所以 C_0D_0 平行于 HJ，即 $c_0d_0 /\!/ hj$，$c'_0d'_0 /\!/ h'j'$。

在图 13-9c 中，阴线仍是 AB—BC—CD—DE，全部落影在同一个承影屋面上即前坡屋面上，求落影的方法与图 13-9b 完全相同，也可利用 W 投影直接作出。其作图过程如图 13-9 所示。

图 13-9d 是在图 13-9c 的烟囱上加了一个方帽（即四棱柱体），它在屋面上的落影的作法仍可以按上面的分析作出。作图时，首先作出上部四棱柱体的阴线 AB、BC、CD、DE、EF、FA 在屋面上的落影。可利用 W 投影求作，即过点 $f''(a'')$、(b'')、$d''(c'')$、e'' 作 45°线，与屋面有积聚

性的 W 投影交于点 $f''_0(a''_0)$、(b''_0)、$d''_0(c''_0)$、e''_0，再过这些点作水平线，与过点 a'、$b'(c')$、d'、$f'(e')$的 45°线交得点 a'_0、b'_0、c'_0、d'_0、e'_0、f'_0；然后过点 a'_0、b'_0、c'_0、d'_0、e'_0、f'_0作投影连线与过点 $b(a)$、c、$d(e)$、f 的 45°线交于点 a_0、b_0、c_0、d_0、e_0、f_0。在 H 投影中，过烟囱阴线点 n 作 45°线，与 a_0f_0 交于点 1_0，过阴线 l 作 45°线，与 e_0f_0 交于点 2_0，求出点 $1'_0$ 和 $2'_0$，分别以线段连接 $1'_0n'$ 和 $2'_0l'$。用图 12-39 方法求出方帽在烟囱上的落影。在图 13-9d 中若无 W 投影，则可用图 12-8b 所示的线面交点法求出烟囱上的各点在屋面上的落影。

13.2　建筑形体的阴影

图 13-10 为双坡和四坡顶组合的 L 形、檐口线等高的同坡屋面的房屋，在地面上的落影如图 13-10 所示。现要求出檐口阴线 AB、BC、CD、DE 等在山墙上的落影，首先应作出点 A

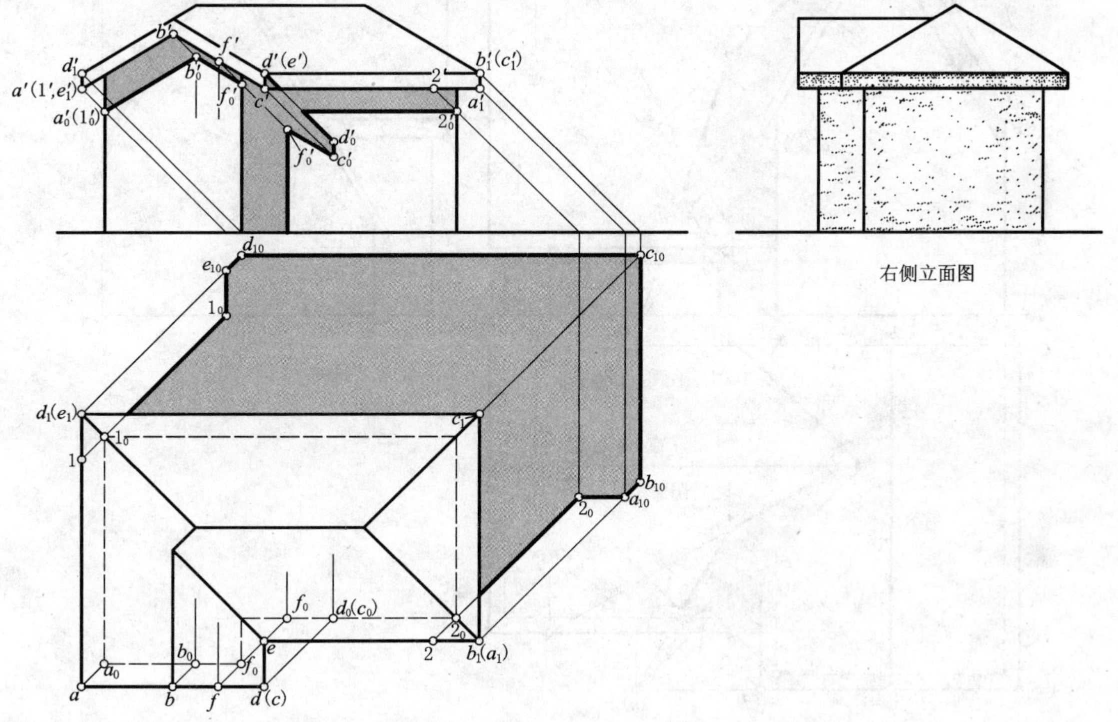

图 13-10　檐口等高双坡与四坡顶组合的房屋的落影

在山墙面上的落影点 a'_0，由于向左和向前的出檐宽度相等，故点 a'_0 在左前墙角线上。过点 a'_0 作直线平行于 $a'b'$，与过点 b' 的 45°线交于点 b'_0，再过点 b'_0 作 $b'c'$ 的平行线，交墙角阴线于点 f'_0，$a'_0b'_0$、$b'_0f'_0$ 即为斜线 AB 及 BC 在山墙上的落影。再作点 C 在右方前墙面上的落影点 C_0 $(c'_0$、$c_0)$，过点 c'_0 作 $b'c'$ 的平行线，与前屋右墙角阴线的落影交于点 f'_0，影线 $f'_0c'_0$ 即为阴线 BC 落于右方前墙面上的影。DE 是正垂线，故 DE 在封檐板上和墙面上落影的 V 投影为 45°线。其余的作法如图 13-10 所示。

图 13-11 所示的房屋屋面坡度较大(60°)，正垂屋面的右屋面和侧垂屋面的后屋面是阴面，故两屋脊线为阴线。屋面在地面的落影省略不画，只求屋面阴线 AB、AC、CD、DE 及墙脚阴线的部分落影。求作落影时，首先作出屋脊线 AB 在侧垂屋面的前屋面 R 上的落影，它在 V 投影中的方向为 45°线，即过点 $a'(b')$ 的 45°线与右屋面的 V 投影交于点 $1'$、$2'$，根据点 $1'$、$2'$ 求

出点1、2，连点1与2，在H面上过点a作45°线与12线交于点a_0，根据点a_0求出点a_0'，即得A点的落影$A_0(a_0,a_0')$。$\mathrm{I}A_0(1'a'_0,1a_0)$即为$AB$在$R$面上的落影。又过点$c(d)$作45°线，与$R$面的$H$投影$r$的前后边线交于点3、4，根据点3、4求出点$3'$、$4'$，连点$3'$与$4'$，过点$c'$、$d'$作45°线，与$3'4'$交于点$c'_0$、$d'_0$，连点$c'_0$与$d'_0$，再在34线上根据点$c'_0$、$d'_0$求得点$c_0$、$d_0$，连接点$a_0$与$c_0$、$a'_0$与$c'_0$，即为$AC$在右前屋面$R$上的落影。若延长阴线$AC$，与天沟线$FG$交于点$N(n、n')$，则$AC$在屋面$R$上的落影必通过点$(N)$（即$a_0c_0$通过点$(n)$和$a'_0c'_0$通过点$(n')$）。（阴线$DC$为铅垂线，阴线的$H$投影$d_0c_0$为45°线）$DE$为正垂线，影的$V$投影$d'_0e'$为45°线，连$d_0(e)$得$DE$在屋面$R$上落影的$H$投影。其余的作法如图13-11所示。

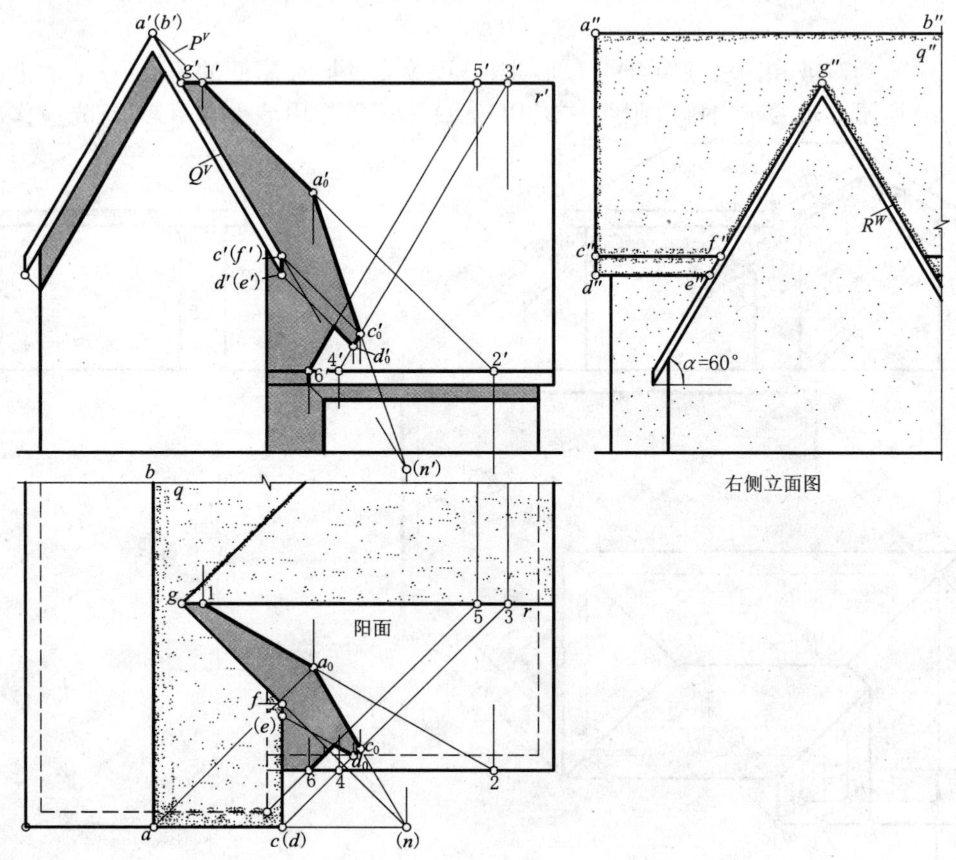

图13-11 檐口不等高，坡度较陡的两相交双坡顶房屋的落影

［例13-2］ 已知房屋的平面图（只画出前面部分）、正立面图、侧立面图（图13-12），求作正立面图上的阴影。

［解］ 1. 分析：房屋的阴影由檐口线、墙角线、雨篷、门窗框、窗台、台阶、烟囱等的阴线及其落影所组成。只要确定出它们的阴线，即可在屋面、墙面、门窗扇等阳面上作出落影。

2. 作图（图13-12）：

（1）烟囱的阴线是AB—BC—CD—DE，它在屋面上的落影可按图13-9c的作图方法作出。

（2）檐口阴线是LF—FG—GH—HK以及JP—PR—RI—IQ，它们主要落影于左、右两侧房屋的前墙面。其作法是：①过点l、l'作45°线与左墙角线交于点l_0、l'_0（从图可知L点正好落于左墙角上，因封檐板向左和向前的出檐宽度相等），过点l'_0作$l'f'$的平行线（即水平线），与过点f'的45°线交于点f'_0，过点f'_0作铅垂线，与过点g'的45°线交于点g'_0，$l'_0f'_0$、$f'_0g'_0$为LF、FG在墙面上的落影；②阴线GH部分落于前山墙面，部分落于圆弧形窗扇上：在立面图中，过点g'_0作直线平行于$g'h'$，与圆弧形窗框交于点$1'_0$、$2'_0$，与过点h'的45°线交

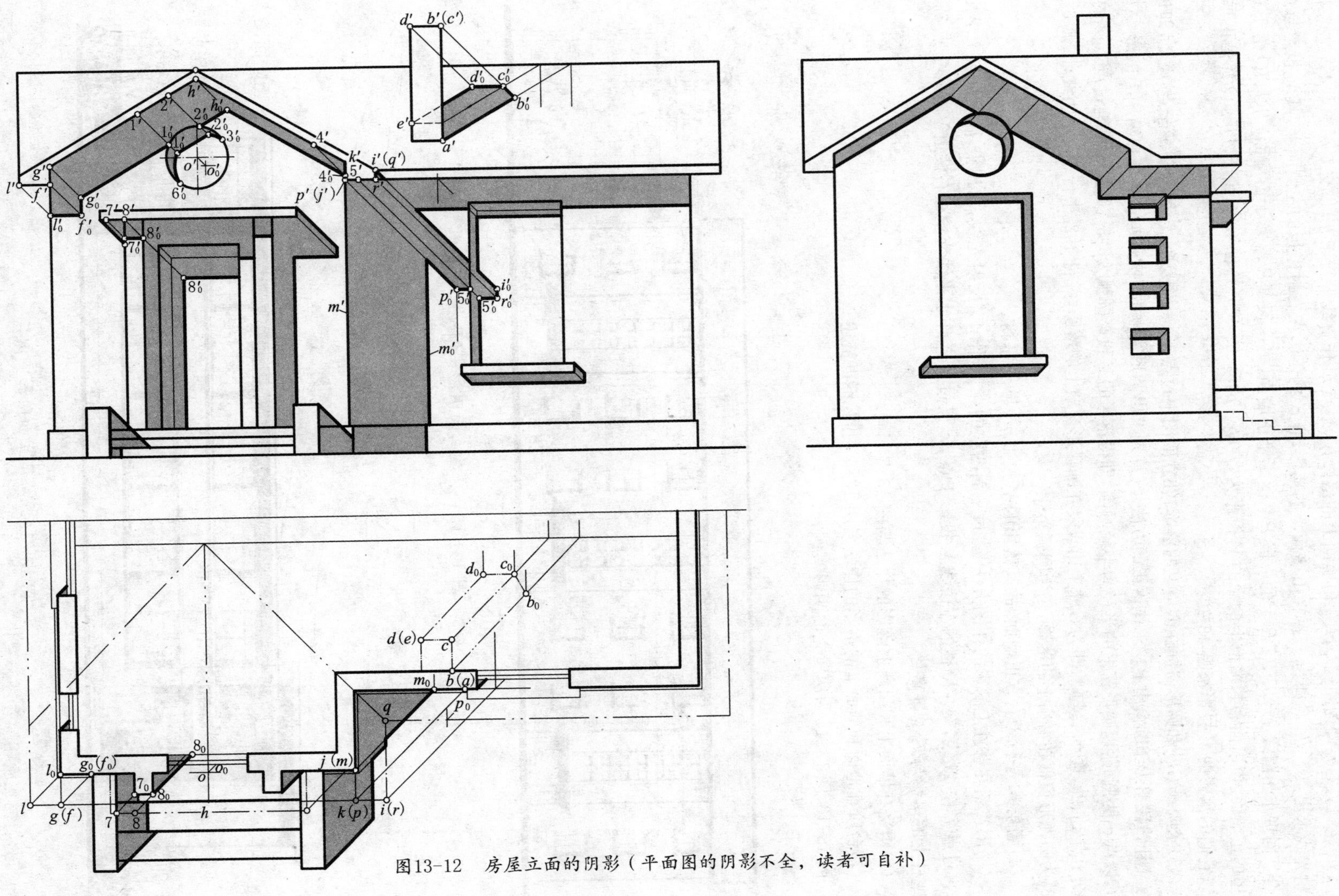

图13-12　房屋立面的阴影（平面图的阴影不全，读者可自补）

于点 h'_0，$g'_0 1'_0$、$2'_0 h'_0$ 即为阴线 GH 在山墙面上的落影；③过点 h'_0 作直线平行于 $h'k'$，交 $k'p'$ 于点 $4'_0$，过点 $4'_0$ 作反射光线求出点 $4'$，$h'_0 4'_0$ 即为 HⅣ 在山墙面上的落影；ⅣK 的落影在右封檐板的左侧面上，其 V 投影与 $k'p'$ 重合。同理求出阴线 JP、PR（PR 上的一段 PⅤ落影于正墙面，另一段ⅤR 落影于窗扇面）、RI、IQ 落于右侧房屋的正墙面、窗扇面和封檐板上的影的 V 投影为$(j')p'_0$、$p'_0 5'_0$、$5'_0 r'_0$、$r'_0 i'_0$、$i_0(q')$，由于 JP、IQ 都是正垂线，所以它们的落影的 V 投影都是 45°线。

(3)求阴线 GH 和圆形窗框在窗扇上的落影：在立面图中过点 $1'_0$、$2'_0$ 作反射光线，交 $g'h'$ 于点 $1'$、$2'$，即说明 GH 上Ⅲ线段落影于圆窗扇上。求作落影的方法是：首先求出圆形窗框的圆心 $O(o,o')$ 落在窗扇上的影 O_0（o_0、o'_0），以点 o'_0 为圆心，以圆形窗框的半径为半径画圆，即得落影的 V 投影圆弧为$6'_0 3'_0$。圆弧 $6'_0 3'_0$ 与过点 $1'$、$2'$ 的 45°线交于点 $1'_0$、$2'_0$，连点 $1'_0$ 与 $2'_0$ 即为 GH 上Ⅲ线段在圆弧形窗扇上的落影，并且 $1'_0 2'_0$ 平行于 $g'h'$ 阴线，圆弧 $6'_0 1'_0$、$2'_0 3'_0$ 为圆弧形窗框在窗扇上的落影，仍为圆弧。

(4)墙角 M 平行于右方正墙面，故其落影的 V 投影 m'_0 与 m' 平行。

(5)雨篷落在壁柱上的影的作图方法是：过平面图中的点 7_0 作 45°反射光线，求出点 7，根据点 7 求出点 $7'$，再过点 $7'$ 作 45°线，交左壁柱的左棱线 V 投影于点 $7'_0$，又过点 $7'_0$ 作水平线交壁柱右棱边 V 投影于点 $8'_0$，在右壁柱上的落影与 $7'_0 8'_0$ 等高。

(6)雨篷在墙面上和门扇上落影的作法与图 13-5 相同。

(7)台阶在地面和墙面上的落影的作法与图 13-6 相同，不再赘述。

图 13-13、图 13-14 为房屋立面阴影实例。

图 13-13　房屋立面阴影实例一

图 13-14　房屋立面阴影实例二

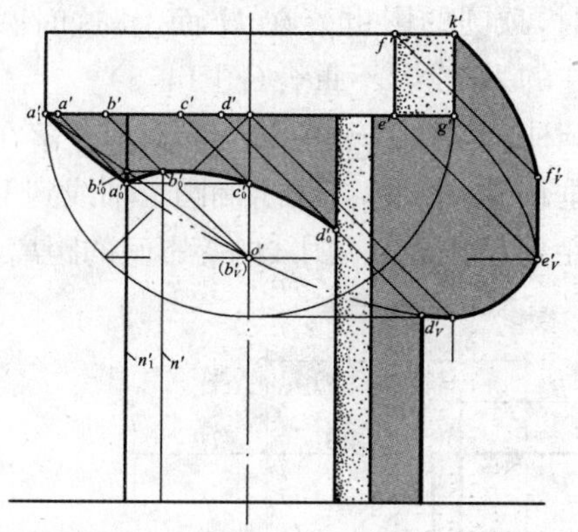

14 曲面建筑形体的阴影

14.1 圆柱和圆锥的阴影

14.1.1 圆柱的阴影

圆柱的阴线是光平面与圆柱面相切的素线。与圆柱面相切的一系列光线，在空间形成了光平面，光平面与圆柱面相切的直素线，即为圆柱面的阴线。在习用光线照射下，圆柱顶面为阳面，故顶面右后半圆弧 AC 为阴线，底面左前半圆弧 BD 为阴线。这样圆柱的阴线为两条直素线和两个半圆弧组成的封闭线(14-1a)。

作铅垂圆柱在 H 面上的落影时，首先分别求出顶圆、底圆在 H 面上的落影圆，再作此两影线圆的切线，即为圆柱在 H 面上的落影。由于素线为铅垂线，故阴线 AB、CD 为铅垂线，落影圆的切线即为阴线的落影，必为45°线。两条素线阴线在 H 面上确定的方法是过 O 圆的 H 投影圆的圆心 o 作与光线的 H 投影相垂直的45°线，与圆周交于点 $a(b)$、$c(d)$，由此再作出阴线 AB、CD 的 V 投影 $a'b'$、$(c')(d')$(图 14-1b)。

在一个投影图(即 V 投影)中作圆柱阴线尚有两种简单的方法(图 14-2)。

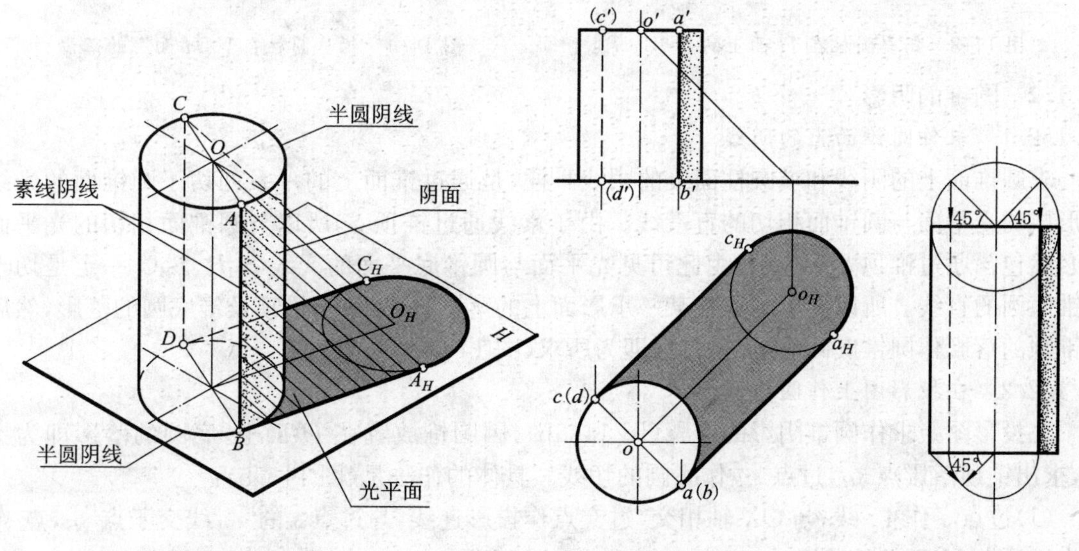

a 圆柱阴线的形成　　b 圆柱阴线的作法

图 14-1　圆柱的阴线及其落影

图 14-2　圆柱阴线的简便作法

铅垂圆柱的落影：(1)当圆柱底面与 H 面有一定距离时，顶圆的影也落在 H 面上，这时圆柱的落影全部在 H 面上，而且底圆在 H 面上的落影与圆柱的 H 投影不重合(图 14-3)。

(2)当圆柱底面与 H 面重合、顶圆落影在 V 面时的铅垂圆柱，其影部分落在 H 面上，部分落在 V 面上，顶圆在 V 面上的落影为椭圆。阴线在 V 面上的落影垂直于 OX 轴，并切于椭圆。轴线到 V 面的距离 m，等于轴线在 V 面上的落影到圆柱轴线 V 投影的距离。V 面上两阴线的落影间的距离，2 倍于两阴线 V 投影的距离(图 14-4)。

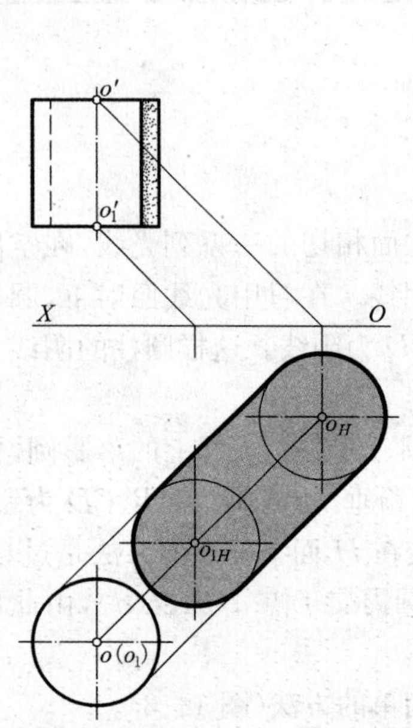

图 14-3　铅垂圆柱在 H 面上的落影

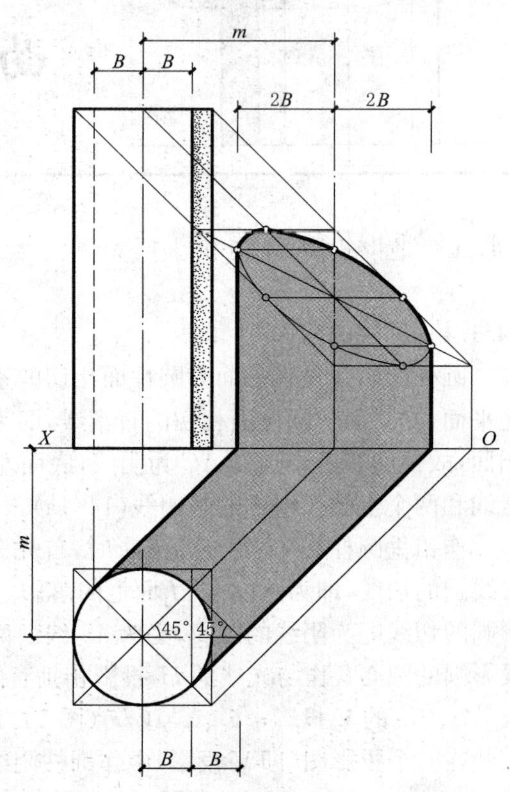

图 14-4　铅垂圆柱在 V、H 面上的落影

14.1.2　圆锥的阴影

14.1.2.1　求作圆锥面上的阴线

求圆锥面上的阴线和求圆柱面上的阴线一样，是通过锥面上的一系列切于圆锥面的光线所形成的光平面与圆锥面相切的直素线。由于素线通过锥顶 S，所以与圆锥面相切的光平面也必然包含通过锥顶 S 的光线，由此可见光平面与圆锥底平面的交线 S_HB、S_HC 一定是切于圆锥底圆的直线。所以要求圆锥在某一承影面上的落影，应先求出锥顶及锥底圆的落影，然后过锥顶的落影作圆锥底圆落影的切线，即为所求(图 14-5a)。

14.1.2.2　在投影图上作圆锥阴影

在投影图上求作圆锥阴影的步骤(图 14-5b)，因圆锥放置在 H 面上，底圆的落影即为本身，求出锥顶落影点 s_H，过点 s_H 作底圆的切线。具体的作法是(图 14-5b)：

(1)过点 s' 作 45°线，与 OX 轴相交，过交点作投影连线，与过点 s 的 45°线交于点 s_H，点 s_H 即为锥顶在 H 面上的落影。

(2)过点 s_H 作底圆的切线，切底圆于 b、c 两点，s_Hb、s_Hc 即为圆锥影线的 H 投影。它所围成的图形范围即为圆锥在 H 面上的落影。

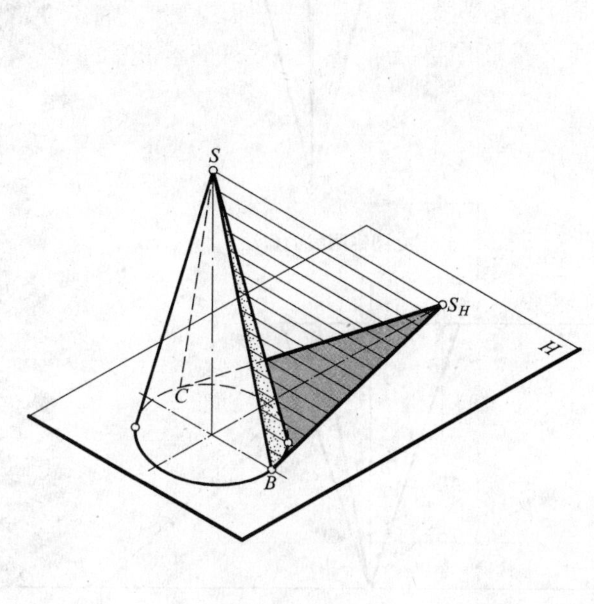

a 圆锥阴影的形成

b 圆锥阴线的作法

图 14-5 圆锥的阴影

(3)在 H 投影中连接点 s 与点 b、点 s 与点 c，求出 $s'b'$、$s'(c')$。sb、$s'b'$，sc、$s'(c')$ 即为正圆锥的阴线 SB、SC 的两投影。在 H 投影中 $sb1c$ 为可见阴面；在 V 投影中，$\triangle s'1'b'$ 为可见阴面，$\triangle s'1'(c')$ 为不可见阴面，故 $s'(c')$ 用虚线表示。从图 14-5b 可以看出，正圆锥面上的阴面只占正圆锥面的一小半。

当圆锥的影子部分落于 H 面，部分落于 V 面，而且圆锥的底面也置于 H 面上时，这时底圆落影即为本身。过点 s、s' 分别作 45°线得到了 S 点在 V 面上的落影 s'_V，求出虚影点 (s_H)，过点 (s_H) 作底圆切线，切底圆于 b、c 点，切线 $(s_H)b$、$(s_H)c$ 交 OX 轴于 x_{b0}、x_{c0} 即为落影的转折点。连接点 s'_V 与 x_{b0}、点 s'_V 与 x_{c0} 即得到圆锥在 V 面上的落影。由点 b、c 作出点 (b')、c'，将点 b、c 和点 (b')、c' 分别与点 s、点 s' 相连，得 sb、$s'(b')$ 和 sc、$s'c'$ 即为圆锥阴线 SB、SC 的两投影。$s'(b')$ 不可见，故画成虚线(图 14-6)。

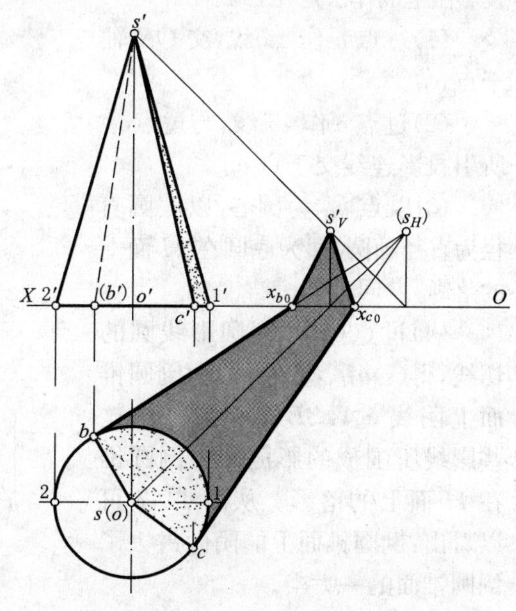

图 14-6 圆锥的阴线及其在 V、H 面上的落影

倒立圆锥的阴线作法：过点 S 作反射光线，与锥底平面相交得点 (S_0)，即为锥顶 S 在锥底平面

上的虚影，由点(S_0)作底圆的切线，得阴点A、B，SA、SB即为阴线，(S_0)A、$(S_0)B$即为阴线SA、SB在底面扩大面上的虚影(图14-7a)。在投影图上作阴线的方法(图14-7b)：

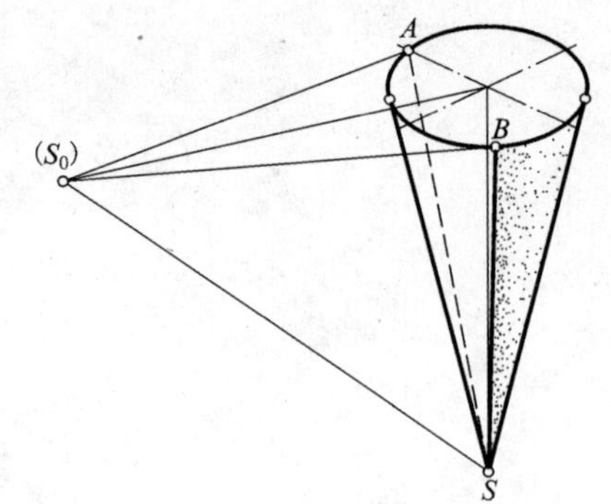

a 倒立圆锥阴线的作法

(1)过点s'、s作45°反射光线，求得锥顶S在底面上虚影的V投影(s'_0)。

(2)过点(s'_0)向下作投影连线，与过点s的45°反射光线交于点(s_0)。

(3)过点(s_0)作底圆的切线，切底圆于点a、b，则由点a、b求出点(a')、b'。$s'(a')$、$s'b'$、sa、sb即为阴线SA、SB的两投影。

欲求倒圆锥的落影，其作法与正圆锥完全一样，现因锥顶与H面重合，故只需求出底圆的落影，然后过锥顶作底圆影线圆的切线(若锥底与锥顶的落影不在同一个承影面上，则需求出转折点)，即得落影。在投影图上的作法是(图14-7b)：

(1)过点o'作45°线，交OX轴于点o'_H。

(2)过点o作45°线，与过点o'_H所引投影连线交于点o_H。

(3)以点o_H为圆心，以底圆直径为直径画圆，即为底圆在H面上的落影。

(4)过点(s)作底圆影线圆的切线，得$(s)a_H$、$(s)b_H$，即为倒圆锥面上阴线SA、SB的落影。由这些影线所围成的影区即为倒圆锥在H面上的落影。从图14-7可以看出：倒圆锥面上的阴面占去了倒圆锥面的一大半。

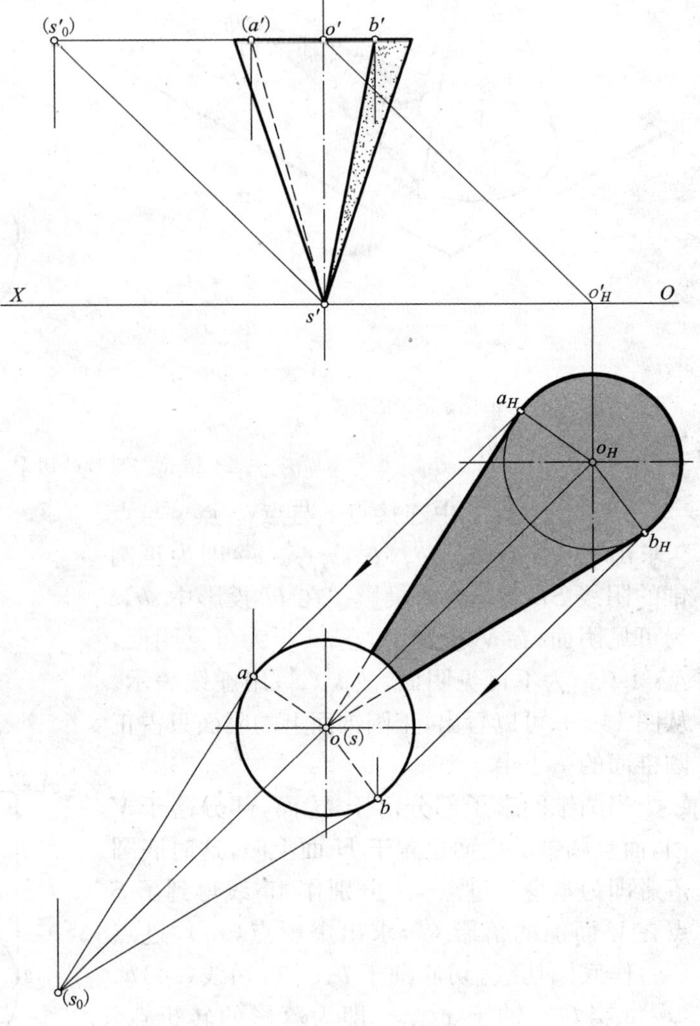

b 倒立圆锥阴影的作法

图14-7 倒立圆锥的阴影

14.1.2.3 圆锥阴线的简便作法

现将图14-5中的H投影向上移至底圆的水平直径与圆锥V投影的底边重合，如图14-8所示，连接切点b与c，bc与ss_H交于点e，并相互垂直，因ss_H与水平线成45°，所以bc也为45°线，并与水平直径$1'2'$交于点d，

现要证明连线 df 平行于左边轮廓素线 $s'2'$。

证：因为 $\triangle seb \backsim \triangle sbs_H$，所以 $\dfrac{se}{sb}=\dfrac{sb}{ss_H}$。 (1)

设底圆半径为 R，则 $sb=R$，又设锥高为 H，$s's=s's_H=H$，

所以 $(ss_H)^2=(s's)^2+(s's_H)^2=H^2+H^2=2H^2$，左右开平方后得 $ss_H=\sqrt{2}H$。

代入(1)得 $\dfrac{se}{R}=\dfrac{R}{\sqrt{2}H}$。 (2)

又因为$\triangle sed$ 为等腰直角三角形，所以 $se^2+de^2=sd^2$，$2se^2=sd^2$，

得 $se=\dfrac{sd}{\sqrt{2}}$，代入(2)得

$$\frac{\frac{sd}{\sqrt{2}}}{R}=\frac{R}{\sqrt{2}H},\quad \frac{sd}{\sqrt{2}R}=\frac{R}{\sqrt{2}H},\quad \text{即}\frac{sd}{R}=\frac{R}{H},\quad \frac{sd}{sf}=\frac{s2'}{s's},$$

所以 对顶角的两直角三角形相似，即$\triangle fsd \backsim \triangle s's2'$，

所以 对应的斜边平行，即 $df /\!/ s'2'$，证完。

由以上证明得出作圆锥阴线的步骤如下：

(1)过点 f 作线平行于 $s'2'$，交 $1'2'$ 于点 d(即 fd 平行于圆锥的左轮廓素线的 V 投影 $s'2'$)；

(2)过点 d 作 45°线交圆周于点 c_1、b；

(3)过点 c_1、b 作铅垂线交水平直径 $1'2'$ 于点 c'、b'；

(4)连接点 s' 与 c'、s' 与 b'，$s'c'$、$s'b'$ 即为圆锥阴线 SC、SB 的 V 投影，因为 $s'c'$ 不可见，故画成虚线。

为作图方便，将 $1'2'$ 线上方的半圆折过来与下半圆重合，则 dc 与 dc_1 重合，这样就得到直接在立面图上求圆锥阴线投影的作图方法(图 14-9)。

若直接在立面图上作倒圆锥的阴线，其作法与正圆锥相同，区别仅在于辅助线 fd 平行于 $s'1'$(即 fd 平行于圆锥的右轮廓素线的 V 投影 $s'1'$)(图 14-10)。

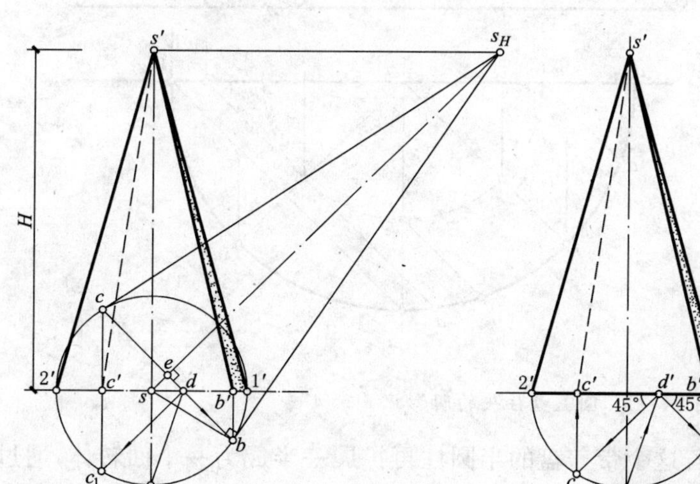

图 14-8 铅垂圆锥只用 V 面投影确定阴线的证明

图 14-9 利用铅垂圆锥 V 投影确定阴线

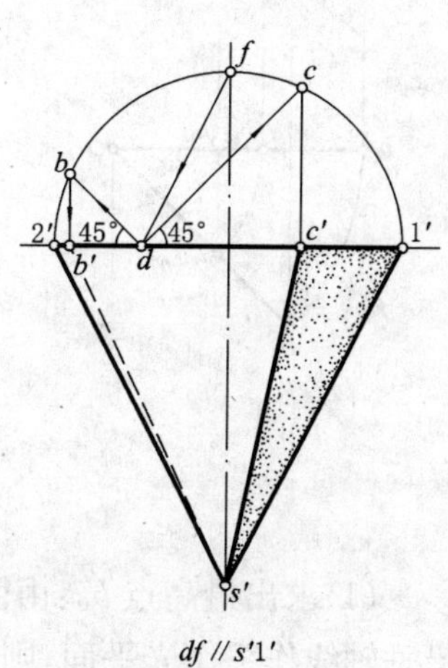

图 14-10 倒圆锥阴线的简便作法

14.2 形体在圆柱和圆锥面上的落影

14.2.1 在圆柱面上的落影

当圆柱轴线垂直于某一投影面时，可以利用该投影的积聚性，直接求出形体在圆柱面上的落影。

图 14-11a 是一带有半圆柱形盖盘的铅垂半圆柱，它们有共同的轴线，后壁平面靠在 V 面上。盖盘上底圆弧 $\overset{\frown}{A_1ABCDE}$ 是阴线，其中 $\overset{\frown}{ABCD}$ 段落影在下部圆柱面上，可利用圆柱面的 H 面投影的积聚性直接求作阴线 $\overset{\frown}{ABCD}$ 的落影。作图时先求出一些特殊的影点，如有需要再求出一些一般的影点，然后光滑连接相邻各影点即得影线，具体的步骤是(图 14-11a)：

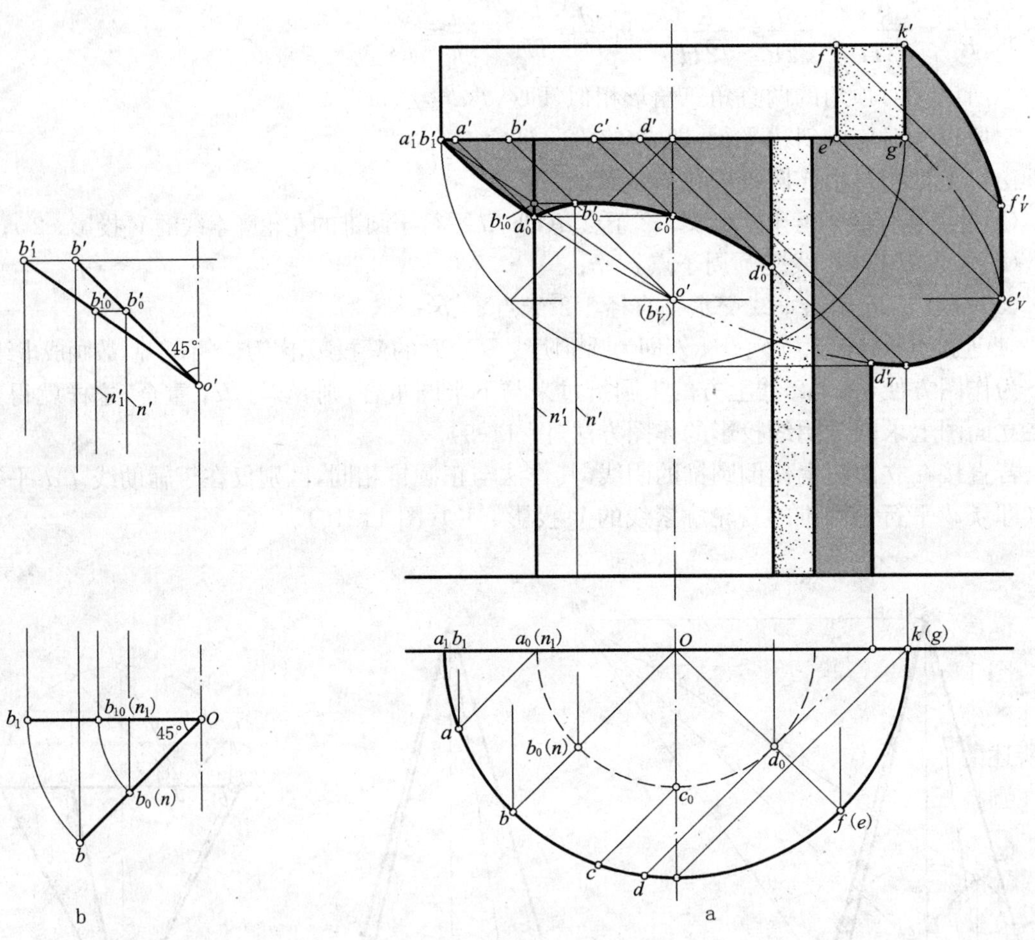

图 14-11　圆盖盘柱头的阴影

(1)求出最高点 b_0'：由图可知，若这个带盖盘的半圆柱再扩展一半成为一个回转体，通过铅垂轴线作一个光平面，则此形体被该光平面分成互相对称的两个半圆柱面，并以此光平面为对称面。于是盖盘阴线上位于对称光平面内的一点 B 与其落影 B_0 的间距最短。因此，在 V 投影中，影点 b_0' 与阴点 b' 的垂直距离也最小，于是点 b_0' 就成为影线上的最高点，必须求出。作图方法如下：①过平面图中的圆心 o 作 45°反射光线，交小圆周于点 b_0，交大圆周于点 b；②过

点 b 向上作投影连线，交大圆柱底面阴线的积聚投影于点 b'；③过点 b_0 作投影连线，与过点 b' 的 45°线交于点 b'_0，即为所求的落影的最高点。

(2)求出圆柱上最左、最前素线上的影点 a'_0、c'_0，由于点 A_0、C_0 对称于上述光平面，因此落影高度相等。作法是：①在平面图上过小圆柱上的最左点 a_0、最前点 c_0 作 45°反射光线，交大圆于点 a、c，求出点 a'、c'；②过点 a' 作 45°线，与小圆柱最左素线 V 投影交于点 a'_0；③过点 a'_0 作水平线，与过点 c' 的 45°线交于点 c'_0（即为与圆柱轴线 V 投影的交点），点 a'_0、c'_0 即为所求。

(3)求出位于圆柱阴线上的影点 D_0 的 V 投影 d'_0，作法是：①在 H 投影中，作 45°线与小圆切于点 d_0，与大圆交于点 d；②根据点 d 求出点 d'；③过点 d' 作 45°线，与过点 d_0 的投影连线（即小圆柱的阴线 V 投影）交于点 d'_0。

(4)以光滑曲线连接点 a'_0、b'_0、c'_0、d'_0，即得盖盘阴线在圆柱面上落影的 V 投影 $\overset{\frown}{a'_0b'_0c'_0d'_0}$ 。

若还要求出这个带盖盘的半圆柱在 V 面上的落影，其步骤是(图 14-11a)：①求盖盘在 V 面的落影(即半圆柱在 V 面上的落影)，只需作出阴线 $A_1ABDEFK$ 在 V 面上的落影即可。具体作法是：按前面图 12-30 的作图方法在 V 面上作出落影半椭圆 $\overset{\frown}{a'_1a'_0(b'_V)d'_Ve'_Vg'}$ 和落影椭圆弧 f'_Vk'，然后连以切线 $f'_Ve'_V$（铅垂线），即得盖盘在 V 面上的落影（细双点长画线表示的为虚影）。②求下部圆柱阴线（即铅垂线）的落影：因为圆柱垂直于 H 面，其阴线即为铅垂线，在 H 面上的落影为 45°线，因不可见，故用细双点长画线表示，落影的 V 投影平行于圆柱轴线的 V 投影（铅垂线）。

从以上作图可得出 $A_0B_0C_0D_0$ 的另一种作法：即圆盖盘底圆在 V 面上的落影椭圆与下部圆柱的最左轮廓线交点 a'_0，为盖盘在圆柱上的落影的最左点。因为点 a'_0 与 c'_0 等高（点 A、C 对称于过轴线的光平面），所以过点 a'_0 作水平线交圆柱轴线 V 投影于点 c'_0。又过圆柱阴线在 V 面上的落影与盖盘底圆落影的交点 d'_V 作反射光线，与该圆柱阴线的 V 投影交得点 d'_0，即为落影的最右点 D_0 的 V 投影。最高点 b'_0 的另一种作法如图 14-11b 所示，将光线 BO 和素线 N 旋转到与 V 面重合，这时在 V 投影中 b'_1o' 与素线 N 的 V 投影 n'_1 交于点 b'_{10}，再过点 b'_{10} 作水平线，与过点 b' 的 45°线相交（即 $b'o'$ 与 n' 相交），得交点 b'_0，即为落影最高点的 V 投影。以光滑曲线连接点 a'_0、b'_0、c'_0、d'_0，即为所求。

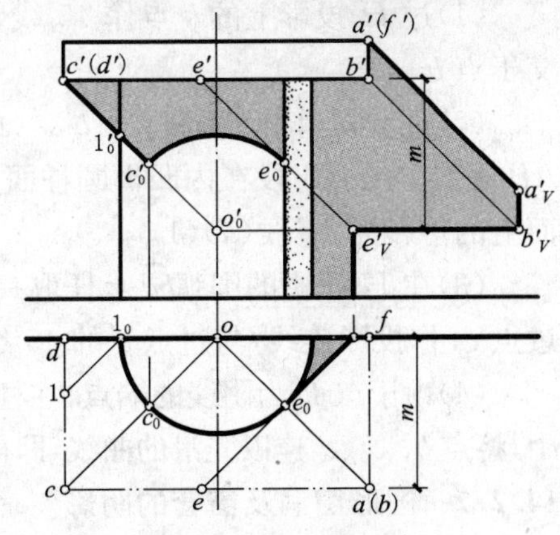

图 14-12 方帽柱头的阴影

图 14-12 是带正方形盖盘的圆柱。承影面 V 通过形体的前后对称面。正方形盖盘在 V 面上的落影，与前面所述的四棱柱体靠在 V 面上的落影相同。正方形盖盘在圆柱面上的落影由该盖盘阴线 BC、CD 的落影所组成。CD 是正垂线，它在 V 面上与圆柱面上的落影都是 45°线，作法是：过 C 点的 H 投影 c 作 45°线，交半圆（半圆柱在 H 面上的积聚投影）于 c_0，过 c_0 作投影连线，与过点 c' 的 45°线交于点 c'_0。点 D 在 V 面上落影即为自身（d'_0 与 d' 重合，并省略 d'_0，图中只标（d'））。$c'_0(d')$ 与圆柱的左方轮廓素线 V 投影交于点 $1'_0$，$c'_0 1'_0$ 即为阴线 CD 上的一段 C Ⅰ 在圆柱面上落影的 V 投影。BC 为侧垂线，圆柱的轴线垂直于 H 面，因此，BC 在圆柱面上的落影的 V 投影与圆柱的有积聚性的 H 投影成对称形状，即也为圆弧形，其半径与圆柱的半径相等，圆弧的中心 o'_0 与 $b'c'$ 之间的距离 m，等于阴线 BC 到圆柱轴线的距离 m，即等于 H 投影中圆柱的轴线 o 与 bc 之间的距离 m。作法是：

(1)在 V 投影中过点 $c'(d')$ 向下作铅垂线，量取 m 距离，作 $b'c'$ 的平行线，交圆柱轴线的 V 投影

于点 o'_0，但由于是正方形盖盘，故过点 $c'(d')$ 作 45°线，与圆柱轴线 V 投影的交点即为点 o'_0，点 o'_0 到 $b'c'$ 线的距离也同样是 m；(2)又以点 o'_0 为圆心，以圆柱的半径为半径画圆弧，与过点 $c'(d')$ 的 45°线交于点 c'_0（已作出），与圆柱的阴线的 V 投影交于点 e'_0，圆弧 $c'_0e'_0$ 即为侧垂线 BC 上的一段 CE 在圆柱面上的落影的 V 投影。BE 落影于 V 面，详细作法如图 14-12 所示。

图 14-13 是带长方体雨篷的内凹半圆柱形门洞，雨篷在墙面上的落影不再赘述。雨篷的阴线 BC 是侧垂线，在圆柱面上落影的 V 投影为向下凸的半圆，其作图方法与图 14-12 相类似。

图 14-14 为内凹半圆柱的阴影的作法。内凹半圆柱的阴线由素线 AB 和圆弧 $\overset{\frown}{BD}$ 组成。AB 平行于内凹半圆柱的轴线，它在半圆柱面上落影与其本身平行。阴点 D 的 H 投影 d 是作 45°线与半圆相切而得到的。只要求出 $\overset{\frown}{BD}$ 上的诸阴点在圆柱面上的落影即可完成全图，其作法是：

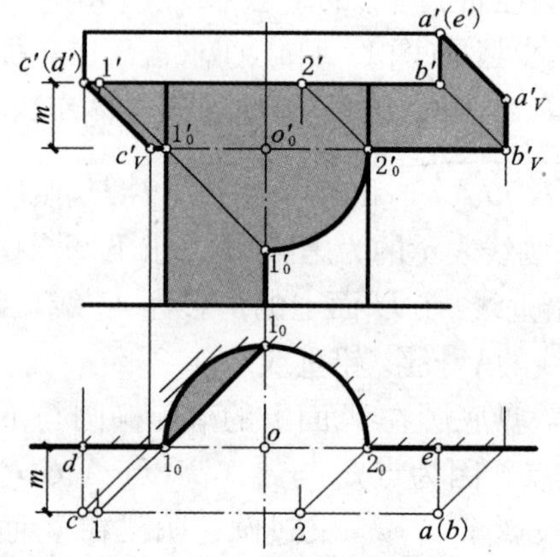

图 14-13　带方帽的内凹柱面的落影

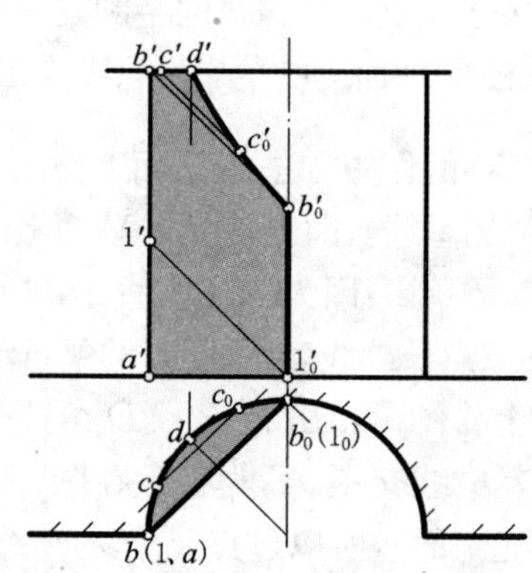

图 14-14　内凹半圆的阴影

(1)过 H 投影上的 b 点作 45°线，与半圆交于点 b_0，过点 b_0 作投影连线，与过点 b' 的 45°线交于点 b'_0。

(2)过点 b'_0 作直线平行于 $b'a'$（即铅垂线），交 OX 轴于点 $1'_0$，用反射光线求出点 1′、1。AB 阴线上的 BⅠ段在内凹半圆柱面上的落影即为 B_0Ⅰ$_0$，由于 AB 是铅垂线，因此，AⅠ在 H 面上的落影为 45°线$(a)(1_0)$。

(3)在 H 投影的圆弧 $\overset{\frown}{bd}$ 上任取一点 c，过点 c 作 45°线，交半圆弧于点 c_0，根据 c 求出点 c'，过点 c_0 作投影连线，与过点 c' 的 45°线交得点 c'_0。

(4)由于点 D 为阴线的端点，在柱面上的落影 $D_0(d'_0、d_0)$（图中未注）即为本身。在 V 投影中，将点 b'_0、c'_0、d' 连以光滑的曲线，即得到圆弧阴线 $\overset{\frown}{BCD}$ 在内凹半圆柱面上的落影的 V 投影。

14.2.2　圆形窗洞及窗套的阴影

图 14-15 是一圆柱形窗洞，窗口阴线是 $ABCD$ 半圆，它在窗扇上的落影的 V 投影是圆弧 $b'_0c'_0$，其作法是：

(1)确定阴线的两端点 A、D：在 V 投影中，作 45°线与窗洞圆弧相切（或过 o' 作直线与圆的铅垂直径成 45°，交圆弧于 a'、d' 两点），切点 a'、d' 即为所求。

(2)在 V 投影中，先求出窗洞圆弧的圆心 O 在窗扇上的落影 o'_0，再以 o'_0 为圆心，窗洞圆弧的半径 R 为半径作圆弧，与窗洞圆弧交于点 b'_0、c'_0，即得落影圆弧上的点 b'_0、c'_0，又过点 b'_0、c'_0 作反射光线，求得窗洞圆弧阴线上点 B、C 的 V 投影 b'、c'，则圆弧 BC 在窗扇上的落影的 V 投影是 $\overset{\frown}{b'_0c'_0}$，落影的 H 投影是 b_0c_0（与窗扇的积聚投影重合）。

(3)圆弧阴线$\widehat{AB}$、$\widehat{CD}$段落影于窗洞的侧面(即柱面)上,因 H 投影是剖面图,窗洞的上半部已移去,故 CD 的落影不必画出。窗洞下半部的 H 投影为可见,在其上的阴影的作图方法是:窗洞口阴点 A 在圆柱面上的落影即为自身,其落影的 V 投影与 a' 重合,H 投影为 a。B 点在窗扇上落影的 H 投影 b_0 与窗扇的有积聚性的 H 投影重合,再在 AB 之间任取一点Ⅰ(1,$1'$),过点 $1'$ 作 45°线,与圆(圆柱侧面在 V 面上的积聚投影)交得点 $1'_0$,过点 $1'_0$ 作投影连线,与过点 1 的 45°线交得点 1_0,光滑连接曲线 $a1_0b_0$,即为阴线$\widehat{A\text{Ⅰ}B}$在圆柱侧面落影的 H 投影。H 投影上还有部分可见阴面。

图 14-16 是一带圆柱形窗套的窗洞,内圆阴线在窗扇和圆柱侧面上的落影作法与图 14-15 同。外圆阴线在墙面上的落影作法是:先求出圆心 O 在墙面上落影(虚影)O_{10}(o'_{10}、o_{10}),在 V 投影中以 o'_{10} 为圆心,外圆半径 R_1 为半径作圆弧,再过阴点 E、F 的 V 投影 e'、f' 作 45°线与影线圆弧相切,即得窗套在墙面上的落影,其中切线就是窗套外圆柱上阴线(垂直于 V 面)在墙面上(V 面)的落影(45°线)。

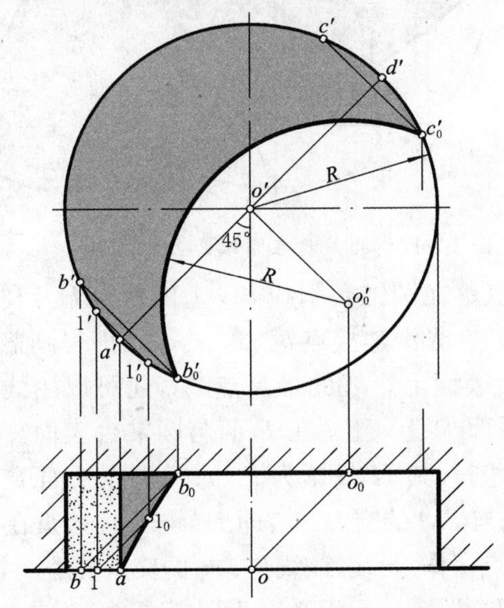

图 14-15　圆柱形窗洞的阴影

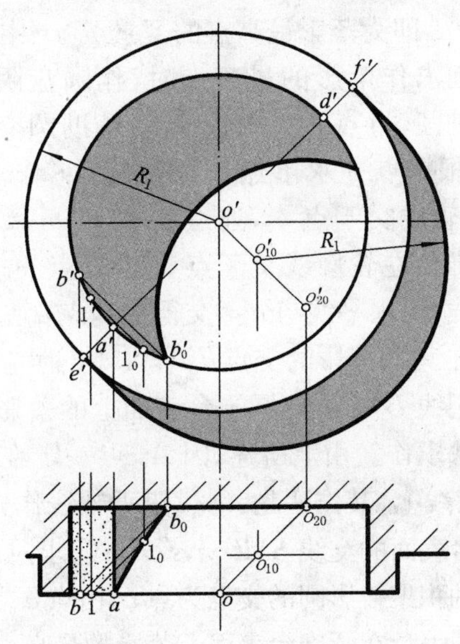

图 14-16　带圆柱形窗套的阴影

14.2.3　在圆锥面上的落影

图 14-17 是带有圆柱盖盘的正圆锥台(两者同轴),设轴线靠在 V 面上,作其阴影的步骤是:

(1)求出圆柱、圆台的阴线(用图 14-2 和图 14-9 所示的作法)。

(2)求出圆柱盖盘、圆锥台在 V 面上的落影,圆柱盖盘在 V 面上的虚影用细双点长画线表示(用图 12-30 所示的作法)。

(3)求圆盖盘在圆锥台表面上的落影,为此只需求出下面四个特殊的影点 B_0、A_0、C_0、D_0,再光滑连成影线。①求圆盖盘在圆锥台最左素线上的落影 B_0,先补出圆锥台的锥顶 S(图中的 s'):圆盖盘在 V 面落影半椭圆与圆锥台左轮廓线的交点 b'_0 就是 B_0 的 V 投影。②求圆盖盘在圆锥台最前素线上的落影 C_0:由于圆盖盘与圆锥台是同轴的回转体,其阴影有对称性,以过回转轴的光平面 P 为对称面,因而圆锥台表面最左轮廓线上的影点 B_0 与圆锥台表面最前素线上的影点 C_0 对称并等高,所以过点 b'_0 作水平线交圆锥台最前素线的 V 投影得点 c'_0。③求圆锥台表面上影线的最高点 A_0:A_0 一定在过轴线的对称光平面 P 上,也就是在左前方的素线

SM 上，SM 的 H 投影与圆盘的有积聚性的 H 投影交于点 a，根据点 a 求得点 a'。再过点 a' 作 45°线与圆锥轴线交于点 o'，连点 a'_1 与 o'，a'_1o' 是以 SO 为轴线，将 AO 旋转到正平面位置上的 V 投影。它与水平线的夹角 $\alpha \approx 35°$，反映了光线倾角的实形，a'_1o' 是 AO 的实长。因为 AO、SM 共面，将 AO、SM 旋转到与 V 面重合时，其 V 投影 a'_1o' 与 $s'm'_1$ 的交点 a'_{10}，就是过 A 点的光线与圆锥台表面交点(即影线最高点)旋转到正平面时的位置，再把点 a'_{10} 返回到 AO 线的 V 投影上，即过点 a'_{10} 作水平线与 $a'o'$ 交于点 a'_0，点 a'_0 即为落影最高点的 V 投影。因此，当单面求作落影的最高点时，作圆盘阴线的辅助圆，过点 o'_1 作 45°线，与辅助圆交于点 a，根据点 a 求出点 a'，再过点 a' 作 45°线，与轴线交于点 o'，连点 a'_1 与点 o'，a'_1o' 与圆锥台左轮廓线交于点 a'_{10}，过点 a'_{10} 作水平线，此水平线与 $a'o'$ 交得最高点 a'_0。④求圆盖盘落在圆锥台阴线 SG 上的影点 D_0：利用阴线在 V 面落影的交点 d'_V 作 45°反射光线，求得点 d'_0。光滑连接点 b'_0、a'_0、c'_0、d'_0，即得圆盖盘底圆阴线 $BACD$ 在圆锥台表面上的落影。求圆锥台表面上影线的最高点 A_0，还可以用线面交点法求作。由上所述，因 A_0 点一定在对称的光平面 P 上，且又在 P 面与圆锥台表面交线 SM 素线上，其作法是：①过铅垂轴线作光平面 $P(P \perp H$，其 H 投影为 $P^H)$；②求光平面 P 与圆锥台表面的交线 $SM(sm, s'm')$；③求过 A 点的光线与 SM 的交点 A_0：即 P^H 与圆柱盖盘在 H 面上的积聚投影圆的交点为点 a，由点 a 求得点 a'，过点 a' 作 45°线，该线与 $s'm'$ 的交点就是 a'_0，a'_0 即为圆盖盘在圆锥台表面上落影的最高点的 V 投影(H 投影 a_0 因无必要，图中未标注)。

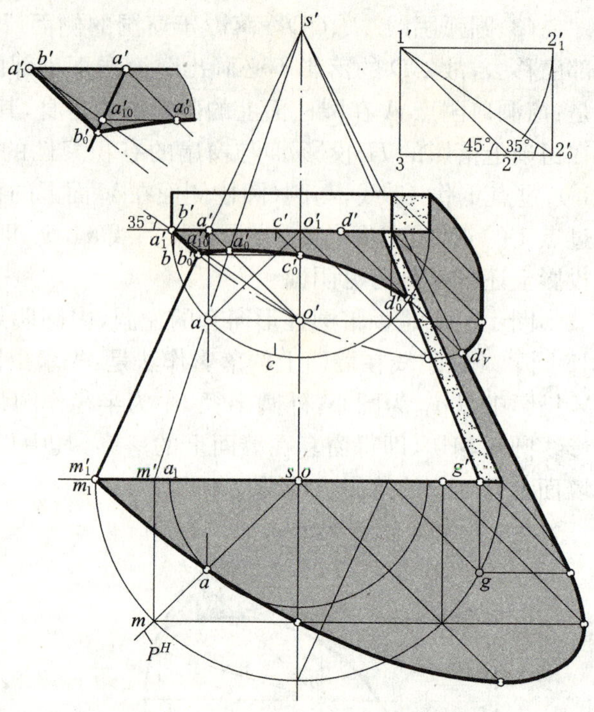

图 14-17　圆盖盘在圆锥面上的落影

［例 14-1］　已知带正方形盖盘的圆锥台形体的 V、H 投影(图 14-18)，其轴靠在 V 面上，求阴影。

［解］　1. 分析：在正方形盖盘上能落影于圆锥台表面上的阴线是 AB、AC 的一部分，这两条阴线等高，且与锥轴等远。因此，过这两条阴线的光平面与圆锥台表面的截交线是形状完全相同的两个椭圆。而盖盘阴线 AB、AC 在圆锥台表面上的落影就是这两个椭圆上的一段对称弧线。

2. 作图(图 14-18)：

(1)在 V 投影中先补出圆锥台的锥顶 S(图中的 s')，求出圆锥台阴线，过点 $a'(b')$ 作 45°线，与圆锥台最左轮廓线交于点 e'_0，即为 AB 落影椭圆的最高点的 V 投影。

(2)过点 e'_0 作水平线与圆锥轴线交于点 f'_0，即为 AC 在圆锥台表面上落影的最高点，也是 AC 在圆锥台表面上落影椭圆的长轴端点。

(3)过点 a' 的 45°线与圆锥轴线交于点 $1'(2')$，它是 AB 落影椭圆在圆锥台的最前、最后素线 V 投影上的点(实际上是落影椭圆弧的延伸线上的点)。再过点 $1'(2')$ 作水平线，与圆锥台的最左、最右素线 V 投影交于点 $3'$、$4'$，这是 AC 落影椭圆上的两个点(实际上也是落影椭圆延伸线上的点)。

(4)准确求出转折点 A 的落影 A_0：在 V 投影中，过点 a' 作 45°光线与圆锥轴线交于 o'，将此光线绕圆锥轴线旋转时，交点位置不变，当光线旋转到与 V 面重合时(即 H 投影点 a 绕点 o 旋转到与 OX 轴交于点 a_1)，其 V 投影 a'_1o' 反映了光线的倾角实形(即为 $\alpha \approx 35°$)，并与最左轮廓线相交于点 a'_{10}，即为 A_0 点旋转后的位置。再旋转回去，故过点 a'_{10} 作水平线与过点 a' 的 45°线交于点 a'_0，即为点 A 在圆锥台表面上落影的 V 投影。

(5) 根据 AC 落影椭圆 V 投影的对称性，可求得点 a'_0 的对称点 d'_0。

(6) 在 V 投影中光滑连接点 3′、a'_0、f'_0、d'_0、4′等点，即得半椭圆弧，落影椭圆弧与圆台阴线的交点 k'_0，$3'a'_0$、$k'_0 4'$ 为虚影。AB 落影的 V 投影是 45°线 $(b')a'_0$，$a'_0 f'_0 k'_0$ 则是阴线 AC 上的一段 AK 落影的 V 投影。

如图 14-18 所示，当形体只有单面投影时，求作形体落影的方法是：因盖盘是正方形，所以在 V 投影上可过点 n 点作 45°线，与过点 a' 的铅垂线交于点 a ($a'a=ab$)，相当于把 H 面下半个正方形以 $a'c'$ 为边往上重合。这样以点 n 为中心，na 为半径作弧，与 $a'c'$ 的延长线交于点 a'_1，与旋转法一样得到同样的结果。

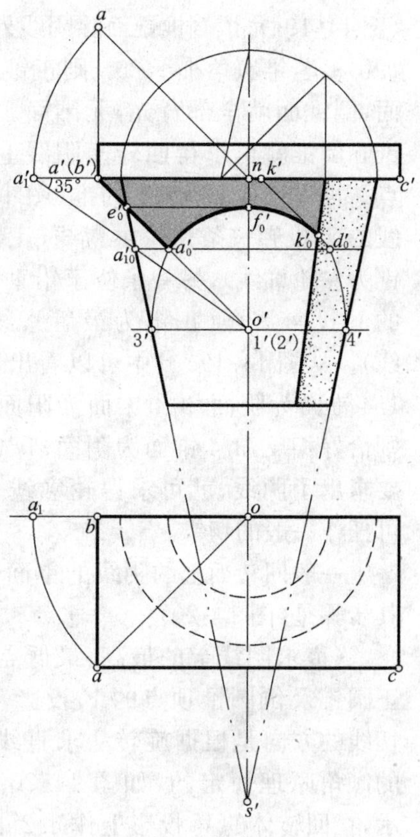

图 14-18 正方形盖盘在锥面上的落影

14.3 回转体的阴影

14.3.1 回转面的阴线

求作回转面的阴线，可采用切圆锥法和切圆柱法（以下简称为切锥法、切柱法）。当圆锥面或圆柱面与曲线回转面共轴并相切时，两者相切于一个公共的纬圆。在此公共纬圆上有两者阴线上的公共点，这样，相切锥面或柱面的阴线与相切纬圆的交点，就是曲线回转面上的阴点，作图步骤如下：

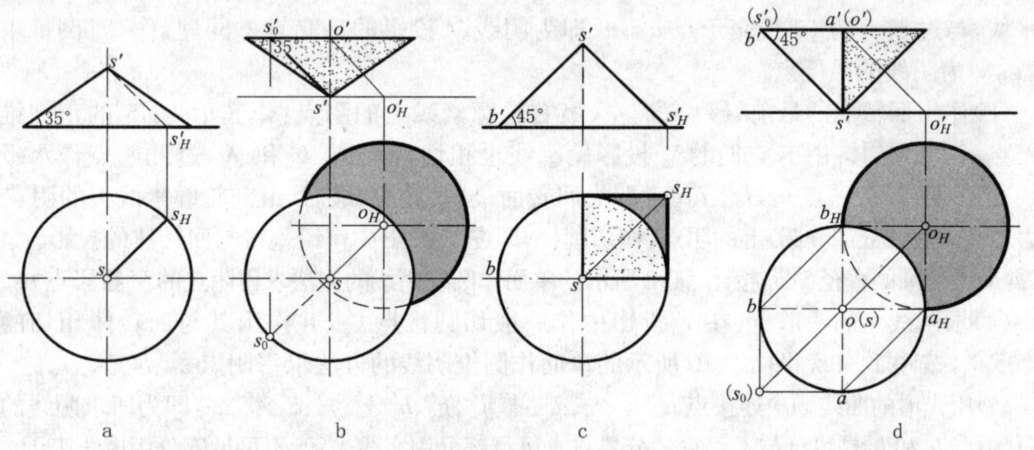

图 14-19 回转面的阴线

(1) 作出与曲线回转面共轴的外切与内切的锥面和柱面。

(2) 画出切锥、切柱与回转面相切的纬圆。

(3) 求出切锥、切柱阴线与纬圆的交点，即为回转面上的阴点。

(4) 用光滑的曲线顺次连接这些阴点，即得阴线。

为了作图准确，首先作出底角为 35°的切锥（图 14-19a、b）。这时，通过锥顶的光线正好沿着锥面掠过，所以只有一条素线与该光线重合；在投影图上，阴线的投影是通过锥顶的 45°线，若是正锥，则阴线位置在右后方；若是倒锥，则阴线在左前方。该正锥锥面除阴线外全为阳面

(图 14-19a)，该倒锥锥面除阴线外全为阴面(图 14-19b)。若锥底角小于 35°，则正锥面全部受光，无阴面，倒锥面就全部背光，无阳面。这样，利用 35°正锥和倒锥就可求得回转面阴线上的最高点和最低点。再作锥底角为 45°的锥(图 14-19c、d)，此时阴线的 V 投影一条是轮廓素线(正锥为右轮廓线，倒锥为左轮廓线)，另一条位于铅垂中心线上，与轴线的 V 投影重合(正锥为最后素线，倒锥为最前素线)。从图 14-19c、d 中可以看出，当为 45°正锥时，1/4 锥面为阴面，3/4 锥面为阳面；当为 45°倒锥时则恰好相反，3/4 锥面为阴面，1/4 锥面为阳面。只要求出了阴线，就可求得轮廓线上的阴点。最后，可任作一般的切锥。

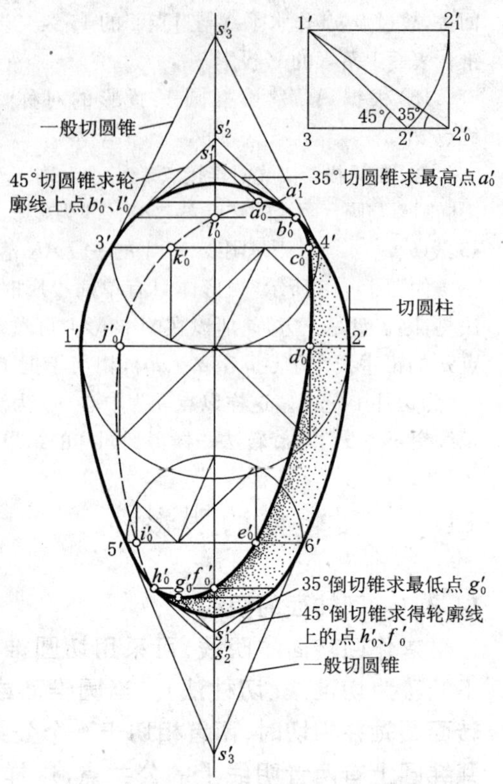

图 14-20　回转面阴线的单面作图法——切锥、切柱法

一般回转面上的阴线的单面(V 面)作图方法。其步骤是(图 14-20)：

(1)求阴线上的最高、最低点：作底角为 35°的正圆锥及倒圆锥顶点的 V 投影 s'_1 与回转体相切。切线的方向是根据旋转法求直线实长及对投影面的倾角原理而定的，如图 14-20 右上角的附图所示，在回转体的 V 投影上作 $1'2'_0$ 的平行线，与回转体切于点 a'_1，此切线与回转轴交于点 s'_1，过点 a'_1 作水平线，与过点 s'_1 的 45°线交于点 a'_0，a'_0 即为阴线 V 投影的最高点。同理，作 35°倒锥求出点 g'_0，g'_0 即为阴线的最低点。

(2)作出回转面的最前、最后、最左、最右轮廓素线上的阴点：作底角为 45°的正圆锥和倒圆锥点 s'_2 与回转体相切，它们的 V 投影轮廓线也相切，得切点 b'_0 和 h'_0，过此两点作水平线与轴线交于点 l'_0、f'_0。点 b'_0、h'_0、l'_0、f'_0 即为回转面最右、最左、最后、最前轮廓素线上的阴点。

(3)作赤道圆(或喉圆)上的阴点：作切圆柱，即在 V 投影中作铅垂线与回转体的投影轮廓线相切，得最大纬圆的直径 $1'2'$，按图 14-2 所示的单面作圆柱阴线的方法求得阴点的 V 投影点 d'_0、j'_0。

(4)求阴线上的一般点：在 V 投影中作一般切圆锥点 s'_3，并作出其与回转体相切的纬圆 $3'4'$、$5'6'$，按图 14-9 和图 14-10 所示的单面作圆锥阴线的方法求得阴点 c'_0、k'_0、e'_0、i'_0。

(5)用光滑的曲线顺次连接点 a'_0、b'_0、c'_0、d'_0、e'_0、f'_0、g'_0、h'_0、i'_0、j'_0、k'_0、l'_0、a'_0，即为所求阴线的 V 投影，其中点 b'_0 和 h'_0 是可见与不可见的分界点。可见部分用实线表示，不可见部分用虚线表示。

14.3.2　切锥法切柱法求阴线的实例

已知瓶状回转面的 V 投影，其轴线垂直于 H 面，用切锥、切柱法求其阴线的作图步骤如下(图 14-21)：

(1)求最高阴点 A、最低阴点 M：在图 14-21b 中作倒锥底角为 35°的切锥 s'_1 的左轮廓线(平行于图 14-21a 中的 $1'2'_0$)，与回转面轴线交于点 s'_1；过点 s'_1 作 45°线，与过切点 a'_1 的水平线交于点 a'_0，点 a'_0 即为最高阴点的 V 投影。同理，求得最低阴点的 V 投影 m'_0。

(2)求回转面的最左、最前素线上的阴点 B_0、N_0、C_0、L_0：作 45°倒锥 S_2 切回转面，即作 45°线切回转面的 V 投影轮廓线，得切点 b'_0、n'_0，切线与轴交于点 s'_2($s'_2b'_0$、$s'_2n'_0$ 是倒切锥的左轮廓线)，过

点 b_0'、n_0' 作水平线(即切纬圆的 V 投影)，与中心线交于点 c_0'、l_0'，c_0'、l_0' 即为切纬圆的最前阴点 C_0、L_0 的 V 投影；也是回转面最前素线上的阴点 C_0、L_0 的 V 投影。

(3)用切柱法求喉圆和赤道圆上的阴点 F_0、G_0、K_0、J_0：在 V 投影中作与轴线平行的直线与回转面左右轮廓线相切，过切点 $1'$、$2'$、$3'$、$4'$ 作水平线，$1'2'$、$3'4'$ 即为切纬圆的 V 投影。$3'4'$ 与轴线交于点 o'，过点 o'、$4'$ 作 45°线，两线交于点 p，再以点 o' 为中心，$o'p$ 为半径作圆弧，与 $3'4'$ 交于点 k_0'、j_0'。同理，可求得点 f_0'、g_0'。k_0'、j_0'、f_0'、g_0' 即为瓶状回转面上阴点 K_0、J_0、F_0、G_0 的 V 投影。这些切柱上的阴点，即为赤道圆和喉圆上的阴点。

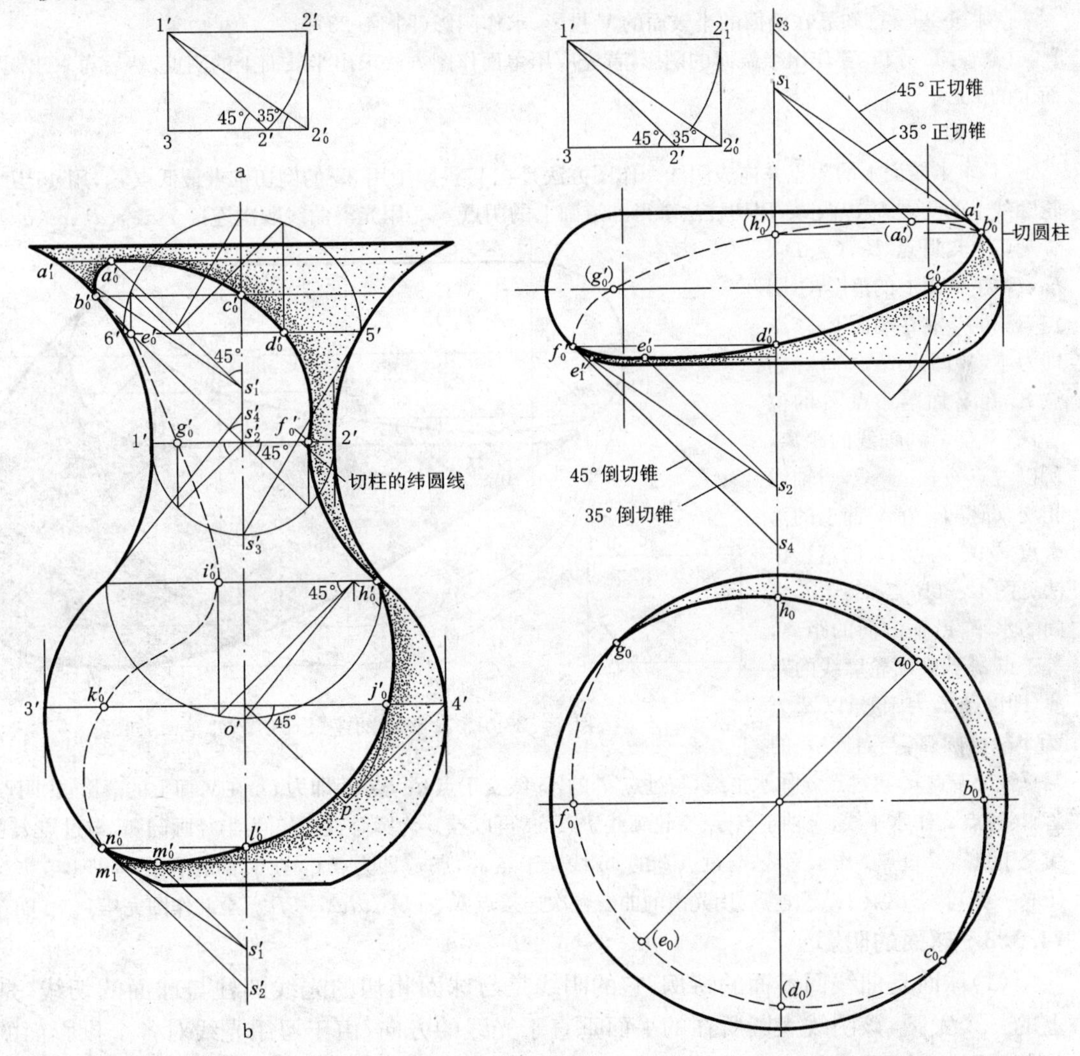

图 14-21　瓶颈阴线的单面作图(切锥、切柱法)　　图 14-22　鼓面阴线的作法

(4)求一般的阴点：作一般切锥 S_3 和 S_4，如图作切线 $s_3'5'$，即为这个倒切锥 S_3 的右轮廓线的 V 投影，过点 $5'$ 作水平线 $5'6'$，$5'6'$ 即为倒切锥与回转面的相切纬圆的 V 投影，用求锥面阴线的方法求得点 e_0'、d_0'。同理，用正切锥 S_4 求得点 h_0'、i_0'。

(5)用光滑的曲线顺次连接点 a_0'、c_0'、d_0'、f_0'、h_0'、j_0'、l_0'、m_0'、n_0'、k_0'、i_0'、g_0'、e_0'、b_0'、a_0'，即为阴线的 V 投影，其中点 b_0' 和 n_0' 是可见与不可见的分界点。

由以上作图可以看出，用切锥、切柱法求回转面上阴点的方法，不仅作图简便，而且可以单面作图。

图 14-22 所示为鼓面阴线的作图方法，它用 35°的正、倒切锥求得最高阴点 $A_0(a'_0,a_0)$、最低阴点 $E_0(e'_0,e_0)$，用 45°正、倒切锥求得轮廓线上的阴点 $B_0(b'_0,b_0)$、$H_0(h'_0,h_0)$、$F_0(f'_0,f_0)$、$D_0(d'_0,d_0)$。用切柱法求得赤道圆上的阴点 $C_0(c'_0,c_0)$、$G_0(g'_0,g_0)$，具体作法如图 14-22 所示。

根据所求阴点所处的特殊位置和已知回转面上这些阴点的 V 投影，可用纬圆法求出各阴点的 H 投影(图 14-22)。

［例 14-2］ 已知靠在墙面的半鼓面的 V 投影，求作阴影(图 14-23)。

［解］ 1. 分析：要作出半鼓面的阴影，首先应用单面作图方法求出半鼓面上的阴点，然后再求出阴点在 V 面上的落影。

2. 作图(图 14-23)：

(1)求半鼓面上的阴点并连成阴线。作图方法是在 V 投影中用 35°的倒切锥求最低点 e'_0，用 45°切锥求得轮廓线上的阴点 b'_0、f'_0、d'_0，用切柱法求得赤道圆上的阴点 c'_0。用光滑曲线顺次连接 f'_0、e'_0、d'_0、c'_0、b'_0。

(2)求阴点 B_0、C_0、D_0、E_0、F_0 在 V 面上的落影：①阴点 B_0 和 F_0 靠在墙面上，落影即为本身，即点 b'_0、f'_0；②阴点 E_0 在 V 面落影点 e'_V的位置，等于点 e'_0到轴线的距离，所以过点 e'_0作 45°线，与轴线相交，即得 E_0 在 V 面上的落影点 e'_V；③阴点 D_0 的落影作法见图 12-30b，点 d'_V与 d'_0之间的水平、铅垂方向的距离，等于点 d'_0到鼓面轮廓线的距离，即以点 d'_0为圆心、以 $d'_0f'_0$为半径画圆弧，与过点 d'_0的铅垂线交于点 d，再过点 d 作水平线，与过点 d'_0的 45°线交于点 d'_V，点 d'_V即为 D_0 在 V 面上的落影；④阴点 C_0 的落影：过点 c'_0作水平线，交轴于点 o'、交轮廓线于点 $5'$，再以点 o'为圆心，以 $o'5'$为半径画圆弧，与过点 c'_0的铅垂线交于点 c，又过点 c 作水平线，与过点 c'_0的 45°线交于点 c'_V，点 c'_V即为点 C_0 在 V 面的落影。同理，在 $c'_0d'_0$中间任取一点 $1'_0$，求出点 $1'_V$；⑤连点：用光滑的曲线顺次连接点 b'_0、c'_V、$1'_V$、d'_V、e'_V、f'_0。至此作图完毕。

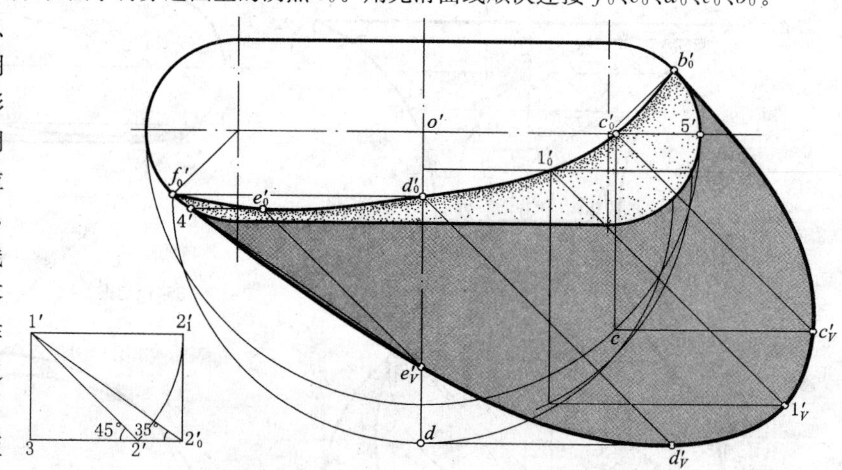

图 14-23 靠在 V 面的半鼓面阴影的单面作图

14.3.3 球面的阴影

(1)球面是曲线回转面的特例，它的阴线是与球面相切的光线圆柱与球面的切线，是球面上的一个大圆，该阴线大圆所在的平面垂直于光线的方向，由于习用光线对各个投影面的倾角相等，阴线大圆所在的平面对各个投影面的倾角也应相等。因此，球面阴线的各个投影都是大小相等的椭圆(图 14-24)。椭圆中心就是球心 O 的投影，长轴垂直于光线的同面投影，长度等于球的直径 D，短轴平行于光线的同面投影，长度为 $D\cdot\tan30°$。

作图时，可过球心的投影作垂直于光线投影的直径，即为阴线的投影椭圆的长轴；过长轴的端点作与长轴成 30°的直线，与过球心的光线的投影相交，即得短轴的端点，根据长短轴就可作出阴线的投影椭圆和确定球的阴面。

球面在投影面上的落影，实际上是和球面相切的光线圆柱面与投影面的交线，其形状也是椭圆，椭圆中心 o_H 是球心 O 的 H 面落影。这时短轴垂直于光线的同面投影，长度为 D；长轴则平行于光线的同面投影，长度为 $D \cdot \tan 60°$。作图时，自短轴的两端点作与短轴成 60°的直线，与过球心的光线投影相交，即可求得长轴的长度。根据求得的长短轴，即可用长短轴法画出落影椭圆。

(2) 上述作图证明：作一与光线平行的铅垂辅助面 V_1，$O_1X_1 /\!/ l$，l'_1 与 O_1X_1 的夹角反映了光线对 H 面倾角 α（≈35°）的实形，求出球的 V_1 投影。阴线大圆的 V_1 投影积聚成一直线 $a'_1b'_1$，且与 l'_1 垂直。可知球面上阴线大圆的 H 投影椭圆长轴的方向和长度。从图中可看出阴线大圆的一条平行于 H 面并垂直于 V_1 面的直径 CD。其 H 投影 cd 的

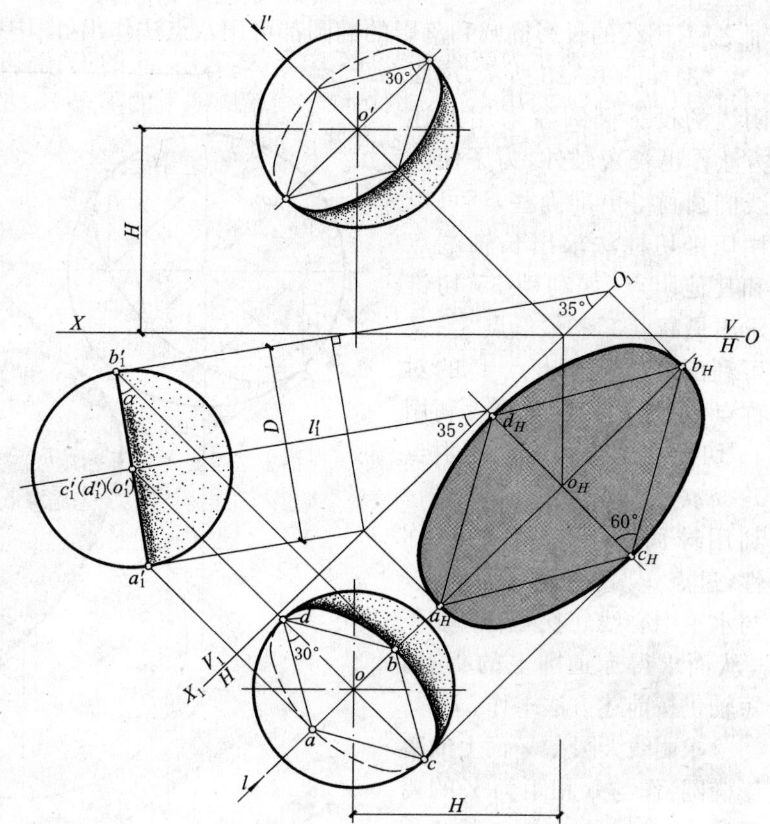

图 14-24 球的阴影

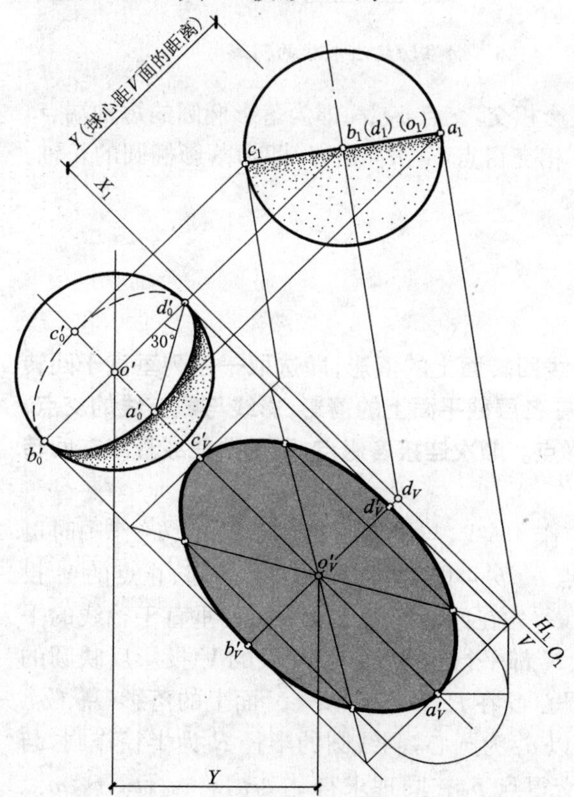

图 14-25 球心距 V 面的距离为 Y 时，球面阴影的单面作图

方向，垂直于光线的 H 投影，长度为球的直径 D，成为阴线大圆的 H 投影椭圆的长轴；阴线大圆的另一条直径 AB，垂直于 CD 并平行于 V_1 面，其 H 投影 $ab \perp cd$，成为阴线大圆的 H 投影椭圆的短轴，其长度为：

$$ab = a'_1b'_1 \cdot \sin\alpha = a'_1b'_1\sin 35° \approx D \cdot \frac{1}{\sqrt{3}} = D \cdot \tan 30°。$$

球面的落影椭圆是阴线大圆的落影，大圆上的直径 $AB \perp CD$，而 CD 平行于 H 面，AB 位于垂直于 H 面的光平面内，因此它们在 H 面上的落影仍互相垂直，即 $a_Hb_H \perp c_Hd_H$，而成为落影椭圆的长、短轴：短轴 $c_Hd_H \perp l$，$c_Hd_H = cd = D$；长轴 $a_Hb_H /\!/ l$，$a_Hb_H = a'_1b'_1/\sin\alpha = a'_1b'_1/\sin 35° \approx D \cdot \sqrt{3} = D \cdot \tan 60°$。证明完毕。

如图 14-25 所示，若已知球心距 V 面的距离为 Y，可进行单面作图，即按上述分析，在 V 投影中求出阴线大圆 V 投影椭圆的长短轴和 V 面上的落影椭圆的长短轴。确定了长短

轴之后，阴线的投影椭圆和落影的椭圆都可用八点法作出（图中影子椭圆的作法即是）。

（3）如图 14-26 所示，球面阴线的投影椭圆除采用上述方法作出长短轴外，为了使阴线椭圆画得更准确些，还可以用切锥切柱法求出长轴端点和其他阴点：如利用 35°切锥求出最高点 $1'_0$和最低点 $3'_0$；又可利用对称性求出点 $1'_0$的对称点 $2'_0$，$3'_0$的对称点 $4'_0$；利用 45°切锥求得轮廓线上的阴点 a'_0、c'_0（长轴端点）及 $5'_0$、$7'_0$。利用球面上下、左右的对称性，过点 a'_0、c'_0分别引铅垂线，与水平中心线相交得点 $6'_0$、$8'_0$，从而求得赤道圆上的阴点。短轴仍按前述方法求作。

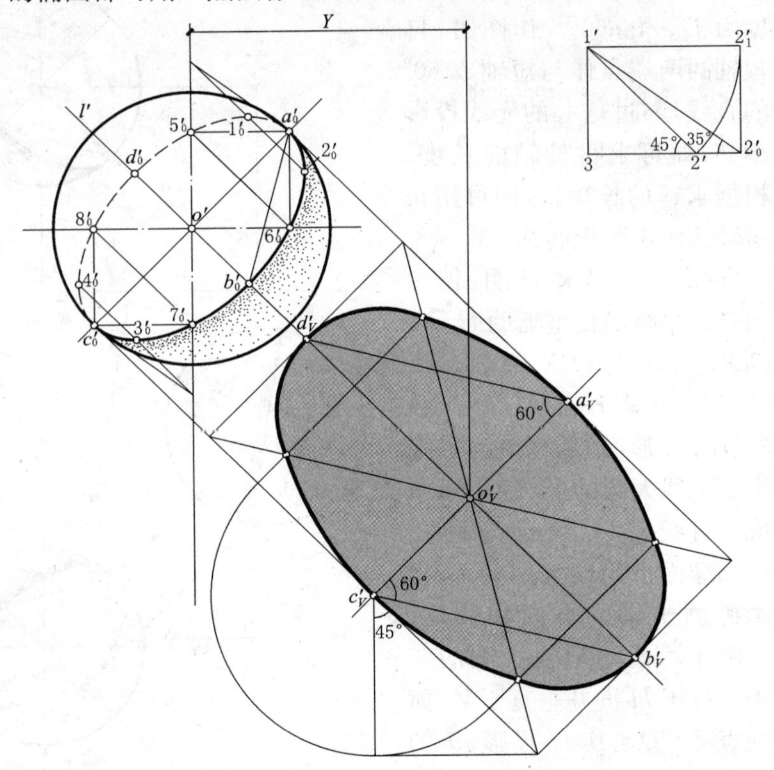

图 14-26　切锥切柱法求球的阴影

求阴线大圆在 V 面上的落影椭圆：作与 o'相距为 Y 的铅垂线，此线与过 o'的 45°线 l'相交，交点即为球心的落影 o'_V，又过 o'_V作直线与 l'垂直，并与过点 a'_0、c'_0的光线 V 投影相交，交点 a'_V、c'_V即为落影椭圆的短轴端点，再过点 c'_V、a'_V各作与 $a'_V c'_V$成 60°角的直线，并与 l'相交得点 b'_V、d'_V，$b'_V d'_V$即为落影椭圆的长轴。其余各点的作图见图 14-26 中所示。

14.4　形体在曲线回转面上的落影

14.4.1　形体阴线在曲线回转面上的落影

可采用逐层承影法求作曲线或直线阴线在曲线回转面上的落影，即选取一系列垂直于回转轴的截平面，截交线为纬圆，作出曲线或直线阴线在各层截平面上的落影，影线与截交线的交点，即为阴点的落影，也就是曲线回转面上的影线的影点。顺次连接各影点，即得曲线或直线在回转面上的落影。

图 14-27 是凹入墙内的回转面，在 V 投影中作 45°线，与洞口圆相切于点 a'、b'（作图时可过 o'作与水平中心线成 45°的直线，与圆周交得点 a'、b'），即为洞口阴线$\widehat{AB}$的起、止点的 V 投影。为了求洞口圆阴线$\widehat{AB}$在回转面内壁上的落影，先在回转面上作出一系列垂直于轴线的平面，因轴线垂直于 V 面，故截平面 P、R、S、T、M、N 都平行于 V 面，截交线的 V 投影反映圆的实形，即为实形圆 p'、r'、s'、t'、m'、n'。求出阴线圆心 O 在 P、R、S、T、M、N 面上的落影 O_P、O_R、O_S、O_T、O_M、O_N 的 V 投影 o'_P、o'_R、o'_S、o'_T、o'_M、o'_N，以 o'_P为圆心，阴线圆的半径 R 为半径作圆，与圆 p'交得 p'_0点，过 p'_0点作投影连线，与 P^H 相交得点 p_0。同理求得 r'_0、r_0，s'_0、s_0，t'_0、t_0，m'_0、m_0，n'_0、n_0。阴线圆弧在 V 面上的落影仍为圆弧，光滑连接所求各点，即得阴线圆弧在内凹曲面上的落影。由于上半部被剖掉了，故 H 投影中只看到在下半内凹面上的落影（图 14-27 的

V、H 投影中阴与影均用“打点”表示）。

图 14-28 是一带正四棱柱盖盘的半圆环面。盖盘中心位于环面的轴线上，环面的阴线用切锥、切柱法绘出，作法如图 14-28a 所示（图 14-28b 未重复绘出）。盖盘上两条阴线 AB、AC 都有一部分落影于环面上，由于这两条阴线是以通过轴线的光平面为对称平面而处于对称位置，因此包含这两条阴线的光平面与环面的截交线是形状全同的两条封闭曲线，在两条曲线上各有一段弧线是盖盘阴线 AB、AC 的部分落影。由于 AB 是正垂线，其落影在 V 投影中积聚为 45°线。侧垂线 AC 在环面上的落影，根据 AB、AC 落影的对称性，可由 AB 落影曲线位于左轮廓线上的最高点 m'_0 和最低点 n'_0 作水平线，与中心线相交，即得 AC 落影曲线在中心线上的最高点 $1'_0$ 和最低点 $5'_0$。为求其他各点，可作水平截平面 P_2、P_3、P_4，与环面的截交线为纬圆 K_2、K_3、K_4，再求 AC 在 P_2 面上的落影 $\text{I}_P\,\text{II}_P$（$1_P 2_P$ 是 H 投影，V 投影即重合在 P_2^V 上）。在 H 投影中，纬圆 k_2 与直线 $1_P 2_P$ 的交点 2_0、2_0，即为直线 AC 上阴点Ⅱ、Ⅱ在环面上落影的 H 投影，过此两点作投影连线在 P_2^V 上求得点 $2'_0$、$2'_0$，这就是所求影点的 V 投影。同理作出 P_3^V、P_4^V，求得点 $3'_0$、$3'_0$、$4'_0$、$4'_0$。最后用光滑的曲线顺次连接点 $1'_0$、$2'_0$、$3'_0$、$4'_0$、$5'_0$、$4'_0$、$3'_0$、$2'_0$、$1'_0$。再作 45°线与所连曲线相切，得切点 $4'_0$、i'_0。曲线 $4'_0 i'_0$ 即为 AC 线段上的ⅣI 段落于环面上的影线的 V 投影。

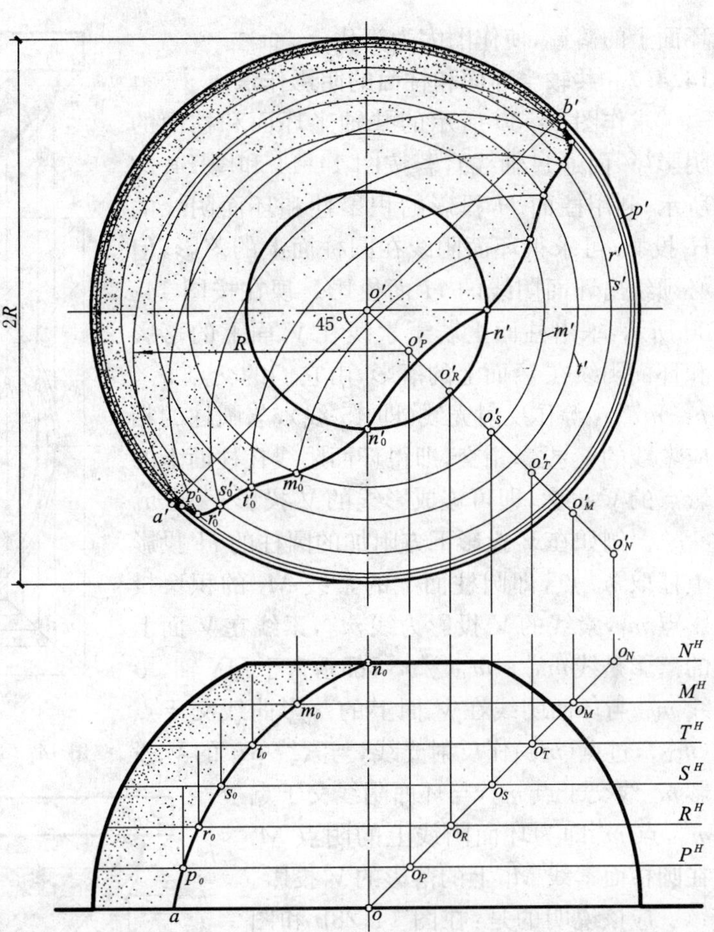

图 14-27　内凹回转面上的落影

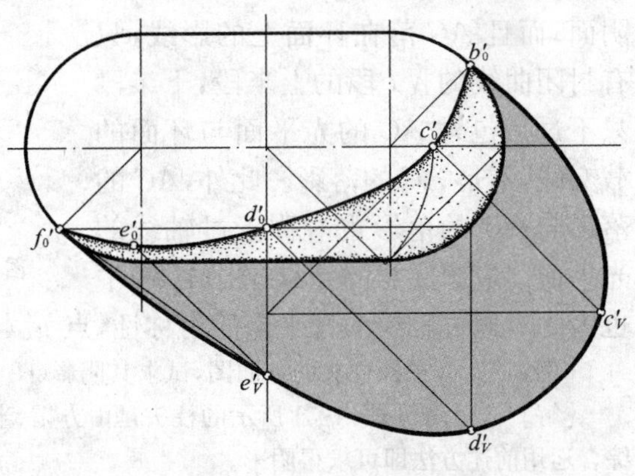

图 14-28a　带四棱柱盖盘在半环面上的阴影

由于棱线 $AB=AC$，所以如果将 H 面投影整个翻转重合于 V 面投影上（如图 14-29 所示），使 o 与 o' 重合，$1_P 2_P$ 与 P_2^V 重合，则点 2_0、2_0 重合于点 $2'_0$、$2'_0$。因此，可直接在 V 投影中，过 a' 作 45°线，与中心线交于 o'，以 o' 为圆心，以 R_2（R_2 为纬圆 K_2 的半径）为半径作圆弧与 P_2^V 相交即得点 $2'_0$、$2'_0$，同理可求得其他影点，这样，便可在 V 面上通过单面作图，求得 AB、AC 在环面上的落影，使作图大为简化。

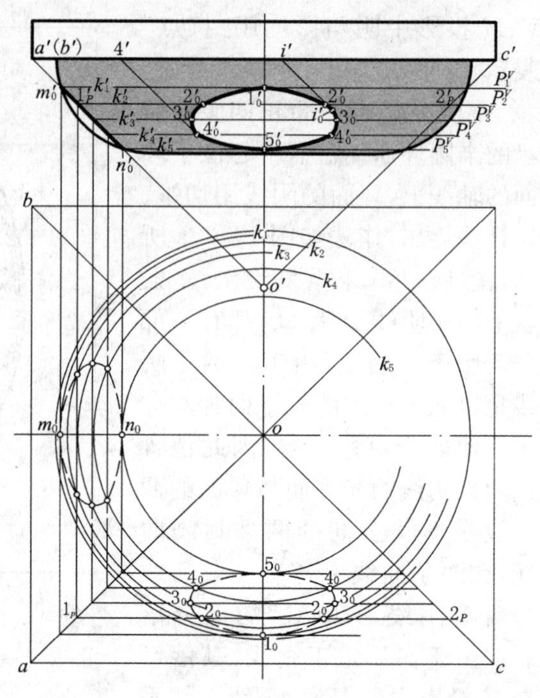

图 14-28b 带四棱柱盖盘在半环面上的阴影

14.4.2 共轴半环面和柱面的阴影作法

求作图 14-30 所示的共轴半环面和柱面的阴影（V 面通过轴线），若按图 14-11 和图 14-22 所示，利用柱面 H 投影的积聚性和环面阴线的 H 投影，可求得环面阴线在圆柱面上的落影，但必须绘出环面阴线的 H 面投影。现在按图 14-30 所示，求出柱面上若干素线在 V 面上的落影和环面阴线在 V 面上的落影，由它们的交点 n'_V、p'_V、m'_V、e'_V 等作反射光线（即 45°线），与圆柱的相应素线的 V 投影相交，即得环面阴线在柱面上的影点的 V 投影，即可连成影线的 V 投影 $n'_0p'_0m'_0e'_0g'_0$。例如在 V 投影下方附加的圆柱的 H 投影上任取 m_0 点，即圆柱面上的素线 M_1 的积聚投影点 m_1，素线的 V 投影为线 m'_1，素线在 V 面上的落影是线 m'_{1V}。$m'_{1V}/\!/m'_1$，都垂直于 OX 轴，影线 m'_{1V} 与环面阴线在 V 面上的落影曲线交于点 (m'_V)，过点 (m'_V) 作反射光线，与素线 M_1 的 V 投影 m'_1 线交于点 m'_0，与环面阴线交于点 m'_0，点 m'_0 即为环面阴线上的阴点 M_0 在圆柱面素线 M_1 上的落影的 V 投影。

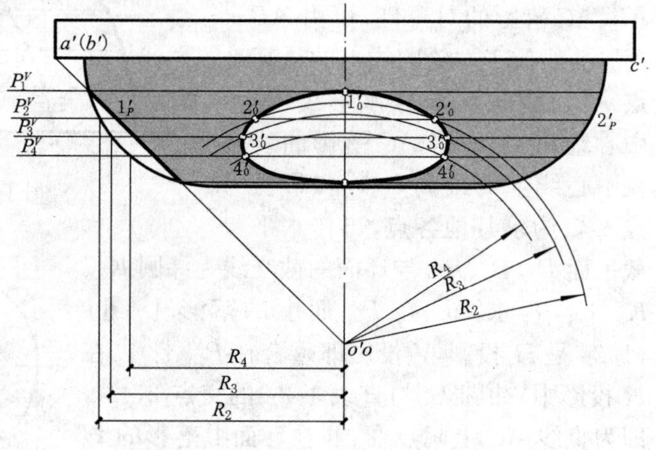

图 14-29 带四棱柱盖盘在半环面上落影的单面作图

应该说明的是：在图 14-28b 和图 14-29 中的立面图，应加画如图 14-28a 中下半环面上的阴线，画出下半环面的阴面；而且 AC 落在环面上的影线，只有封闭曲线的ⅣI 段的上半段，下半段只不过是包含 AC 的光平面与环面的截交线，不是 AC 的落影。此外，AC 的落影与 AB 的落影也对称于过轴线的光平面。应该注意的是：在图 14-30 中也因为对通过轴线的光平面的对称性，点 g'_0 与点 p'_0 要等高，详细作法如图 14-30 所示。

［例 14-3］ 已知柱头的立面图，试求其阴影（图 14-31）。

［解］ 1. 分析：图 14-31 所示的柱头是由方帽、半圆环、半圆柱等所组成的，首先要确定各个部分的阴线，综合运用前述方法即可求得阴影。

2. 作图（图 14-31）：

（1）求环面和柱面的阴线：半环面阴线的 V 投影是 $f'_0e'_0d'_0c'_0$，柱面的阴线是 l'_0，其作法可参阅图 14-11 和图 14-23。

（2）求方帽的阴线在半圆环和半圆柱面上的落影：方帽在环面上的落影的 V 投影是 $m'_07'_0$ 和 $i'_02'_01'_02'_03'_04'_0$；方帽在圆柱面上的落影的 V 投影是直线 $8'_0a'_0$ 和 $a'_06'_0$，虚影部分用细双点长画线表示，作法可参阅图 14-12 和图 14-29。

（3）半圆环的阴线在圆柱面上的落影的 V 投影是曲线段 $g'_09'_0$ 和 $6'_0p'_0n'_0$，虚影部分亦用细双点长画线表

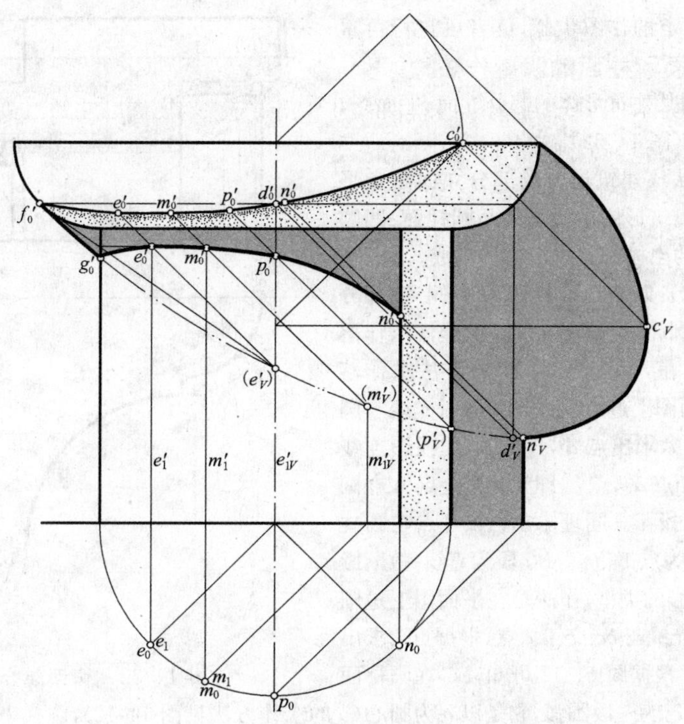

图 14-30　环面在柱面上的落影

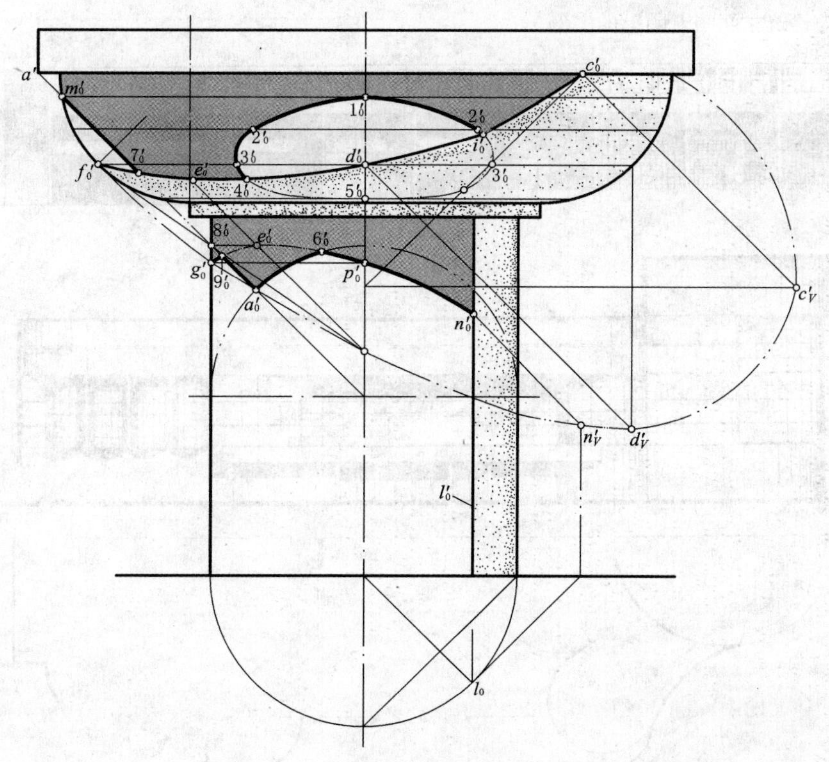

图 14-31　柱头的阴影

示，作法可参阅图 14-30。

(4)将各段落影综合，方帽和环面的阴线在柱面上的落影的 V 投影为 $g'_0 9'_0 a'_0 6'_0 p'_0 n'_0$。

由以上分析和拟定的作图步骤，读者可自行再重作各个部分的落影。

［例 14-4］ 已知某建筑形体的部分立面、平面图，求作立面图中的阴影(图 14-32)。

［解］ 1.分析：从该建筑形体的部分立面图和平面图可以看出，这个建筑形体主要是由凸圆柱面、凹圆柱面、圆帽和方帽状的出檐等基本形体所组成。

2.作图(图 14-32)：以凸出圆柱体 R 为例，该部分的 AB 段属于圆柱带圆帽，可按图 14-11 的作法求作落影，BC 段是圆柱带方帽，可按图 14-12 的作法求作落影。作图如下：在平面图上过点 a_0 作 45°反射光线与圆帽的积聚投影交于点 a，求出点 a'，过点 a_0 作投影连线与过点 a' 的 45°线交于点 a_0'，点 a_0' 即为圆帽上点 A 在圆柱墙面上的落影的 V 投影。同理求出Ⅰ点、B 点在圆柱墙面的落影的 V 投影为点 $1_0'$、b_0'。BC 段为直线，故落影属方帽在圆柱上的落影的类型，作法是在平面图上过圆的切点 c_0 作 45°反射光线与 bc 交于 c 点，根据点 c 求出点 c'，从而作出点 c_0'。根据图 14-12 可知，BC 在圆柱面上的落影的 V 投影 $b_0'c_0'$ 为一段圆弧，它是以 o' 为圆心(o' 的求作方法见图 14-12)，圆柱半径 R 为半径所作的圆弧。其余各部分由读者自行分析，不再赘述。

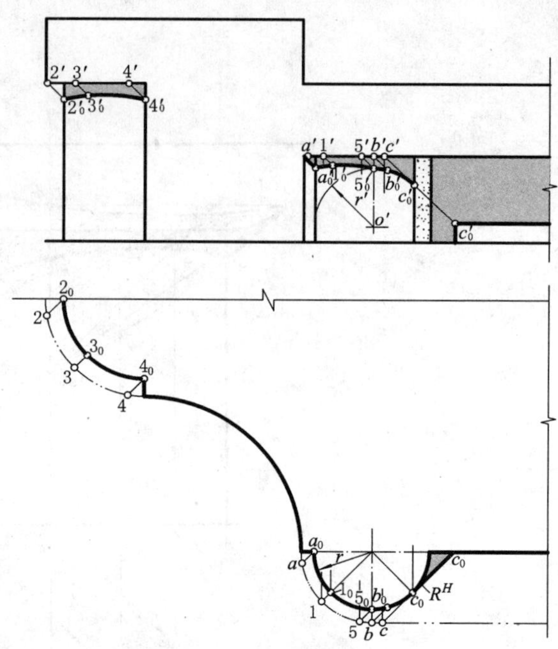

图 14-32　曲面组合体的阴影

图 14-33 为建筑立面图上阴影的实例。

a

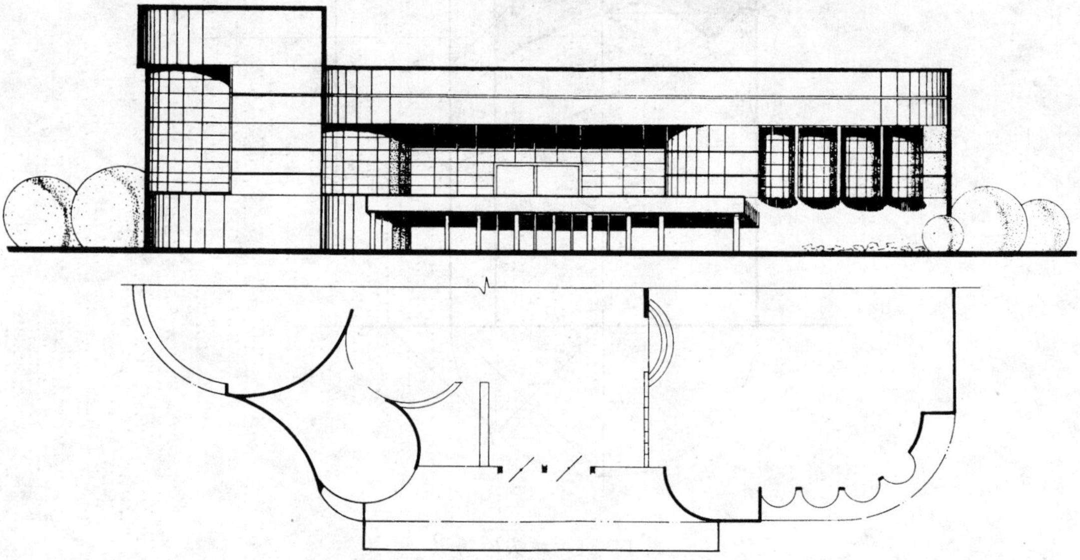

b

图 14-33　建筑立面图上的阴影实例

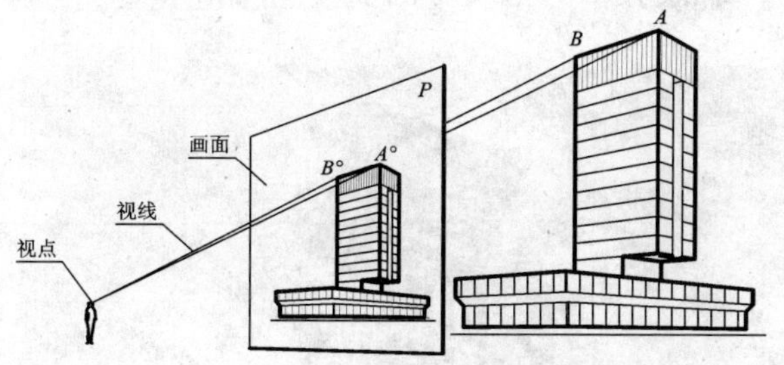

15 透视投影的基本作法

15.1 概　述

15.1.1 透视投影的基本概念

15.1.1.1　透视图的形成

当人们站在玻璃窗内用一只眼睛观看室外的建筑物时，把看到的形象准确地画在玻璃板上，所构成的投影图称为透视投影，如上图所示。**透视投影是以人的眼睛为中心的中心投影，符合人们的视觉形象。透视投影简称透视图(或透视)。**

视点、画面和物体是形成透视图的三要素。这三者以这样的顺序排列：视点→画面→物体，所得的透视图为缩小透视，为人们所常用。画面可以是平面、曲面和球面，本书只介绍平面上的透视图。

透视图是一种单面投影，它是用中心投影法画出的。人的眼睛即为投射中心，在透视图中称为视点 S。玻璃窗即为投影面，一般是在人和物体之间设立一个铅垂的投影面称为画面 P。视点 S 与物体上各点的连线(如图 15-1 所示的 SA、SB…)称为视线(投射线)。各视线 SA、Sa、SB、Sb…与画面的交点 A°、a°、B°、b°…，就是物体上各点 A、a、B、b…的透视。依次连接各点的透视，即得物体的透视图。

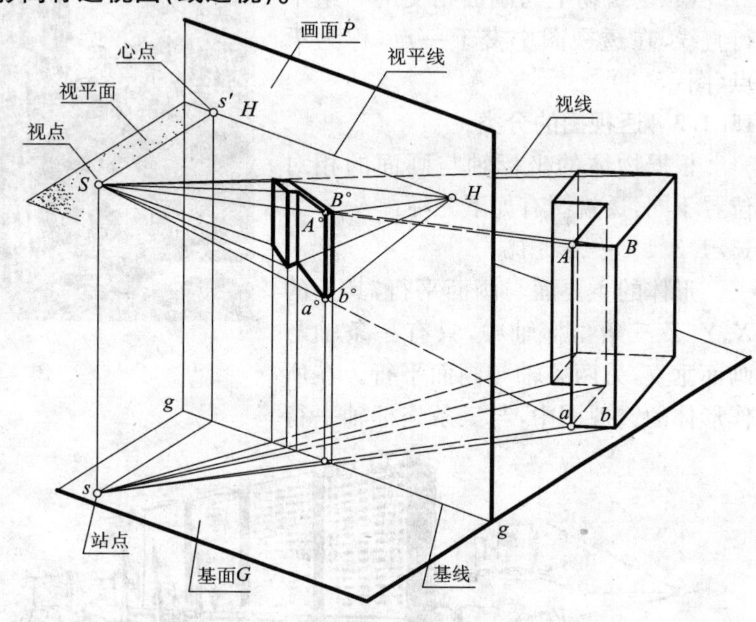

图 15-1　透视图中的常用术语与基本概念

15.1.1.2　透视术语

以图 15-1 为例介绍透视图中一些常用的名词术语：过视点 S 所作的水平面称为视平面。此水平的视平面与画面的交线称为视平线，视平线必为水平线，用 H-H 表示。人所站的地面称为基面 G。视点 S 在基面上的直角投影 s 称为站点，视点在画面 P 上的直角投影 s' 称为心点，心点 s' 必在视平线上。基面与画面的交线称为基线，用 $g\text{-}g$ 表示，基线 $g\text{-}g$ 在画面上的投影用 $g'\text{-}g'$ 表示，画面 P 在基面上的积聚投影用 $P\text{-}P$ 线表示。基线与视平线应互相平行。

15.1.2 透视图的特性

图 15-2 是某贸易大厦的透视图，它逼真地反映了这座建筑物挺拔雄伟的外貌，使观者如同目睹实物一样。由透视图与正投影图相比较可知，透视图具有如下特点：

(1)建筑物上等高的墙或柱子，距离画面近的高，远的低，越远越低，简述为近高远低(图 15-2)。

(2)建筑物上等间距、等宽度的窗子或窗间墙，距离画面近的疏宽，远的则密小，简述为近疏远密(图 15-2)。

(3)等体量的建筑物，距离画面近的体量大、远的小，简述为近大远小(图 15-3)。

(4)建筑物上与画面相交的一组平行直线，在透视图中交于一点，称为灭点(图 15-3)。

图 15-2 贸易大厦

15.1.3 透视图的分类

根据物体的坐标轴与画面的相对位置不同，透视图有如下三种：

15.1.3.1 一点透视

形体的主要面与画面平行，其上的 X、Y、Z 三条坐标轴中，只有一条轴与画面垂直，另两条轴与画面平行。在所作形体的透视图中，与三条坐标轴平行

图 15-3 某市统建办公大楼透视

的直线，只有一个轴向的透视线有灭点，称为一点透视(图 15-4)。

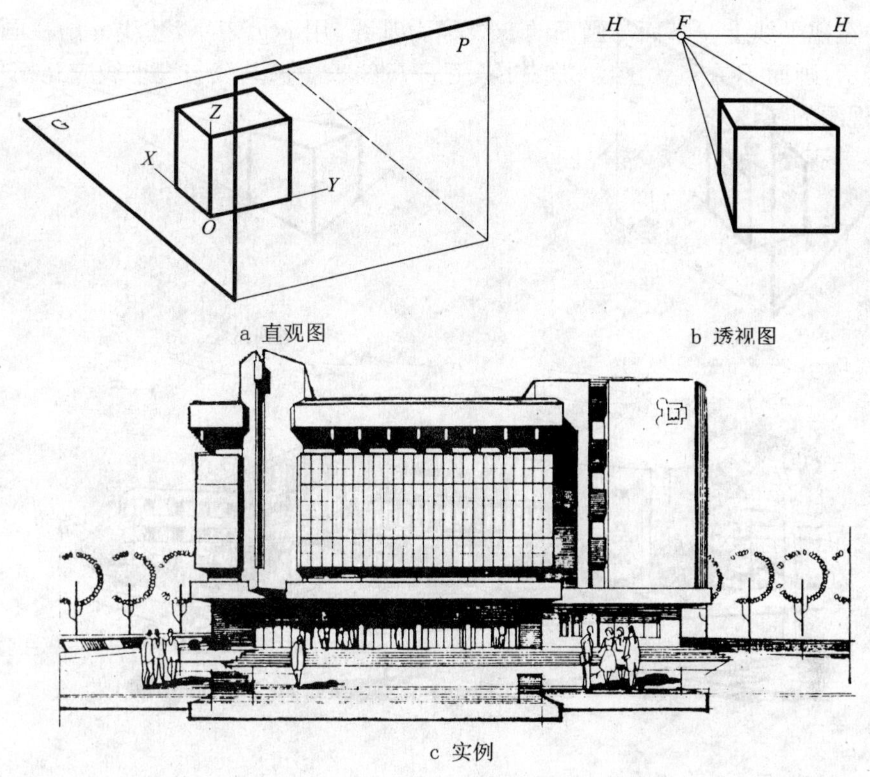

a 直观图　　b 透视图

c 实例

图 15-4　一点透视

15.1.3.2　两点透视

形体上的 X、Y、Z 三轴中任意两轴(通常为 X、Y 轴)与画面倾斜相交,第三轴(Z)与画面平行。在所作形体的透视图中,凡对应地与该两条坐标轴平行的线段的透视有灭点,称为两点透视(图 15-5)。

15.1.3.3　三点透视

当画面与基面倾斜时,形体上 X、Y、Z 三条坐标轴与画面均倾斜相交。在所作形体的透视图中,凡对应地与该三条坐标轴平行的线段的透视均有灭点,称为三点透视(图 15-6)。

15.1.4　透视图的用途

绘画艺术图一般是根据实物制成后,用线条和色彩直观地画出的,而工程上应用的透视图,往往是在房屋建造之前,根据正投影设计图绘制的。在建筑设计中,通常在方案设计和初步设计时需绘制透视图,以供讨论、评判、比较、审批之用。因此绘制建筑透视图是建筑设计和规划设计中的一种重要表现手段。由于透视图符合人们的视觉形象,故在科学、工程技术、广告、展览画中得到了广泛应用。

15.2　建筑透视图的基本作法——视线迹点法

15.2.1　基本原理及作法

视线与画面的交点称为视线迹点。通过求视线迹点来绘制透视图的方法,称为视线迹点法。过空间形体上各点作视线,求出视线与画面的交点,依次连接各交点,就得到形体的透视图。求点的透视,实质上是求直线(视线)与平面(画面)的交点。视线迹点法是根据形体的正

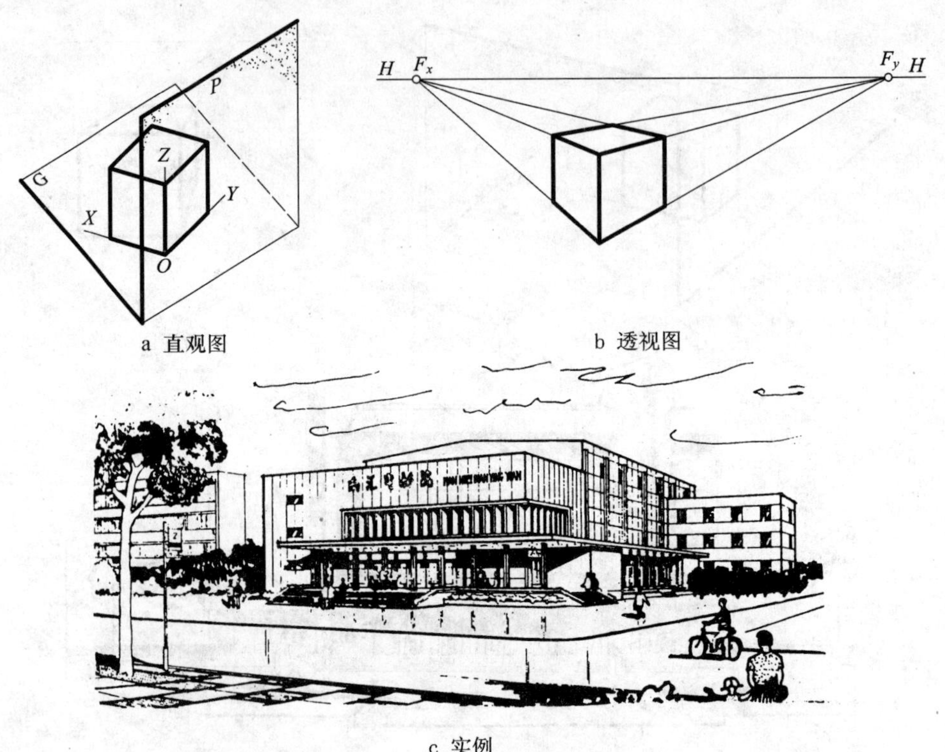

a 直观图

b 透视图

c 实例

图 15-5 两点透视

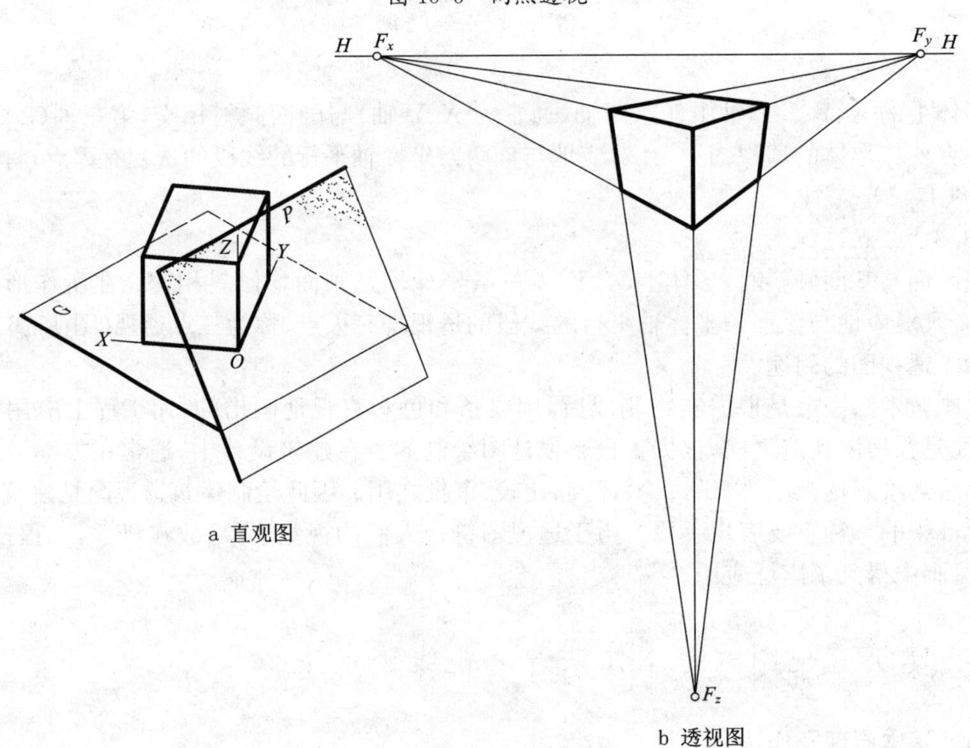

a 直观图

b 透视图

图 15-6ab 三点透视

投影图求透视图的一种方法，它是作透视图的基本方法。

如图 15-7a 所示，已知空间点 A 的正投影（a',a）、视点 S 的正投影（s'、s）、画面 P 和基面 G，求点 A 和足 a（点在基面上的直角投影称为该点的足）的透视 A°、a°，作图步骤如下（图 15-7a、b）：

（1）作视线（视线 SA、Sa 在画面和基面上的直角投影）：即在画面上连接心点 s' 与点 a'、心点 s' 与点 a'_g，在基面上连站点 s 与点 a。

（2）求视线 SA、Sa 与画面的交点 A°、a°：

①求出基面上 sa 与 P-P 线的交点 a_p：即作出 SA 的基面投影（sa）与画面 P 在基面上的积聚投影（P-P 线）的交点 a_p。

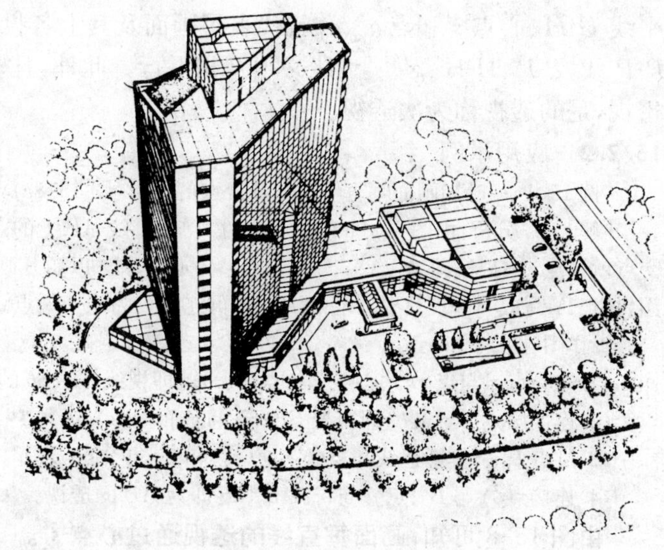

c 实例

图 15-6c 三点透视

②求点的透视（视线与画面的交点）：过点 a_p 作投影连线，与 $s'a'$、$s'a'_g$ 交于点 A°、a°，即为点 A 和其足 a 的透视。连线 $A^{\circ}a^{\circ}$ 就是铅垂线 Aa 的透视。

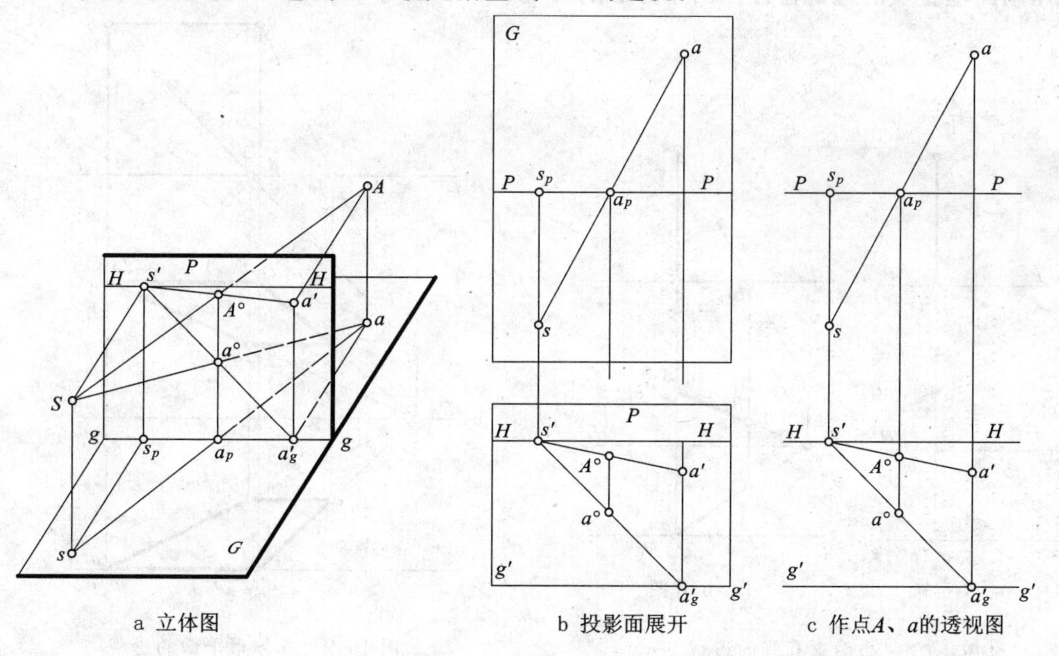

a 立体图　　b 投影面展开　　c 作点A、a的透视图

图 15-7 视线迹点法作透视图的原理与作法

必须指出，在把投影面旋转摊平时，为使图形清晰、不重叠，通常把基面放在上方，画面放在下方，两个面的间距可随意，但左右应对齐，使 s' 与 s、a' 和 a_g 与 a 符合正投影规律（图 15-7b）。由于投影面的边框线与作图无关，故可省略不画（图 15-7c）。这样，画面在基面上的积聚投影 P-P、足 a 和站点 s 就代表了基面及基面上各投影；基面在画面上的积聚投影 g'-g'、视

平线 H-H、心点 s' 和点 a'、a'_g 就代表了画面及其上各投影。而且连线 $s's$、$a'a$、a'_ga 必须垂直于 P-P 线，P-P、H-H、g'-g' 三线必须互相平行。此外，凡求空间各点的透视，都应包含求其足的透视，足的透视称为次透视。

15.2.2 应用举例

［例 15-1］ 已知画面垂直线 AB 及视点的投影(图 15-8a)，求 AB 的透视 $A°B°$、$a°b°$。

［解］ 1. 分析：由图 15-8a 的已知条件可知，直线 AB 上的点 A 在画面上，故过点 A 的视线 SA 与画面的交点就是点 A 自身(即 $A°$、A、a' 三点重合)，不必另求。以后凡画面上的点的透视不再在字母的右上方加小圆圈，故把 $A°$ 写成 A。现只要求端点 $B°$、$b°$，再连接点 A 与 $B°$、点 a 与 $b°$，即可得画面垂直线的透视。

2. 作图(图 15-8b)：

(1)连心点 s' 与点(b')、心点 s' 与点(b'_g)，此即视线 SB、Sb 的画面投影。

(2)连接站点 s 与点 b(即视线 SB、Sb 的基面投影)，sb 与 P-P 线交于点 b_p。

(3)过点 b_p 引投影连线与 $s'(b')$、$s'(b'_g)$ 相交，得交点 $B°$、$b°$，即为 B 点的透视。

(4)连接点 A 与 $B°$、点 a 与 $b°$，$AB°$、$ab°$ 即为 AB 的透视。

由图 15-8 可知，**画面垂直线的透视通过心点 s'。**

如图 15-9 所示，已知正方形平面 $ABCD$ 及视点的投影(s'、s)，求正方形平面的透视图。由图可知，$ABCD$ 平面为水平面，AD 边在画面上，透视即为其自身；AB、CD 垂直于画面，透视通过心点；BC 为侧垂线，即平行于视平线，由视线 SB、SC 组成的视平面(水平面)与画面的交线 $B°C°$ 必平行于视平线。这样，求此正方形 $ABCD$ 的透视，实质上只要求出点 $B°$(或 $C°$)，即可利用画面垂直线的透视特性作出正方形的透视 $AB°C°D$ 与 $ab°c°d$。

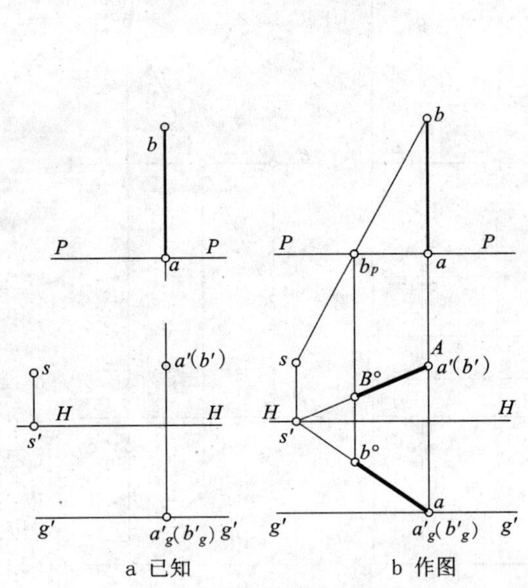

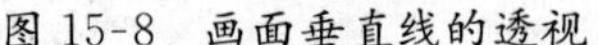

图 15-8 画面垂直线的透视

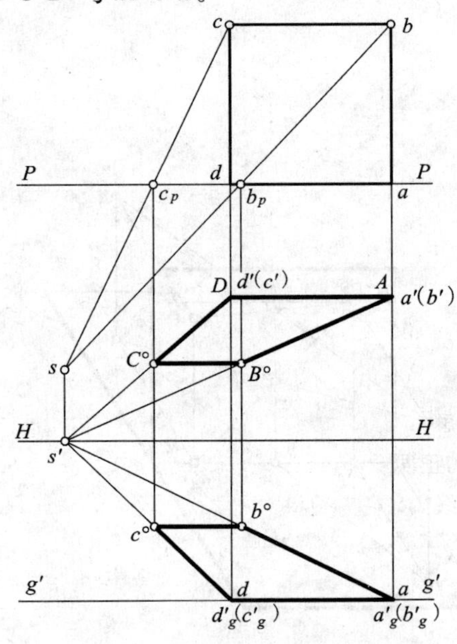

图 15-9 正方形平面的透视

［例 15-2］ 已知条件如图 15-10a，求位于基面上的正方形及其内部网格的透视。

［解］ 1. 分析：此平面网格放于基面上，故空间点和足的透视重合为一。网格中一组垂直于画面的直线，其透视通过心点；另一组直线平行于视平线(即侧垂线)，其透视仍平行于视平线。因此，先求出正方形的透视，再在画面垂直线 AB 的透视 $AB°$ 上求得分点 1、2 的透视 1°、2°，过 1°、2° 作水平线，与 $DC°$、$s'3'$、$s'4'$ 相交，即得网格透视，如图 15-10a、b 所示。

图中为节省图幅，将基面与画面展开时重叠了一部分，所以站点 s 位于心点 s' 之下了。作图时基面上的

投影 b 仍应与站点 s 相连。以后在投影图中，看到 P-P 线和站点 s 总是代表基面，H-H、g'-g' 线总是代表画面，连视线的投影时，应记住连接同名投影，不要连错。只要视距（站点 s 与 P-P 线的距离）不变，视点、画面、物体三者相对位置不变，投影面展开后，不论画面与基面是否重叠，其透视效果不变。

2. 作图（图 15-10b）：

(1)作出正方形的透视 $AB^{\circ}C^{\circ}D$：AD 边在画面上，透视即为自身，也就是与 $a'd'$ 重合。连心点 s' 与点 (c')、心点 s' 与点 (b')，sb 与 P-P 线交于点 b_p，过点 b_p 引投影连线与 $s'(b')$ 交于点 B°（因在基面上点 B° 与 b° 重合，故只标点 B°），过点 B° 作水平线，与 $s'(c')$ 交于点 C°，即得 $AB^{\circ}C^{\circ}D$。

(2)作正方形内部网格的透视：将站点 s 分别与点 1、2 相连，$s1$、$s2$ 与 P-P 线交于点 1_p、2_p。过点 1_p、2_p 作投影连线，与 $s'A$ 交于点 1°、2°。过点 1°、2° 作水平线，与 $s'3'$、$s'4'$ 交得网格的透视。

由于 BC 是侧垂线，过 BC 的视平面与画面的交线仍为侧垂线，故知侧垂线的透视平行于视平线。

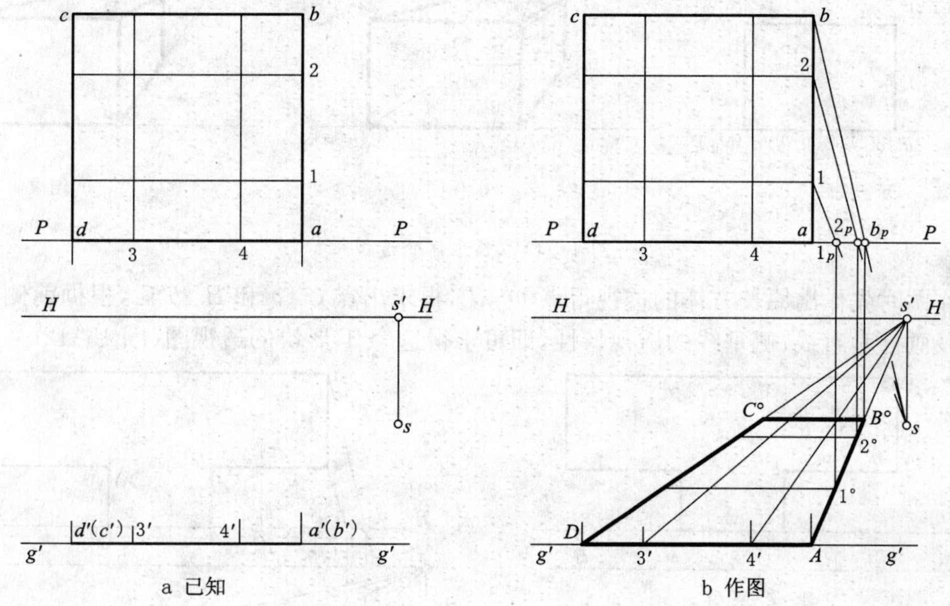

图 15-10　正方形及内部网格的透视

［例 15-3］　已知画面（g'-g'、H-H）、基面（P-P）、视点（s'、s）和长方体的正投影图（图 15-11a），求长方体的透视。

［解］　1. 分析：由图可知，长方体的底面放在基面上，前侧面靠在画面上。故前侧面的透视反映实形，长方体的正面投影，即为其前侧面的透视。长方体的后侧面平行于画面 P，BC、bc 边为侧垂线，其透视仍为侧垂线；棱线 Bb、Cc 为铅垂线，其透视仍为铅垂线，故后侧面的透视仍为矩形。由于平行于画面的直线的透视与原直线平行，由此可知，平行于画面的平面，其透视与原形相似。

通过上面的分析可知，只要求出后侧面上一点 C、c（或 B、b）的透视 C°、c°（或 B°、b°），即可根据上述特性，迅速求得这个靠在画面上的长方体的透视。

2. 作图（图 15-11b）：

(1)在画面上作连线 $s'a'(b')$、$s'a'_g(b'_g)$、$s'd'(c')$、$s'd'_g(c'_g)$。

(2)在基面上作连线 $sb(b)$、$sc(c)$，与 P-P 线相交于点 b_p、c_p。

(3)过点 c_p 引投影连线，与 $s'd'(c')$、$s'd'_g(c'_g)$ 相交得点 C°、c°。

(4)过点 C°、c° 作水平线，与 $s'a'(b')$、$s'a'_g(b'_g)$ 相交得点 B°、b°。

(5)依次连接相邻各点，即得长方体的透视（图 15-11b），透视图中不可见轮廓线一般不画虚线（图 15-11c）。

图 15-12a 所示为一 T 形块的正投影。T 形块由长方体切割形成，它的前、中、后侧面平行于画面。前侧面靠在画面上，透视即为其自身，反映实形。垂直于画面的棱线的透视都交于

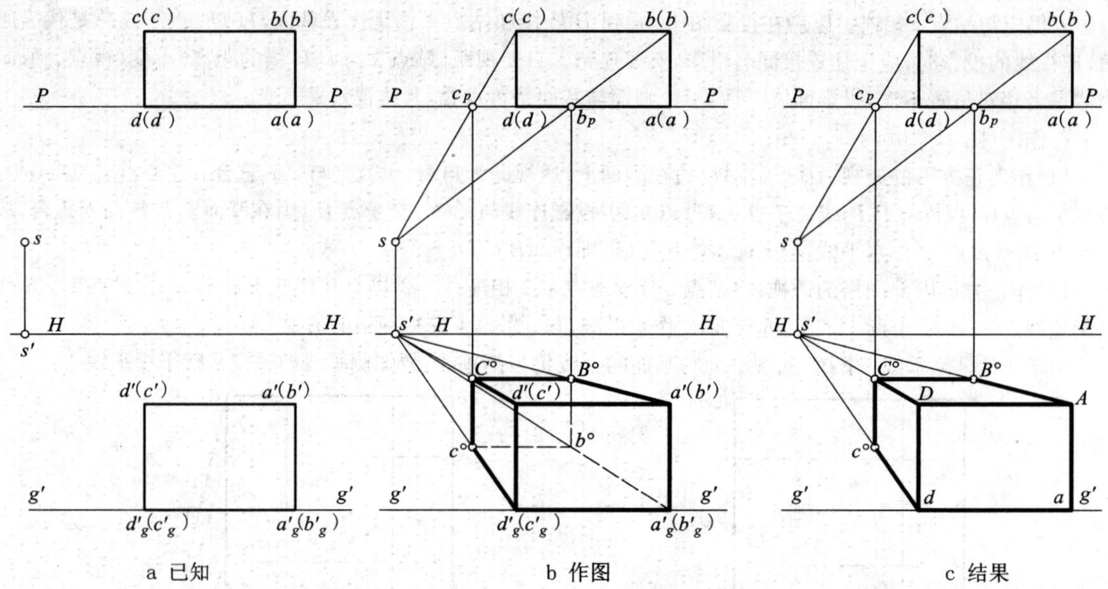

a 已知　　b 作图　　c 结果

图 15-11　长方体的透视

心点。作图时先作出原长方体的透视得点 D°、d°，再求出点 C°、c° 和 B°、b° 后，根据前侧面靠在画面上及画面垂直线、侧垂线的透视特性，即可求得这个 T 形块的透视图(图 15-12b)。

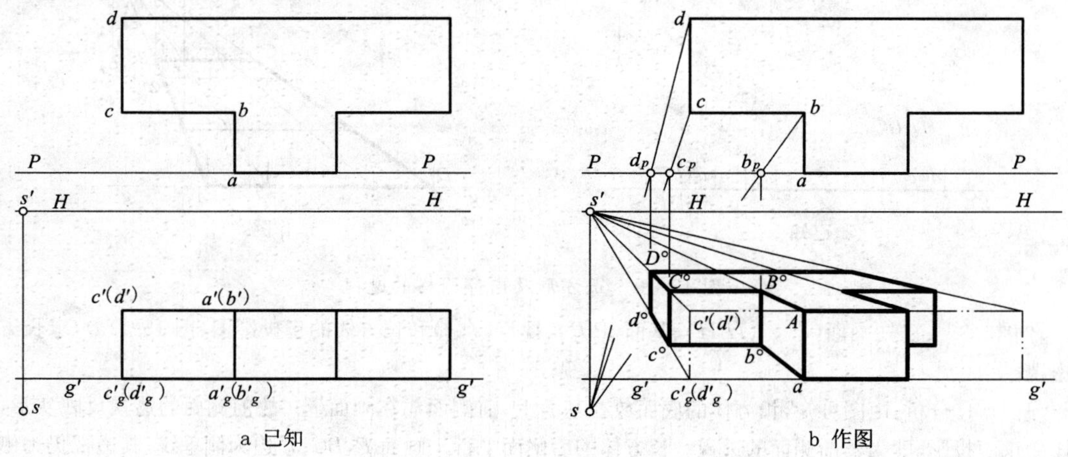

a 已知　　b 作图

图 15-12　T 形块的透视

[例 15-4]　已知纪念碑的投影(图 15-13a)，求透视。

[解]　1.分析：由图 15-13a 可知，纪念碑由长方体基座和楔形体碑身组成。基座的前侧面与画面重合，其立面投影将是透视图的组成部分；碑身则离开画面，其立面投影仅作连接视线在画面上的投影之用，并非透视图的组成部分，为使图形清晰，在图 15-13b 中用细双点长画线表示碑身的立面投影。

2.作图(图 15-13b)：

(1)选择好视点 $S(s、s')$。

(2)作长方体基座的透视，作法与图 15-11b、c 相同。

(3)作碑身楔形体的透视：①将楔形体立面图上各角点与心点相连，如 $s'c'(d')$、$s'e'(f')$、$s'g'(h')$、$s'm'(n')$，得投射线束；②在基面上将楔形体底面的前、后边 ge、hf 延长，分别与 ab 相交于点 1、2，作连线 $s1$、$s2$，与 P-P 线交于点 1_p、2_p，过点 1_p、2_p 作投影连线，与 $s'A$ 相交得点 1°、2°，过点 1°、2° 作水平线，与 $s'e'(f')$、$s'g'(h')$ 相交得楔形体底面的透视 $E^\circ F^\circ(H^\circ)G^\circ$；③将站点 s 与点 c、d 相连，sc、sd 与 P-P 线交于点 c_p、d_p，过点

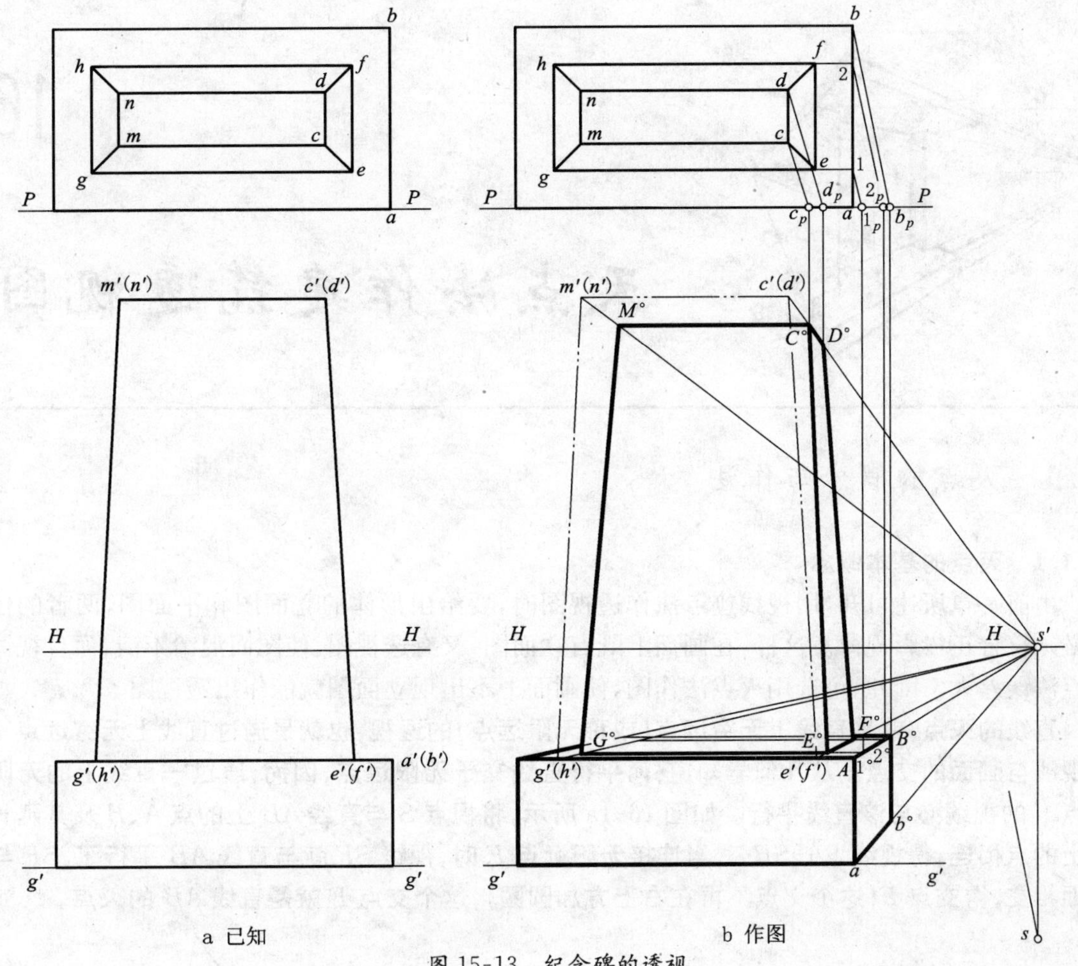

a 已知　　　　b 作图

图 15-13　纪念碑的透视

c_p、d_p 引投影连线，与 $sc'(d')$ 相交得点 C°、D°，过点 C° 作水平线与 $s'm'(n')$ 相交得点 M°；④连接各点的透视，就画出了楔形体碑身前侧面和右侧面的透视 $M^\circ C^\circ E^\circ G^\circ$ 和 $C^\circ D^\circ F^\circ E^\circ$；⑤加粗线型完成全图。

15.3　透视通则

(1)一个点的透视仍为一个点；画面上的点的透视即为自身。

(2)直线的透视一般仍为直线；直线通过视点，其透视为一点。画面上直线的透视为自身。

(3)画面上的平面的透视为自身，即画面上的平面图形透视反映实形。

(4)铅垂线的透视仍为铅垂线(即垂直于视平线)，侧垂线的透视仍为侧垂线(即平行于视平线)，垂直于画面的直线的透视通过心点。

建筑物上此三类直线居多，掌握它们的透视特性，有利于作建筑物的透视图。

(5)与画面相交的直线，其透视通过交点，此交点就是直线的画面迹点。

(6)与画面相交的一组空间平行的直线，在透视图上不再平行，成为相交于同一点的线束，该公共交点称为直线的灭点。

(7)凡平行于画面的平行图形，其透视与原形相似。

(8)无限长的直线的透视为有限长。

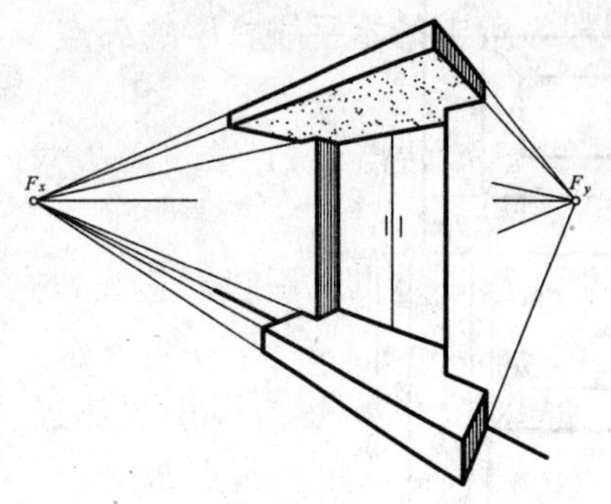

16 灭点法作建筑透视图

16.1 灭点的概念与作法

16.1.1 灭点的基本概念

由前一章所述可知，用视线迹点法作透视图时，要给出形体的立面图和平面图，两者的位置必须符合正投影规律。这样，在画面上既有立面图，又有透视图，使图面混淆不清，而且视线迹点法误差大。因此，可选用灭点法作图，使画面上不出现立面图就能作出透视图。

直线的灭点，就是直线上无穷远点（或称无限远点）的透视，也就是通过直线上无穷远点 F 的视线与画面的交点。从几何学知道，两平行直线交于无限远点，因而，通过一直线上的无限远点 F 的视线必与该直线平行。如图 16-1a 所示，将视点 S 与直线 AB 上的点 A、B 及其延长线上的点相连，得视线 SA、SB…，当连接无限远点 F 时，视线 SF 就与直线 AB 平行了，SF 与画面相交，得交点 F（这个交点不再在右上方加圆圈），这个交点 F 就是直线 AB 的灭点。

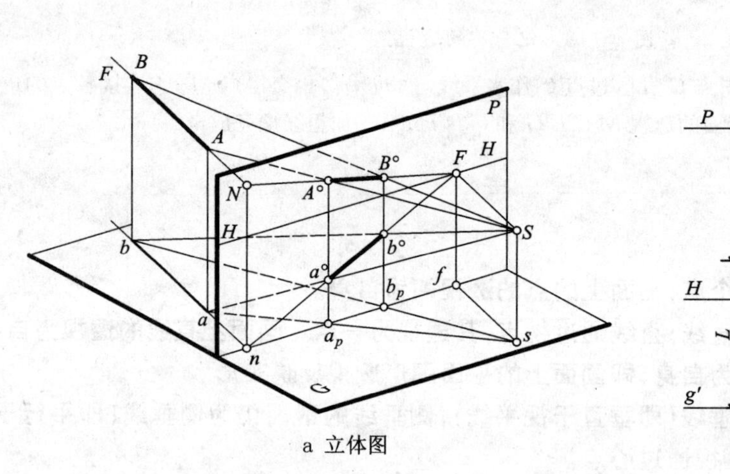

a 立体图

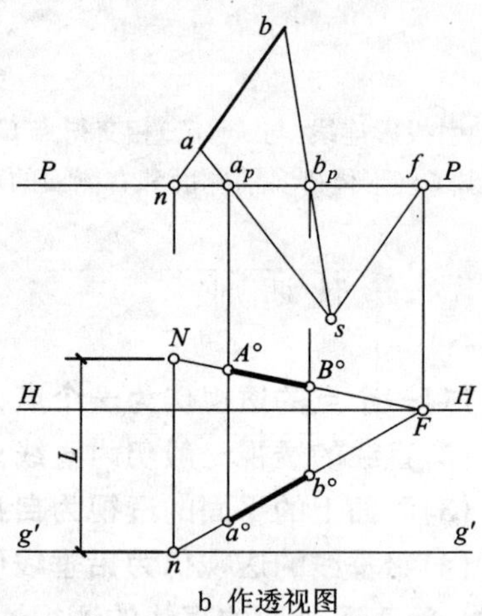

b 作透视图

图 16-1 直线的灭点

16.1.2 水平线的灭点

如图 16-1a 所示，**欲求水平线 AB 的灭点 F，其步骤是：过视点 S 作视线 $SF /\!/ AB$，SF 与画面 P 的交点 F，即为水平线的灭点，由于 $SF /\!/ sf /\!/ AB /\!/ ab$，故水平线的灭点在视平线上。水平线 AB 与其足 ab（基面投影）具有公共的灭点。**如图 16-1b 所示，**在投影图上求灭点的方法为：**

（1）**先在基面上过站点** s **作** $sf // ab$，sf **与** P-P **线交于灭点的基面投影** f。

（2）**过点** f **引投影连线，与视平线** H-H **相交于点** F，**点** F **即为所求的水平线** AB **的灭点。**

16.1.3 用灭点法求水平线 AB 的透视

如图 16-1b 所示，**已知水平线** AB **的水平投影** ab，**其高** L，**并已知站点** s、H-H、g'-g'，**求** AB **的透视步骤如下：**

（1）**求灭点** F：①作 $sf // ab$，sf 与 P-P 线交于灭点的基面投影 f；②过点 f 引投影连线，与 H-H 线交于点 F，点 F 即为 AB、ab 的灭点。

（2）**求直线的画面迹点** N、n：延长 ba，与 P-P 线交于迹点的基面投影 n，过点 n 引投影连线，与画面上的基线 g'-g' 相交得迹点 n；在画面上根据水平线 AB 的高度 L 定出迹点 N。

（3）**求全长透视**：连接灭点 F 与迹点 N、n，FN 与 Fn 即为 AB 线在画面之后的全长透视。

（4）**求直线端点** A、B **的透视，从而作出水平线** AB **的透视**：为此作视线 SA、SB 的水平投影 sa、sb，sa、sb 与 P-P 线交于点 a_p、b_p，过点 a_p、b_p 引投影连线，与 FN、Fn 相交于点 A°、a°、B°、b°，加粗 $A^\circ B^\circ$、$a^\circ b^\circ$，便求得了水平线的透视。

由此可见，**无限长的直线透视为有限长**，在画面之后的直线上的各点的透视，都在全长透视 FN 上，直线在画面之前的各点的透视，必在 FN 的延长线上。

归纳上述可知，**求一水平线的透视的过程是：先求出水平线的灭点、迹点和全长透视，然后用视线迹点的基面投影，在全长透视上求出其端点的透视。**

图 16-2 所示为用灭点法求放于基面上矩形的透视 $AB^\circ C^\circ D^\circ$。图中将角点 A 置于画面上，因此，a 即为 AB、AD 的画面迹点 A 的基面投影。由于矩形放于基面上，高度为零，故在画

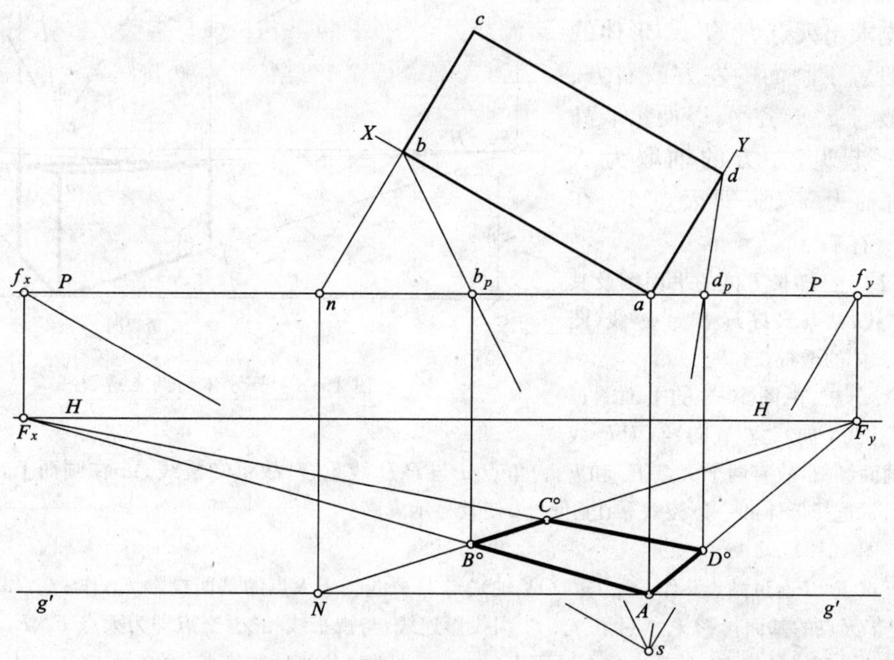

图 16-2 用灭点法求矩形平面的透视

面上点 A 应在 g'-g'线上。设矩形平面的 ab 边为 OX 轴、ad 边为 OY 轴，故有两个灭点[①]：X 向灭点为 F_x，Y 向灭点为 F_y，都在 H-H 线上。过站点 s 作 $sf_x /\!/ ab$，sf_x 与 P-P 线交于灭点 F_x 的基面投影 f_x，过站点 s 作 $sf_y /\!/ ad$，sf_y 与 P-P 线交于灭点 F_y 的基面投影 f_y，过点 f_x、f_y 引投影连线，与 H-H 相交得灭点 F_x、F_y。将点 A 与 F_x、F_y 相连，AF_x 即为 AB(X 向)的全长透视，AF_y 即为 AD(Y 向)的全长透视。连接站点 s 与点 b、点 s 与点 d，即得视线 SB、SD 的基面投影 sb、sd，sb、sd 与 P-P 线交于点 b_P、d_P，过点 b_P、d_P 引投影连线，与 AF_x、AF_y 相交得点 B、D 的透视 B°、D°。连接点 B°与灭点 F_y、点 D°与灭点 F_x，两线相交得交点 C°。

端点 B°、D°也可应用两直线的全长透视相交得到。例如延长 bc，与 P-P 线交于点 n，过 n 引投影连线，与 g'-g'线交得 BC 的画面迹点 N。连迹点 N 与灭点 F_y，NF_y 与 AF_x 相交，交点 B°即为 B 点的透视。

16.2 用灭点法作建筑形体的透视图

由于建筑形体有长、宽、高三个方向，高度通常为 Z 轴方向、平行于画面，而长度为 X 轴方向、宽度为 Y 轴方向，X 轴和 Y 轴都与画面倾斜，于是有两个灭点 F_x、F_y。OX、OY 一般为水平线，故 F_x、F_y 在视平线上。作图时应先求出灭点 F_x、F_y。形体的立面图一般置于画面的左方或右方、地坪线一般与 g'-g'齐平，以便量取高度。为统一起见，左方的轴取为 X 轴，右方的轴为 Y 轴，即灭点 F_x 在左，灭点 F_y 在右。

［例 16-1］ 已知长方体的平面图及其高度 L、P-P 线、站点 s、H-H 和 g'-g'线(图 16-3)，求长方体的透视。

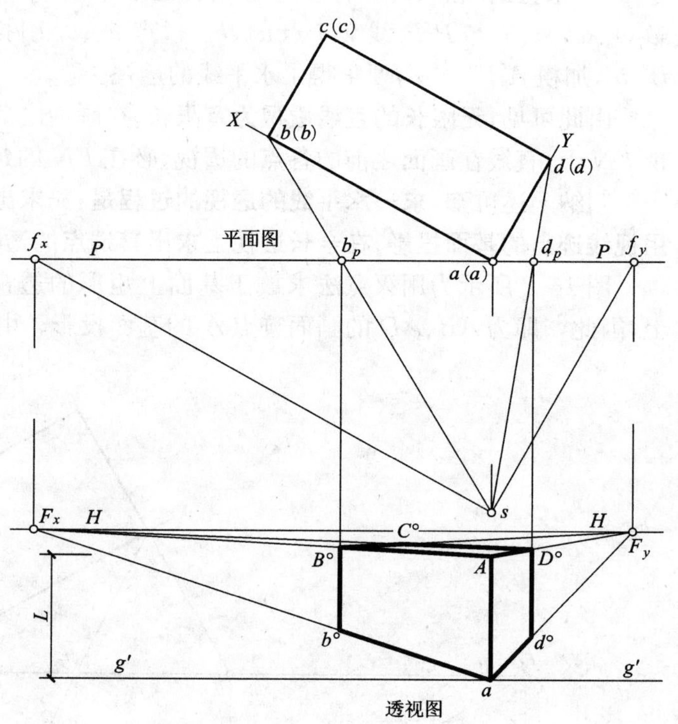

图 16-3 长方体的两点透视

［解］ 1. 分析：由图 16-3 的平面图可知，长方体的长(X 向)、宽(Y 向)与 P-P 线倾斜，即与画面倾斜，故有两个灭点 F_x 和 F_y。角点 a 与 P-P 线重合，故可知棱线 Aa 在画面上，反映真高。为简化作图，常选择形体的一条棱线靠在画面上，使其显示真高。

2. 作图(图 16-3)：

(1)求灭点 F_x、F_y：过站点 s 作 $sf_x /\!/ ab$(OX 轴)、与 P-P 线交于灭点的基面投影 f_x；作 $sf_y /\!/ ad$(OY 轴)、与 P-P 线交于灭点的基面投影 f_y。过点 f_x、f_y 引投影连线，与视平线相交，交点即为灭点 F_x、F_y。

(2)求 AB、AD 线的迹点：由于 A、a 在画面上，故 A、a 即为 AB、AD 的迹点，不必另求。

(3)求 X 向的 AB、ab 和 Y 向的 AD、ad 的全长透视：为此，只要分别作线连接 F_xA、F_xa 和 F_yA、F_ya 即为 X 向和 Y 向的全长透视。

---

① 在透视图各章节中，X、Y、Z 三个方向的灭点 F_x、F_y、F_z 和灭点的基面投影 f_x、f_y、f_z 的下标均用小写字母标记。

(4)求端点 B、b、D、d 的透视 B°、b°、D°、d°:分别作线连接 sb、sd,此线与 P-P 线相交于点 b_p、d_p,过点 b_p、d_p 引投影连线,分别与 AB、ab 和 AD、ad 的全长透视相交得点 B°、b°和 D°、d°。

(5)分别作线连接 F_xD°、F_yB°,两线相交的交点即为 C°。

图 16-4 所示为组合长方体透视图的作法,左方的立面图给出了形体各部分的高度。按上例求出灭点 F_x、F_y 和下部长方体的透视后,再求上部长方体的透视。求上部长方体的透视时,先求出上部长方体在下部长方体顶面的透视位置点 d°、e°、g°。在平面图上延长 de、与 P-P 交于迹点 N 的基面投影 n,过点 n 引投影连线,在此线上根据立面图上的上部长方体高度定出迹点 N、n,求出 DE 的全长透视 F_xN,过点 d°、e°作投影连线并与 F_xN 相交得点 D°、E°。连接点 E°与 F_y,得 $E F_y$,过 g°作投影连线,与 $E^\circ F_y$ 相交得点 G°。由于视平线低于上部长方体的顶面,故在透视图中此顶面为不可见。

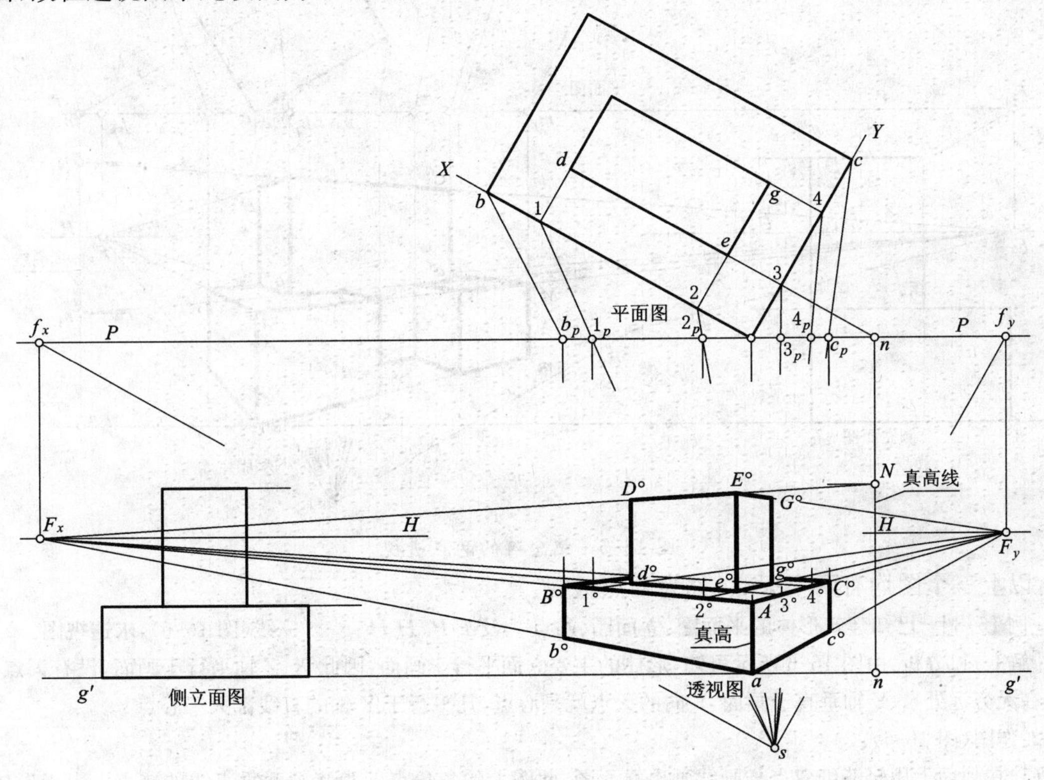

图 16-4 组合长方体的两点透视

[例 16-2] 已知纪念碑的平面图、侧立面图、站点、画面(图 16-5),求透视图。

[解] 1. 分析:纪念碑由基座中间带缺口的长方体和碑身长方体组成。作图时先作出基座长方体,再作碑身长方体,然后再切割掉下部长方体中间部分的长方体即可完成全图。

2. 作图(图 16-5):

(1)求出灭点 F_x、F_y。

(2)求出基座长方体 X 向和 Y 向的全长透视,即连灭点 F_x 与点 A、灭点 F_x 与点 a 和灭点 F_y 与点 A、灭点 F_y 与点 a,得全长透视 AF_x、aF_x 和 AF_y、aF_y。

(3)求出基座长方体的透视图。

(4)求碑身长方体的透视:在平面图中延长 bc,bc 与 P-P 交于点 n,过点 n 引投影连线,求得 bc、BC 的迹点 n_1、N_1,在真高线上作 $nn_1=1''2''$,$n_1N_1=2''b''$,从而作出迹点 n_1 和 N_1。作线分别连接 F_xN_1、F_xn_1,得 BC、bc 的全长透视。连接站点 s 与点 b、c,sb、sc 与 p-p 线相交于点 b_p、c_p,过点 b_p、c_p 引投影连线,与 F_xN_1、F_xn_1 相

交得点 B°、b° 和点 C°、c°，将点 b°、B° 与灭点 F_y 相连，$b^\circ F_y$ 与基座顶面后边线相交得 d°，过点 d° 作铅垂线，与 $B^\circ F_y$ 相交得 D°，于是完成了碑身的透视。

(5)作基座缺口的透视，如图 16-5 所示。

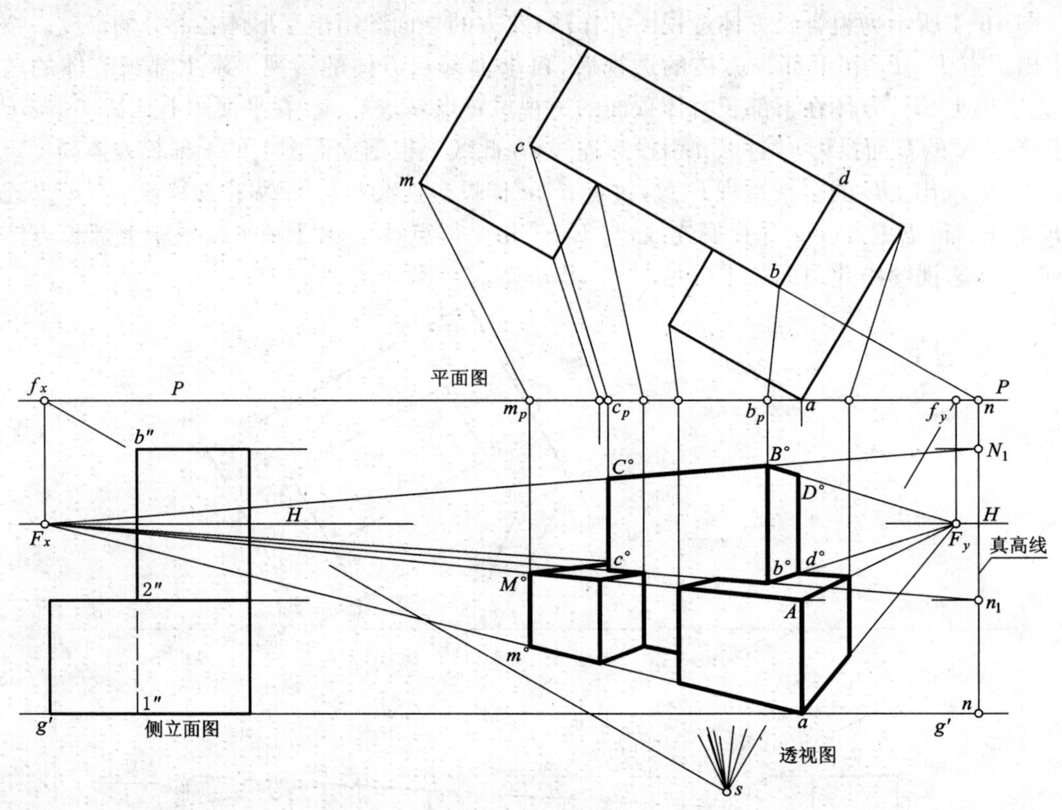

图 16-5　纪念碑的两点透视

以上三个图均有两个灭点，称为两点透视。

[例 16-3]　已知建筑形体的平面图、立面图、站点 s、及 P-P、H-H、g'-g' 三线(图 16-6)，求透视图。

[解]　1. 分析：由图 16-6 所示可知，形体的主要立面平行于画面，因此 X、Z 轴平行于画面，没有灭点(或灭点在无穷远处)。Y 轴垂直于画面，Y 向的灭点就是心点，凡平行于 Y 轴的直线都灭于心点 s'。

2. 作图(图 16-6)：

(1)在画面上用轻淡细双点长画线画出立面图，此图上的各角点即为诸画面垂直线的迹点。由于形体Ⅰ靠于画面，故 Aa 为真高，其立面图是透视图的组成部分；形体Ⅱ和Ⅲ离开画面，其立面图不是透视图的组成部分，其角点(如 b'、c'、d'…)仅作为画面垂直线的画面迹点之用。

(2)过画面上各角点与心点 s' 相连，得到一组与 Y 轴平行的直线的全长透视线束 $s'a$、$s'A'$、$s'b'$、$s'c'$、$s'd'$、$s'e'$…(即画面垂直线灭于心点 s')。

(3)过平面图上各点与站点 s 相连得一组视线的基面投影，如图中的 sb、sc、sd…等。这组线束与 P-P 交于点 b_p、c_p…，过这些交点引投影连线，与画面上相应的全长透视线束 $s'a$、$s'A$、$s'b'$、$s'c'$、$s'd'$、$s'e'$…相交，即得各点的透视如 B°、b°、C°、c°、D°、d°、E°、e° 等。连接各点的透视，并加粗线型，即完成了形体的一点透视。

由图 16-6 可知，用视线迹点法和灭点法求作一点透视，在方法和步骤上完全相同。

16.3　透视平面图

如图 16-2 所示，求长方形角点 B 的透视 B° 有两种方法：其一是用全长透视 AF_x 和过视

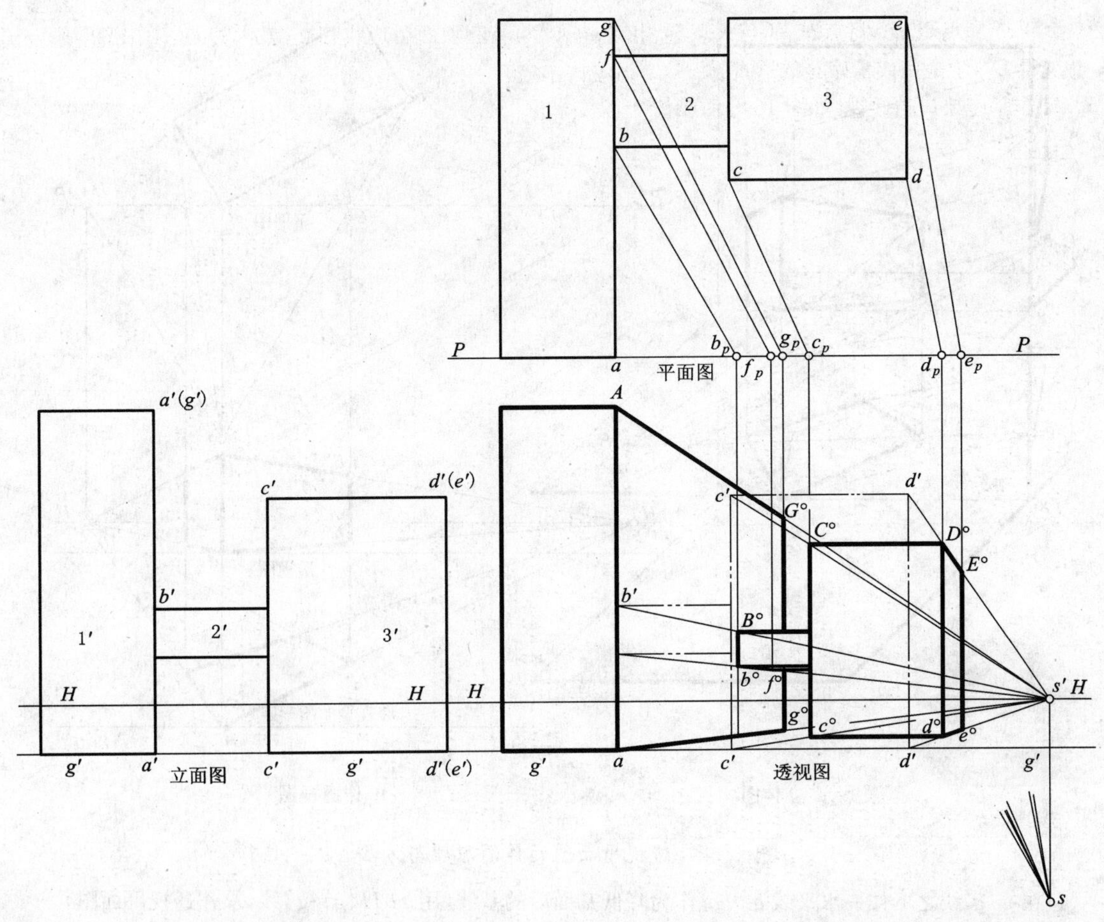

图 16-6 建筑形体的一点透视

线 SB 与画面交点的基面投影 b_P 引投影连线，两线相交得 B°；其二是通过点 B° 的两组全长透视 AF_x 和 NF_y 相交得 B°。如果建筑物体形大，两灭点距离较远，视平线高度一般取人眼平均高1.6m左右，这时视平线 H-H 与基线 g'-g' 相距很近，两直线的全长透视交角较小，致使交点定位不准确。此外，透视图上作图线太多，使图面不清晰。为避免上述缺点，可在透视图下方(必要时可放于上方)作一透视平面图。

建筑形体在降低基面后所作出的平面图的透视，称为透视平面图(图 16-7a)，其作法是在基线 g'-g' 之下设一条辅助基线 g'_1-g'_1(与 H-H 线平行)，它就是降低的基面 G_1 在画面 P 上的投影，也是 G_1 与 P 面的交线。仍采用原来的视平线和视点求作平面图的透视，这样便拉开了 H-H 与 g'_1-g'_1 线之间的距离。当视点、画面、物体三者的相对位置不变时，灭点的位置也不变，因此，不管 g'_1-g'_1 与 H-H 的距离拉开多大，透视图的大小不变，改变 g'_1-g'_1 线的位置，仅使透视平面图的上下宽度改变，而左右长度不改变。当 H-H、g'_1-g'_1 线位置确定后，透视平面图的详细作法仍与图 16-2 相同(图 16-7b)。

[例 16-4] 已知两坡顶房屋的平面、侧立面图，并知站点、视平线 H-H、基线 g'-g'(图 16-8)，求透视平面图和透视图。

[解] 1. 分析：由图 16-8 平面图可知，房屋一墙角 Aa 靠于画面，故反映真高；檐口线 CD 与画面交于 N_4，n_4N_4 反映真高，可从侧立面图中量取 CD 的高度($d''c''=CD$ 真高)作为 n_4N_4 的真高。

2. 作图(图 16-8)：

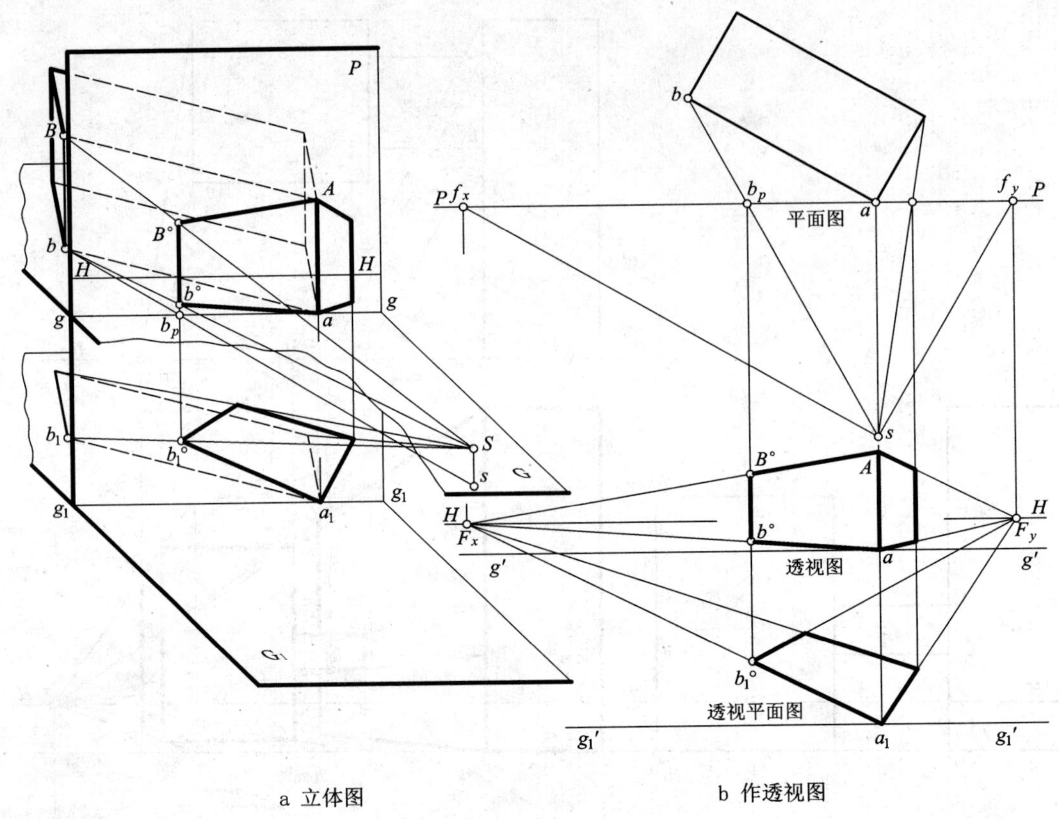

a 立体图　　　　b 作透视图

图 16-7　透视平面图的作图原理与方法

(1)在 g'-g' 线之下作一水平线 g'_1-g'_1 作为降低基面后的基线(用 H-H、g'_1-g'_1 线,求作透视平面图)。

(2)按前述方法求出灭点 F_x、F_y。

(3)求透视平面图:在 g'_1-g'_1 线上定出迹点 n_{11}、a_1、n_{21}、n_{31}、n_{41} 和 n_{51},分别作线连接点 a_1 与灭点 F_x、点 a_1 与灭点 F_y、点 n_{31} 与灭点 F_x。$n_{31}F_x$ 和 a_1F_y 相交得点 e°_1。由 sb 与 P-P 相交得点 b_p,过点 b_p 作投影连线,与 a_1F_x 相交得点 b°_1。连点 b°_1 与灭点 F_y,$b^\circ_1F_y$ 与 $n_{31}F_x$ 相交得点 1°_1。$a_1b^\circ_1 1^\circ_1 e^\circ_1$ 即为墙身平面轮廓的透视平面图(虚线所示)。求檐口线的透视平面图时,只要连接点 n_{41} 与灭点 F_y、点 n_{21} 与灭点 F_x、点 n_{51} 与灭点 F_x,并都将它们延长,彼此相交得点 d°_1、c°_1;连站点 s 与点 m,sm 与 P-P 相交得点 m_p,过点 m_p 作投影连线,与 $n_{51}F_x$ 相交得点 m°_1,连点 m°_1 与灭点 F_y,$m^\circ_1F_y$ 与 $n_{21}F_x$ 相交得点 2°_1。$d^\circ_1c^\circ_1 2^\circ_1 m^\circ_1$ 即为檐口线的透视平面图。连点 n_{11} 与灭点 F_y,$n_{11}F_y$ 与 $n_{51}F_x$、$n_{21}F_x$ 相交得点 k°_1、l°_1,即得屋脊线透视平面图 $k^\circ_1 l^\circ_1$。

(4)求房屋的透视图:用 H-H、g'-g' 作房屋透视图。先求墙身长方体的透视:在 g'-g' 线上定出点 a,点 a 应与平面图上的角点 a 和透视平面图上的点 a_1 处于同一铅垂线上,在此铅垂线量取真高 Aa,连点 A 与灭点 F_x、点 a 与灭点 F_x、点 A 与灭点 F_y、点 a 与灭点 F_y,过透视平面图中的点 b°_1、e°_1 引投影连线,与 AF_x、aF_x、AF_y、aF_y 分别相交,于是求得了下部墙身长方体的透视 B°、b°、e° 等点,从而作出下部墙身长方体的可见轮廓。作屋脊和檐口线的透视:作 N_1n_1 等于屋脊线的真高,连迹点 N_1 与灭点 F_y,N_1F_y 与过透视平面上点 k°_1、l°_1 所引投影连线相交得屋脊线透视 $K^\circ L^\circ$。作 n_4N_4 定出檐口线迹点 N_4 真高,连接迹点 N_4 与灭点 F_y 并延长 N_4F_y,再从透视平面图上的点 d°_1、c°_1 引投影连线,与 N_4F_y 相交得檐口线的透视 $D^\circ C^\circ$,连接点 D° 与灭点 F_x,与过点 m°_1 所引的投影连线相交得点 M°。连点 K° 与 M°、点 K° 与 D°、点 L° 与 C°、点 M° 与灭点 F_y(只连出可见部分),于是完成了坡屋面的透视。在透视平面图上,过点 f°_1 引投影连线,与 $K^\circ L^\circ$ 相交于点 F°,连点 B° 与 F°,取可见的一段,于是完成了全图。

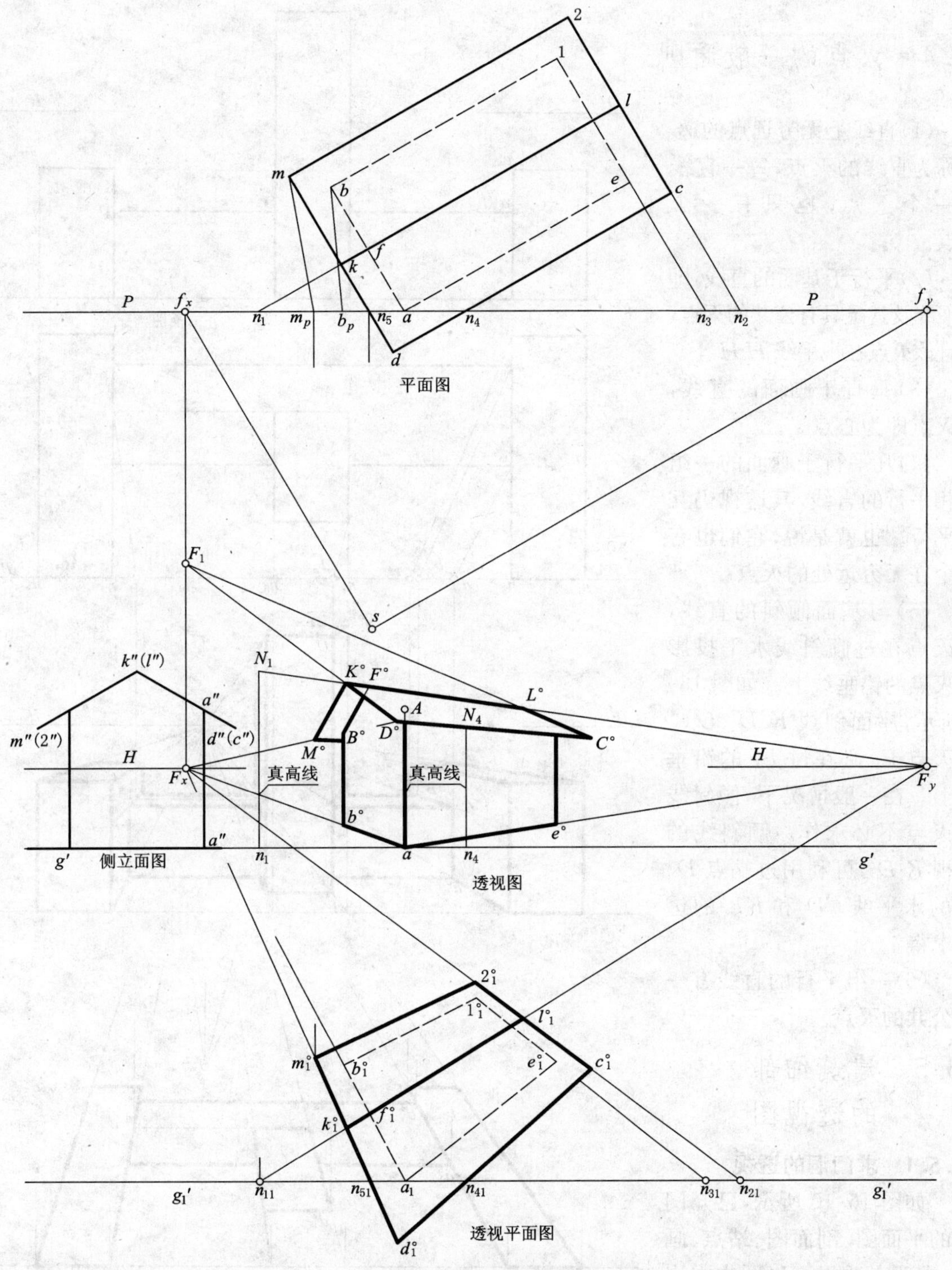

图 16-8　两坡顶房屋的两点透视

图 16-9 所示为建筑形体的一点透视，先作出透视平面图，再作透视图，详细作图过程如该图所示。

16.4 灭点的一般通则

(1)直线上无穷远点的透视称为直线的灭点,每一直线有一个灭点,也只有一个灭点。

(2)平行于基面的直线,即水平线及其足具有公共的灭点,而且该灭点在视平线 H-H 上。

(3)垂直于画面的直线,其灭点即为心点 s'。

(4)凡平行于画面的一组互相平行的直线,其透视仍互相平行。也就是说,它们也有一个在无穷远处的灭点。

(5)与基面倾斜的直线,其灭点在过倾斜线水平投影的灭点的铅垂线上。如图 16-8 所示,屋面斜线 $K^\circ D^\circ$、$L^\circ C^\circ$ 的灭点 F_1 必在过 F_x 的铅垂线上。在一般情况下,倾斜线的灭点不必求作。倾斜线的透视 $K^\circ D^\circ$,可利用过端点 D、K 的水平线 CD 和 KL 的透视求得。

(6)一组平行的直线有一个公共的灭点。

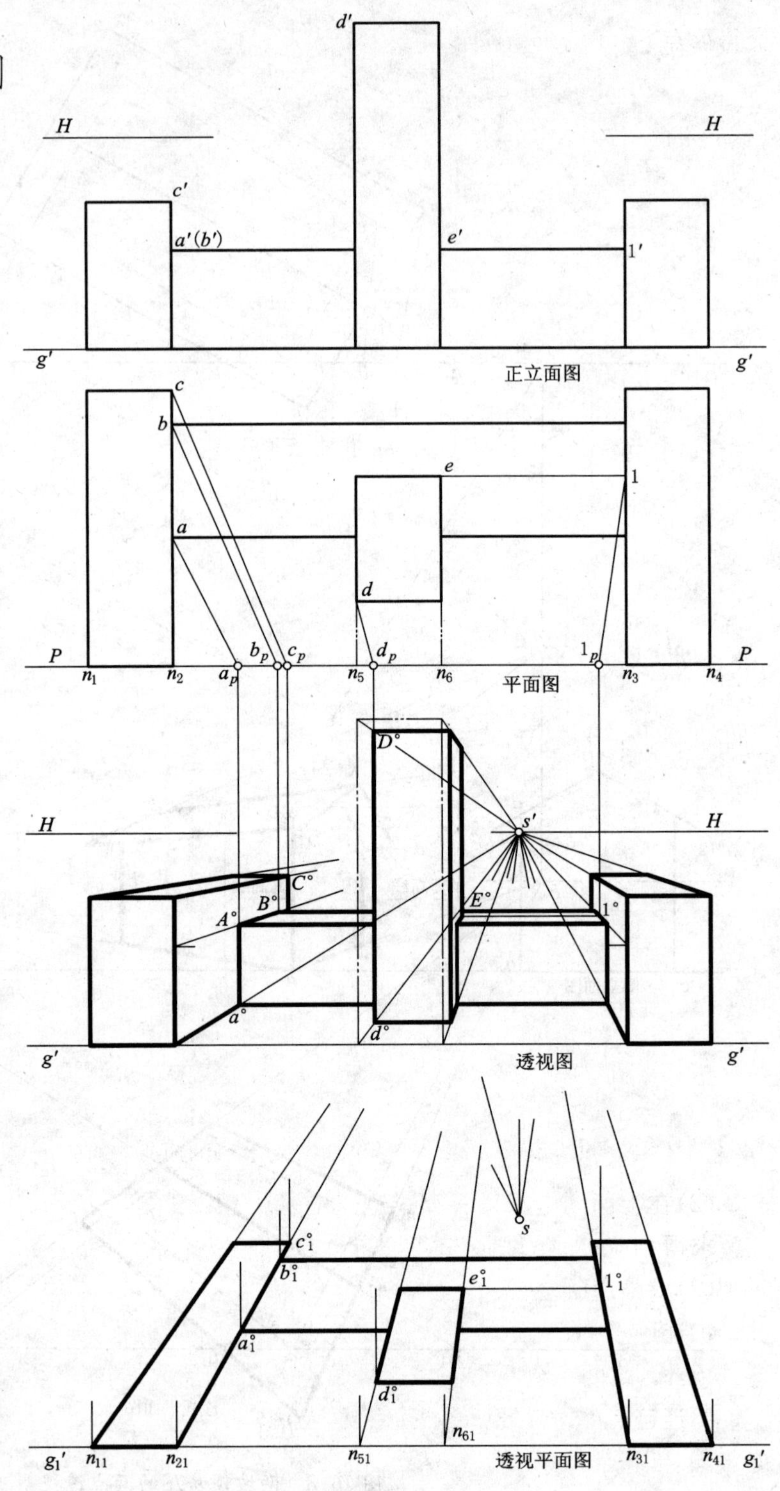

图 16-9 建筑形体的一点透视

16.5 建筑细部的透视图

16.5.1 求门洞的透视

如图 16-10 所示,已知门洞的平面图、剖面图、站点、画面,求两点透视。当图中求出灭点 F_x、F_y 之后,站点 s 就用不着了。因点的透视不再是用视线迹点的基面投影求得,而是用过该点的两组全长透视相交求得。作图步骤如下:

(1)在平面图上过站点 s 作 $sf_x /\!/ ab$,作 $sf_y /\!/ an_1$,它们与 P-P 线相交得灭点的基面投影 f_x、灭点的基面投影 f_y,过灭点的基面投影 f_x、灭点的基面投影 f_y 引投影连线,与 H-H 线相

交得灭点 F_x、F_y。

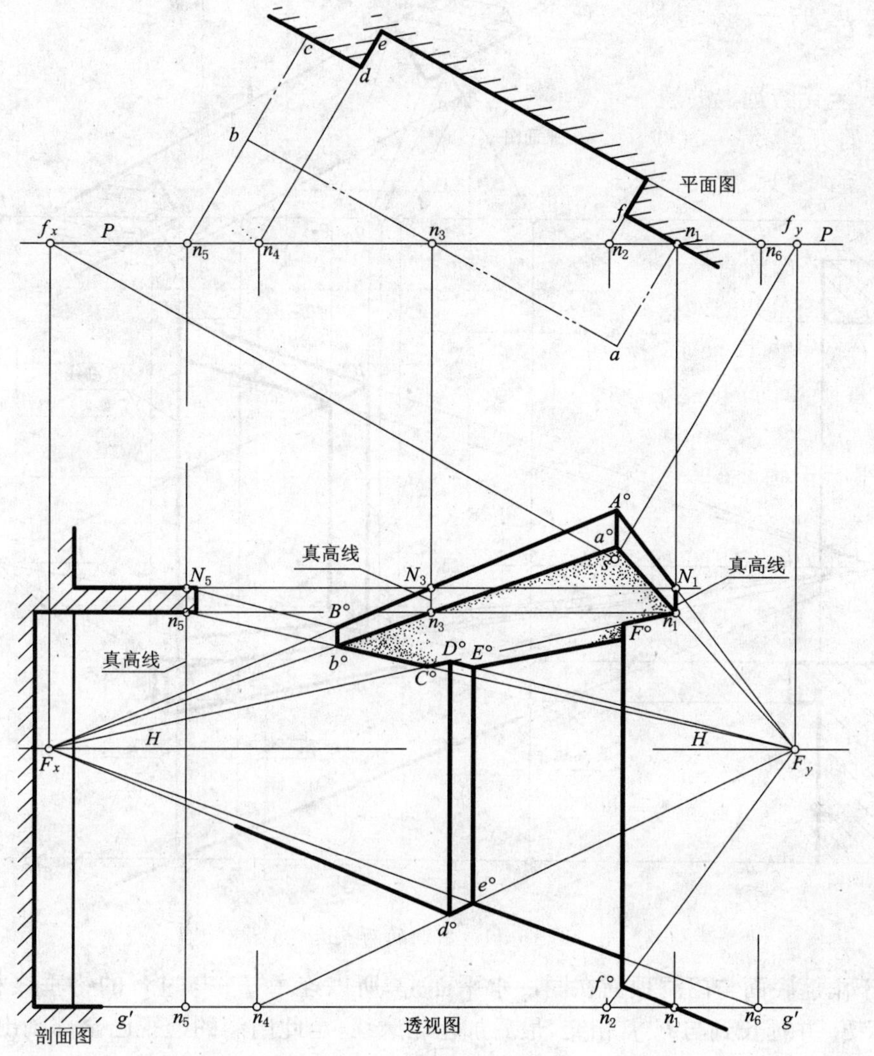

图 16-10　门洞的两点透视

(2)在平面图中求得各直线迹点的基面投影 n_1、n_2、n_3、n_4、n_5、n_6，再根据剖面图中各部分高度求得相应直线的画面迹点 N_1、n_1、N_3、n_3、N_5、n_5。

(3)求雨篷的透视：

①连迹点 N_1 与灭点 F_y、迹点 n_1 与灭点 F_y 并延长，连迹点 N_3 与灭点 F_x、迹点 n_3 与灭点 F_x 并延长，此两组全长透视相交得角点 A、a 的放大透视 A°、a°。

②连迹点 N_5 与灭点 F_y、迹点 n_5 与灭点 F_y，N_5F_y、n_5F_y 与 $A^\circ F_x$、$a^\circ F_x$ 相交得点 B°、b°，连迹点 n_1 与灭点 F_x，n_1F_x 与 n_5F_y 相交得点 C°。

(4)求门洞的透视：

①连灭点 F_x 与迹点 n_1，即得地坪线(墙面与地面的交线)的透视。

②连迹点 n_4 与灭点 F_y、迹点 n_2 与灭点 F_y，n_4F_y、n_2F_y 与 F_xn_1 相交得点 d°、f°，过 d°、f° 竖高度与 n_1F_x 相交得门洞高度的透视 $D^\circ d^\circ$、$F^\circ f^\circ$，再连迹点 n_6 与灭点 F_x，n_6F_x 与 n_4F_y 相交得点 e°。

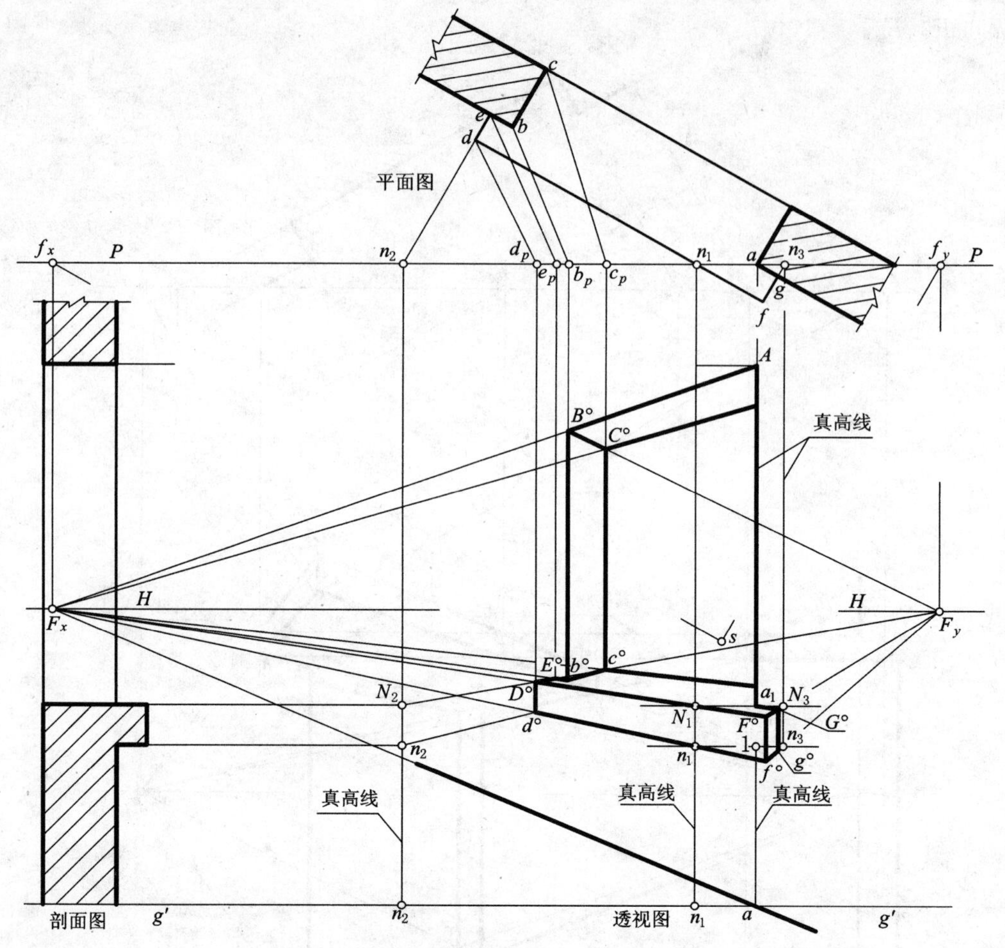

图 16-11　窗洞的两点透视

③由于雨篷底面与门洞顶面在同一水平面上，所以连 $D^{\circ}F_y$ 与过 e° 的铅垂线相交得交点 E°，再连 $E^{\circ}F_x$ 并延长到与 $F^{\circ}f^{\circ}$ 相交，最后加粗轮廓线，至此门洞的透视已全部画出。

16.5.2　求窗洞的透视

如图 16-11 所示，已知窗洞平面图、剖面图、站点、画面（H-H 线和 g'-g' 线），求两点透视。由平面图可知，角点 a 靠于 P-P 线，在画面上过 g'-g' 线上的点 a、点 n_1 的铅垂线为真高线。由平面图中延长 de、fg 与 P-P 线交于迹点 N_2、N_3 的基面投影 n_2、n_3，在画面上过 n_2、n_3 的铅垂线也为真高线。作图步骤如下：

（1）求出灭点 F_x、F_y。

（2）过点 a 作铅垂线，即真高线，由剖面图上量取窗洞、窗台的高度得 Aa_1、$a_1 1$、$1a$。

（3）连点 A 与灭点 F_x、点 a_1 与灭点 F_x，并从平面图上过点 b_p 引投影连线，与 AF_x、a_1F_x 相交得点 B°、b°，$B^{\circ}b^{\circ}a_1A$ 即为窗洞的透视大小。

（4）连点 B° 与灭点 F_y、点 b° 与灭点 F_y，过平面图上点 c_p 引投影连线，与 $B^{\circ}F_y$、$b^{\circ}E_Y$ 相交得点 C°、c°，再连点 C° 与灭点 F_x、c° 与灭点 F_x，并延长到与 Aa_1 相交，求得窗洞厚度的透视。

（5）求窗台的透视：连迹点 N_3 与灭点 F_y、迹点 n_3 与灭点 F_y（n_3N_3 为窗台真高），并延长，连迹点 N_1 与灭点 F_x、迹点 n_1 与灭点 F_x 并延长，两组全长透视相交得 $F^{\circ}f^{\circ}$。连迹点 N_2 与灭点 F_y，N_2F_y 与 N_1F_x、a_1F_x 相交得 $D^{\circ}E^{\circ}$，过点 D° 作铅垂线，与 n_1F_x 相交得点 d°，延长 a_1b° 与

N_3F_y 的延长线相交得点 G°，过点 G° 引铅垂线，与 n_3F_y 的延长线相交得点 g°，完成了窗台的透视。

(6)连点 a 与灭点 F_x，得墙面与地面的交线（地坪线的透视）。加粗轮廓线，完成全图。

16.5.3 求挑檐和阳台的透视

如图 16-12a 所示，给出局部的建筑立面图、平面图、P-P 线、站点 s、视平线，求作两点透视。选取视平线高度时，应使两个阳台一为仰视、一为俯视，因此把 H-H 线设在两阳台之间，如立面图所示。图 16-12b 所示为所作的两点透视。作法简述如下：

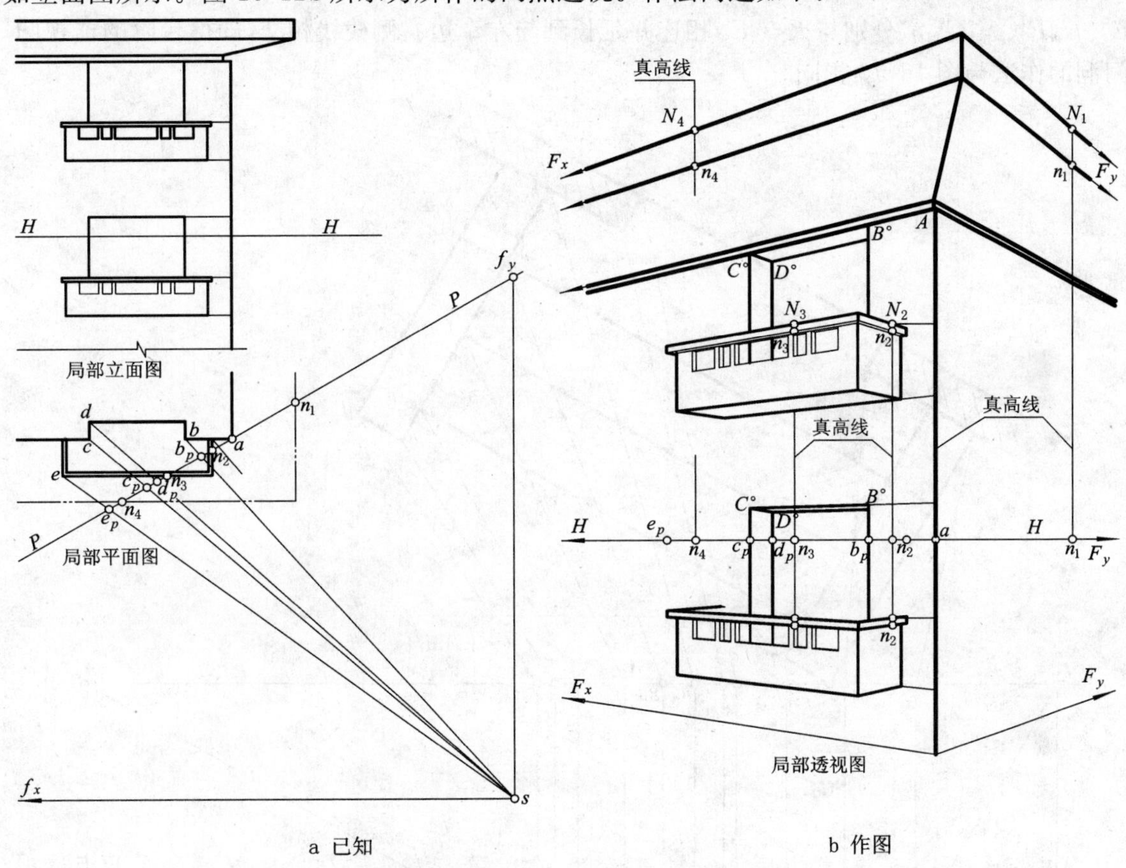

a 已知　　　　b 作图

图 16-12　挑檐、阳台的两点透视图

在图 16-12a 的平面图上先求出灭点的基面投影 f_x、f_y，连接站点 s 与点 b、站点 s 与点 c、站点 s 与点 d 等，并求得各迹点的基面投影 n_1、n_2…n_4 和各视线迹点的基面投影 b_p、c_p、d_p 等点。

由于立面图中地坪线未绘出，故作透视图时只要画出挑檐和阳台即可。在图 16-12b 中，任作一条水平线作为视平线 H-H，基线 g'-g' 不必画出，将平面图中的各迹点的基面投影 n_1、n_2…n_4、a 和各视线迹点的基面投影 b_p、c_p、d_p 以及灭点的基面投影 f_x、f_y 量到 H-H 线上（需保持各点之间的相对位置不变），f_x 也就是灭点 F_x，f_y 即为 F_y；然后将门洞阳台的高度量在真高线 Aa 上，挑檐的高度则量在过 n_1、n_4 的真高线上。

定出灭点 F_x、F_y，各视线迹点 b_p、c_p、d_p，迹点 n_1、n_2…n_4，并在真高线上量出相应的高度之后，其余作法与以前各例相同。读者可自己再重作一遍。

16.5.4 求台阶和门洞的透视

如图 16-13 所示，给出台阶和门洞的平面图和剖面图，求两点透视。

由于台阶位于地面上，故一般视平线选得较高，绘成鸟瞰透视图。

作图时，把左、右牵边看作是由长方体切割形成的，按图 16-2、3 方法先作出长方体的透视，再根据牵边厚度 $AB(=ab)$、$CD(=cd)$ 求出透视厚度 AB°、$C^{\circ}D^{\circ}$ 及牵边上的斜面的透视，然后，把台阶的踢面高度量到 Aa 上，得 1、2、3 点，连接灭点 F_y 与点 1、灭点 F_y 与点 2、灭点 F_y 与点 3，这组线束与右牵边的左前棱相交得三个踢面的透视高度 1°、2°、3°，再连接灭点 F_x 与点 1°、灭点 F_x 与点 2°、灭点 F_x 与点 3°，过 e_p、f_p、g_p、h_p 各点引投影连线，并与 F_x1°、F_x2°、F_x3° 分别相交。求得了台阶的踏面、踢面与右牵边左侧面的交线 $e^{\circ}E^{\circ}f^{\circ}F^{\circ}g^{\circ}G^{\circ}h^{\circ}H^{\circ}\cdots$，最后将点 e°、E°、f°、F°、g°、G°、h° 分别与灭点 F_y 相连并延长到与左牵边右侧棱线相交，即得台阶的透视图。门洞的作法与图 16-10 相同。

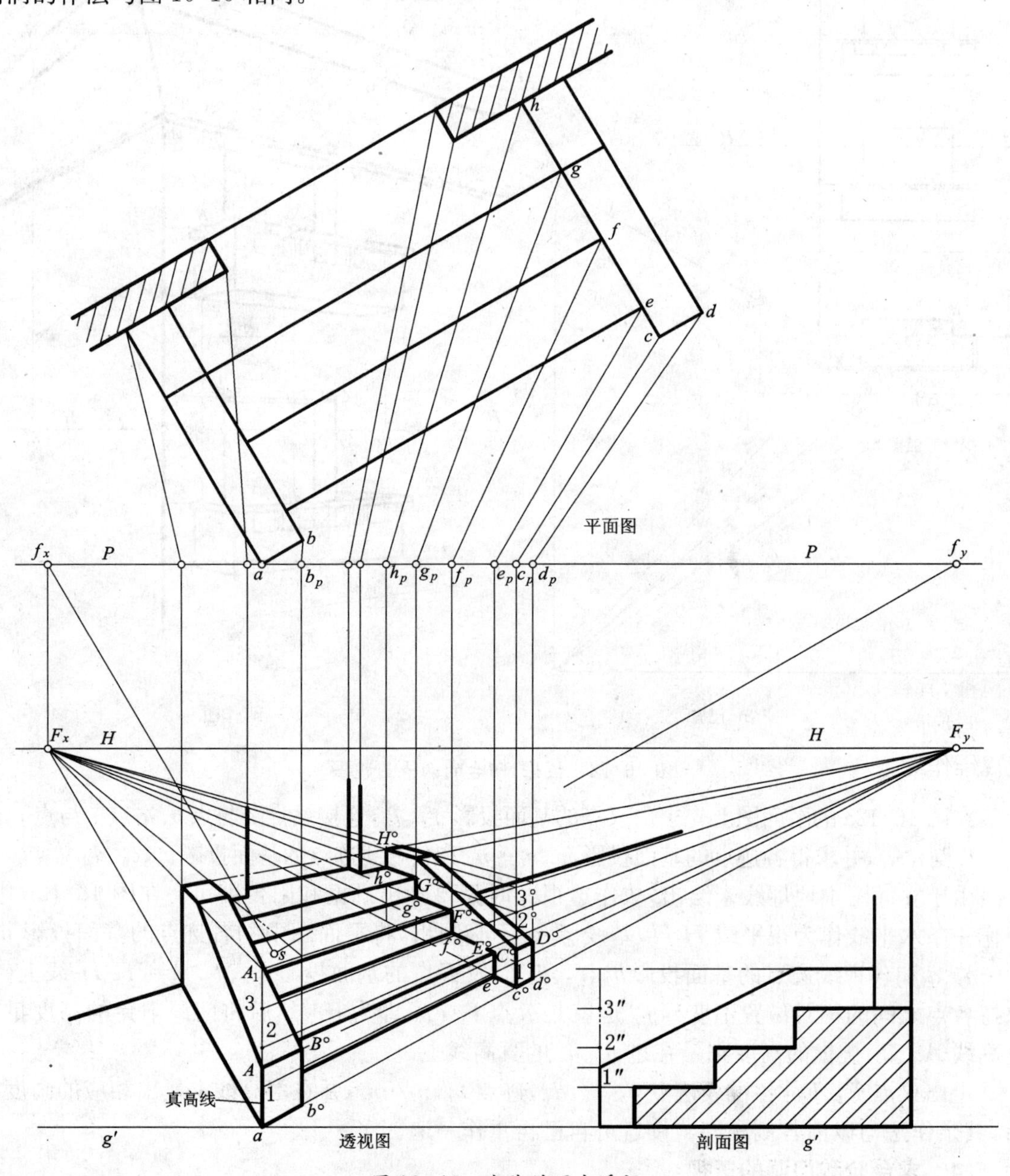

图 16-13　台阶的两点透视

17 建筑透视图的选择

17.1 概 述

在学习透视图的原理和画法时，不仅要熟练掌握各种画法，而且还应掌握和了解怎样才算是一张画得最好的透视图。怎样画好透视图，这个问题包括如何选择视点和画面的位置及角度、透视类型，以及如何确定配景的大小尺度等。

当视点、画面和物体三者的相对位置不同时，形体的透视图将呈现不同的形状。人们要求画出的透视图应当符合人们处于最适宜位置观察建筑物时所获得的最清晰的视觉印象。因此，这三者的相对位置不能随意确定，否则，就不能准确地反映我们的设计意图。

17.2 视点选择

17.2.1 选定视角

当视点过偏、视距过近时，视角就会增大，透视易产生失真现象。从实际经验体会到：若头部不动，以一只眼睛观看前方时，上下、左右能看到的范围构成一个以眼睛为顶点的椭圆形的视锥，其锥顶角称为视锥角。视锥角与画面的交线称为视域，视轴即视锥高，必垂直于画面。为了简便起见，实际应用时把视锥作为正圆锥，这样，视域即为正圆。视锥角 α 一般为 110°～130°，清晰可见的视锥角为 60°，最清晰的在 28°～37°范围内。画室内透视时可稍大于 60°，但不宜超过 90°，否则会失真。绘室外透视一般采用 $\alpha=30°$，以便使用 30°三角板选定站点（图 17-1）。

以视中线为对称轴（ss_p），将 30°三角板的斜边和所夹 30°角的直角边靠在建筑平面图的最左最右边角点，这时 30°三角板顶点位置即为理想的站点 s 位置。

图 17-2 所示，说明了视角大小对透视图的影响，图 17-2a 视距近，视角大，图形小，形象失真；图 17-2b 视距正常，图形适中，无失真现象。

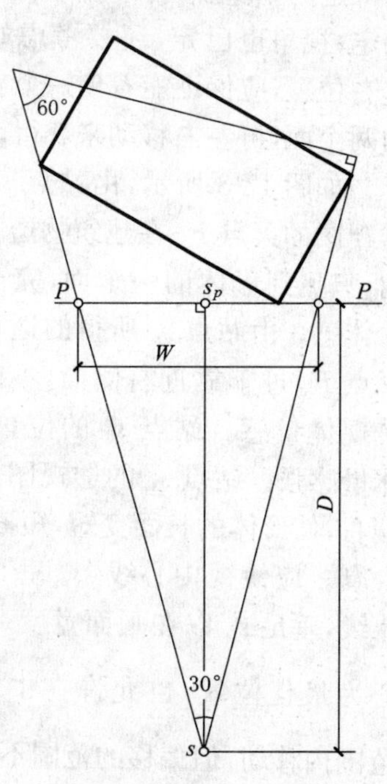

图 17-1 视角 $\alpha=30°$时，选定站点的方法

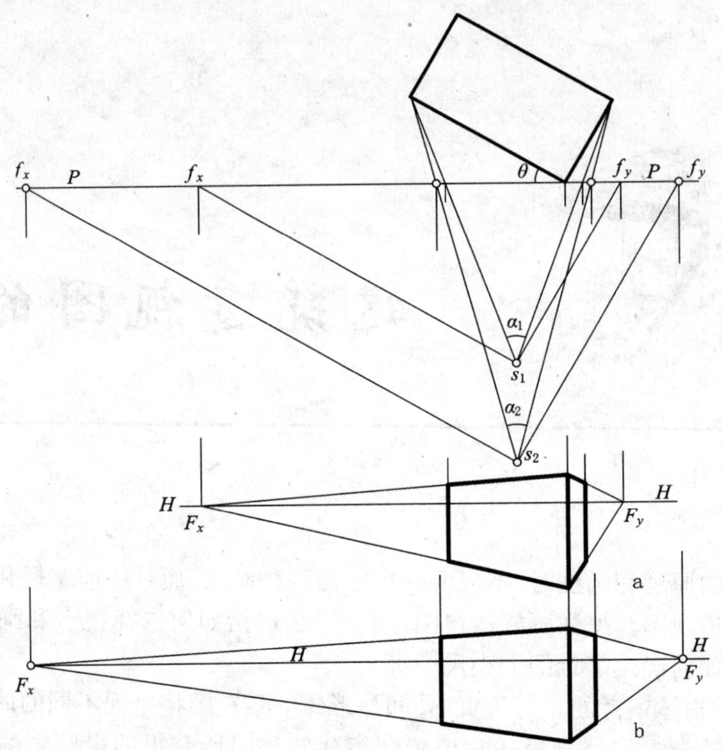

图 17-2　视角大小对透视图的影响

17.2.2　选定站点的左右位置

站点位置的选择应保证透视图有一定的立体感，若形体与画面位置已定，视角也已定，还要考虑站点的左右位置，应保证能看到一个长方体的两个面，可左右移动来获得。

如图 17-3 所示，由站点 s_1 所得透视图的灭点 F_y 在建筑物透视图形内，只见到形体的一个面，完全没有立体感。由站点 s_2 所得的透视图的灭点 F_y 过于靠近右侧面，不能充分表现体量感。站点 s_3 的位置最好，体量感强。站点 s_4 的透视图站点太偏右，使形体的长面变短，短面变长，失真。应使视中心线 ss_p 垂直于 P-P 线，垂足 s_p 以在画面宽度 W 的中心为最佳位置，也允许在中间 $\frac{1}{3}W$ 范围内移动，但偏移的范围不宜超出 W 宽度范围，否则会严重失真。

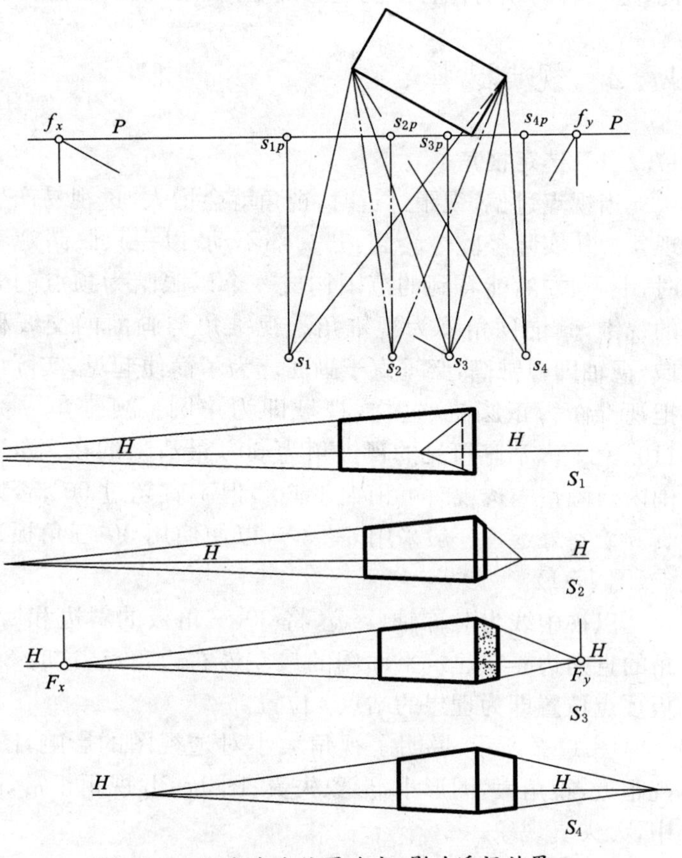

图 17-3　视点左右位置改变，影响透视效果

图 17-4 所示的形体由三个体块

组合而成。图 17-4a 中，垂足 s_p 在画面宽度 W 的中间，使透视图中能看到三个体块。而图 17-4b 所示的垂足 s_p 在 W 宽度范围之外，透视图中只能看到两个体块，严重失真。

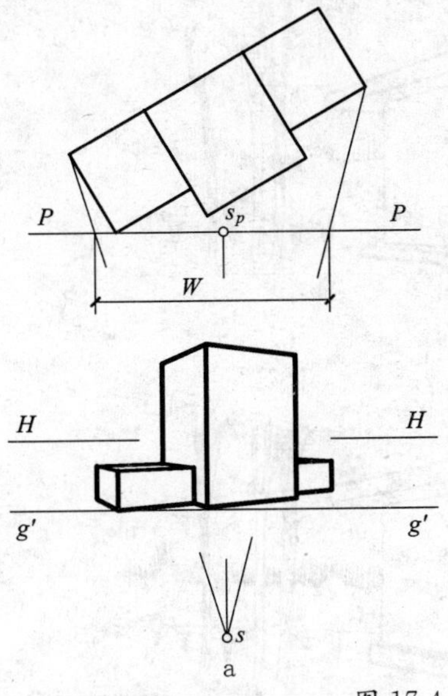

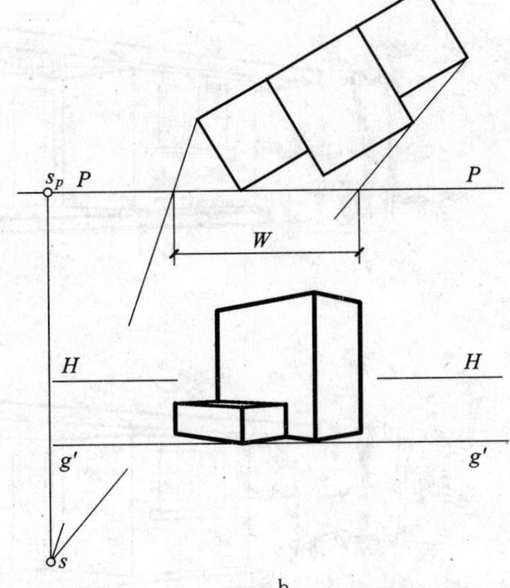

图 17-4　视中心应在画面宽度 W 内

17.2.3　选定视高

视高的选择就是指确定视平线的高度，在室外透视中，通常按一般人的眼睛到地面的高度来作为视高，约 1.6m。图 17-5 所示，说明改变视高会影响透视效果：图 17-5a 视平线接近房屋的墙脚，墙脚线向灭点消失缓慢，檐口线消失陡斜，适宜于画平房（实例图 17-6a）。

图 17-5b 中的视平线取在高度正中，透视效果呆板，一般不取（实例图 17-6b）。

图 17-5c 中的视平线取在接近于檐口线，消失情况与图 17-5a 相反，适宜于画平房（实例图 17-6c）。

图 17-5d 中的视平线高于建筑物，这种透视图称为鸟瞰透视，适宜于画区域规划图和室内透视图，实例见图 17-7 和图 17-8。提高视平线绘鸟瞰图，有利于表示建筑物的道路、广场及建筑群之间的相互关系（实例图 17-7）。

当绘制高层或多层建筑时，视平线也可以取得高一些，通常取在 2～3 层之间。图 17-9 所绘带剖切的室内透视，视平线 H-H 仍取在左方二楼楼面之下。

图 17-5e 中的视平线与地坪线重合，

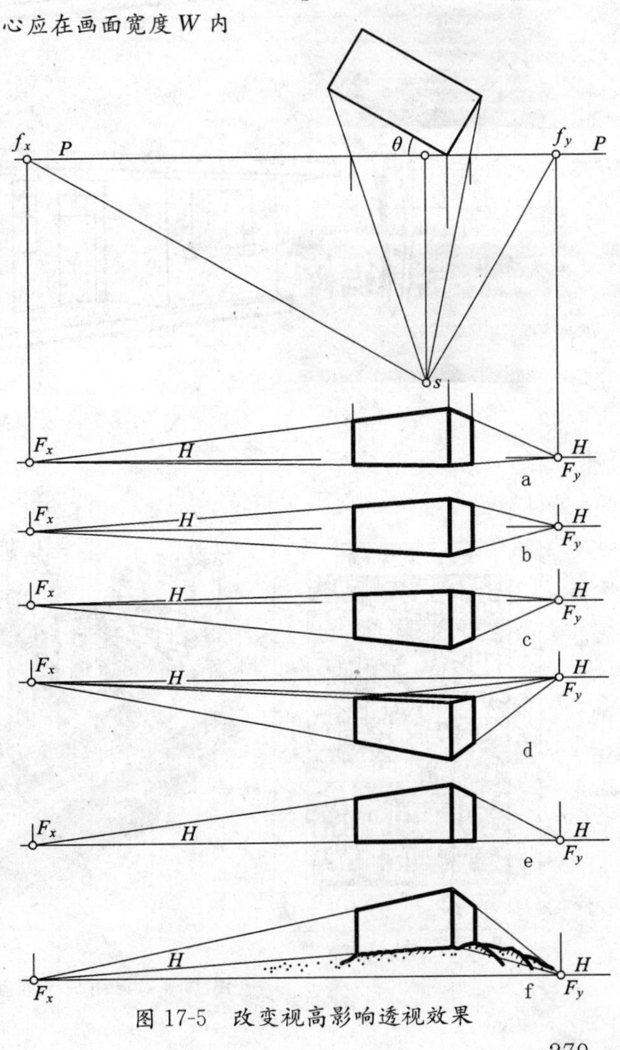

图 17-5　改变视高影响透视效果

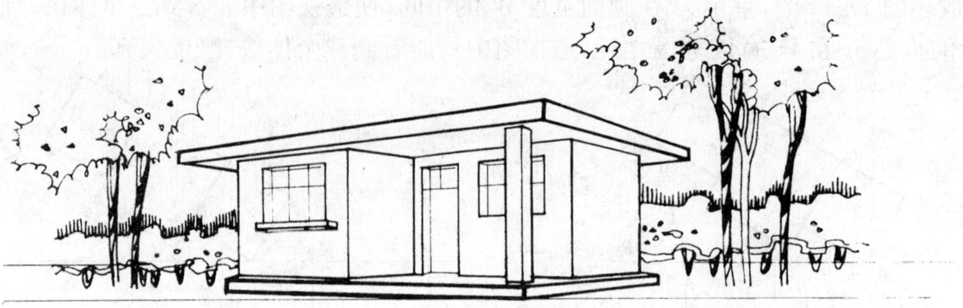

a

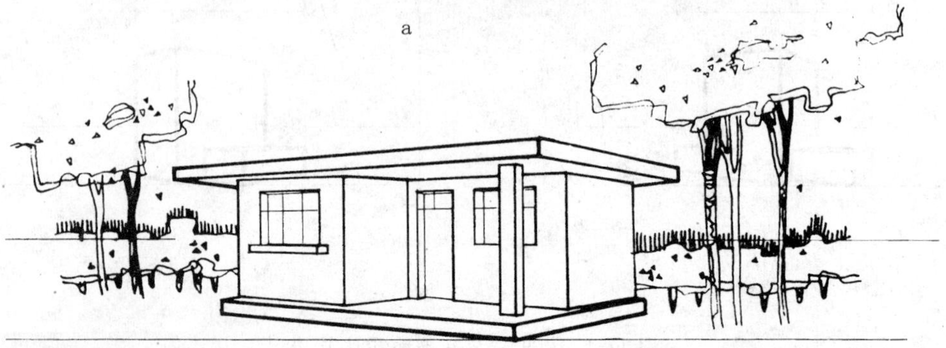

b

c

图 17-6　平房视平线选择

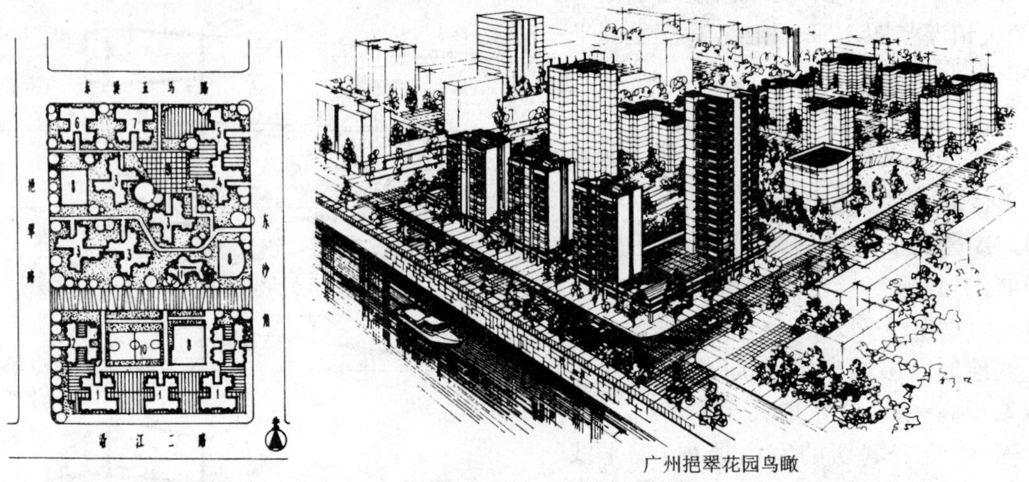

广州挹翠花园鸟瞰

图 17-7　提高视平线绘区域鸟瞰图

图 17-8　提高视平线表现室内家具

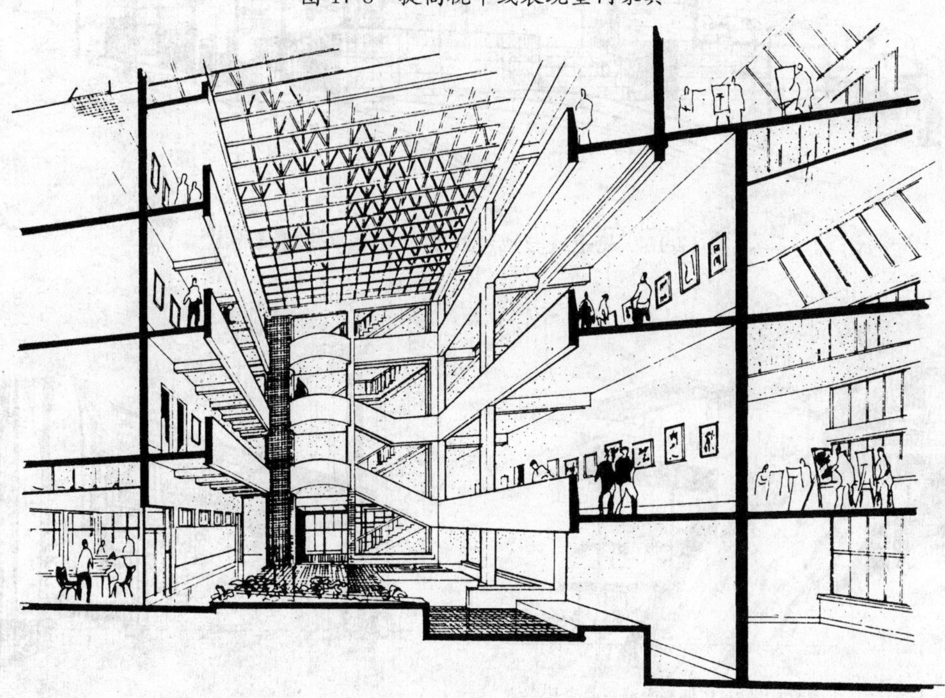

图 17-9　带剖切的室内透视

两边墙脚线与地面线重合，适宜于绘制雄伟的建筑物（实例图 17-10）。

图 17-5f 中的视平线低于建筑物底面，这样画出的透视图称仰望透视图，适用于画高山上建筑物或高层建筑中屋檐的局部透视（实例图 17-11a、b）。

图 17-10　视平线与地坪线重合表示雄伟建筑

悬臂式房屋，用低视平线更具奇伟感觉

a　　　　　　　　b

图 17-11　压低视平线表示山坡上建筑物

17.3　画面位置和角度的选择

17.3.1　画面位置

当画面平行移动时，所得透视图不改变形状，只改变大小。如图 17-12 所示，若视点与建筑物相对关系不变，将画面前后移动到如图所示 P_1、P_2、P_3 的位置则得透视图（图 17-12a、b、 c)。画面 P_1 在形体之前，所得的透视图 a 为缩小透视。画面 P_2 与形体相交，所得的透视图 b 在画面之前的为放大透视，在画面之后的为缩小透视。画面 P_3 在形体之后，所得透视图 c 为放大透视。通常取缩小透视(如图 17-12a)，并且使建筑物一角靠于画面，便于反映真高。

17.3.2 建筑物与画面的夹角

建筑物的主要面与画面的夹角通常取较小值(如 30°)。这时透视现象平缓，符合建筑物的实际尺度，可使建筑物的主要面、次要面分明。

图 17-13a、b 所示的位置为常用的透视角度下得出的，主次分明，主要面长宽比例符合实际情况；图 17-13c 忌用，因形体的长面与宽面同画面倾角大致相等，透视图上两个方向斜度一致，主次不分明，特别是对平面图为正方形的形体，透视图特别显得呆板；图 17-13d、e 适用于突出画面的空间感，或表现建筑物的雄伟感，主要面与画面夹角较大，使其有急剧的透视现象。

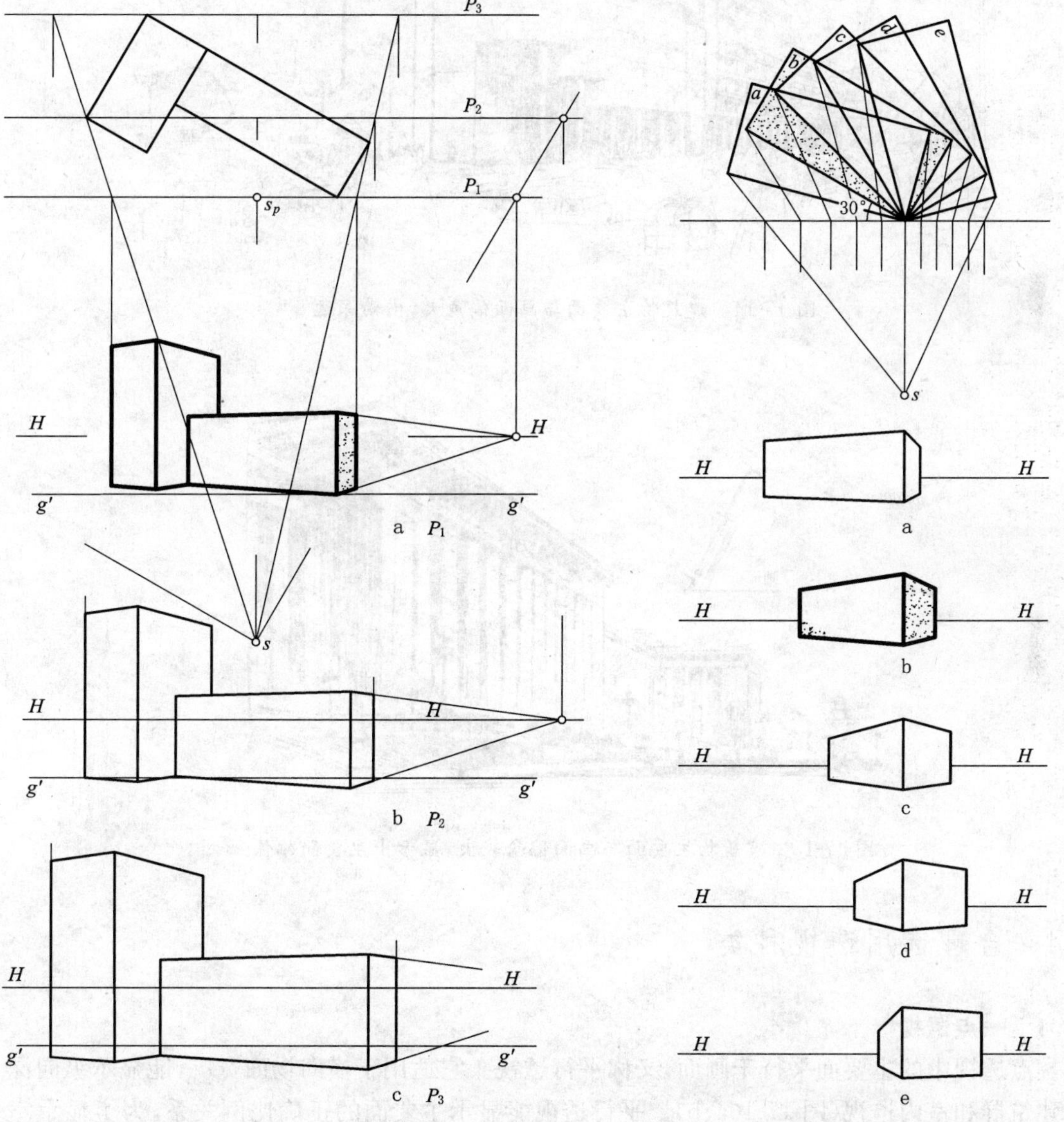

图 17-12 画面前后平行移动，产生放大或缩小透视

图 17-13 改变画面与建筑物角度影响透视效果

在画面的布局上，主要面的前部必须有足够的地方，使空间可以向远处引伸，要观赏建筑物全景时，只能选取偏角大的(图 17-14)。如要表现建筑物的雄伟感，远处的次要面可尽量少于画面(图 17-15)。

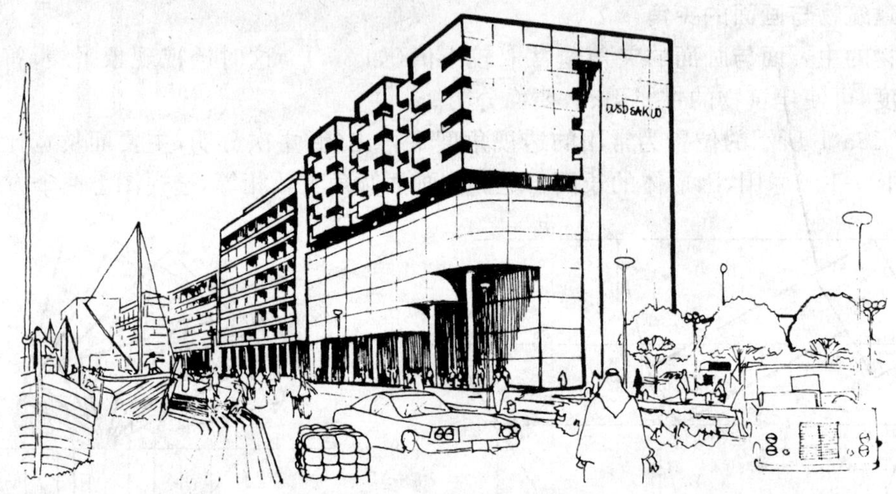

图 17-14　建筑物主要面与画面偏角大，街景深远

图 17-15　建筑物主要面与画面偏角较大，显示出主要面雄伟

17.4　合理选用透视种类

17.4.1　一点透视

一点透视中的主要面平行于画面，又称平行透视。它适用于横向场面宽广，能显示纵向深度的建筑群和室内透视(图 17-16a、b)。平行透视能显示主要面的正确比例关系，为了显示室内家具或庭院布置情况，也常选用一点透视。

17.4.2　两点透视

两点透视即成角透视，是人们所常用的一种透视图，透视效果真实自然。图 17-17 和图 17-18 所示为建筑物及其周围环境的两点透视。

图 17-16　一点透视——平行透视

图 17-17　两点透视——成角透视

图 17-18　两点透视——成角透视

17.4.3　三点透视

三点透视常用来绘制高层建筑透视图，对鸟瞰图尤其适用。它具有对三维空间的表现力强，以及竖向高度感突出等特点。如图 17-19a 所示为鸟瞰图，图 17-19b 则为仰望三点透视。

一张好的建筑透视图，还必须加绘透视阴影和适宜的配景，使画面更富有真实感。关于如何绘透视阴影，如何画配景，如何确定透视图中配景的大小和尺度，详见本书第 23、第 25 章。

a　　　　b

图 17-19　三点透视

17.5　绘制建筑物透视图的一般步骤

17.5.1　分析

分析建筑物的形体特征和所处的周围环境，以便更好地选择视点、画面位置和角度，以及合适的透视种类。现以图 17-20a 所示的四坡顶房屋外形的两点透视为例，说明一般的作图步骤。

17.5.2　作图（图 17-20）

(1) 在房屋设计图上，过平面图的角点 a 作画面在水平面上的积聚投影 P-P 线，使房屋主要面与画面成 30°角，另一侧面与画面成 60°角。

(2) 选定站点 s，用 30°-60°三角板的 30°夹角的斜边和直角边分别靠紧平面图中的角点 b 和 c，并使 ss_p 线垂直于 P-P 线，连 sb、sc，与 P-P 线相交于点 b_p、c_p。要求使 s_p 点在点 b_p、c_p（透视图宽度）中间的 1/3 范围内，这时三角板的 30°角的顶点即为站点 s 的适宜位置（$\alpha=30°$），请参考图 17-1。

(3) 在平面图上求出灭点的基面投影 f_x、f_y。

(4) 在平面图中连视线 SⅠ、SⅡ、SB、SC、SD、SE 的基面投影 $s1$、$s2$、sb、sc、sd、se，得视线迹点的基面投影点 1_p、2_p、b_p、c_p、d_p、e_p，并求出某些直线的画面迹点的基面投影 n_1、n_2、n_3。

(5) 在画透视图的图纸上布置画面，即定出基线 g'-g' 和视平线 H-H，如画透视平面图还应在 g'-g' 线之下适宜位置再作一条水平线，即降低基面 G_1 在画面上的投影线 g'_1-g'_1。

(6) 在 g'-g' 和 g'_1-g'_1 线上定出 a 点和 a_1 点，此两点应在同一条铅垂线上，以点 a_1 为基准，把平面图 P-P 线上各点量画到 g'_1-g'_1 线上，各点与 a_1 点的相对位置应等于 P-P 线上各点与 a 点的相对位置，如 g'_1-g'_1 线上的 a_1b_{1p} 应等于平面图 P-P 线上的 ab_p，其他各点也是这样的。

(7) 在 H-H 线上定出灭点 F_x、F_y。

(8) 按图 16-7 方法求出透视平面图。

(9) 在画面上（g'-g' 和 H-H）作出真高线 Aa，其高度从立面图上量取，作出房屋下部墙身

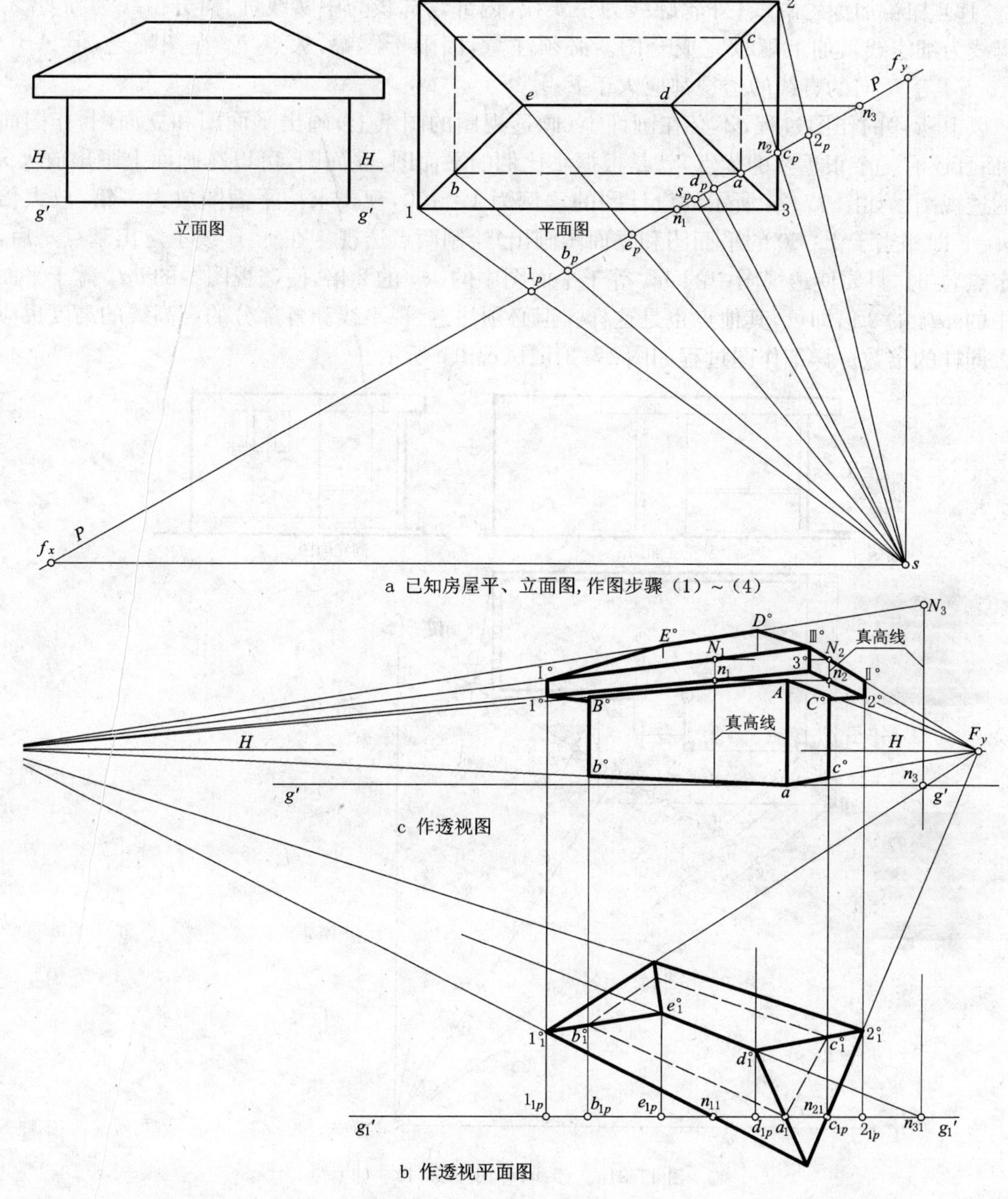

a 已知房屋平、立面图,作图步骤（1）～（4）

图 17-20 透视图的一般作图步骤

长方体的透视,如图中的 $AaB^{\circ}b^{\circ}C^{\circ}c^{\circ}$。

（10）根据立面图上檐口线和封檐板高度,分别得迹点 N_1、n_1、N_2、n_2,连灭点 F_x 与迹点 N_1、灭点 F_x 与迹点 n_1 和灭点 F_y 与迹点 N_2、灭点 F_y 与迹点 n_2。过透视平面图上点 $1^{\circ}{}_1$、$2^{\circ}{}_1$ 引投影连线,与上述两组全长透视相交得左檐角Ⅰ°1°和右后檐角Ⅱ°2°。

（11）求屋面透视,根据立面图上屋脊高,过点 n_{31} 引投影连线,在此线上根据立面图上屋脊高度定出迹点 N_3,并连灭点 F_x 与迹点 N_3,过透视平面图上的点 $e^{\circ}{}_1$、$d^{\circ}{}_1$ 引投影连线,与 F_xN_3 相交得屋脊线 $E^{\circ}D^{\circ}$,连斜脊 E°Ⅰ°、D°Ⅲ°（D°Ⅱ°为不可见,未连）。

(12) 加粗加深轮廓线(外轮廓线为粗实线,内部轮廓线为中实线,门窗分格线为细实线,勒脚线为细实线),加上配景完成全图。必须注意,因限于图幅,灭点 F_x 在图幅外,但 AB°、ab°、$a_1b^\circ_1$ 等 X 向的直线的透视都应灭于 F_x。

以上所述的作图过程,不必在画面上(画透视图的图纸上)画出平面图和立面图,作图简便,而且还有一个很重要的优点,就是根据小比例的平面图、立面图,可以在画面上画出放大 n 倍的透视图。如图 17-21 所示的设计图的比例为 1∶100,现要求按平面图放大一倍(放大倍数 $n=2$ 即相当于 1∶50 的平面图和立面图画出)绘制两点透视。在 g'-g' 线上定出基点 a 后,再定点 c_p 时,只要使透视图中的 ac_p 等于平面图中的 ac_p 的 2 倍,使透视图中的 ad_p 等于平面图中的 ad_p 的 2 倍即可,其他点也是这样。但必须注意,视平线和各部分的真高线的高度也应放大同样的倍数。详细作图过程如图 17-21a、b、c、d、e 所示。

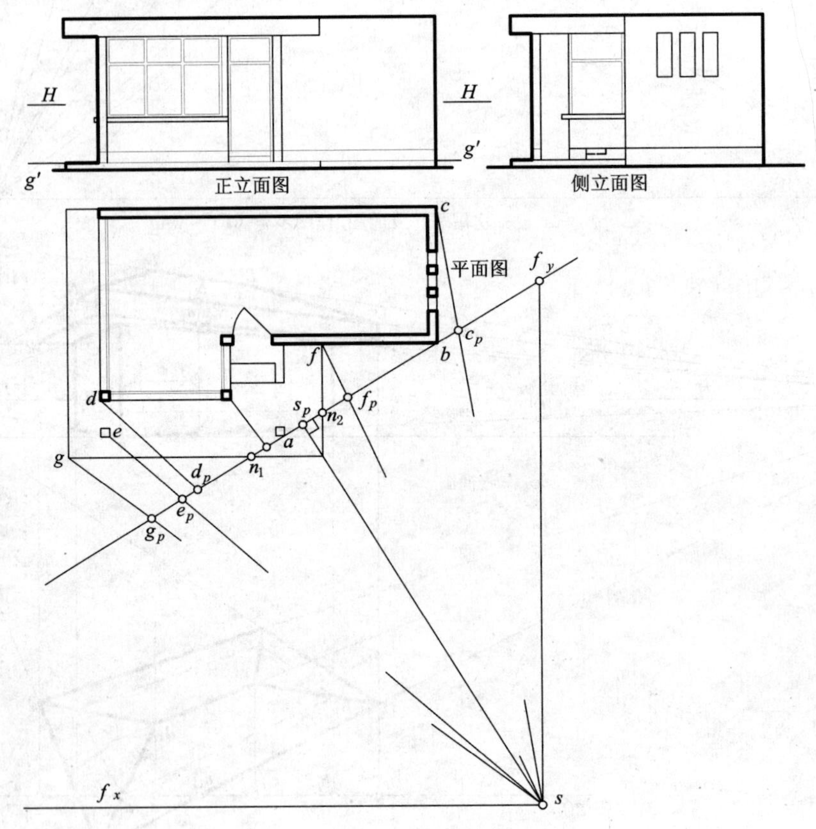

图 17-21a 已知,作图步骤(1)~(4)

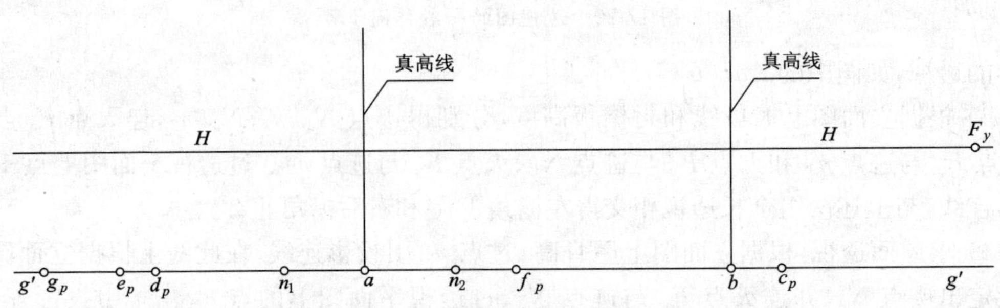

图 17-21b 确定 g'-g' 及 H-H 线并把 P-P 线上各点放大一倍量画到 g'-g' 线上

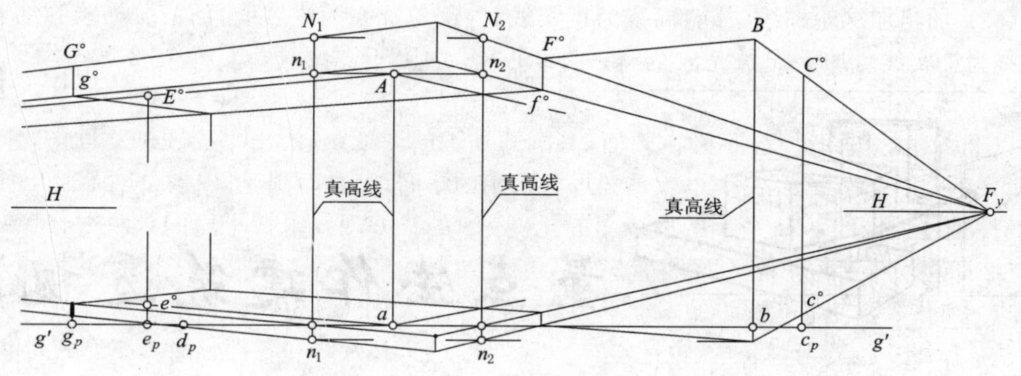

图 17-21c　求墙身、雨篷、地面等轮廓线的透视

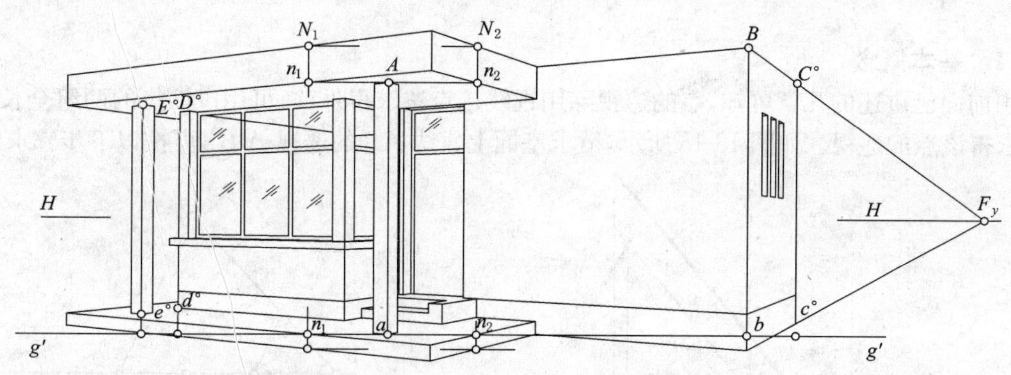

图 17-21d　作柱子、台阶、门窗的透视

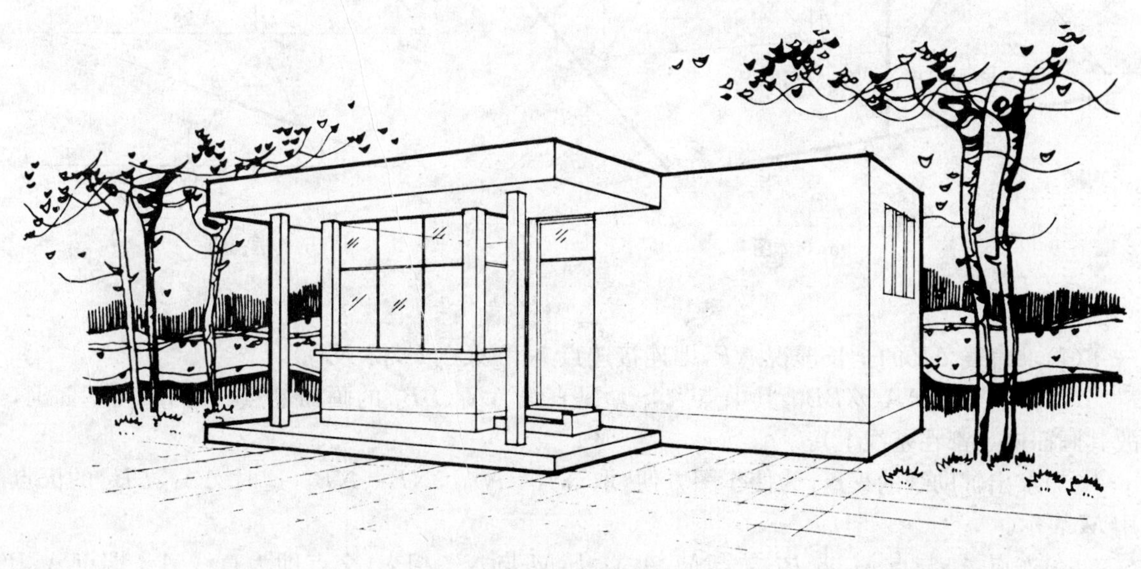

图 17-21e　按不同要求加粗加深线型并加上配景完成全图

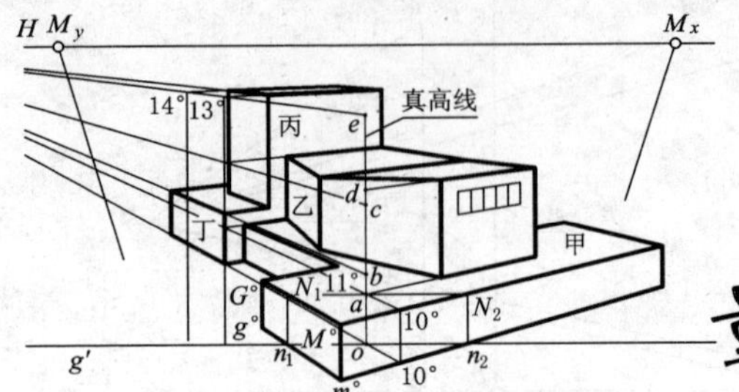

18 量点法作建筑透视图

18.1 量点的概念与作法

18.1.1 基本概念

由前面已讲述的几章可知，点的透视除用视线迹点法求得外，尚可用过该点的两组全长透视相交求得该点的透视。如图18-1a所示，欲求基面上直线AB的透视$A^{\circ}B^{\circ}$，可按以下步骤求作：

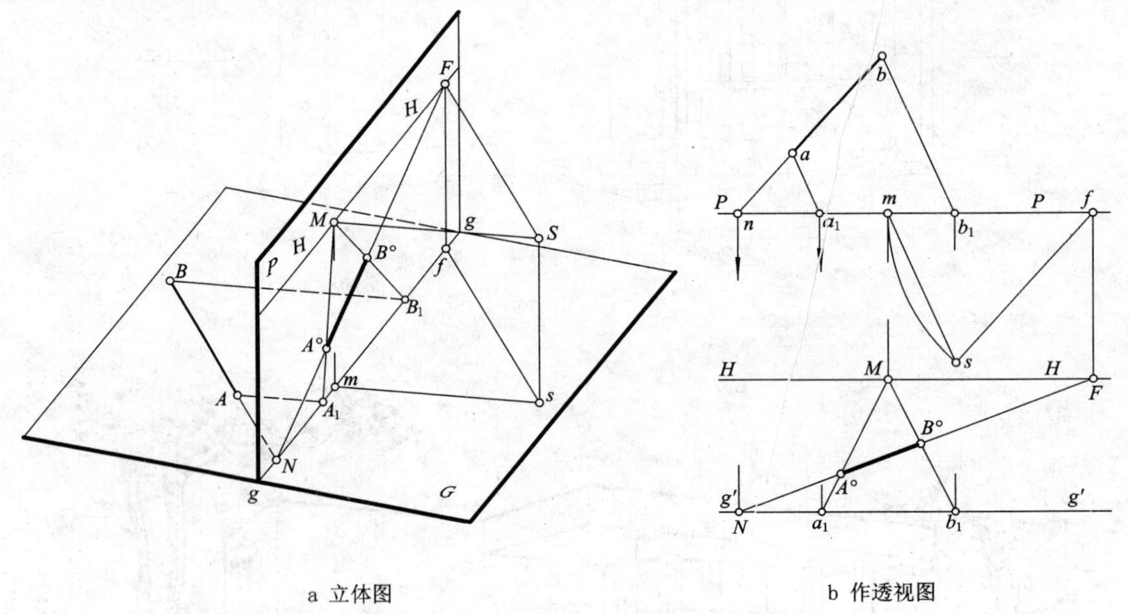

图18-1　量点的概念与作法

(1)求直线AB的全长透视NF，即连接迹点N和灭点F，得NF。

(2)作辅助线$AA_1 /\!/ BB_1$，其中点A_1、B_1是直线AA_1、BB_1的画面迹点(因AB在基面上，故其画面迹点都在基线上)。

(3)求出辅助线的灭点，为使作图方便，取$NA=NA_1$，$NB=NB_1$，这时AA_1、BB_1的灭点用M表示。

(4)连点A_1与点M、点B_1与点M，A_1M、B_1M与NF相交，交点即为直线AB端点A、B的透视A°、B°。这里两组全长透视NF、A_1M相交求得A°，NF与B_1M相交求得B°。

由于$A_1B_1=AB$，所以当已知为水平透视$A^{\circ}B^{\circ}$和辅助线的灭点M时，即可在基线上测量

出 $A^{\circ}B^{\circ}$ 的实长 AB，即连接点 M 与点 A°、点 M 与点 B°，并延长到与基线交于点 A_1、B_1，$A_1B_1=AB$。**故称辅助线 AA_1、BB_1 的灭点为线段 AB 的量点，并用 M 表示。由于 AB 是水平线，BB_1、AA_1 也是水平线，所以量点 M 必在视平线上。**

18.1.2 量点的作法

在实际应用中不必作出辅助线 AA_1、BB_1，而是利用几何关系求出直线的量点 M。由图 18-1a 可知，$SF /\!/ AB$，$SM /\!/ BB_1$，$H\text{-}H /\!/ g'\text{-}g'$，所以 $\triangle NBB_1 \backsim \triangle FSM$，又因 $NB=NB_1$，所以 $\angle B=\angle B_1$，则 $\triangle NBB_1$ 为等腰三角形，同样 $\triangle FSM$ 也是等腰三角形，所以 $\angle M=\angle S$，因而 $SF=FM$，在基面上由于 $\triangle fsm \cong \triangle FSM$，所以 $fs=fm$。

根据以上分析的几何关系得出求直线 AB 量点 M 的步骤如下（图 18-1b）：

(1) 在平面图上求直线 AB 灭点的基面投影 f。

(2) 以 f 为圆心，sf 为半径作圆弧，与 $P\text{-}P$ 线相交（一般取 sf 与 $P\text{-}P$ 线夹角较小的那个方向）得量点的基面投影 m。

(3) 过量点的基面投影 m 引投影连线，与视平线 $H\text{-}H$ 相交，即得 AB 线的量点 M。

用量点法求基面上的直线 AB 的透视 $A^{\circ}B^{\circ}$ 的步骤如下：

(1) 求直线 AB 的灭点 F 和画面迹点 N、n，并连接迹点 N、n 与灭点 F，即得直线 AB 的全长透视 NF、nF。

(2) 求出直线 AB 的量点 M（按以上的三个步骤求 M）。

(3) 在 $g'\text{-}g'$ 线上量出 $na_1=na$、$nb_1=nb$，得点 a_1、b_1。

(4) 连接量点 M 与点 a_1、量点 M 与点 b_1，Ma_1、Mb_1 与 NF 相交，交点 A°、B° 即为点 A、B 的透视，连接 $A^{\circ}B^{\circ}$ 即得线段 AB 的透视（图 18-1b）。

如果 AB 不在基面上，而是一条水平线（如图 18-2），距基面有一距离 L，作法也完全相同，因水平线与其次透视具有同一个量点。先按图 18-1b 的步骤作出水平线的基透视 $a^{\circ}b^{\circ}$，再过点 a°、b° 作投影连线，与水平线的全长透视 NF 相交得 $A^{\circ}B^{\circ}$。

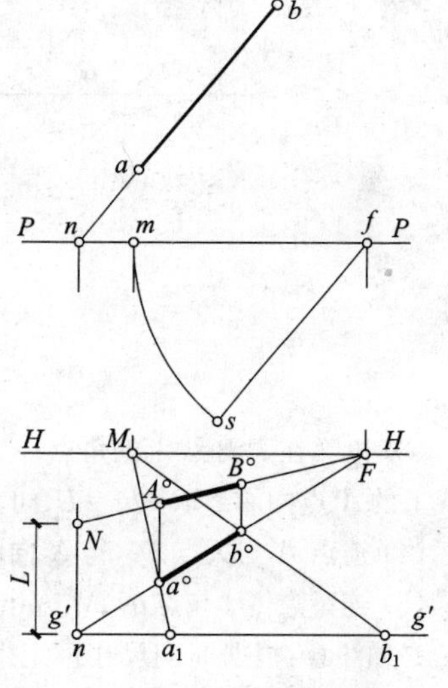

图 18-2 用量点法求水平线的透视

18.2 用量点法作透视图的实例

用量点法作透视图时，一般先作出透视平面图，再在画面上作透视图。由于透视图中各部分的透视位置可由透视平面图上各点作投影连线来确定，所以作透视图时可以不必再用量点。

［例 18-1］ 已知位于基面上的矩形平面，站点 s、$P\text{-}P$、$H\text{-}H$、$g'\text{-}g'$（图 18-3），求两点透视。

［解］ 1. 分析：由于矩形在基面上，故不用再作透视平面图，矩形有两个方向的灭点 F_x、F_y，故也有两个方向的量点 M_x、M_y。

2. 作图（图 18-3）：

(1) 求出灭点 F_x、F_y。

(2) 求出量点 M_x、M_y，即先以 f_x 为圆心，f_xs 为半径作圆弧，与 $P\text{-}P$ 线交于量点的基面投影 m_x，过量点的基面投影 m_x 引投影连线与 $H\text{-}H$ 线交于量点 M_x，再以 f_y 为圆心，f_ys 为半径作圆弧，与 $P\text{-}P$ 线交于量点的基面投影 m_y，过量点的基面投影 m_y 引投影连线，与 $H\text{-}H$ 线交于量点 M_y。M_y 为 Y 方向的量点，位于视平线上心点 s' 的左方，M_x 为 X 方向的量点，位于视平线上心点 s' 的右方。

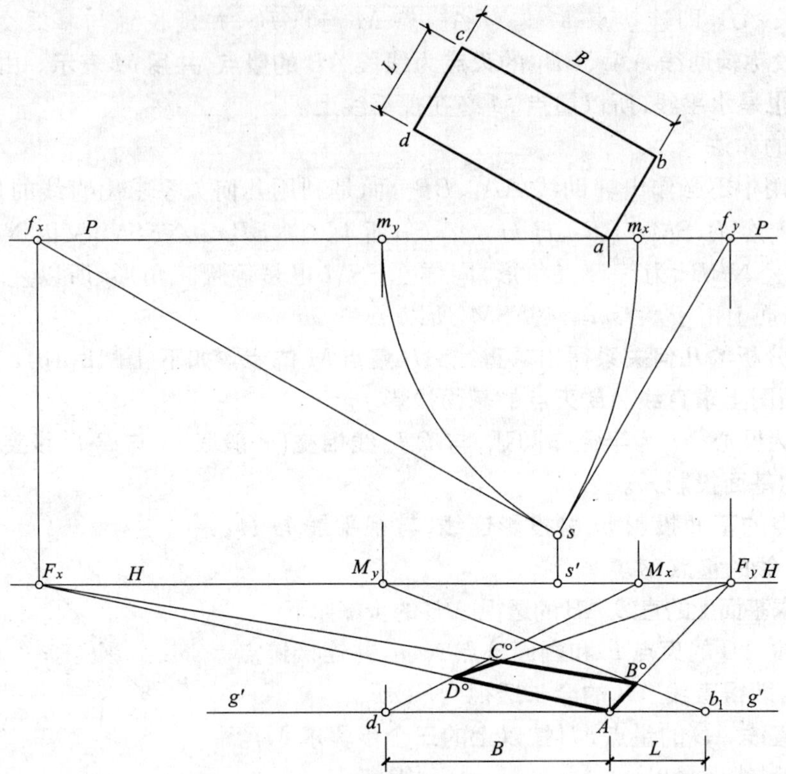

图 18-3　用量点法求矩形的透视

(3) 以靠在 P-P 线上的角点 a（X、Y 向的画面迹点）为基准，过点 a 引投影连线与 g'-g' 线交于点 A，自 g'-g' 线上的 A 点向右量取 $Ab_1=L$，向左量取 $Ad_1=B$。

(4) 连点 A 与灭点 F_x，得 X 向的全长透视，连点 A 与灭点 F_y，得 Y 向的全长透视。

(5) 连量点 M_y 与点 b_1，M_yb_1 与 AF_y 相交于点 B°，连量点 M_x 与点 d_1，M_xd_1 与 AF_x 相交于点 D°。

必须注意：根据 Y 向尺寸 L 定得的 b_1 必须与量点 M_y 相连；同样，根据 X 向尺寸 B 定得的点 d_1，必须与量点 M_x 相连。

(6) 连点 B° 与灭点 F_x、点 D° 与灭点 F_y，两线相交于点 C°。

由于基面上点的透视与其基透视重合，所以上述用 A、B°、C°、D° 表示。空间点透视 A、B°、C°、D° 与基透视 a、b°、c°、d° 重合，因此未标注 a、b°、c°、d°。

[例 18-2]　已知平顶房屋的平面图、立面图（图 18-4a），求透视图。

[解]　1. 分析：根据形体特点，选用两点透视，并用量点法作图。

2. 作图（图 18-4b、c）：

(1) 在设计图上过平面图中柱子的角点 a 作 P-P 线，并定站点 s，在立面图上确定视平线高度，在平面图中求出灭点的基面投影 f_x、f_y 和量点的基面投影 m_x、m_y（图 18-4a）。

(2) 在画面上作 g'_1-g'_1、g'-g' 和 H-H 线，并在 g'_1-g'_1 和 g'-g' 线上定出点 a_1、a，在视平线 H-H 上定出灭点 F_x、F_y、量点 M_x、M_y。

(3) 求透视平面图（图 18-4b）：

①把 Y 向的尺寸及其分点量在基线 g'_1-g'_1 线上 a_1 点之右，得 2_1、3_1、4_1、5_1 等点。1 点在平面图中位于 a 点之下，说明 1 点在画面之前，现规定画面之前的 X、Y 轴上的点为负值，画面之后的 X、Y 轴上的点为正值。这样 1 点为 $-Y$ 值，故 1_1 应量在 a_1 点之左，$a_12_1=a2$，$a_13_1=a3$…$a_11_1=a1$。

把 X 向尺寸及其分点量在 g'_1-g'_1 线上 a_1 点之左，得 7_1、8_1、9_1、10_1 等点，其中分点 6 在平面图中位于 a 点之右，即为 $-X$ 值，故 6_1 点应量在 a_1 点之右。即 $a_17_1=a7$，$a_18_1=a8$，$a_19_1=a9$，$a_110_1=a10$，$a_16_1=a6$。

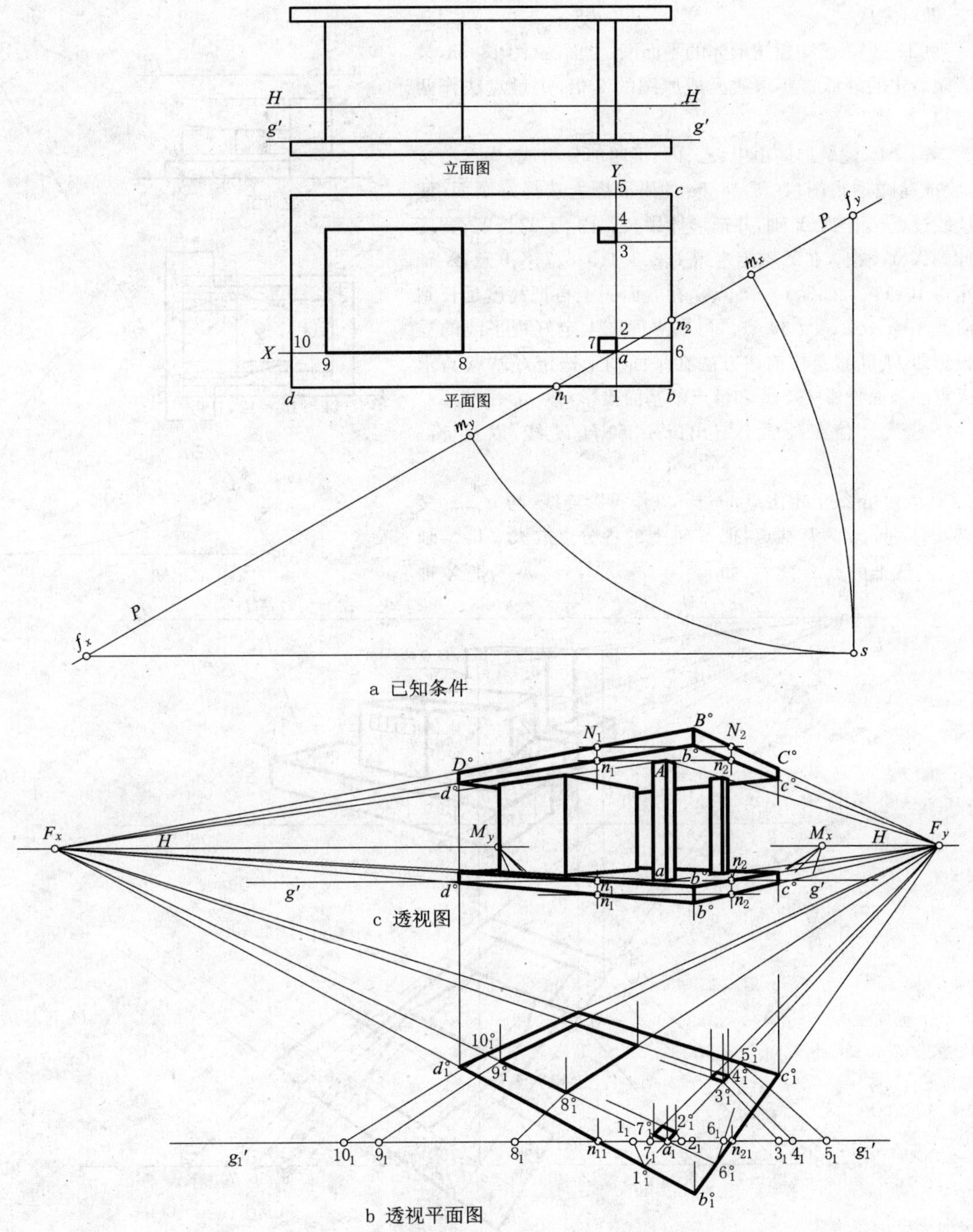

a 已知条件

c 透视图

b 透视平面图

图 18-4 用量点法求建筑形体的透视

②连点 a_1 与灭点 F_y、点 a_1 与灭点 F_x，连量点 M_y 与点 1_1，M_y1_1 与 a_1F_y 的延长线相交得点 $1^{\circ}{}_1$；连量点 M_x 与点 10_1，M_x10_1 与 a_1F_x 相交得点 $10^{\circ}{}_1$，同法求得点 $9^{\circ}{}_1$、$8^{\circ}{}_1$、$7^{\circ}{}_1$，连量点 M_x 与点 6_1，M_x6_1 与 a_1F_x 延长线相交得点 $6^{\circ}{}_1$，连接点 $6^{\circ}{}_1$ 与灭点 F_y、点 $1^{\circ}{}_1$ 与灭点 F_x，并延长，两线相交得点 $b^{\circ}{}_1$；连点 $10^{\circ}{}_1$ 与灭点 F_y，$10^{\circ}{}_1F_y$ 与 $1^{\circ}{}_1F_x$ 相交得点 $d^{\circ}{}_1$；连点 $5^{\circ}{}_1$ 与灭点 F_x，$5^{\circ}{}_1F_x$ 与 $b^{\circ}{}_1F_y$ 相交得点 $c^{\circ}{}_1$。其余作图过程如图中的透视平面图所示。

(4) 求透视图(图 18-4c)：在作出透视平面图之后，透视图作法与灭点法相同。有了透视平面图，作透视图时可以不再利用量点了。在画面上(即由 H-H、g'-g' 线确定的位置)先定出真高线 Aa，迹点 N_1、n_1 和 N_2、n_2，然后将这些点与相应灭点 F_x、F_y 相连得全长透视，再过透视平面图上各点作投影连线，与相应全长透视相交，即可完成。

［例 18-3］ 已知建筑形体的平面图、立面图(图 18-5a，某电影院简化的外形)，要求放大成原图的 2 倍，用量点法作两点透视。

［解］ 1. 建筑形体由甲、乙、丙、丁四部分组成，为看清全貌，绘成鸟瞰透视图，在图 18-5a 的平面图上选择好画面，使 P-P 线过点 o，作 X、Y 轴，并把形体甲、乙、丙、丁的长度、宽度延伸到 X、Y 轴上，在 Y 轴上定得 1、2、3、4、5、6、7、8、9 点，X 轴上定得 10、11、12、13、14、15 点。在立面图上再把高度延长到 Z 轴上，得 a'、b'、c'、d'、e' 点。再在立面图上定好视平线的立面投影即 H-H 线。按前述方法在平面图上选定好站点 s，求出灭点的基面投影 f_x、f_y 和量点的基面投影 m_x、m_y。

2. 放大 2 倍在画面上定出 g'-g' 和 H-H 线，以及 g'_1-g'_1 线。

3. 在 g'-g' 线上定出点 o，过 o 点作投影连线，与 g'_1-g'_1 交于点 o_1，以点 o_1 为基准点，把 Y 轴上的各分点放大 2 倍量画到 g'_1-g'_1 线上的点 o_1 之右，如 $\overline{o_1 8_1}=2\overline{o8}$，$\overline{o_1 4_1}=2\overline{o4}$…，把 X 轴

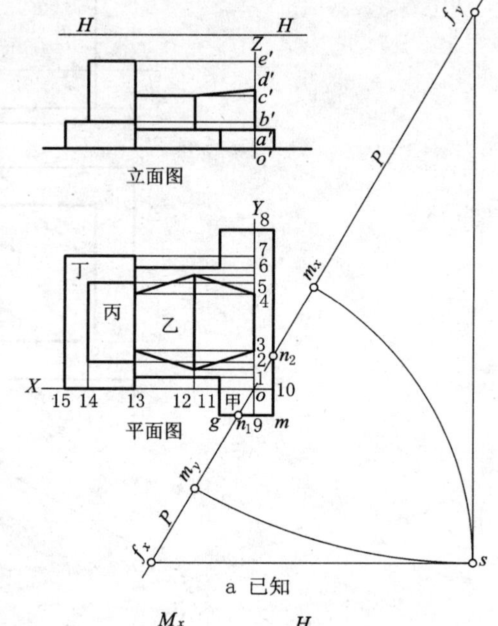

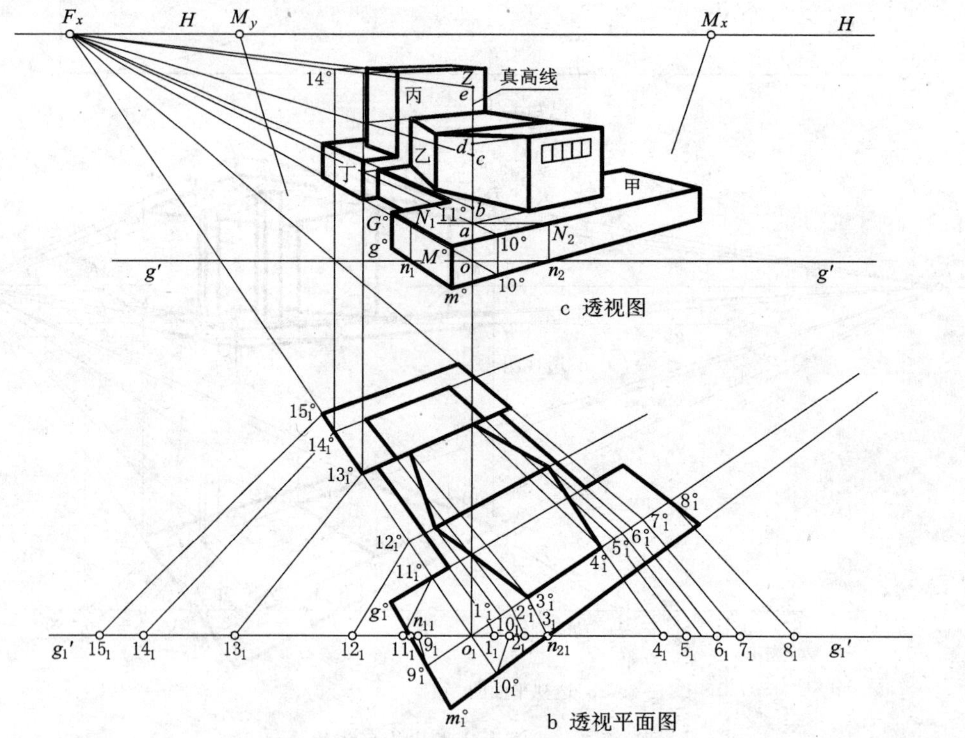

图 18-5 用量点法求建筑形体的透视图

上的各分点放大 2 倍量画到 g'_1-g'_1 线上点 o_1 之左，使 $\overline{o_1 15_1}=2\overline{o15}$。其中：点 9_1 应量在点 o_1 之左，使 $\overline{o_1 9_1}=2\overline{o9}$；点 10_1 应量在点 o_1 之右并使 $\overline{o_1 10_1}=2\overline{o10}$。

4. 在画面上定出真高线 oZ，并在 Z 轴之左放大 2 倍在视平线上定出量点 M_y、灭点 F_x，在 Z 轴之右放大 2 倍在视平线上定出灭点 F_y、量点 M_x。

5. 作透视平面图：如图 18-5b 所示，其中必须注意：点 10_1 应与量点 M_x 相连，延长 $M_x 10_1$，与 X 轴的全长透视线 $F_x o_1$ 的延长线相交得 10°_1；同理点 9 是属于 Y 轴上的点，因此点 9_1 应与量点 M_y 相连，延长 $M_y 9_1$，与

F_yo_1 的延长线交于点 9°_1。延长 $F_y10^\circ_1$ 与 $F_x9^\circ_1$ 相交得点 m°_1。其余作图法如图 18-5b 所示。

6. 作透视图(图 18-5c):在真高线 Z 轴上放大 2 倍定出形体甲、乙、丙、丁的高度得 a、b、c、d、e 各点。连灭点 F_x 与点 o、灭点 F_y 与点 o,灭点 F_x 与点 a、灭点 F_y 与点 a 并延长 F_xo、F_yo、F_xa、F_ya,从透视平面图中点 11°_1、点 10°_1 往上引投影连线,与透视图中的 F_xa、F_xo 及其延长线相交得点 11°、10°;在透视图中连灭点 F_y 与点 10°、灭点 F_y 与点 11°并延长,从透视平面图中的点 m°_1、g°_1 引投影连线与透视图中的 F_y10°、F_y11°相交得点 m°、点 M和点 g°、点 G°。用类似方法完成甲、乙、丙、丁的透视,求形体丙的透视高度时,在透视图中应连 F_xe,过透视平面图中的点 13°_1、点 14°_1 引投影连线与 F_xe 相交得透视图中的点 13°、点 14°;再连灭点 F_y 与点 14°、灭点 F_y 与点 13°,过透视平面图中形体丙的各点作投影连线,与 F_y14°、F_y13°相交得形体丙上各部分的透视高度。为使图形清晰,透视图中只标注了点 14°。

必须注意,由于灭点 F_y 在图幅外,故凡与 Y 轴平行的直线,其透视方向均应灭于图幅外的灭点 F_y。

18.3 距 点

画面垂直线的量点称为距点,用 D 表示。如图 18-6a 所示,画面垂直线 AB,其灭点为心点 s',Ns'为全长透视,现作辅助线 AA_1、BB_1 并使 $NA_1=NA$,$NB_1=NB$,这样在$\triangle BNB_1$ 中 $\angle B_1=\angle B=45^\circ$。过视点 S 作 AA_1 的平行线,与 H-H 线交于点 D,点 D 即为 AA_1、BB_1 的灭点,也就是画面垂直线 AB 的量点,画面垂直线的量点称为距点 D。由于$\triangle Ss'D\cong\triangle ss_pd$,$\triangle BNB_1\backsim\triangle Ss'D$,所以$\angle S=\angle D=\angle d=\angle s=45^\circ$,利用这一几何关系可求得距点 D。如图 18-6b 所示,过站点 s 作 45°线,与 P-P 线相交于点 d(或以 s_p 为中心,ss_p 为半径作圆弧,与 P-P 线交于点 d),过点 d 作投影连线,就与 H-H 线相交得距点 D。Ns'与 a_1D、b_1D 相交得点 A°、B°,$A^\circ B^\circ$即为画面垂直线 AB 的透视。

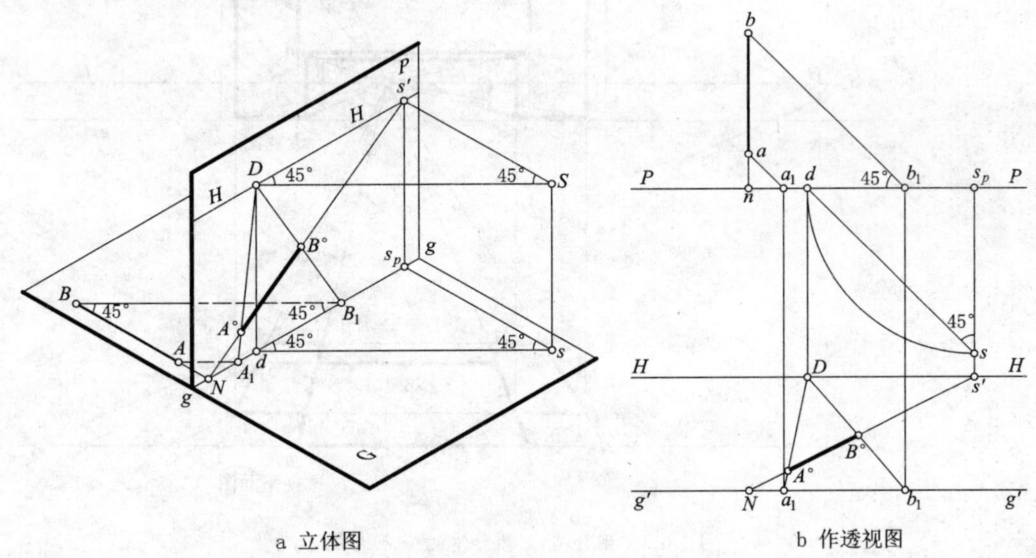

图 18-6 距点 D 的作法

注意:若 D 点在心点 s'之左,则 a_1、b_1 点应量在直线的画面迹点 N 之右。当 D 点在心点 s'之右时,a_1、b_1 点应量在迹点 N 之左。

[例 18-4] 已知建筑形体的平面图、立面图(图 18-7a),用距点法求一点透视。

[解] 1. 根据形体的形状特点选用一点透视,使透视图中能反映立面的高宽比,选择站点 s 和视平线(图 18-7a)。

在平面图上求出距点 D 的基面投影 d,把 Y 向尺寸延长到与 P-P 线相交,得迹点的基面投影 1、a、b、c 各点(也可看作延长到与 X 轴相交),把 X 向各平行线延长到与 Y 轴相交得分点 2、3、4。

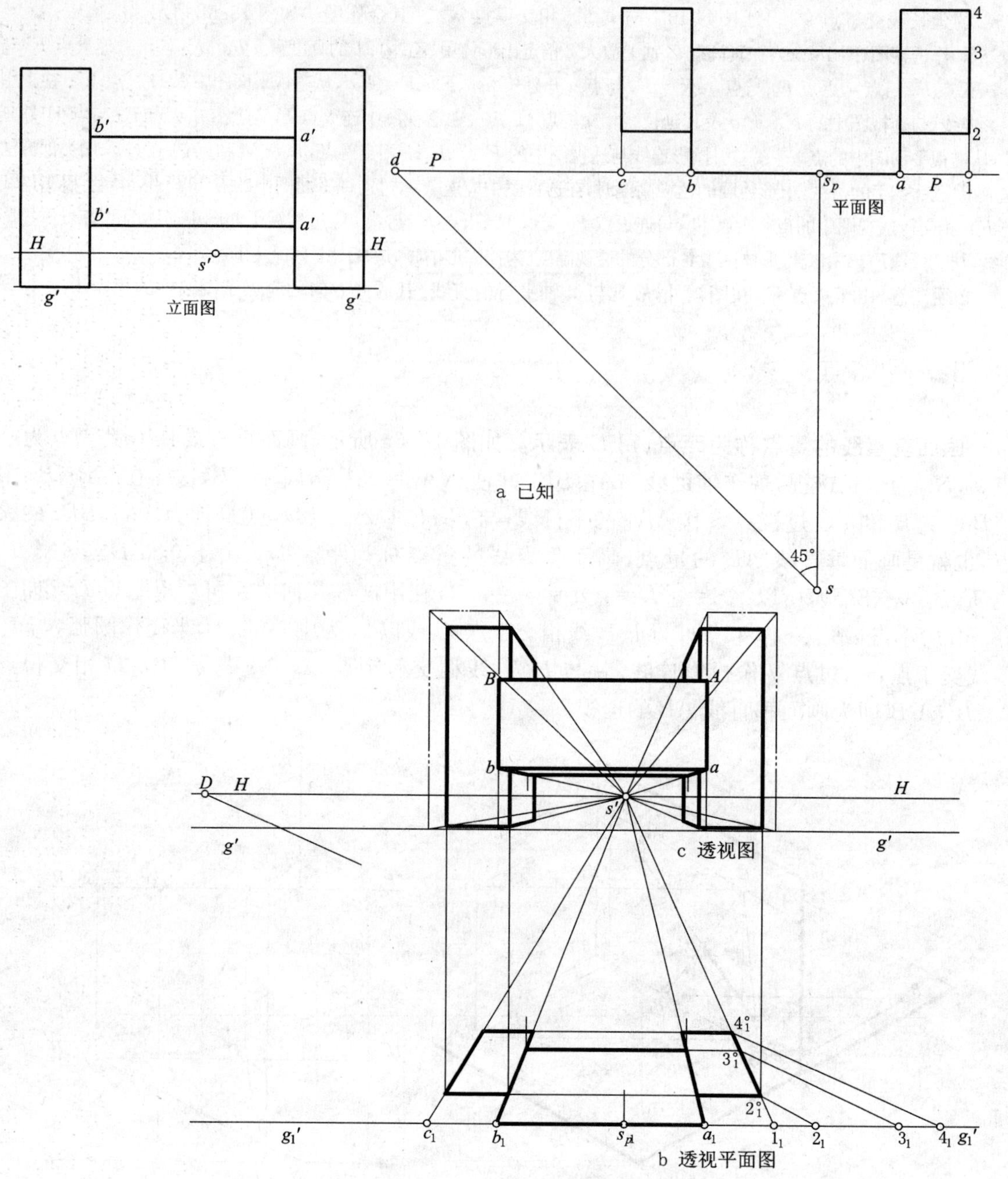

图 18-7　用距点法求形体的一点透视

2. 在画面上定出基线 g'-g'、g'_1-g'_1 和视平线 H-H，并定出心点 s' 和距点 D(图 18-7b)。

3. 作透视平面图：把平面图 P-P 线上各点 1、a、b、c 与 s_p 的相对位置量画到 g'_1-g'_1 线上，如 $s_{p1}a_1=s_pa$，$s_{p1}b_1=s_pb\cdots$，把 2_1、3_1、4_1 量在 1_1 之右并使 $\overline{1_14_1}=\overline{14}$、$\overline{1_12_1}=\overline{12}$、$\overline{1_13_1}=\overline{13}$。将心点 s' 与点 c_1、b_1、a_1、1_1 连成直线，得 $s'c_1$、$s'b_1$、$s'a_1$、$s'1_1$ 线束，再连点 4_1 与距点 D、点 3_1 与距点 D、点 2_1 与距点 D，4_1D、3_1D、2_1D 与 $s'1_1$ 相交得点 $2^\circ{}_1$、$3^\circ{}_1$、$4^\circ{}_1$，过点 $2^\circ{}_1$、$3^\circ{}_1$、$4^\circ{}_1$ 作水平线，完成透视平面图(图 18-7b)。

4. 作透视图：在画面上以心点 s' 为基准，用细双点长画线画出立面图，并将各角点与心点 s' 相连，得一组线束，即一组画面垂直线的全长透视，过透视平面图中的各点引投影连线，与透视图中的相应线束相交，即得透视图(图 18-7c)。

18.4 室内透视

18.4.1 作室内一点透视

为了使作出的透视图画面大一些，往往将画面放于房间的中间（图 18-8），或距视点较远

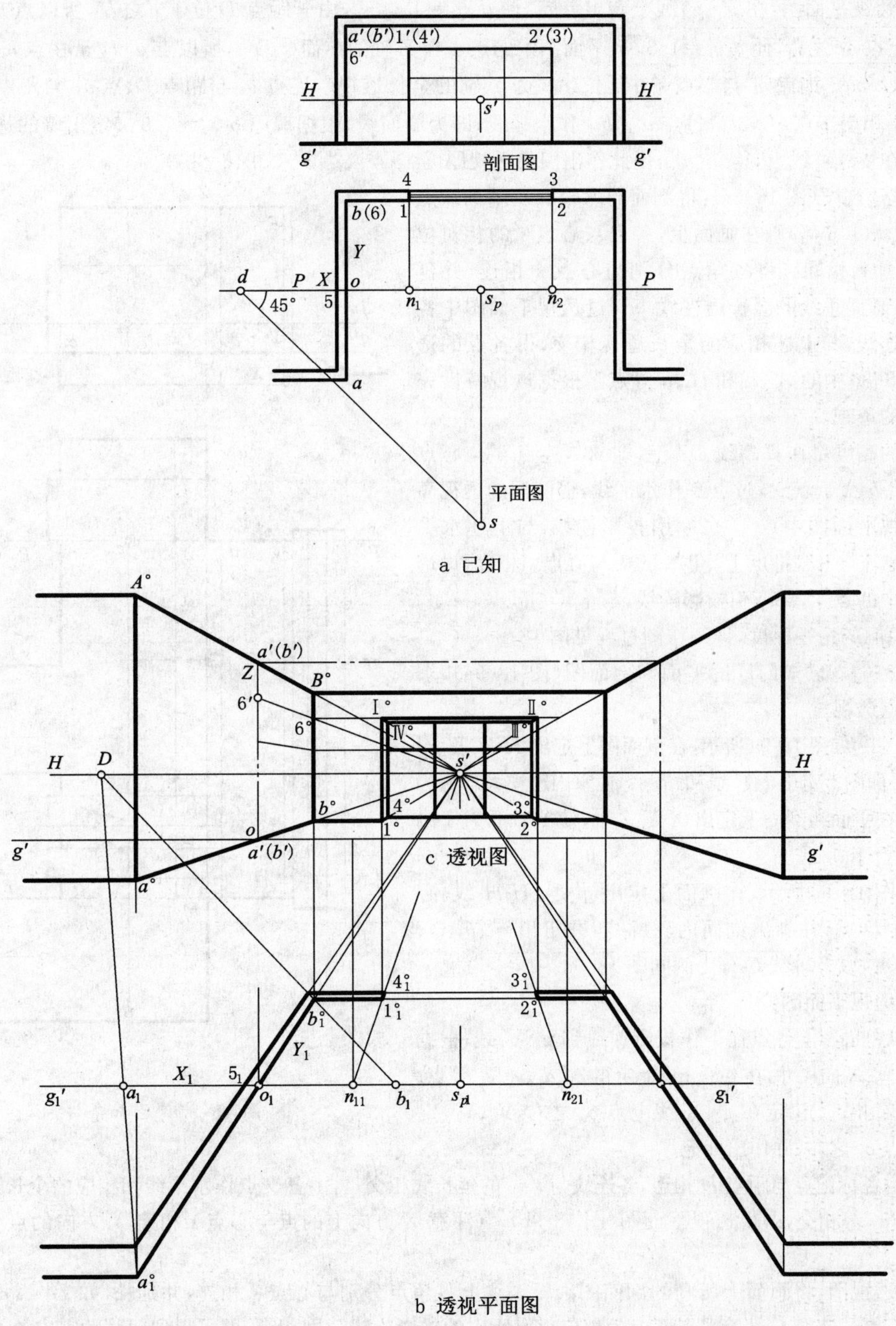

图 18-8 室内一点透视

的墙面上，使建筑物的大部分伸在画面之前。

［例 18-5］ 已知门厅的平面和剖面简图（图 18-8a），放大 1.5 倍，求作室内一点透视。

［解］ 1. 在平面图上定出 P-P 线，使一部分墙面伸在 P-P 线之前，成为放大透视，另一部分在 P-P 线之后，为缩小透视，选定 Y 轴和站点 s，过站点 s 作 45°线，与 P-P 线交于距点的基面投影 d（图 18-8a）。

2. 在画面上定出 g'-g'、H-H 线及降低的基线 g'_1-g'_1，在 H-H 线上定出心点 s'（心点 s' 即为 Y 向灭点）、距点 D。（比平面、立面图上的尺寸放大 1.5 倍）

3. 作透视平面图：在 g'_1-g'_1 线上定出点 o_1，使 $o_1s_{p1}=1.5\,\overline{os_p}$，由于距点 D 位于 s' 之左，所以点 b_1 应量在 g'_1-g'_1 线上点 o_1 之右，使 $o_1b_1=1.5\,\overline{ob}$，平面图中的点 a 在 Y 轴的前面（$-Y$），所以点 a_1 应量在点 o_1 之左，并使 $o_1a_1=1.5oa$。连点 o_1 与心点 s' 并延长（o_1s' 为 Y 轴的全长透视），连点 b_1 与距点 D、点 a_1 与距点 D，b_1D、a_1D 与 o_1s' 相交于点 b°_1、a°_1，过点 a°_1、b°_1 作水平线，即为墙面线，根据墙厚 $o_15_1=1.5\,\overline{o5}$ 定出墙的透视厚度。将门宽定在 g'_1-g'_1 线上，得 $n_{11}n_{21}$，由此作出门的透视厚度 $1^\circ_14^\circ_1$、$2^\circ_13^\circ_1$（图 18-8b）。

4. 作透视图（图 18-8c）：将剖面的内轮廓线用细双点长画线（放大 1.5 倍）画在画面上，各点与心点 s' 的相对位置与剖面图上相同。将各角点分别与心点 s' 相连，并延长，得一组画面垂线的全长透视线束。过透视平面图中各点作投影连线，与上述相应的全长透视相交，得各点的透视，如图 18-8c 中的 A°、a° 和 B°、b° 等点。根据透视特性完成轮廓线的透视。

将门的高度量在真高线 OZ 上，即 $o6'$，连点 $6'$ 与心点 s'，$6's'$ 与 $B^\circ b^\circ$ 交于点 6°，过点 6° 作水平线，得门洞的透视高度。过透视平面图中点 1°_1、2°_1 引投影连线，与上述水平线相交于点Ⅰ°、Ⅱ°，将点Ⅰ°、Ⅱ°、1°、2°与心点 s' 相连，过透视平面图中的点 4°_1、3°_1 引投影连线，与Ⅰ°s'、Ⅱ°s'、$1^\circ s'$、$2^\circ s'$ 相交得门洞的透视厚度，详细作图过程见图 18-8c。

［例 18-6］ 已知门厅的平面和剖面图（图 18-9a），求作室内一点透视。

［解］ 1. 如图 18-9a 所示，在剖面图上定出 H-H 及 g'-g'线。在平面图上定出 P-P 线和站点 s，使室内透视大部分为放大透视，在平面和剖面上定出 X、Y、Z 轴，使 Y 轴垂直于画面，X、Z 平行于画面。

2. 如图 18-9c 所示，在画面上定出 g'-g'、H-H 线、心点 s'、距点 D 点，并画出剖面内轮廓线，并定出 a'、b'、c'、d'、e'、s' 等点，以及轴线 OZ，比例同图 18-9a。

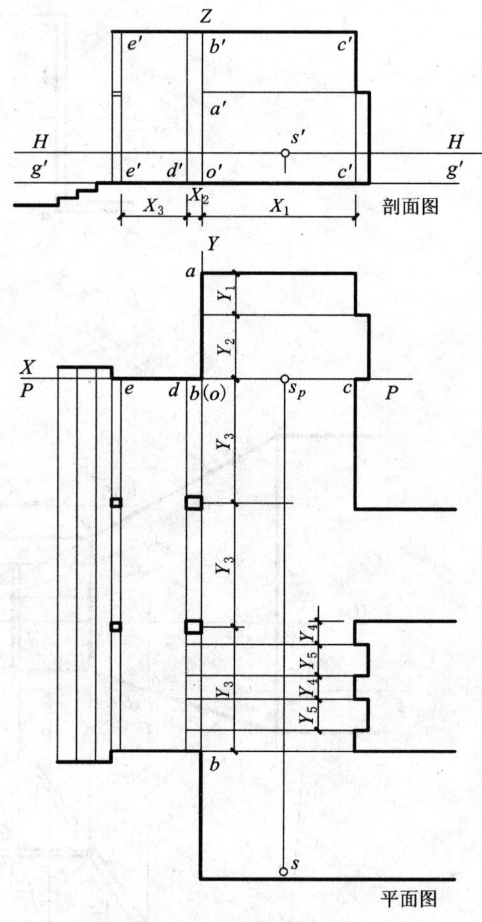

图 18-9a　已知条件

3. 作透视平面图：

(1) 从剖面图上各点往下作投影连线到 g'_1-g'_1线，根据 X_1、X_2、X_3 等 X 向尺寸，在 g'_1-g'_1线上定得 o_1、d_1、c_1、e_1 等点。把 Y 向的尺寸 Y_1、Y_2 定在 g'_1-g'_1线上点 o_1 之右，Y_3、Y_4、Y_5 尺寸定在点 o_1 之左，并作出标记。

(2) 由各标记点与距点 D 相连，各连线与 $s'o_1$ 的延长线相交，再由各交点作水平线和相应的全长透视线如 $s'c_1$、$s'd_1$、$s'e_1$ 等相交，即得透视平面图（图 18-9b）。（注意 X 方向上的点与心点 s' 相连，Y 方向的点与距点 D 相连。）

4. 作透视图：将画面上所画的剖面图内轮廓线上各角点分别与心点 s' 相连，并延长，如 $s'o'$、$s'a'$、$s'b'$、$s'c'$、$s'd'$、$s'e'$ 等。连线与过透视平面上各相应角点所引的投影连线分别相交，即可得到门厅的室内透视（图 18-9c）。图 18-9d 所示为加上配景后的效果图。

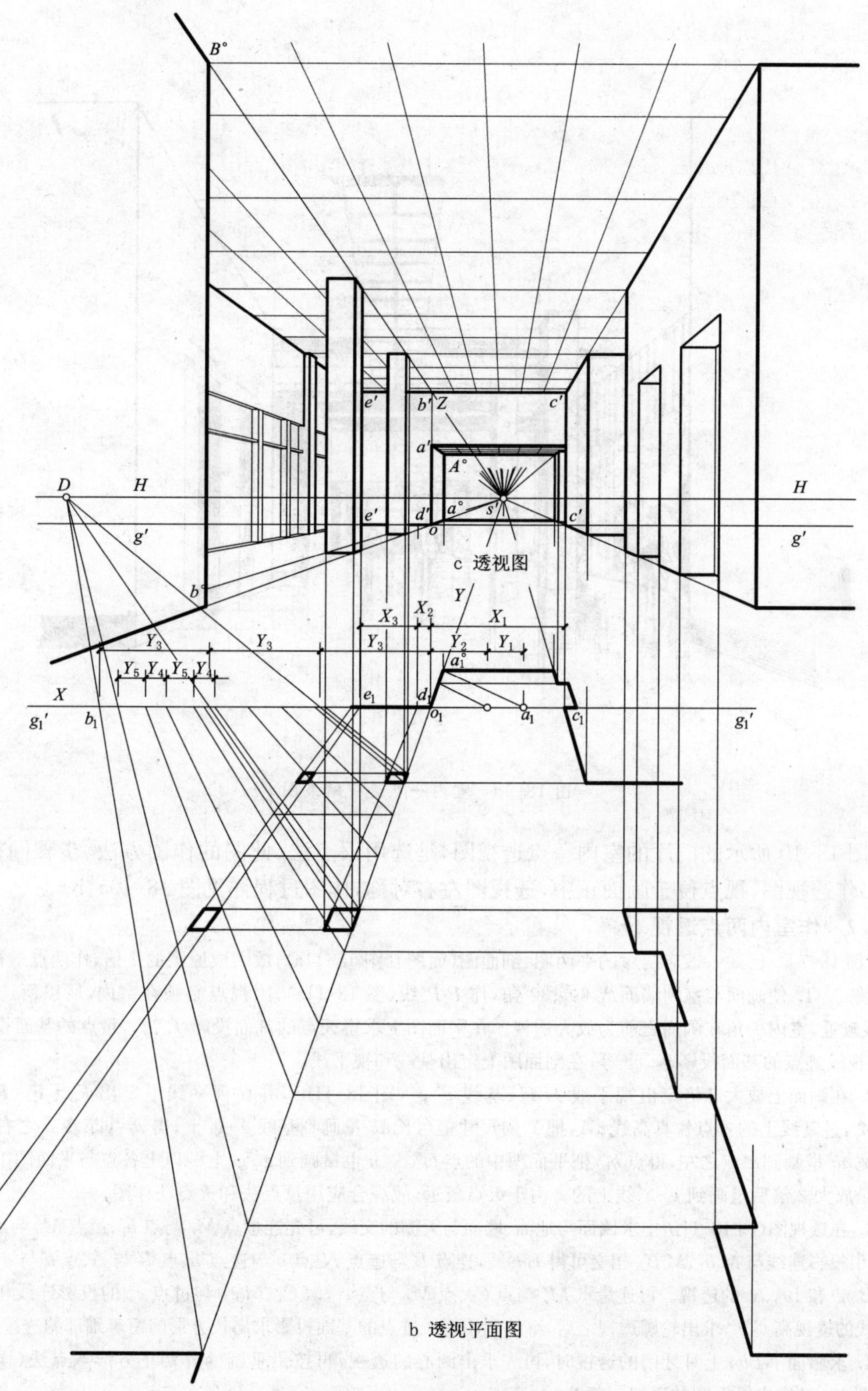

图 18-9bc　室内一点透视的作用步骤

d 效果图

图 18-9d　室内一点透视结果图

图 18-10 所示的门厅的室内一点透视图，是选用灭点法（此图的作图方法、步骤同视线迹点法）作透视图，视点位于画面正中，透视图左右对称，作图过程详见图 18-10a、b。

18.4.2　作室内两点透视

［例 18-7］　已知一饭店门厅的平面图、剖面图（简图）（图 18-11a），放大成原图的 2 倍，作两点透视。

［解］　1. 使画面与室内墙面成 60°、30°角，作 P-P 线（图 18-11a），因视点必须在室内，所以所选站点距 P-P线较近，室内一角在画面之前为放大透视。在平面图上求得灭点的基面投影 f_x、f_y，量点的基面投影 m_x、m_y 和视线迹点的基面投影 b_p、c_p 等，在剖面图上定出基线和视平线。

2. 在画面上放大 2 倍定出视平线 H-H、基线 g'-g'（图 18-11b），并在视平线上定出灭点 F_x、F_y，量点 M_x、M_y，过基线上的 a 点作真高线 aA，把 Y 向尺寸柜台长 ac 量画到基线 g'-g'上，得 ac_1（c_1 在 a 之右），把 X 向墙宽 ab 量画到 a 点之左，得点 b_1，把平面图中的点 b_p、c_p、n 也量画到 g'-g'上…以上各点与平面图中 a 点距离都是放大 2 倍后量画到 g'-g'线上的。由于灭点较远，故综合应用量点法和灭点法作图。

3. 在透视图（图 18-11b）中求墙面与地面、墙面与天棚的交线，可先连量点 M_x 与点 b_1、量点 M_x 与点 B_1，过点 b_p 引投影连线与 M_xb_1、M_xB_1 相交可得 $B^\circ b^\circ$线，连点 B°与迹点 N、点 b°与迹点 n、点 B°与 A、点 b°与 a，即得墙面 NB、nb 和 BA、ba 的透视。再连量点 M_y 与点 C_1、点 M_y 与点 c_1，M_yC_1、M_yc_1 与过点 c_p 的投影连线相交得柱子棱线的透视高 $C^\circ c^\circ$，求出轮廓透视之后，继续利用视线迹点的基面投影求出长方形门窗等细部的透视。

4. 求墙面 $NBbn$ 上月牙门的透视时，可先求出圆心的透视，再按铅垂圆的外切正方形八点法（详见后一章的图 19-6）作出铅垂圆的透视。

详细作法如图 18-11b 所示，图 18-11c 所示为加上配景后的效果图。

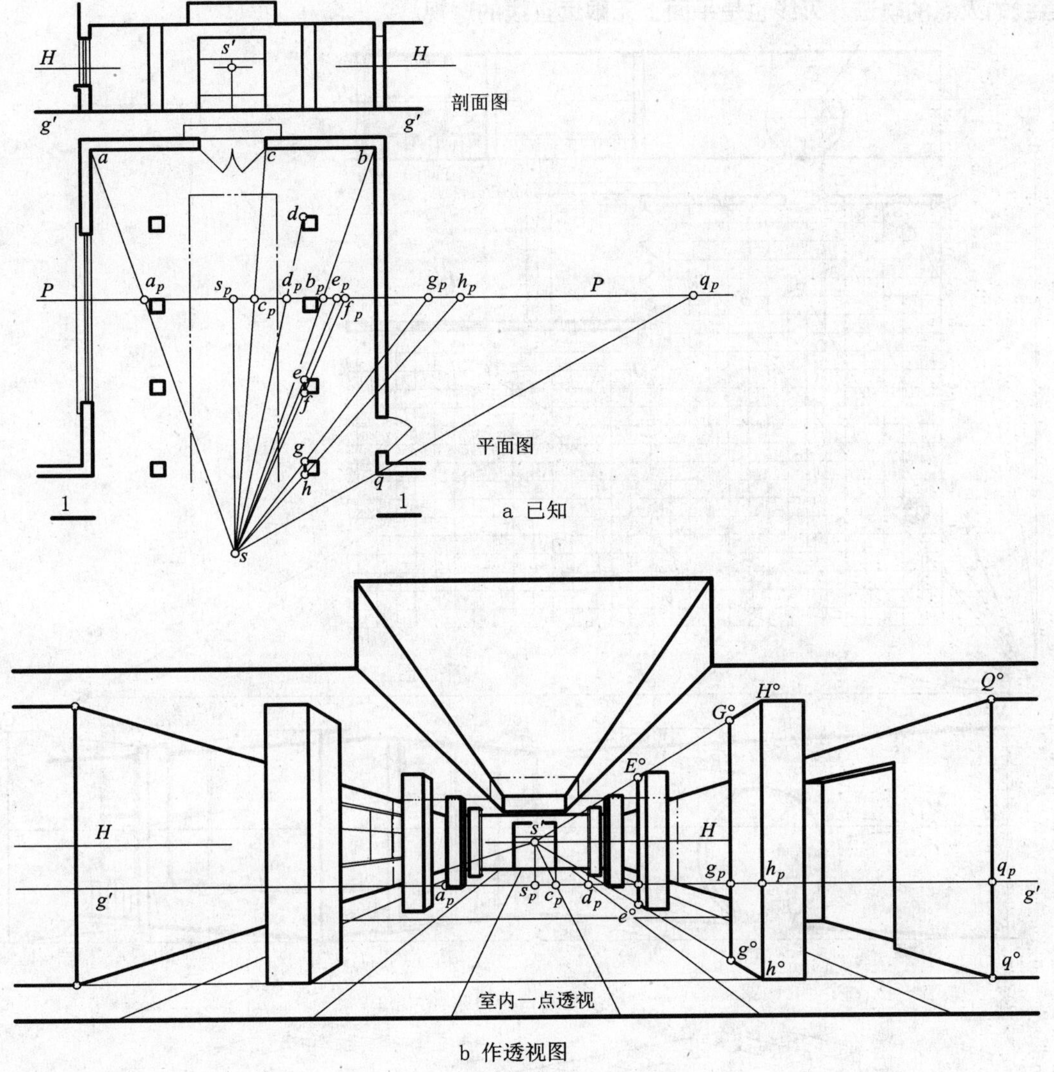

b 作透视图

图 18-10 室内一点透视

18.5 平面的灭线及其应用

18.5.1 平面的灭线

通过视点且平行于已知平面的视线平面与画面的交线，为该已知平面的透视消失线，称为平面的灭线。

两点可以决定一直线，故平面上两已知直线的灭点的连线即可决定该平面的灭线。凡互相平行的平面具有同一条灭线。水平线的灭点在视平线上，水平面上的直线都是水平线，它们的灭点都在视平线上，故水平面的灭线为视平线。

如图 18-12 所示为 L 形单坡屋面的透视图。檐口线所在平面为水平面 $ACKFDMA$，其灭线为视平线。坡面 $ABNM$ 的灭线为 F_yF_2；坡面 $DENM$ 的灭线为 F_xF_1，该两坡面交线 MN 的透视线 $M^\circ N^\circ$ 的灭点 F_3 即为两坡面灭线 F_xF_1、F_yF_2 的交点。山墙面 $\triangle ABC$ 为铅垂面，其灭线为过 AC 灭点 F_x 的铅垂线 F_xF_2，$\triangle ABC$ 平面上斜线 AB 的灭点为 F_2。同理铅垂面 $\triangle DEF$ 的灭线为过 F_y 的铅垂线 F_yF_1，F_1 是 $\triangle DEF$ 平面上斜线 DE 的灭点。由上所述可进一步理解到**平面的灭线是平面上所**

有直线的灭点的轨迹。灭线也是平面上无限远直线的透视。

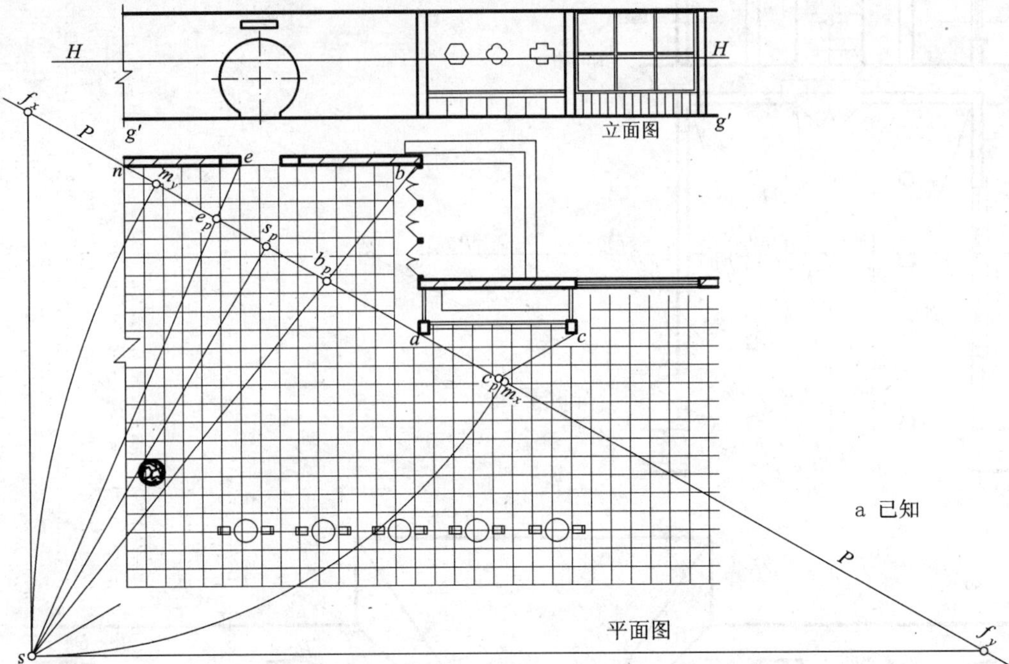

立面图

平面图

a 已知

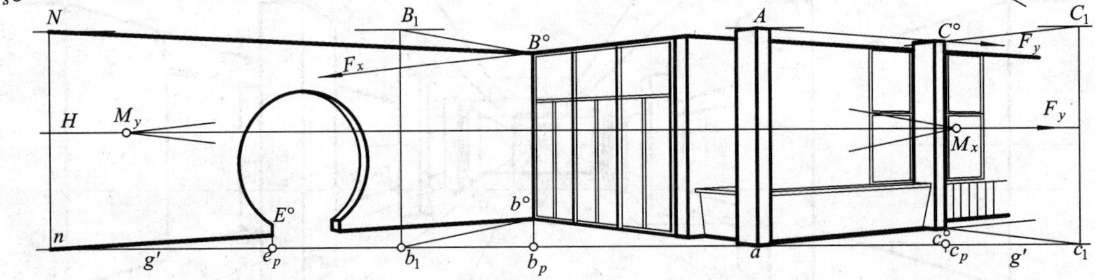

b 作两点透视图

c 最后效果图

图 18-11　室内两点透视

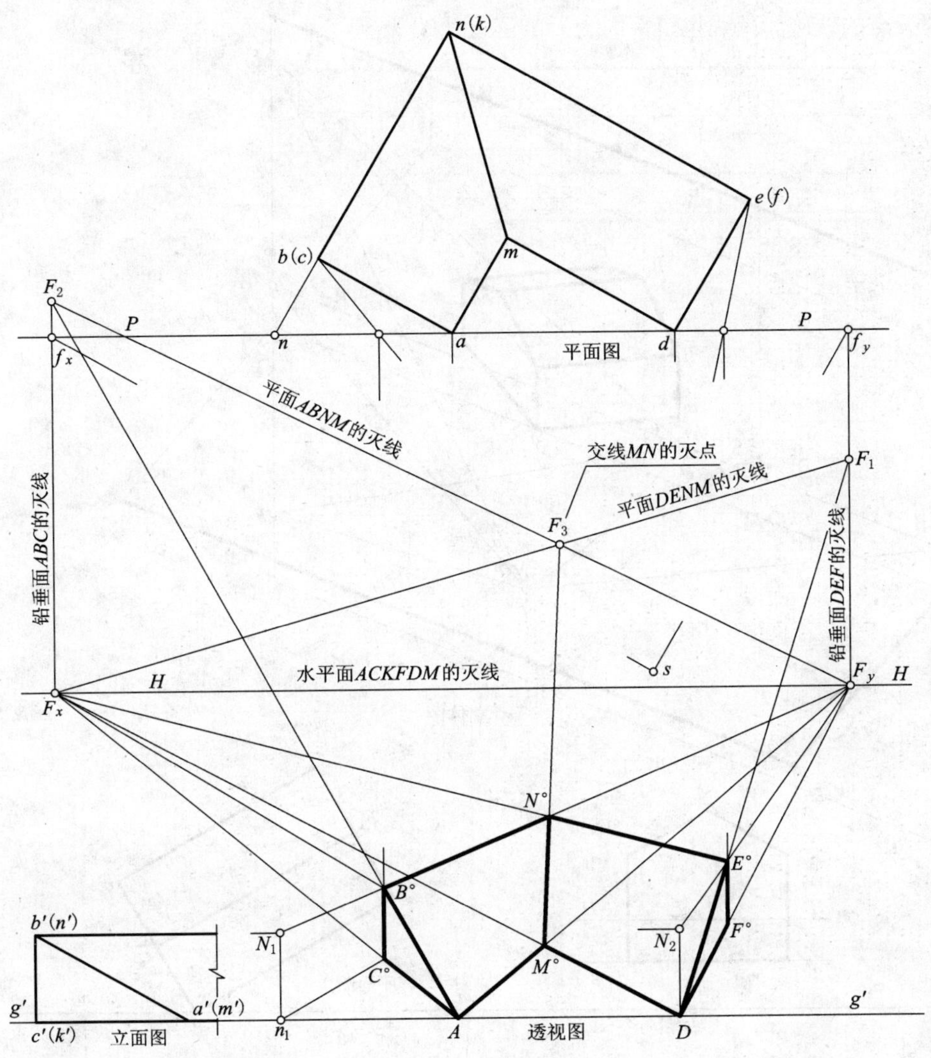

图 18-12 平面的灭线

18.5.2 用量点法求倾斜线的灭点和平面的灭线

如图 18-13a 所示，两坡顶房屋的山墙面是互相平行的，现过视点 S 作视平面，与山墙面 $ABCca$ 和 $A_1B_1C_1c_1a_1$ 平行，此视平面与画面的交线即为山墙面的灭线 F_1F_2。F_1F_2 是过灭点 F_y 的铅垂线，F_y 是山墙面上 Y 方向水平线及其基面投影的灭点。

过视点 S 作 AB、A_1B_1 的平行线 SF_1，SF_1 与画面交于过 F_y 的铅垂线上的 F_1 点，F_1 即为屋面斜线 AB、A_1B_1 的灭点。F_2 为另一组屋面斜线 BC、B_1C_1 的灭点。两条倾斜的视线 SF_1、SF_2 与水平面的倾角 α、β 等于坡屋面与地面的倾角，也等于山墙面上屋面倾斜线 AB、A_1B_1 与地面的倾角为 α，BC、B_1C_1 与地面的倾角为 β。

现以 F_2F_1 为轴，把点 S 旋转到与画面重合，重合的视点 $S°$就是前面所述的 Y 方向的量点 M_y，即 $M_y \equiv S°$。这时 M_yF_1、M_yF_2 与视平线的夹角也等于 α 和 β(图 18-13a)。

如上所述，得到求倾斜线 AB、A_1B_1 和 BC、B_1C_1 的灭点 F_1、F_2 以及山墙面的灭线的步骤如下：

(1) 求出 X 方向和 Y 方向水平线的灭点 F_x、F_y：按图 18-3 所示的方法，在平面图上求出

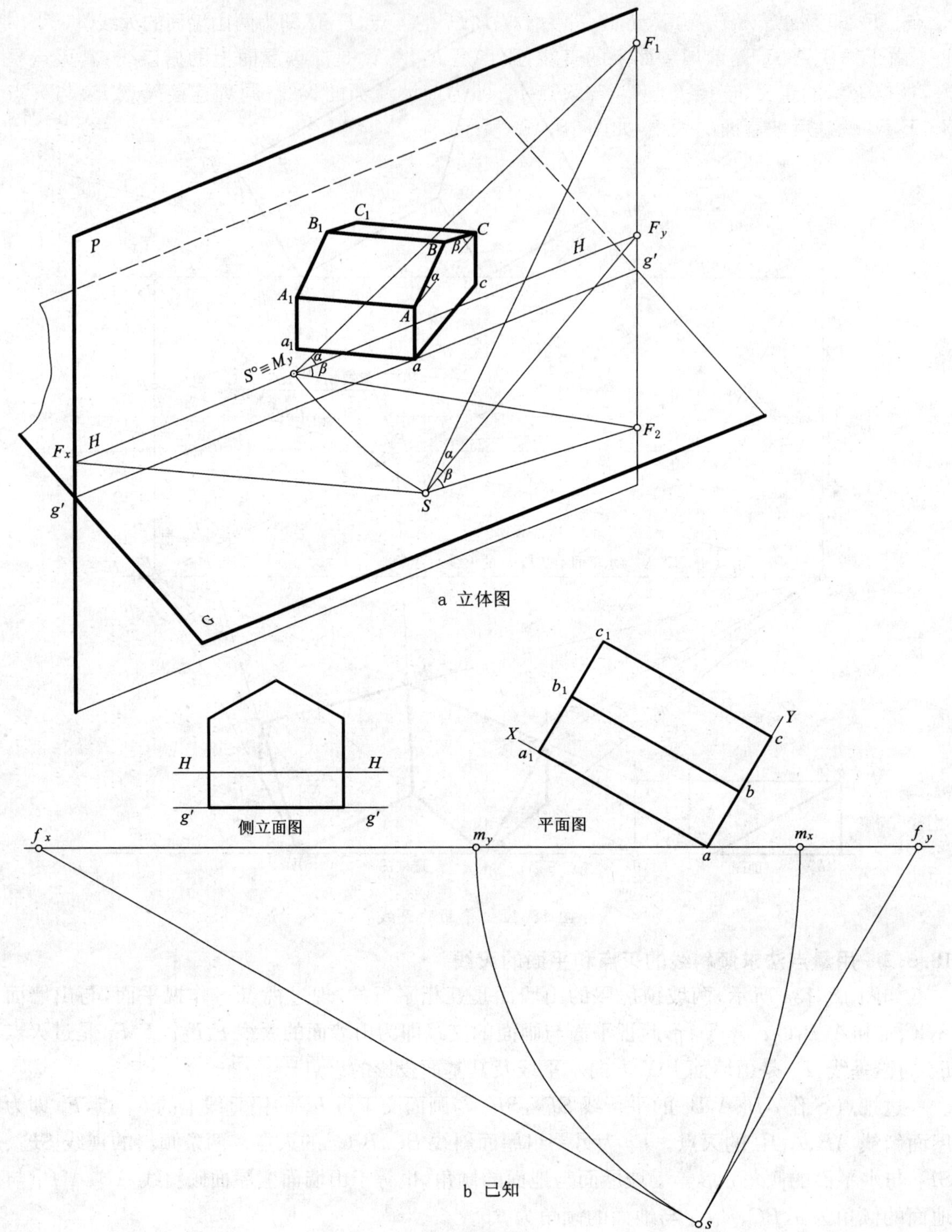

图 18-13ab 倾斜线灭点与平面灭线的作法

灭点的基面投影 f_x、f_y，量点的基面投影 m_x、m_y（图 18-13b）。再在画面上定出 X 方向和 Y 方向的灭点 F_x、F_y，量点 M_x、M_y（图 18-13c）。

(2) 如图 18-13c 所示，过量点 M_y（因 ab 为 Y 方向，若 ab 与 X 方向重合，则应过量点 M_x）作仰角为 α 的倾斜线，过量点 M_y 作俯角为 β 角的倾斜线，两斜线与过灭点 F_y 的铅垂线相交于 F_1、

F_2 点。F_1 即为 AB、A_1B_1 的灭点，F_2 即为 BC、B_1C_1 的灭点，F_1F_2 即为两山墙面的灭线。

由于 AB、A_1B_1 是前坡屋面上的直线，灭点是 F_1，AA_1 是前坡屋面上的檐口线，其灭点是 F_x，根据灭线的定义，连接灭点 F_1 与灭点 F_x 即为前坡屋面的灭线；同理连接灭点 F_2 与灭点 F_x，F_2F_x 就是后坡屋面的灭线，如图 18-13c 所示。

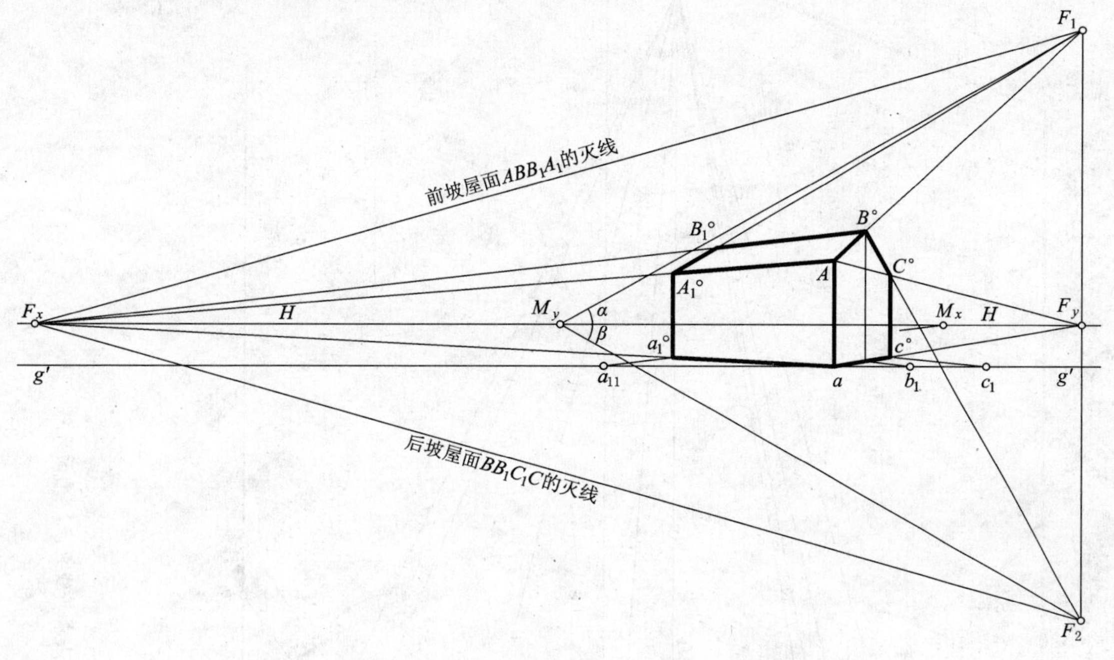

图 18-13c　倾斜线灭点与平面灭线的作法

［例 18-8］　已知两坡顶房屋的平面图、侧立面图（图 18-14a），放大成原图的 2 倍，用量点法作两点透视。

［解］　1. 选定画面 P-P 线、站点、视平线、基线，在平面图上求出灭点的基面投影 f_x、f_y，量点的基面投影 m_x、m_y（图 18-14a）。

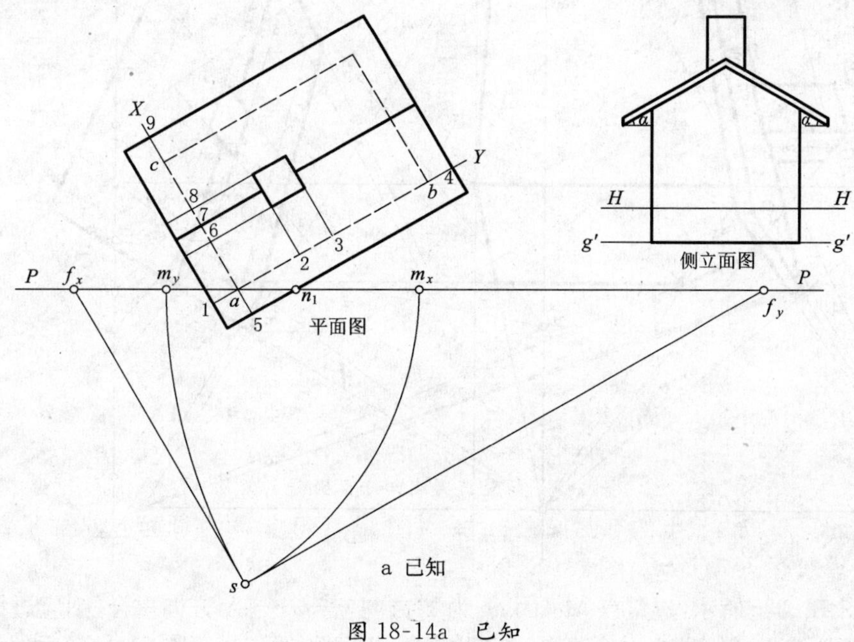

图 18-14a　已知

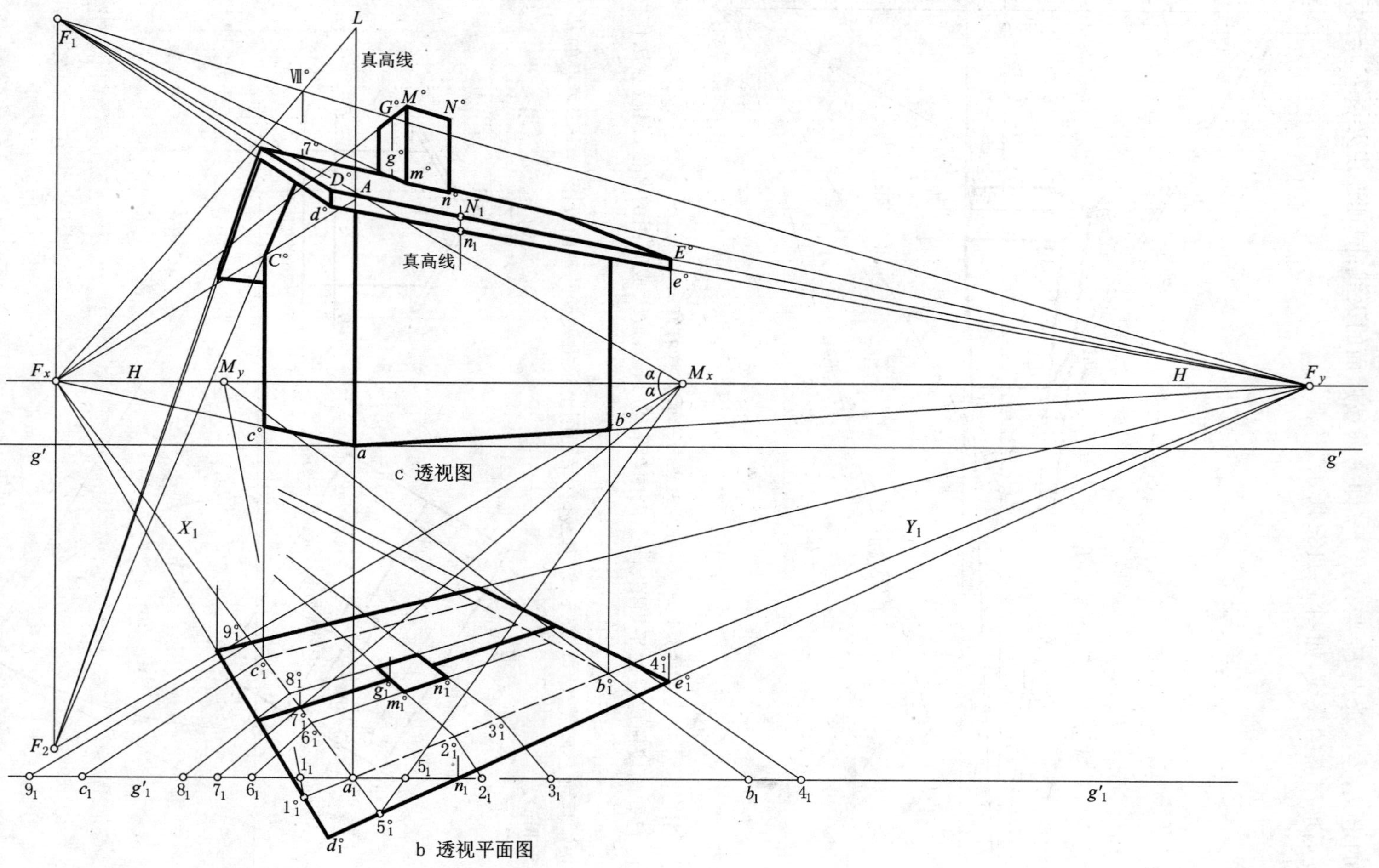

图18-14bc 用量点法求斜线灭点、平面灭线

2. 如图 18-14b、c 所示，在画面上放大 2 倍定出视平线 H-H、基线 g'-g'，在适当位置定出 g'_1-g'_1，在 g'-g' 和 g'_1-g'_1 线上定出角点 a 和 a_1 及真高线 aA。放大 2 倍在视平线上定出灭点 F_x、F_y，量点 M_x、M_y，在 g'_1-g'_1 线上定出 1_1、2_1、3_1…8_1、b_1、c_1、n_1 等点。

3. 作透视平面图，作图过程如图 18-14b 所示。

4. 仍如图 18-14c 所示，过量点 M_x 作两条斜线，与视平线成 α 角，斜线与过灭点 F_x 的铅垂线交于灭点 F_1、F_2。

5. 求房屋的透视图（图 18-14c）：

(1) 先作出墙身的透视。

(2) 求坡屋面透视：为此根据檐口线真高，和封檐板的高度定出迹点 n_1 和 N_1，连灭点 F_y 与迹点 N_1、灭点 F_y 与迹点 n_1，并延长 F_yN_1、F_yn_1，过透视平面图中的点 $d^\circ{}_1$、$e^\circ{}_1$ 引投影连线，与 F_yN_1、F_yn_1 相交得点 D°、d°、E°、e°。继续利用灭点 F_x、F_y、F_1、F_2 即可作出坡屋面的透视。

(3) 求烟囱透视：把烟囱真高放大 2 倍量在真高线上得点 L。连灭点 F_x 与点 L，过透视平面图中点 $7^\circ{}_1$ 引投影连线，与 F_xL 相交得点Ⅶ°。连 F_yⅦ°，过透视平面图中点 $g^\circ{}_1$ 引投影连线，与 F_yⅦ°相交于点 G°，与屋脊线交于点 g°。求得 G° 点后，继续应用灭点 F_x、F_y 和透视平面图求出烟囱轮廓线的透视，其中连灭点 F_1 与点 g° 延长得烟囱左侧面与前坡屋面的交线 $g^\circ m^\circ$；再连灭点 F_y 与 m°，求得烟囱前侧面与前坡屋面的交线 $m^\circ n^\circ$。详细作图过程如图 18-14c 所示。

18.5.3 应用量点、灭线求楼梯的透视

［例 18-9］ 已知楼梯的投影（图 18-15a），放大成原图的 2 倍，求作两点透视。

［解］ 1. 在图 18-15a 上定出 P-P 线、站点 s，并求出灭点的基面投影 f_x、f_y，量点的基面投影 m_x、m_y。取站点位于平台面上。在立面图上定出基线和视平线。

2. 如图 18-15b 所示，在画面上放大 2 倍定出 g'-g'、g'_1-g'_1、H-H 线，在 g'-g' 线上定出 a 点，过 a 点作真高线，在真高线上定出梯级的踢面高，得 1、2…18 点。在 H-H 上定出灭点 F_x、F_y 和量点 M_x、M_y。

为使作图清晰，X 向和 Y 向尺寸定在地面 g'_1-g'_1 线上得 a_1、b_1、c_1、d_1、e_1、f_1。

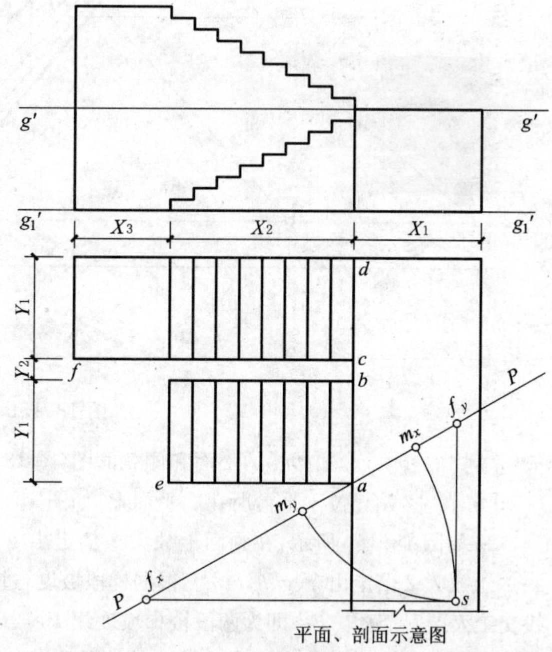

图 18-15a 已知条件

3. 由图 18-15a 可知：两梯段侧面的灭线是过灭点 F_x 的铅垂线，梯级坡度线的灭点是点 F_1、F_2。根据梯级坡度 α，过量点 M_x 作与 H-H 线向上、向下倾斜角为 α 的两条斜线，此两条斜线与过灭点 F_x 的铅垂线交于 F_1、F_2 点，F_1、F_2 即为楼梯坡度线的灭点。

4. 求梯段的宽度和长度：将量点 M_y 与点 d_1、c_1、b_1 相连，M_yd_1、M_yc_1、M_yb_1 与平台在地面的基线 F_ya_1 交于点 d°、c°、b°，过各交点作铅垂线与平台面边线 F_y9 交于点 D°、C°、B°，于是求得了梯段的宽度 $9(A)B^\circ$、$C^\circ D^\circ$ 和梯井的宽度 $B^\circ C^\circ$。再连量点 M_x 与点 e_1，量点 M_x 与点 f_1，M_xe_1、M_xf_1 分别与 F_xa_1 交于点 e°、$f^\circ{}_1$。连灭点 F_y 与点 $f^\circ{}_1$，$F_yf^\circ{}_1$ 与 F_xc° 相交得点 f°，求得梯段的长度。

5. 求第一段梯级的透视：连灭点 F_x 与点 $a_1(o)$、灭点 F_x 与点 1、灭点 F_x 与点 2…灭点 F_x 与点 9，这组线束与 F_29 相交，过各交点作铅垂线，即得第一梯段侧面透视，过此侧面坡度线 F_29 上各交点与灭点 F_y 相连，连线如 F_y8°、F_y7° 等，各连线与 F_2B° 相交，又得一组交点如 $8^\circ{}_1$、$7^\circ{}_1$ 等点。过此交点再与灭点 F_x 相连并延长到上一级踏面与踢面的交线为止，即完成了第一梯段的透视。

6. 求第二段梯级的透视：继续在图 18-15b 中作图，连灭点 F_y 与点 9、灭点 F_y 与点 10…灭点 F_y 与点 18，过

点 c°、点 d°作铅垂线与 F_y10、$F_y11 \cdots F_y18$ 相交得点 C°、点 $D^{\circ}\cdots$点 18°。升高一级与向上坡度线的灭点 F_1 相连，即连灭点 F_1 与点 10°、灭点 F_1 与点 10°_1，得坡度线的透视。将灭点 F_x 与点 10°、11°、$12^{\circ}\cdots18^{\circ}$相连，$F_x10^{\circ}$、$F_x11^{\circ}$、$F_x12^{\circ}\cdots F_x18^{\circ}$与 $F_1 10^{\circ}$相交，过各交点往下作铅垂线与下一级踏面透视线相交，例如，过点 11°往下作铅垂线，与 F_x10°相交，其余作图详见图 18-15b 所示。

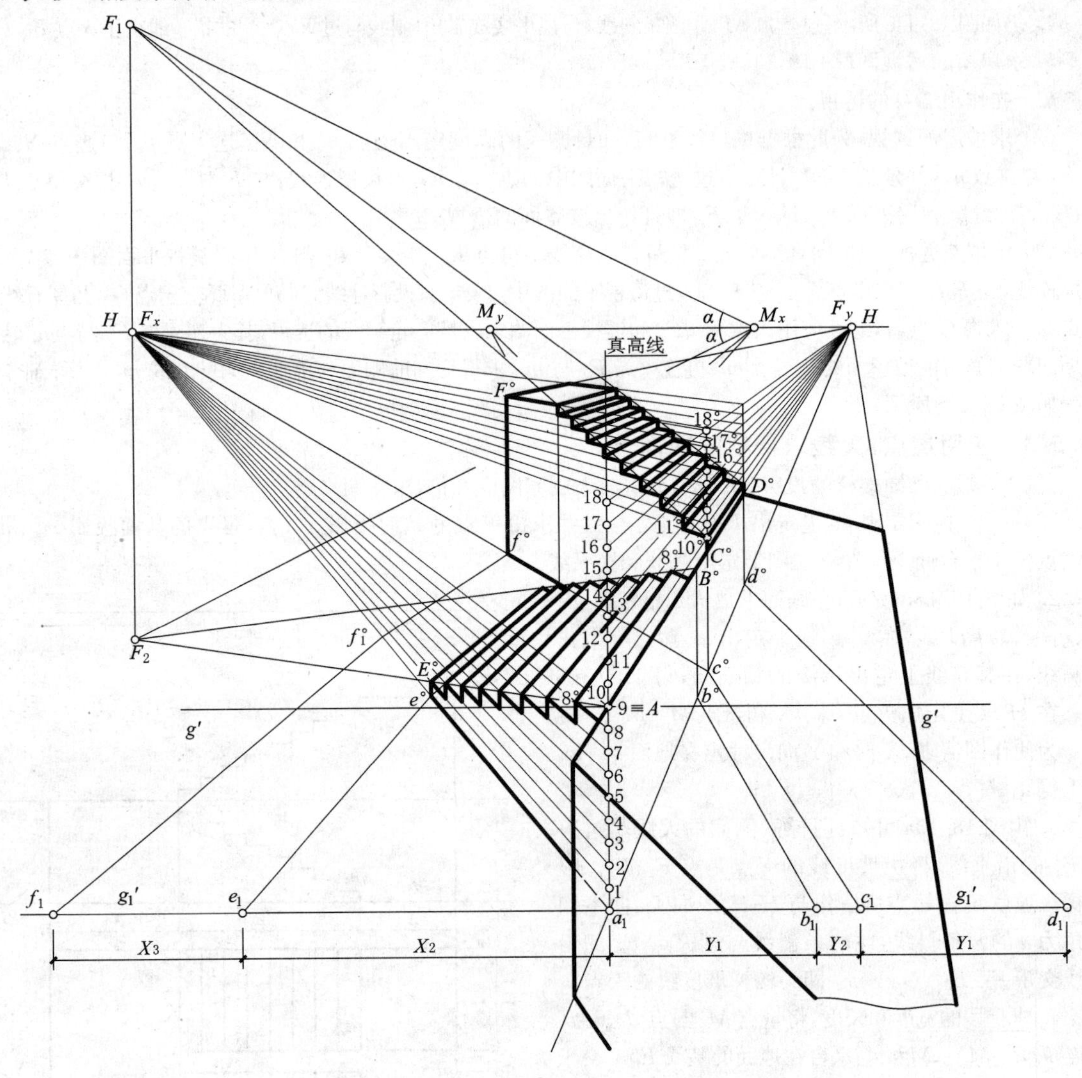

图 18-15b　两点透视图

［例 18-10］　已知楼梯的平面和侧立面图(图 18-16a)，求作一点透视。

［解］　1. 站点位于平台所在的平面上，如图 18-16a 所示，定出 P-P 线、站点、g'-g' 和 H-H 线。

2. 如图 18-16b 所示，在画面上放大 2 倍定出 g'-g' 和 H-H 线，在视平线上定出心点 s'、距点 D，在基线 g'-g' 上放大 2 倍定出 f、g、h、l、m。根据梯段坡度，过距点 D 作与 H-H 线成 α 角的斜线，与过心点 s' 的铅垂线交于灭点 F_1、灭点 F_2，即为两段楼梯坡度线 F_2f、F_2g、F_1h、F_1l 的灭点。

3. 过点 f 作真高线，在此线上定出第一段楼梯九级踢面高得 0、1、2、3…9 点。定出楼面高 n_1N_1、楼面栏杆扶手真高线 N_2n_2，过点 m 再作真高线，在其上定出右侧楼面的高度 n_3N_3、右侧楼面的栏杆扶手高度 n_4N_4。

4. 作第一段楼梯的透视：连灭点 F_2 与点 9，F_29 与 $s'1$、$s'2$、$s'3\cdots s'9$ 相交，过各交点作水平线，各水平线又与 F_2g 相交。过 F_29 即 F_2f 上各交点与心点 s'相连，并延长到与上一级踏面、踢面的交线相交，即可完成第一段楼梯的透视。

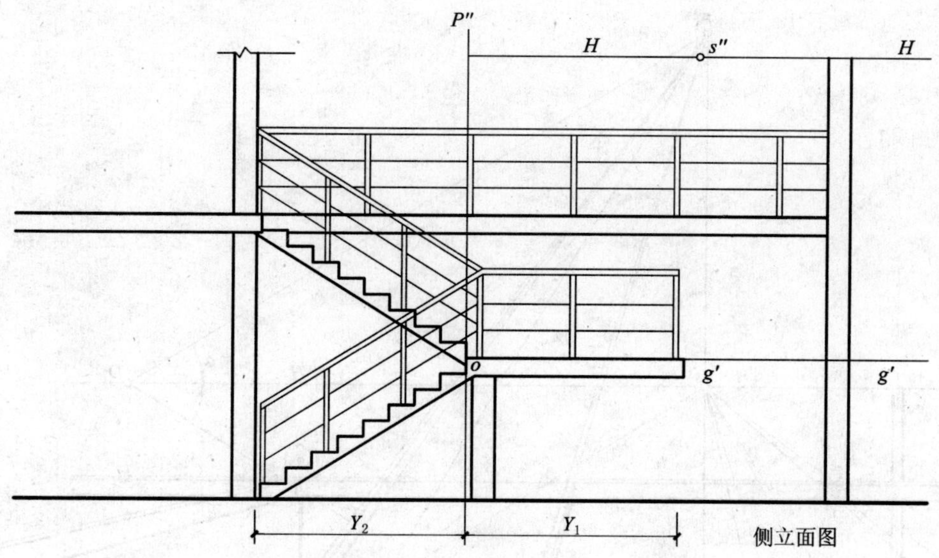

侧立面图

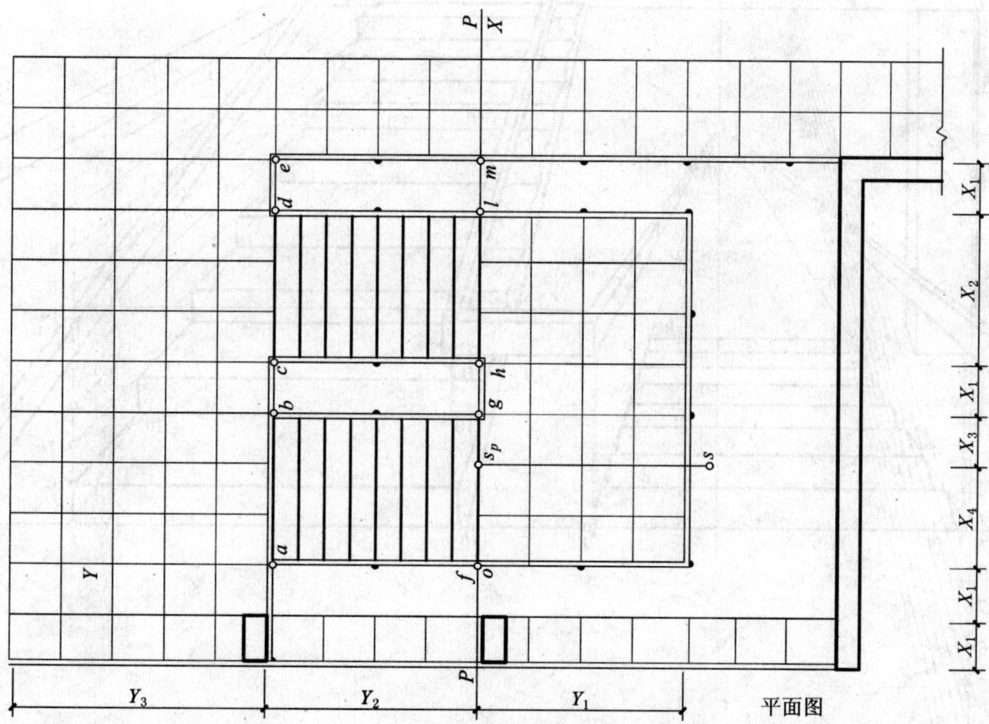

平面图

图 18-16a 已知条件

5. 作第二段楼梯的透视：连灭点 F_1 与点 l、灭点 F_1 与点 h，F_1l、F_1h（图中未作出）与 $s'9$、$s'10$、$s'11$…$s'18$ 相交得点 10°、11°…，过点 10° 作水平线，与 F_1h 相交于点 10°_1，过点 10° 作铅垂线，与 $s'11$ 相交于点 11°，再过点 11° 作水平线与过点 10°_1 的铅垂线相交于点 11°_1，依次过各交点同上述方法继续作图，即可完成第二段楼梯梯级的透视图。

6. 作楼面的透视：将心点 s' 与迹点 n_1、N_1、n_2、N_2 相连，$s'n_1$、$s'N_1$，$s'n_2$、$s'N_2$ 与过点 A° 的铅垂线相交得 $1^{\circ}2^{\circ}$，$3^{\circ}4^{\circ}$，得楼面的透视厚度和扶手的透视高度，并过点 1°、2°、3°、4° 作水平线。$2^{\circ}C^{\circ}D^{\circ}$ 应在同一条水平线上。连心点 s' 与迹点 n_3、心点 s' 与迹点 N_3、心点 s' 与迹点 n_4、心点 s' 与迹点 N_4 即可得到右侧楼面的透视厚度和栏杆扶手的透视高度。

F1
H
s'
H
D
α
α
4°
3°
N2
n2
2°
1°
C°
D°
N4
n4
真高线
真高线
F2
N1
n1
18
17
N3
n3
16
15
14
A°
B°
11₁°
11°
13
12
10₁°
10°
11
10
9
f
9
g'
g
h
l
g' m
8
7
6
5
4
3
2
1
0
X1
X4
X3
X1
X2
X1

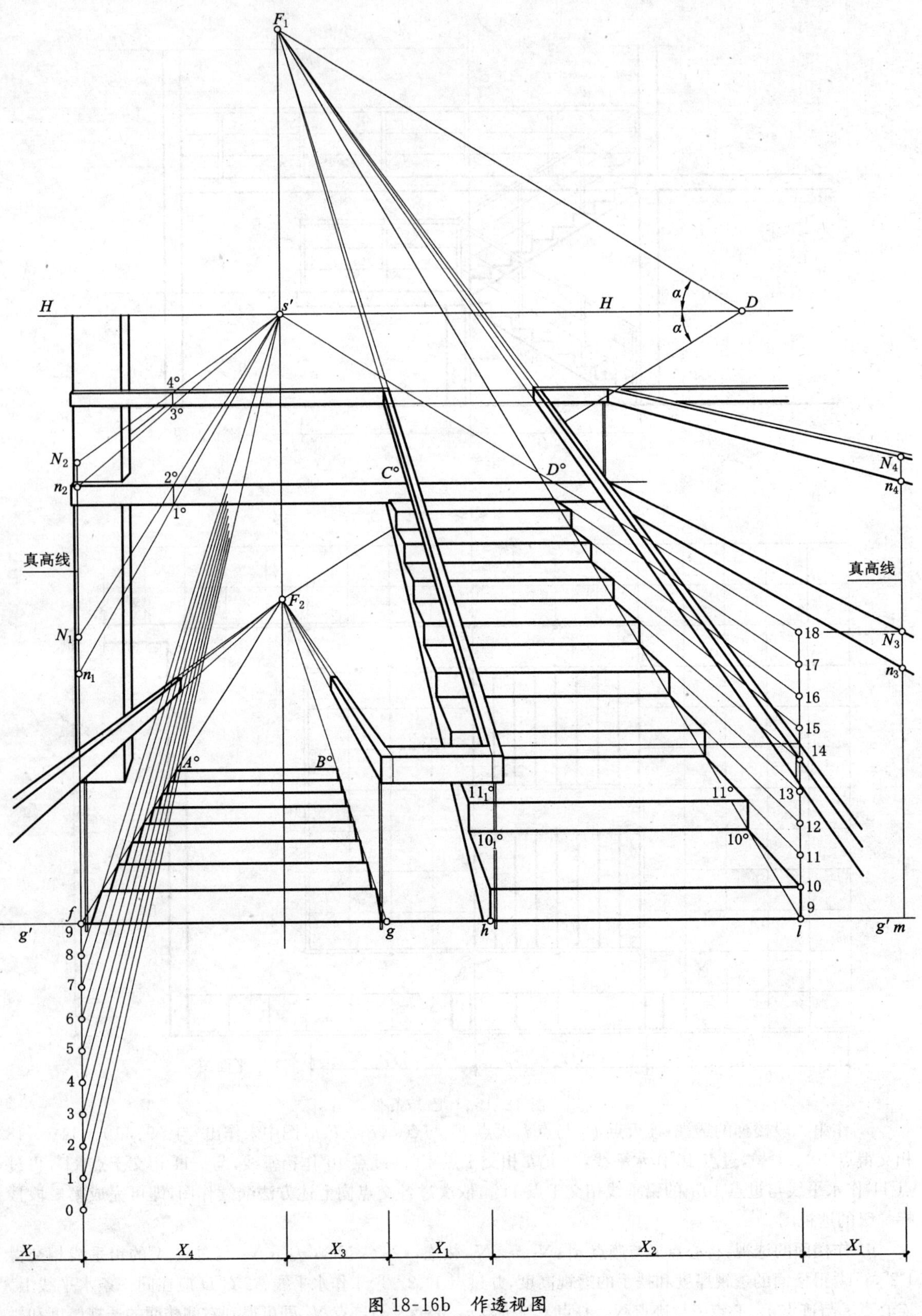

图 18-16b　作透视图

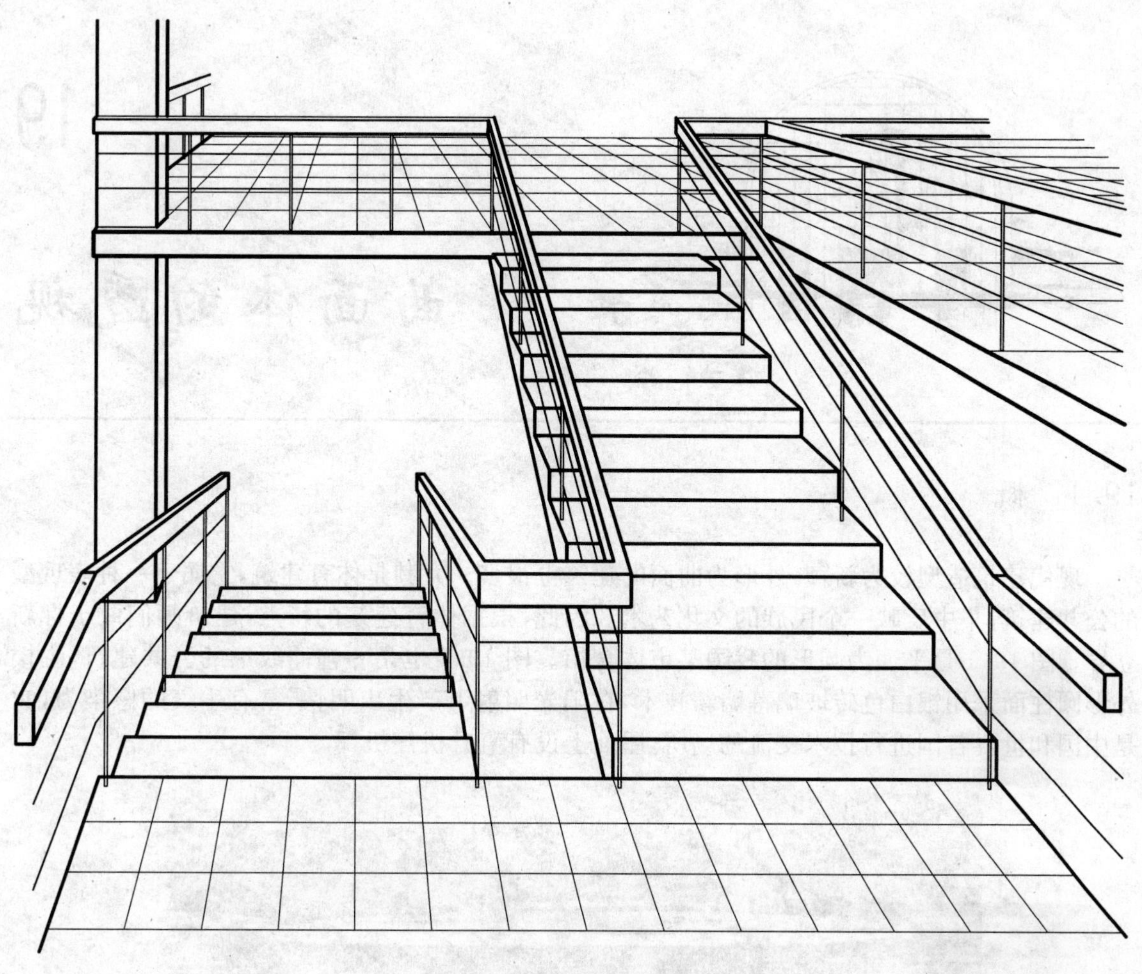

图 18-16c 结果图

由于楼梯栏杆扶手的坡度应与梯级的坡度一致，因此，扶手线应灭于相应的坡度线的灭点 F_1、F_2。其余作法如图 18-16b 所示。图 18-16c 为最后效果图。

19 曲面体的透视

19.1 概　述

现代建筑造型较为新颖，外形为曲面的建筑也很多。尤其是体育建筑，它属于一种表现型的公共建筑，集中反映一个民族的文化艺术。因此，根据体育建筑的特点，建筑师们敢于标新立异。图 19-1 是平面为圆形的我国某市体育馆。图 19-2 也是一幢曲线形的公共建筑，主楼外形圆柱面采用银白色砖玻璃幕墙新技术，在阳光照射下产生出明快、富有生气的感染力，它是中国和世界各国进行技术交流的场所，屋面上设有直升机停机坪。

图 19-1　圆柱形的某市体育馆

由于曲线形建筑日趋增多，因此，读者在学习平面立体透视图画法的基础上，还必须进一步学习曲面体透视图的画法。

19.2 圆、圆柱和圆锥的透视

19.2.1 平行于画面圆的透视

当圆平面平行于画面时，其透视仍是一个圆，只是因与画面距离不同半径有变化。如图 19-3 所示，图中的圆 O、O_1、O_2 直径相等，它们的圆心连线垂直于画面。圆 O 与画面重合，透

图 19-2　某市发展中心大厦

视反映实形。圆 O_1、O_2 平行于画面，在平面图上连站点 s 与点 o_1、站点 s 与点 o_2、站点 s 与点 b、站点 s 与点 c，上述各连线与 P-P 线相交，得圆心透视的基面投影 o_{1p}、o_{2p} 和透视圆的半径 $o_{1p}b_p$、$o_{2p}c_p$。在画面上根据已知圆心的高度和心点 s'，作出实形圆 o'，其半径为 oa。连心点 s' 与点 o'，过 o_{1p}、o_{2p} 作投影连线与 $s'o'$ 相交得透视圆的圆心 O°_1、O°_2。以 O°_1、O°_2 为圆心，$o_{1p}b_p$ 和 $o_{2p}c_p$ 为半径，分别作圆，即得两个平行于画面的直径相等的圆的透视。这三个圆的透视是三个半径大小不同的圆。

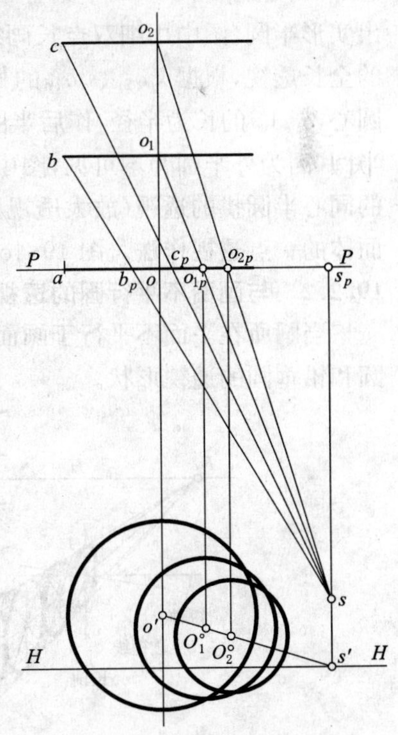

图 19-3　平行于画面圆的作法

图 19-4a 所示是一幢半圆拱屋面的建筑物的平面图和立面图，视点、画面、视平线的选择如图 19-4a 所示。由于建筑物前后两半圆平行于画面，故透视仍为半圆。前半圆 O_2 位于画面之前，半径放大，透视半圆比原形大。后半圆 O_1 在画面之后，半径缩小，透视半圆比原形小。半圆柱拱与画面相交的那个半圆 O，透视为实形，图 19-4b 中用细双点长画线表示。

作图时，先在图 19-4a 中的平面图上，将 P-P 线布置在中间靠后的墙面上，使 O_1 半圆为缩小透视、O_2 半圆为放大透视。连站点 s 与点 o_1、站点 s 与点 o_2，so_1、so_2 与 P-P 线相交，得后半圆的圆心 O_1 的透视 O°_1 和前半圆的圆心 O_2 的透

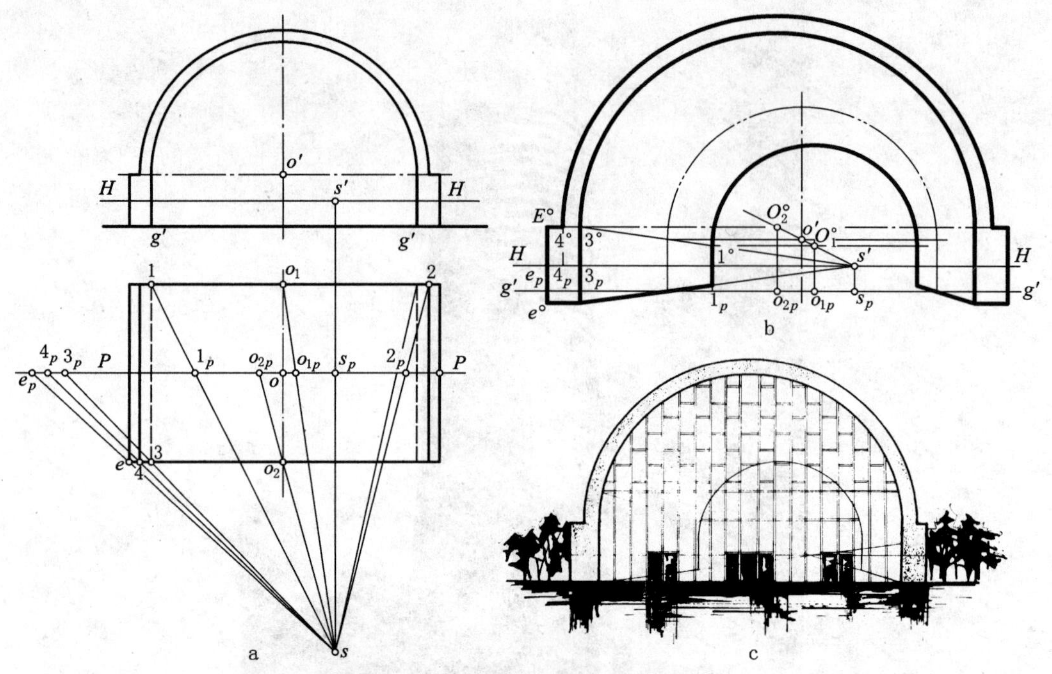

图 19-4 圆拱房屋的一点透视

视 O°_2 的基面投影 o_{1p} 和 o_{2p}。连站点 s 与点 1，$s1$ 与 P-P 线交于 1_p，$o_{1p}1_p$ 是后半圆透视的半径。连站点 s 与点 3、站点 s 与点 4 并延长，$s3$、$s4$ 与 P-P 线交于点 3_p、4_p，$o_{2p}3_p$、$o_{2p}4_p$ 是前半圆透视的内、外半圆的半径。如图 19-4b 所示，在画面上定出 H-H、g'-g'线，在视平线上定出心点 s'。根据图 19-4a 中圆心 O 与心点 s'相对位置在图 19-4b 中定出圆心 o'，以 o'为圆心画出实形半圆(图中用细双点长画线表示)，o'点即为圆柱轴线的画面迹点。连 $s'o'$并延长得轴线的全长透视，根据 s_po_{2p}、s_po_{1p}的长度在 $s'o'$上定出前后半圆的透视圆圆心 O°_2、O°_1。以 O°_1 为圆心，$o_{1p}1_p$ 的长为半径，作后半圆的内半圆。以 O°_1 为圆心，$o_{1p}2_p$ 的长为半径，作后半圆的外半圆(因为外半圆为不可见，图中未画虚线)。以 O°_2 为圆心，$o_{2p}3_p$、$o_{2p}4_p$ 的长为半径，作前面的同心半圆拱的透视(放大透视)。于是就完成了半圆拱屋面的一点透视，墙身部分作法同平面体的一点透视作法。图 19-4c 为加上配景后的效果图。

19.2.2 与画面不平行圆的透视

当圆所在平面不平行于画面时，其透视一般为椭圆。图 19-5 所示为处于不同位置的水平圆和铅垂圆的透视形状。

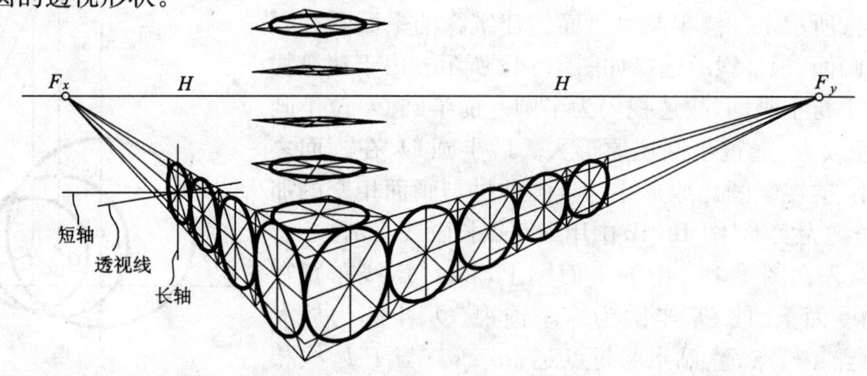

图 19-5 不平行于画面的圆的透视

为了作出圆的透视椭圆，通常利用圆的外切正方形四边的中点（切点）及正方形对角线与圆周的四个交点的八点法求得。由于圆心和外切正方形对角线交点一致，圆周切于外切正方形各边中点，圆必可被一正方形外切和内接，这三个条件在透视正方形中仍保持不变。

透视椭圆有长轴和短轴。透视正方形外切于椭圆，短轴通过透视椭圆的中心（也是透视正方形的中心）。短轴是与椭圆弧正交的最短直径，长轴通过透视椭圆中心（但不通过透视正方形的中心），是垂直于短轴的最长直径。作透视时，可先作出圆的外切正方形的透视，然后用八点法光滑连接成透视椭圆（图 19-6a、b）。图 19-6a 中，在 H-H 上的 D 点为正方形对角线 EG 的灭点（也即画面垂直线的距点），$s'D$ 等于视距。作图时，先在 g'-g' 线上，作出辅助半圆，求

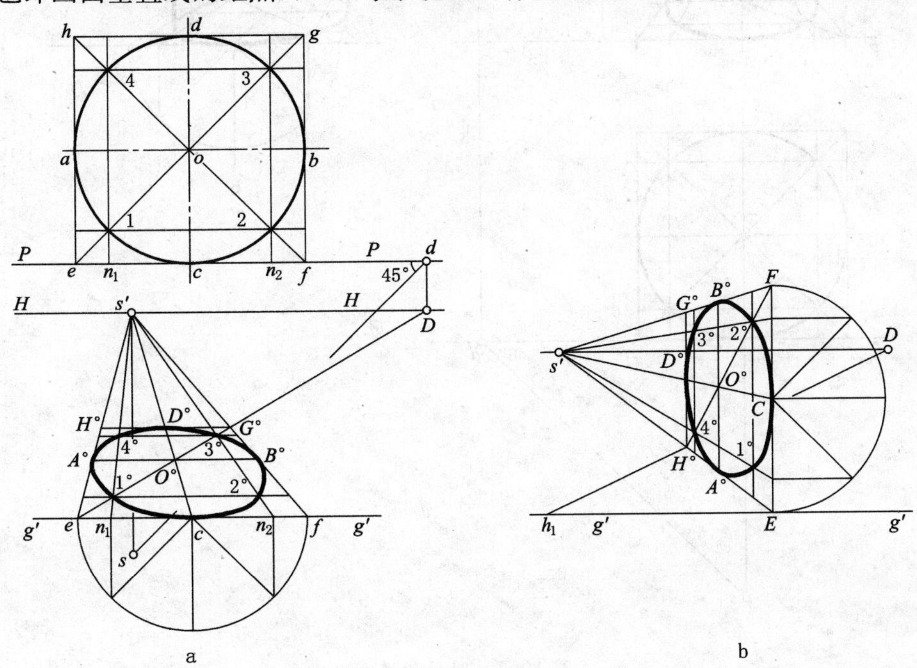

图 19-6 八点法作圆的透视椭圆

得画面垂直线的迹点 e、n_1、c、n_2、f，连心点 s' 与点 e、心点 s' 与点 n_1、心点 s' 与点 c、心点 s' 与点 n_2、心点 s' 与点 f，再连距点 D 与点 e。De 与 $s'n_1$、$s'c$、$s'n_2$、$s'f$ 相交，得交点 1°、O°、3°、G°，过这些交点作 H-H 线的平行线。于是求得了外切正方形的 4 个切点及其对角线上 4 个点的透视。然后光滑连接 $A^\circ 1^\circ c 2^\circ B^\circ 3^\circ D^\circ 4^\circ A^\circ$ 即得圆的透视椭圆。在图 19-6b 中 g'-g' 线上的 $Eh_1 = EF$（圆的直径），连距点 D 与点 h_1，Dh_1 与 $s'E$ 相交得点 H°，EH° 为铅垂圆的透视宽，其余的作法如图 19-6b 所示。

19.2.3 圆柱的透视

求作圆柱的透视时，应先作出上下底圆的透视——椭圆，再作出椭圆的切线，即得圆柱的透视轮廓线。已知圆柱直径 D 和高度 H，求作一点透视（图 19-7）。

图 19-7a 中的心点 s' 在铅垂圆柱透视的轴线上，而图 19-7b 中的心点 s' 则偏离轴线。

19.2.4 圆锥的透视

图 19-8 为圆锥的透视作法。由于轴线铅垂，按水平圆的透视椭圆的作图方法，先作出底圆的透视；利用距点 D 求出圆锥的透视高度 $S^\circ o^\circ$，即连距点 D 与迹点 N，过 o° 作铅垂线，与 DN 相交得锥顶的透视 S°；再过 S° 作椭圆的切线，即得圆锥的透视（图 19-8）。

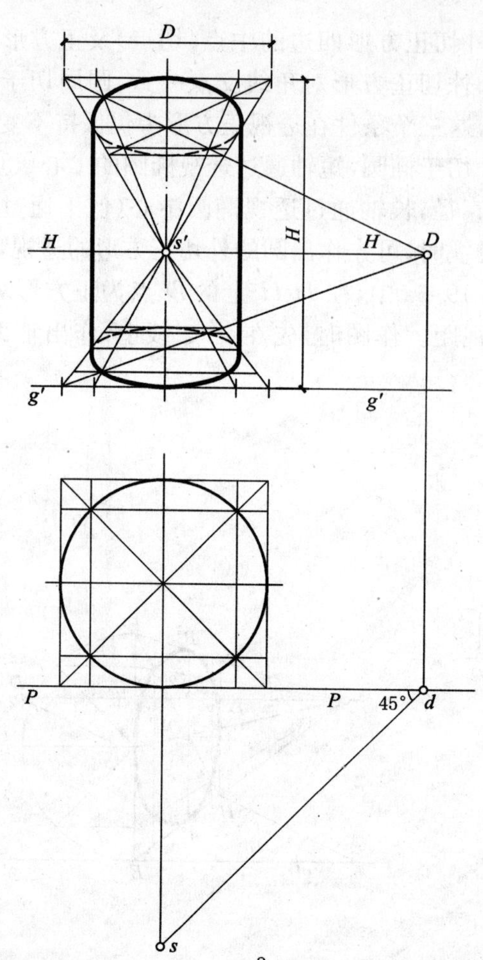

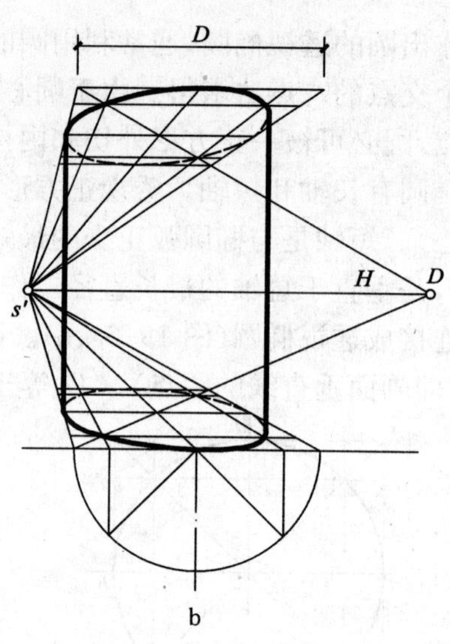

图 19-7 圆柱的透视

图 19-9 所示为某市电视塔及其附属用房的透视图，它们由一串圆柱、圆锥、圆台组成。其作图方法可参考以上各图。

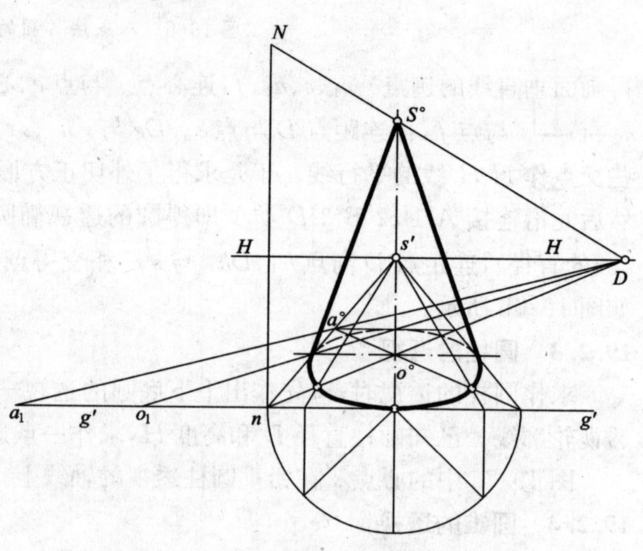

图 19-8 圆锥的透视

［例 19-1］ 已知圆拱大厅的平面、剖面图(图 19-10a)，放大成原图的 2 倍，求透视图。

［解］ 1. 选择画面、站点和视平线(图 19-10a)。为了反映各部分真实的比例关系和看清三个面，选用一点透视、对称布置，将画面设在第二排柱子的前侧面，使画面之前为放大透视，画面之后为缩小透视，这样画出的透视图使观察者有一种深、远、高大的感觉。

2. 如图 19-10b 所示，在画面上放大 2 倍定出基线 g'-g'、视平线 H-H 及心点 s'，作出实形同心圆 o'，由于是对称布置，故 $s'o'$ 是铅垂线，实形同心圆的半径 $o'A=2o'a'$、$o'B=2o'b'$，连心点 s' 与圆心 o' 并延长，各缩小圆的透视和放大圆的透视圆

心都在此 $s'o'$ 线上。连心点 s' 与点 A、心点 s' 与点 B、心点 s' 与点 d' 并延长，以后各圆与柱子的切点都在这些全长透视线上。

3. 把平面图中的视线迹点的基面投影 e_p、d_p、c_p…h_p、g_p（图 19-10a）都放大 2 倍量画到画面的 g'-g'（图 19-10b）线上。

4. 作透视图：仍如图 19-10b 所示，以最后一个缩小圆的画法为例来说明缩小圆的画法：过 e_p 作铅垂线，与 $s'd'$ 相交于 E°，过 E° 作水平线，与 $s'o'$ 相交于 O°_e，以 O°_e 为圆心，$O^{\circ}_eE^{\circ}$ 为半径画半圆。最后再过切点作铅垂线，得 $E^{\circ}e^{\circ}$、$D^{\circ}d_o$…即得后墙面透视。

放大圆的画法：过 g_p 作铅垂线，与 $s'A'$ 的延长线相交于 G°，过 G° 作水平线，与 $s'o'$ 延长线交于 O°_g。最后，以 O°_g 为圆心，$O^{\circ}_gG^{\circ}$ 为半径作半圆。过 G° 作铅垂线与 $s'a$ 延长线相交得 g°。其余的作法如图 19-10b 所示。

［例 19-2］ 已知圆拱大厅的平面、立面图（图 19-11a），放大成原图的 1.5 倍，求作两点透视。

［解］ 1. 在平面图中，过 a 点作 P-P 线，使与形体的主要面成 30°角，定出站点 s，然后求出 X 向、Y 向灭点和量点的基面投影 f_x、f_y、m_x、m_y 等（图 19-11a）。作透视图的过程，请读者对照图 19-11b，参阅下述的第 2～第 5 点。

2. 将图 19-11a 中平面图、立面图的尺寸放大 1.5 倍后，在画面上定出 g'-g'、H-H 线，定出 a 点，量点 M_x、M_y 和灭点 F_x、F_y。

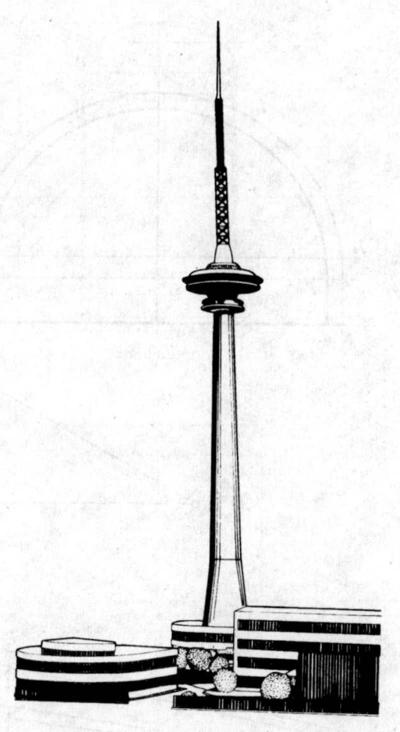

图 19-9 圆锥、圆柱透视的应用实例

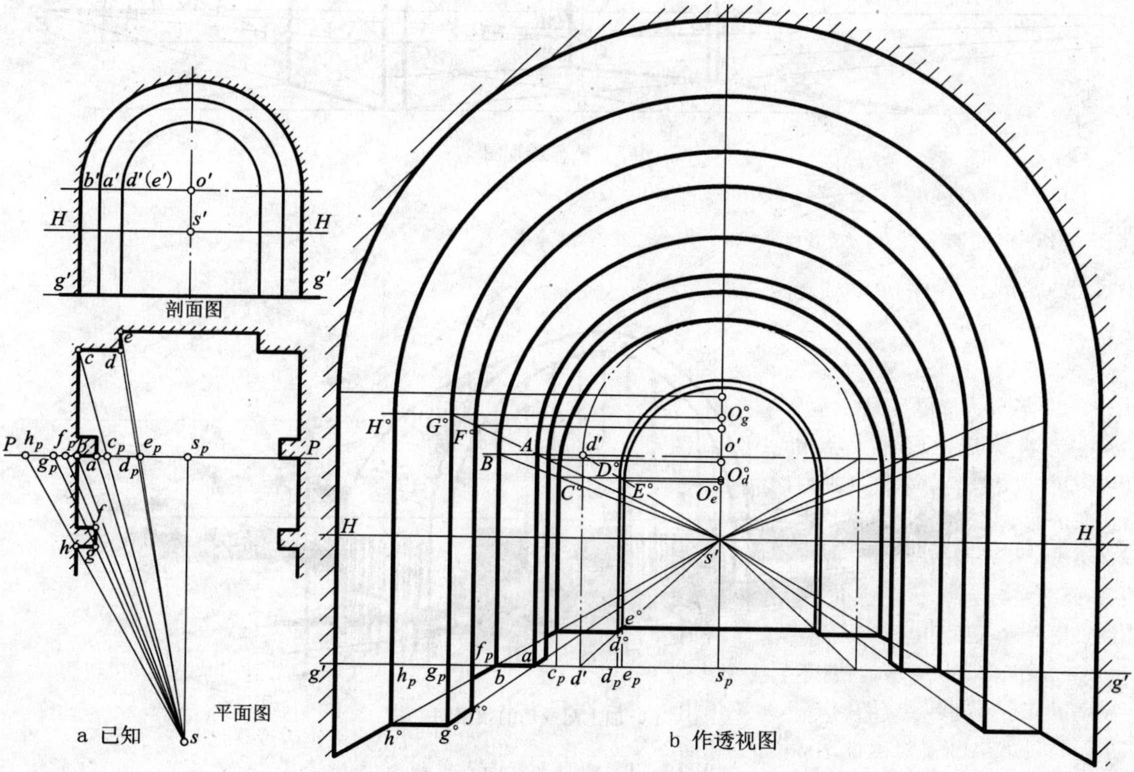

剖面图

平面图

a 已知

b 作透视图

图 19-10 圆拱大厅的一点透视

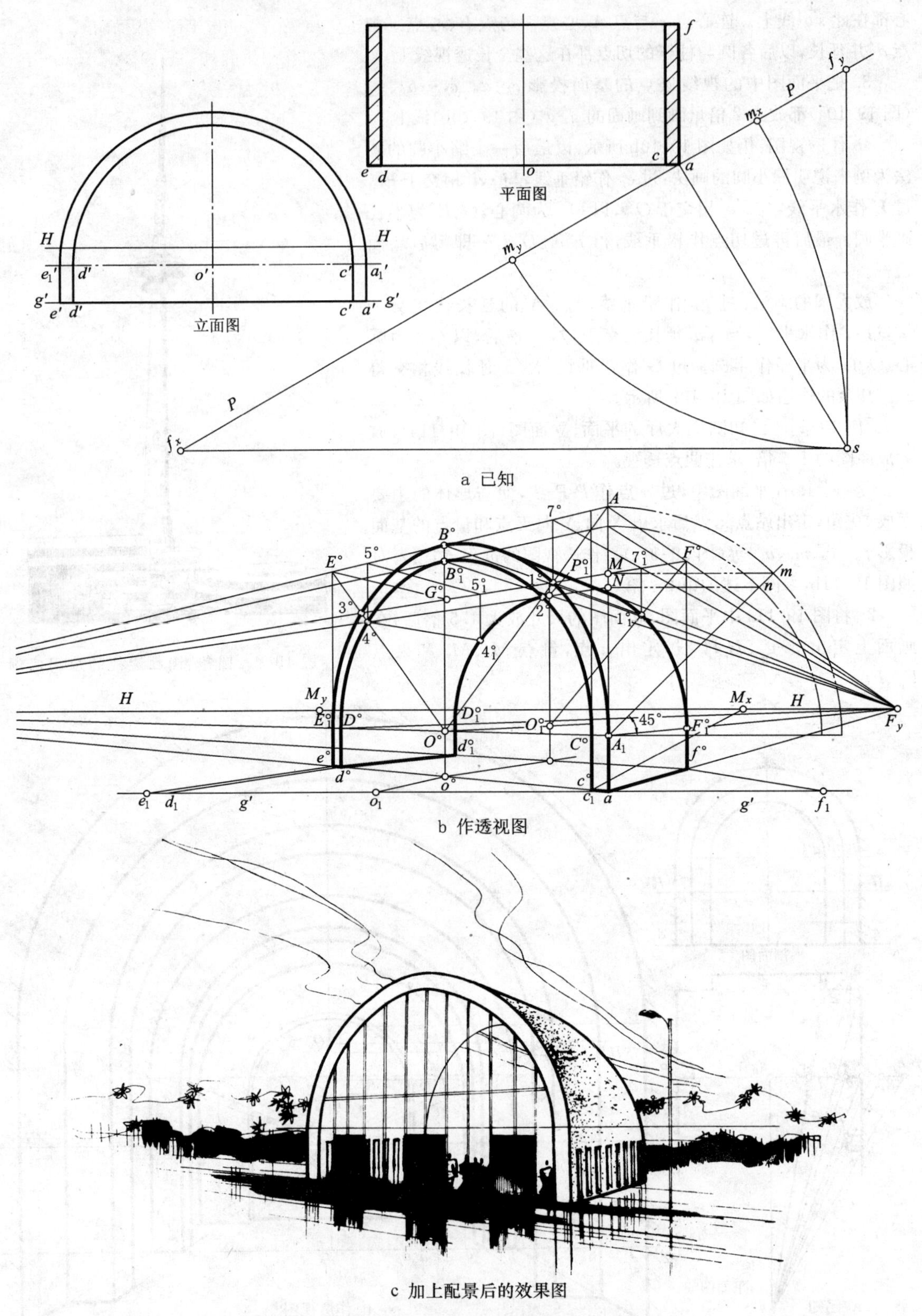

a 已知

b 作透视图

c 加上配景后的效果图

图 19-11 圆拱大厅两点透视

将拱的深度 af(Y 向尺寸)定在基线上 a 点之右,得 f_1 点,拱的跨度 cd、ae 及圆心 o(X 向尺寸)定在基线

上 a 点之左，得 c_1、d_1、e_1、o_1 点(图 19-11b)。各点与 a 点的距离应是平面图中相应距离的 1.5 倍。

3. 作线连接 F_xA、F_xa、M_yf_1 和 F_yA、F_ya、M_xe_1、M_xo_1，彼此相交，作出拱的外切长方体 $e^\circ E^\circ Aaf^\circ F^\circ G^\circ g^\circ$($g^\circ$点不可见，图中未画出)。连点 A_1 与灭点 F_x 得半圆拱下部墙身切点 C°、D°、E°_1，求出透视圆心 O°。

4. 作前面的半圆拱：按铅垂圆八点法求作半圆拱的透视椭圆。为了求圆的外切正方形对角线与圆周的交点，在真高线 Aa 右侧作辅助同心 1/4 圆，图中用细双点长画线表示，并过点 A_1 作 45°线，与 1/4 圆交于点 m、n。过点 m、n 作水平线，与 Aa 交于点 M、N。连灭点 F_x 与点 M、灭点 F_x 与点 N，与对角线 $O^\circ A$、$O^\circ E^\circ$ 相交于点 1°、2°、3°、4°，依次光滑地连接 $A_1 1^\circ B^\circ 3^\circ E^\circ_1$ 和 $C^\circ 2^\circ B^\circ_1 4^\circ D^\circ$，过点 C°、D°、E°_1 作铅垂线，与 F_xa 相交得点 c°、d°、e°，即得下部墙身侧面的透视。

5. 作后面的半圆拱：作出可见的左后内拱的部分椭圆，先求出切点 D°_1，为此，连灭点 F_y 与点 d°，F_yd° 与 F_xf° 相交得点 d°_1，过点 d°_1 作铅垂线与 F_yD° 相交得点 D°_1。过点 4° 作铅垂线，与 F_xA 相交于点 5°，连灭点 F_y 与点 5°，F_y5° 与 $F^\circ G^\circ$ 交于点 5°_1，过点 5°_1 作铅垂线，与 F_y4° 相交于点 4°_1。为了求后内拱顶点 P°_1，可过点 O°_1 作铅垂线，与 $F_yB^\circ_1$ 相交得点 P°_1。光滑连接 $D^\circ_1 4^\circ_1$，P°_1 取可见部分，即得后侧半圆内拱的可见部分。为了求右后侧可见的外圆拱的透视，可先求出切点 F°_1：连灭点 F_y 与点 A_1，F_yA_1 与 $F^\circ f^\circ$ 相交，得切点 F°_1。再求 1°_1：连灭点 F_y 与点 1°，F_y1° 与 $O^\circ_1F^\circ$ 相交得 1°_1(也可与求点 4°_1 相同方法求得 1°_1，如图 19-11b 所示)。过灭点 F_y 作前半椭圆 $A_1 1^\circ B^\circ 3^\circ E^\circ_1$ 的切线，连右后半圆拱的透视椭圆 $F^\circ_1 1^\circ_1$…与切线相切，就作出了后面的半圆拱门、墙身和内、外壁面的透视。图 19-11c 为加上配景后的效果图。

19.3 曲面相贯体的透视

讨论相贯两曲面体的透视图画法，主要是讨论透视图中相贯线的作法，形体的其他部分画法与以上各例的作法相同。

现以两圆柱的相贯线为例来介绍透视图中相贯线的作图方法。

［例 19-3］ 已知正交十字拱的平面、立面图(图 19-12a)，放大成原图的 2 倍，求一点透视。

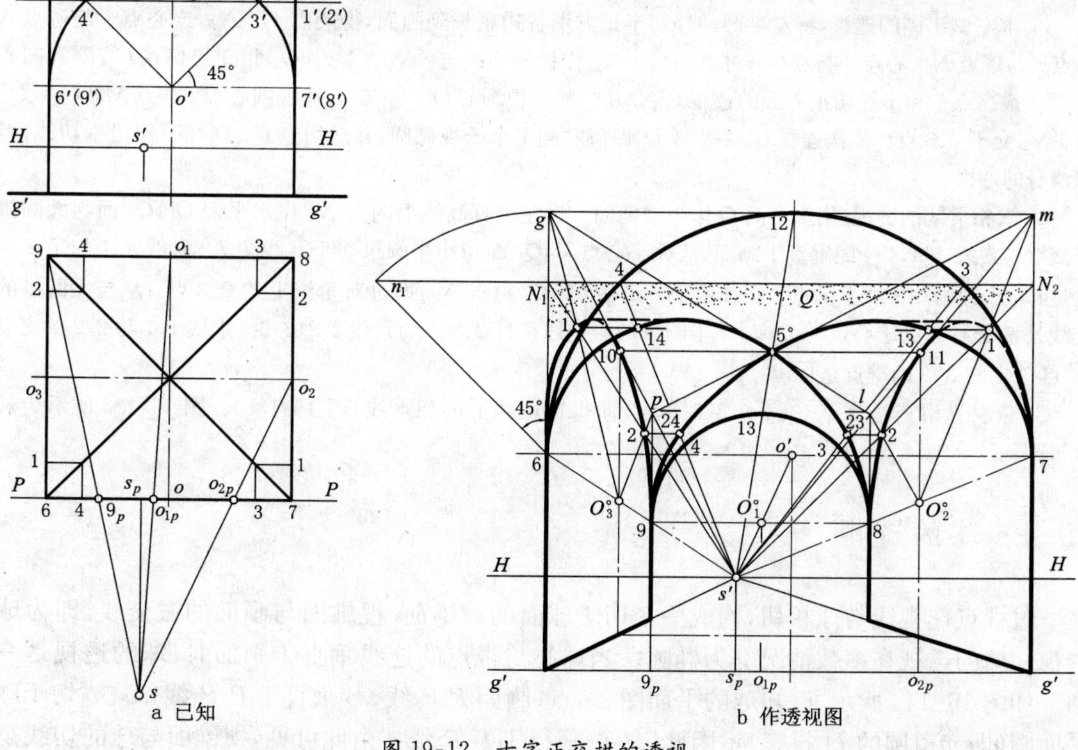

图 19-12 十字正交拱的透视

［解］ 1. 选用一点透视，把前拱与画面重合。选择站点 s，在立面图上定出 g'-g' 线和 H-H 线。在画面上定出 g'-g'，放大 2 倍定出 H-H 线、心点 s'（图 19-12b），并将平面图中的 s_p、o_{1p}、o_{2p}、9_p 放大 2 倍量画到 g'-g' 线上。

2. 以 o' 为圆心，半径放大 2 倍画出实形半圆，连心点 s' 与点 o'，过点 o_{1p} 作投影连线，与 $s'o'$ 相交于点 $O^{\circ}{}_1$，以 $O^{\circ}{}_1$ 为圆心，将平面图中的 $o_{1p}9_p$ 放大 2 倍长为半径作半圆，得缩小半圆（图 19-12b）。

3. 作左、右半椭圆，按铅垂圆的作图方法求作。为了求作外切正方形对角线上的两个点，可以 $o_3 6$ 为半径（即图中的 $6g$ 长为半径，$6g=2o_3 6$）作辅助 1/8 圆弧，过 6 点作 45°线，与圆弧交于点 n_1，过点 n_1 作水平线，与 $6g$ 交于点 N_1，与 $7m$ 交于点 N_2，连心点 s' 与点 N_1、心点 s' 与点 N_2，$s'N_1$ 与对角线 $O^{\circ}{}_3g$、$O^{\circ}{}_3p$ 交于 1、2 点，$s'N_2$ 与对角线 $O^{\circ}{}_2m$、$O^{\circ}{}_2l$ 交于另一对 1、2 点，光滑连接 6-1-10-2-9 作出左侧半椭圆，连接 7-1-11-2-8 作出右侧半椭圆。

现用辅助平面 Q 作相贯线，作水平面 Q（为方便起见，使 Q 平面经过圆的外切正方形对角线与圆弧的交点），Q 平面与轴线垂直于画面的圆柱的截交线是素线 3-3、4-4（垂直于画面，故灭于心点），Q 平面与轴线垂直于侧面的圆柱的截交线是平行于视平线的素线 1-1、2-2，两组截交线的交点，即 1-1 素线与 3-3 素线交于 $\overline{1\ 3}$ 点，1-1 与 4-4 交于 $\overline{1\ 4}$ 点，2-2 与 3-3 交于 $\overline{2\ 3}$ 点，2-2 与 4-4 交于 $\overline{2\ 4}$ 点，点 $\overline{1\ 3}$、$\overline{1\ 4}$、$\overline{2\ 3}$、$\overline{2\ 4}$ 即为相贯线上的一般点。可用同法再作一水平辅助面再求四个点。mp 与 gl 的交点是相贯线上的最高点 5°，5°点也是最高素线 10-11 与 12-13 的交点。6、7、8、9 是相贯线上的最低点（切点）。依次光滑连接点 6-$\overline{1\ 4}$-5°-$\overline{2\ 3}$-8 与 7-$\overline{1\ 3}$-5°-$\overline{2\ 4}$-9，即得相贯线的透视（图 19-12b）。

［例 19-4］ 已知正交高低拱的平面、立面图（图 19-13a），放大成原图的 4 倍，求一点透视。

［解］ 1. 选定画面、站点、视平线，如图 19-13a 所示，将站点 s 分别与点 b、d、c、o_1、o_3、8 相连，连线 sb、sc、sd、so_1、so_3、$s8$ 与 P-P 线交于 b_p、c_p、d_p、o_{1p}、o_{3p}、8_p 等点。

2. 比平面图放大 4 倍作一点透视（图 19-13b），在画面上定出 g'-g'、H-H 线（两线间距比立面图放大 4 倍）。以 s_p 为基准，将平面图中的 b_p……8_p 点量画到 g'-g' 线上。各点与 s_p 距离也应放大 4 倍。连心点 s' 与实形圆的圆心 o'，过 o_{1p} 作投影连线，与 $s'o'$ 交于点 $O^{\circ}{}_1$，以 $O^{\circ}{}_1$ 为圆心，$4o_{1p}b_p=O^{\circ}{}_1B^{\circ}$ 为半径作半圆，即为后半圆拱的透视。

3. 求左侧半圆的透视，将左半圆的外切半正方形各边延长到画面，得迹点 N_1、N_2，连心点 s' 与迹点 N_1、心点 s' 与迹点 N_2、心点 s' 与点 O_3，过点 o_{3p}、c_p、d_p 作投影连线与 $s'N_1$、$s'N_2$、$s'O_3$ 相交得切点 C°、D° 和圆心透视 $O^{\circ}{}_3$、最高点 7 和半外切正方形的透视 $C^{\circ}NMD^{\circ}$，连透视圆心 $O^{\circ}{}_3$ 与点 N，透视圆心 $O^{\circ}{}_3$ 与点 M，$O^{\circ}{}_3N$、$O^{\circ}{}_3M$ 与 $s'N_2$ 交于 2、3 点。依次连接 C°-2-7-3-D° 即得左侧半个透视椭圆，并过切点 C°、D° 往下作铅垂切线，得下部墙身的透视。

4. 求相贯线的透视：用水平面 Q 作为辅助面。过左侧真高线上的点 N_1 作水平面 Q_1，Q_1 面与大圆拱的截交线是素线 4-4，4-4 线垂直于画面，故灭于心点 s'，Q_1 面与小半圆拱切于素线 7-7。素线 4-4 与 7-7 的交点是 $\overline{4\ 7}$ 点，即为相贯线上的点。再作水平辅助面 Q_2，Q_2 过点 N_2，即过对角线上的 2、3 点，Q_2 与大圆拱的截交线是素线 1-1，灭于心点 s'，Q_2 与小半圆拱的截交线是过 2、3 点的素线 2-2、3-3。素线 1-1 与 2-2 的交点是 $\overline{1\ 2}$ 点，1-1 与 3-3 的交点是 $\overline{1\ 3}$ 点。

5. 依次光滑连接 9-$\overline{1\ 2}$-$\overline{4\ 7}$-$\overline{1\ 3}$-8 各点，即得透视图上的相贯线（图 19-13b）。图 19-13c 所示为最后效果图。

19.4 球的透视

过视点作视线与球相切，构成一个切于球面的视锥面，视锥面与画面的截交线，即为球的透视。球的透视在多数情况下为椭圆。当球心与视点的连线垂直于画面时，球的透视是一个圆。如图 19-14a 所示，已知球的平面图、站点、画面 P-P 线，so 垂直于 P-P 线，sa、sb 切于球的平面圆（即赤道圆的 H 投影）。因此，ab 弦平行于 P-P 线。由此可见，视锥面与球的切线是平

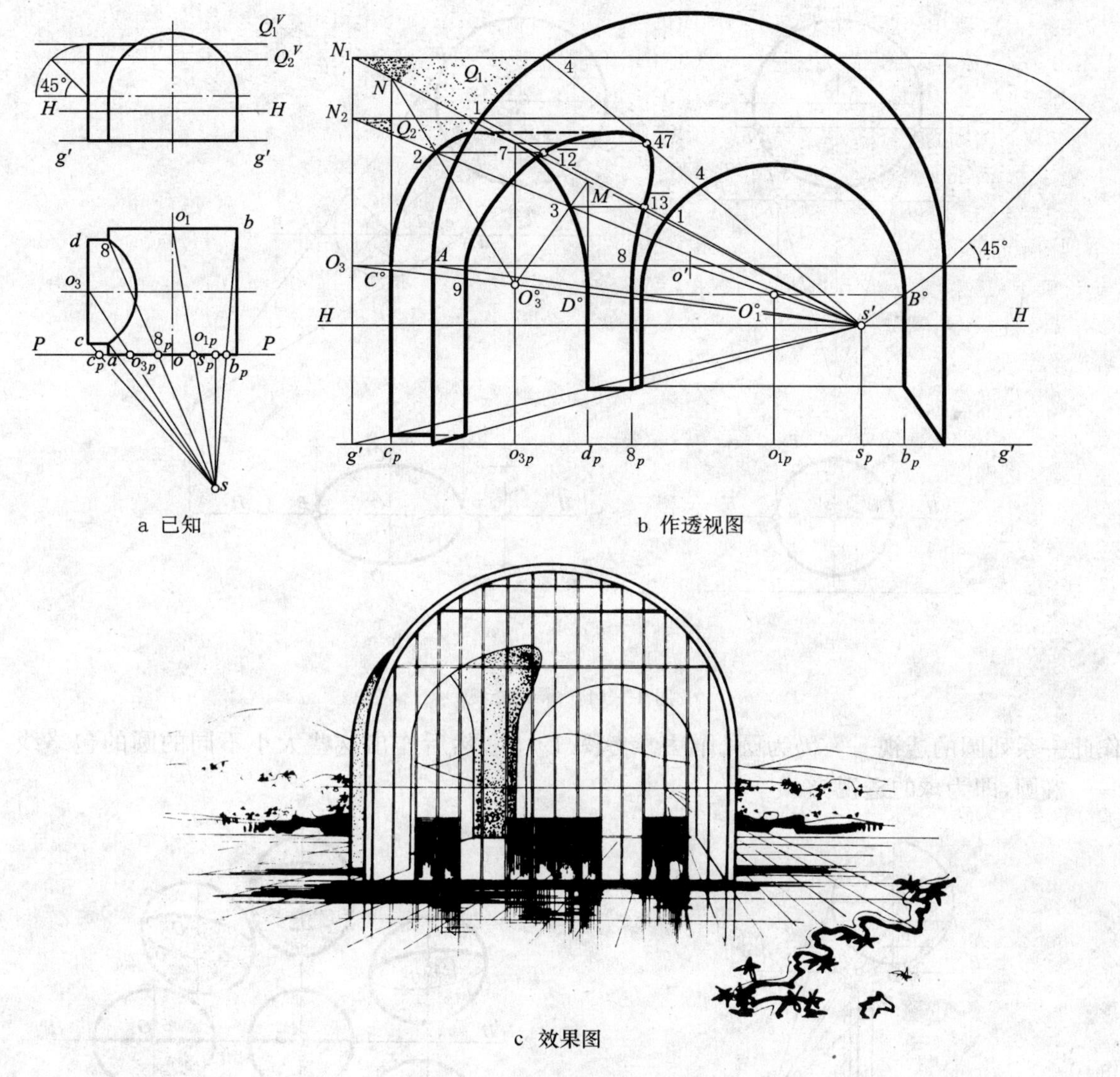

a 已知

b 作透视图

c 效果图

图 19-13　正交高低拱的透视

行于画面的圆 T,ab 是圆 T 的基面投影,所以球的透视也是圆 T 的透视,也是一个圆。由于球心 O 与视点 S 的连线 SO 垂直于画面,所以在画面上圆心即为心点 s'。圆的直径 $A^\circ B^\circ = a_p b_p$。以 $O \equiv s'$ 为圆心,$A^\circ B^\circ$ 为直径作圆,即为球的透视。

当球心和视点等高,视点和球心连线倾斜于画面时,球的透视为一椭圆,此椭圆的长轴位于视平线上。如图 19-14b 所示,过平面图中站点 s 作赤道圆(球的基面投影)的切线。sa、sb 即为切于球的视锥的投影,ab 为圆 T 的基面投影 t,球的透视就是倾斜于画面的圆 T 的透视,也就是视锥与画面的截交线椭圆,因视线 SA、SB 是水平的,所以 A、B 的透视 A°、B° 位于视平线上,$A^\circ B^\circ$ 就是椭圆的长轴,长轴的长度 $A^\circ B^\circ = a_p b_p$。过 $a_p b_p$ 的中心 $c_p(d_p)$ 作直线垂直于 so,并与 sa、sb 分别交于 1、2 点,12 线段就是视锥面上垂直于视锥轴线 SO 的纬圆的基面投影。以 12 为直径作半圆,过 $c_p(d_p)$ 点作线段 12 的垂直线与半圆交于点 e,$c_p(d_p)e = l$,l 即为透视椭圆的半短轴长度,即 $C^\circ D^\circ = 2l$。根据长短轴即可作出透视椭圆。

通常尚可用包络线法求作球的透视。如图 19-15 所示,在球面上取若干平行于画面的圆,

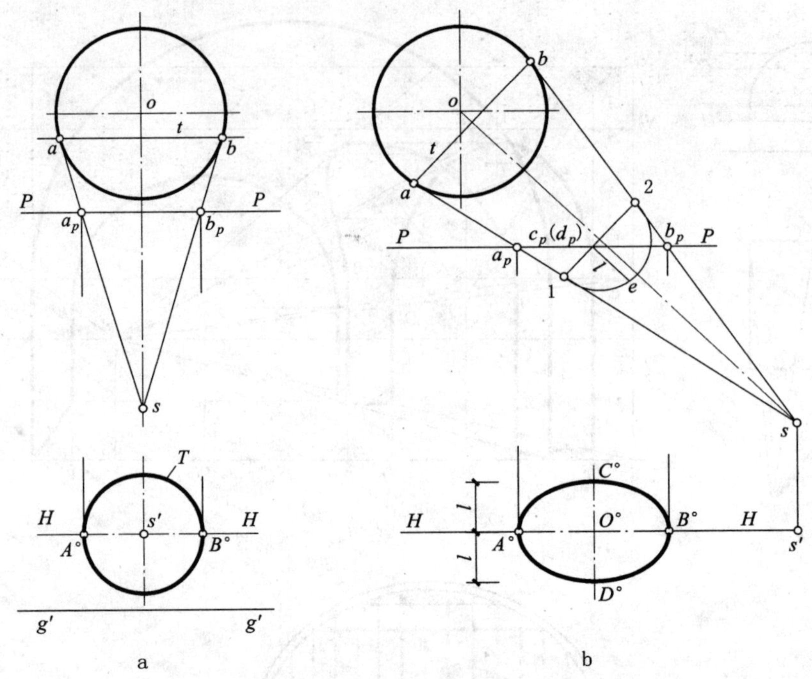

图 19-14　球的透视

作此一系列圆的透视——仍为圆(作法参考图 19-3),然后作出这些大小不同的圆的包络线——椭圆,即为球的透视。

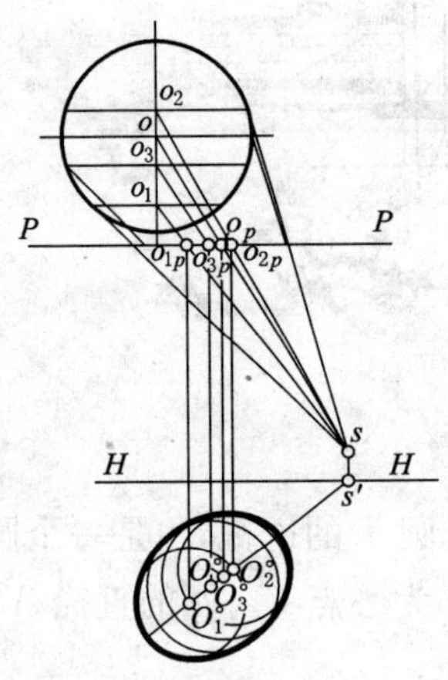

图 19-15　包络线法作球的透视

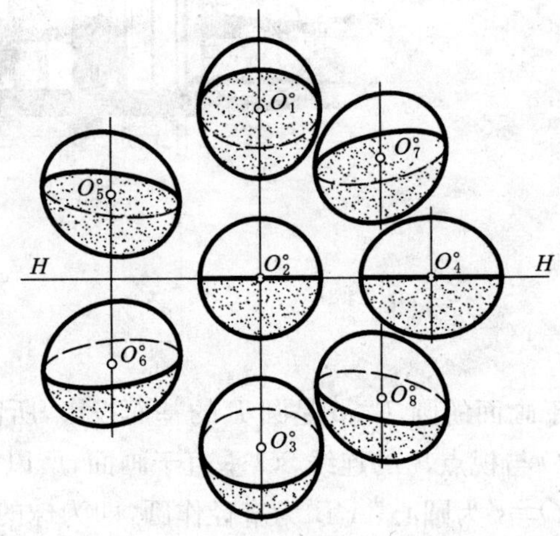

图 19-16　不同位置的球的透视

由于将椭圆作为球的透视轮廓线与观察者的视觉印象有差距,所以当所绘建筑物上有球面时,应使切于球的视锥面轴线 SO 与主视线 Ss' 位于同一水平面或铅垂面上。如图 19-16 中的 O°_1、O°_2、O°_3、O°_4 椭圆,其中 O°_1、O°_3 的长轴处于铅垂位置,O°_4 的长轴处于水平位置,看起来较自然,其中以 O°_2 为最好,O°_3、O°_4 次之,O°_1 稍差;其余位置的 O°_5、O°_6、O°_7、O°_8 椭圆,看上去失真。

为了作图简便,若建筑物上的球面位于所绘整体建筑透视图的控制视锥范围内,则仍用圆来代替球的透视椭圆。

在图 19-16 中有阴影部分表示下半球。

19.5 螺旋线和螺旋楼梯的透视

19.5.1 圆柱螺旋线的透视

图 19-17 所示为已知圆柱螺旋线的 H 和 W 投影(图 19-17a)及其一点透视作法(图 19-17b),作图步骤如下:

(1) 先定出画面(g'-g',H-H)、降低基面的基线 g'_1-g'_1、视点,根据选定的视距在视平线上定出距点 D,现用两次透视法求作螺旋线的透视图。

(2) 求圆柱螺旋线的透视平面图和 W 投影的透视图(以后简称侧透视):在 g'_1-g'_1和 H-H 之间作出透视平面图,先作出圆的外切正方形的透视,并定出四个切点 3°_1、9°_1、o°_1、6°_1。利用辅助半圆在 g'_1-g'_1线上定出 f_1、n_1、n_2、n_3、n_4、n_5 各点。在 f_1 的左侧(因距点 D 定在心点 s'之右侧)定出 a_1、b_1、c_1、9_1、d_1、e_1 等各点,$f_1a_1=f_1n_5=$圆的直径,$a_1b_1=e_1f_1=f_1n_1=n_4n_5$,$9_1c_1=9_1d_1=o^\circ_1n_2=o^\circ_1n_3$ 等。将心点 s' 与点 n_1、n_2、n_3、n_4、n_5 相连,将距点 D 与点 a_1、b_1、c_1、9_1、d_1、e_1 相连,得线束 $s'n_1$、$s'n_2$、$s'n_3$、$s'n_4$、$s'n_5$ 和 Da_1、Db_1、Dc_1、$D9_1$、Dd_1、De_1。后者线束与$s'f_1$相交得 a°_1、b°_1、c°_1、9°_1、d°_1、e°_1 等点。过这些点作水平线与线束 $s'n_1$、$s'n_2$、$s'n_3$、$s'n_4$、$s'n_5$ 相交,得椭圆上其他九点的透视 1°_1、2°_1、4°_1、5°_1、7°_1、8°_1、10°_1、11°_1、12°_1,依次光滑连接相邻各点,即得圆柱螺旋线的透视平面图——椭圆。

在 g'_1-g'_1线适宜位置处取点 y。连心点 s'与点 y,$s'y$ 就是 W 投影面与降低后基面的交线的透视,过点 y 向上引铅垂线,在 g'-g'线上的 0 点以上的一段为真高线,在真高线上定出螺距范围内的分格线(12 格),将心点 s'与点 0、1、2、3、4…12 相连。过透视平面图中各分点作水平线,与 $s'y$ 相交,过各交点向上作铅垂线,这些铅垂线与线束 $s'0$、$s'1$…$s'12$ 相交,得对应素线的透视和轴线上各分格的透视高。这些铅垂线与水平分格线透视相交,得螺旋线的侧透视 $1''2''3''4''$…$12''$。

(3) 作螺旋线的透视:在画面上(即 g'-g' 和 H-H 之间)作出圆柱的透视(作法见图 19-7)。过透视平面图中的 o°_1 作投影连线,再过侧透视轴线上各分点作水平线,与过 o°_1 的投影连线相交得轴线上的分点 0°_0、1°_0…12°_0。

作螺旋线上各点,可过透视平面图中各分点作投影连线,从侧透视上各对应点作水平线,对应水平线与投影连线交点,即为螺旋线上的点,如 1°_1 Ⅰ°与Ⅰ°$1''$相交得Ⅰ°,2°_1 Ⅱ°与Ⅱ°$2''$相交得Ⅱ°…光滑地依次连接相邻各点,即得螺旋线的透视(图 19-17b)。

19.5.2 螺旋楼梯的透视图

螺旋楼梯在房屋建筑中应用甚多。螺旋楼梯可以节约建筑空间,减少楼梯间的进深。在桥头堡和地下建筑中常用螺旋楼梯作为垂直交通设施(图 19-18)。许多公共建筑为了使主楼入口大厅富有生气,常采用螺旋楼梯作为由底层到二层的垂直交通联系(图 19-19)。

下面举例介绍螺旋楼梯的画法。

[例 19-5] 已知螺旋楼梯的平面图和侧面图(图 19-20a),求作一点透视。

[解] 1. 用两次透视法求作,即先作透视平面图和侧面投影的透视图(简称侧透视)。再根据透视平面图和侧透视作螺旋楼梯的透视图。

2. 定出画面 g'-g'和 g'_1-g'_1及视平线 H-H 线,在视平线上定出心点 s',根据视距在视平线上定出距点 D(图 19-20b)。下面第 3~第 5 点的作图仍继续在图 19-20b 中进行。

3. 求作透视平面图:在 g'_1-g'_1和 H-H 之间作出螺旋楼梯的透视平面图。先作出圆的外切正方形的透视,再用辅助半圆和距点法求出内外圆上 12 个分点的透视,分别依次光滑连接 12 个点,即得内外透视椭圆,连成各踏面、踢面的基透视,从而得到螺旋楼梯的透视平面图。(方法同图 19-17b)

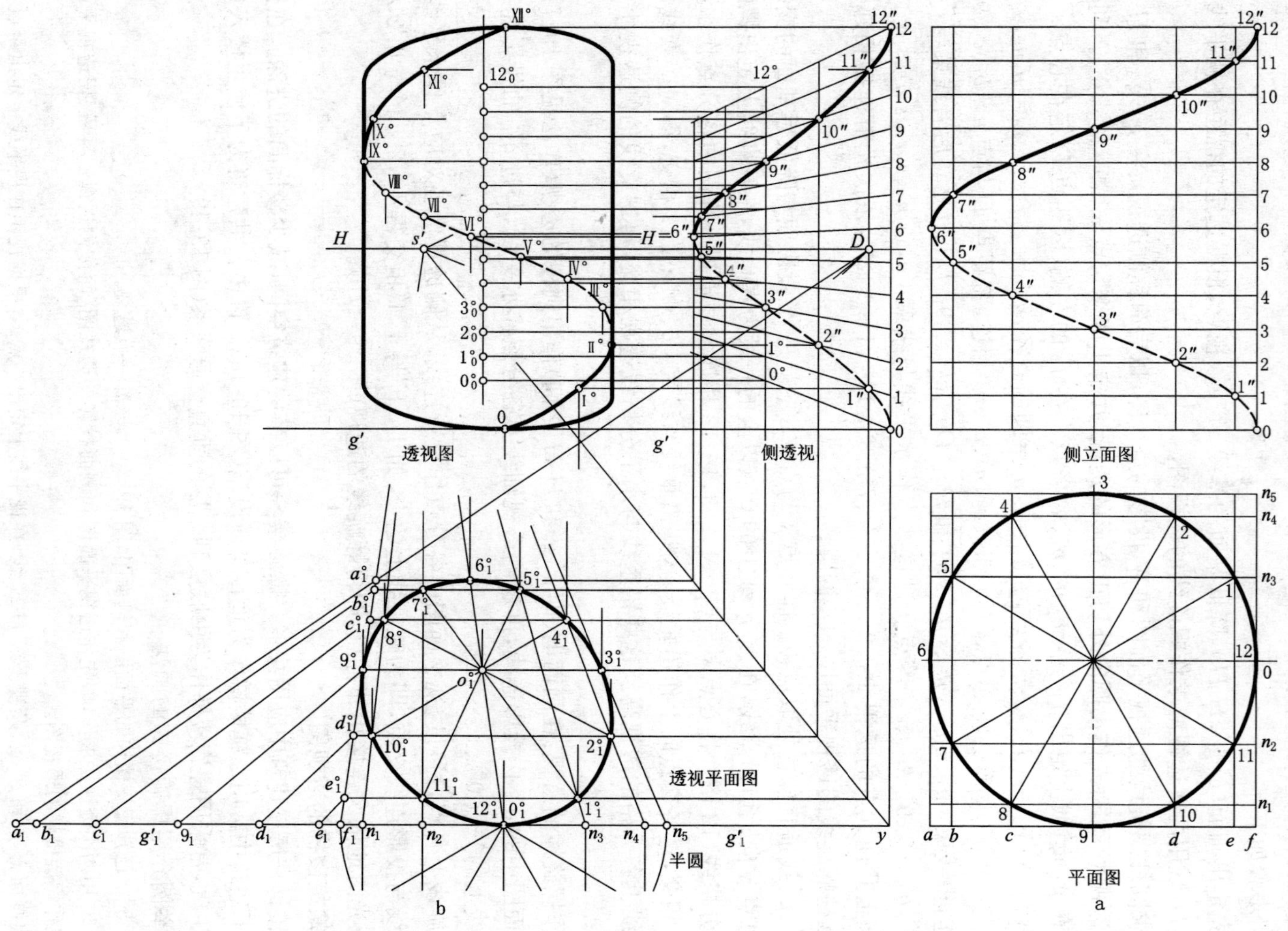

图19-17 圆柱螺旋线的透视图

4. 作侧透视：在 g'_1-g'_1 线上的适当位置取一点 y，连心点 s' 与点 y，即为 W 面与降低基面 G_1 的交线的透视。过点 y 作铅垂线，与 g'-g' 线交于一点 o、过 o 的铅垂线即为真高线，在其上，从 g'-g' 线上零点开始量取 12 个分格点，并将心点 s' 与点 0、1、2…12 相连。过透视平面图中各点作水平线与 $s'y$ 线相交，过交点向上作铅垂线，这些铅垂线与 $s'1$、$s'2$、$s'3 \cdots s'12$ 相交，得到内外圆柱的轮廓线、素线，轴线及其 12 个水平分割线的透视。按图 19-20a 所示的螺旋楼梯的 W 投影的画法绘出螺旋楼梯的侧透视。

5. 作透视图：先在画面上作出轴线，即过透视平面图中的点 o°_1 向上作投影连线，从侧透视的轴线上各点作水平线，相交得圆柱轴线及其上各点的透视如 0°_0、1°_0、$2^\circ_0 \cdots 12^\circ_0$，并作出小圆柱的透视。

作踏面和踢面的透视，过透视平面图基线 g_1-g'_1 上 o°_1 点作投影连线，从侧透视上 0、1 点作水平线，两组线相交得第一个踢面的真高01，因第一个踢面垂直于画面，所以踢面的上、下边线灭于心点 s'。连心点 s' 与点 0、心点 s' 与点 1，从透视平面图中第一踢面与内圆的交点 a°_1 往上作投影连线，与 $s'0$、$s'1$ 相交得第一踢面的透视 $01A^\circ a^\circ$。再从透视平面图中的点 1°_1 作投影连线，从侧透视中点 1″、2″作水平线，相交得第二踢面外侧的透视高 $1^\circ 2^\circ$。连点 1°_0 与 1°、2°_0 与 2°，过透视平面图中的点 b°_1 作投影连线，与 $1^\circ_0 1^\circ$、$2^\circ_0 2^\circ$ 相交，得第二踢面的透视 $1^\circ 2^\circ B^\circ b^\circ$。用椭圆曲线连接 11° 和 $A^\circ b^\circ$，即得第一踏面的透视。同理完成其他各级踢面和踏面的透视。详细作图过程如图 19-20b 所示。

图 19-18 螺旋楼梯

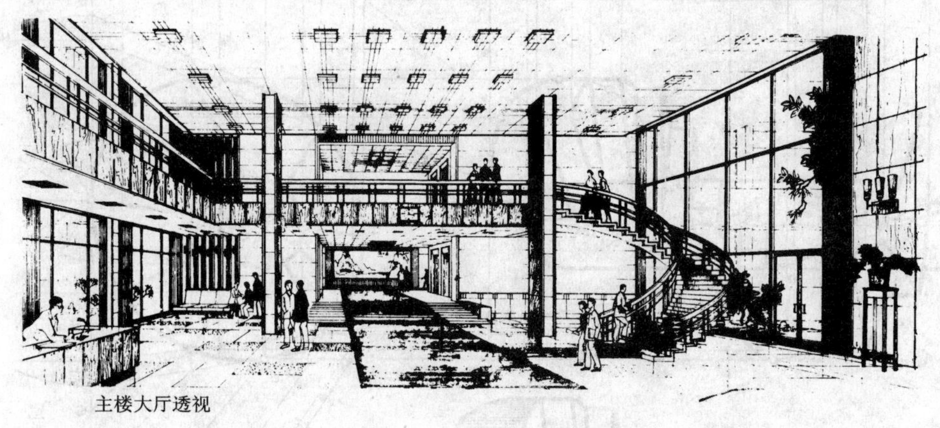

主楼大厅透视

图 19-19 无立柱的螺旋楼梯在公共建筑中的应用

由于视平线 H-H 取在第 6、第 7 级之间，所以由下往上数的第 1、第 2、第 3、第 4、第 5、第 6 级踏面为俯视，其中第 6 级踏面在小圆柱之后为不可见，第 5 级、第 4 级踏面被遮挡一部分。第 1、第 2、第 3 级踏面全部可见。第 7 级以上的踏面为仰视，不可见，如图中虚线所示。图 19-20c 所示为最后效果图。

有的螺旋楼梯中间没有小圆柱作支承。其重量全部由楼梯的曲梁(也为螺旋形)或梯板支承。如图 19-19 所示，为应用于公共建筑中入口大厅的无梁、无立柱的螺旋楼梯，其绘图步骤与方法同图 19-20。详细作图如图 19-22 所示。

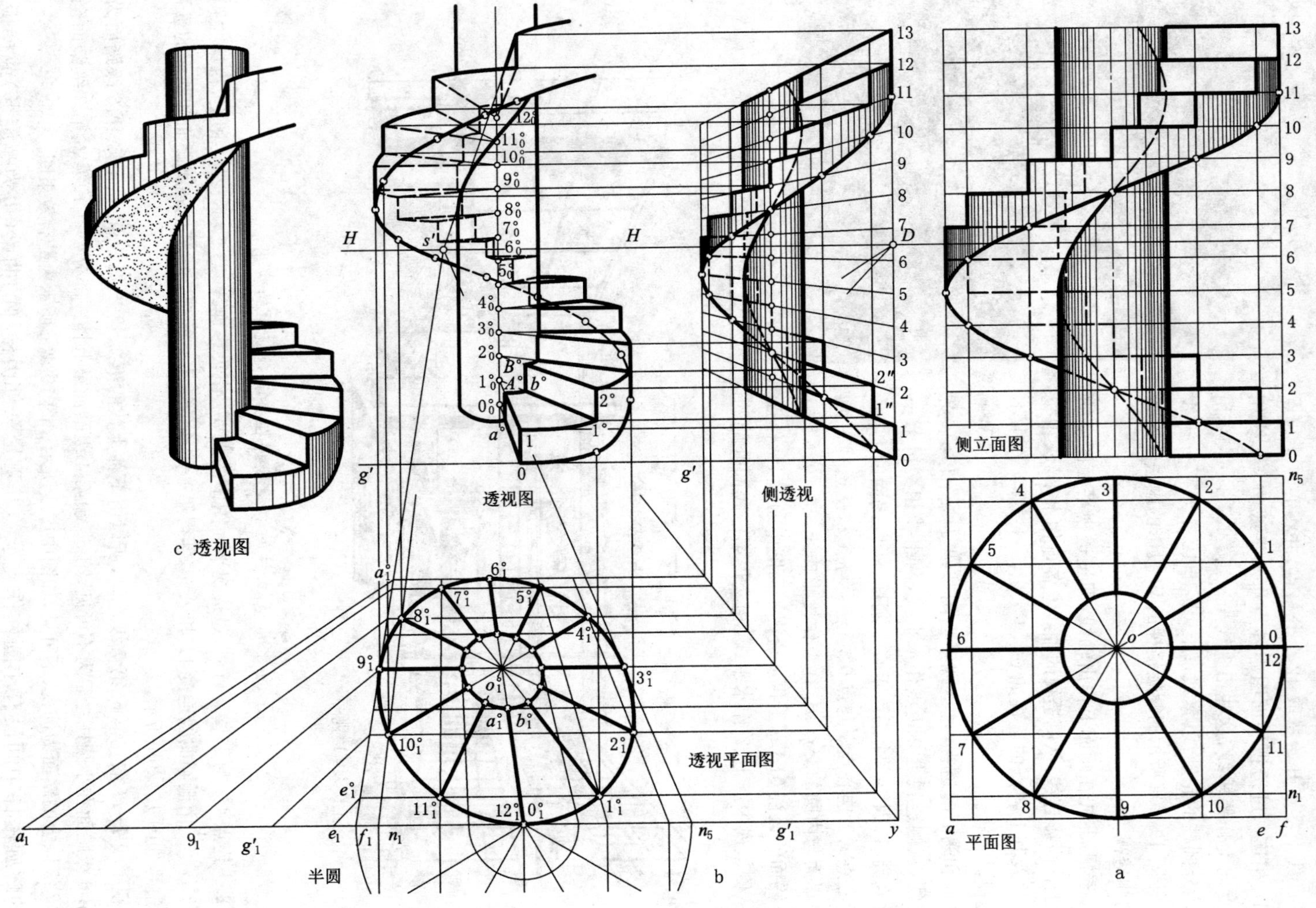

图19-20 螺旋楼梯的透视图

图 19-21　用梯板支承的螺旋楼梯应用实例

螺旋楼梯按走向来分有左螺旋和右螺旋，如图 19-19、图 19-21 所示实例为由梯板支承的右螺旋楼梯；如图 19-18、图 19-20 所示为由中间柱子承重的右螺旋楼梯。左右螺旋楼梯的绘图原理和方法完全一样，不另赘述。

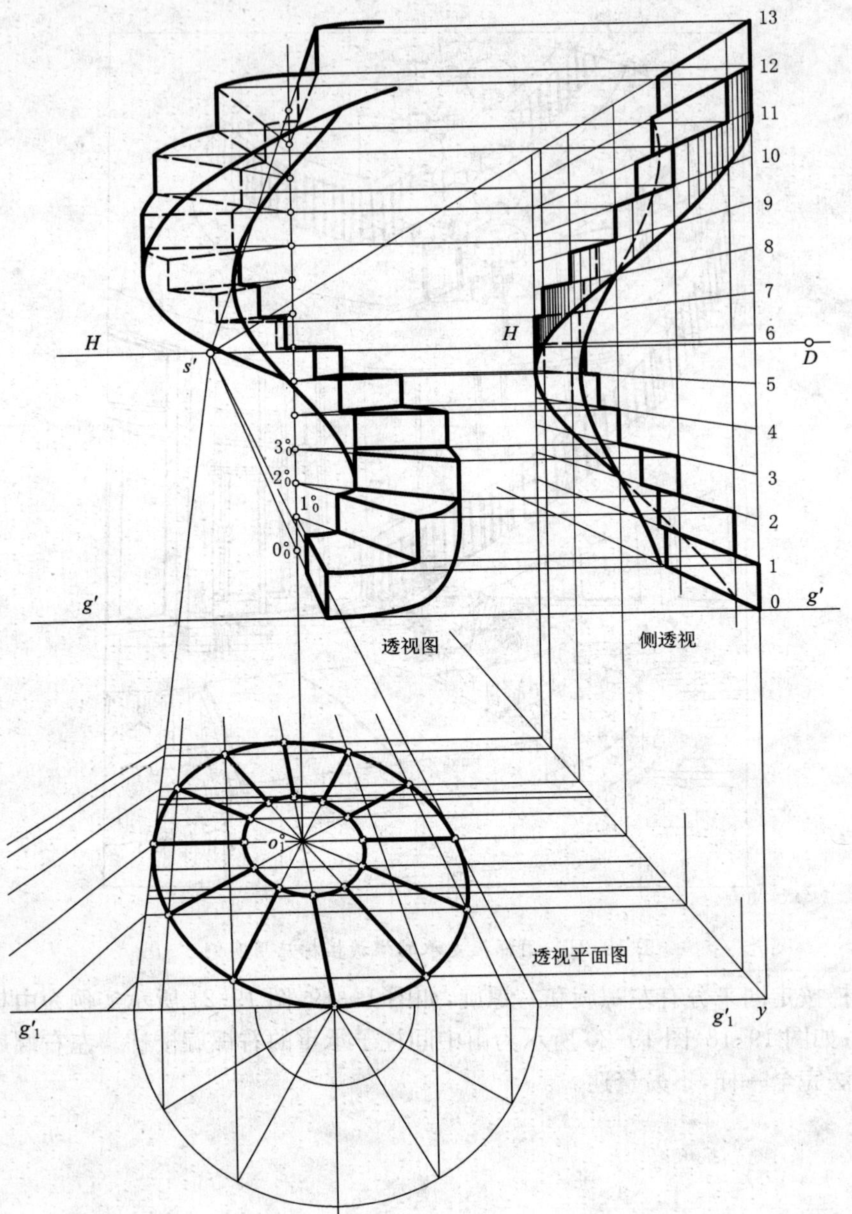

图 19-22　由梯板支承的螺旋楼梯画法

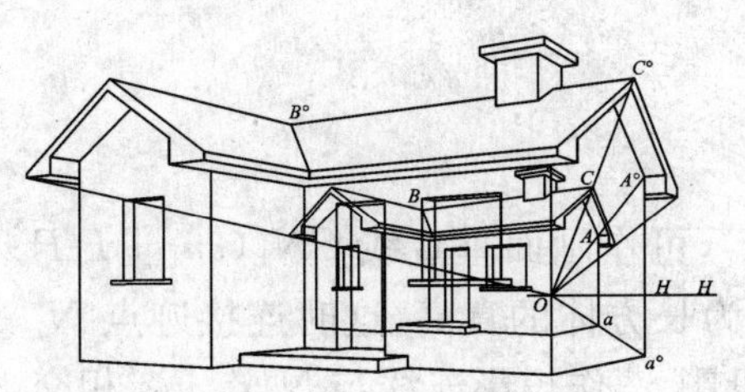

20 透视图的实用画法

20.1 概　述

前面各章介绍了作形体透视图的三种传统方法：①视线迹点法，它是由已画成的平面图、立面图求得的透视图，在画面上既有立面图，又有透视图，画图费时，误差大；②灭点法，它是在前者的基础上，只需平面图和灭点，高度则从设计图的立面图上量取，作图简单，且容易获得具体形象；③量点法，在灭点法的基础上，根据灭点求得量点，在画面上不需要平面图和立面图，根据设计图中的长、宽、高尺寸可以直接求作透视图，作图简便、准确。后两种方法为工程技术人员所常用，但当形体大、视点离画面远时，两个灭点相距较远，与画面夹角小的那个方向的灭点，甚至量点，会落在图板外，给画透视图带来麻烦，为此，本章介绍几种实用画法。但这些实用画法，都是前人在熟练掌握上述作透视图三种方法的基础上总结出来的。所以读者必须先熟练掌握三种作透视图的基本方法，然后再运用自如地掌握实用画法。

20.2 灭点在图板外的实用画法

20.2.1 用圆弧板作透视线

将圆弧形木片的圆心落在视平线上（圆心在图板外），圆心即为灭点 F_x，丁字尺的尺头即可沿着木片滑动，作出向灭点 F_x 方向消失的透视线。

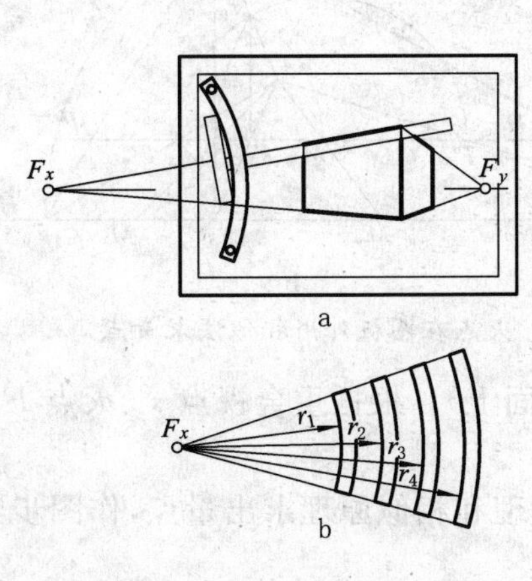

图 20-1　用圆弧板作透视线

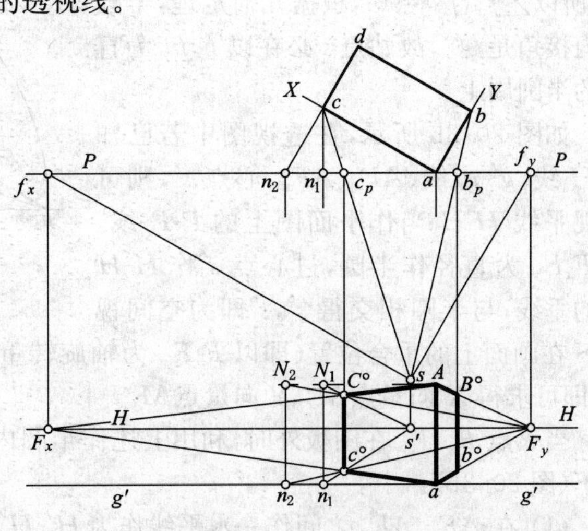

图 20-2　辅助灭点法

用圆弧板作透视线时，应将丁字尺的尺身工作边安装在尺头的中点，并与尺头成 90°角（图 20-1a）。因灭点远近不同，变化很多，需作不同半径 r_1、r_2、r_3……的圆弧形木片，使用时将木片固定在图板上（图 20-1b）。

20.2.2 辅助灭点法

20.2.2.1 利用心点 s' 作辅助灭点

如图 20-2 所示，灭点 F_x 在图板外时，为了求点 $C°$、$c°$，可作画面垂直线 CN_1（$cn_1 \perp P\text{-}P$ 线），这时 CN_1 的灭点即为心点 s'，于是在画面上 N_1n_1 即为长方体的真高，这时连接迹点 N_1 与心点 s'、迹点 n_1 与心点 s'，并过视线 SC 的迹点的基面投影 c_p 作投影连线与 N_1s'、n_1s' 相交得点 $C°$、$c°$。

20.2.2.2 利用迹点 N_2、n_2 作辅助灭点

利用 CD 的画面迹点 N_2、n_2 来代替灭点 F_x，也可求得点 $C°$、$c°$，即在平面图中延长 cd，与 $P\text{-}P$ 相交于迹点 n_2，过迹点 n_2 作投影连线，在画面上取长方体的真高 N_2n_2，连迹点 N_2 与灭点 F_y、迹点 n_2 与灭点 F_y，与 N_1s'、n_1s' 相交得点 $C°$、$c°$（图 20-2）。这时，也可不作画面垂直线 CN_1、cn_1，而是过点 c_p 作投影连线与 N_2F_y、n_2F_y 相交，也同样可求得点 $C°$、$c°$。

20.2.3 相似法

20.2.3.1 灭点在图板外时求量点

如图 20-3a 所示，由于矩形房屋中墙角为 90°，透视图中灭点 F_y、F_x 为 AB（Y 向）、AC（X 向）的灭点，设 F_x 在图板外，现根据几何原理来求作量点 M_x、M_y。

由图 20-3a 平面可知，$sf_y \parallel ab$、$sf_x \parallel ac$，所以$\angle f_xsf_y = 90°$，根据几何定理，半圆的内接角是 90°，故站点 s 必在以 f_xf_y 为直径的半圆周上。

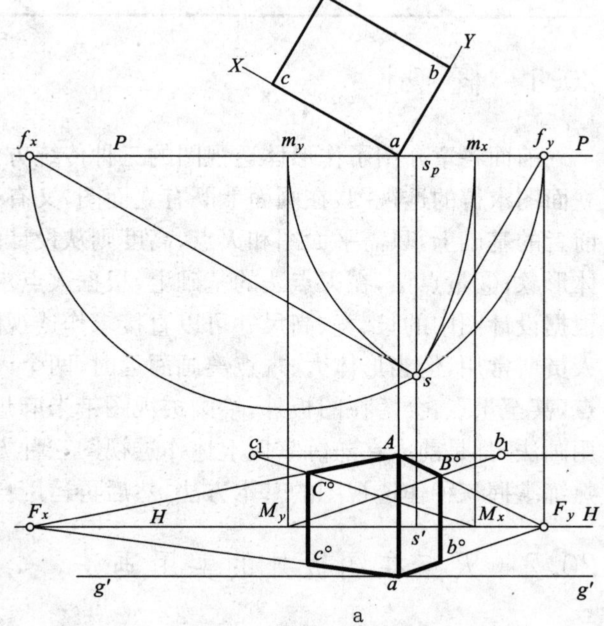

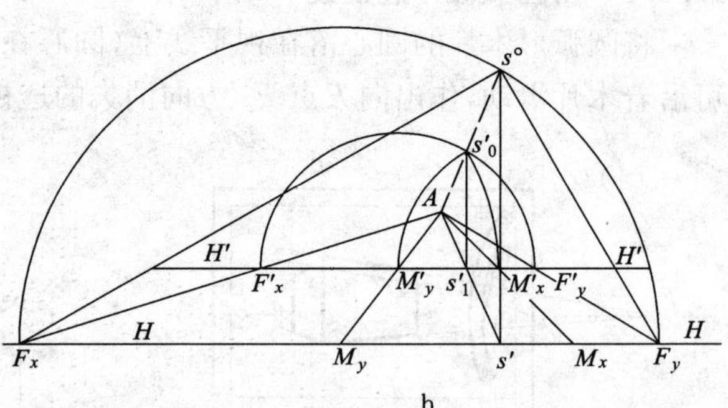

图 20-3 灭点在图板外用相似法求量点

如图 20-3b 所示，在透视图中若已知 $H\text{-}H$ 线，$g'\text{-}g'$ 线、AF_y、AF_x、心点 s'，则可把视平线 $H\text{-}H$ 当作平面图上的 $P\text{-}P$ 线。以 F_xF_y 为直径作半圆，过心点 s' 作 $H\text{-}H$ 线的垂线，与半圆相交得 $s°$，$s°$即为空间视点 S 在画面上的重合位置（即以 F_xF_y 为轴旋转重合到画面上）。根据重合视点 $s°$、灭点 F_x、F_y 即可求得 X 向量点 M_x、Y 向量点 M_y。

当灭点 F_x、F_y 在图板外时，利用上述作半圆内直角原理和相似原理求出量点，作图步骤如下（图 20-3b）：

（1）在 AF_x、AF_y 之间作一水平线作为 $H'\text{-}H'$，$H'\text{-}H'$ 与 AF_x、AF_y 相交于 F'_x、F'_y。

（2）以 $F'_xF'_y$为直径作小半圆，连点 A 与心点 s'，As' 与 $H'\text{-}H'$线交于 s'_1，过点 s'_1作垂线与

半圆交于 s'_0。

(3) 以 F'_x、F'_y分别为圆心，$F'_xs'_0$、$F'_ys'_0$分别为半径作圆弧与 H'-H'线分别交于M'_x、M'_y；

(4) 连接点 A 与M'_y，并延长与 H-H 线相交得量点M_y，连点 A 与M'_x，AM'_x与 H-H 线相交得量点 M_x，至此求得了量点 M_x、M_y，用量点法即可求作形体的透视。

由于小半圆和大半圆是相似圆形，$\triangle AF'_xF'_y \backsim \triangle AF_xF_y$，$\triangle AM'_xM'_y \backsim \triangle AM_xM_y$，所以 $M'_xM'_y : M_xM_y = F'_xF'_y : F_xF_y$。

［例 20-1］ 已知视平线 H-H，g'-g'线，长方体的高 Aa，长(ac_1)、宽(ab_1)，灭点 F_x、F_y 及心点 s'（灭点 F_x、F_y 在图板外），用量点法求长方体的透视(图 20-4)。

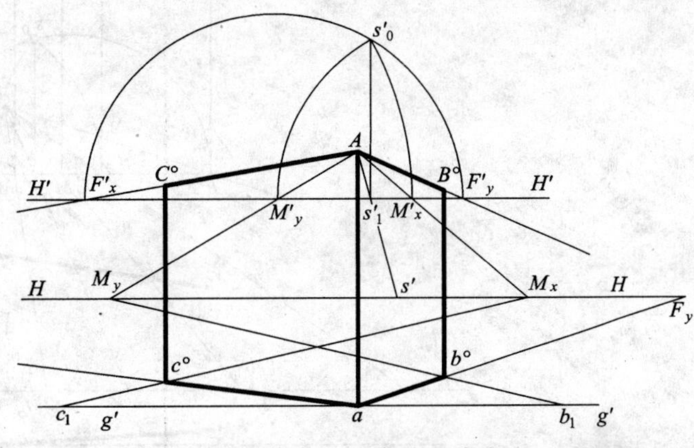

图 20-4 用相似法求量点作透视

［解］ 1. 先按 AF_x、AF_y 的大致方向连 AF_x、AF_y，再用相似法求量点 M_x、M_y 作长方体透视。

2. 在 AF_x、AF_y 间任作一水平线 H'-H'，与 AF_x、AF_y 相交得分灭点 F'_x、F'_y。

3. 以 $F'_xF'_y$为直径作半圆，连点 A 与心点 s'，As'与$F'_xF'_y$相交得s'_1，过 s'_1作 H'-H'的垂线，与半圆交于 s'_0。

4. 以 F'_x为圆心，$F'_xs'_0$为半径作圆弧，与 $F'_xF'_y$相交得分量点M'_x，同理求得分量点 M'_y。

5. 连点 A 与M'_x，AM'_x与 H-H 线相交得量点M_x，连点 A 与M'_y，AM'_y与 H-H 线相交求得量点M_y。

6. 连量点 M_x 与点c_1，M_xc_1 与 aF_x 方向线相交得点c°，过点 c°作铅垂棱线，与AF_x 相交得点C°，同理，连量点 M_y 与点b_1，M_yb_1 与 aF_y 相交，求得点 b°，过点 b°作铅垂棱线，与 AF_y 相交得点 B°，从而完成了长方体的透视。

20.2.3.2 量点在图板外时作透视

作透视图时，不仅灭点在图板外，有时量点也会在图板外，下面介绍量点在图板外时的作法。

如图 20-5 所示，若已知 H-H、g-g 线、心点 s'，长方体的真高 Aa，宽 $ab=Y$，长 $ac=X$，以及 AF_x、AF_y、aF_x、aF_y 方向。求作长方体的透视图。

作法如下：

(1) 在图纸上方适宜位置(图 20-5a)任取一点 A'，作 $A'F_x$、$A'F_y$ 透视方向线；$A's'$与 H'-H'线交于 s'_1，过 s'_1作垂线与半圆交于 s'_0。

(2) 如图 20-5a 所示，在 $A'F_x$、$A'F_y$ 之间作一水平线与 $A'F_x$、$A'F_y$ 相交得 F'_x、F'_y，以 $F'_xF'_y$为直径作半圆，连点 A'与心点 s'，用与图 20-3b 同样步骤求得 M'_x、M'_y及量点 M_y、M_x。

由于量点 M_x、M_y 在图板外，下面说明用分量点来代表量点 M_y、M_x 的作法：

(3) 在 $F'_yM'_y$的中点处求得$\frac{1}{2}M'_y$点，连点 A'与$\frac{1}{2}M'_y$点，并延长与 H-H 线相交得$\frac{1}{2}M_y$(图 20-5a)。

(4) 如图 20-5b 所示，为不与下面尺寸线相混淆，过点 A 作辅助水平线，并在其上定出长方体长宽尺寸，得点 c_1、c'_1、b_1、b'_1。Ac'_1为长度的$\frac{2}{3}$(即$\frac{2}{3}X$)，Ab'_1为宽度的$\frac{1}{2}$(即$\frac{1}{2}Y$)。

(5) 连点$\frac{1}{2}M_y$ 与点 b'_1，$\frac{1}{2}M_yb'_1$与 AF_y 相交得点 B°，若连量点 M_y 与点 b_1，M_yb_1 与 AF_y

相交于同一点 B°，过点 B° 往下作铅垂线，与 aF_y 相交得点 b°。必须注意，当用分量点 $\frac{1}{2}M_y$ 时，形体的宽度（Y 向尺寸）必须取 $\frac{1}{2}$ 的原宽度，这样使透视形状不变。

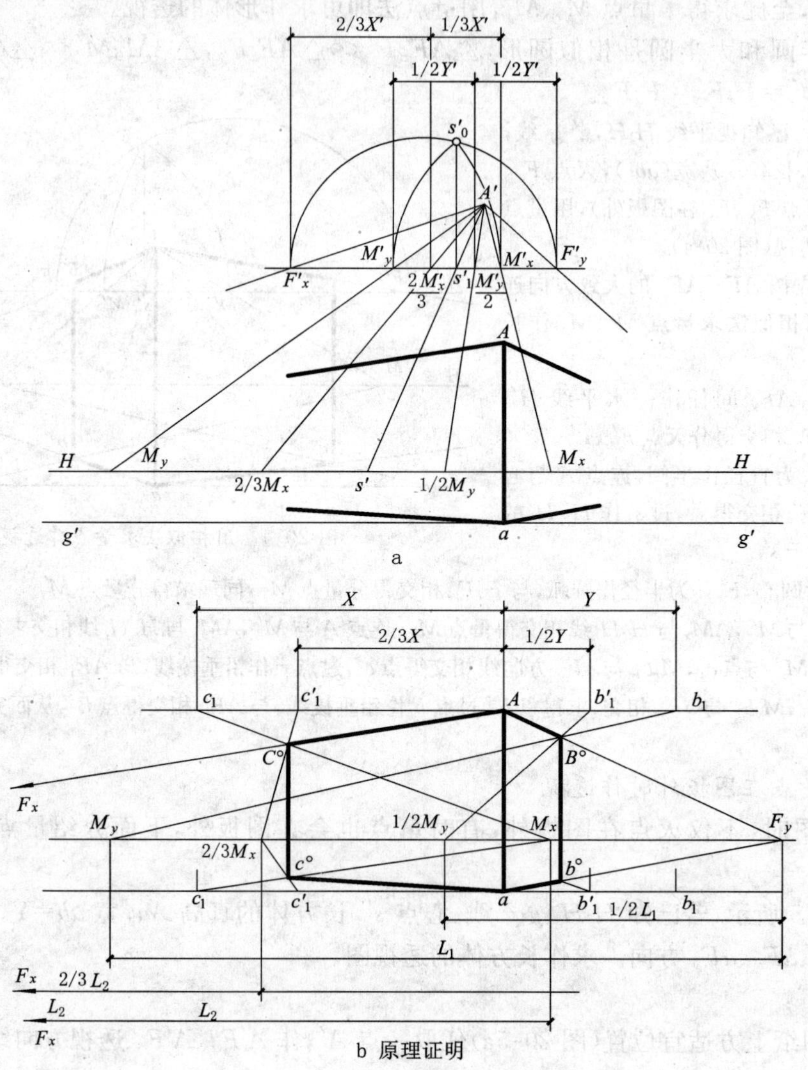

图 20-5　量点在图外时用分量点作透视

（6）若量点 M_x 在图板外，也可取 $F'_xM'_x$ 的 $\frac{1}{3}$ 分点即为 $\frac{2}{3}M'_x$，连点 A' 与 $\frac{2}{3}M'_x$，$A'\frac{2}{3}M'_x$ 延长与 H-H 线相交得分量点 $\frac{2}{3}M_x$，在过点 A 的水平线上向左量取 $\frac{2}{3}X=Ac'_1$，连分量点 $\frac{2}{3}M_x$ 与点 c'_1，$\frac{2}{3}M_xc'_1$ 与 AF_x 相交得点 C°，过点 C° 向下作铅垂线，与 aF_x 相交得点 c°，即完成了长方体的透视。

由于 $\triangle AB^\circ b_1 \backsim \triangle F_yM_yB^\circ$，点 b'_1 为 Ab_1 的中点，分量点 $\frac{1}{2}M_y$ 为 M_yF_y 的中点，所以 Ab'_1 ∶ $b_1b'_1=F_y\ \frac{1}{2}M_y$ ∶ $\frac{1}{2}M_yM_y$。

20.3 一种新透视图的实用画法

20.3.1 正立方体的透视图画法

设有一个正立方体，已知真高线 Aa①和透视线②、③、④(图 20-6b)，求第⑤根线。

作法如下：

(1) 设想一画面平行面 P 去截割正立方体(图 20-6a)，截口为矩形 1 2 3 4，透视亦为矩形，故任作水平线，与③④线交于点 x、y，由此作矩形 1 2 3 4，矩形的边 2 和边 3 交于点 n，连点 A 与点 n，An 即为⑤线(图 20-6c)。

(2) 如图 20-6d 所示，过 1 线以 xy 为直径作半圆，交 Aa 于点 P，再以 y 为圆心，yP 长为半径作圆弧，交过 y 点的铅垂线于点 N。以 x 为圆心，xP 长为半径作圆弧，交过 x 点的铅垂线于点 M。连点 a 与点 N，并延长 aN 与②线交于点 B°，连点 a 与点 M，并延长 aM 交⑤线于点 C°，过点 B°、点 C° 分别作铅垂线，与③、④线交于点 b°、c°。

(3) 利用矩形对角线交点仍为矩形透视对角线的交点 O°，求得立方体的透视(图 20-6e)。

①连点 B° 与点 c°、点 b° 与点 C°，$B^{\circ}c^{\circ}$ 与 $b^{\circ}C^{\circ}$ 交于点 O°，过点 O° 作铅垂线，与 $c^{\circ}b^{\circ}$ 交于点 O°_1，与 $C^{\circ}B^{\circ}$ 交于点 O°_2；②连点 a 与点 O°_1，延长 aO°_1 与 AO° 延长线交于点 d°，过点 d° 作铅垂线，与 AO°_2 的延长线相交于点 D°；③连接各点，即得立方体的透视。

在实际工程中根据透视图的特点和要求，设计人员可以自由选择①、②、③、④四条线(图 20-7)。

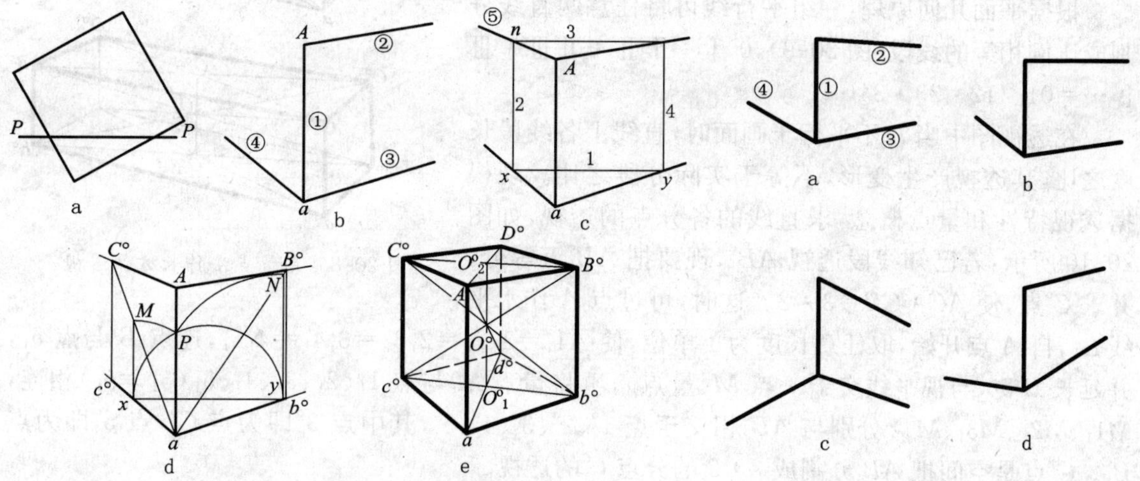

图 20-6 正立方体透视图的实用作法

图 20-7 根据经验选定①②③④四条线

20.3.2 长方体的透视图作法

利用量点作长方体的透视：

(1) 先作出①、②、③、④四条线(图 20-8a)。

(2) 按图 20-6c 方法求出⑤线(图 20-8b)。

(3) 求出向左、向右量点的连线(图 20-8c)；以水平线 xy 为直径向下作半圆，与 Aa 延长线交于 3 点。再以 x 点为圆心，$x3$ 为半径作圆弧，交 xy 线于点 5；以 y 点为圆心，$y3$ 长为半径作圆弧，交 xy 线于点 4。连点 a 与点 4，$a4$ 即为向右方向(Y 方向)量点的连线。连点 a 与点 5，即为向左量点的方向线(X 方向)。

(4) 求前侧面的透视(图 20-8d)：首先作一水平线，以此水平线与右向量点方向线交于点 x_1 为始点，作矩形 $x_1y_1B_1c_1$，y_1 点必须在③线上，使矩形 $x_1y_1B_1c_1$ 的长宽比为前侧面的实际长宽比例即 $x_1y_1 : y_1B_1 = AB : Bb$；然后，连点 a 与点 B_1，并延长 aB_1 交透视线②于点 B°，$Aab^\circ B^\circ$ 即为前侧面的透视。

(5) 求左侧面的透视：首先作一水平线与向左量点方向线交于点 e_1，与④线交于点 f_1。作矩形 $e_1f_1F_1E_1$，使 $e_1f_1 : f_1F_1 = AC : Cc$；然后，连点 a 与点 F_1，aF_1 与⑤线交于点 C°，便可作出 $Aac^\circ C^\circ$，即为左侧面的透视。

(6) 利用长方体对角面和顶面、底面的矩形对角线交点的透视 O°，完成长方体的透视(图 20-8e)。

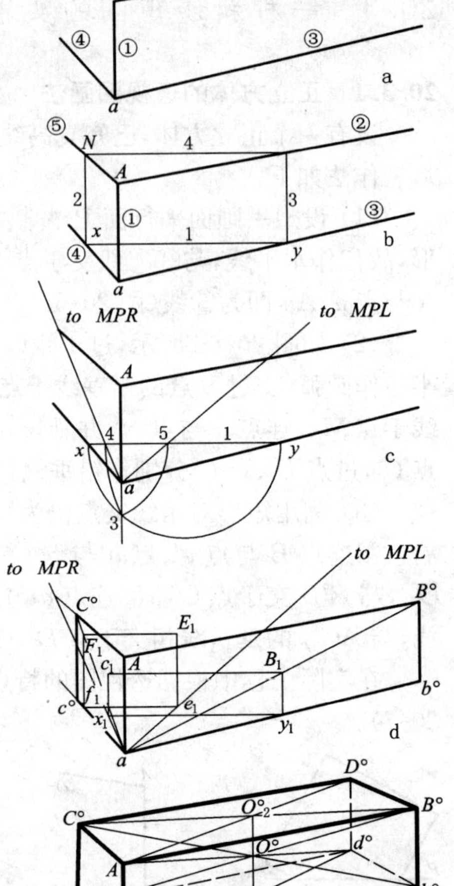

图 20-8　用量点法作长方体透视

20.4　建筑细部的实用画法

用上述各种方法画出建筑物透视轮廓线之后，可用平行线、矩形的透视特性及量点概念迅速求得建筑细部的透视。

20.4.1　直线的分割

根据平面几何原理：一组平行线可将任意两直线分割成比例相等的线段(图 20-9)，0Ⅰ：ⅠⅡ：ⅡⅢ：ⅢⅣ…＝01：12：23：34…。

在透视图中当 L 不平行于画面时，直线上各线段长度之比，其透视产生变形，不等于实际分段之比。现根据透视特性和量点概念，求直线的各分点的透视，如图 20-10 所示：若已知线段透视 AB°，现要把 AB° 五等分，并求 C° 点，使 $AC : CB = 3 : 2$。这时，可过点 A 作水平线 L_1，自 A 点开始，取任意长度为 1 单位，使 $A1_1 = 1_12_1 = 2_13_1 = 3_14_1 = 4_15_1$，连点 B° 与点 5_1，并延长 $B^\circ5_1$，与视平线交于一点 M(量点)，再将量点 M 与点 1_1、2_1、3_1、4_1、5_1($5_1 \equiv b_1$)相连，$M1_1$、$M2_1$、$M3_1$、$M4_1$ 分别与 AB° 相交于点 1°、2°、3°、4°、5°，其中点 3° 即为点 C°，点 5° 即为点 B°。C° 点是空间把 AB 分割成 3：2 的分点 C 的透视。

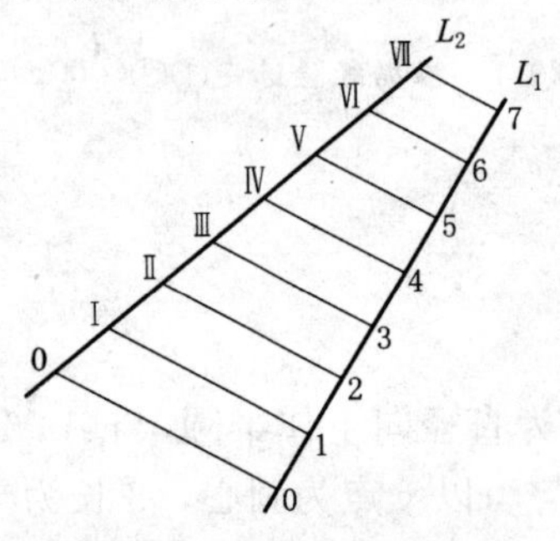

图 20-9　线段的分割

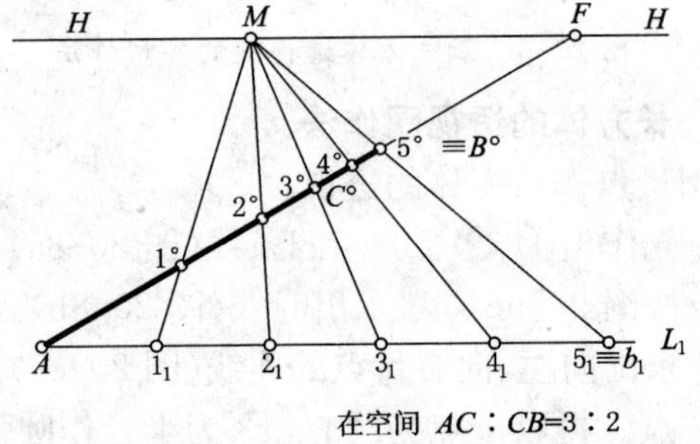

图 20-10　将线段透视 AB° 分割成空间的五等分点透视

20.4.2 矩形面划分成双数等分或扩大 n 倍

过矩形 $ABba$ 对角线交点 C_1 作铅垂线，必分矩形 $ABba$ 为两等分，再过点 D_1 作铅垂线，则分矩形 $ABba$ 为四等分。以此类推可得双数等分划分(图 20-11)。

再把 Bb 两等分，得 Bb 中点 O，连点 A 与点 O，延长 AO 与 ab 的延长线交于点 d，这时 $ab=bd$，则矩形 $DdaA$ 的面积必等于矩形 $ABba$ 面积的 2 倍。以此类推，以矩形 $ABba$ 为基础，可连续作相同大小的矩形(图 20-11)。

透视图作法：根据矩形对角线的交点 C_1、D_1、O 的透视 C°_1、D°_1、O° 为矩形透视对角线的交点，作出矩形双数等分的透视(图 20-12)。

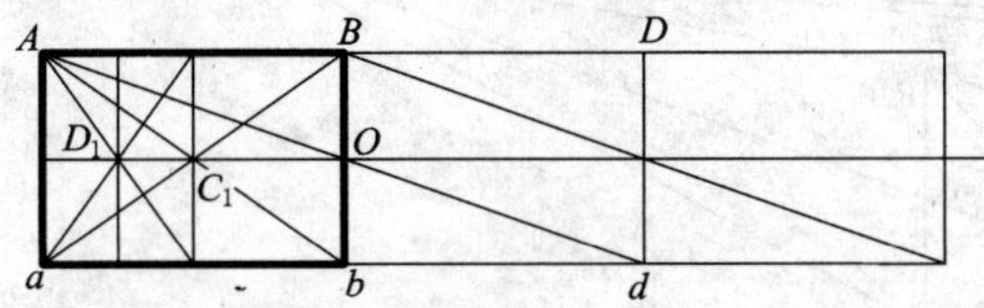

图 20-11 矩形面划分成双数等分

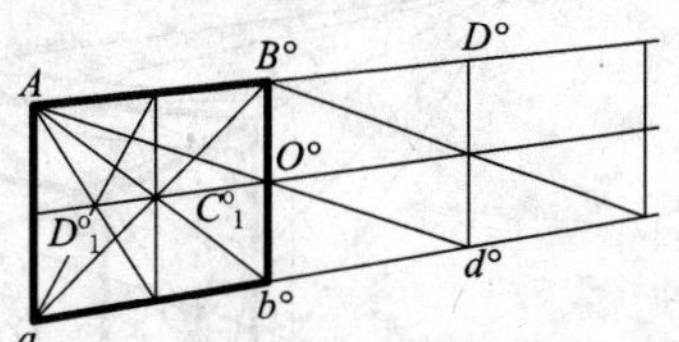

图 20-12 透视图作法

图 20-13 所示为水平矩形的透视分格，作透视矩形 $AB^\circ C^\circ E^\circ$ 的对角线交点 O°，即连点 A 与 C°、B° 与 E°，AC°、$B^\circ E^\circ$ 交于点 O°，连灭点 F_y 与点 O°，F_yO° 与 $B^\circ C^\circ$ 交于点 1°。连灭点 F_x 与点 O°，F_xO° 与 $E^\circ C^\circ$ 交于点 2°，再连点 A 与点 1°，$A1^\circ$ 与 $C^\circ E^\circ$ 延长线交于点 G°，连灭点 F_x 与点 G°，F_xG° 与 AB° 延长线交于点 D°，依次类推可扩大 n 倍矩形 $ABCE$。

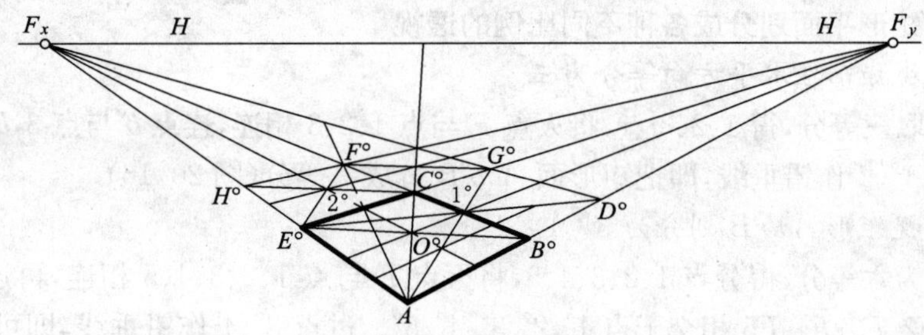

图 20-13 水平矩形的透视分格及扩大成 n 倍的透视矩形

20.4.3 把立方体透视扩大成任何倍数的长方体

如图 20-14a 所示，已知根据图 20-6 的方法求得的立方体透视图。再根据 20-11、图 20-12 的矩形的透视特性，求得扩大若干倍后的长方体的透视，如图 20-14b 所示，先扩大侧面 $ABba$，取

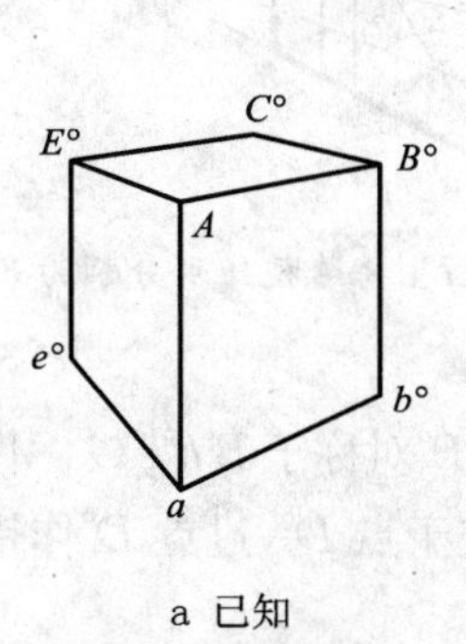

a 已知

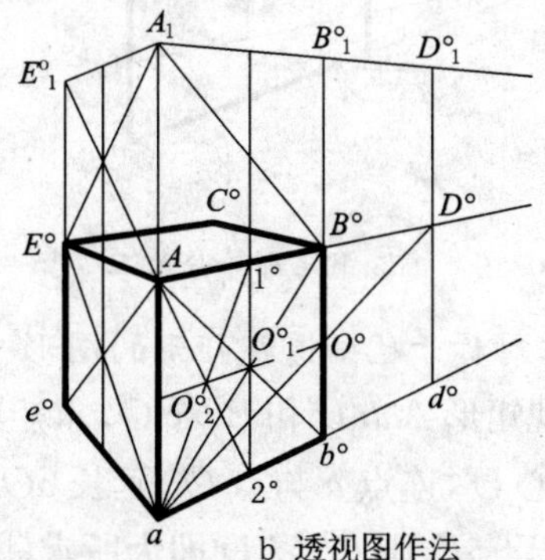

b 透视图作法

图 20-14 将立方体透视扩大成长方体的透视

$AD=2AB$。具体的作法是:连点 A 与点 b°、点 a 与点 B°,得矩形透视中心 O°_1,过点 O°_1 作铅垂线,与 AB°交于点 1°,与 ab°交于点 2°。再连点 a 与点 1°、点 A 与点 2°,$a1^\circ$与 $A2^\circ$交于点 O°_2,连点 O°_1 与点 O°_2,延长 $O^\circ_1O^\circ_2$ 与 $B^\circ b^\circ$交于点 O°(点 O°为 $B^\circ b^\circ$的中点),连点 a 与点 O°,延长 aO°与 AB°的延长线交于点 D°,得扩大 2 倍后的矩形透视面 $AD^\circ d^\circ a$。若再取 $A_1A=Aa$,$D^\circ_1D^\circ=D^\circ d^\circ$、$E^\circ_1E^\circ=E^\circ e^\circ$,高度方向也扩大为原立方体高度的 2 倍。长、宽、高扩大的倍数完全可根据需要而定。如图 20-15 所示,长方体透视的前侧面扩大为原立方体前侧面的 2 倍。左侧面扩大为原立方体左侧面的 1.5 倍。图中的灭点 F_x、F_y 是为了检验作图准确性而画出的。

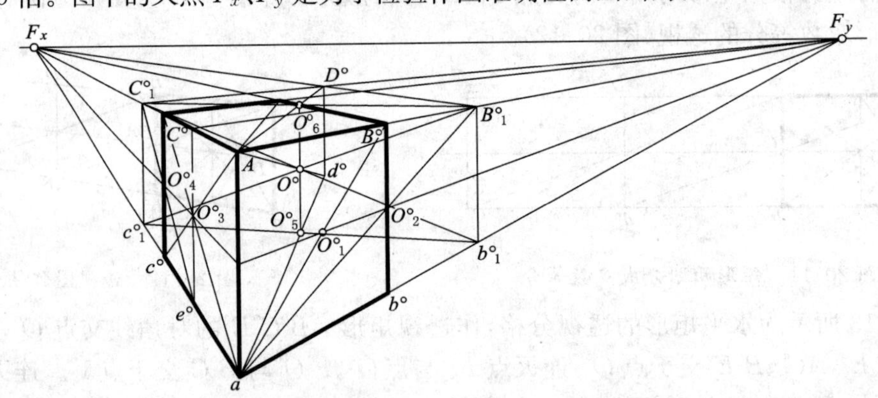

图 20-15　将立方体透视扩大成长方体的透视

20.4.4 将铅垂矩形平面划分成各种不同比例的透视

20.4.4.1 将透视矩形在水平方向等分为三

在 Aa 上任取三等分,得 1、2、3 点,将灭点 F 与点 1、2、3 相连,连点 b°与点 3,$b^\circ 3$ 与 $F1$、$F2$ 交于点 1°、2°,过点 1°、2°作铅垂线,即把矩形面 $Aab^\circ B^\circ$分成三等分(图 20-16)。

20.4.4.2 将透视矩形 $Aab^\circ B^\circ$划分为 3∶1∶2 分格

先把 Aa 分为六等分,得分点 1、2、3、4、5,将灭点 F 与点 1、2、3、4、5 相连,再连点 a 与点 B°,aB°与线束 $F1$、$F2$、$F3$、$F4$、$F5$ 相交于点 1°、2°、3°、4°、5°。过点 3°、4°作铅垂线,即可把透视矩形分割成 3∶1∶2 的比例(图 20-17)。

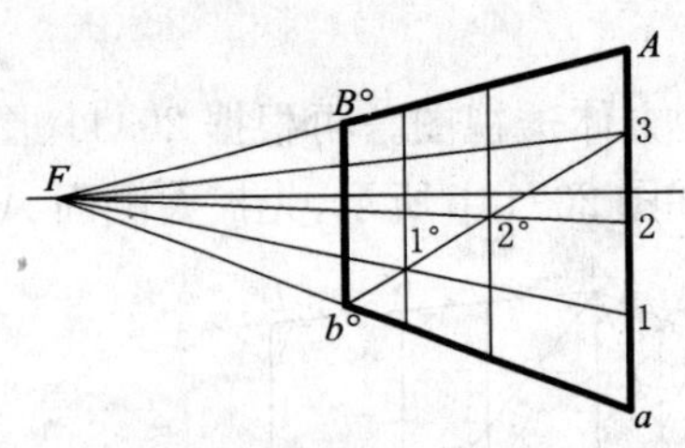

图 20-16　将透视矩形等分为三

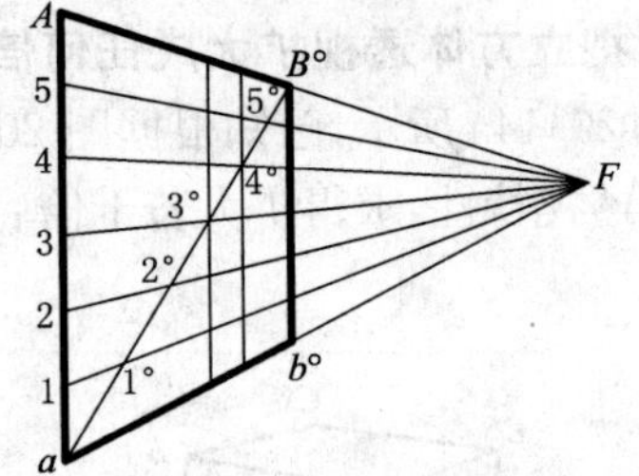

图 20-17　将透视矩形分割为 3∶1∶2

20.4.4.3 作对称于已知透视矩形的图形

已知透视矩形 $Aab^\circ B^\circ$和 $B^\circ b^\circ c^\circ C^\circ$,求矩形 $C^\circ c^\circ d^\circ D^\circ$,与 $Aab^\circ B^\circ$对称于 $B^\circ b^\circ c^\circ C^\circ$。作出透视矩形 $B^\circ b^\circ c^\circ C^\circ$的中心 O°,连点 a 与点 O°,延长 aO°与 $A^\circ C^\circ$延长线相交于点 D°,过点 D°作铅垂线,与 ac°的延长线交于点 d°,则 $C^\circ c^\circ d^\circ D^\circ$即为所求(图 20-18)。

20.4.4.4 作宽窄相间的连续矩形

已知两透视矩形 $Aab^\circ B^\circ$和 $B^\circ b^\circ c^\circ C^\circ$,先求出两已知的透视矩形对角线的交点 O°_1、O°_2,连点

O°_1 与点 O°_2，延长 $O^{\circ}_1O^{\circ}_2$，与 $C^{\circ}c^{\circ}$ 相交得 $C^{\circ}c^{\circ}$ 的中点 1°，连点 a 与点 O°_2，aO°_2 与 AC° 线相交于点 D°，得透视矩形 $C^{\circ}c^{\circ}d^{\circ}D^{\circ}$，再延长 $O^{\circ}_1O^{\circ}_2$，与 $D^{\circ}d^{\circ}$ 交于点 2°，连点 a 与 1°、b° 与 2°，$a1^{\circ}$、$b^{\circ}2^{\circ}$ 与 AC° 的延长线交于点 E°、点 F°…如此重复作图，即可求得宽窄相间的透视矩形(图 20-19)。

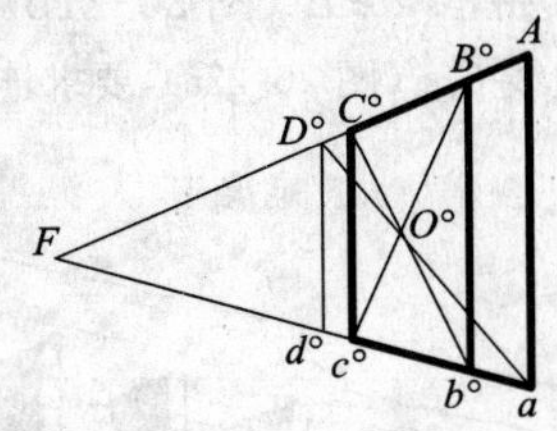

图 20-18 作对称于已知矩形的透视

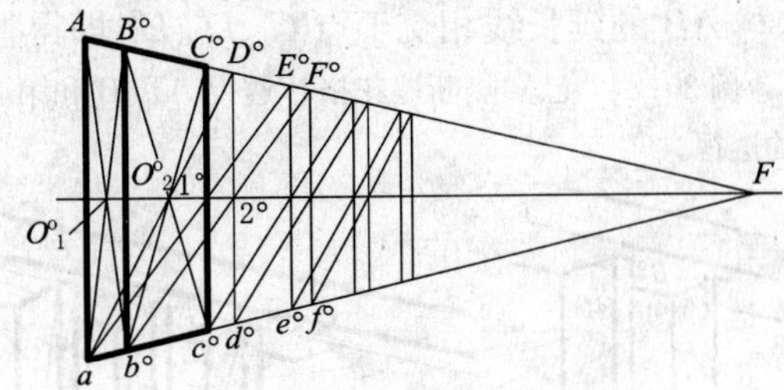

图 20-19 作宽窄相间的连续矩形

20.4.4.5 在透视矩形 $Aab^{\circ}B^{\circ}$ 内作宽窄相间的透视矩形

已知墙面分割(图 20-20a)，并按此比例分割(图 20-20b)透视矩形墙面 $Aab^{\circ}B^{\circ}$。作法：

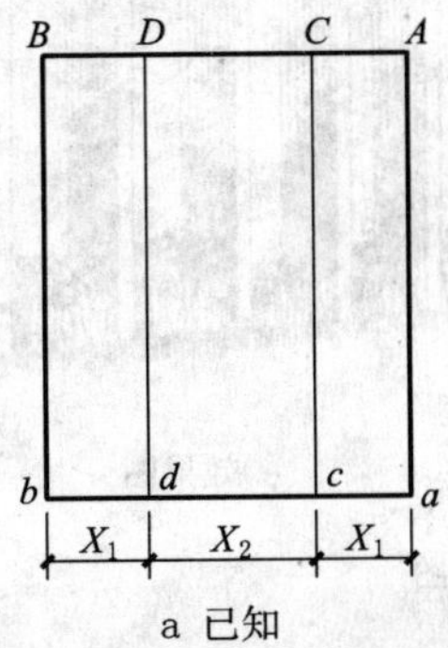

a 已知

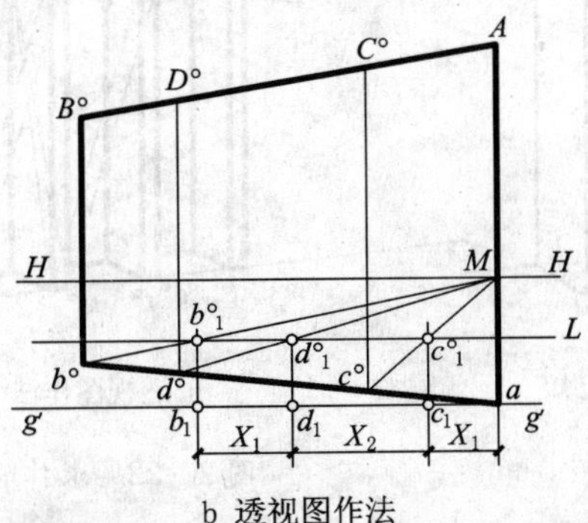

b 透视图作法

图 20-20 按 $X_1 : X_2$ 的比例分割透视矩形 $Aab^{\circ}B^{\circ}$

(1) Aa 与视平线交于 M，作为量点，把 X_1、X_2 量到基线 g'-g' 上，得分点 c_1、d_1、b_1。

(2) 连点 b° 与量点 M，过点 b_1、d_1、c_1 作铅垂线，与 $b^{\circ}M$ 交于点 b°_1，过点 b°_1 作水平线，此水平线 L 与过点 c_1、d_1 的铅垂线交于点 c°_1、d°_1，连量点 M 与点 c°_1、量点 M 与点 d°_1，延长 Mc°_1、Md°_1 与 ab° 线交于点 c°、d°，过点 c°、d° 作铅垂线，即得透视矩形 $Aab^{\circ}B^{\circ}$ 内部的分割(图 20-20b)。

已知墙面分割(图 20-21a)和局部矩形透视 $Aab^{\circ}B^{\circ}$，求由局部矩形透视 $Aab^{\circ}B^{\circ}$ 作整体矩形墙面透视 $Aae^{\circ}E^{\circ}$。

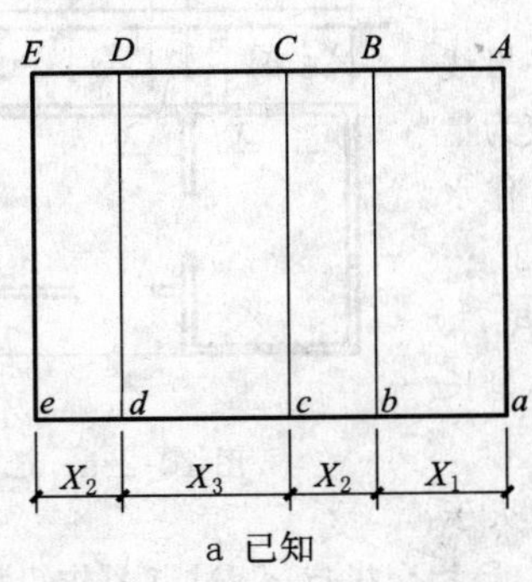

a 已知

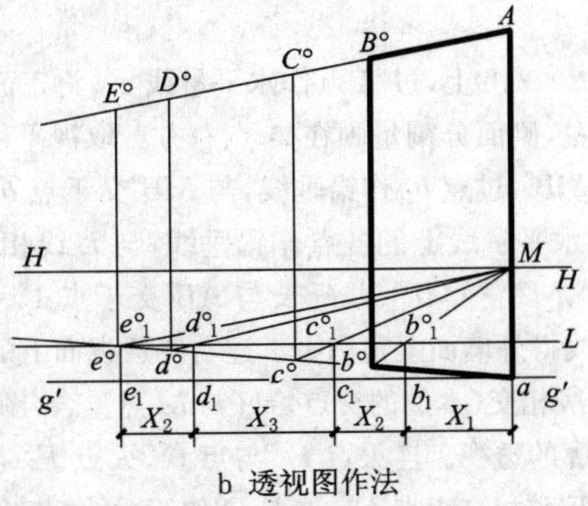

b 透视图作法

图 20-21 由局部矩形的透视 $Aab^{\circ}B^{\circ}$ 求整体矩形的透视 $Aae^{\circ}E^{\circ}$

作法：取 Aa 与 $H\text{-}H$ 线的交点为量点 M，连量点 M 与点 b°，过点 b_1 作铅垂线与 $b^\circ M$ 相交于点 $b^\circ{}_1$，过点 $b^\circ{}_1$ 作水平线 L，再过点 c_1、d_1、e_1 作铅垂线，与水平线 L 交于点 $c^\circ{}_1$、$d^\circ{}_1$、$e^\circ{}_1$，将量点 M 分别与点 $c^\circ{}_1$、$d^\circ{}_1$、$e^\circ{}_1$ 相连，$Mc^\circ{}_1$、$Md^\circ{}_1$、$Me^\circ{}_1$ 与 ab°的延长线交于点 c°、d°、e°，过点 c°、d°、e°作铅垂线，与 AB°的延长线相交于点 C°、D°、E°，即得整体矩形墙面的透视 $Aae^\circ E^\circ$(图 20-21b)。

［例 20-2］ 已知隔断墙花格片透视 $Aab^\circ B^\circ$和第二块花格片透视边线 $C^\circ c^\circ$(图 20-22a)，要求连续求出花格片的透视。

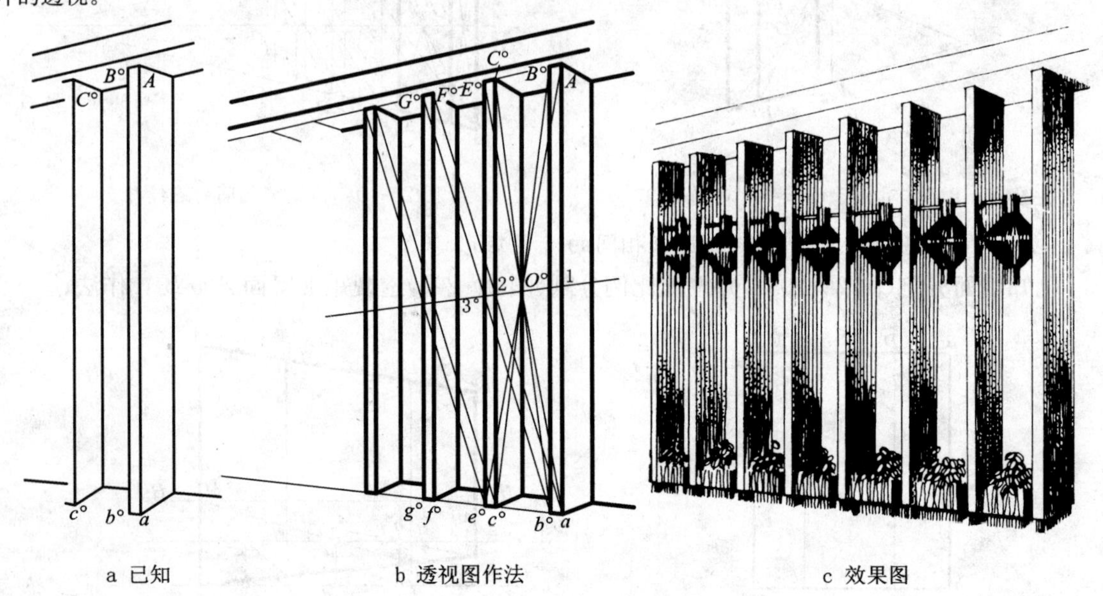

a 已知　　b 透视图作法　　c 效果图

图 20-22　求作隔断墙花格片的透视图

［解］ 1. 求出 Aa 的中点 1 和 $B^\circ b^\circ c^\circ C^\circ$的对角线交点 O°(图 20-22b)。

2. 连 aO°与 AC°交于点 E°，过点 E°作铅垂线与 $a^\circ c^\circ$交于点 e°(图 20-22b)。

3. 连 $1O^\circ$与 $C^\circ c^\circ$、$E^\circ e^\circ$交于点 2°、3°(图 20-22b)。

4. 连 $a2^\circ$、$b3^\circ$与 $A^\circ E^\circ$的延长线交于点 F°、G°，过点 F°、G°作铅垂线，与 $a^\circ e^\circ$的延长线交于点 f°、g°，于是求得第三块花格片的透视 $F^\circ f^\circ g^\circ G^\circ$，以此方法连续作下去，其余作图仍如图 20-22b 所示。

5. 完成全图并加上合适的装饰(图 20-22c)。

［例 20-3］ 已知平房的立面图和平面图(图 20-23a)，求两点透视。

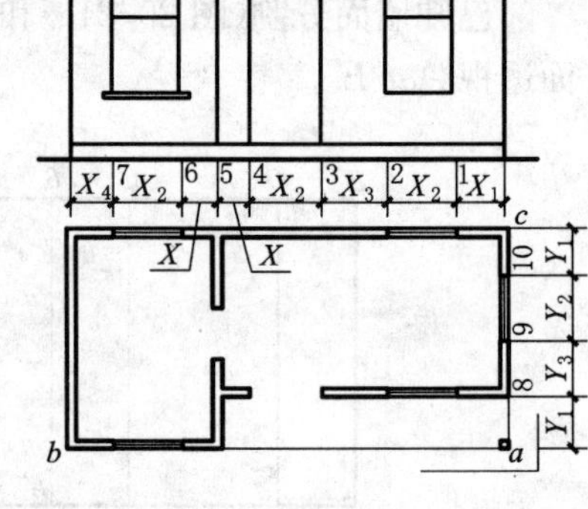

图 20-23a　已知

［解］ 1. 按图 20-6、图 20-7 和图 20-8 的方法求墙身长方体的透视。

2. 在图 20-23b 上，过 A 点作水平量线 g'，将正面分割量画在量线 g'上 A 点之左，侧面分割量画在 A 点右方。取视平线与 Aa 交点为量点 M。连接 MB°，过点 b_1 作铅垂线，与 MB°交于点 $b^\circ{}_1$。过点 $b^\circ{}_1$ 作水平线 L，再过水平量线上的各点作铅垂线，与 L 线相交于点 $1^\circ{}_1$、$2^\circ{}_1$…$7^\circ{}_1$。连 $M1^\circ{}_1$、$M2^\circ{}_1$…$M7^\circ{}_1$ 并延长与 AB°交于点 1°、2°…7°。过点 7°、6°、5°作铅垂线得外墙面上窗洞宽。连右侧透视面上的点 c_1 与 C°，延长 c_1C°与 $H\text{-}H$ 线相交(本例的交点恰好与 M 点重合，图 20-23b)。

3. 求凹廓的透视。连灭点 F_y 与点 5°、灭点 F_x 与点 8°(大致灭于 F_x)，F_y5°和 F_x8°相交于点 D°，过点 D°作铅垂线，与 F_y5°(下方的 5°)相交得点 d°，过点 8°作铅垂线，与 F_ya_1 相交得点 e°(图 20-23b)。

4. 求凹廓墙面的分割，将灭点 F_y 与点 1°、2°、3°、4°相连，F_y1°、F_y2°、F_y3°、F_y4°与 $D^\circ 8^\circ$相交，过交点作铅

垂线，即得凹廓墙面的分割（图 20-23b）。

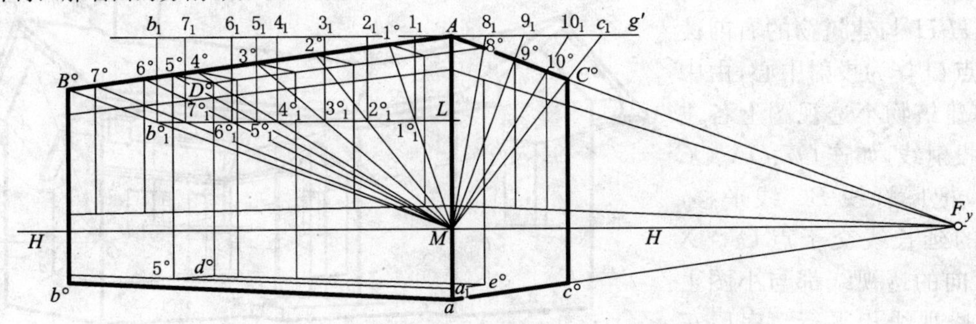

图 20-23b　作墙面分格透视和凹廓

5. 作门窗的透视。

6. 根据透视原理作出平屋面的的透视，完成全图（图 20-23c）。

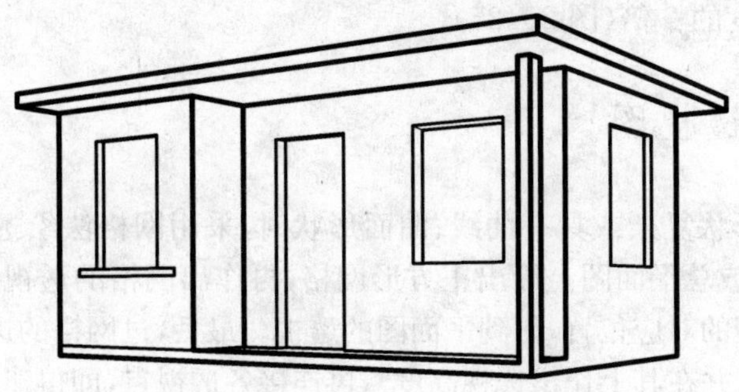

图 20-23c　作门窗、屋面，完成全图

20.5　小透视图放大

利用灭点放大：当建筑形体较大时，可用小比例的设计图作出透视图，然后再放大，使作图简便。利用灭点 F_y 作为投射中心，把画面靠向近前放大，放大倍数视需要而定。把原图上的 Aa 作为控制线，利用灭点 F_y，连灭点 F_y 与点 A、灭点 F_y 与点 a，使 $A°a°=2Aa$，则放大后的透视图上各部分尺寸都扩大成 2 倍。图中灭点 F_x 方向的透视线，可平行移动求得，例如大屋脊线平行于小屋脊线；侧面透视宽度由对角线 aB 平行移动到 $a°B°$ 而求得，即 $a°B°/\!/aB$（图 20-24）。

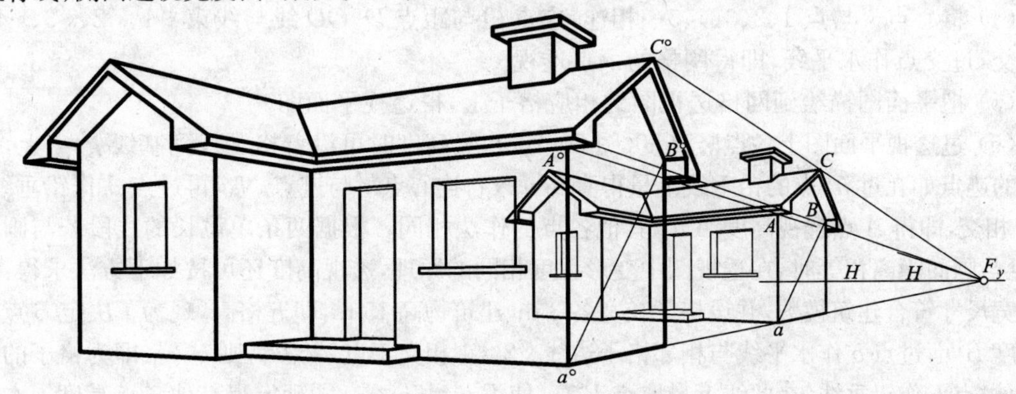

图 20-24　利用灭点 F_y 为投射中心将小图放大

若不用灭点的放大。可取视平线 H-H 与建筑物的右前棱线的交点 O 作为投射中心，由中心 O 向建筑物小透视图上各主要点作投射线，如连 Oa、OA、OC 并延长，把屋脊线 BC 线平移，与 OC 的延长线交于点 C°。X 向和 Y 向的透视线都与小图上的对应透视线相平行。房屋正面与侧面放大的比例应相同：如从 Aa 线平移到 $A^{\circ}a^{\circ}$ 线的间距，等于小图右侧面宽度，即大图的右侧面宽度为小图右侧面宽度的 2 倍。同样，大图正面墙的长度也为小图正墙面长度的 2 倍(图 20-25)。

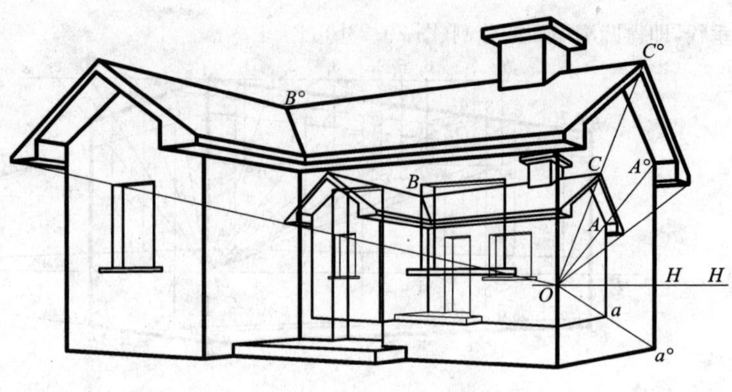

图 20-25 利用 O 点作为投射中心放大

20.6 网格法作透视图

当建筑物的平面形状复杂或具有曲线、曲面形状时，采用网格法绘透视图较为方便。作图时，先在建筑物平面图或总平面图上绘出正方形网格，再作出网格的透视，把平面图上建筑物各角点描绘到网格透视图的对应位置，得到平面图的透视。最后，过网格的透视平面图上各角点竖高度(也就是作铅垂线，并在其上作出透视高度)，再连接各透视点，即得建筑物或建筑群的透视。

20.6.1 一点透视网格

一般当房屋轮廓线不规则时宜用一点透视网格，即 Y 方向格子线垂直于画面，其灭点即为心点 s'，X 方向格子线平行于画面，透视仍平行于视平线，网格对角线的灭点即为距点 D，作图步骤如下：

(1) 在平面图上以一定的单位长度画好正方形格子，并编上号，定好 P-P 线和站点 s(图 20-26a)。

(2)在画面上定好视平线 H-H 和基线 g'-g'，标出心点 s'和距点 D(图 20-26b)。下述第 2～第 5 点的作图过程，也都在图 20-26b 中继续进行。

(3) 把 Y 向迹点保持与 s_p 的相对位置移到基线 g'-g' 上，得点 1、2、3、4、5、6、7、8、10。

(4) 将心点 s'与点 1、2、3、4、5…相连，连点 O 与距点 D，OD 线与线束 $s'1$、$s'2$、$s'3$、$s'4$、$s'5$…相交，过交点作水平线，即得网格的一点透视。

(5) 把平面图描绘到网格透视图的相应格子上，得透视平面图。

(6) 过透视平面图上各点竖高度(图 20-26c)，竖高度时可沿着格子线到基线 g'-g' 上，过格子线的迹点如在过 n_a 点的铅垂线上量得真高 n_aN_A，连心点 s'与迹点 N_A，再过点 a°作铅垂线，与 $s'N_A$ 相交，即得 A 点透视高度 $A^{\circ}a^{\circ}$，其他各点的作法相同。根据两条单位长的线段若与画面平行，且与画面距离相等时，在透视图中变形程度相同的原理，透视高度还可按如下方法求得：设格子长宽尺寸符合建筑模数，并设格子长宽各 3 m，建筑物高 15 m，即五格高，现为了决定 B 点的透视高度 $B^{\circ}b^{\circ}$，过点 b°作水平线与相邻格子边线 $s'2$、$s'1$ 相交于点 c°_1、b°_1，则 $b^{\circ}_1c^{\circ}_1$ 即为格子的透视宽，再过点 b°作铅垂线，在此线上量取点 B°高，使 $B^{\circ}b^{\circ}=5b^{\circ}_1c^{\circ}_1$，同理定得其他各点高度。本例的 b 点正好在方格角点上，即 $b^{\circ}\equiv b^{\circ}_1$，则过点 b°所作的水平线与格子线重合，在此格子线上取 5 格透视宽，即为 $B^\circ b^\circ$。连接各点的透视即得建筑物的透视(图 20-26c)。

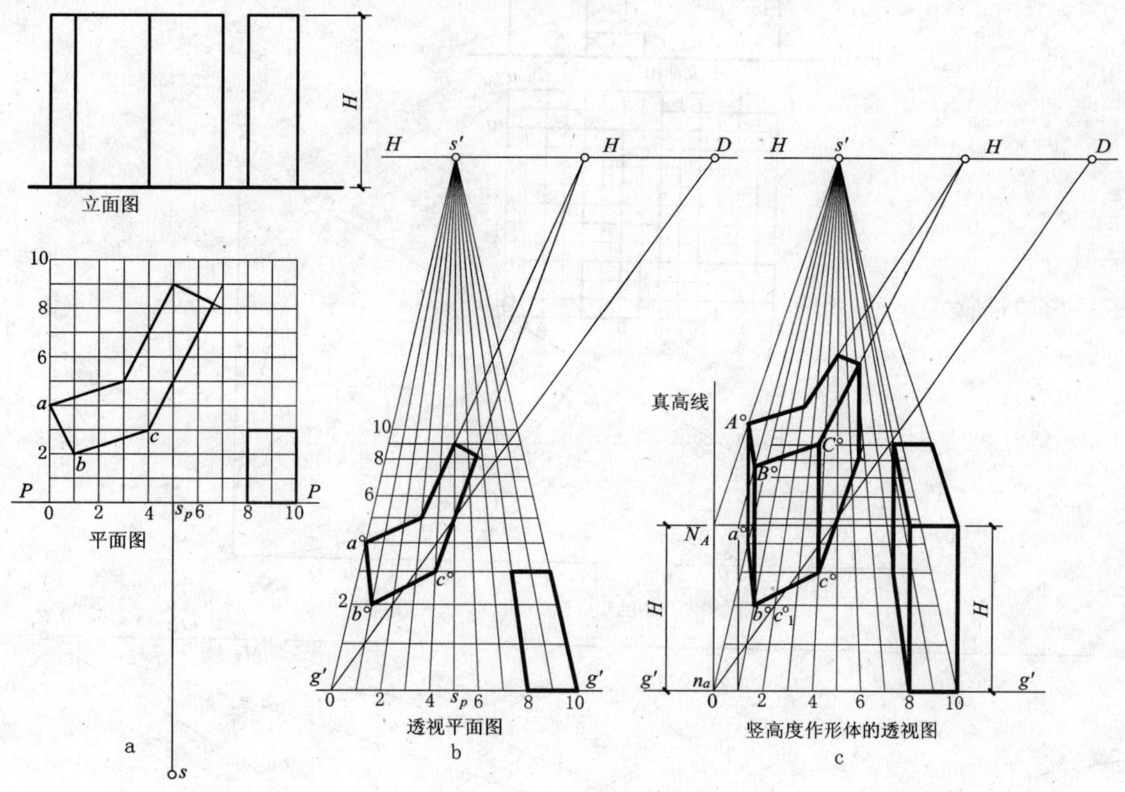

图 20-26　一点透视网格法

20.6.2　两点透视网格

当建筑物主要轮廓线较规则，又与道路相平行时，可采用两点透视网格，作法如下：

(1) 在已知平面图上画好正方形格子，格子线平行于主要轮廓线。格子的单位长宜与平面图的模数一致，使主要轮廓线与格子线重合。例如房屋宽 6 m(3 的倍数)，格子的长、宽各为 3 m。当都采用同一比例时，两格代表了房屋的 6 m 宽度(图 20-27a)。

(2) 用量点法放大 2 倍作出网格的两点透视(图 20-27b)。

(3) 作建筑物的透视平面图：把平面图形状描绘到对应格子上，即得建筑物的透视平面图(图 20-27c)。

(4) 竖高度，作形体的透视图(图 20-27d)，竖高度的方法可参考如下两种方法：

第一种方法是，在画面的右侧(也可在左侧)，在基线 g'-g' 上任取一点 O，过 O 点作一铅垂线作为真高线。把各部分的高度 A、B、C、D 量画到真高线上。再在视平线 H-H 上任取一点作为灭点 F，连 FO、FA、FB、FC、FD，FO 是所取铅垂面与基面的交线。点 A、B、C、D 的透视高度均在全长透视 FO、FA、FB、FC、FD 上。OA 线称集中量线。只要 A 点与画面距离不变，即 A 点在过 A 的画面平行面上移动，且移动时与基面距离始终不变，则其透视高度不变。如图 20-27d 中，为求点 A°，可过点 a° 作水平线，与 FO 相交得点 a°_1，过点 a°_1 作铅垂线，与 FA 相交得点 A°_1，再过点 A°_1 作水平线，与过点 a° 的铅垂线交于点 A°，$A^\circ a^\circ a^\circ_1 A^\circ_1$ 是平行于画面的矩形的透视，其平行的对边的透视高度相等(图 20-27d 右侧)。

利用集中量线作各部分的透视高度误差较大。

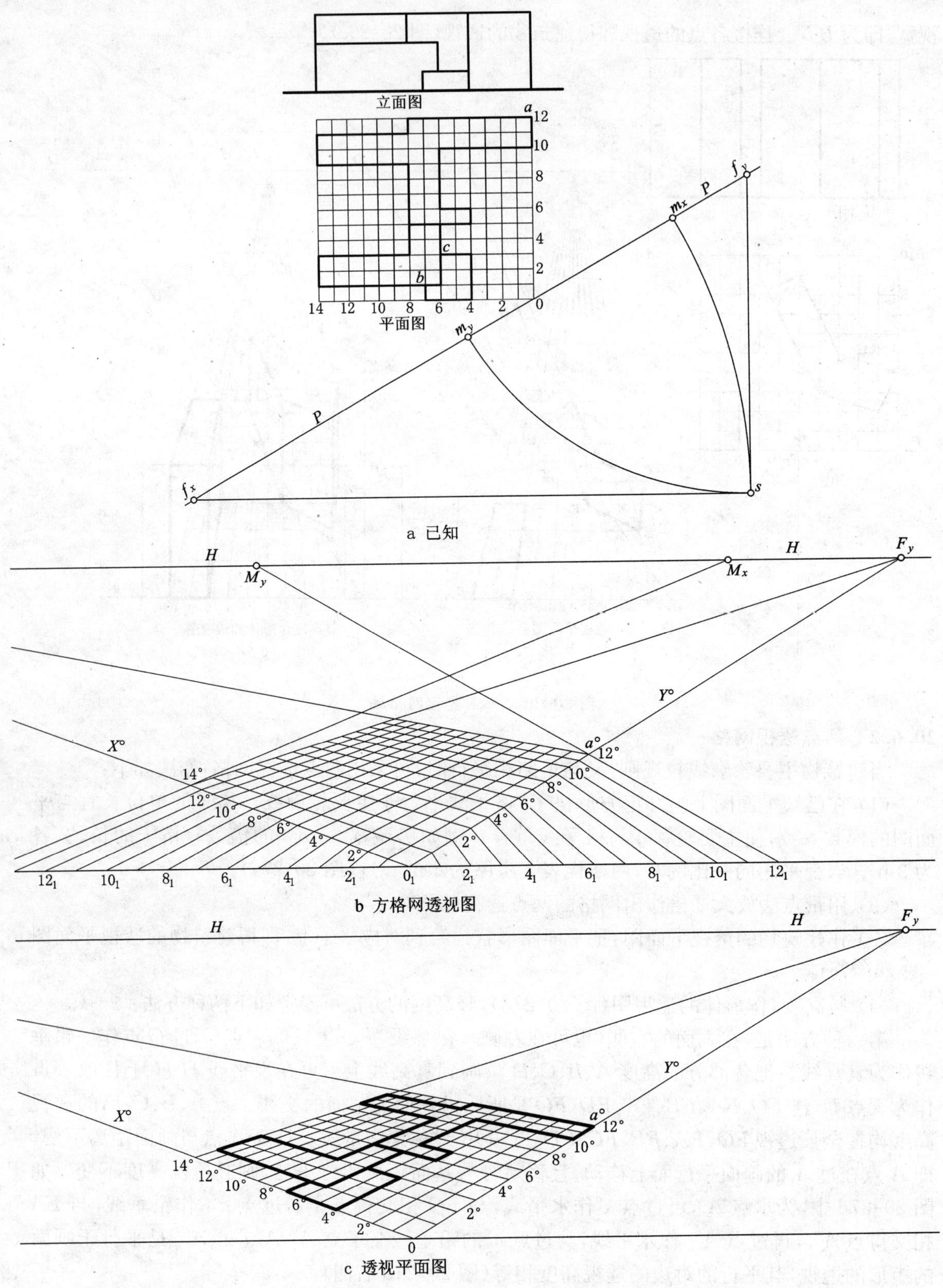

图 20-27abc

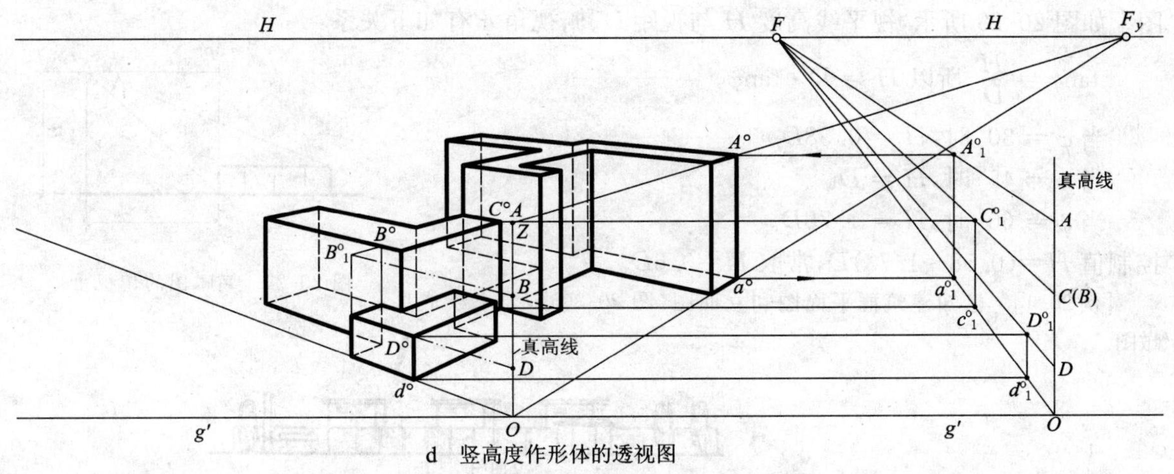

d　竖高度作形体的透视图

图 20-27d　利用两点透视网格作形体的透视

第二种方法是，利用网格线迹点 O，过 O 作铅垂线作为真高线（OZ 轴），将点 A、B、C、D 真高量在 OZ 轴上，连灭点 F_y 与点 A，过点 a° 作铅垂线与 F_yA 相交得 Aa 的透视高 $A^\circ a^\circ$，再应用灭点 F_x、F_y 求得各部分的透视高度（图 20-27d 中）。

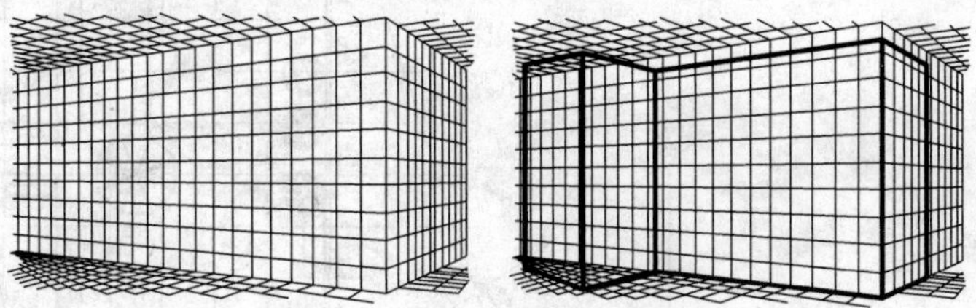
a 绘制建筑物外形透视图用的方格网

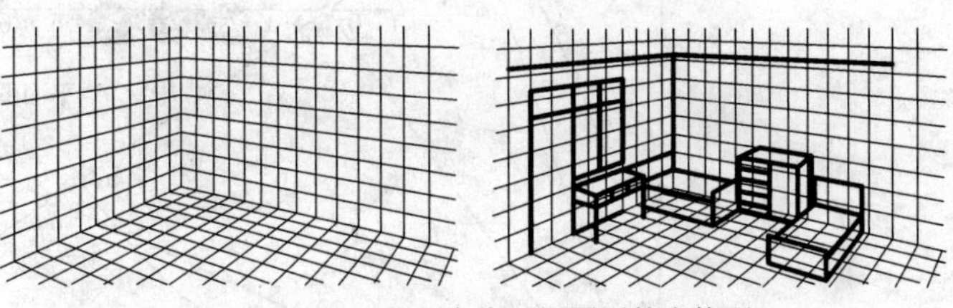
b 绘制室内透视图用的方格网

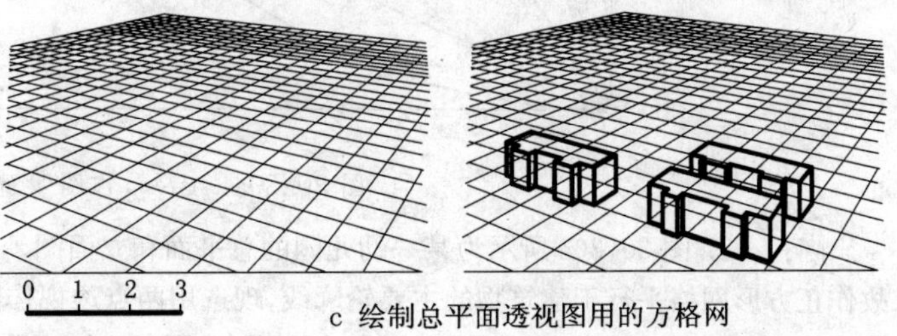

c 绘制总平面透视图用的方格网

图 20-28　两点透视网格

当经常需要绘透视图时，为了节约时间，可事先按照习惯的布局，按上述方法绘制好方格网的透视图。图 20-26、图 20-27 只画基面（地面）上的方格网。墙面（铅垂面）、天棚面（与基面平行）的方格画法可仿效图 20-26、图 20-27 进行。

如图 20-28 所示，先画好方格网（左），然后将图纸蒙在上面，直接绘透视图（右）。

绘制方格网时，尺寸、比例要画得准确，尺寸与建筑模数一致。

常用的方格网有三种形状：①绘制建筑物外形用的方格网（图 20-28a）；②绘制室内透视用的方格网（图 20-28b）；③绘制总平面透视用的方格网（图 20-28c）。每种又可分为一点透视方格网和两点透视方格网两种。图 20-28 所示为两点透视方格网。

20.7　用网格法绘制建筑群的鸟瞰透视图

鸟瞰透视图是指视点高于建筑物的透视图，鸟瞰图多数用于绘制某一区域建筑群的透视图。如图 20-29 所示，视平线高度 H 与视距 D、俯视角 φ 有如下关系：

$\tan\varphi=\dfrac{H}{D}$，所以 $H=D\cdot\tan\varphi$。

当 $\varphi=30°$ 时，$H=0.58D$。

当 $\varphi=45°$ 时，$H=D$。

当 $\varphi=60°$ 时，$H=1.73D$。

控制值 $H=(0.58\sim1.73)D$，常取 $H=0.6D$。

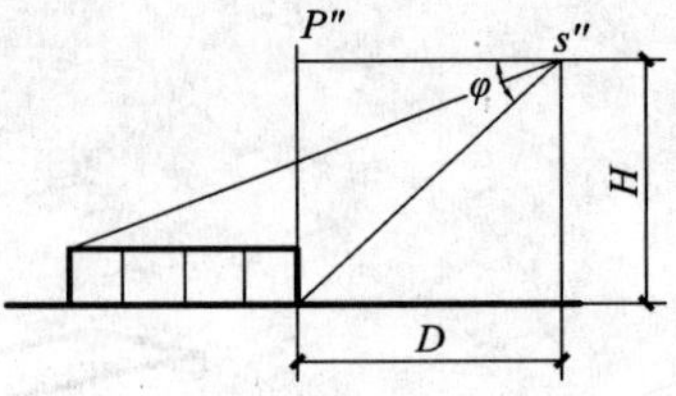

图 20-29　鸟瞰图的俯视角

［例 20-4］　已知建筑群平面图和立面图（图 20-30a），要求绘成鸟瞰图。

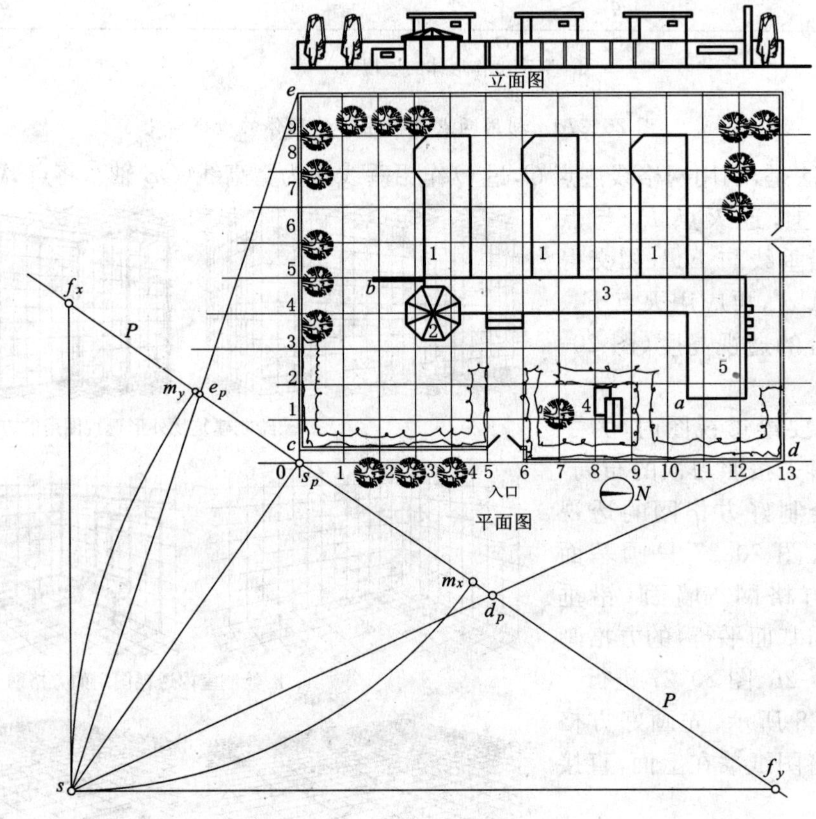

图 20-30a　已知，作图步骤 1～2

［解］　1. 图 20-30a 所示为某一幼儿园的总平面和立面图。由于建筑物和围墙轮廓线基本上互相垂直，故作正方形网格平行于建筑物的主要轮廓线，现选用两点透视作图。

2. 在平面图上定出 P-P 线，站点 s，求出灭点、量点的基面投影 f_x、f_y、m_x、m_y（图 20-30a）。

3. 取视高 $H=0.6ss_p$。放大 3 倍定出视平线 H-H、g'-g' 线。在视平线 H-H 上定出灭点和量点 F_x、F_y、M_x、M_y。在基线上定出 O 点。在 O 点之右放大 3 倍，在 g'-g' 线上量画 OY 向格子宽，得 1_1、2_1…13_1。用同样比例在 O 点之左的 g'-g' 线上量画 OX 向格子宽，得 1_1、2_1…9_1 点（图 20-30b）。

4. 用量点法作网格的透视平面图，并把建筑总平面图描绘到相应的格子上，得建筑群的透视平面图（图 20-30b）。

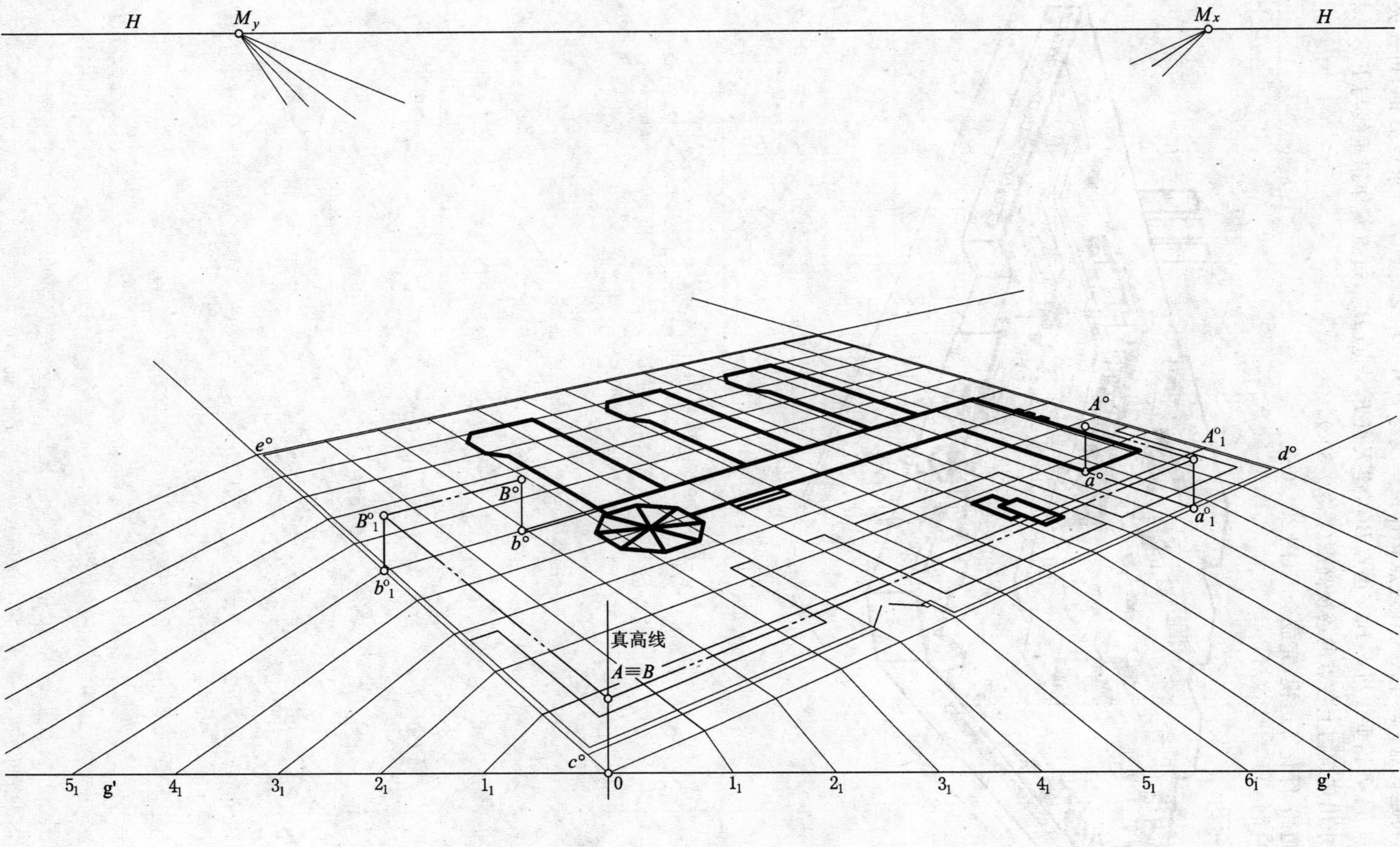

图20-30b 作透视平面图

5. 作建筑群的透视，过 O 点竖高度——真高线。如求点 A°，可连灭点 F_y 与点 A，过点 a°_1 作铅垂线与 F_yA 交得点 A°_1，再连灭点 F_x 与点 A°_1，过点 a° 作铅垂线与 $F_xA^{\circ}_1$ 相交得点 A°。求点 B° 时，可连灭点 F_x 与点 $B(B\equiv A)$，过点 b°_1 作铅垂线与 F_xB 交得点 B°_1，连灭点 F_y 与点 B°_1，过点 b° 作铅垂线与 $F_yB^{\circ}_1$ 相交得点 B°。用类似方法求出建筑物上各点的透视高度(图 20-30c)。

6. 求围墙、道路、绿化等透视，完成全图(图 20-30c)。

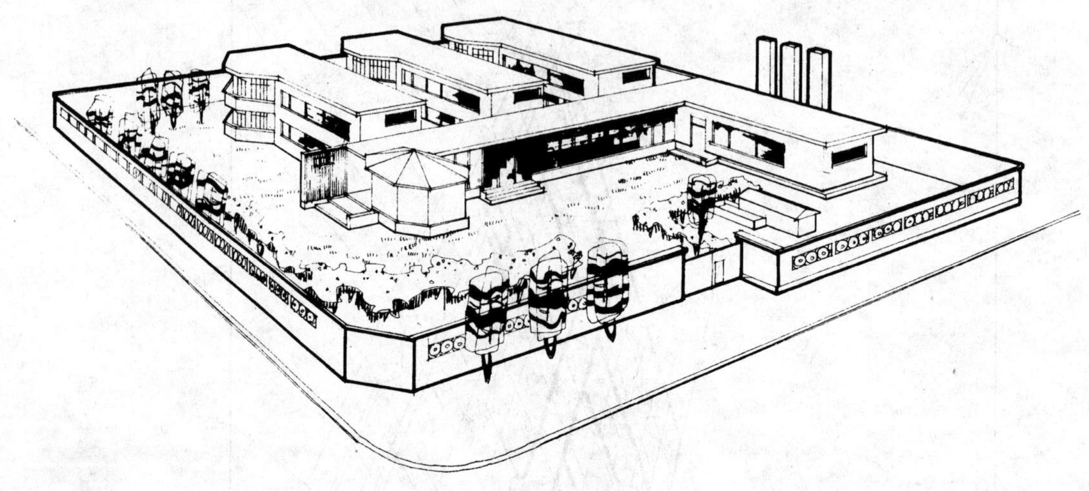

图 20-30c　透视图

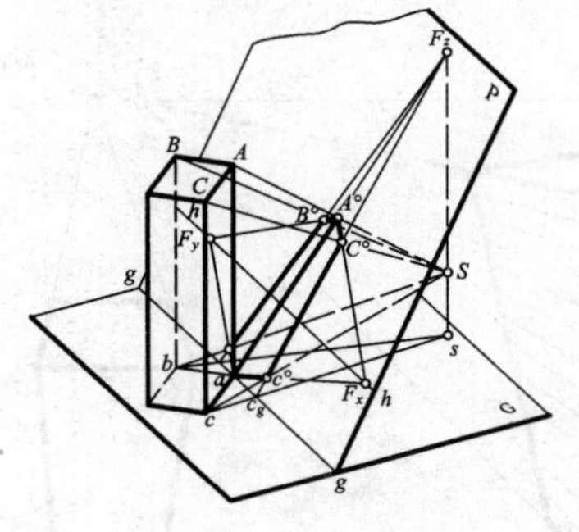

21 三点透视

21.1 概　述

画面对基面倾斜成一个角度时，在倾斜画面上的透视称为三点透视或斜透视。实例如图21-1所示。

a 仰望三点透视

b 鸟瞰三点透视

图 21-1　三点透视实例

三点透视可以分成三种：

(1) **画面倾斜角 $\theta<90°$，即画面向前倾斜，为仰望三点透视，其特点是：铅垂棱线向上消失于灭点** F_z（图 21-1a 和图 21-2a）。

(2)**画面倾角 $\theta>90°$，即画面向后倾斜，为鸟瞰三点透视，其特点是：铅垂棱线向下消失于灭点** F_z（图 21-1b 和图 21-2b）。

(3) **倾斜画面又平行于物体的一个水平主向，使此主向的水平棱线没有灭点（或者说灭点在无限远处）**（图 21-2c）。

三点透视的画面是倾斜的，但透视图仍要表示在铅垂画面（图纸）V 上，因此要把 P 面上视线与 P 面交得的各点绕基线旋转到与 V 面重合，然后连接重合后的各点，才得三点透视。

在三点透视中，空间原来平行的铅垂线，变为消失于灭点 F_z 的倾斜线，这是三点透视独有的透视现象。

为了使三点透视更富有真实感，在一般情况下，使视点位于包含建筑形体的一条主要铅垂棱线，并垂直于画面的平面内。这时，这一条铅垂棱线在所求得的三点透视中仍为铅垂线。灭点 F_z 亦在此铅垂线的延长线上，使所画的建筑物的三点透视给人以稳定、庄重的感觉。

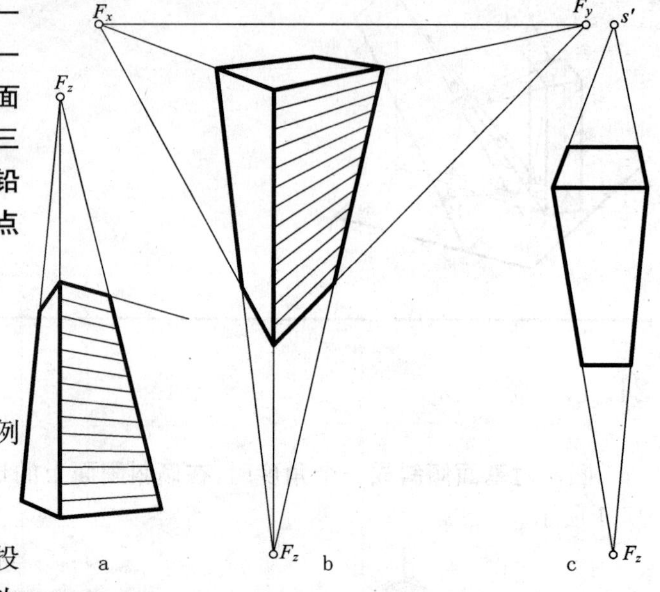

图 21-2 三点透视的种类

21.2 灭点法作三点透视

如图 21-3 所示，以一个长方体为例说明用灭点法求仰望三点透视的方法。

21.2.1 透视体系

如图 21-3 所示：已知长方体的 H 投影与 W 投影，视点的 H 投影与 W 投影为 s 和 s''。画面 P 为侧垂面，其 W 投影积聚成直线，图中以 p''表示，且反映了 P 面与 H 面的倾角 θ 实形，本例 $\theta<90°$，故 P 面呈上仰方向。P 面与基面 G 相交于基线 g'-g'，g'-g'的 W 投影积聚成为一点，与原点 O 重合，图中未标出，基面投影为 g-g。长方体的前下方角点 a 位于 g-g 线上。

透视图的 W 投影积聚在 P''上，为了使透视图仍表示在铅垂的画面上，则需将 P 面连同透视图绕基线旋转到重合于 V 面，旋转过程在 W 投影中表现为：p''绕 O 点旋转成竖直方向，与 V''重合。

21.2.2 作图步骤

作图步骤如下(图 21-3)：

(1) 根据平面图和侧面图定出 g-g 线，V''，p''，视点的侧面投影 s''，站点 s；在画面上定出 g'-g'线。

(2) 求出 h''和 H-H 线、灭点的基面投影 f_x、f_y、灭点的侧面投影 f''_z：过视点的侧面投影 s''作水平线与 p''线相交，得视平线的侧面投影 h''_p；过视点的侧面投影 s''作铅垂线与 p''线相交，即为 Z 向灭点的侧面投影 f''_{zp}。在平面图上过站点 s 作 X、Y 向的平行线，与 h-h 线(H-H 线的水平投影)相交，交点即为灭点的基面投影 f_x、f_y。f_x、f_y 的侧面投影与 h''_p 重合，图中未标出。

(3) 在侧面图上，以原点 O 为圆心，分别以 Oh''_p、Of''_{zp} 为半径画圆弧，与 V''相交，求得重合到铅垂画面 V''上的灭点，用灭点 F_z 的侧面投影 f''_z 和视平线的侧面投影 h''表示。过这些点作水平线，在画面上求得 H-H 线、灭点 F_z，用与两点透视的同样方法求得灭点 F_x、F_y。

(4) 用前述两点透视的灭点法求得基透视 $ab°c°d°$。

(5) 连接 F_za、$F_zb°$、$F_zc°$、$F_zd°$。

(6) 在侧面图中连视点的侧面投影 s''与点 a''，$s''a''$与 p''交于点 a''_p，再以原点 O 为圆心，Oa''_p 为半径作圆弧，旋转到与 V''相交，过此交点作水平线与 F_za 相交，交点为空间点 A 的透视 $A°$。

(7) 求 B°、C°、D°：连灭点 F_x 与点 A°，灭点 F_y 与点 A°，F_xA°、F_yA° 分别与 F_zc°、F_zb° 交得点 C°、B°；同理连灭点 F_x 与点 B°、灭点 F_y 与点 C°，F_xB° 与 F_yC° 交得点 D°，而且这个交点 D° 也必定在 F_zd° 上。

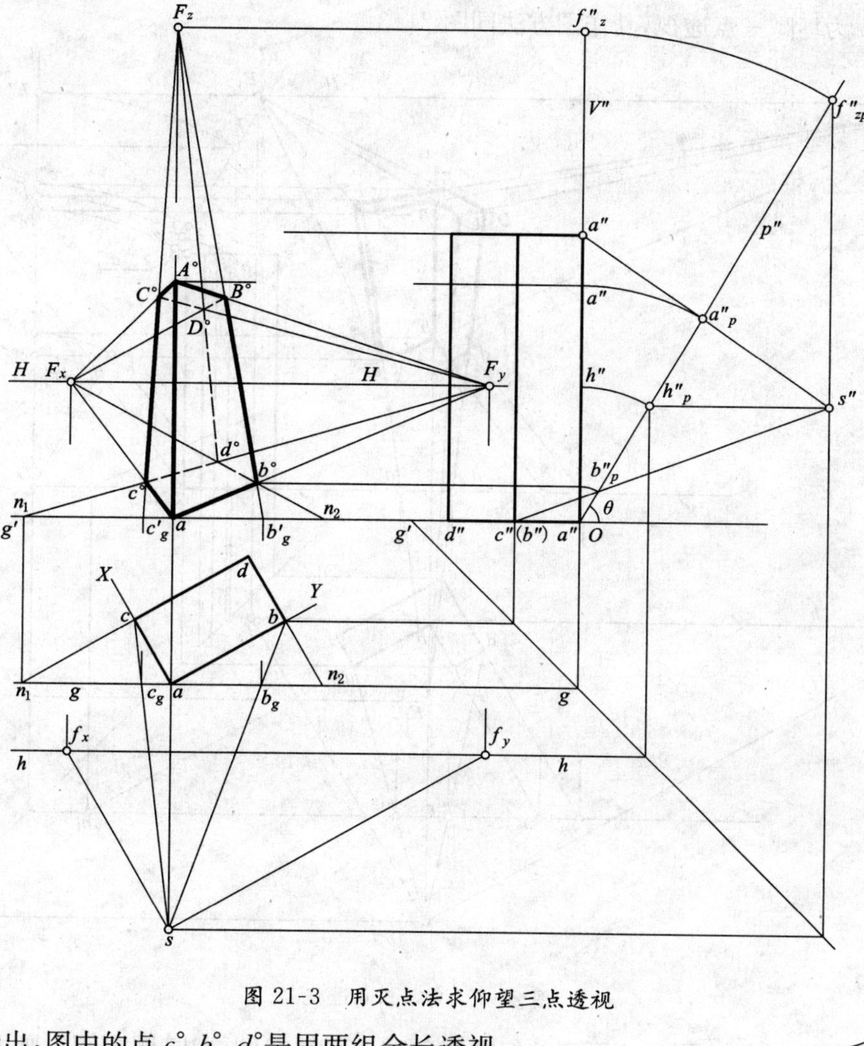

图 21-3　用灭点法求仰望三点透视

必须指出，图中的点 c°、b°、d° 是用两组全长透视交点求得的。用视线迹点法求 c°，与两点透视中求 c° 稍有不同，其作法是：先在平面图中连站点 s 与点 c，sc 与 g-g 线点交于点 c_g，过 c_g 点引投影连线，与铅垂画面上的 g'-g' 线交于点 c'_g，连灭点 F_z 与 c'_g，$F_zc'_g$ 与 F_xa 相交得点 c°，这说明灭点 F_z、点 C°、c°、c'_g 应在一直线上，$F_zc'_g$ 是棱线 Cc 的透视方向。因为铅垂线 Cc 的透视，实际上是包含视点 S 和棱线 Cc 的视平面与画面的交线。

如图 21-4 所示，由于这个视平面是铅垂的，故在平面图中积聚成直线 sc，sc 与基线 g-g 的交点 c_g 是视平面（由 $SC\times Sc$ 决定）、画面 P 和基面 G 的一

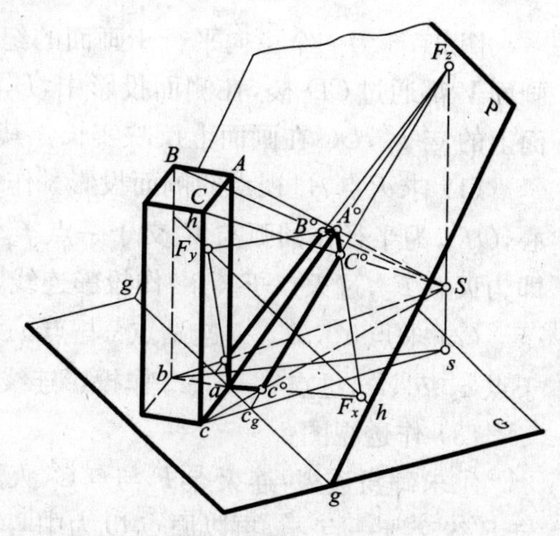

图 21-4　三点透视空间关系分析

个共有点，于是 $F_z c'_g$ 是视平面（$SC \times Sc$）与画面的交线，所以 $F_z c'_g$ 是棱线 Cc 的透视方向。$F_x a$ 与 $F_z c'_g$ 相交得点 c°，$F_x A^\circ$ 与 $F_z c'_g$ 相交得点 C°。如同前面章节所述，还可以利用 cd 与画面的交点 n_1（CD 的画面迹点见图 21-3），求出全长透视 $F_y n_1$，$F_y n_1$ 与 $F_z c'_g$ 相交得 c°。

图 21-5 为鸟瞰三点透视，其作图方法同图 21-3。

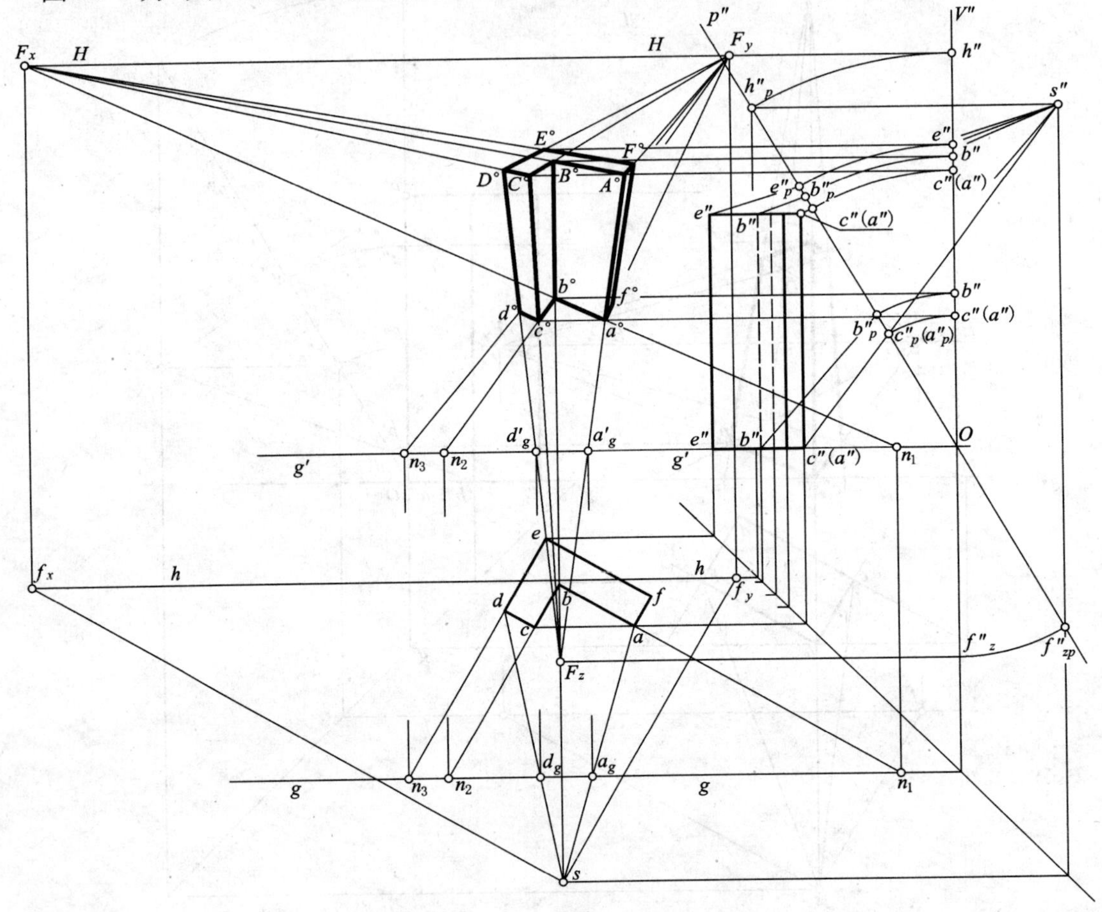

图 21-5　鸟瞰三点透视

图 21-6 为一个主向平行于画面的纪念碑鸟瞰三点透视的画法，图中倾斜画面 P 和铅垂画面 V 都通过 CD 棱，在侧面投影中，P'' 与 V'' 交于 $d''(c'')$ 点，故通过 $d''(c'')$ 作水平线，即为画面上的 g'-g'，DC 在画面上反映实长。其余作法如下：

(1) 求灭点：过视点的侧面投影 s'' 作铅垂线（Z 向平行线）与 P'' 线交于 f''_{zp}，以原点 O 为中心，Of''_{zp} 为半径作圆弧与 V'' 交于一点 f''_z，过此点作水平线，与过站点 s 所作铅垂线交于一点，即为灭点 F_z，过灭点 $F_z(f_y)$ 作投影连线，在视平线 H-H 上求得灭点 F_y（图中用 F 表示）。

(2) 求点 a'_g、b'_g、l'_g：连站点 s 与点 a、站点 s 与点 b、站点 s 与点 l，延长 sa、sb、sl 与 g-g 线交于点 a_g、b_g、l_g，过点 a_g、b_g、l_g 作投影连线与 g'-g' 线交于点 a'_g、b'_g、l'_g。

(3) 作透视图：

①求碑身透视：连灭点 F 与点 C、灭点 F 与点 D，在 W 投影中连点 s'' 与 $e''(f'')$，$s''e''(f'')$ 线与 P'' 线交于一点 e''_p，再以原点 O 为中心，Oe''_p 为半径画圆弧与 V'' 线交于点 $e''(f'')$，过此点作水平线，此水平线与 FD、FC 交于点 E°、F°，于是求得了碑身顶面的透视 $CDE^\circ F^\circ$。连灭点 F_z 与

点 D、灭点 F_z 与点 C、灭点 F_z 与点 F°。在 W 投影面连点 s'' 与 $d''(c'')$，$s''d''(c'')$ 与 P'' 交于点 $d''_p(c''_p)$，同样要将点 $d''_p(c''_p)$ 旋转到 V'' 线上，并过 V'' 线上这一点作水平线，与 F_zD、F_zC 交于点 d°、c°，同理求得点 e°（图中未标注），于是作出了碑身的透视。

②求基座透视：连灭点 F_z 与点 a'_g、灭点 F_z 与点 b'_g、灭点 F_z 与点 l'_g，再连点 s'' 与 $a''(b'')$，$s''a''(b'')$ 与 P'' 线交于 $a''_p(b''_p)$ 等点，将这些点旋转到 V'' 线上，再过 V'' 线上的各交点作水平线，与 $F_za'_g$、$F_zb'_g$ 等线相交得点 A°、a°、B°、b°…连接各点得基座的三点透视，全图至此作完。

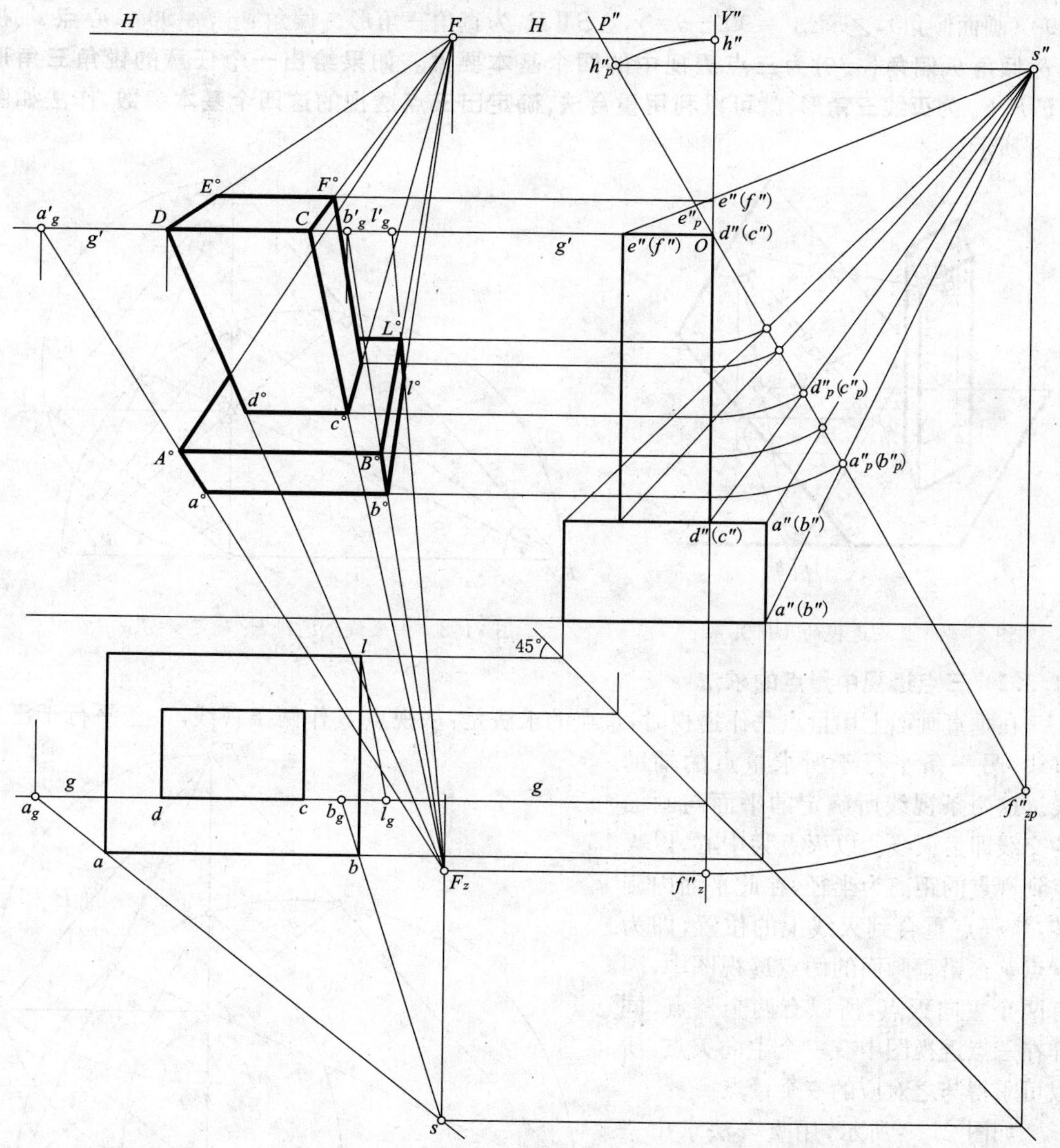

图 21-6　X 方向平行于画面时的鸟瞰三点透视

21.3　量点法作三点透视

21.3.1　三点透视的几何关系

如图 21-7 所示，设画面 P 与基面的倾角 $\theta < 90°$，视点 S 在包含四棱柱体的棱线 Aa（铅垂线），又垂直于画面 P 的平面内。过视点 S 分别作视线平行于立体的三个主向 X、Y、Z，与画

面相交得三个灭点 F_x、F_y、F_z。**当$\triangle F_xF_yF_z$ 的各边是四棱柱相应侧面的灭线时，$\triangle F_xF_yF_z$ 称为灭线三角形。F_xF_y 就是三点透视的视平线。上述三条视线 SF_x、SF_y、SF_z 两两互相垂直，构成一个以视点 S 为顶点的由三个直角三角形构成的四面体，另一个面是它与画面的交线，就是灭线三角形。因此，灭线三角形只能是锐角三角形。**如图 21-7 所示，过视点 S 作视线 $Ss' \perp P$ 面，垂足 s' 不落在视平线 F_xF_y 上，而落在$\triangle F_xF_yF_z$ 的三条高线上，由此证明心点 s' 即为灭线三角形的垂心，$Ss'=\delta$ 即为三点透视中的视距，F_zs' 与 F_xF_y 交于点Ⅱ，$\angle S\text{Ⅱ}F_z=\theta<90°$(画面倾角)，$\angle SF_zs'=90°-\theta=\gamma$，$\triangle S\text{Ⅱ}F_z$ 为直角三角形。偏角 $\alpha+\beta=90°$。**心点 s'、视距 δ、倾角 θ、偏角(α、β)为三点透视中的四个基本要素。如果给出一个任意的锐角三角形$\triangle F_xF_yF_z$ 为灭线三角形，就可以利用重合法，确定出三点透视的这四个基本参数，**作法如图 21-8 所示。

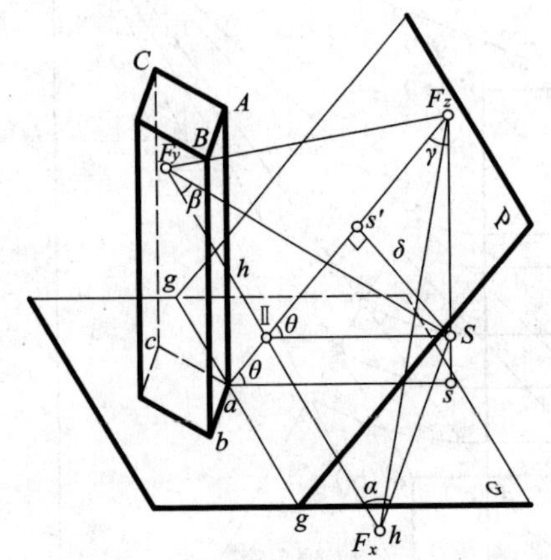

图 21-7　三点透视的几何关系

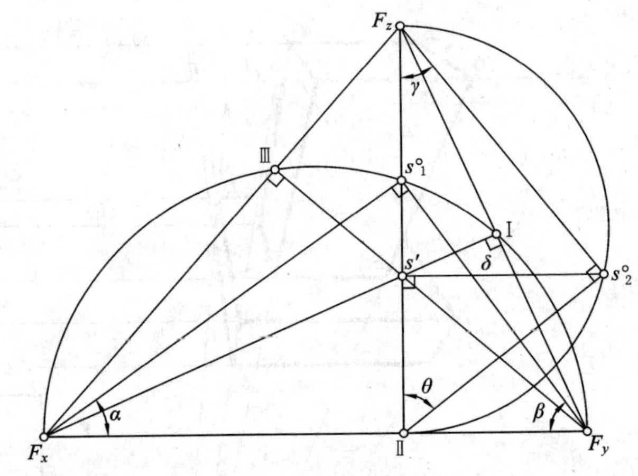

图 21-8　由灭线$\triangle F_xF_yF_z$ 确定 s'、δ、α、β、θ

21.3.2　三点透视中量点的求法

在垂直画面上用量点法作透视时，量点的求法是：从视点 S 作两条视线，一条平行于已知直线，另一条平行于所求量点的辅助线。这两条视线所确定的平面与画面的交线即为灭线。以灭点为中心，以灭点到视点的距离为半径，在此平面内旋转，将视点重合到灭线上的位置，即为量点。在铅垂画面的两点透视图中，因有两个主向灭点，所以有两个量点，同样在三点透视图中有三个主向灭点，所以可求得与之对应的三个量点。

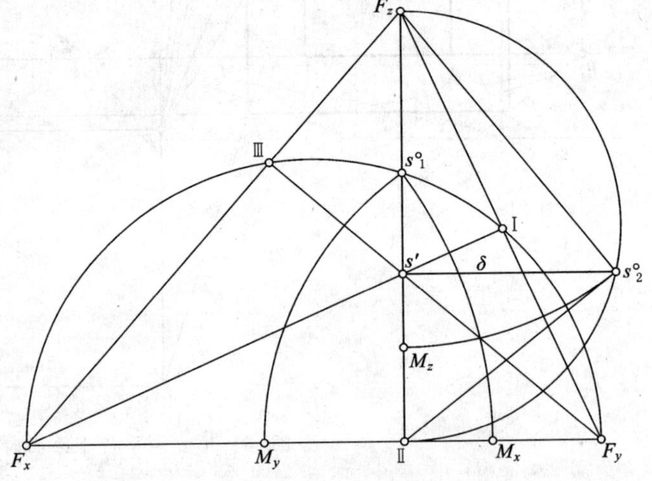

图 21-9　由灭线$\triangle F_xF_yF_z$ 确定量点 M_x、M_y 和 M_z

如图 21-9 所示，用重合法求出三个量点 M_x、M_y、M_z：已知灭线三角形$\triangle F_xF_yF_z$，以 F_xF_y 为直径作半圆，与 F_zⅡ交于一点 s°_1，即为重合视点。分别以灭点 F_x、F_y 为圆心，$F_xs^\circ_1$、$F_ys^\circ_1$ 为半径画圆弧，与 F_xF_y 相交得 X、Y 向的量点 M_x、M_y。然后，以 F_zⅡ为直径作半圆，过心点 s' 作 F_zⅡ的垂线，与半圆交于 s°_2，这就是空间直角三角形$\triangle S$ⅡF_z 重合于画面的位置，s°_2 即为第二个重合视点。以灭点 F_z 为中心，以 $F_zs^\circ_2$ 为半径画

圆弧，交 F_zⅡ于 M_z，即为 Z 向量点。

21.3.3 用量点法作三点透视举例

［例 21-1］ 已知长方体的长 $AC(X)$、宽 $AB(Y)$、高 $Aa(Z)$，用量点法求三点透视。

［解］ 求仰望三点透视的作图步骤(图 21-10)：

1. 选择视点位置，在通过棱线 Aa 和垂直于画面的视平面内，取视高 $H=$Ⅱa，求出灭点 F_x、F_y、F_z。也可以按经验先定灭点 F_x、F_y、F_z，再定视点。

2. 求出量点 M_x、M_y、M_z。

3. 把 X 向尺寸量在基线上 a 点之左，得 c_1 点。把 Y 向尺寸量在 a 点之右，得 b_1 点。按两点透视的方法求出透视点 c°、b°、d°。

4. 求出真高线 c_1C_1 是把 ac 实长量到基线上得ac_1后，过 c_1 点作 H-H 的垂线，然后在垂线上量 $c_1C_1=aA$ 而作出的。连量点 M_z 与点 C_1 和灭点 F_z 与点 c_1，M_zC_1 与 F_zc_1 相交得点 C°_1，再连量点 M_x 与点 C°_1、灭点 F_z 与点 c° 交得点 C°。连灭点 F_x 与点 C°，灭点 F_z 与点 a 交得点 A°。连点 A°与灭点 F_y，灭点 F_z 与点 b°，$A^\circ F_y$ 与 F_2b°交得点 B°。具体作图见图 21-10 所示。

当真高线取在 Aa 线上时，如图 21-11 所示。可先作出长方体的两点透视，再连量点 M_z 与点C、灭点 F_z 与点c°，M_zC 与 F_zc°交得点 C°。连量点 M_z 与点 B、灭点 F_z 与点 b°，M_zB 与 F_zb°交得点 B°。连灭点 F_x 与 C°，灭点 F_y 与点 B°，F_xC°、F_yB°延长便交得点 A°(F_za、F_xC°、F_yB°三线应交于同一点 A°)。于是通过先作出的长方体的两点透视，利用量点 M_z 和灭点F_z，便缩成了三点透视。

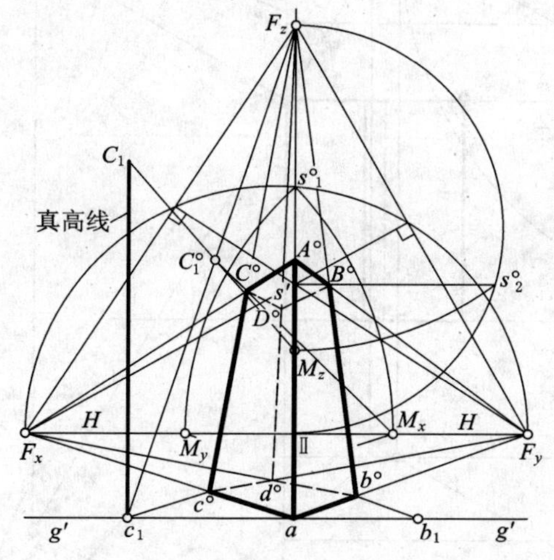

图 21-10 用量点法绘制三点透视图

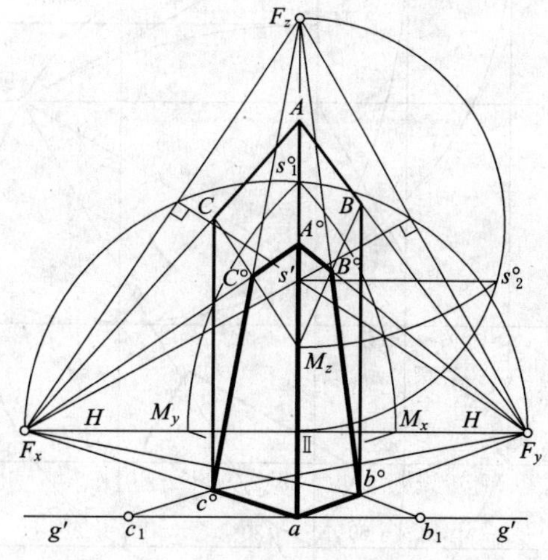

图 21-11 由两点透视缩成三点透视

21.4 三点透视的实用画法

21.4.1 量线法

21.4.1.1 基本原理

如图 21-12 所示，倾斜画面 P 和铅垂画面 V 通过建筑形体的角点 A，形体的两个主向与铅垂画面成 60°、30°角，视点 S 选在通过铅垂棱线 Aa 并垂直于画面 P 的平面内，使 $s''A''\perp p''$。按前述求量点、灭点的方法，在平面图上求出灭点的基面投影 f_x、f_y 和量点的基面投影 m_x、m_y。在侧面投影图上求出 f''_z、$h''(s'')(f''_x)(f''_y)$、m''_z。它们是以 a''为中心，把 p''线上各点以 a''到这些点的距离为半径画圆弧与铅垂线 V''相交而得到的。然后过点 h''作水平线，在画面上得到视平线

$H\text{-}H$，过点 f''_z、m''_z 作水平线，此水平线与过心点 s' 的铅垂线相交，得 z 向灭点 F_z、量点 M_z。

将空间直角三角形 F_xSF_y 重合于画面，在 $s'F_z$ 上得重合视点 s°_1，再把直角三角形 $s'SF_z$ 以 $s'F_z$ 为轴旋旋到重合于画面，又得重合视点 s°_2。由图可知：直角三角形 $s's^{\circ}_2F_z \cong h''_ps''f''_{zp}$，$s^{\circ}_1F_y=M_yF_y$，$s's^{\circ}_1=s's^{\circ}_2$，$F_zs^{\circ}_2=F_zM_z$，$F_zs^{\circ}_2=s''f_{zp}$。现过 s°_2 作水平线，与 $s'F_z$ 交于点 A（即为形体的角点 A）。过 s°_2 的水平线与过 A 的水平线重合为一，A 为棱线 Aa 的画面迹点。此水平线即为 X、Y（宽、长）方向的量线，也就是基线，以 $g'\text{-}g'$ 表示。过基点 A 作 L 直线平行于 $F_zs^{\circ}_2$，即 $L /\!/ F_zs^{\circ}_2$，L 线就是高度方向的量线。过基点 A 的水平量线，其实质就是长方体顶面在画面 P 上的迹线，故反映真长，可作水平方向的量线，视平线是长方体顶面的灭线。s°_2 也就是画面垂直线的量点（即距点），也是过 A 点与基线 $g'\text{-}g'$ 成 45°的辅助线的灭点。$F_zs^{\circ}_2$ 也就是过铅垂线 Aa 和此辅助线所组成的平面的灭线。L 线是此平面的画面迹线。空间平面在画面上的迹线和灭线是互相平行的，所以 $L /\!/ F_zs^{\circ}_2$，$g'\text{-}g' /\!/ H\text{-}H$ 线。

由图 21-12 还可以看出，当建筑形体与画面处于如图所示的相对位置时，即 $\alpha=30°$、$\beta=60°$、$\theta=120°$时，心点 s' 约在靠近灭点 F_x 的 F_xF_y 长度的 1/4 处。量点 M_x 约在 F_xF_y 的中点，量点 M_y 约在靠近灭点 F_x 的 F_xF_y 长度的 1/8 处。量点 M_z 在心点 s' 之下，并约在靠近心点 s' 的 F_zs' 长度的 1/7 处。

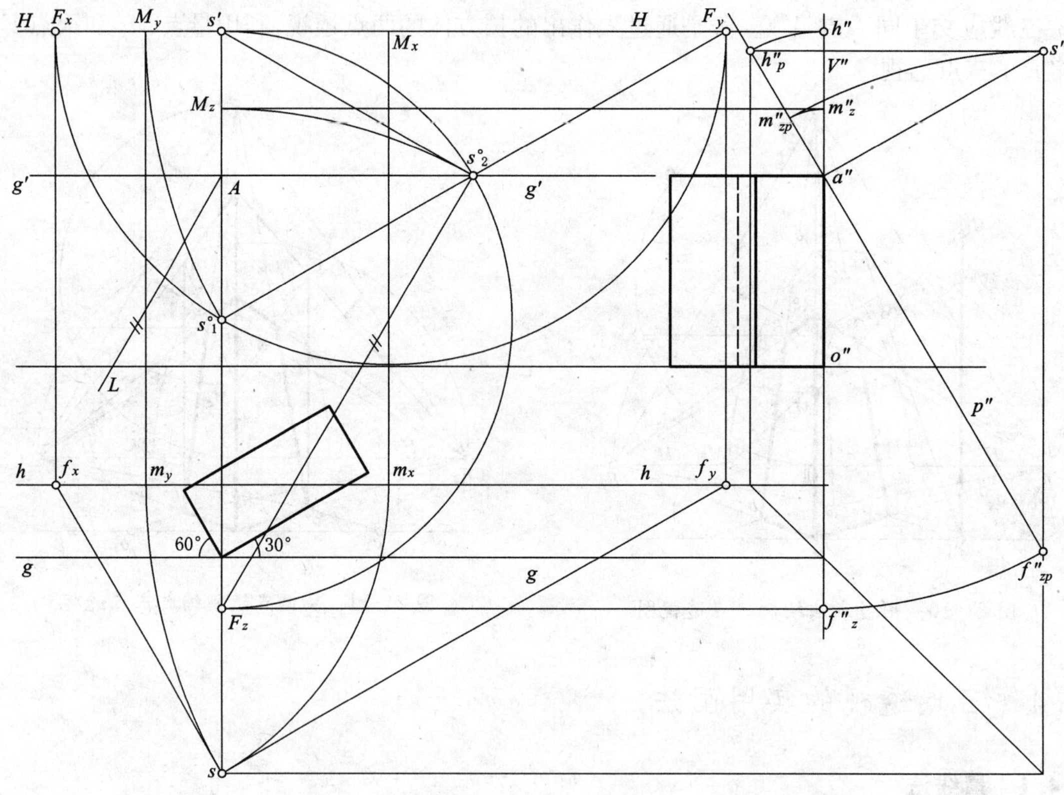

图 21-12　量线法原理

21.4.1.2　量线法的作图步骤

（1）在小比例的平面和侧面图上作出基本图，如图 21-12 所示，在此图上求出站点 s，灭点的基面投影 f_x、f_y，量点的基面投影 m_x、m_y 和侧面投影 s''、f''_z、m''_z。

（2）在图纸的适宜位置处作一水平线 $H\text{-}H$，放大 n 倍在视平线上定出灭点的基面投影

F_x、F_y，量点 M_x、M_y，心点 s'，在过心点 s' 的铅垂线上定出量点 M_z、灭点 F_z（图 21-13a）。

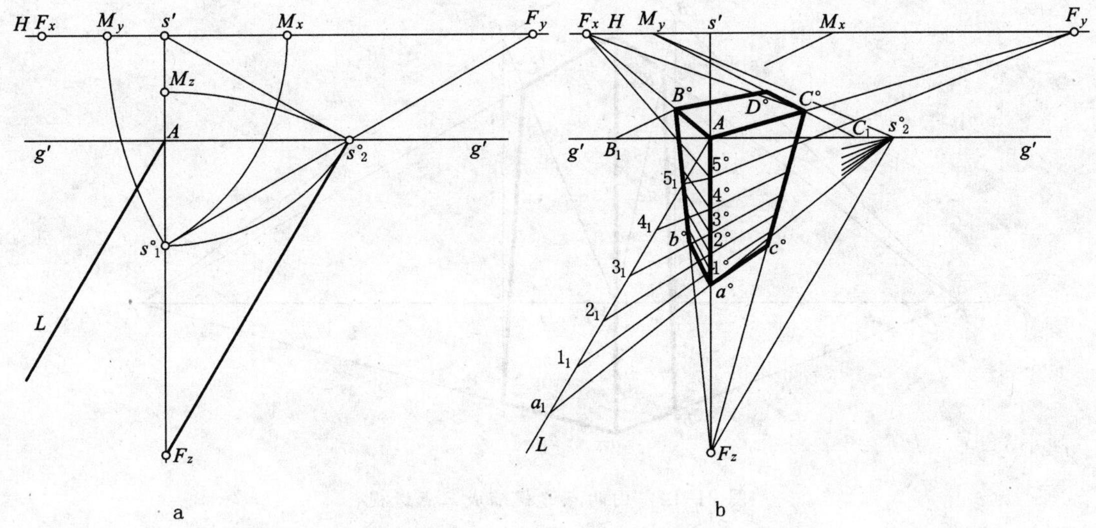

图 21-13　量线法作三点透视

（3）如图 21-13a 所示，以灭点 F_y 为圆心，F_yM_y 为半径画圆弧，与铅垂线 $s'F_z$ 交于 $s°_1$。再以心点 s' 为中心，$s's°_1$ 为半径向右画圆弧，与以灭点 F_z 为中心，F_zM_z 为半径所画的圆弧交得 $s°_2$，连灭点 F_z 与 $s°_2$。

（4）仍如图 21-13a 所示，过 $s°_2$ 作水平线 g'-g'，与 F_zs' 交于点 A，过基点 A 作线 L // $F_zs°_2$。g'-g' 即为水平方向 X、Y 的量线，L 即为高度 Z 方向的量线。

（5）求长方体的三点透视，如图 21-13b 所示：

①把高 Aa 量在 L 线上，得 a_1 点，把宽（X 向）AB 量在 A 点之左，在 g'-g' 线上定出点 B_1。长度方向（Y 向）的尺寸量在 A 点之右，在 g'-g' 线上定出点 C_1。

②连 $s°_2$ 与 a_1，与 F_zs' 交于点 $a°$，再连点 A 与灭点 F_x、点 B_1 与量点 M_x，AF_x 与 B_1M_x 交得点 $B°$；同理，连点 A 与灭点 F_y、点 C_1 与量点 M_y，AF_y 与 C_1M_y 交得点 $C°$；连点 $B°$ 与灭点 F_y、点 $C°$ 与灭点 F_x 交得点 $D°$，就作出了这个长方体顶面的三点透视。继续再连灭点 F_y 与点 $a°$、灭点 F_x 与点 $a°$、灭点 F_z 与点 $B°$、灭点 F_z 与点 $C°$，$F_ya°$ 与 $F_zC°$ 交于点 $c°$、$F_xa°$ 与 $F_zB°$ 交于点 $b°$，即得长方体的鸟瞰三点透视。

（6）若需在 Aa 高度之间分六层，则仍如图 21-13b 所示，在 L 线上把 Aa_1 六等分，得 1_1、2_1、3_1、4_1、5_1 五个分点。将 $s°_2$ 与点 1_1、2_1、3_1、4_1、5_1 相连，线 $s°_21_1$、$s°_22_1$、$s°_23_1$、$s°_24_1$、$s°_25_1$ 分别与 $Aa°$ 交于点 1°、2°、3°、4°、5°；再将灭点 F_y 分别与点 1°、2°、3°、4°、5° 相连，将灭点 F_x 分别与点 1°、2°、3°、4°、5° 相连，就完成分六层的透视图。

21.4.2　用两点透视缩成三点透视

如图 21-14 所示，在作好的两点透视真高线 Aa 上，根据需要任取点 $A°$，并将 Aa 与视平线的交点作为量点 M_z。连灭点 F_x 与点 $A°$、量点 M_z 与点 B，两线相交于点 $B°$；连量点 M_z 与点 C、灭点 F_y 与点 $A°$，两线交于点 $C°$，$B°b°ac°C°A°B°$ 即为长方体的三点透视。

图 21-15 中，用与图 21-14 同样方法把 L 形的建筑形体的两点透视，通过量点 M_z 和在 Aa 上任取的点 $A°$ 画出了所缩成的三点透视。

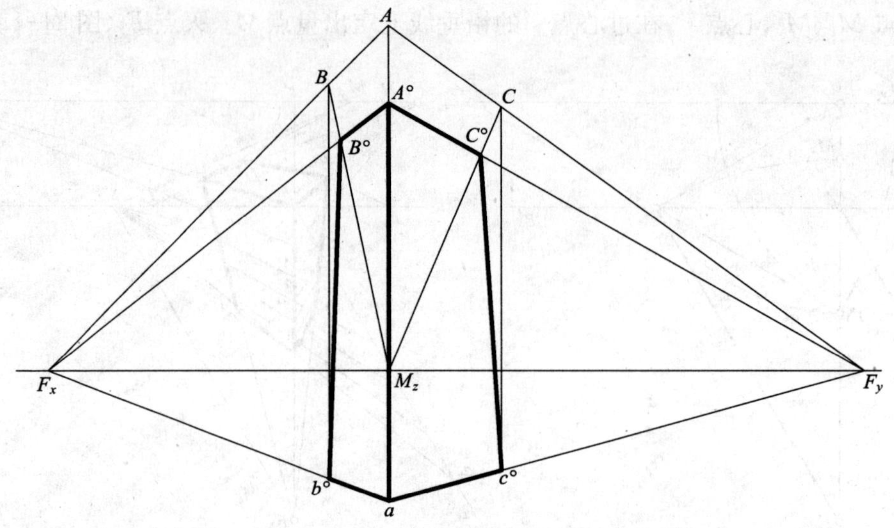

图 21-14　由两点透视缩成三点透视

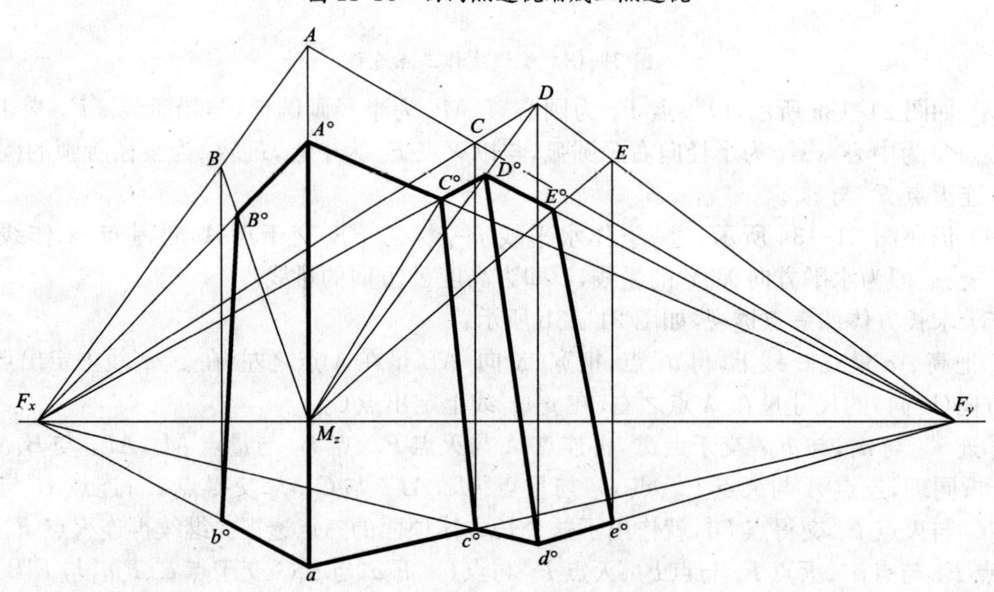

图 21-15　由两点透视缩成三点透视

21.4.3　三点透视中的分割

当三点透视作出以后，可按图 21-16 所示的方法绘出内部分格线。如要将透视高度 $A^\circ a^\circ$ 分成十层，其作法如下：

(1) 过点 b° 作直线 $b^\circ B_1$ 平行于 $A^\circ a^\circ$；连点 a° 与 B°，$a^\circ B^\circ$ 延长线与 $b^\circ B_1$ 交于点 B_1，将 $B_1 b^\circ$ 十等分，得分点 1_1、2_2…9_1，将点 a° 与 9_1，点 a° 与 8_1，点 a° 与 7_1…点 a° 与 1_1 相连，这组线束与 $b^\circ B^\circ$ 交得点 1°、2°、3°…9°。

(2) 过点 A° 作 $A^\circ a_1 /\!/ b^\circ B^\circ$，$A^\circ a_1$ 与 $a^\circ b^\circ$ 两线交于点 a_1，把 $A^\circ a_1$ 十等分，过各分点与点 b° 相连，并延长到与 $A^\circ a^\circ$ 相交，得交点 1°、2°、3°…9°，把 $B^\circ b^\circ$ 与 $A^\circ a^\circ$ 的同名分点相连，即得左侧面上的分层线的透视。

若要把 $A^\circ D^\circ$ 之间五等分，作法也相同：过点 A° 作辅助线 $A^\circ D_1 /\!/ a^\circ d^\circ$，连点 a° 与 D°，延长

$a°D°$与辅助线$A°D_1$交于点D_1，把$A°D_1$五等分，将分点1_1、2_1、3_1、4_1与$a°$相连，线束$a°1_1$、$a°2_1$、$a°3_1$、$a°4_1$与$A°D°$交于$1°$、$2°$、$3°$、$4°$，得各分点的透视。再过点$a°$作辅助线$a°d_1 /\!/ A°D°$，连点$A°$与$d°$，延长$A°d°$与$a°d_1$相交于点d_1，再把$a°d_1$五等分，得分点1_1、2_1、3_1、4_1，将点1_1、2_1、3_1、4_1与$A°$相连，此线束与$a°d°$相交，又得到$a°d°$线上五个等分点的透视。最后，把$A°D°$、$a°d°$的同名分点连接起来，就得到右侧面的竖向分割。

用图21-16所示的方法可简捷地作出高层建筑三点透视中窗顶、窗台的分层线和墙面的分格线。

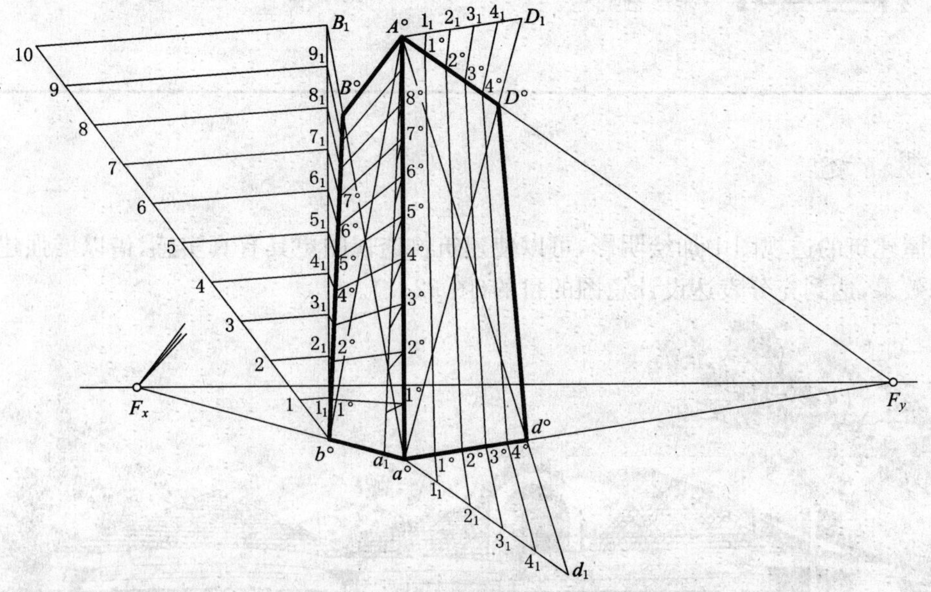

图21-16 三点透视分层线和竖向分割简捷作法

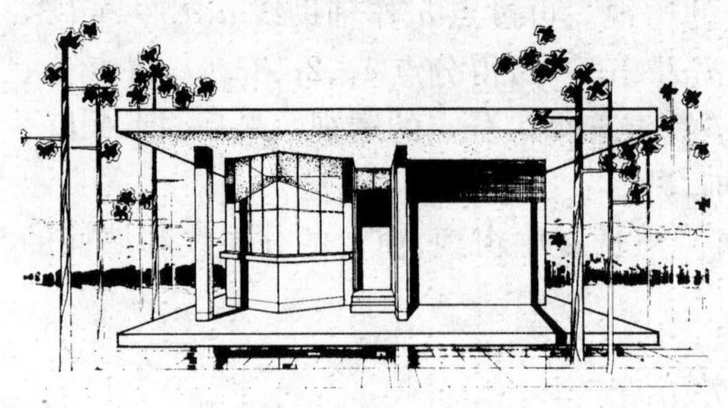

22 建筑透视阴影

22.1 概 述

在房屋建筑的透视图中加绘阴影，可以使建筑物透视图更具有真实感，借以增强建筑透视图的艺术效果，达到充分表达设计意图的目的(图 22-1)。

图 22-1 透视图加绘透视阴影的效果

22.2 透视阴影的光线

透视阴影就是在透视图中加绘阴影，或者说在透视图中作出阴影的透视。

假设阳光为平行光线，那么光线可看作是平行的直线，光线的透视具有平行直线的透视特性。因此，当光线平行于画面时，光线的透视仍互相平行。光线与画面相交时，在透视图中必灭于一点。具体说来，平行光线的透视有三种情况。

22.2.1 光线 L 与画面平行

一组平行光线与画面平行时，其透视仍为平行线，光线的次透视(光线的基面投影的透视) l 与视平线H-H平行，空间光线 L 与次透视 l 的交角反映光线与基面倾角 α 的实形(图 22-2a)。在实际应用中常取 $\alpha=45°$。

透视阴影作法：过空间点的透视 A 作光线 L，过点 A 的次透视 a 作光线次透视 l，两线的

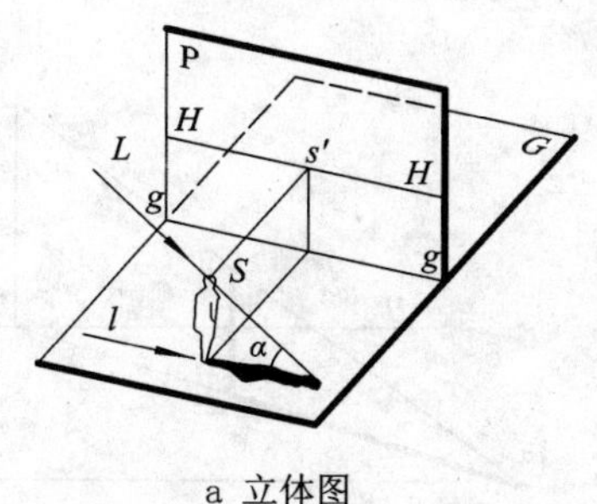

a 立体图

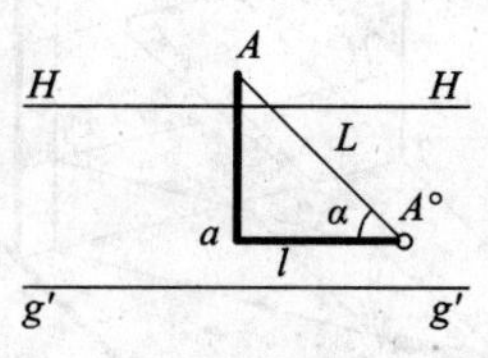

b 求透视阴影的方法

图 22-2 光线 L 平行于画面

交点即为点 A 的透视阴影 A°(图 22-2b)(注:在透视阴影图中,为简便起见,点 A 的透视用"A"而不再用"A°"表示,而点 A 的透视阴影则用"A°"表示)。aA°即为铅垂线的透视阴影,由此可见铅垂线在画面平行光线照射下落在基面上的影子与光线的次透视 l 平行。

22.2.2 光线和画面相交,并照向画面的正面

即光线自观察者的左后上(或右后上)射向画面。这时,平行光线具有灭点 F_l(光线次透视 l 的灭点)、F_L(空间光线 L 的灭点)。灭点 F_L 在视平线 H-H 之下,光线的基面投影 l(水平线)的灭点 F_l 在视平线 H-H 上。F_L 与 F_l 的连线是一条垂直于视平线 H-H 的铅垂线(图 22-3a)。

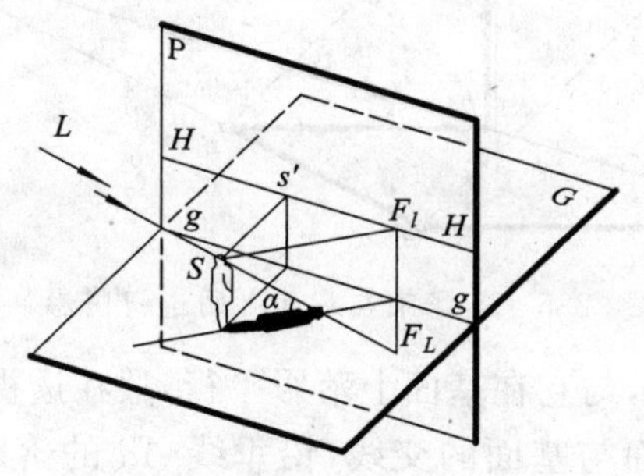

a 立体图,灭点F_L在视平面之下

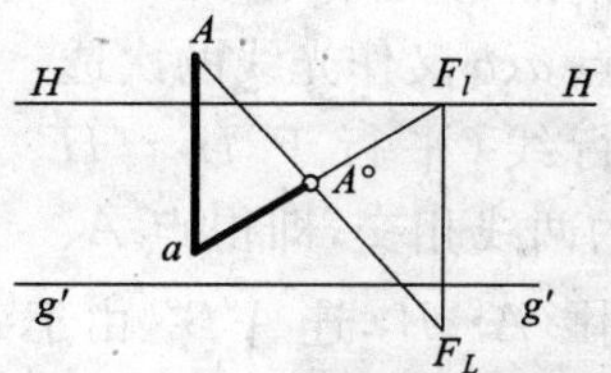

b 透视阴影的作图方法

图 22-3 光线 L 与画面相交,照向画面前面——正光

透视阴影的作法:将点 A 与 F_L 相连,连线 AF_L 即为过 A 点的光线的透视,将点 A 的次透视 a 与 F_l 相连,连线 aF_l 即为过 A 点光线的次透视。AF_L 与 aF_l 的交点,即为点 A 的透视阴影 A°(图 22-3b)。由于过形体上各点的光线在空间互相平行,当它们与画面相交时,都应灭于 F_L,次透视应灭于 F_l,所以各点与 F_L 相连,即得过各点的光线的透视;各点的次透视与 F_l 相连,即为过各点的光线的次透视。铅垂线在基面上的落影必灭于 F_l,aA°即为铅垂线 Aa 在基面上的透视阴影。

22.2.3 光线与画面相交,并射向画面的背面

光线自观察者的前右上(或前左上)方向射来,光线的灭点 F_L 在视平线 H-H 的上方,次透视的灭点 F_l 在视平线 H-H 上,$F_LF_l \perp H$-H 线(图 22-4a)。

透视阴影的作法:连点 A 与空间光线的灭点 F_L、点 a 与光线次透视的灭点 F_l,将 AF_L、aF_l 延长相交,交点即为点 A 的透视阴影 A°(图 22-4b)。aA°即为铅垂线 Aa 在基面上的透视阴影,它必灭于 F_l。

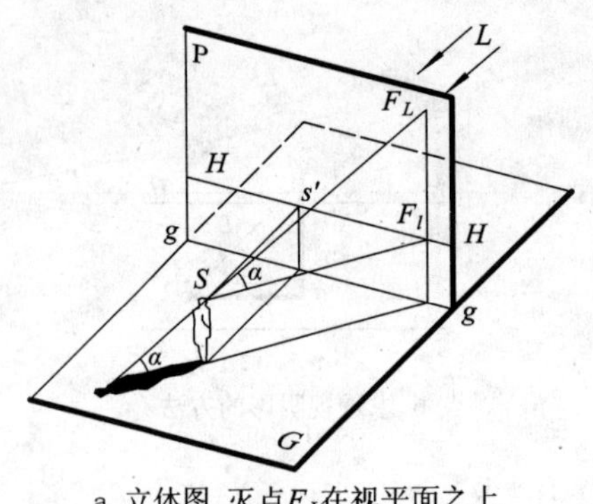

a 立体图，灭点F_L在视平面之上

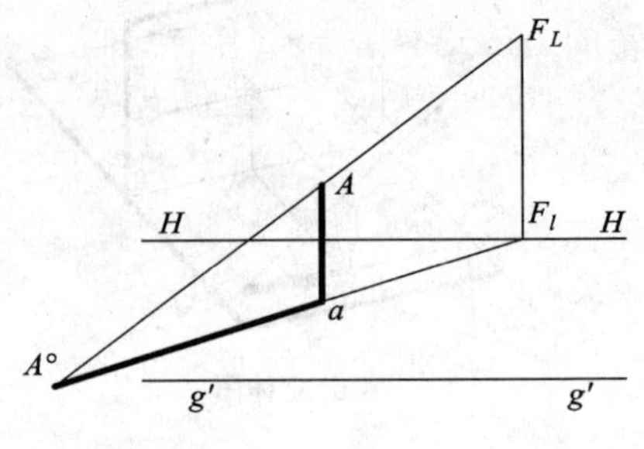

b求透视阴影的作图方法

图 22-4 光线与画面相交，照向画面的背面——逆光

22.3 光线与画面平行时的透视阴影

22.3.1 基本作法

直线在承影面上的落影，可看作是过直线的光平面与承影面的交线。在建筑形体中，水平面、铅垂面作为承影面是较为普遍的。图 22-5 表示了足球架在地面上落影的作法：过点 A、B 作光线 L 的平行线，过点 a、b 又作光线的次透视 l 的平行线（平行于 $H-H$ 线），对应的两线相交，即得点 A、B 的透视阴影 A°、B°，连 $A^{\circ}B^{\circ}$，由于 AB 为水平线，与它在基面上落影平行，故在透视图中，AB 与 $A^{\circ}B^{\circ}$ 均灭于灭点 F。$A^{\circ}B^{\circ}$就是过 AB 的光平面与基面的交线，铅垂线 Aa 的落影是过 Aa 光平面（铅垂面）与基面的交线 $A^{\circ}a$，$A^{\circ}a$ 与光线次透视平行，**过 AB 线的灭点 F 作光线 L 的平行线，即为过水平线 AB 的光平面的灭线。**

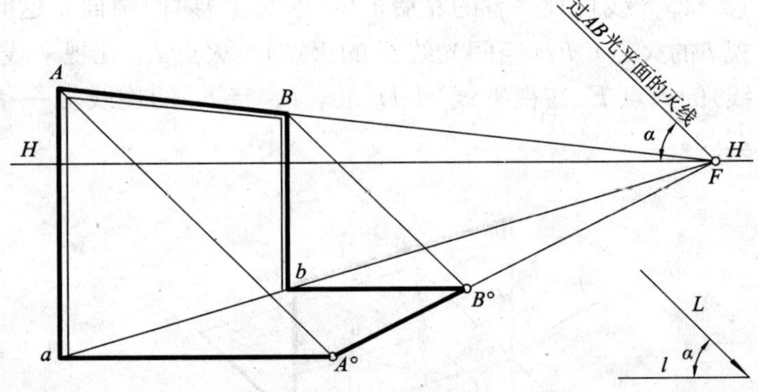

图 22-5 足球架在基面上的透视阴影

图 22-6 所示为立方体的透视阴影作法，光线从左上方射下来时，图示位置立方体的阴线是 $aABCc$。作图时只要求 A、B、C 三点的透视阴影，即可求得立方体的透视阴影。必须注意，水平线 AB 在基面上的落影 $A^{\circ}B^{\circ}$灭于灭点 F_y，水平线 BC 的落影 $B^{\circ}C^{\circ}$则灭于灭点 F_x，Cc、Aa 的落影 $C^{\circ}c$、$A^{\circ}a$ 平行于 H-H 线（平行于 l）。作法：①过点 A 作光线 L 的平行线，过点 a 又作光线的次透视 l 的平行线，两线相交得交点 A°，即得点 A 的透视阴影 A°；②连点 A°与灭点 F_y，$A^{\circ}F_y$ 与过 B 点的光线 L 交于 B°，连线 $A^{\circ}B^{\circ}$灭于灭点 F_y；③连灭点 F_x 与点 B°，F_xB°与过 C 点的光线 L 相交得点 C°，连点 C°与 c（$C^{\circ}c/\!/l$），取可见一段，即完成了立方体在基面上的落影。

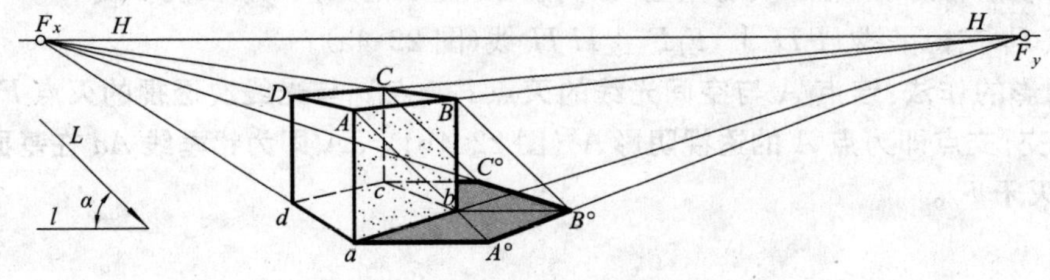

图 22-6 立方体的透视阴影

图 22-7 所示说明了铅垂线 Aa 在铅垂墙面上的透视阴影的作法：即过 Aa 作光平面 R，R 面与墙面 Q 的交线 $A^{\circ}C^{\circ}$ 即为 Aa 落在 Q 面上的影子。具体作法：过点 a 作光线次透视即作水平线，此水平线与 Q 面和基面的交线（基线）g-g 相交于点 C°，过点 C° 作铅垂线，与过点 A 的光线 L 相交于点 A°，$A^{\circ}C^{\circ}$ 即为所求。aC 一段落影于基面，即为 aC°。如无 Q 面挡住，点 A 的影子落于基面，所以 (A°) 为虚影，A° 为真影。

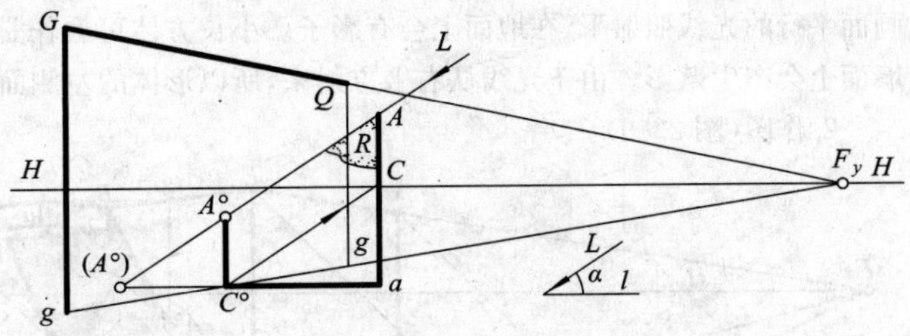

图 22-7　铅垂线在铅垂面上落影的作法

图 22-8 所示为铅垂线在倾斜面上落影的作法：①过 Aa 作光平面 R（铅垂面），即过点 A 作 L 的平行线，过点 a 作 l 的平行线；②求 R 面与斜面 $BEDF$ 的交线，即过点 a 作 l 的平行线，此平行线与 FD 交于点 C°，与 BF 的基面投影交于点Ⅰ，过点Ⅰ作铅垂线，与 BF 交于点Ⅱ。C°Ⅱ即为 R 面与斜面 $BEDF$ 的交线；③求交线 C°Ⅱ与过点 A 的光线的交点 A°；④连点 A° 与点 C° 即得 Aa 在斜面上的落影 $A^{\circ}C^{\circ}$，过点 C° 作 L 的平行线，与 Aa 交于点 C，即用反射光线求得了点 C° 的空间点 C 的位置。由此可知：铅垂线 Aa 上的 AC 一段的影子落于斜面上，即 $A^{\circ}C^{\circ}$，Ca 一段的影子落在基面上，即 $C^{\circ}a$。

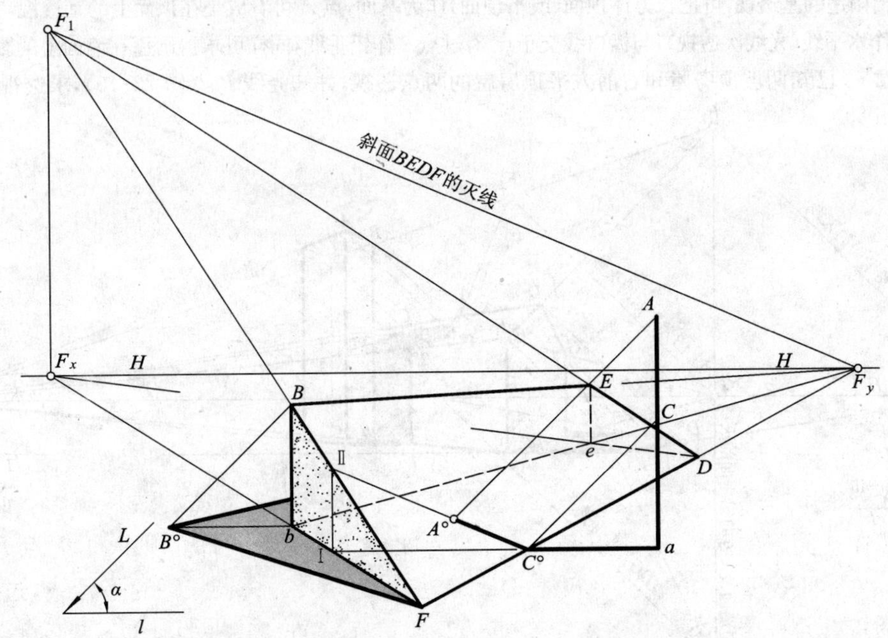

图 22-8　铅垂线 Aa 在斜面 $BFDE$ 上的落影

由于过铅垂线的光平面 R 与画面平行，根据两平行平面（光平面和画面）与同一平面（倾斜面 $BEDF$）相交，它们的交线必互相平行，所以铅垂线落于斜面 $BEDF$ 的影子 $A^{\circ}C^{\circ}$ 与承影面（斜面 $BEDF$）的灭线 F_1F_y 相互平行，即 $A^{\circ}C^{\circ} /\!/ F_1F_y$。

22.3.2　实例

[例 22-1]　已知建筑形体的透视和光线 L、l 的透视，求透视阴影。

[解]　1. 分析：如图 22-9 所示，此形体由大小两个长方体组成。大的长方体可看作是房屋轮廓，它在与

画面平行的光线照射下，在地面上会有影子。小长方体可看作是墙面上的雨篷(或阳台、窗台、出檐等)，它在墙面上会产生落影。由于光线从右上方射来，所以形体的左侧面为阴面。

2. 作图(图 22-9)：

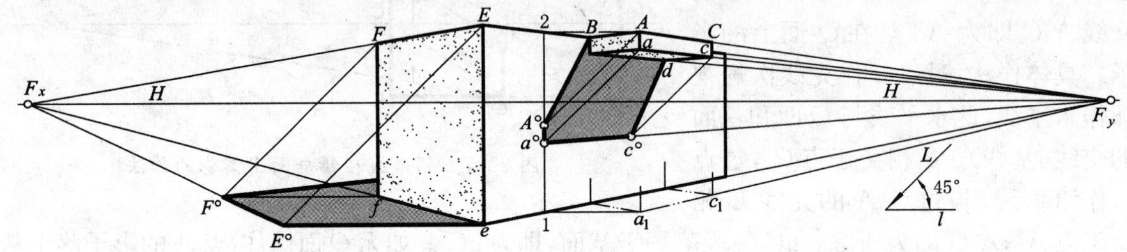

图 22-9　平行于画面光线照射下建筑形体的透视阴影

(1) 用图 22-6 所示的方法求出大长方体在基面上的影子。

(2) 求小长方体在大长方体前侧面上的落影：小长方体的阴线是 $dcaAB$，现只要求 c、a、A 三点在墙面落影即可。①先求点 A 的影子：过 Aa 作光平面，即过点 A、a 作 L(含 l)的平行线(即光线)；②求光平面与墙面的交线，为此，过 A 点的基透视 a_1 作光线次透视 $/\!/ l$ 与墙脚线交于点 1，过点 1 引铅垂线 12，即得过 Aa 光平面与墙面的交线，此 12 线与过 A、a 两点的光线分别相交得交点 $A°$、$a°$，$A°a°$ 即为 Aa 在墙面的落影；③连点 $a°$ 与灭点 F_y，过点 c 作光线 L 的平行线，与 $a°F_y$ 相交得点 $c°$；④因点 B、d 在墙面上，其在墙面上的落影即为自身，故连 $BA°$、$dc°$ 即可，至此 $BA°a°c°d$ 即为雨篷在墙面上的落影。

如未求出雨篷的基透视，可把长方体顶面(或平顶面)作为基面，点 A 可看成是在顶面上的基透视，又是空间点，故可过点 A 作水平线(光线次透视)，与檐口线交于点 2，过点 2 作铅垂线，同样可求得雨篷在墙面上的影子。

[例 22-2]　已知两坡顶房屋和右前方平顶房屋的两点透视，并知光线 L、l(图 22-10)，求透视阴影。

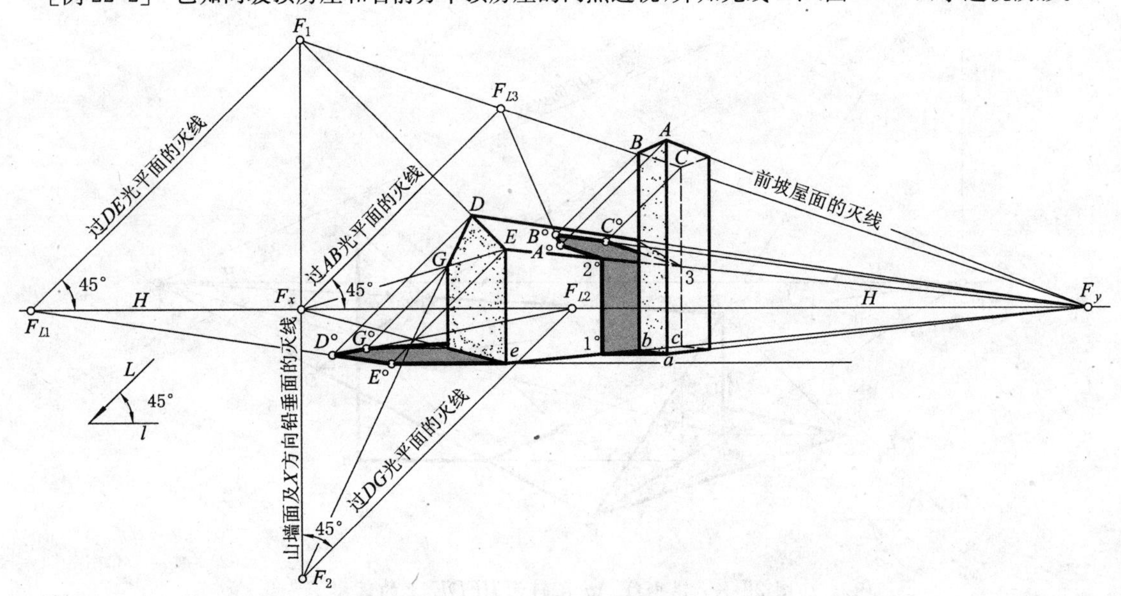

图 22-10　在平行于画面的光线照射下，两坡顶及平顶房屋的透视阴影

[解]　1. 分析：如图 22-10 所示，由于光线从右上方射来，故左山墙面和平顶房屋的左侧面为阴面。阴影由两部分组成，其一是两形体在地面上的落影，其二是右前方的平顶房屋在左后方两坡顶房屋的墙面和屋面上的落影。

2. 作图(图 22-10)：

(1) 按图 22-6 所示的方法求出两坡顶房屋的屋面斜线 DE、DG 及后屋檐在地面的落影。现假设光线与地面的倾角为 45°，故过 DE 的光平面的灭线(过屋面斜线 DE 的灭点 F_1 所作的 45°线)与视平线 H-H 交于

F_{L1}。承影面(地面)的灭线是视平线,由于**直线的影子的灭点是过该直线的光平面的灭线和承影面灭线的交点**,故 DE 在地面的影子 $D^{\circ}E^{\circ}$ 应灭于 F_{L1}。同理 $D^{\circ}G^{\circ}$ 应灭于 F_{L2}。

(2) 求平顶房屋的落影:①铅垂线 Aa 在地面落影 $a1^{\circ}$ 应为水平线($/\!/l$),在墙面上落影 $1^{\circ}2^{\circ}$ 为铅垂线,在屋面的落影 $2^{\circ}A^{\circ}$ 应平行于屋面的灭线 F_1F_y。即过点 a 作水平线与 ec 交于点 1°,过点 1° 作铅垂线与 $E3$ 交于点 2°,过点 2° 作 $2^{\circ}A^{\circ}/\!/F_1F_y$,与过点 A 的光线相交于点 A°。于是求得了铅垂线 Aa 的各段落影。②AB 的灭点是 F_x,过 AB 的光平面灭线是过灭点 F_x 作 45°线,此线与前坡屋面灭线交于 F_{L3},F_{L3} 是直线 AB 在前坡屋面上的落影的灭点(F_{L3} 又是过 AB 光平面的灭线与承影面即坡屋面灭线的交点),所以,连灭点 F_{L3} 与点 A°,$F_{L3}A^{\circ}$ 与过点 B 的光线相交,交点 B° 即为点 B 在屋面上的落影。③连点 B° 与灭点 F_y,$B^{\circ}F_y$ 与过点 C 的光线交于点 C°,$B^{\circ}C^{\circ}$ 即为 BC 在屋面上的落影。④过点 C° 作直线平行于 F_1F_y,此线应交于 3 点,全图至此作完。

[例 22-3] 已知台阶的两点透视和光线 L、l,求透视阴影。

[解] 1. 分析:如图 22-11 所示,光线从左上方射来,台阶的踏面、踢面均为阳面,左右牵边的左侧、前面、斜面、顶面为阳面。右侧面是阴面。右牵边的阴线是 $aABC$,左牵边的阴线是 $dDEF$,这些阴线在空间对应地平行($Dd/\!/Aa$, $DE/\!/AB$, $EF/\!/BC$),在透视图中应符合平行线落于平行的承影面上的影子应互相平行的透视特性。即分别灭于同一点。

2. 作图(图 22-11):

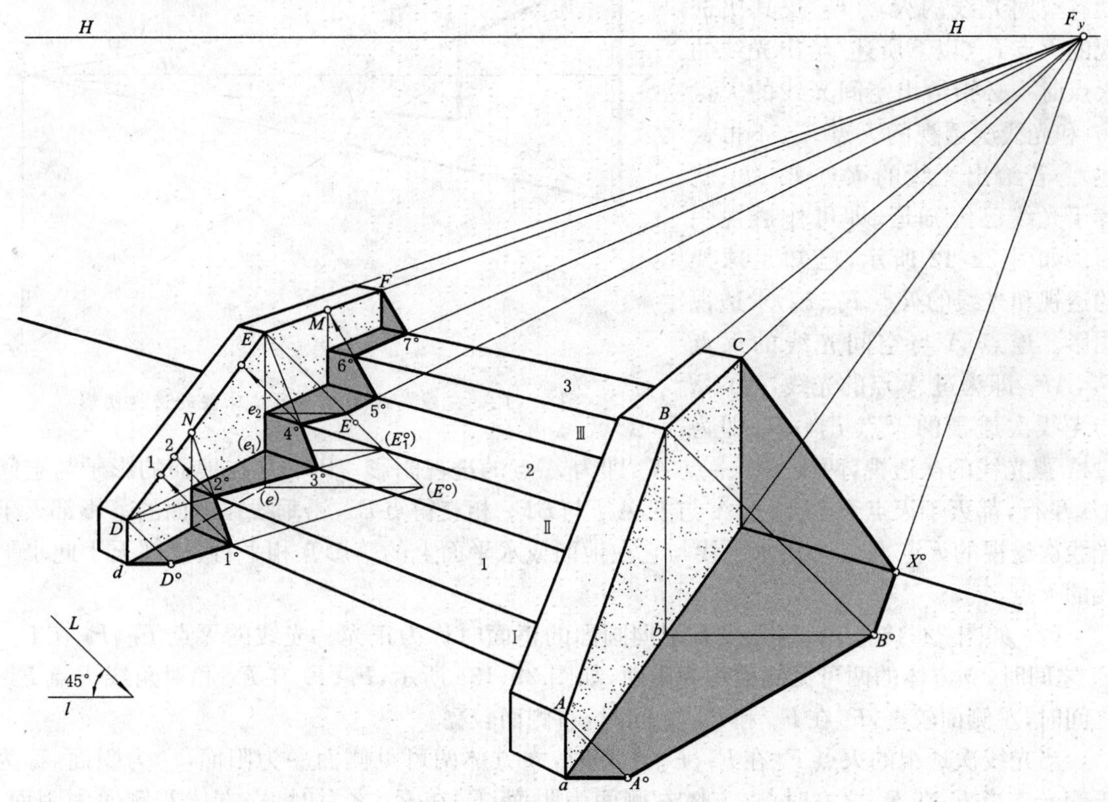

图 22-11 在平行于画面的光线照射下,台阶的透视阴影

(1) 求右牵边阴线的落影:过 A 点作光线,与过 a 点所作的水平线($/\!/l$)相交得点 A°,过点 B 作光线,与过点 b 所作的水平线($/\!/l$)相交得点 B°,连点 B° 与灭点 F_y,$B^{\circ}F_y$ 与墙脚线交于点 X°,连点 C 与点 X°,CX° 即为 BC 在墙面上的落影,地面上的落影则为 $aA^{\circ}B^{\circ}X^{\circ}$。

(2) 求左牵边阴线在地面、踢面、踏面、墙面的落影:①先求出 D 点在地面的落影 D°,再利用 E 点在地面的次透视(e),过点(e)作水平线($/\!/l$)与过点 E 作的光线相交得到 E 点在地面的虚影(E°),连点 D° 与点(E°),$D^{\circ}(E^{\circ})$ 与 $A^{\circ}B^{\circ}$ 在空间互相平行,透视图中则灭于视平线上某一点。取真影一段 $D^{\circ}1^{\circ}$,即为 DE 线上的 $D1$ 一段在地面的落影。②把踢面Ⅰ扩大，与阴线 DE 交于点 N，N 点在扩大的踢面Ⅰ上的落影即为自身，故连点 1°与点 N，1°N 与踢面Ⅰ和踏面 1 的交线相交于点 2°，1°2°即为阴线 DE 上的 12 一段在踢面Ⅰ上的落影。③同理求得 E 点在踏面 1 上的虚影（E°_{1}），连 2°（E°_{1}）取踏面 1 的真影即 2°3°或扩大踏面 1 与阴线 DE 交于 D，这时 D 点在扩大踏面 1 上的影子即为自身，故连 D2°并延长，在踏面 1 上得真影 2°3°。④再把踢面Ⅱ扩大，即把踢面Ⅱ的左侧铅垂线往上延长恰好与点 E 重合。连 E3°取踢面Ⅱ上 3°4°一段。⑤求出 E 点在踏面 2 上的真影。即过点 E 在踏面 2 上的次透视点 e_2，作水平线（$/\!/l$）与过点 E 的光线交于点 E°，连 4°E°。⑥连点 E°与灭点 F_y 得水平线 EF 在踏面 2 上的落影 E°5°。⑦再把踢面Ⅲ扩大与 EF 交于点 M，连点 5°与 M，取踢面Ⅲ上一段即 5°6°。⑧连点 6°与灭点 F_y 得 6°7°，6°7°是 EF 上的 67 一段（图上未注）在踏面 3 上的落影，连点 F 与 7°即为 EF 上的 $F7$ 一段在墙面上的落影。

22.4 光线与画面相交时的透视阴影

22.4.1 基本作法

(1) 当光线与画面相交时，光线就有空间光线的灭点 F_L 及其次透视的灭点 F_l（以下所述“给出光线的灭点时”，必指给出空间光线的灭点 F_L 和光线次透视的灭点 F_l，不再赘述）。若给出光线的灭点 F_L、F_l 就等于光线已经知道，即可作透视阴影。如图 22-12 所示，已知足球架的透视和光线的灭点 F_L、F_l，求透视阴影。连点 A 与空间光线的灭点 F_L，AF_L 即为过 A 点的光线，连点 a 与光线次透视的灭点 F_l，aF_l 即为过 A 点光线的次透视，两线交于一点 A°，即为 A 点的透视阴影。因 AB 在地面的影子与空间 AB 平行，都灭于灭点 F，所以连 A°与 F，$A^{\circ}F$与 BF_L 相交得点 B°，铅垂线在地面的落影都灭于光线次透视的灭点 F_l。一条水平线与它在地面或水平面上的落影互相平行，故都灭于此水平线的灭点。

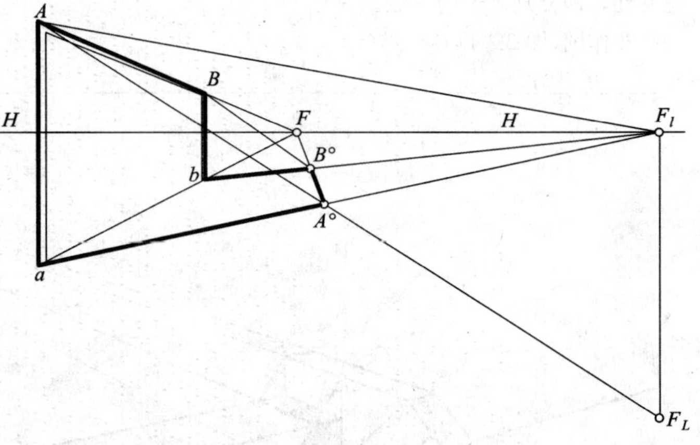

图 22-12　光线与画面相交时足球架的透视阴影

(2) 如图 22-13 所示，当光线 L 射向画面的正面时称为正光。光线的灭点 F_L、F_l 在 F_x、F_y 之间时，立方体的两可见侧面均为阳面，如图 22-13a 所示，F_L、F_l 在 F_y 和对角线灭点 $F_{45^{\circ}}$ 之间时，左侧面较亮，F_l 在 F_x 和 $F_{45^{\circ}}$之间时，右侧面较亮。

当光线次透视的灭点 F_l 在 F_x、F_y 之外时，立方体两可见侧面一为阳面，一为阴面，称为正侧光。当 F_l 在 F_y 之右时，立方体右侧面为阴面，F_l 在 F_x 之左时，立方体左侧面为阴面。如图 22-13b 所示为 F_l 在 F_x 之左。

透视阴影的作法：以图 22-13b 为例，给出光线的灭点 F_L、F_l，分析阴线 $aADCc$，过阴线端点 A 作光线，就是分别连点 A 与空间光线的灭点 F_L、点 a 与光线次透视的灭点 F_l，AF_L 和 aF_l 两线交点即为点 A 的落影 A°，点 a 的落影是自身，故铅垂线 Aa 在基面的落影即为 aA°，它灭于 F_l。连点 A°与灭点 F_x、点 D 与 F_L，$A^{\circ}F_x$、DF_L 两线交于点 D°。再连点 D°与灭点 F_y，$D^{\circ}F_y$ 与 CF_L 相交于点 C°，再连点 C°与 c，$C^{\circ}c$ 必灭于 F_l，取可见一段，即完成立方体在基面上的落影。

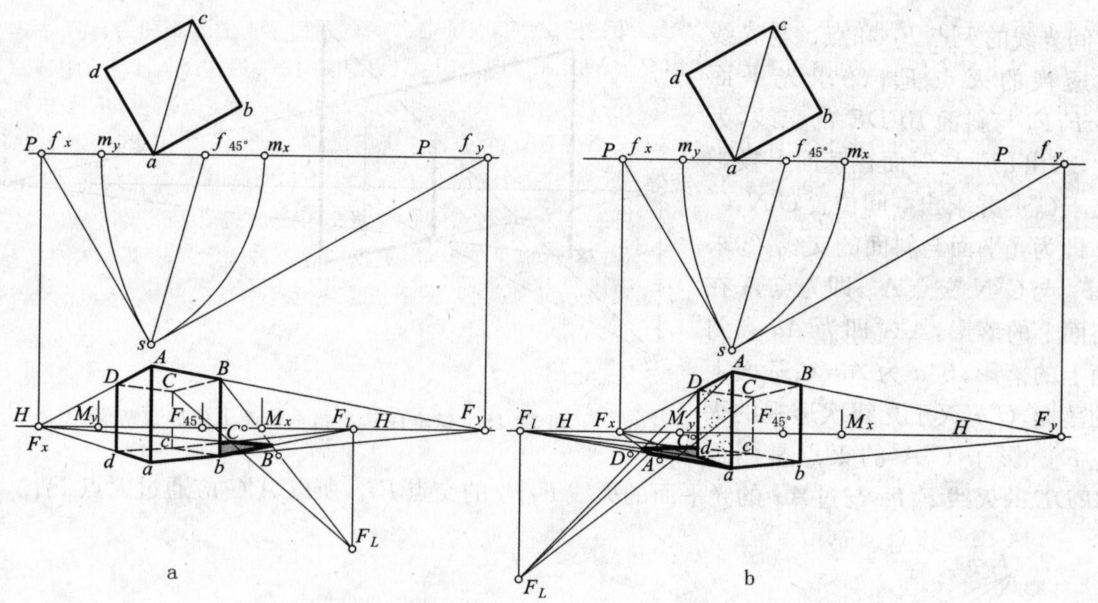

图 22-13　光线与画面相交时——正光立方体的透视阴影

(3) 光线射向画面的背面，如图 22-14 所示，光线次透视的灭点 F_l 在灭点 F_x 和灭点 F_y 之间，立方体两可见面均为阴面，称为逆光(图 22-14a)。

当光线次透视的灭点 F_l 在 F_x 和 F_y 之外时，称为逆侧光，立方体两可见面，一为阳面，一为阴面。如图 22-14b 所示，光线从观察者的左上前方射来，光线的灭点在 F_x 之左，左侧面为阳面。

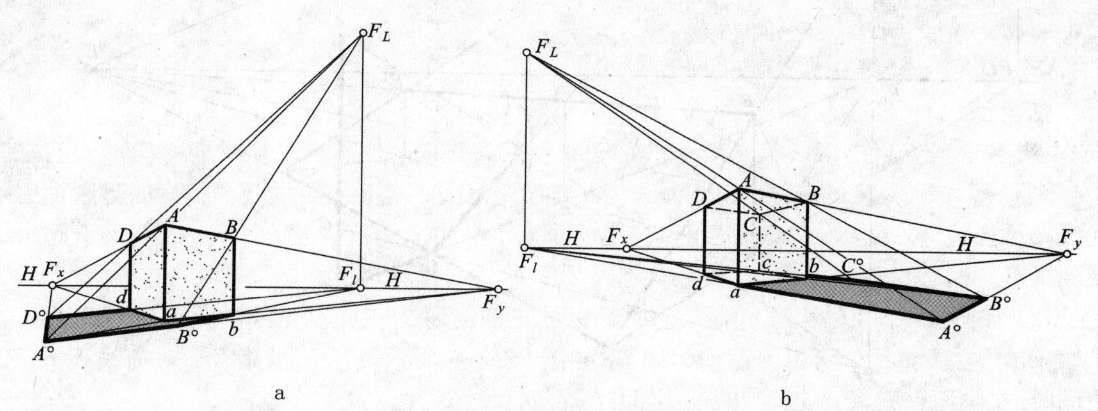

图 22-14　光线射向画面的背面时——逆光立方体的透视阴影

逆光时的透视阴影特性与立方体透视阴影的作法，与图 22-13 同，不赘述。

(4) 如图 22-15 所示，铅垂线 Aa 落在铅垂墙面上的影子，是过 Aa 的光平面与墙面的交线，连接点 A 与空间光线的灭点 F_L 和点 a 与光线次透视的灭点 F_l，即得光平面 AaF_LF_l。光线基透视 aF_l 与墙面的基线 g-g 交于点 $C°$，过点 $C°$ 作铅垂线，此铅垂线即为光平面与墙面的交线。交线与 AF_L 的交点，即为点 A 的落影 $A°$。$A°C°$ 为 Aa 在墙面的影子，$C°a$ 为 Aa 落在地面的影子。

(5) 铅垂线 Aa 在倾斜面上的落影作法，如图 22-16 所示：①过 Aa 作光平面，即连点 A 与

空间光线的灭点 F_L 和点 a 与光线次透视的灭点 F_l；②求光平面 AaF_LF_l 与斜面 $BFDE$ 的交线，为此，求出 aF_l 与斜面在基面上投影交于$C^\circ n$，并求出空间位置 $C^\circ N$，$C^\circ N$ 即为光平面与斜面的交线；③求 AF_L 与 $C^\circ N$ 交点 A°，即为点 A 在斜面上的落影，$A^\circ C^\circ$ 即为 Aa 在斜面上的落影，$C^\circ a$ 为 Aa 在基面上的落影，$C^\circ a$ 灭于光线次透视的灭点 F_l。影子 $C^\circ A^\circ$ 的灭点是斜面 $BFDE$ 的灭线 F_1F_y 与过 Aa 的光平面的灭线 F_LF_l 的交点 F_{L1}，所以 $A^\circ C^\circ$ 应通过灭点 F_{L1}。

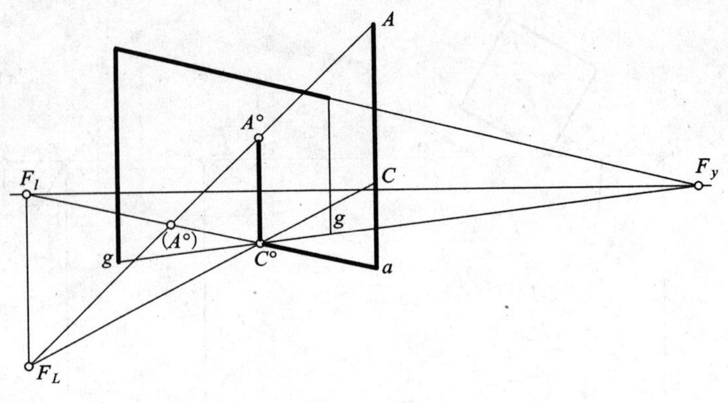

图 22-15 铅垂线落在铅垂墙面上的透视阴影

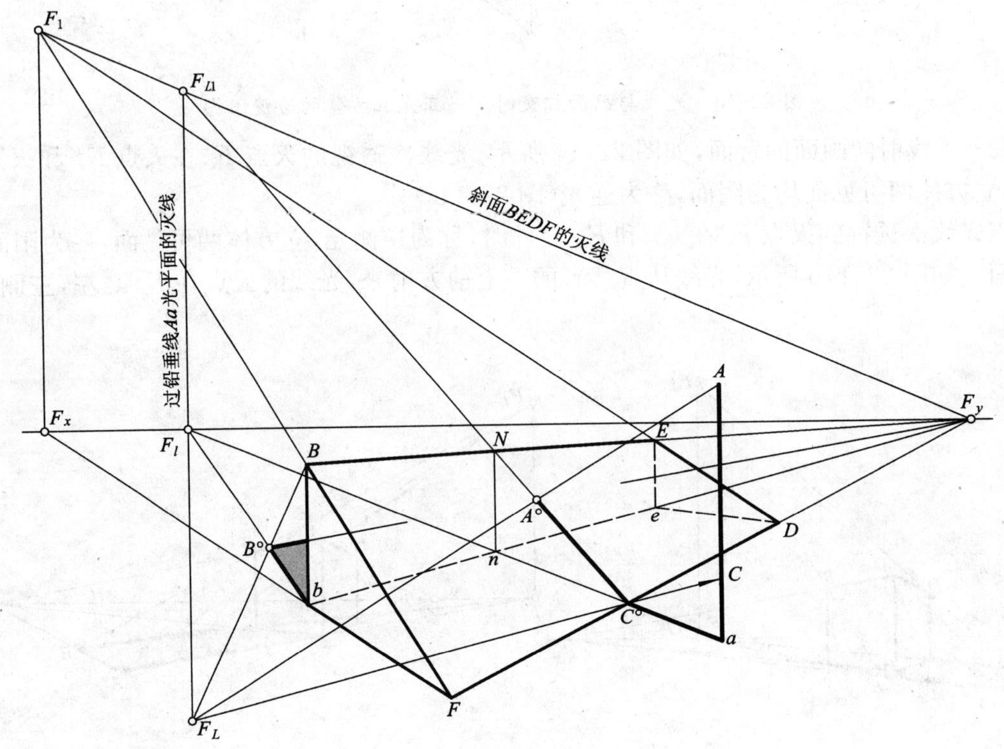

图 22-16 铅垂线在斜面上的透视阴影

22.4.2 实例

［例 22-4］ 已知建筑形体的透视(图 22-17)，求透视阴影。

［解］ 1.分析：如图 22-17 所示，设光线从观察者的左后上射来，选用正左侧光，这时阴线 BAa 在地面上会有影子，阴线 EDd 则在地面和墙面 $AaeE$ 上会产生落影，给光线时可以给出光线的灭点 F_L、F_l。但为使透视阴影效果较好，也可先定出控制点 D 在墙面上的落影 D°，过 D°作铅垂线与墙脚线 ae 交于点 1°，$1^\circ D^\circ$即为 Dd 光平面与墙面的交线，这样连点 d 与点 1°，$d1^\circ$与视平线交于 F_l。连点 D 与点 D°，并延长 DD°与过 F_l 的铅垂线相交，得交点 F_L，即先定点 D 在右后墙面上的落影 D°，反求光线的灭点 F_L、F_l，D°则根据最适宜位置选定。

2.作图(图 22-17)：

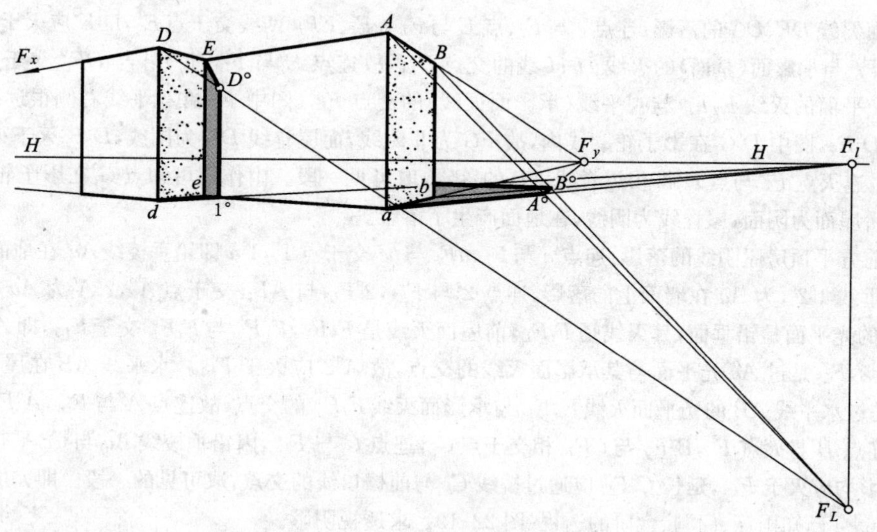

图 22-17　光线与画面相交时建筑形体的透视阴影

(1) 求光线的灭点 F_L 和 F_l：先定出点 D°，过点 D° 作铅垂线，与 ea 交于点 1°，连点 d 与点 1°，$d1^{\circ}$ 与视平线交于 F_l，即为光线次透视的灭点 F_l，连点 D 与点 D°，延长 DD° 与过 F_l 的铅垂线交于 F_L，F_L 即为所求空间光线的灭点。

(2) 连点 E 与点 D°，得 ED 在墙面上落影。

(3) 求得 F_L、F_l 后，连点 A 与 F_L、点 a 与 F_l，AF_L、aF_l 两线相交得点 A°，连 $A^{\circ}F_y$ 与过点 B 的光线即 BF_L 相交得点 B°，连 $B^{\circ}F_x$（取可见的一段），于是完成了建筑形体的透视阴影。

[例 22-5]　已知建筑形体的透视（图 22-18），求透视阴影。

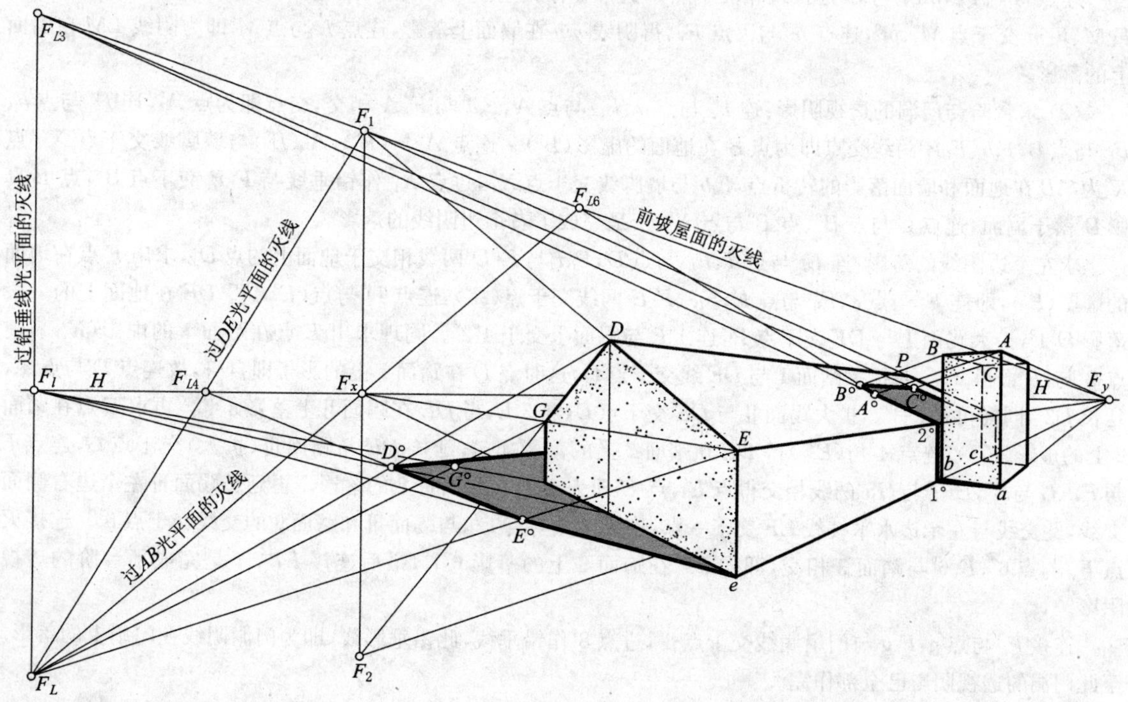

图 22-18　光线与画面相交时建筑形体的透视阴影

[解]　1. 采用正侧光，先在 F_x 之左给出光线的灭点 F_l、F_L（图 22-18）。

2. 求屋面斜线 DE、DG 的落影：连点 e 与 F_l、点 E 与 F_L，eF_l、EF_L 两线交于点 E°，$D^\circ E^\circ$应灭于过 DE 光平面的灭线 F_1F_L 与承影面(基面)的灭线 H-H 线的交点 F_{L4}，故连点 E°与 F_{L4}，$E^\circ F_{L4}$与 DF_L 交于点 D°，$D^\circ G^\circ$灭于过 DG 光平面的灭线 F_2F_L 与视平线(承影面灭线)的交点 F_{L5}(图中 F_{L5}在视平线右侧很远处，故 F_LF_2 未连线)，连 $D^\circ F_y$，图中 $D^\circ G^\circ$在影子轮廓线内，故 FG 为非阴线，而屋脊线 DP 为阴线，$D^\circ P^\circ$灭于灭点 F_y。故求出点 D°后，连灭点 F_y 与点 D°即得屋脊线 DP 的落影，取可见一段。由作图可知点 G°在影子轮廓线之内，故坡屋面的后屋面为阴面，屋脊线为阴线，在地面产生了落影。

3. 求右前方平顶房屋阴线的落影：连点 a 与 F_l，aF_l 与 be 交于点 1°，$1^\circ a$ 即铅垂棱线 Aa 在地面上的落影，过点 1°作铅垂线 $1^\circ 2^\circ$，为 Aa 在墙面上的落影，连点 2°与 F_{L3}，$2^\circ F_{L3}$与 AF_L 交于点 A°，$2^\circ A^\circ$为 Aa 在屋面上的落影，过 Aa 的光平面是铅垂面，其灭线是 F_lF_L，前屋面灭线是 F_1F_y，F_1F_y 与 F_lF_L 交于 F_{L3}，即 Aa 落在屋面上影子的灭点，F_{L3}是过 Aa 光平面与其承影面灭线的交点，故 $A^\circ 2^\circ$应灭于 F_{L3}。水平线 AB 在屋面上落影灭于 F_{L6}，F_{L6}是过水平线 AB 的光平面灭线 F_xF_L 与承影面灭线 F_lF_y 的交点，故连点 A°与 F_{L6}，$A^\circ F_{L6}$与 BF_L 相交得点 B°，连点 B°与灭点 F_y，$B^\circ F_y$ 与 CF_L 相交于点 C°，连点 C°与 F_{L3}，因铅垂棱线 Aa 与 Cc 平行，故它们在屋面上的落影均应灭于 F_{L3}，延长 $C^\circ F_{L3}$应通过棱线 Cc 与前檐口线的交点，取可见的一段。即完成全图。

[例 22-6]　已知雨篷、门洞、台阶的透视(图 22-19)，求透视阴影。

[解]　1. 分析：给出光线灭点 F_L、F_l，如图 22-19 所示，雨篷的阴线是 $LMmnk$，台阶的踏面、踢面均为阳面，左、右牵边的阴线为 $dDEF$ 和 $aABC$，应求阴线的落影。

2. 作图(图 22-19)：

(1) 求雨篷在墙面和门扇上的落影：以雨篷底面为基面，先求阴点 n 的落影，连点 n 与 F_l，nF_l 与 kl 线交于点 1，与门扇顶线交于点 2，过点 1、2 作铅垂线，与 nF_L 相交于点(n°)和点 n°。点(n°)是点 n 在墙面上的虚影，连点(n°)与点 k 即得阴线 nk 在墙面上落影 $k3^\circ$。连灭点 F_y 与点 3°，F_y3°与门洞左侧面交于 $3^\circ 4^\circ$，连点 4°与点 n°得 nk 在门扇上落影 $3^\circ n^\circ$，连灭点 F_x 与点 n°，F_xn°画到与门洞右侧棱线相交止，得阴线 mn 在门扇上的落影(注意：F_x 在图幅外)。

连点 m 与 F_l，mF_l 与 kl 延长线相交于点 3，过点 3 作铅垂线(此铅垂线是过 Mm 光平面与墙面的交线)与 F_LM、F_Lm 交于点 M°、m°，连点 m°与灭点 F_x，得阴线 mn 在墙面上落影，连点 L 与点 M°即为阴线 LM 在墙面上的落影。

(2) 求台阶与门洞的透视阴影：连 F_l 与点 a、F_L 与点 A，F_la 与 F_LA 相交，交点即为点 A°，连 F_l 与点 b、F_L 与点 B，F_lb、F_LB 两线交点即为点 B 在地面的虚影(B°)。连点 A°与(B°)，$A^\circ(B^\circ)$与墙脚线交于点 X°，点 X°为 AB 在地面和墙面落影的转折点，F_lb 与墙脚线交于点 X_1，过点 X_1 作铅垂线与 F_LB 交于点 B°，点 B 真影 B°落于墙面，连点 C 与点 B°、点 B°与点 X°，于是完成了右牵边阴线的落影。

求左牵边阴线的落影：连 F_l 与点 d、F_L 与点 D，F_ld 与 F_LD 两线相交于地面上的点 D°，求出 E 点在地面的虚影(E°)，即连 F_l 与点 e、F_L 与点 E，F_le、F_LE 两线交于点(E°)，连点 D°与点(E°)，得 DE 在地面上的一段落影 $D^\circ 1^\circ$，扩大踢面Ⅰ与 DE 交于点 P，连 $1^\circ P$ 与踢面Ⅰ交于 $1^\circ 2^\circ$。同理求出 E 点在踏面 1 的虚影(E°_1)，连点 2°与(E°_1)得 $2^\circ 3^\circ$，或扩大踏面 1 与 DE 线交于点 D，这时点 D 在踏面 1 上的影子即自身，故连点 D 与点 2°，延长 $D2^\circ$，同样可得 $2^\circ 3^\circ$。扩大踢面Ⅱ与 DE 交于点 E，连 $3^\circ E$，得 DE 在踢面Ⅱ上落影 $3^\circ 4^\circ$。再求 E 点在踏面 2 上的虚影(E°_2)，连点 4°与(E°_2)得 DE 在踏面 2 上的落影 $4^\circ 5^\circ$，延长 DE 与踢面Ⅲ(扩大)交于点 G，连点 E 与 F_L、G 与 5°，EF_L 与 $G5^\circ$两线相交得点 E°，点 E°即为点 E 在踢面Ⅲ上的落影。再延长踢面Ⅲ左牵边右侧面交线，此交线与左牵边水平棱线 EF 交于一点，连接该点与点 E°，与踢面Ⅲ和踏面 3 的交线交于点 6°。连接灭点 F_y 与点 6°，F_y6°与踏面 3 相交，即得 EF 在踏面 3 上的落影 $6^\circ 7^\circ$，最后连接 $F7^\circ$，于是完成了台阶的透视阴影。

连接 F_l 与点 g，F_lg 与门扇底线交于点 8°，过点 8°作铅垂线，此铅垂影线，即为门洞阴线在门扇上的落影。至此门洞的透视阴影已全部作完。

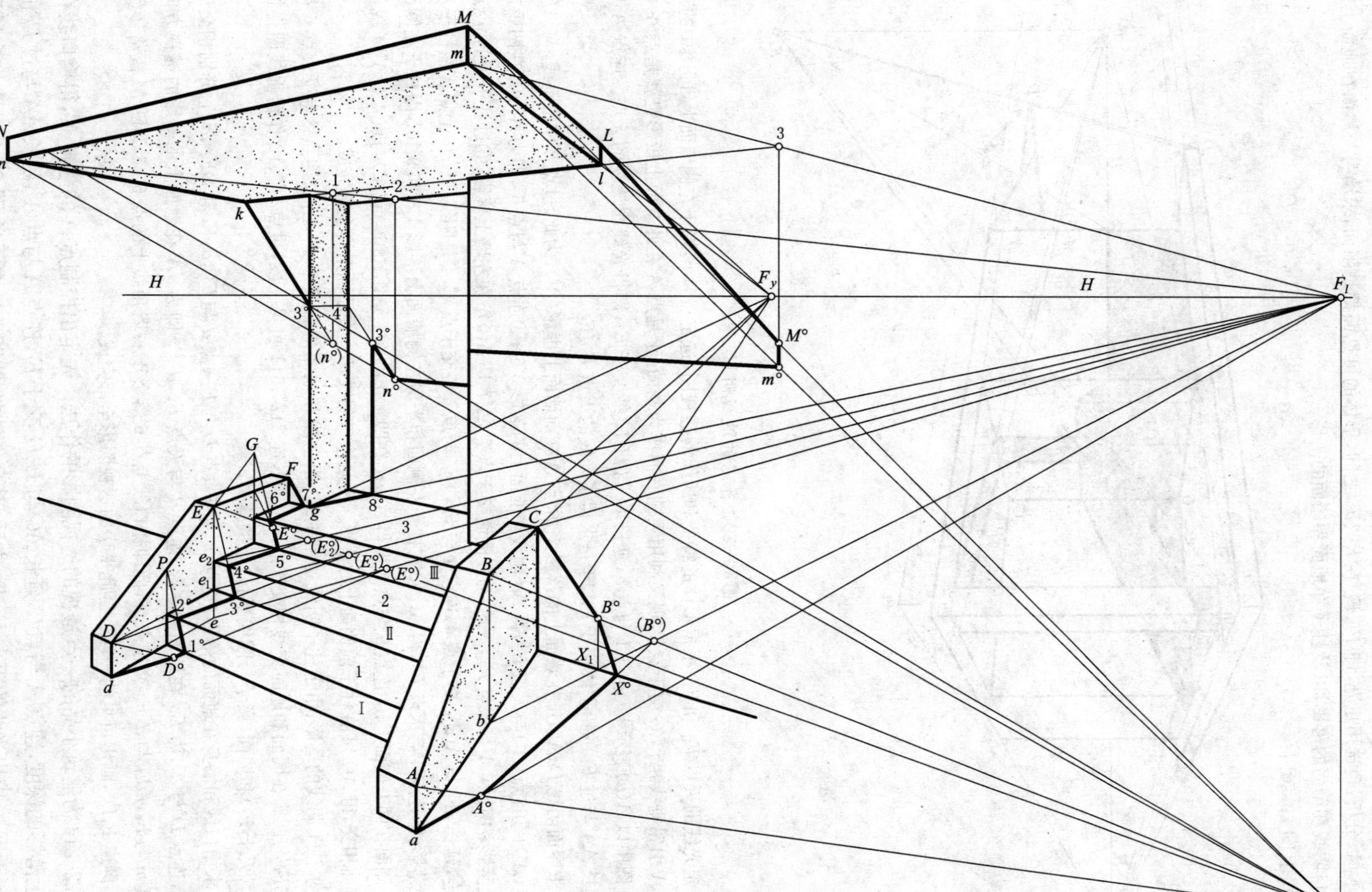

图22-19 光线与画面相交时，建筑细部的透视阴影

[例 22-7]　已知平房的透视(图 22-20),求透视阴影。

[解]　1. 分析:现选用正光,即 F_l、F_L 在 F_x、F_y 之间,形体的可见面都是阳面,求墙身与屋面在地面上的落影,檐口阴线在墙面的落影,以及柱子在地面和墙面的落影。

2. 作图(图 22-20):

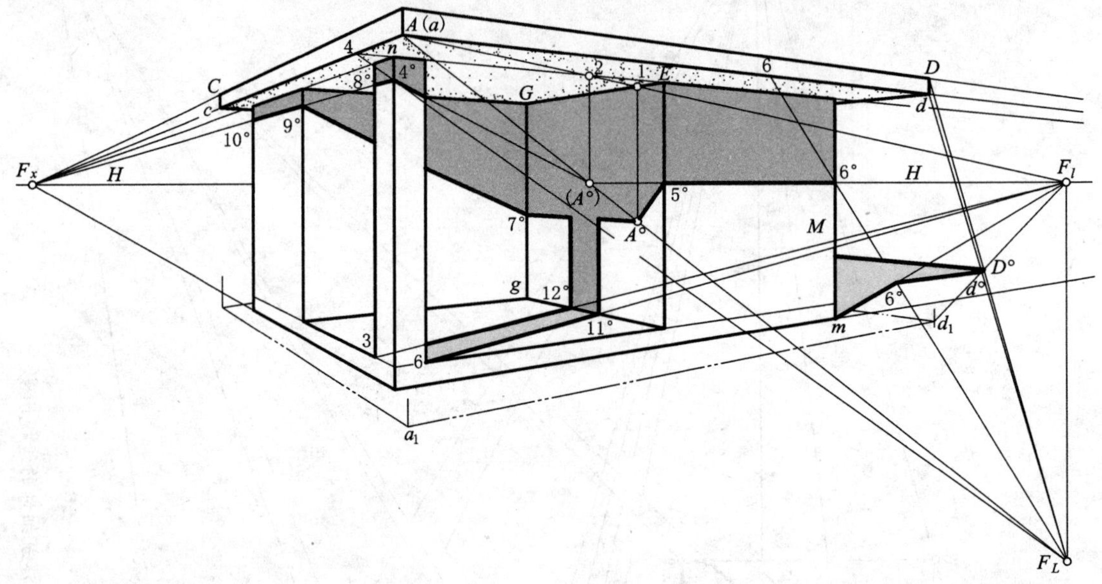

图 22-20　平房的透视阴影

(1) 定光线的灭点 F_L 和 F_l:根据形体的特征和所作的透视图,选定点 A 落影于左侧墙面上,即图中的点 $A°$,过点 $A°$引铅垂线,与 EG 交于点 1,现又利用天棚底面作为基面,于是点 A 在此基面上投影也就是点 A 自身 $A=a$[图中以 $A(a)$表示]。连点 1 与点 a,延长 $1a$ 与 H-H 线交于 F_l,即得光线次透视的灭点。连点 A 与点 $A°$,延长 $AA°$与过 F_l 的铅垂线交于 F_L,于是求得了光线的灭点 F_l、F_L。

(2) 求屋面阴线 $DdA(a)c$ 在墙面上的落影:①求点 A 在前墙面上虚影$(A°)$,为此,过点 2 作铅垂线,与 AF_L 相交得点$(A°)$;②连点$(A°)$与灭点 F_y,得 Ad 阴线在前面上的落影 5°6°;③连点 $A°$与点 5°,即为 $A(a)d$ 在凹廊左侧墙面上落影;④连点 $A°$与灭点 F_x,$A°F_x$ 与左侧墙交于点 7°,$A°$7°是 $A(a)c$ 在左墙上落影;⑤过柱子顶的 n 点,与 F_l 相连,延长 nF_l 与 $A(a)c$ 交于点 4,连点 4 与 F_L,$4F_L$ 与点 n 棱交于点 4°,4°是阴线 $A(a)c$ 上点 4 在柱子左前棱线上落影;⑥连点 4°与灭点 F_x,得 $A(a)c$ 在柱子左侧面和平房左侧墙面上落影 4°8°和 9°10°,因柱子左侧面和平房左侧面在同一侧面上;⑦连点 9°与点 7°即得 $A(a)c$ 在凹廊正墙面上落影;⑧连点$(A°)$与点 4°,$(A°)$4 线与柱子前侧面相交,得 $A(a)$4 在柱子前侧面上的落影。于是檐口阴线 dAc 在墙面落影全部完成。

(3) 求柱子阴线的落影:由于柱子阴线是铅垂线,铅垂线在地面落影灭于 F_l,所以连点 3 与 F_l、点 6 与 F_l,$3F_l$、$6F_l$ 与凹廊在墙面和地面交线相交于点 12°、11°,连 312°、611°可见一段,过点 11°、12°作铅垂线即得柱子在地面(灭于 F_l)和墙面(影子与阴线平行)上的落影。

(4) 求檐口线和墙身在地面的落影:连点 d_1 与 F_l、点 D 与 F_L、点 d 与 F_L,d_1F_l 和 DF_L、dF_L 分别相交于点 $D°$、$d°$,连点 $D°$与 $d°$,为 Dd 在地面的落影,连点 $d°$与灭点 F_y,$d°F_y$ 即为 dA 在地面上的落影的透视方向线。连点 m 与 F_l,mF_l 与 $d°F_y$ 交于点 6°,此即檐口线上点 6 落影于右墙角线上的点 6°,6°又随 M 棱落影于地面上。再连 $F_xD°$,画出可见的一段。至此平房的透视阴影全部完成。

图 22-21a 为建筑小品的一点透视的透视阴影的作法。先定出控制点 A 的落影 $A°$,得檐口线在正墙面上落影的深度,连点 A 与点 C,延长 AC 与 H-H 交于 F_l,连点 A 与点 $A°$,延长 $AA°$与过 F_l 的铅垂线交于 F_L。求出光线的灭点 F_l、F_L 之后,其余作法如图 22-21a 所示。图 22-21b 为加配景后的效果图。

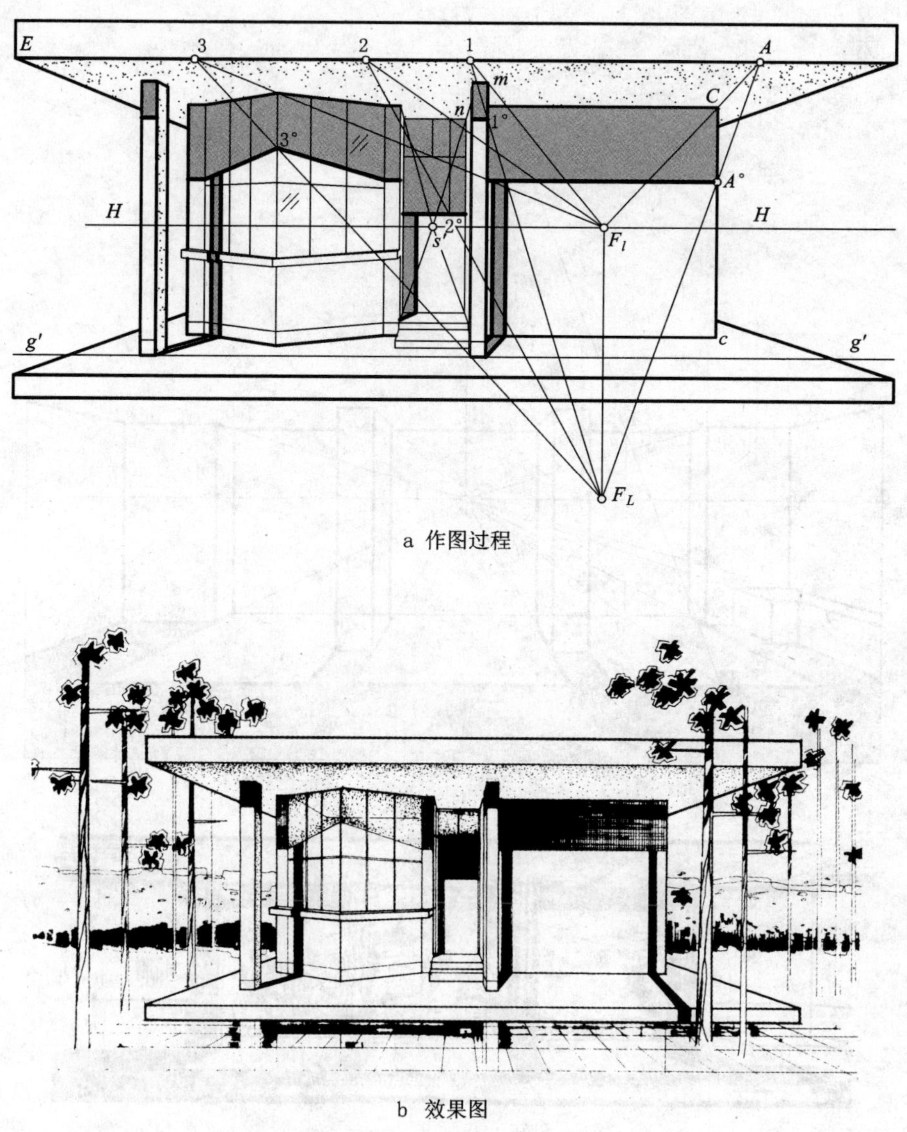

a 作图过程

b 效果图

图 22-21 建筑小品的透视阴影

图 22-22a 所示为逆光时的透视阴影作法，当选定光线的灭点 F_l、F_L 后，其余作法与正光相同。图中 F_l、F_L 在过心点 s' 的铅垂线上，为求门洞的影子可任取点 A，求出 点 A 的基透视点 a，连 F_l 与点 a 和 F_L 与点 A，两线相交于点 $A°$，过点 $A°$ 作水平线，即为门洞上边线在地面的落影，其余作法如图 22-22a 所示。图 22-22b 为逆光时的透视阴影实例。

22.5 曲面体的透视阴影

曲面体的透视阴影的作图原理与平面体相同，着重应用以下特性：

(1) 由铅垂母线形成的曲面体的阴线，是光平面在此曲面上的切线，仍为铅垂线。铅垂线在铅垂母线形成的曲面上的落影也是铅垂线，落影的作法，如同铅垂线在铅垂面上落影的作法。

(2) 一直线在和它相平行的直母线所形成的曲面上的落影，是和该直线相平行的直线。

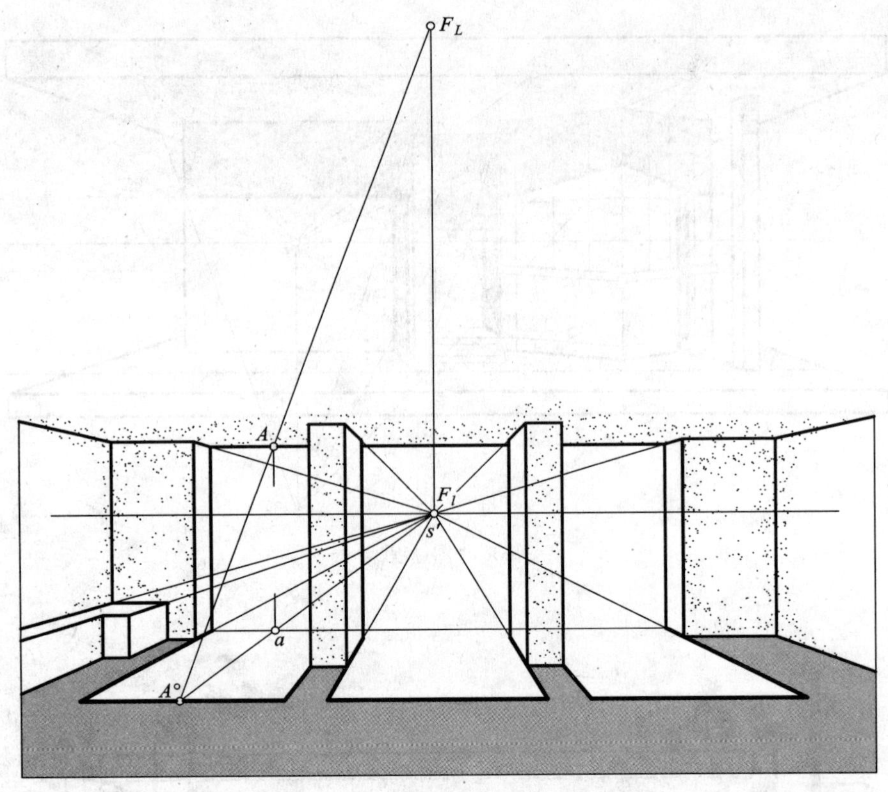

a 作图

b 庭景实例

图 22-22 逆光下的透视阴影

［例 22-8］ 已知柱头的透视(图 22-23)，求透视阴影。

［解］ 1.分析：选用正光，如图 22-23 所示，方帽阴线与雨篷的阴线相同，为求得合适的光线灭点，选控制点为方帽最前角 A 点的落影(以较好的落影为准)点 $A°$，并过点 $A°$向上引铅垂线，与柱身在方帽底面上的交线椭圆相交得点 1，连点 a 与点 1，延长 $a1$，与视平线交于 F_l，过 F_l 作铅垂线与 $AA°$延长线交于 F_L，于是求得了光线的灭点 F_L、F_l。

2.作图(图 22-23)：求方帽阴线落影的最右点，将椭圆上的最右点 4 与 F_l 相连，F_l4 与方帽阴线 AD 交于点 C，连 F_L 与点 C，F_LC 与圆柱右轮廓线交于点 $C°$，点 $C°$即为 AD 阴线在圆柱上落影的起点。用类似方法求得点 $E°$。

过 F_l 作椭圆的切线，与方帽阴线 AN 交于点 B，连 F_L 与点 B，F_LB 与过切点 2 的铅垂线交于点 $B°$，此铅垂线即为圆柱的阴线，方帽在圆柱面上的影线是曲线 $B°A°$、$A°E°C°$。其中点 $A°$为两段曲线的转折点。

［例 22-9］ 已知圆拱门的一点透视(图 22-24)，求透视阴影。

［解］ 1.分析：如图 22-24 所示，圆拱前面与画面重合。圆柱的轴线和素线垂直于画面，故灭于心点 s'。现以

点 A 为控制点，使点 A 的落影 A° 在地面上，反求 F_l、F_L。连点 a 与点 A°，aA° 与视平线 H-H 交于 F_l，过 F_l 作铅垂线，与 AA° 的延长线交于一点，此点即为 F_L，于是求得了光线的灭点 F_l、F_L。过轴线的光平面在透视图中的灭线，就是 $s'F_L$，用 R_f 表示。

2. 作图(图 22-24)：

(1) 求圆柱阴线，作大圆的切线 $l \parallel R_f$，切点 N 即为拱门阴线的起点，半圆上 $ABCDEFGHMN$ 为阴线，Ns' 是圆柱阴线(素线)透视方向。

(2) 求阴点 X、B、C、D、E、F、G、H、M 的落影。为此过点 X、B、C、D…作光平面，这些光平面与画面的交线，必平行于光平面的灭线 R_f，如 $BB_1 \parallel CC_1 \parallel R_f$…这些光平面与圆柱的截交线是素线 B_1s'、C_1s'、D_1s'、…、M_1s'(透视方向)，这些截交线 B_1s'、C_1s'…是承影线，点 B、C、

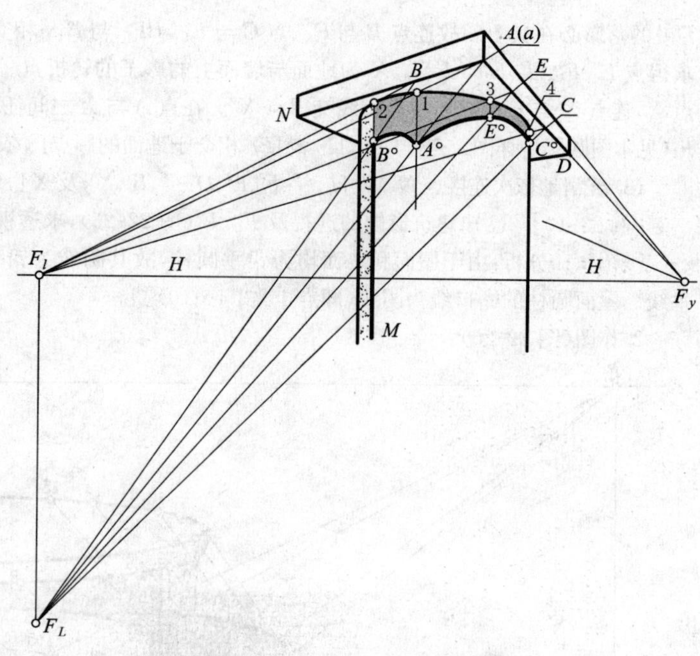

图 22-23　方帽和圆柱的透视阴影

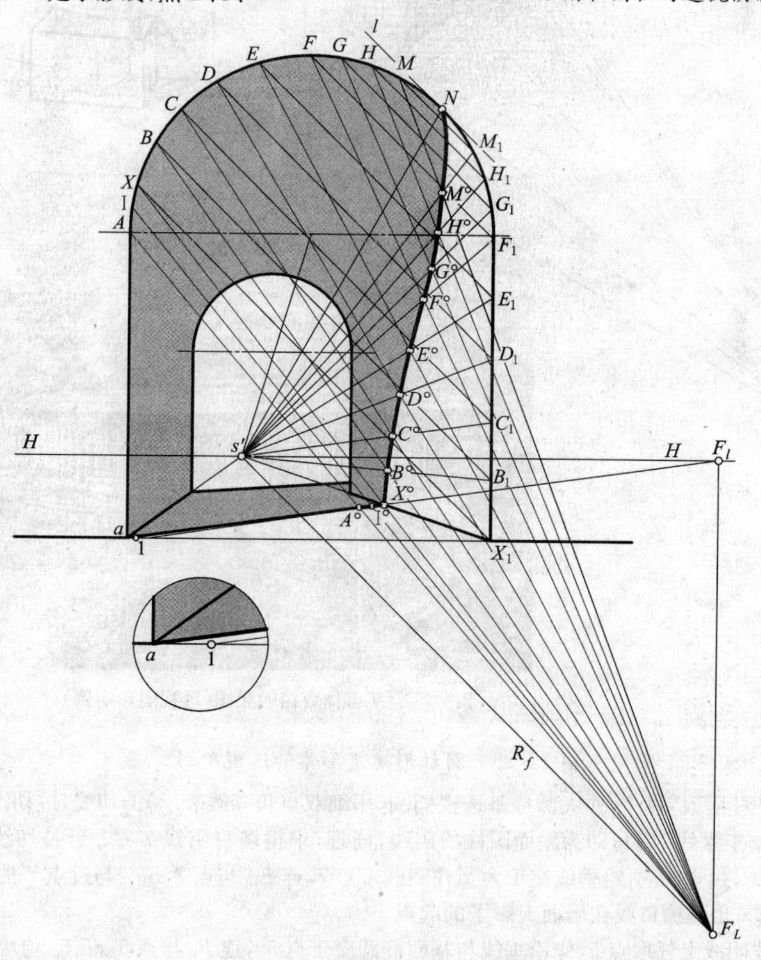

图 22-24　圆拱门的透视阴影

D…的落影必在其上。故连点 B 与 F_L、点 C 与 F_L，BF_L 与 B_1s' 相交得点 B°，CF_L 与 C_1s' 相交得点 C°。同理求得点 E°、F°、G°、H°、M° 等。X° 为地面与墙面上的影子的转折点。过点 X_1 作直线平行于 R_f，与大半圆交于点 X，连点 X 与 F_L，XF_L 与墙脚线交得点 X°。在点 A 与 X 之间任取点Ⅰ，作出点Ⅰ在地面上的投影 1 连点 1 与 F_l（见本图圆圈中详图）、点Ⅰ与 F_L，$1F_l$ 与ⅠF_L 相交于地面的影点Ⅰ°，依次光滑连点 X°Ⅰ°A°（下突曲线）。

(3) 光滑地依次连接点 N、M°、H°、G°、F°、E°、D°、C°、B°、X°，及 X°Ⅰ°A° 也应连成曲线，$A^\circ a$ 为直线并灭于 F_l。

［例 22-10］ 已知建筑形体的透视及 F_L、F_l（图 22-25），求透视阴影。

［解］ 1. 分析：由于屋面和墙面均为铅垂圆柱，故其阴线为铅垂线，铅垂墙角线在柱面上的落影仍为铅垂线。屋面圆柱的檐口线为阴线（即点 1 2 3 4…10）。

2. 作图（图 22-25）：

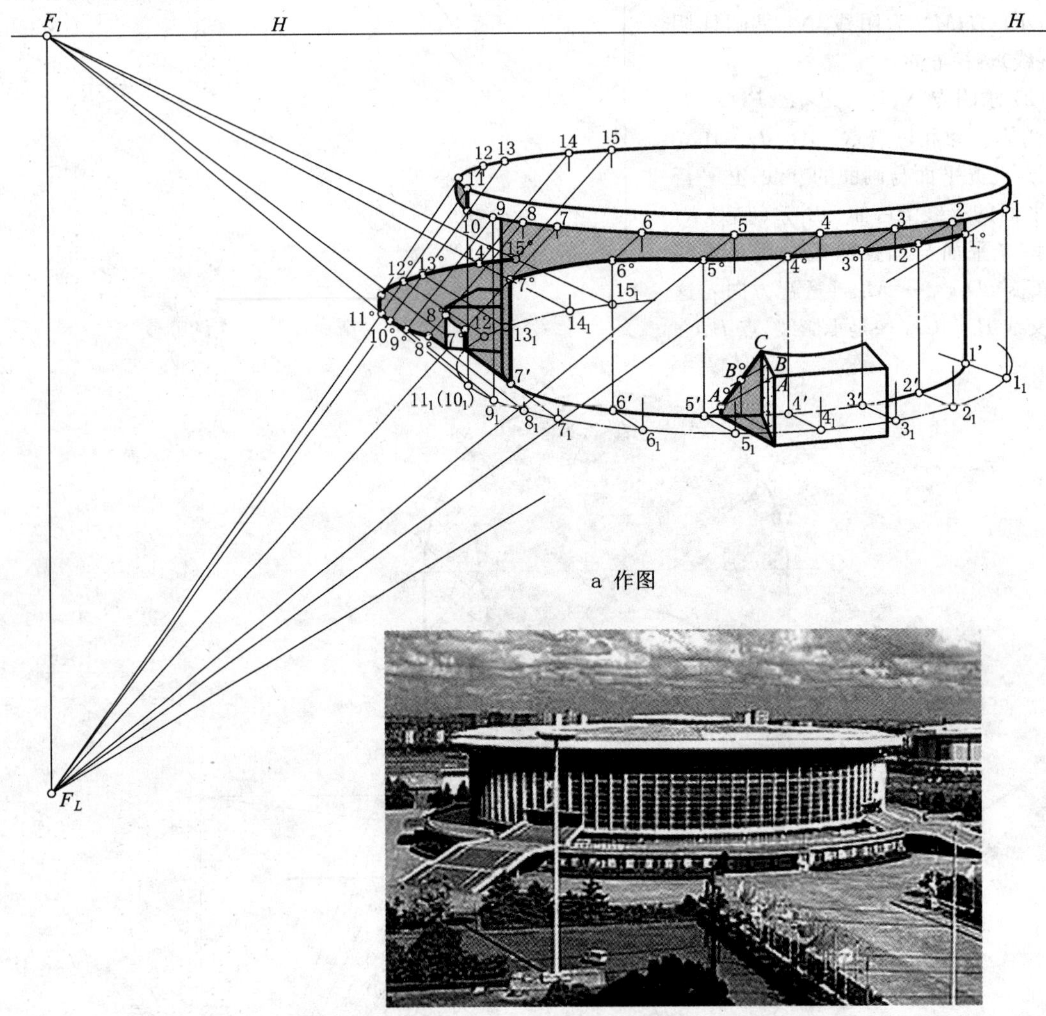

a 作图

b 某市体育馆效果图（透视阴影实例）

图 22-25 圆柱形建筑形体的透视阴影

(1) 求上下圆柱阴线：过 F_l 作大圆柱基透视椭圆（用细双点长画线表示）的切线，过切点 $11_1(10_1)$ 往上作铅垂线与大圆柱交于素线 1011，即为屋面圆柱的阴线，同理，求得墙身阴线 $7'7^\circ$。延长切线 F_l7' 与大圆柱基透视椭圆交于点 7_1，过点 7_1 引铅垂线交于大圆柱阴线于点 7，连 F_L 与点 7，F_L7 与过点 $7'$ 的铅垂线交于点 7°，点 7° 即 7 点的落影，也是檐口线在墙面上影子的起点。

(2) 在檐口线阴线上任取点 5，作铅垂线与基面椭圆交于点 5_1，连 F_l 与点 5_1，F_l5_1 与墙身底圆交于点 $5'$，过点 $5'$ 作铅垂线与 F_L5 交于点 5°，即得阴线上 5 点在墙面上的落影。同法再求若干点 2°、3°…。最右点的求法：连最右素线下端点 $1'$ 和 F_l，与大圆柱基透视交于点 1_1，过点 1_1 作铅垂线，与檐口阴线交于点 1，连 F_L 与点 1，$F_L 1$ 与最右轮廓线交于点 1°。用曲线板依次光滑地连接点 1°、2°…7°。

(3) 阴线 7～8、8～9、9～10、10～11、11～15 在地面和铅垂墙面上的落影都是用光线迹点法求出影点，用曲线板连接地面上的影点，得影线 8°9°10°11°12°13°14°15°，其中 10°11°为直线，将重影点 8°与 F_L 相连，并延长到交左方小屋的左前棱于点 8°，把小屋前墙面上的点 7°、8°连成向下凸的曲线，此 7°8°即为檐口阴线上一段 78 曲线在小屋墙面上的落影。

前小屋阴线 AC 在大圆柱铅垂墙面上的落影为曲线 $A°B°C$，其余作图如图 22-25a 所示。实例见图 22-25b。

22.6 三点透视中的透视阴影

22.6.1 三点透视阴影的光线

在三点透视图中作阴影，原理和方法与铅垂面上的透视阴影完全相同。由于三点透视的画面是倾斜的，故光线方向有三种情况。

22.6.1.1 第一种光线——光线与倾斜画面相交

如图 22-26a 所示，**空间光线 L 和次透视 l 分别灭于 F_L、F_l，但 F_l、F_L 的连线不垂直于视平线，而是通过 F_z，F_zF_L 实际上是过铅垂线的光平面的灭线，它们与视平线 H-H 交于 F_l 点，F_l 为光线次透视的灭点。**

如图 22-26b 所示，为用第一种光线求出的立方体的三点透视阴影。作法仍为光线迹点法。

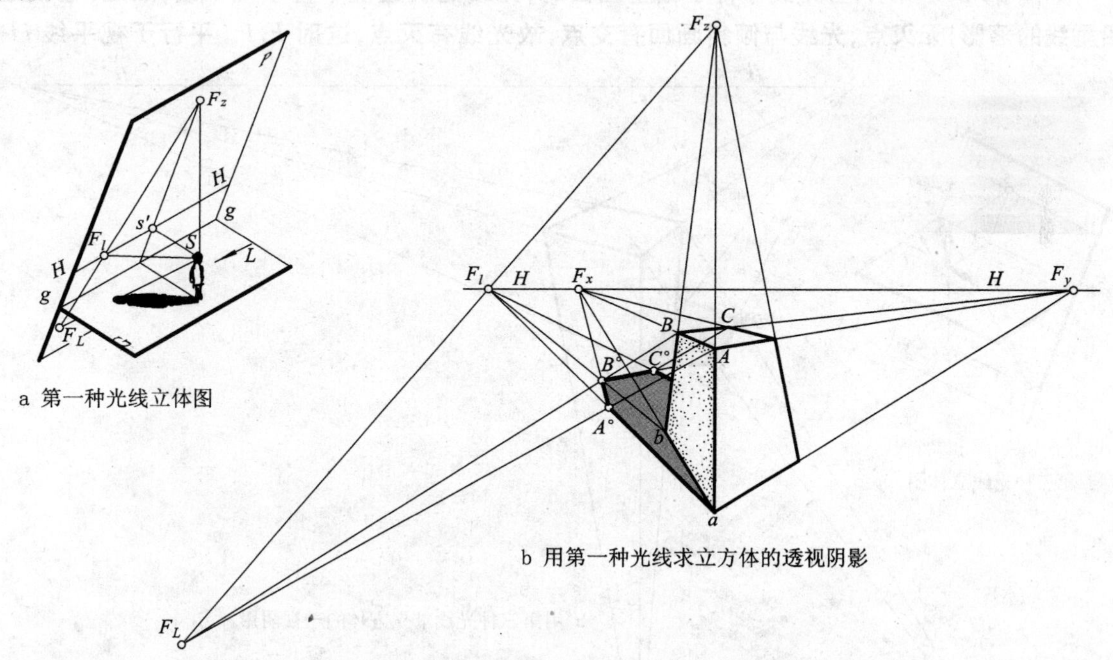

图 22-26 第一种光线——光线与倾斜画面相交

22.6.1.2 第二种光线——光线与倾斜画面平行

如图 22-27a 所示，**光线无灭点，足（也就是铅垂线的落影）有灭点，在这种情况下过铅垂线的光平面的灭线，必平行于光线本身，过灭点 F_z 作光线本身的平行线，此平行线与 H-H 线相交，即得交点 F_l，F_l 即为光线次透视的灭点。**

图 22-27b 所示，为应用第二种光线作出的立方体的三点透视阴影。作图时，先在 H-H 线上任取 F_l，连 F_z 与 F_l，F_zF_l 即为光平面的灭线，过点 A 作光线平行于 F_zF_l（即 AA° // F_zF_l），连 F_l 与点 a。两线相交，得交点 A°，其余作法如图 22-27b 所示。

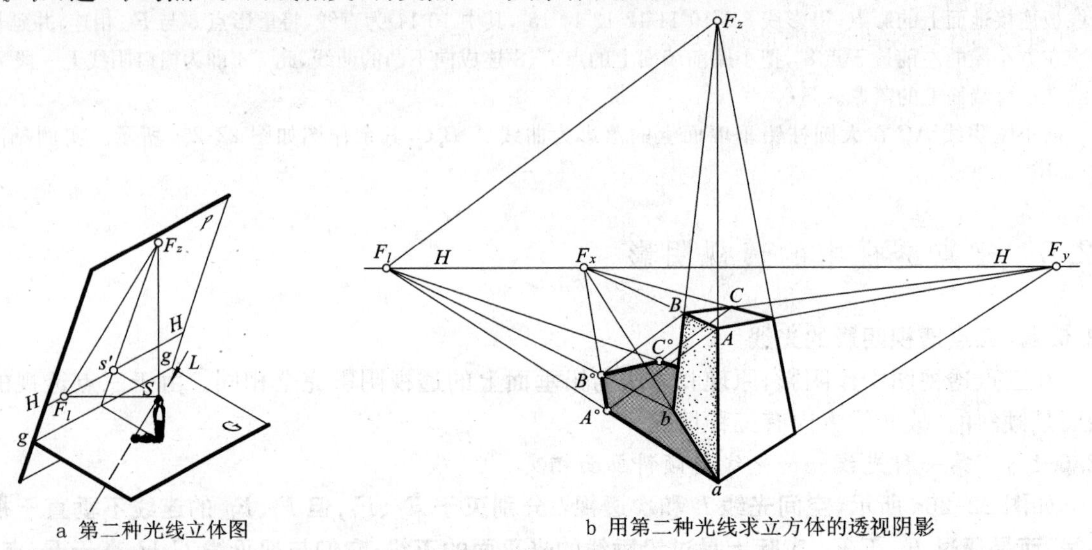

a 第二种光线立体图

b 用第二种光线求立方体的透视阴影

图 22-27 第二种光线——光线与倾斜画面平行

22.6.1.3 第三种光线——光线平行于铅垂画面

如图 22-28a 所示，**当光线平行于铅垂画面时，光线的次透视平行于视平线，故足（也就是铅垂线的落影）无灭点，光线与倾斜画面有交点，故光线有灭点，这时 F_LF_z 平行于视平线 H-**

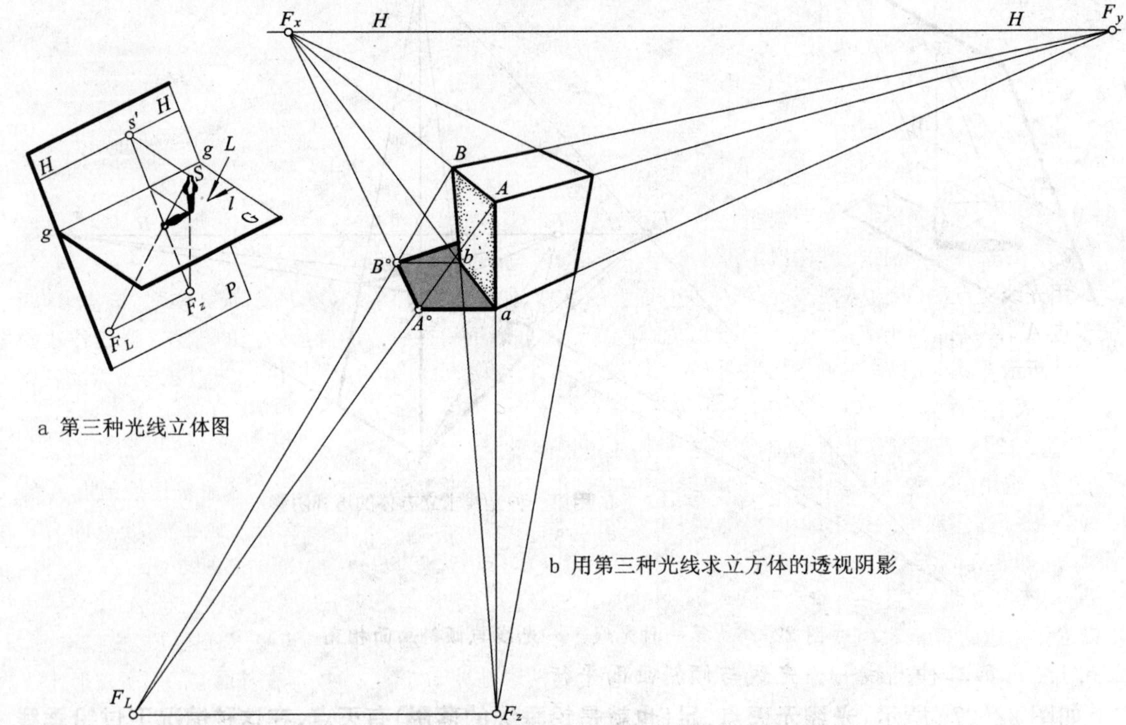

a 第三种光线立体图

b 用第三种光线求立方体的透视阴影

图 22-28 第三种光线——光线平行于铅垂画面

H，F_L **在** F_z **的左、右位置可根据需要选定。**图 22-28b 所示为应用第三种光线作出的立方体的三点透视阴影。

22.6.2 实例

［例 22-11］ 已知建筑形体的仰望三点透视，求三点透视阴影(图 22-29)。

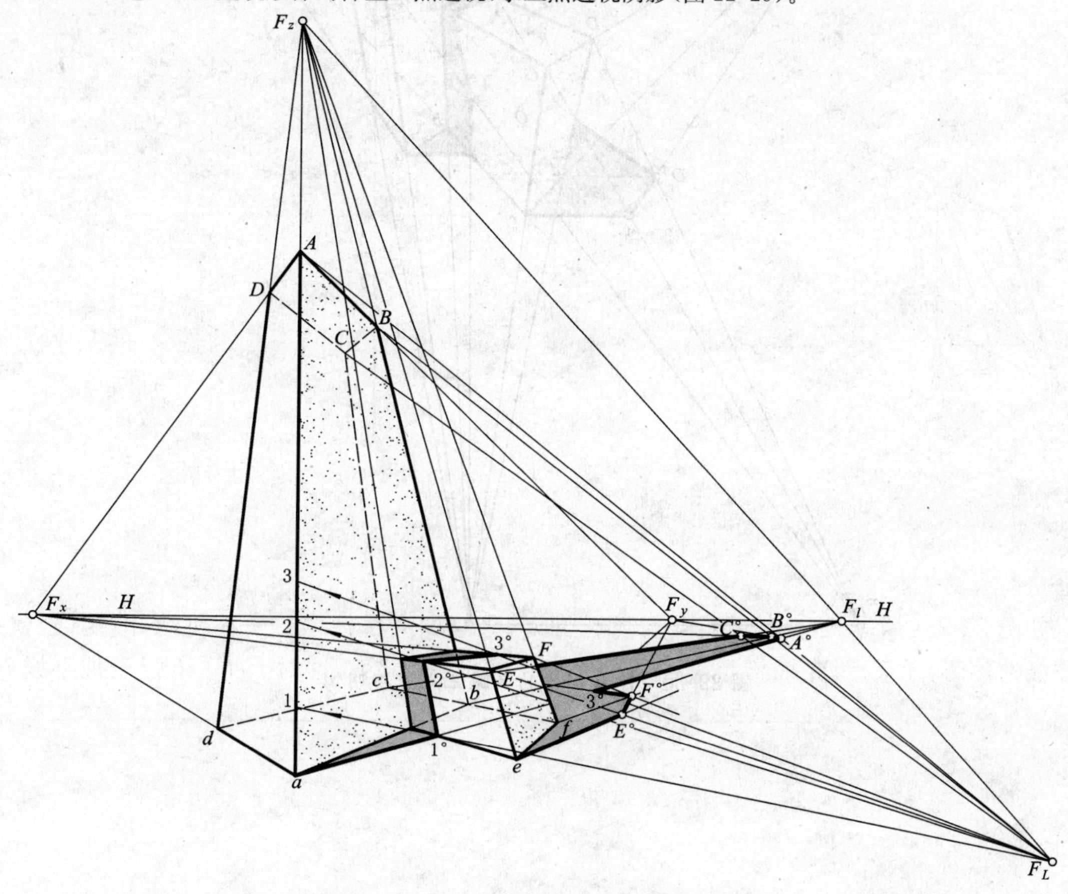

图 22-29 建筑形体的仰望三点透视阴影

［解］ 1. 选择第一种光线，任取 F_L，连 F_z 与 F_L，F_zF_L 与 H-H 线交于 F_l。

2. 用光线交点法(或迹点法)求出形体在基面上的落影，如求点 A 的落影，连 F_l 与点 a 和 F_L 与点 A，两线交于点 A°，$A^\circ B^\circ$ 应灭于 F_y。然后，再求出左边的高形体上的阴线在右边的低形体上的落影。详细作法如图 22-29 所示。其中 $a1^\circ$ 灭于 F_l，$1^\circ 2^\circ$ 灭于 F_z，$2^\circ 3^\circ$ 灭于 F_l，$A^\circ 3^\circ$(指地面上的 3°)灭于 F_l，$A^\circ B^\circ$ 灭于 F_y，$B^\circ C^\circ$ 灭于 F_x，$C^\circ c$ 灭于 F_l。

［例 22-12］ 已知建筑形体的鸟瞰三点透视，求透视阴影。

［解］ 选用第三种光线，如图 22-30 所示，过 F_z 作水平线，在此水平线上任取 F_L，也可根据控制点 A 的落影 A° 定出 F_L，将形体阴线上的各空间点都与 F_L 相连，过各点次透视作水平线，两线对应相交，交点即为该点的落影，如连点 C 与 F_L，过点 c 作水平线，两线相交于点 C°，点 C° 即为 C 点在基面的落影。

点 A° 落在 Q 面上：过点 a 作水平线与 bc 交于点 1°，连 F_z 与点 1°，延长 F_z1° 与 AF_L 相交于点 A°。又如求 AM 在形体左边的 Q 面和顶面 R 上的落影：延长 bB，与 AM 棱交于点 2，连点 2 与点 A°，$2A^\circ$ 与 BC 交于点 3°，连 F_x 与点 3°，F_x3° 与左形体顶面 R 交于 $3^\circ 4^\circ$，AM 阴线的落影是 $A^\circ 3^\circ$、$3^\circ 4^\circ$。$M4$ 落在基面上的影子被形体挡住，不必求。①

---

① 透视图也是立体图中的一种，本书所指的立体图均系轴测图。

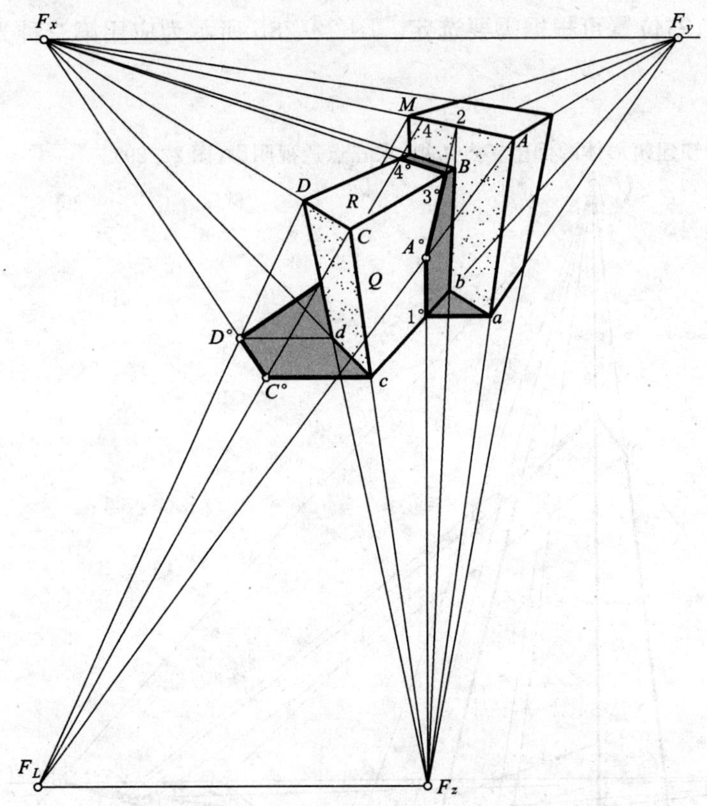

图 22-30　建筑形体的鸟瞰三点透视阴影

23 倒影和虚像

23.1 概　述

在平静的水面上可以看到对称于水平面的图像，称为倒影。当地面比较光滑，在建筑物的透视图上再在地面上绘出如水面上一样的倒影，可以加强透视图的真实感和艺术效果。图23-1所示为沿江建筑群在水中的倒影。图23-2为某高层建筑在水中的倒影。

图23-1　建筑群(长沙市湘江三角洲两馆一厅建筑透视效果图)在水中的倒影

在室内若挂有镜子，则在镜子里可以看到物体的形象，此形象称为虚像。

水面和镜子称为反射平面。当反射平面为水平时，把与物体对称于反射平面的图像称为倒影；当反射平面为非水平的镜面时，镜子里的图像称为虚像。

倒影与虚像的形成原理，就是物理学上光的镜面成像的原理。即物体在平面镜中的像和物体的大小相等，互相对称。对称的图形具有如下的特点：

(1) 对称点的连线垂直于对称面——镜面、水面。

(2) 对称点到对称面的距离相等。

在透视图中求作一物体的倒影或虚像，实际上就是画出该物体对称于反射平面的对称图形的透视。

23.2 水中倒影

空间点与其在水中倒影的连线是一条垂直于水平面的铅垂线。当画面是铅垂面时，空间点与其倒影对水面的垂足的距离在透视图中仍保持相等。空间点与其倒影的连线是一条铅垂线，平行于画面。

如图 23-3 所示，河岸右边竖着一根电杆 Aa，当人站在河岸左边观看电杆 Aa 时，同时又能看到它在水中的倒影为 $A^{\circ}a^{\circ}$，连视点 S 与倒影 A°（即连 S 与 A°），SA° 与水面交于点 B，过点 B 作铅垂线，就是水面的法线，AB 称为入射线，AB 与法线的夹角称入射角 α_1，SB 称为反射线，反射线与法线的夹角称为反射角 α_2。直角三角形 $\triangle Aa_1B \cong \triangle A^{\circ}a_1B$，即 Aa_1 与 a_1A° 重合为一直线，$AA^{\circ} \perp$ 水面，$Aa_1 = A^{\circ}a_1$，由此得到求倒影的作图步骤：

图 23-2 某高层建筑在水中的倒影

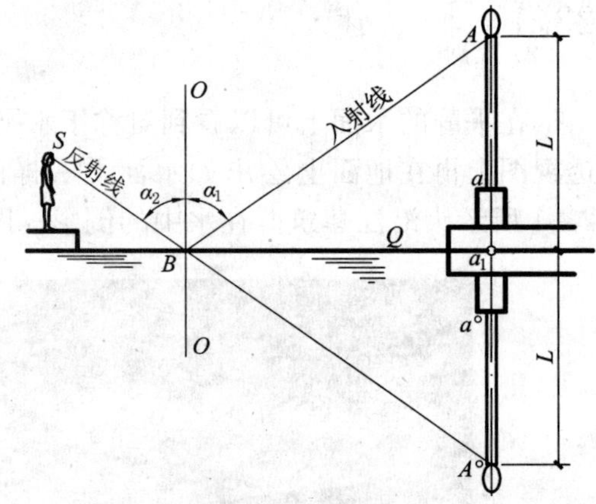

图 23-3 水中倒影

(1) 过点 A 作线 $Aa_1 \perp Q$ 面（水平面），并求出点 A 在 Q 面上的投影 a_1（垂线 Aa 的垂足）。

(2) 在 Aa_1 的延长线上，取 $A^{\circ}a_1 = Aa_1$，所得的 A° 即为 A 点在水中的倒影。连接形体上各点的倒影即可求得形体在水中的倒影。

[例 23-1] 已知长方体的两点透视(图 23-4)，求水中倒影。

[解] 1. 分析：图 23-4 所示长方体是两点透视，X 向的直线与其倒影都应灭于 F_x，Y 向的直线与其倒影则都应灭于 F_y。

2. 作图(图 23-4)：

(1) 由于水面是对称面，故应先求出角点 A 在水面的投影 a_1，求得了点 a_1，也就是求得了对称面。为此连灭点 F_x 与点 a，并延长 F_xa 与 F_yN 交于点 1，过点 1 作铅垂线，与 F_yn_1 交于点 1_1，连灭点 F_x 与点 1_1，F_x1_1 与 Aa 的延长线交于点 a_1，连点 A 与点 a_1 并延长之。

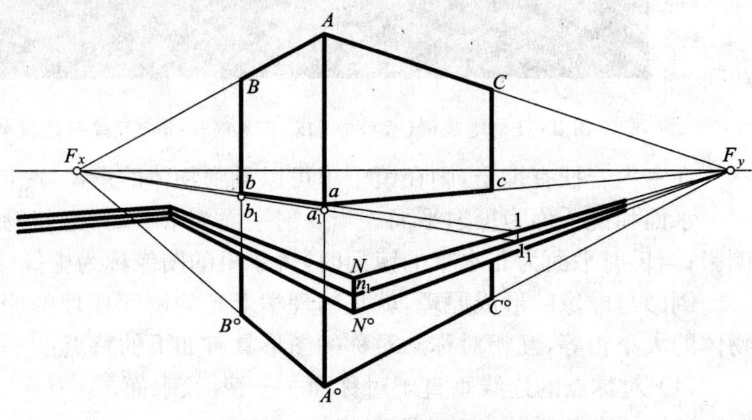

图 23-4 长方体在水中的倒影

(2) 量取 $Aa_1 = a_1A^{\circ}$，得点 A 的倒影 A° 和墙角线 Aa 的倒影 $A^{\circ}a^{\circ}$。

(3) 连灭点 F_x 与点 A°、灭点 F_y 与点 A°，F_xA° 与 Bb 延长线相交于点 B°，F_yA° 与 Cc 延长线相交于点 C°。

(4) 最后完成河岸的倒影，即取 $Nn_1=N^{\circ}n_1$，并连点 N° 与灭点 F_y、点 N° 与灭点 F_x 即可。

[例 23-2] 已知建筑形体的两点透视(图 23-5a)，求水中倒影。

[解] 1. 分析：如图 23-5a 所示，建筑形体为两点透视，水中倒影也应符合两点透视原理和特性，例如屋脊线 MG 灭于 F_x，其倒影 $M^{\circ}G^{\circ}$ 也应灭于 F_x，屋脊线 NP 灭于 F_y，其倒影 $N^{\circ}P^{\circ}$ 同样应灭于 F_y。但坡屋面斜线的灭点在倒影中互换了位置：例如在透视图中 MK 灭于 F_1，ML 灭于 F_2，而倒影 $M^{\circ}K^{\circ}$ 则灭于 F_2，$M^{\circ}L^{\circ}$ 则灭于 F_1。其余各部分的倒影都一一符合透视特性和倒影原理。

2. 作图(图 23-5a)：

(1) 根据倒影原理，以水面(河岸下边线)为对称面，以墙角线 Aa 为控制线，先求出点 A 在水面的投影 a_1，为此，连灭点 F_x 与点 a，F_xa 与河岸边交于点 1，过点 1 作铅垂线，与 F_yn_1 交于点 1_1。连灭点 F_x 与点 1_1，F_x1_1 与 Aa 延长线交于点 a_1，a_1 点即为 Aa 在水面上的投影，也是过点 A 的铅垂线在水面上的垂足。在 Aa 的延长线上，取 $Aa_1=A^{\circ}a_1$，连灭点 F_x 与点 A°，并延长 F_xA°，过点 e 作铅垂线与 F_xA° 交于点 e°，连灭点 F_y 与点 e°，并延长，与过点 K 的铅垂线相交得点 k°。如此继续利用灭点 F_x、F_y、F_1、F_2，求出建筑形体倒影的透视。

(2) 求烟囱的倒影：延长 bc 与屋面斜线 KM 交于点 2，过点 2 作铅垂线，与 $K^{\circ}M^{\circ}$ 交于点 2°，连灭点 F_x 与点 2°，利用对称关系即可求得 $b^{\circ}B^{\circ}$、$C^{\circ}c^{\circ}$。延长 BC，与烟囱压顶右下边线交于点 3，求得点 3° 之后，即可借助灭点 F_x、F_y 和空间点与其倒影对称于水平面的性质，完成烟囱倒影的透视图。详细作图过程如图 23-5a 所示。图 23-5b 所示为加上配景后的倒影图。

23.3 镜中虚像

23.3.1 虚像的基本作法

23.3.1.1 镜面既垂直于画面又垂直于地面

根据光的镜面成像原理，如要求图 23-6 中铅垂线 Aa 在镜面 R 中的虚像 $A^{\circ}a^{\circ}$(图 23-6a)，可过点 a 作平行于画面的直线(平行于 H-H 线)，与镜面 R 和基面 G 的交线 $n3$ 交于点 a_1，过点 a_1 作铅垂线，此铅垂线为镜面上的对称轴线，在所作的 aa_1 的延长线上截取 $aa_1=a_1a^{\circ}$，得点 a°，最后，过点 a° 向上作铅垂线，使 $a^{\circ}A^{\circ}=Aa$。

$Aa a^{\circ}A^{\circ}$ 在空间为矩形，由于镜面 R 垂直于画面，$Aa a^{\circ}A^{\circ}$ 又垂直于镜面 R，所以矩形平面 $Aa a^{\circ}A^{\circ}$ 平行于画面，在透视图中仍为矩形，即 $AA^{\circ}/\!/aa^{\circ}/\!/H$-$H$ 线。图 23-6b 所示为透视图中的作法。

23.3.1.2 镜面倾斜于地面(基面 G)，垂直于画面

如图 23-7a 所示，镜面 R 垂直于画面，倾斜于地面，倾角为 θ，现求图中的铅垂线 Aa 在镜面 R 中的虚像 $A^{\circ}a^{\circ}$。由于过铅垂线 Aa 和虚像的平面仍平行于画面，故点 A 与点 A° 到对称轴的距离相等，并在透视图中保持不变。现过点 a 作水平线，与镜面和基面交线 $n3$ 交于点 1，过点 1 作与 $a1$ 成 θ 角的直线 $1B$，即为镜面上的对称轴。延长 Aa，与对称轴交于点 B，Aa 与 $1B$ 夹角为 β 角，再过点 B 在对称轴的另一侧作与 $1B$ 夹角为 β 的直线，过点 a 作直线垂直于 $1B$ 轴，且与 $1B$ 交于点 a_1，取 $aa_1=a_1a^{\circ}$。过点 A 作直线垂直于 $1B$，与 $1B$ 交于点 A_1，取 $AA_1=A_1A^{\circ}$，得点 A°。因此，即得 Aa 的虚像 $A^{\circ}a^{\circ}$。

由于 $\triangle Baa^{\circ}$ 平行于画面 P，$\triangle Baa^{\circ}$ 与镜面 R 的交线 $1B$ 必平行于 R 面在画面上的迹线 Nn(两平行平面被第三平面相交，交线必互相平行)。平行于画面的平面在透视图中与原形相似，故反映 θ、β 角的实形；在透视图中 $AA_1=A_1A^{\circ}$，$a_1a=a_1a^{\circ}$。在透视图中的作法如图 23-7b 所示。

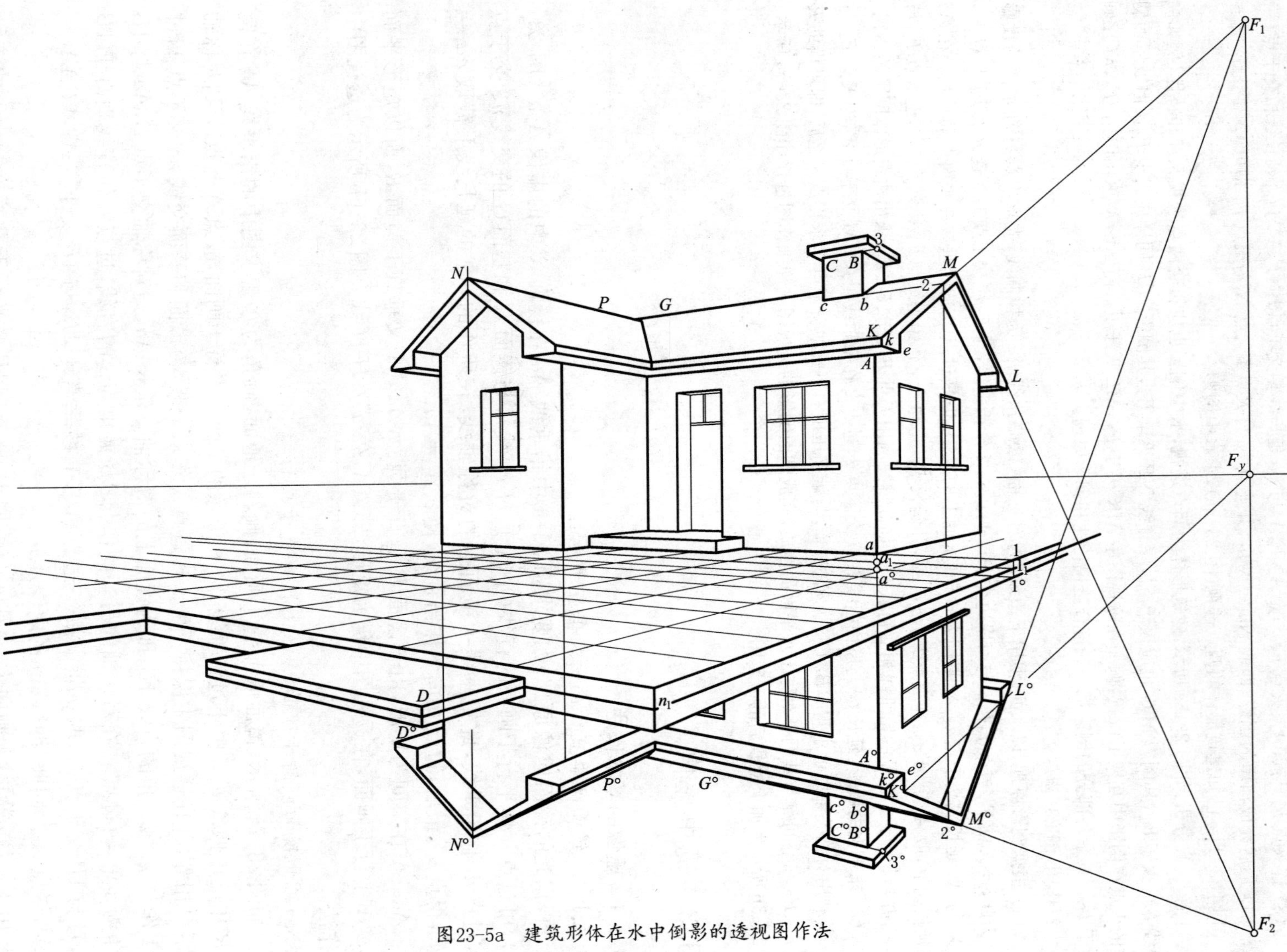

图23-5a　建筑形体在水中倒影的透视图作法

图23-5b 建筑形体在水中倒影的透视图

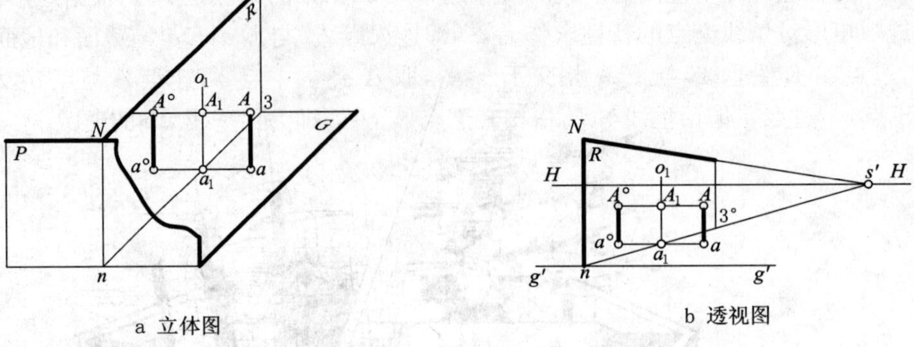

图 23-6 虚像的基本作法(一)——镜面既垂直于画面又垂直于地面

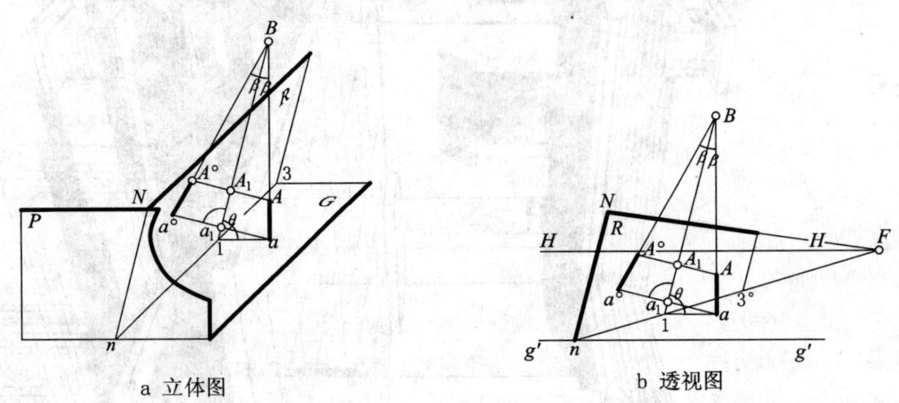

图 23-7 虚像的基本作法(二)——镜面垂直于画面,倾斜于地面

23.3.1.3 镜面平行于画面

如图23-8a所示,镜面R平行于画面,这样,空间直线Aa与虚像$A^\circ a^\circ$组成的平面,垂直于画面,而且AA°、aa°都灭于心点s'。但在透视中,aa_1不等于a_1a°了,如图23-8b所示。现利用矩形的透视特性作图(图23-8b):即连心点s'与点a,$s'a$与镜面和地面的交线交于点a_1,过点a_1作铅垂轴线,即为对称轴a_1o_1。连点A与心点s',As'与a_1o_1交于点A_1,取a_1A_1中点o°,连点A与o°,延长Ao°与$s'a$交于点a°,过点a°作铅垂线,与$s'A$交于点A°,$A^\circ a^\circ$即为所求的虚像。

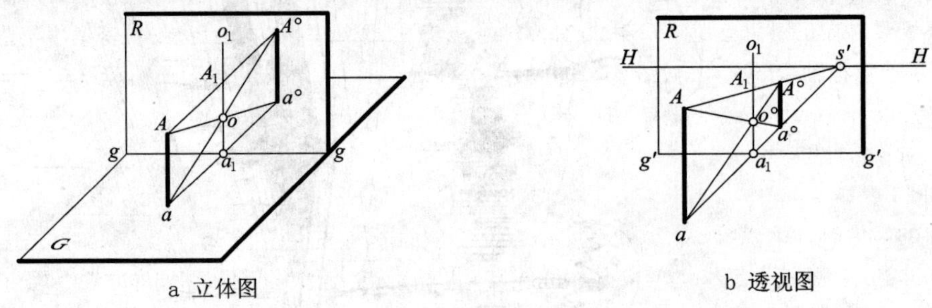

图 23-8 虚像的基本作法(三)——镜面平行于画面

23.3.1.4 镜面倾斜于画面,垂直于地面

如图23-9a所示,镜面R为铅垂面,其上下边为水平线,灭点在视平线上,铅垂线Aa与其虚像$A^\circ a^\circ$组成的平面垂直于镜面,但倾斜于画面,AA°与aa°的灭点也在视平线上,镜面上的对称轴线a_1o_1为铅垂线。

如图 23-9b 在透视图中镜面上下边的灭点是 F_y，AA°、aa°的灭点是 F_x。根据矩形对角线交点仍然为透视矩形对角线交点的特性求作 $A^\circ a^\circ$，即连灭点 F_x 与点 a，F_xa 与镜面和地面交线 $n3^\circ$ 交于点 a_1，过点 a_1 作铅垂线，与 F_xA 相交于点 A_1，取 A_1a_1 的中点 o°，连点 A 与点 o°，Ao°与 aa_1 延长线交于点 a°，过点 a°作铅垂线与 F_xA 相交于点 A°，$A^\circ a^\circ$即为铅垂线 Aa 的虚像。

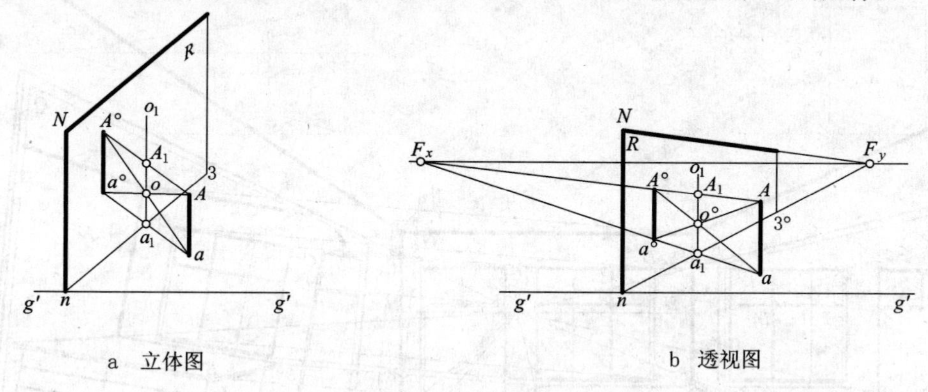

图 23-9 虚像的基本作法(四)——镜面倾斜于画面，垂直于地面

23.3.2 实例

［例 23-3］ 已知室内一点透视(图 23-10a)，求作门窗、桌子在两侧镜面 R、Q 中的虚像。

［解］ 1.分析：如图 23-10a 所示，主要应用基本作法(一)和(二)求虚像，由于镜面 R、Q 都垂直于画面，故过空间点、足及虚像组成的平面平行于画面，透视与原形相似，即反映 θ、β 角的实形。

2.作图(图 23-10a)：

(1) 门窗在 R 镜中的虚像以 N_1n_1 线为对称轴线，$DD_1=D^\circ D_1$，其余的作图与 D°点相同。求桌子在 R 镜面中虚像时，由于桌子紧靠左侧墙面，故点 A_1 即为对称中心，延长 A_1E，取 $E^\circ A_1=A_1E$。连心点 s'与点 E°，$s'E^\circ$与 BB_1 的延长线相交于点 B°，用类似的方法即可完成桌子在 R 镜中的虚像。

(2) 门窗在镜面 Q 上的对称轴是 Gn_2，Gn_2 平行于 Q 面侧边(即过点 O 作线 $Gn_2 /\!/ L\,l$)。过点 D 作线垂直于 Gn_2，并在此线上取 $DG=D^\circ G$，同理，求得 $C^\circ c^\circ(cc_1=c^\circ c_1)$，继续求得门窗上各点的虚像，连接起来，即可求得门窗的虚像。

求桌子在镜面 Q 中的虚像，先求出对称轴 N_3n_3，其作法是：过点 a 作水平线，与墙脚线交于点 4，过点 4 作铅垂线，与镜面 Q 和墙面的交线交于点 n_3，过点 n_3 作 Q 面侧边的平行线(也平行于 Gn_2)，得对称轴 N_3n_3。求出对称轴 N_3n_3 后，过 E 等各点分别作 N_3n_3 的垂线，在所作各条垂线上分别量取 $EE_1=E^\circ E_1$…，连心点 s'与点 E°，如桌子紧靠在正墙面上则以 Gn_2 为对称轴求点 B 的虚像 B°(如本例所示)。若桌子不靠在正墙面上，则应重新求作对称轴，详细作法如图 23-10a 所示。图 23-10b 为加配景后的效果图。

［例 23-4］ 已知一点透视，正面墙上挂一镜子 R(图 23-11a)，求镜中虚像。

［解］ 1.分析：本例应用基本作法(三)求作虚像。

2.作图(图 23-11a)：

(1) 求窗的虚像时，以墙面与镜面的交线 n_1n_1 为对称轴，取 n_1n_1 的中点 o_1。求点 A°时，先连点 A 与点 o_1，并延长 Ao_1，与 $s'a$ 相交于点 a°，过点 a°作铅垂线与 $s'A$ 相交，交点即为点 A°，用同样方法完成窗洞的虚像。

(2) 求门的虚像时，以交线 n_3n_3 为对称轴，取 n_3n_3 的中点 o_3，连接点 o_3 与点 d，o_3d 与 $s'D$ 线的交点即为 D°，过点 D°作铅垂线，与 $s'd$ 相交即得点 d°，重复用求 $D^\circ d^\circ$的方法作出门的虚像。

(3) 求桌子的虚像时，先求出对称轴 n_2n_2，为此连心点 s'与点 b，$s'b$ 与墙脚线交于点 n_2，过点 n_2 作铅垂线 n_2n_2，求出对称轴 n_2n_2 之后，其余作法与求点 A°、D°相似。图 23-11b 所示为加配景后的效果图。

图 23-12 所示为已知室内两点透视求虚像，可根据基本作法(四)求作虚像，现以图中的吊灯 Bb 的虚像 $B^\circ b^\circ$为例说明作法：连灭点 F_y 与点 b，F_yb 与右墙面和天棚交线交于点 n_1，过点

n_1 作铅垂线，即为对称轴，轴线与 F_yB 相交于点 N_1，取 n_1N_1 的中点 o_1；连点 b 与点 o_1，延长 bo_1 与 F_yB 相交，得交点 B°，过点 B° 作铅垂线，与 F_yb 相交得点 b°。求出 $B^\circ b^\circ$ 后，即可求得吊灯的虚像了，其余作法不再赘述。

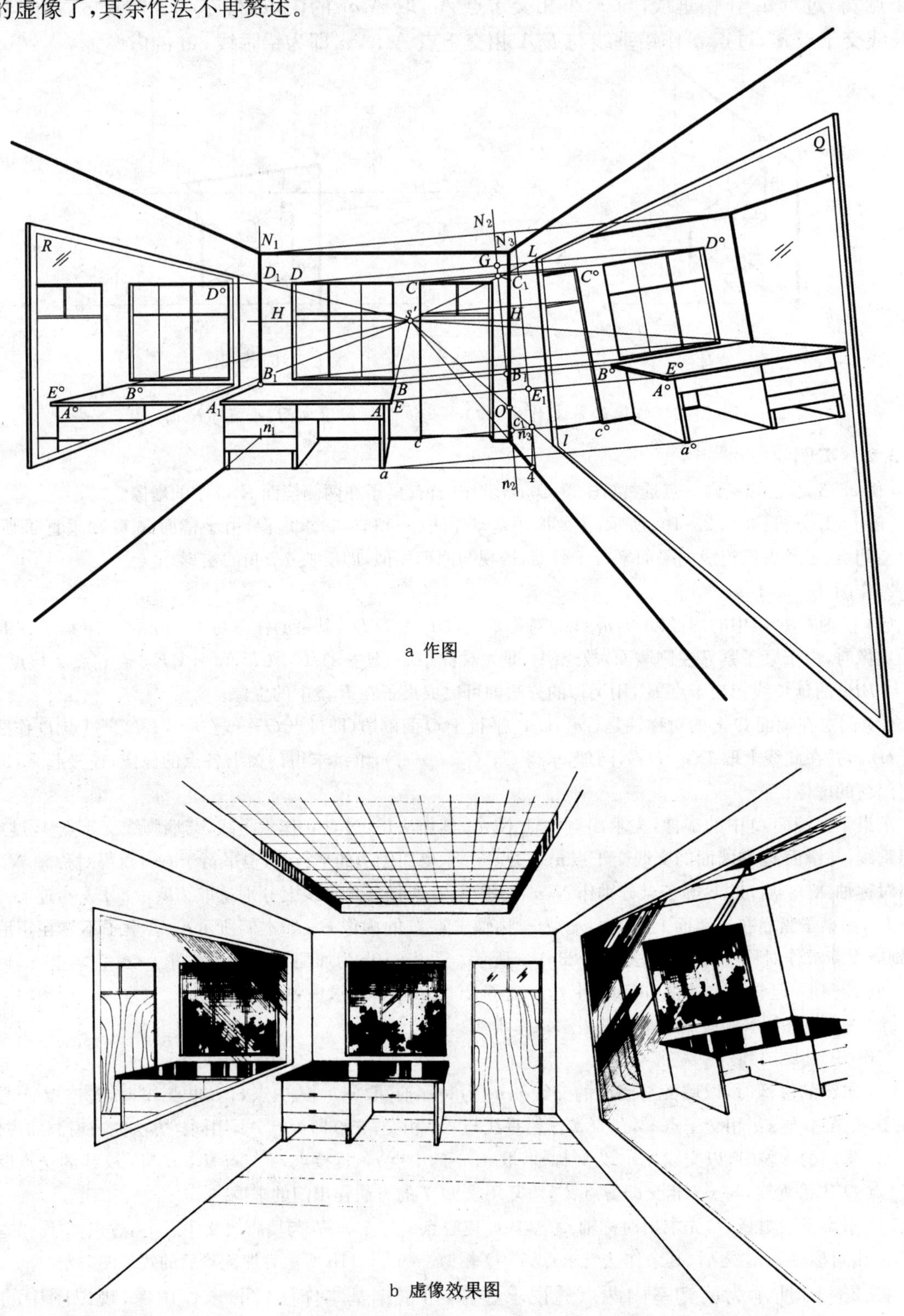

a 作图

b 虚像效果图

图 23-10　一点透视中侧面镜中的虚像

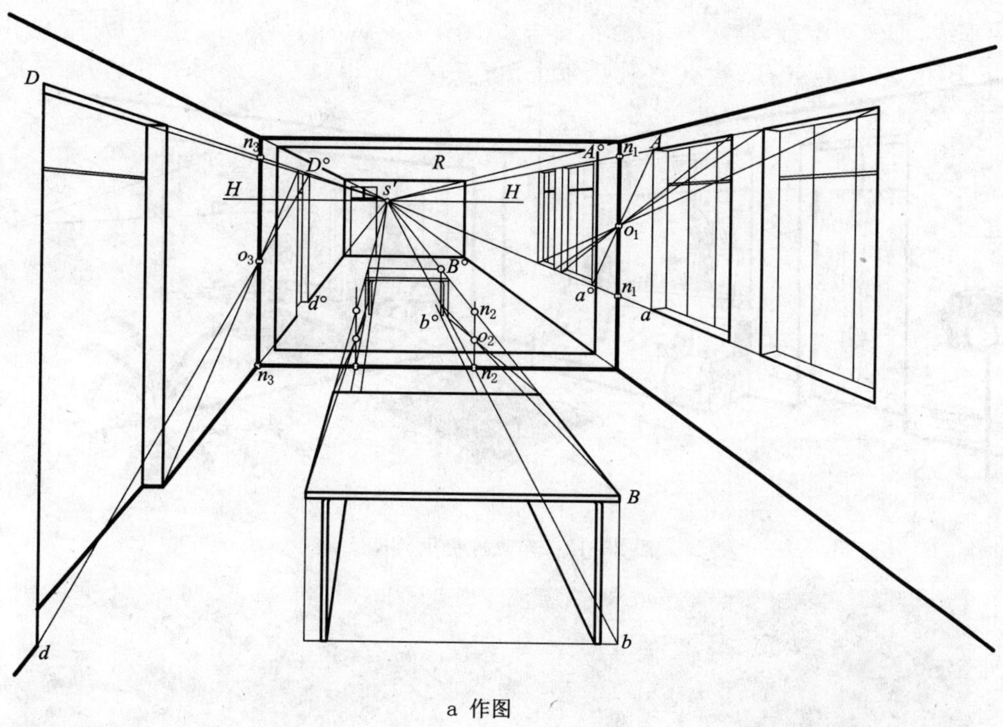

a 作图

b 虚像效果图

图 23-11　一点透视中正面镜中的虚像

图 23-12 两点透视中的虚像

图 23-13 两点透视中的虚像实例

图 23-13 所示为两点透视中虚像实例。由图可知，客厅中沙发右方墙面上装有垂直于地面的镜子(即对称面)，从镜子的虚像中可看到客厅的左方为厨房，厨房的天棚处装有圆形吊灯。厨房前侧面立柱之前有餐桌，餐桌旁边有靠背椅。由此可知，此处为家用餐厅，餐厅上方装有方形吸顶灯。餐厅的前侧和左侧为落地大玻璃窗。如果没有这面大镜子，图中只能看到客厅的一部分，由此可进一步了解到虚像的作用。

24 计算机绘图

24.1 AutoCAD 概述

计算机(辅助)绘图(Computer Aided Graphics,简称 CAG)是计算机辅助设计(Computer Aided Design,简称 CAD) 的重要组成部分。CAD 是指利用计算机系统进行工程和产品设计的全过程,CAG 是指应用输入设备进行图形输入,计算机主机进行图形信息处理,输出设备进行图形显示或绘图输出的过程。

计算机绘图的方法之一是使用现有的绘图软件进行绘图。目前世界上最流行的的绘图软件是 AutoCAD,它是美国 Autodesk 公司开发的一个交互式绘图软件系统,是用于二维及三维的设计绘图软件。该软件具有图形绘制功能强、图形编辑功能丰富、开放性好、图形与数据文件间的转换便捷、支持的外部设备广泛等特点。

AutoCAD 软件自 1982 年正式推出以来,经过 20 多年的应用、发展和不断完善,连续推出近 20 个升级版本,功能不断增强,性能更加稳定,已成为市场占有率位居世界第一的 CAD 绘图软件。计算机(辅助)绘图广泛应用于图形设计领域,已成为建筑、机械、汽车、造船、电子、广告、工业造型等行业图形设计人员的常用工具。利用 AutoCAD 能够绘出各专业的工程图样,在建筑设计过程中,初步设计、施工图设计及详图设计等都可以利用 AutoCAD 绘图软件来完成。图 24-1 为利用 AutoCAD 绘制的某别墅的平、立、剖面建筑施工图和效果图。

本章以最新版本 AutoCAD 2008(中文版)为基础,介绍计算机绘图的相关知识和操作。

24.1.1 AutoCAD 用户界面

AutoCAD 用户界面是用户与系统软件进行交互对话的窗口。运行 AutoCAD 后的经典图形用户界面如图 24-2 所示。它主要由标题栏、菜单栏、工具栏、绘图窗口、命令行窗口和状态行等部分组成。

24.1.1.1 标题栏

标题栏位于 AutoCAD 系统用户界面的最上方,用来显示程序图标及当前正在运行的图形文件名称。标题栏右侧的三个按钮分别用来实现窗口的最小化、还原(或最大化)及关闭操作。

24.1.1.2 菜单栏

菜单栏是快速选取 AutoCAD 命令的方式。菜单栏一般位于标题栏的下方,AutoCAD 系统的菜单栏由【文件】、【编辑】、【视图】和【插入】等 11 项下拉菜单组成,它包含了一系列命令和选项。用光标点取菜单栏某一项即拉出相应的下拉菜单,AutoCAD 2008 的【绘图】下拉菜单

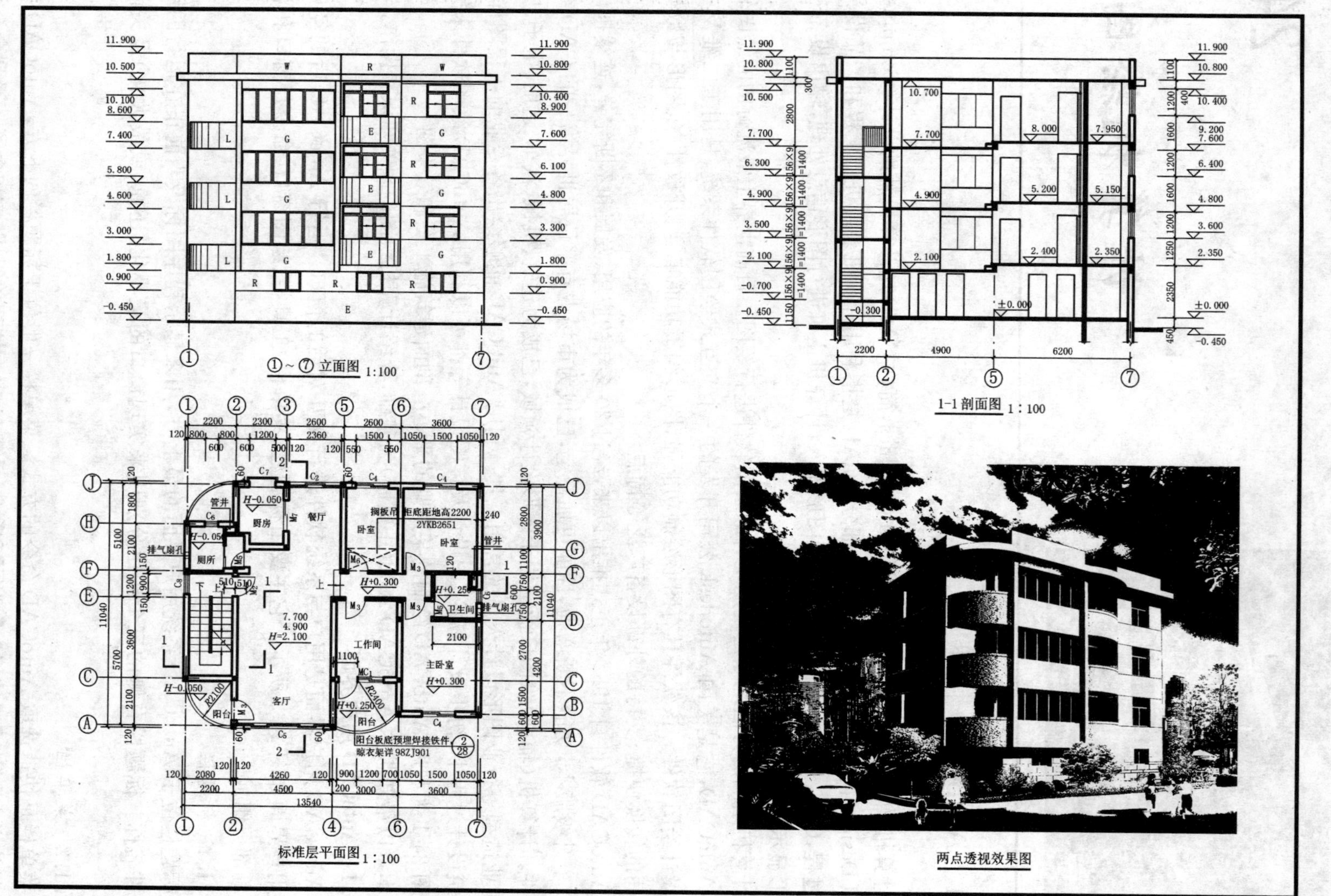

图24-1 建筑施工图和效果图

如图 24-3 所示。

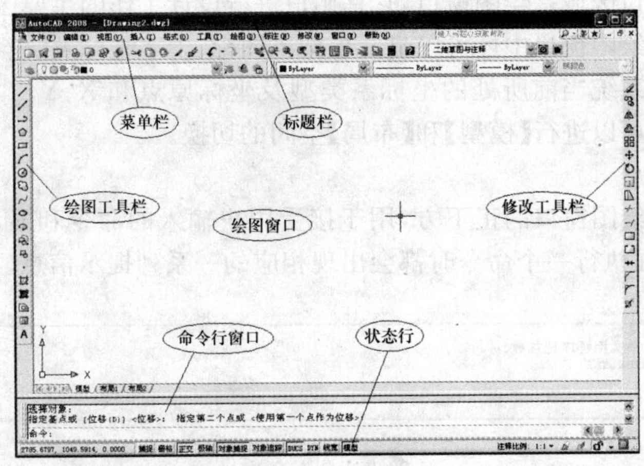

图 24-2　AutoCAD 2008 的图形用户界面

菜单标题后跟有 ▶ 符号的，表示还有下一级子菜单。菜单标题后跟有 … 符号的，表示执行该命令可打开一个对话窗口。有的菜单命令后跟有快捷键，表示用该快捷键也可以执行相应的命令。

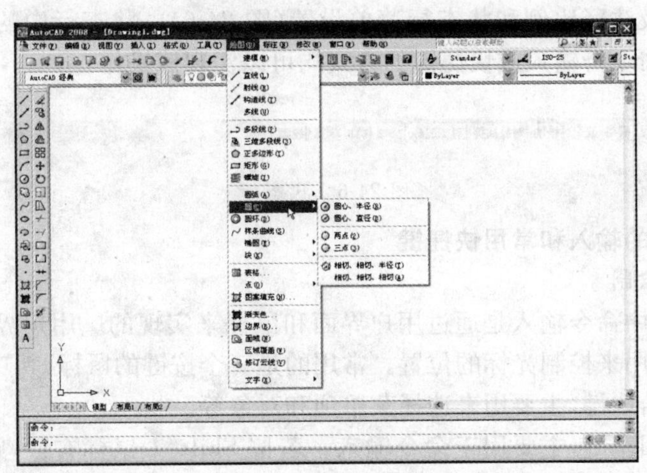

图 24-3　AutoCAD 2008 的【绘图】下拉菜单

24.1.1.3　工具栏

工具栏是应用程序执行命令的一种快捷方式。AutoCAD 的工具栏由一系列表示命令的按钮组成，单击相应的按钮即可执行相应命令。在 AutoCAD 2008 中，系统提供了 39 个工具栏。在系统默认状态下，【标准】、【工作空间】、【绘图】、【修改】等工具栏处于打开状态，如图 24-4 所示为 AutoCAD 2008 的【标准】工具栏。在任一工具栏上右击，可以打开已定义的工具栏。

图 24-4　AutoCAD 2008 的【标准】工具栏

24.1.1.4　绘图窗口

屏幕中最大的窗口区域是绘图窗口，它是用户进行设计工作的主要区域，所有的设计结果都显示在该区域。在绘图窗口中还可以显示坐标系图标、十字光标及【模型】和【布局】选项卡。坐标系图标用于显示系统当前所处的坐标系类型及坐标原点和X、Y、Z轴的方向。单击【模型】和【布局】选项卡，可以进行【模型】和【布局】空间的切换。

24.1.1.5　命令行窗口

命令行窗口位于绘图窗口的正下方，用于接受用户输入的命令和显示AutoCAD的提示信息(图24-5)，用户在执行一个命令时都会出现相应的一系列提示信息。

图24-5　命令行窗口

如果需查看前几次所输入的绘图命令，可按F2键进行图形用户界面和【AutoCAD文本窗口】的切换，【AutoCAD文本窗口】记录了用户已执行的命令。

24.1.1.6　状态行

状态行位于屏幕的底部，显示当前的状态信息，包括光标当前的坐标数、【捕捉】、【栅格】、【正交】等功能按钮及注释比例和状态行菜单设置(图24-6)。状态行中的信息均可以打开或关闭，用单击按钮、命令行输入或快捷键的方式均可以实现该操作。

图24-6　状态行

24.1.2　命令、数据的输入和常用快捷键

24.1.2.1　鼠标的控制

AutoCAD系统中命令输入是通过用户界面和鼠标来实现的。用户界面是用户与程序进行对话的窗口，鼠标用来控制光标的位置。常用的是三个按键的鼠标，其功能如下。

(1)鼠标左键：拾取键，主要用来选择菜单项和对象等。

(2)鼠标右键：回车键，主要用于命令输入。若按Shift＋鼠标右键，则成为弹出键，可以在鼠标指针处弹出菜单。

(3)鼠标滚轴：缩放键，前后滑动鼠标滚轴可使视图中的图形放大或缩小。

24.1.2.2　命令的输入方法

AutoCAD命令的输入方式主要有三种：键盘输入方式、菜单栏输入方式和工具栏按钮方式。

(1)键盘输入方式：键盘输入是AutoCAD输入命令和命令选项的重要工具。当命令行窗口出现“命令”提示时，可以通过键盘输入AutoCAD命令或命令的别名(短命令)，即可运行该命令。AutoCAD命令别名用户可以通过acad.pgp文件进行修改。另外，也可使用键盘激发下拉菜单，即按下Alt功能键，同时按下所需菜单的命令字母(即菜单中用下画线提示的字符)，或者使用方向键移动高亮度菜单项，当所需的菜单项呈高亮度时按Enter键。

(2)菜单栏输入方式：菜单输入一般用鼠标选择菜单栏来进行。单击菜单栏后出现下拉菜单，下拉菜单包含了一系列命令，从中可以选择某个菜单项直接执行命令。当菜单标题后有

▶ 时，表示还有下一级子菜单，可继续从子菜单中选择某个菜单项。当菜单标题后有 … 时，表示该命令是对话框命令，可弹出相应对话框。

(3)工具栏按钮方式：AutoCAD 系统的工具栏按钮提供了利用鼠标输入命令的简便方法。它们由一系列按钮组成，实际上可以看作是 AutoCAD 命令的触发器，单击工具栏按钮与使用键盘输入命令的功能是一样的。

24.1.2.3 数据的输入方式

AutoCAD 系统数据的输入有两种工具：鼠标和键盘。使用鼠标选择位置比较直观，通过鼠标拾取光标中心作为一个点的数据输入。同时按 F6 键可以在状态行上实时跟踪中心的坐标；按 F12 键可以在光标附近实时显示光标中心的动态信息。

键盘往往用于精确的坐标位置的数据输入。键盘输入数据常用以下三种方式：

(1)绝对坐标输入数据：绝对坐标是指一个点相对于坐标系原点(0,0)的坐标值。输入绝对坐标值时直接输入坐标值。例如坐标(20,－10)是指沿 X、Y 方向到原点的距离分别为 20、－10，该点的输入方法为：20,－10。

(2)相对坐标输入数据：相对坐标是指一个点相对于上一个输入点的坐标值。输入相对坐标值时要先输入“@”符号，例如距前一点的 X、Y 方向上的距离分别为－10,10，该点的输入方法是：@ －10,10。

(3)极坐标输入数据：极坐标输入数据又分绝对极坐标和相对极坐标两种。绝对极坐标是指一个点相对于原点的距离和角度值(使用较少)。相对极坐标是指一个点相对于前一点的距离和角度值，使用比较方便。输入相对极坐标值时同样要先输入“@”符号，且在距离与角度之间用“＜”分隔。默认情况下，指定逆时针方向角度输入正值。例如，输入@10＜300 和@10＜－60 代表相同的点。

24.1.2.4 常用快捷键

在使用 AutoCAD 命令绘制或编辑图形时，可以用快捷键快速、方便地改变某些状态。在 AutoCAD 2008 中常用的快捷键见表 24-1。

表 24-1 常用的快捷键

键 名	作 用	键 名	作 用
Ctrl＋N	新建图形文件	F1	帮助
Ctrl＋O	打开图形文件	F2	文本 / 图形窗口切换
Ctrl＋S	保存图形文件	F3 或 Ctrl＋F	打开或关闭对象捕捉设置对话框
Ctrl＋P	打印图形文件	F4	数值化仪开关
Ctrl＋Z	回退一步	F5 或 Ctrl＋E	在轴测图模式中循环
Ctrl＋Y	向前一步	F6 或 Ctrl＋D	在坐标显示模式中循环
Ctrl＋X	删除至剪贴板	F7 或 Ctrl＋G	打开或关闭网格显示
Ctrl＋C	复制至剪贴板	F8 或 Ctrl＋L	打开或关闭正交模式
Ctrl＋V	从剪贴板粘贴	F9 或 Ctrl＋B	打开或关闭捕捉模式
Delete	删除	F10	激活下拉菜单

24.1.3 图形文件管理

使用 AutoCAD 绘图时，首先要对图形文件进行管理。AutoCAD 2008 的图形文件管理主要包括图形文件的新建、打开、保存、关闭等操作。

24.1.3.1 图形文件的新建

要新建一个图形文件，可以在命令行中输入“new”命令，或者选择【文件】下拉菜单的【新建(N)】菜单项，或者单击【标准】工具栏中的【新建】 按钮，都可打开【选择样板】对话框(图24-7)，开始绘制新图。

图 24-7 【选择样板】对话框

24.1.3.2 图形文件的打开

要打开一个已经保存的图形文件，可以在命令行中输入“open”命令，或者选择【文件】下拉菜单的【打开(O)】菜单项，或者单击【标准】工具栏中的【打开】 按钮，打开【选择文件】对话框(图24-8)，在文件列表中选择需要打开的图形文件，从【预览】框中预览所选择的图形，单击【打开】按钮即可打开图形文件。

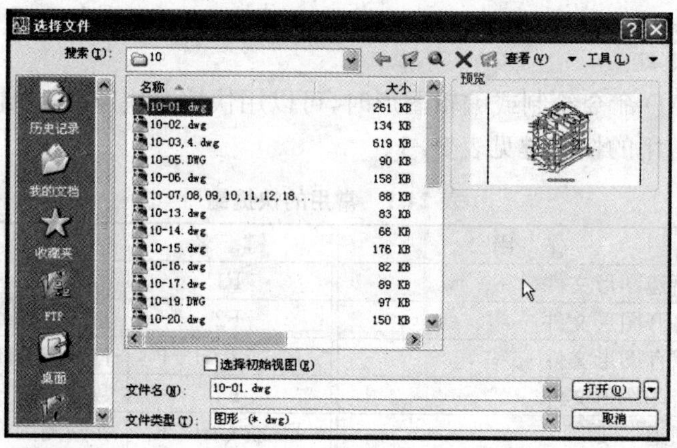

图 24-8 【选择文件】对话框

AutoCAD 2008 可以同时打开多个图形文件，单击某一文件的任何地方，即可将该图形文件设为当前图形。

24.1.3.3 图形文件的保存

新建和编辑图形后要保存图形文件，可以在命令行中输入“qsave”命令，或者选择【文件】下拉菜单的【保存(S)】菜单项，或者单击【标准】工具栏中的【保存】 按钮，如果图形文件尚未命名，则打开【图形另存为】对话框(图 24-9)，输入文件保存的路径和名称，并指定文件类型，指定新名或用当前文件名(已命名)保存图形文件。可以将图形文件类型另存为 AutoCAD 低版本的图形格式文件或样板文件(.dwt 格式)。

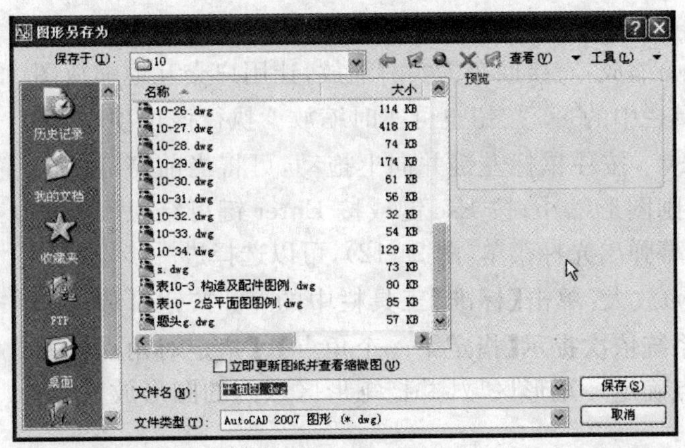

图 24-9 【图形另存为】对话框

绘制和编辑图形后需要更名保存图形文件，可在命令行中输入“save/ saveas”命令，或者选择【文件】下拉菜单的【另存为(A)】菜单项，将当前图形文件指定新文件名保存。

24.1.3.4 图形文件的关闭

在 AutoCAD 2008 系统中，关闭图形文件有如下几种方式：

(1) 在命令行直接输入“close/quit”命令。

(2) 选择【文件】下拉菜单的【退出(X)】菜单项。

(3) 选择【窗口】下拉菜单的【关闭】菜单项。

(4) 单击图形窗口右上角的 × 按钮。

在执行上述操作时，若用户所要关闭的图形文件尚未保存，系统将自动弹出 AutoCAD 保存对话框(图 24-10)。提醒用户可以按照将图形文件自动保存【是(Y)】、不会保存【否(N)】或取消此次操作【取消】三种方式操作。还需注意，若打开已有图形文件进行改动后执行此操作时，系统将会默认其源文件指定路径和源文件名(图 24-11)。

图 24-10 保存对话框

图 24-11 指定路径的保存对话框

24.1.4 图形的缩放与平移

在观察较复杂的图形时，往往无法对其局部细节进行查看和操作。AutoCAD 提供的视图【缩放】(zoom)、【平移】(pan)等功能，用来任意的放大缩小和移动屏幕上的图形显示。

24.1.4.1 图形的缩放

将当前屏幕上指定对象的视觉尺寸放大或缩小，而对象的实际尺寸不变。

(1)操作

在命令行中输入“zoom”命令，或者选择【视图】下拉菜单的【缩放(Z)】菜单项，或者单击【缩放】工具栏 中的一个按钮均可执行【缩放】命令。操作步骤如下：

命令：'_zoom

指定窗口的角点，输入比例因子 (nX 或 nXP)，或者[全部(A)/中心(C)/动态(D)/范围(E)/上一个(P)/比例(S)/窗口(W)/对象(O)] <实时>：

(2)说明

【实时】(realtime)缩放:直接回车为实时缩放,让用户交互地缩放图形。单击【标准】工具栏中的按钮也可实时缩放。执行该选项,屏幕上光标变成放大镜,按住鼠标左键并向上拖动,可将当前窗口中的图形放大;向下拖动则图形缩小;按 Esc 键或按 Enter 键可结束实时缩放;单击鼠标右键屏幕弹出光标菜单(图 24-12),可以选择进一步操作。

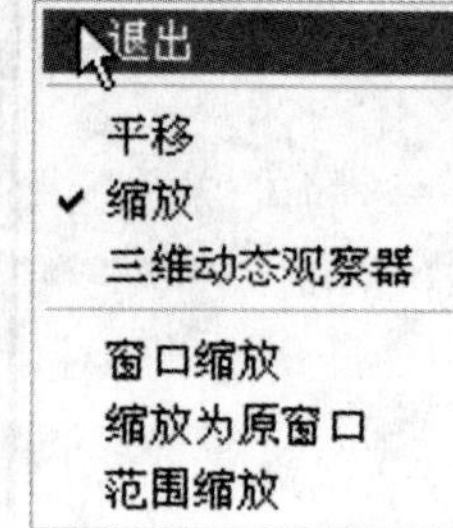

图 24-12 光标菜单

【窗口】(window)放大:单击【标准】工具栏中的按钮可放大窗口。执行该选项时系统依次提示【指定第一个角点】、【指定对角点】,并根据用户输入的两点确定一矩形区域,并把矩形区域内的图形放大、调整至充满整个窗口。

【范围】(extents)缩放:将整个图形在当前窗口内最大限度地显示。

【全部】(all)缩放:在当前窗口中缩放显示全部图形。所有图形将被缩放到栅格界限和当前范围两者中较大的区域中。

返回【上一个】(previous)显示状态:恢复上一次屏幕显示的图形,最多可以恢复此前 10 次显示的图形。

【比例】(scale)缩放:以指定的比例因子缩放显示图形。直接输入数值,表示指定相对于图形界限的比例;输入的值后面跟着 X,表示根据当前视图指定比例缩放图形;输入值的后面跟 XP,表示指定相对于图样空间单位的比例缩放图形。

24.1.4.2 图形的平移

将图形的特定部分移动到当前的显示屏幕中,但不改变图形的显示大小。

(1)操作

在命令行中输入“pan”命令,或者选择【视图】下拉菜单的【平移(P)】菜单项,或者工具栏按钮均可执行【平移】命令。操作步骤如下:

命令:'_pan
按 Esc 或 Enter 键退出,或右击后显示快捷菜单。

(2)说明

屏幕上的鼠标指针将变成手掌形状,此时可以通过拖动鼠标的方式移动整个图形,按 Esc 键或 Enter 键可以结束实时平移命令。单击鼠标右键屏幕弹出光标菜单(图 24-12),选择【退出】命令,或选择其他与【缩放】和【平移】命令有关的选项。

24.1.5 对象选择和对象捕捉

24.1.5.1 对象选择方式

在对图形进行编辑执行编辑命令时,系统会出现提示“选择对象”:此时屏幕十字光标变成矩形拾取框,要求用户选择要进行编辑的对象,选中的对象变为亮显(虚显),将被放在选择集中。AutoCAD 系统提供了多种对象选择的方式,下面介绍几种常用的方式。

(1)单点选择方式:默认方式,用拾取框拾取对象,用户一次只能选中一个对象,移动拾取框可多次选择,选择完成后按 Enter 键可结束对象的选择。

(2)多选(multiple)方式:先键入“m”并按 Enter 键,然后逐个拾取对象,按回车键后所选对象同时变为亮显(虚显)。

(3)窗口(window)方式(图 24-13):键入“w”并按 Enter 键,将提示用户输入矩形窗口的两个对角点。完全包括在矩形窗口内的所有可见对象被选中。

(4)窗交(crossing)方式(图 24-14):键入“c”并按 Enter 键,仍将提示用户输入矩形窗口的两个对角点。但与窗口相交及窗口内的所有可见对象都被选中。

另外,在提示【选择对象】时,从左向右拖动光标选定两个对角点,AutoCAD 系统自动选择 window 方式(图 24-13)。从右向左拖动光标选定两个对角点,AutoCAD 系统自动选择 crossing 方式(图 24-14)。

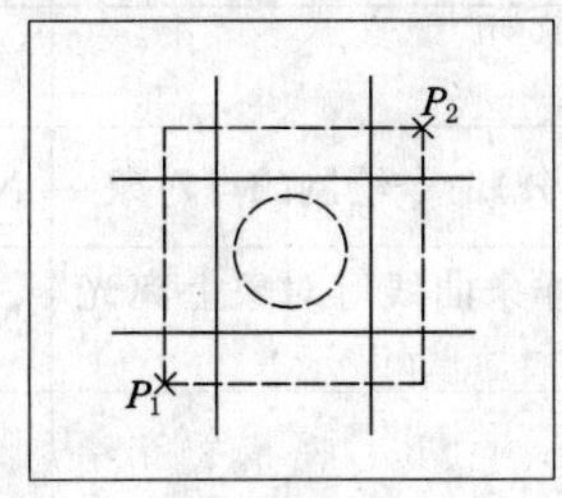

图 24-13 window 方式选择对象图

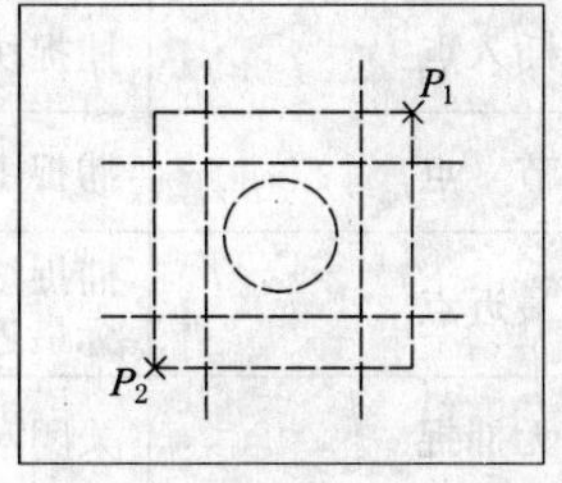

图 24-14 crossing 方式选择对象

(5)放弃(undo)方式:取消前一个对象选择操作。

(6)空回车方式:按空格键或按 Enter 键,则结束构造选择集的操作。

(7)中断(Esc)方式:按 Esc 键,终止此次选择操作,并放弃该选择集。

24.1.5.2 对象捕捉设置

用户在绘制和编辑图形时,经常需要准确地找到某些特殊点,如圆心、直线或圆弧的中点、端点等。AutoCAD 系统提供了有效、准确、迅速地锁定对象上特殊点的功能,即对象捕捉。对象捕捉功能并不产生对象,而是配合其他命令使用。

(1)对象捕捉的模式

AutoCAD 提供的对象捕捉模式的名称、功能和相应命令如表 24-2 所示。对象捕捉模式见【对象捕捉】快捷菜单(图 24-15)。

表 24-2 对象捕捉模式

图 标	名 称	功 能	命 令
	临时追踪点	创建对象追踪的参考点	TT
	捕捉自	从临时参照点偏移	FROM
	两点之间的中点	捕捉两点之间的中点	M2P
	端 点	捕捉线段或圆弧的端点	ENDP
	中 点	捕捉线段或圆弧等对象的中点	MID
	交 点	捕捉线段、圆弧、圆等对象相交所得的交点	INT
	外观交点	外观交点包括外观交点和延伸外观交点。	APPINT
	延长线	捕捉直线或圆弧的延长线上的点。	EXT
	圆 心	捕捉圆、圆弧、椭圆或椭圆弧的圆心	CEN
	象限点	捕捉圆、圆弧、椭圆或椭圆弧的象限点	QUA

续表

图标	名称	功能	命令
	切点	捕捉圆、圆弧、椭圆、椭圆弧或样条曲线的切点	TAN
	垂足	捕捉从预定点到所选择对象所作垂线的垂足	PER
	平行线	捕捉与指定线平行的线	PAR
	插入点	捕捉块、图形、文字或属性的插入点	INS
	节点	捕捉由【点】、【定数等分】和【定距等分】命令绘制的点对象	NOD
	最近点	捕捉线段、圆、圆弧、射线、多段线、样条曲线等对象上离光标最近的点	NEA
	无捕捉	关闭对象捕捉模式	
	对象捕捉设置	设置自动捕捉模式	

(2)自动对象捕捉方式

事先设定一种或多种对象捕捉模式称为自动对象捕捉方式。当打开这种方式时，系统自动捕捉对象上所有符合条件的特殊点。

选择【工具】下拉菜单的【草图设置(F)】菜单项或将鼠标指针移至状态行 对象捕捉 按钮上方并右击，在弹出的快捷菜单上选择【设置】选项，弹出【草图设置】对话框，选择【对象捕捉】选项卡，如图 24-16 所示。从【对象捕捉模式】区中选择一种或多种捕捉模式，单击【确定】按钮，即可执行相应的对象捕捉。用【启动对象捕捉】复选框打开和关闭自动对象捕捉方式，或单击状态行的 对象捕捉 、按 F3 键或 Ctrl＋F 键都可打开或关闭自动对象捕捉方式。

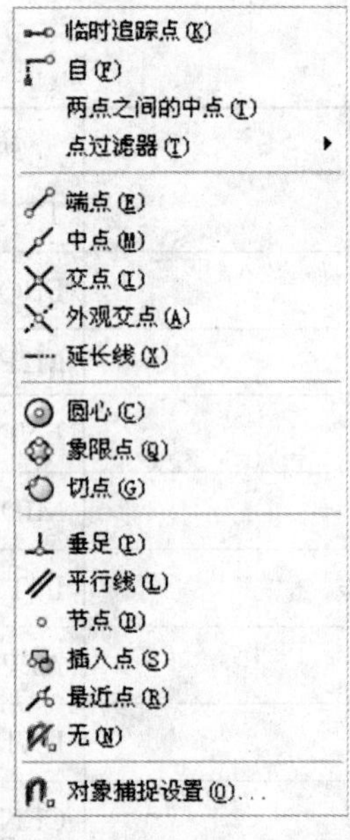

图 24-15 【对象捕捉】快捷菜单

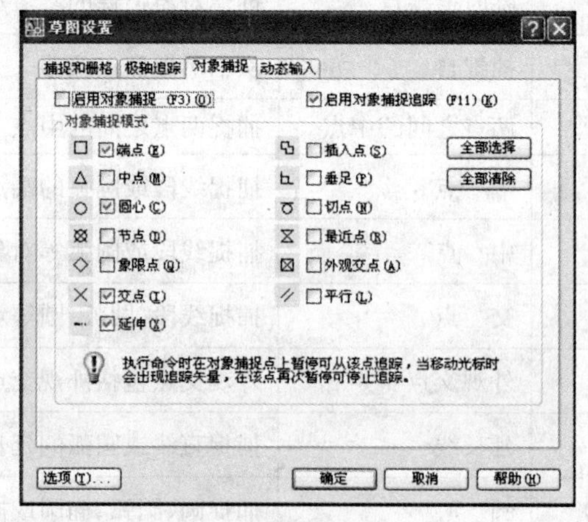

图 24-16 【草图设置】对话框的【对象捕捉】选项卡

(3)覆盖对象捕捉方式

在绘制和编辑图形中,系统提示"指定下一点"时,可以直接指定对象捕捉模式后输入点,这种捕捉方式称为覆盖对象捕捉方式。它仅对当前操作有效,操作一次后捕捉模式自动关闭。在执行覆盖对象捕捉方式时,将中断自动对象捕捉方式。

当要求用户指定点时,用户可用以下三种方法设置覆盖对象捕捉方式:①直接单击【对象捕捉】工具栏内的一个【捕捉模式】按钮(图 24-17);②直接在命令行输入命令(参见表 24-2) 并按 Enter 键;③按 Shift+鼠标右键弹出【对象捕捉】快捷菜单(图 24-15)后选择。

图 24-17 【对象捕捉】工具栏

24.2 二维图形的绘制和修改

24.2.1 图形的绘制

二维图形包括直线、圆弧、椭圆等各种基本图形。可以用直线、圆弧、椭圆、正多边形、多段线、文本、填充等基本绘图命令绘制,【绘图】工具栏如图 24-18 所示。

图 24-18 【绘图】工具栏

24.2.1.1 绘制直线

通过指定的端点绘制一条或多条直线段。

(1)操作

在命令行中输入"line"命令,或者单击【绘图】工具栏【直线】按钮、选择【绘图】下拉菜单的【直线(L)】菜单项都可以绘制直线。如绘制由一组直线围成的矩形(图 24-19),矩形长、宽分别为 40、30,具体步骤如下。

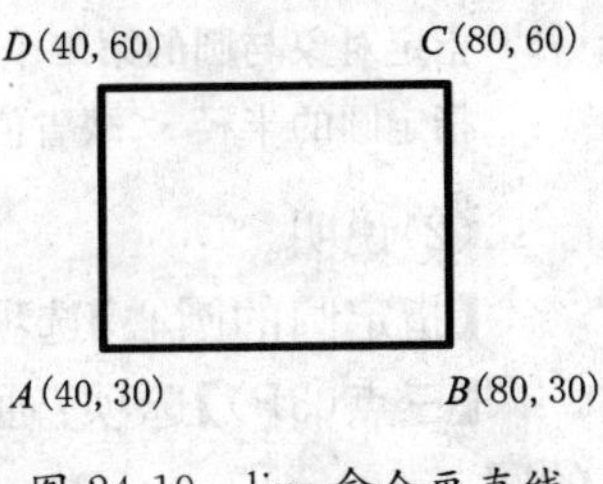

图 24-19 line 命令画直线

命令:_line

指定第一点:40,30(指定直线起点 A 的绝对坐标)

指定下一点或[放弃(U)]:80,30(指定直线端点 B 的绝对坐标)

指定下一点或[放弃(U)]:@0,30(指定直线另一个端点 C 的相对坐标)

指定下一点或[闭合(C)/放弃(U)]:@40<180(指定直线另一个端点 D 的相对极坐标)

指定下一点或[闭合(C)/放弃(U)]:c(选用闭合选项,完成矩形绘制)

(2)说明

①对提示"指定下一点或[放弃(U)":可输入一系列端点;或按空格键或 Enter 键时结束命令;或输入 u(undo)并按 Enter 键,放弃最近一次输入的点;或输入 c(close)并按 Enter 键,形成封闭的多边形并退出本次操作。

② 在提示"指定第一点":按空格键或 Enter 键,将前一次绘图命令所绘制线段(直线或圆

弧)的终点作为本次【直线】命令的画线起点,用于绘制连续线段。

24.2.1.2　绘制圆

在指定位置绘制圆。AutoCAD 系统提供 6 种画圆方式(图 24-20)。

(1)操作

在命令行中输入"circle"命令,或者单击【绘图】工具栏【圆】按钮,或者选择【绘图】下拉菜单的【圆(C)】子菜单,然后通过命令提示行的选项确定画圆方式。如已知一条直线,作圆心为(90,90),半径为 20 的圆;再作与直线和该圆相切、半径为 15 的圆(图 24-21)。具体步骤如下。

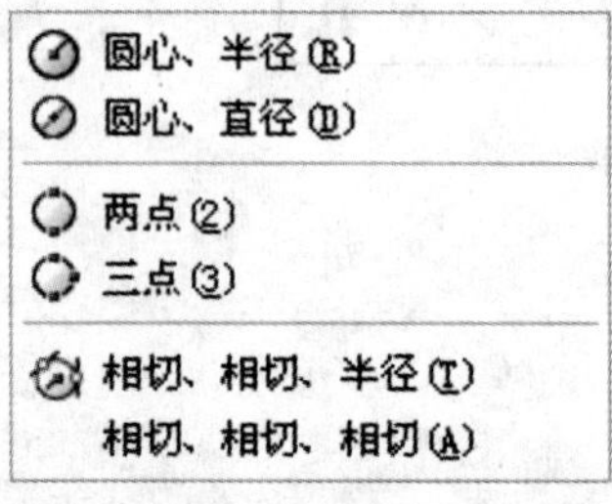

图 24-20　画圆方式

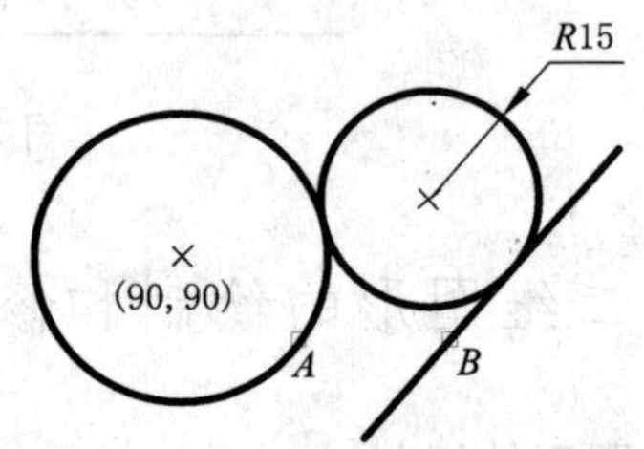

图 24-21　circle 命令画圆

命令:_circle

指定圆的圆心或[三点(3P)/两点(2P)/相切、相切、半径(T)]:90,90(指定圆心)

指定圆的半径或[直径(D)]<221.1418>:20(指定圆半径)

命令:按空格键或 Enter 键(重复【圆】命令)

指定圆的圆心或[三点(3P)/两点(2P)/相切、相切、半径(T)]:t 按 Enter 键(选择 T 方式画圆)

指定对象与圆的第一个切点:拾取圆周上点 A(指定第一个与圆相切的对象)

指定对象与圆的第二个切点:拾取直线上点 B(指定第二个与圆相切的对象)

指定圆的半径 <缺省值>:15 (指定圆半径值)

(2)说明

【指定圆的圆心】选项:给定圆心及直径或半径画圆。

【三点(3P)】选项:通过圆周上三个点来画圆,或作与三个图形(圆、圆弧或直线)公切的圆。

【两点(2P)】选项:通过直径上两点画圆。

【相切、相切、半径(T)】选项:已知两线段(直线或圆)和半径画公切圆。

24.2.1.3　绘制圆弧

在指定位置绘制圆弧。AutoCAD 中提供了 11 种画圆弧方式(图 24-22)。

(1)操作

在命令行中输入"arc"命令,或者单击【绘图】工具栏【圆弧】按钮,或者选择【绘图】下拉菜单的【圆弧(A)】子菜单都可以绘制圆弧。根据起点 S(120,40),终点 E(90,60),起点切线方向为 90(作一段圆弧(图 24-23)。具体步骤如下。

命令:_arc

指定圆弧的起点或[圆心(C)]:120,40(指定圆弧的起点)

指定圆弧的第二个点或[圆心(C)/端点(E)]:e(指定圆心端点方式作圆弧)

指定圆弧的端点：90,60(指定圆弧的终点)

指定圆弧的圆心或［角度(A)/方向(D)/半径(R)]：d(选择D方式)

指定圆弧的起点切向：90(指定圆弧起点切线方向)

(2)说明

【指定圆弧的起点】选项：指定圆弧起点后按照8种方式画圆弧。

【圆心(C)】选项：指定圆弧圆心后按照3种方式画圆弧。

图 24-22　画圆弧方式

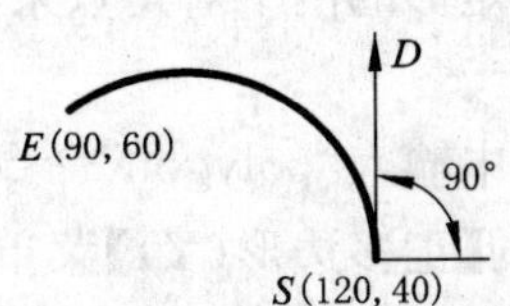

图 24-23　用起点、端点、方向方式画圆弧

24.2.1.4　绘制椭圆或椭圆弧

在指定位置绘制椭圆或椭圆弧。AutoCAD系统提供的有两种绘制椭圆方法(图24-24)。画椭圆弧时，应先绘出一个完整的椭圆。

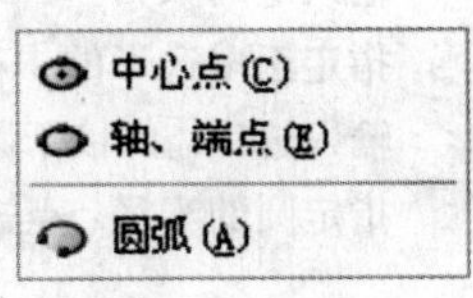

图 24-24　画椭圆方式

(1)操作

在命令行中输入“ellipse”命令，或者单击【绘图】工具栏【椭圆】按钮，或者选择【绘图】下拉菜单的【椭圆(E)】子菜单都可以绘制椭圆，根据椭圆中心A(40,60)，端点B(70,60)，椭圆旋转角为45°，画椭圆(图24-25a)。具体步骤如下。

命令：_ellipse

指定椭圆的轴端点或［圆弧(A)/中心点(C)]：c(指定椭圆中心方式)

指定椭圆的中心点：40,60(指定椭圆中心A)

指定轴的端点：70,60(椭圆长轴端点B)

指定另一条半轴长度或［旋转(R)]：r(选择旋转方式)

指定绕长轴旋转的角度：45(输入旋转角度)

(2)说明

【指定椭圆的轴端点】选项：指定一根轴的两个端点和另一根轴的半轴长度(图24-25b)。

【圆弧(A)】选项：画椭圆弧，先绘出一个完整的椭圆，再通过指定起始角和终止角或指定起始角及椭圆弧包含角来确定椭圆弧的长度。

【中心点(C)】选项：指定椭圆中心、一根轴的一个端点与另一根轴的半轴长度来绘制椭圆(图24-25c)。

【旋转(R)】选项：指以第一条轴作为圆的直径，并以此为旋转轴，将圆绕其转动一定角度投影到屏幕上形成椭圆。旋转角有效取值范围为0°～89.4°，0°生成的是圆。

【等轴测圆(I)】选项：打开【等轴测】模式后出现提示"指定椭圆轴的端点或［圆弧(A)/中心点(C)/等轴测圆(I)］"：执行选项可以在当前轴测平面上绘制轴测圆。

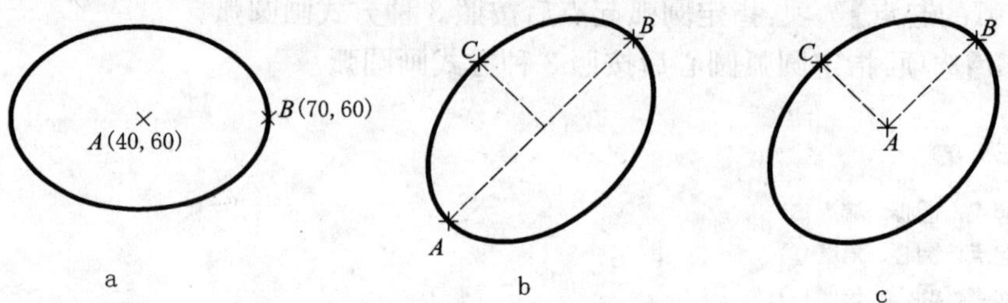

图 24-25　ellipse 命令画椭圆

24.2.1.5　绘制正多边形

通过指定矩形的两个对角点来绘制3到1024条边组成的正多边形。

(1)操作

在命令行中输入"polygon"命令，或者单击【绘图】工具栏【多边形】 按钮，或者选择【绘图】下拉菜单的【正多边形(Y)】菜单项都可绘制正多边形，绘制图24-26b所示正六边形的步骤如下。

命令：_polygon

输入边的数目＜4＞：6(输入多边形边数)

指定正多边形的中心点或［边(E)］：点击P1(指定六边形中心)

输入选项［内接于圆(I)/外切于圆(C)］＜I＞：i(按I方式画六边形)

指定圆的半径：点击P2(指定半径)

(2)说明

【指定正多边形的中心点】选项：指定多边形的中心及正多边形内接于圆(I)或外切于圆(C)的方式绘制正多边形。

【边(E)】选项：指定边长(边的起点和终点)按逆时针方向绘制正多边形(图24-26a)。

【内接于圆(I)】选项：正多边形内接于圆方式(图24-26b)。

【外切于圆(C)】选项：正多边形外切于圆方式(图24-26c)。

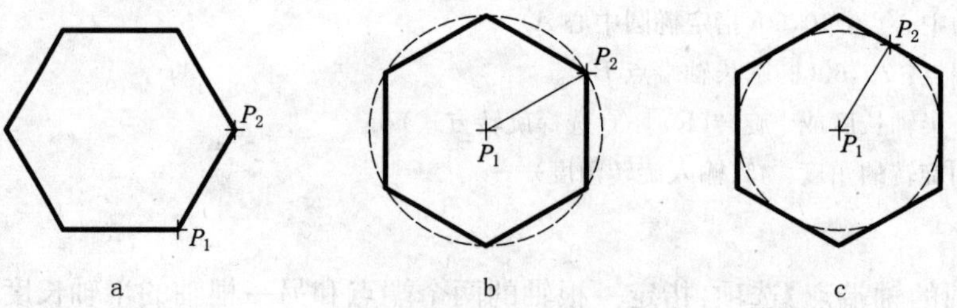

图 24-26　polygon 命令画正多边形

24.2.1.6　绘制多段线

绘制由多段首尾相接的直线和圆弧组成的单个图形对象(图24-27)。

(1)操作

在命令行中输入“pline”命令，或者 单击【绘图】工具栏【多线段】按钮，或者选择【绘图】下拉菜单的【多段线(P)】菜单项都可绘制多段线，提示步骤如下。

命令：_pline
指定起点：0,0(指定多段线起点)
当前线宽为 0.0000
指定下一点或[圆弧(A)/半宽(H)/长度(L)/放弃(U)/宽度(W)]：(指定多段线另一个端点)

(2)说明

【半宽(H)】选项：可以确定所绘多段线的起始点半宽和终止点半宽。

【长度(L)】选项：将沿当前方向绘制长度为指定值的多段线。

【宽度(W)】选项：可确定所绘多段线的起始宽度和终止宽度。

【圆弧(A)】选项：输入字母“a”并按 Enter 键，系统将进入圆弧绘制状态，提示步骤如下。

指定下一点或[圆弧(A)/闭合(C)/半宽(H)/长度(L)/放弃(U)/宽度(W)]：a(选择圆弧方式)
指定圆弧的端点或[角度(A)/圆心(CE)/方向(D)/半宽(H)/直线(L)/半径(R)/第二个点(S)/放弃(U)/宽度(W)]：(指定圆弧端点或选项)

用“pline”命令所绘制的多段线既可以是直线也可以是圆弧，既可以等宽也可以不等宽，如图 24-27 所示。操作过程如下。

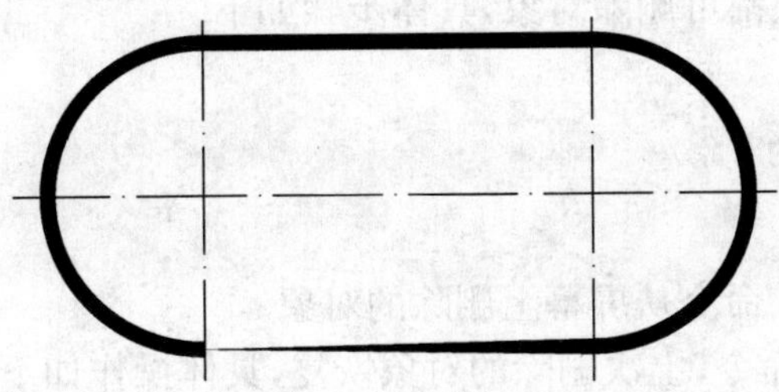

图 24-27　pline 命令画多义线

命令：_pline
指定起点：45,55(指定多段线起点)
当前线宽为 0.0000
指定下一个点或 [圆弧(A)/半宽(H)/长度(L)/放弃(U)/宽度(W)]：w(设置多段线宽度)
指定起点宽度 <0.0000>：0(指定直线段多段线起点宽度值)
指定端点宽度 <0.0000>：2(指定直线段多段线端点宽度值)
指定下一个点或 [圆弧(A)/半宽(H)/长度(L)/放弃(U)/宽度(W)]：95,55(指定多段线一个端点)
指定下一点或 [圆弧(A)/闭合(C)/半宽(H)/长度(L)/放弃(U)/宽度(W)]：a(选择圆弧方式)
指定圆弧的端点或[角度(A)/圆心(CE)/闭合(CL)/方向(D)/半宽(H)/直线(L)/半径(R)/第二个点(S)/放弃(U)/宽度(W)]：r(以半径画弧)
指定圆弧的半径：20(输入半径值)
指定圆弧的端点或 [角度(A)]：a(圆心角方式)
指定包含角：180(输入圆心角)

指定圆弧的弦方向 <0>：90(指定弦的方向)

指定圆弧的端点或[角度(A)/圆心(CE)/闭合(CL)/方向(D)/半宽(H)/直线(L)/半径(R)/第二个点(S)/放弃(U)/宽度(W)]：l(直线方式)

指定下一点或 [圆弧(A)/闭合(C)/半宽(H)/长度(L)/放弃(U)/宽度(W)]：45,95(指定多段线一个端点)

指定下一点或 [圆弧(A)/闭合(C)/半宽(H)/长度(L)/放弃(U)/宽度(W)]：a(圆弧方式)

指定圆弧的端点或[角度(A)/圆心(CE)/闭合(CL)/方向(D)/半宽(H)/直线(L)/半径(R)/第二个点(S)/放弃(U)/宽度(W)]：cl(以圆弧闭合方式完成多段线绘制)

24.2.2 图形的修改

利用编辑命令可以对图形进行删除、恢复、打断、移动、旋转和缩放等修改操作，【修改】工具栏如图 24-28 所示。

图 24-28 【修改】工具栏

24.2.2.1 删除对象

删除图形中被选中的对象。

在命令行中输入“erase”命令，或者单击【修改】工具栏【删除】按钮，或者选择【修改】下拉菜单的【删除(E)】菜单项都可删除对象，具体步骤如下。

命令：_erase

选择对象：(选择要删除的对象)

24.2.2.2 恢复对象

恢复最近一次由 erase 命令从屏幕上删除的对象。

在命令行键入“oops”命令，上次删除的对象恢复，具体操作如下。

命令：oops

24.2.2.3 【取消】命令

逆序取消一个或一组命令，连续使用可以逐步返回到绘图的初始状态。

(1)操作

在命令行输入“u”命令，或者单击【标准】工具栏【放弃】按钮都可取消命令，具体步骤如下。

命令：u

(2)说明

要取消【放弃】命令，可紧跟其后执行【重做】命令，恢复【放弃】命令所撤销的各种操作。单击【标准】工具栏【重做】按钮也可实现【重做】命令。

24.2.2.4 打断对象

该命令用于将直线、圆、圆弧等对象进行部分删除或将其打断为两个对象。

(1)操作

在命令行中输入"break"命令，或者单击【修改】工具栏【打断】按钮，或者选择【修改】下拉菜单的【打断(K)】菜单项都可打断对象，在 P2、P3 之间断开圆弧(图 24-29b)，具体步骤如下。

命令：_break

选择对象：拾取 P_1(选择要断开的对象)

指定第二个打断点 或 [第一点(F)]：f(重新指定断开的第一点)

指定第一个打断点：(指定断开第一点 P_2)

指定第二个打断点：(指定断开第二点 P_3)

(2)说明

①对提示"指定第二个打断点 或 [第一点(F)]"：若指定点(P_2)，则该指定点为断开的第二点，而选择对象点为断开的第一点(图 24-29a)。若输入"@"，表示断开的第一点与第二点重合，即在选择对象点断开(图 24-29c)。

②断开的第二点可选在对象之外(点 B)，由该点向对象作垂线的垂足或与圆心连线的交点作为断开点(图 24-29a、b)。

③断开圆时，断开第一点向第二点按逆时针方向删除对象(图 24-29d)。

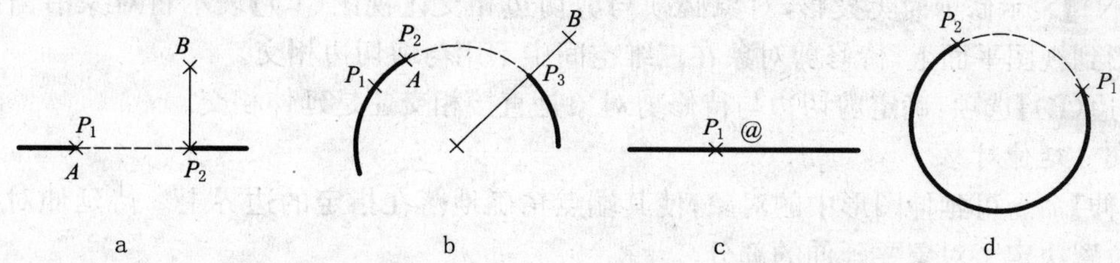

图 24-29　break 命令断开图形

24.2.2.5　修剪对象

该命令用来修剪一个或多个对象，待修剪的对象沿一个或多个对象所限定的剪切边处被剪掉。被修剪的对象可以是直线、圆、圆弧等。

(1)操作

在命令行中输入"trim"命令，或者单击【修改】工具栏【修剪】按钮，或者选择【修改】下拉菜单的【修剪(T)】菜单项都可修剪对象。以图 24-30 为例说明具体操作步骤如下。

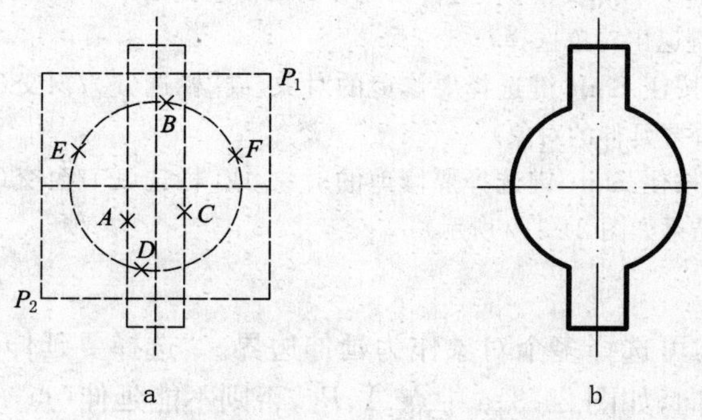

图 24-30　trim 命令修剪图形

命令：_trim

当前设置：投影=UCS，边=无

选择剪切边...

选择对象或 <全部选择>：（点取 P_1、P_2 用窗交方式选择对象如图 24-30a）

选择对象：（按 Enter 键退出对象选择）

选择要修剪的对象，或按住 Shift 键选择要延伸的对象，或[栏选(F)/窗交(C)/投影(P)/边(E)/删除(R)/放弃(U)]：（选择直线上的点 A）

选择要修剪的对象，或按住 Shift 键选择要延伸的对象，或[栏选(F)/窗交(C)/投影(P)/边(E)/删除(R)/放弃(U)]：（选择直线上点 B、C、D）

选择要修剪的对象，或按住 Shift 键选择要延伸的对象，或[栏选(F)/窗交(C)/投影(P)/边(E)/删除(R)/放弃(U)]：（按 Enter 结束修剪，结果如图 24-30b 所示）

(2)说明

①选择要修剪的对象可以采用点选、【栏选(F)】和【窗交(C)】的方式。

②选择要修剪的对象时，如果按住 Shift 键可变成选择要延伸的对象。

③【投影(P)】选项：让用户指定投影模式。默认模式是【UCS(U)】，表示将对象和剪切边投影到当前用户坐标系的 XY 平面上，投影对象在三维空间无须与剪切边相交便可以进行修剪；【无(N)】表示修剪时无投影，对象必须与剪切边相交；【视图(V)】表示将对象沿当前视图方向投影到视图平面上，待修剪对象在三维空间中不用与剪切边相交。

④【边(E)】选项：确定剪切边与待修剪对象是直接相交还是延伸相交。

24.2.2.6 延伸对象

【延伸】命令可延伸图形中的对象，使其端点精确地落在指定的边界上。待延伸对象上拾取点的位置决定了对象要延伸的部分。

(1)操作

在命令行中输入“extend”命令，或者单击【修改】工具栏【延伸】按钮，或者选择【修改】下拉菜单的【延伸(D)】菜单项都可执行延伸操作，以图 24-31 为例说明延伸对象的具体操作过程。

命令：_extend

当前设置：投影=UCS，边=无

选择边界的边...

选择对象或 <全部选择>：拾取点 P_1（选择对象作为延伸边界如图 24-31a）

选择对象：（按 Enter 键退出对象选择）

选择要延伸的对象，或按住 Shift 键选择要修剪的对象，或[栏选(F)/窗交(C)/投影(P)/边(E)/放弃(U)]：拾取点 P_2、A、B（选择要延伸的对象）

选择要延伸的对象，或按住 Shift 键选择要修剪的对象，或[栏选(F)/窗交(C)/投影(P)/边(E)/放弃(U)]：（按 Enter 键结束，结果如图 24-31b 所示）

(2)说明

对提示“选择对象”：可选择多个对象作为延伸边界。“选择要延伸的对象”时，延伸对象拾取点的位置决定延伸方向，如图 24-31a 中点 A、P_2，否则不能延伸（点 P_3）或改变延伸方向（点 B）。

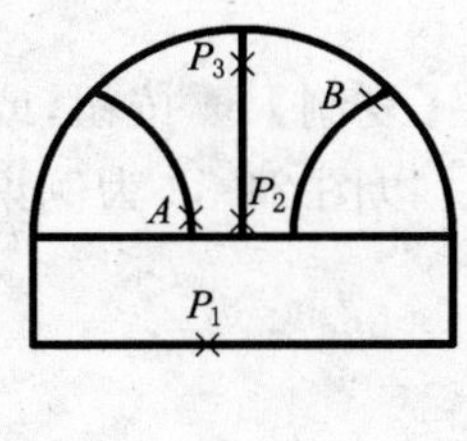

a

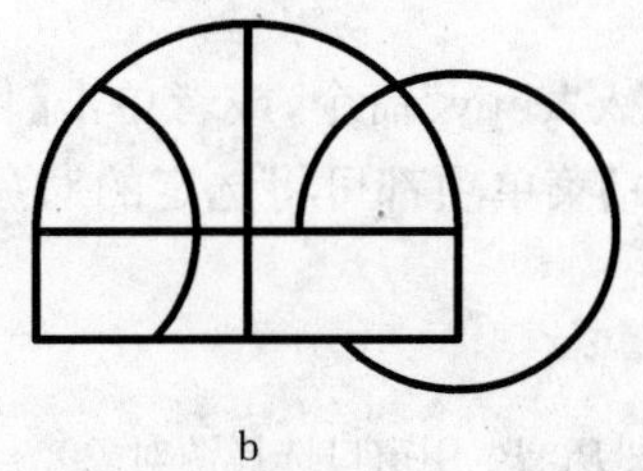
b

图 24-31　extend 命令延伸图形

24.2.2.7　移动对象

将图形对象平移到一个新的位置，原位置的图形消失。

(1)操作

在命令行中输入“move”命令，或者单击【修改】工具栏【移动】按钮，或者选择【修改】下拉菜单的【移动(V)】菜单项都可平移对象，如将图形从点 A 移到点 B(图 24-32)，具体步骤如下。

命令：_move

选择对象：(点取 P_1、P_2 用窗口选择源对象)

选择对象：(按 Enter 键结束对象选择)

指定基点或［位移(D)］<位移>：点取 A(指定基点)

指定第二个点或 <使用第一个点作为位移>：点取 B (指定第二点或 Enter 键结束)

(2)说明

对提示“指定第二个点或 <使用第一个点作为位移>”：用 Enter 键响应，则以第一个点坐标值指明图形移动的相对位移量；如果指定第二个点，所选对象将从第一点移到第二点。

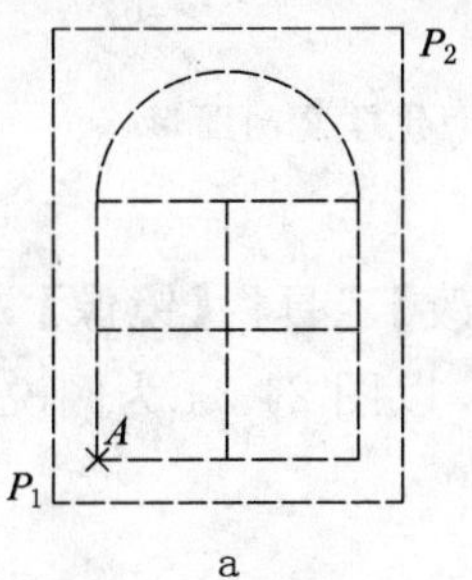

a

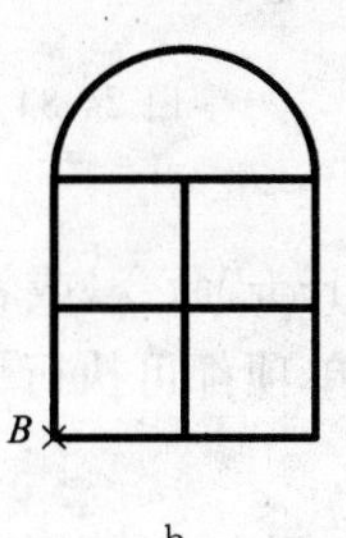

b

图 24-32　move 命令移动图形

24.2.2.8　复制对象

将选定的对象(图 24-33a)在指定位置复制成一个或多个，且原图保持不变。

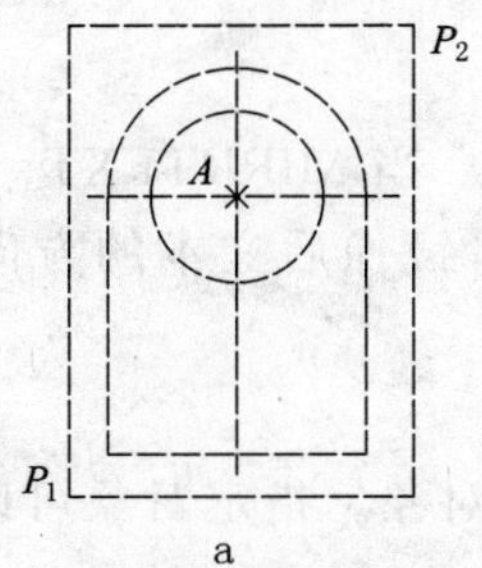

a

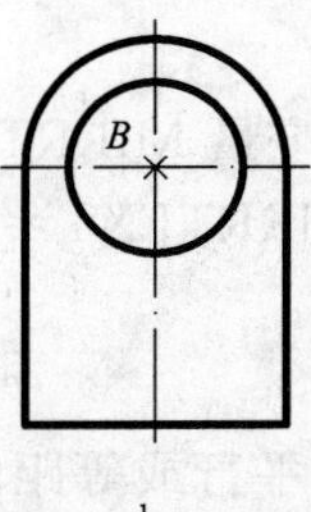

b

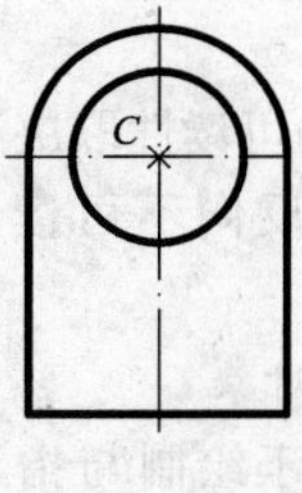

c

图 24-33　copy 命令复制图形

(1)操作

在命令行中输入“copy”命令，或者单击【修改】工具栏【复制】按钮，或者选择【修改】下拉菜单的【复制(Y)】菜单项都可将选定的对象进行复制。以图 24-33 为例说明复制对象的操作步骤。

命令：_copy

选择对象：(点取 P_1、P_2 用窗口选择源对象)

选择对象：(按 Enter 键结束对象选择)

当前设置：复制模式 = 多个

指定基点或 [位移(D)/模式(O)] <位移>：(选择圆心 A 点)

指定第二个点或 <使用第一个点作为位移>：(选择 B 点)

指定第二个点或 [退出(E)/放弃(U)] <退出>：(选择 C 点)

指定第二个点或 [退出(E)/放弃(U)] <退出>：e (结束命令，复制结果如图 24-33b、c 所示)

(2)说明

对提示“指定基点或 [位移(D)/模式(O)]”：输入基点和指定复制位移量的操作方法与 move 命令相似。【模式(O)】选项有一个和多个复制模式。

24.2.2.9 镜像对象

将所选图形对象(图 24-34a)进行对称复制，复制后原图形对象可以删除或保留。

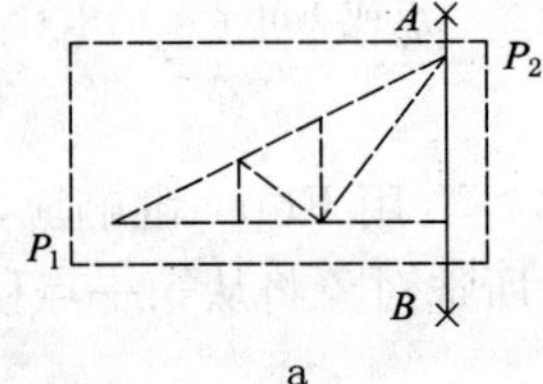

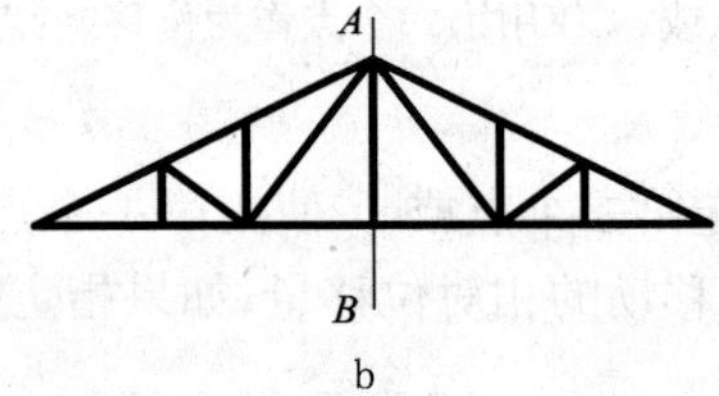

图 24-34 mirror 命令镜像复制图形

(1)操作

在命令行中输入“mirror”命令，或者单击【修改】工具栏【镜像】按钮，或者选择【修改】下拉菜单的【镜像(I)】菜单项都可执行镜像操作。以图 24-34 为例说明镜像复制的过程。

命令：_mirror

选择对象：(点取 P_1、P_2 用窗口选择图形)

选择对象：(按 Enter 键退出对象选择)

指定镜像线的第一点：(选择对称线端点 A)

指定镜像线的第二点：(选择对称线端点 B)

是否删除源对象？[是(Y)/否(N)] <N>：n(镜像结束得到图 24-34b 的图形)

(2)说明

文本镜像后的可读性取决于系统变量 MIRRTEXT。当 MIRRTEXT=1 时(缺省值)，完全镜像文本，文本反向不可读；当 MIRRTEXT=0 时，镜像后文本的方向保持不变，文本可读。

24.2.2.10 偏移对象

offset 命令用于绘制与指定对象平行或等距的新对象。指定对象可以是直线、圆弧和圆等。

(1)操作

在命令行中输入“offset”命令，或者单击【修改】工具栏【偏移】按钮，或者选择【修改】下拉菜单的【偏移(S)】菜单项都可执行偏移操作。以图 24-35 为例说明操作步骤。

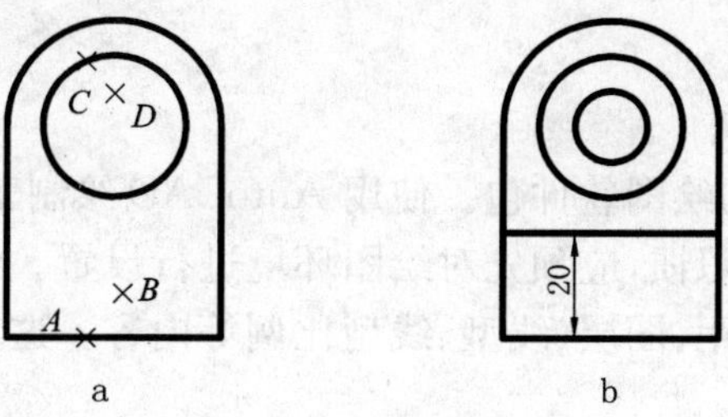

图 24-35 offset 命令画平行线和圆

命令：_offset

当前设置：删除源=否 图层=源 OFFSETGAPTYPE=0

指定偏移距离或［通过(T)/删除(E)/图层(L)］<通过> 20(输入偏移距离)

选择要偏移的对象，或［退出(E)/放弃(U)］<退出>：(选择直线上 A 点)

指定要偏移的那一侧上的点，或［退出(E)/多个(M)/放弃(U)］<退出>：(往直线上方 B 点偏移)

选择要偏移的对象，或［退出(E)/放弃(U)］<退出>：e(结束命令)

命令：_offset(按 Enter 键重复 offset 命令)

当前设置：删除源=否 图层=源 OFFSETGAPTYPE=0

指定偏移距离或［通过(T)/删除(E)/图层(L)］<通过>：t(选择 T 方式)

选择要偏移的对象，或［退出(E)/放弃(U)］<退出>：(拾取偏移对象圆 C)

指定通过点或［退出(E)/多个(M)/放弃(U)］<退出>：(指定偏移线要通过的点 D)

选择要偏移的对象，或［退出(E)/放弃(U)］<退出>：e(结束命令，偏移结果如图 24-35b 所示)

(2)说明

【指定偏移距离】选项：通过指定新对象与已有对象之间的偏移距离来实现。

【通过(T)】选项：可以通过指定点来建立新的偏移对象。

【删除(E)】选项：偏移对象后将源对象删除。

【图层(L)】选项：确定将偏移对象创建在当前图层上还是源对象所在的图层上。

24.2.2.11 特性修改

【特性】选项板用来显示选定对象或对象集的特性，并可指定新值来修改任何能够更改的特性。

(1)操作

在命令行中输入“properties”命令，或者单击【标准】工具栏【特性】按钮，或者单击【修改】下拉菜单的【特性(P)】菜单项都可弹出【特性】选项板(图 24-36)。

(2)说明

可以使用任意方法选择所需对象，【特性】选项板将显示选定对象的特性，而且可以在【特性】选项板中修改选定对象的特性。

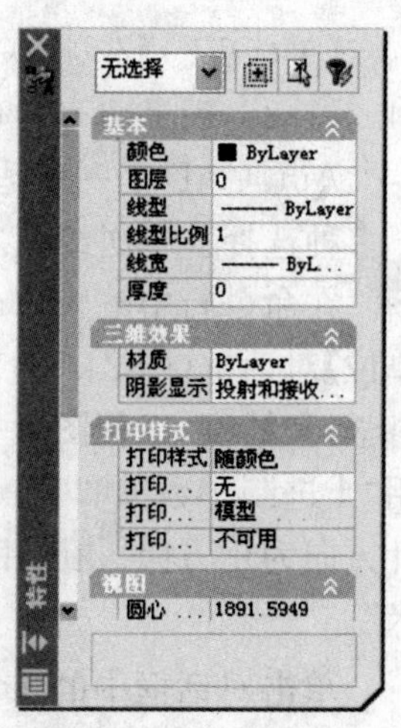

图 24-36 【特性】选项板

如果未选择对象,【特性】选项板将只显示当前图层和布局的基本特性、附着在图层上的打印样式表名称、视图特性和用户坐标系的相关信息。

24.3 工程图形的绘制

24.3.1 设置绘图环境

AutoCAD 是一种通用的绘图软件包。使用 AutoCAD 绘制工程图形时,为符合我国建筑制图国家标准的规定和个人习惯,应预先对绘图环境进行设置。绘图环境的设置包括图形界限、图形单位、栅格和捕捉间距、图层、线型、线型比例等内容。这就如同手工绘图首先准备图纸、绘图仪器和笔等工具。

24.3.1.1 设置图形界限

手工绘图时,一般根据图形大小确定绘图比例,计算出图纸幅面。而用 AutoCAD 绘图时,可按图形的实际尺寸用 1∶1 比例绘图。当选择不同的比例输出图形时,可以绘出不同规格的图纸。设置的图形界限通常应大于或等于图形的实际尺寸。

(1)操作

在命令行中输入"limits"命令,或者单击【格式】下拉菜单的【图形界限(I)】菜单项都可以设置图形界限,具体步骤如下。

命令:'_limits
重新设置模型空间界限:
指定左下角点或[开(ON)/关(OFF)]<0.0000,0.0000>:(按 Enter 键)
指定右上角点<420.0000,297.0000>:(指定图纸尺寸)

执行【缩放】命令【全部(A)】选项,才能显示所设置的图形界限。

(2)说明

【开(ON)】选项:打开图形界限检查功能,此时规定了坐标点的输入范围,如果超出绘图边界则出现:【**超出图形界限】的警告,要求重新进行操作。但对图形是否超出边界不作检查。

【关(OFF)】选项:关闭图形界限检查功能,可以在图形界限范围之外拾取点。

24.3.1.2 设置图形单位

AutoCAD 是一种适用于世界各地、各行各业的绘图软件,它对长度单位和角度单位提供了多种选择。每次绘图之前,用户根据需要设置图形单位及精度。

在命令行中输入"unit" 命令,或者单击【格式】下拉菜单的【单位(U)】菜单项可打开【图形单位】对话框(图 24-37)。在该对话框的【长度】区内选择单位的类型(小数、工程、建筑、分数、科学)和精度,工程图形一般选用"小数"和"0";在【角度】区内选择角度的类型和精度,一般选用"十进制小数"和"0"。复选框【顺时针】用来选择角度测量方向,如果选中【顺时针】则以顺时针方向为正方向。在【用于缩放插入内容的单位】下拉列表框中选择图形单位,默认单位为"毫米"。

单击对话框中的 方向(D)... 按钮,将弹出一个【方向控制】对话框(图 24-38)。使用该对话框,用户可以设置角度的0°方向。在默认情况下,向右(东或 3 点钟)为0°方向。

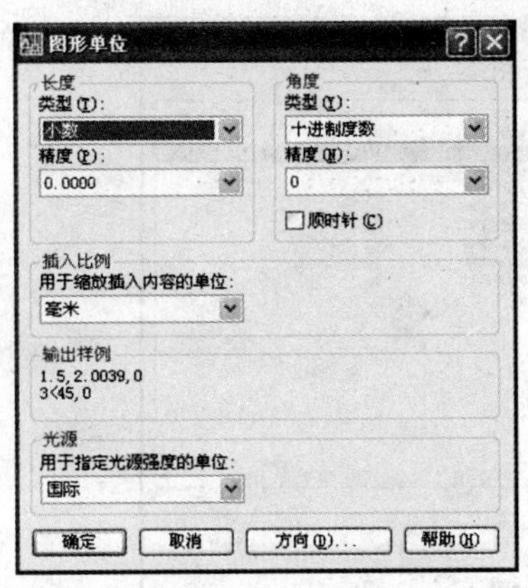

图 24-37 【图形单位】对话框

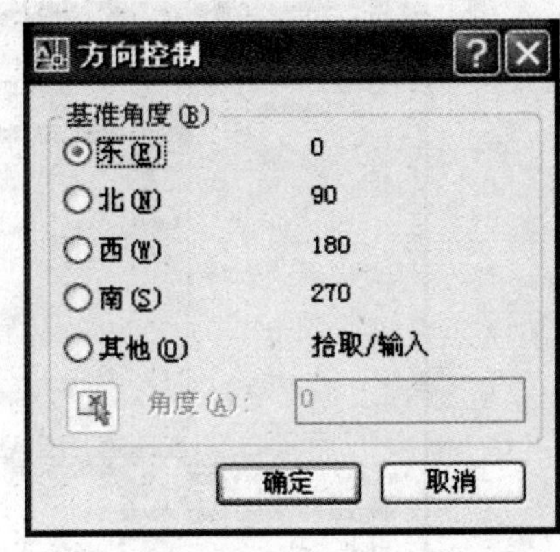

图 24-38 【方向控制】对话框

24.3.1.3 设置辅助绘图工具

为了让用户绘图更方便、更准确，AutoCAD 提供了多种辅助绘图工具。【栅格】功能控制是否在屏幕上显示栅格网点。【捕捉】功能控制十字光标是否按规定的增量移动。捕捉模式有标准模式和等轴测模式：标准模式(Standard)光标线互相垂直；等轴测模式(Isometric)光标线变成了正等测时的特定角度。等轴测模式限制光标线在左、顶、右轴测平面上绘图。可用“ddrmodes”命令设置栅格和捕捉间距、打开等轴测模式等辅助绘图功能。

在命令行中输入“ddrmodes”命令，或者选择【工具】下拉菜单中【草图设置(F)】菜单项，则弹出【草图设置】对话框的【捕捉和栅格】选项卡(图 24-39)，在对话框的【捕捉间距】、【栅格间距】及【捕捉类型】等区域中，分别对其进行设置。

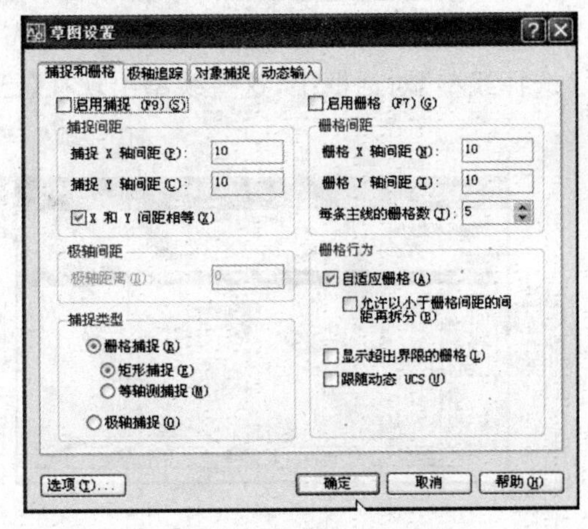

图 24-39 【草图设置】对话框

24.3.1.4 设置图层

图层是 AutoCAD 中的一个特定概念。它相当于没有厚度的透明薄片，可以在每一层透明薄片上绘制工程图形的同类信息(如实线、虚线、单点长画线、尺寸说明、标题栏等信息)，把这些透明薄片重叠起来就是一张工程图。并且可以控制每层的状态(打开/关闭、冻结/解冻等)、颜色和线型，系统缺省状态为 0 层、白色和连续线。

在命令行中输入“layer”命令，或者单击【对象特性】工具栏上的图层按钮，或者选择【格式】下拉菜单的【图层(L)】菜单项都可弹出【图层特性管理器】对话框(图 24-40)。

该对话框左边是图层过滤器的树状列表，右边则显示了与左边过滤条件相对应的图层列表。利用右边列表上方的按钮，用户可以创建、删除图层，可以将某一图层设置为当前图层。

单击【新建图层】按钮，图层列表中将自动添加名称为“图层 1”的图层，然后设置图层的名称、线型和颜色等属性。如 Axis(轴线)层。设置多个图层后，只能在当前层绘图。点取层名，单击按钮来设定当前层。

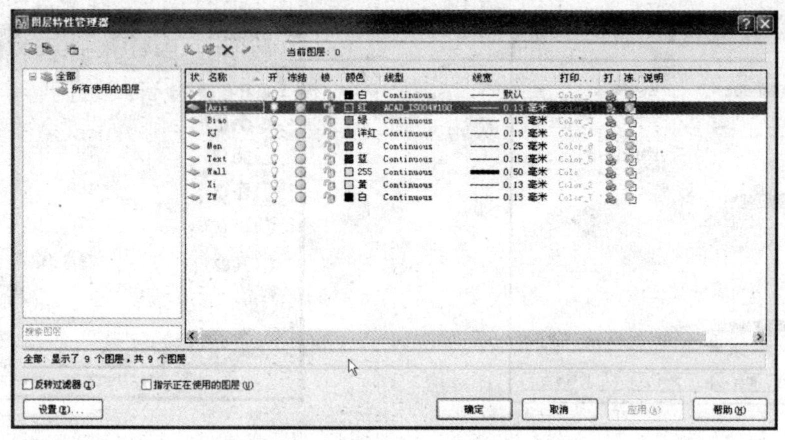

图 24-40 【图层特性管理器】对话框

24.3.1.5 设置图层线型

AutoCAD 定义了很多常用的线型，存放在标准线型库文件(Acad. Lin)中，当前图形文件缺省线型为连续线(Continuous)。每一个图层可以设置一种线型，图层设置线型的步骤如下：

(1)在【图层特性管理器】对话框中单击与该图层相关联的线型名，弹出一个【选择线型】对话框(图 24-41)。默认情况下，只有一种线型(Continuous)。

(2)单击 加载(L)... 按钮，弹出【加载或重载线型】对话框(图 24-42)。该对话框列出了线型文件中包含的所有线型，用户在列表框中选中一种或几种线型后单击【确定】按钮，系统返回到【选择线型】对话框中，这些线型出现在【已加载的线型】列表中。

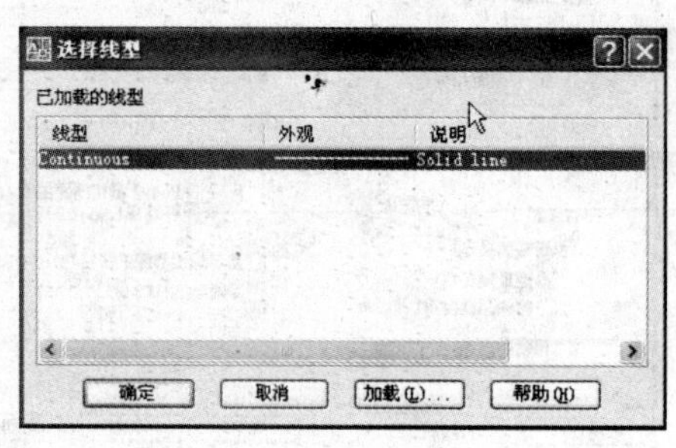

图 24-41 【选择线型】对话框

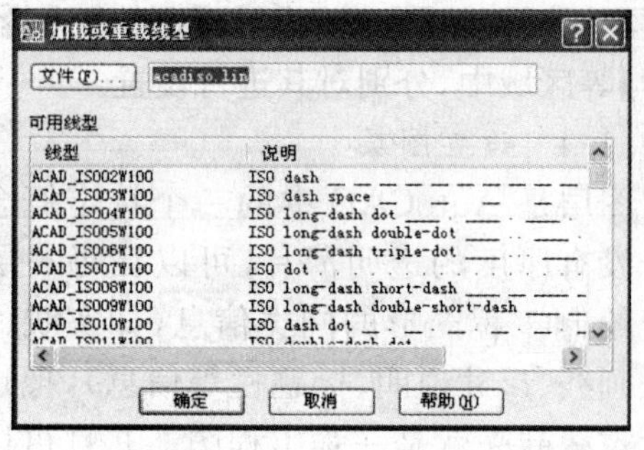

图 24-42 【加载或重载线型】对话框

24.3.1.6 设置线型比例

在标准线型中，除连续线型(Continuous)外，其他线型都由带间隔的短画和长画组成，其间隔长度是定值。当绘图边界扩大后，间隔显示相对缩小，所有线型可能都显示为连续线。

线型比例可以用全局比例因子或者当前对象缩放比例进行设置，全局比例因子的系统变量为 LTSCALE；当前对象缩放比例的系统变量为 CELTSCALE，同时设置两种比例时最终显示比例＝LTSCALE×CELTSCALE。在命令行中输入“ltscale”或“celtscale”命令后，输入线型比例值即可。

24.3.2 房屋建筑平面图的绘制

房屋建筑平面图是二维图形，用二维绘图和编辑命令绘制，并综合运用前面所介绍的命令。具体画图时，一般应该对图形进行分析。首先分析绘图时需要的绘图环境，如图形占多大幅面,使用哪些线型,需要定义多少个图层,是否使用辅助绘图工具等;其次分析图形本身的几何特点,如图形上哪些对象可以直接绘出,哪些对象是由作图确定,图形是否为对称等。对于同一图形,绘制方案不是唯一的。建筑平面图作为一种专业图样,有其绘制特点,下面用实例来讲述绘制方法。图 24-1 为一住宅建筑施工图,根据图中的尺寸用 AutoCAD 绘制出该住宅建筑平面图。

24.3.2.1 设置绘图环境

根据房屋建筑平面图的图形实际尺寸,用 1∶1 的比例绘图,将绘图结果在 A3 图纸上按实际房屋的缩小比例 1∶100 出图,应设置的绘图环境内容主要包括:

(1)设置图形界限:(0,0),(15000,10000)。

(2)设置图形单位:十进制、小数点后显示 0 位。

(3)设置栅格和捕捉间距:【捕捉间距】为 300,【栅格间距】为 300,并打开【捕捉】和【栅格】功能。

(4)设置图层和图层线型:根据建筑平面图的线型和图示内容设八个图层(表 24-3)。

表 24-3 建筑平面图图层和线型

图层名	颜 色	含 义	备 注
Axis	红色	轴线层	细单点长画线
Biao	绿色	尺寸标注	用于绘制尺寸标注线等细实线
KJ	粉红色	可见层	用于绘制门窗框线、阳台等看到的细部
Men	颜色 8	门窗层	专用于绘制平面图上的门窗,为细实线
Text	兰色	文字层	专用于数字、文字的标注
Wall	颜色 255	墙线层	用于绘制剖到的墙身等粗实线
Xi	黄色	细线层	用于绘制墙面装饰分格线、门窗分格线、散水等细实线
ZW	黑色	柱网层	用于绘制各种柱网的平面图

(5)设置线型比例:LTSCALE=100。

(6)设置尺寸格式:(略)

24.3.2.2 绘制定位轴线和柱网

(1)绘制轴线

轴线是建筑定位的基本依据。确定了轴线也就确定了建筑的开间和进深。在绘制轴线前,单击【图层】工具栏【图层特性管理器】按钮或【图层】工具栏图层控制列表(图 24-43)将 Axis 层设为当前层,线型和颜色使用各层事先设置好的。

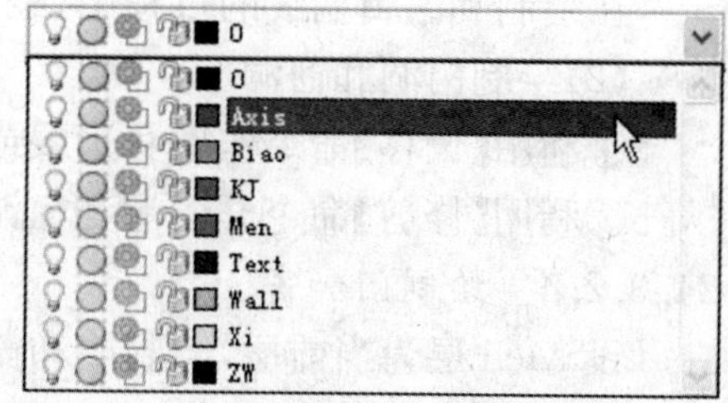

图 24-43 图层控制列表

①绘制水平和竖直定位线。根据建筑的纵向(水平方向)和横向(垂直方向)轴线长度,用 “line”(直线)命令绘制水平和竖直方向第一根定位线(图 24-44 中Ⓐ和①)。为了控制所绘线段的长度,可单击状态行【正交】按钮打开【正交】模式,鼠标指针指定直线方向,直接从键盘输入直线长度,绘制水平和竖直定长直线。也可用 F6 键或 Ctrl+D 键

切换动态极坐标方式，用极坐标方式输入直线长度和角度，绘制任意方向定长直线。

②其他中心线与水平和竖直定位线有定位要求，用“offset”(偏移)命令或【复制】命令生成，形成轴网(图 24-44)。

(2)绘制柱网

绘制定位轴线后便可布置平面柱网。打开 Axis 层作为参考层，设 ZW(柱网)层为当前层，关闭其他无关图层。

①绘制标准柱断面。柱断面为矩形，可用【多段线】命令设定线宽(柱断面宽度)绘制。

②以标准柱断面为基础，可用【复制】或【镜像】等命令生成柱网。

③用【移动】命令调整柱与轴线之间的偏心距离，结果如图 24-44 所示。

24.3.2.3 绘制墙身

打开 Axis 层作为参考层，设 Wall 层为当前层，绘制墙身和开窗、门洞如图 24-45 所示。

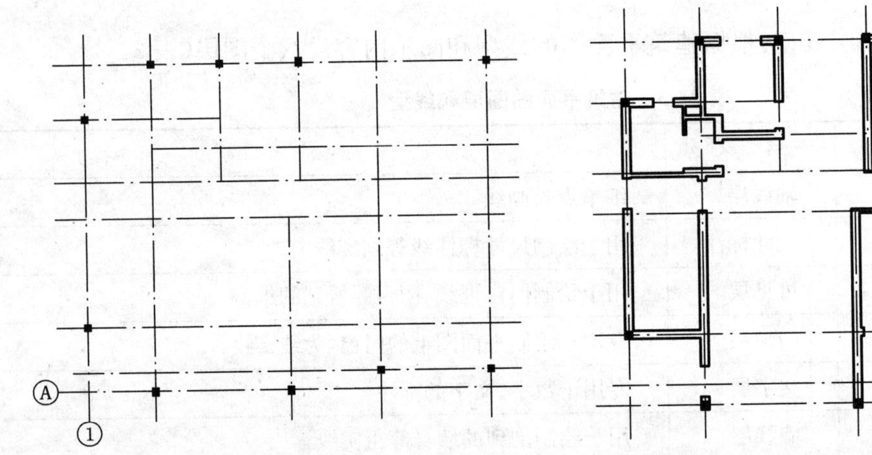

图 24-44 绘制定位轴线和柱网　　　　图 24-45 绘制墙身和开窗、门洞

(1)绘制墙线和编辑墙线

①根据墙线与轴线的定位尺寸，用【偏移】命令指定墙半宽度向两边偏移，绘制双墙线。偏移的外轮廓线可指定在当前层(Wall 层)；或放在原图层(Axis 层)，再用“properties”命令或【标准】工具栏【特性】 按钮打开【特性】选项板(图 24-36)，将偏移的轮廓线修改到 Wall 层。

②墙线可能相离或相交，可以通过【延伸】和【修剪】命令使图线变得整齐。

在绘制和编辑墙线的过程中，经常使用【缩放】命令缩放图形，【平移】命令平移图形。

(2)绘制门洞和窗洞

①利用【偏移】命令作墙身边线或轴线的平行线，间距取为相应各个门和窗的宽度尺寸。

②利用【修剪】命令开门洞和窗洞(图 24-46)。

24.3.2.4 绘制门和窗

设 Men 层为当前层，绘制门和窗。

(1)绘制窗

①用【直线】命令捕捉端点(图 24-47)，画窗户的第一根线。

②用【偏移】命令偏移其他线。

③用【复制】命令复制其他相同窗户。

(2)绘制门

①用【直线】命令和对象捕捉将起点 P 定在合适位置，根据门的宽度，用极坐标输入点的方式或打开【正交】模式画门扇(图 24-48)。

②用【圆弧】命令画门的开启方向。

③用【复制】命令复制其他相同门。

④用【镜像】命令复制对称门。

最后画出的门和窗如图 24-49。

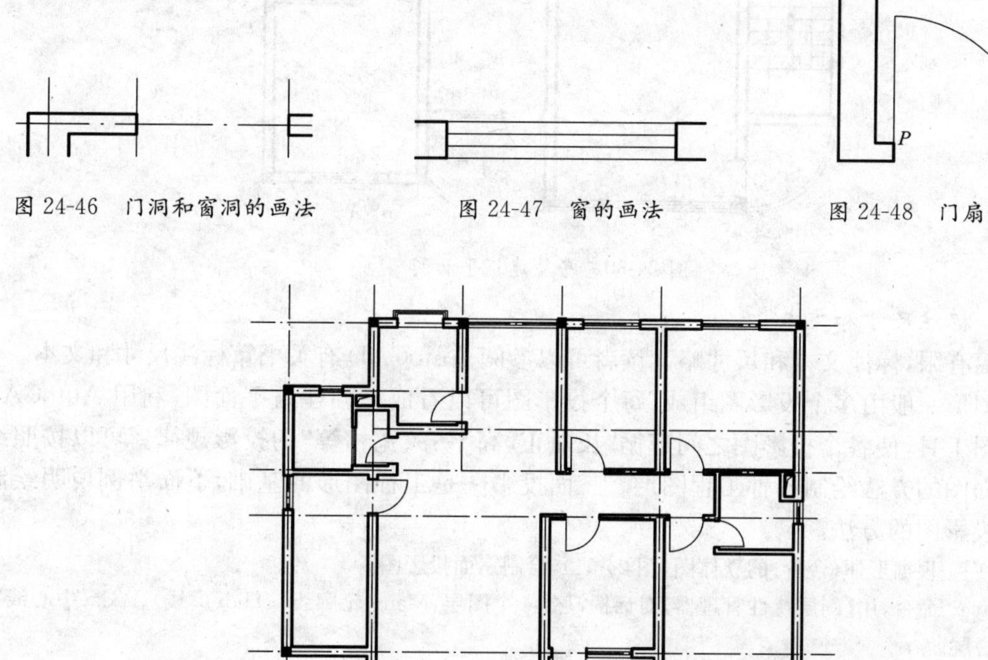

图 24-46　门洞和窗洞的画法

图 24-47　窗的画法

图 24-48　门扇的画法

图 24-49　绘制门和窗

24.3.2.5　绘制阳台、壁柜、隔墙等细部

将 KJ(可见层)设置为当前层，用【直线】、【偏移】、【修剪】、【延伸】等命令绘制阳台、壁柜、隔墙等细部。

如果建筑为单元对称型，绘制建筑细部后，可打开【正交】模式，用【镜像】命令复制左右对称图形。再用【打断】和【删除】命令去掉多余图线。

24.3.2.6　绘制楼梯

将 Xi(细线层)设置为当前层。

(1)据墙体边缘线，用【偏移】命令画楼梯第一级踏步。

(2)用【偏移】命令画楼梯多级踏步线。

(3)根据楼梯和扶手的宽度，用【偏移】命令画楼梯扶手线。

(4)用【延伸】、【修剪】等命令编辑图形。

(5)用【直线】和【多段线】命令画上、下长箭头。

(6)关闭 Axis 轴线层，得到图 24-50 所示房屋建筑平面图。

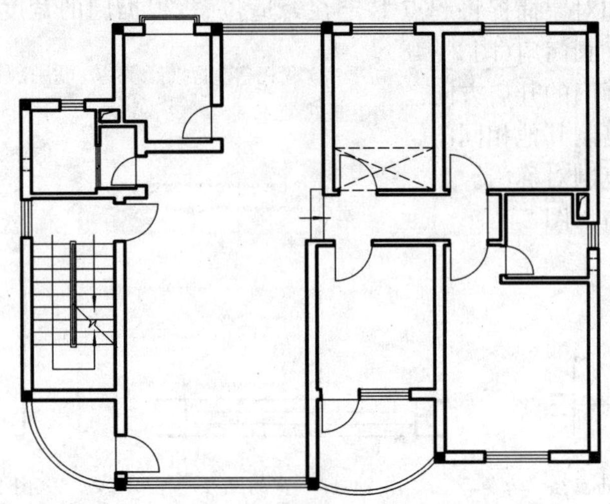

图 24-50　房屋建筑平面图

24.3.2.7　标注尺寸和文本

因篇幅有限，标注文本和尺寸略。读者可以参阅 AutoCAD 有关书籍标注尺寸和文本。

工程图形一般由多个投影图组成，每个投影图可以看成一幅建筑平面图，利用 AutoCAD 的辅助绘图工具，使各个投影图之间遵循“长对正、高平齐、宽相等”的投影规律。可以按照绘制建筑平面图的方法绘制各种工程图形。三面投影图是工程图形的基础，下面举例说明绘制简单三面投影图的方法。

［例 24-1］　根据形体（台阶）的立体图（图 24-51），绘制三面投影图。

1. 用“layer”命令，用【图层特性管理器】对话框设置 4 个图层：Main（轮廓线）、Hid（虚线）、Axis（中心线）、Con（辅助线）层。

2. 设 Con（辅助线）层为当前层，用【直线】命令绘制水平和竖直定位线后，再用【偏移】命令绘制辅助网格，如图 24-52 所示。

3. 设 Main 为当前层，将鼠标指针移至状态行 对象捕捉 按钮上方并右击，设置【交点】捕捉模式。用【直线】命令捕捉交点绘制图 24-52 中的粗实线，再设 Hid 为当前层，绘制虚线。

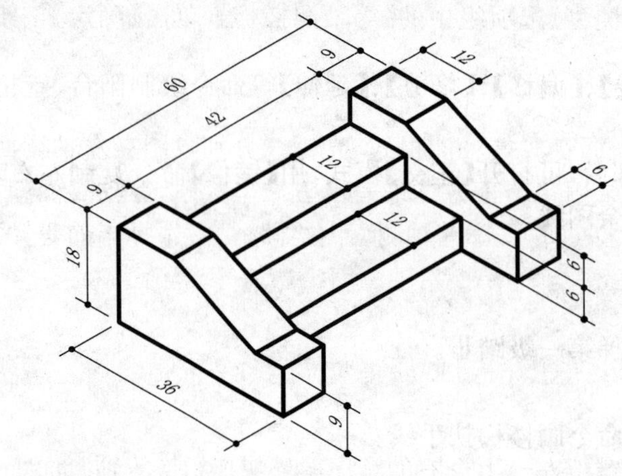

图 24-51　台阶的立体图

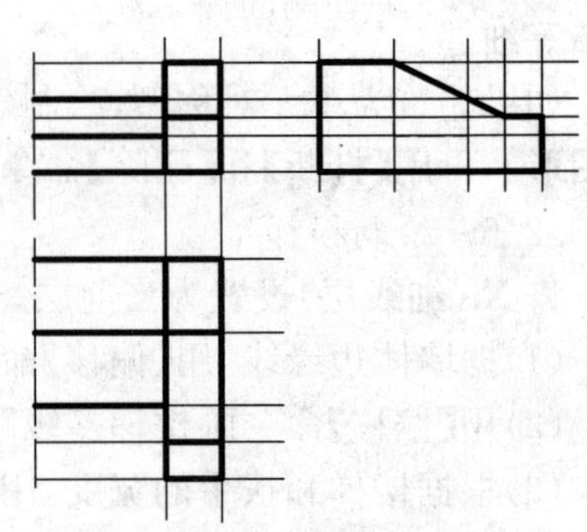

图 24-52　作辅助线画台阶

4. 关闭 Con 层得如图 24-53a 所示图形。打开【正交】模式，用【镜像】命令镜像 H、V 面投影图，用【删除】命令擦除多余的图线，得三面投影图(图 24-53b)。

三面投影图绘制完后一定要保证“长对正、高平齐、宽相等”的投影关系，可用【移动】命令调整投影图间的投影关系。如果中心线、虚线显示不满意，可用 LTSCALE 命令进行调整。

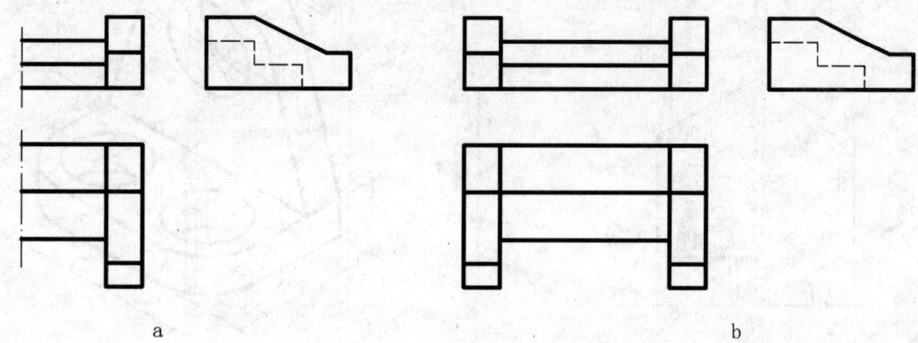

图 24-53　台阶的三面投影图

24.3.3　轴测图的绘制

轴测图(轴测投影的简称)是通过改变投射方向或转动物体，在同一投影面上反映物体三个坐标面上的形状特征。轴测图不是三维图形，是反映物体三维形状的二维图形，即用二维图形模拟三维模型沿特定视点产生的平行投影。不能通过旋转模型(轴测图)获得多面投影图、生成不同方位轴测图或透视图，也不能进行消隐。由于作图简单快速，富有直观效果，因此被广泛应用于土木工程和机械工程等专业的工程设计中。

轴测图的类型很多，最常用的轴测图是正等轴测投影(简称正等测)。绘制正等测图采用二维绘图命令，并在 AutoCAD 为用户提供了特定环境——等轴测模式下绘制。以下描述的轴测图均指正等测。

24.3.3.1　设置等轴测模式

(1)打开等轴测模式

绘制轴测图前，必须打开并设置等轴测模式。等轴测模式可以用命令“ddrmodes”或选择【工具】下拉菜单中【草图设置(F)】菜单项，打开【草图设置】对话框(图 24-39)进行设置。在对话框的【捕捉和栅格】选项卡中，选中【捕捉类型】选项组中的【等轴测捕捉】，单击【确定】按钮，则进入等轴测模式。

(2)切换等轴测面

打开等轴测模式后，互相垂直的十字光标变成等轴测模式，光标线分别限制在左轴测面、上轴测面和右轴测面三个等轴测面内。如果用一个正方体来表示三维坐标系，等轴测面即为正方体三个可见面，如图 24-54 所示。每次只能在一个等轴测面内绘图，必须选择当前等轴测面，可调用命令“isoplane”选择当前等轴测面。例如切换右轴测面为当前等轴测面。

命令：isoplane
输入等轴测平面设置［左(L)/上(T)/右(R)］<上>：r 按 Enter 键
当前等轴测面：右

在绘图过程中，可按 F5 键或 Ctrl+E 键按左→上→右的顺序循环快速切换等轴测面。

24.3.3.2　绘制直线

如图 24-55 所示形体的轴测图，根据轴测图的结构特点，将形体分成底板和立板两个基本形体，逐个绘出基本形体各轴测面上的轴测图，再拼合整个轴测图。

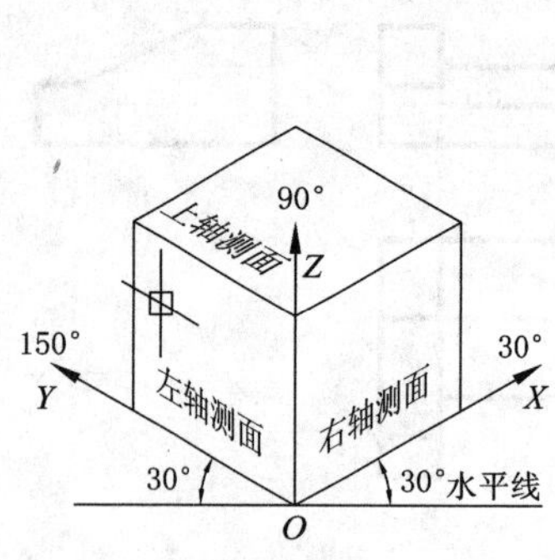

图 24-54　等轴测面

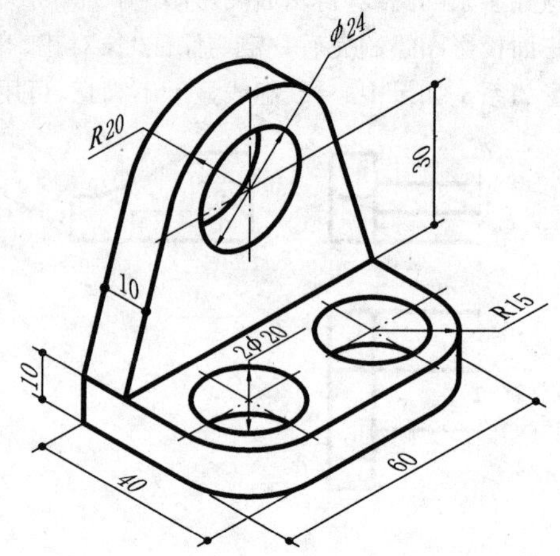

图 24-55　形体的轴测图

(1)绘制直线

在等轴测模式下，用【直线】命令绘制与轴测轴平行的定长直线有如下方法。① 正交方式：打开【正交】模式，鼠标指针确定直线方向，直接从键盘输入直线长度。②极坐标方式：用 F6 键或 Ctrl＋D 键切换动态极坐标方式，根据 X、Y、Z 轴测轴的角度分别为 30°或 210°、90°或 －90°、150°或－30°，用极坐标方式输入直线长度和角度。

按上述“正交方式”，在右轴测面绘底板的右侧面四边形 $ABCD$(图 24-56a)。按 F5 键或 Ctrl＋E 键，切换左轴测面为当前等轴测面，再绘左侧面四边形 $BEFC$。

如果直线与轴测轴不平行，如图 24-56b 中的线段 34、56，则可关闭【正交】模式，打开对象捕捉模式，捕捉端点 3 和 4 画直线得该直线的轴测图。

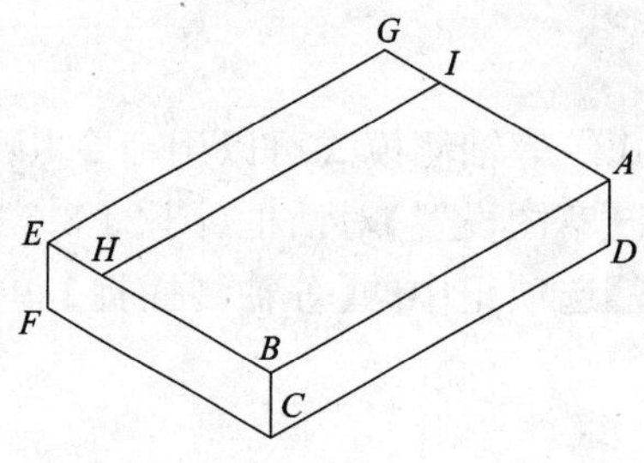

a 与轴测轴平行的直线

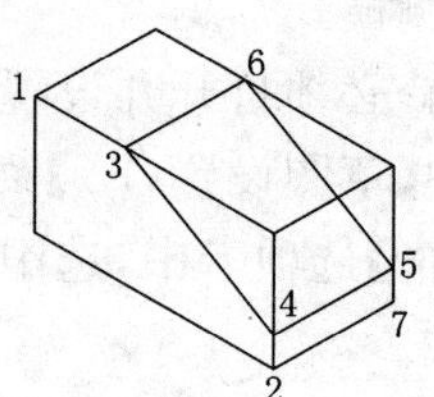

b 与轴测轴不平行的直线

图 24-56　绘制直线

(2)编辑直线

用命令“copy”(复制)生成 AB 的平行线 EG、HI 和 BE 的平行线 AG。切换上轴测面为当前等轴测面，用【复制】命令将线段 AB 以 B 为基点复制到点 E 和 H，BH 的距离为 30 。

令：_copy
选择对象：找到 1 个(选取 AB 线段)
选择对象：(按 Enter 键结束对象选择)
当前设置：复制模式 ＝ 多个
指定基点或［位移(D)/模式(O)］<位移>：(捕捉交点 B)

指定第二个点或 ＜使用第一个点作为位移＞：(捕捉交点 E)

指定第二个点或[退出(E)/放弃(U)] ＜退出＞：30(输入 BH 长度)

指定第二个点或[退出(E)/放弃(U)] ＜退出＞：(按 Enter 键结束命令)

重复上述操作，将线段 BE 以 B 为基点复制到点 A。执行结果如图 24-56a 所示。轴测图中平行线不能用【偏移】命令生成。

24.3.3.3 绘制圆

圆的轴测投影是椭圆——轴测圆。打开等轴测模式时，调用【椭圆】命令将出现【等轴测圆(I)】选项，利用该选项可在左、上和右三个等轴测面上绘轴测圆。

(1)绘制圆

切换右轴测面为当前等轴测面。用命令“ellipse”(椭圆)画轴测圆。为了给圆心定位，用【复制】命令将直线 HI 以 H 为基点，复制辅助线到 H 点上方 30 处，再捕捉辅助线的中点确定圆心。圆的半径值宜从键盘输入。

命令：_ellipse

指定椭圆轴的端点或[圆弧(A)/中心点(C)/等轴测圆(I)]：i(选择等轴测圆选项)

指定等轴测圆的圆心：_mid 于(捕捉辅助线中点为圆心)

指定等轴测圆的半径或[直径(D)]：12(输入半径值)

重复上述操作，绘制立板上前表面半径为 $R20$ 的圆。再切换到上轴测面，绘制底板上表面直径为 $\phi10$ 的圆。

(2)绘制圆弧

用命令“ellipse”(椭圆弧)的圆弧选项绘制半径为 $R10$ 的 1/4 圆弧，并指定圆弧的起始角度和终止角度。亦可用【椭圆】命令绘制，用【修剪】命令裁剪 1/4 圆弧。但轴测圆弧不能用【圆角】命令绘制。

命令：_ellipse

指定椭圆轴的端点或[圆弧(A)/中心点(C)/等轴测圆(I)]：a(选择圆弧选项)

指定椭圆弧的轴端点或[中心点(C)/等轴测圆(I)]：i(选择等轴测圆选项)

指定等轴测圆的圆心：(捕捉 L 点为圆心)

指定等轴测圆的半径或[直径(D)]：15(输入半径值)

指定起始角度或[参数(P)]：150(起点角度)

指定终止角度或[参数(P)/包含角度(I)]：−150(终点角度)

重复上述操作，绘制底板上表面另一半径为 $R10$ 的 1/4 圆弧。轴测图中对称图形不能用【镜像】命令复制。

(3)编辑圆和圆弧

立板后表面的圆和底板下表面的圆和圆弧用【复制】命令生成。复制时以圆心为基点，向后和向下位移值均为 10。执行结果如图 24-57 所示。

24.3.3.4 绘制切线

切线有两个圆(圆弧)的公切线和点与圆(圆弧)的切线两种。

(1)绘制两圆公切线

关闭【正交】模式，将作切线的局部图形放大(图 24-58)，采用象限点捕捉模式，用【直线】命令过点 J、K 作两圆的公切线。

命令：_line
指定第一点：_qua 于(捕捉圆的象限点 J)
指定下一点或[放弃(U)]：_qua 于(捕捉另一个圆的象限点 K)

重复上述操作，画底板上圆的公切线，执行结果如图 24-59 所示。

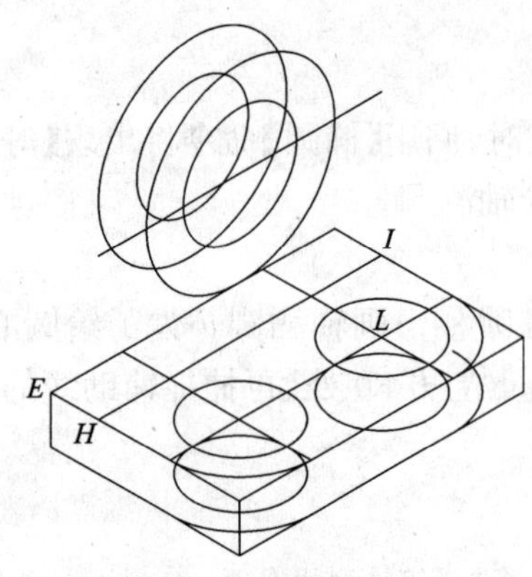

图 24-57　绘制和编辑圆

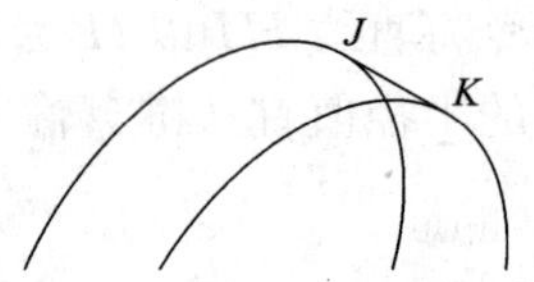

图 24-58　作两圆的公切线

(2)过点向圆作切线

采用交点和切点捕捉模式，用【直线】命令过点 H 和大圆作切线。

命令：_line
指定第一点：_int 于(捕捉交点 H)
指定下一点或[放弃(U)]：_tan 到(捕捉大圆切点)

重复上述操作，过点 I、E 向圆作切线，如图 24-59 所示。

24.3.3.5　修改轴测图

用【缩放】命令放大图形后，再用【修剪】和【删除】等命令删掉不可见和多余的图线段，保留轴测图中可见的形状特征；用【直线】命令补上中心线，完成全图。结果如图 24-60 所示。

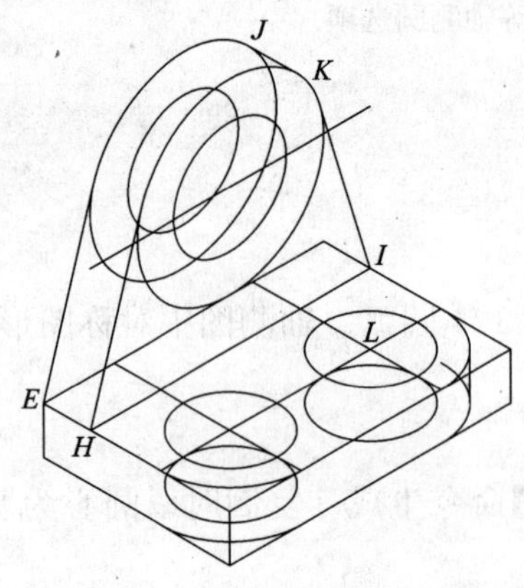

图 24-59　过点向圆作公切线

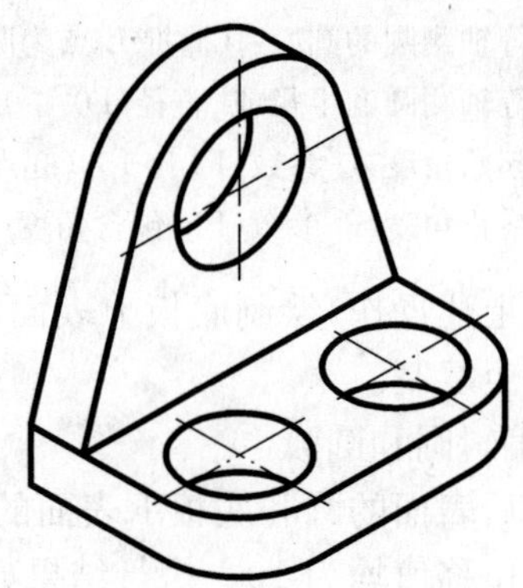

图 24-60　编辑轴测图

24.4 三维图形的绘制

24.4.1 概述

24.4.1.1 三维模型

模型是指用户绘制的图形,可以是二维的或者三维的。在建筑设计中,若在三维空间观察模型,不仅能看到一个模型真实的形状和内部构造,还有利于对方案设计和初步设计进行讨论、评判、比较、审批;更有助于交流设计思想,表现设计意图。利用 AutoCAD 可以建立的三维模型有:线框模型、表面模型和实体模型。

(1)线框模型:线框模型是三维对象的轮廓描述。这种模型没有面和体的特征,由描述三维对象边框的点、直线、曲线所组成。线框模型不能消隐、着色和渲染。

(2)表面模型:表面模型是在线框的基础上添加了表面,具有面的特征,能够消隐、着色和渲染。

(3)实体模型:三维实体模型具有体的特征,能够消隐、着色、渲染和布尔运算。

本节介绍用 AutoCAD 建立三维模型的基本命令,将多段线拉伸生成三维模型。

24.4.1.2 模型空间与图纸空间

模型空间与图纸空间是 AutoCAD 提供的两种工作环境。模型空间是三维空间,可以建立二维或三维模型,在不同的视口可以显示模型的不同部分。在模型空间进行绘图输出时,一次只能输出一个视口的视图。图纸空间可以同时输出不同视口生成的多面视图。图纸空间是二维空间,可以在图纸空间进行出图布局、加注尺寸和文本等。

通过绘图区域底部附近的两个或多个选项卡访问两个空间:【模型】选项卡和一个或多个【布局】选项卡。

24.4.2 坐标系

AutoCAD 的三维空间是一个由笛卡尔坐标系定义的、无限延伸的空间。AutoCAD 坐标系有通用坐标系 WCS 和用户坐标系 UCS 两种。

24.4.2.1 通用坐标系

通用坐标系 WCS,它是由 AutoCAD 定义的一个固定不变的坐标系。在屏幕左下角显示坐标系图标(图 24-61a),坐标轴交点有"□"框。默认状态下,坐标系原点在绘图界面的左下角,X 轴为水平方向,Y 轴为垂直方向,Z 轴的正向指向用户。

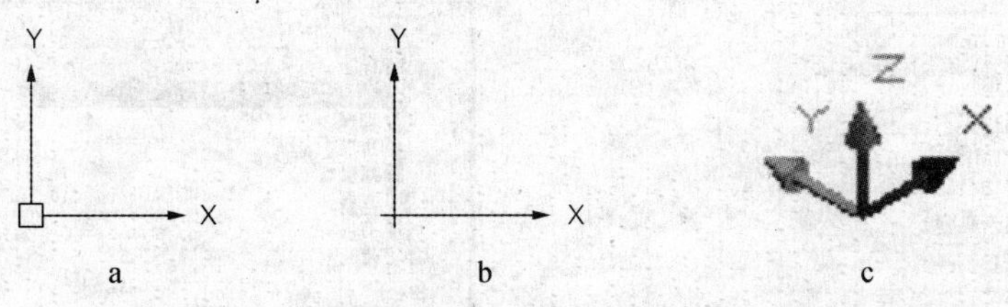

图 24-61 坐标系图标

24.4.2.2 用户坐标系

用户坐标系 UCS 是在二维或三维空间用户定义的坐标系。在屏幕中任一位置显示坐标系图标(图 24-61b),坐标轴交点无"□"框。图 24-61c 为三维的坐标系图标。用户坐标系 UCS 可理解为设在要画或要编辑的对象表面上的一个绘图面,坐标系的原点和 X、Y、Z 轴的正方向由用户根据需要而定义，坐标轴之间的相对关系符合右手定则。定义了用户坐标系后可以将复杂的三维绘图转化为简单的二维绘图。

24.4.2.3　定义用户坐标系

UCS命令用来定义、命名、修改、存储、调用和删除用户坐标系。定义用户坐标系有多种方法（图 24-62）。

(1)操作

在命令行中输入“ucs”命令，或者选择【工具】下拉菜单的【新建 UCS(W)】子菜单，或者单击工具栏 中的一个按钮均可定义用户坐标系。操作步骤如下：

命令：_ucs

当前 UCS 名称：* 世界 *

指定 UCS 的原点或［面(F)/命名(NA)/对象(OB)/上一个(P)/视图(V)/世界(W)/X/Y/Z/Z 轴(ZA)］<世界>：(选择用户坐标系的方式)

(2)说明

【指定 UCS 的原点】选项：移动坐标原点到新的位置；或指定 3 个点，确定新的 UCS，即新 UCS 的原点，*X* 轴的正方向上的一点和 *XY* 平面上 *Y* 的正方向上的点。

【面(F)】选项：将 UCS 与选定的面对齐，用实体表面确定新的 UCS。

【对象(OB)】选项：以选中的一个对象建立新的 UCS。新的 UCS 与所选对象具有相同的突出方向（正 *Z* 轴的方向）。

【视图(V)】选项：新坐标系的 *XY* 平面平行于屏幕，但原点不变。

【X/Y/Z】选项：分别绕当前坐标系的 *X*、*Y* 或 *Z* 轴旋一个角度，建立新的 UCS。

【Z 轴(ZA)】选项：定义二维对象的拉伸方向为 *Z* 轴的正方向。

【上一个(P)】选项：返回前一次的用户坐标系，最多可以追溯 10 个使用过的 UCS。

【世界(W)】选项：切换到通用坐标系。

坐标系还可在命令行中输入“dducs”命令，或者选择【工具】下拉菜单的【命名 UCS(U)】菜单项，打开【UCS】对话框（图 24-63），选择 AutoCAD 提供的 6 种正交坐标系之一作为新的 UCS。

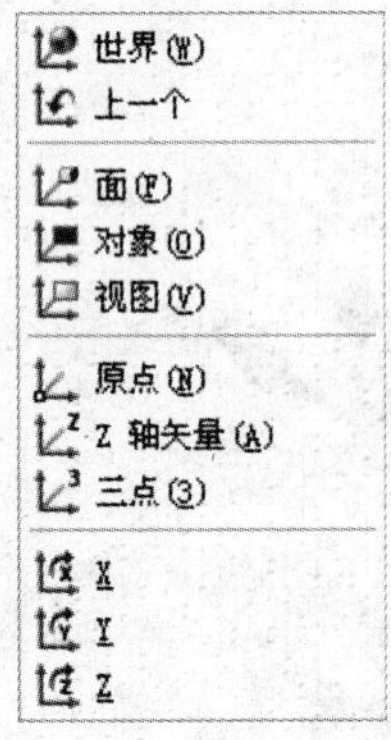

图 24-62　定义用户坐标系方法

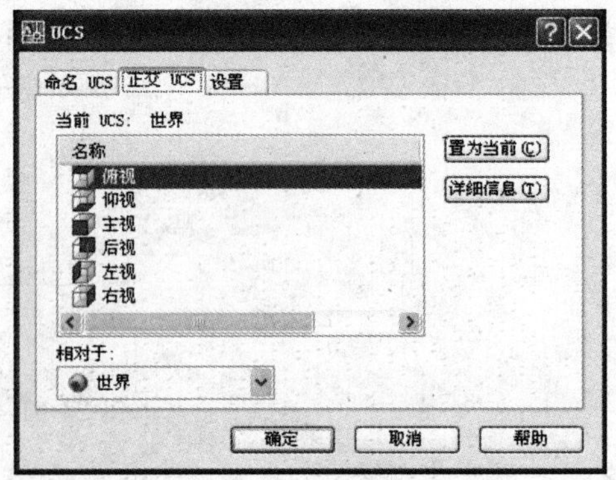

图 24-63　【UCS)】对话框

24.4.3 三维绘图命令

24.4.3.1 设置标高和厚度

ELEV 命令为后继对象设置标高和厚度。标高和厚度均相对当前 UCS 的 Z 坐标设值，可为正值或负值。

(1)操作

在命令行输入“elev”命令，设置对象的标高和厚度。

命令：ELEV
指定新的默认标高 <0.0000>：0(输入新的标高)
指定新的默认厚度 <0.0000>：50(输入新的厚度)

(2)说明

①设置标高和厚度后，用二维绘图命令(如 pline)绘制 T 形块(图 24-64a)，这种形体称为二维半形体(图 24-64b)，沿着形体的高度方向各断面形状和大小是相同的。再用“vpoint”命令将视点设为(−1,−1,1)生成图 24-64b 所示图形。

②对于已绘制的对象可用 “properties”命令或单击【特性】按钮，修改对象的标高和厚度值。

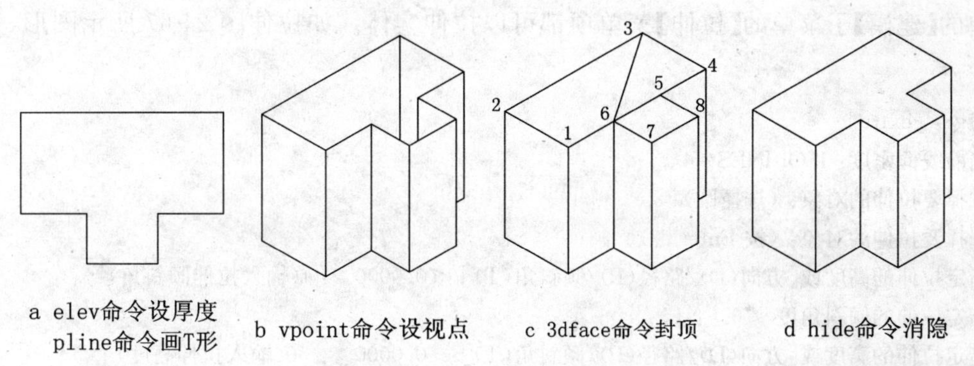

图 24-64　T 形块的绘图过程

24.4.3.2 绘制三维平面

用“3dface”命令可以在空间的任何位置构造平面。但构造的平面不能超过 4 个顶点。

(1)操作

在命令行中输入“3dface”命令，或者单击【绘图】下拉菜单，选择【建模】、【网格】子菜单中【三维面】菜单项(图 24-65)，绘制三角形或四边形拼合出任意多边形(图 24-64c)，具体操作过程如下。

图 24-65　【网格】子菜单

命令：_3dface
指定第一点或［不可见(I)］：(输入点 1)
指定第二点或［不可见(I)］：(输入点 2)
指定第三点或［不可见(I)］<退出>：(输入点 3)
指定第四点或［不可见(I)］<创建三侧面>：(输入点 4)
指定第三点或［不可见(I)］<退出>：(输入点 5)
指定第四点或［不可见(I)］<创建三侧面>：(输入点 6)
指定第三点或［不可见(I)］<退出>：(输入点 7)

指定第四点或［不可见(I)］＜创建三侧面＞：(输入点 8)
指定第三点或［不可见(I)］＜退出＞：(按 Enter 键，结束命令)

(2)说明

当构造的三维面超过 4 个顶点时，可以用【不可见(I)】选项控制边界的可见性，也可以用“edge”命令或单击图 24-65【网格】子菜单的【边】菜单项编辑边界的可见性。

24.4.3.3　拉伸三维实体

三维实体包括多段体、长方体、圆柱体、圆锥体等各种基本几何体。可以用三维建模命令绘制，【建模】工具栏如图 24-66 所示。利用“extrude”命令可将圆、椭圆、封闭的多段线、面域等对象拉伸为三维实体。

图 24-66　【建模】工具栏

(1)操作

在命令行中输入“extrude”命令，或者单击【建模】工具栏【拉伸】按钮、选择【绘图】下拉菜单的【建模】子菜单的【拉伸】菜单项都可以拉伸实体。如拉伸图 24-67 所示图形，具体步骤如下。

命令：_extrude
当前线框密度：ISOLINES=4
选择要拉伸的对象：(选择圆)
选择要拉伸的对象：(按 Enter 键)
指定拉伸的高度或[方向(D)/路径(P)/倾斜角(T)]＜0.0000＞：t(输入拉伸倾斜角)
指定拉伸的倾斜角度 ＜0＞：15
指定拉伸的高度或[方向(D)/路径(P)/倾斜角(T)]＜0.0000＞：50(输入拉伸高度)
选择要拉伸的对象：(选择圆)
指定拉伸的高度或[方向(D)/路径(P)/倾斜角(T)]＜50.0000＞：p
选择拉伸路径或[倾斜角(T)]：(选择拉伸路径)

(2)说明

【指定拉伸高度】选项：指定拉伸高度。

【方向(D)】选项：指定方向起点和端点确定拉伸方向。

【路径(P)】选项：按指定的路径拉伸。路径可以是直线、圆、二维多义线和平面样条曲线，路径与拉伸对象不能在同一平面(图 24-67c)。

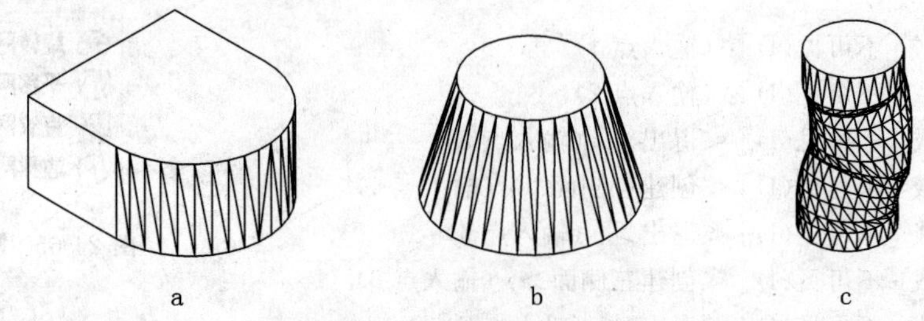

图 24-67　extrude 命令拉伸实体

【倾斜角(T)】选项:按指定的高度拉伸。沿所确定的 UCS 的 Z 轴方向不收缩拉伸(图 24-67a)或收缩(倾斜角不为 0 图 24-67b)。

24.4.3.4 基本几何实体的布尔运算

通过对长方体、圆柱体、圆锥体等基本几何实体进行【并集】(UNION)、【交集】(SUBTRACT)、【差集】(INTERSECT)等布尔运算,可以构成复杂的组合实体。

(1)布尔并集:将两个或多个实体合并成组合实体,圆柱与圆柱合并为一个实体(图 24-68),其表面产生交线。

(2)布尔差集:从第一个对象中减去第二个对象,得到一个新的实体,圆柱去掉一个圆锥,得到一个带锥孔的圆柱(图 24-69)。

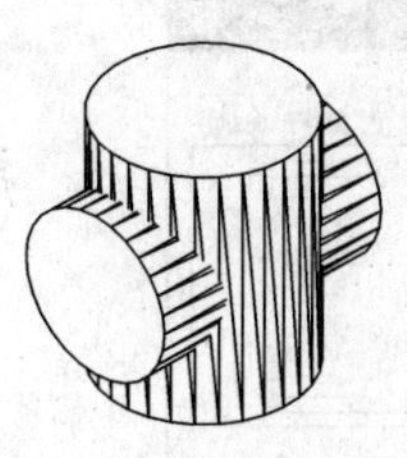
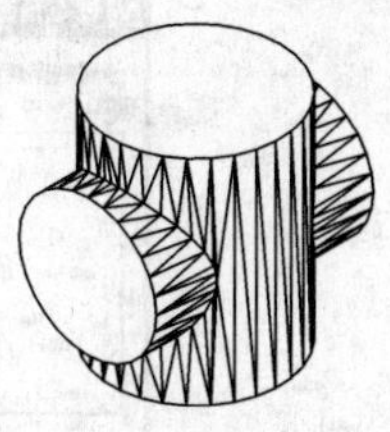

图 24-68 布尔并

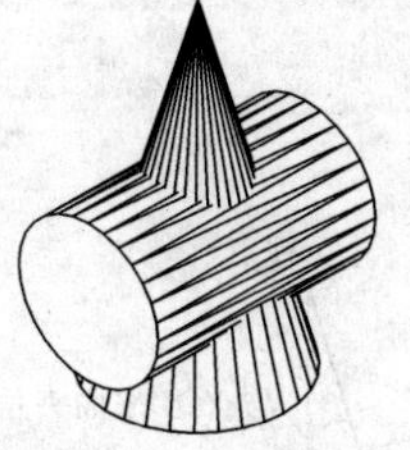
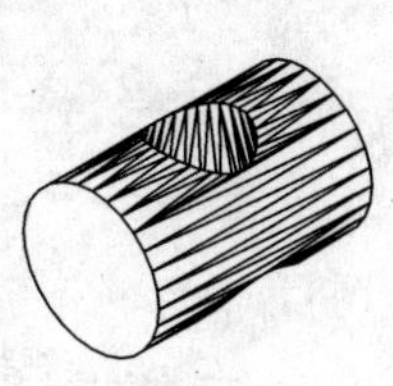

图 24-69 布尔差

(3)布尔交集:两个或多个实体的公共部分的体积,圆柱与圆柱、圆柱与圆锥布尔交后得到的实体为部分柱体和锥体(图 24-70)。

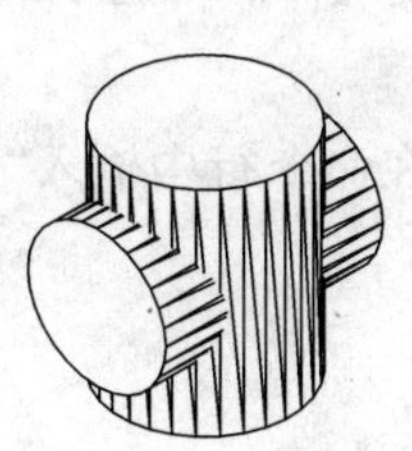

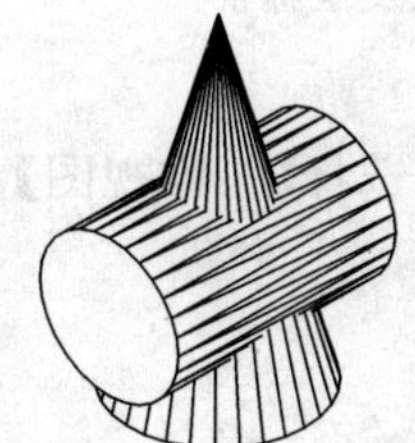

图 24-70 布尔交

[例 24-2] 根据图 24-51 所示形体尺寸,作出台阶的三维模型(图 24-71)。

(1)用 UCS 命令将坐端面定义为用户坐标系,用【多段线】命令分别画出台阶和牵边的端面图(图 24-71a)。

(2)用“extrude”命令分别拉伸台阶和牵边的三维图形(图 24-71b)。

(3)用【复制】命令将左牵边复制到右边。

(4)用【并集】命令把三个基本体组合起来(图 24-71c)。

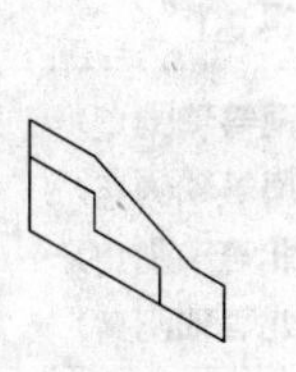
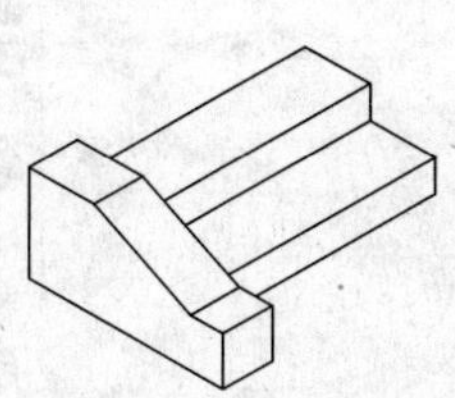
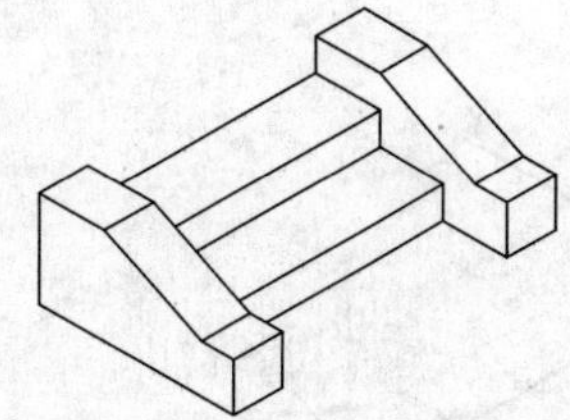

图 24-71 台阶的三维建模

24.4.4 三维模型的显示

24.4.4.1 视点

视点是指在空间观察模型的某一参考点，相当于观察者的一只眼睛。视点与坐标原点的连线称为视线（图 24-72），以该方向对模型作平行投影。设置不同的视点，生成模型各个方向的平行投影。

(1)用对话框设置视点

单击【视图】下拉菜单，选择【三维视图】下的【视点预置】菜单项，弹出【视点预置】对话框（图 24-73），用鼠标拨动指针确定视线在 *XOY* 平面上的投影与 X 轴的夹角及视线与 *XOY* 平面的夹角，随之确定视点。

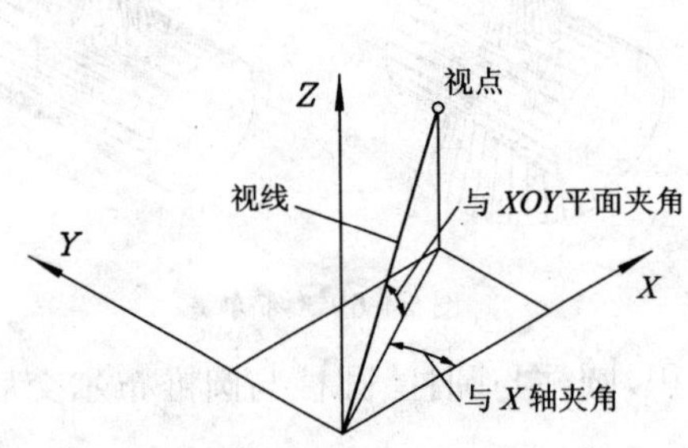

图 24-72　视点及坐标系

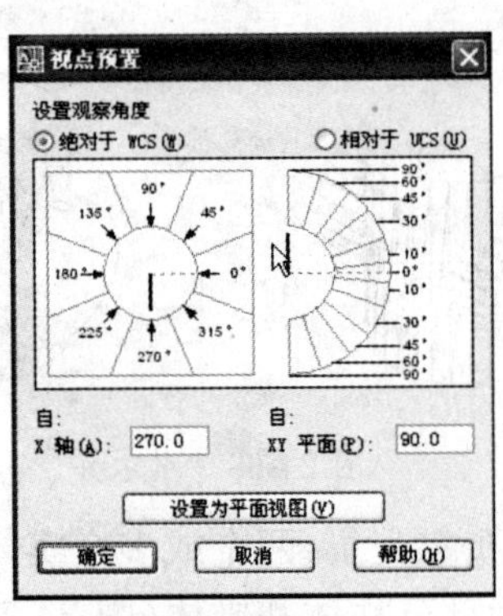

图 24-73　【视点预置】对话框

(2)用坐标球设置视点

单击【视图】下拉菜单，选择【三维视图】下的【视点】菜单项，或在命令行中输入“vpoint”命令，并按 Enter 键。

命令：vpoint

＊＊＊ 切换至 WCS ＊＊＊

当前视图方向：VIEWDIR＝0.0000，0.0000，1.0000

指定视点或［旋转(R)］＜显示坐标球和三轴架＞：

显示坐标球和三轴架（图 24-74），移动鼠标在坐标球中选取视点。

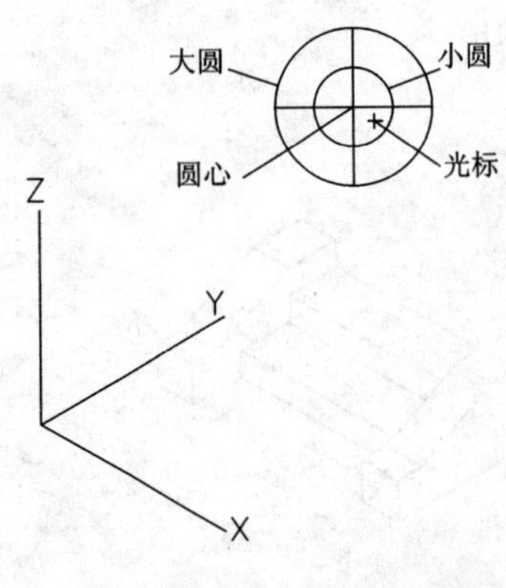

图 24-74　罗盘和坐标轴

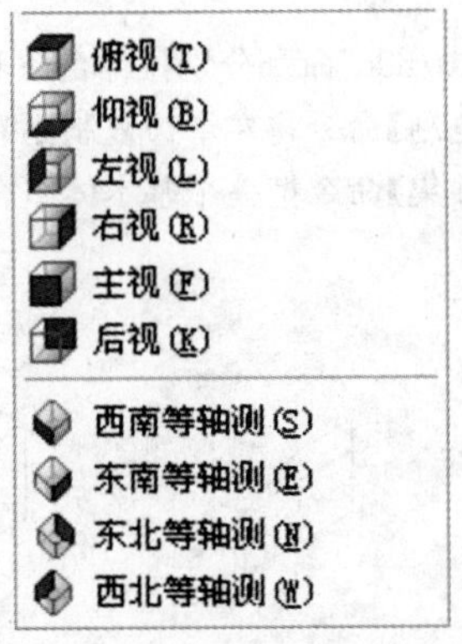

图 24-75　标准视点

坐标球用二维方式来表示一个球体坐标(图 24-74)。圆心是球体的北极,小圆为球体的赤道,大圆为球体的南极,视点位于球面上,模型抽象成位于球心的一个点。光标位于圆心,相当于视点为(0,0,1),光标位于大圆上,相当于视点为(0,0,-1);光标在小圆内表示视点在上半球,光标在小圆和大圆之间表示视点在下半球。

(3)设置标准视点

三面投影和正等轴测投影视点的三维坐标,可以按图 24-72 所示坐标系确定:正面投影(Front)视点为(0,-1,0);水平投影(Top)视点为(0,0,1);侧面投影(Left)视点为(-1,0,0);正等轴测投影(西南正等测)视点为(-1,-1,1)。其他标准视点如图 24-75 所示。

24.4.4.2 设置多视口

视口是屏幕上用于显示图形的一个矩形区域。设置多视口,可观察各视点对应的视图。

在命令行中输入"vports"命令,或单击【视图】下拉菜单,选择【视口】下的【新建视口】菜单项,弹出【视口】对话框(图 24-76),可选择 1~4 个视口。多视口中一个视口为当前视口(粗框)。用鼠标点击任一视口,该视口被激活为当前视口,可以在不同的视口内交替绘图。

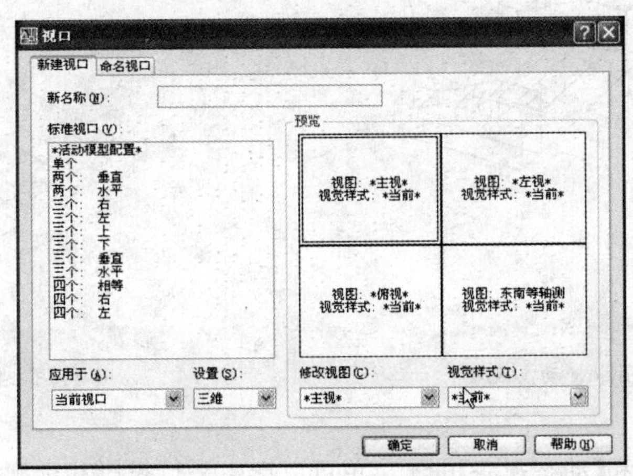

图 24-76 【视口】对话框

24.4.4.3 dview 动态观察

该命令可以动态观察当前视图,改变视图方向,缩放比例等,选择透视和平行投影方式。

在命令行中输入"dview"命令:

选择对象或 <使用 DVIEWBLOCK>:(选择物体,按 Enter 键)

* * * 切换到 WCS * * *

输入选项[相机(CA)/目标(TA)/距离(D)/点(PO)/平移(PA)/缩放(Z)/扭曲(TW)/剪裁(CL)/隐藏(H)/关(O)/放弃(U)]:

选择物体后按 Enter 键,即可移动鼠标,所选物体随着鼠标动态移动,移动到满意位置后按 Enter 键确定视图(图 24-78)。各选项说明如下:

【相机(CA)】确定相机(人眼)的位置,可以绕着目标点旋转照相机。

【目标(TA)】确定目标点的位置。以照相机的位置为中心,可以任意旋转目标点。

【距离(D)】设定照相机到目标点的距离。用于调整视点的距离。

【点(PO)】分别指定目标点和照相机点的空间位置。

【平移(PA)】平移视图。

【缩放(Z)】缩小和放大视图。该选项具有改变相机镜头长度的功能，增加镜头长度透视图变大，缩短镜头长度透视图变小。

【扭曲(TW)】以照相机到目标点的视线为轴旋转视图。

【剪裁(CL)】设置与视线垂直的剪切平面。

24.4.4.4　动态观察

利用该命令可以动态观察当前视图，还可以选择透视和平行投影方式。

受约束的动态观察(C)
自由动态观察(F)
连续动态观察(O)

图 24-77　【动态观察】子菜单

选择【视图】下拉菜单，选择【动态观察】子菜单的【自动动态观察】菜单项(图 24-77)，或者单击工具栏 中的一个按钮进行动态观察(图 24-79)。物体随着鼠标动态移动，移动到满意位置后按 Enter 键确定视图。

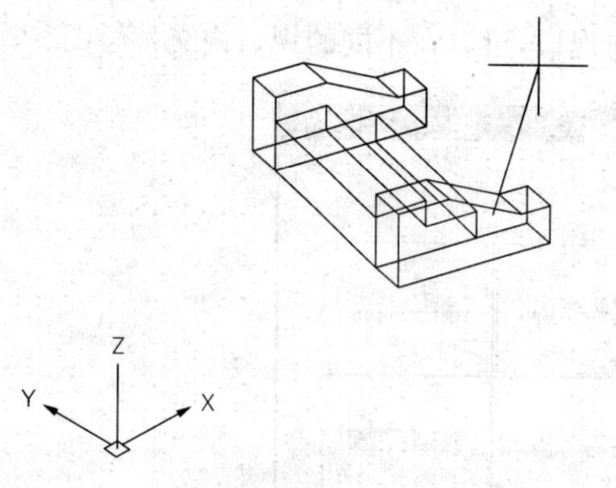

图 24-78　dview 动态观察

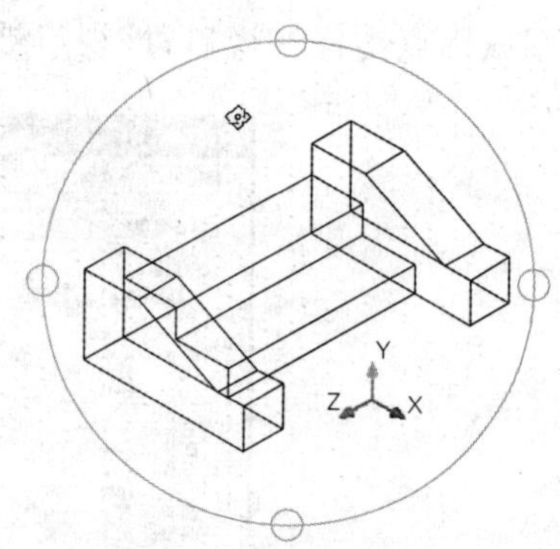

图 24-79　【动态观察】

24.4.4.5　透视观察

执行“dview”命令和【动态观察】的子菜单可以产生平行投影和透视投影两种效果。在透视方式下，观察的对象距照相机越近，对象显示越大。

选择【视图】下拉菜单，选择【动态观察】的子菜单，右击鼠标弹出光标菜单(图 24-80)，从中选择【透视】进入透视显示方式。比较图 24-81 的台阶模型的两种显示结果，24-81 左图为台阶的正等轴测图，右图为打开透视方式显示的透视图。

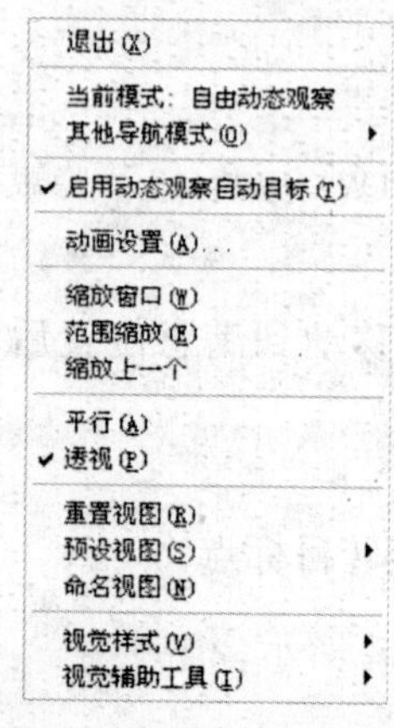

图 24-80　光标菜单

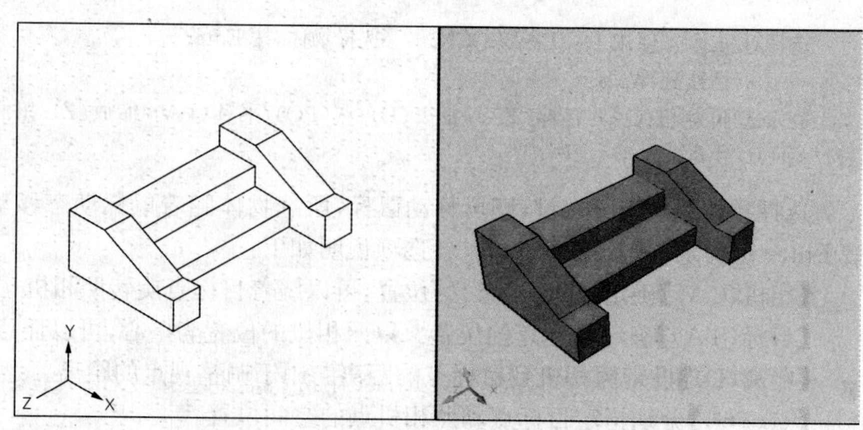

图 24-81　轴测与透视观察

各种透视图的获得并没有简捷的方法，可根据经验通过观察确定，图 24-82a、b、c 为一点、两点和三点透视图的显示效果。还可用“dview”命令指定相机和目标点的具体位置获得各种透视图，如图 24-91，24-92，24-93 所示。

a 一点透视

b 两点透视

c 三点透视

图 24-82 三种透视图的显示

24.4.4.6 消隐

该命令将模型中不可见的轮廓线隐藏起来，消除被遮挡的线条，以便更好地显示三维模型（图 24-64d）。

在命令行输入“hide”命令，或者选择【视图】下拉菜单的【消隐】菜单项可实现三维模型消隐。消隐后用【重生成】命令返回二维线框显示。

24.4.4.7 视觉样式

“vscurrent”命令可以对图形进行明暗、消隐处理，生成不同视觉样式的图像，并可退出三维显示模式。

在命令行输入“vscurrent”命令，或者选择【视图】下拉菜单，选择【视觉样式】子菜单的【二维线框】菜单项退出三维显示模式。具体步骤如下。

命令令：_vscurrent

输入选项［二维线框(2)/三维线框(3)/三维隐藏(H)/真实(R)/概念(C)/其他(O)］＜三维隐藏＞：r(显示二维线框模型)

为了获得不同的视觉样式，可以选择【视觉样式】子菜单（图 24-83）中的不同样式，可以获得不同的显示效果。

二维线框(2)
三维线框(3)
三维隐藏(3)
真实(R)
概念(C)
视觉样式管理器(V)...

图 24-83 【视觉样式】子菜单

24.5 透视图的绘制

24.5.1 三维模型的建立

24.5.1.1 建模的准备工作

AutoCAD 具有三维图形生成及编辑功能，但对于三维图形的渲染及后期处理功能不够强大。通常在 AutoCAD 中建立的三维模型，用 dxf 格式输出，在其他软件如 3DS，3DMAX 中进行渲染处理。在 3DMAX 中区分对象的方法有两种：一种是按照图层区分对象，另一种是按照颜色区分对象。因此在建模前，要预先考虑所绘建筑物所用的材质，把相同材质的对象归于同一个图层或同一种颜色，以便在 3DMAX 中进行后期处理工作。以图 24-1 所示住宅为例介绍绘制透视图的方法。

(1)根据建模目的，确定建模量。如果建模目的是为了完成建筑某一视点的透视效果图，而不是全方位的展现建筑，那么在设定视角后，透视效果图中看不到的部分不需进行详细建模。如果建筑材料是透明的玻璃，那么透过玻璃看到的形体也应建模。在绘制住宅的透视效果图前，首先选定住宅的透视方向，以住宅的正立面(①～⑦立面)为主要面，左侧面(①～Ⓐ立面)为次要面，只需对相应的两个面上的门窗等可见构件详细建模，而背立面(⑦～①立面)，右侧立面(Ⓐ～①立面)的门窗等构件不必进行建模，以节省建模工作量，减少后期渲染时间。

(2)分析建筑材料，确定图层。建模前应先分析建筑外墙面的装饰材料，用不同的图层及不同的颜色来区分不同的材质。此例中设置十个不同的图层如表 24-4 所示：

表 24-4 三维模型图层表

图层名	颜 色	含 义	备 注
3Dwall	白 色	主墙层	表示标准层外墙面材料
3Dwin	浅兰色	窗 层	表示窗上玻璃材料
3Dwin-k	颜色 31	窗框层	表示铝合金窗框
3Dmen	颜色 40	门 层	表示门所用木材质
3Dtg	颜色 41	天沟层	表示天沟的材料
3Dyt	颜色 50	阳台栏板层	表示阳台栏板的材料
3Dytd	颜色 253	阳台底板层	表示阳台底板材料
3Dcd	绿 色	草地层	表示住宅旁边草地材料
3Ddl	颜色 35	道路层	表示道路路面材料
3Dly	黄 色	道路路缘层	表示道路路缘石材料

24.5.1.2 外墙和窗洞的建模

从图 24-1 的① ～ ⑦立面图可知，标准层的外墙面可分两大部分，如从标高为 4.500 m 至标高为 5.800 m 为一部分(建模时立面图左右两部分高差 300 忽略不计，各层均按高为 1300 绘制)，这部分外墙面除阳台外均为主墙面材料，没有开窗；从标高为 5.800 m 至标高为 7.300 m为第二部分，该墙面上开了若干个 1500 高的窗；在两部分中开有 2800 或 2000 高的门。

(1)整体外墙的生成

调用前面画好的建筑平面图(图 24-50)，删除无用的信息。设 3Dwall(主墙层)为当前层，设定多段线的宽度和厚度，用【多段线】命令构造外墙，也可用【多段体】命令绘制。

①用“elev”命令设厚度(墙高)为 1300。

②执行【多段线】命令，设多段线线宽(墙厚)为 240，以平面图为基础，绕外墙轴线画一圈。

③用“vpoint”命令设视点为(－1,－1,1)，生成墙高为 1300 的外墙的西南正等测。

(2)整体外墙的复制

①用 UCS 命令选择【三点(3)】项，在前墙面(正立面)上设置 UCS(图 24-84)。

②打开【正交】模式，执行【复制】命令，将整体外墙身控制位移为 1300 往上复制。

③将 UCS 切换到 WCS，用“properties”命令或单击【特性】按钮将复制的整体外墙的厚度(墙高)修改为 1500。

(3)开窗外墙的生成

①设置上下两个视口(图 24-85)。

②选择上面视口为当前视口,按俯视图设视点,用【直线】命令画辅助线定出窗和门洞的宽度,辅助线必须与墙身相交。

③执行【修剪】命令,先选择剪切边,再选择要修剪的墙身,生成洞口,注意选择墙身的开洞部位。

④在下面视口中,生成西南正等测。

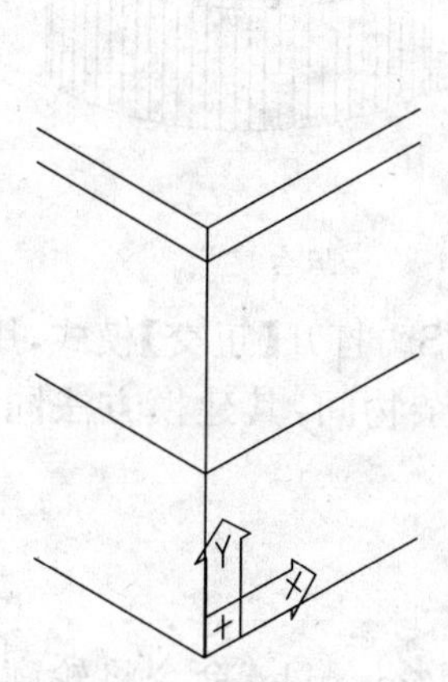

图 24-84 复制外墙

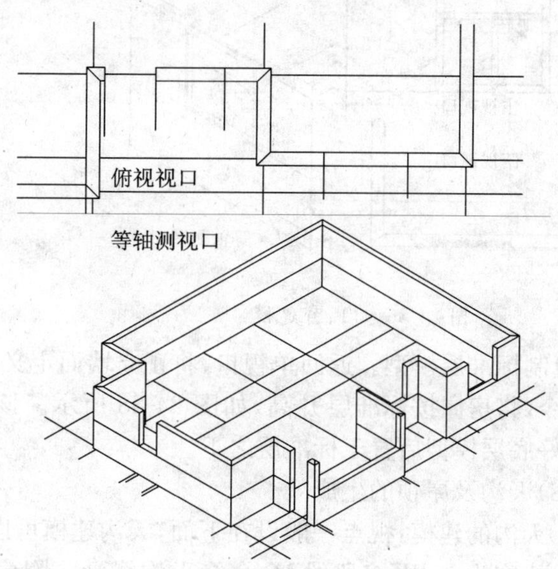

图 24-85 外墙和窗洞建模

24.5.1.3 门、窗、阳台及天沟等细部构件的建模

(1)门窗的生成

①玻璃的建模:设置三个视口;用“vpoint”命令将三个视口按主视、俯视和西南等轴测设视点(图 24-86)。

在俯视图上,将 3Dwin 设为当前层,用【多段线】命令画线,多段线线宽(玻璃厚)设为 20;单击【特性】按钮将厚度(玻璃高)改为 1500,完成一块玻璃的建模。

②正立墙面门窗的建模:在主视图视口中,将 3Dwin-k 设为当前层,用 UCS 命令设正立墙面为当前的 UCS。

设线宽(窗框宽度)为 100,用【多段线】命令绕窗洞画封闭多段线;单击【特性】按钮修改厚度(窗框的厚度)为 80;用【多段线】命令画几根线宽为 80,厚度为 80 的窗格子,完成了一个窗户的建模如图 24-86 所示。

门窗的位置不合适时,可用【移动】命令捕捉关键点移动。正立墙面上其他不同尺寸的窗户和门用同样的方法绘制,相同尺寸的门窗可用【复制】命令生成。

③左墙面门窗的建模:用 UCS 命令将左墙面定义为当前的用户坐标系;用“vpoint”命令切换为左视图;参照步骤②绘制左墙面上的门窗。

(2)阳台的生成

①阳台底板的建模:在图 24-87 所示俯视图上,将 3Dytd 设为当前层,以线宽为 0 的多段线绘出阳台底板轮廓线。

用“extrude”命令将阳台底板轮廓线拉伸，拉伸的高度(阳台底板板厚)设为80。

②阳台栏板的建模：在俯视图上将3Dyt设为当前层，设线宽(阳台栏板宽度)为120，用【多段线】命令绘出阳台栏板圆弧线；单击【特性】按钮修厚度(阳台栏板高)为1200，即完成阳台建模(图24-87)。

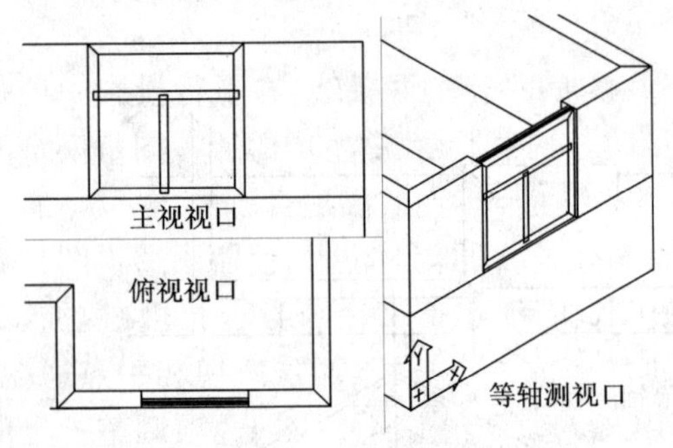

图24-86 门、窗建模

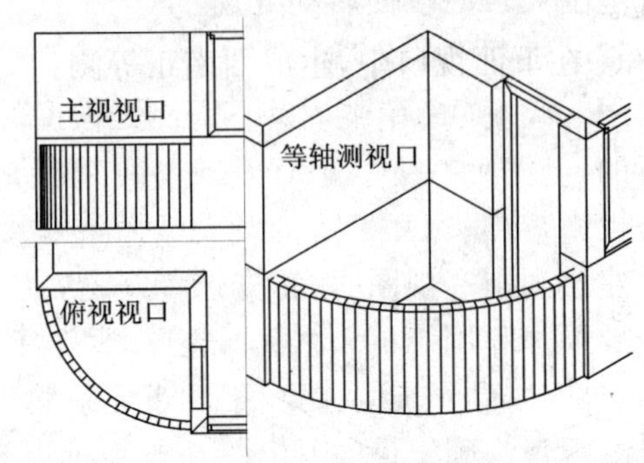

图24-87 阳台建模

复制标准层模型。返回单视口，将正立墙面定义为当前的UCS。打开【正交】模式，用【复制】命令，将房屋按标准层升高，如图24-88所示。该住宅底层为杂物间，其建模方法同标准层，建好底层模型后置于标准层之下。

(3)天沟及屋顶的生成

①天沟的建模：视点一般设在下面，天沟建模可以不挖天沟。

设线宽为0，用【多段线】命令绕天沟线画一圈建天沟模型；用“extrude”命令将轮廓线拉伸，拉伸的高度(天沟板厚)设为300。这样生成一块天沟轮廓线大小、300厚的实体板(本例略)。

②屋顶的建模：用线宽为0的多段线沿建筑外墙画一周建屋顶模型，用“extrude”命令将屋顶轮廓线拉伸100，完成屋顶的建模。

③女儿墙的建模：设线宽为240，厚度为900，沿建筑外墙一周绘多义线生成女儿墙的模型，整幢住宅模型如图24-89所示。

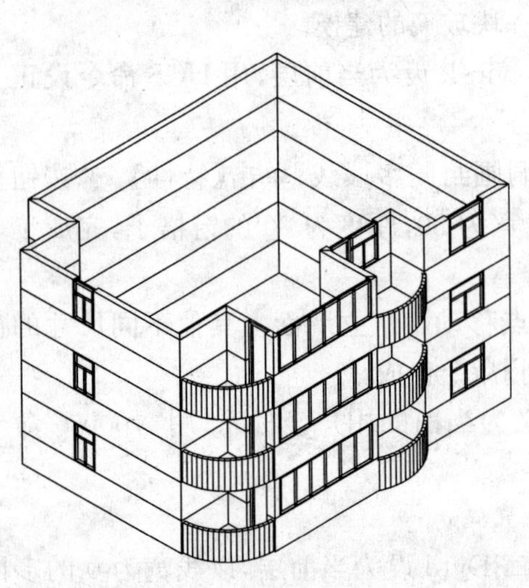

图24-88 复制后的标准层

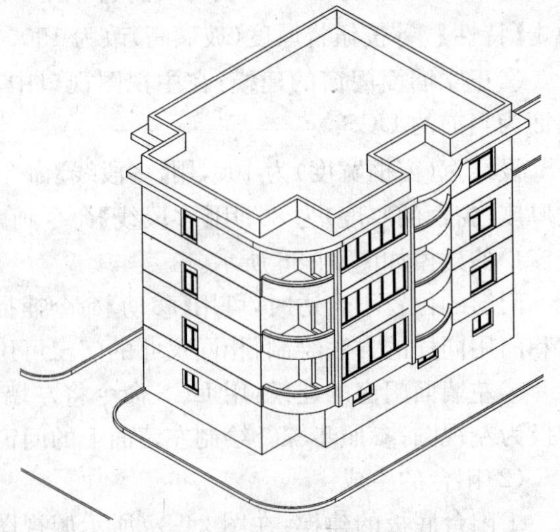

图24-89 建筑外部环境建模

24.5.1.4 建筑外部环境的建模

在绘制透视效果图时，应考虑建筑物外部环境的建模，如道路、草地，道路路缘石等。

设线宽为 0，厚度为 50，用【多段线】命令绘出道路，草地的边框；用线宽为 100，厚度为 150 的多段线绘出路缘石；用“3dface”命令将路面，草地表面盖上（图 24-89）。外部环境的建模应考虑范围大一些以便后期处理。

24.4.2 透视图的生成

用“vpoint”命令生成的正等测是模型的平行投影，空间平行的两条线，在平行投影中还是平行的，与实际视觉效果有差异。用“dview”命令和【动态观察】子菜单生成的透视图是模型的中心投影，空间相互平行的线交于无限远处，这一点称为灭点，视觉效果逼真。

建筑师画透视图时，首先选择好画面、站点、视高与建筑物的相对位置，使所画透视图具有最佳效果。利用 AutoCAD 画透视图，先建立三维模型，再用“dview”命令设定相机（视点）和目标点的位置，确定主视线相对于建筑物的方向，便可生成三点透视、两点透视和一点透视。相机的视角为固定值，视距（相机与目标点的距离）用【距离(D)】或【缩放(Z)】选项调整。也可利用【动态观察】子菜单根据经验获得各透视图。

24.5.2.1 三点透视

三点透视绘制的建筑物显得高大、挺拔，一般用来表现高层建筑。由建筑师画法可知，在三点透视中，画面与基面的交线与建筑物的主要面的夹角 θ 一般取 20°～40°；画面倾斜于基面；通常视点位于包含建筑物的一条主要铅垂棱线并垂直于倾斜画面的平面内；主视线垂直倾斜画面并通过主要铅垂棱线在同一视平面内。

如图 24-90a 所示，目标点定在主要铅垂棱线（左前棱线）上。相机和目标点的距离设为 30 m，相机和目标点连线在 XOY 面（水平面）的投影与建筑物主要面的夹角为 120°；相机 Z 坐标可取人眼睛的高度 1.6～1.8 m；将相机和目标点连线与 XOY 面的角度取为 25°，根据相机和目标点的距离、相机 Z 坐标可估算目标点的 Z 坐标为：

$$Z_{目标点} = 30\text{tag}\,25 + (1.6 \sim 1.8) = 15.6 \sim 15.8\ \text{m}。$$

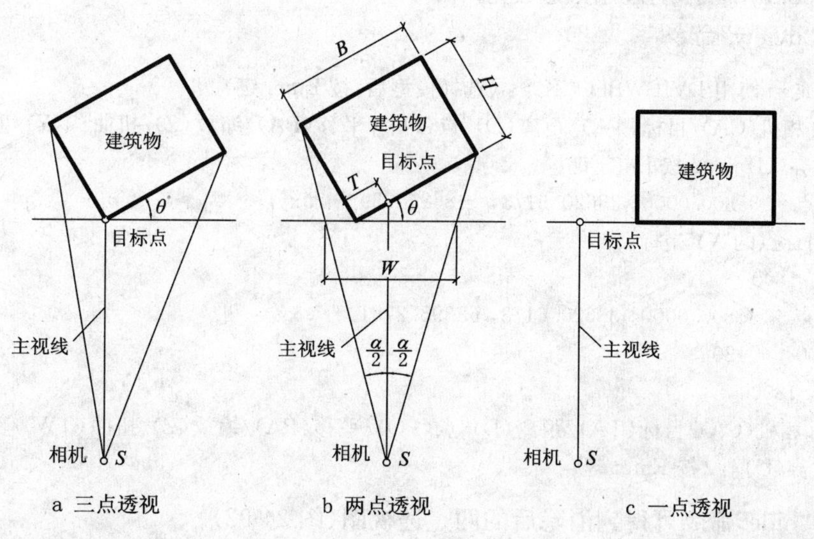

24-90 主视线的位置

(1)关闭绘制建筑环境的路面、草地，路缘石的层；用“vpoint”命令切换到顶视图上。

(2)执行“dview”命令后提示：

选择对象或 <使用 DVIEWBLOCK>：(选择整个建筑模型后，按 Enter 键)

输入选项[相机(CA)/目标(TA)/距离(D)/点(PO)/平移(PA)/缩放(Z)/扭曲(TW)/剪裁(CL)/隐藏(H)/关(O)/放弃(U)]：po 按 Enter 键(指定目标点和照相机点的空间位置)

指定目标点 <35800.0000，33620.6173，−862.0759>：.xy

于(捕捉左前棱线上点的 XY 坐标)

(需要 Z)：15600

指定相机点 <35800.0000，33620.6173，68395.2781>：.xy

于 @30000<−120

(需要 Z)：1600

输入选项[相机(CA)/目标(TA)/距离(D)/点(PO)/平移(PA)/缩放(Z)/扭曲(TW)/剪裁(CL)/隐藏(H)/关(O)/放弃(U)]：(按 Enter 键)

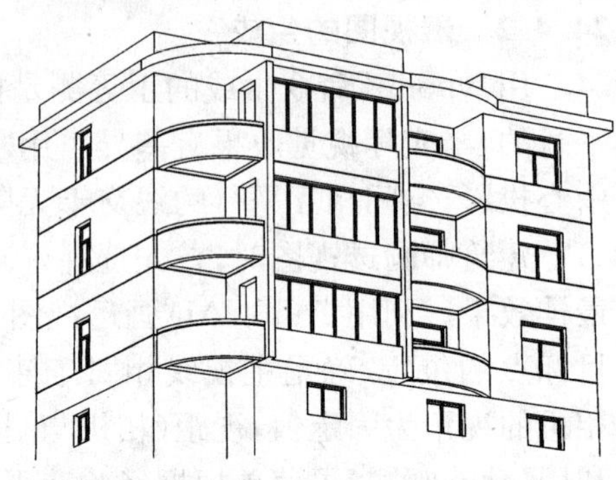

图 24-91　三点透视

(3)执行“hide”命令得到消隐后的三点透视图(图 24-91)。

24.5.2.2　两点透视

两点透视的效果真实自然，能表现建筑物的体量感。在两点透视中，选择合适的视点，可以很好地表达建筑形体。建筑物的主要面与画面的夹角 θ 一般取 20°～40°；画面与基面垂直；主视线在画面宽度 W 的中点，主视线位于视角 α 的角平分线上。

如图 24-90b 所示，建筑物长度 B＝13.5 m、宽度 H＝11 m、夹角 θ＝30°、α＝30°，为了使主视线在画面宽度 W 的中点，目标点离左前棱线距离为 $T=[B(1-\text{tg}\,\theta\text{tg}\,\alpha/2)-H(\text{tg}\,\theta-\text{tg}\,\alpha/2)]/2=4$ m。相机和目标点的距离设为 30 m，相机和目标点连线在 XOY 面的投影与主要面的夹角为 120°；目标点与相机必须同高，可取人眼睛的高度。

(1)用“vpoint”命令切换到顶视图上。

(2)执行“dview”命令：

选择对象或 <使用 DVIEWBLOCK>：(选择模型后，按 Enter 键)

输入选项[相机(CA)/目标(TA)/距离(D)/点(PO)/平移(PA)/缩放(Z)/扭曲(TW)/剪裁(CL)/隐藏(H)/关(O)/放弃(U)]：po 按 Enter 键

指定目标点 <35800.0000，33620.6173，−862.0759>：.xy

于(捕捉目标点的 XY 坐标)

(需要 Z)：1800

指定相机点 <35800.0000，33620.6173，68395.2781>：.xy

于 @30000<−120

(需要 Z)：1800

输入选项[相机(CA)/目标(TA)/距离(D)/点(PO)/平移(PA)/缩放(Z)/扭曲(TW)/剪裁(CL)/隐藏(H)/关(O)/放弃(U)]：(按 Enter 键)

(2)执行“hide”命令可得到消隐后的两点透视图(图 24-92)。

24.5.2.3　一点透视

一点透视适合绘制显示纵向深度的建筑群和室内透视。建筑物的主要面平行于画面，主视线(相机与目标点的连线)垂直于建筑物的主要面；主视线设在建筑物的左侧、右侧或正中间

(图 24-90c)。

(1)“vpoint”命令切换到顶视图上;执行“dview”命令:

选择对象或 <使用 DVIEWBLOCK>:(选择模型后,按 Enter 键)

输入选项[相机(CA)/目标(TA)/距离(D)/点(PO)/平移(PA)/缩放(Z)/扭曲(TW)/剪裁(CL)/隐藏(H)/关(O)/放弃(U)]: po

指定目标点 <35800.0000, 33620.6173, −862.0759>: .xy

于(捕捉目标点的 *XY* 坐标)(需要 Z): 1800

指定相机点 <35800.0000, 33620.6173, 68395.2781>: .xy

于(打开【正交】模式,捕捉相机点的 XY 坐标)(需要 Z): 1800

输入选项[相机(CA)/目标(TA)/距离(D)/点(PO)/平移(PA)/缩放(Z)/扭曲(TW)/剪裁(CL)/隐藏(H)/关(O)/放弃(U)]:(按 Enter 键)

(2)执行“hide”命令便可得到消隐后的一点透视图(图 24-93)。

图 24-92 两点透视

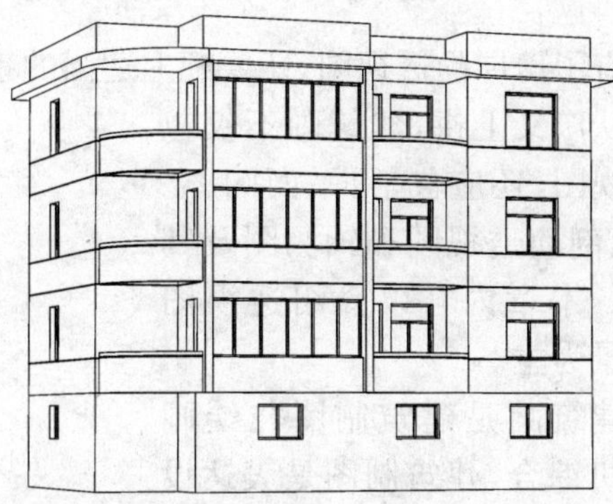

图 24-93 一点透视

生成两点透视图后,进行光照处理,赋予合适的材质,并渲染(Render),最后在 Photoshop 软件中进行配景等后期处理,得两点透视效果图如图 24-1 所示。

25 建筑画配景

25.1 概 述

有了房屋的透视图，还要配上适当的景物，才能形成一幅完整的建筑透视图，也称建筑画。

从广义上讲，建筑画不仅包括透视图，还应包括：平面图、立面图、剖面透视图和轴测图及其配景。本章内容以介绍透视图的配景为主。

建筑画是建筑制图与绘画的有机综合，建筑制图是表达设计意图的科学方法（工程语言）；绘画是表达设计意图的一种艺术手段。一幅好的建筑画，给人以一种舒服惬意的形式美的视觉感受，既能形象、生动地表现建筑物的空间形象，又是一幅可供欣赏的艺术作品。可以说，建筑画是科学性和艺术性结合的产物，它直观通俗地反映了设计意图，建筑师经常运用这一艺术作品向业主展示自己的设计意图和设计成果，以供讨论和评判。

图 25-1 某写字楼
（通过低矮的树木、汽车、旗杆衬托建筑的挺拔）

在建筑画中，景物与主体建筑的关系是“绿叶扶红花”。两者既有宾主之分，又相辅相成，缺一不可。

25.1.1 配景的目的

(1) 在视觉上衬托主体建筑。在视觉生理方面，人的视线在视场中容易集中在：

①最强烈的对比处；②最明亮的色彩处；③最复杂的地方；④体形的转折处。

通过配景景物的铺垫，我们可以使主体建筑出现以上四种情况或四种情况之一(图25-1)。

(2) 通过人物、汽车、家具等的比例，能够对主体建筑的尺度起参照作用(图 25-2)。

(3) 渲染环境，使画面富有生气和空间感，给人以身临其境的感觉(图 25-3)。

图 25-2 某宾馆中庭

(通过人物、桌椅、花池、灯罩的尺度对建筑室内空间的大小起参照作用)

图 25-3 某街景

(4) 是设计者研究建筑的造型与环境关系的一种手段(图 25-4)。

图 25-4 某办公楼中庭

(室内种有茂盛的植物，说明上部空间一定有能透过阳光的玻璃顶)

图 25-5 清《圆明园图咏》

(装饰性画法)

25.1.2 学习配景的方法

建筑画从绘制工具上分，常见的种类有：钢笔画、钢笔淡彩、水彩画、水彩渲染、水粉画、中国画、彩笔画、色彩画、喷笔画、粘贴画、电脑喷绘等。

建筑画从表现技法上分，常见的有：装饰性的、细腻写实的、抽象的（如图 25-5、图 25-6、图 25-7）。

建筑配景的对象大致有：树木、花丛、绿地、人物、车辆、街景、道路（包括车轮痕迹等）、水面、家具、花池、广告牌、毗邻楼舍、阴影、透视阴影、倒影、山脉、天空等。

图 25-6 国外某街景
（细腻写实的画法）

虽然，要掌握熟练的作画技巧决非一日之功，但只要刻苦努力，手到心到，掌握一两门得心应手的建筑画绘制技巧是完全可能的。

（1）选定一两门自己较感兴趣的画种作为主要的学习、研究对象，如钢笔画和水彩（或水粉）画。**重点要掌握钢笔画，因为从制图上讲，大多数图线都由墨线画成；从绘画上讲，钢笔画不但材料简单，使用便捷，易保存，而且表现力极强。**

（2）**选用建筑画的表现形式最好从写实入手，待掌握了一定的基本功后，再过渡到其他表现形式。写实的画，忠实于原物，刻画较细致，用笔较灵活，具有很强的表现力。**

（3）**重点掌握树木和人物的画法。**树木是大自然的象征，树木千姿百态的不规则形体和现代建筑几何形体之间的融合对比，使画面相映成趣，浑然有序。人物的配置能启示建筑的性格和性质，映衬建筑物的尺度和比例，突出画面重点，增加画面生机（如图 25-8）。

图 25-7 国外某住宅
（抽象的画法——此画是轴测图，
轴测图是建筑画的抽象方法之一）

（4）**多观摹、多临摹、多揣摩。**平时可找一些好的建筑画、风景速写进行学习。

在作正式作业时，可找一张自己感兴趣的优秀作品，从全局到细部进行有意仿效。或找一些配景参考图集进行选用。临摹不是盲目的抄袭，而是揣摩别人的构图特点和线条、颜色的运用技巧。这是一条掌握建筑画技巧的捷径。

（5）**结合搜集建筑设计资料，经常外出写生，也可临绘照片，从现实生活中吸取营养。**平时还可以作些视觉-心理的默画练习，逐步提高手、眼、脑的协调能力。经常实践，即可熟能生巧。

(6) 作为学生，由于每个人的学习经历、兴趣爱好不同，会自然或不自然地模仿某种“风格”。比如：有的人喜欢色调淡雅，有的喜欢色彩对比强烈；有的喜欢构图庄重严谨，有的则喜欢线条飘逸自由。这种情绪是非常实在和必要的。但经过一段时间学习，掌握了一定的基本功后，在吸取别人有益经验的基础上，可以充分发挥自己的创造力，探索一些不同风格的表现形式，形成自己的特点。

图 25-8　某宾馆内院环境

图 25-9　某商场(本图由徐思进绘制)

图 25-10　国外某工业建筑群(本图由彭怡绘制)

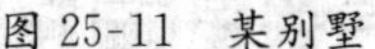

图 25-11　某别墅

图 25-12　广州黄埔港国际海员俱乐部
（左边行人、行道路、行道树均灭入左灭点，
右边的小汽车灭入右灭点）

（7）可根据不同的表现对象，采用不同的表现技法，例如：表现商业建筑的繁华、熙攘，采用飘逸洒脱的线条；表现工业建筑的雄浑有力，采用简洁明快的色调；表现居民住宅的宁静安适，采用细腻写实的手法（图 25-9、图 25-10、图 25-11）。

25.2　配景的原则

（1）符合透视原理，如图 25-12。

（2）符合设计意图。环境是设计建筑物的最重要条件之一，而构成环境的因素是指建筑周围的空间和景物。因此，配景要基本符合所在地的实际环境，这样有助于观众理解你的建筑设计构思（图 25-13），有些建筑的配景（如城市小区中），甚至可采用放大的实景照片作为配景，使建筑设计作品逼真地融合在真实的环境中。

（3）符合自然规律：

①配景的景物应符合其真实比例和形状特点。例如图 25-14 中的小树与大树。

图 25-13　某公司总部大楼（本图由郭文绘制）

②景物的出现要符合地理、时间条件，椰子树为南方树种，若画在北方某建筑的旁边，则给人虚假之感。秋天的树叶呈深绿、暖黄或橙黄色，春天的树叶呈嫩绿、翠绿色，配景时要抓住各自的特点，不要混淆，甚至颠倒。

③应体现时代气息。历史是在不断前进的，配景时，人物穿着、交通工具的款式及街景面貌，都应反映那个时代的特征。

图 25-14　树的大小
（小树：高度大约以 4 至 5 m 为限，
主干及树枝比较纤细修长。
大树：高度一般不超过 15 m，
树杆苍劲挺拔，结实有力，
树纹粗，盘根错节，树叶茂盛）

(4) 画法要与主体建筑画法一致或基本一致，如图 25-15 所示。

图 25-15　配景与主体建筑的画法(本图由郭文绘制)

①建筑与配景都采用以勾形为主的单线画法。

②建筑与配景都采用单线为主，黑块为辅的画法。

③建筑采用求实性画法，配景采用装饰性画法(一般地说，配景画法有时可比主体建筑略简单或抽象点，最好不要更复杂)。

(5) 符合建筑构图原理。在画面中，建筑物始终是主体，景物始终是次体，景物在形象、空间位置、明暗对比和色彩处理上都只能起从属与衬托的作用。所以，要掌握配景与建筑的构图关系，即掌握“位置、均衡、重点、层次”等要素，这些将在第四节中详细讲述。

(6) 配景虽然不能喧宾夺主，但切忌潦草对付、马虎了事。

25.3　配景的对象

25.3.1　树木

树木的体形丰富多姿，但它的基本形体按其概括的形式可归纳为如图 25-16 所示。

远景的树往往画在建筑的后面或两侧，起增加画面纵深感的作用。其形体、明暗、色调关系应大事简化。

中景的树应仔细刻画，可画在建筑物的两侧或前面(但对主体建筑的主要部分不应有遮挡)。

前景的树一般应少画，若需画时，也只画少量的树叶或树干，或用概括的手法，使其起一个视线导向作用，如图 25-17 所示。

树木的装饰画法，采用抽象图案式线条和色块，表现了夸张的造型，具有一种变形、简炼、程式画的趣味，在配景(特别是在立面图)上应用很广，如图 25-18 所示。

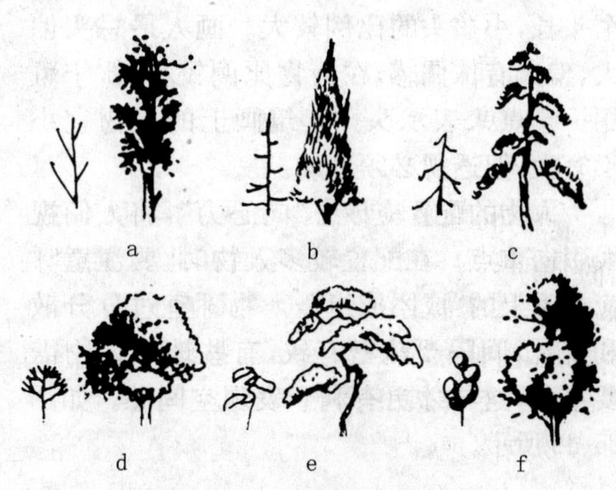

图 25-16　树木的基本形状
a 圆柱形　b 圆锥形　c 尖塔形
d 伞形　e 覆盖形　f 组合形体

图 25-17 温州大剧院(本图由郭文绘制)

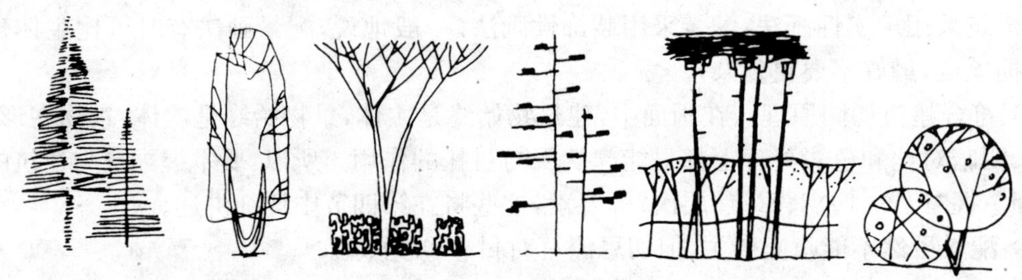

图 25-18 树木的装饰画法

25.3.2 人物

人的平均身高大约是：男：1.72m；女：1.6m；小孩1～1.2m。大多数人的高度是7个头长，小孩头的比例较大。画人最忌头偏大，偏大有侏儒感，在人物比例较小时，宁可用一小点来表示头。建筑画上的人物宜小不宜大，但透视必须准确。

人物的配置应该有“向心力”，将人们视线引向重点。在配置较多人物时，要注意呼应关系上的“成团成组”，人物不宜过分分散和混乱，间隔要疏密有致，有些地方人物需要重叠，这样才更有利于表现空间感。如图25-19所示。

图 25-19 人在画面上的配置

由于人物比例一般都较小，用色可鲜艳一点，使画面色调生动。

人物的刻画应简单明了，形象生动，如图 25-20 所示。

车辆的样式更新较快，应多注意收集资料（如图 25-21）。有些设计者常将最新的汽车样式从画报上剪下来，贴在透视图上，但要注意其大小及位置是否符合透视原理。

画车辆时应严格按透视规原理求作。

车辆的大致尺寸是（高×宽×长）：

小卧车：1600×1900×5500。

图 25-20 人物

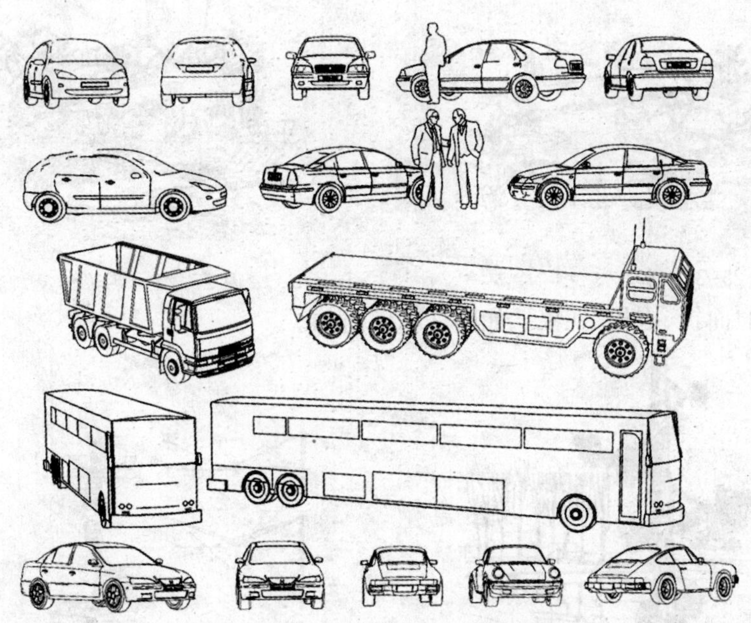

图 25-21 汽车（本图由王涛绘制）

面包车：2000×1900×5100。

卡　车：2600×2400×6500。

大客车：3000×2500×9000。

自行车：1500×500×1700。

25.3.3 街景

图 25-22 街景

街景一般是主体建筑、次要建筑、街道、树木、行人、路灯、广告牌、车辆、地面等的综合体，如图 25-22 所示。

应在构图、色调、笔调上突出主体建筑，减弱其余部分。另外，在街景中经常出现一些“绿地建筑小品”，如坐椅、花池、果皮箱、自行车棚、路牌路灯、宣传牌、电话亭等。这些小品虽然属建筑设计部分，但我们平时也要注意多搜集或构思这方面的资料，“素材”多了，画起图来就能做到“游刃有余”。

画汽车要注意右行规律，需要了解的几种尺寸大致是：

居住区次要道路：3～4m。　居住区主要道路：6～7m。

次要公路：8～10m。　路灯高度：6～12m。

人行道：2m。　行道树高度：5～8m。

25.3.4 水

水面常与小桥、假山、灌木、花草等组成室内外庭院，如图 25-23、图 25-24 所示，水的倒影在反映的形象、色调上都要比原物减弱一点。水面可留出水平空白的水纹。

图 25-23 水与庭院

图 25-24 某旅馆屋顶游泳池

注意倒影的“曲折、拖长”现象。如图 25-25 所示。

a 水面基本平静时，倒影与原物等长

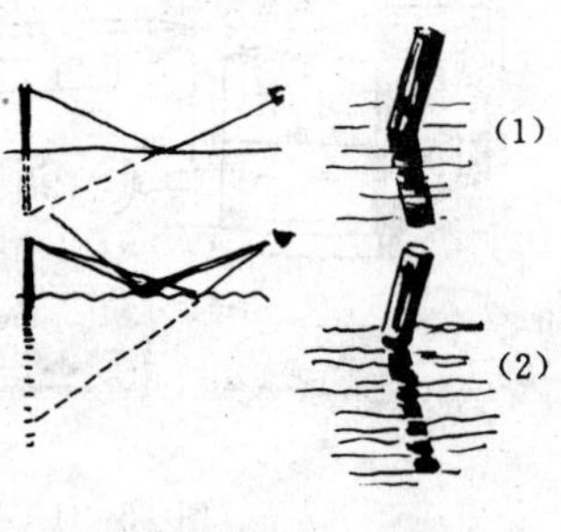

b 水面略有涟漪时，倒影有断续并稍拉长

图 25-25 倒影

25.3.5 家具

画家具，要注意其大致的比例及准确的透视关系，也要用概括的方式表现其质感。如图25-26和图25-27所示。几种常见家具(图25-28)的大致尺寸(高×宽×长)为：

图 25-26　某起居室

图 25-27　某宾馆内景

图 25-28　家具样式(本图由王涛绘制)

单 人 床：500×1000×2000。　双 人 床：500×1500×2000(或500×1800×2000)。
双人沙发：1000×600×1800。　单人沙发：900×500×800。
组 合 柜：2400×500×3000。(以上单位均为毫米)

25.3.6 天空

由于天空的面积较大，处理要尤为慎重，表现宜平和灰淡，用色不宜太艳和太浓(夜景除外)。晴朗的天空有退晕，从近天到远天，由天蓝转为紫灰，和远山或地坪线融为一体。云朵也有透视，近处是大朵云(在画面上是高处)；远处是小朵云(在画面上是较低处)，如图25-29所示。

图 25-29　某写字楼

图 25-30　北海参天古树显出气氛的幽深

25.4　配景的表现技巧

25.4.1　构图

25.4.1.1　位置

建筑与配景在画面中的位置要适宜。景物大、建筑小和景物小、建筑大，有时可表达某种特定情感。如图 25-30、图 25-31 所示。

图 25-31　某体育馆(本图由陈实绘制)
(配景简洁、凸现体育建筑的刚健造型，
如一只欲飞的大鸟，匍匐在广垠的大地上)

当建筑物只需表达一部分时，常用树或次要建筑来过渡。如图 25-32 所示。

若建筑的造型以水平线为主，则可配以垂直感较强的树形。反之亦然。画面构图切忌等分。如图 25-33 所示。

主体建筑主要面的前景应广阔(图 25-34)，避免雷同(图 25-35)。

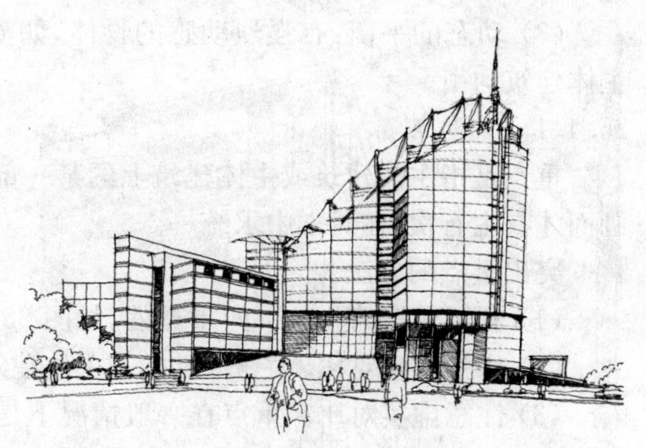

图 25-32　大树将商场左边次要部分遮掩以强调商场的临街面(本图由杨旸绘制)

25.4.1.2　均衡

均衡有三种情况：

(1) 主体建筑与配景在形体上的均衡。

(2) 明暗色调的平衡：在淡调子的画面上，一小块深色可以与大片浅色均衡；反之亦然。

同理利用补色关系，“万绿丛中一点红”也可以达到均衡。由此可见，配景颜色在色相、色度上对整个画面的均衡有较大影响，如图 25-36 所示。

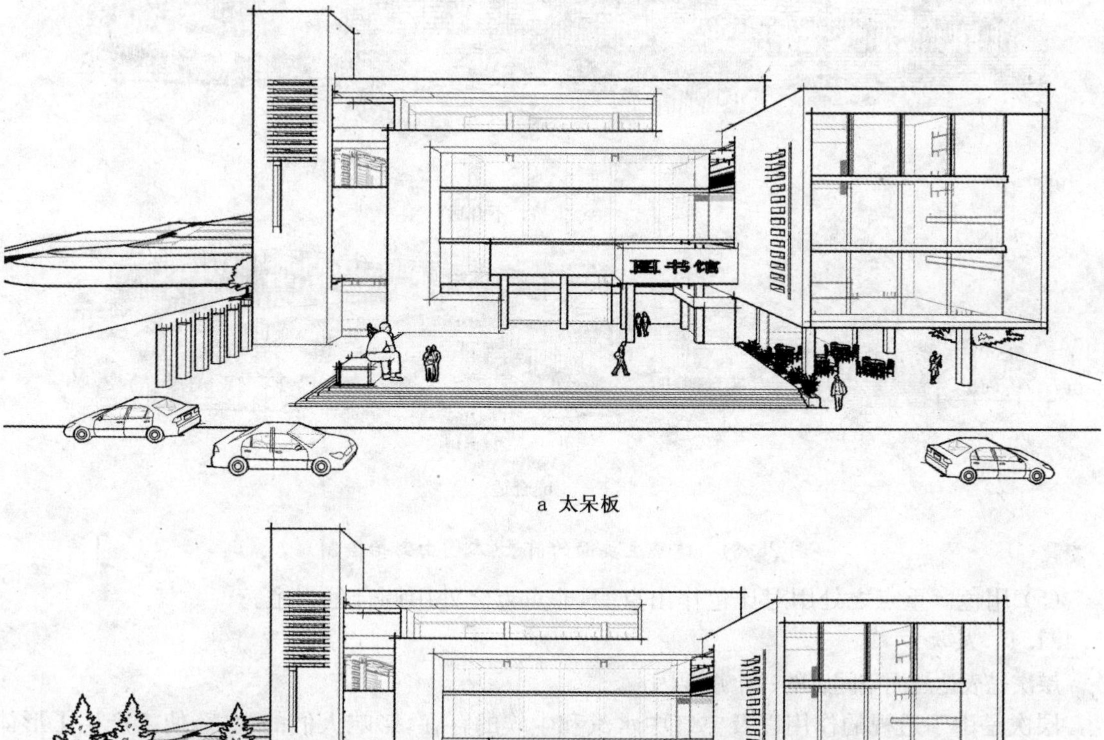

a 太呆板

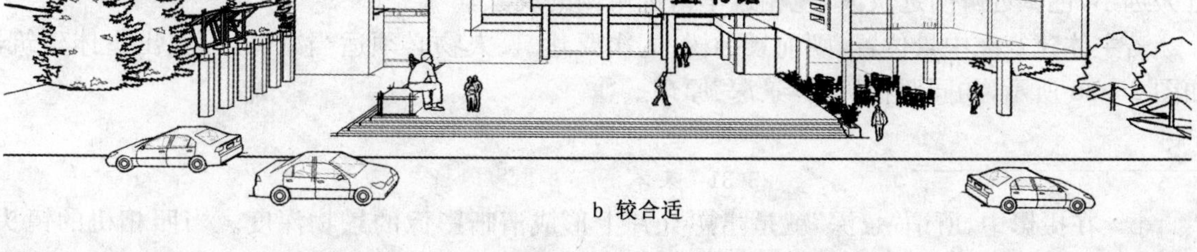

b 较合适

图 25-33　构图比较(本图由杨旸绘制)

（3）动态的平衡：有强烈动感的物体，如流云、狂风中弯曲的树枝等可以与静止的庞大的主体建筑均衡。

25.4.1.3　重点

重点是指主体建筑或主体建筑上的某一部分。配景的目的之一就是突出重点，这样，整个画面才有主有次，在对立中求统一。

突出重点的方法：

（1）利用景物的收敛引向重点处，如图 25-37 所示。

（2）增强明暗对比。一般地说，若主体建筑深，则配景（包括天空、地面）浅，反之亦然。

（3）注意虚实对比。重点在一般情况下是较实的，可仔细刻画其质感及光影，配景相对而言则虚，采用略画法。（往往采用“退晕”的方法，从实到虚，逐渐放松省略）

（4）人物车辆的动态趋势和引向，有助于指出重点所在。参见图 25-9。

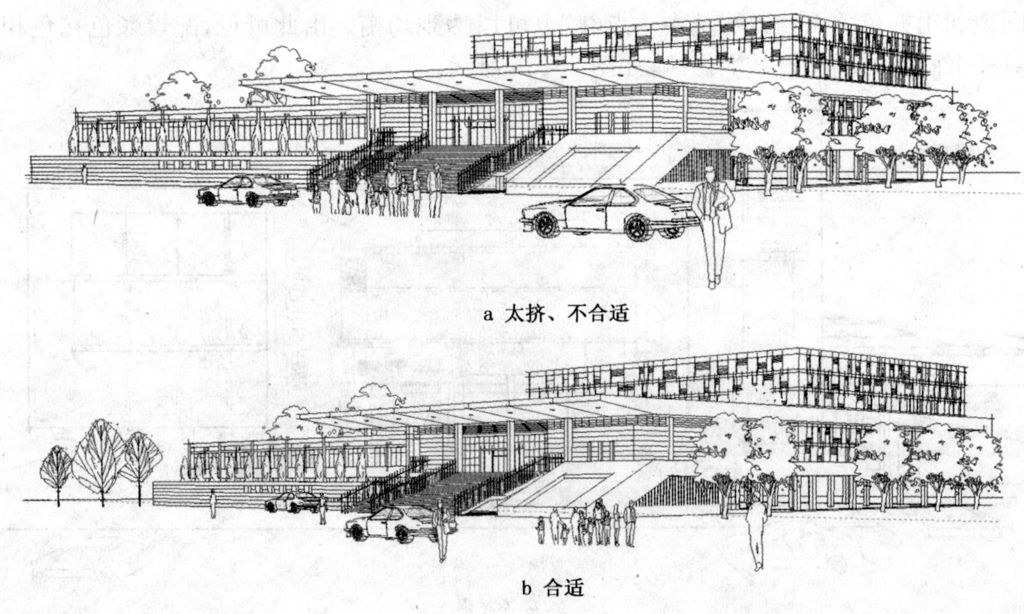

a 太挤、不合适

b 合适

图 25-34　建筑主要面的前景（本图由彭怡绘制）

（5）用色。重点之处用对比色作出点缀，非重点之处用调合色为主。

25.4.1.4　层次

层次是表达画面空间感的一个重要因素。

层次是由于透视的作用以及空气中水汽和尘埃的存在，影响人们的视感，使之产生了形体近大远小，色调近鲜明远灰浅，色相近丰富远单调的现象。

若主体建筑在中景位置，则前景的树木、次要建筑、人物必须适当减弱，以突出主体建筑，如图 25-38 所示，如同照相机的“景深”原理。①

---

①　在摄影中，所谓“景深”就是指感光片上形成清晰影像的景物深度。当照相机的镜头对准一定距离的景物，聚焦成为清晰的影像时，距离较近和较远景物的影像有一定的清晰范围，距离再近和再远的景物就模糊不清。这种“景深”原理也是完全符合人们的视觉印象的。

图 25-35　上海大剧院(本图由高薪绘制)
(左边的云彩与右边的树叶轮廓分别与檐口线平行,形成雷同)

图 25-36　利用左边树木阴影与门洞形成均衡

图 25-37　某艺术中心(本图由高薪绘制)
(成行的树木及草地所指的灭点之处,即为重点)

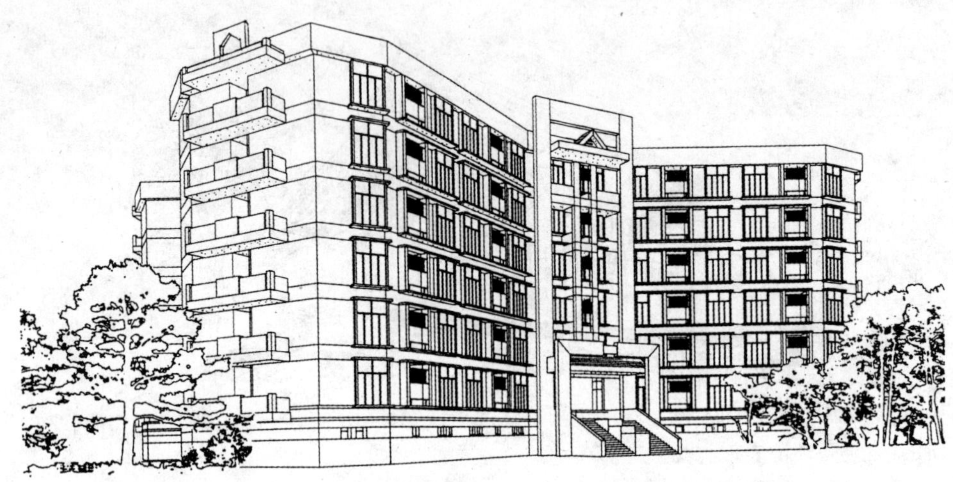

图 25-38 湖南大学第十七学生公寓(本图由徐峰绘制)
(近景树木只勾轮廓不加光影而主体建筑则刻画得较仔细)

25.4.2 配景步骤

(1) 选定景物的样式和表现形式:画种的选择除了要考虑自己的喜好和熟练程度外,更要考虑如何较好地表现景物,进而达到陪衬主体建筑的目的。例如,若主体建筑为简洁明快的块状几何体造型,则可采用由纤细、柔和的曲折线条组成的景物;若主体建筑造型较复杂,配景应成片简洁些。

(2) 勾底稿:要注意整个建筑画的构图处理,景物与主体建筑应同时考虑,景物的细部也要画得较具体、清楚。

(3) 上正稿:正式画图时要注意遵循几个原则:

先主体建筑后配景。

先淡后重(对水彩、色笔画而言)。

先大体后局部。

先天空后地面,先左后右。

具体步骤举例如图 25-39:

①画主体建筑主要轮廓(图 25-39a)。

图 25-39 新疆维吾尔自治区迎宾楼

②画配景及大体阴暗(或色块)(图 25-39b)。

③刻画细部、光影、质感或整理统一(图 25-39c)。

参考文献

[1] 许松照.画法几何与阴影透视.北京:中国建筑工业出版社,1981.

[2] [美]杰伊·多林布著,蔡育之译.透视图新技法.哈尔滨:黑龙江科技出版社,1974.

[3] 薛林编译.建筑工程图画.香港:香港万里书店,1984.

[4] 伍典.现代透视图作法新编.香港:香港万里书店,1985.

[5] 林青编译.建筑透视图技法.香港:香港万里书店,1985.

[6] 习嘉.建筑绘图与透视图实例.香港:香港万里书店,1984.

[7] 钟训正.建筑画环境表现与技法.北京:中国建筑工业出版社,1985.

[8] 同济大学工程画教研究室.阴影与透视.北京:中国工业出版社,1981.

[9] [日]尾上孝一著,曹希曾译.透视图的基本画法.西安:陕西科技出版社,1981.

[10] 方咸孚.建筑装修与园林小品.天津:天津科技出版社,1983.

[11] 建筑学报.1988-1996.

[12] 王绍俊,闵玉林等.中小型民用建筑图集(1,2).北京:中国建筑工业出版社,1979.

[13] 世界建筑.1990-1996.

[14] 立雄,等.国外小型住宅外观设计图集①-②.哈尔滨:黑龙江科技出版社,1992.

[15] 曲士蕴.当代建筑外部环境设计精华.广州:广东科技出版社,1996.

[16] 陈登鳌,等.建筑设计资料集1(第二版).北京:中国建筑工业出版社,1994.

[17] 陈保胜,等.建筑设计精选——中国建筑40年.上海:同济大学出版社,香港:香港欧亚出版社联合出版,1992.

[18] 朱育万,等.画法几何.北京:中国铁道出版社,1980.

[19] 乐荷卿,等.画法几何及建筑制图.长沙:湖南科技出版社,1995.

[20] [美]George Omur 著,徐有光,等译.AutoCAD 14从入门到精通.北京:电子工业出版社,1998.

[21] 颜国忠.AutoCAD三维设计与实例.北京:电子工业出版社,2000.

[22] 王汉青,等.建筑工程类计算机辅助设计.长沙:国防科技大学出版社,1997.

[23] 尚守平,等.土木工程计算机绘图基础.北京:人民交通出版社,2001.

[24] 陈美华.一种在AutoCAD中生成透视图的实用方法.湖南大学学报,2001(5).

[25] 钟训正,等.建筑制图.南京:东南大学出版社,1998.

[26] 何斌,等.建筑制图.第五版.北京:高等教育出版社,2005.

[27] 袁果,等.土木工程计算机绘图.北京:北京大学出版社,2006.